U0643618

国防科工委“十五”规划教材·力学

空气与气体动力学引论

李凤蔚　主编

李凤蔚　宋文萍　杨　永
李　杰　桑为民　编著

西北工业大学出版社

北京航空航天大学出版社　北京理工大学出版社
哈尔滨工业大学出版社　哈尔滨工程大学出版社

内容简介

本书阐述空气动力学、气体动力学的基础理论和基本知识。在论述中涉及的速度范围从低速、亚声速、超声速到高超声速；流体流动状态从无黏流、黏性层流到湍流以及旋涡分离流，定常流到非定常流；外流从翼型、机翼、机身、翼身组合体绕流到翼型设计、边条翼和鸭式翼布局；内流从喷管、扩压器流、风洞流到空气动力风洞实验。全书的内容为读者提供了较完整的空气与气体动力学的基础知识。

本书可作为航空、航天院校的飞行器设计与工程专业及兵器、船舶等院校相关专业本科生的教材，亦可供有关专业的研究生、教师、科研人员和工程技术人员参考。

图书在版编目(CIP)数据

空气与气体动力学引论/李凤蔚主编. —西安：西北工业大学出版社，2007.5(2025.8 重印)
国防科工委"十五"规划教材·力学
ISBN 978-7-5612-2154-9

Ⅰ.空… Ⅱ.李… Ⅲ.①空气动力学—高等学校—教材 ②气体动力学—高等学校—教材 Ⅳ.V211.1 O354

中国版本图书馆 CIP 数据核字(2007)第 056902 号

空气与气体动力学引论

李凤蔚 主编
责任编辑 王夏林
责任校对 张蕊
西安工业大学出版社出版发行
西安市友谊西路 127 号(710072)
市场部电话：(029)88493844，88491757
http://www.nwpup.com
陕西向阳印务有限公司印制 各地书店经销
开本：787×960 1/16
印张：37.125 字数：806 千字
2007 年 5 月第 1 版 2025 年 8 月第 6 次印刷
ISBN 978-7-5612-2154-9 定价：128.00 元

国防科工委"十五"规划教材编委会

（按姓氏笔画排序）

主　任：张华祝

副主任：王泽山　陈懋章　屠森林

编　委：王　祁　王文生　王泽山　田　莳　史仪凯
乔少杰　仲顺安　张华祝　张近乐　张耀春
杨志宏　肖锦清　苏秀华　辛玖林　陈光禹
陈国平　陈懋章　庞思勤　武博祎　金鸿章
贺安之　夏人伟　徐德民　聂　宏　贾宝山
郭黎利　屠森林　崔锐捷　黄文良　葛小春

总　　序

国防科技工业是国家战略性产业，是国防现代化的重要工业和技术基础，也是国民经济发展和科学技术现代化的重要推动力量。半个多世纪以来，在党中央、国务院的正确领导和亲切关怀下，国防科技工业广大干部职工在知识的传承、科技的攀登与时代的洗礼中，取得了举世瞩目的辉煌成就；研制、生产了大量武器装备，满足了我军由单一陆军，发展成为包括空军、海军、第二炮兵和其他技术兵种在内的合成军队的需要，特别是在尖端技术方面，成功地掌握了原子弹、氢弹、洲际导弹、人造卫星和核潜艇技术，使我军拥有了一批克敌制胜的高技术武器装备，使我国成为世界上少数几个独立掌握核技术和外层空间技术的国家之一。国防科技工业沿着独立自主、自力更生的发展道路，建立了专业门类基本齐全，科研、试验、生产手段基本配套的国防科技工业体系，奠定了进行国防现代化建设最重要的物质基础；掌握了大量新技术、新工艺，研制了许多新设备、新材料，以“两弹一星”、“神舟”号载人航天为代表的国防尖端技术，大大提高了国家的科技水平和竞争力，使中国在世界高科技领域占有了一席之地。党的十一届三中全会以来，伴随着改革开放的伟大实践，国防科技工业适时地实行战略转移，大量军工技术转向民用，为发展国民经济做出了重要贡献。

国防科技工业是知识密集型产业，国防科技工业发展中的一切问题归根到底都是人才问题。50 多年来，国防科技工业培养和造就了一支以“两弹一星”元勋为代表的优秀的科技人才队伍，他们具有强烈的爱国主义思想和艰苦奋斗、无私奉献的精神，勇挑重担，敢于攻关，为攀登国防科技高峰进行了创造性劳动，成为推动我国科技进步的重要力量。面向新世纪的机遇与挑战，高等院校在培养国防科技人才，产生和传播国防科技

新知识、新思想，攻克国防基础科研和高技术研究难题当中，具有不可替代的作用。国防科工委高度重视，积极探索，锐意改革，大力推进国防科技教育特别是高等教育事业的发展。

高等院校国防特色专业教材及专著是国防科技人才培养当中重要的知识载体和教学工具，但受种种客观因素的影响，现有的教材与专著整体上已落后于当今国防科技的发展水平，不适应国防现代化的形势要求，对国防科技高层次人才的培养造成了相当不利的影响。为尽快改变这种状况，建立起质量上乘、品种齐全、特点突出、适应当代国防科技发展的国防特色专业教材体系，国防科工委全额资助编写、出版200种国防特色专业重点教材和专著。为保证教材及专著的质量，在广泛动员全国相关专业领域的专家学者竞投编著工作的基础上，以陈懋章、王泽山、陈一坚院士为代表的100多位专家、学者，对经各单位精选的近550种教材和专著进行了严格的评审，评选出近200种教材和学术专著，覆盖航空宇航科学与技术、控制科学与工程、仪器科学与工程、信息与通信技术、电子科学与技术、力学、材料科学与工程、机械工程、电气工程、兵器科学与技术、船舶与海洋工程、动力机械及工程热物理、光学工程、化学工程与技术、核科学与技术等学科领域。一批长期从事国防特色学科教学和科研工作的两院院士、资深专家和一线教师成为编著者，他们分别来自清华大学、北京航空航天大学、北京理工大学、华北工学院、沈阳航空工业学院、哈尔滨工业大学、哈尔滨工程大学、上海交通大学、南京航空航天大学、南京理工大学、苏州大学、华东船舶工业学院、东华理工学院、电子科技大学、西南交通大学、西北工业大学、西安交通大学等，具有较为广泛的代表性。在全面振兴国防科技工业的伟大事业中，国防特色专业重点教材和专著的出版，将为国防科技创新人才的培养起到积极的促进作用。

党的十六大提出，进入21世纪，我国进入了全面建设小康社会、加快推进社会主义现代化的新的发展阶段。全面建设小康社会的宏伟目标，对国防科技工业发展提出了新的更高的要求。推动经济与社会发展，提升国防实力，需要造就宏大的人才队伍，而教育是奠基的柱石。全面振兴

国防科技工业必须始终把发展作为第一要务，落实科教兴国和人才强国战略，推动国防科技工业走新型工业化道路，加快国防科技工业科技创新步伐。国防科技工业为有志青年展示才华，实现志向，提供了缤纷的舞台，希望广大青年学子刻苦学习科学文化知识，树立正确的世界观、人生观、价值观，努力担当起振兴国防科技工业、振兴中华的历史重任，创造出无愧于祖国和人民的业绩。祖国的未来无限美好，国防科技工业的明天将再创辉煌。

张华祝

前　言

本书是根据国防科工委“十五”重点教材建设规划的要求编写的。计划学时数为80～120学时。其内容着重于帮助学生理解空气与气体动力学的基本物理概念，讲清问题的实质；在进行严格的理论分析和数学推导的同时，注重阐明其物理内涵，以使学生在学习过程中，既不会感到抽象、乏味，同时又能打下比较坚实的关于空气与气体动力学的理论基础。

在内容安排上，本着循序渐进，以便于学生对知识的消化与吸收的原则。在每一章开始，都先介绍本章的主要内容及各主要内容间的相互联系，并配以图表，形象地表示，使学生先有一个清晰的概念，便于理解与掌握。在每一章节的结束，也都做一个简要的小结，以进一步引导学生有一个系统、深入的理解。每章后均有习题，便于学生加深与巩固对所学知识的理解，同时可培养其独立解决科学与技术问题的能力。

在教材的编写过程中，参考了国内外多种相关教材和讲义，参阅了代表本学科最新发展动态的国内外著作、文献，并融入编者多年教学和科研工作中的经验与成果。

本书共20章，其中，第1,14,19,20章由李凤蔚教授编写，第9,12,13,15,18章由宋文萍教授编写，第4,5,6,7,8,16章由杨永教授编写，第2,3,10,11,17章由李杰教授、桑为民副教授编写。李凤蔚教授任主编，拟定了编写大纲与目录，并进行了全书的统稿。

在编写过程中，博士、硕士研究生周志宏、李广宁、李少飞、刘强、张坤、解福田、郝海兵、苏剑等同学帮助编著者完成了教材的插图描绘及部分文字录入工作，在此表示感谢。

全书稿由庄礼贤教授、杨峰生教授审阅，提出了许多宝贵意见，在此对他们表示诚挚的谢意。

由于水平有限，本书难免存在缺点和不足，诚请广大读者批评指正。

编著者

2006年9月于西北工业大学

目　　录

第1章　绪　论

1.1　空气与气体动力学的任务、重要性与发展

空气与气体动力学是现代流体力学的一个分支。流体力学包含的内容与研究领域，可大致归纳如图 1.1 所示。

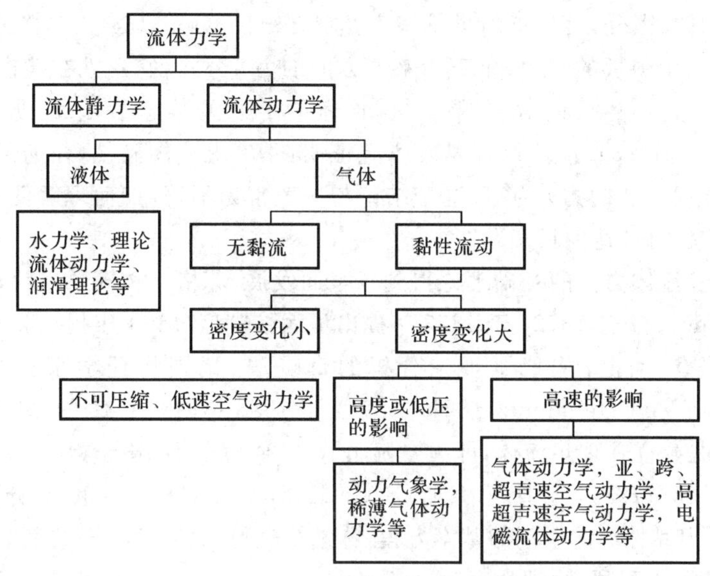

图 1.1　流体力学的研究领域

空气与气体动力学研究在各种不同的情况下，空气、气体的流动规律及其与固体边界之间的力的相互作用。它广泛应用于各种工程技术领域，如汽车制造、高速列车、建筑、桥梁、矿井通风、风机制造、汽轮机制造、造船、天气预报等等，而对于航空和火箭技术领域则更有特别重要的意义。

航空和火箭技术的发展，在很多方面和很大程度上，取决于空气和气体动力学发展的成果。许多重要的物理现象，如飞行器的升力和阻力及其形成机理，都可通过空气动力学、气体动力学加以阐明、分析和计算，并由此推动和促使飞行器空气动力性能的不断提高以及与其相适应的飞行器外形的不断变化。例如，后掠翼的作用提高了飞行的临界马赫数，在相同推力情况

下，提高了飞行速度；三角翼加边条翼的构形可得到较大的涡升力，大大地改善了飞行范围的升力特性，提高了战斗机的机动性；超临界机翼技术的使用，可大大地提高飞机跨声速范围的升阻比，在同样载荷情况下，还可降低飞机的结构重量，从而提高运输类飞机的巡航性能；等等。与此同时，随着这些技术和空气与气体动力学学科的发展，出现了超声速空气动力学、高超声速空气动力学、稀薄气体动力学、电磁流体动力学等专门学科。气体动力学主要研究高速气体，即气体的可压缩性呈显著作用时的流动规律以及气体和物体之间的相互作用。它与空气动力学的主要区别在于它侧重于研究气体（如空气、燃气等）在物体内部（如发动机内）的运动规律，而空气动力学则侧重于研究空气流过飞行器外部时的运动规律。

瑞士科学家伯努利(Daniel Bernoulli，1700—1782）于1738年建立了无黏[①]流动的流速和压力间的关系，即伯努利方程。瑞士数学家欧拉(Leonard Euler，1707—1783）于1755年确立了无黏流体运动的基本微分方程。英国科学家牛顿(Isaac Newton，1642—1727）在1687年给出了运动流体对流场中斜板的升力（垂直于来流方向的力）公式，它建立在撞击理论基础上，由于没有考虑流体流动性，计算结果是不准确的。法国数学家达朗贝（Jean Le Rond D'Alembert，1717—1783）于1744年从数学上证明：不考虑流体黏性，任何封闭形状的物体，其阻力（与来流方向一致的力）为零。这个结论与一般常识不符，如何理解便是个疑问，因此，人们把上述结论又叫做“达朗贝疑题”。

到了19世纪，流体力学的基础理论得到了全面发展。苏格兰物理学家兰金(William John Macquorn Rankine，1820—1872）于1858年提出了涡核模型，1868年提出将直匀流动叠加到源（汇）、偶极子等流动上，构成了理论分析的奇点法。德国物理学家亥姆霍兹（Herman Ludwig Ferdinand Von Helmholtz，1821—1894）于1858年创立了旋涡运动理论。

上述理论都是建立在理想流体，即无黏流假设基础上的。法国与爱尔兰科学家，纳维（L. M. H. Navier，1785—1836）与斯托克斯（S. G. G. Stockes，1819—1903）分别于1827年和1845年独立推导出黏性流体运动的基本方程，称纳维-斯托克斯(N-S)方程，至今仍是研究黏性流动的基础。英国工程师、物理学家雷诺(Osborne Reynolds，1842—1912）于1883年从黏性流体在小直径圆管中的流动实验中发现，实际黏性流动有两种流态，即层流和紊流，其相应的阻力规律也不相同。决定流态的是个无量纲参数，即来流速度乘以物体特征长度与运动黏度[②]之比(VL/ν)，此参数后来定名为雷诺数(Re)。

20世纪是空气动力学蓬勃发展的时期，并逐渐形成了完整的科学体系。

美国发明家莱特兄弟(Willbur Wrigt，1867—1912；Orville Wrigt，1871—不详）设计制造

---

① 黏，在以往的图书资料中，常用粘(nián)来表示液体或半流体流动的难易程度。现在，依据《现代汉语词典》第5版中关于“粘”与“黏”的用法，应使用“黏”来表示。

② 运动黏度ν，按以往习惯，在有关书籍及标准资料中，常使用“运动粘性系数”。现在，依据GB3102.3－93的规定，应使用“运动黏度”。

的有动力的载人飞机，于1903年试飞成功，从此开创了人类飞行的新纪元，并推动了空气动力学的迅速发展。

德国流体力学家普朗特(Ludwig Prandtl，1875—1953)于1904年提出对空气动力学发展有重要意义的边界层理论。他认为，流体的黏性作用只在贴近物面很薄的一层(称边界层，有时也称附面层)流体内才是重要的，必须予以考虑；而离物体边界较远的地方，流体黏性基本上不起作用，即可作为无黏流来处理。这样实际流动的黏性仅限制在很薄的边界层内，使纳维-斯托克斯方程得以简化，对许多实际问题可获得有用的解。而流场的大部分区域可应用无黏流理论来处理。普朗特的这一理论不仅为解决实际黏性流动问题指明了方向，也为无黏流与黏流理论的发展提供了各自发展的空间。

俄国空气动力学家儒可夫斯基(x. и. жуковский，1847—1921)于1906年引入了环量概念，发表了二维机翼的升力公式，奠定了机翼升力理论的基础。

从第一次世界大战到20世纪30年代末期是低速空气动力学得到重大发展并对航空事业做出重大贡献的时期，真正实用的低速飞机也相继问世，1919年，普朗特提出了大展弦比机翼升力线理论。1939年，戈泰特(Goethert)提出亚声速三维机翼的相似法则。1944年，冯·卡门(Th. von Kármán，1881—1963)和钱学森(1911—)提出更为准确的亚声速相似律公式。第二次世界大战时期及战后，由于喷气式发动机的问世及其技术不断提高，飞机飞行速度由亚声速提高到高亚声速，并最终突破"音障"，达到了超声速。与之相适应，空气动力学发展了超声速空气动力学分支。与低速不同，在高速和超声速情况下，空气的密度已不再是个常数，而是变化的(即空气具有压缩性)。超声速流动中还会出现激波和膨胀波及气动热问题。空气动力学的这一分支，如前所述，人们习惯称之为气体动力学。介于亚声速和超声速流动之间的，还有跨声速流动。它是亚声速和超声速并存的混合流动，由于流动的复杂性及流动方程的非线性性质，与之对应的跨声速空气动力学，有其特殊、复杂的问题需要解决。

由于火箭技术的发展，20世纪的50—60年代，出现了飞行速度大于5倍声速的飞行器，并推动了高超声速空气动力学的发展。随着苏联于1957年10月第一颗人造地球卫星的发射成功，标志着人类进入太空的时代。人造卫星及航天飞机的成功飞行，又推动了飞行器在稀薄空气中飞行的稀薄空气动力学(包括滑流和自由分子流)的发展。卫星、飞船、航天飞机返回地球时，贴近物面附近的温度可达上千摄氏度，空气分子中的一部分离子化，飞行器头部的烧蚀层也融化或气化了，并和空气分子混合发生化学变化，因此空气动力学又出现了气体热化学动力学和电磁流体力学的分支。

研究喷气发动机内部气流流动的问题称为内流空气动力学。它不仅要研究空气在压气机及涡轮机中绕叶片的流动问题，还要研究燃烧过程中的空气热化学动力学问题。除航空航天领域的空气动力学外，还有气象学中要研究的空气流动问题、建筑物的风载荷、风机中的气流流动等。研究与工业有关的气流流动的空气动力学，称为工业空气动力学，是空气动力学的又一分支。

随着20世纪60年代以来电子计算机及计算技术的迅猛发展，逐渐形成了计算空气动力学或计算流体力学这一新的分支。目前，利用高性能计算机、现代计算求解技术及空气、气体动力学知识，不仅可以实现从飞行器部件、组合体到全机(弹)的复杂绕流流场计算，而且计算结果的精确度与可靠性也随着计算机、计算技术及空气动力学、流体力学的知识，以及实验验证技术的进步与完善而不断地得到提高并直接应用于飞行器设计，大大缩短了新型飞行器研制的周期并大幅度降低了研制成本。可以预见，计算空气动力学、计算流体力学将进一步发展，并在实际工程技术问题中发挥出愈来愈大的作用。

20世纪以来，特别是第二次世界大战以后，实验技术飞速发展，热线风速仪、激光测速仪及高速数据采集和处理系统，为研究流体的动态结构创造了良好的客观条件，各种流场显示技术直接增进了人们对复杂流动物理机制的了解，各种先进的精确测量系统提供了更为准确的实验数据。总之，先进的实验技术为现代流体力学、空气与气体动力学的发展起到了巨大的推动作用。

1.2 流体和连续介质假设

流体力学中所研究的对象就是流体及其运动规律。物体和流体作相对运动时，物体会受到流体对它的作用力(力矩)。这些力(力矩)的分布情况及其合力(合力矩)，不仅取决于物体的形状(包括运动时的姿态)和速度，而且取决于流体的属性，如密度、黏性、弹性、流动性和传热性等。本节主要介绍和流动有关的流体介质的各种属性。

一、连续介质假设

流体包括液体和气体。空气与气体动力学所涉及的流体介质主要是空气。所谓连续介质便是连续的充满空间的物质。事实上，物质都是由离散的分子构成，能否作为连续介质看待，要看分子是否稠密。标准海平面(气温15℃，气压为101.325 kPa)大气，1 cm^3 空气有 2.7×10^{19} 个分子，空气分子自由行程为 10^{-8} mm。在30 km高空1 cm^3 仍有 4×10^{17} 个分子，即使在128 km的高空仍有 10^{13} 个分子，其分子平均自由行程为0.3 m。

略去流体的分子构成和分子运动，把流体看成是由连续分布的流体介质构成的假设称为连续介质假设。

只有飞行器的代表尺寸比分子自由行程大得多时，飞行器周围才有足够多的分子，来满足连续介质的假设。当飞行器在极高空(如100 km以上)运动时，空气的平均自由行程和飞行器特征长度为同一数量级，连续介质的概念已不适用，此时必须把空气作为不连续介质，此范围的空气动力学称之为稀薄空气动力学。本书不涉及稀薄气体理论，只讨论均匀各向同性的连续介质，严格地限制在能够用宏观方法处理的范围内。

二、空气动力学的一些基本变量

在流体力学中，有五个基本变量：三个速度分量和两个热力学变量。例如压力、密度、温度、焓和熵中的任何两个热力学变量，都可以确定流体的热力学状态，即可以此确定所有其他的热力学变量。一旦确定了速度矢量 $\boldsymbol{V}$ 和两个热力学变量随时间和空间变化的函数，我们就可以完全确定流体的流场。

因此，我们需要五个独立的方程。通常是三个方向上的运动方程、一个连续方程和一个能量方程。为了便于用三个变量（温度、压力和密度）来写出能量方程，往往还引入一个状态方程。在这种情况下，一共有六个变量和六个方程。

根据连续介质假设，可以把流体、空气介质的一些物理量，如速度、密度、压力、温度等看做是空间的连续函数。这样，在解决流体力学、空气与气体动力学实际问题时，可以方便地应用数学分析这一有力的工具。这对处理问题是极为方便的。

在分析流体运动时，一般取一小块微元流体做分析的对象，这"微元"指的是宏观物理学上的微元，相对于飞行器的特征尺寸（如飞行器的展长、平均气动弦长等）而言，都是无限微小的，但对空气分子的平均自由行程来说，却是很大的，大到无须考虑分子的微观特征。在这个意义上来讨论流体微团，即得出流体内部某一点上的流体密度、压力和温度等物理量。

1. 流体内部一点的密度

流体中某一点 P 处的流体密度定义为

$$\rho_P = \lim_{\Delta\tau \to 0} \frac{\Delta m}{\Delta\tau} \tag{1.1}$$

式中，$\Delta\tau$ 是包含点 P 在内的体积单元；Δm 为 $\Delta\tau$ 中的流体质量。此处 $\Delta\tau \to 0$ 并不是指数学上的零，而是宏观物理中的无限微小，即如上所述的"微元"，可当做一点看待。

在国家法定计量单位制中，质量密度的单位为 $\mathrm{kg/m^3}$（千克 / 立方米）。在海平面，温度为 15℃ 和气压为 101.325 kPa（即一个标准大气压[①]）时，水的密度为 1 000 $\mathrm{kg/m^3}$，而空气的密度为 1.225 $\mathrm{kg/m^3}$。

2. 流体内部一点处的压力

无黏流体（黏性忽略不计的流体），不论是静止的还是运动的，流体内部任一点处的压力均是各向同性的，即在理想流体内部压力不因受力面的方位不同而变化，压力是空间坐标的函数（如流体变量随时间变化，则压力还是时间的函数）。在点 P 附近取坐标系 $Oxyz$ 做一体积微元，如图 1.2 所示，把点 P 包含在内。

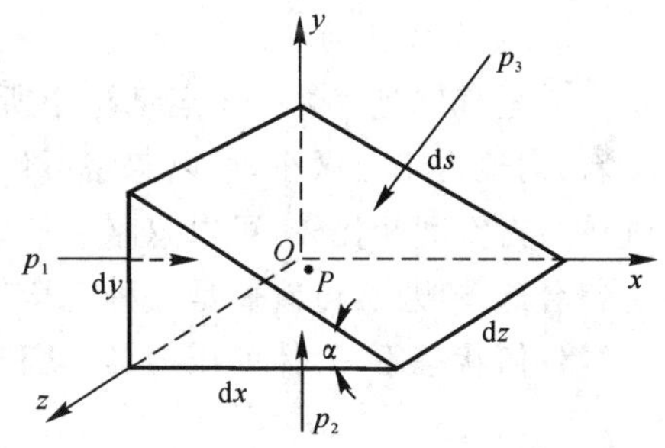

图 1.2　体积微元及其压力

① 标准大气压为非法定计量单位的压强（压力）单位，1 个标准大气压 $= 1.013\ 25 \times 10^5$ Pa。

设作用于 yOz 面微元面积 $\mathrm{d}y\mathrm{d}z$ 中点处的压力为 p_1，作用于 xOz 面微元面积 $\mathrm{d}x\mathrm{d}z$ 中点处的压力为 p_2，作用于斜面微元面积 $\mathrm{d}s\mathrm{d}z$ 中点处的压力为 p_3。$\mathrm{d}y\mathrm{d}z$ 微元面积上的压力(其中心点的压力可代表整个微元面上的平均压力)是 $p_1\mathrm{d}y\mathrm{d}z$，指向 x。斜面微元 $\mathrm{d}s\mathrm{d}z$ 上的压力是 $p_3\mathrm{d}s\mathrm{d}z$，此力在 x 方向分力是 $p_3\mathrm{d}s\mathrm{d}z\sin\alpha$，指向负 x。而 $\mathrm{d}s\sin\alpha = \mathrm{d}y$，故 x 负向压力是 $p_3\mathrm{d}y\mathrm{d}z$。除这两个力之外，这块五面微元体可能因在作加速运动而有惯性力，或因处于某种力场中受力(如地球引力)。但这些力都是与微元体内质量成正比的，而质量又等于密度乘体积($\frac{1}{2}\mathrm{d}x\mathrm{d}y\mathrm{d}z$)。因此，与压力作用力相比较，这些力是高一阶小量。由此可得 x 方向的力平衡方程为

$$p_1\mathrm{d}y\mathrm{d}z - p_3\mathrm{d}y\mathrm{d}z + \text{三阶小量项} = 0$$

当 $\mathrm{d}x,\mathrm{d}y,\mathrm{d}z \to 0$ 时，略去三阶小量项，可得

$$p_1 = p_3$$

同理，可得 y 向的力平衡方程为

$$p_2\mathrm{d}x\mathrm{d}z - p_3\mathrm{d}x\mathrm{d}z + \text{三阶小量项} = 0$$

略去三阶小量项，即

$$p_2 = p_3$$

所以

$$p_1 = p_2 = p_3 \tag{1.2}$$

由于体积的摆放位置与方式可任意选取，因此式(1.2)说明，流体中一点处的压力与受压面的方位无关，即压力是各向同性的。

在国家法定计量单位制中，压力单位是Pa(帕[斯卡])。因为1 Pa压力很小，因此常用的压力单位是kPa和MPa。一个标准大气压约为101 000 Pa，即101 kPa或0.101MPa。

3. *完全气体的状态方程*

完全气体是气体分子运动论中所采用的一种模型气体。它的分子是一种完全弹性的微小颗粒，内聚力十分微小，可以忽略不计。只有在碰撞时，彼此才会发生作用，微粒的实有体积和气体所占空间相比较，可以忽略不计。远离液态的气体基本符合这些假设，通常状况下的空气也符合这些假设，可看做是一种完全气体。

任何状态下，气体的压力、密度和温度之间都存在一定的函数关系，即

$$p = p(\rho, T)$$

这个函数关系称为气体的状态方程。完全气体的状态方程形式很简单，即

$$p = \frac{\bar{R}}{m}\rho T \tag{1.3}$$

式中，$\bar{R}$ 为通用气体常数，其数值为 8315 $\mathrm{m^3/(s^2 \cdot K)}$；$m$ 为所研究气体的相对分子质量；T 为绝对温度(K)。如将 $\bar{R}/m$ 改为 R 表示，式(1.3)可写为

$$p = \rho RT \tag{1.4}$$

式中，R 为气体常数，各种气体的气体常数各不相同。空气是混合气体，它的相对分子质量按组分的质量比例计算，$m = 28.97$，$R = 8315/28.97 = 287.02\ \mathrm{J/(kg \cdot K)}$。

气体的其他热力学变量：焓和熵，将在第 6 章中介绍。

三、气体的压缩性、黏性和传热性

1. 压缩性

对气体施加压力，气体体积会变化。在一定温度条件下，具有一定质量的气体体积或密度随压力变化而改变的特性，叫做可压缩性，或称弹性。度量气体弹性可用弹性模量，其定义为压力增量对气体单位比体积[①]增量之比。比体积是单位质量所占的体积，为密度的倒数。单位比体积增量为

$$\mathrm{d}(1/\rho)/(1/\rho) = -\mathrm{d}\rho/\rho$$

故弹性模量

$$E = -\frac{\mathrm{d}p}{\mathrm{d}(1/\rho)/(1/\rho)} = \rho\frac{\mathrm{d}p}{\mathrm{d}\rho} \tag{1.5}$$

对于空气，此处 $\mathrm{d}p/\mathrm{d}\rho$ 等于声速平方（见第 6 章）。各种介质的弹性模量不同，因此各介质的压缩性也各不相同。

例如，在常温下水的弹性模量约为 2.1×10^9 Pa，当压力增大一个大气压[②]时，由式(1.5)可知，对应的相对密度变化为

$$\frac{\Delta\rho}{\rho} = \frac{\Delta p}{E} \approx 0.5 \times 10^{-4}$$

即一个大气压的压力变化引起的水的相对密度变化值只有 5×10^{-5}。因此，通常情况下，水可视为不可压缩流体。液体的弹性模量都比较大，一般情况下，液体都可视为不可压缩流体。

在通常情况下，空气的弹性模量相当小，约为水的 1/20 000。因此，空气的密度很容易随压力改变而变化，即空气具有压缩性。对于某一流动问题，是否应该考虑空气压缩性，应该根据流动过程中所产生的压力变化引起了多大的密度变化而定。一般情况下，当空气流动速度较低时，压力变化引起的密度变化很小，可以不考虑空气的可压缩性对流动特性的影响。

2. 黏性

任何流体都有黏性，只是不同流体的黏性各不相同，空气和水的黏性都不大，其作用在日常生活中不太为人所注意，但是如果仔细观察，还是可以看到的。例如，河流岸边处的水流速度比河心处慢，注意观察水面上漂浮物的运动，可以说明这一点。这种速度的差别就是因为与岸边直接接触的水层被水的黏性所阻滞而引起的。

---

① 比体积 v，习惯上，称为比容。按 GB 3102.2—93 的规定，应使用比体积或质量体积的名称。

② 标准大气压，为非法定计量单位的压强（压力）单位，1 个标准大气压 $= 1.01325 \times 10^5$ Pa。

为了说明黏性力作用的情况和黏度的定义，我们看一个如图 1.3 所示的关于空气黏性的实验，即直匀流速 V_∞ 流过一块与来流方向平行的静止平板。

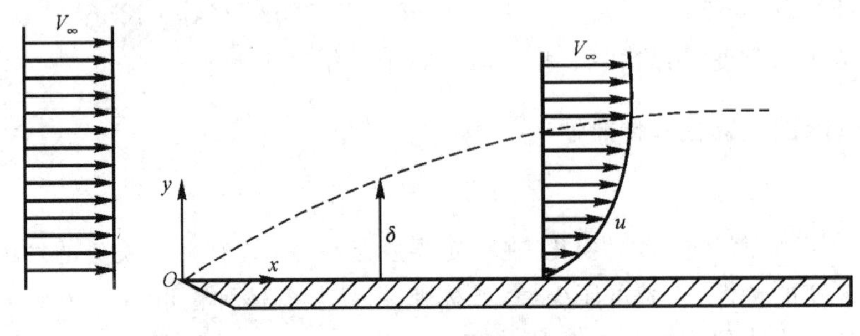

图 1.3　空气的黏性实验

所谓直匀流，指的是各层速度大小相等并且彼此平行的流动。图 1.3 给出离平板前缘距离为 x 的截面上，沿平板法线方向气流速度分布的测量结果。气流在没有流到平板以前，气流速度均一，其值等于 V_∞。在流过平板时，紧靠平板表面的那层气流就黏附在板面上，气流速度降为零，称为无滑移。解黏性问题时，物面上的边界条件就是这个无滑移条件。随着逐渐远离平板，气流速度逐渐增大，直到离平板表面一定距离后，气流速度才会基本恢复到原来的来流值，如图 1.3 所示。因此，离平板距离不同，其对应的气流速度也不同，即气流速度是离开平板表面距离 y 的函数，即

$$u = f(y) \tag{1.6}$$

气流速度的这种变化，是由于气体的黏性引起的。造成气体具有黏性的主要原因是气体分子的不规则运动，它使得不同速度的相邻的气体层之间发生质量交换和动量交换。上层流动速度较大的气体分子进入下层时，就会带动下层气体加速。同样，当下层流动速度较小的气体分子进入上层时，也会阻滞上层气体使其减速。即相邻的两个流动速度不同的气体层之间，存在着相互牵扯的作用，这种作用称为黏性力或内摩擦力或切向应力。与摩擦力类似，黏性力或内摩擦力方向总是阻滞速度较大的气体层使其减速，或牵动速度较小的气体层使其加速。显然，不同速度的气体层之间有内摩擦力，而紧贴板面的那层气体与板面之间也存在这种摩擦力。

单位面积的摩擦力称摩擦应力，记为 τ。牛顿于 1678 年经实验研究提出，摩擦应力 τ 与接触面法线方向的速度梯度成正比，$\tau \propto \mathrm{d}u/\mathrm{d}y$，比例常数记为 μ，则有

$$\tau = \mu \mathrm{d}u/\mathrm{d}y \tag{1.7}$$

式中，μ 称为黏度或动力黏度，其单位是 Pa · s(帕 · 秒)。

不同流体介质的 μ 值各不相同，且 μ 随温度变化，但与压力基本无关。气体的 μ 随温度升高而增大，液体的 μ 随温度升高而减小。原因在于黏性力产生的机理有所不同。当气体温度升高时，气体分子不规则热运动的加速度加大，引起速度不同的相邻气体层之间的质量交换和动量交换加剧，因而使 μ 增大。液体内部除了这种黏性力作用之外，还有内聚力在起作用，而且以后

者为主。当温度上升时，内聚力减小，所以液体的 μ 值随温度升高而减小。

温度为15℃($T=288.15$ K)时，空气 μ 值为 1.7894×10^{-5} Pa·s。其随温度变化的数据可查标准大气表。

在分析求解时，往往需要 $\mu=\mu(T)$ 的具体表达式，有许多近似公式可以应用，其中最常用的是萨特兰公式，即

$$\frac{\mu}{\mu_0}=\left(\frac{T}{288.15}\right)^{1.5}\frac{288.15+C}{T+C} \tag{1.8}$$

式中，μ_0 为 $T_0=288.15$ K时的 μ 值，常数 $C=110.4$ K。更简单的近似公式有

$$\frac{\mu}{\mu_0}=\left(\frac{T}{T_0}\right)^n \tag{1.9}$$

式中，指数 n 在不同的温度范围内应取不同值。当 $90\text{ K}<T<300\text{ K}$ 时，n 可取8/9。温度越高，n 值越小，当 $400\text{ K}<T<500\text{ K}$ 时，$n\approx0.75$。

在空气动力学的许多问题里，惯性力总是和黏性力并存的，黏度和密度的比值(μ/ρ)起着重要作用，这个比值以符号 ν 表示，即

$$\nu=\mu/\rho \tag{1.10}$$

称为运动黏度，单位是 m^2/s(米²/秒)。当温度为15℃，$\rho=1.225\ kg/m^3$ 时，空气的运动黏度 $\nu=1.4607\times10^{-5}\ m^2/s$。

凡切应力 τ 与速度梯度 du/dy 成正比的流体均称为牛顿流体。凡不符合式(1.7)的流体则称为非牛顿流体，非牛顿流体在工业上很重要。牛顿流体与非牛顿流体的 τ 对 du/dy 的示意曲线见图1.4。

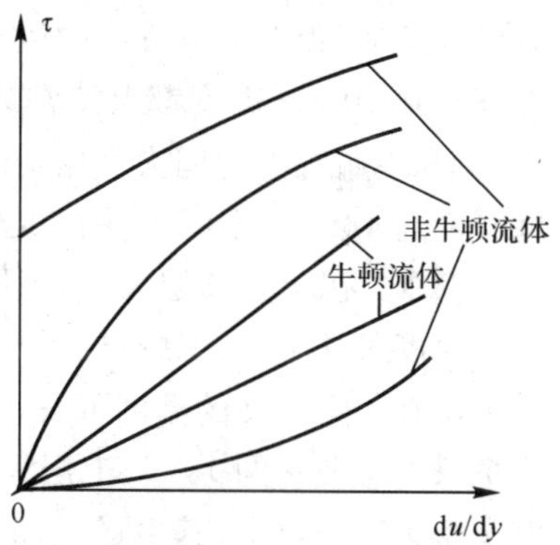

图1.4　牛顿流体与非牛顿流体的 τ 对 du/dy 的示意曲线

3. 传热性

当气体中沿某一方向存在温度梯度时，热量就会从温度高的地方传向温度低的地方，这种性质称为气体的传热性。实验表明，单位时间内所传递的热量与传热面积成正比，与沿热流方向的温度梯度成正比，即

$$q=-k\nabla T \tag{1.11}$$

式中，q 为单位时间通过单位面积的热量，其单位为 $kJ/(m^2\cdot s)$(千焦/(米²·秒))；$\nabla T=\left(\frac{\partial T}{\partial x}\right)\boldsymbol{i}+\frac{\partial T}{\partial y}\boldsymbol{j}+\frac{\partial T}{\partial z}\boldsymbol{k}$ 为温度梯度，单位为K/m(开/米)；k 为比例系数，称为导热系数，单位为kW/(m·K)(千瓦/(米·开))。式(1.11)中的负号表示热流量传递的方向和温度梯度的方向相反。

流体的导热系数的值随流体介质不同而不同，同一流体介质的导热系数随温度的变化略有差异。在通常温度范围，空气的导热系数为 2.47×10^{-5} kW/(m·K)。

由于空气的导热系数很小，当温度梯度不大时，可以忽略空气的传热性对流动特性的影响。

四、标准大气

1. 大气的分层

大气指包围地球的空气整体。其总质量约为地球质量的10^{-6}。从海平面起，随着高度增加，大气的压力和密度都单调地下降。大气质量的90％集中在15 km高度以下，而大气质量的99.9％在离地面50 km以内的范围中。按其特征，可以把大气层划分成低层大气和高层大气。从海平面到85 km的高范围属于低层大气。低层大气的组分是均匀的，其总氮气(N_2)占78.1％，氧气(O_2)占21％。85 km高度以上的范围属于高层大气，高层大气的特点是大气组分不均匀，它直接吸收太阳辐射来的紫外线。

低层大气又可划分为对流层、平流层和中间大气层。对流顶层从海平面起，其高度在赤道处约为16～18 km，在中纬度地区约为10～12 km，在两极约为7～10 km。这一层虽不厚，但由于处于最下层，密度最大，全部大气质量约有3/4集中于此层。在对流层内，空气有垂直方向的流动，风、雨、雷、电等剧烈气象变化都发生在这一层内。气温随高度增加呈直线下降。对流层到平流层之间有一个厚度仅为数百米到一二公里的过渡层称为对流顶层。对流顶层之上是平流层，其高度约达32 km。这一层空气质量约占全部大气质量的1/4。在这一层里大气只作水平方向的运动，没有上下方向的流动，故称平流层。平流层内已无雷、雨等气象现象。这一层内的温度直到20 km高度都保持常数(平均约为216.65 K)，20 km以上气温逐渐增加。高度从32 km到85 km称为中间大气层，在这一层里，温度随高度增加先上升，后又下降，在85 km处，温度可降到160 K以下。在中间大气层里所包含的空气质量约为全部大气质量的1/3 000。

85 km以上是高层大气，高层大气的下层称为高温层，温度随高度而上升，在500 km处，白天温度可达1 370 K。高层大气的上层没有边界，逐渐与星际空间融合，这里的空气已经稀薄到了没有正常定义的温度可言，空气分子有机会逸入太空，而不与其他分子相撞。这一层空气质量只占总质量的10^{-11}。上层大气因受太阳的短波辐射而离解成为电子和正离子，形成几个电子密集的电离层。其中，最低的一层称为D层，在60～80 km高度处；第二层称为E层，在100～120 km高度处；第三层称为F_1层，在180～220 km高度处；最高的一层称为F_2层，在300～500 km高度处。

在100 km以上的高空，空气是良导体。在高度150 km上，由于空气过分稀薄，可闻声音已经不存在了。

普通飞机主要在对流层和平流层活动。飞机的飞行高度记录是39 km，探测气球最大高度为44 km。人造地球卫星的轨道，近地点可以是100多千米，远地点可以是几千千米。定点通信卫星的高度约为35 000 km。航天飞机的高度为几百千米。陨石向地面撞来时，开始发光的位置在100～160 km高度上，即高温层下半部。大多数陨石消灭在40～60 km的高度上。极光发

生在 80 ～ 1 100 km 的高空中。

大气的压力、密度和温度等参数，除随高度变化之外，还随地理纬度、季节和昼夜而有所变化，每日每时也都会有些变化。在航空工程中，经常要用到大气参数。在作计算或整理实验数据时，不能使用当地当时的大气参数，而需要规定一个标准，大家都按这个标准换算，以便相互比较或引用。这个标准是按中纬度地区的全年平均的气象条件统计而确定的，称为国际标准大气。

2. 大气温度、密度和压力随高度的变化

根据国际标准大气规定：

(1) 在海平面上的标准值。温度为 15℃，即 $T_a = 288.15$ K；压力为 760 mmHg[①]，即 $p_a = 101\ 325$ Pa；密度 $\rho_a = 1.225\ \mathrm{kg/m^3}$。

(2) 温度高度分布规律。

在对流层，$0 \leqslant H \leqslant 11\ 000$ m，温度递减律是高度每上升 1 000 m，温度下降 6.5℃，即

$$T = 288.15 - 0.006\ 5H \tag{1.12}$$

式中，H 为离海平面高度，单位为 m(米)。

在平流层中，当 $11\ 000\ \mathrm{m} \leqslant H \leqslant 20\ 000$ m 时，温度保持常数，即

$$T = 216.65\ \mathrm{K} \tag{1.13}$$

当 $20\ 000 \leqslant H \leqslant 32\ 000$ m 时，高度每上升 1 000 m，温度上升 1℃，即

$$T = 216.65 + 0.001(H - 20\ 000) \tag{1.14}$$

(3) 压力和密度随高度的变化。大气压力可看成是截面积为 1 m² 的一根上端无界的空气柱的重量压下来所造成的。据此，我们推导 $p = p(H)$。取坐标系如图 1.5 所示：坐标平面 xOz 取在海平面上，y 轴垂直向上。如图 1.5 所示，取一个底面积为 1 m² 的柱体，我们研究离海平面距离为 y 的微柱段上的作用力及其平衡关系。

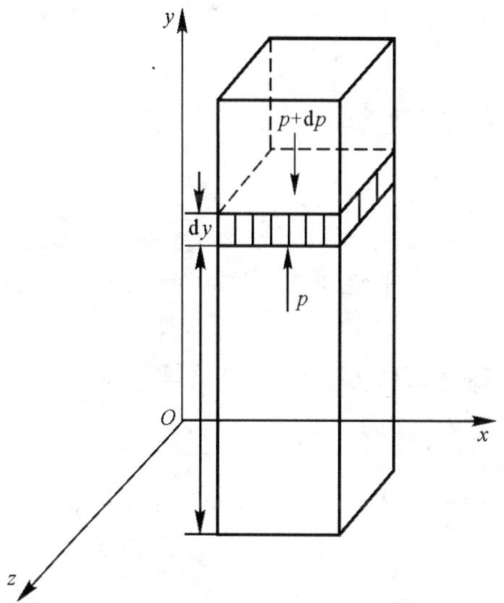

图 1.5　大气压力随高度变化

设微柱段上、下表面的压力分别为 $p + \mathrm{d}p$，p。微柱段表面压力的合力在 y 方向的投影为

$$p \times 1 - (p + \mathrm{d}p) \times 1 = -\mathrm{d}p$$

微柱段内空气重力为

$$\rho g\,\mathrm{d}y \times 1 = \rho g\,\mathrm{d}y$$

方向为 y 轴负向。故微段在 y 方向力的平衡关系为

$$-\mathrm{d}p - \rho g\,\mathrm{d}y = 0$$

① mmHg 是压力、压强的非法定计量单位，1 mmHg = 133.322 4 Pa。

即
$$dp=-\rho g dy \tag{1.15}$$
将完全气体状态式(1.4) 代入式(1.15)，可得
$$dp=-\frac{gp}{RT}dy \tag{1.16}$$
在对流层内，由式(1.12) 可得
$$dT=-0.006\,5dy$$
将上式代入式(1.16)，可得
$$\frac{dp}{p}=\frac{1}{0.006\,5}\frac{g}{R}\frac{dT}{T}$$
积分上式，高度由 $y=0$ 到 $y=H$，压力由海平面的 p_a 到 p，对应的温度由 T_a 到 T，式中常数 $R=287.053$，$g=9.806\,65$，可得
$$\frac{p}{p_a}=\left(\frac{T}{T_a}\right)^{5.255\,88} \tag{1.17}$$
利用状态方程，可得密度比为
$$\frac{\rho}{\rho_a}=\left(\frac{T}{T_a}\right)^{4.255\,88} \tag{1.18}$$
在平流层内，到 20 km 高度为止，温度为常数 $T=216.65$ K，由式(1.16)，可得
$$\frac{dp}{p}=-\frac{g}{RT}dy=-\frac{g}{216.65R}dy$$
积分上式，y 由 11 km 到 H，对应的 p 由 p_{11} 到 p_H，可得
$$\frac{p_H}{p_{11}}=e^{-\frac{H-11\,000}{6\,314.62}} \tag{1.19}$$
同理，可得
$$\frac{\rho_H}{\rho_{11}}=e^{-\frac{H-11\,000}{6\,314.62}} \tag{1.20}$$
式中，$p_{11}=22\,631.8$ Pa，$\rho_{11}=0.363\,92$ kg/m^3。

在平流层内，从 20 km 到 30 km，由式(1.14)，可得
$$dT=0.001dy$$
将上式代入式(1.16)，可得
$$\frac{dp}{p}=-\frac{1}{0.001}\frac{g}{R}\frac{dT}{T}$$
积分上式，y 由 20 km 到 H，并取在 $y=20$ km 时，$p=p_{20}$，可得
$$\frac{p_H}{p_{20}}=\left(\frac{T_H}{216.65}\right)^{-34.163\,2} \tag{1.21}$$
同理，可得
$$\frac{\rho_H}{\rho_{20}}=\left(\frac{T_H}{216.65}\right)^{-35.163\,2} \tag{1.22}$$

式中，$p_{20} = 5\ 474.86\ \text{Pa}, \rho_{20} = 0.088\ 035\ \text{kg/m}^3$。

3. 标准大气

由式(1.17)至式(1.22)，可列表算出不同高度对应的大气参数，称之为标准大气表。表1.1给出高度间隔为1 000 m的简单的国际标准大气表。高度间隔为50 m的详细的国际标准大气表，可参见《航空气动手册》第1册。

表1.1　简单的国际标准大气表

H/km	T/K	$p/(10^4\text{Pa})$	$\rho/(\text{kg}\cdot\text{m}^{-3})$	$v_a/(\text{m}\cdot\text{s}^{-1})$	$\mu/(10^5\ \text{Pa}\cdot\text{s})$
0	288.15	10.132 52	1.225 05	340.29	1.789 4
1	281.65	8.987 58	1.111 68	336.43	1.757 8
2	275.15	7.949 56	1.006 46	332.53	1.726 0
3	268.65	7.010 87	0.909 13	328.58	1.693 7
4	262.15	6.164 07	0.819 13	324.58	1.661 1
5	255.65	5.401 99	0.736 12	320.53	1.628 1
6	249.15	4.718 08	0.659 69	316.43	1.594 8
7	242.65	4.106 04	0.589 50	312.27	1.560 9
8	236.15	3.560 01	0.525 17	308.06	1.526 8
9	229.65	3.074 29	0.466 35	303.79	1.492 2
10	223.15	2.643 58	0.412 70	299.46	1.457 1
11	216.65	2.263 18	0.363 91	295.07	1.421 6
12	216.65	1.933 09	0.310 83	295.07	1.421 6
13	216.65	1.651 05	0.265 49	295.07	1.421 6
14	216.65	1.410 20	0.226 75	295.07	1.421 6
15	216.65	1.204 45	0.193 67	295.07	1.421 6
16	216.65	1.028 72	0.165 42	295.07	1.421 6
17	216.65	1.878 67	0.141 28	295.07	1.421 6
18	216.65	0.750 48	0.120 68	295.07	1.421 6
19	216.65	0.641 00	0.103 07	295.07	1.421 6
20	216.65	0.547 49	0.088 03	295.07	1.421 6
22	218.65	0.399 97	0.063 73	296.43	1.432 6
24	220.65	0.293 05	0.046 27	297.78	1.443 5
26	222.65	0.215 31	0.033 69	299.13	1.454 4
28	224.65	0.158 63	0.024 60	300.47	1.465 2
30	226.65	0.117 19	0.018 01	301.80	1.476 0
32	228.65	0.086 80	0.013 23	303.13	1.486 8

1.3 流动的类型

按流体介质的性质及流动所表现的物理性质，可将流动进行分类，以便于有针对性地采用不同的方法进行研究。

一、连续与自由分子流动

如前所述，如果流体分子的平均自由行程 l 与所研究的物体特征长度 L 之比是个微量时，即 $l/L \ll 1$，即可认为该流体介质是连续的充满空间的，称为连续介质。所谓连续流动是指在连续介质中的流动。比如对于空气，在标准情况下，海平面处(15℃，101.325 kPa)1 cm^3 的空气有 2.7×10^{19} 个分子，空气分子平均自由行程为 10^{-8} mm。而所研究的绕流物体尺寸，一般均以米计，或以厘米计，因此满足 $l/L \ll 1$ 的条件。即使在 30 km 高空，1 cm^3 空间仍有约 4×10^{17} 个分子，也满足 $l/L \ll 1$ 的条件。但在 120 km 的高空，空气分子的自由行程和飞行器的特征尺寸可为同一数量级，连续介质假设已不成立，此时，应把空气看成是不连续介质。在更高的高空，空气分子的平均自由行程已大于物体尺寸，这时撞到物面上的空气分子会从物面反弹出去，且不会立即撞到其他分子，要到离物体一段距离之后，才会和别的分子相撞，这样的流动称为自由分子流。介于自由分子流和连续流动之间的流动称为滑流。滑流与自由流都属于稀薄空气动力学的范围，属航天飞行要研究的空气动力学领域。

二、无黏流和黏性流动

无黏流是一种不考虑流体黏性的流动模型。在这种模型中，流体微团不承受黏性力的作用。由于空气的黏度很小，在实际流动中，只有在紧贴物体表面很薄的一层范围内，各层流速差异很大，故速度梯度很大，黏性力比较大。但在这一层以外的区域，由于各层气流之间的速度变化较缓，速度梯度不大，因而黏性力也就很小，通常可以忽略其黏性的作用。

不考虑黏性的流体又称为理想流体。在流动没有分离的情况下，由于黏性层很薄，可近似认为整个流体是无黏的，即为无黏流动或理想流动，如飞行器在小迎角下没有分离的飞行绕流流动。作这样简化假设，可以对处理问题带来极大方便。实践证明，在没有分离的情况下，根据理想流体模型，所得结果，如飞行器绕流的压力分布、升力等，一般可与实验结果吻合较好。图 1.6 及图 1.7 所示为 NACA0012 翼型在小迎角($\alpha=2.1°$)时，采用无黏流理论所计算得到的绕流图及翼剖面的压力分布(图中，压力系数 $c_p=\dfrac{p-p_\infty}{q}$，其中 $q=\dfrac{1}{2}\rho_\infty V_\infty^2$)。但与黏性密切相关的量如阻力等，则不能得到正确结果。

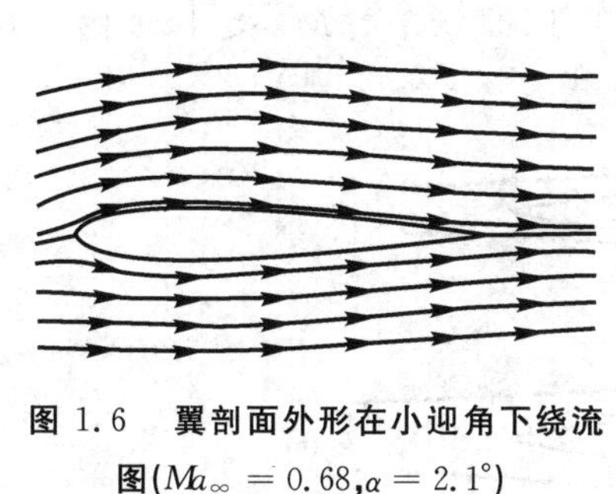

图 1.6　翼剖面外形在小迎角下绕流图($Ma_\infty = 0.68, \alpha = 2.1°$)

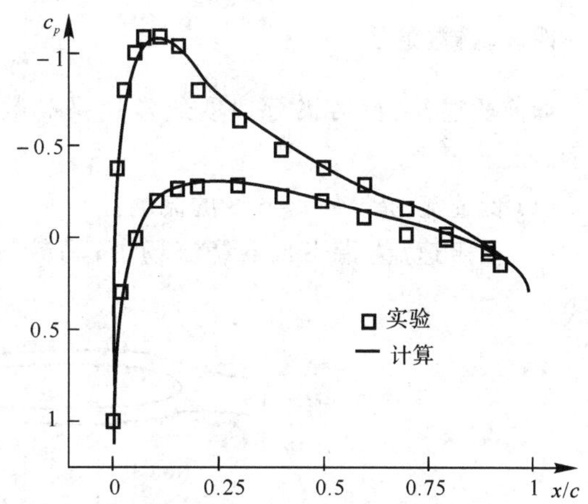

图 1.7　小迎角下翼剖面压力分布计算与实验结果对比($Ma_\infty = 0.68, \alpha = 2.1°$)

必须考虑流体黏性作用的流动，称为黏性流动。在这种模型中，如阻力的计算、飞行器在大迎角情况下的分离流动、高速情况下激波与紧贴物面黏性层(边界层)间的相互干扰流动等，无黏流假设已不适用，必须采用考虑真实黏性作用的黏性流理论。

三、不可压缩与可压缩流动

不可压缩流动是一种不考虑流体压缩性的流动模型。如前所述，理论上，不可压缩流体的弹性模量为无穷大，或它的密度等于常数。液体十分接近这种情况，因此通常都把液体作为不可压缩流体来处理。分析不可压缩流体的流动规律时，只需服从力学定律，而不需考虑热力学关系，而使问题求解和数学分析大为简化。

飞行器在空中飞行时，飞行器周围的空气速度会有所变化，随之引起压力的变化，以及由此造成密度的变化。如果飞行器飞行速度较低，即来流的速度较低，绕飞行器流场中各点的速度变化不大，因而其压力和密度的变化很小。可以把这种密度变化很小的流动近似当做密度不变的流动来处理，即把低速流动作为不可压缩流动来处理，对于工程问题来说是合理的。实践表明，用不可压缩流体模型来处理低速空气动力学问题，所得结果与实验结果基本一致，是可信的。如果飞行速度较大，绕飞行器流场各点的速度变化较大，速度变化引起的压力及密度的变化显著，则必须把空气看做密度可变的可压缩流来处理，才能获得与实际情况相吻合的结果。

对于飞行速度的大小，在空气动力学中习惯用速度与当地声速之比，即马赫数 Ma 来度量。实践表明，当飞行马赫数 $Ma \leqslant 0.3$ 时，流动可作为不可压缩流来处理，否则，应视为可压缩流。

四、马赫数范围

如前所述，飞行器飞行速度通常用马赫数来表示，飞行马赫数，即来流马赫数用 Ma_∞ 表示。

(1) 低速流。指 $Ma \leqslant 0.3$ 的流动。

(2) 亚声速流。指飞行器绕流场中，马赫数处处小于 1，即 $0.3 < Ma < 1$，如图 1.8(a) 所示。

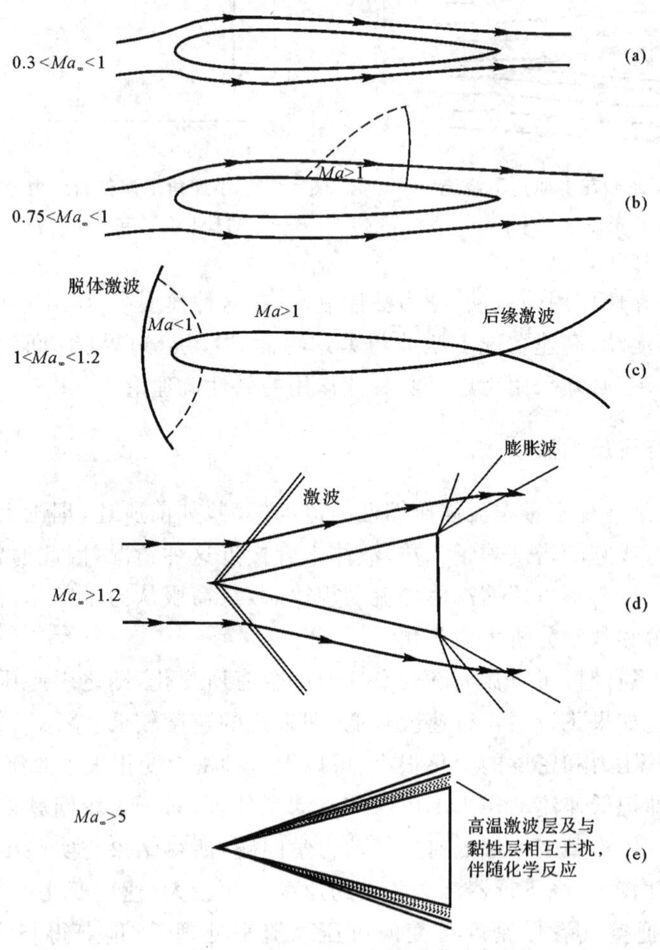

图 1.8　不同马赫数范围的流动

(a) 亚声速流动；(b) 跨声速流动；(c) 跨声速流动；
(d) 超声速流动；(e) 高超声速流动

(3) 跨声速流。指流场中同时存在亚声速 $Ma<1$ 及超声速 $Ma>1$ 区域。如果来流为亚声速，一般其范围为 $0.75<Ma_{\infty}<1$，此时流场存在局部超声速区并有激波存在，如图 1.8(b) 所示。如来流为超声速，一般 $1<Ma_{\infty}<1.2$，流场在飞行器头部有局部亚声速区，并在头部产生脱体激波，如图 1.8(c) 所示。

(4) 超声速流。流场中马赫数处处大于1，即 $Ma>1$。图 1.8(d) 所示，超声速气流流过一个圆锥物体的流动图画。在圆锥顶部产生激波，在尾部由于气流向外转折而产生膨胀波(参阅第8章)。

(5) 高超声速流。一般指来流马赫数 $Ma_{\infty}>5$ 的流动。某一尖楔绕流流动图如图 1.8(e) 所示。此时激波接近物面，激波层及与紧贴物面的黏性层相互干扰产生高温，并伴随着化学反应(参阅第 13 章)。

1.4　流体静力学

本节讨论流体处于平衡状态时的力的平衡关系及相互作用。所谓平衡状态指：流体每个质点相互间都处于静止状态，或者相互间没有相对运动。前者表明所考虑的流体系统没有加速度，后者则表示流体系统可以有加速度。所谓流体是指静止时不存在切向力的连续介质，此点不同于固体(弹性力)，下面的讨论正是基于这个定义。

此处有两种力需要考虑：① 体积力，即流体的质量所产生的力，如重力、离心力和磁场力等；② 表面力，由于与其他流体质点或者固壁直接接触而产生的作用力，如由压力和切向力(剪应力)而产生的作用力等。

现在，推导在静止流体内部，力的平衡方程。在静止流体中取一个边长为 $\mathrm{d}x,\mathrm{d}y,\mathrm{d}z$ 的矩形六面体，取坐标系为 $Oxyz$，如图 1.9 所示。设重力指向 y 的负方向，微元面积表面力是均匀分布的。各坐标方向力的平衡方程为

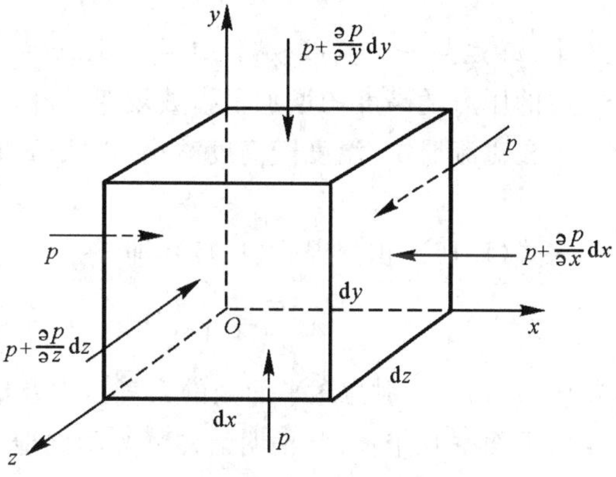

图 1.9　微元矩形六面体

x 方向　$$p\mathrm{d}y\mathrm{d}z-\left(p+\frac{\partial p}{\partial x}\mathrm{d}x\right)\mathrm{d}y\mathrm{d}z=0$$

y 方向　$$p\mathrm{d}x\mathrm{d}z-\left(p+\frac{\partial p}{\partial y}\mathrm{d}y\right)\mathrm{d}x\mathrm{d}z-\rho g\,\mathrm{d}x\mathrm{d}y\mathrm{d}z=0$$

z 方向　$$p\mathrm{d}x\mathrm{d}y-\left(p+\frac{\partial p}{\partial z}\mathrm{d}z\right)\mathrm{d}x\mathrm{d}y=0$$

简化后得

$$\frac{\partial p}{\partial x}=0,\quad \frac{\partial p}{\partial y}=-\rho g,\quad \frac{\partial p}{\partial z}=0$$

其中第一式和第三式表明在任何水平面上，所有各点处均有 $p=\text{const}$，故水平面为等压面。

对不可压缩流体，由第二式，可得

$$\mathrm{d}p=-\rho g\,\mathrm{d}y \tag{1.23}$$

式中，重力加速度 g 看做常数。在任意两点之间积分上式，则有

$$\int_{p_1}^{p_2}\mathrm{d}p=-\rho g\int_{y_1}^{y_2}\mathrm{d}y$$

得

$$p_2-p_1=-\rho g(y_2-y_1) \tag{1.24}$$

对于静力学平衡的流体，式(1.24) 描述了其压力随高度变化的关系。

式(1.24) 只适用于不可压缩流体，而对于可压缩流体必须把 ρ 看做是变量，如对理想气体，有

$$\mathrm{d}p=-\frac{pg}{RT}\mathrm{d}y$$

式中，R 是气体常数，T 是绝对温度。对于等温大气，积分上式，可得

$$\ln\frac{p}{p_1}=-\frac{g}{RT}(y-y_1)$$

即

$$p=p_1\mathrm{e}^{-(g/RT)(y-y_1)} \tag{1.25}$$

式中，p_1 是某一个高度 y_1 上的压力。取 $y_1=0$，则对应与地球表面的大气压 p_a。可看出：等温大气层的压力随高度的增加呈指数规律下降。

在对流层中，温度随高度减小，由式(1.12)，可知

$$\mathrm{d}T=-0.006\,5\mathrm{d}y$$

代入式(1.16)，积分得式(1.17)，即

$$\frac{p}{p_a}=\left(\frac{T}{T_a}\right)^{5.255\,88}$$

式中，p_a，T_a 分别为海平面处的大气压力及绝对温度。

下面举几个算例，说明流体静力学的应用。

例 1.1 U 形管压力计。

测量压力差的 U 形管压力计原理图如图 1.10 所示。压力 p_A 与 p_B 之差可计算如下：

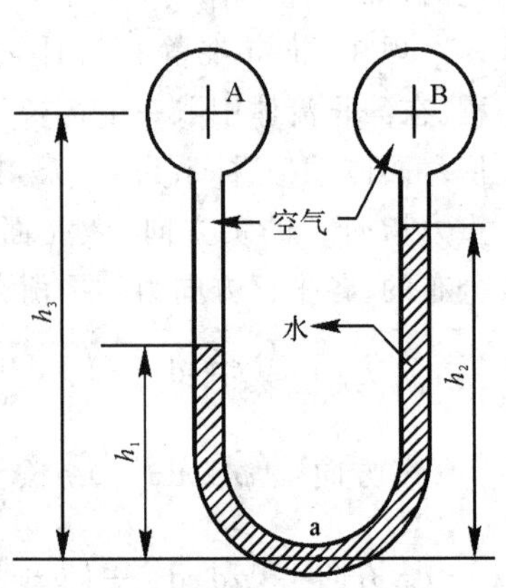

图 1.10 U 形管压力计原理图

设定点 a 处压力为 p_a，则

$$p_a=h_1\rho_水+(h_3-h_1)\rho_{空气}g+p_A$$

或

$$p_a=h_2\rho_水+(h_3-h_2)\rho_{空气}g+p_B$$

两式相减，整理得

$$p_A - p_B = (h_2 - h_1)(\rho_{水} - \rho_{空气})g$$

由于空气密度远小于水的密度，所以压力差近似等于高度差乘上水的重度 γ，即

$$p_A - p_B = (h_2 - h_1)\rho_{水} g = (h_2 - h_1)\gamma$$

例 1.2　没有剪应力的加速运动流体。

我们已经研究了处于静止状态的流体，现在来研究作等加速度运动的流体，且流体质点间没有相对运动，其运动如同刚体运动一样。考虑一个具有等加速向上和向右运动的液体容器，如图 1.11 所示。重力沿 $-y$ 方向。

对于容器中一个微小体积元，牛顿第二定律给出

$$\frac{\partial p}{\partial x} = -\rho a_x, \quad \frac{\partial p}{\partial y} = -(\rho a_y + \rho g)$$

积分得

$$p = -[\rho a_x x + (\rho a_y + \rho g)y] + C$$

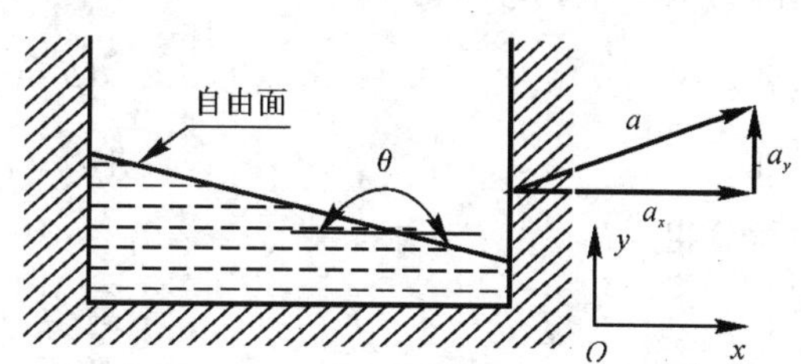

图 1.11　作等加速运动的流体容器

自由面的形状由 $p = p_0$ 决定，自由面是一个平面。等压面都是平行面，它们相对于水平面的倾角为

$$\theta = \arctan[a_x/(a_y + g)]$$

例 1.3　流体作匀速转动，各部分之间没有相对运动。设 ω 为角速度，为一恒定值，ρ 为流体密度。y 和 r 构成柱坐标系，如图 1.12 所示，极角为 φ。在半径 r 处，流体质点的向心加速度为 $-\omega^2 r$，沿着径向，指向转动中心。

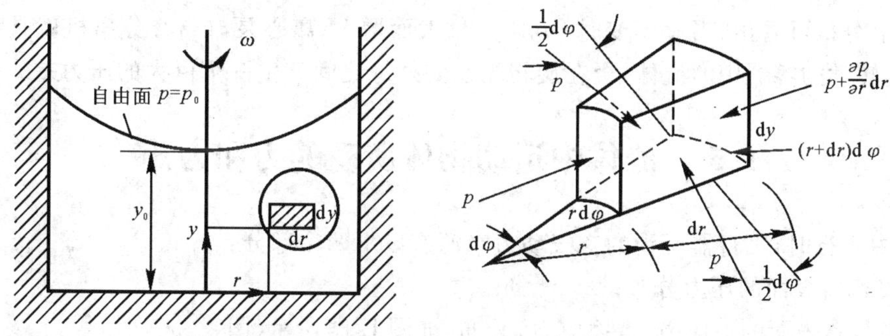

图 1.12　容器内旋转的流体，重力沿 $-y$ 方向

对于 y 方向，根据牛顿第二定律，有

$$-\rho g r \mathrm{d}r\mathrm{d}p\mathrm{d}y + pr\mathrm{d}r\mathrm{d}p - \left(p + \frac{\partial p}{\partial y}\mathrm{d}y\right)r\mathrm{d}r\mathrm{d}p = 0$$

即

$$\frac{\partial p}{\partial y} = -\rho g$$

沿 r 方向,设 $\sin\left(\frac{1}{2}d\varphi\right)\approx\frac{1}{2}d\varphi$,有

$$p dy\, r d\varphi-\left(p+\frac{\partial p}{\partial r}dr\right)dy(r+dr)d\varphi+2p dy dr\left(\frac{1}{2}d\varphi\right)=-\rho dy r d\varphi dr \omega^2 r$$

略去高阶小量,得

$$\frac{\partial p}{\partial r}=\rho\omega^2 r$$

因为 $p=p(r,y)$,则

$$dp=\frac{\partial p}{\partial r}dr+\frac{\partial p}{\partial y}dy$$

即

$$dp=\rho\omega^2 r dr-\rho g dy$$

积分得

$$p=\frac{1}{2}\rho\omega^2 r^2-\rho g y+C$$

在 $r=0, y=y_0$ 处,有 $p=p_0$,于是上式变为

$$p-p_0=\frac{1}{2}\rho\omega^2 r^2+\rho g(y_0-y)$$

在自由面上,$p=p_0$,得

$$y=y_0+\frac{1}{2}\omega^2 r^2/g$$

这是旋转抛物面。

由以上分析可看出,当 y 不变时,p 随 r^2 增大而增大。离心泵与离心分离机就是利用这个原理。快速转动的容器中的流体,会在旋转中心到外缘之间产生一个巨大的压力差。

1.5 流体中运动物体所受的力和力矩

在空中飞行时,飞行器所受的空气动力来源有以下两个部分:

(1) 飞行器表面的压力分布;

(2) 飞行器表面的剪应力(摩擦应力)分布,如图 1.13 所示(图中 $p=p(s)$ 为表面压力分布,$\tau=\tau(s)$ 为表面剪应力分布)。

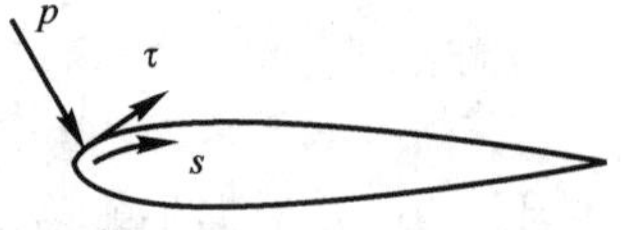

图 1.13 作用于翼剖面的压力和剪应力

在飞行中,飞行器表面各点的流动参数均不相同,故各点的压力 p 与剪应力 τ 也各不相同。压力 p 指向物面并与表面垂直。剪应力 τ 又称摩擦应力,与物面相切且与飞行器运动方向相反,将表面压力 p 与摩擦应力 τ 对飞行器表面积分并对某参考点取矩,即可得作用于该点的合力 R 与绕该点的力矩 M,如图 1.14 所示。

图 1.14 中 V_∞ 为飞行器远前方未经扰动的来流速度。空气动力 R 可分解为垂直于来流 V_∞ 的分量及平行来流 V_∞ 的分量，分别称为升力 L 和阻力 D，如图 1.15 所示。图中 c 称为翼剖面弦长，是翼剖面前缘与后缘的连线；α 称为迎角，为 c 与 V_∞ 之间的夹角。

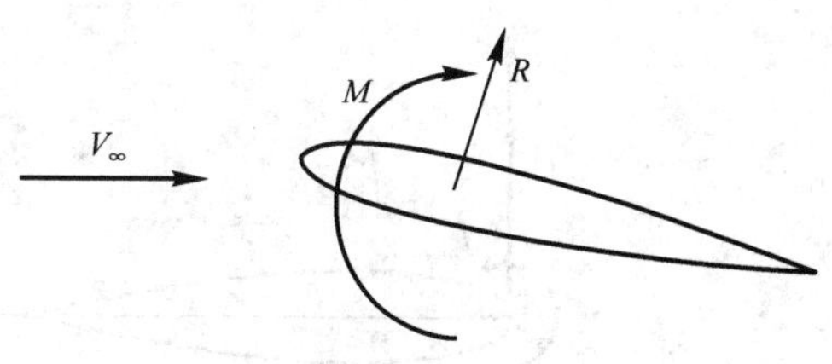

图 1.14　作用于机翼剖面的空气动力与力矩

R 还可分解为垂直于弦长 c 的分量与平行于弦长 c 的分量，分别称为法向力 N 和轴向力 A。从图 1.15 可得

$$L = N\cos\alpha - A\sin\alpha \tag{1.26}$$

$$D = N\sin\alpha + A\cos\alpha \tag{1.27}$$

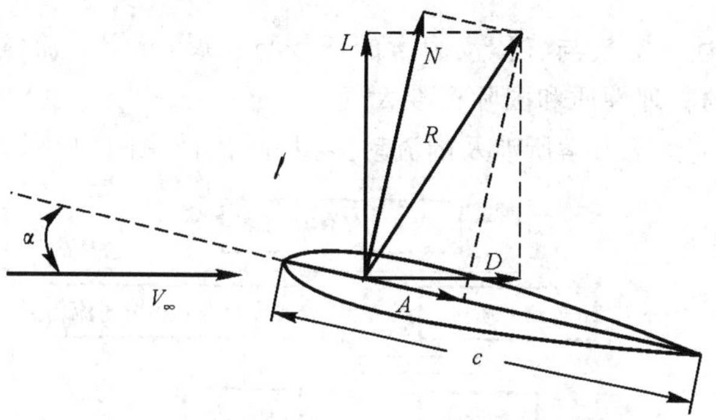

图 1.15　空气动力的分解

1.6　压力中心

前面提到作用翼剖面上的空气动力，可简化为作用于弦上某参考点的升力 L、阻力 D 或法向力 N、轴向力 A 及绕该点的力矩 M。如果绕参考点的力矩为零，则该点称为压力中心。显然压力中心就是总空气动力的作用点。

当参考点取在前缘时，作用于该点的空气动力为 N,A 和 M_{LE}，如图 1.16 所示。力矩以抬头为正。

当参考点取在压力中心时，则力矩为零。压力中心位置 x_{cp} 计算如下：

$$\begin{aligned} M_{LE} &= -x_{cp}N \\ x_{cp} &= -\frac{M_{LE}}{N} \end{aligned} \tag{1.28}$$

当迎角 α 很小时，$\sin\alpha \approx 0$，$\cos\alpha \approx 1$，则有

$$x_{cp} \approx -\frac{M_{LE}}{L} \tag{1.29}$$

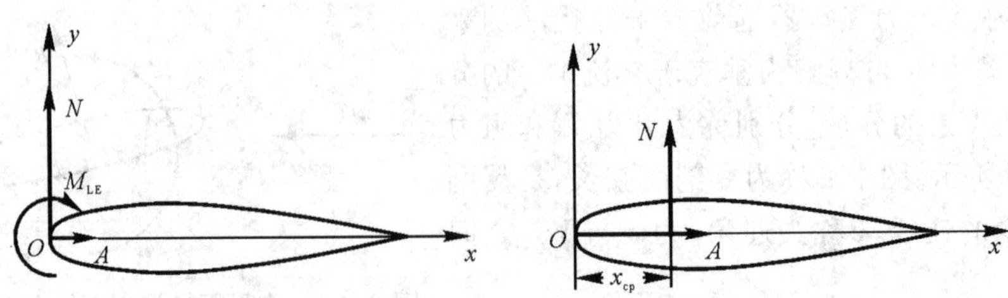

图 1.16　作用于前缘与作用于压力中心的空气动力

1.7　小　结

(1) 本章简要讲述了空气与气体动力学的任务与发展，介绍了流体介质、气体的压缩性、黏性和传热性，空气的物理性质和国际标准大气。

(2) 对于空气与气体动力学所涉及的流动类型可归纳如图 1.17 所示。

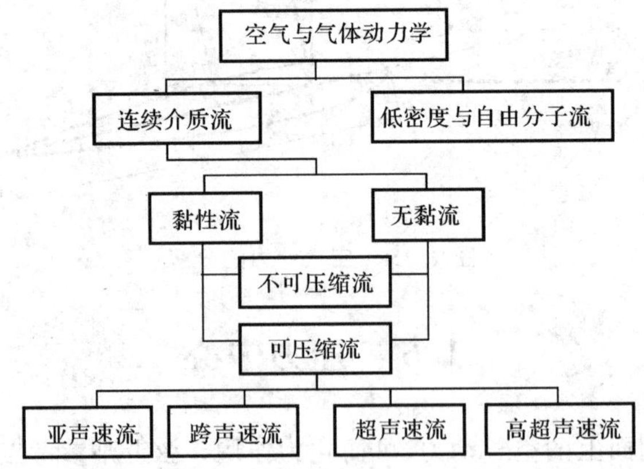

图 1.17　空气与气体动力学所涉及的流动类型

(3) 流体静力学平衡方程为

$$\frac{\mathrm{d}p}{\mathrm{d}y} = -\rho g$$

积分上式得

$$p_1 + \rho g y_1 = p_2 + \rho g y_2$$

此式描述了静力学平衡流体压力随高度变化的关系。

(4) 飞行器所受空气动力来源于：

1) 飞行器表面的压力分布 p；

2）飞行器表面摩擦应力分布 τ。

将 p 与 τ 对飞行器表面积分并对某参考点取矩，即可得作用于该点的合力 R 与绕该点的力矩 M。R 可分解为升力 L 和阻力 D，也可分解为法向力 N 与轴向力 A。压力中心是总空气动力的作用点，显然绕该点的力矩为零。

$$L = N\cos\alpha - A\sin\alpha$$
$$D = N\sin\alpha + A\cos\alpha$$

当迎角 α 很小时，则有

$$x_{cp} = -\frac{M_{LE}}{N} \approx -\frac{M_{LE}}{L}$$

习 题

1.1 何谓流体介质连续性假设？试阐明连续流动与自由分子流动的概念。

1.2 什么是气体的压缩性？在空气与气体动力学领域，什么情况下应考虑压缩性的影响？

1.3 试阐明流体黏性的概念与黏度的定义。

1.4 在什么情况下，流体可视为理想流体？在解决空气与气体动力学的问题中，理想流体假设有何实际意义？

1.5 飞机在等温大气层中飞行，已知地面上的大气压力为 100 kPa，密度为 11.8 kg/m^3，若飞机气压计读数为 600 mmHg，求飞机所在高度。

1.6 气瓶容积为 0.15 m^3，在温度为 303 K 时，瓶中氧气的压力是 5×10^6 Pa，求瓶中氧气的质量。

1.7 某飞机的巡航高度设计为 10 km，求出该高度处的大气压力，密度和温度，并与国际标准大气表上所给出的数据相比较。

1.8 两平行圆盘，直径均为 D，两者相距 h，下盘固定，上盘以一角速度 ω 旋转。两盘间为液体，其黏度为 μ。设 h 与 D 相比为小量，两盘间液体的速度分布是线性关系。试推导黏度 μ 与转矩 T 及角速度 ω 之间的关系式。

1.9 假设大气的温度是个常数，其值为 288.15 K，试求：5 000 m 高度处的压力；将该压力和相同高度处标准大气的压力相比较，并解释产生这种差别的原因。

参考文献

[1] 曹鹤荪，史超礼，何庆芝，等. 中国大百科全书：航空航天卷[M]. 北京，上海：中国大百科全书出版社，1985.

[2] 戴文赛，席泽宗，叶叔华，等. 中国大百科全书：天文学卷[M]. 北京，上海：中国大百科全书出版社，1980.

[3] 秦丕钊，杨其德，等. 航空气动手册：第1册[M]. 北京：国防工业出版社，1983.

[4] 徐华舫.空气动力学基础[M].北京:北京航空学院出版社,1987.

[5] 潘锦珊.气体动力学基础[M].西安:西北工业大学出版社,1995.

[6] Anderson John D, Jr. Fundamentals of Aerodynamics[M]. New York:McGraw-Hill Book Company, 1991.

[7] 许光明.航空飞行器发展概论[M].长沙:国防科技大学出版社,1998.

[8] 陈绍祖.长空搏击的飞机[M].南京:江苏科学技术出版社,2004。

[9] 顾诵芬,史超礼.世界航空发展史[M].郑州:河南科学技术出版社,2000.

第 2 章　流体力学的基本原理与基本方程

2.1　引　言

本章主要讨论流体运动的描述方法，建立流体运动的基本概念，讨论二维、三维流动中各种流动参数之间的关系。为了使读者更好地理解所要讨论的这些问题，在本章的开始，首先介绍和本章内容相关的数学知识，即标量场、矢量场及其运算。通过对这些数学基础的学习或复习，希望读者在今后的学习中可达到事半功倍的效果。紧接着给出了流动的描述方法，即拉格朗日法和欧拉法。通过对流体微元和控制体的研究，应用质量守恒定律、牛顿第二定律、能量守恒和转换定律导出流体运动学和流体动力学的基本方程，即连续方程、动量方程和能量方程。本章还重点介绍了旋涡和旋涡运动的相关概念及定理。旋涡是流体运动的一种基本形式，自然界中旋涡是很常见的现象。本章就是想通过对流动及旋涡运动基本规律的介绍使读者对流动及旋涡有一个基本的了解，为以后研究飞行器的空气动力和绕流流场提供一些必要的基础知识。本章内容简介如图 2.1 所示。

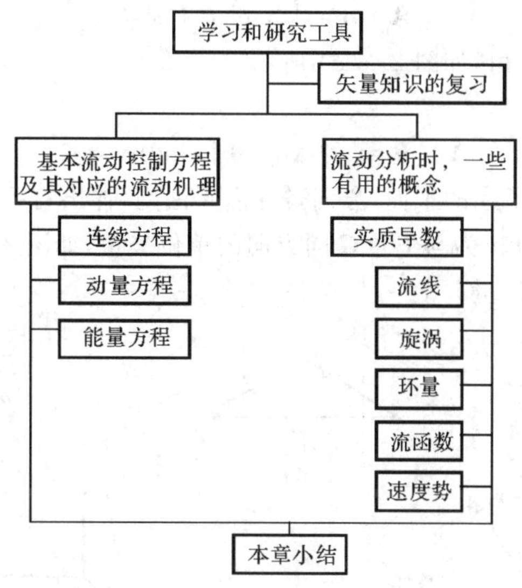

图 2.1　第 2 章的内容简介

本章介绍的相关知识是学习和研究流体力学的基础知识，希望读者能够认真对待，仔细揣摩,因为这些知识是以后学习和从事研究必不可少的基础。

2.2　标量场、矢量场及其运算

一、矢量代数

对于一个矢量$\boldsymbol{A}$,它既有大小又有方向,如图 2.2(a) 所示,其中箭头表示矢量方向。矢量$\boldsymbol{A}$的大小可表示为$|\boldsymbol{A}|$,是一个标量。单位矢量$n=\dfrac{\boldsymbol{A}}{|\boldsymbol{A}|}$,它代表一个单位长度且与$\boldsymbol{A}$同方向的矢量。

矢量加法:

$$\boldsymbol{A}+\boldsymbol{B}=\boldsymbol{C} \tag{2.1}$$

它可以用三角形法则表示,如图 2.2(b) 所示。其中,$\boldsymbol{B}$ 矢量的头部连着$\boldsymbol{A}$ 矢量的尾部。

矢量减法:

$$\boldsymbol{A}-\boldsymbol{B}=\boldsymbol{D} \tag{2.2}$$

我们用一个大小与$\boldsymbol{B}$相等,方向与$\boldsymbol{B}$相反的矢量来代替$\boldsymbol{B}$,即$-\boldsymbol{B}$,则三角形法则如图 2.2(c) 所示,其中 $-\boldsymbol{B}$ 矢量的头部连着$\boldsymbol{A}$ 矢量的尾部。

矢量点乘:

$$\boldsymbol{A}\cdot\boldsymbol{B}=|\boldsymbol{A}||\boldsymbol{B}|\cos\theta \tag{2.3}$$

式中,θ 表示$\boldsymbol{A}$,$\boldsymbol{B}$之间的夹角,如图 2.2(d) 所示。

矢量叉乘:

$$\boldsymbol{A}\times\boldsymbol{B}=(|\boldsymbol{A}||\boldsymbol{B}|\sin\theta)\boldsymbol{e}=\boldsymbol{G} \tag{2.4}$$

式中,矢量$\boldsymbol{G}$垂直于$\boldsymbol{A}$,$\boldsymbol{B}$所在的平面,方向遵守右手法则(伸出右手,四指沿$\boldsymbol{A}$弯曲向$\boldsymbol{B}$,大拇指指向的方向为$\boldsymbol{G}$的方向)。$\boldsymbol{e}$为与矢量$\boldsymbol{G}$同方向的单位矢量,如图 2.2(e) 所示。应该特别注意的是矢量叉乘的结果仍为矢量。

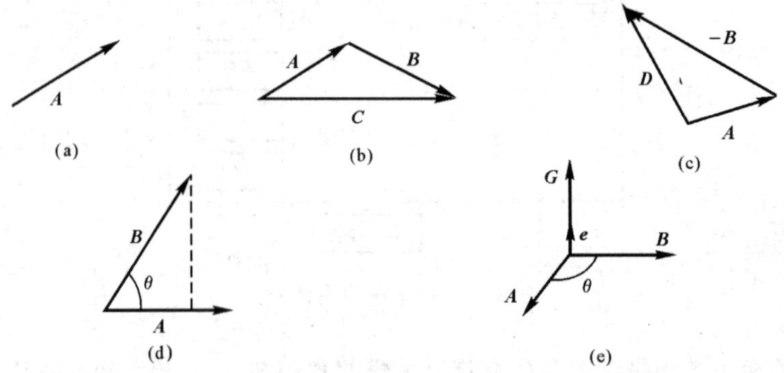

图 2.2　矢量及矢量运算

二、坐标系

在数学上，为了利用数学工具在空间描述流体及流体运动，需要有一套坐标系系统。常用的坐标系有直角坐标系、柱坐标系和球坐标系。下面分别对这三种坐标系作以介绍。

直角坐标系：

如图 2.3(a) 所示，x，y 和 z 轴相互垂直且满足右手定则，$\boldsymbol{i}$，$\boldsymbol{j}$，$\boldsymbol{k}$ 分别为与 x，y，z 轴相对应的单位矢量。任意一点 P 在空间的坐标为（x，y，z）。同时点 P 可以用位置矢量 $\boldsymbol{r}$ 表示，即

$$\boldsymbol{r} = x\boldsymbol{i} + y\boldsymbol{j} + z\boldsymbol{k}$$

设 $\mathbf{A}$ 为直角坐标系下的一个矢量，它可以表示如下：

$$\mathbf{A} = A_x\boldsymbol{i} + A_y\boldsymbol{j} + A_z\boldsymbol{k} \tag{2.5}$$

式中，A_x，A_y，A_z 分别表示 $\mathbf{A}$ 在 x，y，z 轴上的分量大小，如图 2.3(b) 所示。

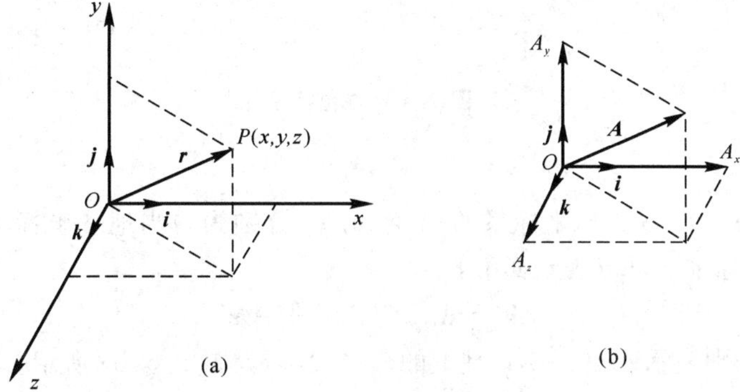

图 2.3　直角坐标系

柱坐标系：

如图 2.4(a) 所示，r，θ 和 z 为柱坐标系的轴，$\boldsymbol{e}_r$，$\boldsymbol{e}_\theta$，$\boldsymbol{e}_z$ 分别为与各轴相对应的单位矢量。

在柱坐标系下，矢量 $\mathbf{A}$ 可以表示如下：

$$\mathbf{A} = A_r\boldsymbol{e}_r + A_\theta\boldsymbol{e}_\theta + A_z\boldsymbol{e}_z \tag{2.6}$$

式中，A_r，A_θ，A_z 分别表示 $\mathbf{A}$ 在 r，θ，z 轴上的分量大小，如图 2.4(b) 所示。

柱坐标系与直角坐标系的转换关系为

$$x = r\cos\theta$$

$$y = r\sin\theta$$

$$z = z$$

或

$$r = \sqrt{x^2 + y^2}$$

$$\theta = \arctan \frac{y}{x}$$

$$z = z$$

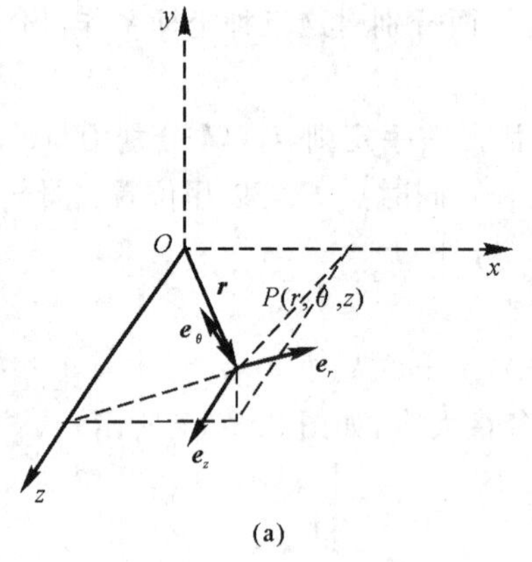

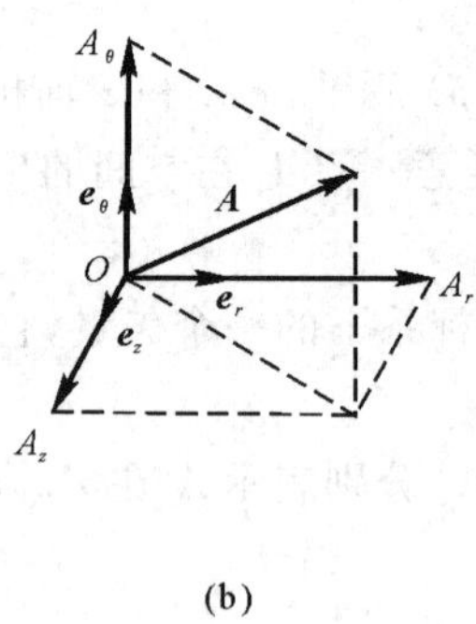

图 2.4　柱坐标系

球坐标系：

如图 2.5(a)，r，θ 和 φ 为球坐标系的轴，$\boldsymbol{e}_r$，$\boldsymbol{e}_\theta$，$\boldsymbol{e}_\varphi$ 分别为与当地球坐标轴相对应的单位矢量。矢量 $\boldsymbol{A}$ 在球坐标系下可以表示如下：

$$\boldsymbol{A} = A_r\boldsymbol{e}_r + A_\theta\boldsymbol{e}_\theta + A_\varphi\boldsymbol{e}_\varphi \tag{2.7}$$

式中，A_r，A_θ，A_φ 分别表示 $\boldsymbol{A}$ 在 r，θ，φ 轴上的分量大小，如图 2.5(b) 所示。

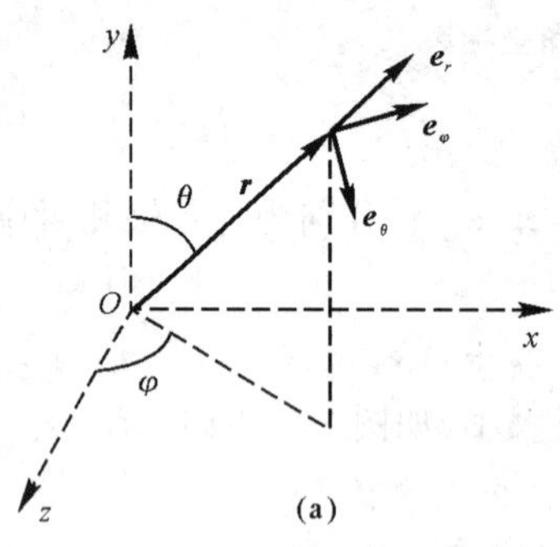

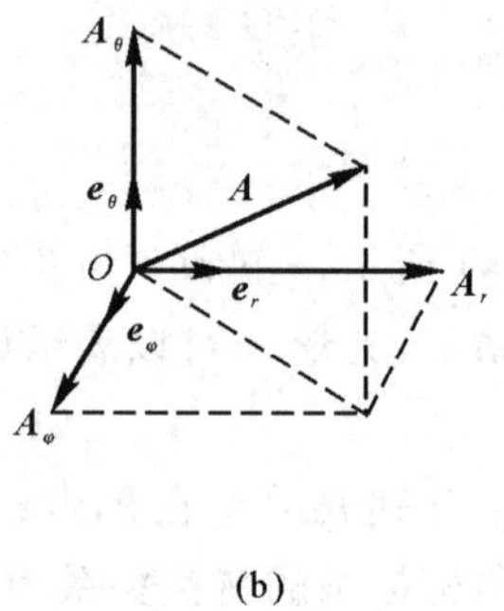

图 2.5　球坐标系

球坐标系与直角坐标系的转换关系为

$$x = r\sin\theta\cos\varphi$$

$$y = r\sin\theta\sin\varphi$$

$$z = r\cos\theta$$

或

$$r = \sqrt{x^2 + y^2 + z^2}$$

$$\theta = \arccos \frac{z}{r} = \arccos \frac{z}{\sqrt{x^2 + y^2 + z^2}}$$

$$\varphi = \arccos \frac{x}{\sqrt{x^2 + y^2}}$$

三、标量与矢量场及其乘积

标量的值用关于空间坐标和时间坐标的函数形式给出，称之为标量场。如压力、密度、温度为标量，则有

$$p = p(x,y,z,t) = p(r,\theta,z,t) = p(r,\theta,\varphi,t)$$

$$\rho = \rho(x,y,z,t) = \rho(r,\theta,z,t) = \rho(r,\theta,\varphi,t)$$

$$T = T(x,y,z,t) = T(r,\theta,z,t) = T(r,\theta,\varphi,t)$$

类似地，矢量的值用关于空间坐标和时间坐标的函数形式给出，称之为矢量场。如速度为矢量，则有

$$\boldsymbol{V} = u\boldsymbol{i} + v\boldsymbol{j} + w\boldsymbol{k}$$

其中

$$u = u(x,y,z,t)$$

$$v = v(x,y,z,t)$$

$$w = w(x,y,z,t)$$

这里的速度是在直角坐标系下的矢量表达形式。在不同的坐标系下它有着不同的表示方式(感兴趣的读者，可以作以推导)。

在式(2.3) 和式(2.4) 中，我们定义了点乘和叉乘，它们可以用分量的形式表示如下：

直角坐标系：

令　$\boldsymbol{A} = A_x\boldsymbol{i} + A_y\boldsymbol{j} + A_z\boldsymbol{k}$，　$\boldsymbol{B} = B_x\boldsymbol{i} + B_y\boldsymbol{j} + B_z\boldsymbol{k}$

那么

$$\boldsymbol{A} \cdot \boldsymbol{B} = A_xB_x + A_yB_y + A_zB_z \tag{2.8}$$

$$\boldsymbol{A} \times \boldsymbol{B} = \begin{vmatrix} \boldsymbol{i} & \boldsymbol{j} & \boldsymbol{k} \\ A_x & A_y & A_z \\ B_x & B_y & B_z \end{vmatrix} = \boldsymbol{i}(A_yB_z - A_zB_y) + \boldsymbol{j}(A_xB_z - A_zB_x) + \boldsymbol{k}(A_xB_y - A_yB_x) \tag{2.9}$$

柱坐标系：

令　$\boldsymbol{A} = A_r\boldsymbol{e}_r + A_\theta\boldsymbol{e}_\theta + A_z\boldsymbol{e}_z$，　$\boldsymbol{B} = B_r\boldsymbol{e}_r + B_\theta\boldsymbol{e}_\theta + B_z\boldsymbol{e}_z$

那么

$$\boldsymbol{A}\cdot\boldsymbol{B}=A_rB_r+A_\theta B_\theta+A_zB_z \tag{2.10}$$

$$\boldsymbol{A}\times\boldsymbol{B}=\begin{vmatrix}\boldsymbol{e}_r & \boldsymbol{e}_\theta & \boldsymbol{e}_z\\ A_r & A_\theta & A_z\\ B_r & B_\theta & B_z\end{vmatrix} \tag{2.11}$$

球坐标系：

令 $\boldsymbol{A}=A_r\boldsymbol{e}_r+A_\theta\boldsymbol{e}_\theta+A_\varphi\boldsymbol{e}_\varphi,\quad \boldsymbol{B}=B_r\boldsymbol{e}_r+B_\theta\boldsymbol{e}_\theta+B_\varphi\boldsymbol{e}_\varphi$

那么

$$\boldsymbol{A}\cdot\boldsymbol{B}=A_rB_r+A_\theta B_\theta+A_\varphi B_\varphi \tag{2.12}$$

$$\boldsymbol{A}\times\boldsymbol{B}=\begin{vmatrix}\boldsymbol{e}_r & \boldsymbol{e}_\theta & \boldsymbol{e}_\varphi\\ A_r & A_\theta & A_\varphi\\ B_r & B_\theta & B_\varphi\end{vmatrix} \tag{2.13}$$

四、标量场的梯度

先回顾一下流场中的微元。取标量

$$p=p(x,y,z)=p(r,\theta,z)=p(r,\theta,\varphi)$$

空间某点 P 微元的梯度∇p，也可用 $\mathbf{grad}p$ 表示。定义如下：

(1) 它的大小等于给定点 P 处在空间坐标里单位长度的最大变化率。

(2) 它的方向为满足最大变化率的方向。

如图2.6所示，取任意点 $P(x,y)$ 的∇p，并从该点引任意方向 $\boldsymbol{s}$，$\boldsymbol{e}_s$ 为 $\boldsymbol{s}$ 的单位矢量。那么在 $\boldsymbol{s}$ 上 p 的单位长度变化率为

$$\frac{\mathrm{d}p}{\mathrm{d}s}=\nabla p\cdot\boldsymbol{e}_s$$

式中，$\frac{\mathrm{d}p}{\mathrm{d}s}$ 称为在 $\boldsymbol{s}$ 方向上的直接微分。它是∇p 在该方向上的分量。

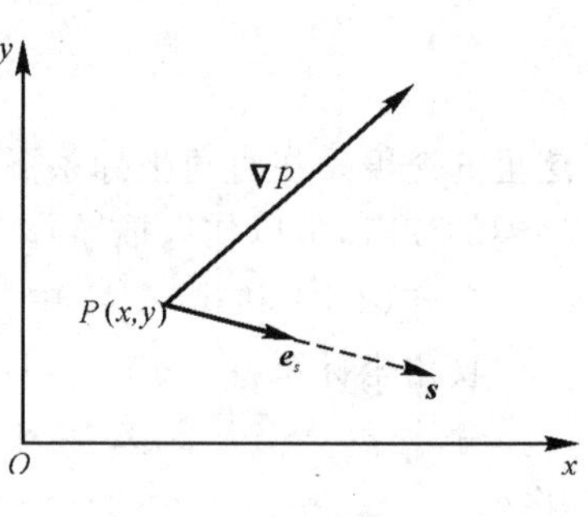

图 2.6　梯度

下面给出在不同坐标系下，∇p 的表达式。

直角坐标系： $p=p(x,y,z)$

$$\nabla p=\frac{\partial p}{\partial x}\boldsymbol{i}+\frac{\partial p}{\partial y}\boldsymbol{j}+\frac{\partial p}{\partial z}\boldsymbol{k} \tag{2.14}$$

柱坐标系： $p=p(r,\theta,z)$

$$\nabla p=\frac{\partial p}{\partial r}\boldsymbol{e}_r+\frac{1}{r}\frac{\partial p}{\partial \theta}\boldsymbol{e}_\theta+\frac{\partial p}{\partial z}\boldsymbol{e}_z \tag{2.15}$$

球坐标系： $p=p(r,\theta,\varphi)$

$$\nabla p=\frac{\partial p}{\partial r}\boldsymbol{e}_r+\frac{1}{r}\frac{\partial p}{\partial \theta}\boldsymbol{e}_\theta+\frac{1}{r\sin\theta}\frac{\partial p}{\partial \varphi}\boldsymbol{e}_\varphi \tag{2.16}$$

五、矢量场的散度、旋度

1. 散度

取矢量 $\boldsymbol{V}=\boldsymbol{V}(x,y,z)=\boldsymbol{V}(r,\theta,z)=\boldsymbol{V}(r,\theta,\varphi)$，$\boldsymbol{V}$ 代表速度矢量，其三个方向的线变化率之和定义为速度矢量 $\boldsymbol{V}$ 的散度，以 $\nabla\cdot\boldsymbol{V}$ 或 div$\boldsymbol{V}$ 表示，它是一个标量。下面给出不同坐标系下散度的表达形式。

直角坐标系：

$$\boldsymbol{V}=\boldsymbol{V}(x,y,z)=u\boldsymbol{i}+v\boldsymbol{j}+w\boldsymbol{k}$$

$$\nabla\cdot\boldsymbol{V}=\frac{\partial u}{\partial x}+\frac{\partial v}{\partial y}+\frac{\partial w}{\partial z} \tag{2.17}$$

柱坐标系：

$$\boldsymbol{V}=\boldsymbol{V}(r,\theta,z)=V_r\boldsymbol{e}_r+V_\theta\boldsymbol{e}_\theta+V_z\boldsymbol{e}_z$$

$$\nabla\cdot\boldsymbol{V}=\frac{1}{r}\frac{\partial}{\partial r}(rV_r)+\frac{1}{r}\frac{\partial V_\theta}{\partial\theta}+\frac{\partial V_z}{\partial z} \tag{2.18}$$

球坐标系：

$$\boldsymbol{V}=\boldsymbol{V}(r,\theta,\varphi)=V_r\boldsymbol{e}_r+V_\theta\boldsymbol{e}_\theta+V_\varphi\boldsymbol{e}_\varphi$$

$$\nabla\cdot\boldsymbol{V}=\frac{1}{r^2}\frac{\partial}{\partial r}(r^2V_r)+\frac{1}{r\sin\theta}\frac{\partial}{\partial\theta}(V_\theta\sin\theta)+\frac{1}{r\sin\theta}\frac{\partial V_\varphi}{\partial\varphi} \tag{2.19}$$

2. 旋度

取矢量 $\boldsymbol{V}=\boldsymbol{V}(x,y,z)=\boldsymbol{V}(r,\theta,z)=\boldsymbol{V}(r,\theta,\varphi)$，$\boldsymbol{V}$ 为一矢量，同时也代表流体速度。流体旋度定义为 $\nabla\times\boldsymbol{V}$，为一矢量。在流场中，如果微元以角速度 $\boldsymbol{\omega}$ 旋转，从 2.8 节可知，$\boldsymbol{\omega}$ 等于 $\boldsymbol{V}$ 的旋度的一半。旋度在不同的坐标系中有着不同的形式。

直角坐标系：

$$\boldsymbol{V}=u\boldsymbol{i}+v\boldsymbol{j}+w\boldsymbol{k}$$

$$\nabla\times\boldsymbol{V}=\begin{vmatrix}\boldsymbol{i} & \boldsymbol{j} & \boldsymbol{k}\\ \dfrac{\partial}{\partial x} & \dfrac{\partial}{\partial y} & \dfrac{\partial}{\partial z}\\ u & v & w\end{vmatrix}=\boldsymbol{i}\left(\frac{\partial w}{\partial y}-\frac{\partial v}{\partial z}\right)+\boldsymbol{j}\left(\frac{\partial u}{\partial z}-\frac{\partial w}{\partial x}\right)+\boldsymbol{k}\left(\frac{\partial v}{\partial x}-\frac{\partial u}{\partial y}\right) \tag{2.20}$$

柱坐标系：

$$\boldsymbol{V}=V_r\boldsymbol{e}_r+V_\theta\boldsymbol{e}_\theta+V_z\boldsymbol{e}_z$$

$$\nabla\times\boldsymbol{V}=\frac{1}{r}\begin{vmatrix}\boldsymbol{e}_r & r\boldsymbol{e}_\theta & \boldsymbol{e}_z\\ \dfrac{\partial}{\partial r} & \dfrac{\partial}{\partial\theta} & \dfrac{\partial}{\partial z}\\ V_r & rV_\theta & V_z\end{vmatrix} \tag{2.21}$$

球坐标系：

$$\boldsymbol{V}=V_r\boldsymbol{e}_r+V_\theta\boldsymbol{e}_\theta+V_\varphi\boldsymbol{e}_\varphi$$

$$\nabla\times\boldsymbol{V}=\frac{1}{r^2\sin\theta}\begin{vmatrix}\boldsymbol{e}_r & r\boldsymbol{e}_\theta & (r\sin\theta)\boldsymbol{e}_\varphi\\ \dfrac{\partial}{\partial r} & \dfrac{\partial}{\partial\theta} & \dfrac{\partial}{\partial\varphi}\\ V_r & rV_\theta & (r\sin\theta)V_\varphi\end{vmatrix} \tag{2.22}$$

六、线积分、面积分和体积分

1. 线积分

考虑矢量$\boldsymbol{A}=\boldsymbol{A}(x,y,z)=\boldsymbol{A}(r,\theta,z)=\boldsymbol{A}(r,\theta,\varphi)$与两端点分别为$a$,$b$的曲线$C$,如图2.7所示。

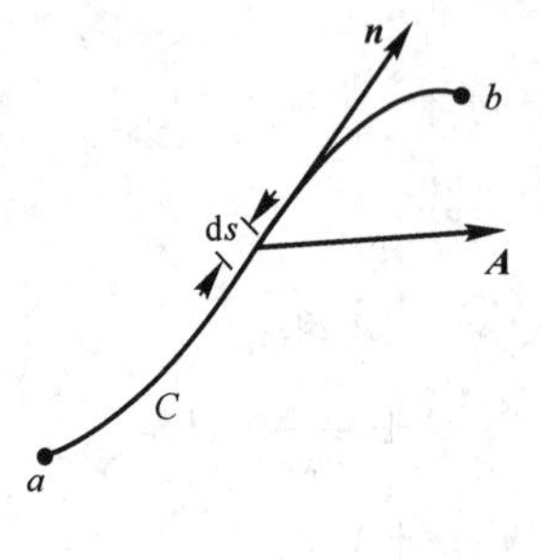

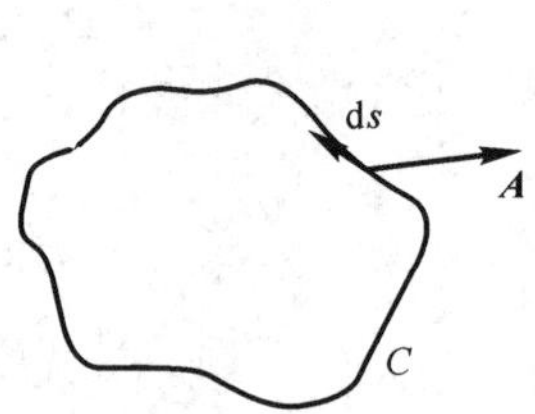

图 2.7 线积分

ds代表曲线微段,$\boldsymbol{n}$代表与曲线相切的单位矢量,即d$\boldsymbol{s}=\boldsymbol{n}ds$。那么$\boldsymbol{A}$沿曲线$C$由$a$至$b$的线积分定义如下:

$$\int_a^b \boldsymbol{A}\cdot \mathrm{d}\boldsymbol{s} \tag{2.23}$$

如果曲线C是封闭的。那么线积分也可以给出如下形式:

$$\oint_C \boldsymbol{A}\cdot \mathrm{d}\boldsymbol{s} \tag{2.24}$$

其中,对于曲线积分,以顺时针为正。

2. 曲面积分

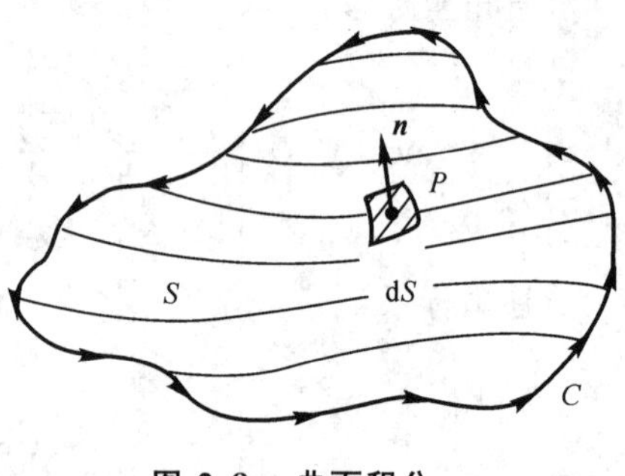

图 2.8 曲面积分

如图2.8所示,封闭曲线C围成的面S。在其表面点P,dS代表微面元,$\boldsymbol{n}$代表单位外法线矢量,$\boldsymbol{n}$的方向对于曲线C满足右手法则。令d$\boldsymbol{S}=\boldsymbol{n}dS$。那么对于曲面积分的定义有三种,分别如下:

$$\left.\begin{aligned}&\iint_S p\,\mathrm{d}\boldsymbol{S}\text{——标量的曲面积分}\quad\text{(结果为矢量)}\\&\iint_S \boldsymbol{A}\cdot\mathrm{d}\boldsymbol{S}\text{——矢量的曲面积分}\quad\text{(结果为标量)}\\&\iint_S \boldsymbol{A}\times\mathrm{d}\boldsymbol{S}\text{——矢量的曲面积分}\quad\text{(结果为矢量)}\end{aligned}\right\} \tag{2.25}$$

如果曲面 S 封闭，那么面积分也可表示成下面的形式：

$$\oiint_S p\,\mathrm{d}\boldsymbol{S},\quad \oiint_S \boldsymbol{A}\cdot\mathrm{d}\boldsymbol{S},\quad \oiint_S \boldsymbol{A}\times\mathrm{d}\boldsymbol{S}$$

3. 体积分

如图 2.9 所示，取 τ 为空间体积，ρ 为一标量，那么在 τ 上对 ρ 的体积分给出下面的表达形式，即

$$\iiint_\tau \rho\,\mathrm{d}\tau \text{—— 标量的体积分　（结果为标量）} \tag{2.26}$$

$\boldsymbol{A}$ 为一矢量，那么在 τ 上对 $\boldsymbol{A}$ 的体积分给出下面的表达形式：

$$\iiint_\tau \boldsymbol{A}\,\mathrm{d}\tau \text{—— 矢量的体积分　（结果为矢量）} \tag{2.27}$$

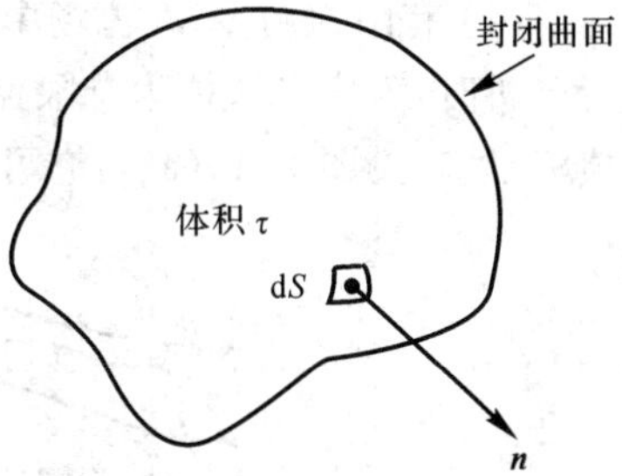

图 2.9　体积分

七、线、面、体积分间的关系

对于由封闭曲线 C 围成的面 S，如图 2.8 所示。斯托克斯公式表示了矢量 $\boldsymbol{A}$ 沿曲线 C 的线积分与矢量 $\boldsymbol{A}$ 在曲面 S 上的面积分之间的关系，即

$$\oint_C \boldsymbol{A}\cdot\mathrm{d}\boldsymbol{s} = \iint_S (\nabla\times\boldsymbol{A})\cdot\mathrm{d}\boldsymbol{S} \tag{2.28}$$

如图 2.9 所示，对于封闭曲面 S 围成的体积 τ，散度公式表示了矢量 $\boldsymbol{A}$ 沿曲面 S 的面积分与矢量 $\boldsymbol{A}$ 在体积 τ 上的体积分之间的关系，即

$$\oiint_S \boldsymbol{A}\cdot\mathrm{d}\boldsymbol{S} \equiv \iiint_\tau (\nabla\cdot\boldsymbol{A})\,\mathrm{d}\tau \tag{2.29}$$

假如 p 是一个标量，式(2.29) 演化为梯度公式，即

$$\oiint_S p\,\mathrm{d}\boldsymbol{S} = \iiint_\tau \nabla p\,\mathrm{d}\tau \tag{2.30}$$

2.3　流体流动的描述方法

一、拉格朗日法和欧拉法

在连续介质假设的前提下，可以认为，流体质点连续地占据了整个流体空间。为了描述流体的运动，必须把流体的几何位置和时间联系起来，可以有两种基本不同的方法。

第一种方法称为拉格朗日(Lagrange) 法。它研究个别流体质点的运动与它们的轨迹，及它们在各自轨迹的各点上的速度和加速度等。这便要求追随着每个流体质点进行观察和研究，因而一般是困难的，没有太多的实用价值。

第二种方法也是最常用的方法称为欧拉(Euler)法。它研究任一时刻 t，在个别空间点处流体质点的运动。场的概念便是根据这种局部的观察方法引出来的。

二、控制体、流体微元近似

在对流体进行分析的过程中，用到两类物理模型和三条基本定律。

1. 两类物理模型

(1) 有限控制体。在流场中，假定通过一个有限大小且封闭的体来圈定一定区域的流体进行分析时，就定义该体为有限控制体，其边界定义为控制面。控制体既可固定于空间位置让流体流过它(见图 2.10(a))，亦可随流体运动而保持其内部所包含的流体不变(见图 2.10(b))，

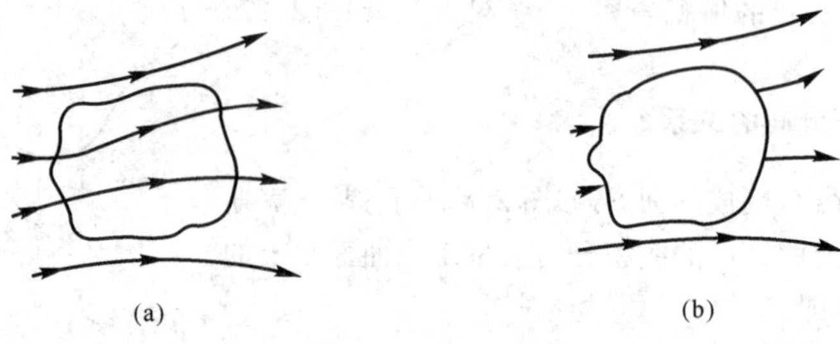

图 2.10　有限控制体

(2) 流体微元。在流场中，也可以通过选定一无限微小的体积元来进行分析，该体积元定义为流体微元。虽然该微元无限小，但是还是足够大到包含了大量的流体分子，所以，连续流的假设在这仍然成立。类似于有限控制体，流体微元也是既可固定于空间位置让流体流过它(见图 2.11(a))，亦可随流体运动而保持其内部所包含的流体不变(见图 2.11(b))。

图 2.11　有限流体微元

2. 三条基本定律

(1) 质量守恒定律：质量既不会产生，也不会消失；

(2) 牛顿第二定律：力 = 质量 × 加速度；

(3) 能量守恒定律(热力学第一定律)：能量既不会产生，也不会消失，只能从一种形式转

化为其他形式。

2.4　连续方程

一、实质导数

为了方便推导流体运动的基本方程，在这里引入实质导数的概念。简单地说就是描述物理量对时间的变化率。

在时刻 t，取出一个有限控制体，其体积为 $\tau(t)$，边界为 $A(t)$，可定义流体中某物理量 ϕ 的总量 $I(t)$ 为体积分，即

$$I(t) = \iiint_{\tau(t)} \phi \mathrm{d}\tau \tag{2.31}$$

式中，ϕ 是单位体积的某个物理量的分布，ϕ 是空间矢量 $\boldsymbol{r}$ 和时间 t 的函数 $\phi = \phi(\boldsymbol{r}, t)$，$\phi$ 可以是标量函数也可以是矢量函数。$I(t)$ 随时间的变化率就是式(2.31) 的实质导数，即

$$\frac{\mathrm{D}I}{\mathrm{D}t} = \frac{\mathrm{D}}{\mathrm{D}t}\iiint_{\tau(t)} \phi \mathrm{d}\tau \tag{2.32}$$

根据实质导数的定义

$$\frac{\mathrm{D}I}{\mathrm{D}t} = \lim_{\Delta t \to 0} \frac{I(t+\Delta t) - I(t)}{\Delta t} \tag{2.33}$$

其中，
$$I(t+\Delta t) = \iiint_{\tau(t+\Delta t)} \phi(r, t+\Delta t) \mathrm{d}\tau \tag{2.34}$$

应该注意的是，控制体在不同时刻是不相同的。如图 2.12 所示，t 时刻，控制体的体积为 $\tau(t) = \tau_2 + \tau_3$，表面积为 $A(t) = A_1 + A_2$。在 $t+\Delta t$ 时刻，控制体的形状、体积、大小和位置都发生变化。

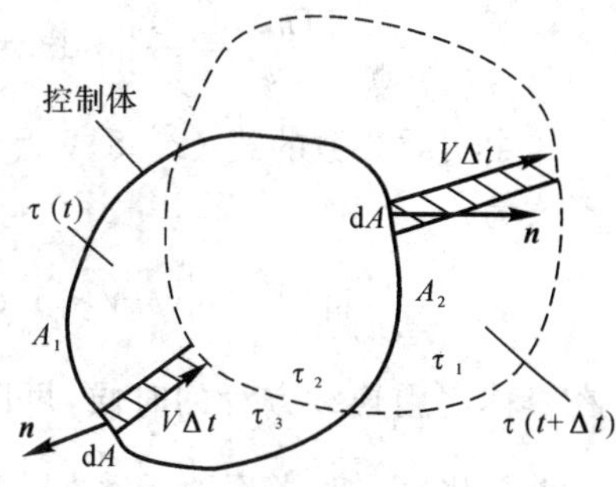

图 2.12　控制体随时间变化图

令 $\tau(t+\Delta t) = \tau_1 + \tau_2 = \tau(t) + \tau_1 - \tau_3$，则式(2.34) 可变为

$$I(t+\Delta t) = \iiint_{\tau(t)+\tau_1-\tau_3} \phi \mathrm{d}\tau \tag{2.35}$$

式(2.33) 可变为

$$\begin{aligned}\frac{\mathrm{D}I}{\mathrm{D}t} = &\lim_{\Delta t \to 0} \frac{1}{\Delta t}\left[\iiint_{\tau(t)} [\phi(r, t+\Delta t) - \phi(r, t)] \mathrm{d}\tau\right] + \\ &\lim_{\Delta t \to 0} \frac{1}{\Delta t}\left[\iiint_{\tau_1} \phi(r, t+\Delta t) \mathrm{d}\tau_1\right] - \lim_{\Delta t \to 0} \frac{1}{\Delta t}\left[\iiint_{\tau_3} \phi(r, t+\Delta t) \mathrm{d}\tau_3\right]\end{aligned} \tag{2.36}$$

根据导数的定义，式(2.36) 可以变为

$$\frac{\mathrm{D}I}{\mathrm{D}t} = \frac{\partial}{\partial t}\iiint_{\tau(t)} \phi \mathrm{d}\tau + \oint\!\!\oint_{A} \phi (\boldsymbol{V} \cdot \boldsymbol{n}) \mathrm{d}A \tag{2.37}$$

把 $\tau(t)$ 取作一个相对于某个坐标系固定不动的控制体，即令 $\tau(t) = \tau, A(t) = A$，则有

$$\frac{\mathrm{D}}{\mathrm{D}t}\iiint_{\tau(t)} \phi \mathrm{d}\tau = \frac{\partial}{\partial t}\iiint_{\tau(t)} \phi \mathrm{d}\tau + \oint\!\!\oint_{A} \phi (\boldsymbol{V} \cdot \boldsymbol{n}) \mathrm{d}A \tag{2.38}$$

二、连续方程

运动流体的质量守恒定律可表述为：对于确定的流体在运动过程中是质量守恒的。表示为数学形式，即流体力学的基本方程 —— 连续方程。

在流体力学中，分析流体的运动一般使用有限控制体的方法。在流体中，由一个封闭面围成的流体微团，即为有限控制体，封闭的面叫控制面。有限控制体可以固定于流场中某点，也可以随流体运动。

在流场中，t 时刻任取一个随流体运动的控制体，其体积为 τ，控制面的面积为 A，在体积 τ 中取体积微元 $\mathrm{d}\tau$。假设密度为 ρ，速度为 V，因此 $\mathrm{d}\tau$ 内的流体的质量为 $\mathrm{d}m = \rho\mathrm{d}\tau$，如图2.13 所示。

τ 内流体的总质量为

$$m = \iiint_{\tau} \mathrm{d}m = \iiint_{\tau} \rho \mathrm{d}\tau$$

由质量守恒可以得

$$\frac{\mathrm{D}m}{\mathrm{D}t} = \frac{\mathrm{D}}{\mathrm{D}t}\iiint_{\tau} \rho \mathrm{d}\tau = 0 \tag{2.39}$$

由实质导数的式 (2.38)，得到连续方程的积分形式为

$$\frac{\partial}{\partial t}\iiint_{\tau} \rho \mathrm{d}\tau + \oint\!\!\oint_{A} \rho (\boldsymbol{V} \cdot \boldsymbol{n}) \mathrm{d}A = 0 \tag{2.40}$$

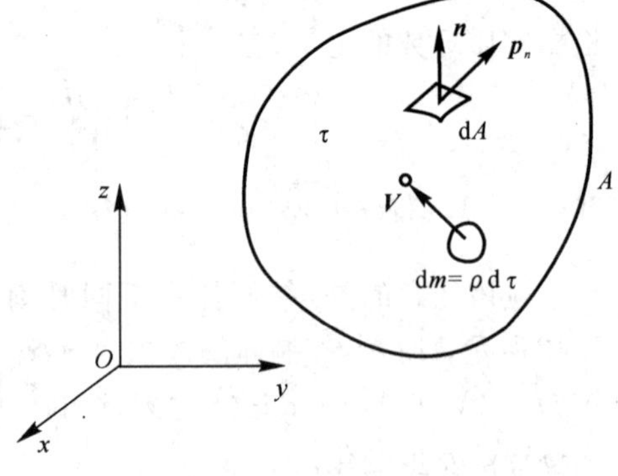

图 2.13 随流体运动的有限控制体

在具体应用连续方程的时候，可以根据实际情况作一些简化。例如：当流动变量不随时间变化时，称为定常流动，有 $\frac{\partial}{\partial t}\iiint_{\tau} \rho \mathrm{d}\tau = 0$，原式(2.40) 简化为

$$\oint\!\!\oint_{A} \rho (\boldsymbol{V} \cdot \boldsymbol{n}) \mathrm{d}A = 0 \tag{2.41}$$

由于实际应用的需要，连续方程的积分形式可以通过一些数学变形转换成微分形式，利用面积分和体积分之间的关系，可得

$$\oint\!\!\oint_{A} \rho (\boldsymbol{V} \cdot \boldsymbol{n}) \mathrm{d}A = \iiint_{\tau} \nabla \cdot (\rho \boldsymbol{V}) \mathrm{d}\tau$$

或者

$$\iiint_{\tau}\left[\frac{\partial\rho}{\partial t}+\nabla\cdot(\rho\boldsymbol{V})\right]\mathrm{d}\tau=0 \tag{2.42}$$

从而有连续方程的微分形式，即

$$\frac{\partial\rho}{\partial t}+\nabla\cdot(\rho\boldsymbol{V})=0 \tag{2.43}$$

2.5　动量方程

在流场中，流体除了要满足质量守恒之外，还要满足动量守恒。也就是说流体的动量随时间的变化率与流体所受的体积力和表面力的和是相等的。把这个相等关系用数学关系式表示，即是动量方程。

参照图 2.13 所示，取相同的有限控制体，流体微元 $\mathrm{d}\tau$ 中的动量为 $\mathrm{d}\boldsymbol{k}=\boldsymbol{V}\mathrm{d}m=\rho\boldsymbol{V}\mathrm{d}\tau$，则控制体 τ 内的总动量为

$$\boldsymbol{k}=\iiint_{\tau}\mathrm{d}\boldsymbol{k}=\iiint_{\tau}\rho\boldsymbol{V}\mathrm{d}\tau \tag{2.44}$$

根据动量守恒定律

$$\frac{\mathrm{D}\boldsymbol{k}}{\mathrm{D}t}=\sum\boldsymbol{F} \tag{2.45}$$

得

$$\frac{\mathrm{D}}{\mathrm{D}t}\iiint_{\tau}\rho\boldsymbol{V}\mathrm{d}\tau=\iiint_{\tau}\rho\boldsymbol{f}\,\mathrm{d}\tau-\oiint_{A}\boldsymbol{p}_n\mathrm{d}A+\boldsymbol{F}_{\text{黏性力}} \tag{2.46}$$

式(2.46) 右边表示体积力、表面压力和黏性力的总和（式中，$\boldsymbol{f}$ 表示单位质量的体积力）。利用实质导数的式(2.38)，得

$$\frac{\partial}{\partial t}\iiint_{\tau}\rho\boldsymbol{V}\mathrm{d}\tau+\oiint_{A}\rho\boldsymbol{V}(\boldsymbol{V}\cdot\boldsymbol{n})\mathrm{d}A=\iiint_{\tau}\rho\boldsymbol{f}\,\mathrm{d}\tau-\oiint_{A}\boldsymbol{p}_n\mathrm{d}A+\boldsymbol{F}_{\text{黏性力}} \tag{2.47}$$

在定常流动情况下，动量方程为

$$\oiint_{A}\rho\boldsymbol{V}(\boldsymbol{V}\cdot\boldsymbol{n})\mathrm{d}A=\iiint_{\tau}\rho\boldsymbol{f}\,\mathrm{d}\tau-\oiint_{A}\boldsymbol{p}_n\mathrm{d}A+\boldsymbol{F}_{\text{黏性力}} \tag{2.48}$$

同样，通过一定的变换可以得到动量方程的微分形式，即

$$\rho\frac{\mathrm{D}}{\mathrm{D}t}\boldsymbol{V}=\rho\boldsymbol{f}-\nabla p+\boldsymbol{F}_{\text{黏性力}} \tag{2.49}$$

式中，$\dfrac{\mathrm{D}}{\mathrm{D}t}\boldsymbol{V}$ 可以写为
$$\frac{\mathrm{D}}{\mathrm{D}t}\boldsymbol{V}=\frac{\partial}{\partial t}\boldsymbol{V}+(\boldsymbol{V}\cdot\nabla)\boldsymbol{V}$$

对于理想流体，略去黏性力，式(2.49) 变为

$$\rho\frac{\mathrm{D}}{\mathrm{D}t}\boldsymbol{V}=\rho\boldsymbol{f}-\nabla p \tag{2.50}$$

式(2.50)又称为欧拉运动方程

2.6 能量方程

在流体的运动过程中，还存在热的传递，因此流体不仅要满足质量守恒、动量守恒，而且还要满足能量守恒。能量守恒的数学表示形式就是能量方程。

对于能量守恒，我们可以用数学描述为：对于确定的流体其总能量的时间变化率等于单位时间内外力对它所做的功和所传的热之和。即

$$\frac{\mathrm{D}E}{\mathrm{D}t}=\sum Q+\sum W \tag{2.51}$$

参照图 2.13 所示的控制体 τ，设流体微元体 $\mathrm{d}\tau$ 内所具有的能量为 $e+V^2/2$，其中 e 为热力学内能，$V^2/2$ 为动能，则 t 时刻，τ 内流体所具有的总能量 E 为

$$E=\iiint_{\tau}\rho(e+V^2/2)\mathrm{d}\tau \tag{2.52}$$

$\sum Q$ 包括的辐射热和传导热，可写为

$$\sum Q=\iiint_{\tau}\rho q\,\mathrm{d}\tau+\oiint_{A}k(\nabla T\cdot\boldsymbol{n})\mathrm{d}A \tag{2.53}$$

式(2.53)等号右边第一项中的 q 是单位时间单位质量由于热辐射或流动伴有燃烧、化学反应等产生的能量；等号右边第二项是由越过面积 A 热传导的单位时间给 τ 内流体的热量，以流体吸热为正，T 为温度，$\boldsymbol{n}$ 是 A 的外法线方向，k 为流体的热传导系数。

$\sum W$ 是单位时间内由外力对 τ 内流体所做的功，如果 τ 内没有其他物体，则 $\sum W$ 包括体积力 $\boldsymbol{f}$、表面力 $\boldsymbol{p}_n$ 和黏性力所做的功(黏性力所做的功用 $W_{黏性力}$ 表示)，可表示为

$$\sum W=\iiint_{\tau}\rho(\boldsymbol{f}\cdot\boldsymbol{V})\mathrm{d}\tau-\oiint_{A}p(\boldsymbol{V}\cdot\boldsymbol{n})\mathrm{d}A+W_{黏性力} \tag{2.54}$$

则能量方程的积分形式为

$$\frac{\mathrm{D}}{\mathrm{D}t}\iiint_{\tau}\rho(e+V^2/2)\mathrm{d}\tau=\iiint_{\tau}\rho q\,\mathrm{d}\tau+\oiint_{A}k(\nabla T\cdot\boldsymbol{n})\mathrm{d}A+\iiint_{\tau}\rho(\boldsymbol{f}\cdot\boldsymbol{V})\mathrm{d}\tau-\oiint_{A}(\boldsymbol{V}\cdot\boldsymbol{n})\mathrm{d}A+W_{黏性力} \tag{2.55}$$

2.7 流体的流线、流管、迹线

流线的定义：流场中某一瞬时的一条空间曲线，在此曲线上各点，流体质点的速度方向与

曲线在该点的切线方向一致。因此，流线可以表征同一瞬时空间中不同点的速度方向的图案。流线上各点的切线即与该点的流向一致，则流线上的切线的三个方向余弦 $\mathrm{d}x/\mathrm{d}s, \mathrm{d}y/\mathrm{d}s, \mathrm{d}z/\mathrm{d}s$ 必和流速的三个分量 u，v，w 与流速 V 所夹的三个角度的余弦相同，表示为微分形式，有

$$\frac{\mathrm{d}x}{u}=\frac{\mathrm{d}y}{v}=\frac{\mathrm{d}z}{w} \tag{2.56}$$

图 2.14 所示的上半部是一个翼型在静止空气中以匀速 V_∞ 直线向左前进时，某一瞬间的几条流线；下半部是翼型静止，气流以匀速 V_∞ 从左向右流过翼型时的流线。不难看出，如果在翼型上半部流体质点都叠加上来流速度 V_∞，即得到与下半部相同的流线。

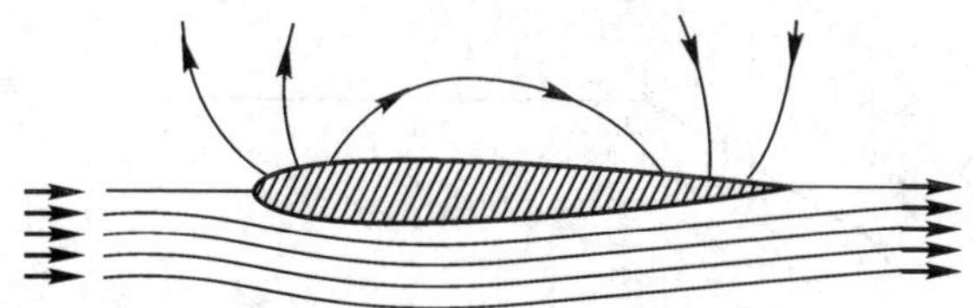

图 2.14　绕翼型流动的流线

流管的定义：在流场中取一条不为流线的封闭曲线 C，经过该曲线上每一点做流线，由这些流线集合构成的管状曲面称为流管。由于流管是由流线所构成的，因此流体不能穿出或穿入流管表面。在任意瞬时，流场中的流管类似于真实的固体管面，如图 2.15 所示。

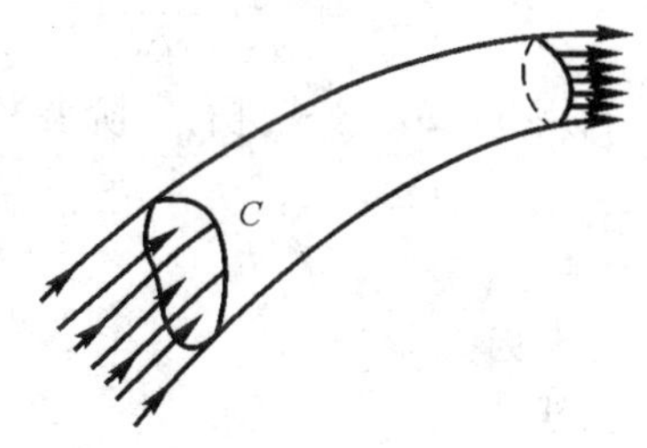

图 2.15　流管

迹线的定义：迹线是流体质点运动时在空间所走过的轨迹，其上不同点的切线方向就表示了这一流体质点在不同时间位于这些点时的速度方向，所以流线和迹线是有区别的。

2.8　流体运动的加速度、变形、散度和旋度

一、流体运动的加速度

质点的加速度等于质点的速度对时间的变化率。流体质点的速度用 Euler 方法可表示为 $u(x,y,z,t)$，$v(x,y,z,t)$，$w(x,y,z,t)$，流体质点的加速度可表示为 $\boldsymbol{a}(a_x,a_y,a_z)$，首先应注意 $a_x\neq\frac{\partial u}{\partial t}$，因为

$$\frac{\partial u}{\partial t}=\lim_{\Delta t\to 0}\frac{u(x,y,z,t+\Delta t)-u(x,y,z,t)}{\Delta t}$$

这表示与一固定空间点相重合的流体质点速度的变化率，在 t 及 $t+\Delta t$ 瞬间在同一空间点上的

流体质点是不同的。而流体质点的加速度是同一流体质点的速度的变化率。事实上，由 t 变到 $t+\Delta t$ 时流体质点的位置变了，$x \to x+\Delta x, y \to y+\Delta y, z \to z+\Delta z$，如图 2.16 所示，$V(u,v,w) \to V'(u',v',w')$。

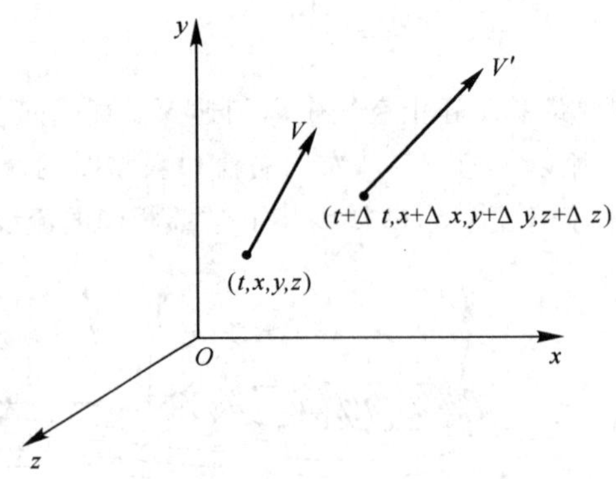

图 2.16　速度随时间变化图

$$a_x = \lim_{\Delta t \to 0} \frac{u' - u}{\Delta t} = \lim_{\Delta t \to 0} \frac{u(x+\Delta x, y+\Delta y, z+\Delta z, t+\Delta t) - u(x,y,z,t)}{\Delta t}$$

利用 Taylor 公式进行一阶展开，则有

$$u' - u = \frac{\partial u}{\partial x}\Delta x + \frac{\partial u}{\partial y}\Delta y + \frac{\partial u}{\partial z}\Delta z + \frac{\partial u}{\partial t}\Delta t$$

因为

$$u = \frac{\Delta x}{\Delta t}, \quad v = \frac{\Delta y}{\Delta t}, \quad w = \frac{\Delta z}{\Delta t}$$

所以

$$a_x = u\frac{\partial u}{\partial x} + v\frac{\partial u}{\partial y} + w\frac{\partial u}{\partial z} + \frac{\partial u}{\partial t} \tag{2.57}$$

同理

$$a_y = u\frac{\partial v}{\partial x} + v\frac{\partial v}{\partial y} + w\frac{\partial v}{\partial z} + \frac{\partial v}{\partial t} \tag{2.58}$$

$$a_z = u\frac{\partial w}{\partial x} + v\frac{\partial w}{\partial x} + w\frac{\partial w}{\partial z} + \frac{\partial w}{\partial t} \tag{2.59}$$

由此可知，任何一流体质点的速度、温度、压力、密度等物理量对时间的变化率都可用这方法计算，写为

$$\frac{\mathrm{d}}{\mathrm{d}t} = \frac{\partial}{\partial t} + u\frac{\partial}{\partial x} + v\frac{\partial}{\partial y} + w\frac{\partial}{\partial z} \tag{2.60}$$

式(2.60) 等号左端表示同一流体质点的物理量对时间的变化率；右端第一项表示空间固定点上物理量对时间的变化率，后三项表示由于质点位置的变化而引起的物理量对时间的变化率。

二、流体运动的变形、散度和旋度

1. 变形

选取流体微元，即流体质点为研究对象。可以证明，每一瞬时流体质点的运动可分解为三部分：以基点的速度平移、绕过基点的瞬时转动和变形运动（包括线变形和剪切变形）。

下面以二维平面问题来具体讲述。在流体中，任意选取一矩形 $A_1B_1C_1D_1$，如图 2.17 所示。假定 t 时点 A_1 的速度为 u,v；A_1 的坐标为 (x_A,y_A)；B_1 的坐标为 $(x_A+\Delta x,y_A)$；C_1 的坐标为 $(x_A,y_A+\Delta y)$。

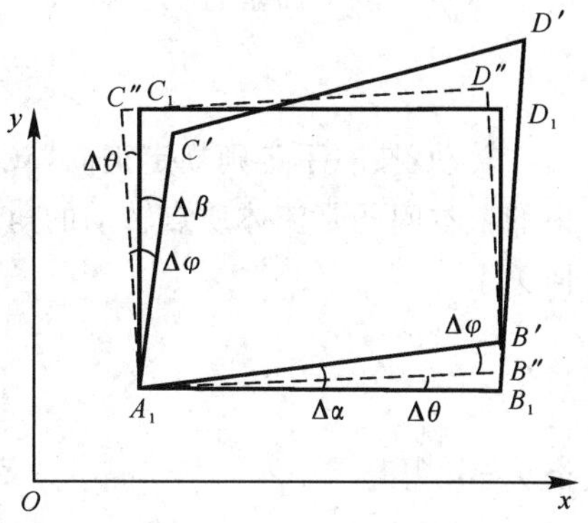

图 2.17 二维平面变形

从图 2.17 中可看出，该四边形由 $A_1B_1C_1D_1$ 至 $A_1B'C'D'$ 的运动是由转动与剪切变形运动合成的运动。在 Δt 时间内，①$A_1B_1C_1D_1$ 绕 A_1 转动角度 $\Delta\theta$ 至 $A_1B''C''D''$，同时 ②$A_1B''C''D''$ 绕 A_1 剪切变形至 $A_1B'C'D'$，角度为 $\Delta\varphi$。

线变形：由 $A_1B_1C_1D_1$ 至 $A_1B'C'D'$，原来的线段 A_1B_1 现在成了 A_1B'，两者之差为

$$A_1B'-A_1B_1=A_1B'-A_1B''=\left(u+\frac{\partial u}{\partial x}\Delta x\right)\Delta t-u\Delta t=\frac{\partial u}{\partial x}\Delta x\Delta t$$

这是 A_1B_1 在 Δt 时间内的变形量，定义单位时间内单位长度的变形量为线变形率，即

$$\varepsilon_x=\frac{\partial u}{\partial x}\Delta x\Delta t/(\Delta x\Delta t)=\frac{\partial u}{\partial x} \tag{2.61}$$

同理，A_1C_1 的线变形率为

$$\varepsilon_y=\frac{\partial v}{\partial y}\Delta y\Delta t/(\Delta y\Delta t)=\frac{\partial v}{\partial y} \tag{2.62}$$

角变形：由于转动和剪切，A_1B_1 和 A_1B' 有一微小的变化角 $\Delta\alpha$，这个角可以表示为

$$\Delta\alpha\approx\tan\Delta\alpha=\frac{B_1B'}{A_1B_1} \tag{2.63}$$

而

$$B_1B'=\left(v+\frac{\partial v}{\partial x}\Delta x\right)\Delta t-v\Delta t=\frac{\partial v}{\partial x}\Delta x\Delta t$$

$$A_1B_1=\Delta x$$

所以

$$\Delta\alpha\approx\tan\Delta\alpha=\frac{\dfrac{\partial v}{\partial x}\Delta x\Delta t}{\Delta x}=\frac{\partial v}{\partial x}\Delta t \tag{2.64}$$

同理，A_1C_1 和 A_1C' 的微小变化角为

$$\Delta\beta = \frac{\partial u}{\partial y}\Delta t \tag{2.65}$$

定义单位时间内一个直角的变化量为角变形率，记为 2γ。现在，这个角变形率在 xOy 平面内，γ 的下标用与该平面垂直的坐标轴 z 来表示，即

$$2\gamma_z = \Delta\alpha + \Delta\beta = \frac{\partial v}{\partial x} + \frac{\partial u}{\partial y} \tag{2.66}$$

转动：按右手定则规定正向，xOy 平面上的转动符合正 z 向的称为正角度。流体质点转动中的根本问题是流体质点转动的角速度问题，为了求转动角速度，首先算出转动的角度，由几何关系

$$\Delta\alpha = \Delta\theta + \Delta\varphi$$
$$\Delta\varphi = \Delta\theta + \Delta\beta$$

消去 $\Delta\varphi$ 得

$$\Delta\theta = \frac{\Delta\alpha - \Delta\beta}{2}$$

转动角速度为

$$\frac{\mathrm{d}\theta}{\mathrm{d}t} = \lim_{\Delta t \to 0}\frac{\Delta\theta}{\Delta t} = \lim_{\Delta t \to 0}\frac{\Delta\alpha - \Delta\beta}{2\Delta t} \tag{2.67}$$

所以

$$\omega_z = \frac{\mathrm{d}\theta}{\mathrm{d}t} = \frac{1}{2}\left(\frac{\partial v}{\partial x} - \frac{\partial u}{\partial y}\right) \tag{2.68}$$

下面把平面问题扩展到三维问题，对三维的流动作微团运动分析，仍得线变形、角变形和角速度，只不过增加了一维，从而增加了一个线变形、二个角变形率和二个角速度而已。

取任意形状的一流体微团，如图 2.18 所示。假定 t 时 A 点的速度为 u,v,w，其邻点 P 的坐标相对于点 A 为(Δx, Δy, Δz)，则点 P 的速度可表示为

$$u_P = u + \frac{\partial u}{\partial x}\Delta x + \frac{\partial u}{\partial y}\Delta y + \frac{\partial u}{\partial z}\Delta z \tag{2.69}$$

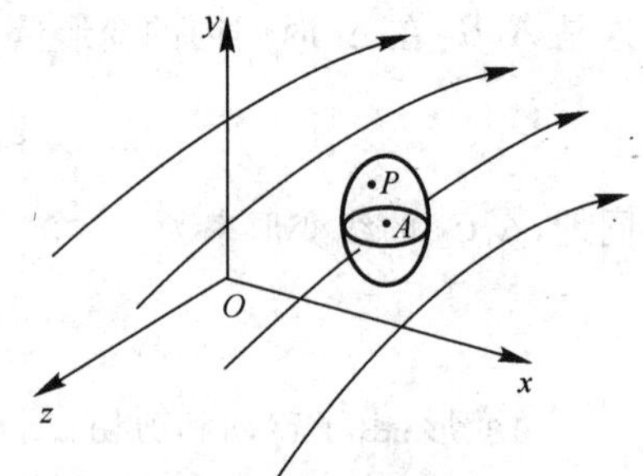

图 2.18　三维流动中的流体微团变形

式中，右侧的表达式可以按前面二维问题中提出的角变形率和角速度的形式改写为

$$\begin{gathered} u_P = u + \frac{\partial u}{\partial x}\Delta x + \frac{1}{2}\left(\frac{\partial u}{\partial y} + \frac{\partial v}{\partial x}\right)\Delta y + \frac{1}{2}\left(\frac{\partial u}{\partial z} + \frac{\partial w}{\partial x}\right)\Delta z + \\ \frac{1}{2}\left(\frac{\partial u}{\partial z} - \frac{\partial w}{\partial x}\right)\Delta z - \frac{1}{2}\left(\frac{\partial v}{\partial x} - \frac{\partial u}{\partial y}\right)\Delta y = \\ u + \varepsilon_x\Delta x + \gamma_z\Delta y + \gamma_y\Delta z + w_y\Delta z - w_z\Delta y \end{gathered} \tag{2.70}$$

同理，点 P 的另两个分速度也可以表示为类似形式，即

$$v_P = v + \varepsilon_y\Delta y + \gamma_x\Delta z + \gamma_z\Delta x + \omega_z\Delta x - \omega_x\Delta z \tag{2.71}$$

$$w_P = w + \varepsilon_z \Delta z + \gamma_y \Delta x + \gamma_x \Delta y + \omega_x \Delta y - \omega_y \Delta x \tag{2.72}$$

这些用点 A 的速度及其导数表达的点 P 的速度说明，微团有移动、转动和变形。式(2.70)至式(2.72)，各公式的第一项是微团的整体移动速度，第二项是线变形引起的速度，第三、第四项是角变形引起的速度，第五、第六项是转动引起的速度。

2. 散度

三个方向的线变形率之和在矢量分析中称为速度 $\boldsymbol{V}$ 的散度，即

$$\mathrm{div}\boldsymbol{V} = \frac{\partial u}{\partial x} + \frac{\partial v}{\partial y} + \frac{\partial w}{\partial z} \tag{2.73}$$

散度在流动问题中的物理意义是微团在运动中的体积膨胀率。

3. 旋度

上面的分析得到了 $\omega_x, \omega_y, \omega_z$ 三个角速度分量的表达式，合角速度是某点上某个微团的瞬时角速度 $\boldsymbol{\omega}$，这个值在矢量分析里记为$\frac{1}{2}(\mathbf{rot}\boldsymbol{V})$，$\mathbf{rot}\boldsymbol{V}$ 称为速度 $\boldsymbol{V}$ 的旋度，即

$$\mathbf{rot}\boldsymbol{V} = \boldsymbol{i}\left(\frac{\partial w}{\partial y} - \frac{\partial v}{\partial z}\right) + \boldsymbol{j}\left(\frac{\partial u}{\partial z} - \frac{\partial w}{\partial x}\right) + \boldsymbol{k}\left(\frac{\partial v}{\partial x} - \frac{\partial u}{\partial y}\right) \tag{2.74}$$

另外，定义 $\boldsymbol{\Omega} = \mathbf{rot}\boldsymbol{V}$ 称为涡量，且有 $\boldsymbol{\Omega} = 2\boldsymbol{\omega}$。

2.9　无旋流、速度势

一个流场，如果各处的 $\boldsymbol{\omega}$ 都等于零，此流场称为无旋流场，此流动称为无旋流。不满足上述条件的流场称为有旋流场，其流动称为有旋流。由 $\boldsymbol{\omega} = \mathbf{0}$ 得

$$\frac{\partial u}{\partial y} = \frac{\partial v}{\partial x},\quad \frac{\partial v}{\partial z} = \frac{\partial w}{\partial y},\quad \frac{\partial w}{\partial x} = \frac{\partial u}{\partial z} \tag{2.75}$$

在数学分析里，式(2.75)是 $u\mathrm{d}x + v\mathrm{d}y + w\mathrm{d}z$ 这个式子成为全微分的充要条件，所以可以令 $\mathrm{d}\phi$ 代表这个全微分，即

$$\mathrm{d}\phi = u\mathrm{d}x + v\mathrm{d}y + w\mathrm{d}z \tag{2.76}$$

这个 $\phi = \phi(x, y, z)$，称为速度势或势函数，是个标量函数，由式(2.76)得

$$u = \frac{\partial \phi}{\partial x},\quad v = \frac{\partial \phi}{\partial y},\quad w = \frac{\partial \phi}{\partial z} \tag{2.77}$$

式(2.77)既适用于三个坐标轴方向，而且也适用于任意指定的方向 s，即势函数在任意方向 s 的偏导数等于速度在 s 方向的分量，如图 2.19 所示。

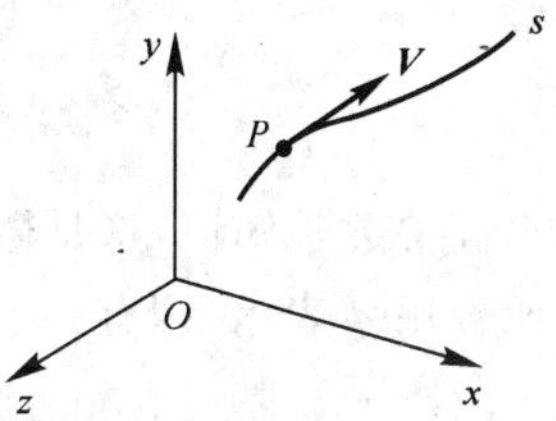

图 2.19　势函数在任意方向上的速度分量

比如要用 ϕ 表达过点 P 的某个指定方向 s 上的速度分量 V_s。假定 s 的三个方向余弦是 $\cos(s,x)$，$\cos(s,y)$，$\cos(s,z)$，则点 P 的三个坐标方向的分速度在 s 向的投影和即为

$$V_s = u\cos(s,x) + v\cos(s,y) + w\cos(s,z) = \frac{\partial\phi}{\partial x}\cos(s,x) + \frac{\partial\phi}{\partial y}\cos(s,y) + \frac{\partial\phi}{\partial z}\cos(s,z) \tag{2.78}$$

而
$$\cos(s,x) = \frac{\mathrm{d}x}{\mathrm{d}s},\quad \cos(s,y) = \frac{\mathrm{d}y}{\mathrm{d}s},\quad \cos(s,z) = \frac{\mathrm{d}z}{\mathrm{d}s}$$

所以
$$V_s = \frac{\partial\phi}{\partial x}\frac{\mathrm{d}x}{\mathrm{d}s} + \frac{\partial\phi}{\partial y}\frac{\mathrm{d}y}{\mathrm{d}s} + \frac{\partial\phi}{\partial z}\frac{\mathrm{d}z}{\mathrm{d}s} = \frac{\partial\phi}{\partial s} \tag{2.79}$$

从式(2.76)可知,流场上A,B两点的值之差等于$\mathrm{d}\phi$沿一条连接A,B两点的曲线的积分,见图2.20,进行速度的线积分所得的数值为

$$\phi_B - \phi_A = \int_A^B \mathrm{d}\phi = \int_A^B (u\mathrm{d}x + v\mathrm{d}y + w\mathrm{d}z) \tag{2.80}$$

一般的线积分其值是和积分所遵循的曲线形状有关系的,所取的积分线路不同,积分所得的值就不同,但在无旋流场内,这个积分的值既然等于两端点A和B处的ϕ值之差,那就和积分的线路无关了。当做这种无旋流场的速度线积分时,可以取最方便的路线来进行。

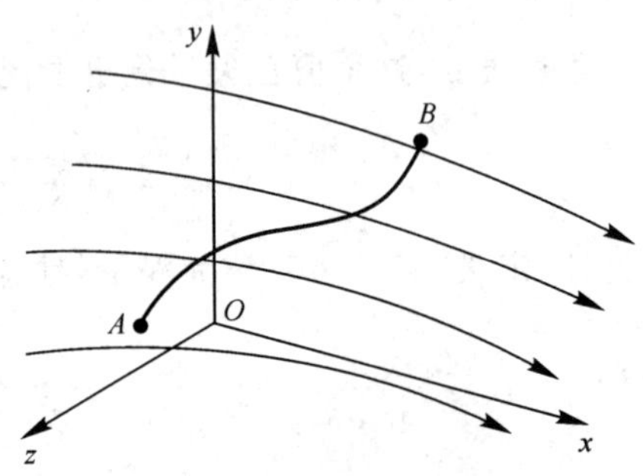

图 2.20　势函数的曲线积分

式(2.77)说明,对于一个无旋流场一旦知道了它的速度势函数$\phi(x,y,z)$,就可以算出流场上任何一点的速度,所以要解决一个具体的无旋流问题,可以归结为去求这样一个能描写整个流动的势函数。至于$\phi(x,y,z)$应该满足什么方程,什么条件,以至怎样按具体的问题去求$\phi(x,y,z)$,那将是后面要讲的问题。

2.10　流函数

从二维不可压缩流动的连续方程
$$\frac{\partial u}{\partial x} + \frac{\partial v}{\partial y} = 0$$

可知
$$\frac{\partial u}{\partial x} = \frac{\partial(-v)}{\partial y}$$

根据高等数学知识,这是微分式$u\mathrm{d}y - v\mathrm{d}x$成为某个函数的全微分的充分和必要条件。假设这一函数用ψ表示,则有

$$\mathrm{d}\psi = u\mathrm{d}y - v\mathrm{d}x \tag{2.81}$$

ψ和两个速度分量之间的关系为

$$u = \frac{\partial\psi}{\partial y},\quad v = -\frac{\partial\psi}{\partial x} \tag{2.82}$$

式(2.82)表示的函数,我们定义为流函数。$\psi = C$的曲线就是流线。给ψ以一系列的常数,便有一系列的流线。

流函数的存在是根据二维不可压缩流动的连续方程得来的,而连续方程总是成立的,所以凡是二维不可压缩流动,流函数必定存在。

2.11　环　量

前面已经指出,流体运动可以分为无旋运动($\mathbf{rot}\boldsymbol{V} = \mathbf{0}$)和有旋运动($\mathbf{rot}\boldsymbol{V} \neq \mathbf{0}$)两种。流体旋度的总效应则是以速度环量$\Gamma$来体现的。

首先,定义沿某曲线速度的线积分:沿给定曲线C上A,B两点之间,速度的线积分等于微元段$\mathrm{d}\boldsymbol{s}$与速度$\boldsymbol{V}$在曲线方向上的分量的乘积的积分,即

$$I = \int_A^B \boldsymbol{V} \cdot \mathrm{d}\boldsymbol{s} = \int_A^B |\boldsymbol{V}| \cos\alpha \mathrm{d}s \tag{2.83}$$

式中,α为$\boldsymbol{V}$与$\mathrm{d}\boldsymbol{s}$的夹角。

式(2.83)也可以写为

$$I = \int_A^B (u\mathrm{d}x + v\mathrm{d}y + w\mathrm{d}z) \tag{2.84}$$

速度的线积分是有方向的。如果由A至B为正,那么由B至A则为负。速度的线积分是一个数量,它的定义并不局限于理想不可压缩流动。

沿封闭曲线κ的速度线积分称为环量,以Γ表示,即

$$\Gamma = \oint_k \boldsymbol{V} \cdot \mathrm{d}\boldsymbol{s} = \oint_k |\boldsymbol{V}| \cos\alpha \mathrm{d}s = \oint_k (u\mathrm{d}x + v\mathrm{d}y + w\mathrm{d}z) \tag{2.85}$$

对于有旋流动,由A至B作速度的线积分,其值是和由A至B的曲线形状有关系的;沿一条封闭曲线κ的环量值也不等于零。

下面讨论环量与旋度的关系。假定在流场空间有一封闭曲线C,那么沿C的环量(约定积分方向沿着曲线走且曲线C所围的曲面S总在积分方向左边的为正,反之为负)为

$$\Gamma = \oint_C \boldsymbol{V} \cdot \mathrm{d}\boldsymbol{s} = \oint_C (u\mathrm{d}x + v\mathrm{d}y + w\mathrm{d}z) \tag{2.86}$$

根据数学上的斯托克斯定理,则有

$$\Gamma = \oint_C P\mathrm{d}x + Q\mathrm{d}y + R\mathrm{d}z = \iint_S \left[\left(\frac{\partial R}{\partial y} - \frac{\partial Q}{\partial z} \right)\boldsymbol{i} + \left(\frac{\partial P}{\partial z} - \frac{\partial R}{\partial x} \right)\boldsymbol{j} + \left(\frac{\partial Q}{\partial x} - \frac{\partial P}{\partial y} \right)\boldsymbol{k} \right] \cdot \mathrm{d}\boldsymbol{S}$$

可得

$$\Gamma = \oint_C (u\mathrm{d}x + v\mathrm{d}y + w\mathrm{d}z) = \iint_S \left[\left(\frac{\partial w}{\partial y} - \frac{\partial v}{\partial z} \right)\boldsymbol{i} + \left(\frac{\partial u}{\partial z} - \frac{\partial w}{\partial x} \right)\boldsymbol{j} + \left(\frac{\partial v}{\partial x} - \frac{\partial u}{\partial y} \right)\boldsymbol{k} \right] \cdot \mathrm{d}\boldsymbol{S} = \iint_S (\boldsymbol{\nabla} \times \boldsymbol{V}) \cdot \mathrm{d}S \tag{2.87}$$

旋涡是流体运动的一种形式，在自然界中旋涡是很常见的现象。大气的运动中往往出现大大小小的旋风，龙卷风是一种强大的空气旋涡。在流动的水面上几乎到处都可以看见小旋涡。在桥墩等物的后面，旋涡也总是存在的。这些可见的旋涡流动也许常给人造成这样一个印象，以为凡是流线呈封闭圆形的流动必是有旋流，必有旋涡存在；反之，如果流线不封闭，那大概就没有旋涡了。这样的印象是不全面的，不可靠的。例如下一节所提到的点涡流动，除了中心有旋涡外，其他地区是处处无旋涡的。另一方面，也有这样的情况：看来流线都是平行线，其实却是充满了旋涡的流动。图 2.21 便是一个例子，这是一种二维流，流线都是直线，x 坐标轴取得与流速一致，但流线上的 u 并不相等，即$\dfrac{\partial u}{\partial y}\neq 0$，$v=w=0$，按 ω 的公式计算，得 $\omega_z \neq 0$，所以这种流动到处都是旋涡，流动是有旋的。

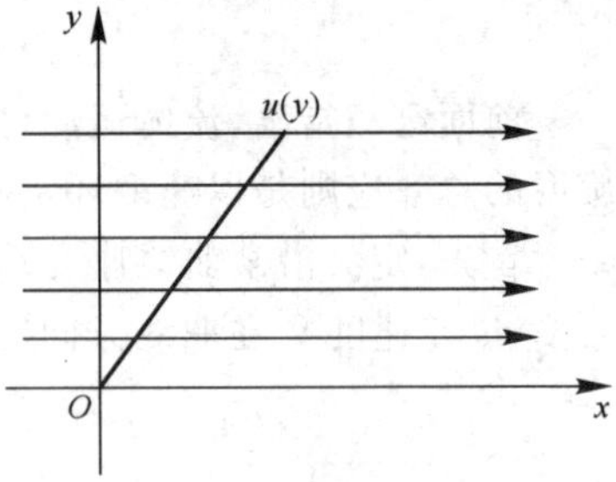

图 2.21　二维有旋流动

由上述可知，在无旋流中，沿任何一条封闭围线的环量都等于零。如果在无旋流场中有个别的旋涡存在，那么凡是包括同样一些旋涡在内的围线，不论围线形状是什么样的，沿线计算环量，其值必都等于所围的那些旋涡的强度之和。

2.12　涡线、涡面、涡管、毕奥-沙瓦定理

一、涡线、涡面、涡管

在某一瞬时，在有旋流场中有一条曲线，在曲线的每一点上曲线的切线方向与该点的流体质点的转动角速度方向一致，这条曲线称为该瞬时的涡线，如图2.22 所示。

与流线类似，涡线的微分方程为

$$\frac{\mathrm{d}x}{\Omega_x}=\frac{\mathrm{d}y}{\Omega_y}=\frac{\mathrm{d}z}{\Omega_z} \tag{2.88}$$

在非定常流中，一般来说，涡线是随时间变化的，对于定常流，涡线是不随时间变化的。

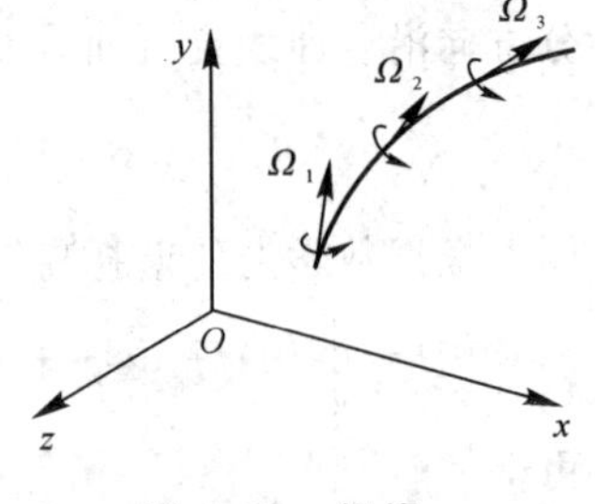

图 2.22　涡线

在有旋流场中，流线和涡线同时存在。在涡线上，流体微团以一定的角速度围绕着涡线旋转，在流线上，流线的切线方向就是流体微团的运动方向。

在某瞬时间 t，流场中过任一曲线 C（C 不得是涡线）的涡线所组成的曲面称为涡面（见图 2.23）。

在涡面上的任何一点，涡量 Ω 必与涡面的法线相垂直，其数学表达式为

$$\Omega_x n_1 + \Omega_y n_2 + \Omega_z n_3 = 0 \tag{2.89}$$

式中，n_1，n_2，n_3 是 $\boldsymbol{n}$ 的三个方向余弦。这说明涡量是不会穿过涡面的，正像流线不会穿过流面那样。

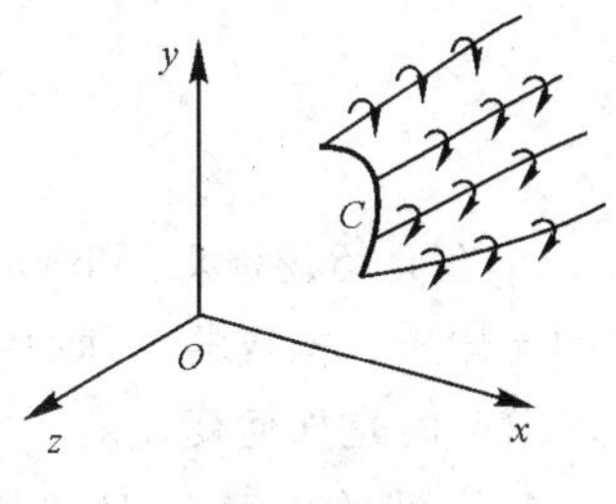

图 2.23　涡面

对于非定常流动，通过同一曲线 C 的那些涡线是随时间变化的，因此那些涡线所组成的涡面形状也随时间变化。在定常流中，涡线不随时间变化，因此涡面也不随时间变化。

如果上述任意曲线 C 是一条封闭的围线，那么过 C 各点的涡线所组成涡面就成了涡管。在涡管的侧表面上，$\boldsymbol{\Omega}$ 和侧表面的法线 $\boldsymbol{n}$ 相垂直，涡量也不穿过流管的侧表面(见图 2.24)。

二、毕奥-沙瓦定理

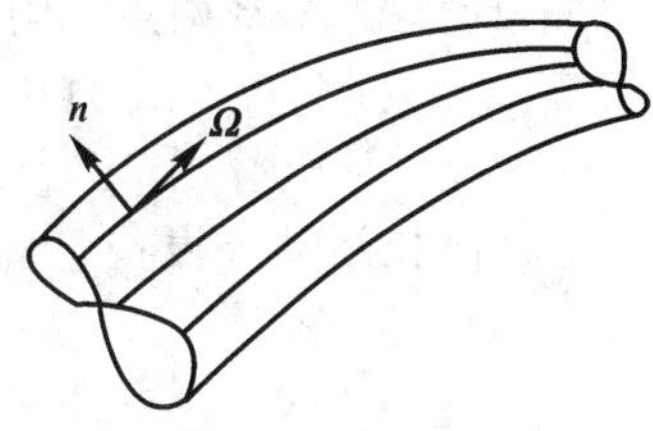

图 2.24　涡管

考虑无旋运动中的一个旋涡周围的速度场，旋涡的存在要求流体有一定的速度分布，该速度称为旋涡的诱导速度。

在旋涡以外的流体中，由于旋度处处为零，所以诱导速度场是无旋的。旋涡与其诱导速度场之间的关系，可以从毕奥-沙瓦(Biot-Savart) 定理得出。

对于二维点涡，已经得出它的速度场，流线是包围点涡的同心圆，速度分布规律为

$$V = V_\theta = \frac{\Gamma}{2\pi a}$$

式中，a 为任一点 M 至点涡的距离。

当涡线为无限长或封闭的空间曲线时，问题则变得比较复杂。

如图 2.25 所示，我们取涡线的某一微元段 ds，在任一点 M 处，微元段的诱导速度垂直于 $\boldsymbol{r}$ 及 ds 所构成的平面，其大小为

$$\mathrm{d}V = \frac{\Gamma}{4\pi r^2}\sin\theta \mathrm{d}s \tag{2.90}$$

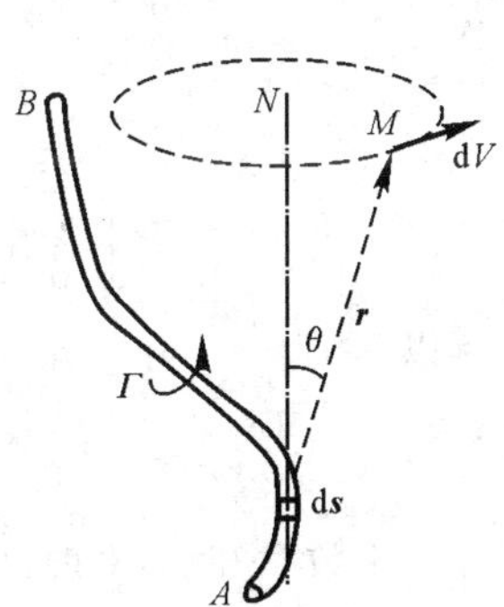

图 2.25　空间任意点的诱导速度

式中，θ 为 ds 和 $\boldsymbol{r}$ 的夹角，由几何关系知

$$|\boldsymbol{r} \times \mathrm{d}\boldsymbol{s}| = r\mathrm{d}s\sin\theta$$

则式(2.90) 可写为

$$\mathrm{d}V = -\frac{\Gamma}{4\pi}\frac{|\boldsymbol{r} \times \mathrm{d}\boldsymbol{s}|}{r^3} \tag{2.91}$$

所以，整个涡线的诱导速度为

$$V = -\frac{\Gamma}{4\pi}\int_A^B \frac{|\boldsymbol{r} \times \mathrm{d}\boldsymbol{s}|}{r^3} \tag{2.92}$$

2.13 汤姆森定理

在介绍汤姆森(Thomson)定理之前,先引入流体线的概念。所谓流体线就是永远由一定的流体质点构成的空间曲线。考虑沿着随流体一起运动的闭合流体线 k 上的环量 Γ,这个环量随着时间是如何变化的。

下面,分析环量 Γ 对时间的全微分,即

$$\frac{\mathrm{D}\Gamma}{\mathrm{D}t}=\frac{\mathrm{D}}{\mathrm{D}t}\oint_k \boldsymbol{V}\cdot \mathrm{d}\boldsymbol{s} \tag{2.93}$$

首先,计算沿 A,B 两点之间的某一段曲线的速度线积分 I 的全微分,则有

$$\frac{\mathrm{D}I}{\mathrm{D}t}=\frac{\mathrm{D}}{\mathrm{D}t}\int_A^B \boldsymbol{V}\cdot \mathrm{d}\boldsymbol{s}=\int\frac{\mathrm{D}\boldsymbol{V}}{\mathrm{D}t}\cdot \mathrm{d}\boldsymbol{s}+\int\boldsymbol{V}\cdot\frac{\mathrm{D}(\mathrm{d}\boldsymbol{s})}{\mathrm{D}t} \tag{2.94}$$

由欧拉运动方程

$$\frac{D\boldsymbol{V}}{Dt}=-\frac{1}{\rho}\nabla p+\boldsymbol{F}$$

有

$$\int\frac{\mathrm{D}\boldsymbol{V}}{\mathrm{D}t}\cdot \mathrm{d}\boldsymbol{s}=-\int\frac{1}{\rho}\nabla p\cdot \mathrm{d}\boldsymbol{s}+\int\boldsymbol{F}\cdot \mathrm{d}\boldsymbol{s} \tag{2.95}$$

如果外力场有势,流体为正压流体(即压力仅是密度的函数),则有

$$\boldsymbol{F}=\nabla U,\quad \int\frac{\mathrm{d}p}{\rho}=P$$

则

$$\int\boldsymbol{F}\cdot \mathrm{d}\boldsymbol{s}=\int\nabla U\cdot \mathrm{d}\boldsymbol{s}=U \tag{2.96}$$

$$\int\frac{1}{\rho}\nabla p\cdot \mathrm{d}\boldsymbol{s}=\int\frac{1}{\rho}\left(\frac{\partial p}{\partial x}\mathrm{d}x+\frac{\partial p}{\partial y}\mathrm{d}y+\frac{\partial p}{\partial z}\mathrm{d}z\right)=\int\frac{\mathrm{d}p}{\rho}=P \tag{2.97}$$

所以

$$\int\frac{\mathrm{D}\boldsymbol{V}}{\mathrm{D}t}\cdot \mathrm{d}\boldsymbol{s}=U-P \tag{2.98}$$

由数学知识,对时间的微分和对空间的微分无关,有

$$\frac{\mathrm{D}(\mathrm{d}\boldsymbol{s})}{\mathrm{D}t}=\mathrm{d}\frac{\mathrm{D}\boldsymbol{s}}{\mathrm{D}t}=\mathrm{d}\boldsymbol{V}$$

故

$$\int\boldsymbol{V}\cdot\frac{\mathrm{D}(\mathrm{d}\boldsymbol{s})}{\mathrm{D}t}=\int\boldsymbol{V}\cdot \mathrm{d}\boldsymbol{V}=\frac{V^2}{2} \tag{2.99}$$

最后,可得

$$\frac{\mathrm{D}}{\mathrm{D}t}\int_A^B \boldsymbol{V}\cdot\mathrm{d}\boldsymbol{s} = \left[U - P + \frac{V^2}{2}\right]_A^B \tag{2.100}$$

对于封闭曲线 k,可设 $A \to A$,所以当 $\boldsymbol{V}$ 在积分区域内连续时,则有

$$\frac{\mathrm{D}}{\mathrm{D}t}\oint_k \boldsymbol{V}\cdot\mathrm{d}\boldsymbol{s} = \frac{\mathrm{D}\Gamma}{\mathrm{D}t} = 0 \tag{2.101}$$

也就是说,对于给定的流体线,$\Gamma =$ 常数。

以上证明了如下表达的汤姆森定理:对于理想正压流体,在外力场有势的情况下,沿任一封闭流体线的环量不随时间变化。

从汤姆森定理,我们可以直接推证拉格朗日关于无旋运动的定理:若流动在初始时刻无旋,则在以后的所有时间内,该流动都是无旋的。此定理所要求的条件和汤姆森定理相同。在这些条件下,我们讨论某一无旋运动时,便无须担心这些流动会不会变成有旋,因此该定理具有相当重要的意义。

2.14　亥姆霍兹定理

设在 xOy 平面上,给定矩形微元面积 $\mathrm{d}S = \mathrm{d}x\mathrm{d}y$,如图 2.26 所示。

沿此微元面积的周线计算环量,可得

$$\mathrm{d}\Gamma = u\mathrm{d}x + \left(v + \frac{\partial v}{\partial x}\mathrm{d}x\right)\mathrm{d}y - \left(u + \frac{\partial u}{\partial y}\mathrm{d}y\right)\mathrm{d}x - v\mathrm{d}y =$$
$$\left(\frac{\partial v}{\partial x} - \frac{\partial u}{\partial y}\right)\mathrm{d}x\mathrm{d}y = 2\omega_z\mathrm{d}S = \mathbf{rot}\boldsymbol{V}\cdot\mathrm{d}\boldsymbol{S} \tag{2.102}$$

如果在面积 S 上做积分,可得

$$\Gamma = 2\iint_S \omega_z\mathrm{d}S = \iint_S \mathbf{rot}\boldsymbol{V}\cdot\mathrm{d}\boldsymbol{S} \tag{2.103}$$

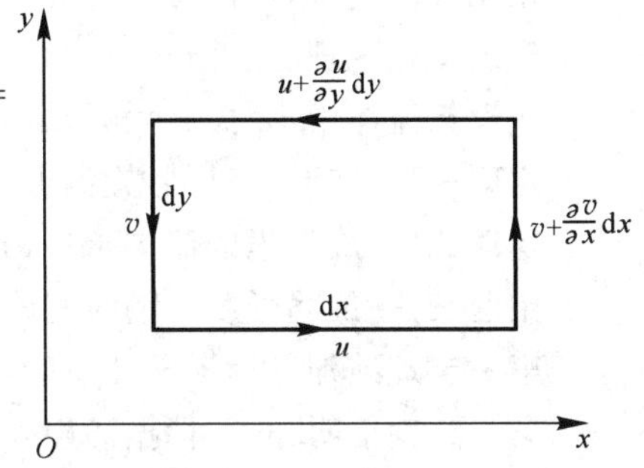

图 2.26　矩形微元

这个公式表示出了斯托克斯定理:在二维平面上,沿任一封闭曲线的环量,等于以此曲线为周线所围成的面积上旋度的面积分。

对于三维流动,上述定理可推广为:沿空间任一封闭曲线的环量,等于贯穿以此曲线所围成的任意曲面上旋度的面积分。

根据此定理,一个涡管的旋涡强度可以用围绕此涡管的周线的环量值代替,所以环量也就成了旋涡强度的同义词。如果曲线所围成的区域中无涡通量,则沿此周线的环量为零;另一方面,如果沿流场中任意封闭曲线的速度环量为零,则流动必定是无旋的。

旋涡运动的性质:在讨论有旋运动时,我们用角速度 ω 代替速度,同样为了使角速度场形象化,我们引入涡线方程的另外一种表达方式,即

$$\frac{\mathrm{d}x}{\omega_x} = \frac{\mathrm{d}y}{\omega_y} = \frac{\mathrm{d}z}{\omega_z} \tag{2.104}$$

该方程与流线方程类似,因此涡线与流线有着完全相似的几何性质。

由于 $\mathbf{rot}\boldsymbol{V} = 2\boldsymbol{\omega}$,$\mathrm{div}(\mathbf{rot}\boldsymbol{V}) = \mathrm{div}(2\boldsymbol{\omega}) = 0$,所以有

$$\frac{\partial \omega_x}{\partial x} + \frac{\partial \omega_y}{\partial y} + \frac{\partial \omega_z}{\partial z} = 0 \tag{2.105}$$

式(2.105)是对应于角速度场中的连续方程。因此,在不可压缩流动中,有关流线的一切流动定理,也都适用于涡线。涡线是不能在流体内部终止的,必须形成封闭曲线或者延伸到流体的边界。

设 $\boldsymbol{S}$ 为细涡管的横截面积矢量,$\boldsymbol{\omega}$ 为该截面上的角速度矢量,和流管中的体积流量类似,我们定义 $\boldsymbol{\omega} \cdot \boldsymbol{S}$ 为旋涡流量,由于 $\mathrm{div}\boldsymbol{\omega} = 0$,因此沿涡管的旋涡流量应为常数。

根据斯托克斯定理

$$\oint_k \boldsymbol{V} \cdot \mathrm{d}\boldsymbol{S} = 2\iint_S \boldsymbol{\omega} \cdot \mathrm{d}\boldsymbol{S} = \Gamma$$

此处面积分为涡管的旋涡流量,所以 2 倍的旋涡流量等于沿涡管周线的环量。但沿整个涡管,旋涡流量为一常数,故在任意包围涡管的曲线上,环量也不应改变。因此,包围涡管的一条封闭曲线,可以沿着涡管上、下移动,而不致改变其环量。

在无旋流场中,可能有一部分是有旋的,这一部分流体也可以构成为涡管。

亥姆霍兹定理:

在理想流体中,有关旋涡运动的三个定理,可叙述如下:

定理一 在同一时刻,旋涡上各处的强度相同。

定理二 旋涡里的流体永远构成旋涡(旋涡守恒定理)。

定理三 旋涡强度不随时间改变。

第一定理纯粹是运动学性质的,因此适用于任何流动。在后面做证明。

第二定理证明如下:根据汤姆森定律,旋涡内部的流体总是有旋的。外部的流体总是无旋的。所以,构成旋涡表面的流体质点总是在旋涡表面上,并且由于运动是连续的,它们既不可能运动到旋涡以外,也不可能进入旋涡内部。

证明第三定理,我们可在旋涡表面,任作一流体线包围该旋涡。当时间改变时,这流体线应当保持在旋涡表面上,并且其环量不变。因此,旋涡强度不随时间而变化。

上述定理说明,旋涡永远是由流场中一些固定的流体质点构成的,并且它们的强度,无论对空间或时间来说,都是不变的。

实际流体都有黏性,旋涡强度会随时间变化而衰减。不过由于空气的黏性很小,一般它对旋涡强度的衰减并不很显著。所以,对很多实际问题,仍可以近似按理想流体来处理。

2.15　动量定理

在许多情况下，对欧拉运动方程进行积分有着不易克服的困难。如果只是对总的流动过程进行一些概括性的讨论而不去研究它的细节，动量定理却是非常有用的。

例如圆柱形的射流垂直地射向平面壁的过程，是很难计算的，但是，如果感兴趣的只是射流作用在壁面上的力，而不是它的速度分布或者是压力分布的话，则利用动量定理通过非常简单的计算，便可得出这力为 $S\rho V_\infty^2$，其中 S 为射流的横截面积，V_∞ 为距壁面很远处射流的速度。如果不用动量定理，势必要先求出所有流动的细节，然后通过压力的积分来求出合力，那就复杂得多了。

动量定理对无摩擦和有摩擦的流体都可适用。这里的讨论只限于定常流动。

针对空间固定的控制体，可得如下形式的动量方程，即

$$\oiint_S (\rho \boldsymbol{V} \cdot \mathrm{d}\boldsymbol{S})\boldsymbol{V} = \sum \boldsymbol{F} \tag{2.106}$$

式(2.106) 是通过雷诺输运方程推导得到的动量定理针对空间固定控制体的具体表达式，这里已将动量对时间的变化率，由对控制体流体的体积分，变换为对固定在空间的控制体面上的面积分，从而使计算大为简化。

在具体的应用中，控制体的选取非常关键，因为式(2.106) 本来就是针对固定控制体应用的。在选取控制体时，控制面应将流体中的物体表面包括在内。物体的表面如果是流体所不能穿透的，它对动量的变化并无影响，如果流体可以穿透，例如通过表面来吸收一部分流体，便需考虑通过它的动量。在通常情况下，所取控制面包括固体表面和流体中的面两部分。在计算 $\sum \boldsymbol{F}$ 时，须加以区别。

设 $\boldsymbol{p}$ 为作用在单位面积控制面上的表面力，它可以包括法向力和切向力，以由外指向控制面的作用为正，控制面上作用的表面力可写为

$$\int_{\text{流体面}} \boldsymbol{p}\mathrm{d}S = \boldsymbol{P}, \quad \int_{\text{物体面}} \boldsymbol{p}\mathrm{d}S = -\boldsymbol{R}$$

式中，$\boldsymbol{R}$ 为通常所求的流体对物体的作用力，物体对流体的作用力则为 $-\boldsymbol{R}$；$\boldsymbol{P}$ 为该体中的一部分控制面上的表面力的合力。此外，在 $\sum \boldsymbol{F}$ 中，还可能包括质量力。

在应用动量定理时，应注意以下几点：

(1) 在计算通过控制面的动量流量时，流入为正，流出为负。而速度与压力的正、负仍可按坐标轴的方向规定。

(2)$\boldsymbol{P}$ 为流体中的一部分控制面上的表面力的合力。

(3)$\boldsymbol{R}$ 为流体对物体表面的作用力，$-\boldsymbol{R}$ 为控制面的固体壁面部分上的表面力的合力。

2.16 小 结

至此，本章已经将流体力学的基本原理与基本方程向读者做了较为系统的介绍，虽然作者试图用最为简单的数学推导将这些原理和方程描述清楚，但这些方程的推导对于初学者来说还是比较烦琐的。希望读者明白，这些方程不可能表达成“简单的公式”。那种遇到问题只需选择几个方程，加上一些数据，就企求得到所需的结果的方法在解决复杂多变的流体力学问题时已经不现实了。

不要被烦琐的推导吓倒，了解这些方程的意义，以及了解这些方程的限制、约束、适应条件，这些才是最重要的。

通过本章的学习，可以说已经为解决现实的流体力学问题做好了准备，现在可以闭上眼睛回想一下本章的所学内容，希望你能有一个清晰的结构图。如果你的结构图还不是很清晰，希望你能继续努力，直到当你见到这些原理和方程时感到舒服、亲切为止。这样，在以后的学习中，你才能轻松地运用这些工具。

在本章中，首先介绍了一些基本的数学知识，包括标量场、矢量场及其运算，梯度、散度和旋度的定义，以及线积分、面积分和体积分等。紧接着给出了流动的描述方法，并通过对流体微元和控制体的研究，导出流体运动学和动力学的基本方程，即连续方程、动量方程和能量方程。然后对一些与流体运动相关的物理概念进行了描述和定义，包括流线、流管及迹线，流体运动的变形，无旋流和速度势，以及流函数和环量等。最后介绍了旋涡和旋涡运动的相关概念及定理。

习 题

2.1 假设有一流场，其 x 方向和 y 方向上的速度分布分别为 $u = cx/(x^2 + y^2)$ 和 $v = cy/(x^2 + y^2)$，其中 c 为常数。求该流场的流线方程，并计算该流场的：

(1) 单位体积流体微元的体积变化率(即速度散度)；

(2) 速度旋度。

将问题转化为极坐标系下的问题，然后求解。

2.2 假设有一流场，其径向和切向上的速度分布分别为 $V_r = 0$ 和 $V_\theta = cr$，其中 c 为常数。求该流场的流线方程，并验证该流场是否是无旋的。

2.3 假设有一不可压缩流场，其 x 方向和 y 方向速度的分布分别为 $u = cx$ 和 $v = -cy$，其中 c 为常数。求该流场的流函数及速度势函数，并求证该流场的等势线与流线互相垂直。

2.4 假设给定一个函数，问：

(1) 这个函数能否作为二维不可压缩流的势函数？

(2) 如果能，这个流场是有旋，还是无旋？

(3) 求该流场的流线方程。

2.5　假设有一流场的速度场为 $u = xy + 20t, v = x - \frac{1}{2}y^2 + t^2$,求当 $t = 4$ 时,$P(2,1)$ 处的流体微团的 x 及 y 方向的加速度(使用实质导数的定义)。

2.6　已知某流场的速度场为 $u = y + 2z, v = z + 2x, w = x + 2y$,求:

(1) 涡量及涡线方程;

(2) 求在 $x + y + z = 1$ 平面上,横截面为 $\mathrm{d}S = 1\ \mathrm{mm}^2$ 的涡管强度;

(3) 求在 $z = 0$ 平面上,$\mathrm{d}S = 1\ \mathrm{mm}^2$ 上的涡通量。

2.7　某喷气式飞机以800 km/h的速度,在海拔8 000 m(此处的密度为0.526 kg/m^3)上空飞行。假设发动机的进口截面的直径是 0.86 m,当时的流量系数为 1,尾喷口的气流平均速度为 $V_2 = 650$ m/s,压强与外界大气相同。求发动机当时的推力。(流量系数定义为实际进入发动机的气流流量与理论上进入发动机的气流流量之比)

2.8　假设有一风洞,在其整个实验段内放置一段机翼(即将机翼的两端固定于风洞墙壁上)。试通过风洞顶部和底部的压力分布来求得单位展长翼型的升力的表达式,并通过风洞实验段进口速度和出口速度来求得单位展长翼型的阻力表达式。

参考文献

[1]　Anderson John D,Jr. Fundamental of Aerodynamics[M]. New York:McGaw-Hill Book Company,1991.

[2]　钱翼稷.空气动力学[M].北京:北京航空航天大学出版社,2004.

[3]　徐华舫.空气动力学基础:上册[M].北京:国防工业出版社,1982.

[4]　孔珑.流体力学:(1)[M].北京:高等教育出版社,2003.

[5]　江宏俊.流体力学:下册[M].北京:高等教育出版社,1985.

第3章　无黏、不可压缩流动基础

3.1　引　言

真实流体有多方面的物理属性，如黏性、可压缩性及传热性等，这些物理属性对于流体的运动特性有着不同程度的影响。在研究某一具体的流动问题时，如果把流体的所有物理属性都考虑进去，必然会使问题变得非常复杂。事实上，在某些具体问题里，流体不同方面的物理属性具有不同的重要性，对于某些问题，我们可以抓住一些起主导作用的物理属性，而忽略一些次要的物理属性。这样，就可以在处理问题时更清楚地看清问题的本质，抓住事物的关键，使问题得以简化，便于进行数学处理和求解。按照对实际流体物理属性不同情况的简化，可以得到各种不同的流体模型。

一、理想流体

如第1章所述，理想流体实际上是一种无黏流体模型。在这种模型中，流体微团不承受黏性力的作用。由于空气的黏度很小，在实际流动中，只有在紧贴物体表面的很薄的一层范围内，各层气流速度差异很大，因而速度梯度很大(黏性力比较大)。在这一薄层以外的区域内，各层气流之间的速度变化较缓，速度梯度不大(黏性力也就很小) 通常可以忽略黏性作用。

忽略黏性的流体称之为理想流体。根据理想流体模型计算出来的绕流图谱和物面压力分布，一般都能够与实验结果相一致，由此得到的升力和力矩值也比较可信。但是，当流线型物体在大迎角情况、或者非流线型物体的绕流情况下，实际流动在物体表面将会形成一定程度的分离，这时如果忽略黏性作用，采用理想流体模型得出的结果将与实际情况差异很大。当然，在研究流动阻力问题时，用理想流体模型得出的结果往往与实际情况差别较大，这是因为黏性阻力和紧贴物体表面的那一层流体的流动特性密切相关。

二、绝热流体

这是一种不考虑流体热传导性的模型，即把流体的导热系数看做零。由于流体的导热系数量值很小，因此在低速流动中，除了专门研究传热问题的场合外，一般都不考虑流体的热传导性质，把流体看成为绝热的，所得到的结果与实际情况很一致。在高速流动中，在温度梯度不太大的地方，流体微团间的传热量也是微乎其微的，忽略流体微团间的热传导量对流动特性的影

响不大，因此也可以不考虑热传导量的作用。不考虑流体微团间热传导作用的流体模型称之为绝热流体。

三、不可压缩流体

这是一种不考虑流体压缩性或者弹性的模型，其体积弹性模量可以认为是无穷大，或者认为其密度等于常数。液体十分接近这种情况，但是，有时把气体也按照不可压缩流体来处理，初学者一般不容易理解，下面将做出说明。求解不可压缩流体的流动规律，只需要服从力学定律，而不需要考虑热力学关系，因此可使问题的求解和数学分析大大地简化。

对于低速气体，即流动马赫数较低的气体，可以按照不可压缩流体来处理流动问题。当飞行器在空气中飞行时，空气流动速度的变化引起了飞行器周围空气密度的变化。当飞行速度较低时，这种密度变化很小，可以近似认为没有变化，即把低速流动的流体当做不可压缩流体来处理，以简化数学处理的过程，对于工程实际问题是适用的、合理的。实践表明，用不可压缩流体模型来处理低速情况的空气动力学问题，所得的结果与实际情况基本一致，是可信的。如果飞行速度较大，绕物体流场的流动速度很大，引起的密度变化也较大，就必须将空气看做密度可变的可压缩流体来处理，才能获得与实际情况相一致的结果。

最简单的流体模型就是不可压理想流体模型，它既不考虑流体的可压缩性影响，也不考虑流体的黏性影响。本章着重针对这种最简单的流体模型，介绍无黏、不可压缩流动的基础理论和应用。本章讲述的内容可概括如图 3.1 所示。

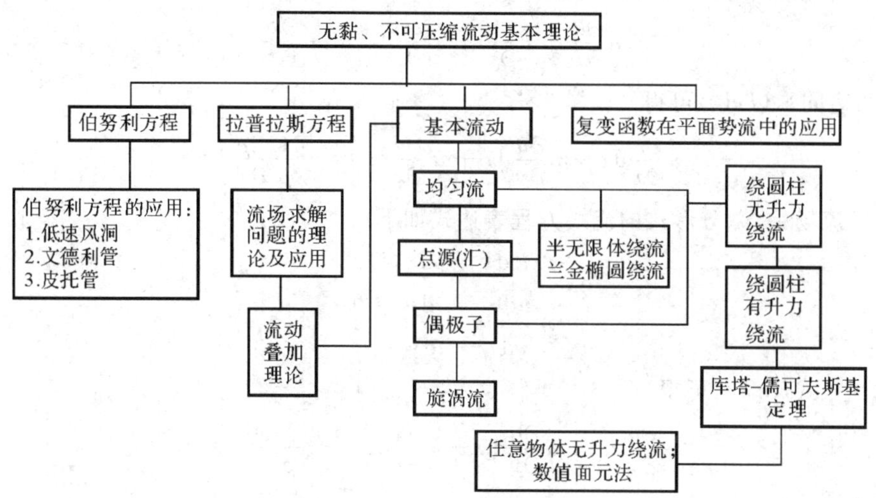

图 3.1　第 3 章的内容简介

3.2 伯努利方程及其应用

一、伯努利方程

18 世纪早期,理论流体力学得到了飞速发展。众多著名的流体力学专家为此做了大量的工作,提出了无黏、不可压缩定常流条件下,流体压力与速度之间的关系,这就是著名的伯努利方程,即

$$p + \frac{1}{2}\rho V^2 = \text{const}$$

在流体力学领域中,伯努利方程的应用非常广泛。本节的主要任务是由前面介绍的基本流动方程推导出伯努利方程。

对于无黏、不可压缩流动情形,略去体积力的影响,由动量式(2.49)的 x 方向分量,可得

$$\rho \frac{\mathrm{D}u}{\mathrm{D}t} = -\frac{\partial p}{\partial x}$$

将上式左边,按实质导数形式展开,可得

$$\rho \frac{\partial u}{\partial t} + \rho u \frac{\partial u}{\partial x} + \rho v \frac{\partial u}{\partial y} + \rho w \frac{\partial u}{\partial z} = -\frac{\partial p}{\partial x} \tag{3.1}$$

对于定常流,$\partial u/\partial t = 0$,所以式(3.1)可改写为

$$u \frac{\partial u}{\partial x} + v \frac{\partial u}{\partial y} + w \frac{\partial u}{\partial z} = -\frac{1}{\rho} \frac{\partial p}{\partial x} \tag{3.2}$$

式(3.2)两边同乘以 $\mathrm{d}x$,可得

$$u \frac{\partial u}{\partial x}\mathrm{d}x + v \frac{\partial u}{\partial y}\mathrm{d}x + w \frac{\partial u}{\partial z}\mathrm{d}x = -\frac{1}{\rho} \frac{\partial p}{\partial x}\mathrm{d}x \tag{3.3}$$

在三维流场中,微分形式的流线方程表达式如下:

$$w\mathrm{d}y - v\mathrm{d}z = 0$$

$$u\mathrm{d}z - w\mathrm{d}x = 0$$

$$v\mathrm{d}x - u\mathrm{d}y = 0$$

将后两式代入式(3.3),可得

$$u \frac{\partial u}{\partial x}\mathrm{d}x + u \frac{\partial u}{\partial y}\mathrm{d}y + u \frac{\partial u}{\partial z}\mathrm{d}z = -\frac{1}{\rho} \frac{\partial p}{\partial x}\mathrm{d}x \tag{3.4}$$

沿同一条流线,则有

$$u\left(\frac{\partial u}{\partial x}\mathrm{d}x + \frac{\partial u}{\partial y}\mathrm{d}y + \frac{\partial u}{\partial z}\mathrm{d}z\right) = -\frac{1}{\rho} \frac{\partial p}{\partial x}\mathrm{d}x \tag{3.5}$$

假设给定函数 $u = u(x, y, z)$,对其进行微分,可得

$$\mathrm{d}u = \frac{\partial u}{\partial x}\mathrm{d}x + \frac{\partial u}{\partial y}\mathrm{d}y + \frac{\partial u}{\partial z}\mathrm{d}z$$

将其代入式(3.5)，则式(3.5)可写为

$$u\mathrm{d}u = -\frac{1}{\rho}\frac{\partial p}{\partial x}\mathrm{d}x$$

即

$$\frac{1}{2}\mathrm{d}(u^2) = -\frac{1}{p}\frac{\partial p}{\partial x}\mathrm{d}x \tag{3.6}$$

同理，由动量方程 y 向分量和 z 向分量可以得出类似结果，即

$$\frac{1}{2}\mathrm{d}(v^2) = -\frac{1}{\rho}\frac{\partial p}{\partial y}\mathrm{d}y \tag{3.7}$$

$$\frac{1}{2}\mathrm{d}(w^2) = -\frac{1}{\rho}\frac{\partial p}{\partial z}\mathrm{d}z \tag{3.8}$$

将式(3.6)、式(3.7)、式(3.8)三式相加，可得

$$\frac{1}{2}\mathrm{d}(u^2 + v^2 + w^2) = -\frac{1}{\rho}\left(\frac{\partial p}{\partial x}\mathrm{d}x + \frac{\partial p}{\partial y}\mathrm{d}y + \frac{\partial p}{\partial z}\mathrm{d}z\right) \tag{3.9}$$

又因为

$$u^2 + v^2 + w^2 = V^2 \tag{3.10}$$

$$\frac{\partial p}{\partial x}\mathrm{d}x + \frac{\partial p}{\partial y}\mathrm{d}y + \frac{\partial p}{\partial z}\mathrm{d}z = \mathrm{d}p \tag{3.11}$$

故

$$\frac{1}{2}\mathrm{d}(V^2) = -\frac{\mathrm{d}p}{\rho}$$

即

$$\mathrm{d}p = -\rho V\mathrm{d}V \tag{3.12}$$

式(3.12)将沿同一条流线上的速度变化与压力变化互相联系起来，并可应用于无体积力的无黏流动中。

在不可压缩流场中，密度 ρ 为常数，故在同一条流线上的任意点 1 和点 2 之间对式(3.12)进行积分，可得

$$\int_{p_1}^{p_2}\mathrm{d}p = -\rho\int_{V_1}^{V_2}V\mathrm{d}V$$

即

$$p_2 - p_1 = -\rho\left(\frac{V_2^2}{2} - \frac{V_1^2}{2}\right)$$

整理后，可得

$$p_1 + \frac{1}{2}\rho V_1^2 = p_2 + \frac{1}{2}\rho V_2^2 \tag{3.13}$$

这就是著名的伯努利方程。式(3.13)也可以写成以下更为简便的形式，即

$$p + \frac{1}{2}\rho V^2 = \text{const(常数)} \tag{3.14}$$

伯努利方程对于有旋流动及无旋流动都是适用的。对于有旋流动，只能在同一条流线上对式(3.12)进行积分，故不同的流线对应的常数不相等；对于无旋流动，可在整个流场中对式(3.12)进行积分，故整个流场中所有的流线对应的常数是相等的。

式(3.14)的物理意义很明显，即在无黏、不可压缩流动中，当速度增加时，压力减小；当速度减小时，压力增大。

伯努利方程是由动量方程推导来的，因此，它是牛顿第二运动定律在无体积力、无黏、不可压缩流动情形下的一种表述。另外，式(3.14)中的量纲是单位体积的能量($\frac{1}{2}\rho V^2$ 是单位体积动能)，因此，伯努利方程与不可压缩流动的机械能有关，它表明压力对流体所做的功等于流体动能的增加。实际上，伯努利方程也可以通过能量方程来推导。有兴趣的读者，不妨自己进行推导。

伯努利方程可以由牛顿第二运动定律或者能量方程分别推导出来，因此，在解决无黏、不可压缩流动问题时，可以只采用连续方程和动量方程，而不使用能量方程。解决过程一般有如下的步骤：

(1) 进行流动控制方程求解，得到速度场。所用的控制方程将在以后的章节讨论。

(2) 求得速度场后，利用伯努利方程求得压力场。

二、低速风洞

在介绍低速风洞之前，首先介绍管道流动。如图3.2所示，这种管道一般都是三维形状的，其截面一般是圆形、椭圆形或矩形，截面积大小随位置的不同而不同。严格来讲，应该用三维流动的守恒方程来分析管道流动问题。但在实际应用中，由于管道截面积 $A = A(x)$ 的变化比较缓和，故可以假设流体通过管道的任意截面时，y，z 方向上的流场参数是均匀恒定的，只在 x 方向上发生变化，这种流动称为准一维流动。虽然准一维流动只是对真实三维流动的一种近似，但在许多空气动力学问题中，可以满足精度要求。所以在工程实际中常用到这种准一维流动假设。

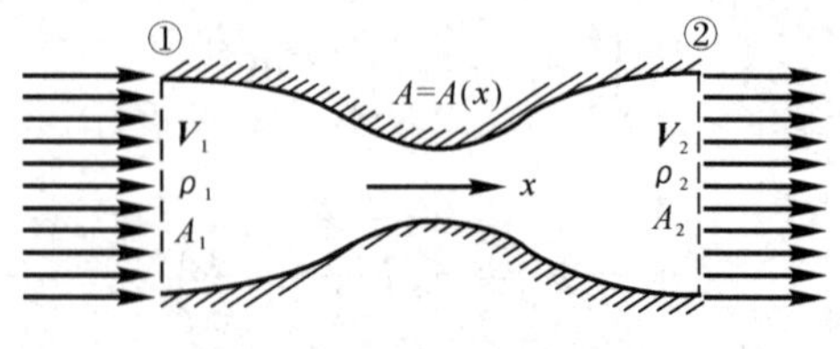

图 3.2　准一维管道流动

积分形式的连续方程为

$$\frac{\partial}{\partial t}\iiint_{\tau}\rho\,\mathrm{d}\tau + \oiint_{S}\rho\boldsymbol{V}\cdot\mathrm{d}\boldsymbol{S} = 0$$

在定常流动情形下，上式可以写为

$$\oiint_{S}\rho\boldsymbol{V}\cdot\mathrm{d}\boldsymbol{S} = 0 \tag{3.15}$$

将式(3.15)应用到图 3.2 所示的管道流动中，取左截面 A_1、右截面 A_2 和上下管壁面为边界。则式(3.15)可写为

$$\iint_{A_1}\rho\boldsymbol{V}\cdot\mathrm{d}\boldsymbol{S} + \iint_{A_2}\rho\boldsymbol{V}\cdot\mathrm{d}\boldsymbol{S} + \iint_{\mathrm{wall}}\rho\boldsymbol{V}\cdot\mathrm{d}\boldsymbol{S} = 0 \tag{3.16}$$

在壁面上，流动速度与壁面相切，并定义面元 d$\boldsymbol{S}$ 垂直于壁面，则在壁面上有 $\boldsymbol{V}\cdot\mathrm{d}\boldsymbol{S} = 0$，所以

$$\iint_{\mathrm{wall}}\rho\boldsymbol{V}\cdot\mathrm{d}\boldsymbol{S} = 0 \tag{3.17}$$

在截面①处，流体均匀地通过 A_1，d$\boldsymbol{S}$ 和 $\boldsymbol{V}$ 方向相反(由定义知，d$\boldsymbol{S}$ 总是指向控制体表面的外法线方向)，由式(3.16)可得

$$\iint_{A_1}\rho\boldsymbol{V}\cdot\mathrm{d}\boldsymbol{S} = -\rho_1 V_1 A_1 \tag{3.18}$$

在截面②处，流体均匀地通过 A_2，d$\boldsymbol{S}$ 和 $\boldsymbol{V}$ 方向相同，由式(3.16)可得

$$\iint_{A_2}\rho\boldsymbol{V}\cdot\mathrm{d}\boldsymbol{S} = \rho_2 V_2 A_2 \tag{3.19}$$

将式(3.17)、式(3.18)、式(3.19)代入到式(3.16)，可得

$$-\rho_1 V_1 A_1 + \rho_2 V_2 A_2 + 0 = 0$$

即

$$\rho_1 V_1 A_1 = \rho_2 V_2 A_2 \tag{3.20}$$

式(3.20)称为准一维流动的连续方程。对可压流动和不可压缩流动都适用。从物理意义上讲，它表明管道流动中的质量是守恒的。

对于不可压缩流动，密度 ρ 为常数，所以式(3.20)中的 $\rho_1 = \rho_2$，故

$$A_1 V_1 = A_2 V_2 \tag{3.21}$$

式(3.21)称为不可压缩流动的准一维连续方程。从物理意义上讲，它表明管道流动中的体积流是守恒的。从式(3.21)中可以看到，如果管道的截面积减小(收缩管)，速度就会增加；管道的截面积增大(扩张管)，速度就会减小，如图 3.3 所示。另外，结合伯努利方程可以发现，在收缩管道中，流动速度会增加，压力会减小；在扩张管道中，流动速度会减小，压力会增大。

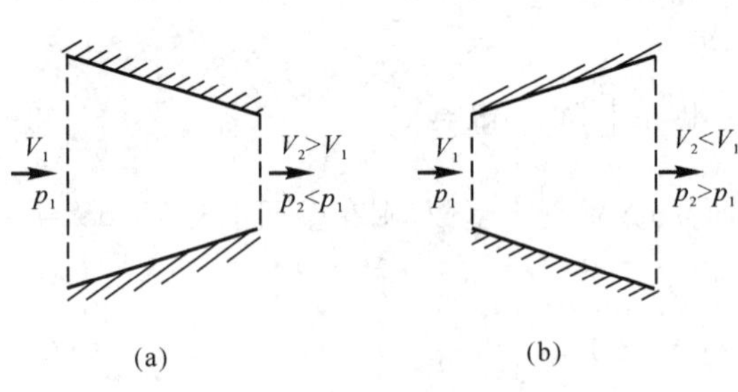

图 3.3　收敛管道和扩散管道中的流动

(a) 收敛管道；(b) 扩散管道

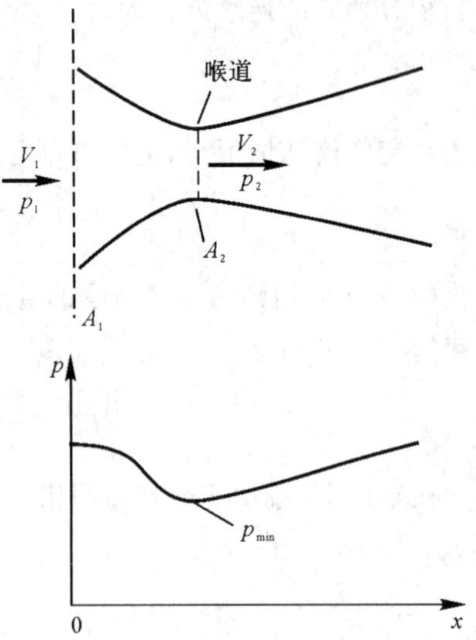

图 3.4　文德利管流动

假设不可压缩流动进入收缩－扩张管道，如图3.4所示。在管道入口处，速度为V_1，压力为p_1，随着管道截面积的减小，速度不断增加，压力不断减小，在截面积最小处，速度达到最大值V_2，压力达到最小值p_2，此处被称为喉道。在扩散段，随着管道截面积的增大，流动速度不断减小，压力不断增加。图3.4所示的管道称为文德利管。在工程实践中，这种装置应用很广泛，其基本特点就是在喉道处的压力p_2小于管外的环境压力p_1。这种压力差p_1-p_2可以被很好的利用。例如，汽车中的汽化器就是利用文德利管原理使进入发动机中的空气与燃料进行混合。

文德利管还可以被用来测量风速。如图3.4所示，假定文德利管的进口截面积与喉道截面积比值为A_1/A_2，进口处速度V_1未知，利用文德利管可以测定速度V_1的值。首先在进口处和喉道处的壁面上开小孔，然后在两个小孔之间连上细管，在细管中装入密度较大的液体。利用U形管原理可以直接得到压力差p_1-p_2。利用伯努利方程，有

$$V_1^2=\frac{2}{\rho}(p_2-p_1)+V_2^2 \tag{3.22}$$

再由连续方程，得

$$V_2=\frac{A_1}{A_2}V_1 \tag{3.23}$$

将式(3.23)代入式(3.22)，则有

$$V_1^2=\frac{2}{\rho}(p_2-p_1)+\left(\frac{A_1}{A_2}\right)^2V_1^2 \tag{3.24}$$

从式(3.24)中，可以求得V_1的表达式为

$$V_1 = \sqrt{\frac{2(p_1 - p_2)}{\rho[(A_1/A_2)^2 - 1]}} \tag{3.25}$$

式(3.25)给出了 V_1 与压力差 $p_1 - p_2$，流体密度 ρ 和截面积比 A_1/A_2 之间的关系表达式，由此就可以测量出文德利管入口处的来流速度。

不可压缩管道流动的另一个重要的应用就是低速风洞。这种用来模拟大气流动的装置最早可以追溯到1871年。到19世纪30年代中期，世界上几乎所有的风洞设计都是基于低速展开的。后来又出现了跨声速、超声速和高超声速风洞，但一直到今天，低速风洞仍然被广泛地使用。下面，我们就低速风洞理论进行介绍。

低速风洞实际上就是由一个大风扇提供气流的大文德利管，并依靠风扇驱动气流在洞体内运转。风洞有开式与闭式之分。在开式风洞中，如图 3.5(a) 所示，洞体中运转的气流直接由外部大气中吸取，又直接排到外部大气中；在闭式风洞中，如图 3.5(b)，通过实验段的气流可以返回到风洞的进气口处重新利用，使气流可以在洞体中连续运转。

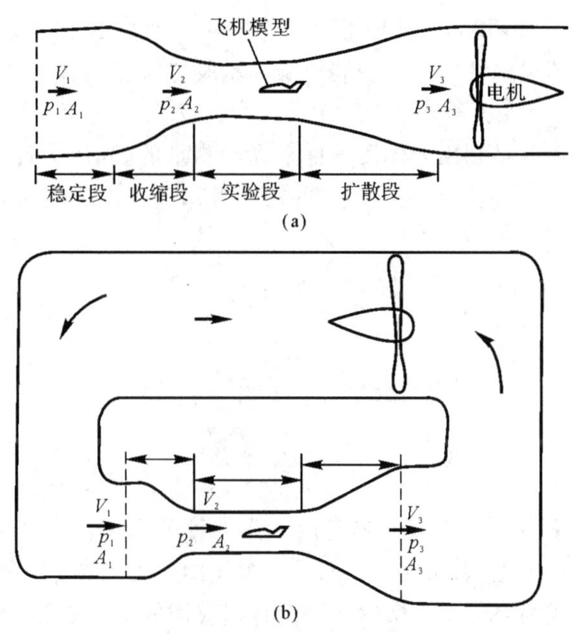

图 3.5　低速风洞

(a) 开式风洞；(b) 闭式风洞

无论是哪种情况，都可以假定进口处的气流速度 V_1、压力 p_1、截面积 A_1，随着管道的收缩，气流到达截面积最小的实验段时，速度增加到 V_2，压力减小到 p_2，截面积为 A_2。气流流过实验段的气动模型之后，再进入到一段扩张的管道，称为扩散段。在这段管道中，截面积增加到 A_3，气流速度减小到 V_3，压力增加到 p_3。由连续方程可知，实验段的气流速度为

$$V_2 = \frac{A_1}{A_2}V_1 \tag{3.26}$$

扩散段出口的速度为

$$V_3 = \frac{A_2}{A_3}V_2 \tag{3.27}$$

风洞中各点的压力与速度的关系可以由伯努利方程得到，即

$$p_1 + \frac{1}{2}\rho V_1^2 = p_2 + \frac{1}{2}\rho V_2^2 = p_3 + \frac{1}{2}V_3^2 \tag{3.28}$$

在低速风洞中，实验段的流动速度 V_2 是通过压力差 $p_1 - p_2$ 来控制的，即

$$V_2 = \sqrt{\frac{2(p_1 - p_2)}{\rho[1-(A_2/A_1)^2]}} \tag{3.29}$$

具体推导过程可以参考式(3.25)。

对于一个设计好的风洞，其面积比值 A_2/A_1 为定值。在不可压状态下，密度也是一个常值。由式(3.29)可以清楚地看出，实验段的流动速度实际上是由压力差 $p_1 - p_2$ 来控制的。所以，实验者可以通过调节风扇的转速来控制风洞实验段与风洞进口处的压力差，进而实现对实验段风速的调节控制。

在实际情况中，压力差是利用液体压力计来进行测量的。当压力计两端的压力不同时，压力计内的液体便会出现高度差 Δh，假设液体的密度为 ρ，重力加速度为 g，则压力差 $p_1 - p_2 = \rho g\Delta h$，令 $w = \rho g$，则

$$p_1 - p_2 = w\Delta h$$

那么式(3.29)就变为

$$V_2 = \sqrt{\frac{2w\Delta h}{\rho[1-(A_2/A_1)^2]}} \tag{3.30}$$

三、皮托管

1732 年，法国人皮托·亨利利用一支弯成 L 形的管子，如图 3.6 所示，实现了对巴黎塞纳河水流速度的测量。在历史上，首次实现了对流动速度的正确测量。为了纪念皮托，他所发明的装置被称为皮托管，并成为空气动力实验中一个普遍应用的实验装置。飞机飞行速度的测量也是利用皮托管原理来完成的。下面介绍皮托管测量流速的基本原理。

假定自由来流速度为 V_1，则其压力有动压、静压和总压之分。所谓静压即未受扰动的自由来流的压力 p_1；总压，即自由来流的速度减小为零时，流体的压力 p_0；动压，即未受扰动的自由来流中单位体积流的动能 $\frac{1}{2}\rho V^2$，以符号 q 表示。为测得来流速度，将皮托管如图 3.6 所示放置，并使管子 B 端入口正对来流的方向，由于管子 C 端封闭，且管内充满气体，则进入管子的流体速度会降为零，达到稳定状态时，B 端和 C 端的压力相等，均为总压。在图 3.6 所示的皮托管

平行段的壁面点 A 处开孔，则在此处所测压力即为静压。由于点 B 的压力与点 C 的压力相等，通过测点 C 的压力值就可以给出点 B 的总压值 p_0。另外，速度为 V_1 的自由来流的静压 p_1 可以很容易的测出。然后就可以得到总压与静压的压力差 $p_0 - p_1$，最后利用伯努利方程我们可以求出流速 V_1。

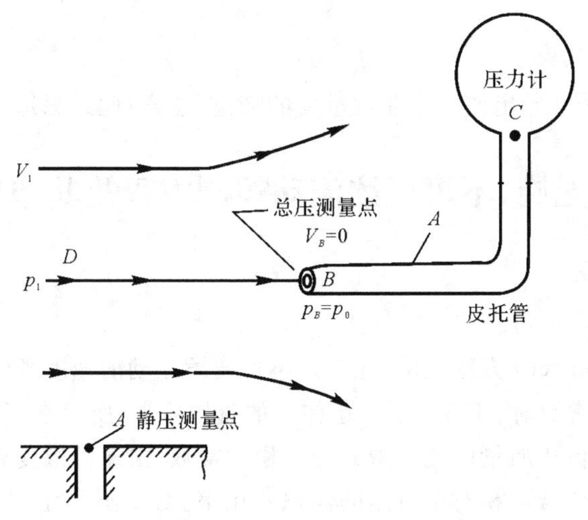

图 3.6　皮托管和静压孔

首先，点 A 处速度为 V_1，压力为 p_1；点 B 处速度为 0，压力为 p_0，由伯努利方程，可得

$$p_1 + \frac{1}{2}\rho V_1^2 = p_0 \tag{3.32}$$

式(3.32) 可解得 V_1，即

$$V_1 = \sqrt{\frac{2(p_0 - p_1)}{\rho}} \tag{3.33}$$

所以，由式(3.33) 可以简单的从压力差来计算自由来流的速度。其中，总压可以通过皮托管来测量，静压可以通过合适地放置静压口来测得。实际上，总压和静压的测量装置可以组合到一起形成一个装置，称为皮托-静压管，如图 3.7 所示。此装置的前部开孔可以测来流总压，沿来流方向在此装置的表面上某一点开孔可以测得来流静压。

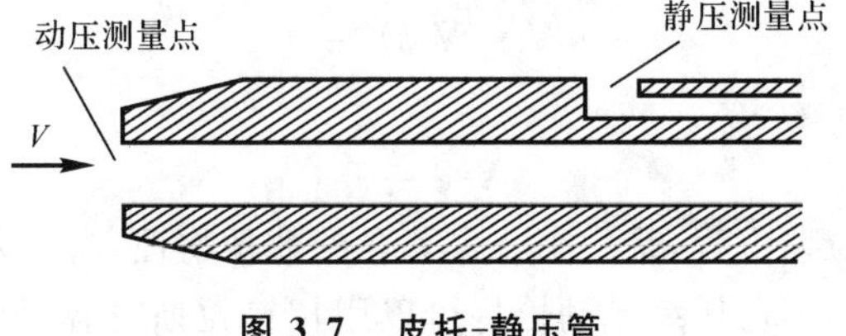

图 3.7　皮托-静压管

结合式(3.32)以及上面动压的定义,我们有下面的结论:

$$静压 + 动压 = 总压$$

用公式表示为

$$p_1 + q_1 = p_0$$

即

$$q_1 = p_0 - p_1 \tag{3.34}$$

这是由伯努利方程推导出的一个非常重要的结论。注意:此式只适用于不可压缩流动。

3.3 无旋、不可压缩流动控制方程及其边界条件

一、拉普拉斯方程

介绍拉普拉斯(Laplace)方程之前,先引入不可压缩流动的速度条件:$\nabla \cdot \boldsymbol{V} = 0$。对于不可压缩流动,其密度 ρ 为常数。由于 ρ 表示单位体积的流体质量,所以在不可压缩流场中,若 ρ 为常数,则表示包含一定流体质量的流体微元的体积为常数。由速度散度 $\nabla \cdot \boldsymbol{V}$ 的物理含义可知,$\nabla \cdot \boldsymbol{V}$ 表示单位体积流体微元相对于时间的体积变化率。对于不可压缩流动而言,其流体微元的体积为常值,所以有

$$\nabla \cdot \boldsymbol{V} = 0 \tag{3.35}$$

这个结论也可以通过连续方程推导出来。

先引入流体运动的连续方程,即

$$\frac{\partial p}{\partial t} + \nabla \cdot \rho \boldsymbol{V} = 0$$

对于不可压缩流动,ρ 为常数,所以 $\partial \rho / \partial t = 0$,且 $\nabla \cdot (\rho \boldsymbol{V}) = \rho \nabla \cdot \boldsymbol{V}$,故有

$$\nabla \cdot \boldsymbol{V} = 0$$

从上述的推导过程可知,不可压缩流动的连续方程可以写成式(3.35)的表达形式,即 $\nabla \cdot \boldsymbol{V} = 0$ 另外,对于无旋流动,可以定义一个速度势函数,并且满足下列关系:

$$\boldsymbol{V} = \nabla \phi \tag{3.36}$$

对于无旋、不可压缩流动,可将式(3.35)、式(3.36)联立,求得

$$\nabla \cdot (\nabla \phi) = 0$$

即

$$\nabla^2 \phi = 0 \tag{3.37}$$

上述方程称为拉普拉斯方程,是一个非常著名的数学物理方程,人们为此做了大量的研究工作。而这里讨论的无旋、不可压缩流动恰好可以用拉普拉斯方程来描述。拉普拉斯方程在下面三种常用的正交坐标系下有不同的表达式。

直角坐标系：
$$\phi = \phi(x, y, z)$$
$$\nabla^2 \phi = \frac{\partial^2 \phi}{\partial x^2} + \frac{\partial^2 \phi}{\partial y^2} + \frac{\partial^2 \phi}{\partial z^2} = 0 \tag{3.38}$$

柱坐标系：
$$\phi = \phi(r, \theta, z)$$
$$\nabla^2 \phi = \frac{1}{r}\frac{\partial}{\partial r}\left(r\frac{\partial \phi}{\partial r}\right) + \frac{1}{r^2}\frac{\partial^2 \phi}{\partial \theta^2} + \frac{\partial^2 \phi}{\partial z^2} = 0 \tag{3.39}$$

球坐标系：
$$\phi = \phi(r, \theta, \varphi)$$
$$\nabla^2 \phi = \frac{1}{r^2 \sin\theta}\left[\frac{\partial}{\partial r}\left(r^2 \sin\theta \frac{\partial \phi}{\partial r}\right) + \frac{\partial}{\partial \theta}\left(\sin\theta \frac{\partial \phi}{\partial \theta}\right) + \frac{\partial}{\partial \varphi}\left(\frac{1}{\sin\theta}\frac{\partial \phi}{\partial \varphi}\right)\right] = 0 \tag{3.40}$$

二维不可压缩流动的流函数 ψ 可以定义如下：
$$u = \frac{\partial \psi}{\partial y} \tag{3.41a}$$
$$v = -\frac{\partial \psi}{\partial x} \tag{3.41b}$$

不可压缩流动的连续方程 $\nabla \cdot \boldsymbol{V} = 0$ 在二维直角坐标系下的表达式为
$$\nabla \cdot \boldsymbol{V} = \frac{\partial u}{\partial x} + \frac{\partial v}{\partial y} = 0 \tag{3.42}$$
将式(3.41) 代入式(3.42)，得
$$\frac{\partial}{\partial x}\left(\frac{\partial \psi}{\partial y}\right) + \frac{\partial}{\partial y}\left(-\frac{\partial \psi}{\partial x}\right) = \frac{\partial^2 \psi}{\partial x \partial y} - \frac{\partial^2 \psi}{\partial y \partial x} = 0 \tag{3.43}$$

从式(3.43) 可以看出，流函数自动满足不可压缩流动的连续方程。若不可压缩流动是无旋的，则由无旋流动的表达式，可知
$$\frac{\partial v}{\partial x} - \frac{\partial u}{\partial y} = 0 \tag{3.44}$$
将式(3.41a) 和式(3.41b) 代入式(3.44)，得
$$\frac{\partial}{\partial x}\left(-\frac{\partial \psi}{\partial x}\right) - \frac{\partial}{\partial y}\left(\frac{\partial \psi}{\partial y}\right) = 0$$
即
$$\frac{\partial^2 \psi}{\partial x^2} + \frac{\partial^2 \psi}{\partial y^2} = 0 \tag{3.45}$$

上式也称为拉普拉斯方程。可见流函数和势函数一样，同样满足拉普拉斯方程。

从式(3.37) 和式(3.45) 中，可以得到下面的重要结论：

(1) 任何无旋、不可压缩流动都有速度势函数和流函数(仅限二维流动)，并满足拉普拉斯方程。

(2) 拉普拉斯方程的任何解都可以写成关于无旋、不可压缩流动的速度势函数或者流函数(二维) 的形式。

拉普拉斯方程是一个二阶线性的偏微分方程,所以它的解满足线性叠加原理。假设 ϕ_1, ϕ_2, ϕ_3, …, ϕ_n 分别代表式(3.37)的 n 个不同的解,则这 n 个解的和 $\phi = \phi_1 + \phi_2 + \cdots + \phi_n$ 仍然是式(3.37)的解。故对于形式复杂的无旋、不可压缩流动,可以将其看成是一系列简单的无旋、不可压缩流动元的叠加。通过求解一系列也许现实中并不存在的简单流动形式,然后再对这些不同的简单流动解进行叠加,从而得到符合实际流动情况的解。

对于无旋、不可压缩流场,当气流流过不同外形的物体,如球体、锥体或者是机翼时,各物体表面上的流线及压力分布都不相同,但是这些不同的流动都满足于同一个控制方程,即 $\nabla^2 \phi = 0$。如何从同一个控制方程得到不同气动外形的流场解呢?答案在于不同外形的流场控制方程虽然相同,但流场控制方程的边界条件却必须符合真实流场的流动状态,才有可能从同一个控制方程中得到不同气动外形的流场解。

假设气流流过如图 3.8 所示的一个固定二维翼型。则此流场的边界可以分为两种:一是距离翼面无穷远处的自由流动,此处的流动不受物面干扰;二是翼型本身的物面边界。下面针对图中的流场详细讨论这两种边界。

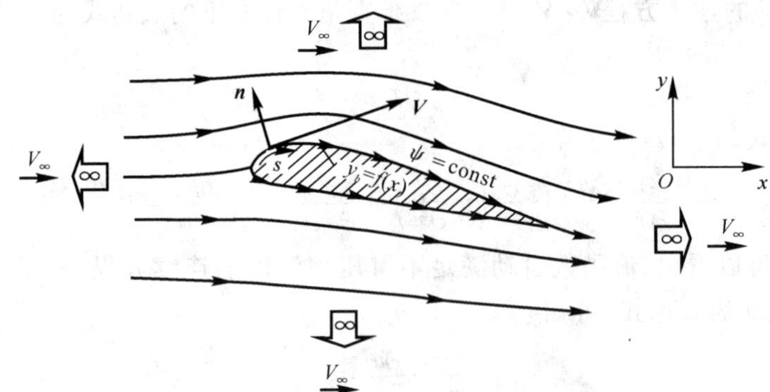

图 3.8　无黏流动的物面边界及远场边界条件

二、远场边界条件

远场边界位于物体的无穷远处,且各个方向上的流动都是未受扰动的均匀自由来流,如图 3.8 所示。令 V_∞ 与 x 轴在同一方向上,表示无穷远处的自由来流的速度,则有

$$u = \frac{\partial \phi}{\partial x} = \frac{\partial \psi}{\partial y} = V_\infty \tag{3.46a}$$

$$v = \frac{\partial \phi}{\partial y} = -\frac{\partial \psi}{\partial x} = 0 \tag{3.46b}$$

式(3.46)就是无穷远处的速度边界条件,在物体各个方向的无穷远处都适用。如图 3.8 所示,这两个速度边界条件在翼型的上下、左右、无穷远处都成立。

三、固壁边界条件

如图 3.8 所示，气流在流动过程中，不能穿越翼型表面进入翼型内部流动。若流动是黏性的，则在翼型表面摩擦力的影响下，物面处的气流速度为零，这种黏性流动在以后的章节中讨论。对于无黏流动，物面上的流动速度不为零，且物面上的气流又不能进入物体内部，所以物面上的气流速度必须与物面相切，图 3.8 给出了气流速度与物面相切的形象表示。从图 3.8 中可以看出垂直于物面的法向速度分量为零。以 $\boldsymbol{n}$ 表示垂直于物面的法矢量的单位矢量，则物面边界条件可以写为

$$\boldsymbol{V} \cdot \boldsymbol{n} = (\nabla \phi) \cdot \boldsymbol{n} = 0 \tag{3.47a}$$

即

$$\frac{\partial \phi}{\partial n} = 0 \tag{3.47b}$$

式(3.47a) 和式(3.47b) 给出了物面处的速度边界条件，它们是以势函数的形式给出的，若用流函数来代替势函数给出物面处的速度边界条件，其形式如下：

$$\frac{\partial \psi}{\partial s} = 0 \tag{3.47c}$$

式中，s 代表沿物面测得的长度，如图 3.8 所示，并且翼型的外形轮廓线本身就是一条流线。回忆前面讲的知识，对于同一条流线，其流函数的值为常数，即 $\psi =$ 常数。假设图 3.8 中所示翼型的物面方程为

$$y_b = f(x)$$

则有

$$\psi_{\text{物面}} = \psi_{y_b = f(x)} = \text{常数} \tag{3.47d}$$

所以式(3.47d) 也可以看成是式(3.47c) 的另外一种表达形式。

当处理物面边界条件时，也可以不使用势函数和流函数，而只使用流动速度的两个分量 u 和 v，那么由流线方程的表达式$\dfrac{\mathrm{d}y}{\mathrm{d}x} = \dfrac{v}{u}$，可以得到下面的物面边界条件，即

$$\frac{\mathrm{d}y_b}{\mathrm{d}x} = \left(\frac{v}{u}\right)_{\text{物面}} \tag{3.47e}$$

式(3.47e) 表明物面实际上就是一条流线。由于没用到 ϕ 和 ψ，所以，此式所给出的物面相切边界条件可以应用于所有无黏流动问题。

3.4　流动的叠加

前面已经讲过，无旋、不可压缩流动的拉普拉斯方程是一个二阶线性偏微分方程，其表达形式如下：

$$\nabla^2 \phi = \frac{\partial^2 \phi}{\partial x^2} + \frac{\partial^2 \phi}{\partial y^2} + \frac{\partial^2 \phi}{\partial z^2} = 0$$

根据已有的数学理论可以知道，线性方程的解满足叠加原理，所以，拉普拉斯方程的解也是满足叠加原理的。所以，在求解一个形式复杂的实际的无旋、不可压缩流动问题时，可以将其分解为一系列简单的无旋、不可压缩流动。这也是以后解决无黏不可压缩流动问题所采取的一种重要的方法。通过求解一系列实际中也许并不存在的简单的流动，然后再将这些简单的流场解进行叠加，就可以得到符合实际情况的复杂流场解。下面就流场叠加理论给以证明。

假设 $\phi_1, \phi_2, \phi_3, \cdots, \phi_n$ 为一系列分别满足拉普拉斯方程的简单基本流场解，则有

$$\frac{\partial^2 \phi_i}{\partial x^2} + \frac{\partial^2 \phi_i}{\partial y^2} + \frac{\partial^2 \phi_i}{\partial z^2} = 0, \quad i = 1,2,3,\cdots,n$$

令 ϕ 为由上述基本流动叠加而成的新的流动势函数，即

$$\phi = \phi_1 + \phi_2 + \cdots + \phi_n$$

将其代入拉普拉斯方程，得

$$\frac{\partial^2 \phi}{\partial x^2} + \frac{\partial^2 \phi}{\partial y^2} + \frac{\partial^2 \phi}{\partial z^2} = \frac{\partial^2 (\phi_1 + \phi_2 + \cdots + \phi_n)}{\partial x^2} + \frac{\partial^2 (\phi_1 + \phi_2 + \cdots + \phi_n)}{\partial y^2} + \frac{\partial^2 (\phi_1 + \phi_2 + \cdots + \phi_n)}{\partial z^2}$$

$$= \left[\frac{\partial^2 \phi_1}{\partial x^2} + \frac{\partial^2 \phi_1}{\partial y^2} + \frac{\partial^2 \phi_1}{\partial z^2}\right] + \left[\frac{\partial^2 \phi_2}{\partial x^2} + \frac{\partial^2 \phi_2}{\partial y^2} + \frac{\partial^2 \phi_2}{\partial z^2}\right] + \cdots + \left[\frac{\partial^2 \phi_n}{\partial x^2} + \frac{\partial^2 \phi_n}{\partial y^2} + \frac{\partial^2 \phi_n}{\partial z^2}\right] = 0$$

从上面的推导可以看出，由简单基本流动 $\phi_1, \phi_2, \phi_3, \cdots, \phi_n$ 叠加而成的流动 ϕ 也是满足拉普拉斯方程的。

另外，根据速度分量与势函数的关系，对于 x 方向上速度分量，有

$$v_x = \frac{\partial \phi}{\partial x} = \frac{\partial (\phi_1 + \phi_2 + \cdots + \phi_n)}{\partial x}$$

进一步，可得

$$v_x = v_{x1} + v_{x2} + \cdots + v_{xn}$$

式中，$v_{x1}, v_{x2}, \cdots, v_{xn}$ 分别表示各简单基本流动在 x 方向上的速度分量。所以，流场中的各个速度分量也是可以叠加的。但是，流场中各点的压力不可叠加，因为压力与速度的函数关系是非线性的。因此，描述流场的参数之间的关系是否为线性，是能否应用流场叠加原理的条件。

3.5 均匀流中的源

一、均匀流

如图 3.9 所示，有一来流速度大小为 V_∞ 的均匀流动，其速度方向与 x 轴同向。此均匀流动

速度满足$\nabla \times \boldsymbol{V} = \boldsymbol{0}$及$\nabla \cdot \boldsymbol{V} = 0$的关系，所以均匀流可以看成是无旋、不可压缩流动。由此可得均匀流的速度势方程

$$\nabla \phi = \boldsymbol{V}$$

由如图3.9所示及速度与势函数之间的关系，有

$$\frac{\partial \phi}{\partial x} = u = V_\infty \tag{3.48a}$$

$$\frac{\partial \phi}{\partial y} = v = 0 \tag{3.48b}$$

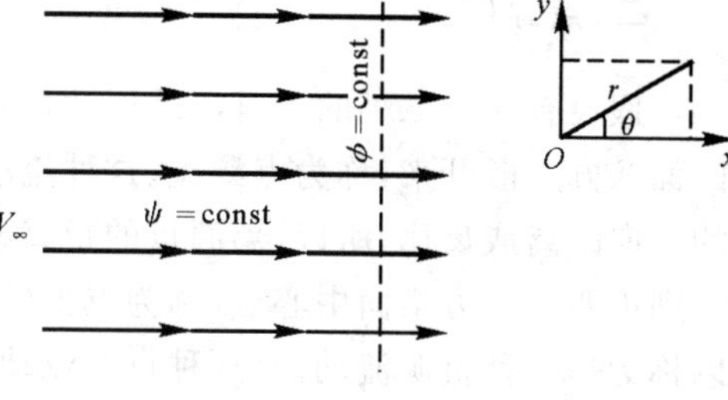

图 3.9　均匀流

对式(3.48a)关于x进行积分，可得

$$\phi = V_\infty x + f(y) \tag{3.49}$$

对式(3.48b)关于y进行积分，可得

$$\phi = \text{const} + g(x) \tag{3.50}$$

对比式(3.49)与式(3.50)可以知道，$g(x) = V_\infty x, f(y) = \text{const}$，所以

$$\phi = V_\infty x + \text{const} \tag{3.51}$$

在空气动力学问题中，我们利用ϕ对它进行微分，以求出速度，即$\nabla \phi = \boldsymbol{V}$。因为常数的导数值为零，所以，将速度势式(3.51)中的常数项写成零，对于速度的精确性并无影响，故式(3.51)可以写为

$$\phi = V_\infty x \tag{3.52}$$

这就是速度为V_∞的水平均匀流动速度势方程，对可压缩流动和不可压缩流动都适用。

考虑不可压缩流动的流函数ψ，由图3.9所示的流动及速度与流函数之间的关系，可得

$$\frac{\partial \psi}{\partial y} = u = V_\infty \tag{3.53a}$$

$$\frac{\partial \psi}{\partial x} = -v = 0 \tag{3.53b}$$

对式(3.53a)关于y进行积分，对式(3.53b)关于x进行积分，可得

$$\psi = V_\infty y \tag{3.54}$$

式(3.54)即为速度V_∞的水平不可压缩均匀流动的流函数(V_∞与x同方向)。

根据前面讲的知识，流线是以$\psi =$常数的形式给出的，所以对于水平均匀流动的流函数式(3.54)，可以写成$\psi = V_\infty y =$常数的形式。由于V_∞本身是已知的，要想使ψ为常数，就只能令y为常数了，即流线是一系列y值相等的水平线。同理，由式(3.52)可知，等速度势线是一系列x值相等的垂直线，如图3.9中的虚线所示。由图中可以看出，等速度势线与流线是互相垂直的。

上述水平均匀流动的速度势式(3.52)和流函数式(3.54)还可以用极坐标的形式来表示，其中$x = r\cos\theta, y = r\sin\theta$，如图3.9所示。故式(3.52)和式(3.54)可以分别写为

$$\phi = V_{\infty} r\cos\theta \tag{3.55}$$

$$\psi = V_{\infty} r\sin\theta \tag{3.56}$$

二、点源(汇)

假设有一个二维的不可压缩流动，如图 3.10 所示。左图所表示的流动的流线由中心点向四面八方发散开来，称为点源流。这种流动只有径向流动，没有周向流动，其速度大小与距源点的径向距离成反比。所以，离源点的距离相等处，径向速度的大小就相同。右图所示的流动的流线则由四面八方指向中心点，称为点汇(又称汇)，是一种与点源流动方向相反的向心流动，可以称为是一种负源流动。对这种点源流动有以下两个结论：

(1) 源流动是一种不可压缩流动，即$\nabla \cdot \mathbf{V} = 0$。但源点除外，因为此点为奇点。

(2) 源流动在任意点处(除源点) 都是无旋的。

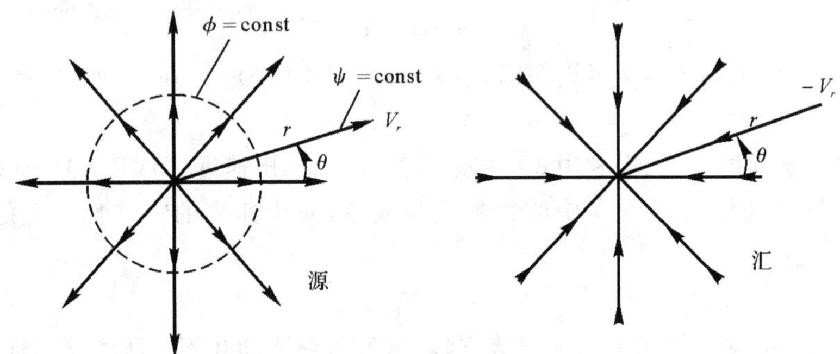

图 3.10　源和汇

对于以上的源汇流动，其径向和周向上的速度分量分别为 V_r 和 V_θ。根据以上的定义，有

$$V_r = \frac{c}{r} \tag{3.57a}$$

$$V_\theta = 0 \tag{3.57b}$$

式中，c 为常数，大小与由源点流出的体积流量有关。对图 3.10，沿 z 向取长度 l，图 3.11 为其三维视图。在图 3.11 中沿 z 轴虚构一条点源线，则图 3.10 中的源点只是这条源线上的一点。图 3.10 所表示的二维流动也只是图 3.11 中与 z 轴垂直的一个截面。对于图 3.11，流过面元 d$\boldsymbol{S}$ 的质量流量为$\rho\mathbf{V}\cdot \mathrm{d}\boldsymbol{S} = \rho V_r(r\mathrm{d}\theta)(l)$。则穿过此圆柱表面的流体总质量流量为

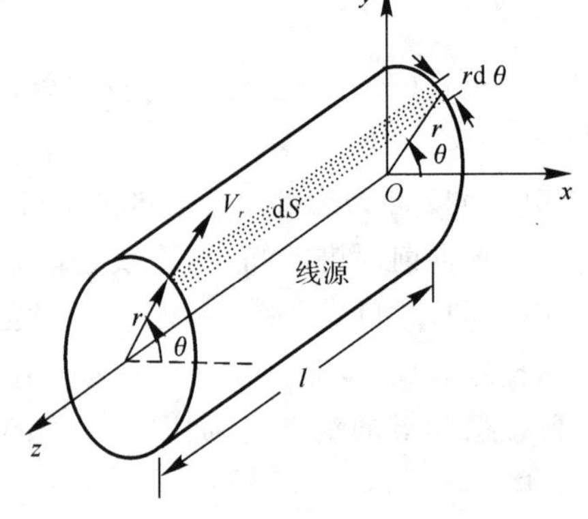

图 3.11　线源的体积流量

$$\dot{m} = \int_0^{2\pi} \rho V_r (r\mathrm{d}\theta) l = \rho r l V_r \int_0^{2\pi} \mathrm{d}\theta = 2\pi r l \rho V_r \tag{3.58}$$

式中，ρ 为单位体积流体的质量；$\dot{m}$ 为每秒流出圆柱表面的流体质量，则 $\dot{m}/\rho$ 为每秒流出的体积流量，所以

$$\dot{v} = \frac{\dot{m}}{\rho} = 2\pi r l V_r \tag{3.59}$$

取 Λ 为每秒单位长度圆柱的体积流量，即 $\Lambda = \dot{v}/l$ 。由式(3.59) 得

$$\Lambda = \frac{\dot{v}}{l} = 2\pi r V_r$$

改写成以下形式：

$$V_r = \frac{\Lambda}{2\pi r} \tag{3.60}$$

比较式(3.57a) 与式(3.60)，得

$$c = \frac{\Lambda}{2\pi}$$

在式(3.60) 中，Λ 称为源强度，表示每秒单位长度点源内流出的体积流量，单位为 $\mathrm{m^3/s}$。对点汇流，式(3.60) 的值应为负值。

从极坐标形式下速度与势函数的关系，以及式(3.57) 和式(3.60)，可以得到点源的速度势方程为

$$\frac{\partial \phi}{\partial r} = V_r = \frac{\Lambda}{2\pi r} \tag{3.61}$$

$$\frac{1}{r}\frac{\partial \phi}{\partial \theta} = V_\theta = 0 \tag{3.62}$$

式(3.61) 和式(3.62) 分别对 r 和 θ 进行积分，得

$$\phi = \frac{\Lambda}{2\pi}\ln r + f(\theta) \tag{3.63}$$

$$\phi = \mathrm{const} + f(r) \tag{3.64}$$

比较式(3.63) 和式(3.64)，得

$$\phi = \frac{\Lambda}{2\pi}\ln r \tag{3.65}$$

式(3.65) 称为二维点源速度势方程。

对于点源的流函数，从极坐标形式下速度与流函数的关系，以及式(3.57b) 和式(3.60)，得

$$\frac{1}{r}\frac{\partial \psi}{\partial \theta} = V_r = \frac{\Lambda}{2\pi r} \tag{3.66}$$

$$-\frac{\partial \psi}{\partial r} = V_\theta = 0 \tag{3.67}$$

类似于式(3.65)的推导,得

$$\psi = \frac{\Lambda}{2\pi}\theta + f(r) \tag{3.68}$$

$$\psi = \text{const} + f(\theta) \tag{3.69}$$

比较以上两式,得

$$\psi = \frac{\Lambda}{2\pi}\theta \tag{3.70}$$

式(3.70)称为二维点源流的流函数方程。

三、均匀流与点源(汇)的叠加

如图 3.12 所示,强度为 Λ 的点源位于极坐标原点,其左方有一速度为 V_∞、自左向右的均匀流。根据流动叠加原理,此流动的流函数为两个基本流动流函数之和,即

$$\psi = V_\infty r\sin\theta + \frac{\Lambda}{2\pi}\theta \tag{3.71}$$

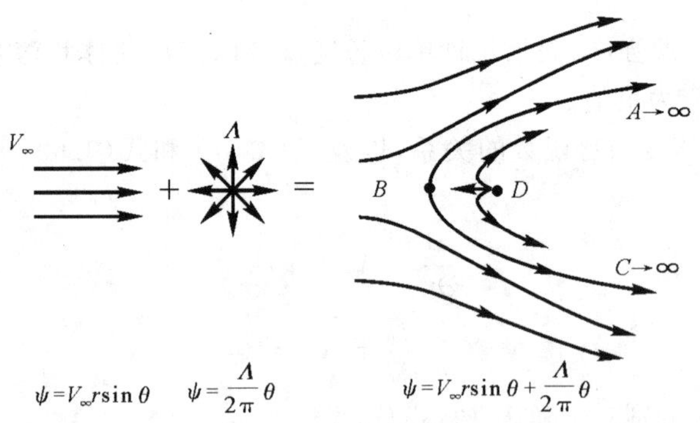

图 3.12　均匀流与点源的叠加:半无限体绕流

因为两个基本流动的流函数满足拉普拉斯方程,所以式(3.71)也满足拉普拉斯方程,且描述的也是无旋、不可压缩流动。此叠加流动的流线方程表达式为

$$\psi = V_\infty r\sin\theta + \frac{\Lambda}{2\pi}\theta = \text{const} \tag{3.72}$$

图 3.12 为此叠加流动的流线示意图,其中点 D 为源点。对式(3.72)在极坐标形式下进行求导,得到此流场的速度方程为

$$V_r = \frac{1}{r}\frac{\partial\psi}{\partial\theta} = V_\infty\cos\theta + \frac{\Lambda}{2\pi r} \tag{3.73}$$

$$V_\theta = -\frac{\partial\psi}{\partial r} = -V_\infty\sin\theta \tag{3.74}$$

由上述两式可以看出,此叠加流场的流动速度正是均匀流和点源流两种简单流动速度的

叠加。令上述流场的速度分量分别为零，即

$$V_r = 0, \quad V_\theta = 0$$

可知，此流场的驻点坐标为$(r,\theta) = (\Lambda/2\pi V_\infty, \pi)$，这个驻点在图 3.12 中以点 B 来表示。此驻点距源点的距离为 $DB = \dfrac{\Lambda}{2\pi V_\infty}$，由此可以看出，两者之间的距离可以通过改变 Λ 和 V_∞ 进行调节。

将点 B 处的驻点坐标代入式(3.72)，得

$$\psi = V_\infty \frac{\Lambda}{2\pi V_\infty}\sin\pi + \frac{\Lambda}{2\pi}\pi = \frac{\Lambda}{2} = \text{const}$$

此即通过驻点 B 的流线方程，其形状如图 3.12 中曲线 ABC 所示。

在图 3.12 中，流线 ABC 是曲线内外流动一条不可逾越的线，曲线内部的流动不能穿过此流线进入外部流场，外部流动也不能进入内部流场。从这个含义上讲，可以把曲线 ABC 所代表的流线看做是一个固体壁面。这样，外部流场可以看做是一个形状如 ABC 那样的物体放置在均匀流中所形成的流场。由式(3.73) 知，在下游无限远处，叠加流场的流动速度与外部均匀流的速度相同。但是，形状如 ABC 那样的物体在下游无穷远处不封口。从以上讨论可知，点源流具有撑开气流的作用，而点汇流则具有收拢气流的作用。故可在上述叠加流动的下游放置一个与点源流等强度的点汇流，即可形成一个封闭的“物体”。

假设在极坐标系中，在极点左面放置一点源，右面放置一点汇，两者与极点之间的距离都为 b，均匀来流的速度为 V_∞，点源和点汇的强度分别为 Λ 和 $-\Lambda$，如图 3.13 所示，则此叠加流场中任意一点 $P(r,\theta)$ 的流函数方程可写为

$$\psi = V_\infty r\sin\theta + \frac{\Lambda}{2\pi}\theta_1 - \frac{\Lambda}{2\pi}\theta_2$$

即

$$\psi = V_\infty r\sin\theta + \frac{\Lambda}{2\pi}(\theta_1 - \theta_2) \tag{3.75}$$

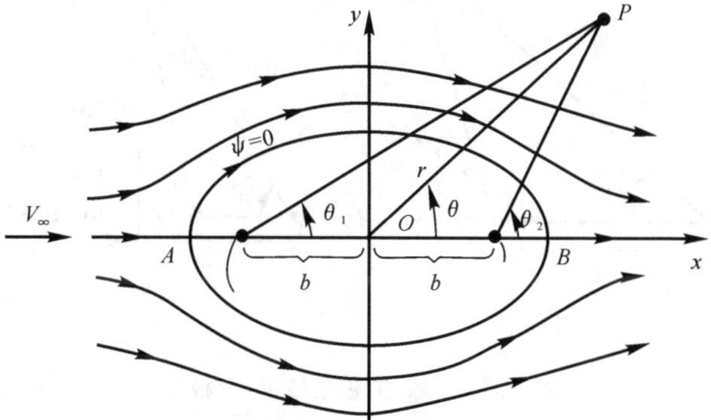

图 3.13　均匀流与源-汇叠加：兰金椭圆绕流

对式(3.75)在极坐标形式下进行求导，可以求出此流场的两个速度分量。其中和是r,θ,b的函数。为求得此叠加流场的驻点坐标，令两个速度分量都为零，可以求得此流场的两个驻点坐标分别位于图3.13中的点A和点B。且

$$OA = OB = \sqrt{b^2 + \frac{\Lambda b}{\pi V_\infty}} \tag{3.76}$$

由式(3.75)得到的流线方程为

$$\psi = V_\infty r\sin\theta + \frac{\Lambda}{2\pi}(\theta_1 - \theta_2) = \text{const} \tag{3.77}$$

在点A令$\theta = \theta_1 = \theta_2 = \pi$，在点$B$令$\theta = \theta_1 = \theta_2 = 0$，可得到两条分别通过点$A$和点$B$的流线，其流线方程为

$$\psi = V_\infty r\sin\theta + \frac{\Lambda}{2\pi}(\theta_1 - \theta_2) = 0 \tag{3.78}$$

此流线方程为椭圆方程。这条椭圆形流线将流场分为两部分：在椭圆流线内部，只有点源和点汇的流动；在椭圆流线外部，只有均匀流的流动。源汇系统对直匀流的影响，等效于一个椭圆固壁的影响，所以可以由此来模拟均匀流流过椭圆形物体表面的流动，其外部的流动为无黏、无旋、不可压缩流动。这个问题首先是由19世纪苏格兰的工程师W.J.M.兰金提出来并解决的，所以图3.13所示的椭圆又称为兰金椭圆。

3.6 偶极子

在不可压缩流动理论中，常用到一种称为偶极子的基本流动，本节对这种基本流动进行讨论。

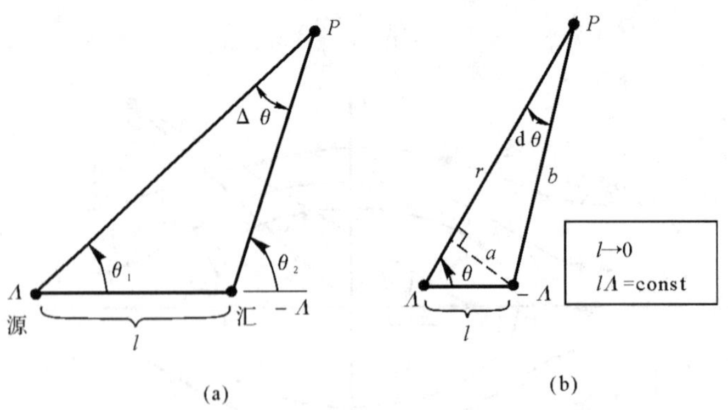

图3.14 源-汇极限情形：偶极子

如图3.14(a)所示，分别取一强度为Λ的点源和强度为$-\Lambda$的点汇，两者之间的距离为l，

则此流场中任意一点 P 处的流函数为

$$\psi = \frac{\Lambda}{2\pi}(\theta_1 - \theta_2) = -\frac{\Lambda}{2\pi}\Delta\theta \tag{3.79}$$

由点 P 的任意性知，式(3.79) 也就是一对距离 l 的源汇流的流函数方程。若令 l 逐渐趋于 0，同时令源汇流的强度值 Λ 逐渐增大，使其乘积满足 $l\Lambda = \text{const}$，如图 3.13(b) 所示，则称所得到的流动为偶极子流。令 $l\Lambda = \kappa$ 表示偶极子的强度，则由式(3.79) 可得偶极子流的流函数方程为

$$\psi = \lim_{\substack{l \to 0 \\ \kappa = l\Lambda = \text{const}}} \left(-\frac{\Lambda}{2\pi}\mathrm{d}\theta\right) \tag{3.80}$$

由图 3.14(b) 可以看出：当 $l \to 0$ 时，$\Delta\theta \to \mathrm{d}\theta \to 0$。令点 P 到源和汇的距离分别记为 r 和 b。由点汇向 r 作垂线，并记为 a。再由无穷小量 $\mathrm{d}\theta$ 及图 3.14(b) 表示的几何关系，可得

$$a = l\sin\theta$$

$$b = r - l\cos\theta$$

$$\mathrm{d}\theta = \frac{a}{b}$$

$$\mathrm{d}\theta = \frac{a}{b} = \frac{l\sin\theta}{r - l\cos\theta} \tag{3.81}$$

将式(3.81) 代入式(3.80)，可得

$$\psi = \lim_{\substack{l \to 0 \\ \kappa = \text{const}}} \left(-\frac{\Lambda}{2\pi}\frac{l\sin\theta}{r - l\cos\theta}\right)$$

即

$$\psi = -\lim_{\substack{l \to 0 \\ \kappa = \text{const}}} \left(-\frac{\kappa}{2\pi}\frac{\sin\theta}{r - l\cos\theta}\right)$$

最后，可得

$$\psi = -\frac{\kappa}{2\pi}\frac{\sin\theta}{r} \tag{3.82}$$

式(3.82) 即为偶极子的流函数方程。同理，可得偶极子的速度势函数方程为

$$\phi = \frac{\kappa}{2\pi}\frac{\cos\theta}{r} \tag{3.83}$$

从式(3.82) 知，偶极子流场中的流线方程为

$$\psi = -\frac{\kappa}{2\pi}\frac{\sin\theta}{r} = \text{const} = c$$

或表示为

$$r = -\frac{\kappa}{2\pi c}\sin\theta \tag{3.84}$$

由解析几何知识，可得

$$r = d\sin\theta \tag{3.85}$$

在极坐标系中,式(3.85)是以$(d/2, \pm\pi/2)$为圆心,d为直径的圆方程,所以偶极子的流线是一族直径为$\kappa/(2\pi c)$的圆,如图3.15所示,其中不同的圆对应于不同的参数c。

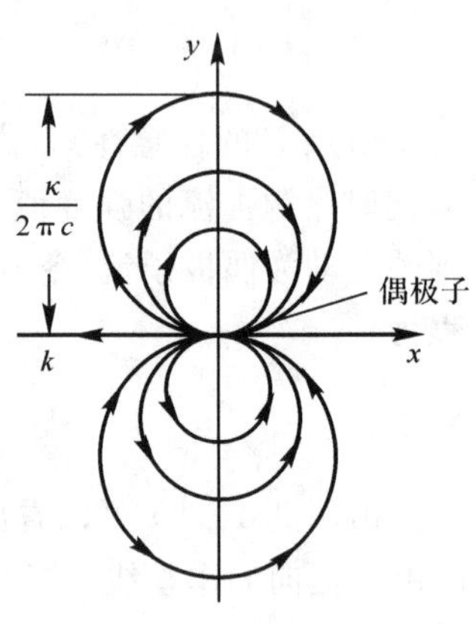

图 3.15 偶极子

在图3.14中,因为点源位于点汇的左边,故图3.15中,流动的方向是从点源出发,流向点汇。若把点汇放在点源的左边,则式(3.82)和式(3.83)应取相反的符号,而图3.15中所示的流动方向也应该相反。从以上讨论中可知偶极子流动是沿着流线呈圆状流动的。习惯上,可以在偶极子流动的流线图上用箭头来标明其流动方向,其箭头方向是由点源指向点汇的,如图3.15所示的那样,在x轴上由右指向左为正。如果在图3.15中把箭头反向,由左指向右,那么式(3.82)和式(3.83)中的符号也应变成相反的。

由以上的讨论可知:当点源和点汇无限靠近,即$l \to 0$,$l\Lambda \to \kappa \neq 0$时,两者互相重合叠加,但并不是相互抵消。故在极点处放置强度相同的点源和点汇可以模拟极点处的偶极子流动。在工程实践上,偶极子流动是一种非常有用的基本流动。

3.7 绕圆柱无升力流动

前面介绍了均匀流、点源、点汇和偶极子流动的基本特征,并利用流动叠加原理,实现了半无限长物体绕流问题以及椭圆截面物体绕流问题的模拟。本节通过均匀流与偶极子的叠加来实现绕圆柱的无升力流动问题的模拟。

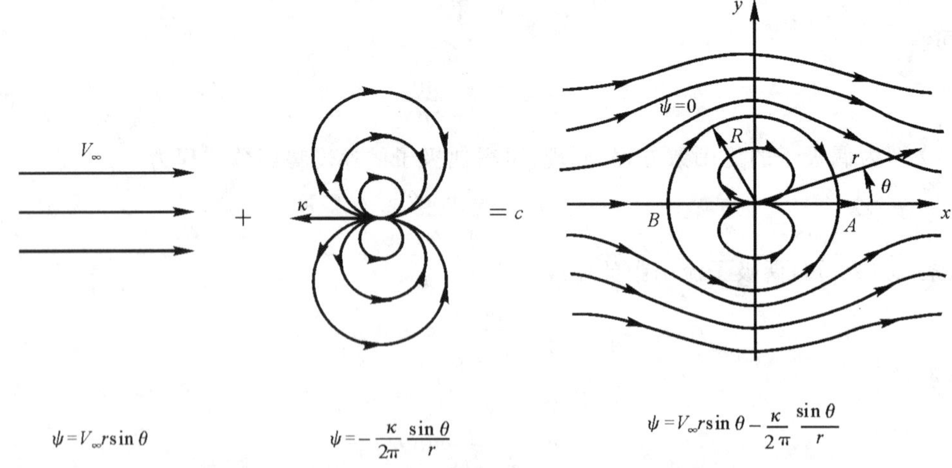

图 3.16 均匀流与偶极子的叠加:圆柱绕流

如图 3.16 所示，假设均匀流速度为 V_∞，方向自左向右。偶极子强度为 κ，方向与均匀来流相反。由流动叠加性原理，此叠加流场的流函数方程为

$$\psi = V_\infty r\sin\theta - \frac{\kappa}{2\pi}\frac{\sin\theta}{r}$$

即

$$\psi = V_\infty r\sin\theta\left(1 - \frac{\kappa}{2\pi V_\infty r^2}\right) \tag{3.86}$$

令 $R^2 = \kappa/2\pi V_\infty$，则式(3.86) 可写为

$$\psi = V_\infty r\sin\theta\left(1 - \frac{R^2}{r^2}\right) \tag{3.87}$$

式(3.87) 为均匀流与偶极子流叠加流动的流函数方程，也是绕半径为 R 的圆柱流动的流函数方程，具体讨论如下：

对式(3.87) 在极坐标形式下分别对 r 和 θ 求导数，得此叠加流场的速度分量为

$$V_r = \frac{1}{r}\frac{\partial\psi}{\partial\theta} = \frac{1}{r}V_\infty r\cos\theta\left(1 - \frac{R^2}{r^2}\right)$$

$$V_r = \left(1 - \frac{R^2}{r^2}\right)V_\infty\cos\theta \tag{3.88}$$

$$V_\theta = \frac{\partial\psi}{\partial r} = -\left[V_\infty r\sin\theta\frac{2R^2}{r^3} + \left(1 - \frac{R^2}{r^2}\right)V_\infty\sin\theta\right]$$

$$V_\theta = -\left(1 + \frac{R^2}{r^2}\right)V_\infty\sin\theta \tag{3.89}$$

令式(3.88) 和式(3.89) 分别等于零，即

$$\left(1 - \frac{R^2}{r^2}\right)V_\infty\cos\theta = 0 \tag{3.90}$$

$$\left(1 + \frac{R^2}{r^2}\right)V_\infty\sin\theta = 0 \tag{3.91}$$

由以上两式，可求得此流场驻点的坐标为$(r,\theta) = (R,0)$ 和$(r,\theta) = (R,\pi)$。在图 3.16 中这两个点分别用 A 和 B 表示。将 A，B 两点的坐标分别代入式(3.87)，可得通过这两个驻点的流线方程 $\psi = 0$。因此，式(3.87) 所表示的零流线方程为

$$\psi = V_\infty r\sin\theta\left(1 - \frac{R^2}{r^2}\right) = 0 \tag{3.92}$$

从式(3.92) 可以看出：当 $r = R$ 时，所有的 θ 都满足式(3.92)。注意到 $R = \kappa/2\pi V_\infty$ 为常数，则在极坐标中，$r = R = \text{const}$ 表示以原点为圆心、R 为半径的圆。因此，式(3.92) 表示的是椭圆方程。另外，对于所有的 r，当 $\theta = \pi$ 和 $\theta = 0$ 时，式(3.92) 都成立，也就是说，通过 A，B 点的水平方向的流线也是 $\psi = 0$ 流线的一部分。

注意到，在图 3.16 中，$\psi=0$ 的流线实际上是一条"分割"流场的曲线：在流线 $\psi=0$ 的内部是偶极子流动；在流线 $\psi=0$ 的外部是均匀流的流动。当用"分割"线形状的物体代替内部流动的时候，流场外部的流动状态不会发生变化。这样便通过叠加均匀流和偶极子流完成了绕圆柱的无黏、无旋、不可压缩流动的模拟。圆柱的半径与其他参数的关系为

$$R=\sqrt{\frac{\kappa}{2\pi V_{\infty}}} \tag{3.93}$$

观察式(3.87)、式(3.88)以及式(3.89)可以发现，绕圆柱流动的整个流场相对于过圆柱圆心的水平坐标轴和垂直坐标轴对称，这也可以从图 3.16 所示的流线图中看出来。那么整个流场压力分布也相对于这两个坐标轴对称，因此，圆柱上下表面的压力分布相同，故绕圆柱的流动无升力产生。同样的道理，圆柱前后表面的压力分布也相同，流动没有阻力产生。但在真实流动里，零升力的结论容易想象并被接受，零阻力的结论却并不容易理解。因为任何置于实际流动中的物体都会有阻力产生。这个理论与现实相矛盾的现象，首先由达兰贝(d'Alembert)在 1744 年提出：在不考虑流体黏性作用的情况下，对任何一个物体的绕流流动进行计算所得的阻力都为零。这就是著名的达兰贝疑题。从 18 世纪到 19 世纪，这个问题一直困扰着达兰贝以及其他的流体力学专家。当然，到今天已经知道阻力的产生是由于真实流体的黏性影响，它在物体表面所产生的摩擦剪应力使得物体后方的流动从物体表面分离开来，在圆柱的后面形成一个大的尾迹区。这样，当流体向后流动到了后半个圆柱表面时，流体不可能贴着物面不断的减速下去，后半表面的压力恢复也就不可能完全实现，这便破坏了流场压力分布关于垂直坐标轴的对称性，所以在整个流场中便产生了阻力(压差阻力)。由于本节讨论的是绕圆柱流动无黏理论，故黏性影响可以不加考虑，所以在圆柱后表面处流动光滑紧密的紧贴物面闭合，没有产生流动分离，所以流场中的压力分布分别关于 x 轴和 y 轴严格对称，故没有阻力(压差阻力和摩擦阻力)产生。

当 $r=R$ 时，根据式(3.88)和式(3.89)，可得到圆柱表面的速度分布为

$$V_r=0 \tag{3.94a}$$

$$V_\theta=-2V_{\infty}\sin\theta \tag{3.94b}$$

式中，V_r 是与圆柱表面垂直的流动速度分量，所以式(3.94a)就是此流动的物面边界条件。V_θ 是与圆柱表面相切的流动速度分量。从式(3.94b)可以看出，当 $\theta=\pi/2$ 和 $\theta=3\pi/2$ 时，即在圆柱的顶部和底部时，切向速度达到最大值 $2V_{\infty}$。这两个点也是整个圆柱绕流流场中速度值最大的点。对于压力系数，可以用以下公式来求，即

$$C_p=1-\left(\frac{V}{V_{\infty}}\right)^2$$

其推导过程如下：

定义无量纲的压力系数①为

$$C_p = \frac{p - p_\infty}{q_\infty}$$

式中，$q_\infty = \frac{1}{2}\rho_\infty V_\infty^2$。

对于不可压缩流动，压力系数可以写成只用速度来表示的形式。假设自由来流的速度为 V_∞，压力为 p_∞，考虑此自由来流通过一任意形状物体时的流场，设流场中任意一点的压力和速度分别为 p 和 V，则由伯努利方程得

$$p_\infty + \frac{1}{2}\rho V_\infty^2 = p + \frac{1}{2}\rho V^2$$

即

$$p - p_\infty = \frac{1}{2}\rho(V_\infty^2 - V^2)$$

将上式代入压力系数的定义式，得

$$C_p = \frac{p - p_\infty}{q_\infty} = \frac{\frac{1}{2}\rho(V_\infty^2 - V^2)}{\frac{1}{2}\rho V_\infty^2}$$

即

$$C_p = 1 - \left(\frac{V}{V_\infty}\right)^2 \tag{3.95}$$

结合式(3.94b)，可得圆柱表面的压力系数分布的表达式为

$$C_p = 1 - 4\sin^2\theta \tag{3.96}$$

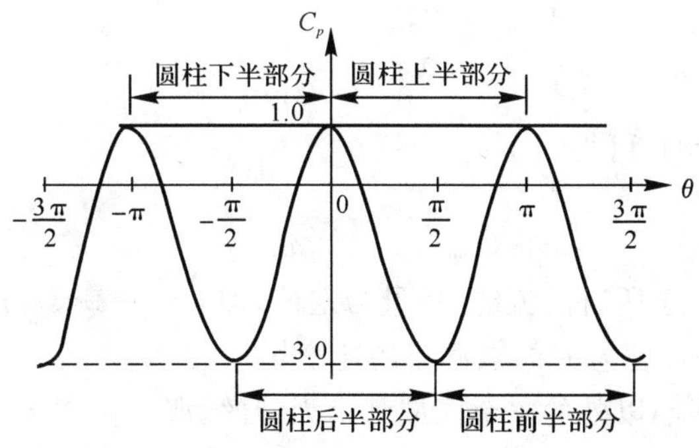

图 3.17　无黏不可压缩圆柱绕流的表面压力分布(理论结果)

---

① 依据国标《GB/T　16638.1～4—1996》的规定，本书中的无量纲物理量使用“系数”，即压力系数、力矩系数、升力系数、阻力系数、摩擦系数等。

由式(3.96)可以看出，C_p 的范围是从驻点处的1.0到速度最大值点处的－3.0。整个的压力系数分布如图3.17所示。从图中可以看出圆柱上下表面的压力分布是对称的，前后表面的压力分布也是对称的。所以，此圆柱绕流中产生的升力和阻力都为零，这也正好验证了前面讨论所得出的结果。

3.8 旋涡流

本节讨论最后一种基本流动——旋涡流(点涡流)。在后面的章节里将利用这种点涡流与其他基本流动的叠加合成一些有升力的流动。

如图3.18所示的流动，其所有流线组成一组同心圆，且任意一点处的流动速度的大小与该点到圆心的距离成反比，方向与圆相切。但同一条流线上的流动速度大小为定值，这种流动称为旋涡流，又称点涡流。这种流动具有以下基本特点：① 旋涡流是不可压缩流动，即在整个流场的任意点处，$\nabla \cdot \boldsymbol{V} = 0$，② 旋涡流是无旋流，即在整个流场的任意点处，除圆心点外，都有$\nabla \times \boldsymbol{V} = \boldsymbol{0}$。

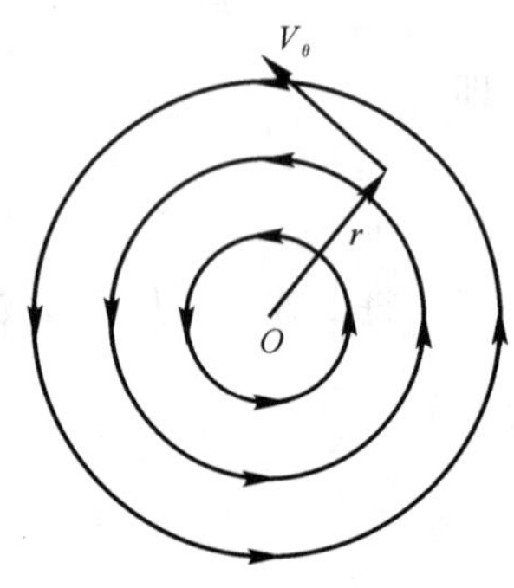

图 3.18　旋涡流

由点涡流的定义，可得

$$V_\theta = \frac{\text{const}}{r} = \frac{C}{r} \tag{3.97}$$

为求得常数 C 的值，令 Γ 为半径为 r 的流线的环量(定义顺时针旋转时，$\Gamma > 0$)，则

$$\Gamma = -\oint_C \boldsymbol{V} \cdot \mathrm{d}\boldsymbol{s} = -V_\theta(2\pi r)$$

即

$$V_\theta = -\frac{\Gamma}{2\pi r} \tag{3.98}$$

比较式(3.97)和式(3.98)，可得

$$C = -\frac{\Gamma}{2\pi} \tag{3.99}$$

因为 C 为常数，故对于所有的流线，环量为定值，即 $\Gamma = -2\pi C$，习惯上称 Γ 为点涡流强度。所以式(3.98)给出的是强度为 Γ 的点涡流的速度场。

对于点涡流，除了涡心以外的整个区域都是无旋的。那么在 $r = 0$，即涡心处，旋度$\nabla \times \boldsymbol{V}$会出现什么情况呢?对于这个问题，先来考虑旋度与环量之间的关系，即

$$\Gamma = -\iint_S (\nabla \times \boldsymbol{V}) \cdot \mathrm{d}\boldsymbol{S}$$

将式(3.99)代入上式，得

$$2\pi C = \iint_S (\boldsymbol{\nabla} \times \boldsymbol{V}) \cdot \mathrm{d}\boldsymbol{S} \tag{3.100}$$

对于二维流动，从图 3.18 中可以很容易地看出，$\boldsymbol{\nabla} \times \boldsymbol{V}$ 与 $\mathrm{d}\boldsymbol{S}$ 的方向相同，都垂直于纸面。这样，式(3.100) 就可以写为

$$2\pi C = \iint_S (\boldsymbol{\nabla} \times \boldsymbol{V}) \cdot \mathrm{d}\boldsymbol{S} = \iint_S |\boldsymbol{\nabla} \times \boldsymbol{V}| \, \mathrm{d}S \tag{3.101}$$

在式(3.101) 中，面积分可以在环量为 $\Gamma = -2\pi C$ 的流线所围的圆表面上来进行计算。而对于所有的圆形流线来讲，点涡流强度 Γ 为定值。所以对于 $r \to 0$ 时的圆形流线，其环量依然保持为 $\Gamma = -2\pi C$。但这条流线所围的圆面积趋于无穷小，并且有

$$\iint_S |\boldsymbol{\nabla} \times \boldsymbol{V}| \, \mathrm{d}S \longrightarrow |\boldsymbol{\nabla} \times \boldsymbol{V}| \, \mathrm{d}S \tag{3.102}$$

联立式(3.101) 和式(3.102)，当 $r \to 0$ 时，取极限，得

$$2\pi C = |\boldsymbol{\nabla} \times \boldsymbol{V}| \, \mathrm{d}S$$

即

$$|\boldsymbol{\nabla} \times \boldsymbol{V}| = \frac{2\pi C}{\mathrm{d}S} \tag{3.103}$$

所以，当 $\mathrm{d}S \to 0$ 时，有

$$|\boldsymbol{\nabla} \times \boldsymbol{V}| \to \infty$$

从以上的讨论中，可以得出以下的结论：旋涡流除了涡心以外，在整个流动区域中为无旋流，且涡心处的旋度为无穷大。因此，称涡心为奇点。

旋涡流的速度势方程表示为

$$\frac{\partial \phi}{\partial r} = V_r = 0 \tag{3.104a}$$

$$\frac{1}{r}\frac{\partial \phi}{\partial \theta} = V_\theta = -\frac{\Gamma}{2\pi r} \tag{3.104b}$$

对以上两式在极坐标形式下进行积分，即得旋涡流的势函数方程为

$$\phi = -\frac{\Gamma}{2\pi}\theta \tag{3.105}$$

旋涡流的流函数方程表示为

$$\frac{1}{r}\frac{\partial \psi}{\partial \theta} = V_r = 0 \tag{3.106a}$$

$$-\frac{\partial \psi}{\partial r} = V_\theta = -\frac{\Gamma}{2\pi r} \tag{3.106b}$$

对以上两式进行积分，即得旋涡流的流函数方程为

$$\psi = \frac{\Gamma}{2\pi}\ln r \tag{3.107}$$

对于某一条流线，可以用 $\psi=\text{const}$ 的形式来表示。结合式(3.107)知，旋涡流的流线也可以用 $r=\text{const}$ 的形式来表示。所以说，旋涡流中的流线是一系列的圆。在式(3.105)中，令 $\theta=\text{const}$，则可得到一条等势线，它是一条从原点出发的直线。在这里又可以发现等势线和流线是相互垂直的。

表 3.1 对前面所讲的四种基本流动进行了简单的总结。

表 3.1　几种基本流动的比较

流动类型	速度	势函数	流函数
均匀流动	$u=V_\infty$	$V_\infty x$	$V_\infty y$
点源流动	$V_r=\dfrac{\Lambda}{2\pi r}$	$\dfrac{\Lambda}{2\pi}\ln r$	$\dfrac{\Lambda}{2\pi}\theta$
点涡流动	$V_\theta=-\dfrac{\Gamma}{2\pi r}$	$-\dfrac{\Gamma}{2\pi}\theta$	$\dfrac{\Gamma}{2\pi}\ln r$
偶极子流动	$V_r=-\dfrac{\kappa}{2\pi}\dfrac{\cos\theta}{r^2}$ $V_\theta=-\dfrac{\kappa}{2\pi}\dfrac{\sin\theta}{r^2}$	$\dfrac{\kappa}{2\pi}\dfrac{\cos\theta}{r}$	$-\dfrac{\kappa}{2\pi}\dfrac{\sin\theta}{r}$

3.9　绕圆柱有升力流动

上节讨论了由均匀流和偶极子流叠加而成的绕圆柱流动，并证明了这种流动的升力与阻力都为零。从理论上讲，这只是绕圆柱流动的一种可能的零升力流动形式。实际上，对于这种圆柱绕流，还存在有升力流动形式。本节讨论这种圆柱绕流的有升力流动。

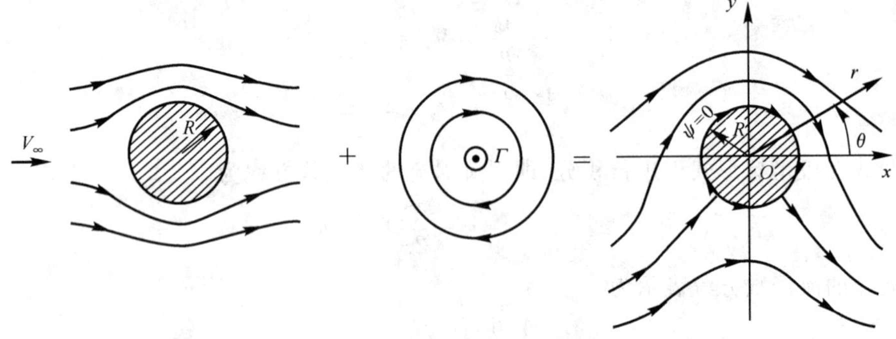

图 3.19　绕圆柱的有升力流动

如图 3.19 所示，将无升力的圆柱绕流场与强度为 Γ 旋涡流进行叠加。其中，圆柱的圆心与点涡流的涡心重合。绕圆柱的无升力流动的流函数由式(3.87)给出，即

$$\psi_1=V_\infty r\sin\theta\left(1-\frac{R^2}{r^2}\right) \tag{3.87}$$

强度为 Γ 的旋涡流的流函数根据式(3.107) 给出，即

$$\psi_2 = \frac{\Gamma}{2\pi}\ln r + \text{const} \tag{3.108}$$

因为式(3.108) 中的常数可以是任意给定的，令

$$\text{const} = -\frac{\Gamma}{2\pi}\ln R \tag{3.109}$$

那么旋涡流的流函数可以写为

$$\psi_2 = \frac{\Gamma}{2\pi}\ln\frac{r}{R} \tag{3.110}$$

式(3.110) 与式(3.107) 对于强度为 Γ 的旋涡流来说是等效的，唯一不同的是由式(3.109) 给出的常数不同。

图 3.19 给出的叠加流动的流函数方程就可以写为

$$\psi = \psi_1 + \psi_2$$

即

$$\psi = V_\infty r\sin\theta\left(1 - \frac{R^2}{r^2}\right) + \frac{\Gamma}{2\pi}\ln\frac{r}{R} \tag{3.111}$$

若在式(3.111) 中令 $r = R$，则对所有的 θ 都有 $\psi = 0$。因为 $\psi = \text{const}$ 实际上是流场中的某一条流线的函数方程，所以在 $r = R$ 处，也存在一条流线。由于 $r = R$ 实际上是一个半径为 R 的圆方程，所以式(3.111) 实际上就是半径为 R 的无黏、不可压缩流动圆柱绕流的流函数，其流线如图 3.19 右边所示。实际上，当 $\Gamma = 0$ 时，式(3.111) 就可以变成式(3.87)，从而就可以得到前面所讲的圆柱无升力绕流的结果。

从图 3.19 右边所示的流线图中可以看到：流线不再相对于水平轴对称，从而导致圆柱表面上的压力分布也不再相对于水平轴对称，所以便在垂直方向上产生了升力；但流线图还是相对于垂直轴对称的，所以在圆柱前后表面上的压力分布也是相对于垂直轴对称的，因此在水平方向上圆柱所受到的力依然为零。由于强度为 Γ 的点涡流动已经叠加到流场上，所以绕圆柱的环量为定值，且等于 Γ。

对式(3.111) 在极坐标形式下求导，可以得到这个有升力流场的速度场。考虑流动叠加原理，一个求速度场的更为直接的方法是将绕圆柱无升力流动的速度场式(3.88) 和式(3.89) 与旋涡流动的速度场式(3.104a) 与(3.104b) 进行叠加，得

$$V_r = \left(1 - \frac{R^2}{r^2}\right)V_\infty\cos\theta \tag{3.112}$$

$$V_\theta = -\left(1 + \frac{R^2}{r^2}\right)V_\infty\sin\theta - \frac{\Gamma}{2\pi r} \tag{3.113}$$

为求得该流场的驻点坐标，令 $V_r = V_\theta = 0$，得

$$V_r = \left(1 - \frac{R^2}{r^2}\right)V_\infty\cos\theta = 0 \tag{3.114}$$

$$V_{\theta} = -\left(1+\frac{R^{2}}{r^{2}}\right)V_{\infty}\sin\theta - \frac{\Gamma}{2\pi r} = 0 \tag{3.115}$$

由式(3.114)得 $r = R$，代入式(3.115)，得

$$\theta = \arcsin\left(-\frac{\Gamma}{4\pi V_{\infty}R}\right) \tag{3.116}$$

取 Γ 为正数，则 θ 一定是在第三象限和第四象限。即在圆柱的下表面会出现两个驻点，如图 3.20(a) 中的点 1 和点 2。但这两个点同时存在于圆柱表面的前提是 $\Gamma/(4\pi V_{\infty}R) < 1$。若 $\Gamma/(4\pi V_{\infty}R) > 1$，则式(3.116) 没有任何数学意义。若 $\Gamma/(4\pi V_{\infty}R) = 1$，则由式(3.116) 可以在圆柱下表面得到一个驻点坐标 $\left(R, -\frac{\pi}{2}\right)$，如图 3.20(b) 所示。

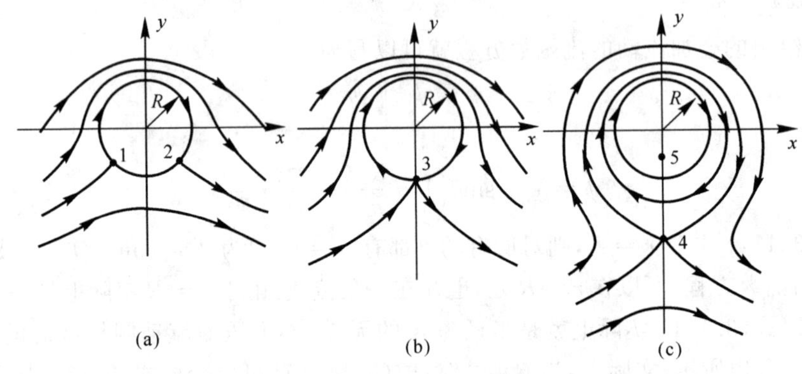

图 3.20　有升力圆柱绕流的驻点

现在来考虑 $\Gamma/(4\pi V_{\infty}R) > 1$ 时的情况：回过头来看式(3.114)，可以发现此式不但在 $r = R$ 时成立，而且当 $\theta = \pi/2$ 和 $\theta = -\pi/2$ 时，此式也成立。将 $\theta = -\pi/2$ 代入式(3.115)，得

$$r = \frac{\Gamma}{4\pi V_{\infty}} \pm \sqrt{\left(\frac{\Gamma}{4\pi V_{\infty}}\right)^{2} - R^{2}} \tag{3.117}$$

所以，当 $\Gamma/(4\pi V_{\infty}R) > 1$ 时，圆柱的表面上有两个驻点：一个在圆柱截面内部，一个在圆柱截面外部，而且都是在竖直轴上，如图 3.20(c) 中的点 4 和点 5。对于在圆柱内部出现驻点，是因为在圆柱内部有偶极子流动与旋涡流动的叠加。对于整个的叠加流场来讲，$r = R$，即 $\psi = 0$ 的那条流线实际上是一条分割流线，它将整个流场分成内部流场和外部流场两部分。内部流场实际上是偶极子流动与旋涡流动的叠加，所以便在流场内部出现了一个驻点。对于内部流动，可以用一个分割流线形状的物体来代替，而且不会对外部流场产生影响。所以，在用半径为 R 的圆柱代替以上流场的内部流动以后，内部流场的驻点就可以不加考虑。所以在 $\Gamma/(4\pi V_{\infty}R) > 1$ 情况下，上述的叠加流场只有一个驻点，即图 3.20(c) 中的点 4。

图 3.20 所示的流动结果可以作以下的形象化讨论。假设有一无黏、不可压缩流动，其自由来流速度为 V_{∞}，流经一个半径为 R 的圆柱。若该流动不存在环量，即 $\Gamma = 0$，如图 3.16 所示，则

两个驻点 A 和 B 都位于水平坐标轴上。现逐渐增大环量值，则在图 3.20(a) 中可以看到两个驻点不断地向圆柱下表面移动，到 $\Gamma/(4\pi V_\infty R)=1$ 时，两个驻点移至圆柱表面最底部的竖直坐标轴上并重合，如图 3.20(b) 所示，继续增大环量值，则驻点在竖直轴上向下移动并离开圆柱表面，如图 3.20(c) 中的点 4 所示。

由以上讨论可以看出，环量 Γ 对于有升力的绕圆柱流动来讲是一个可以任意选择的参数。也就是说，对于绕圆柱的不可压缩流动，不同的环量 Γ 对应的可以得到不同的势流解。这个结论不仅仅只适用于绕圆柱的流动，而且适用于任何绕光滑二维物体的不可压缩流动。

从图 3.19 和图 3.20 所示的流线图可以直观地推断出：在竖直方向上一定存在着力的作用，即升力的作用；在水平方向上阻力仍然为零。下面通过对升力和阻力的具体数学计算来证明上述的结论。

当 $r=R$ 时，由式(3.115) 可得到圆柱表面上的速度场，即

$$V=V_\theta=-2V_\infty\sin\theta-\frac{\Gamma}{2\pi R} \tag{3.118}$$

将式(3.118) 代入式(3.95)，可以得到圆柱表面上的压力系数表达式，即

$$C_p=1-\left(\frac{V}{V_\infty}\right)^2=1-\left(-2\sin\theta-\frac{\Gamma}{2\pi RV_\infty}\right)^2$$

或者，写为

$$C_p=1-\left[4\sin^2\theta+\frac{2\Gamma\sin\theta}{\pi RV_\infty}+\left(\frac{\Gamma}{2\pi RV_\infty}\right)^2\right] \tag{3.119}$$

前面讲过，通过对物体表面压力系数和表面摩擦系数的积分可以得到空气动力学系数的表达式。对于无黏流，$C_f=0$，那么阻力系数可以通过以下的积分形式来求得，即

$$c_d=\frac{1}{c}\int_{y_{\mathrm{LE}}}^{y_{\mathrm{TE}}}(C_{p,\mathrm{u}}-C_{p,\mathrm{l}})\mathrm{d}y$$

或者写成为

$$c_d=\frac{1}{c}\int_{y_{\mathrm{LE}}}^{y_{\mathrm{TE}}}C_{p,\mathrm{u}}\mathrm{d}y-\frac{1}{c}\int_{y_{\mathrm{LE}}}^{y_{\mathrm{TE}}}C_{p,\mathrm{l}}\mathrm{d}y \tag{3.120}$$

将式(3.120) 转换成极坐标形式下的表达式，其中

$$y=R\sin\theta,\quad \mathrm{d}y=R\cos\theta\mathrm{d}\theta \tag{3.121}$$

将式(3.121) 代入式(3.120)，并且 $c=2R$，可得

$$c_d=\frac{1}{2}\int_{\pi}^{0}C_{p,\mathrm{u}}\cos\theta\mathrm{d}\theta-\frac{1}{2}\int_{\pi}^{2\pi}C_{p,\mathrm{l}}\cos\theta\mathrm{d}\theta \tag{3.122}$$

下面就式(3.122) 的积分限作以下介绍：第一个积分要从前缘点开始，沿上表面向后缘点进行积分；第二个积分号应从前缘点开始，沿下表面向后缘点进行积分。在式(3.122) 中，$C_{p,\mathrm{u}}C_{p,\mathrm{l}}$ 都等于 C_p，那么式(3.122) 就可以写为

$$c_d = -\frac{1}{2}\int_0^{\pi} C_p \cos\theta \mathrm{d}\theta - \frac{1}{2}\int_{\pi}^{2\pi} C_p \cos\theta \mathrm{d}\theta$$

或者写为

$$c_d = -\frac{1}{2}\int_0^{2\pi} C_p \cos\theta \mathrm{d}\theta \tag{3.123}$$

将式(3.119)代入式(3.123),并且注意到

$$\int_0^{2\pi} \cos\theta \mathrm{d}\theta = 0 \tag{3.124a}$$

$$\int_0^{2\pi} \sin^2\theta \cos\theta \mathrm{d}\theta = 0 \tag{3.124b}$$

$$\int_0^{2\pi} \sin\theta \cos\theta \mathrm{d}\theta = 0 \tag{3.124c}$$

得

$$c_d = 0 \tag{3.125}$$

由此可以看出,式(3.125)的结果与前面得到的结论是相同的。所以,对于无黏、不可压缩的绕圆柱流动,不论其有无环量,阻力都为零。

同样,对于作用在圆柱上的升力也可以采用积分的方法来得到。对于无黏流,$C_f = 0$,故升力系数 c_l

$$c_l = c_n = \frac{1}{c}\int_0^{c} C_{p,1} \mathrm{d}x - \frac{1}{c}\int_0^{c} C_{p,\mathrm{u}} \mathrm{d}x \tag{3.126}$$

将式(3.126)转换成极坐标形式下的表达式,并且注意到

$$x = R\cos\theta, \quad \mathrm{d}x = -R\sin\theta \mathrm{d}\theta \tag{3.127}$$

将式(3.127)代入式(3.126),并且 $c = 2R$,得

$$c_l = -\frac{1}{2}\int_{\pi}^{2\pi} C_{p,1} \sin\theta \mathrm{d}\theta + \frac{1}{2}\int_{\pi}^{0} C_{p,\mathrm{u}} \sin\theta \mathrm{d}\theta \tag{3.128}$$

因为 $C_{p,\mathrm{u}}$,$C_{p,1}$ 都等于 C_p,所以式(3.128)变为

$$c_l = -\frac{1}{2}\int_0^{2\pi} C_p \sin\theta \mathrm{d}\theta \tag{3.129}$$

将式(3.119)代入式(3.129),并且注意到

$$\int_0^{2\pi} \sin\theta \mathrm{d}\theta = 0 \tag{3.130a}$$

$$\int_0^{2\pi} \sin^3\theta \mathrm{d}\theta = 0 \tag{3.130b}$$

$$\int_0^{2\pi} \sin^2\theta \mathrm{d}\theta = \pi \tag{3.130c}$$

最后得

$$c_l = \frac{\Gamma}{RV_\infty} \tag{3.131}$$

从升力系数 c_l 的定义可知，单位展长上的升力 L' 为

$$L' = q_\infty S c_l = \frac{1}{2}\rho_\infty V_\infty^2 S c_l \tag{3.132}$$

这里，平面面积为 $S = 2R(l)$。由式(3.131) 和式(3.132)，可得

$$L' = \frac{1}{2}\rho V_\infty^2 R \frac{\Gamma}{RV_\infty}$$

即

$$L' = \rho_\infty V_\infty \Gamma \tag{3.133}$$

式(3.133)给出了带环量Γ的圆柱绕流的单位展长上的升力表达式。这是空气动力学中一个非常重要的公式，它表明单位展长上的升力与环量成正比的关系，这个结论称为库塔-儒可夫斯基(Kutta-жуковскцй) 定理。下一节将对这个定理做更详细深入的讨论。

3.10　库塔-儒可夫斯基定理

虽然式(3.133) 是借助于圆柱绕流推导出来的，但它可以应用于任意截面形状的柱状物体，例如翼型的不可压缩绕流问题。如图 3.21 所示，在流场中取任意一条包围翼型的曲线 A，若翼型上有升力产生，则在绕翼型的速度场中，沿曲线 A 进行的速度线积分为有限值，即环量 $\Gamma = \oint_A \boldsymbol{V} \cdot \mathrm{d}\boldsymbol{s}$ 为有限值。根据上一节提到的库塔-儒可夫斯基定理，可以得到单位展长上的翼型升力 L' 的表达式，也就是式(3.133)，即

$$L' = \rho_\infty V_\infty \Gamma$$

这个表达式即为库塔-儒可夫斯基定理。该定理表明：作用在单位展长物体上的升力大小与绕物体的环量成正比。

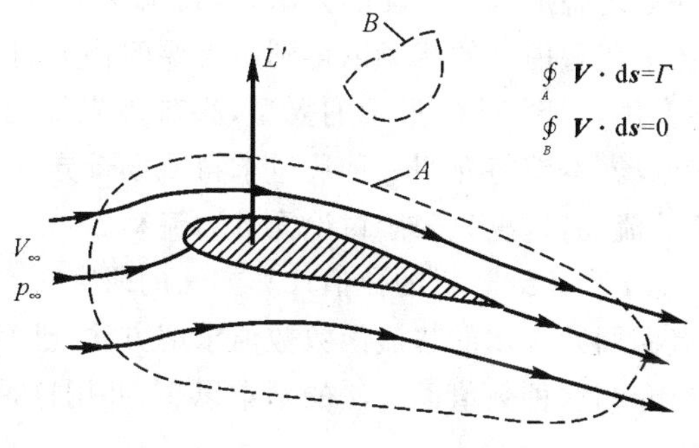

图 3.21　有升力翼型环量

在上一节中，绕圆柱的有升力流动是通过叠加均匀流、偶极子和旋涡流来产生的。对于这三种基本流动，除了旋涡流的涡心以外，流场中的任何一点都是无旋的。因此，在图 3.20 所示

的绕圆柱的有升力流动中，除去涡心，整个流场是一个无旋流场。在流场中任取一条不包括涡心的封闭曲线，则由环量与旋度的关系可得到 $\Gamma = 0$。若在流场中任取一条包含涡心的封闭曲线，那么绕该曲线的环量 Γ 应该等于涡心处旋涡流的强度。对于图 3.21 所示的绕翼型的流动也可以同样推导。由于翼型绕流的外部流场是无旋的，所以流场中任何不包含翼型的封闭曲线上的环量都为零(见图 3.21 中虚线 B)。另一方面，通过在翼型的表面或者内部适当地分布点涡流并叠加成绕翼型的流动。由于每个点涡流都有一个奇点，因此，若所选的封闭曲线包含翼型(见图 3.21 中所示的虚线 A)，绕虚线 A 的环量 Γ 就是这些分布在翼型表面或内部的点涡流强度的叠加之和。所以，应用库塔-儒可夫斯基定理时，所选取的环量积分曲线可以是任意形状的，但必须将绕流物体包含在内。

在 20 世纪初环量升力理论引起了空气动力学理论的突破性进展，但这种理论只是实际的绕流物体产生升力的原因的替代解释。实际上，物体绕流产生的气动力是物体表面上的压力分布与剪力分布共同作用的结果。库塔-儒可夫斯基定理是对压力分布和剪切应力分布进行数学分析得到的结果，所以库塔-儒可夫斯基定理只是计算绕流物体升力的一个数学公式，与前面得到的无黏、不可压缩流动的分析结果是一致的。在实际的无黏、不可压缩流动理论中，应用环量理论来计算升力比用压力分布来计算升力要简便易行得多。

至此可以发现，二维的无黏、不可压缩流的绕流问题的关键就在于如何求出绕物体的环量以计算升力，一旦绕流的环量 Γ 求出来，就可以直接应用库塔-儒可夫斯基定理求出单位展长上的升力。

3.11 绕任意物体的无升力流动

前面几节讨论了无限长物体无升力绕流、兰金椭圆的无升力绕流以及圆柱绕流的无升力流动和有升力流动问题。并通过叠加基本流动的方法，求得流场的分割流线，即驻点所在的流线，并用此流线形状的物体来代替内部的流场以得到所需要的特定的流场。这种流场叠加方法对于任意形状的物体并不实用，如图 3.21 所示的翼型，很难事先知道利用哪些基本流动的叠加才能得到此翼型的绕流流场。本节将介绍一种通过求得流场奇异点并结合均匀流动的方法，来描述任意形状物体绕流的流场，这里只限于讨论无升力流动。

20 世纪 60 年代后期，基于高速计算机的数值计算方法的研究在空气动力学领域逐渐发展起来。尤其是基于点源和点涡面元技术的势流函数数值求解方法，已经在低速流动方面取得了比较成功的应用。本节主要介绍这种数值面元法的基本思想，并用这种面元法讨论任意形状物体的无升力绕流问题。

在 3.5 节(见图 3.11)中，曾经提出过单一线源(或线汇)的概念，在此加以扩展延伸。如图 3.22 所示，把无数个强度为无穷小的线源排成一排，形成一个源面。顺着线源的方向即 z 方向看，则源面如图 3.22 右下方所示。以 s 表示沿源面边缘所得的曲线长度，定义 $\lambda = \lambda(s)$ 为沿着

s 方向单位长度源面的源强度。则源面微元 $\mathrm{d}s$ 的源强度就可以表示为 $\lambda\mathrm{d}s$，这个 $\lambda\mathrm{d}s$ 可以看成是一小段源面的源强度。在图 3.22 所示的流场中任取一点 $P(x,y)$，距离 $\mathrm{d}s$ 为 r，则在点 P，由于强度 $\lambda\mathrm{d}s$ 的面源微元引起的速度势微元为 $\mathrm{d}\phi$。由式(3.65)，可得

$$\mathrm{d}\phi = \frac{\lambda \mathrm{d}s}{2\pi}\ln r \tag{3.134}$$

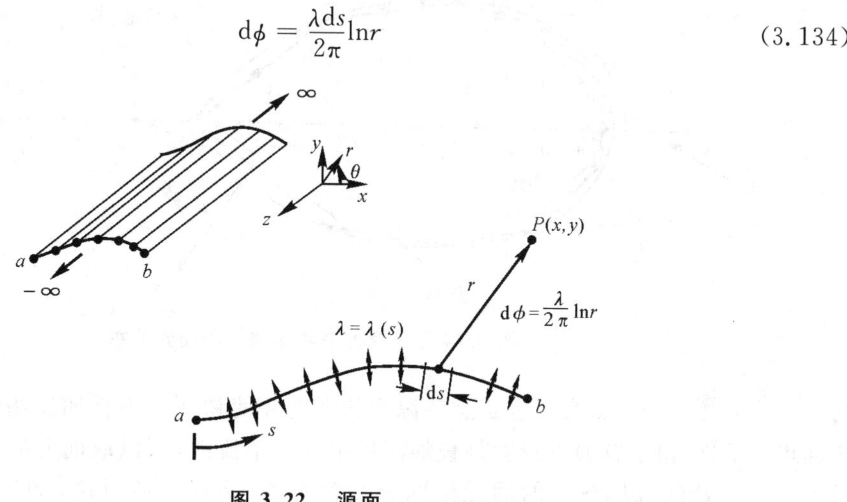

图 3.22　源面

所以，在图 3.22 中，对式(3.134)沿着 s 由 a 到 b 积分，可以得到点 P 关于此源面的全速度势方程，即

$$\phi(x,y) = \int_a^b \frac{\lambda \mathrm{d}s}{2\pi}\ln r \tag{3.135}$$

由于源面可能由源线和汇线组成，所以，源面微元的源强度 $\lambda\mathrm{d}s$ 可正、可负。

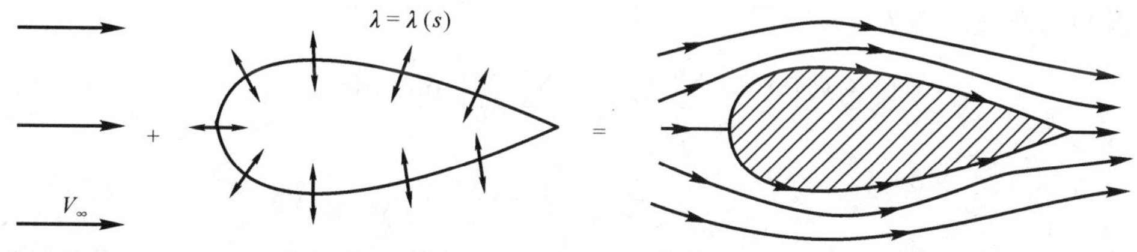

图 3.23　均匀流与源面叠加：给定外形的物体绕流

假设流场中有一给定的任意形状的物体，自由来流速度为 V_∞，如图 3.23 所示。沿物体表面布置源面(即面元)，并且源面的强度变化应能使物体的表面就是均匀流与源面流所叠加合成流场的一条流线。问题可转化为如何寻找并定义合适的源面强度 $\lambda(s)$，下面对此做详细介绍。

如图 3.24 所示，用一系列的直板面元来代替流场中物面上的曲线面元。对于同一直板面元来讲，单位长度源面的强度 λ 为常数，但各个面元之间的强度并不相等。现假设在物面上有 n 个直板面元，且单位长度源面的强度分别记为：$\lambda_1, \lambda_2, \cdots, \lambda_j, \cdots, \lambda_n$。这些源面的强度是未知的，

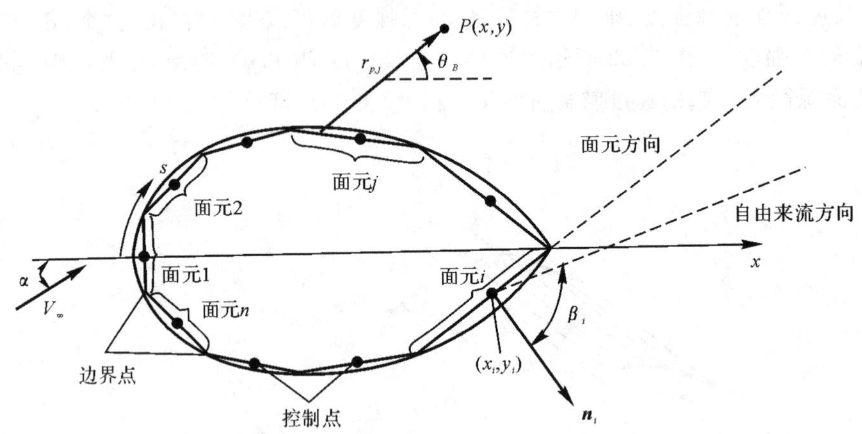

图 3.24 任意外形物体表面的面元分布

而面元法的主要问题就是要求解这些源面的强度并使物面成为叠加流场中的一条流线。考虑物面边界条件，由于物面本身就是叠加流场中的一条流线，所以取面元的中点为控制点，则在每个控制点处的流场速度的面元法向分量都为零。下面开始讨论，如何来满足上述的假设条件。

在如图 3.24 所示的流场中，令点 P 的坐标为(x,y)，$r_{p,j}$ 为第 j 块面元上任意一点到点 P 的距离。则在点 P 由第 j 块面元引起的速度势 $\Delta\phi_j$ 可由式(3.135) 求出，即

$$\Delta\phi_j = \frac{\lambda_j}{2\pi}\int_j \ln r_{p,j}\,\mathrm{d}s_j \tag{3.136}$$

式中，第 j 块面元上的 λ_j 为常数，且积分只在第 j 块面元上进行。根据叠加原理，所有的面元在点 P 处引起的总速度势为

$$\phi(P) = \sum_{j=1}^{n}\Delta\phi_j = \sum_{j=1}^{n}\frac{\lambda_j}{2\pi}\int_j \ln r_{p,j}\,\mathrm{d}s_j \tag{3.137}$$

式中

$$r_{p,j} = \sqrt{(x-x_j)^2+(y-y_j)^2} \tag{3.138}$$

式中，(x_j,y_j) 为沿物面第 j 块面元上任意点的坐标。由于点 P 为流场中任意一点，可以把点 P 取在第 i 块面元的控制点(x_i,y_i)处，如图 3.24 所示。这样，式(3.137) 和式(3.138) 就可以变为

$$\phi(x_i,y_i) = \sum_{j=1}^{n}\frac{\lambda_j}{2\pi}\int_j \ln r_{ij}\,\mathrm{d}s_j \tag{3.139}$$

并且

$$r_{ij} = \sqrt{(x_i-x_j)^2+(y_i-y_j)^2} \tag{3.140}$$

则式(3.139) 就成为所有面元块对第 i 块面元控制点处的速度势的总和。

考虑在控制点处使用边界条件，即速度在控制点处的法向分量为零。为了计算这个法向速

度分量，首先来讨论自由来流的垂直于面元的速度分量。用 n_i 表示垂直于第 i 块面元的单位法向矢量，方向沿物面向外，如图 3.24 所示。另外，注意到在所用的直角坐标系中，第 i 块面元的斜率为$(\mathrm{d}y/\mathrm{d}x)$，并且一般情况下自由来流的速度 V_∞ 与 x 轴还有一夹角 α。假设自由来流速度与第 i 块面元的法向夹角为 β_i，则从图 3.24 中可得，垂直于第 i 块面元的自由来流法向分量为

$$V_{\infty,n} = \boldsymbol{V}_\infty \cdot \boldsymbol{n}_i = V_\infty \cos\beta_i \tag{3.141}$$

$V_{\infty,n}$ 的方向规定：沿物面向外为正，沿物面向内为负。所有面元在点(x_i, y_i)处引起的法向速度分量可由式(3.139)求得，即

$$V_n = \frac{\partial}{\partial n_i}[\phi(x_i, y_i)] \tag{3.142}$$

式(3.142)是在单位外法线方向上进行求导的，从这里也可以看出，速度分量 V_n 的正方向沿物面向外。在上式的求导过程中，r_{ij} 将出现在分母的位置上，在第 i 块面元上的控制点处，r_{ij} 为零说明这一点是奇点。因为 $j = i$ 时的导数值为 $\lambda_i/2$。由式(3.142)和式(3.139)，可得

$$V_n = \frac{\lambda_i}{2} + \sum_{\substack{j=1 \\ (j\neq i)}}^{n} \int_j \frac{\partial}{\partial n_i}(\ln r_{ij})\,\mathrm{d}s_j \tag{3.143}$$

式(3.143)等号右边第一项表示第 i 块面元在本身控制点处引起的法向速度分量。$\sum$ 符号表示所有其他的面元在第 i 块面元控制点处引起的法向速度分量之和。

第 i 个控制点处的流场速度法向分量由两部分组成：一部分是式(3.141)表示的由自由来流引起的法向速度分量；另一部分就是式(3.143)表示的由所有面元引起的法向速度分量。根据流场边界条件知，这两部分之和应该为零，即

$$V_{\infty,n} + V_n = 0 \tag{3.144}$$

将式(3.141)和式(3.143)代入式(3.144)中，得

$$\frac{\lambda_i}{2} + \sum_{\substack{j=1 \\ (j\neq i)}}^{n} \frac{\lambda_j}{2\pi}\int_j \frac{\partial}{\partial n_i}(\ln r_{ij})\,\mathrm{d}s_j + V_\infty\cos\beta_i = 0 \tag{3.145}$$

式(3.145)就是面元法的主要结论。式(3.145)中的积分结果仅仅取决于面元的几何形状，与流场参数没有关系。用 $I_{i,j}$ 表示控制点在第 i 块面元上时在第 j 块面元上进行的积分，所以式(3.145)可以写为

$$\frac{\lambda_i}{2} + \sum_{\substack{j=1 \\ (j\neq i)}}^{n} \frac{\lambda_j}{2\pi} I_{i,j} + V_\infty\cos\beta_i = 0 \tag{3.146}$$

式(3.146)是关于 n 个未知量 $\lambda_1, \lambda, \cdots, \lambda_n$ 的线性代数方程。它表示控制点在第 i 块面元上时的流场边界条件。令 $i = 1, 2, \cdots, n$，得到所有面元控制点处的流场边界条件，从而得到 n 个关于$(\lambda_1, \lambda_2, \cdots, \lambda_n)$的线性代数方程组。然后，利用数值方法来求得不同的源面强度近似值 λ_i。而且所取的面元数目越多，所求得的源强度的近似值越准确，同时所得的流线形状也越接近于原流场中的物体表面形状。在实际的流场计算中，面元法的精确度非常高。对于圆柱，一般情况

下只需要取 8 个面元就可以达到工程实际所要求的精度；对于一般翼型，一般情况下取 50 到 100 个面元就可以达到所需的精度要求。

计算出各个面源的强度 λ_i 之后，可以通过以下方法来计算出各个控制点处的切向速度。如图 3.24 所示，s 代表沿物体表面的长度，其方向由前缘向后缘为正。所以，自由来流沿物面的切向速度分量就可以用下面的式子来进行计算，即

$$V_{\infty,s} = V_{\infty}\sin\beta_i \tag{3.147}$$

对式(3.139) 求关于 s 的导数，得到所有面元在第 i 块面元控制点处引起的沿物体表面的切向速度分量，即

$$V_s = \frac{\partial\phi}{\partial s} = \sum_{j=1}^{n}\frac{\lambda_j}{2\pi}\int_j \frac{\partial}{\partial s}(\ln r_{ij})\,\mathrm{d}s_j \tag{3.148}$$

由于第 i 块面元控制点处的表面切向速度分量 V_i 等于由自由来流引起的切向速度分量式(3.147) 与所有面元引起的切向速度分量式(3.148) 之和，即

$$V_i = V_{\infty,s} + V_s = V_{\infty}\sin\beta_i + \sum_{j=1}^{n}\frac{\lambda_j}{2\pi}\int_j \frac{\partial}{\partial s}(\ln r_{ij})\,\mathrm{d}s_j \tag{3.149}$$

由压力系数与速度的关系表达式，可得第 i 个面元控制点处的压力系数为

$$c_{p,i} = 1 - \left(\frac{V_i}{V_{\infty}}\right)^2$$

到此，本节使用面元法理论求出了任意形状物体无升力绕流的表面压力分布数学表达式。使用面元法求流场解的时候，可以使用以下的方法来检验所求的结果是否正确。令 s_j 表示第 j 块面元的长度，λ_j 代表第 j 块面元的单位长度的源强度，所以第 j 块面元的强度为 $\lambda_j s_j$。由于流场中任何封闭物体的环量必然为零，而绕流物体一般情况下都为封闭物体，所以对于上述方法所求的所有面元，其源强度之和必然为零，即

$$\sum_{j=1}^{n}\lambda_j s_j = 0 \tag{3.150}$$

3.12　复变函数在平面势流中的应用

由数学理论可知，复变函数 $z = x + \mathrm{i}y$ 的任意解析函数 $w(z)$ 的实部和虚部都是一种调和函数，即满足二维拉普拉斯方程。因此，任何问题在用实变函数处理时，如果能够归纳为求解二维拉普拉斯方程(在相应的边界条件下)，那么我们也可以用复变函数来处理，此时，只需把所要求的实变函数看做是某一复变函数 $w(z)$ 的实部或虚部即可。若能够在相同的边界条件下求出 $w(z)$ 的表达式，则问题就可迎刃而解。当用实变函数求解二维拉普拉斯方程时，往往由于边界条件(如物体的几何外形) 比较复杂而不易求解，但用复变函数处理时，有时比较轻松(如保角变换法)，这是使用复变函数方法的主要优点之一。本节主要介绍二维不可压缩势流中的复位函数，以及用保角变换方法求解二维不可压缩势流问题。

一、二维不可压缩势流中的复位函数

二维不可压缩流的连续方程表达式如下：

$$\frac{\partial u}{\partial x}+\frac{\partial v}{\partial y}=0 \tag{3.151}$$

若流动是势流，则流动应满足下列的无旋条件：

$$\frac{\partial v}{\partial x}-\frac{\partial u}{\partial y}=0 \tag{3.152}$$

根据前面所讲知识，流场速度与速度势函数 $\phi(x,y)$ 及流函数 $\psi(x,y)$ 满足以下关系：

$$u=\frac{\partial \phi}{\partial x}=\frac{\partial \psi}{\partial y} \tag{3.153}$$

$$v=\frac{\partial \phi}{\partial y}=-\frac{\partial \psi}{\partial x} \tag{3.154}$$

由以上四个表达式可得，二维不可压缩势流的速度势函数及流函数满足二维拉普拉斯方程，即

$$\nabla^2 \phi=\frac{\partial^2 \phi}{\partial x^2}+\frac{\partial^2 \phi}{\partial y^2}=0 \tag{3.155}$$

$$\nabla^2 \psi=\frac{\partial^2 \psi}{\partial x^2}+\frac{\partial^2 \psi}{\partial y^2}=0 \tag{3.156}$$

对于以上二维不可压缩势流问题，可以使用复变函数方法来进行求解。由式(3.153) 及式(3.154) 可知，速度势函数与流函数是以所谓的柯西-黎曼条件相联系的。从数学理论可知，若两个函数 $\phi(x,y)$ 及 $\psi(x,y)$ 满足柯西-黎曼条件，则下列函数

$$w=\phi+\mathrm{i}\psi=\phi(x,y)+\mathrm{i}\psi(x,y) \tag{3.157}$$

称为复变数 $z=x+\mathrm{i}y$ 的解析函数，即复位函数。它的实部和虚部分别是速度势函数和流函数，即

$$\mathrm{Re}w(z)=\phi(x,y),\quad \mathrm{Im}w(z)=\psi(x,y) \tag{3.158}$$

若已知二维不可压缩势流的速度势函数及流函数表达式，则其复位函数的表达式可由式(3.157) 求得。

复位函数 $w(z)$ 的表达式已知后，求其自变量 z 的导数，则有

$$\frac{\mathrm{d}w}{\mathrm{d}z}=\frac{\partial \phi}{\partial x}+\mathrm{i}\frac{\partial \psi}{\partial x}=u-\mathrm{i}v \tag{3.159}$$

式(3.159) 称为复速度。求得流场的复位函数 $w(z)$ 后，可由上式求得该流场的速度。所以采用复变函数求解二维平面不可压缩势流问题，可以转化为在相应边界条件下求解复位函数 $w(z)$ 的问题。本章前面所讲的几种基本流动，如均匀流、点源、点汇、偶极子等，都可以由复位

函数的形式表示，详细内容可参考相关的文献资料，这里不作详细介绍。

二、应用保角变换法求解二维不可压缩势流问题

前面曾经讲到，将某些简单流动叠加后，可以得到新的、复杂的流动。使用复位函数方法求解此类问题时，也可采用叠加的方法，本节主要介绍使用保角变换的方法求解二维不可压缩势流问题。

令气流及物体所在的平面为 $\zeta=\xi+\mathrm{i}\eta$ 平面，成为物理平面，则问题转化为如何求解此物理平面上的流动复位函数 $w(\zeta)$。当物体形状比较复杂时，复位函数 $w(\zeta)$ 的求解比较困难，于是可以借助于一个解析函数 —— 变换函数 —— 来进行求解，即

$$\zeta=f(z) \tag{3.160}$$

通过上式将物理平面的真实流谱变换到复变数 z 的辅助平面上去，将物体的外形变换为简单的几何外形(如圆)，使得辅助平面上的复位函数 $w^{*}(z)$ 容易求得。于是从下列两个方程

$$\begin{gathered} w(\zeta)=w[f(z)]=w^{*}(z) \\ \zeta=f(z) \end{gathered} \tag{3.161}$$

消去 z，得到 $w(\zeta)$。在有些问题中，有时把 z 作为参变数不消去反而会使计算简单些，如求速度时，有

$$u_{\xi}-\mathrm{i}v_{\eta}=\frac{\mathrm{d}w}{\mathrm{d}\zeta}=\frac{\mathrm{d}w^{*}}{\mathrm{d}z}\frac{\mathrm{d}z}{\mathrm{d}\zeta}=\frac{w^{*'}(z)}{f'(z)} \tag{3.162}$$

理想不可压直匀流流过任意二维物体时的复位函数求法可概述如下：

设在 $\zeta=\xi+\mathrm{i}\eta$ 平面中有一任意形状的二维物体，理想不可压直匀流以速度 V_{∞} 沿 ξ 轴正向流过此物体，求复位函数 $w(\zeta)$。由于任何几何形状都可以转换为 z 面上的圆，而直匀流流过圆(带环量) 的复位函数 $w(z)$ 的表达式比较简单，是已知的，即

$$w(z)=V_{\infty}\left(z+\frac{a^{2}}{z}\right)+\frac{\mathrm{i}\Gamma}{2\pi}\ln z \tag{3.163}$$

因此，对于此类问题，可以转化为寻找将二维物体的外部一一对应地转换为圆的外部的转换函数

$$\zeta=f(z) \quad 或 \quad z=F(\zeta)$$

为满足变换的唯一性条件，可以取两个平面中的无限远点来对应，无限远处的速度大小和方向不变，即

$$\zeta\to\infty,\quad z\to\infty,\quad \left(\frac{\mathrm{d}\zeta}{\mathrm{d}z}\right)_{\infty}=1$$

要满足上述条件，$z=F(\zeta)$ 的罗朗级数展开式应为

$$z = F(\zeta) = \zeta + c_0 + \frac{c_1}{\zeta} + \frac{c_2}{\zeta^2} + \frac{c_3}{\zeta^3} + \frac{c_4}{\zeta^4} + \cdots \tag{3.164}$$

式中，$c_0, c_1, c_2, c_3, \cdots$ 为待定复常数，通过给定物体的具体形状可以将 $c_0, c_1, c_2, c_3, \cdots$ 求出来，具体过程本书从略(有兴趣的读者可参阅有关参考文献)。将式(3.164) 代入到式(3.163) 中，得到复位函数的表达式，即

$$w(\zeta) = V_\infty\left[F(\zeta) + \frac{a^2}{F(\zeta)}\right] + \frac{\mathrm{i}\Gamma}{2\pi}\ln F(\zeta) \tag{3.165}$$

式中，a 为圆的半径是已知的，Γ 是绕圆周的环量是未知的。根据保角变换中环量不变的原理，Γ 就是绕给定二维物体的环量。若流动关于水平坐标轴对称，则环量 Γ 为零，若不对称，则环量一般不为零，需根据具体情况找出决定 Γ 的条件。

3.13　小　结

本章主要讲述了无黏、不可压缩流动的基本理论和方法：介绍了伯努利方程的推导及其应用；引入了无旋、不可压缩流动的控制方程 —— 拉普拉斯方程，即其边界条件；讲述了流动叠加的基本理论和方法，并介绍了几种基本流动，如直匀流、点源(汇) 流、偶极子、旋涡流等，并通过这些基本流动的叠加，讨论了绕圆柱的无升力及有升力流动；引入环量定理，介绍了库塔-儒可夫斯基定理；介绍了数值面元法在任意形状物体的无升力绕流问题中的使用；最后介绍了复变函数方法在二维平面不可压缩势流问题中的应用，以及保角变换方法在此类问题中的应用。本章所讲的主要理论及公式可概括如下：

1. 伯努利方程

$$p + \frac{1}{2}\rho V^2 = \text{const}$$

(1) 适用于无黏、不可压缩定常流动；

(2) 对有旋流动，同一条流线对应同一个常数值；

(3) 对无旋流动，整个流场对应同一个常数值。

2. 准一维流动连续方程

$$\rho AV = \text{const} \quad (\text{可压缩流动})$$

$$AV = \text{const} \quad (\text{不可压缩流动})$$

3. 皮托管测量流动速度

$$V_1 = \sqrt{\frac{2(p_0 - p_1)}{\rho}}$$

式中，p_0 为总压，p_1 为静压，V_1 为测量的流动速度。

4. 拉普拉斯控制方程

$$\nabla \cdot \boldsymbol{V} = 0 \quad \text{（不可压缩流动的质量守恒方程）}$$

$$\nabla^2 \phi = 0 \quad \text{（拉普拉斯方程，适用于无旋不可压缩流动）}$$

或

$$\nabla^2 \psi = 0$$

无穷远处边界条件：

$$u = \frac{\partial \phi}{\partial x} = \frac{\partial \psi}{\partial y} = V_\infty$$

$$v = \frac{\partial \phi}{\partial y} = -\frac{\partial \psi}{\partial x} = 0$$

物面边界条件：

$$\boldsymbol{V} \cdot \boldsymbol{n} = (\nabla \phi) \cdot \boldsymbol{n} = 0$$

5. 基本流动

(1) 均匀流：

$$\phi = V_\infty x = V_\infty r\cos\theta$$

$$\psi = V_\infty y = V_\infty r\sin\theta$$

(2) 点源(汇)：

$$\phi = \frac{\Lambda}{2\pi}\ln r$$

$$\psi = \frac{\Lambda}{2\pi}\theta$$

$$V_r = \frac{\Lambda}{2\pi r}$$

$$V_\theta = 0$$

(3) 偶极子：

$$\psi = -\frac{\kappa}{2\pi}\frac{\sin\theta}{r}$$

$$\phi = \frac{\kappa}{2\pi}\frac{\cos\theta}{r}$$

(4) 旋涡流：

$$\phi = -\frac{\Gamma}{2\pi}\theta$$

$$\psi = \frac{\Gamma}{2\pi}\ln r$$

$$V_\theta = -\frac{\Gamma}{2\pi r}$$

$$V_r = 0$$

6. 绕圆柱无黏流动

(1) 无升力流动(均匀流与偶极子叠加)：

$$\psi = (V_\infty r\sin\theta)\left(1 - \frac{R^2}{r^2}\right)$$

式中，$R = \kappa/2\pi V_\infty$ 为圆柱半径。

圆柱表面的速度分布为

$$V_r = 0$$

$$V_\theta = -2V_\infty \sin\theta$$

圆柱表面压力系数分布为

$$C_p = 1 - 4\sin^2\theta$$

此圆柱绕流产生升力和阻力都为零。

(2) 有升力流动(均匀流、偶极子与旋涡流叠加)：

$$\psi = (V_\infty r\sin\theta)\left(1 - \frac{R^2}{r^2}\right) + \frac{\Gamma}{2\pi}\ln\frac{r}{R}$$

圆柱表面速度分布为

$$V = V_\theta = -2V_\infty \sin\theta - \frac{\Gamma}{2\pi R}$$

单位展向升力为

$$L' = \rho_\infty V_\infty \Gamma$$

阻力为零。

7. 库塔-儒可夫斯基定理

对于任意外形的封闭二维物体，其单位展向的升力为 $L' = \rho_\infty V_\infty \Gamma$。

8. 面元数值法求解任意形状物体无升力绕流问题

$$\frac{\lambda_i}{2} + \sum_{\substack{j=1\\(j\neq i)}}^{n} \frac{\lambda_j}{2\pi} I_{ij} + V_\infty \cos\beta_i = 0$$

9. 复变函数在平面势流中的应用

(1) 二维不可压缩势流的复位函数为

$$w = \phi + \mathrm{i}\psi = \phi(x,y) + \mathrm{i}\varphi(x,y)$$

复速度为

$$\frac{\mathrm{d}w}{\mathrm{d}z} = \frac{\partial\phi}{\partial x} + \mathrm{i}\frac{\partial\psi}{\partial x} = u - \mathrm{i}v$$

(2) 保角变换方法求解二维不可压缩势流问题：

$$z = F(\zeta) = \zeta + c_0 + \frac{c_1}{\zeta} + \frac{c_2}{\zeta^2} + \frac{c_3}{\zeta^3} + \frac{c_4}{\zeta^4} + \cdots$$

$$w(\zeta) = V_\infty\left[F(\zeta) + \frac{a^2}{F(\zeta)}\right] + \frac{\mathrm{i}\Gamma}{2\pi}\ln F(\zeta)$$

习　题

本节练习题中所提到的流动均为无黏、不可压缩流动。标准海平面的大气密度为 $1.23\ \mathrm{kg/m^3}$，大气压力为 $1.01\times 10^5\ \mathrm{Pa}$。

3.1　假设有一文德利管道，其进口处的截面积和喉道处的截面积分别为 A_1 和 A_2，并且假设有不可压缩流体流过此文德利管道，速度方向与文德利管的水平轴线在同一方向上。若测得 A_1 和 A_2 两个截面上的流体静压差为 $p_1 - p_2$，求此文德利管道流动中的体积流量 $q_V = VA$。

3.2　有一低速开环式亚声速风洞，其进口截面积与实验段的截面积之比为 $A_1/A_2 = 12$。在某次实验中，使用 U 形管测得进口处与实验段的压力高度差为 $h = 10\ \mathrm{cm}$，使用的液体的密度为 $1.36\times 10^4\ \mathrm{kg/m^3}$，求此风洞实验段的空气速度。

3.3　试证明，在无旋流动中，伯努利方程不仅沿同一流线为常值，而且在流场中任意两点之间仍为常值。

3.4　已知一个二维的不可压缩流动的速度势函数为

$$\phi = -V_\infty\cos\theta\left[r + \frac{a^2}{r}\right] + \frac{\Gamma}{2\pi}\theta$$

式中的 a, V_∞, Γ 均为已知的正常数，r, θ 为平面极坐标。问这种流动是由哪些基本流动叠加而成的。

3.5　将一均匀流 V_∞ 与 x 轴上的相距 $2a$ 的强度分别为 $+Q$ 和 $-Q$ 的二维点源和点汇相叠加，则这样的流动相当于均匀流绕一个椭圆柱的流动，若已知点源和点汇的强度为 $Q = 2\pi V_\infty$，试求：

(1) 前后驻点的位置；

(2) 流函数及零流线方程。

3.6　假设有一均匀流 V_∞ 流过强度为 Q 的单个点源，求证在此半无限体上 $\theta = 113.2°$ 处的流速恰好等于 V_∞，并求此半无限体表面上 V_y 最大的地点及其数值。

3.7　假设有一均匀流 $V_\infty = 30\ \mathrm{m/s}$，在标准海平面条件下，流经一旋转的单位长度圆柱时产生的升力为 $6\ \mathrm{N/m}$，计算绕此圆柱的环量。

3.8　假设有一给定半径的圆柱的有升力绕流，并同时给定其环量 Γ。现将自由来流速度

V_∞变成原流速的 2 倍，即 $2V_\infty$，保持环量 Γ 不变，那么原流线图的形状会不会发生变化？为什么？

参考文献

[1]　Arnold M Kuethe, Chuen Yen Chow. Foundations of Aerodynamics[M]. New York:John Wiley & Sons,Inc,1986.

[2]　Anderson John D,Jr. Fundamentals of Aerodynamics[M]. New York:McGraw-Hill Book Company,1991.

第4章　绕翼型不可压缩流动

4.1 引　言

在人类实现动力飞行之后，空气动力学研究的重要性便突出地表现出来。早期空气动力学研究局限于解释和估算出飞行器升力部件的气动力特性。20世纪初，空气动力学家成功地运用经典流体力学理论，提出了计算翼型和机翼气动力的数学方法。这些方法为低速固定翼飞机的设计和发展提供了有效的理论依据，直到现在，这些方法对飞行器设计仍然具有指导意义。

对一个低速机翼，任取一个与整个飞机对称面平行的机翼剖面，其形状大都是圆头尖尾的，见图4.1，这个剖面称为翼型。从1929年开始，美国的航空咨询委员会（当时缩写为NACA，是现美国航空航天局NASA的前身）投入很大的精力对一系列翼型的几何形状与其气动力特性进行了广泛深入的研究，把不同类型的翼型剖面几何形状进行了分类，并将各类翼型的实验结果归档保存。

本章的目的是给出计算低速翼型的升力和力矩特性的理论方法。在没有出现因气流分离而导致失速现象的情况下，翼型的升力及力矩特性受黏性的影响很小。因此，在计算翼型升力和力矩特性时，可以假设翼型绕流是无黏的。当然，基于无黏流动的分析方法无法计算出翼型的阻力特性，且不能计算出大迎角状态下的升力及力矩特性。

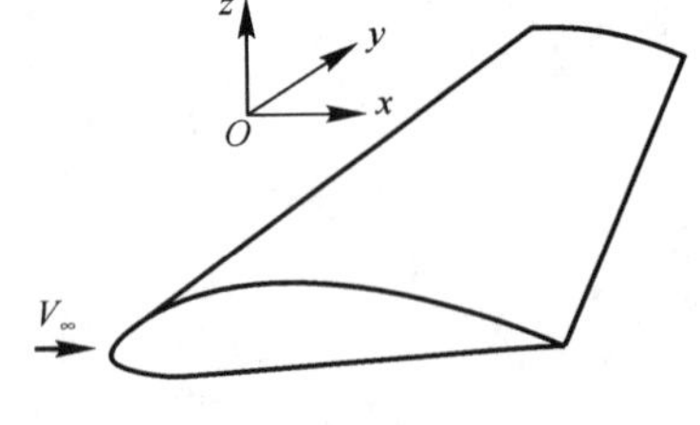

图4.1　翼型的定义

为了建立翼型空气动力学基本理论和相关应用的基础知识，本章着重对翼型几何参数的描述方法、低速翼型基本气动特性、低速翼型理论分析的重要工具——面涡理论、翼型后缘库塔条件(Kutta Condition)及薄翼理论进行了详细叙述，并对计算一般翼型气动特性的数值计算方法(面元法)做了简单介绍。

本章的内容在图4.2中给出。图中可以看出，在以面涡模型为基础的低速翼型理论上，分别建立和发展了经典薄翼理论和针对任意形状及有厚度的翼型面涡元方法。

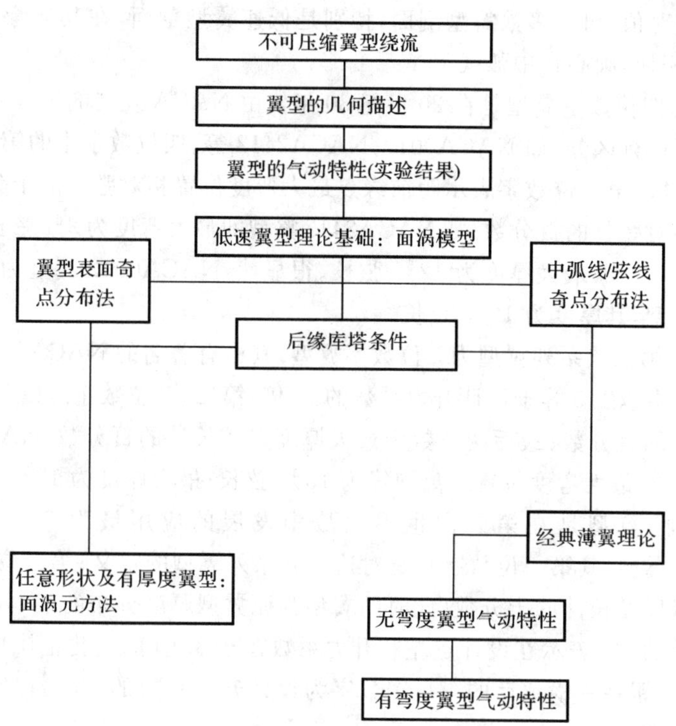

图 4.2　第 4 章的内容简介

4.2　翼型的几何描述

随着航空飞行器的不断发展，针对不同用途所发展的翼型有许多的系列，其中以原美国航空咨询委员会(NACA)，即现在的美国航空航天局(NASA)发展的 NACA 系列翼型最为著名，并常常被用做理论及实验分析的参照基准。

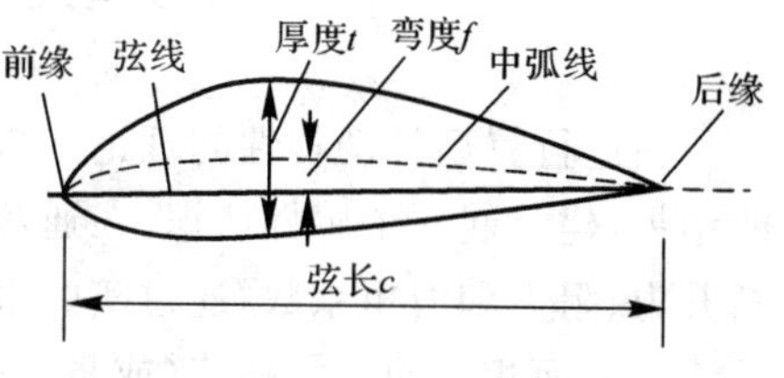

图 4.3　翼型几何外形状说明

图 4.3 所示给出的是一个常规翼型剖面示意图。图中所示的中弧线为翼型上、下表面的中点连线，中弧线上各点到上、下翼型表面的距离以该点处垂直于中弧线的方向进行测量。翼型的最前点和最后点分别为翼型的前缘和后缘，前、后缘的连线被定义为翼型的弦线。弦线的长度为翼型的弦长。在垂直于弦线方向上，中弧线与弦线间的最大距离为翼型的弯度。在垂直于弦线方向上，翼型上、下表面间的最大距离为翼型的厚度。翼型的弯度和厚度都被表述为以翼

型弦长为基准的相对值。对大多数翼型剖面，特别是低速翼型剖面，在其前缘都是一段近似的圆弧，圆弧与前缘相切，圆心在中弧线上。

NACA 系列的四位数字翼型是在 20 世纪 30 年代由 NACA 发展的第一族翼型，并以四位数字将该系列翼型进行区分，如 NACA0012，NACA2412 等。四位数字中的第一位表示最大弯度相对弦长的百分数；第二位数字表示距前缘点最大弯度位置相对弦长的十分数；最后两位数字表示最大厚度相对弦长的百分数。如 NACA2412 翼型的最大弯度为 2% 弦长、最大弯度位置距离前缘点为 40% 弦长、最大厚度为 12% 弦长。很显然，NACA0012 翼型为中弧线与弦线重合的无弯度对称翼型，其厚度为 12% 弦长。

NACA 发展的第二族系列翼型为 5 位数字翼型，其中有著名的 NACA23012 翼型等。五位数中的第一位数字乘以 1.5 等于设计升力系数的 10 倍；第二、三位数字除以 2 等于最大弯度位置距前缘以弦长计的百分数；最后两位数为最大厚度以弦长计的百分数。NACA23012 翼型的设计升力系数为 0.3；最大弯度位置距离前缘为 15% 弦长；最大厚度为 12% 弦长。

NACA“6 系列”翼型是在第二次世界大战中发展的应用最为广泛的层流翼型，如 NACA65,3－218 翼型。其第一位数字只是对这一族系列翼型的定义；第二位表示翼型表面最小压力点距离前缘以弦长计的十分数（此时的翼型为原翼型厚度分布的基本对称翼型，无升力状态）；跟在逗点后的“3”表示在设计点左右升力系数在 ±3/10 的变化范围内，翼型上的压力分布仍然是有利的；跟在一横线后的第一个数字为设计升力系数的 10 倍；最后两位为最大厚度按弦长计的百分数。

NACA 所发展的以数字定义的系列翼型具有全面的理论、应用和几何形状说明，并具有相关翼型的实验数据。另外，各航空工业发达国家也都有自己发展的系列翼型，如苏联的ЦАГИ（即中央空气流体研究院）翼型、德国的 Göttingen（哥廷根）翼型、英国的 R. A. E（皇家飞机研究院）翼型（从前叫 R. A. F 翼型），不过这些资料在国内很不齐全，且不容易找到。

目前，现代翼型的设计，可以通过基于面元法或数值差分方法对流场进行偏微分方程控制的数值求解来进行。所以，各航空制造公司都采用自行设计的翼型，以满足不同飞行器特殊的设计要求。

4.3 翼型的气动特性

在进行翼型气动特性的理论分析计算之前，首先了解一下实验中所给出的翼型气动特性的结果，建立起一个感性认识。在通常飞行器的设计过程中，需要了解的翼型气动特性主要包括升力、阻力和力矩系数。通过实验来获取这些气动数据的方法有许多种，而常用的实验方法是将横截面相同的机翼横跨（或竖立）整个风洞，并固定于风洞洞壁。在这种情况下，如果不考虑洞壁及其黏性的影响，机翼上各个剖面的流动情况是完全一样的。因此，该机翼的绕流可以看做是无翼梢、或翼展为无穷大的机翼绕流。对无限展长机翼，各剖面的气动特性完全相同，此时，剖面气动特性与该剖面所构成的无限展长机翼气动特性是完全相同的。

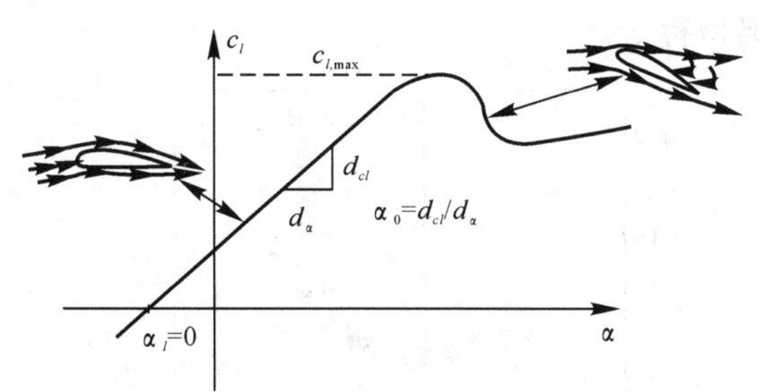

图 4.4　翼型升力系数随迎角变化图

图 4.4 所示给出了翼型升力系数随迎角变化的典型规律，从图中可以看出，在迎角 α 不是很大的情况下，升力系数 c_l 随迎角线性变化；表明线性变化段的直线的斜率通常用 a_0 表示，并称之为升力线斜率。升力系数 c_l 随迎角线性变化所对应的翼型绕流为气流光滑地流过翼型表面，且在翼型的大部分表面都是附着流动，如图 4.4 左侧所示的绕流流线图。而当迎角 α 较大的情况下，流动会在翼型的上表面出现分离，在尾迹区出现大范围的“死水”区，在分离区中会有部分区域形成回流，如图 4.4 右侧所示。流动的分离主要是由流体的黏性影响造成的，这一点将在第 14 章做详细的介绍。在发生大分离后，迎角增大时，翼型的升力系数不是增大反而减小。在这种情况下，翼型处于失速状态。翼型的最大升力系数出现在比失速迎角稍小的迎角状态下，翼型的最大升力系数通常表示为 $c_{l,\max}$，它是非常重要的翼型气动特性，决定着飞机的失速速度，$c_{l,\max}$ 越大，失速速度就越小。现在，如果沿着迎角减小的方向，可以发现升力系数为零对应着一个有限大小的负迎角，通常把对应于升力系数为零的迎角定义为零升的迎角，记为 $\alpha_L=0$。很显然，对称翼型的零升力迎角为零。

本章将要通过对翼型无黏绕流的分析，给出翼型气动特性的直接计算公式，如升力线斜率 a_0 和零升力迎角 $\alpha_L=0$。最大升力系数 $c_{l,\max}$ 的计算要涉及到复杂的气流黏性问题，这里不进行讨论。

图 4.5 给出 NACA2412 翼型的升力系数和力矩系数的实验结果，其中力矩系数的参考点取在距离翼型前缘 1/4 弦长处，图中同时给出了在本章将要讨论的理论结果。实验结果分为两组，每组对应不同的雷诺数(Reynolds Number)。实验结果表明升力线斜率与雷诺数无关，但最大升力系数取决于雷诺数的大小。说明 $c_{l,\max}$ 受黏性的影响，而雷诺数是惯性力与黏性力之比的相似参数。在迎角不是很大的情况下，力矩系数与雷诺数的关系也不是很大。NACA2412 翼型是常用的翼型，在图 4.5 中所给出的

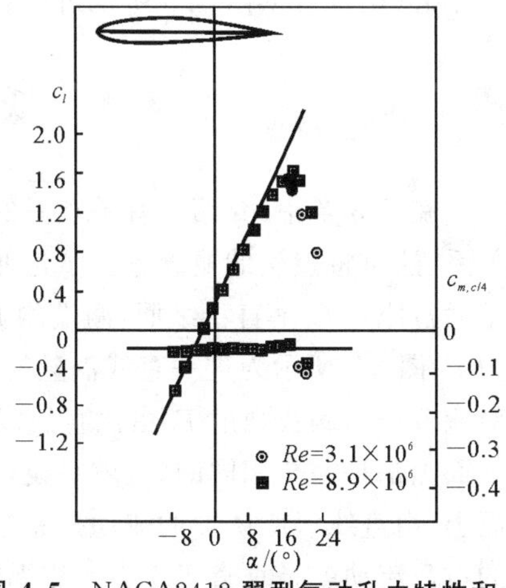

图 4.5　NACA2412 翼型气动升力特性和力矩特性实验结果(见参考文献[1])

实验结果反映出翼型的典型特征。

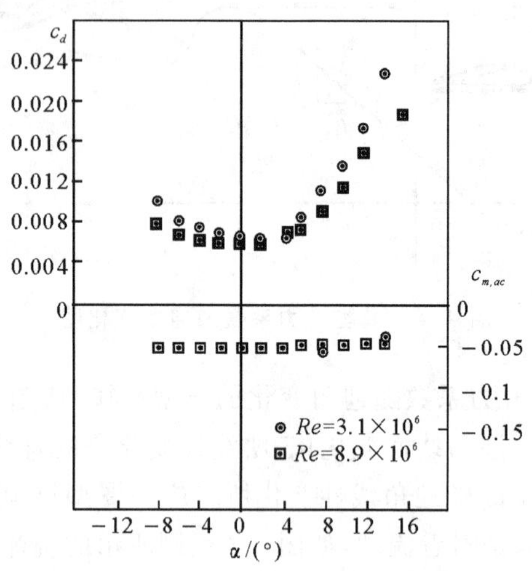

图 4.6　翼型阻力及气动中心力矩特性实验与理论结果

在不可压无黏流假设前提下进行翼型气动特性理论分析，这一理论不能计算翼型的阻力。为了较全面地给出翼型的气动特性，图 4.6 给出了 NACA2412 翼型的阻力系数随迎角的变化曲线。翼型的阻力是由摩擦阻力和压差阻力产生的，两者之和称为翼型的型阻，c_d 即为翼型的型阻系数。翼型的型阻系数与黏性有关，所以 c_d 的大小与雷诺数有关。

图 4.6 同时给出了翼型气动中心力矩系数 $c_{m,ac}$ 的实验结果曲线。一般说来 $c_{m,ac}$ 与迎角相关，但在翼型上有一个点，以这一点为参考点的力矩与迎角 α 无关，此点通常定义为翼型的气动中心(焦点)。从图 4.6 所示可以看出在很大的迎角范围内，$c_{m,ac}$ 为常数。

4.4　低速翼型绕流解的面涡理论

在第 3 章中，介绍了有关点涡的概念，以及点涡对其附近所诱导的速度场与点涡强度间的关系。这里将点涡的概念进一步延伸。图 3.18 中所示的点涡可看做是一条通过原点 O 垂直于纸面，两端均伸至无穷远的直线涡或涡丝，其强度为 Γ。图4.7 所示为这一直线涡丝的三维示意图。这时的顺时针方向流动对应着正的涡线强度 Γ。由该直涡线所诱导的流动在任何与涡线垂直的平面上都是完全相同的，也就是说，在通过点 O 及点 O' 与涡线垂直的平面上，由直线涡所诱导的流动是完全相同的。实际上，在 3.8 节中所描述的点涡流动就是垂直于无穷长直涡线的剖面流动。

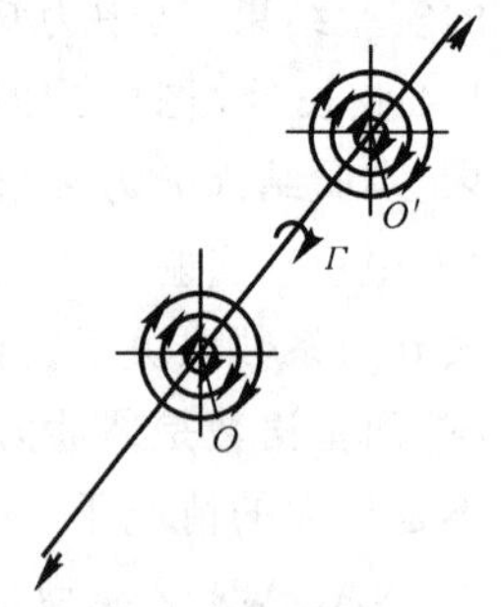

图 4.7　涡线

假设有无穷多条强度为无穷小的涡线排列在一起，则形成由图4.8(a)

所示的面涡。如果形成面涡的所有涡线都是无穷长直线，则所有涡线在垂直于 y 轴的剖面上可由图 4.8(b) 来表示，亦即沿涡线方向的面涡侧视图；所有涡线均与纸面垂直。令 s 为沿面涡侧视图的曲线坐标，定义 $\gamma=\gamma(s)$ 为沿 s 单位长度上面涡的强度。注意，这里的面涡强度沿曲线坐标 s 是变化的。这样，在面涡上，无穷小段 $\mathrm{d}s$ 上的涡强度为 $\gamma\mathrm{d}s$。该段面涡可以看做是一个强度为 $\gamma\mathrm{d}s$ 独立的涡线(在与涡线垂直的平面上可将此涡线看做是一个强度为 $\gamma\mathrm{d}s$ 独立的点涡)。设流场中点 P 到的距离为 r；点 P 在直角坐标系中的坐标为 (x,z)。由面涡上无穷小段 $\mathrm{d}s$ 对点 P 产生的无穷小诱导速度为

$$\mathrm{d}V=-\frac{\gamma\mathrm{d}s}{2\pi r} \tag{4.1}$$

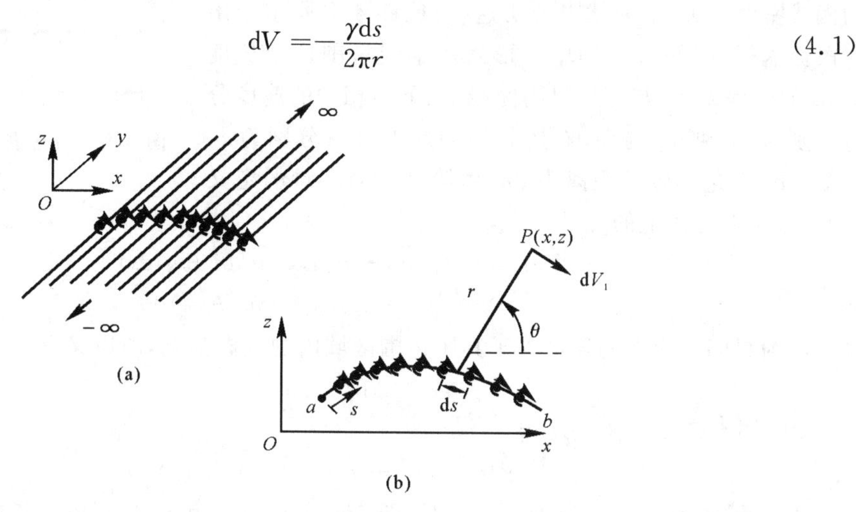

图 4.8　面涡

速度方向与 r 垂直，如图 4.8 所示。整个面涡对点 P 的诱导速度为从 a 到 b 所有面涡上的无穷小段对点 P 所产生诱导速度之和。显然，对除面涡微元所在点之外的所有点处的诱导速度场，每个面涡微元都满足连续性，由叠加原理可知，整个面涡对除面涡外的所有点处，诱导速度场也满足连续性。同理可以推论，面涡诱导的速度场在除面涡外的所有点处亦满足无旋条件。需注意的是，面涡上任何微段对点 P 产生的诱导速度都与该微段与点 P 的连线 r 垂直，而针对不同的微段 r 的方向是不一样的。因此，面涡上不同的微段对点 P 产生的诱导速度的方向也不一样，在点对诱导速度的叠加应为矢量叠加。因此，在考虑面涡对点的影响时，采用速度势叠加要方便一些。同样，参照图 4.8 及式(3.134)，微元旋涡 $\gamma\mathrm{d}s$ 对点 P 产生的无穷小速度势为

$$\mathrm{d}\phi=-\frac{\gamma\mathrm{d}s}{2\pi}\theta \tag{4.2}$$

而整个面涡对点 P 产生的速度势为

$$\phi(x,z)=-\frac{1}{2\pi}\int_a^b\theta\gamma\mathrm{d}s \tag{4.3}$$

式(4.1) 对分析经典薄翼理论具有特殊作用，而式(4.3) 对涡面元数值方法有重要作用。

由3.8节可知，绕一包围点涡封闭曲线的环量Γ与该点涡的强度相等。同理，包围图4.8所示整个面涡的封闭曲线上的环量应该等于面涡上所有微元面涡的强度之和，即

$$\Gamma = \int_a^b \gamma \mathrm{d}s \tag{4.4}$$

对于这里所讲述的面涡来说，面涡两侧沿面涡切线方向上的速度分量是不连续的，但法向速度分量在面涡两侧是相同的。穿过面涡切向速度的改变量与面涡当地的涡线密度有关，下面就来证明这一点。图4.9所示给出一段面涡微元示意图，图中矩形封闭虚线包围这个长度为ds的面涡微元。与矩形封闭曲线上、下边相切的速度分量分别为u_1和u_2，与左、右边相切的速度分量分别为v_1和v_2。上、下边相隔的距离为dn。由第2章对环量的定义可知，该矩形虚线上的环量为

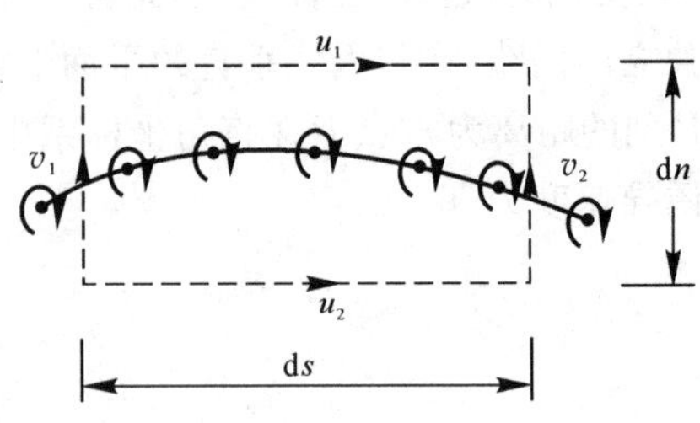

图4.9　穿过涡面的切向速度阶跃

$$\Gamma = -(v_2 \mathrm{d}n - u_1 \mathrm{d}s - v_1 \mathrm{d}n + u_2 \mathrm{d}s)$$

或

$$\Gamma = (u_1 - u_2)\mathrm{d}s + (v_1 - v_2)\mathrm{d}n \tag{4.5}$$

因为封闭曲线上的环量等于其所包围区域内的旋涡强度，所以又有

$$\Gamma = \gamma \mathrm{d}s \tag{4.6}$$

最后，由式(4.5)和式(4.6)得

$$\gamma \mathrm{d}s = (u_1 - u_2)\mathrm{d}s + (v_1 - v_2)\mathrm{d}n \tag{4.7}$$

当矩形的上、下边无穷趋近面涡时，即，$dn \to 0$，则u_1和u_2分别成为紧靠面涡上、下两侧与面涡相切的速度分量，且式(4.7)变为

$$\gamma \mathrm{d}s = (u_1 - u_2)\mathrm{d}s$$

或

$$\gamma = u_1 - u_2 \tag{4.8}$$

式(4.8)这一重要结论说明，穿过面涡的当地切向速度改变量等于当地面涡强度。

前面已经对面涡的特点进行了分析和讨论，这些特点对分析翼型的低速无黏绕流特性具有指导意义。下面就着重介绍在不可压无黏流动假设前提下，如何进行翼型理论分析。

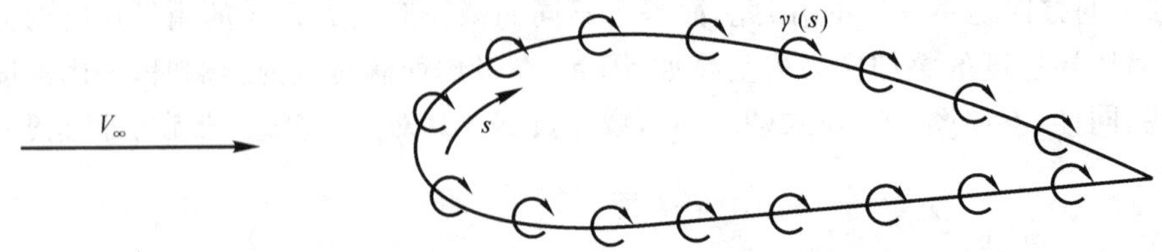

图4.10　以分布在翼型表面的面涡模拟任意形状翼型

图4.10所示给出在均匀自由来流中的一个具有任意形状和厚度的翼型，现在，以一个变

面涡强度的面涡取代翼型表面。在满足面涡诱导速度与速度大小为 V_∞ 的均匀来流叠加后，面涡为一条流线的条件下(即翼型表面为流线)，计算出面涡强度分布 $\gamma=\gamma(s)$。并通过已知的面涡强度分布计算出绕翼型的环量

$$\Gamma=\int\gamma \mathrm{d}s$$

此处的积分是沿整个翼型表面进行的。最后通过库塔-儒可夫斯基定理得到翼型的升力

$$L'=\rho_\infty V_\infty \Gamma$$

从理论上来讲可以通过上述理论计算出翼型在均匀来流中的升力，但是对任意形状和厚度的翼型却不存在统一的面涡强度 $\gamma=\gamma(s)$ 的解析解，只能通过数值解方法对面涡强度分布进行求解。而基于这一理论的数值方法只是在上个世纪 60 年代数字计算机发明后才得以真正应用。将在 4.9 节中介绍的涡面元法就是基于这一理论的。

图 4.10 所描述的用面涡代替翼型表面的思路不仅仅是一个数学手段，而且也有一定的物理意义。在实际物体绕流问题中，因为存在流体与物体间摩擦作用的影响，物体表面会有一层很薄的附面层。附面层内是黏性的强影响区域，很大的速度梯度会产生旋度，即在附面层内具有有限大小的旋度。因此，在有黏性的实际物体绕流问题中，沿翼型表面会存在一个旋度分布。考虑到大多数实际问题中的附面层都很薄，可以将附面层看做是与翼型表面重合的面涡。因此，在无黏流动中用一个面涡替代翼型表面的思路也蕴含着对翼型表面黏性附面层的模拟。

若翼型的厚度很小，从远处看翼型时，翼型上、下表面的面涡几乎是重合的。这样我们便可以近似地将薄翼型用一个沿翼型中弧线分布的面涡来代替，如图 4.11 所示。面涡强度分布 $\gamma=\gamma(s)$，应满足在与自由来流叠加后翼型中弧线为一条流线的条件。尽管图 4.11 所示给出的流动是图 4.10 所示流动描述的近似，但通过这一近似，可以得到面涡强度分布的直接解析解(详见 4.8 节)。

在 3.10 节中已经表明，物体上所受的力完全取决于围绕该物体的环量大小和来流速度。同样可以证明，作用在一个相对均匀来流固定不动的点涡上的力可以由库塔-儒可夫斯基定理计算出来。代表物体环量的旋涡与外流的旋涡不同，一是这个旋涡的组成不是由固定的流体微团构成，二是这个旋涡附着在物体上。这个表征绕机翼有环量流动的旋涡被称为附着旋涡，并以此区别随外流一起运动的自由旋涡。

当考虑物体绕流问题中的合力时，具有适当强度的附着旋涡在均匀流中的流动问题与在均匀流中的有环量物体绕流是完全等价的。

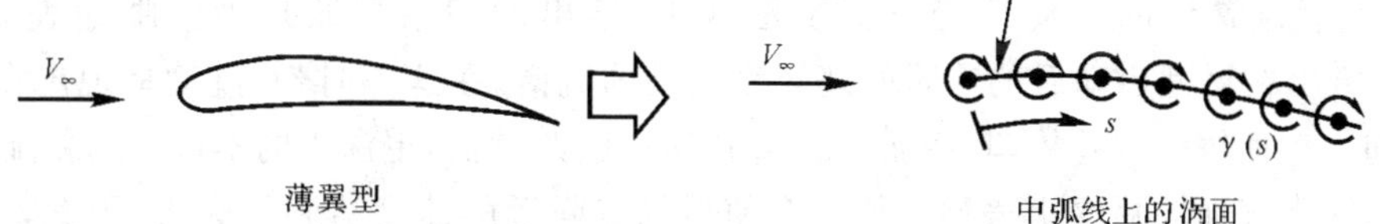

图 4.11　薄翼型近似成布置在中弧线上的涡面

4.5 库塔条件

库塔-儒可夫斯基定理表明，作用在均匀来流中物体上的力等于流体密度、来流速度及绕物体环量的乘积，且作用力的方向与来流垂直。在 3.10 节中提到，对于给定环量的物体绕流，只有一个确定的流动同时满足远场和物面边界条件。如果环量不确定，远场边界条件和物体形状不能唯一确定流动形态。

为了计算出在物体与流体有相对运动时物体所受的力，必须要知道绕物体的环量。而前面所介绍的理论还不能由物体的形状和来流速度确定绕物体的环量。

前面所介绍的理论都只能用于无黏流动，但对于黏性流动(无论黏性作用有多小)，确定绕物体环量的大小可以通过对实验的观察得到启示。实验表明，当具有尖锐后缘的物体与流体发生相对运动时，黏性效应将迫使物体上、下表面的气流在后缘光滑处会合，这一流动现象确定了绕物体流动的环量，并被称为库塔(Kutta) 条件，其详细描述为：具有尖锐后缘物体在流体中运动时，会产生一个适当强度的绕物体环量，其环量大小刚好使得物体的后缘点为流动的驻点。

对于无黏流动，绕有迎角翼型的流动不会产生环量，且后驻点出现在翼型的上表面，图 4.12(a) 给出了流动示意图。图 4.12(b) 为翼型黏性绕流的示意图，图中表明后缘处的光滑流动。这一流动与实际中所观察到的流动现象以及库塔条件所叙述的情形相符合，如图 4.13 所示。

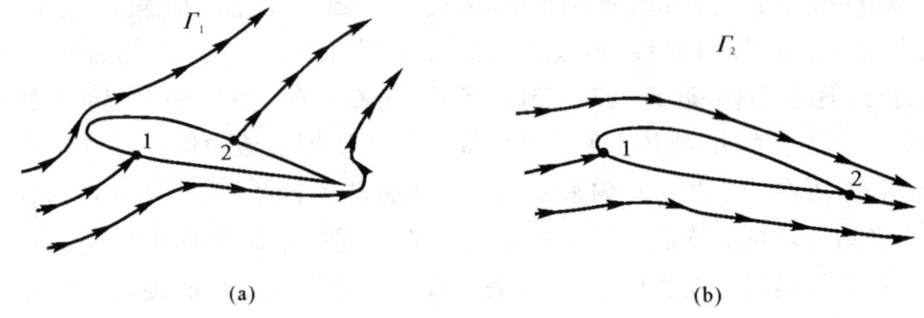

图 4.12　绕翼型环量对翼型表面驻点位置的影响

后缘库塔条件可以通过实验进行验证。将一个在初始时刻与周围流体相对静止的翼型向前拖动，其后绕翼型的流动演变可以从图 4.13 给出的一系列照片中清晰地表现出来。图 4.13(a) 给出在翼型启动后的一瞬间绕翼型流动的流谱。在这一时刻，流动呈现出在后缘处由下表面向上表面绕过的趋势，其特征与图 4.12(a) 相似。然而，更深入的不可压无黏流理论表明，流动由后缘下表面向后缘上表面的绕流会使后缘点附近的速度达到无穷大，因此，图 4.12(a) 流动在自然界真实的流动中不会保持下去。在真实的翼型绕流中，翼型上表面的驻点(见图 4.12 中的 2 点) 会向后缘点移动。

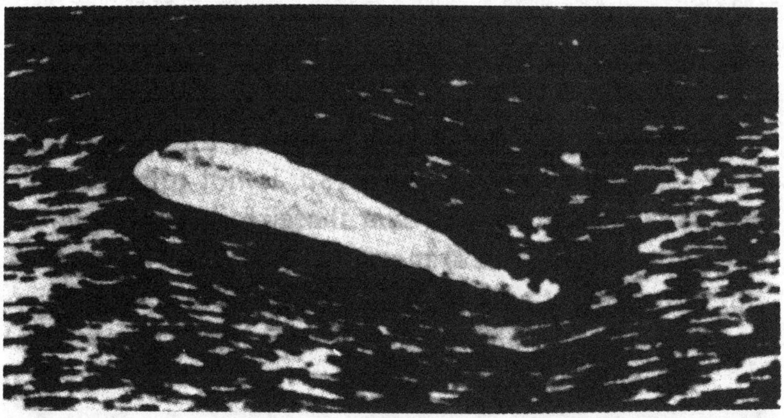

(a)

(b)

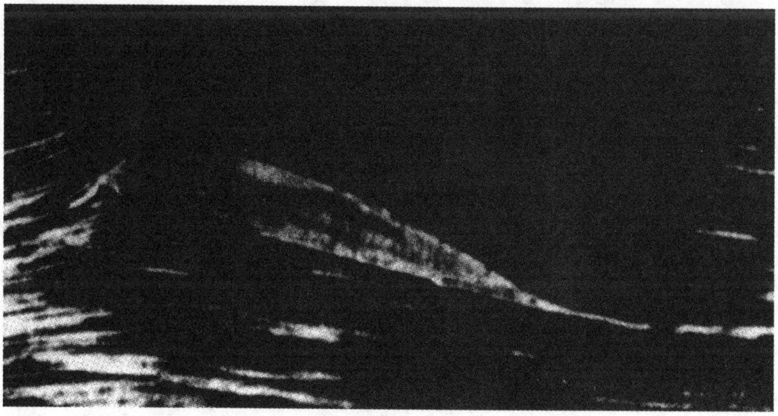

(c)

图 4.13　绕翼型流动的发展过程

根据上面的叙述，对于给定迎角翼型的定常绕流，真实流动会自动选择一个适当的环量值（见图 4.12 中的 Γ_2），以使翼型绕流光滑地流过翼型后缘点。

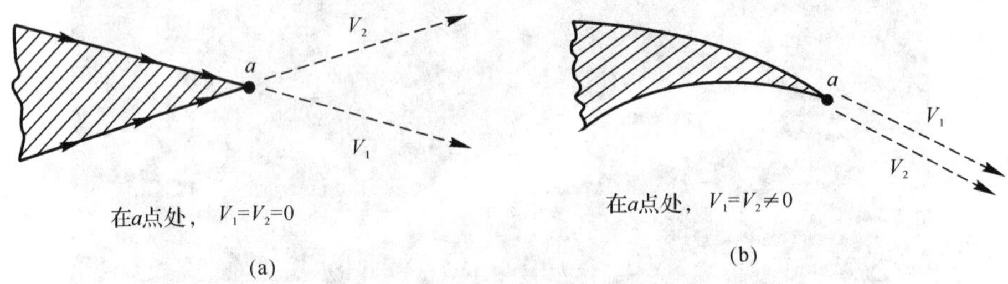

图 4.14　不同后缘夹角流动情况与库塔条件的关系

为了能够在理论分析中合理地使用后缘库塔条件，还应当分析出翼型后缘处的流动机理。翼型后缘可以具有有限大小的夹角，如图 4.12 和图 4.14 所示；也可以是夹角为零的后缘。首先，分析有限大小夹角后缘的绕流，如图 4.14(a) 所示。如果将沿上、下表面的速度定义为 V_1 和 V_2，则 V_1 在点 a 处与上表面相切，而 V_2 在点 a 处与下表面相切。显然，在后缘夹角为有限大的情况下，如果在点 a 处上、下表面的速度不为零，则在该点处就会有两个不同方向的速度。然而，这一现象是不可能出现的。合理的结果只能是上、下表面速度 V_1 和 V_2 的值在点 a 处都为零。即对夹角为有限大小的后缘，后缘点 a 为驻点，$V_1 = V_2 = 0$。如果后缘夹角为零，如图 4.14(b) 所示，下表面速度 V_1 和 V_2 在同一方向，则此时 V_1 和 V_2 的值可以是有限大小。然而，在点 a 处的压力 p_a 只可能为一个唯一的值。应用伯努利方程建立点 a 处上、下表面的速度与压力间的关系，于是有

$$p_a + \frac{1}{2}\rho V_1^2 = p_a + \frac{1}{2}\rho V_2^2$$

或

$$V_1 = V_2$$

即对夹角为零的后缘，气流沿上、下表面流过翼型后缘的速度为相等的有限值，且方向一致。

现在，我们可以对库塔条件进行进一步的说明和总结：

(1) 对于给定形状且给定迎角的翼型，绕翼型的环量大小恰好使得流体光滑流过后缘点；

(2) 如果翼型后缘夹角为有限大小，则后缘点为驻点；

(3) 如果翼型后缘夹角为零，则沿上、下表面流过翼型后缘的速度为相等的有限值。

回顾我们在 4.4 节的讨论，即将翼型模拟为在翼型上、下表面或中弧线上放置的面涡，涡强度 $\gamma(s)$ 沿面涡是变化的，则上面讨论过的库塔条件可以用数学公式表示为

$$\gamma_{TE} = \gamma(a) = V_1 - V_2 \tag{4.9}$$

对于后缘夹角为有限大小的翼型，$V_1 = V_2 = 0$，根据式(4.9)，有 $\gamma_{TE} = 0$。对于后缘夹角为零的翼型，$V_1 = V_2 \neq 0$，根据式(4.9)，同样有 $\gamma_{TE} = 0$。于是，以面涡强度分布表述的翼型后缘库塔条件为

$$\gamma_{\mathrm{TE}} = 0 \tag{4.10}$$

在推导翼型气动力特性计算公式前，先来了解一下通过实验得到的结果，建立起一个必要的感性认识。在实验中，将一个弦长为常数，各剖面形状完全相同的机翼的两端固定在实验段的两个侧壁上。在不考虑黏性及洞壁影响的情况下，该机翼可以看做是一个无限展长的机翼，其各展向位置气动力参数完全一样。因此，该无限展长机翼的气动力特性可以用其对应的二维翼型气动力特性表述，而翼型的气动力数据也通常被称为无限展长机翼的气动力数据。在后面的章节中，会看到翼型的气动力特性与有限展长机翼的气动力特性有所不同，但机翼的气动力特性与翼型的气动力特性是密切相关的。

本章中将要讨论的翼型理论表明，在无黏流动中，翼型的升力与迎角及来流动压 $\rho V_\infty^2/2$ 成正比；对于真实流体，在迎角小于最大升力迎角 $\alpha_{l,\max}$（$12° \sim 15°$）的范围内，其升力大小与基于无黏假设的薄翼理论间的误差在 10% 以内。$\alpha_{l,\max}$ 的值与翼型的外形几何状及雷诺数有关。

4.6　薄翼理论及无弯度薄翼绕流气动特性

前面介绍了通过实验给出的翼型气动力特性和对翼型气动特性进行理论计算的方法。在这一节里，将推导计算无弯度翼型升力和力矩的基本计算公式。

将所要分析的翼型限定在薄翼范围内，在这样的情况下，翼型可以用在中弧线上分布的面涡来代替。接下来我们所需要做的工作是求出能够使中弧线为流线，且满足后缘库塔条件（即，$\gamma_{\mathrm{TE}} = 0$）的面涡强度分布 $\gamma(s)$。一旦得到了满足特定条件的面涡强度分布 $\gamma(s)$，便可以通过对 $\gamma(s)$ 进行由前缘到后缘的积分得到绕翼型的总环量 Γ，进而由库塔-儒可夫斯基定理计算出作用在翼型上的升力。

从流体力学的角度看，上述薄翼型气动力问题涉及到直匀流与面涡诱导流动的叠加。显然，除面涡外，流场处处均满足连续、无旋条件。因为面涡对无穷远处的流场没有速度贡献，所以远场为匀直流。在中弧线上，无穷远直匀流与面涡诱导流动的合成速度与中弧线相切。

根据第 3 章对圆柱绕流的分析，可以知道，要唯一地确定绕物体的无旋流动，除了必须使流动满足远场和物面边界条件外，还应确定绕翼型的环量值。而这一环量值正是置于中弧线上面涡的总强度。对于给定总强度的面涡，满足直匀流与面涡诱导流动叠加后中弧线为流线的面涡强度分布是唯一的，这一面涡强度分布正是需要确定的。

绕翼型环量的值可以通过库塔条件确定。在上一节中，库塔条件表明了气流绕具有尖锐后缘翼型流动时，翼型后缘点处的速度不能为无穷大。若用沿翼型中弧线面涡强度分布的方法，则库塔条件可表述为面涡在后缘点处的强度为零。这样库塔条件解决了面涡在翼型后缘点处速度为无穷大的问题，但在翼型的前缘，速度为无穷大的问题依然存在，即这里所采用的薄翼理论不能正确地说明翼型前缘点的流动情况。

按图 4.15 所示，将面涡放置在翼型的中弧线上，x 轴与翼型的弦线重合。图中的 V_∞ 为自

由来流速度，α 为来流与翼型弦线的夹角，即迎角；x 轴的方向由前缘指向后缘，轴取在与弦线垂直的方向。以前缘点为起点，沿中弧线给出的曲线坐标用 s 表示；而翼型的弦长为 c。在图 4.14 中，w 为面涡在中弧线上所诱导的速度在中弧线法线上的分量，这里 w 为曲线坐标 s 的函数，即，$w=w(s)$。图 4.15 是一个对翼型弯度进行了放大的几何示意，对于通常翼型，最大中弧线弯度一般为 2% 左右。由式(4.1) 可以很容易地得到，在沿 x 方向距离前缘点为 ξ 位置处，长度为 $\mathrm{d}s$ 的面涡微段对面涡上点 P 的诱导速度，在点 P 面涡法线方向的投影为

$$\mathrm{d}w=-\frac{\gamma(\xi)\,\mathrm{d}s}{2\pi r}\cos\delta_3 \tag{4.11}$$

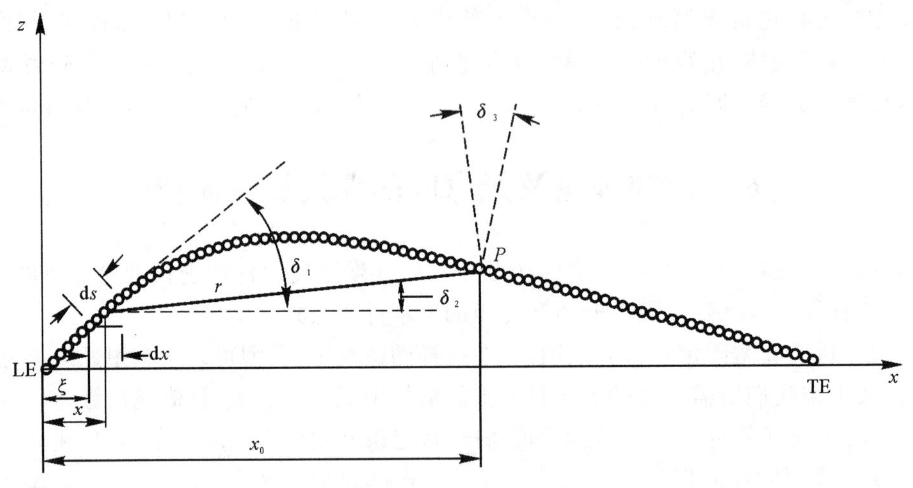

图 4.15　面涡放置在中弧线上的速度诱导示意图

注意到

$$r=\frac{x-\xi}{\cos\delta_2},\quad \mathrm{d}s=\frac{\mathrm{d}\xi}{\cos\delta_1}$$

式中，x 为点 P 在 x 方向上的坐标。对式(4.11) 从前缘向后缘积分后，可得

$$w=-\frac{1}{2\pi}\int_0^c\frac{\gamma(\xi)\,\mathrm{d}\xi}{x-\xi}\,\frac{\cos\delta_2\cos\delta_3}{\cos\delta_1} \tag{4.12}$$

式中，δ_1，δ_2 和 δ_3 都是已知的函数，对于小厚度、小弯度翼型，显然有 $\cos\delta_1\approx\cos\delta_2\approx\cos\delta_3\approx 1$，于是式(4.12) 可近似为

$$w=-\frac{1}{2\pi}\int_0^c\frac{\gamma(\xi)\,\mathrm{d}\xi}{x-\xi} \tag{4.13}$$

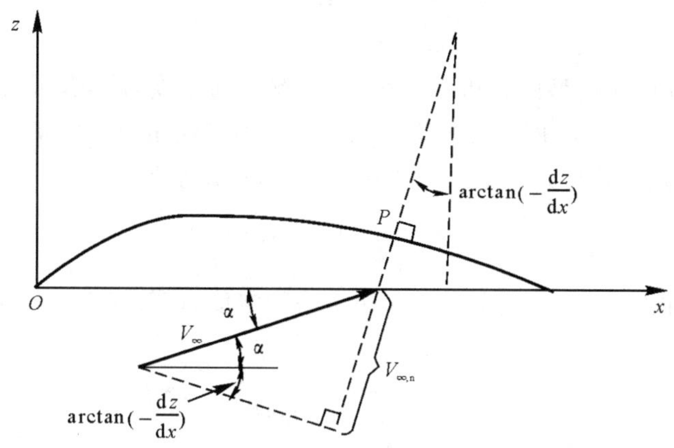

图 4.16　来流在中弧线法线方向的速度贡献

由图 4.16 所示，可得到匀直流在点 P 面涡法线方向的速度贡献为

$$V_{\infty,n} = V_{\infty}\sin\left[\alpha - \arctan\left(\frac{\mathrm{d}z}{\mathrm{d}x}\right)\right] \tag{4.14}$$

式中，α 为迎角，$\mathrm{d}z/\mathrm{d}x$ 为点 P 处中弧线的斜率。对于小迎角问题，α 和 $\mathrm{d}z/\mathrm{d}x$ 都是小量，因此有

$$V_{\infty,n} = V_{\infty}\left[\alpha - \frac{\mathrm{d}z}{\mathrm{d}x}\right] \tag{4.15}$$

为了使匀直流与涡诱导的流动叠加后，面涡为一条流线，则匀直流和面涡诱导的流动对面涡上所有点在面涡法线方向上的速度贡献之和应为零，即

$$V_{\infty,n} + w = 0 \tag{4.16}$$

将式(4.13) 和式(4.15) 代入式(4.16)，得

$$V_{\infty}\left[\alpha - \frac{\mathrm{d}z}{\mathrm{d}x}\right] - \frac{1}{2\pi}\int_0^c \frac{\gamma(\xi)\mathrm{d}\xi}{x-\xi} = 0$$

或

$$\frac{1}{2\pi}\int_0^c \frac{\gamma(\xi)\mathrm{d}\xi}{x-\xi} = V_{\infty}\left[\alpha - \frac{\mathrm{d}z}{\mathrm{d}x}\right] \tag{4.17}$$

式(4.17) 称为薄翼理论基本公式，是中弧线为流线的数学描述。

注意，式(4.17) 是针对在 x 方向距离前缘点为 x 任意点 P 的方程，式中的 ξ 为从前缘点向后缘点进行积分的哑元，面涡强度 $\gamma = \gamma(\xi)$ 沿 x 方向是变化的。对于给定几何形状和迎角的翼型，式(4.17) 中 α 和 $\mathrm{d}z/\mathrm{d}x$ 都是已知的，只有面涡强度分布 $\gamma(\xi)$ 是未知的。所以式(4.17) 为一个积分方程，方程的解为满足翼型中弧线为一条流线的面涡强度分布 $\gamma(\xi)$。薄翼理论的中心问题就是求解式(4.17) 中的 $\gamma(\xi)$，并同时满足库塔条件，$\gamma(c) = 0$。

在本节中，将采用式(4.17) 分析对称翼型的气动特性。由于对称翼型的中弧线与弦线重合，其弯度为零，即，$\mathrm{d}z/\mathrm{d}x = 0$。于是，式(4.17) 变为

$$\frac{1}{2\pi}\int_0^c \frac{\gamma(\xi)\mathrm{d}\xi}{x-\xi} = V_\infty \alpha \tag{4.18}$$

注意到在薄翼理论对翼型的分析中，没有考虑翼型的厚度，因此，可将对称翼型看做是平板翼型来进行分析。式(4.18)便是绕平板无黏不可压缩有迎角流动的基本方程。

为了方便地处理式(4.17)和式(4.18)中的积分，采用变换式

$$\xi = \frac{c}{2}(1-\cos\theta) \tag{4.19}$$

将ξ变换成θ。因为在式(4.17)和式(4.18)中x为固定值，该值对应着固定的θ值，即θ_0，于是有

$$x = \frac{c}{2}(1-\cos\theta_0) \tag{4.20}$$

由式(4.19)可得

$$\mathrm{d}\xi = \frac{c}{2}\sin\theta\mathrm{d}\theta \tag{4.21}$$

将式(4.19)到式(4.21)代入式(4.18)，并且注意到$\theta=0$对应着前缘点($\xi=0$)，$\theta=\pi$对应着后缘点($\xi=c$)，得

$$\alpha V_\infty = \frac{1}{2\pi}\int_0^\pi \frac{\gamma(\theta)\sin\theta\mathrm{d}\theta}{\cos\theta-\cos\theta_0} \tag{4.22}$$

通过复变函数中的保角变换方法(见文献[2])，可以得到式(4.22)式的准确解，本教材对这一求解过程不做进一步的说明，只是给出最终结果，即

$$\gamma(\theta) = 2\alpha V_\infty \frac{(1+\cos\theta)}{\sin\theta} \tag{4.23}$$

并将其代入式(4.22)进行验证，得

$$\frac{1}{2\pi}\int_0^\pi \frac{\gamma(\theta)\sin\theta\mathrm{d}\theta}{\cos\theta-\cos\theta_0} = \frac{\alpha V_\infty}{\pi}\int_0^\pi \frac{(1+\cos\theta)\mathrm{d}\theta}{\cos\theta-\cos\theta_0} \tag{4.24}$$

应用下面的定积分关系式，即

$$\int_0^\pi \frac{\cos n\theta\mathrm{d}\theta}{\cos\theta-\cos\theta_0} = \pi\frac{\sin n\theta_0}{\sin\theta_0}, \quad n=0,1,2,\cdots \tag{4.25}$$

将式(4.25)代入式(4.24)，可以很容易地证明

$$\int_0^\pi \frac{(1+\cos\theta)\mathrm{d}\theta}{\cos\theta-\cos\theta_0} = \pi$$

将上式代入到式(4.24)，得

$$V_\infty \alpha = \frac{1}{2\pi}\int_0^\pi \frac{\gamma(\theta)\sin\theta\mathrm{d}\theta}{\cos\theta-\cos\theta_0}$$

显然这一结果与式(4.22)完全一致，式(4.23)给出的面涡强度分布是式(4.22)的解。注意到在翼型的后缘点处，$\theta=\pi$，由式(4.23)得

$$\gamma(\pi) = 2\alpha V_\infty \frac{0}{0}$$

上式给出的 $\gamma(\pi)$ 的值为一不确定的形式。但是利用罗必塔法则,式(4.23) 变为

$$\gamma(\theta) = 2\alpha V_\infty \frac{-\sin\pi}{\cos\pi} = 0$$

即式(4.23) 给出的解,同时也满足库塔条件。

在得到了面涡强度分布后,我们就可以计算对称薄翼型的升力系数了。首先,计算出绕翼型的总环量,即

$$\Gamma = \int_0^c \gamma(\xi)\mathrm{d}\xi \tag{4.26}$$

利用式(4.19) 和式(4.21)、式(4.26) 变换为

$$\Gamma = \frac{c}{2}\int_0^\pi \gamma(\theta)\sin\theta\mathrm{d}\theta \tag{4.27}$$

将式(4.23) 代入式(4.27),得

$$\Gamma = \alpha c V_\infty \int_0^\pi (1+\cos\theta)\mathrm{d}\theta = \pi\alpha c V_\infty \tag{4.28}$$

将式(4.28) 给出的绕翼型总环量值代入到库塔-儒可夫斯基定理,便得到了单位展长的升力为

$$L' = \rho_\infty V_\infty \Gamma = \pi\alpha c\rho_\infty V_\infty^2 \tag{4.29}$$

升力系数为

$$c_l = \frac{L'}{q_\infty S} \tag{4.30}$$

这里

$$S = c$$

将式(4.29) 代入式(4.30),得

$$c_l = \frac{\pi\alpha c\rho_\infty V_\infty^2}{\frac{1}{2}\rho_\infty V_\infty^2 c}$$

即

$$c_l = 2\pi\alpha \tag{4.31}$$

且升力线斜率为

$$\frac{\mathrm{d}c_l}{\mathrm{d}\alpha} = 2\pi \tag{4.32}$$

式(4.31) 和式(4.32) 是本节的两个重要结果,它们表明通过薄翼理论得到的升力系数与迎角成线性正比关系,并且与4.3节中讨论的实验结果相吻合。同时表明升力线斜率为 $2\pi/(\mathrm{rad})$。图4.17给出了NACA0012对称翼型的升力系数和距离前缘1/4弦线位置处的力矩系数的实验结果,从图中可以看出,式(4.31) 给出的理论升力系数结果与实验结果,在很大的迎角范围内吻合很好。

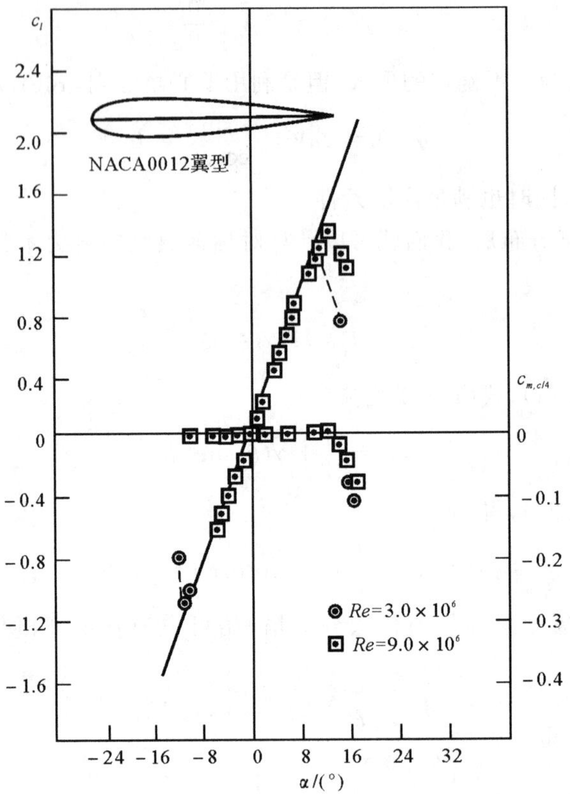

图 4.17　NACA0012 翼型升力系数和力矩系数的理论与实验结果相比较

接下来我们对力矩系数计算公式进行推导。在图 4.15 中，距离前缘为 ξ 的面涡微元的强度为 $\gamma(\xi)\mathrm{d}\xi$，包围这一段面涡微元的环量为 $\mathrm{d}\Gamma = \gamma(\xi)\mathrm{d}\xi$。根据库塔-儒可夫斯基定理，该面涡微元产生的升力贡献为 $\mathrm{d}L' = \rho_\infty V_\infty \mathrm{d}\Gamma$，同时对翼型前缘产生的力矩以抬头为正，$\mathrm{d}M = -\xi(\mathrm{d}L)$。全部面涡对单位展长翼型前缘的力矩为

$$M'_{\mathrm{LE}} = -\int_0^c \xi(\mathrm{d}L) = -\rho_\infty V_\infty \int_0^c \xi\gamma(\xi)\mathrm{d}\xi \tag{4.33}$$

利用式(4.19)和式(4.21)的变换，在式(4.33)的积分后，得

$$M'_{\mathrm{LE}} = -q_\infty c^2 \frac{\pi\alpha}{2} \tag{4.34}$$

力矩系数为

$$c_{m,le} = \frac{M'_{\mathrm{LE}}}{q_\infty Sc}$$

式中，$S = c$，于是有

$$c_{m,le}=\frac{M'_{\mathrm{LE}}}{q_\infty c^2}=-\frac{\pi\alpha}{2} \tag{4.35}$$

然而，由式(4.31)可知

$$\pi\alpha=\frac{c_l}{2} \tag{4.36}$$

将式(4.35)代入式(4.36)，得

$$c_{m,le}=-\frac{c_l}{4} \tag{4.37}$$

在第 1 章中给出了翼型前缘点力矩系数与 1/4 弦线点力矩系数间的关系式，即

$$c_{m,c/4}=c_{m,le}+\frac{c_l}{4} \tag{4.38}$$

由式(4.37)和式(4.38)，可得

$$c_{m,c/4}=0 \tag{4.39}$$

在第1章中介绍过，压力中心点处的力矩为零。显然，式(4.39)给出的理论结果表明，对称翼型的压力中心点位于 1/4 弦线处。

4.3 节中将气动中心定义为：在翼型上，若以某一点为参考点的力矩与迎角无关，则该点为翼型的气动中心(焦点)。而式(4.39)表明以 1/4 弦线点为参考点的力矩与迎角无关。所以，对于对称翼型，理论结果表明 1/4 弦线点同时为翼型的压力中心和气动中心。在图 4.17 中，式(4.39)的理论结果同样得到了印证。

至此，对称薄翼型的升力及力矩特性从理论上得到了完整确定，并给出了简捷的计算公式。我们可将对称翼型的气动特性总结为：

(1) 翼型的升力系数与几何迎角成正比($c_l=2\pi\alpha$)，且几何迎角为零时，升力系数亦为零；

(2) 翼型的升力线斜率为 2π；

(3) 翼型的压力中心和气动中心都在 1/4 弦线处。

4.7　有弯度薄翼绕流气动特性

如果将有弯度翼型气动力分析看做是薄翼理论的一般问题，那么对称翼型的气动力分析则是薄翼理论分析的特例。对有弯度翼型问题的分析需要回到上节讨论的薄翼理论基本式(4.17)，即

$$\frac{1}{2\pi}\int_0^c\frac{\gamma(\xi)\,\mathrm{d}\xi}{x-\xi}=V_\infty\left[\alpha-\frac{\mathrm{d}z}{\mathrm{d}x}\right] \tag{4.17}$$

对于有弯度翼型，中弧线的斜率($\mathrm{d}z/\mathrm{d}x$)为有限大小的值，式(4.17)中的该项不能略去。这样就使得问题变得较对称翼型复杂。在对有弯度翼型的气动力进行分析前，仍然使用式(4.19)到式(4.21)的变换，将式(4.17)变换为

$$\frac{1}{2\pi}\int_0^{\pi}\frac{\gamma(\theta)\sin\theta\mathrm{d}\theta}{\cos\theta-\cos\theta_0}=V_\infty\left(\alpha-\frac{\mathrm{d}z}{\mathrm{d}x}\right)\tag{4.40}$$

式(4.40)符合库塔条件($\gamma(\pi)=0$)的解可以使得翼型中弧线为一条流线。

将满足式(4.40)的面涡强度分布$\gamma(\theta)$看做是两部分三角函数之和。第一部分与翼型的中弧线形状和迎角有关,其形式与对称翼型的面涡强度分布相似,被写为

$$2V_\infty A_0\frac{1+\cos\theta}{\sin\theta}$$

面涡强度分布中的第二部分只取决于翼型的中弧线形状,并且从翼型的前缘到后缘都是解析的。为了方便起见,将这一部分以傅里叶级数(Fourier series)表达为

$$2V_\infty\sum_{n=1}^{\infty}A_n\sin n\theta$$

将两部分相加,得到面涡强度分布为

$$\gamma(\theta)=2V_\infty A_0\frac{1+\cos\theta}{\sin\theta}+2V_\infty\sum_{n=1}^{\infty}A_n\sin n\,\theta\tag{4.41}$$

关于将有弯度翼型中弧线面涡强度分布看做是上述两部分之和的思想,本文仅做简单的说明。在4.6节中采用薄翼理论得到的对称翼型(及平板翼型)面涡强度分布$\gamma(\theta)$,在前缘($\theta=0$)处为无穷大,即对称翼型沿中弧线的面涡强度分布不是处处解析的。对有弯度翼型,可以认为沿面涡强度分布除保留了对称薄翼的涡强度分布形式外,还增加了一个完全由弯度产生的解析增量。对于任何一个解析分布,可以用一个傅里叶级数进行拟合的。但对于对称翼型的面涡强度分布形式,由于其分布不是处处解析的,所以不能用傅里叶级数进行拟合。总而言之,式(4.41)右端的第一部分可以看做是一般翼型面涡强度分布的主干,而第二部分则是完全由弯度产生的对面涡强度分布的调整。值得注意的是,第二部分对于所有系数$A_n(n=1,2,3,\cdots,\infty)$,都自动满足库塔条件。

现在的问题是确定式(4.41)中的系数A_0和A_n,以使式(4.40)得以满足。首先将式(4.41)代入到式(4.40),得

$$\frac{1}{\pi}\int_0^{\pi}\frac{A_0(1+\cos\theta)\mathrm{d}\theta}{\cos\theta-\cos\theta_0}+\frac{1}{\pi}\int_0^{\pi}\sum_{n=1}^{\infty}\frac{A_n\sin n\theta\sin\theta\mathrm{d}\theta}{\cos\theta-\cos\theta_0}=\alpha-\frac{\mathrm{d}z}{\mathrm{d}x}\tag{4.42}$$

式(4.42),等号左边第一项的积分形式在4.6节中遇到过。第二项作和级数的积分也可以通过三角函数变换,$\sin n\,\theta\sin\theta=1/2[\cos(n-1)\theta-\cos(n+1)\theta]$,变化成所熟悉的积分形式。完成以上各积分,并经过整理后,式(4.42)变为

$$\frac{\mathrm{d}z}{\mathrm{d}x}=(\alpha-A_0)+\sum_{n=1}^{\infty}A_n\cos n\,\theta_0\tag{4.43}$$

式(4.43)是由式(4.40)直接推导而来的,而式(4.40)则是薄翼理论基本方程,为式(4.17)经积分函数变换后的形式。式(4.17)是针对沿x方向弦线上的任意给定点x确立的。因此,式(4.43)也是针对沿x方向弦线上的任意给定点x确立的,且$\mathrm{d}z/\mathrm{d}x$和θ_0也都是对应于同一点

x 定义的。根据 x 与 θ_0 的关系，$x = c(1-\cos\theta_0)/2$，表明 $\mathrm{d}z/\mathrm{d}x$ 为 θ_0 的函数。

式(4.43) 中的 $\mathrm{d}z/\mathrm{d}x$ 是以傅里叶余弦级数展开式表达的函数。根据傅里叶余弦级数的特性，即若某一函数 $f(\theta)$ 在 $0 \leqslant \theta \leqslant \pi$ 区间上傅里叶余弦级数的表达形式为

$$f(\theta) = B_0 + \sum_{n=1}^{\infty} B_n \cos n\,\theta \tag{4.44}$$

则系数 B_0 和 B_n 为

$$B_0 = \frac{1}{\pi}\int_0^{\pi} f(\theta)\,\mathrm{d}\theta \tag{4.45}$$

$$B_n = \frac{2}{\pi}\int_0^{\pi} f(\theta)\cos n\,\theta\,\mathrm{d}\theta \tag{4.46}$$

将式(4.43) 中 $\mathrm{d}z/\mathrm{d}x$ 与式(4.44) 中的 $f(\theta)$ 对照，并参照式(4.45) 和式(4.46) 的结果，很容易得到式(4.43) 中的待定系数，即

$$\alpha - A_0 = \frac{1}{\pi}\int_0^{\pi} \frac{\mathrm{d}z}{\mathrm{d}x}\mathrm{d}\theta_0$$

或

$$A_0 = \alpha - \frac{1}{\pi}\int_0^{\pi} \frac{\mathrm{d}z}{\mathrm{d}x}\mathrm{d}\theta_0 \tag{4.47}$$

和

$$A_n = \frac{2}{\pi}\int_0^{\pi} \frac{\mathrm{d}z}{\mathrm{d}x}\cos n\,\theta_0\,\mathrm{d}\theta_0 \tag{4.48}$$

由式(4.47) 可以注意到，A_0 由迎角 α 和中弧线形状($\mathrm{d}z/\mathrm{d}x$) 确定；而由式(4.48) 可看出，A_n 只与中弧线形状有关。

现在，我们可以将有弯度翼型的分析过程做一个简要的总结。对于绕给定中弧线形状、给定迎角的有弯度翼型绕流，为了使翼型中弧线成流动中的一条流线，沿弦线布置的面涡其强度分布必须具有式(4.41) 给出的形式，且系数 A_0 和 A_n 分别由式(4.47) 和式(4.48) 确定。对于任何系数 A_0 和 A_n，式(4.41) 都自动满足库塔条件，即，$\gamma(\pi) = 0$。同时注意到，当 $\mathrm{d}z/\mathrm{d}x = 0$ 时，式(4.41) 变为对称翼型的面涡分布，即式(4.23)。说明对称翼型为有弯度翼型的特例。

有弯度翼型升力和力矩系数可以采用分析对称翼型的方法得到，先通过对面涡强度的积分计算绕翼型的总环量，即

$$\Gamma = \int_0^{c} \gamma(\xi)\,\mathrm{d}\xi = \frac{c}{2}\int_0^{\pi} \gamma(\theta)\sin\theta\,\mathrm{d}\theta \tag{4.49}$$

将式(4.41) 中的 $\gamma(\theta)$ 代入式(4.49)，得

$$\Gamma = cV_{\infty}\left[A_0\int_0^{\pi}(1+\cos\theta)\,\mathrm{d}\theta + \sum_{n=1}^{\infty} A_n\int_0^{\pi}\sin n\theta\sin\theta\,\mathrm{d}\theta\right] \tag{4.50}$$

应用三角函数的标准积分形式

$$\int_0^{\pi}(1+\cos\theta)\,\mathrm{d}\theta = \pi$$

$$\int_0^{\pi}\sin n\,\theta\sin\theta\mathrm{d}\theta=\begin{cases}\pi/2, & n=1\\ 0, & n\neq 1\end{cases}$$

则可得到式(4.50)的积分结果为

$$\Gamma=cV_{\infty}\left(\pi A_0+\frac{\pi}{2}A_1\right)\tag{4.51}$$

由式(4.51)的结果，得到单位展长的升力为

$$L'=\rho_{\infty}V_{\infty}\Gamma=\rho_{\infty}V_{\infty}^2c\left(\pi A_0+\frac{\pi}{2}A_1\right)\tag{4.52}$$

进而得到升力系数为

$$c_l=\frac{L'}{\dfrac{1}{2}\rho_{\infty}V_{\infty}^2c(l)}=\pi(2A_0+A_1)\tag{4.53}$$

将分别由式(4.47)和式(4.48)确定的系数 A_0 和 A_n 代入上式，得

$$c_l=2\pi\left[\alpha+\frac{1}{\pi}\int_0^{\pi}\frac{\mathrm{d}z}{\mathrm{d}x}(\cos\theta_0-1)\mathrm{d}\theta_0\right]\tag{4.54}$$

且升力线斜率为

$$\frac{\mathrm{d}c_l}{\mathrm{d}\alpha}=2\pi\tag{4.55}$$

式(4.54)和式(4.55)的结果表明了有弯度翼型气动力特性的重要特征。注意到与对称翼型一样，有弯度翼型的升力线斜率也是 2π。所以对所有薄翼型，由薄翼型理论得到的翼型升力线斜率都是 $\mathrm{d}c_l/\mathrm{d}\alpha=2\pi$。但是，对称翼型和有弯度翼型的升力系数却是有差别的，其差别就是式(4.54)中的积分项。这个积分项的物理意义可以由图 4.4 所示进行说明。图 4.4 中显示了一个翼型的升力曲线，升力为零的迎角被定义为 $\alpha_{L=0}$，且在升力系数的线性段部分有

$$c_l=\frac{\mathrm{d}c_l}{\mathrm{d}\alpha}(\alpha-\alpha_{L=0})\tag{4.56}$$

将式(4.55)代入到式(4.56)，得

$$c_l=2\pi(\alpha-\alpha_{L=0})\tag{4.57}$$

对照式(4.54)与式(4.57)，可以看出，式(4.54)中的积分项为零升力迎角的负值，即

$$\alpha_{L=0}=-\frac{1}{\pi}\int_0^{\pi}\frac{\mathrm{d}z}{\mathrm{d}x}(\cos\theta_0-1)\mathrm{d}\theta_0\tag{4.58}$$

式(4.58)为通过薄翼理论给出的翼型零升力迎角计算公式。显然，对于对称翼型 $\alpha_{L=0}=0$，这与图 4.17 所示的实验结果相吻合。同时应当注意到，弯度越大的翼型，零升力迎角的绝对值越大。

采用与计算对称翼型力矩系数相同的方法，可得全部面涡对单位展长翼型前缘的力矩为

$$M'_{\mathrm{LE}}=-\int_0^c\xi(\mathrm{d}L)=-\rho_{\infty}V_{\infty}\int_0^c\xi\gamma(\xi)\mathrm{d}\xi$$

采用式(4.19)到式(4.21)式的变换，并将式(4.41)给出的分布 $\gamma(\theta)$ 代入上式，完成积分

得

$$c_{m,le} = -\frac{\pi}{2}\left(A_0 + A_1 - \frac{A_2}{2}\right) \tag{4.59}$$

将式(4.53) 代入式(4.52),经整理后得

$$c_{m,le} = -\left[\frac{c_l}{4} + \frac{\pi}{4}(A_1 - A_2)\right] \tag{4.60}$$

若 $\mathrm{d}z/\mathrm{d}x = 0$,则有 $A_1 = A_2 = 0$,这样式(4.60) 给出的 $c_{m,le}$ 与针对对称翼型的 $c_{m,le}$ 的计算公式完全相同。将式(4.60) 代入式(4.38),可得对 1/4 弦线点处的力矩系数为

$$c_{m,c/4} = \frac{\pi}{4}(A_2 - A_1) \tag{4.61}$$

与对称翼型不同,有弯度翼型的 $c_{m,c/4}$ 为一个有限大的值,所以 1/4 弦线点不是有弯度翼型的压力中心。但是,注意到 A_1 和 A_2 只与翼型的中弧线形状有关,而与迎角无关。于是,由式(4.61) 可知,有弯度翼型的 $c_{m,c/4}$ 与迎角无关。这样,对于有弯度翼型,1/4 弦线点为理论上的气动中心(焦点及升力增量作用点)。

压力中心的位置可由式(1.29) 得到,即

$$x_{\mathrm{cp}} = -\frac{M'_{\mathrm{LE}}}{L'} = -\frac{c_{m,le}c}{c_l} \tag{4.62}$$

将式(4.60) 代入式(4.62),得

$$x_{\mathrm{cp}} = \frac{c}{4}\left[1 + \frac{\pi}{c_l}(A_1 - A_2)\right] \tag{4.63}$$

式(4.63) 表明,有弯度翼型的压力中心位置随升力系数的变化而变化。于是,当迎角变化时,压力中心位置也会有移动。且当升力趋于零时,压力中心会移动到无穷远处,即压力中心会在翼型之外。由于这一原因,通常不将压力中心作为翼型的气动力系统参考点,而是将参考点取在气动中心处,更为方便。

4.8　任意形状翼型绕流的涡面元数值方法

在 4.6 节和 4.7 节介绍了薄翼理论的推导过程中,对翼型的厚度、迎角及弯度做了近似假设,所以该理论只能用于对小迎角下薄翼的气动力特性的计算。采用薄翼理论的优点是可以得到气动力系数的简洁计算公式,且翼型厚度在 12% 左右的情况下,理论结果与实验结果吻合良好。但是,许多低速飞机翼型的厚度都是大于 12% 的,且大、中迎角下的气动力特性也是我们普遍关注的问题,如飞机在起飞、着陆状态的气动力特性。考虑到飞行状态及外形的复杂性,薄翼理论的使用有着较大的局限性。因此,需要建立一个可以针对任意形状、任意厚度及姿态下的气动力特性计算方法。本节将要介绍的这一方法就是涡面元方法,涡面元方法从上个世纪 70 年代起开始成为应用广泛的气动力数值计算方法。因为本章主要是介绍翼型的气动力特

性，这里仅限于可用于对二维物体气动力计算的涡面元方法。

涡面元方法与源面元方法非常相似。但是，由于绕源汇面元的环量为零，所以源面元方法只能用于无升力问题。根据涡强与环量的关系，绕涡面元的环量不为零，因此可以被用来对有升力流动问题进行模拟。

前面介绍过在物体表面分布面涡的流场合成方法，即沿物面分布面涡的强度分布使得物面成为流场中的一条流线，从而得到绕物体的流动解。但在建立薄翼基本理论时，旋涡在被近似地分布的翼型的中弧线上，如图 4.15 所示。这里为了更准确地计算任意厚度物体的不可压无黏绕流，可以回到最初将面涡分布于物体表面的方法，如图 4.10 所示。为了使物面成为一条流线，应该确定适当的面涡强度分布。前面提过，对于这一类问题，很难找到面涡强度分布的解析解。面涡强度分布必须采用数值方法求解，这就是采用涡面元方法的思想。

将沿物面放置的面涡分解成若干个直线涡面元，这一处理方法与在第 3 章中处理源汇面元的方法相同，只是这里面对的是涡面元。设在每一给定面元上的旋涡强度线密度 $\gamma(s)$ 为常数，但不同面元上的旋涡强度线密度是变化的。即对应图 3.24 中的 n 个面元，各面元上的旋涡强度线密度分别为 $\gamma_1,\gamma_2,\cdots,\gamma_j,\cdots,\gamma_n$。这些面元上的旋涡强度线密度为未知量。面元法的主要思想是求解出 $\gamma_j, j=1,2,\cdots,n$，使得翼型表面为流场中的一条流线且满足后缘库塔条件。与第 3 章相同，取每个面元的中点为控制点，并在该点上满足物面边界条件，即在每一控制点处，流动在控制点处的法向速度分量为零。

设点 P 为流场中的任意点(x,y)，r_{pj} 为点 P 到第 j 板块上任意点的距离，如图 3.24 所示。r_{pj} 与 x 轴的夹角为 θ_{pj}。由式(4.3) 可知，第 j 个板块对点 P 产生的速度势为

$$\Delta\phi_j = -\frac{1}{2\pi}\int_j \theta_{pj}\gamma_j \mathrm{d}s_j \tag{4.64}$$

在式(4.64) 中，γ_j 在第 j 个板块上为常数，积分只是在第 j 个板块上。θ_{pj} 可由几何关系给出，即

$$\theta_{pj} = \arctan\frac{y-y_j}{x-x_j} \tag{4.65}$$

所有板块对点 P 诱导的速度可以通过将式(4.64) 用在所有板块上，并求和得到，即

$$\phi(P) = \sum_{j=1}^{n}\phi_j = -\sum_{j=1}^{n}\frac{\gamma_j}{2\pi}\int_j \theta_{pj}\mathrm{d}s_j \tag{4.66}$$

因为点 P 为流场中的任意点，我们可将点 P 放在第 i 个板块的控制点处，如图 3.24 所示。令第 i 个板块的控制点的坐标为(x_i,y_i)，则式(4.65) 和式(4.66) 变为

$$\theta_{ij} = \arctan\frac{y_i-y_j}{x_i-x_j}$$

和

$$\phi(x_i,y_i) = -\sum_{j=1}^{n}\frac{\gamma_j}{2\pi}\int_j \theta_{ij}\mathrm{d}s_j \tag{4.67}$$

式(4.67) 给出了所有板块对第 i 个板块的控制点处诱导的速度势。

在所有的控制点处，流动的法向速度为零；而在控制点处的速度为均匀平直流速度与所有

涡面元对控制点诱导速度的叠加。来流 V_∞ 在第 i 个板块的控制点法向速度分量为

$$V_{\infty,n}=V_\infty\cos\beta_i \tag{4.68}$$

而所有涡面元在控制点(x_i, y_i)处诱导的法向速度为

$$V_n=\frac{\partial}{\partial n_i}[\phi(x_i, y_i)] \tag{4.69}$$

将式(4.67)代入式(4.69)，得

$$V_n=-\sum_{j=1}^{n}\frac{\gamma_j}{2\pi}\int_j\frac{\partial\theta_{ij}}{\partial n_i}\mathrm{d}s_j \tag{4.70}$$

式(4.70)的求和是针对所有涡面元对第 i 个面元的控制点法向速度分量贡献进行的。第 i 个面元控制点处的法向速度分量为由来流式(4.68)和所有涡面元诱导法向速度式(4.70)的叠加。而物面边界条件表明这一叠加值为零，即

$$V_{\infty,n}+V_n=0 \tag{4.71}$$

将式(4.68)和式(4.70)代入式(4.71)，得

$$V_\infty\cos\beta_i-\sum_{j=1}^{n}\frac{\gamma_j}{2\pi}\int_j\frac{\partial\theta_{ij}}{\partial n_i}\mathrm{d}s_j=0 \tag{4.72}$$

式(4.72)是涡面元法的控制式。式(4.72)中的积分只与面元的几何形状有关，与来流状态无关。令 $J_{i,j}$ 是这一积分的值，当控制点取在第 i 个面元上时，式(4.72)可写为

$$V_\infty\cos\beta_i-\sum_{j=1}^{n}\frac{\gamma_j}{2\pi}J_{i,j}=0 \tag{4.73}$$

式(4.73)是一个线性代数方程组，其未知数是 n 个，即 $\gamma_1, \gamma_2, \cdots, \gamma_n$。式(4.73)是在第 i 个涡面元控制点处表达的物面边界条件。如果将式(4.73)用在所有涡面元的控制点上，则可以得到有 n 个未知数的 n 阶线性代数方程组。

到此为止，在介绍涡面元法的过程中都是沿着第 3 章源汇面元法的思路进行的。这里需要说明，涡面元法与源汇面元法之间的不同之处。对于源汇面元方法，具有 n 个未知数的 n 阶线性代数方程组可以采用常规方法求解，得到绕无升力物体的流动。然而，在采用涡面元法求解的有升力问题中，除了要在各涡面元的控制点满足式(4.73)外，后缘库塔条件也必须得到满足。对于在后缘满足库塔条件，首先参照图 4.18 对翼型后缘附近涡面元分布的描述。注意到分布在翼型表面的旋涡板块的长度可以是不同的，旋涡板块长度的分布可以根据不同需要进行选择。通常将上、下表面紧靠后缘的旋涡板块(即图 4.18 中的第 i 和第 $i-1$ 个板块)的长度取得很小。可以通过给定后缘处 γ_{TE} 准确地满足库塔条件。如果第 i 个和第 $i-1$ 个涡板块的控制点足够靠近后缘点，库塔条件可在数值计算中近似地写为

$$\gamma_i=-\gamma_{i-1} \tag{4.74}$$

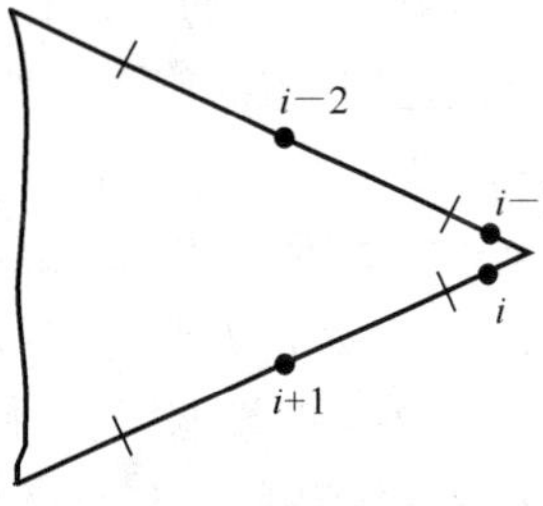

图 4.18　翼型后缘的涡面元布置

这样，在第 i 和第 $i-1$ 个旋涡板块相交的后缘点处，两者的旋涡

强度线密度正好互相抵消为零。于是，为了在流动求解中，加入库塔条件，式(4.74)就必须同时考虑。注意到针对所有旋涡板块强度的式(4.73)和针对后缘库塔条件式(4.74)组成了一个超定方程组系统，即$n+1$个方程中只有n个未知数。为了得到一个适定方程组，式(4.73)中针对某个控制点的方程就要舍去，即式(4.73)只作用在另外的$n-1$个控制点上。这样，与式(4.74)结合，便得到了具有n个未知数的线性方程组，且可以采用标准的方法进行求解。

至此，通过旋涡板块法的概念得到了满足物面为流线、后缘满足库塔条件的旋涡板块强度$\gamma_1,\gamma_2,\cdots,\gamma_n$。同时，可以直接由旋涡板块强度$\gamma$的分布得到物面的切向速度。为了清楚地说明这一点，可以参照图4.19。由于我们只关心翼型的外流以及物面上的流动，所以，将翼型之内所有点的速度设为零，如图4.19所示。翼型内紧靠物面内侧的速度为零，即对应式(4.8)中的$u_2=0$。于是，由式(4.8)可知

$$\gamma=u_1-u_2=u_1$$

式中，u表示与面涡相切的速度。以图4.19为例，物面外侧在点a处的速度为$V_a=\gamma_a$，在点b处的速度为$V_b=\gamma_b$。即物面上各点的速度等于当地的旋涡强度线密度。在得到了物面的速度分布后，便可以由伯努利方程得到物面压力分布。

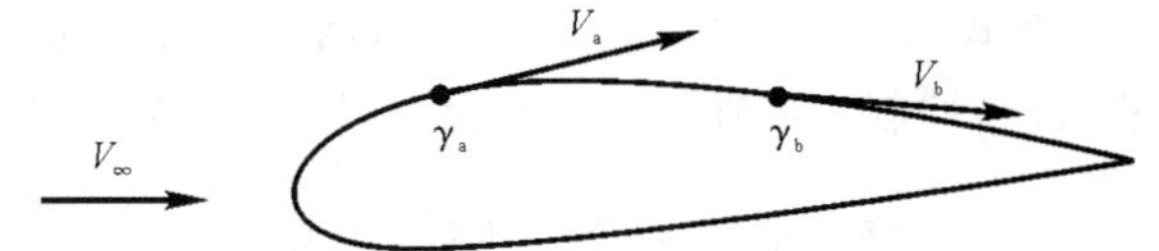

图4.19　翼型设为固壁，其内流动速度为零

下面介绍绕翼型的总环量及翼型的升力计算。设s_j为第j个板块的长度，则$s_j\gamma_j$为第j个板块的旋涡强度，于是绕翼型的总环量为

$$\Gamma=\sum_{j=1}^{n}s_j\gamma_j \tag{4.75}$$

翼型的升力为

$$L'=\rho_\infty V_\infty\sum_{j=1}^{n}s_j\gamma_j \tag{4.76}$$

本节所介绍的只是旋涡板块法应用的一般原理及特点，目前采用的旋涡板块方法有许多种类。这里介绍的旋涡板块方法中，由于各板块上的旋涡强线密度γ是常数，通常将这类旋涡板块方法定义为一阶旋涡板块方法。尽管该方法在概念上很明确，但在实际数值计算应用中还是会有一些困难。例如，给定物体的计算结果会受到使用板块数、物体的形状、板块沿物面的分布的方式(如在翼型的前后缘需要布置较多的小板块，而在翼型的中段布置的板块可以大一些，少一些)的影响。为了使线性方程组为n个方程n个未知数，需要忽略掉对于某一个控制点的方程。去掉哪个控制点便出现了选择的任意性，有时不同的选择会得到不同的物面γ分布。另外，数值计算得到的γ分布也不总是光滑的，其分布会因为数值误差而在相邻板块间出现数

值振荡现象。一些发展成熟的板块法程序采用不同的方法可以解决上面提到的问题。

数值精度带来的问题,促进了高阶板块法的发展。例如,二阶旋涡板块法设定每个板块上的分布为线性的,如图 4.20 所示。γ 的值在板块的边缘与相邻板块在同一边缘处的值是相同的,$\gamma_1,\gamma_2,\cdots,\gamma_n$ 是定义在板块边缘点处需要求解的未知数。流动速度与物面相切的条件仍然是在每个板块的控制点处应满足的条件。图 4.21 给出了采用二阶旋涡板块法的计算结果,即 NACA0012 翼型的迎角为 9° 时,上、下表面的压力系数分布。圆圈和方块给出的是马里兰大学采用二阶旋涡板块法的计算结果,实线为 NACA 采用经典翼型理论得到的结果。从图中可以看出两者的高度一致性。

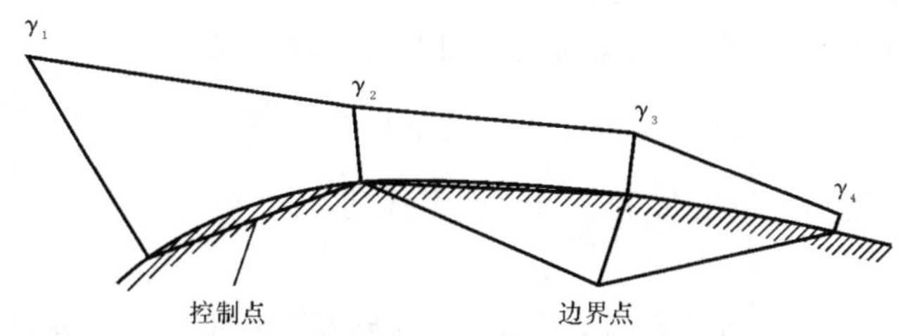

图 4.20　二阶旋涡板块法 —— 旋涡强度线密度为线性分布

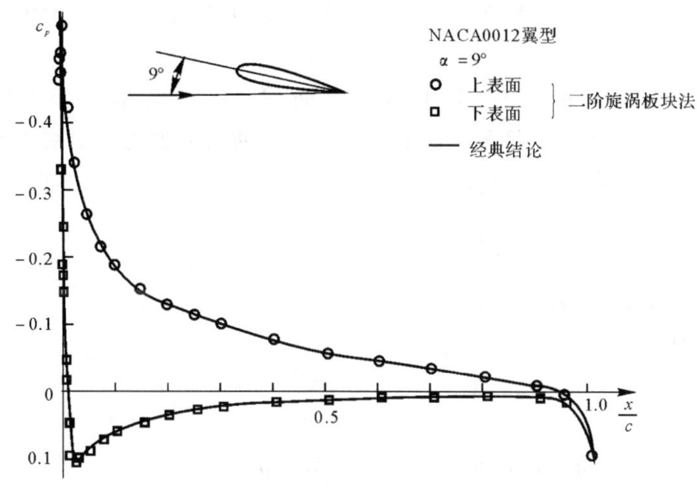

图 4.21　NACA0012 翼型表面压力系数分布

(二阶旋涡板块法计算结果与参考文献[1] 结果的对比)

4.9　小　结

现在,需要在进行下一章的学习前,对本章所涉及的内容,按图 4.2 给出的内容简介进行逐一对照，以便对这些主要内容建立清晰的认识，并在计算翼型气动力的薄翼理论及采用旋涡板块法进行数值计算的思想体系中，对各部分内容所起的作用有一个全面的了解。

面涡诱导速度势：

(1) 面涡与自由来流叠加可以用来合成绕翼型无黏不可压缩流动。面涡诱导的速度势为

$$\phi(x,z)=-\frac{1}{2\pi}\int_a^b\theta\gamma\mathrm{d}s$$

式中 s—— 沿面涡的弧线坐标；

$\gamma(s)$—— 单位长度面涡的旋涡强度；

a,b—— 面涡的起止点弧坐标。

对面涡强度进行积分，可得到包围面涡封闭曲线上的环量值，即

$$\Gamma=\int_a^b\gamma\mathrm{d}s$$

穿过面涡切向速度不连续的值等于当地面涡强度，即

$$\gamma=u_1-u_2$$

(2) 通过实验观察发现，对有升力翼型绕流，绕翼型的环量值应该是使流动光滑地流过翼型后缘点。后缘夹角为有限大小时，后缘点为驻点。后缘夹角为零时，流动从上、下表面流过后缘时的速度为有限大小，且上下表面在后缘点处的速度相等。于是，对上面的两种情况，均有

$$\gamma_{\mathrm{TE}}=0$$

(3) 在对薄翼理论的分析推导过程中，翼型被近似成中弧线，面涡布置在翼型的弦线上，面涡的强度应满足这样的条件：面涡与自由来流的叠加使得翼型的中弧线为流线，同时满足后缘库塔条件。薄翼理论基本方程就是满足翼型中弧线为流线的数学表达，即

$$\frac{1}{2\pi}\int_0^c\frac{\gamma(\xi)\mathrm{d}\xi}{x-\xi}=V_\infty\left[\alpha-\frac{\mathrm{d}z}{\mathrm{d}x}\right]$$

(4) 由薄翼理论得到的翼型气动特性

对称翼型，则有

$$c_l=2\pi\alpha$$

升力线斜率为 $\mathrm{d}c_l/\mathrm{d}\alpha=2\pi$

压力中心和气动中心都在距前缘 1/4 弦长点处，即

$$c_{m,c/4}=c_{m,ac}=0$$

有弯度翼型，则有

$$c_l=2\pi\left[\alpha+\frac{1}{\pi}\int_0^\pi\frac{\mathrm{d}z}{\mathrm{d}x}(\cos\theta_0-1)\mathrm{d}\theta_0\right]$$

升力线斜率为 $\mathrm{d}c_l/\mathrm{d}\alpha=2\pi$

气动中心在距前缘 1/4 弦长点处。压力中心随升力系数的变化而移动。

(5) 对任意形状物体，在任意攻角下，涡面元法是用来计算其无黏不可压缩流动的一种重

要数值计算方法。对于以常值旋涡强度定义的各旋涡面元，其控制方程为

$$V_\infty \cos\beta_i - \sum_{j=1}^{n} \frac{\gamma_j}{2\pi}\int_j \frac{\partial\theta_{ij}}{\partial n_i} ds_j = 0, \quad i = 1,2,\cdots,n$$

且在后缘处有

$$\gamma_i = -\gamma_{i-1}$$

习　题

4.1　考虑图 4.5 中给出的 NACA2412 翼型。该翼型的弦长 0.609 6 m，在标准海平面自由来流速度 1.524 m/s，攻角为 4° 时，计算 1/4 弦长处的升力和力矩，取单位展长。

4.2　证明对称翼型必须以 4.55° 的攻角飞行，才能在横截面上获得 0.5 的升力系数，并找出压力中心点。

4.3　中弧线是圆弧形状（恒定曲率半径）的翼型，中弧线的最大值为 kc，此处 k 是常数，c 为翼型的弦长。自由来流速度为 V_∞，攻角为 α。假定 $k \ll 1$，证明：γ 分布的近似表达式为

$$\gamma = 2V_\infty\left(\alpha\frac{1+\cos\theta}{\sin\theta}\right) + 4k\sin\theta$$

4.4　针对题 4.3 中的翼型，证明：零升攻角为 $2k$ (rad)，气动中心处的力矩系数是 $-k\pi$。

4.5　试由式(4.33) 推导出式(4.34) 的结果。

4.6　试由式(4.33) 和式(4.41) 推导出式(4.60) 的结果。

参考文献

[1]　Abbott I H，Doenhoff A E von. Theory of Wing Sections[M]. New York：McGraw-Hill Book Company，1949；also New York：Dover Publications Inc，1959.

[2]　Milne L M，Thomson C B E. Theoretical Aerodynamics[M]. 4 th ed. New York：Dover Publications Inc，1973.

第 5 章　绕有限翼展机翼不可压缩流动

5.1　引　言

第 4 章讨论分析了翼型的气动特性，而翼型的气动特性与各剖面形状相同的无限展长机翼的气动特性是一样的，即无限展长机翼绕流流场为平行平面场，垂直于翼展方向各剖面的流场完全一样。然而，所有真实飞机的机翼都是有限展长的，由于翼梢的存在，机翼沿展向不同位置处的流动就不可能一样了。本章的目的就是应用已经掌握的翼型气动特性知识分析有限展长机翼的气动特性。

现将按照图 5.1 给出的本章内容简介展开讨论。

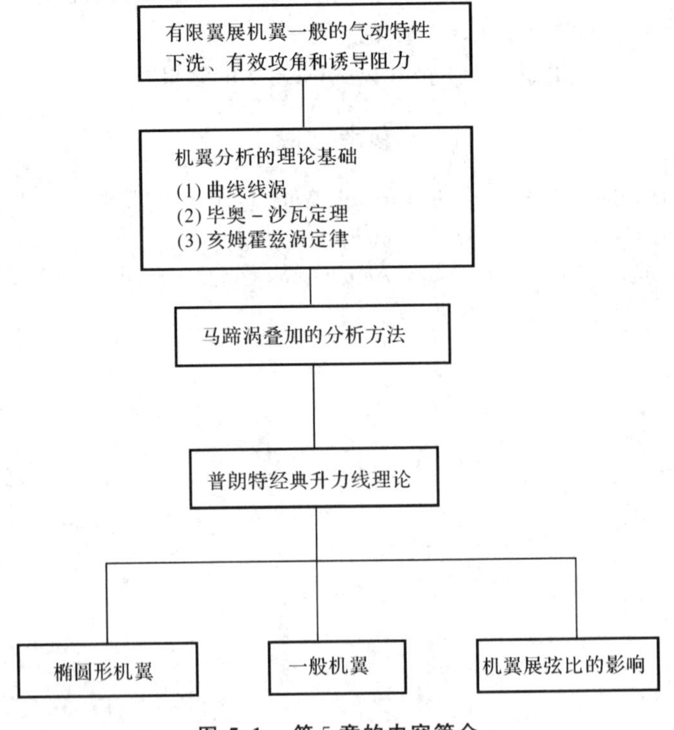

图 5.1　第 5 章的内容简介

在这一章里，要对气动参数的符号进行说明。在前一章分析二维物体时，物体单位展长上

受到的升力、阻力和力矩分别用带有撇号的大写字母注明，即 L'，D' 和 M'；对应的升力系数、阻力系数和力矩系数分别用小写字母表示，即 c_l，c_d 和 c_m。而三维物体（如有限翼）上作用的升力、阻力和力矩分别用不带撇号的大写字母表示，即 L，D 和 M；对应的升力系数、阻力系数和力矩系数分别用大写字母表示，即 C_L，C_D 和 C_M。

要特别注意，实际作用在亚声速机翼上的总阻力是由诱导阻力 D_i、表面摩擦阻力 D_f 及流动分离产生的压差阻力 D_p 构成的。后二者取决于黏性的影响，这将在第 14 ～ 18 章中加以讨论。由黏性引起的阻力又称为型阻，图 4.6 给出的是 NACA2412 翼型型阻系数 c_d。当迎角不大时，对有限翼展机翼及翼型来说，型阻系数基本相同。所以，型阻系数定义为

$$c_d = \frac{D_f + D_p}{q_\infty S} \tag{5.1}$$

诱导阻力系数（见 5.2 节）定义为

$$C_{Di} = \frac{D_i}{q_\infty S} \tag{5.2}$$

有限翼的阻力系数为

$$C_D = c_d + C_{Di} \tag{5.3}$$

在式(5.3) 中，c_d 值一般从翼型数据中得到，如图 4.6 所示。C_{Di} 的值可从本章有限翼理论中得到。需要指出的是，本章的中心目的是得到诱导阻力的表达式并研究它与有限翼相关设计参数之间的关系（见参考文献[2] 中的第 5 章对有限翼特性的讨论）。

5.2　下洗和诱导阻力的概念

仔细观察一下机翼绕流的特点，图 5.2 所示是低速烟风洞中显示的绕机翼流动的流线。在机翼产生升力的情况下，机翼翼尖会拖出两股旋涡，这两股旋涡也可以用图 5.3 的草图形式表达。而产生这两股翼尖旋涡的原因是因为机翼的绕流是三维流动，存在沿机翼展向的流动速度分量，而这在二维翼型绕流中是不存在的。为什么有限翼展机翼的气动特性与翼型的气动特性不同呢?确实，翼型就是机翼的剖面，人们都会以为机翼会表现出与翼型同样的特性。但是，正如在第 4 章中提到的，翼型的绕流是二维的。而有限展长的机翼是三维的物体，其绕流也是三维的，也就是说沿机翼的展向会有流动分量。图 5.2 可以清楚地表明这一点，图 5.4 给出了有限机翼的上视图和前视图。机翼产生升力的原因是高压力作用在下表面，低压力作用在上表面，上、下表面的压力差对机翼产生向上的升力。同时，上、下表面的压力差会使翼梢附近的流体由下向上产生绕过翼梢的卷动，在图 5.4(b) 中，可以看到这一绕过翼梢的流动。这样在机翼上表面通常会出现由翼梢向翼根的展向流动，使流过上翼面的流线向翼根偏斜；同样地，在机翼下表面会出现由翼根向翼梢的展向流动，使流过下翼面的流线向翼梢偏斜。很显然，绕有限展长机翼的流动是三维的，机翼的气动特性与其剖面的气动特性不同也就是可以理解的了。

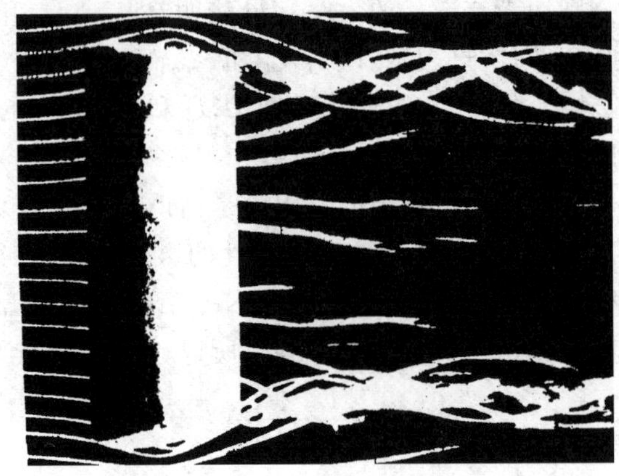

图 5.2　烟风洞中，绕机翼的流线

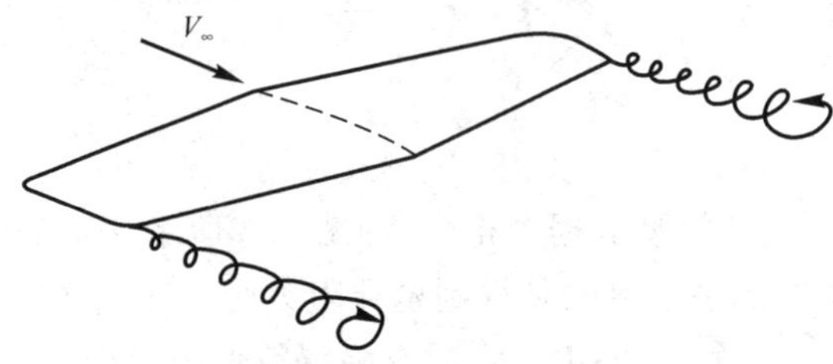

图 5.3　翼尖旋涡示意图

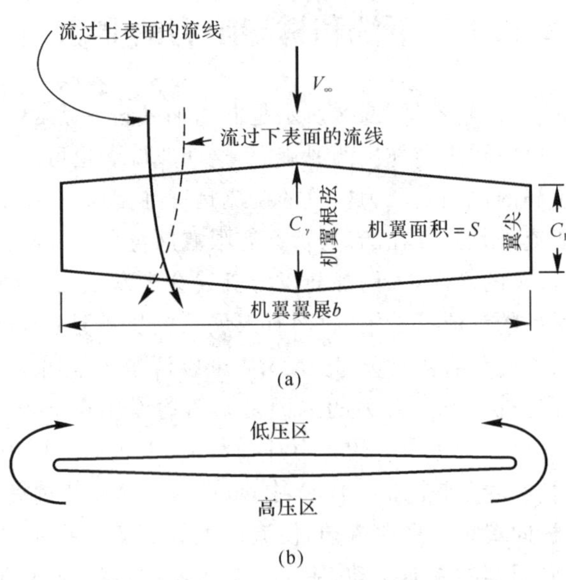

图 5.4　机翼绕流示意图

(a) 上视图；　(b) 前视图

翼梢附近的流体在绕翼梢卷起的同时，还要随着来流向下游运动，形成了像是由翼梢拖出的有旋流动，即在每个翼梢产生一个尾旋涡，如图 5.2、图 5.3 所示。翼梢旋涡通常可看做是由有限翼向下游拖出的旋涡(对于像波音 747 那样的大型飞机，其下游尾涡的强度足以使紧随其后飞行的小飞机失去控制)。机翼的翼梢旋涡会在机翼周围产生一个小的向下的诱导速度。这一由尾旋涡诱导出一个很小的向下的速度分量，我们称之为下洗速度，用 w 表示。下洗速度与来流速度叠加后，在机翼的各剖面附近形成了相对下偏的当地相对速度，如图 5.5 所示。

现在，我们对图 5.5 所示的几何关系做一个细致的分析：定义翼型弦线与来流 V_∞ 的夹角 α 为迎角，也叫几何迎角；当地相对来流的方向定义为来流 V_∞ 下偏一个角度 α_i 后所得的方向，并称 α_i 为下洗角。下洗的存在，以及下洗使得相对来流向下偏转的效应，对当地翼型剖面具有以下两个重要的影响：

(1) 当地翼型剖面真正感受到的迎角是翼型弦线与当地相对来流之间的夹角 α_{eff}，定义 α_{eff} 为有效迎角，如图 5.5 所示。所以，尽管对于机翼来说，几何迎角为 α，但是当地翼型剖面所感受到的是一个较小的迎角 α_{eff}，即有效迎角。由图 5.5 可以得

$$\alpha_{\text{eff}} = \alpha - \alpha_i \tag{5.1}$$

(2) 各翼型剖面的当地升力方向与当地相对来流方向垂直，即升力方向在与来流垂直向上的基础上又向后偏转了一个 α_i 角，如图 5.5 所示。所以，当地升力矢量在来流方向上会产生一个分量 D_i，这个分量就是由于下洗存在而产生的阻力，称为诱导阻力。

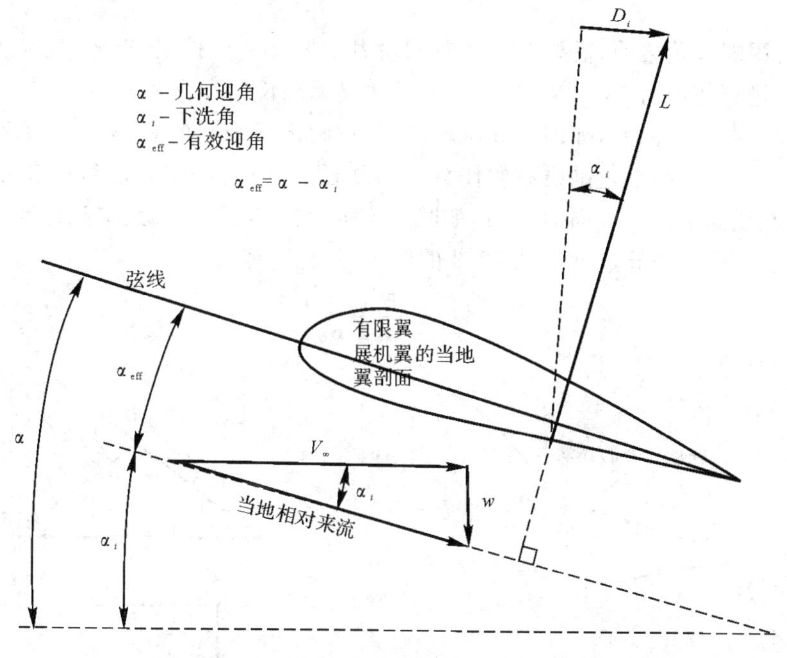

图 5.5　下洗效应对有限翼展机翼当地剖面流动的影响

通过上面的分析，可以发现，作用在有限展长机翼上的下洗减小了机翼每个翼型剖面所感受到的迎角，并且产生了一个阻力分量 —— 诱导阻力 D_i。注意，在这里讨论的仍然是不可压缩无黏流动问题，流动中不存在摩擦阻力或流动分离现象。但对于这样的流动，机翼上也会出现一个有限大的阻力 —— 诱导阻力。

在图 5.5 中，当地升力矢量的后倾可以解释诱导阻力的产生。下面两种说法也可以解释诱导阻力的产生：

(1) 如图 5.2 和图 5.3 所示，翼梢旋涡改变了有限翼展机翼表面的压力分布，使得机翼在来流方向上的压力不能相互抵消或平衡，于是产生了阻力。从这一角度出发，可以将诱导阻力视为“压差阻力”。

(2) 翼梢旋涡具有很大的平动和转动动能。翼梢旋涡不断地向下游运动，其能量也在不断地增加。由于发动机是飞机唯一的动力来源，所以这一能量的补充只能由发动机提供。因为翼梢旋涡的能量没有任何可利用之处，所以由发动机提供的这部分能量只能白白地浪费掉。实际上，这部分由发动机转移到翼梢旋涡上的额外能量，正是发动机提供的克服诱导阻力的动力。

显然，由这一节的讨论可知，具有三维效应的有限展长机翼，其气动特性与其翼剖面的气动特性是不同的。这就需要发展能够分析有限翼展机翼气动特性的理论。

5.3 线涡及其诱导速度

在建立有限翼理论之前，需要对一些空气动力学概念进行扩展。首先，对 4.4 节中介绍的直线涡的概念进行拓展。在 4.4 节中，讨论的是两端无限长的直线涡。

通常线涡是可以弯曲的，如图 5.6 所示。图中只画出了线涡的一部分。线涡会在周围的空间中产生诱导流场。如果沿包围线涡的任意封闭路径计算环量，就会得到一个常值 Γ，定义为线涡的强度。在线涡上取一有向微段 $\mathrm{d}\boldsymbol{l}$，如图 5.6 所示。设从微段 $\mathrm{d}\boldsymbol{l}$ 到空间任意点 P 的矢径为 $\boldsymbol{r}$，则微段 $\mathrm{d}\boldsymbol{l}$ 在点 P 的诱导速度按 2.12 节的毕奥-沙瓦定理为

$$\mathrm{d}\boldsymbol{V} = \frac{\Gamma}{4\pi}\frac{\mathrm{d}\boldsymbol{l}\times\boldsymbol{r}}{|\boldsymbol{r}|^3} \tag{5.5}$$

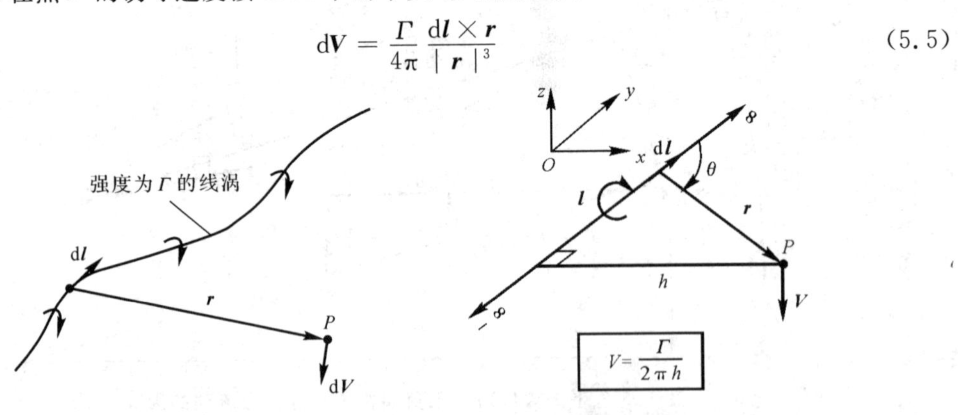

图 5.6 线涡的诱导速度

5.7 无限长直线涡的诱导速度

它是无黏不可压缩流动中最重要的基本关系式之一。

对所有实际应用,线涡及其诱导的流场都只是不可压缩无黏流动的解,即满足拉普拉斯方程,但并不具有实际意义。但是,当把许多线涡与均匀来流叠加在一起时,便可合成出有实际意义的流动,绕有限展长机翼的流动就是线涡与均匀来流叠加的例子。

我们把毕奥-沙瓦定理应用于无限长直线涡。设涡的强度为 Γ,则点 P 处由无限个微段 $\mathrm{d}\boldsymbol{l}$ 引起的诱导速度为

$$V = \int_{-\infty}^{+\infty} \frac{\Gamma}{4\pi} \frac{|\mathrm{d}\boldsymbol{l} \times \boldsymbol{r}|}{\boldsymbol{r}^3} \tag{5.6}$$

根据矢量外积的定义,上式可以进一步写成如下形式:

$$V = \frac{\Gamma}{4\pi}\int_{-\infty}^{+\infty} \frac{\sin\theta}{r^2}\mathrm{d}l \tag{5.7}$$

在图 5.7 中,设 h 为 P 到线涡的距离,由几何关系,得

$$r = \frac{h}{\sin\theta} \tag{5.8a}$$

$$l = \frac{h}{\tan\theta} \tag{5.8b}$$

$$\mathrm{d}l = -\frac{h}{\sin^2\theta}\mathrm{d}\theta \tag{5.8c}$$

把式(5.8) 代入式(5.7) 中,可得

$$V = \frac{\Gamma}{4\pi}\int_{-\infty}^{+\infty} \frac{\sin\theta}{r^2}\mathrm{d}l = -\frac{\Gamma}{4\pi h}\int_{\pi}^{0} \sin\theta\mathrm{d}\theta$$

即

$$V = \frac{\Gamma}{2\pi h} \tag{5.9}$$

于是,无限长直线涡在距离 h 远处诱导出的速度为 $\Gamma/2\pi h$,这和式(3.98) 通过二维流场中点涡理论得到的结果完全相同(注意式(3.98) 中的负号在式(5.9) 中没有出现,因为式(5.9) 中的 V 是速度的范数,所以按定义这里的 V 取正号)。

观察图 5.8 中从点 A 延长到无限远处的线涡。点 A 可以视为流场的边界,设空间一点 P 与点 A 的连线与线涡正交。采用类似的步骤,我们不难得到下一节即将用到的半无限长线涡诱导速度公式

$$V = \frac{\Gamma}{4\pi h} \tag{5.10}$$

回顾亥姆霍兹定理:

(1) 沿着线涡方向,旋涡强度不变。

(2) 线涡在流场中不能中断;线涡或者延长到流场的边界(可认为是无穷远处) 或者形成闭合回路。

现在介绍一下有限翼的翼载分布的概念。设展向一点处,坐标为 y_1,弦长为 c,对应的几何

迎角为 α,且翼型型号给定,单位展长上的升力为 $L'(y_1)$。下面考虑展向另一点处,设坐标为 y_2,弦长和迎角可能变化(大多数机翼是变弦长的,简单直机翼例外。而且,许多机翼是有扭转的,所以不同位置处有不同的迎角 —— 这种情况叫几何扭转。如果翼尖迎角小于翼根迎角,就称机翼外洗;反之称为内洗。许多现代飞机机翼展向有不同的翼型、不同的零升迎角 —— 这种情况叫做气动扭转)。所以,机翼不同截面上的升力一般是不同的,而是截面坐标的函数,即 $L' = L'(y)$;相应的环量可以写成 $\Gamma(y) = L'(y)/(\rho_\infty V_\infty)$。注意图 5.9 中的载荷分布,在翼尖处为 0。这是因为在两个翼尖处上、下表面压力差为零,在翼尖处没有提供任何升力。载荷分布 $L'(y)$(或环量分布 $\Gamma(y)$) 的计算是有限翼展机翼理论的核心问题,将在下一节中论述。

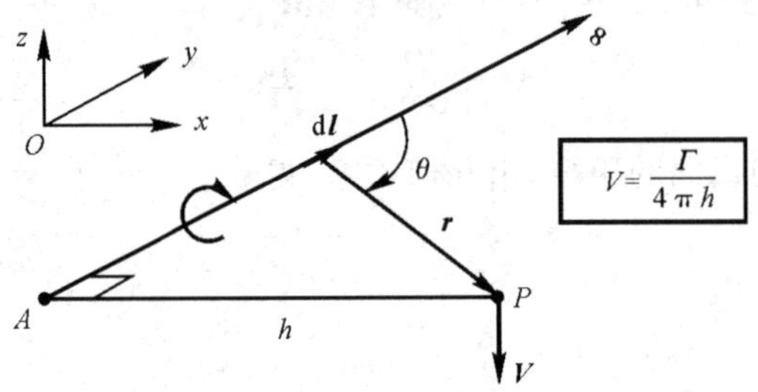

图 5.8　半无限长线涡的诱导速度

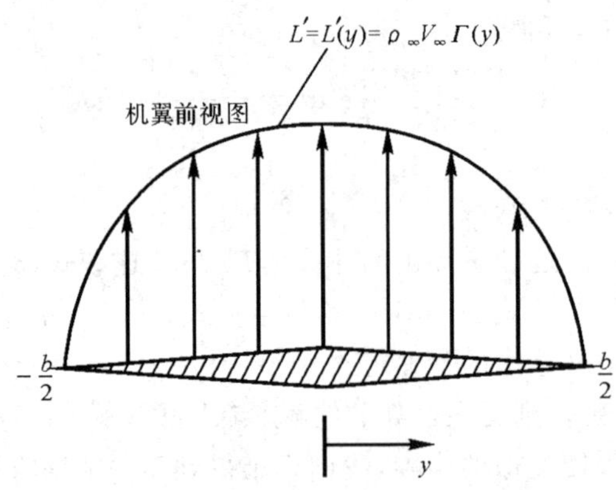

图 5.9　机翼展向载荷分布示意图

5.4　经典升力线理论

20 世纪初,德国空气动力学家普朗特及其哥廷根大学的同事第一次提出了能预测有限翼展机翼空气动力特性的理论。这一理论奠定了现代机翼理论的基础。

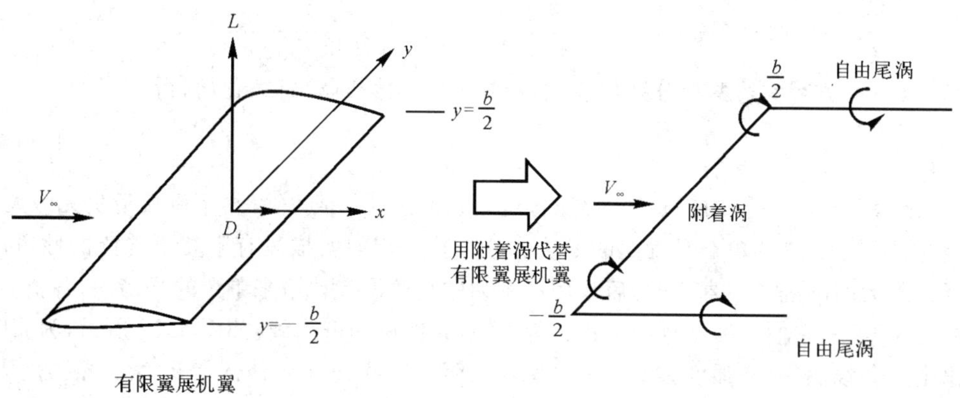

图 5.10　马蹄涡

设流场中有一个强度为Γ的马蹄形状的线涡，根据库塔-儒可夫斯基的定理，$L=\rho_\infty V_\infty \Gamma$，它将产生升力。类比随流体微团一起在流场中运动的自由涡，我们用线涡来代替展长为 b 的有限翼展机翼。但是，根据亥姆霍兹理论，线涡不能在流场中消失，所以假定线涡在翼尖处延伸到无穷远处，如图 5.10 所示。这种形状的线涡称为马蹄涡。

图 5.11 展示了一个单独的马蹄涡。附着涡（与 y 轴重合）沿其本身没有诱导速度；但是两个尾涡沿附着涡方向都诱导出了速度，而且方向都是沿着下洗方向。根据图示坐标系，下洗速度应该为负值，如果与 z 轴正向相同，则 w 符号为正，否则为负。

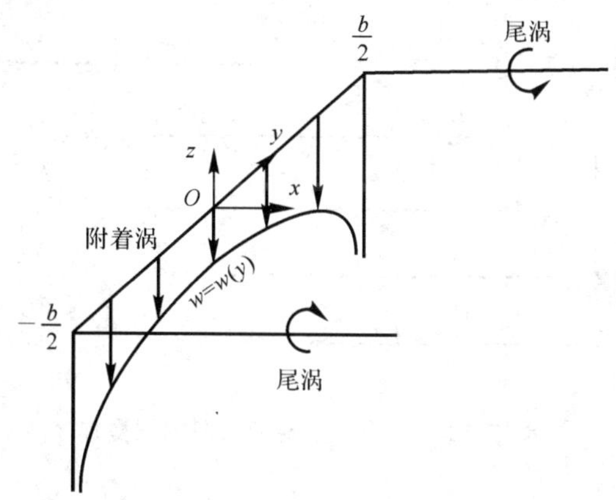

图 5.11　单个马蹄涡沿 y 轴引起的下洗分布

根据式(5.10)，如果原点在附着涡中点处，那么附着涡上坐标为 y 点处由尾涡引发的下洗速度为

$$w(y) = -\frac{\Gamma}{4\pi(b/2+y)} - \frac{\Gamma}{4\pi(b/2-y)} \tag{5.11}$$

在式(5.11)中,方程右边两项分别代表左、右两个尾涡的贡献。继续化简,得

$$w(y) = -\frac{\Gamma}{4\pi}\frac{b}{(b/2)^2-y^2} \tag{5.12}$$

图 5.11 显示了 $w(y)$ 的分布。我们注意到,当 y 趋近 $-b/2$ 或 $b/2$ 时,下洗接近负无穷大。

因此,图 5.11 中的单个马蹄涡的下洗流分布并不能如实描述有限翼下洗流的性质;翼尖处接近无限大的下洗是不真实的。后来用一系列的马蹄涡代替原来单个的马蹄涡,各个涡的附着线涡长短不一,它们在一条直线上进行叠加,这条线称为升力线。如图 5.12 所示,为简明计,只列出了三条线涡。一条强度为 $d\Gamma_1$ 的马蹄涡的附着涡从点 A 延伸到点 F,第二条强度为 $d\Gamma_2$ 的马蹄涡的附着涡从点 B 延伸到点 E,最后一条马蹄涡的附着涡从点 C 延伸到点 F。结果,沿升力线方向环量是变化的。沿 AB 和 EF 只有一条涡,环量为 $d\Gamma_1$;但是沿 BC 和 DE 是两条线涡的叠加,环量为 $d\Gamma_1+d\Gamma_2$;沿 CD 段三条涡叠加在一起,环量为 $d\Gamma_1+d\Gamma_2+d\Gamma_3$。在图 5.12 中,环量变化是以直方图形式加以描述的;同时,xOy 平面内出现了多条尾涡,而不是图 5.11 中仅有的两条。图 5.12 中的尾涡是成对出现的,每一对对应一条马蹄涡。我们发现,沿着升力线的方向每一个尾涡的强度等于该点处环量的变化量。

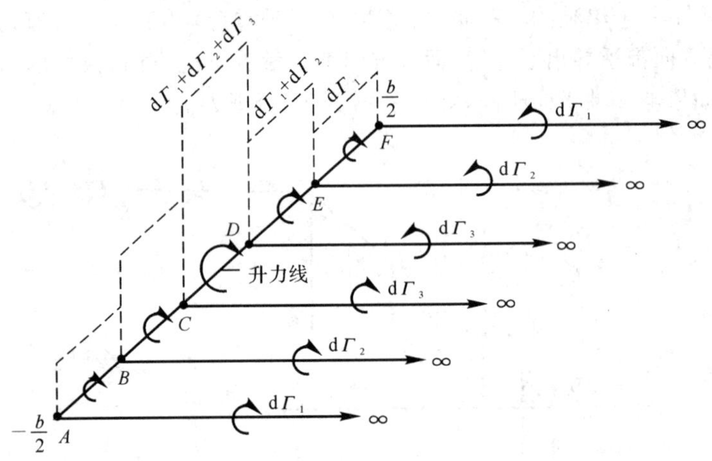

图 5.12　沿升力线有限个马蹄涡叠加

把图 5.12 拓展一下,用无限个马蹄涡来合成升力线,每一条的强度视为一个强度微元 $d\Gamma$,如图 5.13 所示。原点处的环量记为 Γ_0。在图中我们发现,沿升力线方向,环量成为连续变化的了。这样图 5.12 就变为如图 5.13 所示的连续区域了。假设这个尾涡面与来流方向平行,它们在翼展内的强度总和为 0,因为尾涡成对出现,且方向相反。

在升力线上取一段微元 dy,设坐标为 y,如图 5.13 所示,该点环量为 $\Gamma(y)$,环量变化为 $d\Gamma$

$=(\mathrm{d}\Gamma/\mathrm{d}y)\mathrm{d}y$。该点拖出的尾涡强度必须等于该点环量变化量 $\mathrm{d}\Gamma$，这可以由图 5.12 进行简单的推断得到。应用式(5.10)，我们得到图 5.13 中升力线上点 y 处拖出的强度为 $\mathrm{d}\Gamma$ 的半无限长尾涡，对任意一点 y_0 的诱导速度贡献为

$$\mathrm{d}w=-\frac{(\mathrm{d}\Gamma/\mathrm{d}y)\mathrm{d}y}{4\pi(y_0-y)} \tag{5.13}$$

按图 5.13 所示尾涡，y_0 处 $\mathrm{d}w$ 的方向向上，所以为正值；然而，沿 y 轴 Γ 是递减的，使得 $\mathrm{d}\Gamma/\mathrm{d}y$ 的符号为负。为了使式(5.13)左右的正负一致必须在公式右边加负号。

对式(5.13)，从 $-b/2$ 到 $b/2$ 进行积分，得

$$w(y_0)=-\frac{1}{4\pi}\int_{-b/2}^{b/2}\frac{(\mathrm{d}\Gamma/\mathrm{d}y)\mathrm{d}y}{y_0-y} \tag{5.14}$$

式(5.14)的意义在于，它给出了所有尾涡在任意一点处引起的下洗速度的值(注意：虽然规定下洗流指向下，但是其正负依然是由坐标轴的方向来决定)。

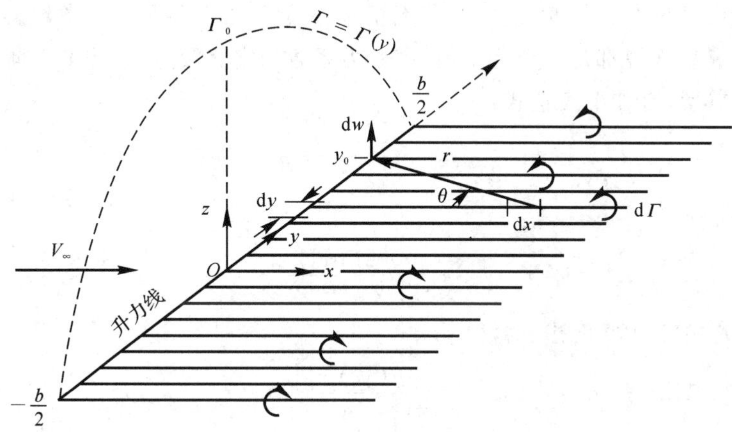

图 5.13　沿升力线无穷多马蹄涡的叠加

回顾一下讨论的内容。已经用环量连续变化的升力线来代替有限翼展机翼，并且给出了沿着升力线方向下洗速度的表达式。但是，核心问题依然没有解决，那就是求出给定机翼上环量的分布，以及相关的总升力及诱导阻力。

图 5.5 所示的是有限翼的当地翼型，假定它处于任意坐标 y_0 处，从图中得到诱导迎角的表达式如下：

$$\alpha_i(y_0)=\arctan\left(\frac{-w(y_0)}{V_\infty}\right) \tag{5.15}$$

注意：在图 5.5 中 w 是向下的，因此数值为负值。α_i 在图 5.5 中为正，式(5.15)中的负号是为了满足一致性。

一般情况下，w 远小于 V_∞，故 α_i 是一个很小的角度，至多达到几度。对于小角度而言，式

(5.15) 可简化为

$$\alpha_i(y_0) = -\frac{w(y_0)}{V_\infty} \tag{5.16}$$

把式(5.14) 代入式(5.16),得

$$\alpha_i(y_0) = \frac{1}{4\pi V_\infty}\int_{-b/2}^{b/2}\frac{(\mathrm{d}\Gamma/\mathrm{d}y)\mathrm{d}y}{y_0 - y} \tag{5.17}$$

这就是在给定机翼环量分布的条件下,求诱导迎角的表达式。

再考虑一下有效迎角 e_{eff},如图 5.5 所示。根据 5.1 节所述,α_{eff} 是当地翼型感受到的实际迎角。因为沿展向下洗速度是变化的,所以 α_{eff} 也是变化的;在 y_0 点,$\alpha_{\text{eff}} = \alpha_{\text{eff}}(y_0)$,当地翼型的升力系数表达式为

$$c_l = a_0[\alpha_{\text{eff}}(y_0) - \alpha_{L=0}] = 2\pi[\alpha_{\text{eff}}(y_0) - \alpha_{L=0}] \tag{5.18}$$

在式(5.19) 中,当地升力线斜率 a_0 已被薄翼型的理论值 2π 代替。而且,对于有扭转的翼型,零升力迎角 $\alpha_{L=0}$ 在式(5.19) 中随 y_0 变化;若无扭转,$\alpha_{L=0}$ 沿展向将是一个常数。在任意一种情况下,$\alpha_{L=0}$ 对当地翼型来说都是一个已知值。由升力系数的定义及库塔-儒可夫斯基定律,针对坐标为 y_0 的当地翼型,有如下表达式:

$$L' = \frac{1}{2}\rho_\infty V_\infty^2 c(y_0)c_l = \rho_\infty V_\infty \Gamma(y_0) \tag{5.19}$$

从式(5.19) 可得到

$$c_l = \frac{2\Gamma(y_0)}{V_\infty c(y_0)} \tag{5.20}$$

把式(5.20) 代入式(5.18) 解出 α_{eff},得

$$\alpha_{\text{eff}} = \frac{\Gamma(y_0)}{\pi V_\infty c(y_0)} + \alpha_{L=0} \tag{5.21}$$

结合式(5.1),则有

$$\alpha_{\text{eff}} = \alpha - \alpha_i \tag{5.1}$$

把式(5.17)、式(5.21) 代入式(5.1),我们得到

$$\alpha(y_0) = \frac{\Gamma(y_0)}{\pi V_\infty c(y_0)} + \alpha_{L=0}(y_0) + \frac{1}{4\pi V_\infty}\int_{-b/2}^{b/2}\frac{(\mathrm{d}\Gamma/\mathrm{d}y)\mathrm{d}y}{y_0 - y} \tag{5.22}$$

这就是普朗特升力线理论基本方程,它表示:几何迎角等于有效迎角加上诱导迎角。在式(5.22) 中,α_{eff} 以 Γ 的形式来表述,α_i 以 $\mathrm{d}\Gamma/\mathrm{d}y$ 的形式来表述。故式(5.22) 是一个积分微分混合方程,唯一未定的参数是 Γ,而其余参数 α, c, V_∞ 和 $\alpha_{L=0}$ 对于给定有限翼、给定几何迎角、给定来流速度来说是已知的。所以,解方程,即得 $\Gamma = \Gamma(y_0)$,$-b/2 < y_0 < b/2$。

由式(5.22) 解出 $\Gamma = \Gamma(y_0)$ 后,得到有限翼的三种主要的空气动力特性,表述如下:

(1) 根据库塔-儒可夫斯基定律,升力分布为

$$L' = \rho_\infty V_\infty \Gamma(y_0) \tag{5.23}$$

(2) 沿展向对式(5.23)积分,得

$$L=\int_{-b/2}^{b/2}L'(y)\mathrm{d}y$$

或

$$L=\rho_{\infty}V_{\infty}\int_{-b/2}^{b/2}\Gamma(y)\mathrm{d}y \tag{5.24}$$

由式(5.24)升力系数立即可以得

$$C_L=\frac{L}{q_{\infty}S}=\frac{2}{V_{\infty}S}\int_{-b/2}^{b/2}\Gamma(y)\mathrm{d}y \tag{5.25}$$

(3) 图 5.4 中,单位翼展上的诱导阻力为

$$D'_i=L'_i\sin\alpha_i$$

因为 α_i 很小,所以上式变为

$$D'_i=L'_i\alpha_i \tag{5.26}$$

沿翼展对式(5.27)积分,得到机翼上总的诱导阻力为

$$D_i=\int_{-b/2}^{b/2}L'(y)\alpha_i(y)\mathrm{d}y \tag{5.27}$$

或

$$D_i=\rho_{\infty}V_{\infty}\int_{-b/2}^{b/2}\Gamma(y)\alpha_i(y)\mathrm{d}y \tag{5.28}$$

总的诱导阻力系数为

$$C_{D,i}=\frac{D_i}{q_{\infty}S}=\frac{2}{V_{\infty}S}\int_{-b/2}^{b/2}\Gamma(y)\alpha_i(y)\mathrm{d}y \tag{5.29}$$

式(5.26)到式(5.29),$\alpha_i(y)$ 可由式(5.17)得到。

因此,在普朗特升力线理论中,求式(5.22)的解是得到有限翼展机翼气动特性的关键。在讨论方程的一般解之前,先讨论一种下一节所述的特殊情况。

1. 椭圆形机翼载荷分布

考虑如下形式的环量分布,即

$$\Gamma(y)=\Gamma_0\sqrt{1-\left(\frac{2y}{b}\right)^2} \tag{5.30}$$

式(5.30)有如下特征:

(1) Γ_0 是原点处的环量,如图 5.13 所示。

(2) 沿展向环量按椭圆规律分布;由于 $L'=\rho_{\infty}V_{\infty}\Gamma(y)$,得

$$L'(y)=\rho_{\infty}V_{\infty}\Gamma_0\sqrt{1-\left(\frac{2y}{b}\right)^2}$$

或

$$\left(\frac{L'(y)}{\rho_{\infty}V_{\infty}\Gamma_0}\right)^2+\left(\frac{y}{b/2}\right)^2=1$$

显然,以 y 作横坐标轴,则 $L'(y)$ 的值为对应的椭圆分布。所以,处理的是椭圆形机翼载荷

分布。

(3) 因为 $\Gamma(b/2)=\Gamma(-b/2)=0$，所以翼尖处的升力及环量是零，如图 5.13 所示。这并不是从式(5.22) 中直接得到式(5.30)，而是规定一种按椭圆规律分布的载荷。我们要问，这种机翼载荷对应何种有限翼展机翼？

首先，计算一下下洗速度。对式(5.30) 进行微分，得

$$\frac{\mathrm{d}\Gamma}{\mathrm{d}y}=-\frac{4\Gamma_0}{b^2}\frac{y}{(1-4y^2/b^2)^{1/2}}\tag{5.31}$$

将式(5.31) 代入式(5.14)，得

$$w(y_0)=\frac{\Gamma_0}{\pi b^2}\int_{-b/2}^{b/2}\frac{y}{(1-4y^2/b^2)^{1/2}(y_0-y)}\mathrm{d}y\tag{5.32}$$

作如下变量置换，得

$$y=\frac{b}{2}\cos\theta,\quad \mathrm{d}y=-\frac{b}{2}\sin\theta\mathrm{d}\theta$$

所以，式(5.32) 变为

$$w(\theta_0)=-\frac{\Gamma_0}{2\pi b}\int_{\pi}^{0}\frac{\cos\theta}{\cos\theta_0-\cos\theta}\mathrm{d}\theta$$

或

$$w(\theta_0)=-\frac{\Gamma_0}{2\pi b}\int_{0}^{\pi}\frac{\cos\theta}{\cos\theta-\cos\theta_0}\mathrm{d}\theta\tag{5.33}$$

式(5.33) 是式(4.26) 对于 $n=1$ 的特殊情况，所以式(5.33) 变形为

$$w(\theta_0)=-\frac{\Gamma_0}{2b}\tag{5.34}$$

这说明了一个十分重要的事实 —— 对椭圆形翼载荷分布的机翼，下洗速度沿展向始终是一个常数。根据式(5.16)，得到诱导迎角为

$$\alpha_i=-\frac{w}{V_\infty}=\frac{\Gamma_0}{2bV_\infty}\tag{5.35}$$

对于椭圆形翼载荷分布，诱导迎角沿展向也是常数。注意式(5.34) 和式(5.35)，当翼展趋近于无限大时，下洗速度和诱导迎角都将趋近于零。这和先前讨论的翼型理论一致。把式(5.30) 代入式(5.24)，就得到应用更广的表达式，即

$$L=\rho_\infty V_\infty\Gamma_0\int_{-b/2}^{b/2}\left(1-\frac{4y^2}{b^2}\right)^{1/2}\mathrm{d}y\tag{5.36}$$

再一次应用坐标变换 $y=(b/2)\cos\theta$，式(5.36) 变为

$$L=\rho_\infty V_\infty\Gamma_0\frac{b}{2}\int_0^{\pi}\sin^2\theta\mathrm{d}\theta=\rho_\infty V_\infty\Gamma_0\frac{b}{4}\pi\tag{5.37}$$

解式(5.37)，得

$$\Gamma_0=\frac{4L}{\rho_\infty V_\infty b\pi}\tag{5.38}$$

因为 $L=\frac{1}{2}\rho_\infty V_\infty^2 SC_L$，所以式(5.38) 变为

$$\Gamma_0=\frac{2V_\infty SC_L}{b\pi}\tag{5.39}$$

把式(5.39) 代入式(5.35)，得

$$\alpha_i=\frac{2V_\infty SC_L}{b\pi}\frac{1}{2bV_\infty}\quad 或 \quad \alpha_i=\frac{SC_L}{\pi b^2}\tag{5.40}$$

另一个重要的几何参数是展弦比，用 AR(aspect ratio) 表示，即

$$\mathrm{AR}\overset{\mathrm{def}}{=\!=\!=}\frac{b^2}{S}$$

于是，式(5.40) 变为

$$\alpha_i=\frac{C_L}{\pi \mathrm{AR}}\tag{5.41}$$

式(5.35) 说明诱导迎角是与机翼对称面处环量 Γ_0 相关的常数，而式(5.41) 则给出了诱导迎角与机翼升力系数间的关系，这是一个非常有用的表达式。

注意到 α_i 是一个常数，则诱导阻力系数可以从式(5.29) 得

$$C_{Di}=\frac{2\alpha_i}{V_\infty S}\int_{-b/2}^{b/2}\Gamma(y)\mathrm{d}y=\frac{2\alpha_i\Gamma_0}{V_\infty S}\frac{b}{2}\int_0^\pi \sin^2\theta\mathrm{d}\theta=\frac{\pi\alpha_i\Gamma_0 b}{2V_\infty S}\tag{5.42}$$

把式(5.39) 和式(5.41) 是代入式(5.42) 中，可得

$$C_{Di}=\frac{\pi b}{2V_\infty S}\left(\frac{C_L}{\pi \mathrm{AR}}\right)\frac{2V_\infty SC_L}{b\pi}\quad 或 \quad C_{Di}=\frac{C_L^2}{\pi \mathrm{AR}}\tag{5.43}$$

式(5.43) 是一个重要的结论。它表明诱导阻力系数与升力系数的平方成正比。在 5.2 节中，我们看到，由于翼面上、下表面压力差的存在，在翼尖处产生了尾涡，诱导阻力是在这种条件下产生的。升力也是由这种压力差产生的。所以诱导阻力与有限翼的升力的产生有关。因此，诱导阻力常被称为升致阻力。式(5.43) 形象地说明了这一点。显然，一架飞机不可能毫无代价地产生升力，而诱导阻力就是产生升力的代价。飞机发动机用来克服诱导阻力的能量也就是用来产生升力的能量。由于 $C_{Di}\propto C_L^2$，所以当 C_L 增大时，C_{Di} 急剧增大。尤其是当 C_L 较高时，比如飞机以低速起飞或着陆时，诱导阻力就占了总阻力的大部分。即便是在高速巡航阶段，诱导阻力依然占据全部阻力的 25% 左右。

诱导阻力系数的另一个显著特征是与展弦比成反比，如式(5.43) 所示。所以，为降低诱导阻力，应尽量增大机翼的展弦比。图 5.14 表示了大展弦比和小展弦比的机翼。遗憾的是，大展弦比机翼对结构强度提出了更为苛刻的要求。所以一架飞机机翼展弦比的确定应综合考虑空气动力学和结构力学的要求。有趣的是 1903 年莱特兄弟的飞机机翼展弦比是 6，而今天常规亚声速飞机的机翼展弦比是 6 ～ 8(洛克西德公司展弦比 AR = 14.3 的 U—2 高空侦察机及展弦比在 10 ～ 22 之间的滑翔机例外)。

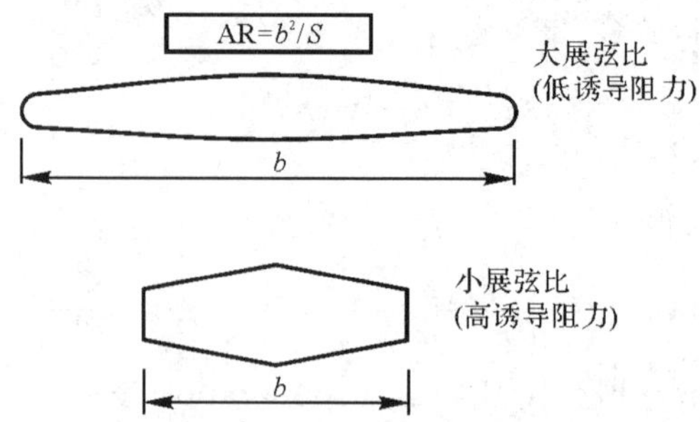

图 5.14　大展弦比与小展弦比机翼示意图

椭圆形翼载荷还有另外一个特性。假设机翼无几何扭转(即迎角沿展向是一个常数)且无气动扭转(即零升迎角沿展向是一个常数)。从式(5.41)中看到，α_i 沿展向是一个常数，所以沿展向有效迎角 $\alpha_{\text{eff}} = \alpha - \alpha_i$ 也是一个常数。因为当地升力系数由下式给出：

$$c_l = a_0(\alpha_{\text{eff}} - \alpha_{L=0})$$

假设 a_0 对任意截面是一个常数(对于薄翼型，有 $a_0 = 2\pi$)，那么 c_l 沿展向也必然是一个常数。单位展长上产生的升力为

$$L' = q_\infty c c_l \tag{5.44}$$

从式(5.44)中解出弦长，得

$$c(y) = \frac{L'(y)}{q_\infty c_l} \tag{5.45}$$

在式(5.45)中，沿展向，q_∞ 和 c_l 皆为常数，但 $L'(y)$ 沿展向按椭圆规律分布，所以式(5.45)表明弦长沿展向必然以椭圆规律分布。

图 5.15 描述了椭圆形翼载荷分布和椭圆翼面，以及为常值的下洗速度。虽然椭圆形翼载荷分布是个特殊情况，但实际上它能近似模拟任意有限翼展机翼诱导阻力系数的分布，只要对式(5.43)C_{Di} 的表达形式作简单的修正就可以了。下面将讨论机翼一般载荷分布的情形。

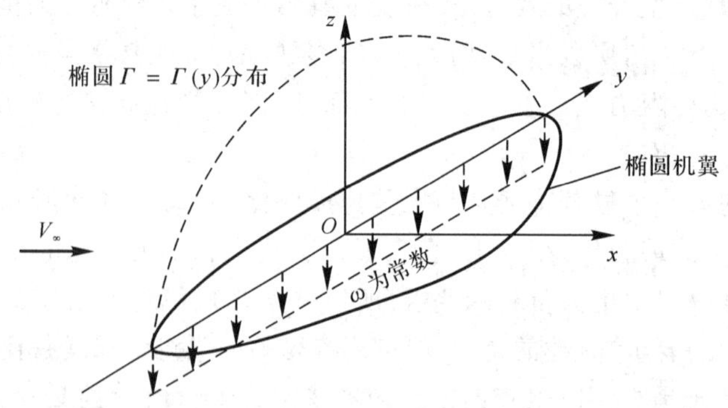

图 5.15　椭圆机翼、椭圆载荷分布及常值下洗的示意图

2. 一般机翼的载荷分布

考虑变量置换，即

$$y = -\frac{b}{2}\cos\theta \tag{5.46}$$

展向坐标用 θ 描述，且 $0 \leqslant \theta \leqslant \pi$。于是式(5.30) 可以写为

$$\Gamma(\theta) = \Gamma_0 \sin\theta \tag{5.47}$$

式(5.47) 表示一个傅里叶正弦级数，可以用来描述任意有限翼展机翼沿展向的环量分布，假设一般形式的环量分布为如下形式，即

$$\Gamma(\theta) = 2bV_\infty \sum_{n=1}^{N} A_n \sin n\theta \tag{5.48}$$

项数越多，描述就越精确。式(5.48) 中的傅里叶系数是未知的，但是它们必须满足普朗特升力线理论的基本方程，即 A_n 必须满足式(5.22)。对式(5.48) 进行微分，得

$$\frac{\mathrm{d}\Gamma}{\mathrm{d}y} = \frac{\mathrm{d}\Gamma}{\mathrm{d}\theta}\frac{\mathrm{d}\theta}{\mathrm{d}y} = 2bV_\infty \sum_{n=1}^{N} nA_n \cos n\theta \frac{\mathrm{d}\theta}{\mathrm{d}y} \tag{5.49}$$

将式(5.48) 和式(5.49) 代入式(5.22)，得

$$\alpha(\theta_0) = \frac{2b}{\pi c(\theta_0)} \sum_{n=1}^{N} A_n \sin n\theta_0 + \alpha_{L=0}(\theta_0) + \frac{1}{\pi}\int_0^{\pi} \frac{\sum_{n=1}^{N} nA_n \cos n\theta}{\cos\theta - \cos\theta_0}\mathrm{d}\theta \tag{5.50}$$

由式(4.25) 计算式(5.50) 中的积分项，化简得

$$\alpha(\theta_0) = \frac{2b}{\pi c(\theta_0)} \sum_{n=1}^{N} A_n \sin n\theta_0 + \alpha_{L=0}(\theta_0) + \sum_{n=1}^{N} nA_n \frac{\sin n\theta_0}{\sin\theta_0} \tag{5.51}$$

观察式(5.51)，它是沿翼展某个固定点的计算值，θ_0 是指定的。而且 b，$c(\theta_0)$ 和 $\alpha_{L=0}(\theta_0)$ 可以从有限翼的几何参数和剖面参数得到。只有 A_n 是未知的。但是可以选取 n 个不同的位置，让 n 个方程联立解出 n 个未知的 A_n。以这种形式，可以用数值方法来模拟任意形式的环量分布，进而满足有限翼展机翼理论的基本式(5.22)。

将式(5.48) 代入式(5.25)，得

$$C_L = \frac{2}{V_\infty S}\int_{-b/2}^{b/2} \Gamma(y)\mathrm{d}y = \frac{2b^2}{S}\sum_{1}^{N} A_n \int_0^{\pi} \sin n\theta \sin\theta \mathrm{d}\theta \tag{5.52}$$

式(5.52) 中的积分为

$$\int_0^{\pi} \sin n\theta \sin\theta \mathrm{d}\theta = \begin{cases} \pi/2, & n = 1 \\ 0, & n \neq 1 \end{cases}$$

所以，式(5.52) 变为

$$C_L = \begin{cases} A_1 \pi \dfrac{b^2}{S} = A_1 \pi \mathrm{AR}, & n = 1 \\ 0, & n \neq 1 \end{cases} \tag{5.53}$$

注意 C_L 仅依赖于傅里叶级数中第一项的系数(尽管 C_L 仅依赖于 A_1,但必须同时求解所有的 A_n 来得到 A_1)。

式(5.48) 代入式(5.29),即得到诱导阻力系数为

$$C_{Di} = \frac{2}{V_\infty S}\int_{-b/2}^{b/2}\Gamma(y)\alpha_i(y)\mathrm{d}y = \frac{2b^2}{S}\int_0^\pi\left(\sum_{n=1}^N A_n\sin n\theta\right)\alpha_i(\theta)\sin\theta\mathrm{d}\theta \tag{5.54}$$

式(5.46) 和式(5.49) 代入式(5.17),即得到诱导迎角的表达式为

$$\alpha_i(y_0) = \frac{1}{4\pi V_\infty}\int_{-b/2}^{b/2}\frac{(\mathrm{d}\Gamma/\mathrm{d}y)\mathrm{d}y}{y_0 - y} = \frac{1}{\pi}\sum_{n=1}^N nA_n\int_0^\pi\frac{\cos n\theta}{\cos\theta - \cos\theta_0}\mathrm{d}\theta \tag{5.55}$$

用式(4.25) 计算式(5.55) 中的积分,化简式(5.55),得

$$\alpha_i(y_0) = \sum_1^N nA_n\frac{\sin n\theta_0}{\sin\theta_0} \tag{5.56}$$

式(5.56) 中的 θ_0 从 0 变到 π,用 θ 代替 θ_0,方程进一步写为

$$\alpha_i(\theta) = \sum_1^N nA_n\frac{\sin n\theta}{\sin\theta} \tag{5.57}$$

式(5.57) 代入式(5.54),得

$$C_{Di} = \frac{2b^2}{S}\int_0^\pi\left(\sum_{n=1}^N A_n\sin n\theta\right)\left(\sum_{n=1}^N nA_n\sin n\theta\right)\mathrm{d}\theta \tag{5.58}$$

仔细观察式(5.58);它引入了两个级数的乘积,注意如下等式,即

$$\int_0^\pi\sin m\theta\sin k\theta\mathrm{d}\theta = \begin{cases}0, & m \neq k\\ \pi/2, & m = k\end{cases} \tag{5.59}$$

所以式(5.58) 可以化为

$$C_{Di} = \frac{2b^2}{S}\left(\sum_{n=1}^N nA_n^2\right)\frac{\pi}{2} = \pi\mathrm{AR}\sum_{n=1}^N nA_n^2 = \pi\mathrm{AR}\left(A_1^2 + \sum_{n=2}^N nA_n^2\right) = \pi\mathrm{AR}A_1^2\left[1 + \sum_{n=2}^N n\left(\frac{A_n}{A_1}\right)^2\right] \tag{5.60}$$

将求 C_L 的式(5.53) 代入式(5.60),得

$$C_{Di} = \frac{C_L^2}{\pi\mathrm{AR}}(1+\delta) \tag{5.61}$$

式中,$\delta = \sum_{n=2}^N n(A_n/A_1)^2$ 因为 $\delta \geqslant 0$,所以 $1+\delta \geqslant 1$。令 $e = (1+\delta)^{-1}$,定义 e 为机翼的有效系数,那么式(5.61) 可以写为

$$C_{Di} = \frac{C_L^2}{\pi e\mathrm{AR}} \tag{5.62}$$

式中，$e \leqslant 1$。把式(5.61) 及式(5.62) 所表示的一般机翼载荷分布和式(5.41) 所表示的椭圆形载荷分布相比较。注意对于椭圆形翼载荷分布，$\delta = 0$ 和 $e = 1$。所以，椭圆形翼载分布的诱导阻力最小，这就是对椭圆形载荷分布感兴趣的原因。

对于一个无气动扭转和几何扭转的机翼，椭圆形平面将产生以椭圆形式分布的载荷，如图 5.16 所示第一种情况。过去一些飞机的机翼设计成椭圆形的，最著名的要数英国在第二次世界大战中使用的"喷火" 式战斗机了。椭圆机翼加工起来非常昂贵，所以一些飞机采用如图 5.16 所示的矩形机翼，但它的载荷分布并不能让人乐观。折衷的方案是采用如图 5.16 所示最下方的梯形机翼。梯形机翼可以依据梯形比设计，即翼尖弦长 / 翼根弦长 $\equiv c_t/c_r$，这样机翼载荷分布与椭圆分布近似相同。图 5.17 描述了不同展弦比下变量 δ 与随机翼梯形比变化的函数关系。δ 的计算首先由著名的英国空气动力学家格劳特完成，并在其 1926 年出版的著作中加以论述，见参考文献[3]。从图 5.17 中可以看出，梯形机翼的设计在最大限度上降低了诱导阻力系数，而且机翼的前缘和后缘比椭圆机翼更容易加工。因此，一般机翼采用梯形机翼来代替椭圆形机翼。

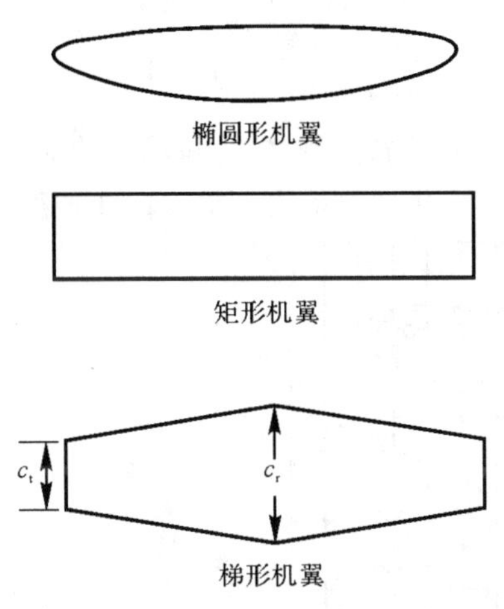

图 5.16　不同机翼平面形状

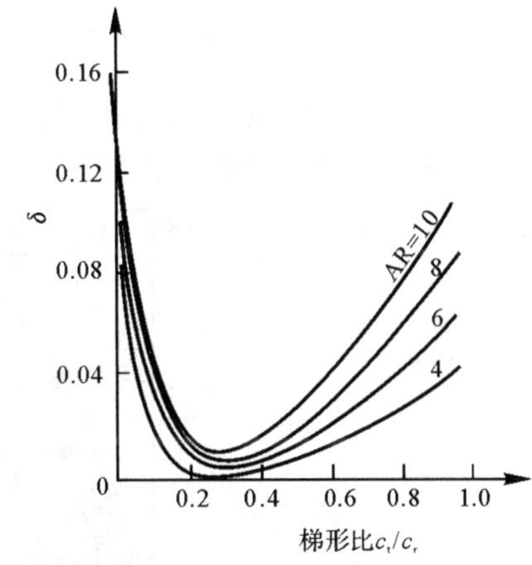

图 5.17　诱导阻力系数与梯形比的关系(见参考文献[1])

3. 机翼展弦比的影响

从式(5.61) 和式(5.62)，发现具有一般载荷分布的有限机翼，其诱导阻力系数与机翼的展弦比成反比，这和先前讨论的椭圆机翼是一样的。标准的亚声速飞机和滑翔机的展弦比变化范围是 6 ～ 22。δ 只能使诱导阻力系数在 10% 以内变化，相比之下，展弦比对诱导阻力系数的影响更大一些。因此，为降低机翼的诱导阻力，首先应考虑的设计因素是尽量增大机翼的展弦比，而不是使外形尽量接近椭圆机翼。诱导阻力系数与机翼展弦比成反比，这是普朗特升力线理论得到的重要结论。1915 年，普朗特通过对 7 种不同展弦比的矩形机翼的实验研究，证实了

这一结果。实验数据如图 5.18 所示。式(5.3) 给出的总的阻力系数表达式变为

$$C_D = c_d + \frac{C_L^2}{\pi e \mathrm{AR}} \tag{5.63}$$

式(5.63) 中,C_D 与 C_L 的变化关系反映在图 5.18 上,对不同展弦比的两种机翼,它们的阻力系数分别表述如下:

$$C_{D,1} = c_d + \frac{C_L^2}{\pi e \mathrm{AR}_1} \tag{5.64a}$$

$$C_{D,2} = c_d + \frac{C_L^2}{\pi e \mathrm{AR}_2} \tag{5.64b}$$

假设在同一升力系数 C_L 下,它们各自的翼型相同,那么它们对应的 c_d 也必然相等。而且,由于 e 变动范围很小,可以忽略,所以由式(5.64a),(5.64b),得

$$C_{D,1} = C_{D,2} + \frac{C_L^2}{\pi e}\left(\frac{1}{\mathrm{AR}_1} - \frac{1}{\mathrm{AR}_2}\right) \tag{5.65}$$

式(5.65) 可以用一种展弦比的机翼的数据计算另一种展弦比的机翼的数据。比如,普朗特在图 5.18 中选取一个展弦比为 5 的机翼数据。对于这个例子,式(5.65) 变为

$$C_{D,1} = C_{D,2} + \frac{C_L^2}{\pi e}\left(\frac{1}{5} - \frac{1}{\mathrm{AR}_2}\right) \tag{5.66}$$

把图 5.18 中已有的 $C_{D,2}$ 和 AR_2 的值代入式(5.66) 后,普朗特发现,$C_{D,1}$ 和 $C_{D,2}$ 的变化规律曲线基本保持相同形状,如图 5.19 所示。这样,$C_{D,i}$ 关于 AR 变化的关系式早在 1915 年便得以证实了。

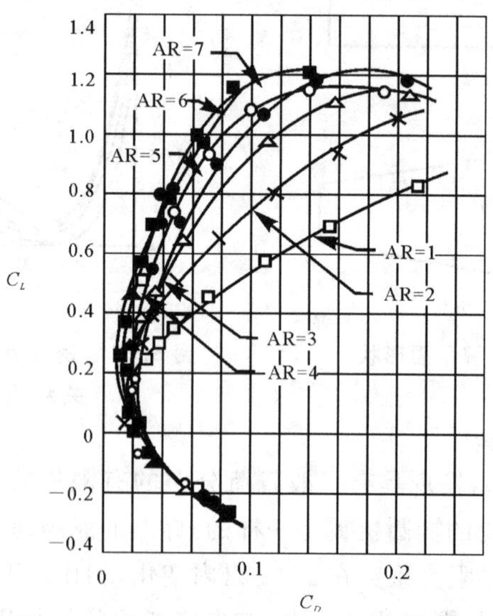

图 5.18　不同展弦比矩形翼升阻曲线实验结果

(见参考文献[2])

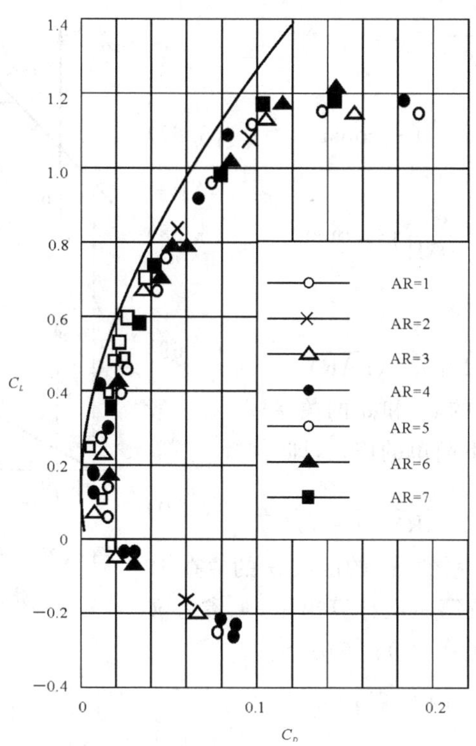

图 5.19　依据图 5.18 所示结果，利用式(5.66)计算的展弦比为 5 的升阻曲线

在气动特性方面，翼型和机翼相比有两个区别。我们已经讨论了其中之一，即机翼会产生诱导阻力。第二个区别表现在不同的升力线斜率上。在图 4.4 中，翼型的升力线斜率定义为 $a_0 = \mathrm{d}c_l/\mathrm{d}\alpha$。把机翼的升力线斜率定义为 $a = \mathrm{d}C_L/\mathrm{d}\alpha$。相比之下，可以发现 $a < a_0$。为了更清楚地观察，回到图 5.4 所描述的机翼产生的下洗对当地翼型的影响。虽然机翼的几何迎角为 α，但是翼型感受到的是相对较小的有效迎角 α_{eff}，即 $\alpha_{\text{eff}} = \alpha - \alpha_i$。考虑无扭转的椭圆机翼，$\alpha_{\text{eff}}$ 和 α_i 沿展向皆为常数，因此 $C_L = c_l$。假设做出有限翼的 C_L 关于 α_{eff} 变化的曲线，如图 5.20 所示。因为采用的是 α_{eff}，所以升力线斜率和无限展长的机翼升力线斜率 a_0 相等。但是，实际上并不能看见有效迎角，看到的只是飞机的几何迎角，即弦线和相对来流之间的夹角。图 5.20 中第二幅图描述了有限翼展机翼升力系数 C_L 关于几何迎角 α 变化的函数关系。由于 $\alpha > \alpha_{\text{eff}}$，第二条曲线比较平缓；设它的升力线斜率为 a。图 5.20 清楚地显示出 $a < a_0$，即有限翼展机翼的升力线斜率降低了。对于零升力情况而言，由于没有下洗的影响，即 $\alpha_i = C_{D,i} = 0$，所以当 $C_L = 0$ 时，$\alpha = \alpha_{\text{eff}}$。结果，有限展长的机翼与无限展长的机翼具有相同的零升迎角，如图 5.20 所示。

由图 5.20 的上图得到 a_0 和 a 的关系，关系式如下：

$$\frac{dC_L}{d(\alpha-\alpha_i)}=a_0$$

对其进行积分，得

$$C_L=a_0(\alpha-\alpha_i)+\text{const} \tag{5.67}$$

把式(5.41)代入式(5.67)，可得

$$C_L=a_0\left(\alpha-\frac{C_L}{\pi AR}\right)+\text{const} \tag{5.68}$$

对式(5.68)进行微分，得

$$\frac{dC_L}{d\alpha}=a=\frac{a_0}{1+a_0/(\pi AR)} \tag{5.69}$$

式(5.69)给出了椭圆机翼的 a_0 和 a 的关系式。对一般机翼，式(5.69)可以做如下简单的修正，即

$$a=\frac{a_0}{1+[a_0/(\pi AR)](1+\tau)} \tag{5.70}$$

在式(5.70)中，τ 是傅里叶系数 A_n 的函数。τ 的值在19世纪20年代早期由格劳特第一次计算出来，见参考文献[3]。τ 的变化范围一般是在 0.05 ~ 0.25。

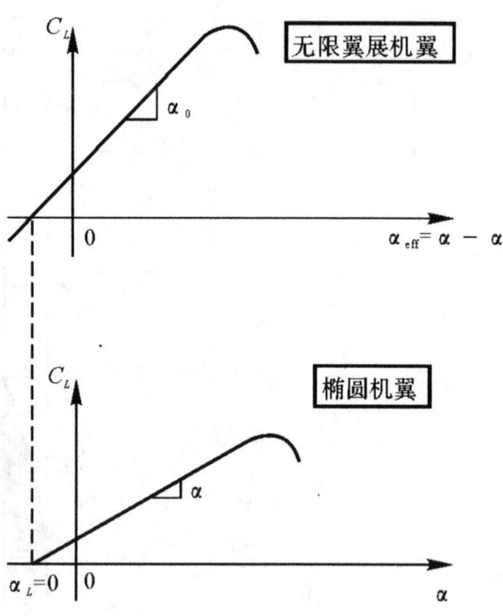

图 5.20　有限翼展机翼与无限翼展机翼升力线的对比示意图

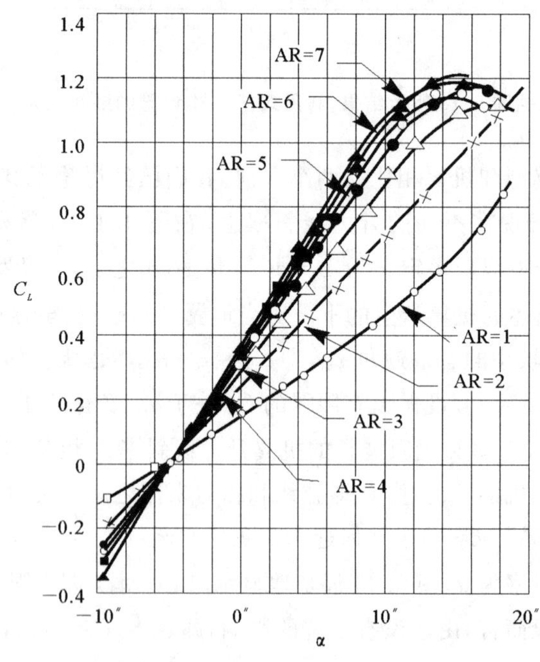

图 5.21　不同展弦比矩形翼升力曲线实验结果

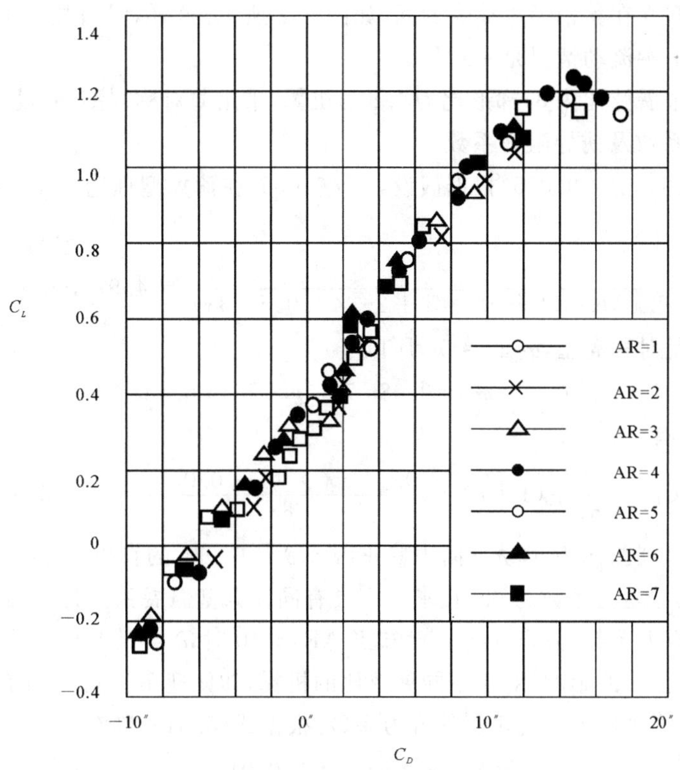

图 5.22　采用普朗特理论计算的展弦比为 5 的 → 升力曲线

式(5.69)和式(5.70)中最重要的变量是AR。对小展弦比机翼来说，a_0 和 a 之间有一定区别，但是当 AR→∞时，$a \to a_0$。图 5.21 明显地显示出展弦比对升力曲线的影响，图中数据来自于普朗特 1915 年所用的直机翼经典数据。注意到 $dC_L/d\alpha$ 随展弦比 AR 的降低而减小。普朗特用前面得到的公式计算图 5.21 中展弦比为 5 的机翼的数据，把这些数据刻画在图 5.22 中，得到了基本的曲线。

4. 升力线模型的物理意义

考虑升力线理论的基本模型，仔细观察图 5.13。无穷多个强度趋于无穷小的马蹄涡耦合产生了沿机翼展向的升力线以及向下游延伸的尾涡面，该尾涡面在升力线处诱导出下洗流。这个模型有着实际的物理意义。为了看得更清楚，我们回到图 5.4。注意三维流流过有限翼展机翼时，从上、下表面流向机翼后缘的流线的方向并不相同，即机翼后缘处的切向速度不连续。从第 4 章我们得知，切向速度的不连续性是由面涡引起的。实际中，这种不连续的情形并不存在。实际的情况是由于流体的黏性，在后缘下游会产生一个很薄却有很大速度梯度的区域，即一个有很大剪切流的薄区域。在无黏流模型中，代之以一个尾涡面从机翼的后缘流向下游。这个涡面在后缘下游卷起并在翼梢形成翼尖旋涡，如图 5.2 所示。这样，具有尾涡面的升力线模型和实际中有限翼的下游流动情况是一致的。

例 5.1 一个展弦比为 8，梯形比为 0.8 的机翼，采用薄对称翼型。假设 $\delta=\tau$，计算迎角为 5° 时机翼的升力系数及诱导阻力系数。

解 查图 5.17，$\delta=0.055$。根据假设，$\tau=0.055$。在薄翼型理论中，$a_0=2\pi$ 及式(5.70)，得

$$a=\frac{a_0}{1+[a_0/(\pi AR)](1+\tau)}=\frac{2\pi}{1+2\pi\times 1.055/(8\pi)}=4.97/\mathrm{rad}=0.086\ 7/(°)$$

由于采用的是对称翼型，$\alpha_{L=0}=0°$。所以

$$C_L=a\alpha=0.086\ 7/(°)\times 5°=0.433\ 5$$

根据式(5.61)，则有

$$C_{Di}=\frac{C_L^2}{\pi AR}(1+\delta)=\frac{0.433\ 5^2\times(1+0.055)}{8\pi}=0.007\ 89$$

例 5.2 一个展弦比为 6，诱导阻力修正因子 $\delta=0.055$ 的直机翼，$\alpha_{L=0}=-2°$。当迎角为 3.4° 时，机翼的诱导阻力系数为 0.01。求一个具有同样翼型但展弦比为 10 的直机翼在同样迎角情况下的诱导阻力系数。假设 $\delta=\tau$。已知当 $AR=10$ 时，$\delta=0.105$。

解 由于展弦比的影响，对于不同展弦比的机翼，即使迎角相同，产生的升力系数也是不同的。首先我们计算 $AR=6$ 的机翼的升力系数。根据式(5.61)，则有

$$C_L^2=\frac{\pi ARC_{Di}}{1+\delta}=\frac{\pi\times 6\times 0.01}{1+0.055}=0.178\ 7$$

所以

$$C_L=0.423$$

机翼的升力线斜率为

$$\frac{\mathrm{d}C_L}{\mathrm{d}\alpha}=\frac{0.423}{3.4°-(-2°)}=0.078/(°)=4.485/\mathrm{rad}$$

根据式(5.70)，机翼的升力线斜率为

$$\frac{\mathrm{d}C_L}{\mathrm{d}\alpha}=a=\frac{a_0}{1+\dfrac{a_0}{\pi AR}(1+\tau)}$$

$$4.485=\frac{a_0}{1+\dfrac{1.055a_0}{\pi\times 6}}=\frac{a_0}{1+0.056a_0}$$

所以

$$a_0=5.989/\mathrm{rad}$$

由于两种机翼具有相同的翼型，所以 a_0 也是相等的，第二个机翼的升力线斜率为

$$a=\frac{a_0}{1+\frac{a_0}{\pi AR}(1+\tau)}=\frac{5.989}{1+\frac{5.989\times 1.105}{\pi\times 10}}=4.95/\text{rad}=0.086/(°)$$

第二个机翼的升力系数为

$$C_L=a(\alpha-\alpha_{L=0})=0.086/(°)\times[3.4°-(-2°)]=0.464$$

诱导阻力系数为

$$C_{Di}=\frac{C_L^2}{\pi AR}(1+\delta)=\frac{0.464^2\times 1.105}{\pi\times 10}=0.0076$$

注意：当两个机翼的升力系数相同而不是迎角相同时，问题变得更加直观了。由式(5.61)将直接得到诱导阻力系数。只要升力系数相同，从一个机翼到另一个机翼的阻力系数只要乘一个因子就可以求得，这个例题的目的是增强读者对式(5.65)蕴含的基本原理的理解。这样就能得到如图 5.19 所示的阻力系数与升力系数(而不是迎角)对应的关系曲线。但是，正像我们上面讨论的那样，在当前已知迎角相同的情况下，展弦比对升力线斜率的影响必须明确地加以讨论。

5.5　小　结

回忆图 5.1 所示的内容简介，我们已经一步步学完了有限翼理论。在开始进一步的研究之前，请先消化上面所学的内容。

以下是本章的重要结论：

(1) 机翼翼尖旋涡引起了下洗流动，进而降低了当地翼型的有效迎角，即

$$\alpha_{\text{eff}}=\alpha-\alpha_i$$

由下洗流作用产生的阻力称为诱导阻力，记为 D_i。

(2) 面涡和线涡在模拟机翼空气动力学性质时很有用。线涡微元在空间一点处产生的诱导速度微元可以根据毕奥-沙瓦定理计算，即

$$dV=\frac{\Gamma}{4\pi}\frac{|d\boldsymbol{l}\times\boldsymbol{r}|}{|\boldsymbol{r}|^3}$$

在经典升力线理论中，机翼用一个环量沿展向变化的升力线代替，环量值为 $\Gamma(y)$。尾涡由升力线向下游延伸，并在升力线处诱导了下洗。环量分布由下面的基本方程给出，即

$$\alpha(y_0)=\frac{\Gamma(y_0)}{\pi V_\infty c(y_0)}+\alpha_{L=0}(y_0)+\frac{1}{4\pi V_\infty}\int_{-b/2}^{b/2}\frac{(d\Gamma/dy)dy}{y_0-y}$$

(3) 经典升力线理论的结果：

1) 椭圆形机翼，下洗速度是一个常数，则有

$$w=-\frac{\Gamma}{2b}$$

$$\alpha_i = \frac{C_L}{\pi \mathrm{AR}}$$

$$C_{Di} = \frac{C_L^2}{\pi \mathrm{AR}}$$

$$a = \frac{a_0}{1 + \dfrac{a_0}{\pi \mathrm{AR}}}$$

2）一般的机翼，则有

$$C_{Di} = \frac{C_L^2}{\pi \mathrm{AR}}(1+\delta) = \frac{C_L^2}{\pi e \mathrm{AR}}$$

$$a = \frac{a_0}{1+[a_0/(\pi \mathrm{AR})](1+\tau)}$$

习　题

5.1　在图 5.23 中，设海平面自由来流速度为 100 m/s，作用在附着涡 AB 上的力等于 10 000 N，经过 0.2 s，形成的旋涡如图 5.23 所示，现在使用毕奥-沙瓦定理，证明：图中点 E 处的下洗诱导速度等于 0.22 m/s。

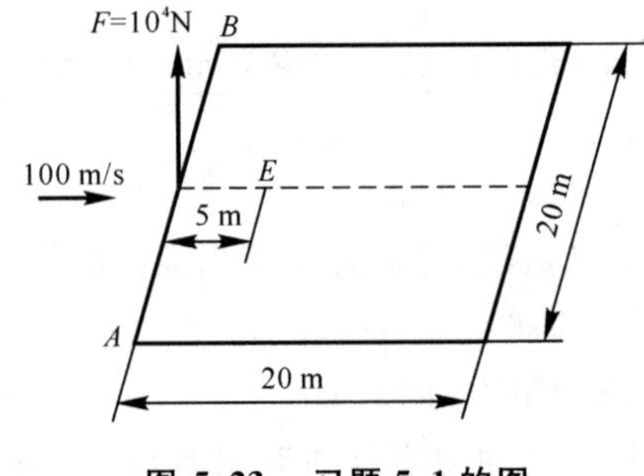

图 5.23　习题 5.1 的图

5.2　已知环量为常数 Γ，展长为 b，证明：由一条起动涡丝在其升力线上产生的诱导阻力表达式为

$$D = \frac{\rho \Gamma^2}{2\pi}\left[\sqrt{1+\left(\frac{b}{l}\right)^2} - 1\right]$$

式中，l 为起动涡丝与升力线之间的距离。如果计算有限展长机翼，起动涡丝在其升力线上产生的诱导阻力是被忽略的，为什么？

5.3　俯视图为椭圆形的机翼，以 45 m/s 的速度飞过海平面，它的翼载 W/S = 1 000 N/m²，该机翼没有扭转，从翼梢到翼根处的截面形状相同。截面上的升力线斜率为 5.7，机翼展长为 10 m，展弦比为 5。分别证明截面上的升力系数是 0.806，阻力系数是 0.041，有效

攻角、下洗角、绝对攻角沿展长方向是常量，分别为 2.94°,8.1°,11.04°，证明：克服诱导阻力所需要做的功率为 46 000 W。

5.4　某飞机的机翼面积为 15.793 5 m²，翼展长度为 9.753 6 m。它的最大总重量为 1 111.32 kg。机翼使用的是 NACA65 — 415 翼型，它的升力线斜率为 0.103 3/(°)，$\alpha_{L=0}=-3°$。假设 $\tau=0.12$。如果飞机在标准海平面上平飞，飞机重量为最大总重量，巡航速度为 53.643 33 m/s，计算机翼的几何攻角。

5.5　飞机和飞行状态由题 5.4 给出。全机翼展有效系数 e 一般小于单个机翼的有效系数。设 $e=0.64$，计算题 5.4 中飞机的诱导阻力。

参考文献

[1] McCormick B W. Aerodynamics, Aeronautics, and Flight Mechanics[M]. New York: John Wiley & Sons, Inc, 1979.

[2] Prandtl L. Applications of Modern Hydrodynamics to Aeronautics[D]. NACA Reprot,1921:116.

[3] Glauert H. The Elements of Aerofoil and Airscrew Theory[M]. Lodon: Cambridge University Press, 1926.

第 6 章　可压缩流动基础知识

6.1　引　言

20 世纪 30 年代，高速飞行成为整个航空界讨论的主题。一些学者确信未来航空“越来越快、越来越高”的说法，也有一些航空工程师认为飞机的速度不可能超过声速，即存在“音障”。在这期间，许多空气动力学专家进行了高速飞行的理论、实验及气动布局设计研究。几乎所有研究都集中于高速飞行下的“可压缩性”的影响，如密度变化的影响，因为这是未来高速飞机将要面临的第一个问题。与低速流动，即第 3 章至第 5 章所讨论的不可压缩流动大不相同，高速流动的一个重要特征就是密度可变，这种流动叫做可压缩流动，本书第 6 章至第 13 章所阐述的都是无黏可压缩流动。在空气动力学领域内，涉及可压缩流动的飞行问题都属于高速空气动力学研究的范畴。

本书的低速空气动力学理论体系(第 3 章至第 5 章) 是建立在将流动假设为不可压缩、无黏，进而在流动叠加原理和不可压缩伯努利方程的框架下，给出了计算翼型气动特性的薄翼理论、旋涡板块法及机翼气动特性的升力线法。随着马赫数的增大，密度被看做是常数的假设便不合理了。

在高速流动问题中，若将黏性效应限制在紧靠物面的很薄的附面层内(除流动分离外)，则绕物体主流的相似性仅仅依赖于马赫数。因此，本章的分析研究主要限制在无黏可压缩流动范畴内。

除密度可变外，高速可压缩流动的另一个重要特征就是能量转换过程。高速流动是一种高能量的流动，例如，考虑标准海平面条件下 2 倍声速的空气流动。此时 1 kg 空气的内能为 2.07×10^5 J，而其动能更大，即 2.31×10^5 J。当流动速度下降时，一部分动能将转化为内能，从而使气体温度增加。因此，在高速流动中，能量的转化及温度的变化是一个需要重点考虑的问题，它是热力学的问题。正因为如此，热力学知识是可压缩流动研究中必不可少的。本章将简要回顾一下可压缩流动理论中的一些必要的热力学基本知识。

在第 3 章提到过，由动量定理推导而来的伯努利方程可以用来描述不可压缩无黏流动的能量守恒关系。在不考虑重力的情况下(如对空气)，伯努利方程可写为

$$p + \frac{1}{2}\rho V^2 = p_0$$

式中，左端的两项可分别看做是单位体积流体的势能和动能，两项之和为 p_0，即为单位体积流体的总机械能。单位体积流体动能的减少对应着等量压力势能的增加，这样，两部分的能量是

守恒的，或者说是在不可压缩无黏流动中，流体的机械能是守恒的。

当流动是可压缩时，不能仅以机械能守恒来代表总能量守恒，也不可能再由动量定理推出能量关系式。由经验观察总结出的另一个物理准则，热力学第一定律，必须用来描述可压缩流动问题。热力学第一定律涉及的物理量 —— 内能，便参与到了能量守恒的表达式中。由于热力学第一定律除涉及机械能做功之外，还包含了其他形式的能量转换，因此，热力学第一定律涵盖了更大范围的能量守恒原理。在空气动力学和气体动力学中，所关心的能量形式是热能和机械能。

在第 2 章推导能量方程时，我们介绍过，内能与温度有关，为了建立起温度与密度和压力间的关系，需要用到另一个由经验观察总结出的另一个物理准则 —— 状态方程。

本章 6.2 节主要介绍热力学基本知识，热力学第一定律、熵及热力学第二定律、等熵关系式；6.3 节详细进行无黏可压缩流动的控制方程推导；6.4 节进行声速推导；6.5 节结合热力学静参数和运动问题，对滞止参数进行了定义和说明；6.6 节以激波为例，介绍了超声速流动的典型特征。

本章内容及相互关系如图 6.1 所示，随着讨论的深入，我们需要查阅图 6.1 以帮助对所学内容的理解。

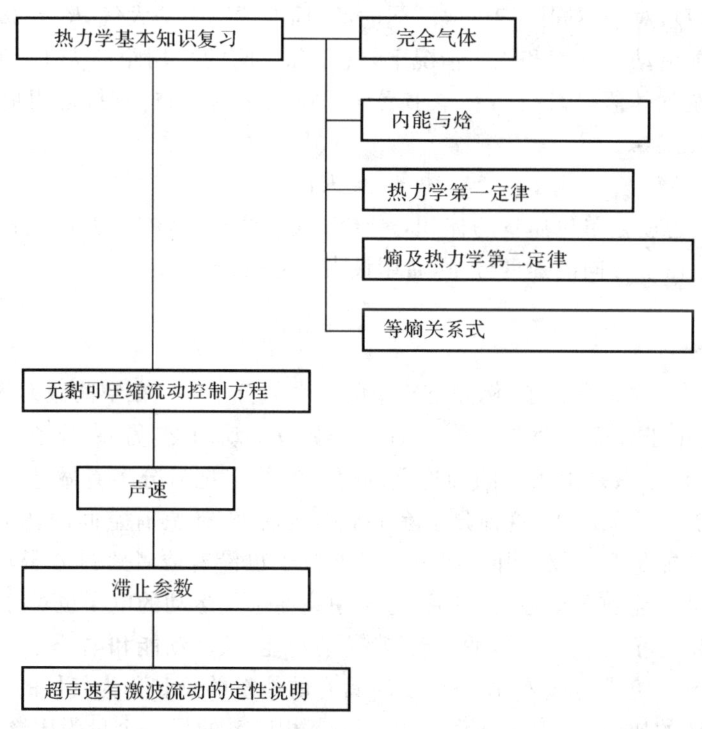

图 6.1　第 6 章的内容简介

6.2　热力学基础知识

在6.1节中，已经强调了热力学在分析和理解可压缩流动中的重要性。所以，这一节的目的是复习一些热力学知识，这些对于研究可压缩流动是十分重要的。如果你已经学习过热力学，这里只是就一些重要的关系式给予提醒。如果你对热力学不是很熟悉，这一节将在某种意义上，使你对后面要经常使用的相关热力学理论和方程有足够的认识。

一、完全气体

正如1.2节所述，气体是由微小粒子(分子，原子，离子，电子，等等)组成的，它们或多或少都在做无规则运动。由于这些粒子的电子结构，在它们周围的空间将形成一个力场。一个粒子产生的力场将与其他的粒子相互作用。这些相互作用的力叫做分子间作用力。然而，如果组成气体的这些粒子距离足够远，分子间作用力的影响就会非常小，可以忽略不计。忽略分子间作用力的气体定义为完全气体。对于完全气体，p，ρ 和 T 满足下面的状态方程(参见式(1.4))，即

$$p = \rho RT \tag{6.1}$$

式中，R 为气体常数，对于不同的气体取不同的值。标准情况下的大气，$R = 287\ \mathrm{J/(kg \cdot K)}$

在一般可压缩流动的温度和压力情况下，气体分子间的平均距离大于10倍的分子直径，这已经满足了完全气体假设。因此，在本书后面的讨论中，我们将直接运用形如式(6.1)的状态方程或其变形形式，如

$$pv = RT \tag{6.2}$$

式中，v 是比体积，也就是单位质量的体积，$v = 1/\rho$(请注意：从本章开始，符号 v 既表示比体积，也表示速度 V 在 y 方向的速度分量，希望读者注意区分)。

二、内能和焓

考虑气体中的单独一个分子，例如空气中的一个氧分子 O_2，在空间做无规则运动，并与附近的分子相碰撞。由于分子运动有速度，因此分子具有平动动能。另外，分子是由单个原子组成的，我们可以把它们看做是由不同的轴连接的。例如，可以把氧分子看做是一个“哑铃”模型，即连接轴两端各有一个氧原子。这种分子除了平动运动外，还具有空间的转动运动，转动引起的动能也对分子的能量有贡献。同时，组成分子的原子也沿着或者跨过分子轴前后振动，进而对分子贡献了振动动能和振动势能。最后，分子中绕原子核运动的电子也对分子贡献了“电子”能。因此，一个给定分子的能量是其平动动能、转动动能、振动动能和电子能的总和。

对于由大量分子组成的气体，所有分子所具有的能量的总和称为气体的内能。单位质量气体的内能称为气体的比内能，用 e 表示。与比内能 e 相联系的另一个量为比焓 h，定义为

$$h = e + p/\rho \tag{6.3}$$

对于完全气体，e 和 h 都只是温度的函数，即

$$e = e(T) \tag{6.4a}$$

$$h = (T) \tag{6.4b}$$

分别用 $\mathrm{d}e$ 和 $\mathrm{d}h$ 表示 e 和 h 的微分，对于完全气体有

$$\mathrm{d}e = c_V \mathrm{d}T \tag{6.5a}$$

$$\mathrm{d}h = c_p \mathrm{d}T \tag{6.5b}$$

式中，c_V 和 c_p 分别表示比定容热容和比定压热容。在式(6.5)中，c_V 和 c_p 本身可看成是温度 T 的函数。然而，对于适度的温度(对于空气小于 1 000 K)，比热容可以看做常数。c_V 和 c_p 为常数的气体叫做量热完全气体，这时式(6.5)可以变为

$$e = c_V T \tag{6.6a}$$

$$h = c_p T \tag{6.6b}$$

实际上，大多数的可压缩流动问题的温度都是满足上述关系的，因此，在本书中，总是把气体看做量热完全气体，即把 c_p 和 c_V 看做常数。关于那些不能把比热容看做常数的可压缩流动问题的讨论(在大气中作高超声速飞行的飞行器周围的气体会因为高温而引起化学变化，例如航天飞机)，见参考文献[1]。

需要注意的是，式(6.3)到式(6.6)中的 e 和 h 均为热状态变量，它们只依赖于气体的状态，而与过程无关。尽管方程中出现了 c_V 和 c_p，但是并不约束这些方程只用于定容和定压过程。式(6.5)和式(6.6)就是所谓的热力学状态参数关系式，e 和 h 是 T 的函数，与发生的过程无关。

由式(6.3)和式(6.6)，可知 c_V 和 c_p 满足下面的关系式：

$$c_p - c_V = R \tag{6.7}$$

两边同时除以 c_p，得

$$1 - \frac{c_V}{c_p} = \frac{R}{c_p} \tag{6.8}$$

定义 $\gamma = c_p/c_V$，叫做比热比。对于标准情况下的大气，$\gamma = 1.4$。则式(6.8)变为

$$1 - \frac{1}{\gamma} = \frac{R}{c_p}$$

或者

$$c_p = \frac{\gamma R}{\gamma - 1} \tag{6.9}$$

同理，式(6.7)两边同时除以 c_V，得

$$c_V = \frac{R}{\gamma - 1} \tag{6.10}$$

在后面对可压缩流动的讨论中，式(6.9)和式(6.10)会有非常重要的应用。

三、热力学第一定律

考虑固定质量的气体，把它定义为一个系统，(为简单起见，将系统视为单位质量）系统以外的区域，定义为环境。系统和环境的分界面叫做边界，如图 6.2 所示。假定系统为静止的，定义 δq 是外界通过边界加于系统的热增量，其来源可以是系统内质量吸收外界环境的热辐射，或者是由于边界两侧温度梯度而引起的热传导。同样，定义 δw 为外界对系统做的功（例如，通过改变边界的位置，压缩体积，使其变小）。正如前面所述，气体由于分子运动具有内能 e。加在系统上的热和对系统做的功使其内能发生变化，由于系统是固定的，内能的变化可简单表示为 $\mathrm{d}e$，即

$$\delta q + \delta w = \mathrm{d}e \tag{6.11}$$

这就是热力学第一定律。在式(6.11) 中，e 是一个状态变量。因此 $\mathrm{d}e$ 是严格的微分，它的值仅仅取决于系统初始和终了的状态，与过程无关。而 δq 和 δw 取决于从初始状态到终了状态的过程。

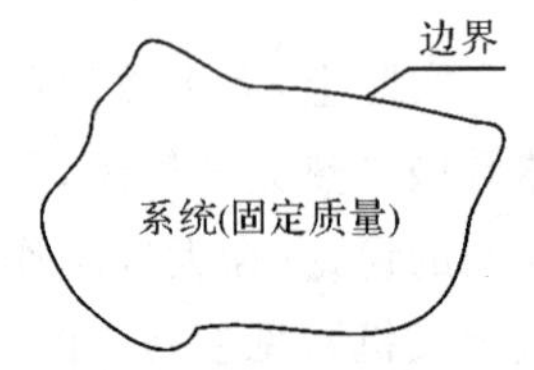

图 6.2　热力学系统示意图

要使系统产生内能增量 $\mathrm{d}e$，有无数多种对系统做功和给系统加热的方式（过程）。主要考虑三个常见过程：

(1) 绝热过程。环境既不向系统传递热量，也不从系统中吸收热量，即在过程中没有热传导。

(2) 可逆过程。没有耗散现象的发生，即忽略黏性、热传导和质量耗散的影响。

(3) 等熵过程。既绝热，又可逆。

对于可逆过程，可以简单地表示为 $\delta w = - p\mathrm{d}v$，其中 $\mathrm{d}v$ 是由于系统边界变化而引起的体积变化。因此，式(6.11) 变为

$$\delta q - p\mathrm{d}v = \mathrm{d}e \tag{6.12}$$

四、熵及热力学第二定律

把一块冰和烧热的铁板放到一起，经验告诉我们，冰会被加热（可能会融化），而铁板会变凉。然而，式(6.11) 并不能说明这种情况一定会发生，事实上，热力学第一定律允许冰块变得更凉，而铁板变得更热 —— 只要保证过程中能量守恒。显然，现实中，这种情况是不会发生的。因此，自然要求过程中有另外一个条件，一个可以决定过程向那个方向进行的条件。为了确定过程向合适的方向进行，定义一个新的状态参数 —— 熵，即

$$\mathrm{d}s = \frac{\delta q_{\mathrm{rev}}}{T} \tag{6.13}$$

式中，s 是系统的熵，δq_{rev} 是可逆地加于系统的热增量，T 是系统的温度。不要对上面的定义感到混淆，它只是定义了一个由可逆地加于系统的热增量 δq_{rev} 而引起的熵的变化。然而，熵是一个状态变量，可以用于描述经过任何过程，可逆的或者是不可逆的，系统初始平衡状态与终了

平衡状态间的差别。式(6.13) 中的 δq_{rev} 是一个人为的量，δq_{rev} 的有效值一般与不可逆过程的初始值和终了值有关，而这个过程实际的加热量是 δq。实际上，则有

$$ds = \frac{\delta q}{T} + ds_{\text{irrev}} \tag{6.14}$$

在式(6.14) 中 δq 是不可逆过程中实际加在系统上的热增量，ds_{irrev} 是不可逆过程中，系统由于黏性消耗，热传导和质量耗散而产生的熵增。这些耗散现象总是使熵增加，即

$$ds_{\text{irrev}} \geqslant 0 \tag{6.15}$$

在式(6.15) 中取等号时表示可逆过程，这时在系统中无耗散现象发生。联立式(6.14) 和式(6.15)，可得

$$ds \geqslant \frac{\delta q}{T} \tag{6.16}$$

式(6.16) 中，等号用于等熵过程，大于号用于非等熵过程。如果进一步假设过程是绝热的，即 $\delta q = 0$，式(6.16) 变为

$$ds \geqslant 0 \tag{6.17}$$

式(6.16) 和式(6.17) 是热力学第二定律的表达式。对于绝热过程，热力学第二定律指明过程进行的方向，即如果系统和其环境整体地构成一个孤立体系，则系统和其环境的熵是增加的或不变的。在前面把冰块放在烧热铁板上的例子中，把冰块和铁板合起来看做是一个孤立系统，冰块变热，铁板变凉是使整个系统熵增的过程，而冰块变得更凉和铁板变得更热的情况之所以是不可能的，是因为这是一个熵减的过程，不符合热力学第二定律。总之，利用熵的概念与热力学第二定律，能预计过程进行的方向。

熵的实际计算如下：

在式(6.12) 中，假设热量是可逆地加在系统上的，把熵的定义式(6.13) 代入到式(6.12) 中，得

$$T ds - p dv = de$$

或者

$$T ds = de + p dv \tag{6.18}$$

根据焓的定义式(6.3)，有

$$dh = de + p dv + v dp \tag{6.19}$$

联立式(6.18) 和式(6.19) 得

$$T ds = dh - v dp \tag{6.20}$$

式(6.18) 和式(6.20) 是十分重要的，它们用焓表达了第一定律的不同形式。对于完全气体，考虑式(6.5)，即 $de = c_V dT$ 和 $h = c_p T$。把这些关系式代入到式(6.18) 和式(6.20) 中去，得

$$ds = c_V \frac{dT}{T} + \frac{p dv}{T} \tag{6.21}$$

和

$$ds = c_p \frac{dT}{T} - \frac{v dp}{T} \tag{6.22}$$

对式(6.22)进行处理，并引入状态方程 $pv = RT$ 或者 $v/T = R/p$，得到下面的形式，即

$$ds = c_p \frac{dT}{T} - R\frac{dp}{p} \tag{6.23}$$

考虑一个热力学过程，初始和终了状态分别用1和2表示，把式(6.23)两边从1状态到2状态进行积分，得

$$s_2 - s_1 = \int_{T_1}^{T_2} c_p \frac{dT}{T} - \int_{p_1}^{p_2} R\frac{dp}{p} \tag{6.24}$$

对于量热完全气体，R 和 c_p 是定值。因此，式(6.24)变为

$$s_2 - s_1 = c_p \ln\frac{T_2}{T_1} - R\ln\frac{p_2}{p_1} \tag{6.25}$$

同理，由式(6.21)可导出

$$s_2 - s_1 = c_V \ln\frac{T_2}{T_1} + R\ln\frac{v_2}{v_1} \tag{6.26}$$

式(6.25)和式(6.26)是计算量热完全气体在两种不同状态下熵变化的表达式。注意，在这些方程中，s 是两个热力学状态参数的函数，即 $s = s(p,T)$，$s = s(v,T)$。

五、等熵关系式

我们已经定义了一个既绝热又可逆的过程叫做等熵过程。考虑式(6.14)，满足绝热，则 $\delta q = 0$，同时满足可逆，$ds_{irrev} = 0$。因此，对于既绝热又可逆的过程，式(6.14)变为 $ds = 0$，或者说熵不变，这也就是这一过程叫等熵过程的原因。对于等熵过程，式(6.25)可以写为

$$0 = c_p \ln\frac{T_2}{T_1} - R\ln\frac{p_2}{p_1}$$

$$\ln\frac{p_2}{p_1} = \frac{c_p}{R}\ln\frac{T_2}{T_1}$$

或者

$$\frac{p_2}{p_1} = \left(\frac{T_2}{T_1}\right)^{c_p/R} \tag{6.27}$$

然而，从式(6.9)，有

$$\frac{c_p}{R} = \frac{\gamma}{\gamma - 1}$$

则式(6.27)可以写为

$$\frac{p_2}{p_1} = \left(\frac{T_2}{T_1}\right)^{\gamma/(\gamma-1)} \tag{6.28}$$

同理，式(6.26)在等熵过程中可写为

$$0 = c_V \ln\frac{T_2}{T_1} + R\ln\frac{v_2}{v_1}$$

$$\ln\frac{v_2}{v_1} = -\frac{c_V}{R}\ln\frac{T_2}{T_1}$$

$$\frac{v_2}{v_1}=\left(\frac{T_2}{T_1}\right)^{-c_V/R} \tag{6.29}$$

从式(6.10)，有

$$\frac{c_V}{R}=\frac{1}{\gamma-1}$$

则式(6.29) 可写为

$$\frac{v_2}{v_1}=\left(\frac{T_2}{T_1}\right)^{-1/(\gamma-1)} \tag{6.30}$$

根据 $\rho_2/\rho_1=v_1/v_2$，式(6.30) 变为

$$\frac{\rho_2}{\rho_1}=\left(\frac{T_2}{T_1}\right)^{1/(\gamma-1)} \tag{6.31}$$

把式(6.28) 和式(6.31) 结合起来，我们总结出等熵关系式为

$$\frac{p_2}{p_1}=\left(\frac{\rho_2}{\rho_1}\right)^{\gamma}=\left(\frac{T_2}{T_1}\right)^{\gamma/(\gamma-1)} \tag{6.32}$$

式(6.32) 将等熵过程中的压力、密度、温度联系起来，在后面的应用中，这个关系式常常被使用到。另外，一定要明白式(6.32) 的来源，它是由热力学第一定律和焓的定义推导出来的。式(6.32) 是等熵过程的一个基本热力学关系式。

等熵过程要求既绝热又可逆，限制性很强，我们为什么对它还这么有兴趣呢?但绝大多数实际的可压缩流动问题可以被假设为等熵的。例如，考虑一个绕翼型的流动，或者通过火箭发动机的流动，在翼型表面或者火箭喷管壁的临近区域，会形成附面层，其中的黏性和耗散都很强，附面层中的熵是增加的。然而，考虑附面层以外的流体微元，黏性和传热引起的耗散影响非常小，可以忽略不计，因此，附面层以外的流动是绝热可逆过程，就是所谓的等熵流动。对于绝大多数实际流动，黏性附面层的厚度相对于整个流场是非常薄的，所以大部分区域都可以看做是等熵流动。处理这些流动问题，式(6.32) 是非常有用的，对于量热完全气体很有效。

到这里就要结束对热力学的简要复习了，我们的目的是快速地给大家一个总体的印象，让大家熟悉后面讨论可压缩流时经常使用的公式。关于热力学一些深入的讨论，可以看一些相关的资料，如参考文献[2]。

例 6.1　波音 747 飞机在的 11 000 m 高度飞行，机翼上一点的压力是 $0.191\,4\times10^5$ Pa，假设绕机翼的流动是等熵的，计算这一点的温度。

解　在 11 000 m 的高度，$p_\infty=0.226\,1\times10^5$ Pa，$T_\infty=216.5$ K。由式(6.32)，则有

$$\frac{p}{p_\infty}=\left(\frac{T}{T_\infty}\right)^{\gamma/(\gamma-1)}$$

或者

$$T=T_\infty\left(\frac{p}{p_\infty}\right)^{(\gamma-1)/\gamma}=216.5\left(\frac{1\,914}{2\,261}\right)^{0.4/1.4}=206.4\ \text{K}$$

6.3 无黏、可压缩流动的控制方程

在第 3 章到第 5 章中，学习了无黏、不可压缩流动，在这样的流动中，基本的独立变量是 p 和 v，因此，仅需要连续方程和动量方程这两个方程来求解这两个未知数。这两个方程也可以被整合为拉普拉斯方程和伯努利方程。

相比而言，对可压缩流动，ρ 是个未知变量。因此，需要引入另外的控制方程 —— 能量方程，这样就相当于引入了内能 e 作为未知数。因为 e 是和温度相关的，所以 T 也就变成了一个重要的变量。因此研究可压缩流动的基本变量就涉及 p,V,ρ,e 和 T，要求解这五个变量，需要五个控制方程。

首先，可压缩流动是由第 2 章推导的基本方程控制的。基于这点，熟悉这些基本方程和它们的推导过程就变得极为重要了。因此，在进一步的学习前，要先仔细复习一下第 2 章中包含的基本概念和关系。尤其要复习连续方程(2.4 节)、动量方程(2.5 节)、能量方程(2.6 节)的积分和微分形式，要特别注意能量方程，因为这是区分可压缩流动和不可压缩流动的重要方面。

方便起见，将第 3 章中无黏流动的控制方程的重要的形式重复如下：

连续方程：

$$\frac{\partial}{\partial t}\iiint_{\tau}\rho \mathrm{d}\tau+\oiint_{S}\rho \boldsymbol{V}\cdot \mathrm{d}\boldsymbol{S}=0 \tag{6.33}$$

式中，τ 表示体积；$\boldsymbol{V}$ 表示速度矢量。或

$$\frac{\partial \rho}{\partial t}+\nabla\cdot\rho\boldsymbol{V}=0 \tag{6.34}$$

动量方程：

$$\frac{\partial}{\partial t}\iiint_{\tau}\rho\boldsymbol{V}\mathrm{d}\tau+\oiint_{S}(\rho\boldsymbol{V}\cdot\mathrm{d}\boldsymbol{S})\boldsymbol{V}=-\oiint_{S}p\,\mathrm{d}\boldsymbol{S}+\iiint_{\tau}\rho\boldsymbol{f}\,\mathrm{d}\tau \tag{6.35}$$

或

$$\rho\frac{\mathrm{D}u}{\mathrm{D}t}=-\frac{\partial p}{\partial x}+\rho f_x \tag{6.36a}$$

$$\rho\frac{\mathrm{D}v}{\mathrm{D}t}=-\frac{\partial p}{\partial y}+\rho f_y \tag{6.36b}$$

$$\rho\frac{\mathrm{D}w}{\mathrm{D}t}=-\frac{\partial p}{\partial z}+\rho f_z \tag{6.36c}$$

能量方程：

$$\frac{\partial}{\partial t}\iiint_{\tau}\rho\left(e+\frac{V^2}{2}\right)\mathrm{d}\tau+\oiint_{S}\rho\left(e+\frac{V^2}{2}\right)\boldsymbol{V}\cdot\mathrm{d}\boldsymbol{S}=\iiint_{\tau}\dot{q}\rho\mathrm{d}\tau-\oiint_{S}p\boldsymbol{V}\cdot\mathrm{d}\boldsymbol{S}+\iiint_{\tau}\rho(\boldsymbol{f}\cdot\boldsymbol{V})\mathrm{d}\tau \tag{6.37}$$

或

$$\rho \frac{D(e+V^2/2)}{Dt} = \rho\dot{q} - \nabla \cdot p\boldsymbol{V} + \rho(\boldsymbol{f} \cdot \boldsymbol{V}) \tag{6.38}$$

以上的连续方程、动量方程、能量方程以 p,V,ρ,e 和 T 五个量为未知数的。假定是理想气体，则所需的另外两个方程由 6.2 节给出，即

状态方程：

$$p = \rho RT$$

内能方程：

$$e = c_V T$$

关于可压缩流动的基本方程，请注意在 3.2 节中推导并以式(3.13) 给出的伯努利方程不适用于可压缩流动问题，伯努利方程中明显地包含着密度为常量的假设，因此它不适用于可压缩流动。

在以后的讨论中，以上方程中的积分形式和微分形式依据不同情况我们都将会用到。

6.4　声　速

在日常生活中所能听到的各种各样的声音都是听觉器官对周围压力扰动的感知，并且同样能够注意到，听到的雷鸣比看到的闪电到的晚，在空旷的空间下发出声音，耸立的山和高墙产生回音。这些现象表明，若将气体压力、密度、速度等状态参数发生的变化叫做扰动，且扰动量相对参数本身很小时，则声音便是这些微弱扰动以有限大小速度在空气中传播的物理现象。声音在介质中传播速度的大小与介质的属性密切相关。若假定流体是不可压缩的，则声速为无穷大。若流体是可压缩的，声速为有限大。压缩性越小，扰动传播速度越大。所以，声速是流体介质可压缩性的标志之一。

通常可以将声音的传播看成是由扰动源发出的连续扰动界面，在三维空间中，扰动面应该是球面。但在以球面形式传播的扰动面上，所有很小的微元面都可以近似地看做为平面，且与传播方向是垂直的，如图 6.3 所示。

图 6.3(a) 给出了声波以速度 a 在气体中传播的示意图，声波由右向左运动，左边的气体处于静止状态(① 区)，① 区的当地压力、温度和密度分别为 p,T 和 ρ。声波后(② 区) 的气体状态参数相对波前有微弱的不同，分别表示为 $p+\mathrm{d}p,T+\mathrm{d}T$ 和 $\rho+\mathrm{d}\rho$。对图 6.3(a) 所示的声波传播，如果取地面坐标系，则所观察到的流场就是非定常流场。这样，前面提到的控制方程就不能方便地使用了。如果设想在声波上来观察流场，则此时的情形为声波不动，波前气流以速度 a 流向声波，如图 6.3(b) 所示。气流通过声波后进入 ② 区，离开声波的速度为 $a+\mathrm{d}a$。经过上述运动速度的转换，现在所面对的流动问题成为声波在流场中不动，气流以速度 a 由左至右流向声波，如图 6.3(b) 所示。实际上，图 6.3(a) 和图 6.3(b) 所表示的是相同流动问题的不同描述

方式，为分析方便起见，采用图 6.3(b) 来对声波传播问题进行分析。

首先，这一流动可看做一维流动。同时，气流经过声波气体所经历的状态变化是一个绝热过程，因为在这一过程中没有热量被传入或取出。最后，在声波内(或在声波区域) 所有状态参数的梯度都很小 —— 通过声波的压力、温度、密度和声速的变化量 dp，dT，$d\rho$ 和 da 都是无限小量。这样，在这一过程中的耗散现象(黏性和热传导) 便可以被忽略不计。对于这样满足绝热条件且无耗散现象的流动是一个绝热可逆流动，亦即等熵流动。接下来便要应用适当的控制方程来分析图 6.3(b) 所描述的流动。

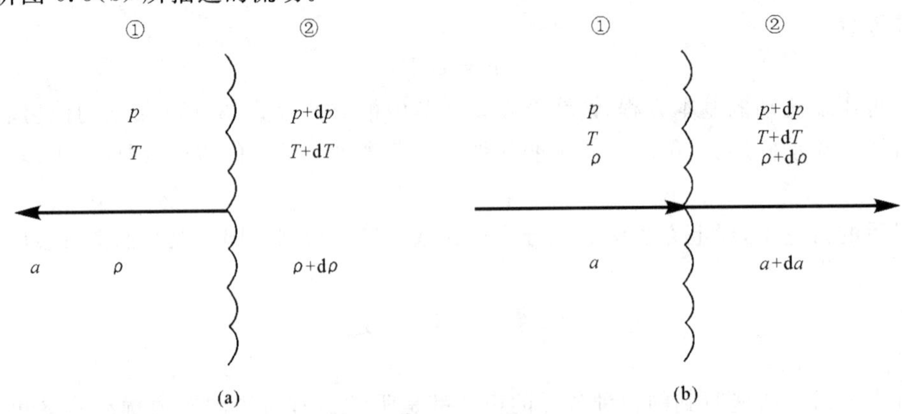

图 6.3　移动与静止的声波，两幅图片相同，只是表达方式不同

(a) 声波以速度 a 向静止空气传播；(b) 在流动气体中的静止声波(上游气体相对于波的速度为 a)

应用连续式(6.33)，有

$$\rho a = (\rho + d\rho)(a + da)$$

或

$$\rho a = \rho a + a d\rho + \rho da + d\rho da \tag{6.39}$$

式中，$d\rho da$ 的乘积与其他项相比，是高阶无穷小量，可以忽略不计，则式(6.39) 中的声速可以表示为

$$a = -\rho \frac{da}{d\rho} \tag{6.40}$$

现在，对图 6.3(b) 中流动应用动量式(6.35)，在不考虑体积力时，有

$$p + \rho a^2 = (p + dp) + (\rho + d\rho)(a + da)^2 \tag{6.41}$$

去掉高阶无穷小量，式(6.41) 可写为

$$dp = -2a\rho da - a^2 d\rho \tag{6.42}$$

将式(6.42) 中的 da 以显式形式给出，则有

$$da = \frac{dp + a^2 d\rho}{-2a\rho} \tag{6.43}$$

将式(6.43) 代入式(6.40)，可得

$$a=-\rho\frac{\mathrm{d}p/\mathrm{d}\rho+a^2}{-2a\rho} \tag{6.44}$$

由式(6.44)得

$$a^2=\frac{\mathrm{d}p}{\mathrm{d}\rho} \tag{6.45}$$

前面已经说明，气流经过声波的过程是等熵的，所以，在式(6.45)中，压力变化与密度变化的比，即 $\mathrm{d}p/\mathrm{d}\rho$，也是一个等熵变化。这样式(6.45)可写为

$$a=\sqrt{\left(\frac{\mathrm{d}p}{\mathrm{d}\rho}\right)_s} \tag{6.46}$$

式(6.46)就是声音在气体中传播速度的基本表达式。如果假设气体是量热完全气体，式(6.32)所表达的等熵关系式可写为

$$\frac{p}{\rho^\gamma}=\mathrm{const}=c\quad 或\quad p=c\rho^\gamma \tag{6.47}$$

以式(6.47)对 ρ 求导，可以得

$$\left(\frac{\partial p}{\partial\rho}\right)_s=c\gamma\rho^{\gamma-1} \tag{6.48}$$

注意，下标 s 在这里的意义是，被微分的公式是在等熵条件下的关系式。将式(6.47)中的常数代入式(6.48)，则有

$$\left(\frac{\partial p}{\partial\rho}\right)_s=\frac{\gamma p}{\rho} \tag{6.49}$$

再将式(6.49)代入式(6.46)，最后得

$$a=\sqrt{\frac{\gamma p}{\rho}} \tag{6.50}$$

式(6.50)是量热完全气体中声音的传播速度表达式。乍看起来，式(6.50)给出的声速表达式与 p 和 ρ 都有关，但只要考虑到完全气体方程给出的压力与密度的关系，即

$$\frac{p}{\rho}=RT \tag{6.51}$$

并将上式代入式(6.50)，便有

$$a=\sqrt{\gamma RT} \tag{6.52}$$

这便是声音传播速度的最终表达式；式(6.52)清楚地说明，气流中任意一点的声速只是温度的函数，不过声速是相对于流动着的气体而言的。

标准海平面大气的声速是一个很有用的大气参数，记住这个参数是很必要的，其值为

$$a=340.9\ \mathrm{m/s}$$

回到在第 1 章对压缩性的定义，弹性模量 E 为

$$E=-\frac{\mathrm{d}p}{\mathrm{d}(1/\rho)/(1/\rho)}=\rho\frac{\mathrm{d}p}{\mathrm{d}\rho}$$

在等熵条件下，则有

$$E_s = \rho\left(\frac{\partial p}{\partial \rho}\right)_s = \rho a^2 \tag{6.53}$$

或

$$a = \sqrt{\frac{E_s}{\rho}} \tag{6.54}$$

式(6.54) 给出了声速与气体压缩性间的关系，即压缩性越小，声速越大。对于流体完全不可压缩的极限情况，$E_s = \infty$。于是，根据式(6.54) 可知，理论上不可压缩流体其声速为无穷大。换句话说，对速度为有限大小的不可压缩流动，其马赫数 $Ma = V/a$ 为零。所以，在第 3 章至第 5 章所涉及的不可压缩流动问题严格地说都是马赫数趋近于零的流动问题。

马赫数还有另外一个物理含义。当一个流体微团沿流线运动时，单位质量流体微团的动能和内能分别为 $V^2/2$ 和 e，通过内能式(6.6a) 和式(6.10)，可以得到两者之比为

$$\frac{V^2/2}{e} = \frac{V^2/2}{c_V T} = \frac{V^2/2}{RT/(\gamma-1)} = \frac{(\gamma/2)V^2}{a^2/(\gamma-1)} = \frac{\gamma(\gamma-1)}{2}Ma^2$$

上式表明马赫数的平方正比于气流动能与内能之比。式中，c_V 是比定容热容，下标 V 表示体积；γ 表示比热比。

最后请注意，在推导声速公式时用到了等熵的概念。这里的等熵条件只是要求气流通过声波时不会对流体造成“额外”的熵增。对于存在熵增的流动，也就是说，对于存在黏性和热传导的流动中，声速计算式(6.52) 仍然有效。

6.5 滞止参数的定义

静压是仅仅考虑气体分子自由运动产生的压力贡献，这个压力就是当你以当地流速和气体一起运动时所感觉到的，相反，总压(或驻点压力) 为流动速度为零($\mathbf{V} = \mathbf{0}$) 的点的压力。现在让我们给出对总参数(或滞止参数) 更精确的定义。

假设流体微团通过一个给定点，对应的当地压力、温度、密度、马赫数、速度分别为 p，T，ρ，Ma 和 V，p，T，ρ 分别是静变量(静参数)，即静压、静温、静密度。它们是当你以当地流速和气体一起运动时所感觉到的压力，温度和密度。现在想象把流体微元绝热地减速到速度为零，显然，当流体微元变为静止时，p，T，ρ 将会发生变化。流体微团被绝热地减速为静止时所对应的温度，定义为总温，用 T_0 表示。此时对应的焓值被定义为总焓 h_0，对于量热完全气体 $h_0 = c_p T_0$。因此，对于流场中给定的一点，其温度和焓分别为 T 和 h，我们可以按照上面的定义给定总温 T_0 和总焓 h_0 的值。

由能量式(6.38)，可以得到总焓，从而可以得到总温。假设流动是绝热的($\dot{q} = 0$)，并且忽略体积力($\boldsymbol{f} = \mathbf{0}$)，对于这种流动，式(6.38) 变为

$$\rho \frac{\mathrm{D}(e + V^2/2)}{\mathrm{D}t} = -\nabla \cdot p\mathbf{V} \tag{6.55}$$

把式(6.55)右端按下面的矢量恒等式展开,即

$$\nabla \cdot p\boldsymbol{V} \equiv p\,\nabla \cdot \boldsymbol{V} + \boldsymbol{V} \cdot \nabla\, p \tag{6.56}$$

同时,由实质导数的定义,则有

$$\rho\,\frac{\mathrm{D}(p/\rho)}{\mathrm{D}t} = \rho\,\frac{\rho \mathrm{D}p/\mathrm{D}t - p\mathrm{D}\rho/\mathrm{D}t}{\rho^2} = \frac{\mathrm{D}p}{\mathrm{D}t} - \frac{p}{\rho}\,\frac{\mathrm{D}\rho}{\mathrm{D}t} \tag{6.57}$$

并将连续方程写成如下形式:

$$\frac{\mathrm{D}\rho}{\mathrm{D}t} + \rho\,\nabla \cdot \boldsymbol{V} = 0$$

把上式带入到式(6.57)中,得

$$\rho\,\frac{\mathrm{D}(p/\rho)}{\mathrm{D}t} = \frac{\mathrm{D}p}{\mathrm{D}t} + p\,\nabla \cdot \boldsymbol{V} = \frac{\partial p}{\partial t} + \boldsymbol{V} \cdot \nabla\, p + p\,\nabla \cdot \boldsymbol{V} \tag{6.58}$$

将式(6.56)带入式(6.55)中,结果与式(6.58)相加,得

$$\rho\,\frac{\mathrm{D}}{\mathrm{D}t}\left(e + \frac{p}{\rho} + \frac{V^2}{2}\right) = -\,p\,\nabla \cdot \boldsymbol{V} - \boldsymbol{V} \cdot \nabla\, p + \frac{\partial p}{\partial t} + \boldsymbol{V} \cdot \nabla\, p + p\,\nabla \cdot \boldsymbol{V} \tag{6.59}$$

注意

$$e + \frac{p}{\rho} = h \tag{6.60}$$

将式(6.60)带入到式(6.59)中,并注意式(6.59)中,右端一些项可以约去,有

$$\rho\,\frac{\mathrm{D}(h + V^2/2)}{\mathrm{D}t} = \frac{\partial p}{\partial t} \tag{6.61}$$

如果流动是定常的,即 $\partial p/\partial t = 0$,则式(6.61)变为

$$\rho\,\frac{\mathrm{D}(h + V^2/2)}{\mathrm{D}t} = 0 \tag{6.62}$$

根据2.4节中对实质导数的定义,式(6.62)描述了沿流线的流体微元,它的 $h+V^2/2$ 随时间的变化率为零,即

$$h + \frac{V^2}{2} = \text{常数} \tag{6.63}$$

注意推导式(6.63)的假设是流动定常、绝热、无黏。因为式(6.63)适用于绝热流,它可以被用于详细描地述我们之前关于总焓的定义。因为定义总焓 h_0 为流体微元被绝热地减速为静止时所对应的焓值,在式(6.63)中,当 $V=0$ 时,则 $h=h_0$,即式(6.63)中的常数就是总焓值。因此,式(6.63)可以写为

$$h + \frac{V^2}{2} = h_0 \tag{6.64}$$

式(6.64)是很重要的,它表明在流动中任一点,总焓由每单位体积的静焓和动能之和组成。在我们后面的方程中,凡是出现 $h+V^2/2$ 的地方都可以用 h_0 代替。例如,式(6.62)在定常,绝热、无黏条件下,可写为

$$\rho \frac{Dh_0}{Dt} = 0$$

即总焓沿流线为常数。如果像通常的情况那样，所有的流线都来自均匀自由来流，那么在不同流线也是相等的。从而，在这样的定常、绝热条件下，总焓在整个流场中为常数，等于自由来流对应的总焓，即

$$h_0 = 常数 \tag{6.65}$$

对于定常，无黏，绝热流动，式(6.65)是能量方程的表达形式。因此，可以用式(6.62)代替那些更复杂的偏微分方程，这是很可观的简化，我们将会在后面的讨论中看到。

对于量热完全气体，$h_0 = c_p T_0$。因此，上面的结果也表明了对于定常、无黏、绝热的量热完全气体，总温保持不变，即

$$T_0 = 常数 \tag{6.66}$$

对这种流动，式(6.66)也可以看做是能量方程的一种形式。

回顾本章开头，假设流体微团通过一个给定点，对应的当地压力、温度、密度、马赫数、速度分别为 p,T,ρ,Ma 和 V。把流体微团绝热地减速到速度为零，但这次减速过程是绝热可逆的，也就是说将流体微团速度等熵地减速至零，这时对应的压力和密度分别定义为总压 p_0 和总密度 ρ_0

p_0 和 ρ_0 的定义涉及一个等熵压缩到速度为零的过程。等熵的假设仅仅是 p_0 与 ρ_0 和定义相关联的。总压和总密度的概念适用于任何一般的非等熵流。例如，在一般流动区域中，考虑两个不同的点 1 和 2。在点 1 处，当地静压和密度分别为 p_1 和 ρ_1，同前面定义的一样，当地总压和总密度分别记为 $p_{0,1}$ 和 $\rho_{0,1}$。类似的，在点 2，当地静压和密度分别记为 p_2 和 ρ_2，当地总压和总密度分别为 $p_{0,2}$ 和 $\rho_{0,2}$。如果流动在点 1 和 2 之间是非等熵的，则 $p_{0,1} \neq p_{0,2}$ 和 $\rho_{0,1} \neq \rho_{0,2}$。相反的，如果流动在点 1 和点 2 之间是等熵的，则 $p_{0,1} = p_{0,2}$ 和 $\rho_{0,1} = \rho_{0,2}$。实际上，如果整个流动区域都是等熵的，则 p_0，ρ_0 在整个流场分别为一常数。

上述分析的一个必然的结果就是：我们需要定义另外一个温度，记为 T^*，称为临界温度，定义如下：考虑亚声速流中的一点，这一点的当地静温为 T，假想流体微元等熵地加速到声速，在这个声速条件下的温度就记为 T^*。类似地，考虑超声速流中的一个点，当地静温为 T，在这一点假设流体微元等熵的减速至声速，此时的温度就记为 T^*。更确切地说，这个量与 T_0，p_0，ρ_0 等一样，都是流体微团的特征参数。同样地能够得到，$a^* = \sqrt{\gamma R T^*}$。

6.6 超声速流动的特征 —— 激波

回顾图 1.8 所示简要描述的不同马赫数范围的不同流动。由图 1.8(a) 可以看到亚声速流动具有平滑的流线型，钝体远前方的流动决定了其附近的流动并与其外形相适应。而超声速流动与其很不相同，如图 1.8(d) 及图 1.8(e) 所示，流动被激波所强烈影响。实际上，具有超声速

区域的任何流动，如图 1.8(b) 至图 1.8(e) 都会被激波所影响。因此，超声速流动研究中的一个重要内容就是激波形状和强度的计算。这是第 7 ～ 8 章的主题。

激波是一个极其薄的区域，厚度大约只有 10^{-5} cm 的量级。通过激波，流动特性发生剧烈变化。由于空气是透明的，我们用肉眼通常不能看见激波。然而，由于通过激波，密度发生较大变化，所以光通过激波将形成折射。特殊的光学系统，如投影技术、纹影法和干涉仪，利用光的折射就可将可视化的激波图像显示于屏幕或投影底片中。有关的细节及这些光学系统的特性详见相关参考资料，流动从亚声速变化到超声速，不仅仅是有激波的出现，整个流动的性态都发生了变化。接下来的第 7 章的主要内容就是描述和分析这些流动。

6.7　小　结

本章的一些要点归结如下：

1. 热力学关系式

状态方程：
$$p = \rho RT$$

量热完全气体：
$$e = c_V T, \quad h = c_p T$$
$$c_p = \frac{\gamma R}{\gamma - 1}, \quad c_V = \frac{R}{\gamma - 1}$$

2. 热力学第一定律的不同形式
$$\delta q + \delta w = \mathrm{d}e$$
$$T\mathrm{d}s = \mathrm{d}e + p\mathrm{d}v$$
$$T\mathrm{d}s = \mathrm{d}h - v\mathrm{d}p$$

3. 熵的定义
$$\mathrm{d}s = \frac{\delta q_{\mathrm{rev}}}{T}$$
或
$$\mathrm{d}s = \frac{\delta q}{T} + \mathrm{d}s_{\mathrm{irrev}}$$

4. 热力学第二定律
$$\mathrm{d}s \geqslant \frac{\delta q}{T}$$

对绝热过程：
$$\mathrm{d}s \geqslant 0$$

5. 量热完全气体的熵变化计算公式为
$$s_2 - s_1 = c_p \ln\frac{T_2}{T_1} - R\ln\frac{p_2}{p_1}$$
和
$$s_2 - s_1 = c_V \ln\frac{T_2}{T_1} + R\ln\frac{v_2}{v_1}$$

对于等熵流动：

$$\frac{p_2}{p_1}=\left(\frac{\rho_2}{\rho_1}\right)^{\gamma}=\left(\frac{T_2}{T_1}\right)^{\gamma/(\gamma-1)}$$

6. 无黏可压缩流动控制方程

连续方程：

$$\frac{\partial}{\partial t}\iiint_{\tau}\rho\mathrm{d}\tau+\oiint_{S}\boldsymbol{V}\cdot\mathrm{d}\boldsymbol{S}=0$$

$$\frac{\partial\rho}{\partial t}+\boldsymbol{\nabla}\cdot\rho\boldsymbol{V}=0$$

动量方程：

$$\frac{\partial}{\partial t}\iiint_{\tau}\rho\boldsymbol{V}\mathrm{d}\tau+\oiint_{S}(\rho\boldsymbol{V}\cdot\mathrm{d}\boldsymbol{S})\boldsymbol{V}=-\oiint_{S}p\,\mathrm{d}\boldsymbol{S}+\iiint_{\tau}\rho\boldsymbol{f}\mathrm{d}\tau$$

$$\rho\frac{\mathrm{D}u}{\mathrm{D}t}=-\frac{\partial p}{\partial x}+\rho f_x$$

$$\rho\frac{\mathrm{D}v}{\mathrm{D}t}=-\frac{\partial p}{\partial y}+\rho f_y$$

$$\rho\frac{\mathrm{D}w}{\mathrm{D}t}=-\frac{\partial p}{\partial z}+\rho f_z$$

能量方程：

$$\frac{\partial}{\partial t}\iiint_{\tau}\rho\left(e+\frac{V^2}{2}\right)\mathrm{d}\tau+\oiint_{S}\rho\left(e+\frac{V^2}{2}\right)\boldsymbol{V}\cdot\mathrm{d}\boldsymbol{S}=\iiint_{\tau}\dot{q}\rho\mathrm{d}\tau-\oiint_{S}p\boldsymbol{V}\cdot\mathrm{d}\boldsymbol{S}+\iiint_{\tau}\rho(\boldsymbol{f}\cdot\boldsymbol{V})\mathrm{d}\tau$$

$$\rho\frac{\mathrm{D}(e+V^2/2)}{\mathrm{D}t}=\rho\dot{q}-\boldsymbol{\nabla}\cdot p\boldsymbol{V}+\rho(\boldsymbol{f}\cdot\boldsymbol{V})$$

对于定常绝热流动，上式可以写成为

$$h_0=h+\frac{V^2}{2}=\mathrm{const}$$

7. 完全气体状态方程

$$p=\rho RT$$

量热完全气体的内能：

$$e=c_V T$$

气体的声速：

$$a=\sqrt{\left(\frac{\mathrm{d}p}{\mathrm{d}\rho}\right)_s}$$

对量热完全气体，则有

$$a=\sqrt{\frac{\gamma p}{\rho}}$$

$$a = \sqrt{\gamma RT}$$

在量热完全气体中，声音的传播速度只与温度有关。

如果流体微团被绝热地减速到静止，此时的温度和焓称为总温 T_0 和总焓 h_0。同样地，如果流体微团被等熵地减速到静止，此时的压力和密度称为总压 p_0 和总密度 ρ_0。一般说来，对于绝热流动，全场总焓 h_0 为常数；对于等熵流动，全场总压 p_0 和总密度 ρ_0 为常数。

超声速流场中的激波非常薄，气流通过激波、压力、密度、温度和熵会有有限大小的增加，流动马赫数、流动速度和总压会减小，但总焓及总温不变。

习　题

6.1　高速导弹的头部驻点处的温度为 600 K，压力为 7.8 atm①。计算该点的密度。

6.2　激波前空气的温度和压力分别为 288 K 和 1 atm，激波后，空气的温度和压力分别为 690K 和 8.656 atm。计算通过激波焓、内能和熵的变化。

6.3　计算温度为 230 K 空气中的声速。

6.4　有一真空箱，通过一个管道从大气中吸气。假设空气无论在什么温度下都是完全气体，问当大气温度为 288 K 时，管道中最大的可能流速是多少？

6.5　在一个超声速风洞储气罐内，罐中的速度可忽略不计，罐中的温度为 900 K。若喷管出口的温度为 500 K，假设流动是绝热的，计算出口速度。

6.6　一个翼型处于来流压力 $p_\infty = 0.61$ atm，密度 $\rho_\infty = 0.61\ \text{kg/m}^3$，速度 $V_\infty = 300$ m/s。翼型表面某点的压力 $p_\infty = 0.5$ atm。在流动是等熵的前提下，计算该点的速度。

6.7　试采用不可压缩伯努利方程计算习题 6.5 中的速度，并对比结果的误差（百分比）。

参考文献

[1]　Anderson John D, Jr. Fundamentals of Aerodynamics[M]. 4th ed. New York: McGraw - Hill Companies, 2001.

[2]　Arnold M Kuethe, Chuen Yen Chow. Foundation of Aerodynamics—Bases of Aerodynamic Design[M]. 4th ed. New York: John Wiley & Sons, Inc, 1986.

① atm，压力，压强的非法定计量单位，1 atm $= 1.013\ 25 \times 10^5$ Pa

第 7 章　正激波

7.1 引　言

在前面介绍了超声速气流通过激波时，气流状态参数会发生剧烈变化。本章及第 8 章将要建立激波理论，定量地计算出气流通过激波时的气流状态参数变化。

本章对激波问题的分析是以激波与气流垂直的特例 —— 正激波 —— 为起点。正激波在流动问题中是经常出现的，图 7.1 给出了其中一个特例。此图例为超声速流动中在钝头体前形成的强弓形脱体激波，尽管激波形状是弯曲的，但在紧靠钝体头部处，激波与气流几乎完全垂直。同时，通过与气流正交部分的弓形激波的流线会冲撞到钝体头部，并影响在头部的驻点压力和驻点温度。在高速钝体运动问题中，头部区域的几何外形及流动参数对阻力和气动热的计算都是非常重要的影响因素。总之，激波现象及其应用都是很重要的。

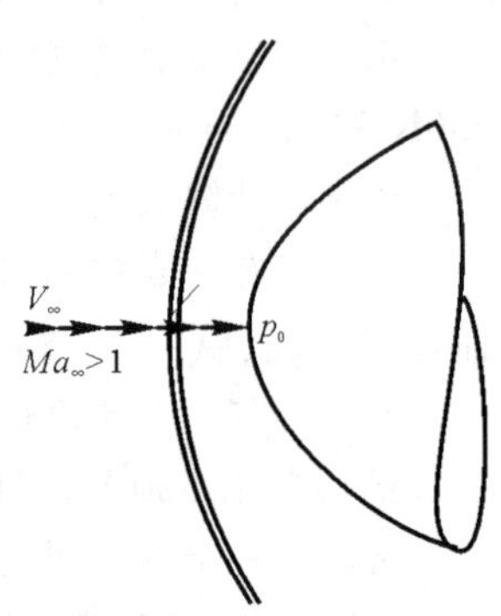

图 7.1　正激波图例

在本章对正激波关系式的许多推导过程及结果会在下一章对斜激波分析中用到，所以在本章将仔细地分析正激波问题。

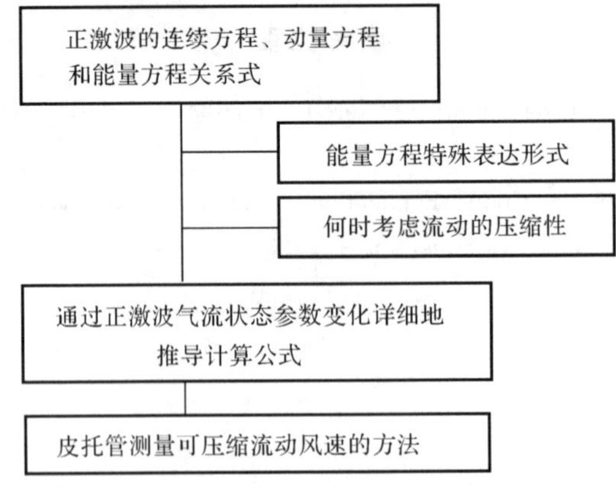

图 7.2　第 7 章的内容简介

本章内容简介如图 7.2 所示。首先，我们要以连续方程、动量方程和能量方程建立起正激波前后状态参数间的基本关系式，并以此基本关系式得到计算激波前后状态参数的详细公式。

另外,还要着重强调,这些计算公式所表达出的状态参数变化趋势及其物理特点。在推导激波前后状态参数计算公式的过程中,还对另外两个与压缩性相关的概念进行了分析:① 能量方程的特殊表达形式;② 对压缩性影响标准的量化分析。最后,以皮托管测可压流动中的风速为例,对压缩性影响进行了说明。

7.2　正激波的基本关系式

正激波及其前后状态参数的情形可用图 7.3 来描述。① 区是激波前均匀来流,② 区是激波后与 ① 区状态参数不同的另一个均匀流。① 区的压力、密度、温度、马赫数、速度、总压、总焓、总温和熵分别以 p_1,ρ_1,T_1,Ma_1,u_1,$p_{0,1}$,$h_{0,1}$,$T_{0,1}$ 和 s_1 表示。② 区对应的变量分别以 p_2,ρ_2,T_2,Ma_2,u_2,$p_{0,2}$,$h_{0,2}$,$T_{0,2}$ 和 s_2 表示。图 7.3(a) 对应于常见的余激波情形,图 7.3(b) 对应于正激波情形。正激波问题可以简单地叙述为:由激波上游的状态参数(p_1,ρ_1,T_1 等) 计算出激波下游的状态参数(p_2,ρ_2,T_2 等)。以下将对这一问题进行逐步分析。

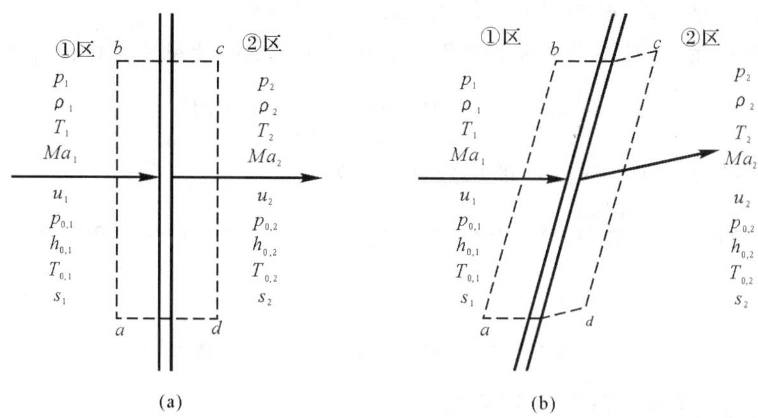

图 7.3　激波示意图

(波前状态为已知,波后状态为未知)

(a) 斜激波; (b) 正激波

在图 7.3 中选择一个以 $abcd$ 围成的矩形控制体,激波被控制体所围。ab 边为控制体左侧面,cd 边为控制体右侧面,两个侧面均与流动方向垂直且面积为 A。将守恒方程应用到该控制体上,在这一过程中要注意到以下几个与图 7.3 所示流动相关的物理特点:

(1) 该流动是定常的,即 $\partial/\partial t = 0$。

(2) 该流动是绝热的,即 $q = 0$。在流体穿过激波时,没有热被加入或取出控制体,跨过激波温度的升高不是因为有热的加入,而是流体的动能在穿过激波时被转换成了内能。

(3) 在控制体边界,没有黏性作用。知道,激波本身非常薄,其内的速度梯度和温度梯度都非常大。因此,激波的内部结构决定了摩擦和传热在激波中起着很重要的作用。但激波内的摩擦和传热都只是发生在控制体内部，而对积分形式的守恒方程，可以不去考虑发生在控制体内的具体细节。

(4) 不考虑体积力，即 $\boldsymbol{f} = \mathbf{0}$。

考虑到以上流动特征，第 6 章所表达的连续方程和动量方程可简化为

$$\oiint_S \rho \boldsymbol{V} \cdot \mathrm{d}\boldsymbol{S} = 0, \quad \oiint_S (\rho \boldsymbol{V} \cdot \mathrm{d}\boldsymbol{S})\boldsymbol{V} = -\oiint_S p\,\mathrm{d}\boldsymbol{S} \tag{7.1}$$

对于按图 7.3 选择的控制体，注意到速度矢量 V 与所有控制面的关系，正激波前后密度、压力和速度间的关系可用下式表达，即

$$\left.\begin{aligned} -\rho_1 u_1 A + \rho_2 u_2 A = 0 \\ \rho_1(-u_1 A)u_1 + \rho_2(u_2 A)u_2 = -(-p_1 A + p_2 A) \end{aligned}\right\}$$

或

$$\left.\begin{aligned} \rho_1 u_1 = \rho_2 u_2 \\ p_1 + \rho_1 u_1^2 = p_2 + \rho_2 u_2^2 \end{aligned}\right\} \tag{7.2}$$

式(7.2) 为正激波情形下的连续方程和动量方程，由两个方程构成，包含了三个未知数。要对正激波问题进行完整描述，必须引入可压缩流动的能量方程。

在定常、绝热、无黏，且不考虑体积力时，式(6.37) 表示的能量方程可简化为

$$\oiint_S \rho\left(e + \frac{V^2}{2}\right)\boldsymbol{V} \cdot \mathrm{d}\boldsymbol{S} = -\oiint_S p\boldsymbol{V} \cdot \mathrm{d}\boldsymbol{S} \tag{7.3}$$

对图 7.3 所选定的控制面，式(7.3) 的积分可表示为

$$-\rho_1\left(e_1 + \frac{u_1^2}{2}\right)u_1 A + \rho_2\left(e_2 + \frac{u_2^2}{2}\right)u_2 A = -(-p_1 u_1 A + p_2 u_2 A)$$

经整理后为

$$p_1 u_1 + \rho_1\left(e_1 + \frac{u_1^2}{2}\right)u_1 = p_2 u_2 + \rho_2\left(e_2 + \frac{u_2^2}{2}\right)u_2 \tag{7.4}$$

结合式(7.2) 的连续方程，式(7.4) 可写为

$$\frac{p_1}{\rho_1} + e_1 + \frac{u_1^2}{2} = \frac{p_2}{\rho_2} + e_2 + \frac{u_2^2}{2} \tag{7.5}$$

再由对焓的定义，$h = e + pv = e + p/\rho$。式(7.5) 变为

$$h_1 + \frac{u_1^2}{2} = h_2 + \frac{u_2^2}{2} \tag{7.6}$$

式(7.6) 为正激波情形下的能量方程。式(7.6) 的结果并不奇怪，当流动是以绝热通过激波时，我们在第 6 章已经证明，$h_0 = h + V^2/2 = \text{const}$。式(7.6) 只是表明总焓 h_0（对量热完全气体，还有总温 T_0）通过激波时为常数。所以式(7.6) 的结论与第 6 章得到的普遍结果是相符合的。

把上面的结果紧凑地列在一起，可得到正激波基本关系式为

连续方程： $\rho_1 u_1 = -\rho_2 u_2$

动量方程： $p_1 + \rho_1 u_1^2 = p_2 + \rho_2 u_2^2$

能量方程：
$$h_1+\frac{u_1^2}{2}=h_2+\frac{u_2^2}{2}$$

现在，再以图 7.3 仔细分析上面这些公式。激波上游的条件，即 ρ_1,p_1,u_1,h_1 等，是已知的。这样，这些公式便是一个具有 4 个未知数、3 个代数方程的方程组，未知数为 ρ_2,p_2,u_2,h_2 等。此时，若加上下面的热力学关系式：

焓为
$$h_2=c_pT_2$$

状态方程为
$$p_2=\rho_2RT_2$$

便得到有 5 个未知数、5 个代数方程的方程组，未知数为 ρ_2,p_2,u_2,h_2 和 T_2。我们会在 7.5 节以显式方式给出激波后的各未知状态参数。但为了能够更方便地推导和理解正激波计算公式，我们不是在此刻直接去推导正激波计算公式，而是按照图 7.2 的进程先对几个相关概念进行分析。这些概念包括能量方程的其他表达形式和压缩性的影响，所有这些分析对激波问题的讨论都是非常必要的。

最后，应当注意到，式(7.2) 和式(7.6) 并不只是局限于正激波流动问题，对于任何一维定常、绝热、无黏流动也同样适用。显然，图 7.3 所示流动为 x 方向的一维流动。这类流动的状态参数只是 x 的函数[$p=p(x),u=u(x)$ 等]，因此被定义为一维流动。所以，式(7.2) 和式(7.6) 通常又被称为一维定常、绝热、无黏流动的控制方程。

7.3　能量方程的特殊形式、滞止参数、临界参数

本节将要详细研究第 6 章中给出的绝热能量方程，即定常、绝热、无黏流动的能量方程
$$h_1+\frac{V_1^2}{2}=h_2+\frac{V_2^2}{2}\tag{7.7}$$

这里的 V_1 和 V_2 是在流线上两个对应点上的速度。为了与现在研究的一维流动相一致，以 u_1 和 u_2 代替式(7.7) 中的 V_1 和 V_2，于是有
$$h_1+\frac{u_1^2}{2}=h_2+\frac{u_2^2}{2}\tag{7.8}$$

但是，必须记住，以后在本节所得到的结论对流动沿二维或三维流线问题同样适用，并不是只限于一维流动。

对于量热完全气体，即 $h=c_pT$。式(7.8) 可写成为
$$c_pT_1+\frac{u_1^2}{2}=c_pT_2+\frac{u_2^2}{2}\tag{7.9}$$

考虑到式(6.9)，式(7.9) 又可表示为
$$\frac{\gamma RT_1}{\gamma-1}+\frac{u_1^2}{2}=\frac{\gamma RT_2}{\gamma-1}+\frac{u_2^2}{2}\tag{7.10}$$

因为 $a=\sqrt{\gamma RT}$，式(7.10) 又可写为

$$\frac{a_1^2}{\gamma-1}+\frac{u_1^2}{2}=\frac{a_2^2}{\gamma-1}+\frac{u_2^2}{2} \tag{7.11}$$

如果将 2 点看做驻点，驻点处的声速记为 a_0，这时 $u_2=0$。这样式(7.11) 去掉下标后为

$$\frac{a^2}{\gamma-1}+\frac{u^2}{2}=\frac{a_0^2}{\gamma-1} \tag{7.12}$$

在式(7.12) 中，a 和 u 分别为任意点处流动声速和速度，a_0 为对应驻点处的驻点声速。对于流线上的任意两点，式(7.12) 表明

$$\frac{a_1^2}{\gamma-1}+\frac{u_1^2}{2}=\frac{a_2^2}{\gamma-1}+\frac{u_2^2}{2}=\text{const} \tag{7.13}$$

在第 6 章所定义过的临界声速 a^*，若此时设 2 点处为声速流动，即 $u=a^*$，则有

$$\frac{a^2}{\gamma-1}+\frac{u^2}{2}=\frac{\gamma+1}{2(\gamma-1)}a^{*2} \tag{7.14}$$

在式(7.14) 中，a^* 为对应声速点处的临界声速。最后，对流线上的任意两点，式(7.14) 表明

$$\frac{a_1^2}{\gamma-1}+\frac{u_1^2}{2}=\frac{a_2^2}{\gamma-1}+\frac{u_2^2}{2}=\frac{\gamma+1}{2(\gamma-1)}a^{*2}=\text{const} \tag{7.15}$$

对照式(7.12) 和式(7.15) 的右端项，a_0 和 a^* 这两个流动参数间的关系可表示为

$$\frac{\gamma+1}{2(\gamma-1)}a^{*2}=\frac{a_0^2}{\gamma-1}=\text{const} \tag{7.16}$$

很明显，在定常、绝热、无黏流动中，a_0 和 a^* 沿流线都是常数。如果所有流线都源于同样条件的均匀来流，则 a_0 和 a^* 在全流场都是常数。

若回忆一下第 6 章中定义的总温 T_0，并在式(7.9) 中设 $u_2=0$，这时有 $T_2=T_0$。去掉式(7.9) 中的下标，有

$$c_pT+\frac{u^2}{2}=c_pT_0 \tag{7.17}$$

式(7.17) 给出了根据已知流场中任一点处的流动速度 u 和温度 T 计算总温 T_0 的公式。同样地，对于定常、绝热、无黏流动，一条流线上的任意两个点上的速度和温度的关系为

$$c_pT_1+\frac{u_1^2}{2}=c_pT+\frac{u_2^2}{2}=c_pT_0=\text{const} \tag{7.18}$$

如果所有流线都源于同样条件的均匀来流，式(7.18) 便在全部流动区域满足，而不仅仅是在一条流线上。

对于量热完全气体，由式(7.18) 和第 6 章中的公式，总温与静温之比只是马赫数的函数，即

$$\frac{T_0}{T}=1+\frac{u^2}{2c_pT}=1+\frac{u^2}{2\gamma RT/(\gamma-1)}=1+\frac{u^2}{2a^2/(\gamma-1)}=1+\frac{\gamma-1}{2}\left(\frac{u}{a}\right)^2$$

亦即

$$\frac{T_0}{T} = 1 + \frac{\gamma - 1}{2} Ma^2 \tag{7.19}$$

式(7.19)是气体动力学中非常重要的公式，该式表明马赫数可唯一地确定总温与静温之比。

若再重述一下第 6 章中对总压 p_0 和总密度 ρ_0 的定义，即这两个状态参数为气流经过一个等熵过程滞止到速度为零的压力和密度。由第 6 章中的公式，有

$$\frac{p_0}{p} = \left(\frac{\rho_0}{\rho}\right)^{\gamma} = \left(\frac{T_0}{T}\right)^{\gamma/(\gamma-1)} \tag{7.20}$$

结合式(7.19)和式(7.20)，可得

$$\frac{p_0}{p} = \left(1 + \frac{\gamma - 1}{2} Ma^2\right)^{\gamma/(\gamma-1)} \tag{7.21}$$

$$\frac{\rho_0}{\rho} = \left(1 + \frac{\gamma - 1}{2} Ma^2\right)^{1/(\gamma-1)} \tag{7.22}$$

由式(7.21)和式(7.22)可以看出，与 T_0/T 类似，驻点参数与静参数之比，p_0/p 和 ρ_0/ρ，也是由马赫数和比热比 γ 确定的。

与式(7.19)一样，式(7.21)和式(7.22)也都是流体力学中非常重要的公式。对于量热完全气体，这几个公式给出了如何由流场中任一点已知的状态参数 Ma，T，p 和 ρ 来确定滞止参数 T_0，p_0 和 ρ_0，以及滞止参数与静参数间的比值(附录A中将这些参数作为马赫数的函数列表给出，其介质为空气，$\gamma = 1.4$)。

如果一个一般流动中某点的速度与声速刚好完全相等，即 $Ma = 1$。将这一状态下的压力、密度和温度分别称为临界压力、临界密度和临界温度，并分别记为 T^*，p^* 和 ρ^*。将式(7.19)、式(7.21)和式(7.22)式中的马赫数取为 $Ma = 1$，有

$$\frac{T^*}{T_0} = \frac{2}{\gamma + 1} \tag{7.23}$$

$$\frac{p^*}{p_0} = \left(\frac{2}{\gamma + 1}\right)^{\gamma/(\gamma-1)} \tag{7.24}$$

$$\frac{\rho^*}{\rho_0} = \left(\frac{2}{\gamma + 1}\right)^{1/(\gamma-1)} \tag{7.25}$$

对于空气，$\gamma = 1.4$，上面三个比值为

$$\frac{T^*}{T_0} = 0.833, \quad \frac{p^*}{p_0} = 0.528, \quad \frac{\rho^*}{\rho_0} = 0.634$$

在本节的最后，还有一个概念需要介绍。把马赫数定义为 $Ma = V/a$(在本节的一维流动中为 $Ma = u/a$)，这一无量纲数可以用来区分流动的类型，如

当 $Ma < 1$ 时，　亚声速流动；

当 $Ma = 1$ 时，　声速流动；

当 $Ma > 1$ 时，　超声速流动。

对于超声速流动理论而言，在有些情况下，采用特征马赫数 Ma^* 来区分流动类型更为方

便,特征马赫数的定义为

$$Ma^* = \frac{u}{a^*}$$

式中,a^* 为流动速度与声速相等时的声速,但并不是指当地声速。a^* 的定义与第6章所做的定义一样,并在式(7.14) 已经用到。式(6.52) 计算当地声速的公式可以用于计算特征声速,即 $a^* = \sqrt{\gamma RT^*}$。现在需要将当地马赫数与特征马赫数之间的关系表达清楚。将式(7.14) 两边除 u^2,得到

$$\frac{(a/u)^2}{\gamma-1} + \frac{1}{2} = \frac{\gamma+1}{2(\gamma-1)}\left(\frac{a^*}{u}\right)^2$$

$$\frac{(1/Ma)^2}{\gamma-1} = \frac{\gamma+1}{2(\gamma-1)}\left(\frac{1}{Ma^*}\right)^2 - \frac{1}{2}$$

$$Ma^* = \frac{2}{(\gamma+1)/Ma^{*2} - (\gamma-1)} \tag{7.26}$$

式(7.26) 将 Ma 以 Ma^* 的函数的形式给出。若求解式(7.26) 的反函数,可得

$$Ma^{*2} = \frac{(\gamma+1)Ma^2}{2+(\gamma-1)Ma^2} \tag{7.27}$$

上式 M_a^* 以 Ma 的函数的形式给出。若将 Ma 的数值代入式(7.27),则显然有

当 $Ma = 1$ 时, $Ma^* = 1$;

当 $Ma < 1$ 时, $Ma^* < 1$;

当 $Ma > 1$ 时, $Ma > 1$;

当 $Ma \to \infty$, $Ma^* \to \sqrt{\frac{\gamma+1}{\gamma-1}}$。

若以大于或小于1的的变化趋势来衡量,Ma^* 和 Ma 的表现形式是相似的,但在当地马赫数趋于无穷大时,特征马赫数趋于有限值。

例 7.1 空气流动中某点处的马赫数、静压和静温分别为 3.5,0.3 atm 和 180 K。计算该点的当地的 p_0,T_0,T^*,a^* 和 Ma^*。

解 由附录 A 可知,对于 $Ma = 3.5$ 的空气流动,由式(7.19) 及式(7.21),可得

$$p_0/p = 76.27, \quad T_0/T = 3.45$$

即

$$p_0 = \left(\frac{p_0}{p}\right)p = 76.27 \times 0.3 \text{ atm} = 2.32 \text{ MPa}$$

$$T_0 = \frac{T_0}{T}T = 3.45 \times 180 = 621 \text{ K}$$

当 $Ma = 1$ 时,$T_0/T^* = 1.2$。于是有

$$T^* = \frac{T_0}{1.2} = \frac{621}{1.2} = 517.5\ \text{K}$$

$$a^* = \sqrt{\gamma RT^*} = \sqrt{1.4 \times 287 \times 517.5} = 456\ \text{m/s}$$

$$a = \sqrt{\gamma RT} = \sqrt{1.4 \times 287 \times 180} = 268.9\ \text{m/s}$$

$$V = Ma = 3.5 \times 268.9 = 941\ \text{m/s}$$

$$Ma^* = \frac{V}{a^*} = \frac{941}{456} = 2.06$$

Ma^* 也可用式(7.27)直接算出，即

$$Ma^{*2} = \frac{(\gamma+1)Ma^2}{2+(\gamma-1)Ma^2} = \frac{2.4 \times (3.5)^2}{2+0.4 \times (3.5)^2} = 4.26,\quad Ma^* = \sqrt{4.26} = 2.06$$

与上面得到的结果一样。

7.4　流体压缩性的影响

作为对7.4节的进一步推论，现在要解答这样一个问题，什么情况下要将流动视为可压缩流动?对于亚声速流动，是否要将流体密度看成常数?这只是与想要得到的对流动描述的精度有关。而对超声速流动，流动的根本属性已经与亚声速问题有很大的差别(内能的变化与动能的变化达到了同样的量级)，必须将密度当做变量来处理。在前面的章节里已经多次提到，将 $Ma < 0.3$ 的流动近似看做是不可压缩流动，将 $Ma > 0.3$ 的流动看做是可压缩流动，这是在流体流动问题中判断压缩性的粗略准则。下面对这一粗略准则做进一步的分析。

假定一流体微团在无穷远处为静止状态，则该流体微团的静密度 ρ 与总密度 ρ_0 相等。若将流体微团等熵加速到速度等于 V，马赫数为 Ma。在流体微团的速度增大后，其他状态参数也相应发生变化，变化遵循第6章和本章推出的控制方程。如密度 ρ 的变化遵循式(6.36)，则有

$$\frac{\rho_0}{\rho} = \left(1+\frac{\gamma-1}{2}M_a^2\right)^{1/(\gamma-1)}$$

对于空气，$\gamma = 1.4$。图7.4给出了马赫数从零到1，ρ/ρ_0 的变化曲线。可以注意到，对低亚声速、小马赫数流动，ρ/ρ_0 的变化曲线相对平缓。特别在当 $Ma < 0.32$ 时，密度 ρ 与总密度 ρ_0 相差不到5%，所以在这一马赫数范围内的实际问题都可看做是不可压缩流动。但当时，密度的相对变化大于5%，并且其变化会随马赫数的增大而增大。所以，对于大多数空气动力学问题，$Ma > 0.3$ 的流动问题都要考虑压缩性。

图7.4表明，不可压缩假设对于低马赫数流动的确是很合理的，所以本书中从第3章到第5章的分析，以及大量的关于不可压缩流动的文献，对空气动力学中的应用问题都是非常有效的。

为了对图7.4进行深入理解，再来分析一下在给定速度变化的前提下，ρ/ρ_0 是怎样影响压力变化的。在前面已经介绍过压力与速度的微分关系式为

$$dp = -\rho V dV$$

可以把这个微分关系式写为

$$\frac{dp}{p} = -\frac{\rho}{p}V^2\frac{dV}{V}$$

上式给出了密度为 ρ 的可压缩流体在给定相对速度变化时的相对压力变化。如果假设密度为常数，即 $\rho = \rho_0$，我们则有

$$\left(\frac{dp}{p}\right)_0 = -\frac{\rho_0}{p}V^2\frac{dV}{V}$$

此处的下标 0 表示密度为常数。上面的最后两式相除，并假定相对速度变化不变，则有

$$\frac{dp/p}{(dp/p)_0} = \frac{\rho}{\rho_0}$$

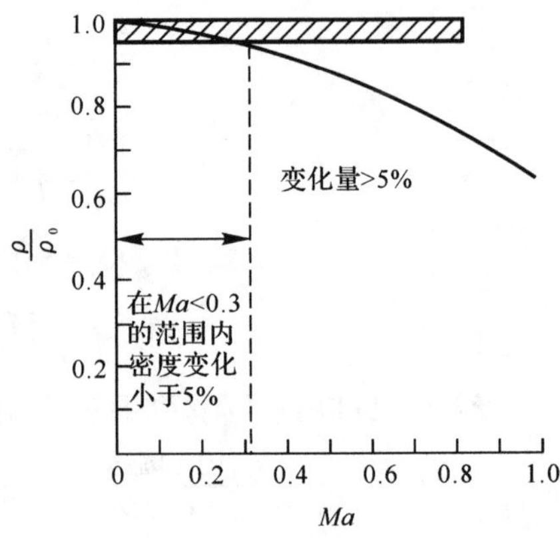

图 7.4 密度随马赫数的等熵变化

所以，在相对速度变化给定时，在图 7.4 中，ρ/ρ_0 偏离单位 1 的量值与相对压力变化比的量值是一样的。如在图 7.4 中当 $Ma = 0.3$ 时，$\rho/\rho_0 = 0.95$。于是，在可压缩流动中，当地密度为 ρ 的相对压力变化与不可压缩流动中当地密度为 ρ_0 的相对压力变化相差 5%。注意，上面我们进行的比较是针对相对压力变化，实际的全部压力变化不是太明显。例如，在储气罐中速度近乎为零，压力为海平面标准大气压力($p_0 = 1.013\,2\times10^5$ Pa，$T_0 = 288$ K)的空气流过一个管道，在出口流加速到 $V = 107$ m/s。下面将分别按不可压缩流动和可压缩流动来计算出口处的压力。

不可压缩流动：由伯努利方程，则有

$$p = p_0 - \rho V^2/2 = 1.013\,2\times10^5 - 0.5\times1.23\times(107)^2 = 94\,278.865 \text{ Pa}$$

可压缩流动：由能量方程，且 $c_p = 1\,004$ J/(kg · K)，则有

$$T = T_0 - \frac{V^2}{2c_p} = 288 - \frac{(107)^2}{2\times1\,004} = 282.3 \text{ K}$$

由等熵关系式，即

$$\frac{p}{p_0} = \left(\frac{T}{T_0}\right)^{\gamma/(\gamma-1)} = \left(\frac{282.3}{288}\right)^{3.5} = 0.932\,4$$

$$p = 0.932\,4p_0 = 0.932\,4\times1.013\,2\times10^5 = 0.944\,73\times10^5 \text{ Pa}$$

$$\frac{(0.944\,73 - 0.942\,79)}{1.013\,2} = 1.9\times10^{-3}$$

显然采用两种方法计算出的出口压力几乎是一样的，可压缩流动的压力只比不可压缩流动的压力高出不到 1.9×10^{-3}。由此证明，在马赫数小于 0.3 的流动中，假设流动为不可压缩流动，采用伯努利方程计算流动的压力，其精度是足够准确了。

如果流动被继续加速，出口处的速度达到 $V = 300$ m/s，则分别采用不可压压缩流动和可压缩流动方法计算出的出口压力为

不可压压缩流动：　　$p = 0.4597 \times 10^5\ \text{Pa}$

可压压缩流动：　　$p = 0.5605 \times 10^5\ \text{Pa}$

两种方法得到的计算结果相差达 18%。此时的出口马赫数是 0.898。因此，对这样的马赫数，流动必须看成是可压缩流体。

我们建议对 $Ma > 0.3$ 的流动问题以可压缩流动来处理，对 $Ma < 0.3$ 的流动问题以不可压缩流动来处理。这一近似是很适当的。

7.5　正激波状态参数的计算

为了给出通过激波气流状态参数变化的详细计算公式，我们再把式(7.2) 和式(7.6) 在此列出。

连续方程：

$$\rho_1 u_1 = \rho_2 u_2$$

动量方程：

$$p_1 + \rho_1 u_1^2 = p_2 + \rho_2 u_2^2$$

能量方程：

$$h_1 + \frac{u_1^2}{2} = h_2 + \frac{u_2^2}{2}$$

另外，对量热完全气体，有

$$h_2 = c_p T_2$$

$$p_2 = \rho_2 R T_2$$

重新回顾一下图 7.3 描述的基本正激波问题：给定激波前 ① 区的流动条件，计算激波后 ② 区的状态参数。分析一下上面给出的5个方程，可以注意到这5个方程内有 5 个未知数，即 ρ_2，u_2，p_2，h_2 和 T_2。这样对于量热完全气体，式(7.2)、式(7.6) 及状态方程足以确定正激波后的状态参数。

首先，用式(7.2) 中的动量方程两端分别除 $\rho_1 u_1$ 和 $\rho_2 u_2$，得

$$\frac{p_1}{\rho_1 u_1} + u_1 = \frac{p_2}{\rho_2 u_2} + u_2$$

$$\frac{p_1}{\rho_1 u_1} - \frac{p_2}{\rho_2 u_2} = u_2 - u_1 \tag{7.28}$$

采用式(6.50) 对声速的定义，$a = \sqrt{\gamma p/\rho}$，式(7.28) 可写为

$$\frac{a_1^2}{\gamma u_1} - \frac{a_2^2}{\gamma u_2} = u_2 - u_1 \tag{7.29}$$

式(7.29) 是由连续方程和动量方程得到的。若将能量式(7.6) 按另一种形式给出，即式(7.14)，并分别应用 ① 区和 ② 区的流动，于是有

$$a_1^2 = \frac{\gamma+1}{2}a^{*2} - \frac{\gamma-1}{2}u_1^2 \tag{7.30}$$

$$a_2^2=\frac{\gamma+1}{2}a^{*2}-\frac{\gamma-1}{2}u_2^2 \tag{7.31}$$

在式(7.30)和式(7.31)中，因为气流通过激波是绝热的，所以 a^* 在①区和②区都是同样的常数。将式(7.30)和式(7.31)代入式(7.29)，可得

$$\frac{\gamma+1}{2}\frac{a^{*2}}{\gamma u_1}-\frac{\gamma-1}{2\gamma}u_1-\frac{\gamma+1}{2}\frac{a^{*2}}{\gamma u_2}+\frac{\gamma-1}{2\gamma}u_2=u_2-u_1$$

或

$$\frac{\gamma+1}{2\gamma u_1u_2}(u_2-u_1)a^{*2}+\frac{\gamma-1}{2\gamma}(u_2-u_1)=u_2-u_1$$

两边同除 (u_2-u_1)，得

$$\frac{\gamma+1}{2\gamma u_1u_2}a^{*2}+\frac{\gamma-1}{2\gamma}=1$$

求解 a^*，得

$$a^{*2}=u_1u_2 \tag{7.32}$$

式(7.32)称为普朗特关系式，该式是非常有用的正激波关系式。例如，由该式可得

$$1=\frac{u_1}{a^*}\frac{u_2}{a^*} \tag{7.33}$$

利用7.3节中对特征马赫数的定义，$Ma^*=u/a^*$，式(7.33)变为

$$1=Ma_1^*Ma_2^*$$

或

$$Ma_2^*=\frac{1}{Ma_1^*} \tag{7.34}$$

将式(7.27)代入式(7.34)，得

$$\frac{2(\gamma+1)Ma_2^2}{2+(\gamma-1)Ma_2^2}=\left(\frac{(\gamma+1)Ma_1^2}{2+(\gamma-1)Ma_1^2}\right)^{-1} \tag{7.35}$$

在式(7.35)中求解 Ma_2^2，可得

$$Ma_2^2=\frac{1+[(\gamma-1)/2]Ma_1^2}{\gamma Ma_1^2-(\gamma-1)/2} \tag{7.36}$$

式(7.36)是解决正激波问题的第一个重要结果。仔细研究一下式(7.36)可以看出，正激波后的马赫数只是波前马赫数的函数。同时，当 $Ma_1=1$ 时，$Ma_2=1$，这种情况对应着无穷弱激波，并被定义为马赫波。当 $Ma_1>1$ 时，$Ma_2<1$，即正激后的流动为亚声速流动。随着超声速来流马赫数的增加，正激波强度变强，波后马赫数比1小得更多。但当来流马赫数 $Ma_1\rightarrow\infty$ 时，Ma_2 趋于一个有限大小的值，$Ma_2\rightarrow\sqrt{(\gamma-1)/2\gamma}$，对于空气该值等于0.378。

下面来推导通过正激波热力学状态参数的比值 ρ_2/ρ_1，p_2/p_1 和 T_2/T_1。通过整理式(7.2)和式(7.32)，可得

$$\frac{\rho_2}{\rho_1}=\frac{u_1}{u_2}=\frac{u_1^2}{u_2u_1}=\frac{u_1^2}{a^{*2}}=Ma^{*2} \tag{7.37}$$

将式(7.32) 代入式(7.37),得

$$\frac{\rho_2}{\rho_1}=\frac{u_1}{u_2}=\frac{2(\gamma+1)Ma_1^2}{2+(\gamma-1)Ma_1^2} \tag{7.38}$$

动量方程与连续方程组合,得

$$p_2-p_1=\rho_1 u_1^2-\rho_2 u_2^2=\rho_1 u_1(u_1-u_2)=\rho_1 u_1^2\left(1-\frac{u_2}{u_1}\right) \tag{7.39}$$

式(7.39) 两端除 p_1,并应用 $a_1^2=\gamma p/\rho$,可得

$$\frac{p_2-p_1}{p_1}=\frac{\gamma\rho_1 u_1^2}{\gamma p_1}\left(1-\frac{u_2}{u_1}\right)=\frac{\gamma u_1^2}{a_1^2}\left(1-\frac{u_2}{u_1}\right)=\gamma Ma_1^2\left(1-\frac{u_2}{u_1}\right) \tag{7.40}$$

再由式(7.38) 给出 u_2/u_1 的比,得

$$\frac{p_2-p_1}{p_1}=\gamma Ma_1^2\left[1-\frac{2(\gamma+1)Ma_1^2}{2+(\gamma-1)Ma_1^2}\right] \tag{7.41}$$

式(7.41) 经简化后为

$$\frac{p_2}{p_1}=1+\frac{2\gamma}{\gamma+1}(Ma_1^2-1) \tag{7.42}$$

式(7.42) 给出了 p_2/p_1。应用气体状态方程,可以得到温度的比值为

$$\frac{T_2}{T_1}=\left(\frac{p_2}{p_1}\right)\left(\frac{\rho_1}{\rho_2}\right) \tag{7.43}$$

将式(7.38) 和式(7.42) 代入式(7.43),并注意到 $h=c_pT$,得

$$\frac{T_2}{T_1}=\frac{h_2}{h_1}=\left[1+\frac{2\gamma}{\gamma+1}(Ma_1^2-1)\right]^2\frac{2+(\gamma-1)Ma_1^2}{(\gamma+1)Ma_1^2} \tag{7.44}$$

与式(7.36) 一样,式(7.38)、式(7.42) 和式(7.44) 是本节中对正激波波后状态参数的重要计算公式。仔细分析这些公式,可以知道,ρ_2/ρ_1,p_2/p_1 和 T_2/T_1 都只是波前马赫数的函数。所以,结合式(7.36),可以看出,对量热完全气体,来流马赫数是确定通过正激波状态参数变化的决定因素。这也充分说明了马赫数在可压缩流动中所起的重要作用。在上面的公式中,当 $Ma_1=1$ 时,亦即当激波强度为无穷小(马赫波) 情况下,有 $\rho_2/\rho_1=1$,$p_2/p_1=1$ 和 $T_2/T_1=1$。当马赫数大于 1 且继续增大时,ρ_2/ρ_1,p_2/p_1 和 T_2/T_1 也在大于 1 的基础上继续增大。当式(7.36)、式(7.38)、式(7.42) 和式(7.44) 中的 $Ma_1\to\infty$ 时,若 $\gamma=1.4$,则有

$$\lim_{Ma_1\to\infty}Ma_2=\sqrt{\frac{\gamma-1}{2\gamma}}=0.378$$

$$\lim_{Ma_1\to\infty}\frac{\rho_2}{\rho_1}=\frac{\gamma+1}{\gamma-1}=6$$

$$\lim_{Ma_1\to\infty}\frac{p_2}{p_1}\to\infty,\quad \lim_{Ma_1\to\infty}\frac{T_2}{T_1}\to\infty$$

即当波前马赫数趋于无穷大时,压力和温度也趋于无穷大,但密度趋于中等大小的有限值。

在前面讲过,激波只能出现的超声速流动中;图 7.3 所示的静止正激波不会出现在亚声速

流动中。所以，式(7.36)、式(7.38)、式(7.42) 和式(7.44) 中的马赫数只能是大于1的。然而，仅从数学角度上看，这些方程同样允许有 $Ma_1 \leqslant 1$ 的解。这些方程包含了连续方程、动量方程和能量方程，从原则上来讲，波前马赫数 Ma_1 大于1或小于1无关紧要。这个模糊不清的问题只能用热力学第二定律来解决。我们知道，热力学第二定律决定气体状态变化所能发生的方向。现在就用热力学第二定律来分析气流通过激波的来流马赫数小于1，是否可能。采用第6章(式(6.25)) 给出通过激波的熵增，即

$$s_2 - s_1 = c_p \ln \frac{T_2}{T_1} - R \ln \frac{p_2}{p_1}$$

参考式(7.42) 和式(7.44)，有

$$s_2 - s_1 = c_p \ln \left\{ \left[1 + \frac{2\gamma}{\gamma+1}(Ma_1^2 - 1) \right] \frac{2 + (\gamma - 1)Ma_1^2}{(\gamma+1)Ma_1^2} \right\} - R \ln \left[1 + \frac{2\gamma}{\gamma+1}(Ma_1^2 - 1) \right] \tag{7.45}$$

式(7.45) 表明，通过激波的增熵只是 Ma_1 的函数，热力学第二定理律定，$s_2 - s_1 \geqslant 0$。而在式(7.45) 中，当 $Ma_1 = 1$ 时，$s_2 = s_1$；当 $Ma_1 > 1$ 时，$s_2 - s_1 > 0$。这两种情况都满足热力学第二定律。但当 $Ma_1 < 1$ 时，式(7.45) 给出 $s_2 - s_1 < 0$ 的结果，显然，这一结果违背了热力学第二定律。这样，在自然界中，波前马赫数只能是 $Ma_1 \geqslant 1$，即正激波只能出现在超声速流动中。

那么，这里又要问到，为什么通过激波会有熵增？热力学第二定律只做了规定，但是形成这一熵增的机理是什么？要回答这个问题，又要回到前面对激波结构的描述，即激波的厚度非常小(大约 10^{-7} m)，气流通过激波状态参数的变化几乎是不连续的。所以在激波内速度和温度的梯度都很大，因此，摩擦和传热的效应也都很强。这些耗散和不可逆效应都会导致熵增。所以，对超声速气流，式(7.45) 给出的准确熵增是由激波内摩擦和传热所致。

在第6章中，给出了总温(或滞止温度)T_0 和总压(或滞止压力)p_0。那么这些滞止参数在通过激波后会有什么变化？在图7.5中对激波前后的滞止参数进行了描述。在激波前的①区，流体微团的实际状态参数为 Ma_1，p_1，T_1 和 s_1。如果流体微团被等熵滞止到速度为零，并以此状态虚拟出波前状态1a。在状态1a，静止状态流体微团的压力和温度分别为 $p_{0,1}$ 和 $T_{0,1}$，即①区的滞止压力和滞止温度。因为①区的气流是等熵滞止到状态1a的，所以状态1a的熵仍然是 s_1，即 $s_{1a} = s_1$。接下来要讨论激波后②区的流动状态，即图7.3中描述的 Ma_2，p_2，T_2 和 s_2。同样地将②区的流动等熵地滞止到速度为零，并虚拟出波后状态2a。静止状态2a的流体微团的压力和密度分别为 $p_{0,2}$ 和 $T_{0,2}$，即②区在滞止状态下的滞止压力和滞止温度。因为②区的气流是等熵滞止到状态2a的，所以状态2a的熵仍然是，即 $s_{2a} = s_2$。现在的问题是：$T_{0,2}$ 与 $T_{0,1}$ 的差别是什么？$p_{0,2}$ 与 $p_{0,1}$ 的差别又是什么？

用式(7.9) 来回答第一个问题：

$$c_p T_1 + \frac{u_1^2}{2} = c_p T_2 + \frac{u_2^2}{2}$$

再由式(7.17) 给出滞止温度

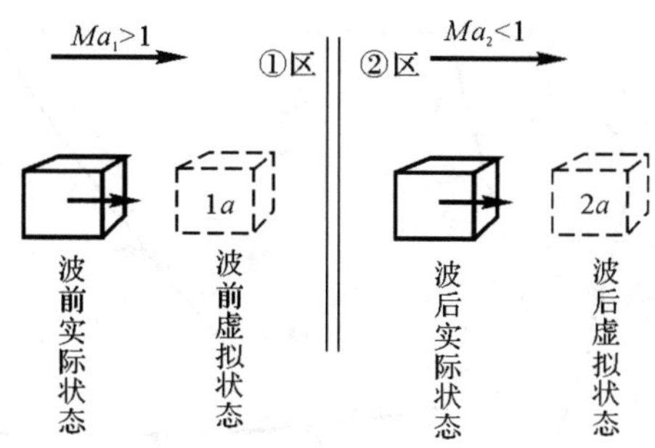

图 7.5　正激波前后的滞止状态

$$c_p T_0 = c_p T + \frac{u^2}{2}$$

综合式(7.9) 和式(7.17)，有

$$c_p T_{0,1} = c_p T_{0,2}$$

或

$$T_{0,1} = T_{0,2} \tag{7.46}$$

式(7.46) 表明，气流通过静止激波后，总温不变。这个结论并不难想象，气流通过激波是绝热过程，且在第 6 章中已经证明，对于量热完全气体，定常、绝热、无黏流动的总温是常数。

为了分析通过激波的总压变化，先应用第 6 章给出状态 1a 到状态 2a 的熵的变化，即

$$s_{2a} - s_{1a} = c_p \ln \frac{T_{2a}}{T_{1a}} - R\ln \frac{p_{2a}}{p_{1a}} \tag{7.47}$$

然而，由前面的分析及图 7.5 的描述可知，$s_{2a} = s_2$，$s_{1a} = s_1$，$T_{2a} = T_{0,2}$，$T_{1a} = T_{0,1}$，$p_{2a} = p_{0,2}$，$p_{1a} = p_{0,1}$，于是式(7.47) 可写为

$$s_2 - s_1 = c_p \ln \frac{T_{0,2}}{T_{0,1}} - R\ln \frac{p_{0,2}}{p_{0,1}} \tag{7.48}$$

注意到 $T_{0,1} = T_{0,2}$，式(7.48) 变为

$$s_2 - s_1 = - R\ln \frac{p_{0,2}}{p_{0,1}} \tag{7.49}$$

或

$$\frac{p_{0,2}}{p_{0,1}} = \mathrm{e}^{-(s_2 - s_1)/R} \tag{7.50}$$

式(7.45) 表明，对于静止正激波，$s_2 - s_1 > 0$；继而由式(7.50) 可以推论出，对于静止正激波问题，$p_{0,2} < p_{0,1}$。即通过静止正激波，气流总压减小。又因为 $s_2 - s_1$ 只是 Ma_1 的函数，所以，式(7.50) 同时说明通过静止正激波的总压比 $p_{0,2}/p_{0,1}$ 也只是 Ma_1 的函数。

至此，已经验证了通过激波状态参数的定性变化。并且，对量热完全气体准确地给出了通过正激波状态参数的定量变化。以比值形式给出的状态参数变化，即 p_2/p_1，ρ_2/ρ_1 及 T_2/T_1，Ma_2 和 $p_{0,2}/p_{0,1}$ 只是来流马赫数 Ma_1 的函数。为了帮助对正激波特性的深刻理解，图7.6 给出

了所有这些变化的曲线，附录 B 给出了相应的函数列表。

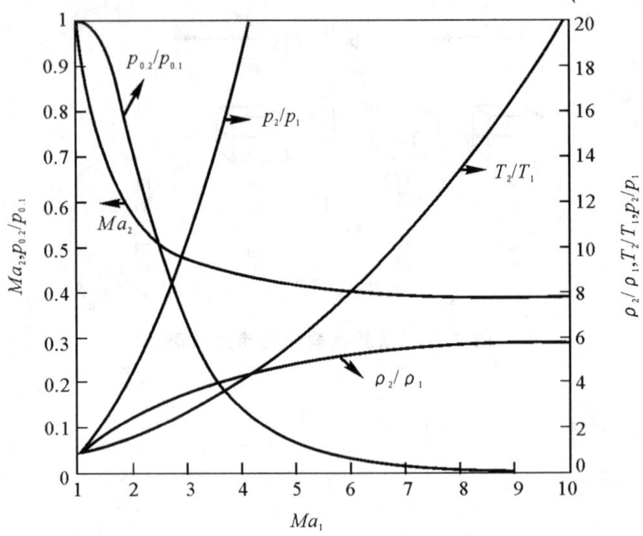

7.6　正激波前后状态参数的比值随波前马赫数的变化曲线

例 7.2　速度为 $u_1 = 680\ \text{m/s}$，温度 $T_1 = 288\ \text{K}$，压力 $p_1 = 1\ \text{atm}$ 的气流通过一正激波，计算波后的速度、温度和压力。

解
$$a_1 = \sqrt{\gamma R T_1} = \sqrt{1.4 \times 287 \times 288} = 340\ \text{m/s}$$
$$Ma_1 = \frac{u_1}{a_1} = \frac{680}{340} = 2.0$$

查附录可得，$p_2/p_1 = 4.5, T_2/T_1 = 1.687, Ma_2 = 0.577\,4$，所以

$$p_2 = \frac{p_2}{p_1} = 4.5 \times 1\ \text{atm} = 4.56 \times 10^5\ \text{Pa}$$
$$T_2 = \frac{T_2}{T_1} T_1 = 1.687 \times 288 = 486\ \text{K}$$
$$a_1 = \sqrt{\gamma R T_2} = \sqrt{1.4 \times 287 \times 486} = 442\ \text{m/s}$$
$$u_2 = Ma_2 a_2 = 0.577\,4 \times 442 = 255\ \text{m/s}$$

7.6　可压缩流动中速度的测量

在低速不可压缩流动中，已经介绍过采用皮托管测量流速的方法。在讨论如何测量可压缩流动速度前，再复习一下皮托管测量流动速度的原理。

对于低速不可压缩流动，速度的值可以用测得的总压和静压得到，总压可由皮托管测出，

静压可用静压测孔或其他仪器测出。这里重要的一点是，在不可压缩流动中，只要有了测得的总压和静压，就可以得出流动的速度。在本节中，如果只是要得到可压缩流动的马赫数，不管是亚声速流动，还是超声速流动，这一方法仍然有效。原则上讲，尽管在不同马赫数范围计算公式有所不同，但采用皮托管是可以测量可压缩流动的马赫数的。下面分别介绍可压缩流动速度的测量方法。

一、亚声速流动

图 7.7(a) 给出了亚声速流中的皮托管。与不可压缩流动中的测量方式一样，皮托管头部是驻点区。这样流体微团沿流线 ab 运动，并等熵地滞止到 b 点达到零速度。这样在 b 点处测得的压力就是来流的总压 $p_{0,1}$。如果我们又知道了来流的静压，则可以通过式(7.21) 计算出来流的马赫数，即

$$\frac{p_{0,1}}{p_1}=\left(1+\frac{\gamma-1}{2}Ma_1^2\right)^{\gamma/(\gamma-1)}$$

或

$$Ma_1^2=\frac{2}{\gamma-1}\left[\left(\frac{p_{0,1}}{p_1}\right)^{(\gamma-1)/\gamma}-1\right] \tag{7.51}$$

显然，在皮托管测出总压 $p_{0,1}$，且已知静压 p_1 后，可以用式(7.51) 计算来流马赫数 Ma_1。

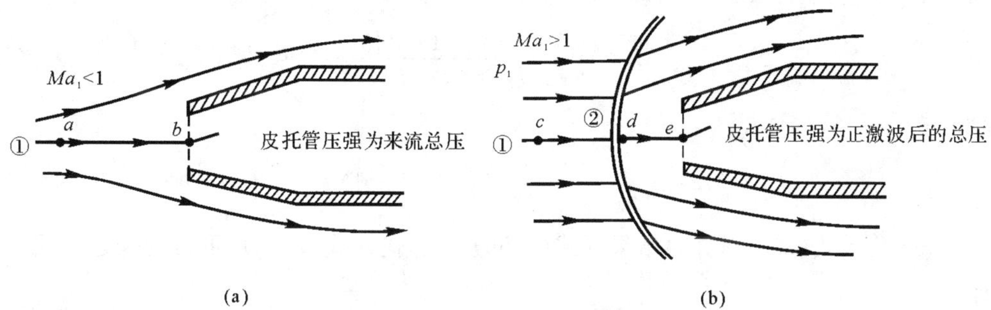

图 7.7　皮托管测声速

(a) 在亚声速流动中；(b) 在超声矢量速流动中

由 $Ma_1=u_1/a_1$ 的定义，用式(7.51) 得到速度的计算公式为

$$u_1^2=\frac{2a_1^2}{\gamma-1}\left[\left(\frac{p_{0,1}}{p_1}\right)^{(\gamma-1)/\gamma}-1\right] \tag{7.52}$$

由式(7.52) 可以发现，与不可压缩流动不同，仅仅知道 $p_{0,1}$ 和 p_1 还不足以计算出流动速度，还需要知道来流的声速。

二、超声速流动

图 7.7(b) 给出在超声速流动中的皮托管，皮托管头部（点 e）是驻点区，流体微团沿流线 cde 达到点 e 处的零速度。然而，由于来流是超声速的，皮托管的存在对流动阻碍，于是，皮托管的头部就会形成一道强弓形激波，与图 7.1 所示的钝体超声速绕流类似，这样流线 cde 要穿过弓形激波上的正激波部分。沿流线 cde 运动的流体微团先是非等熵地减速到激波后点 d 的亚声速状态，继而，地滞止到点 e 的零速度状态。由这一减速过程的细节可知，点 e 处的总压不再是来流的总压，而是正激波后的总压 $p_{0,2}$，这一压力才是皮托管测得的压力。如前所述，通过激波，熵会增加，总压会减小，即 $p_{0,2}<p_{0,1}$。然而，只要知道了 $p_{0,2}$ 和来流静压就可以计算出来流的马赫数 Ma_1，具体过程如下：

$$\frac{p_{0,2}}{p_1}=\frac{p_{0,2}}{p_2}\frac{p_2}{p_1} \tag{7.53}$$

这里，$p_{0,2}/p_2$ 是在 ② 区刚过正激波后的总压与静压之比，p_2/p_1 是通过正激波的静压比。根据式(7.21)

$$\frac{p_{0,2}}{p_2}=\left(1+\frac{\gamma-1}{2}Ma_2^2\right)^{\gamma/(\gamma-1)} \tag{7.54}$$

这里的 Ma_2^2 可由式(7.36) 给出，即

$$Ma_2^2=\frac{1+[(\gamma-1)/2]Ma_1^2}{\gamma Ma_1^2-(\gamma-1)/2} \tag{7.55}$$

同样地，由式(7.42)，有

$$\frac{p_2}{p_1}=1+\frac{2\gamma}{\gamma+1}(Ma_1^2-1) \tag{7.56}$$

将式(7.55) 代入式(7.54)，并将结果同式(7.56) 一起代入式(7.53)，可得到经过简化的表达式，即

$$\frac{p_{0,2}}{p_1}=\left(\frac{(\gamma+1)^2Ma_1^2}{4\gamma Ma_1^2-2(\gamma-1)}\right)^{\gamma/(\gamma-1)}\frac{1-\gamma+2\gamma Ma_1^2}{\gamma+1} \tag{7.57}$$

式(7.57) 被称为瑞利-皮托管公式，用通过皮托管压力 $p_{0,2}$ 和来流静压 p_1 计算来流马赫数 Ma_1。式(7.57) 是将 Ma_1 以 $p_{0,2}/p_1$ 的隐函数形式表达的，可以进行已知 $p_{0,2}/p_1$ 求 Ma_1 的计算。为方便起见，附录 B 给出了 $p_{0,2}/p_1$ 对 Ma_1 的列表函数。

例 7.3 将皮托管放入来流静压为 1 atm 的气流中，针对下列皮托管压力计算来流马赫数。

(1)1.276 atm；

(2)2.714 atm；

(3)12.06 atm。

解　首先要确定来流是超声速，还是亚声速。当马赫数等于 1 时，皮托管所测压力应为 $p_0 = p/0.528 = 1.893p$。所以，当 $p_0 < 1.893$ atm 时，来流就是亚声速；当 $p_0 > 1.893$ atm 时，来流就是超声速。

(1) 当皮托管压力为 1.276 atm 时，来流为亚声速。则皮托管压力为来流总压力。对应 $p_0/p = 1.276$，由附录 A 查得 $Ma_1 = 0.6$。

(2) 当皮托管压力为 2.714 atm 时，来流为超声速。所以皮托管压力为正激波后总压力，对应 $p_0/p = 2.714$，由附录 B 查得 $Ma_1 = 1.3$。

(3) 当皮托管压力为 12.06 atm 时，来流为超声速。所以皮托管压力为正激波后总压力，对应 $p_0/p = 12.06$，由附录 B 查得 $Ma_1 = 3.0$。

7.7　小　结

现在重新回到图 7.2 给出的内容简介图，回顾所有在本章讲过的内容，确定是否能把所学过的各部分合理地联系起来，并总结出全面的认识。下面以简要关系式对本章进行总结。

对定常、绝热、无黏流动，能量方程可表达为

$$h_1 + \frac{u_1^2}{2} = h_2 + \frac{u_2^2}{2}$$

$$c_p T_1 + \frac{u_1^2}{2} = c_p T_2 + \frac{u_2^2}{2}$$

$$\frac{a_1^2}{\gamma - 1} + \frac{u_1^2}{2} = \frac{a_2^2}{\gamma - 1} + \frac{u_2^2}{2}$$

$$\frac{a^2}{\gamma - 1} + \frac{u^2}{2} = \frac{a_0^2}{\gamma - 1}$$

$$\frac{a^2}{\gamma - 1} + \frac{u^2}{2} = \frac{\gamma + 1}{2(\gamma - 1)} a^{*2}$$

滞止状态参数与静参数间的关系为

$$c_p T + \frac{u^2}{2} = c_p T_0$$

$$\frac{T_0}{T} = 1 + \frac{\gamma - 1}{2} Ma^2$$

$$\frac{p_0}{p} = \left(1 + \frac{\gamma - 1}{2} Ma^2\right)^{\gamma/(\gamma-1)}$$

$$\frac{\rho_0}{\rho} = \left(1 + \frac{\gamma - 1}{2} Ma^2\right)^{1/(\gamma-1)}$$

正激波的基本方程：

连续方程为
$$\rho_1 u_1 = \rho_2 u_2$$

动量方程为
$$p_1 + \rho_1 u_1^2 = p_2 + \rho_2 u_2^2$$

能量方程为
$$h_1 + \frac{u_1^2}{2} = h_2 + \frac{u_2^2}{2}$$

通过这些方程可以建立起只与来流马赫数有关的状态参数变化关系式，即

$$Ma_2^2 = \frac{1 + [(\gamma - 1)/2]Ma_1^2}{\gamma Ma_1^2 - (\gamma - 1)/2}$$

$$\frac{\rho_2}{\rho_1} = \frac{u_1}{u_2} = \frac{2(\gamma + 1)Ma_1^2}{2 + (\gamma - 1)Ma_1^2}$$

$$\frac{p_2}{p_1} = 1 + \frac{2\gamma}{\gamma + 1}(Ma_1^2 - 1)$$

$$\frac{T_2}{T_1} = \frac{h_2}{h_1} = \left[1 + \frac{2\gamma}{\gamma + 1}(Ma_1^2 - 1)\right]^2 \frac{2 + (\gamma - 1)Ma_1^2}{(\gamma + 1)Ma_1^2}$$

$$s_2 - s_1 = c_p \ln\left\{\left[1 + \frac{2\gamma}{\gamma + 1}(Ma_1^2 - 1)\right]^2 \frac{2 + (\gamma - 1)Ma_1^2}{(\gamma + 1)Ma_1^2}\right\} - R\ln\left[1 + \frac{2\gamma}{\gamma + 1}(Ma_1^2 - 1)\right]$$

$$\frac{p_{0,2}}{p_{0,1}} = e^{-(s_2 - s_1)/R}$$

对量热完全气体，气流通过激波总温不变，即

$$T_{0,1} = T_{0,2}$$

而气流通过激波会有总压损失，则有

$$p_{0,2} < p_{0,1}$$

对亚声速流动和超声速流动，来流马赫数可由皮托管压力和来流静压力确定，但所用公式不同：

亚声速流动：
$$Ma_1^2 = \frac{2}{\gamma - 1}\left[\left(\frac{p_{0,1}}{p_1}\right)^{(\gamma-1)/\gamma} - 1\right]$$

超声速流动：
$$\frac{p_{0,2}}{p_1} = \left(\frac{(\gamma + 1)^2 Ma_1^2}{4\gamma Ma_1^2 - 2(\gamma - 1)}\right)^{\gamma/(\gamma-1)} \frac{1 - \gamma + 2\gamma Ma_1^2}{\gamma + 1}$$

习　题

7.1　超声速风洞的储气罐内的温度为 288 K，实验段速度为 450 m/s。假定风洞中气流为绝热流动，计算实验段的马赫数。

7.2　一给定点处气流温度为 300 K，压力为 1.2 atm，速度为 250 m/s。计算该点处的总压、总温、临界压力、临界温度和特征马赫数。

7.3　假定一超声速风洞内的流动等熵，若实验段状态为 $p = 1$ atm，$T = 230$ K，$Ma = 2$。计算储气罐内的压力和温度。

7.4　正激波前来流状态为 $p_1 = 1$ atm，$T_1 = 288$ K，$Ma_1 = 2.6$。计算正激波后的状态参数 p_2，T_2，ρ_2，Ma_2，$p_{0,2}$，$T_{0,2}$，以及通过激波的熵增。

7.5　正激波前气流的压力为 1 atm。波后的压力和温度分别为 10.33 atm 和 850 K。计算波前的马赫数和温度，以及波后的总温和总压。

7.6　如果通过激波的熵增为 199.5 J/(kg · K)，问来流马赫数是多大?

7.7　若气流的压力和温度分别为 1 atm 和 288 K，放入气流中的皮托管测出的压力为 1.555 atm。问气流的速度是多少?

7.8　采用伯努利方程，以不可压缩流体假设计算 7.7 题中气流的速度，并比较误差。

7.9　推导瑞利-皮托管公式(7.57)。

7.10　在超声速风洞实验段中，皮托管读出的压力为 1.13 atm，实验段洞壁上采用压力传感器测得的静压是 0.1 atm。计算实验段的马赫数。

第8章　斜激波与膨胀波

8.1 引　言

在第7章中分析了与来流夹角为90°的正激波问题。正激波特性非常重要，对正激波的分析可为分析一般激波问题提供直接的帮助。如果分析一下图7.3(a)和图7.1，可以注意到，一般情况下，激波总是与来流形成一个斜角。这样的激波被称为斜激波，本章的研究对象就是斜激波。上一章分析的正激波实际上是一般斜激波中的一种特例，即与来流夹角为90°情形下的斜激波。

在上一章分析的正激波问题是按一维流动进行分析的，流场中的速度只有一个方向，即流动速度与激波垂直。在正激波问题的基本方程中，只考虑与激波垂直方向的动量方程。由于斜激波前后的流动速度方向不一样，应该按照二维情况来分析斜激波流动问题。

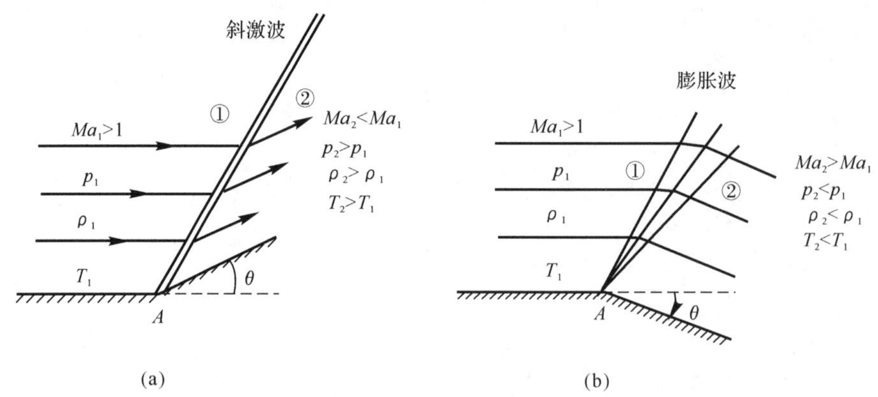

图8.1　流过拐角的超声速流动

超声速气流除具有通过斜激波后压力不连续增大的特点外，还具有通过一系列膨胀波后压力连续减小的特征。对这两种流动，将展开深入的分析。图8.1给出超声速气流流过一个在点A处有有限大偏转角的固壁。在图8.1(a)中，固壁向上偏转一个角度θ，使壁面形成一凹角面。因为沿物面的流线必须与物面相切，所以在物面上的流线也会向上偏转一个角度θ。由于我们所关心的流动处在壁面之上，在图8.1(a)中的流线又是向上偏转靠向主流，通常将这样的流动称为向内偏转。只要超声速气流向内偏转，如图8.1(a)所示，就会出现斜激波。斜激波

前的水平超声速流动，在通过斜激波后，将会发生均匀的偏转。即通过斜激波后，气流的所有流线互相平行，并向上偏转同样的角度 θ。通过激波后，气流马赫数不连续地减小，而压力、密度、温度不连续地增大。相应地，在图 8.1(b) 中，固壁的角点向下偏转一个角度 θ，形成一个凸面。同样地，在壁面的气流必须与壁面相切，所以角点后壁面的流线会相对角点前的超声速度气流向下偏转一个角度 θ，这一偏转被称为向外偏转。只要超声速气流发生向外偏转，便会出现扇形膨胀波区。对于像图 8.1(b) 所示的情况，扇形膨胀区中的所有膨胀波都汇集于角点。超声速气流在通过膨胀区时，其流线的偏转是光滑连续的，且马赫数连续增大，压力、密度、温度连续减小。通过膨胀区后的流线均相对来流偏转角度，并与角点后的壁面平行。

本章分别对超声速气流通过斜激波和扇形膨胀波后，流动参数的变化进行分析，并给出计算公式。最后介绍采用激波和膨胀波理论计算有限条直线段形成的超声速翼型的气动特性。

图 8.2 给出了本章对斜激波及膨胀波进行分析的顺序及主要内容的简介。

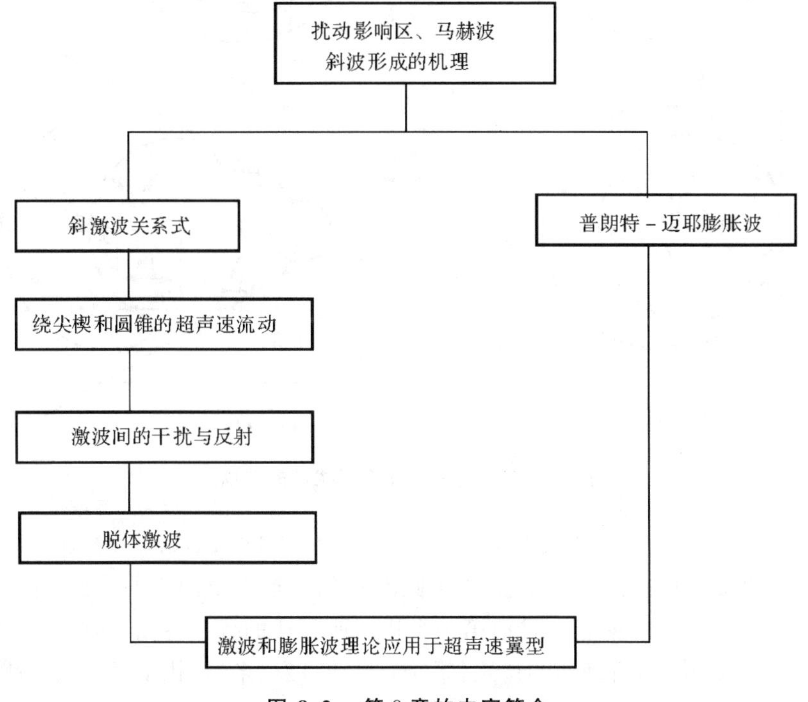

图 8.2　第 8 章的内容简介

8.2　小扰动影响区的划分 —— 马赫锥

空气作为一种弹性介质，具有传播扰动的特性。空气中的任何微小扰动，都会以一定的速

度,由扰动源向各个方向传播。其传播的速度就是在第 6 章提到过的声速 a。这里先以一个微小扰动源的运动特征来说明扰动传播的不同情况。

假设有一个微小的扰动源,每隔 1 秒发出一次微小的扰动,每次扰动所产生的压力等所有参数的变化都是极微小的,可以忽略不计。假定扰动源是静止的,气流从左面以某个均匀速度 v 流过。下面将速度范围按四个情况划分:① 流速 $v=0$;② 流速小于声速,$v<a$;③ 流速等于声速,$v=a$;(d) 流速大于声速,$v>a$。

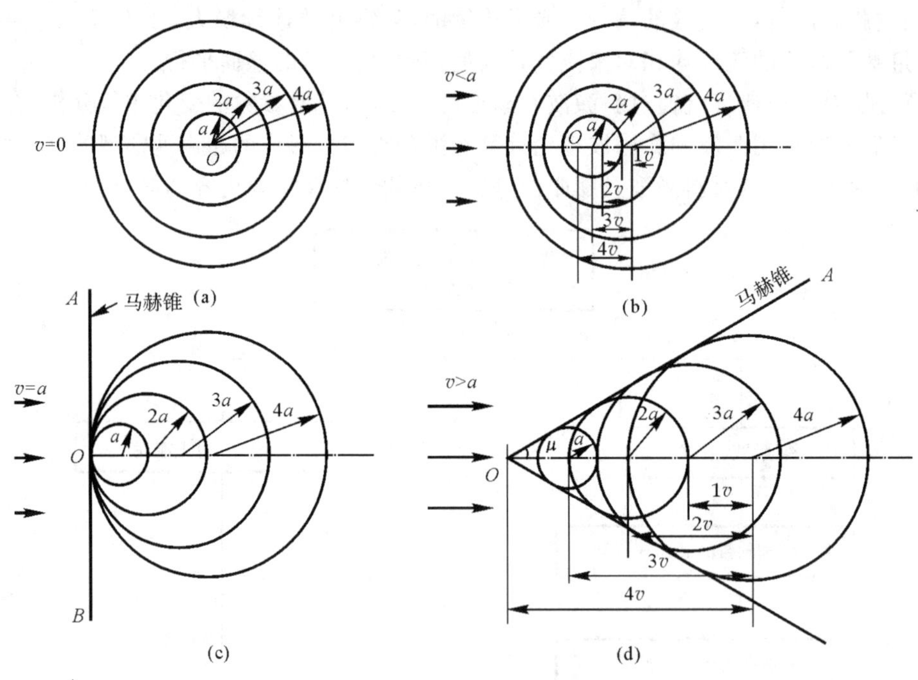

图 8.3　不同流动速度下扰动的传播

图 8.3(a) 是当 $v=0$ 时,每隔 1 秒发出一个扰动,在 4 秒末,即第 5 秒初那一瞬间所看到的扰动波及的四个圆圈。在三维空间内,这 4 个圆圈实际上是 4 个同心的球面,半径分别为 $4a$,$3a$,$2a$ 和 $1a$。半径为 $4a$ 的球面是 4 秒前第一个扰动所到达的扰动界面,而半径为 $1a$ 的球面是第 4 个扰动经过 1 秒的时间所到达的位置。第 5 个扰动将发、未发,扰动界面仍在扰动源所在的位置。由于空气的流动速度为零,我们所看到的扰动在所有方向上的传播速度相等,因此,所有扰动界面都必然是以点 O 为球心的同心球面。经过足够长的时间后,扰动可波及于全流场。图 8.3(b) 是气流有了向右的速度,但 $v<a$ 的情况。这时扰动的传播速度是扰动在静止空气中的传播速度与气流速度的矢量叠加。即每次所发出的扰动,在向各个方向传播的同时,还跟随气流向右运动。既然这时的流速 v 小于声速 a,那么扰动向左传播得要比气流向右冲走为快,所以扰动仍然能够逆流向左传播,扰动边界还是在扰动源的左侧,并随时间的推移继续向左扩展。

时间足够长后，扰动还是会波及全流场。图 8.3(c) 是对应气流速度等于 a 情况。这时，由于扰动在空气中，向左传播的速度与气流向右的速度相互抵消，所以每个扰动的左边界都在扰动源所在的点 O。这样扰动所及的范围就有了一个左边界，即图 8.3(c) 中过点 O 与来流垂直的 AOB 平面，该平面的左侧是扰动所不能及的空间，称为无扰动区。随时间的无穷延伸，原有扰动球面的半径也无限增大，并以 AOB 平面为渐近面。但所有扰动面都不可能越过 AOB 平面到达其左侧。这就是声速流的情况，与亚声速流的情况相比有了质的区别。亚声速流场中，任何静止扰动源的扰动可以波及全场，而在声速流场中，静止扰动源发出的扰动会有一条不可越过的边界。图 8.3(d) 是气流速度大于 a 情况。如果我们在第 4 秒末观察扰动传播的结果，会发现第一秒初发出的扰动，其球面半径扩展到 $4a$，而球心则随气流向下游移动了 $4v$ 的距离，$4v > 4a$，所以球面的左边界也位于扰动源点 O 的右侧。依此类推，第 4 秒初发出的扰动其球面半径为 $1a$，球心向下游移动了 $1v$，扰动边界同样完全位于扰动源的右侧。由几何知识不难证明，这些球面的公切面是一个母线为 OA 的圆锥面。扰动只能限于此锥面内，锥面外的气流感受不到扰动源的存在。母线 OA 和来流间的夹角是

$$\mu = \arcsin \frac{a}{v} = \arcsin \frac{1}{Ma} \tag{8.1}$$

式中，μ 称为马赫角。各扰动球面的公切圆锥称为马赫锥。

由式(8.1) 可知，马赫数 Ma 越小，马赫角 μ 越大，μ 的最大值为 $\pi/2$，对应于 $Ma = 1$。当马赫数小于 1 时，就不存在马赫角的概念了。所以马赫角、马赫锥只存在于超声速流场。

根据扰动能否波及全场，我们可将流动分为亚声速和超声速。在亚声速流动中，扰动在所有方向的传播速度都大于气流流动速度，因此，在足够长的时间里，扰动可波及全场。在超声速流动中，扰动局限于扰动源下游，扰动传播速度小于气流移动速度，无论经过多长时间，都不能波及全场。

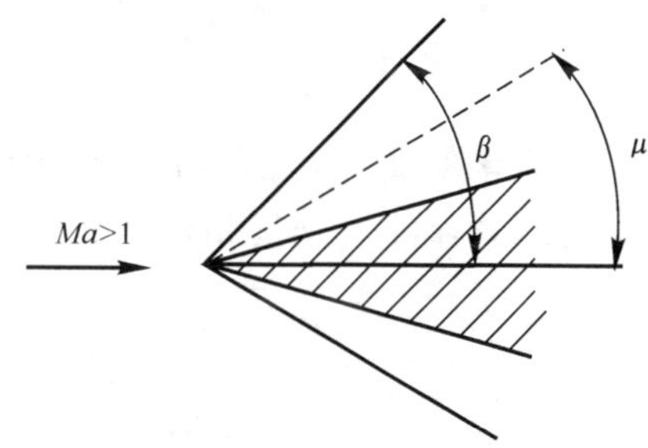

图 8.4　斜激波与马赫波间的关系

在超声速流动中，扰动必然有界。但须声明的是，上面所说的以马赫锥或马赫角为界的情况，都只限于微弱扰动，强扰动就不同了。对于强扰动依然存在扰动边界，只是其边界要在马赫锥之前一些，如图 8.4 所示，其中 β 为激波角，μ 为马赫角。

8.3　斜激波关系式

在图 8.5 所示的斜激波中。来流与激波的夹角被定义为激波角，用 β 表示。来流是水平的，速度为 V_1，马赫数为 Ma_1。下游流体向上倾斜一个偏转角 θ，速度为 V_2，马赫数为 Ma_2。上游的速度 V_1 被分别分解成垂直于激波分量 u_1 和与激波相切的分量 w_1，对应着垂直马赫数 $Ma_{n,1}$ 和

切向马赫数 $Ma_{t,1}$。与之对应的，下游速度被分解成垂直分量 u_2 和切向分量 w_2，对应着马赫数 $Ma_{n,2}$ 和 $Ma_{t,2}$。

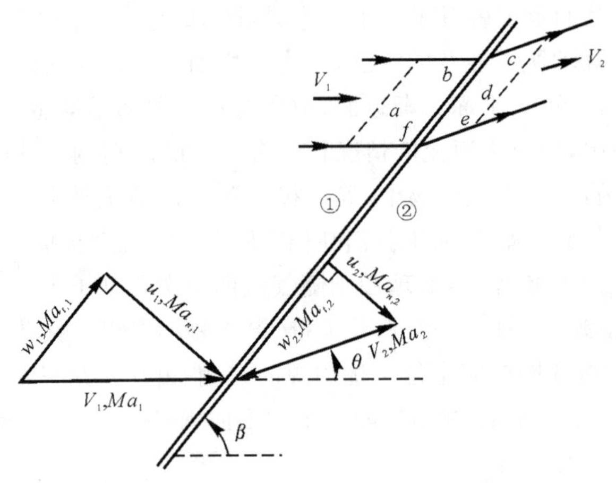

图 8.5　斜激波几何示意图

对于图 8.5 所示上半部分虚线间的控制体，线段 a,d 与激波同向，b,c 段和控制体上部流线重合，e,f 段和下部流线重合。假设流动是绝热的、无黏的定常流，且忽略体积力，对此控制体应用守恒方程的积分形式。有了上面的一系列假设，连续式(2.40) 变成了以下形式：

$$\oiint_S \rho \boldsymbol{V} \cdot \mathrm{d}\boldsymbol{S} = 0$$

计算在面 a,d 上的面积分，得到 $-\rho_1 u_1 A_1 + \rho_2 u_2 A_2 = 0$，这里 $A_1 = A_2$，且为面 a,d 的面积，面 b,c,e,f 与速度相切，所以对面积分没有贡献。斜激波的连续方程为

$$-\rho_1 u_1 A_1 + \rho_2 u_2 A_2 = 0$$

或

$$\rho_1 u_1 = \rho_2 u_2 \tag{8.2}$$

此处，u_1 和 u_2 都垂直于斜激波。

动量式(2.48) 的积分形式是一个矢量方程。所以，它可以被分解成相对于激波垂直和相切的两个分量。首先，考虑切向分量，在定常、绝热、无黏，且忽略体积力的情况下，则有

$$\oiint_S (\rho \boldsymbol{V} \cdot \mathrm{d}\boldsymbol{S}) w = -\oiint_S (p\mathrm{d}S)_{\text{tangential}} \tag{8.3}$$

在式(8.3) 中，w 是与激波平行方向上的分量。因为 d$\boldsymbol{S}$ 垂直于控制面，所以面 a,d 上的 $(p\mathrm{d}S)_{\text{tangential}} = 0$。另外，因为矢量 $p\mathrm{d}\boldsymbol{S}$ 在面 b 上，f 大小相等且方向相反，式(8.3) 中的 b,f 面上的压力积分表示的两个切向力相互抵消。这种情况同样适用于面 c 和 e。所以，式(8.3) 简化为

$$-(\rho_1 u_1 A_1) w_1 + (\rho_2 u_2 A_2) w_2 = 0 \tag{8.4}$$

由式(8.2),式(8.4)得

$$w_1 = w_2 \tag{8.5}$$

式(8.5)表达一个重要的结论:流动速度沿激波的切向分量在穿过斜激波的时候,保持不变。

从式(2.48)得到,动量方程积分形式在激波垂直方向上的分量为

$$\oiint_S (\rho \boldsymbol{V} \cdot \mathrm{d}\boldsymbol{S}) u = -\oiint_S (p \mathrm{d}S)_{\text{normal}} \tag{8.6}$$

这里,面 a,d 上的压力积分和为 $-p_1 A_1 + p_2 A_2$。b 和 f 面上的压力相互抵消。所以,对于如图 8.5 所示的控制体,式(8.6)变为

$$-(\rho_1 u_1 A_1) u_1 + (\rho_2 u_2 A_2) u_2 = -(-p_1 A_1 + p_2 A_2)$$

因为 $A_1 = A_2$,所以

$$p_1 + \rho_1 u_1^2 = p_2 + \rho_2 u_2^2 \tag{8.7}$$

显然,出现在式(8.7)中的速度都是垂直于激波的速度分量。

最后,考虑能量式(2.55)的积分形式,在假设的前提下,可以表述为如下形式:

$$\oiint_S \rho \left(e + \frac{V^2}{2}\right) \boldsymbol{V} \cdot \mathrm{d}\boldsymbol{S} = -\oiint_S p \boldsymbol{V} \cdot \mathrm{d}\boldsymbol{S} \tag{8.8}$$

同样地,考虑到流动与面 b,c,f 和 e 相切,所以在这些面上 $\boldsymbol{V} \cdot \mathrm{d}\boldsymbol{S} = 0$。对于图 8.5 的控制体,式(8.8)变为

$$-\rho_1 \left(e_1 + \frac{V_1^2}{2}\right) u_1 A_1 + \rho_2 \left(e_2 + \frac{V_2^2}{2}\right) u_2 A_2 = -(-p_1 u_1 A_1 + p_2 u_2 A_2) \tag{8.9}$$

对式(8.9)合并同类项,得

$$-\rho_1 u_1 \left(e_1 + \frac{p_1}{\rho_1} + \frac{V_1^2}{2}\right) + \rho_2 u_2 \left(e_1 + \frac{p_2}{\rho_2} + \frac{V_2^2}{2}\right) = 0$$

或

$$\rho_1 u_1 \left(h_1 + \frac{V_1^2}{2}\right) = \rho_2 u_2 \left(h_2 + \frac{V_2^2}{2}\right) \tag{8.10}$$

式(8.2)除以式(8.10),得

$$h_1 + \frac{V_1^2}{2} = h_2 + \frac{V_2^2}{2} \tag{8.11}$$

因为 $h + V^2/2 = h_0$,我们再一次得到了总焓穿过激波保持不变的熟悉的结论。进一步,对于热力学理想气体,$h_0 = c_p T_0$,所以,总温穿过激波也不变。对式(8.11)进一步处理,从图 8.5 知道,$V^2 = u^2 + w^2$。从式(8.5)$w_1 = w_2$,所以式(8.11)简化为

$$h_1 + \frac{u_1^2}{2} = h_2 + \frac{u_2^2}{2} \tag{8.12}$$

现在看得到的结论。式(8.2)、式(8.7)、式(8.12)分别为斜激波的连续、动量和能量方程。

可以发现它们仅仅包含速度的垂直分量 u_1 和 u_2，切向分量 w 没有出现在方程组中。所以，可得到这样的推论，穿过斜激波后的流体静参数的变化只与垂直于激波的速度分量有关。

仔细研究式(8.2)、式(8.7)、式(8.12)，它们正好是正激波的控制方程。所以，应用于7.6节正激波问题的计算方法，同样可以应用于计算斜激波问题，这里仅考虑来流马赫数的垂直分量 $Ma_{n,1}$，其中

$$Ma_{n,1} = Ma_1 \sin\beta \tag{8.13}$$

所以，对于斜激波，在给定 $Ma_{n,1}$ 后，从式(7.59)、式(7.61)、式(7.65)，能够得到

$$Ma_{n,2}^2 = \frac{1+[(\gamma-1)/2]Ma_{n,1}^2}{\gamma Ma_{n,1}^2-(\gamma-1)/2} \tag{8.14}$$

$$\frac{\rho_2}{\rho_1} = \frac{(\gamma+1)Ma_{n,1}^2}{2+(\gamma-1)Ma_{n,1}^2} \tag{8.15}$$

$$\frac{p_2}{p_1} = 1+\frac{2\gamma}{\gamma+1}(Ma_{n,1}^2-1) \tag{8.16}$$

温度比 T_2/T_1 遵从状态方程，即

$$\frac{T_2}{T_1} = \frac{p_2}{p_1}\frac{\rho_1}{\rho_2} \tag{8.17}$$

$Ma_{n,2}$ 是激波后马赫数的垂直分量。下游马赫数 Ma_2 可以通过 $Ma_{n,2}$ 和图8.5的几何关系求得，即

$$Ma_2 = \frac{Ma_{n,2}}{\sin(\beta-\theta)} \tag{8.18}$$

从式(8.14)到式(8.17)，说明一个热力学理想气体的斜激波特性只由来流的切向马赫数 $Ma_{n,1}$ 决定。但是，从式(8.13)知道，$Ma_{n,1}$ 由 Ma_1 和 β 共同决定。在7.6节中，穿过正激波的变化只由一个参数——来流马赫数 Ma_1——决定。而穿过斜激波的变化由两个参数 Ma_1 和 β 决定。但是，这个特征不是很有意义，因为实际上，正激波可看做是斜激波的一种特殊形式，对正激波而言，$\beta=\pi/2$。

式(8.18)将偏转角 θ 引入到斜激波的分析中；我们需要 θ 来计算 Ma_2。但是，θ 并不是一个独立的第三方参数；如下面的推导，它是 Ma_1 和 β 的函数。从图8.5的几何关系，可得

$$\tan\beta = \frac{u_1}{w_1} \tag{8.19}$$

和

$$\tan(\beta-\theta) = \frac{u_2}{w_2} \tag{8.20}$$

将两个方程相除，又因为 $w_1 = w_2$，调用连续式(8.2)，有

$$\frac{\tan(\beta-\theta)}{\tan\beta} = \frac{u_2}{u_1} = \frac{\rho_1}{\rho_2} \tag{8.21}$$

将式(8.13)，式(8.15)代入式(8.21)，得

$$\frac{\tan(\beta-\theta)}{\tan\beta}=\frac{2+(\gamma-1)Ma_1^2\sin^2\beta}{(\gamma+1)Ma_1^2\sin^2\beta} \tag{8.22}$$

式(8.22)将θ作为β和Ma_1的一个固有函数给出。做一些三角变换和整理，式(8.22)可以整理为

$$\tan\theta=2\cot\beta\frac{Ma_1^2\sin^2\beta-1}{Ma_1^2(\gamma+\cos2\beta)+2} \tag{8.23}$$

式(8.23)是一个非常重要的方程，通常被称为θ-β-Ma_1关系式，它明确地说明θ是Ma_1和β的唯一函数。这个关系式对斜激波的分析至关重要，图 8.6 示出了当$\gamma=1.4$时的图表，激波角和偏转角的关系，马赫数作为其中一个参数，这是一个处理斜激波问题时需要经常使用的图表。

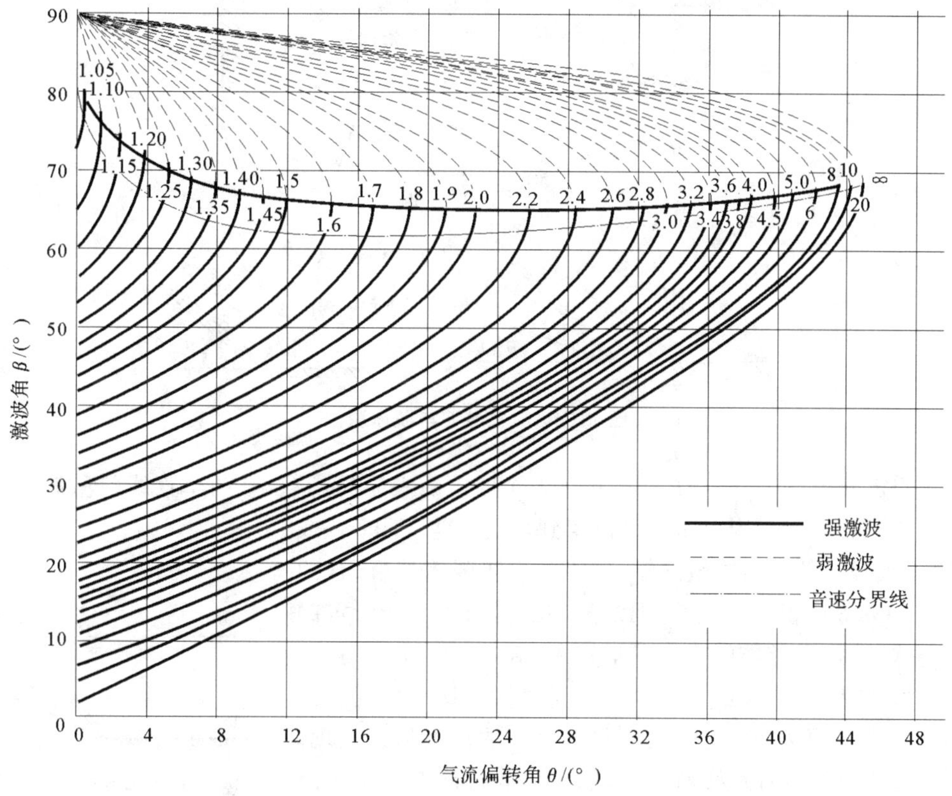

图 8.6　θ-β-Ma_1 关系图

图 8.6 所示阐明了大量与斜激波有关的物理现象。例如：

(1) 给定来流马赫数，对应一个最大偏转角θ_{max}。如果几何角度$\theta>\theta_{max}$，那么就没有直线斜激波解存在。当然，会有一个与拐角处或者与头部分离的曲线激波存在。这一点在图 8.7 的中

有描述。图8.7左边描述了对于给定的马赫数，偏转角小于θ_{max}时绕楔形体和拐角处的流动。因此，我们看到了一个直线斜激波附着在头部处，或者是拐角处。右边列出了当θ大于θ_{max}的情况；从本节前面的理论可以得出，不存在直线斜激波解。取而代之的是一个与头部，或者与拐角处分离的曲线激波。从图8.6可知，θ_{max}随着Ma_1的增加而增加。所以，马赫数越大，直线斜激波可以在更大的偏转角的情况下存在。但是也有一个限度，当Ma_1趋于无穷大时，θ_{max}趋于45.5°（对于$\gamma = 1.4$）。

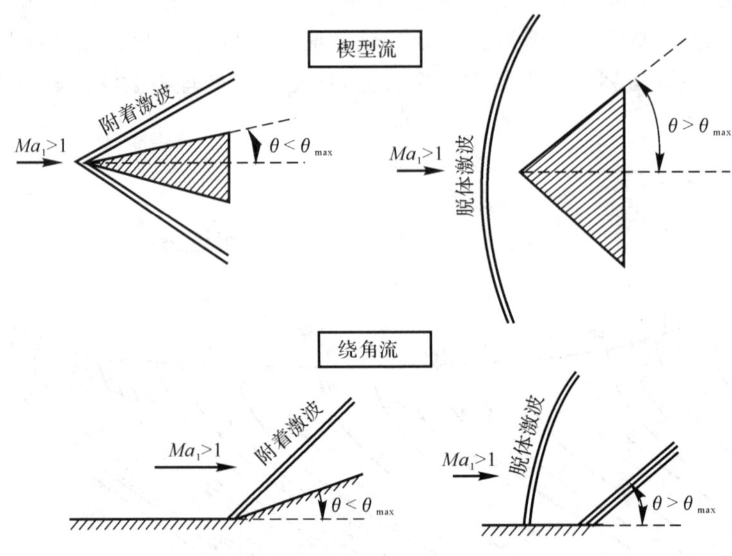

图 8.7　附着激波与脱体激波

（2）给定一个小于θ_{max}的θ时，对于一个给定的来流马赫数，有两个直线斜激波解。例如，当$Ma_1 = 2.0, \theta = 15°$，从图8.6可以得到，β可以等于45.3°或者是79.8°。较小的β叫弱激波解，较大的β叫强激波解。这两种情况在图8.8中得到阐述。强弱之分主要是由于对于给定的Ma_1，β越大，来流马赫数的垂直分量越大，从式(8.16)知道，压力比p_2/p_1越大。所以，在图8.8中，大角度激波比小角度激波压缩气体的程度更大。在自然界，激波通常以弱激波形式出现。图8.7左边所示的附着直线斜激波，他们都是弱激波。图8.6所有最大θ_{max}点的轨迹就是强激波和弱激波的分界线。这个轨迹上面是强激波，这个轨迹下面是弱激波。这个轨迹下面是另外一条几乎水平穿过图8.6的曲线。这个曲线是马赫数分界线。曲线上面，$Ma_2 < 1$，曲线下面，$Ma_2 > 1$。对于强激波解，下游马赫数通常是亚声速。对于非常接近的θ_{max}弱激波，下游马赫数通常也是亚声速。对于大多数包含弱激波解的情况，下游马赫数是超声速的。因此，直线附着斜激波的下游基本上都是超声速

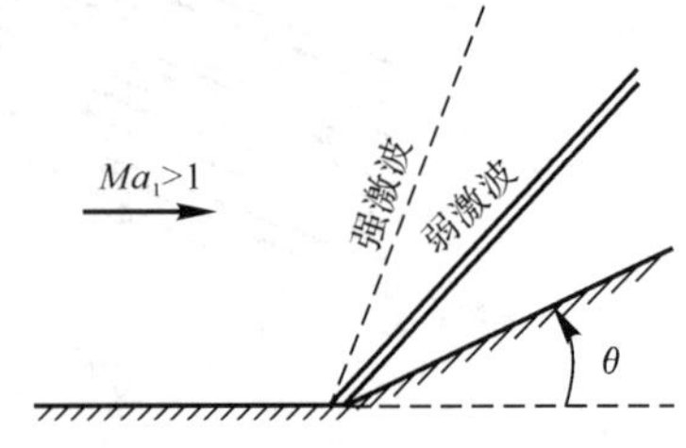

图 8.8　强激波与弱激波

流动。

(3) 如果$\theta = 0°$，那么β等于$90°$或者是μ。其中$\beta = 90°$对应正激波。$\beta = \mu$对应如图8.3(d)所示的马赫波。这两种情况下，流动都没有发生偏转。在后面的讨论中，除非特别提醒，我们仅考虑弱激波。如图 8.9 为一个流过给定半顶角θ的楔形体超声速流动示意图。现在，我们增加来流马赫数 Ma_1，当 Ma_1 增加时，β减小。例如如图 8.9(a) 所示，当 $\theta = 20°$，$Ma_1 = 2.0$，查图 8.6，$\beta = 53.3°$。当 Ma_1 增加到 5，θ保持不变，如图 8.9(b) 所示，$\beta = 29.9°$。有趣的是，虽然这个激波的激波角小了，但是它比原来的激波更强。这是因为 $Ma_{n,1}$ 更大了。虽然 β 小了，减小了 $Ma_{n,1}$，但是来流马赫数 Ma_1 大，又增加了 $Ma_{n,1}$，增加的幅度超过了β对 $Ma_{n,1}$ 减小的影响。例如，图 8.9(b) 所示，很显然，马赫数为 5 的情况产生更强的激波。所以，一般来说，对一个偏转角固定的附着斜激波而言，当来流马赫数变大的时候，激波角减小，激波变强。相反，马赫数变小，激波角变大，激波变弱。最后，如果 Ma_1 减小到足够小，那么激波将变成脱体激波。对于图 8.9(a) 所示 $\theta = 20°$ 的情况，当 $Ma_1 < 1.84$ 时，激波将变成脱体激波。

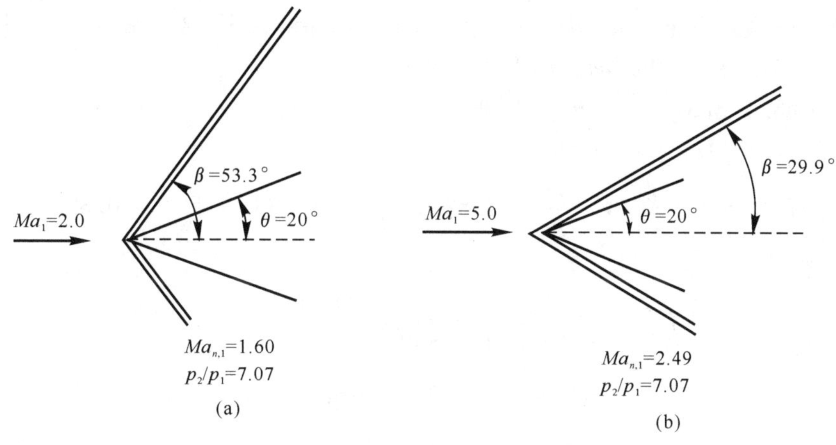

图 8.9　马赫数增大的影响

(4) 保持 Ma_1 不变，增加偏转角。例如，考虑如图 8.10 所示楔形体的超声速流动。假设图 8.10(a)，$Ma_1 = 2.0$，$\theta = 10°$，激波角为 $39.2°$。若增加楔形体的半顶角，且保持马赫数 Ma_1 不变。在这种情况下，如图 8.10(b) 所示，β将变大，所以 $Ma_{n,1}$ 将变大，激波变强。所以，总体上来说，对附着激波而言，当偏转角变大，激波角 β 也将变大，激波变强。但是，一旦 θ 超过 θ_{max}，激波将变成脱体激波。对于 $Ma_1 = 2.0$，这种情况发生在 $\theta > 23°$ 时。

上面讨论的斜激波物理性质非常重要，在进一步学习之前，你应完全熟悉某一参数的变化对其他参数的影响。

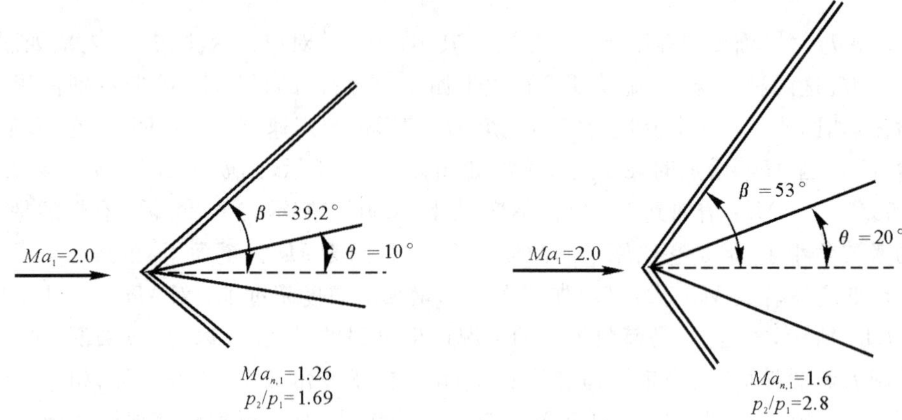

图 8.10 增大偏转角的影响

例 8.1 一个超声速流动，$Ma_1=2$，$p=1$ atm，$T=288$ K。这个流动在一个压缩拐角处偏转了 20°，计算斜激波后的 Ma_2，p，T，p_0，和 T_0。

解 查图 8.6，当 $Ma_1=2$，$\theta=20°$ 时，$\beta=53.4°$。所以 $Ma_{n,1}=Ma_1\sin\beta=2\sin 53.4°=1.606$。查附录 B，当 $Ma_{n,1}=1.60$ 时，

$$Ma_{n,2}=0.6684,\quad \frac{p_2}{p_1}=2.82,\quad \frac{T_2}{T_1}=1.388,\quad \frac{p_{0,2}}{p_{0,1}}=0.8952$$

所以，

$$Ma_2=\frac{Ma_{n,2}}{\sin(\beta-\theta)}=\frac{0.6684}{\sin(53.4°-20°)}=1.21$$

$$p_2=\frac{p_2}{p_1}p_1=2.82\times 1\ \text{atm}=286\ \text{kPa}$$

$$T_2=\frac{T_2}{T_1}T_1=1.388\times 288=399.7\ \text{K}$$

当 $Ma_1=2$ 时，从附录 A 可得 $p_{0,1}/p_1=7.824$，$T_{0,1}/T_1=1.8$，所以

$$p_{0,2}=\frac{p_{0,2}}{p_{0,1}}\frac{p_{0,1}}{p_1}p_1=0.8952\times 7.824\times 1\ \text{atm}=709\ \text{kPa}$$

穿过激波总温不变，所以

$$T_{0,2}=T_{0,1}=\frac{T_{0,1}}{T_1}T_1=1.8\times 288=518.4\ \text{K}$$

说明：对于斜激波而言，附录 B 中的条目 $p_{0,2}/p_1$ 不能用来求总压。这个条目是由式(7.57)直接推导出来，仅仅适用用正激波。同理，式(7.57) 又是应用式(7.54) 推导的，其中的 Ma_2 是实际流动马赫数，而不是垂直分量。只有在正激波的情况下波的垂直马赫数才等于真实马赫数。所以式(7.57) 仅适用于正激波；它不能通过用 $Ma_{n,1}$ 代替 Ma_1 来应用于斜激波。例如，如果

查表，当 $Ma_{n,1}=1.60$，$p_{0,2}/p_1=3.805$，算得 $p_{0,1}=385\ \text{kPa}$，和上面得到的正确结果比较，可以看出，这是一个完全错误的结果。

例 8.2　一个斜激波，激波角为 30°，来流马赫数为 2.4，计算偏转角，压力比，温度比以及激波后的马赫数。

解　查图 8.6，当 $Ma_1=2.4$，$\beta=30°$ 时，$\theta=6.5°$。这样

$$Ma_{n,1}=Ma_1\sin\beta=2.4\sin30°=1.2$$

查附录 B，可得

$$\frac{p_2}{p_1}=1.513,\quad \frac{T_2}{T_1}=1.128,\quad Ma_{n,2}=0.842\ 2$$

所以

$$Ma_2=\frac{Ma_{n,2}}{\sin(\beta-\theta)}=\frac{0.842\ 2}{\sin(30°-6.5°)}=2.11$$

讨论：这个例题说明了 2 个方面：

(1) 这是一个弱激波，只有 51% 的压力增加。实际上，这种情况接近马赫波，$\mu=\arcsin(1/Ma)=\arcsin(1/2.4)=24.6°$。激波角不比 μ 大多少；偏转角也很小，与弱激波保持一致。

(2) 只需要两个特征量就可以唯一确定一个斜激波。在这个例子里，Ma_1 和 β 就是这样的两个特征量。在例 8.1 里，Ma_1 和 θ 充当了这样的角色。只要斜激波的任意两个特征量确定，激波就唯一确定了。这一点和第 7 章正激波的情况相似。在那里，证明了穿过正激波的变化只要通过确定一个特征量就可以唯一确定了，例如确定 Ma_1。但是在整个第 7 章里，有一个暗示的特征量，即激波角为 90°。通过图 8.6，可以发现，正激波是一种强激波。

例 8.3　考虑一个斜激波，$\beta=35°$，压力比 $p_2/p_1=3$，计算来流马赫数。

解　从附录 B 查得，当 $p_2/p_1=3$，$Ma_{n,1}=1.64$，因为

$$Ma_{n,1}=Ma_1\sin\beta$$

所以

$$Ma_1=\frac{Ma_{n,1}}{\sin\beta}=\frac{1.64}{\sin35°}=2.86$$

这里再一次证明，斜激波由两个特征量唯一确定，本例中是 β 和 p_2/p_1。

例 8.4　一个马赫数为 3 的流动。要求把这个流动减速到亚声速。考虑两种不同途径：(1) 直接通过一个正激波减速；(2) 先经过一个激波角为 40° 的斜激波，随后再通过一个正激波。这两种情况如图 8.11 所示。计算两种途径的最终总压比，也就是第 2 种途径正激波后的总压除以第 1 种途径正激波后的总压。对结果的重要性做一些讨论。

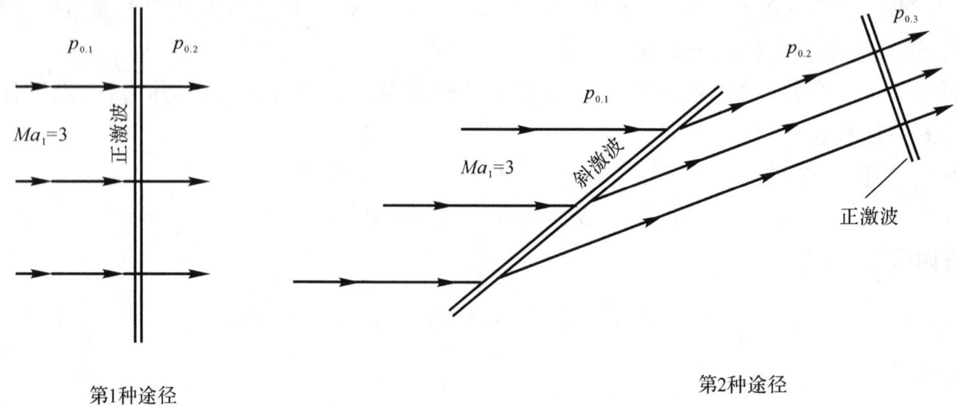

图 8.11　例题 8.4 的图示

解　对第 1 种途径，$Ma = 3$，从附录 B，得

$$\left(\frac{p_{0,2}}{p_{0,1}}\right)_{\text{case1}} = 0.328\,3$$

对第 2 种途径，$Ma_{n,1} = Ma_1 \sin\beta = 3\sin 40^\circ = 1.93$，查附录 B，得

$$\left(\frac{p_{0,2}}{p_{0,1}}\right) = 0.753\,5, \quad Ma_{n,1} = 0.588$$

从图 8.6，当 $Ma_1 = 3, \beta = 40^\circ$，得出偏转角 $= 22^\circ$，所以

$$Ma_2 = \frac{Ma_{n,2}}{\sin(\beta - \theta)} = \frac{0.588}{\sin(40^\circ - 22^\circ)} = 1.90$$

查附录B知道，对于一个来流马赫数为 1.9 的正激波，我们有 $p_{03}/p_{02} = 0.767\,4$，所以对第 2 种途径，则有

$$\left(\frac{p_{03}}{p_{01}}\right)_{\text{case2}} = \left(\frac{p_{02}}{p_{01}}\right)\left(\frac{p_{03}}{p_{02}}\right) = 0.753\,5 \times 0.767\,4 = 0.578$$

所以

$$\left(\frac{p_{03}}{p_{01}}\right)_{\text{case2}} \bigg/ \left(\frac{p_{02}}{p_{01}}\right)_{\text{case1}} = \frac{0.578}{0.328\,3} = 1.76$$

例 8.4 的结果表明，组合激波的最终总压比单独正激波高 76%。原则上，总压是气体能做多少有用功的量度，这个将在 9.4 节有进一步的阐述。在其他方面情况相同时，总压越大，气体越有用。实际上，总压损失是一个流体流动效率的指标，总压损失越少，流动过程越有效率。在本例中，第二种途径比第一种途径效率更高，因为在使气体减到亚声速的过程中，组合激波系统比一个单独的强正激波的总压损失要小。当来流马赫数增加时，穿过正激波的总压损失明显增加，附录 B 中的目录 p_{02}/p_{01} 就证明了这一点。如果一个流动的马赫数能够在穿过正激波之前减小，那么总压损失会比较小，因为正激波变弱了。这就是第二种途径下斜激波的作用：在穿

过正激波之前降低马赫数。虽然穿过斜激波也有总压损失，但是它比穿过相同马赫数的正激波时要小得多。在流动经过正激波之前先通过斜激波来减速，虽然通过斜激波后也有一定的总压损失，但最终却得到这样有益的结果，即在来流马赫数相同的情况下，第二种途径的组合激波系统会比单独的正激波损失的总压小。喷气发动机的超声速进气道就是这些结果的一个现实应用。一个正激波进气道如图 8.12(a)，正激波在进气道前形成，伴随着巨大的压力损失。相反的，一个斜激波进气道如图 8.12(b) 所示。这里，一个中央圆锥体产生了一个斜激波，流动在进气道边缘最终经过一个相对较弱的正激波进入进气道。对于相同的飞行条件，斜激波的总压损失比正激波的总压损失要小。所以，其他条件相同，斜激波进气道的发动机获得的推力较大。这就是为什么大多数现代超声速战斗机采用斜激波进气道设计的原因。

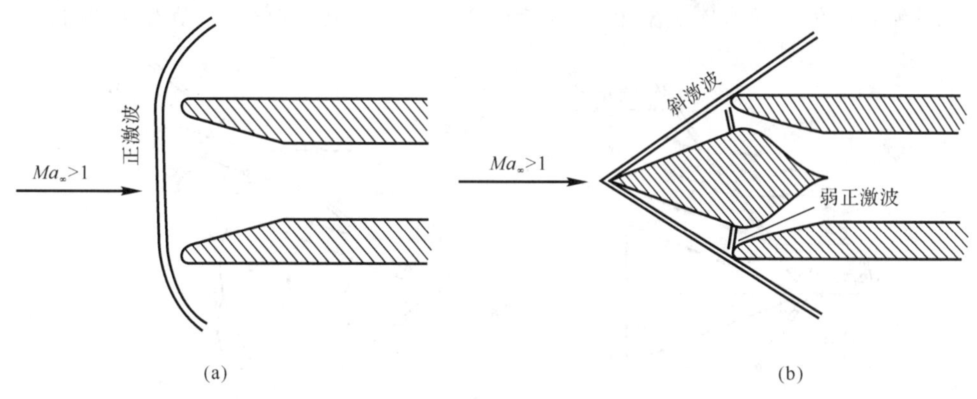

图 8.12　正激波和斜激波进气道图

(a) 正激波进气道；(b) 斜激波进气道

8.4　楔形体和圆锥体的超声速流动

对于如图 9.9 和图 9.10 所示楔形体上的超声速流动，8.3 节的斜激波理论可获得准确的解，而不需要做任何简化假设。楔形体上的超声速流动有以下特点：具有从头部开始的附着直线斜激波；激波后的流动为流线与楔形体表面相切的均匀流；楔形体表面压力等于激波后的静压。这些性质都被概括在图 8.13(a) 中。注意到楔形体是一个二维剖面，所以，按照定义，楔形体绕流是二维流动，我们前述的二维流动斜激波理论适合于这种情况。

图 8.13(b) 给出绕圆锥体的超声速流动，其从尖端发散出直线附体斜激波，这和楔形体类似。回忆第 5 章，流动流过三维物体是有三维效应的。比较图 8.13(a)，(b) 的楔形体和圆锥体，它们具有相同的半顶角，但圆锥体绕流可以在所有圆锥子午面方向绕过圆锥。三维效应的一个结果就是圆锥体上的激波比楔形体上的激波要弱，也就是它有一个更小的激波角，如图 8.13 所示。对于相同的来流马赫数(2.0)，相同的半顶角(20°)，对应的激波角分别为 53.3°，37°。对

图 8.13(a) 的楔形体，通过激波，流线刚好偏转 20°，所以激波下游刚好和楔形体平行。因为圆锥体的激波较弱，所以流线仅仅偏转 8°，如图 8.13(b) 所示。所以，在激波和圆锥体之间，流线必须逐渐地向上弯曲以和圆锥体的 20° 的锥面平行。由于三维效应，圆锥体上的压力 p_c 比楔形体上的压力 p_2 小，并且，圆锥体表面马赫数 Ma_c 比楔形体上的马赫数 Ma_2 要大。总之，对于有着相同半顶角的的圆锥体和楔形体来说，他们的主要不同点为：

(1) 圆锥体上的激波较弱；

(2) 圆锥体上的压力较小；

(3) 圆锥体表面以上的流线是弯曲的，而不是直线的。

圆锥体上的超声速流动的分析比本章斜激波理论的分析要复杂，不属于本书的范围。但是，认识圆锥体绕流和楔形体绕流之间的不同仍然是很重要的。这就是本节要达到的目的。

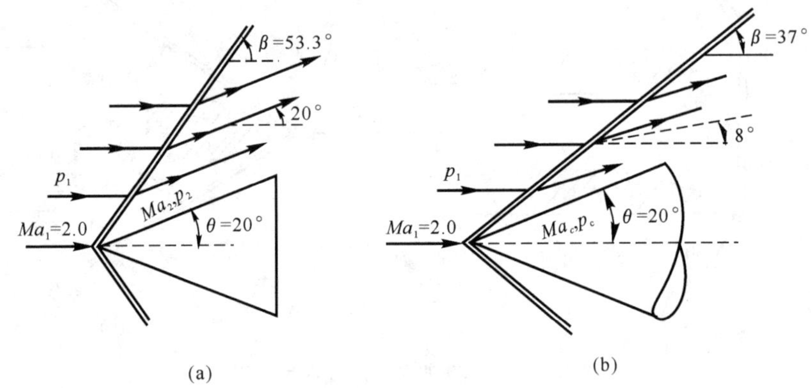

图 8.13 楔形流与锥形流的对比

(a) 楔形体； (b) 圆锥形

例 8.5 一楔形体的半顶角为 15°，来流马赫数为 5，如图 8.14 所示。计算此楔形体的阻力系数。假设底面压力等于自由流静压。

解 设楔形体单位翼展长的阻力为 D'，于是有

$$c_d = \frac{D'}{q_1 S} = \frac{D'}{q_1 c}$$

从图 8.14 得

$$D' = 2p_2 l\sin\theta - 2p_1 l\sin\theta = (2l\sin\theta)(p_2 - p_1)$$

式中

$$l = \frac{c}{\cos\theta}$$

所以

$$D' = (2c\tan\theta)(p_2 - p_1)$$

并且

$$c_d = (2\tan\theta)\left(\frac{p_2 - p_1}{q_1}\right)$$

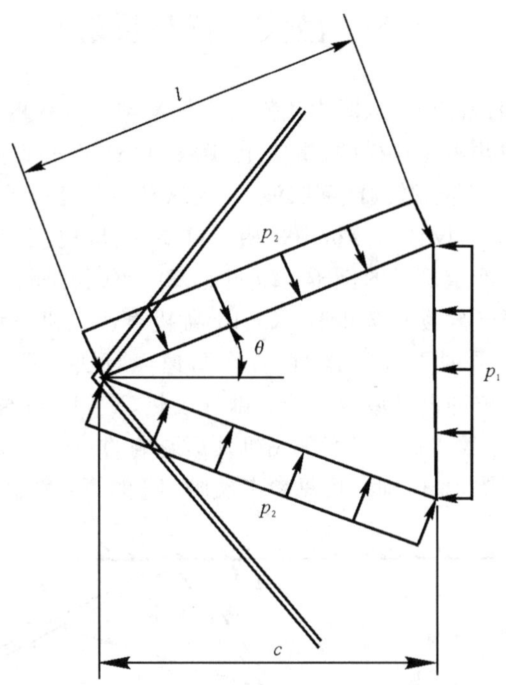

图 8.14　例 8.5 的图示

注意到

$$q_1 = \frac{1}{2}\rho_1 V_1^2 = \frac{1}{2}\rho_1 \frac{\gamma p_1}{\gamma p_1} V_1^2 = \frac{\gamma p_1}{2a_1^2} V_1^2 = \frac{\gamma}{2} p_1 Ma_1^2$$

所以

$$c_d = (2\tan\theta)\left(\frac{p_2 - p_1}{(\gamma/2) p_1 Ma_1^2}\right) = \frac{4\tan\theta}{\gamma Ma_1^2}\left(\frac{p_2}{p_1} - 1\right)$$

从图 8.6 可知，当 $Ma_1 = 5$ 时，$\theta = 15°$，$\beta = 24.2°$，所以

$$Ma_{n,1} = Ma_1 \sin\beta = 5\sin 24.2° = 2.05$$

查附录 B，当 $Ma_{n,1} = 2.05$ 时，有

$$\frac{p_2}{p_1} = 4.736$$

所以

$$c_d = \frac{4\tan\theta}{\gamma Ma_1^2}\left(\frac{p_2}{p_1} - 1\right) = \frac{4\tan 15°}{1.5 \times (5)^2} \times (4.736 - 1) = 0.114$$

注：对于二维物体上的超声速或者是高超声速无黏流动，通常也会存在阻力。激波的出现会产生压差阻力。本例的压差阻力被称为波阻，c_d 被称为波阻因数，更精确的表达为 $c_{d,w}$。

8.5 激波干扰与反射

回到图 8.1(a) 所示的斜激波，从图中我们可以想象到激波从拐角点无变化地传播到无穷远处。然而，实际情况往往并不是这样的。事实上，图 8.1(a) 所示的斜激波将会在某些地方冲击其他壁面，以及(或者) 与其他激波或膨胀波相交。这种波的相交及相互作用在超声速飞机、导弹、风洞和火箭发动机等的设计与分析中是相当重要的。历史上，曾经有过由于没有对激波干扰引起足够重视而导致严重后果的例子：20 世纪 60 年代初进行的一项冲压式喷气发动机的飞行实验项目，当时，喷气发动机安装在 X—15 高超声速飞机下面，利用 X—15 进行了从 4 ～ 7 的高马赫数下的一系列飞行实验。在首次高速飞行实验期间，激波从引擎外罩冲击 X—15 下表面，并且，由于被冲击区域极高的局部气动热，X—15 机身上烧出一个洞。虽然后来解决了这个问题，但这仍是激波干扰对实际飞机外形影响的一个生动例子。本节的目的就是要定性地讨论激波的干扰问题，具体细节可见参考文献[1] 的第 4 章。

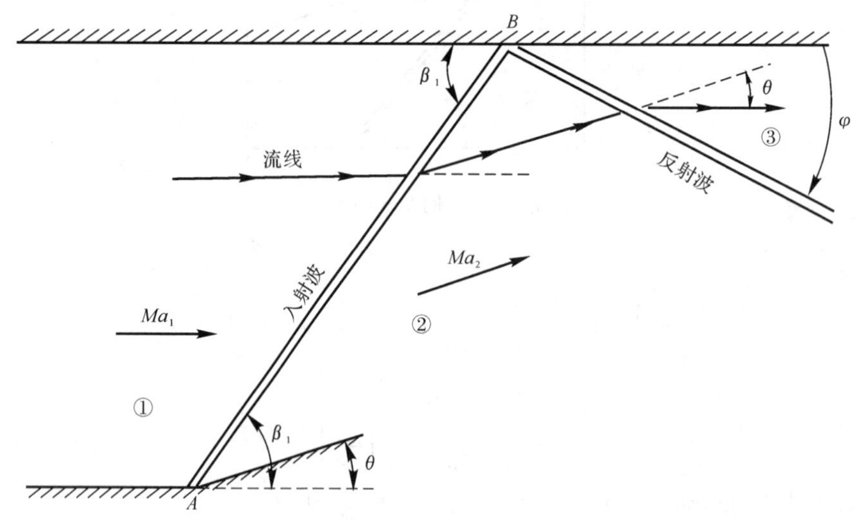

图 8.15 常见的激波在固壁上的反射

考虑一个由凹角产生的斜激波，若气流偏转角为 θ，则在点 A 产生的激波角是 β_1，假设在凹角上方有一个水平的壁面，如图 8.15 所示。由点 A 产生的激波叫做入射波，它在点 B 与上壁面相撞。现在的问题是激波到点 B 后会不会消失？如果不会，将会是什么情况？为了回答这个问题，我们必须了解关于激波特性的相关知识。观察图 8.15，我们可以看到在入射波后面区域 ②

的气流相对于来流向上偏转了一个大小为 θ 的角度，然而沿壁面的来流必须与上壁面处处相切，如果区域 ② 的气流不改变方向前进，它将进入到壁面内部。因此，区域 ② 的气流最终必须向下偏转一个角度 θ，才能满足与上壁面相切的条件。这自然需要通过在 B 点产生一个向下的二次激波来完成(见图 8.15)。这个二次激波叫做反射波。反射波使区域 ② 的气流偏转，在区域 ③ 平行于上壁面，从而保证满足边界条件。

反射激波的强度比入射激波弱。这是因为 $Ma_2 < Ma_1$，Ma_2 表示反射波的波前马赫数。因为偏转角是一样的，而反射波的波前马赫数较低，由 8.3 节我们知道，反射波必须相对较弱。因此，反射波与上壁面的夹角 φ 不等于入射激波的激波角 β_1。也就是说，激波反射不是镜像反射。反射激波的波后流动特性仅由 Ma_2 和 θ 确定；而 Ma_2 又是由 Ma_1 和 θ 所确定，因此反射激波后区域 ③ 的流动特征以及与上壁面的夹角 φ 都可以很容易地由给定的 Ma_1 和 θ 唯一确定。具体步骤如下：

(1) 由给定的 Ma_1 和 θ 计算区域 ② 的流动特性，特别是求出 Ma_2 的值。

(2) 由上一步求出的 Ma_2 和已知的 θ 值计算区域 ③ 的流动特性。

但也会有例外的情况发生，如在给定偏转角 θ 的条件下，假设 Ma_1 稍稍大于能在压缩拐角处产生直的斜激波所需要的最小马赫数。这时，根据 8.3 节所述斜激波理论，在拐角点处会存在一个直的入射斜激波。然而，我们知道通过激波，马赫数将下降，即 $Ma_2 < Ma_1$，这一下降会使 Ma_2 小于气流通过直的反射激波偏转 θ 角度所需的最小马赫数。在这种情况下，由斜激波理论可知，不会有直的反射激波存在，即图 8.15 所示的常规反射将不可能出现。实际发生的情形如图 8.16 所示，由拐角点发出的直的入射斜激波在上壁面附近弯曲，并在上壁面变成一正激波。这个正激波保证了上壁面处的壁面边界条件。另外，由正激波上分支出一个弯曲的反射激波向下游传播。如图 8.16 所示的这种波型，称为马赫反射。这种波型以及马赫反射波波后的特性的计算，没有理论方法来求解，但可采用数值解法求解，我们不在此讨论。

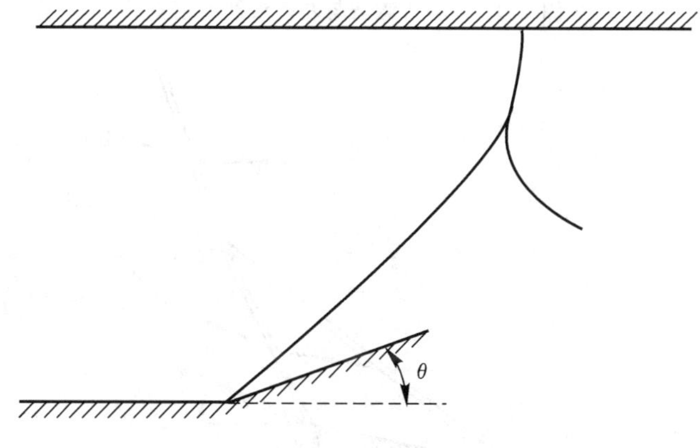

图 8.16　马赫反射

另一种激波干扰的情形见图 8.17。这里，一道产生于凹角点 G 的激波向上传播，记为激波

A,激波 A 是一道左行波,之所以这样命名是由于如果位于激波头部往波后流动方向看去,将看到激波偏向左边向前传播。另一道产生于凹角点 H 的激波向下传播,记为激波 B,激波 B 是一道右行波,之所以这样命名是由于如果位于激波头部往波后流动方向看去,将看到激波偏向右边向前传播。从图 8.17 可以看出,右行和左行激波相交于点 E,在相交点,激波 A 被折射并继续传播形成折射波 D。类似地,激波 B 被折射并继续传播形成折射波 C。我们将折射波 D 后的流动区域记为区域 ④,折射波 C 后的流动区域记为区域 ④′。这两个区域由一道滑移线 EF 分隔开,滑移线两侧的压力不变,即 $p_4 = p_{4'}$,速度的方向相同,平行于滑移线,但大小不一定相同。所有其他特性均不相同,特别是熵不相等 $S_4 \neq S_{4'}$。由滑移线处应满足的条件以及已知的 Ma_1,θ_1,和 θ_2 可以唯一的确定如图 8.17 的激波干扰问题(激波干扰计算的细节,详见参考文献[1]的第 4 章)。

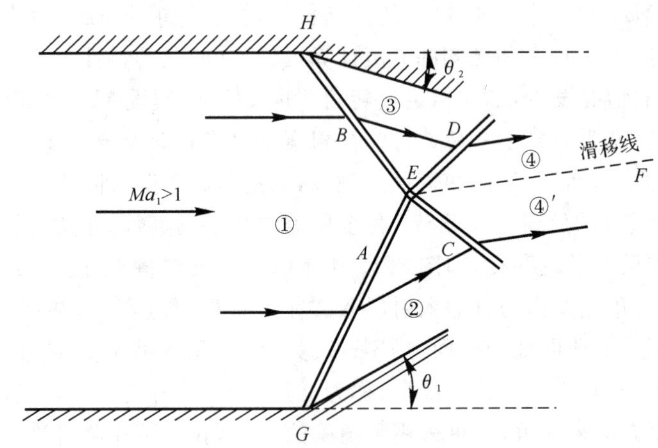

图 8.17　右行激波与左行激波的相交

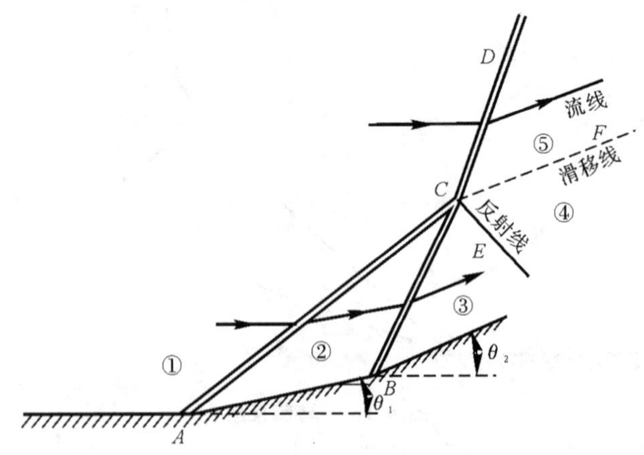

图 8.18　两条左行激波的相交

图 8.18 描述了分别产生于拐角 A 和拐角 B 的两左行激波相交的情形，两激波相交于点 C，在那里两激波合并并传播形成更强的激波 CD，同时伴随产生一个弱的反射波 CE。这一反射波是必然存在的，它适应流动以保证滑移线 CF 分开的区域 ④ 和区域 ⑤ 速度方向相同。再者，滑移线 CF 追踪了相交点的波后流动。

上述情形虽然不是超声速流动所有可能出现的激波干扰情况，然而，它们代表了实际流动中一些最常见的情形。

例 8.6　假设由 10° 偏转角压缩而产生一斜激波。波前马赫数为 3.6，气体压力和温度均为海平面标准状况。这个斜激波碰到在压缩角上方的一直壁。流动如图 8.15 所示。试计算反射激波与直壁的夹角 φ，反射激波之后的压力、温度和马赫数。

解　由图 8.6，对于 $Ma_1 = 3.6, \theta = 10°$，可查出，$\beta_1 = 24°$。

因此
$$Ma_{n,1} = Ma_1 \sin\beta_1 = 3.6\sin 24° = 1.464$$

查附表 B，则得

$$Ma_{n,2} = 0.7157, \quad \frac{p_2}{p_1} = 2.32, \quad \frac{T_2}{T_1} = 1.294$$

因此有
$$Ma_2 = \frac{Ma_{n,2}}{\sin(\beta_1 - \theta)} = \frac{0.7157}{\sin(24° - 10°)} = 2.96$$

至此，得到了入射激波之后的流动特性。同时又是反射激波之前的流动条件。我们同时知道通过反射波，流动必须偏转 10° 以满足上壁面边界条件。由反射波波前马赫数 $Ma_2 = 2.96$，偏转角 $\theta = 10°$，查图 8.6，可得反射波倾角 $\beta_2 = 27.3°$。需要注意的是，β_2 并不是反射波与上壁面的夹角，而是指反射波与区域 ② 的流动方向之间的夹角，反射波相对于壁面的夹角由图 8.15 所示几何关系可得

$$\varphi = \beta_2 - \theta = 27.3° - 10° = 17.3°$$

同样，由反射激波前的法向马赫数分量 $Ma_{n,2} = Ma_2 \sin\beta_2 = 2.96\sin 27.3° = 1.358$，查附表 B 可得

$$\frac{p_3}{p_2} = 1.991, \quad \frac{T_3}{T_2} = 1.229, \quad Ma_{n,3} = 0.7572$$

因此有

$$Ma_3 = \frac{Ma_{n,3}}{\sin(\beta_2 - \theta)} = \frac{0.7572}{\sin(27.3° - 10°)} = 2.55$$

对于海平面标准大气条件，$p_1 = 1.0132 \times 10^5\ \text{Pa}$，$T_1 = 288\ \text{K}$，因此有

$$p_3 = \frac{p_3}{p_2}\frac{p_2}{p_1}p_1 = 1.991 \times 2.32 \times 1.0132 \times 10^5 = 468\ \text{kPa}$$

$$T_3 = \frac{T_3}{T_2}\frac{T_2}{T_1}T_1 = 1.229 \times 1.294 \times 288 = 458\ \text{K}$$

可以看出反射波比入射波弱，因为反射波压力比 $p_3/p_2=1.991$ 小于入射波的压力比 $p_2/p_1=3.32$。

8.6　钝头体前的脱体激波

图 7.1 表示的是在超声速时钝头体前形成的一道弓形激波。本节将进一步阐述弓形激波的一些性质。

图 8.19 比图 7.1 描述了更多流动的细节。这里，激波与钝头体的前缘端点之间的距离是 δ，δ 被定义为激波的脱体距离。在点 a，激波是和来流相垂直的。因此，点 a 处的激波是正激波。过了点 a，激波就逐渐变弯曲，变弱，在远离物面处形成马赫波（见图 8.19 表示的点 e）。

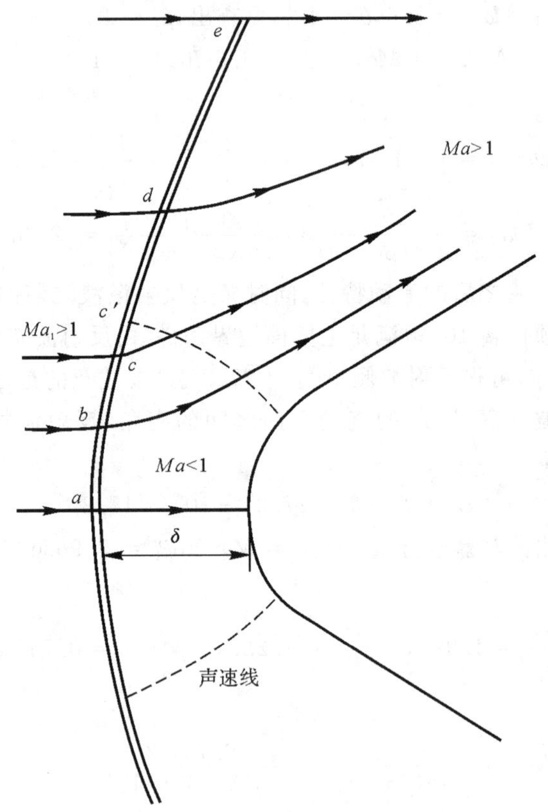

图 8.19　超声速钝体绕流

弓型激波曲线是在给定来流马赫数 Ma_1 下，在自然界中可能形成的斜激波的例子之一。它存在于点 a 和点 e 之间。为了更清楚地了解这些，把图 8.19 和用 $\theta-\beta-Ma$ 表示的图 8.20 结合起来考虑。在图 8.20 中的点 a 对应的是正激波，点 e 对应的是马赫波。图 8.19 中的点 b 对应

的是一个斜激波，它同时也满足图 8.20 中的强激波解。我们从点 a 出发沿着弓型激波，可以看到激波角逐步变得更斜，流动偏斜度增加，这样的情况一直持续到点 c。在图 8.20 中，弓型激波上的点 c 是最大偏斜角处。从点 c 到点 e，所有的点上对应的都是弱激波解。在点 c 稍高的点 c' 处，激波后的流动是声速流。从点 a 到点 c'，弓型激波后的流动是亚声速流，从 c' 点到点 e 是超声速流。因此，弓型激波与钝头体之间的流动为超声速与亚声速流的混合区，亚声速区与超声速区的分界为声速线，如图 8.19 的虚线所示。

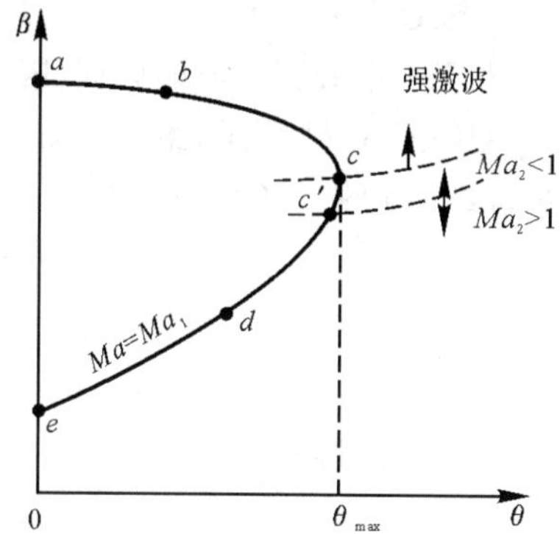

图 8.20　对应图 8.19 **的** θ-β-Ma **图**

脱体激波的外形、脱体距离 δ、激波和钝头体之间的全部流场都依赖于来流马赫数和钝头体外形。从 20 世纪 50 年代到 60 年代，超声速钝头体绕流问题一直是超声速空气动力学的热点问题，它让人们去认识流过钝头导弹及再入大气舱的高速流动的性质。事实上，直到 20 世纪 60 年代末期才有了真正足够满足超声速钝头体绕流的工程解的数值技术。这些数值技术将在第 13 章讨论。

8.7　普朗特-迈耶膨胀波

前面讨论了当超声速气流向内转折时，会产生斜激波及其流动的求解。本节讨论当超声速流向外转折时，形成膨胀波及其流动的求解，如图 8.1(b) 所示。此图所显示的扇形是一个连续膨胀区，它可以看成是由无穷多个马赫波组成的，每个马赫波将偏转一个和当地流动方向成 μ 的马赫角(见式(8.1))。如图 8.21 所示，膨胀波扇型的上游边界是由一个和上游流动成 μ_1 角的马赫波组成，这里 $\mu_1=\arcsin(1/Ma_1)$。扇型区域的下游边界是由和下游流动成 μ_2 角的马赫波组成，这里 $\mu_2=\arcsin(1/Ma_2)$。由于膨胀过程是通过一系列膨胀马赫波完成的，而对于每个马赫波的 $ds=0$，因此整个膨胀过程是等熵过程。这和斜激波是完全不同的，通过斜激波一定是一个熵增的过程。气流通过膨胀波为一个等熵过程，使这一流动问题变得非常简单。

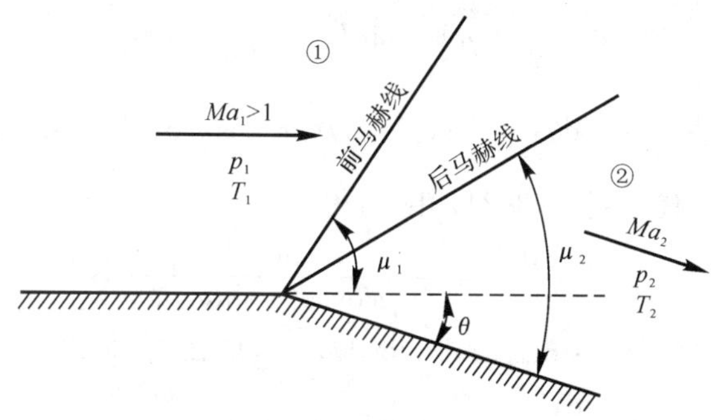

图 8.21　普朗特-迈耶膨胀波

通过图 8.1(b) 和图 8.21 所示的凸角形成的膨胀波叫中心膨胀波。由于普朗特和迈耶首先发现了中心膨胀波的原理,因此这种波也被称为普朗特-迈耶膨胀波。

如图 8.21 所示,给定上游(区域 ①) 流动各物理量和偏转角 θ,现在考虑如何计算出下游(区域 ②) 流动各物理量。

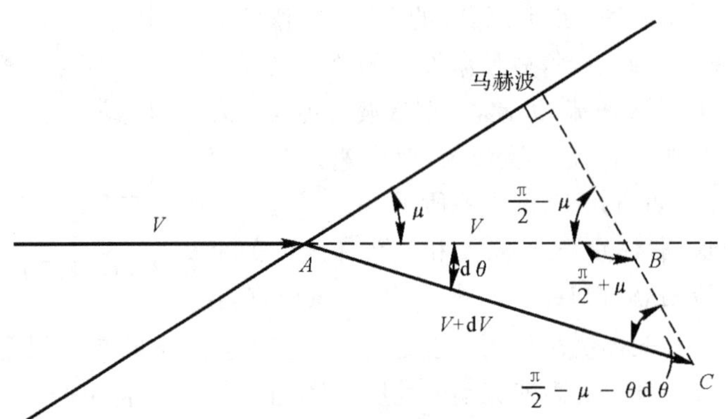

图 8.22　通过无限弱扰动波的速度变化几何示意

对一个由无限小的偏转角 $\mathrm{d}\theta$ 产生的一个非常弱的膨胀波和上游流动的夹角 μ,如图 8.22 所示。波前的速度为 V,一旦气流向下偏转了这个角度 $\mathrm{d}\theta$,速度就增加了一个无限小的量 $\mathrm{d}V$,那么波后的速度就是 $V+\mathrm{d}V$,偏转的角度为 $\mathrm{d}\theta$。回顾 8.3 节动量方程部分,波前波后只有法向速度发生变化,切向速度分量保持不变。在图 8.22 中,画在波后的水平线段 AB 表示波前速度 V,线段 AC 表示波后的速度 $V+\mathrm{d}V$,线段 BC 和马赫波垂直,表示速度的变化量 $\mathrm{d}V$,这是因为气流在波前和波后的切向分量相等,故 $\mathrm{d}V$ 一定与马赫波互相垂直。观察图 8.22,在三角形 ABC 中应用正弦定理,可得

$$\frac{V+\mathrm{d}V}{V}=\frac{\sin(\pi/2+\mu)}{\sin(\pi/2-\mu-\mathrm{d}\theta)} \tag{8.24}$$

由三角变换,得

$$\sin\left(\frac{\pi}{2}+\mu\right)=\sin\left(\frac{\pi}{2}-\mu\right)=\cos\mu \tag{8.25}$$

$$\sin\left(\frac{\pi}{2}-\mu-\mathrm{d}\theta\right)=\cos(\mu+\mathrm{d}\theta)=\cos\mu\cos\mathrm{d}\theta-\sin\mu\sin\mathrm{d}\theta \tag{8.26}$$

把式(8.25) 和式(8.26) 代入到式(8.24) 中,可得

$$1+\frac{\mathrm{d}V}{V}=\frac{\cos\mu}{\cos\mu\cos\mathrm{d}\theta-\sin\mu\sin\mathrm{d}\theta} \tag{8.27}$$

因为 $\mathrm{d}\theta$ 很小,应用小角度假设,$\sin\mathrm{d}\theta\approx\mathrm{d}\theta$,$\cos\mathrm{d}\theta\approx 1$,那么式(8.27) 变为

$$1+\frac{\mathrm{d}V}{V}=\frac{\cos\mu}{\cos\mu-\mathrm{d}\theta\sin\mu}=\frac{1}{1-\mathrm{d}\theta\tan\mu} \tag{8.28}$$

注意到,函数 $1/(1-x)$ 可以展开成级数形式(对 $x<1$),即

$$\frac{1}{1-x}=1+x+x^2+x^3+\cdots$$

因此式(8.28)可以展开(忽略二阶以上小量)为

$$1+\frac{\mathrm{d}V}{V}=1+\mathrm{d}\theta\tan\mu+\cdots \tag{8.29}$$

由式(8.29),可得

$$\mathrm{d}\theta=\frac{\mathrm{d}V/V}{\tan\mu} \tag{8.30}$$

由式(8.1),我们可以知道 $\mu=\arcsin(1/Ma)$。因此,如图 8.23 所示的三角形,可得

$$\tan\mu=\frac{1}{\sqrt{Ma^2-1}} \tag{8.31}$$

把式(8.31)代入式(8.30),可得

$$\mathrm{d}\theta=\sqrt{Ma^2-1}\,\frac{\mathrm{d}V}{V} \tag{8.32}$$

式(8.32)表示的是,气流通过一个很弱的波,并偏转了一个微小的角度 $\mathrm{d}\theta$,其速度会有一个微小变化量 $\mathrm{d}V$。对于马赫波,$\mathrm{d}V$,$\mathrm{d}\theta$ 都为 0。对于有限 $\mathrm{d}\theta$,式(8.32)是一个近似解,当 $\mathrm{d}\theta\rightarrow 0$ 时,式(8.32)就变为精确解。图 8.1(b)和图 8.21 显示的扇形区域是由一系列无穷多个马赫波组成的,因此,式(8.32)是精确描述膨胀波内部流动的微分方程。

参照图 8.21,将式(8.32)从偏角为零和马赫数为 Ma_1 的区域 ①,积分到偏角为 θ 和马赫数为 Ma_2 的区域 ②,则有

$$\int_0^\theta \mathrm{d}\theta=\theta=\int_{Ma_1}^{Ma_2}\sqrt{Ma^2-1}\,\frac{\mathrm{d}V}{V} \tag{8.33}$$

为了求解出式(8.33)右边的积分,$\mathrm{d}V/V$ 必须由 Ma 来表示。从马赫数的定义,$Ma=V/a$,可以得到 $V=Ma\times a$ 或者

$$\ln V=\ln Ma+\ln a \tag{8.34}$$

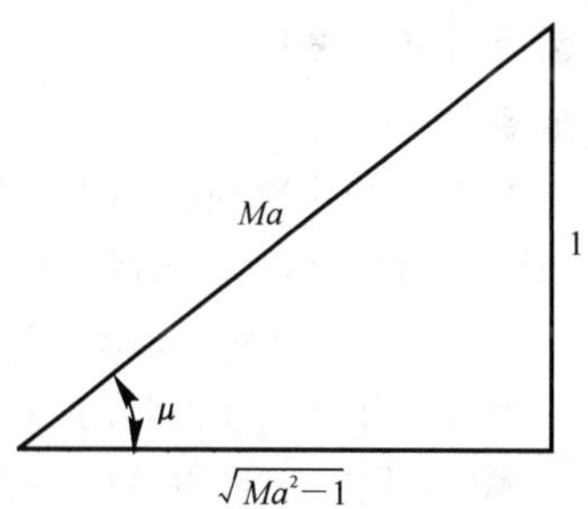

图 8.23　马赫角对应的三角形

对式(8.34),可得

$$\frac{\mathrm{d}V}{V}=\frac{\mathrm{d}Ma}{Ma}+\frac{\mathrm{d}a}{a} \tag{8.35}$$

由式(7.25)和式(7.40),可以得到

$$\left(\frac{a_0}{a}\right)^2=\frac{T_0}{T}=1+\frac{\gamma-1}{2}Ma^2 \tag{8.36}$$

由式(8.36)对 a 求解,可得

$$a=a_0\left(1+\frac{\gamma-1}{2}Ma^2\right)^{-\frac{1}{2}} \tag{8.37}$$

对式(8.37)进行微分运算,可得

$$\frac{\mathrm{d}a}{a}=-\left(\frac{\gamma-1}{2}\right)Ma\left(1+\frac{\gamma-1}{2}Ma^2\right)^{-1}\mathrm{d}Ma \tag{8.38}$$

把式(8.38)代入式(8.35)，得

$$\frac{\mathrm{d}V}{V}=\frac{1}{1+[(\gamma-1)/2]Ma^2}\frac{\mathrm{d}Ma}{Ma} \tag{8.39}$$

式(8.39)中 $\mathrm{d}V/V$ 由 Ma 直接表示，这也正是为了对式(8.33)进行积分所需要的形式，因此，把式(8.39)代入式(8.33)，得到

$$\theta=\int_{Ma_1}^{Ma_2}\frac{\sqrt{Ma^2-1}}{1+[(\gamma-1)/2]Ma^2}\frac{\mathrm{d}Ma}{Ma} \tag{8.40}$$

在式(8.40)中，积分

$$\nu(Ma)\xlongequal{\text{def}}\int\frac{\sqrt{Ma^2-1}}{1+[(\gamma-1)/2]Ma^2}\frac{\mathrm{d}Ma}{Ma} \tag{8.41}$$

称为普朗特-迈耶函数，用 $\nu(Ma)$ 表示，求解这个积分，式(8.41)变为

$$\nu(Ma)=\sqrt{\frac{\gamma+1}{\gamma-1}}\arctan\sqrt{\frac{\gamma-1}{\gamma+1}(Ma^2-1)}-\arctan\sqrt{Ma^2-1} \tag{8.42}$$

式(8.42)中未出现的积分常数并不重要，因为可以方便地应用式(8.42)来求解定积分式(8.40)。显然，当 $Ma=1$ 时，$\nu(Ma)=0$。最后联立式(8.41)和式(8.40)，可得

$$\theta=\nu(Ma_2)-\nu(Ma_1) \tag{8.43}$$

在量热完全气体的条件下，$\nu(Ma)$ 可由式(8.42)求得。普朗特-迈耶函数 ν 很重要，它是计算气流参数通过膨胀波变化的工具。由于它的重要性，把不同数值下的 Ma 和它对应的函数值 ν 列成表放在附录 C 中，为了方便，把 μ 也列成表放到附录 C 中。

怎样利用上面的结果去解决图 8.21 所示的问题呢?例如，已知区域 ① 的物理量和偏转角怎么样得到区域 ② 的各物理量?可以按下列步骤找到答案：

(1) 对于给定的 Ma_1，从附录 C 查得 $\nu(Ma_1)$。

(2) 由第一步得到的 $\nu(Ma_1)$ 和已知的 θ，用式(8.43)计算得到 $\nu(Ma_2)$。

(3) 用第二步得到的 $\nu(Ma_2)$，在附录 C 中查出相对应的 Ma_2。

(4) 通过膨胀波是一个等熵过程，因此，通过膨胀波的 p_0，T_0 都不变，那么，$T_{0,2}=T_{0,1}$，$p_{0,2}=p_{0,1}$，由式(7.40)，可得

$$\frac{T_2}{T_1}=\frac{T_2/T_{0,2}}{T_1/T_{0,1}}=\frac{1+[(\gamma-1)/2]Ma_1^2}{1+[(\gamma-1)/2]Ma_2^2} \tag{8.44}$$

由式(7.42)，可得

$$\frac{p_2}{p_1}=\frac{p_2/p_0}{p_1/p_0}=\left(\frac{1+[(\gamma-1)/2]Ma_1^2}{1+[(\gamma-1)/2]Ma_2^2}\right)^{\gamma/(\gamma-1)} \tag{8.45}$$

因为已经知道了 Ma_1，Ma_2，T_1，p_1，通过式(8.44)和式(8.45)就可以得到波后的 T_2，p_2。

例 8.7 某超声速流以 $Ma_1=1.5$，$p_1=1\ \text{atm}$，$T_1=288\ \text{K}$，通过偏转角为 15° 的一个凸

角，计算 $Ma_2, p_2, T_2, p_{0,2}, T_{0,2}$ 并且计算前马赫线和后马赫线与来流的夹角。

解　由附录 A，对于 $Ma_1 = 1.5$，可以得到 $p_{0,1}/p_1 = 3.671, T_{0,1}/T_1 = 1.45$，对于 $Ma_2 = 2.0$，可以得到 $p_{0,2}/p_2 = 7.824, T_{0,2}/T_2 = 1.8$。

由于是等熵流动，那么 $T_{0,2} = T_{0,1}, p_{0,2} = p_{0,1}$，因此可得

$$p_2 = \frac{p_2}{p_{0,2}} \frac{p_{0,2}}{p_{0,1}} \frac{p_{0,1}}{p_1} p_1 = \frac{1}{7.824} \times 3.671 \times 1 \text{ atm} = 47.52 \text{ kPa}$$

$$T_2 = \frac{T_2}{T_{0,2}} \frac{T_{0,2}}{T_{0,1}} \frac{T_{0,1}}{T_1} T_1 = \frac{1}{1.8} \times 1.45 \times 288 = 232 \text{ K}$$

$$p_{0,2} = p_{0,1} = \frac{p_{0,1}}{p_1} p_1 = 3.671 \times 1 \text{ amt} = 372 \text{ kPa}$$

$$T_{0,2} = T_{0,1} = \frac{T_{0,1}}{T_1} T_1 = 1.45 \times 288 = 417.6 \text{ K}$$

由图 8.21 所示，可得

前马赫线角为　　$\mu_1 = 41.81°$

后马赫线角为　　$\mu_2 - \theta = 30° - 15° = 15°$

8.8　激波-膨胀波理论对超声速翼型的应用

在超声速流场中，考虑一长为 c，攻角为 α 的平板，如图 8.24 所示。在平板的上表面，由于流动方向发生改变，因此，在前缘处产生膨胀波，所以上表面的压力 p_2 小于自由来流的压力 p_1，即 $p_2 < p_1$。

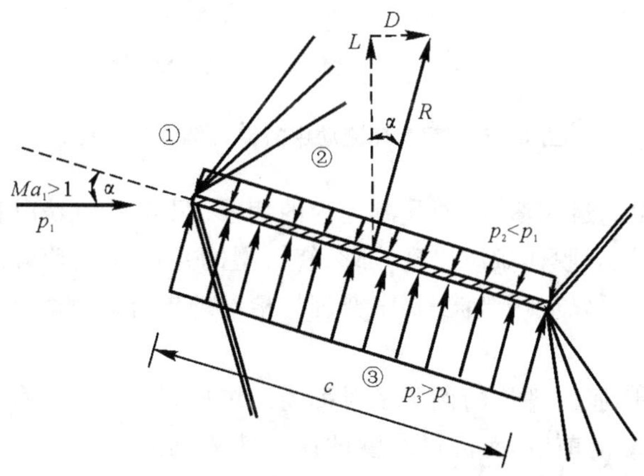

图 8.24　在超声速流中，有迎角的平板

在后缘处，因为流动方向必须要与自由来流方向接近一致(但不是精确的)，即流动方向又

要恢复到初始状态，结果导致在后缘有斜激波产生。在平板下表面，斜激波在前缘处会产生，下表面上的压力 p_3 大于自由来流的压力 p_1，即 $p_3 > p_1$。在后缘处，通过一个膨胀波，流动方向又与自由来流方向接近一致(但不是精确的)。注意图 8.24，平板上、下表面的压力 p_2，p_3 有着相对均匀的分布，但是 $p_3 > p_2$，这样就会在平板上产生净压力不平衡，这种不平衡性导致合力 R 产生，如图 8.24 所示。对于单位展长，合力和其升力和阻力的计算公式如下：

$$R' = (p_3 - p_2)c \tag{8.46}$$

$$L' = (p_3 - p_2)c\cos\alpha \tag{8.47}$$

$$D' = (p_3 - p_2)c\sin\alpha \tag{8.48}$$

在式(8.47)和式(8.48)中，p_3 由斜激波特性计算而得，p_2 由膨胀波特性计算而得，它们都是精确值，并没有采用近似计算。结合斜激波和膨胀波理论，可精确计算在图 8.24 中显示的，通过有迎攻角平板的无黏超声速流动。

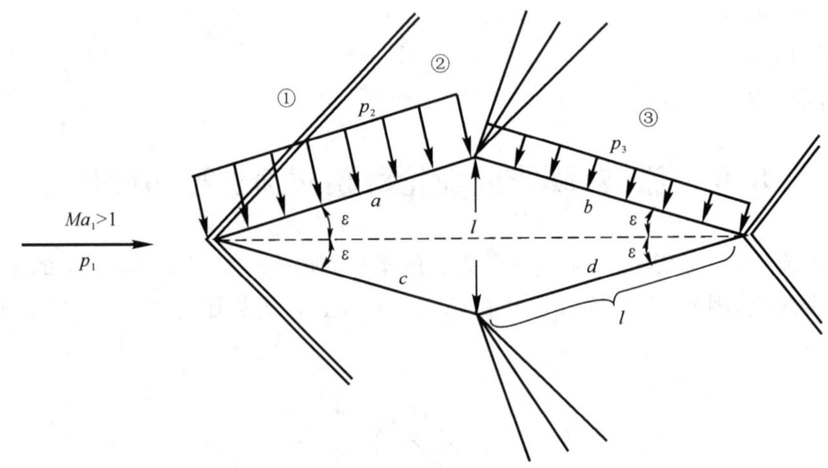

图 8.25　超声速流动中的零攻角菱形翼型

平板是一个最简单的运用激波-膨胀波理论的例子。只要翼型是由直线段组成的，且流动偏转角足够小，能保证没有脱体激波出现，那么绕翼型的超声速流动就是由一系列斜激波、膨胀波组成的。因此，我们可以应用激波-膨胀波理论精确地求解翼型表面的压力分布，进而计算翼型的升力和阻力。

另一个运用激波-膨胀波理论的例子是对称菱形翼型，如图 8.25 所示。假设翼型的攻角为零，在斜激波偏转角为 ε 的前缘处，流过翼型的超声速流动第一次被压缩和偏转。在弦长中点处，通过 2ε 偏转角流体发生膨胀，产生了膨胀波。在后缘处，气流又通过另一个斜激波恢复到自由来流的方向。翼型前后表面上的压力分布在图 8.25 中被标出，注意作用在表面 a 和 c 上的压力是一致的，都等于 p_2，作用在表面 b 和 d 上的压力是一致的，都等于 p_3，$p_3 < p_2$。在升力方

向上，也就是垂直于自由来流的方向，翼型上、下表面上的压力分布是完全抵消的，即 $L' = 0$。相比之下，在阻力方向上，就是平行于来流的方向，表面 a 和 c 的压力大于表面 b 和 d 的压力，从而产生了阻力。为了计算这个阻力(单位展长)，考虑图 8.25 中菱形翼型的几何数据，l 为每个边的长度，t 为翼型相对厚度。

$$D' = 2(p_2 l\sin\varepsilon - p_3 l\sin\varepsilon) = 2(p_2 - p_3)\frac{t}{2}$$

即

$$D' = (p_2 - p_3)t \tag{8.49}$$

在式(8.49)中，p_2 由斜激波特性计算而得，p_3 由膨胀波特性计算而得，而且，对于流过菱形翼型的无黏超声速流动，这些压力都是精确值。

在这个过程中，我们回忆 1.5 节中讨论过的气动力来源是很有价值的。尤其是要注意式(1.26)，式(1.27)。这些式通过作用在物体表面上的压力和剪应力分布来计算 L' 和 D'。本节得到的平板计算式(8.47)和式(8.48)和菱形翼型的计算式(8.49)，是对更加一般公式的简化。

本节说明了无黏超声速流动的一个非常重要的特征。式(8.48)和式(8.49)预估了二维翼型的阻力。这和第 3 章中讨论过的低速二维物体，不可压无黏绕流理论中，阻力为零的结果形成直接的对比。在超声速流中，达朗贝尔疑题是不存在的。在无黏超声速流动中，二维单位展长上的阻力是个有限值，这个新的阻力源被称为波阻。

例 8.8　计算来流马赫数为 3，迎角为 5° 的平板翼型的升力系数和阻力系数。

解　根据图 8.24 所示，首先计算上表面的 p_2/p_1，由 $Ma_1 = 3$，查附表 C，得

$$v_1 = 49.76^\circ$$

由

$$\nu_2(Ma) = v_1 Ma + \theta \quad 及 \quad \theta = \alpha$$

得

$$\nu_2(Ma) = 54.76^\circ$$

查附表 C 得

$$Ma_2 = 3.27$$

所以

$$\frac{p_2}{p_1} = \frac{p_{0,1}}{p_1} \bigg/ \frac{p_{0,2}}{p_2} = 0.668$$

式中，$\frac{p_{0,1}}{p_1}$ 与 $\frac{p_{0,2}}{p_2}$ 均由附录 A 查得。

第二步，计算下表面的 $\frac{p_3}{p_1}$。由图 8.6 可知，对于 $Ma_1 = 3$，则有

$$\theta = \alpha = 5^\circ, \quad \beta = 23.1^\circ$$

因此

$$Ma_{n,1} = Ma_1 \sin\beta = 3\sin 23.1^\circ = 1.177$$

查附表 B，对于 $Ma_{n,1} = 1.177$，$\frac{p_3}{p_1} = 1.458$。

$$L' = (p_3 - p_2)c\cos\alpha$$

$$c_l = \frac{L'}{q_1 S} = \frac{L'}{\frac{\gamma}{2} p_1 Ma_1^2 c} = \frac{2}{\gamma Ma_1^2}\left(\frac{p_3}{p_1} - \frac{p_2}{p_1}\right)\cos\alpha =$$

$$\frac{2}{(1.4) \times 3^2} \times (1.458 - 0.668)\cos 5^\circ = 0.125$$

$$D' = (p_3 - p_2)c\sin\alpha$$

$$c_d = \frac{D'}{q_1 S} = \frac{D'}{\frac{\gamma}{2} p_1 Ma_1^2 c} = \frac{2}{\gamma Ma_1^2}\left(\frac{p_3}{p_1} - \frac{p_2}{p_1}\right)\sin\alpha =$$

$$\frac{2}{(1.4) \times 3^2} \times (1.458 - 0.668)\sin 5^\circ = 0.011$$

本例的阻力系数，还可利用下面关系简便求解：

$$\frac{c_d}{c_l} = \tan\alpha$$

因此

$$c_d = c_l \tan\alpha = 0.125\tan 5^\circ = 0.011$$

8.9 小　结

根据本章的内容简介，我们将主要分析结果进行如下总结：

在二维或三维超声速流动中，流场中的无限小扰动会在流场中产生一个马赫波，马赫波与当地流动速度的夹角为 μ，该角在超声速流动中被定义为马赫角，且

$$\mu = \sin^{-1}\frac{1}{Ma}$$

式中，Ma 为当地马赫数。

超声速流动通过斜激波状态参数的变化取决于垂直于斜激波的速度分量，对于量热完全气体，法向马赫数是决定因素。将第7章中的波前马赫数替换为法向马赫数 $Ma_{n,1}$，则斜激波前后各状态参数的变化可以直接使用相应的正激波计算公式，这里

$$Ma_{n,1} = Ma_1 \sin\beta$$

通过斜激波的状态参数的变化最终取决于两个参数，Ma_1 和 β 或 Ma_1 和 θ。Ma_1，β 和 θ 的关系由式(8.23)确定。

斜激波入射到平直固壁上的反射波为激波，这是由反射波后的流动速度方向必须与固壁平行的条件决定的。斜激波间相交时，波后流动取决于相交的角度及斜激波的强度。值得注意的是，相交斜激波后的流动速度方向一致，压力相等。

通过普朗特-迈耶函数 $\nu(Ma)$，可以给出在超声速扇形膨胀区内，上、下游气流偏转角的关系，即

$$\theta = \nu(Ma_2) - \nu(Ma_1)$$

习　题

8.1　一细长导弹以马赫数 $Ma = 1.5$ 在低空飞行，假设导弹前端产生的波为马赫波，此波在距导弹前端之后 20 m 距离处与地面相交，求导弹飞行所处的海拔。

8.2　在马赫数为 4 的流动中的一激波角为 30° 的斜激波，波前压力与温度分别为 2.65×10^4 Pa，233.3 K。（相应于 10 000 m 标准海拔）。试计算波后压力、温度、马赫数、总压、总温及通过激波的熵增。

8.3　式(7.57)不适用于斜激波，因而附录 B 中 $p_{0,2}/p_1$ 所在列不能用，结合波前马赫数的法向分量，可以得到斜激波后的总压。另外，应用 $Ma_{n,1}$ 使 $p_{0,2}/p_{0,1}$ 所在列适用于斜激波，试解释原因。

8.4　一激波角为 36.87° 的斜激波。波前 $Ma_1 = 3$，$p_1 = 1$ atm。试以下面两种方法计算波后总压：

(1) 附录 B 中，$p_{0,2}/p_{0,1}$（正确的方法）；

(2) 附录 B 中，$p_{0,2}/p_1$（不正确的方法）。

比较计算结果。

8.5　绕一锲角为 22.2° 的半锲形体的流动。如果 $Ma_1 = 2.5$，$p_1 = 1$ atm，$T_1 = 300$ K，试计算激波角以及 p_2，T_2，Ma_2。

8.6　一平板以攻角 α 处于压力为 1 atm，马赫数为 2.4 的来流中，那么 α 为多少度的时候，在平板前缘会产生附着激波，并且求出平板表面的最大压力为多少？

8.7　考虑一半楔型，角度为 30.2°，处于 $Ma_\infty = 3.5$，$p_\infty = 0.5$ atm 的来流中，在半楔形上方的激波后放置一皮托管，求皮托管测得的压力值。

8.8　考虑一压力为 1 atm，马赫数为 4 的气流，我们想通过一激波使气流变成亚音速，并且使总压损失尽可能得小，计算气流分别以下面三种方式变成亚音速时的总压损失：

1) 简单的一个的正激波。

2) 通过偏转角为 25.3° 的一个斜激波，再通过一个正激波。

3) 通过偏转角为 25.3° 的一个斜激波，再通过偏转角为的一个斜激波，再通过一个正激波。

由上述三种方式的结果，请比较分析一下三种减速方式的效率。

8.9　考虑一偏转角 $\theta = 18.2°$ 的斜激波。如图 8.13 所示，放置一水平物面于拐角上方，上游来流 $Ma_1 = 3.2$，$p_1 = 1$ atm，$T_1 = 520°$R。计算反射波后的 Ma_3，p_{a_3}，T_{a_3}。并计算上物面的反射角 φ。

8.10　考虑一超声速通过一膨胀角，如图 8.21 所示，偏转角 $\theta = 23.38°$，假如上游来流 $Ma_1 = 2$，$p_1 = 0.7$ atm，$T_{a_1} = 300$ K，计算下游 Ma_2，p_2，T_2，ρ_2，$p_{0,2}$，$T_{0,2}$，并计算前马赫线和后马赫线与上游来流的夹角。

8.11　在 $Ma_1 = 1.58$，$p_1 = 1$ atm 下的超声速流动绕一尖角膨胀，如果尖角后的压力为 0.130 6 atm，试计算尖角的偏转角。

8.12　在 $Ma_1 = 3$，$T_1 = 285$ K，$p_1 = 1$ atm 下的超声速流动绕一凹角压缩向上偏转 $\theta = 30.6°$，随后突然以绕一同样角度的尖角膨胀使其流动方向恢复为初始流动方向。试计算膨胀波后的 Ma_3，p_3，T_3，既然最后的流动方向与初始流动方向相同，是否可以认为 $Ma_3 = Ma_1$，$p_3 = p_1$，$T_3 = T_1$？并解释。

8.13　当马赫数为 2.6 时，分别计算无限薄平板下面给定的三个攻角下的升力系数和波阻系数：

(1)$\alpha = 5°$；

(2)$\alpha = 15°$；

(3)$\alpha = 30°$。

8.14　如图 8.25 所示，一菱形机翼，半角 $\varepsilon = 10°$，机翼以攻角 $\alpha = 15°$ 放置在来流马赫数为 3 的气流中，计算机翼的升力和波阻系数。

8.15　考虑一声速流动，计算由扇形膨胀波膨胀所能达到的最大的偏转角为多少？

8.16　考虑一圆柱体（轴和来流方向垂直）和一对称菱形机翼，菱形机翼的半角为 5°，攻角为 0°，都放在马赫数为 5 的来流中，机翼的厚度和圆柱半径相等，圆柱的阻力系数为 4/3（基于前沿的投影面积），计算圆柱阻力和菱形阻力的比值。比较钝头体和尖并且薄的体在超声速流动中的气动表现，我们可以得到什么结果？

参考文献

[1]　Anderson John D，Jr. Modern Compressible Flow：With Historical Perspective. 2rd ed. New York：McGraw-Hill Book Company，1990.

第 9 章　通过喷管、扩压器和风洞的可压缩流动

9.1 引　言

在第 7 章与第 8 章讨论了超声速流动中的正激波、斜激波和膨胀波，这些波在以超声速飞行的各种飞行器绕流中都会出现。航空工程师需要研究这些高速飞行器的气动特性，特别是需要精确了解它们在超声速时的升力、阻力特性，观察激波、膨胀波的类型等流场细节。在计算流体力学得到成熟发展之前，要达到上述目的，通常需要通过两种途径：① 采用真实飞行器进行飞行实验；② 采用真实飞行器的缩小尺寸模型进行风洞实验。尽管飞行实验能够提供真实飞行环境下的真实结果，但其代价非常昂贵，更有甚者是在飞行器没有得到充分验证时进行这样的飞行实验是极其危险的。因此，大量的超声速空气动力学数据是通过在地面上进行风洞实验得到的。在本章我们将给出下列问题的答案：超声速风洞的基本布局如何？如何在风洞中产生均匀的超声速气流？超声速风洞的特征是什么？我们还将讨论流过管道的可压缩流动的空气动力学基本原理。这些基本原理对于高速风洞、火箭发动机、喷气发动机等的设计非常重要。本章的内容对于全面理解可压缩流动是必不可少的，也是空气动力学工作者经常要用到的。

20 世纪 30 年代中期，德国空气动力学家阿道夫·贝斯曼(Adolf Busemann)建成并运行了世界上第一个超声速风洞。随着高速飞机的不断发展，在第二次世界大战期间和战后，世界各国很快都建造了许多这样的超声速实验设施。现在，所有的现代空气动力学实验基地都拥有一个或多个超声速风洞，有很多实验基地还拥有高超声速风洞。这些风洞尺寸有大有小，在飞行器设计的各个阶段发挥了非常重要的作用。超声速风洞分为暂冲式和连续式，图 9.1 给出了连续式超声速风洞的原理图，图 9.2 给出了两种典型暂冲式超声速风洞的原理图。

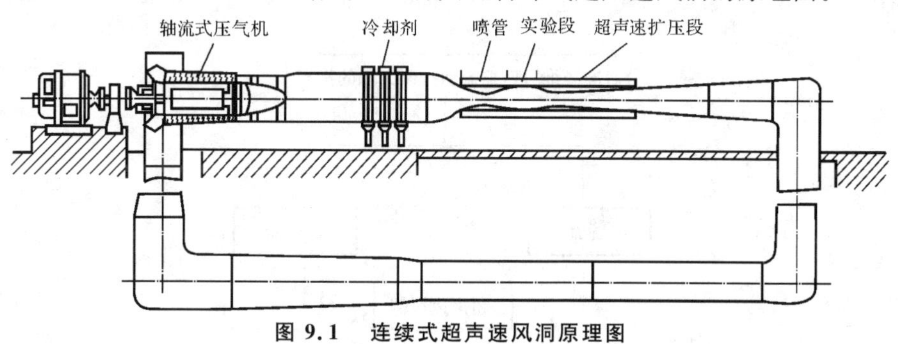

图 9.1　连续式超声速风洞原理图

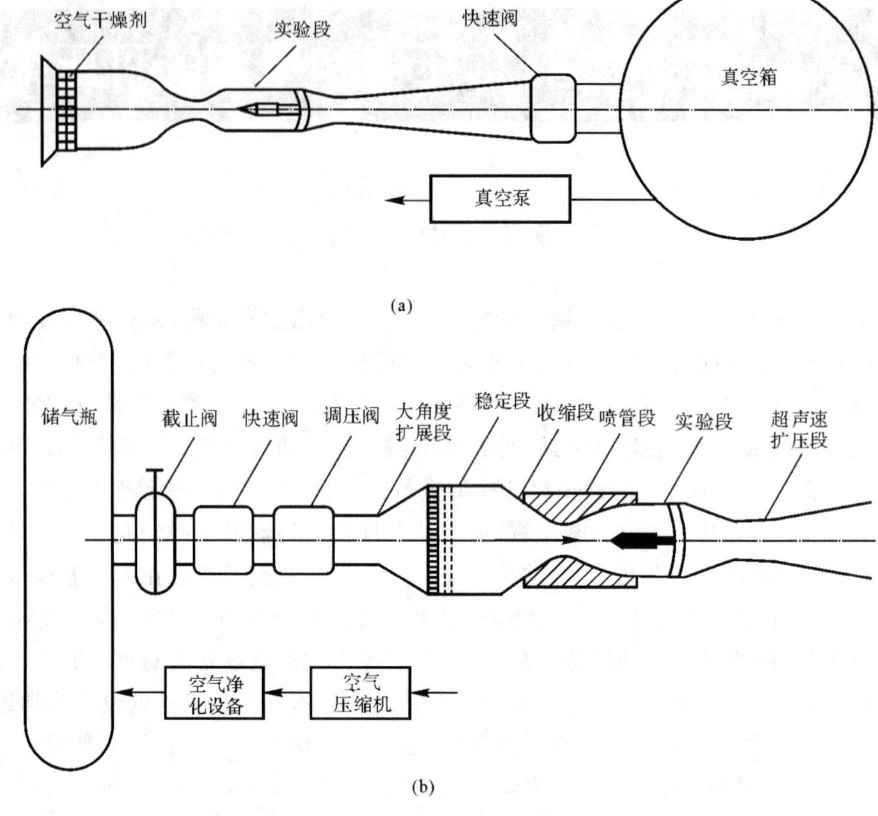

图 9.2　两种典型暂冲式超声速风洞的原理图

(a) 吸气式超声速风洞；(b) 吹气式超声速风洞

图 9.3 给出了本章内容的简介。我们首先推导准一维可压缩流动的控制方程，然后分别讨论超声速喷管和超声速扩压器，最后结合喷管与扩压器的知识解释超声速风洞的构造与基本工作原理。

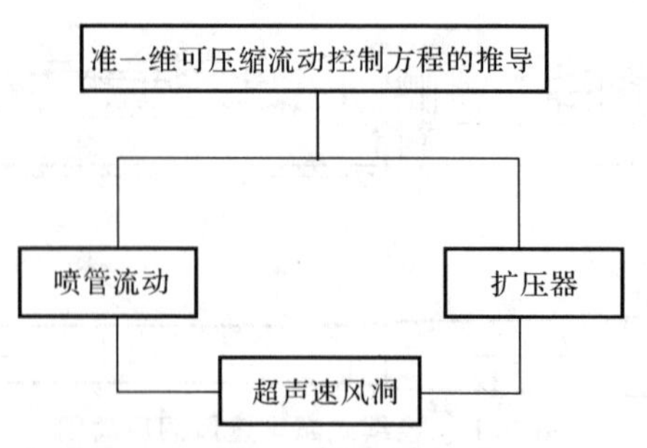

图 9.3　第 9 章的内容简介

9.2　准一维流动的控制方程

什么是准一维可压缩流动?在回答这个问题之前,先回忆一下在第 7 章中讨论的一维流动。在第 7 章中,把流动变量看做只是单一坐标 x 的函数,即 $p = p(x)$,$u = u(x)$,等等。严格地说,这样的流动其流管必须是等截面的,就像在第 7 章中讨论的一维流动那样,是一个等截面流动,如图 9.4(a) 所示。

相反,假设流管的面积如图 9.4(b) 所示是随 x 变化的,即 $A = A(x)$,这时的流动严格来讲是三维的,流场变量是三维坐标 x, y, z 的函数,观察图 9.4(b) 就可以证实这一点。特别是在边界处,速度必须与边界相切,因此速度除了有沿轴向 x 方向的分量,还必须有 y, z 方向的分量。然而,当流管截面积变化比较缓慢时,对于一个给定的 x 站位,可以假设流场变量只随 x 变化,忽略 y, z 方向的速度,认为只有 x 方向的速度。也就是说,流管面积随 x 变化,即 $A = A(x)$,但流场变量只是 x 的函数,不随 y, z 变化,即 $p = p(x)$,$\rho = \rho(x)$,$u = u(x)$,等等。我们称这样的流动为准一维流动。在本章中,主要研究这样的流动。

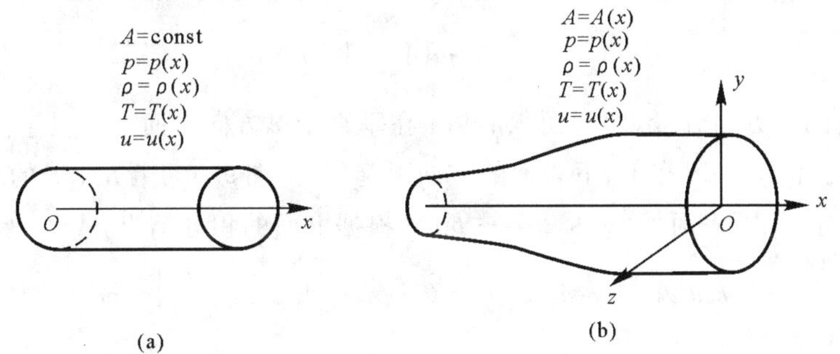

图 9.4　一维流动和准一维流动

(a) 一维流动;(b) 准一维流动

准一维流动假设是对变截面管内真实流动的近似,我们可以采用积分形式的连续方程、动量方程、能量方程推导出其积分形式的控制方程。如图 9.5 所示,取一个控制体 V,在流入截面站位 ①,流管横截面积为 A_1,流过截面的流动是均匀的,其压力、密度、速度等流动变量表示为 p_1, ρ_1, u_1,等等。类似地,在流出截面站位 ②,流管横截面积为 A_2,流过截面的流动也是均匀的,其压力、密度、速度等流动变量表示为 p_2, ρ_2, u_2,等等。

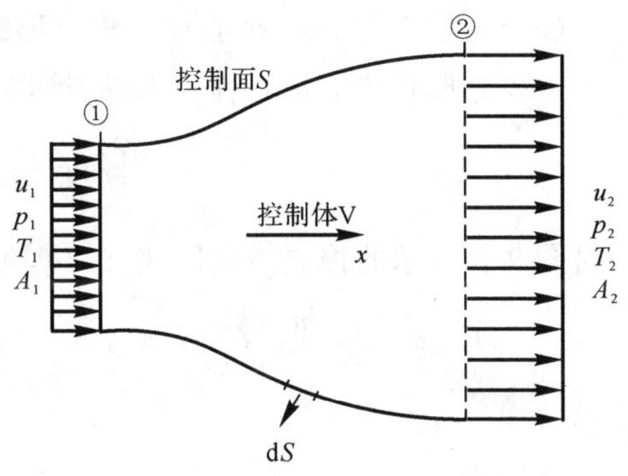

图 9.5　准一维流动的有限控制体

应用积分形式的连续方程,可以得到定常、准一

维流动的连续方程为

$$\rho_1 u_1 A_1 = \rho_2 u_2 A_2 \tag{9.1}$$

积分形式的动量方程在定常、无黏、忽略体积力作用的假设下，由式(2.47)可以写为

$$\oiint_S (\rho \boldsymbol{V} \cdot \mathrm{d}\boldsymbol{S}) \boldsymbol{V} = -\oiint_S p \, \mathrm{d}\boldsymbol{S} \tag{9.2}$$

式(9.2)是一个矢量方程，我们考虑 x 方向分量，可得

$$\oiint_S (\rho \boldsymbol{V} \cdot \mathrm{d}\boldsymbol{S}) u = -\oiint_S (p \mathrm{d}\boldsymbol{S})_x \tag{9.3}$$

式中，$(p\mathrm{d}\boldsymbol{S})_x$ 表示压力在 x 方向的分量。由于式(9.3)是一个标量方程，当进行面积积分时必须小心处理 x 方向分量的正、负号。图 9.5 中所有指向 x 正方向的分量全部取正号，所有指向 x 负方向的分量全部取负号。控制体的上、下表面与流线重合，因此在上、下表面上，$\boldsymbol{V} \cdot \mathrm{d}\boldsymbol{S} = 0$；在入流截面 A_1 处，$\boldsymbol{V}$ 和 $\mathrm{d}\boldsymbol{S}$ 方向相反，因此 $\boldsymbol{V} \cdot \mathrm{d}\boldsymbol{S}$ 符号为负；这样方程(9.3)左端的积分结果为 $-\rho_1 u_1^2 A_1 + \rho_2 u_2^2 A_2$。式(9.3)右端在截面 A_1，A_2 的压力积分为 $-(-p_1 A_1 + p_2 A_2)$，$p_1 A_1$ 前的负号是因为在截面 A_1 处 $\mathrm{d}\boldsymbol{S}$ 的 x 方向分量为负；在控制体上、下表面的压力积分可表示为

$$-\int_{A_1}^{A_2} -p \mathrm{d}A = \int_{A_1}^{A_2} p \mathrm{d}A \tag{9.4}$$

式中，$\mathrm{d}A$ 为 $\mathrm{d}\boldsymbol{S}$ 的 x 方向分量，即为面积 $|\mathrm{d}\boldsymbol{S}|$ 在垂直于 x 方向平面上的投影。式(9.4)左端积分号里面的负号是由于 $\mathrm{d}\boldsymbol{S}$ 在上、下表面的方向引起的，由图 9.5 可看出，$\mathrm{d}\boldsymbol{S}$ 的 x 方向分量指向 x 负方向。因此在上、下表面处 $(p\mathrm{d}\boldsymbol{S})_x = -p\mathrm{d}A$。根据上面的积分结果，式(9.3)变为

$$-\rho_1 u_1^2 A_1 + \rho_2 u_2^2 A_2 = -(-p_1 A_1 + p_2 A_2) + \int_{A_1}^{A_2} p \mathrm{d}A$$

即

$$p_{A1} + \rho_1 u_1^2 A_1 + \int_{A_1}^{A_2} p \mathrm{d}A = p_2 A_2 + \rho_2 u_2^2 A_2 \tag{9.5}$$

式(9.5)为定常、准一维流动的积分形式动量方程。

积分形式的能量方程在无黏、绝热、定常并忽略体积力的假设下，可以写为

$$\oiint_S \rho \left(e + \frac{V^2}{2}\right) \boldsymbol{V} \cdot \mathrm{d}\boldsymbol{S} = -\oiint_S p \boldsymbol{V} \cdot \mathrm{d}\boldsymbol{S} \tag{9.6}$$

对图 9.5 所示的控制体应用式(9.6)，可得

$$\rho_1 \left(e + \frac{u_1^2}{2}\right)(-u_1 A_1) + \rho_2 \left(e_2 + \frac{u_2^2}{2}\right)(u_2 A_2) = -(-p_1 u_1 A_1 + p_2 u_2 A_2)$$

即

$$p_1 u_1 A_1 + \rho_1 u_1 A_1 \left(e_1 + \frac{u_1^2}{2}\right) = p_2 u_2 A_2 + \rho_2 u_2 A_2 \left(e_2 + \frac{u_2^2}{2}\right) \tag{9.7}$$

将式(9.7) 的两端分别除以式(9.1) 的两端,可得

$$\frac{p_1}{\rho_1}+e_1+\frac{u_1^2}{2}=\frac{p_2}{\rho_2}+e_2+\frac{u_2^2}{2} \tag{9.8}$$

因为 $h=e+\frac{p}{\rho}$,所以方程(9.8) 变为

$$h_1+\frac{u_1^2}{2}=h_2+\frac{u_2^2}{2} \tag{9.9}$$

式(9.9) 为定常、绝热、无黏、准一维流动的能量方程。仔细观察式(9.9),可见这一方程表示总焓($h_0=h+\frac{u^2}{2}$) 在流动中保持不变。这一结论与第 6 章中导出的定常、绝热、无黏流动的结论完全相同,说明准一维流动只是其中一种特殊情况。因此,式(9.9) 还可以写为

$$h_0=\text{常数} \tag{9.10}$$

至此,针对图 9.5 所示的控制体,已经应用积分形式的守恒方程,推导出了准一维流动的连续式(9.1)、动量式(9.5)、能量式(9.9) 或式(9.10)。仔细观察这些方程,发现除动量方程含有一个积分项外,其他两个方程均为代数方程。假设图 9.5 中流入截面 A_1 处的流动变量 ρ_1,u_1,p_1,T_1 和 h_1 是已知的,且面积分布 $A(x)$ 是给定的,并假设气体为完全气体,满足

$$p_2=\rho_2 RT_2 \tag{9.11}$$

$$h_2=c_pT_2 \tag{9.12}$$

则以上两个方程就和式(9.1)、式(9.5)、式(9.9) 组成了关于 5 个未知数 ρ_2,u_2,p_2,T_2,h_2 的联立方程。从理论上讲,可以将图 9.5 中流出截面 A_2 处的流动变量直接解出来。然而,直接求解需要大量的代数运算。根据准一维流动的特点,在 9.3 节中将给出另外一种简单解法。

在给出准一维流动求解方法之前,将推导准一维流动的微分形式控制方程,并借助微分形式的控制方程推导出准一维流动的面积-速度关系式,以了解准一维流动的一些重要物理特性。首先求出微分形式的连续方程,针对变截面管道流动,方程(9.1) 可以写为

$$\rho uA=\text{常数} \tag{9.13}$$

对其进行微分,得到准一维流动的微分形式连续方程为

$$\mathrm{d}(\rho uA)=0 \tag{9.14}$$

为得到微分形式的动量方程,将式(9.5) 应用于图 9.6 所示的无限小微元控制体上。气流在站位 ①,面积为 A 处流入控制体,p,ρ,u 分别为此站位的压力、密度和速度;在站位 ② 气流流出控制体,x 坐标增加了 $\mathrm{d}x$,面积为 $A+\mathrm{d}A$,压力、密度、速度分别为 $p+\mathrm{d}p$,$\rho+\mathrm{d}p$,$u+\mathrm{d}u$。对于这种情况,式(9.5) 可以写为

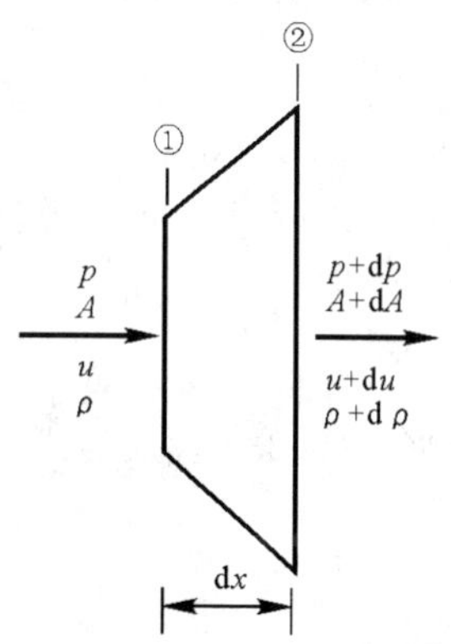

图 9.6　微元控制体

$$pA+\rho u^2A+p\mathrm{d}A=(p+\mathrm{d}p)(A+\mathrm{d}A)+(\rho+\mathrm{d}\rho)(u+\mathrm{d}u)^2(A+\mathrm{d}A) \tag{9.15}$$

在式(9.15)中,忽略所有微分的乘积,如 $\mathrm{d}p\mathrm{d}A$,$\mathrm{d}\rho\mathrm{d}u$,$\mathrm{d}\rho(\mathrm{d}u)^2$,等等,可得

$$A\mathrm{d}p + Au^2\mathrm{d}\rho + \rho u^2\mathrm{d}A + 2\rho uA\mathrm{d}u = 0 \tag{9.16}$$

将微分形式的连续式(9.14)展开,并乘以速度 u,可得

$$\rho u^2\mathrm{d}A + \rho uA\mathrm{d}u + Au^2\mathrm{d}\rho = 0 \tag{9.17}$$

式(9.16)与式(9.17)相减,有

$$\mathrm{d}p = -\rho u\mathrm{d}u \tag{9.18}$$

式(9.18)是定常、无黏、准一维流动的微分形式动量方程,这一方程也被称为欧拉方程。

微分形式的能量方程可由式(9.9)直接微分求得

$$\mathrm{d}h + u\mathrm{d}u = 0 \tag{9.19}$$

至此,已经完成了定常、无黏、准一维流动微分形式控制方程的推导,得出了微分形式连续式(9.14)、动量式(9.18)和能量式(9.19)。

现在用以上的微分形式方程来研究准一维流动的一些物理特性。将式(9.14)展开并同除以 ρuA,得

$$\frac{\mathrm{d}\rho}{\rho} + \frac{\mathrm{d}u}{u} + \frac{\mathrm{d}A}{A} = 0 \tag{9.20}$$

因为要得到面积-速度关系式,因此要想办法将上式中的$\frac{\mathrm{d}\rho}{\rho}$用 $\mathrm{d}u$,$\mathrm{d}A$ 的函数来表示。式(9.18)可以改写为

$$\frac{\mathrm{d}p}{\rho} = \frac{\mathrm{d}p}{\mathrm{d}\rho}\frac{\mathrm{d}\rho}{\rho} = -u\mathrm{d}u \tag{9.21}$$

假设目前没有激波出现,那么所研究的无黏、绝热流动是等熵的,满足

$$\frac{\mathrm{d}p}{\mathrm{d}\rho} \equiv \left(\frac{\partial p}{\partial \rho}\right)_s \tag{9.22}$$

而由式(7.17)可知道$\left(\frac{\partial p}{\partial \rho}\right)_s = a^2$,即

$$\frac{\mathrm{d}p}{\mathrm{d}\rho} = a^2 \tag{9.23}$$

将式(9.23)代入到式(9.21),得

$$a^2\frac{\mathrm{d}\rho}{\rho} = -u\mathrm{d}u$$

改写为

$$\frac{\mathrm{d}\rho}{\rho} = -\frac{u\mathrm{d}u}{a^2} = -\frac{u^2}{a^2}\frac{\mathrm{d}u}{u} = -Ma^2\frac{\mathrm{d}u}{u} \tag{9.24}$$

再将式(9.24)代入式(9.20),得

$$-Ma^2\frac{du}{u}+\frac{du}{u}+\frac{dA}{A}=0$$

整理上式，就得到了著名的面积-速度关系式，即

$$\frac{dA}{A}=(Ma^2-1)\frac{du}{u} \tag{9.25}$$

式(9.25)非常重要，对这一方程加以仔细研究，可以得出以下结论(注意微分的常规表达：du 为正，表示速度增加；du 为负，表示速度减小)：

(1) 对于 $0\leqslant Ma<1$(亚声速流动)，式(9.25)中括号内的值为负，因此速度的增加(正的 du)与面积的减小(负的 dA)相联系。同样，速度的减小(负的 du)与面积的增加(正的 dA)相联系。很明显，对于亚声速可压缩流动，要使流动速度增加，必须使管道截面收缩；要使速度减小，必须使管道扩张。这一结论如图 9.7(a)所示。此结论与在 3.2 节低速风洞中讨论的不可压缩流动的趋势相同，也就是说亚声速可压缩流动定性地(但不是定量地)与不可压缩流动相似。

(2) 对于 $Ma>1$(超声速流动)，式(9.25)中括号内的值为正，因此速度的增加(正的 du)与面积的增加(正的 dA)相联系。同样，速度的减小(负的 du)与面积的减小(负的 dA)相联系。可见对于超声速流动，要使流动速度增加，必须使管道截面扩张；要使速度减小，必须使管道截面收缩。这一结论如图 9.7(b)所示。

(3) 对于 $Ma=1$(声速流动)，式(9.25)表明，即使 du 为有限值，仍对应 d$A=0$。在数学上，这对应于截面积分布函数 $A(x)$ 达到当地最大或最小。在物理上，如我们将要讨论的那样，$Ma=1$ 时对应于管道面积最小处。

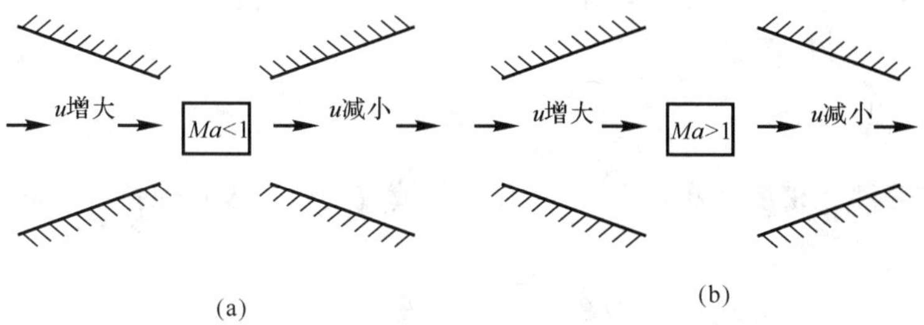

图 9.7　收缩和扩张管道中的可压缩流动

(a) 亚声速流动；(b) 超声速流动

想象要使静止气体等熵地加速为超声速流动。得出的结论告诉我们，首先应通过收缩管道在亚声速段加速气体；然而，一旦达到声速，必须通过扩张管道进一步将气流加速至超声速。因此，要在管道的出口处产生超声速气流，必须将管道设计成如图 9.8 所示的收缩-扩张管道；并且马赫数等于 1，只可能出现在最小截面处。这种产生超声速气流的方法是瑞典工程师拉瓦尔

在 19 世纪末首先实现的，因此这种先收缩后扩张的喷管也被称为拉瓦尔管。喷管的最小截面处也被称为喉道。

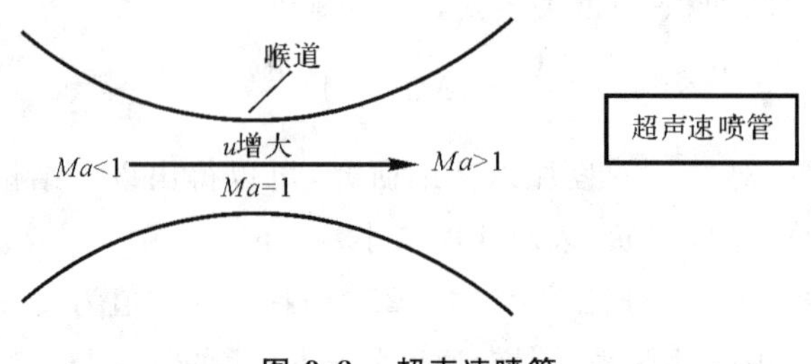

图 9.8 超声速喷管

9.3 喷管流动

这一节，对通过喷管的可压缩流动进行仔细研究。首先，将推导一个重要的关系式，它将流动马赫数 Ma、喷管截面面积与声速喉道的面积之比 A/A^* 联系起来，称这个关系式为面积-马赫数关系式。

考虑如图 9.9 所示的管道。假设气流在喉道处达到声速，此时喉道面积为 A^*，那么此处的马赫数和速度分别由 Ma^*，u^* 表示，且$Ma^*=1$，$u^*=a^*$。在管道其他任意截面处，其面积、马赫数、速度如图9.9所示分别用A，Ma，u表示。在A和A^*之间应用连续式(9.1)，可得

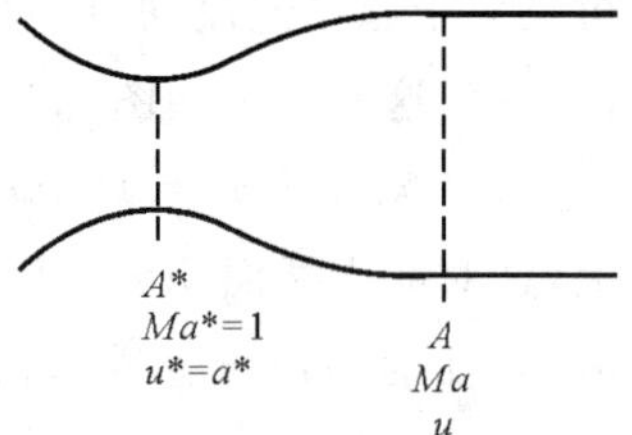

图 9.9 面积-马赫数关系式推导示意图

$$\rho^* u^* A^* = \rho u A \tag{9.26}$$

因为 $u^*=a^*$，式(9.26) 可以改写为

$$\frac{A}{A^*}=\frac{\rho^*}{\rho}\frac{a^*}{u}=\frac{\rho^*}{\rho_0}\frac{\rho_0}{\rho}\frac{a^*}{a_0}\frac{a_0}{a}\frac{a}{u} \tag{9.27}$$

式中，ρ_0，a_0 分别是滞止密度和滞止声速，在任意等熵流动中二者均保持为常数。将式(9.27) 平方后，可得

$$\left(\frac{A}{A^*}\right)^2=\left(\frac{\rho^*}{\rho_0}\right)^2\left(\frac{\rho_0}{\rho}\right)^2\left(\frac{a^*}{a_0}\right)^2\left(\frac{a_0}{a}\right)^2\left(\frac{a}{u}\right)^2 \tag{9.28}$$

由前几章的知识，则有

$$\frac{\rho^*}{\rho_0}=\left(\frac{2}{\gamma+1}\right)^{1/(\gamma-1)} \tag{9.29}$$

$$\frac{\rho_0}{\rho}=\left(1+\frac{\gamma-1}{2}Ma^2\right)^{1/(\gamma-1)} \tag{9.30}$$

$$\left(\frac{a^*}{a_0}\right)^2=\frac{2}{\gamma+1}$$

$$\left(\frac{a_0}{a}\right)^2=1+\frac{\gamma-1}{2}Ma^2$$

$$\left(\frac{a}{u}\right)^2=\frac{1}{Ma^2}$$

将上面各式代入式(9.28)，可得

$$\left(\frac{A}{A^*}\right)^2=\left(\frac{2}{\gamma+1}\right)^{2/(\gamma-1)}\left(1+\frac{\gamma-1}{2}Ma^2\right)^{2/(\gamma-1)}\left(\frac{2}{\gamma+1}\right)\left(1+\frac{\gamma-1}{2}Ma^2\right)\frac{1}{Ma^2}\tag{9.31}$$

整理式(9.31)，可得

$$\left(\frac{A}{A^*}\right)^2=\frac{1}{Ma^2}\left[\left(\frac{2}{\gamma+1}\right)\left(1+\frac{\gamma-1}{2}Ma^2\right)\right]^{(\gamma+1)/(\gamma-1)}\tag{9.32}$$

式(9.35)非常重要，被称为面积-马赫数关系式。这一关系式具有非常重要的意义，它指出，$Ma=f(A/A^*)$，即管道内任一截面处的马赫数是当地截面面积与声速喉道面积之比的函数。由式(9.32)给出的面积-速度关系式知道，A 必须大于或至少等于 A^*。$A<A^*$ 的情况对于等熵流动是不可能存在的。因此，式(9.32)中，$A/A^*\geqslant 1$。对于一个给定的 A/A^*，式(9.32)对应两个马赫数：一个亚声速值，一个超声速值。采用数值迭代求解方法可以求出(9.32)式的全部解。附录 A 以列表形式给出了马赫数与 A/A^* 的对应关系。观察附录 A，可以看到，当 $Ma<1$ 时，随马赫数的增大，A/A^* 减小，即管道是收缩的；当 $Ma=1$ 时，$A/A^*=1$；当 $Ma>1$ 时，随马赫数的增大，A/A^* 增大，即管道是扩张的。这和上一节对收缩-扩张管道的定性讨论完全一致。而且，由附录 A 可看出，Ma 是 A/A^* 的双值函数，如 $A/A^*=2$，可以查出 $Ma=0.31$ 或 $Ma=2.2$。后面将要解释，对于两个马赫数解，在实际问题中应取哪个解，取决于喷管入口和出口处的压力比。

一旦马赫数分布已知，其他流动参数就很容易得到。还可以求出 A/A^* 和压力比的关系式：

$$\left(\frac{A}{A^*}\right)^2=\frac{\gamma-1}{2}\frac{\left(\frac{2}{\gamma+1}\right)^{(\gamma+1)/(\gamma-1)}}{\left[1-\left(\frac{p}{p_0}\right)^{(\gamma-1)/\gamma}\right]\left(\frac{p}{p_0}\right)^{2/\gamma}}$$

有兴趣的读者可自己推导验证这个公式。面积比与压力比 p/p_0、面积比与马赫数的函数关系如图 9.10 所示。从图中，可以更直接地看出马赫数和压力都是面积比的双值函数。

考虑如图 9.11(a) 所示的一个给定截面积分布的收缩-扩张管道。假设入口处的面积比 A_i/A^* 是一个很大的值，且入口处气流来自一个储存静止气体的储气罐，储气罐的压力和温度分别为 p_0 和 T_0。因为管道的截面积分布 $A=A(x)$ 是已知的，所以，A/A^* 在任意位置的值均为已知。喉道面积由 A_t 表示，出口处的面积由 A_e 表示，出口处的马赫数和静压分别由 Ma_e 和 p_e 表示。假设气流等熵地通过喷管加速，在扩张段膨胀为超声速流。此时的出口马赫数与压力分别为 $M_{a_e}=Ma_{e,6}$，$p_e=p_{e,6}$。对于这种情况，喉道处的流动为声速，即 $A_t=A^*$。通过管道的流动特性由 A/A^* 如下确定：

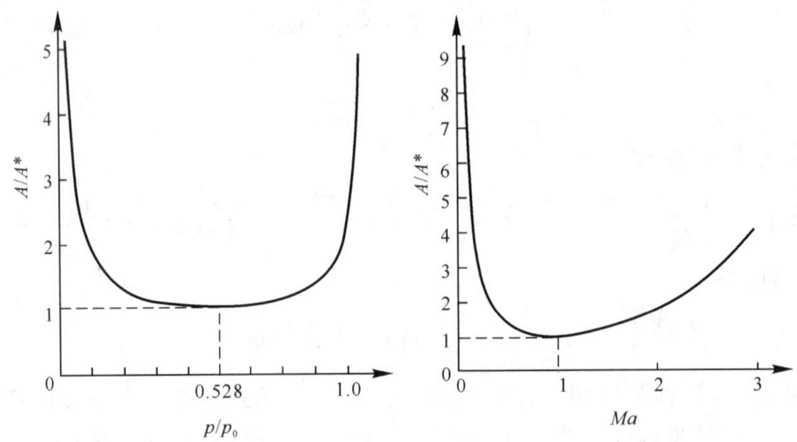

图 9.10　面积比与压力比 p/p_0、面积比与马赫数的关系

(1) 由式(9.32)或附录A可求得当地马赫数,其为 x 的函数。对于给定的截面积分布 $A = A(x)$,我们知道相应的 $A/A^* = f(x)$,然后由附录A的前一部分($Ma < 1$)查出相应的亚声速马赫数值;由附录A的第二部分($Ma > 1$)查出扩张段的超声速马赫数值。图9.11(b)给出了沿整个喷管的马赫数分布。

(2) 一旦知道了马赫数分布,与其相对应的温度、压力、密度等变化就可由前面学过的第6章公式得出,或直接由附录A查出。p/p_0,T/T_0 的分布如图9.11(c)、图9.11(d)所示。

仔细地研究图9.11的变化趋势。对于流过收缩-扩张喷管、等熵膨胀的气体,马赫数单调地由入口处接近零的值增加到喉道处的 $Ma = 1$,再增加到出口处的 $Ma_{e,6}$;压力单调地由入口处的接近 p_0 的值减少至喉道处的 $0.528p_0$,再减小至出口处更低的值 $p_{e,6}$;类似地,温度单调地由入口处的接近 T_0 的值减少至喉道处的 $0.833T_0$,再减小至出口处更低的值 $T_{e,6}$。对于图9.11的等熵流动,再次强调这一结论:沿喷管马赫数分布,进而由马赫数决定的压力、温度、密度等的分布只依赖于当地的面积比 A/A^*。这是分析喷管准一维超声速等熵流动的关键。

可以知道,通过喷管的流动是不可能自动发生的,只有入口与出口存在压力差,才会存在通过喷管的流动。即出口压力必须小于入口压力,也就是 $p_e < p_0$。并且,如果希望得到图9.11给出的超声速流动,出口处的压力 p_e/p_0 必须精确地等于 $p_{e,6}/p_0$。如果出口处的压力 p_e/p_0 不等于 $p_{e,6}/p_0$,那么通过喷管的流动要么在喷管内、要么在喷管外将不同于图9.11所示的流动。

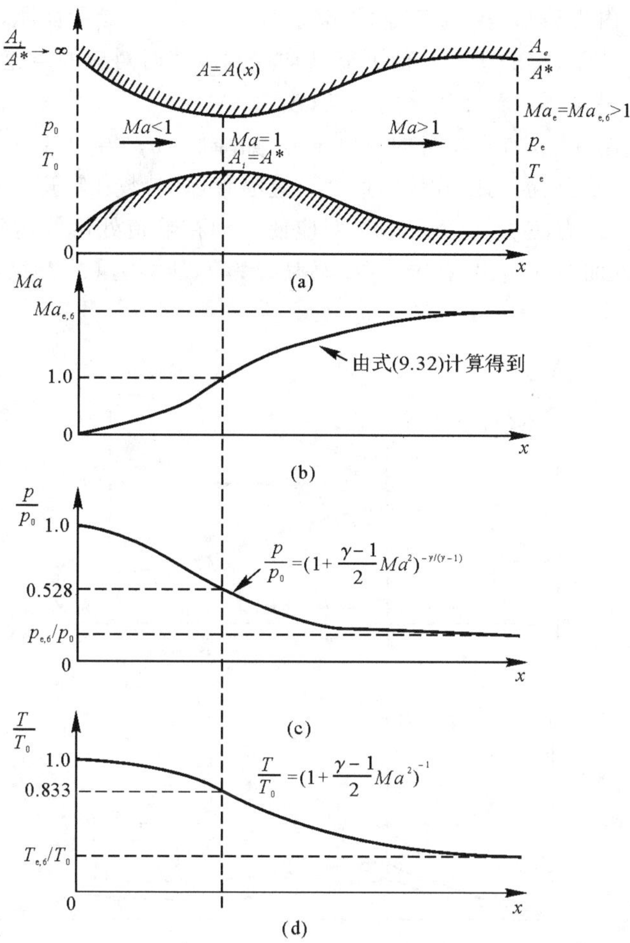

图 9.11　等熵、超声速喷管流动解

研究当 p_e/p_0 不等于图 9.11 等熵超声速流动解对应的值 $p_{e,6}/p_0$ 时，喷管内的各种流动情况。考虑图 9.12(a) 给出的收缩-扩张管道。如果 $p_e=p_0$，喷管入口与出口不存在压力差，那么喷管内没有流动发生。现在假设 p_e 稍稍小于 p_0，如 $p_e=0.999p_0$。这一小的压力差会在喷管内产生速度非常低的流动。当地马赫数在喷管收缩段会稍微增加，在喉道处达到最大值，如图 9.12(b) 中曲线 1 所示。这时，喉道处的气流速度没有达到声速，马赫数并不等于 1，而是一个小的亚声速值；在喉道下游，当地马赫数沿扩张段不断降低，在出口处有一小的有限值 $M_{a_{e,1}}$。对应地，压力在喷管收缩段会由入口处的 p_0 逐渐降低至喉道处某一最小值，然后沿扩张段逐渐增加至在出口处的压力 $p_{e,1}$，压力分布的变化如图 9.12(c) 中曲线 1 所示。在这里特别需要注意的是，流动在喉道处没有达到声速，即 $A_t\neq A^*$，而式(9.32) 中的 A^* 是声速喉道的面积。

对应上面的整个喷管内流动都是纯亚声速的情况，A^* 只是一个参考面积，不是喷管喉道真实的面积，而是假使流动在给定的 p_e/p_0 值下能被加速到声速时对应的声速喉道面积，故称 A^* 为声速喉道面积。显而易见，对于纯亚声速流动，$A_t > A^*$。

假设进一步降低图 9.12 所示喷管的出口压力，如降低到 $p_e = p_{e,2}$，这时喷管内的流动解由图 9.12 所示曲线 2 给出。流动以较快的速度流过喷管，马赫数在喉道处达到最大，但仍小于 1。现在，继续降低出口压力使 $p_e = p_{e,3}$，$p_{e,3}$ 对应使流动在喉道处恰好达到声速的出口压力。这种情况由图 9.12 的曲线 3 给出。在喉道处，马赫数为 1，压力为 $0.528p_0$，喉道下游的流动是亚声速的。

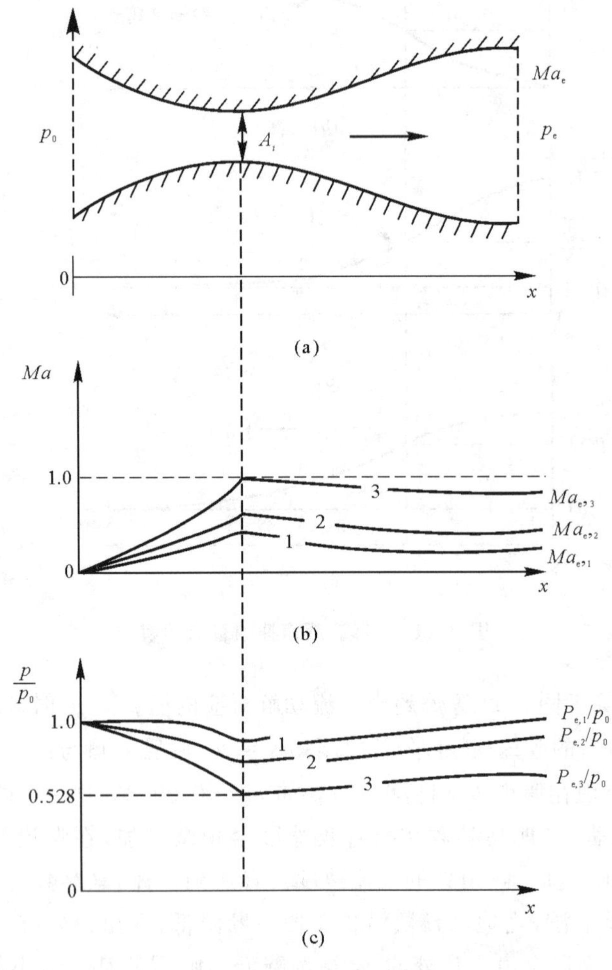

图 9.12　等熵、亚声速喷管流动解

比较图 9.11 和图 9.12，发现一个重要的物理差别。对于一个给定形状的喷管，只有一种可能的超声速等熵流动存在，如图 9.11 所示。相反，有无穷多个可能的纯亚声速等熵流动解，每一个亚声速流动对应于一个给定的出口压力 p_e，满足 $p_{e,3} \leqslant p_e \leqslant p_0$。图 9.12 画出了无穷多种可能解中的三个解。因此，决定收缩-扩张管道内的纯亚声速流动的两个重要参数是 A/A^* 和 p_e/p_0。

现在研究一下如图 9.13 所示的收缩-扩张管道中的质量流量。随着出口压力的降低，喉道处的速度增加，因此质量流量增加。质量流量可通过将式(9.1)在喉道处应用得到，即 $q_m = \rho_t u_t A_t$。当 p_e 降低，u_t 增加，ρ_t 降低，因为 u_t 增加的幅度比 ρ_t 降低的幅度大得多，所以，质量流量 q_m 是增加的，如图 9.13 所示。当 $p_e = p_{e,3}$ 时，气流在喉道处达到了声速，此时 $q_m = \rho^* u^* A^* = \rho^* u^* A_t$。如果进一步降低出口压力，使 $p_e < p_{e,3}$，喉道处的条件具有一个新的特性，即在喉道处的流动参数保持不变。在 9.2 节中，已经知道，喉道处的马赫数不能超过 1，因此，随着出口压力进一步降低至小于 $p_{e,3}$ 时，质量流量保持不变。质量流量随出口压力的变化如图 9.13 所示。在这个意义上，喉道处和喉道之前的流动变为“冻结”的，即保持不变的。一旦流动在喉道处达到声速，扰动就不能向喉道之前的收缩段逆向传播。因此，在喷管收缩段的流动不再与出口压力相联系，并且此段流动没有办法感受到出口压力还在继续降低。一旦流动在喉道达到声速，不管 p_e 降低到多少，质量流量仍然保持不变，称这种流动为“壅塞”流。这是可压缩流动流过管道的一个重要特征，下面将进一步讨论这个问题。

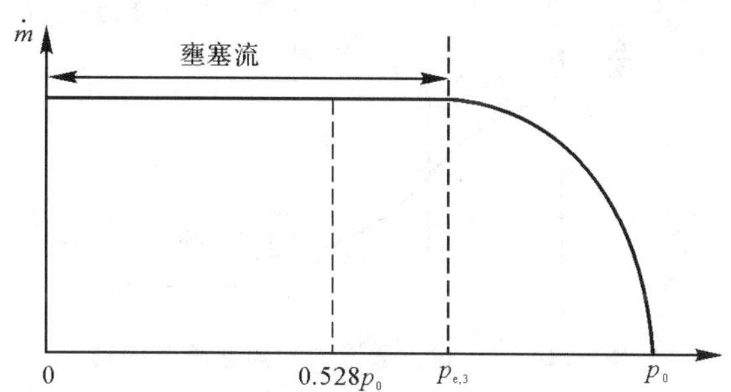

图 9.13　质量流量随出口压力的变化，“壅塞”流的说明

现在回顾一下图 9.12 所示的喷管内的亚声速流动。很自然地会想到：当出口压力 $p_e < p_{e,3}$ 时，管道内的流动会出现什么现象？如前所述，在喷管的收缩段，流动没有发生任何变化。流动特性固定于曲线 3 所示的收缩段流动特性(见图 9.12(b)和(c)所示竖直虚线的左边)。然而，在扩张段，流动发生了很大的变化。当出口压力继续降低到 $p_{e,3}$ 以下但远远大于 $p_{e,6}$ 时，喉道下游会出现一段超声速流动。由于这个出口压力要比使喉道下游完全保持等熵超声速流动所需要的出口压力要大得多(比较图 9.11(c))，因此，不能在喷管内完全保持等熵流，根据出口压力的不同，在喉道下游某处会出现一道正激波，如图 9.14 所示。

在图 9.14 所示的流动中，出口压力 $p_{e,4} < p_{e,3}$，但大于 $p_{e,6}$，这时喉道下游距离 d 处有一个正激波，喉道和正激波之间的流动由等熵超声速流解确定，如图 9.14(b) 和(c) 所示。在正激波之后，流动是亚声速的，通过扩张段等熵减速至口声速。激波左、右的流动均为等熵流动，但通过激波有熵增产生。因此，激波左边的流动是熵为 s_1 的等熵流动，激波右边的流动是熵为 s_2 的等熵流动，$s_2 > s_1$。激波在管内的位置距喉道的位置 d，由激波后的静压增加以及激波后扩张段的亚声速流动所决定，以使压力在出口处恰好达到 $p_{e,4}$。当出口压力 p_e 进一步降低，激波会继续向下游移动、靠近出口。在某一出口压力 $p_e = p_{e,5}$ 时，正激波恰好位于出口处，如图 9.15(a) 至(c) 所示。这时，除出口处以外，整个喷管内都是等熵流动。

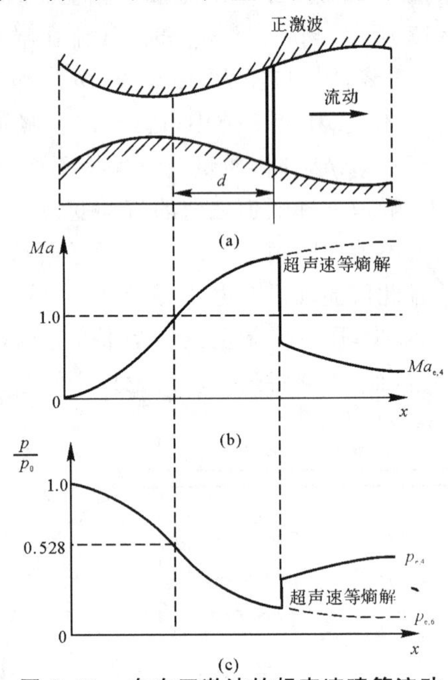

图 9.14　存在正激波的超声速喷管流动

到目前为止，一直讨论的是 p_e，即精确位于出口处的压力，在图 9.11，图 9.12，图 9.14，图 9.15(a) 至(c) 中，没有涉及出口下游的流动。现在想象图 9.15(a) 中对应的流动直接流入到出口下游的环境中，如这样的环境是静止大气。在任何情况下，均定义出口下游的环境压力为反压，用 p_B 表示。当喷管出口处的流动是亚声速的，则出口压力 p_e 必须等于 p_B，这是因为在定常亚声速流动中不可能存在压力的不连续。所以，当出口处的流动是亚声速流动时，环境反压 p_B 就是出口压力 p_e。因此，在图 9.12 中，对于曲线 1，$p_B = p_{e,1}$；对于曲线 2，$p_B = p_{e,2}$；对于曲线 3，$p_B = p_{e,3}$。同理，在图 9.14 中，$p_B = p_{e,4}$；图 9.15(a)，(b)，(c) 中，$p_B = p_{e,5}$。因此，在讨论这些图中对应的流动时，可以不说降低出口压力 p_e 来观察结果，而可以说降低环境压力，即反压 p_B。

在这一节的最后，讨论继续降低环境反压 p_B 所对应的流动情况。进一步降低 p_B，使 $p_{e,6} <$

$p_B < p_{e,5}$，这时环境反压 p_B 仍然大于在出口处保持超声速等熵流动所需要的压力，因此，流动必须在出口处压缩以保证与外界环境反压相匹配。如图 9.15(d) 所示，这一压缩通过出口处的斜激波来实现。当环境反压进一步降低到 $p_B = p_{e,6}$，出口压力和出口下游环境压力没有矛盾，喷管流动平稳地流入环境，没有波产生，如图 9.15(e) 所示。最后，当 $p_B < p_{e,6}$ 时，流出喷管的流动必须继续膨胀，才能与更低的环境压力相匹配，这一膨胀通过出口处的中心膨胀波来实现，如图 9.15(f) 所示。

当图 9.15(d) 所示的流动情况发生时，我们称喷管流动发生了过膨胀，因为此时出口处的压力膨胀到了小于环境压力的地步，即 $p_{e,6} < p_B$。这就是所谓的膨胀过度，必须通过斜激波压缩使压力回升至环境反压 p_B。与上述情况相反，如果图 9.15(f) 所示的情形发生，我们称其为膨胀不足，因为此时出口压力高于环境反压 p_B，即 $p_{e,6} > p_B$，因此，流动离开喷管后还会继续膨胀。

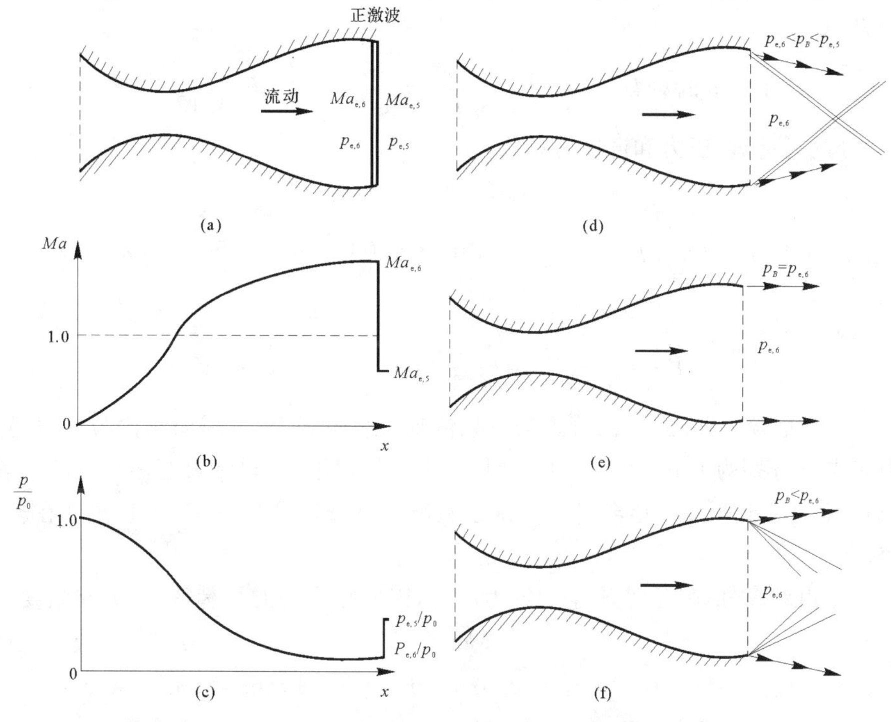

图 9.15　在出口处，存在波的超声速喷管流动

(a)、(b)、(c) 在出口处出现正激波；(d) 过度膨胀喷管流；

(e) 出口反压等于 $p_{e,6}$ 的等熵膨胀流；(f) 膨胀不足喷管流动

观察图 9.11 至图 9.15，可以注意到，对于 $p_B \leqslant p_{e,5}$ 对应的所有流动，整个喷管内存在与图 9.11 所示完全相同的等熵超声速流动。例如，在图 9.15(a) 中，除在出口处，喷管内流动均满足

等熵超声速流动解。在图 9.15(d) ～ (f) 中，在整个喷管内的流动，包括出口平面，全部由等熵超声速流动解来确定。

需要牢牢记住的是：本节中所有关于喷管流动的讨论基于给定了管道形状的假设，即我们假定已经事先给定了喷管面积分布 $A=A(x)$。当我们把所得结果看做是每一个喷管截面的平均值时，本章给出的准一维流动理论能够很好地估算管内流动。准一位流动理论不能用来设计喷管的形状，在实际情况中，如果喷管管壁不能适当地弯曲，在喷管内会出现斜激波。在超声速喷管设计中，如果要得到没有激波的等熵管内流动，必须考虑三维真实流动情况。

例 9.1　考虑出口面积与喉道面积比为 10.25 的收缩-扩张管道，管内流动为等熵超声速流动。管道入口处储气室压力和温度分别为 5 atm($1\ \text{atm}=1.01\times10^5\ \text{Pa}$) 和 333.4 K。计算喷管出口处的马赫数 Ma_e，压力 p_e 和温度 T_e。

解　由题意可知出口处流动为超声速的，且等熵流动总压为 5 atm，总温为 333.4 K。查附录 A 可知：

当 $A_e/A^*=10.25$ 时，$Ma_e=3.95$，　$\dfrac{p_e}{p_0}=\dfrac{1}{142}$，　$\dfrac{T_e}{T_0}=\dfrac{1}{4.12}$

所以，出口处的马赫数、压力和温度分别为

$$Ma_e=3.95$$

$$p_e=\frac{1}{142}p_0=\frac{1}{142}\times 5\text{atm}=0.035\text{atm}=3\ 546.4\ \text{Pa}$$

$$T_e=\frac{1}{4.12}T_0=\frac{1}{4.12}\times 333.4=80.92\ \text{K}$$

例 9.2　考虑流过收缩-扩张管道的等熵流动，出口面积与喉道面积比为 2。管道入口处储气室压力和温度分别为 1 atm 和 288 K。计算在下列情况下，喉道和喷管出口处的马赫数、压力和温度：(1) 流动在出口处为超声速；(2) 除了在喉道处流动马赫数 $M_a=1$，流动在整个喷管内为亚声速。

解　(1) 由题意知，喉道处流速一定为声速，因此喉道处的马赫数、压力和温度分别为

$$Ma_t=1$$

$$p_t=p^*=0.528p_0=0.528\times 1=0.528\ \text{atm}=53.50\ \text{kPa}$$

$$T_t=T^*=0.833T_0=0.833\times 288=240\ \text{K}$$

在出口处，流动是超声速的，因此由 $A_e/A^*=2$ 查附录 A；得出口处的马赫数、压力和温度分别为

$$Ma_e=2.2$$

$$p_e=\frac{p_e}{p_0}p_0=\frac{1}{10.69}\times 1\ \text{atm}=0.093\ 5\text{atm}=9473.89\ \text{Pa}$$

$$T_e = \frac{T_e}{T_0}T_0 = \frac{1}{1.968}\times 288 = 146\ \mathrm{K}$$

(2) 由题意知，喉道处的马赫数、压力和温度分别为

$$Ma_t = 1$$

$$p_t = p^* = 0.528p_0 = 0.528\times 1\mathrm{atm} = 0.528\ \mathrm{atm} = 53.50\ \mathrm{kPa}$$

$$T_t = T^* = 0.833T_0 = 0.833\times 288 = 240\ \mathrm{K}$$

因为在除喉道之外的其他截面处，流动是亚声速的，所以由 $A_e/A^* = 2$ 查附录 A 可得在出口处的马赫数、压力和温度分别为

$$Ma_e = 0.3$$

$$p_e = \frac{p_e}{p_0}p_0 = \frac{1}{1.064}\times 1\mathrm{atm} = 0.94\mathrm{atm} = 95.246\ \mathrm{kPa}$$

$$T_e = \frac{T_e}{T_0}T_0 = \frac{1}{1.018}\times 288 = 282.9\ \mathrm{K}$$

例 9.3　对于例 9.2 对应的喷管，假设出口压力为 0.973 atm，计算喉道处的马赫数。

解　在例 9.2 中，我们看到：如果 $p_e = 0.94$ atm，流动在喉道达到声速，但喷管内其他处流动均为亚声速。这说明 $p_e = 0.94$ atm 对应图 9.12 中的 $p_{e,3}$。因此，对应本例题，$p_e = 0.97\ \mathrm{atm} > p_{e,3}$，整个喷管内包括喉道处的流动都是亚声速的。对于这种情况，喉道面积并不是等熵流动解中的 A^*，A^* 只是一个参考值。

因为

$$\frac{p_0}{p_e} = \frac{1}{0.973} = 1.028$$

查附录 A 可得

$$Ma_e = 0.2,\quad A_e/A^* = 2.964$$

所以，在喉道处有

$$\frac{A_t}{A^*} = \frac{A_t}{A_e}\frac{A_e}{A^*} = \frac{1}{2}\times 2.964 = 1.482$$

由 $\frac{A_t}{A^*} = 1.482$ 查附录 A，可得喉道处马赫数为

$$Ma_t = 0.44$$

9.4　扩压器中的流动

在 3.2 节中介绍低速风洞时，首次介绍了风洞扩压器(扩压段) 的作用。在那里，扩压器是实验段下游的一段扩张管道，作用是将实验段气流的高速度降低至扩压器出口的低速度。一般来说，可以将扩压器定义如下：扩压器是将入流速度在其出口处降低的任意管道。入流速度可

以是亚声速的，也可以是超声速的。然而，入流是亚声速与入流是超声速的对应的扩压器的形状截然不同。

在讨论扩压器的形状之前，让我们来进一步研究总压的概念。在一定意义上，流动气体的总压可被看做是气流做有用功能力的度量。让我们考虑如下两个例子：

(1) 一个压力为 10 atm 的储存静止气体的压力罐。

(2) 来流马赫数为 $Ma = 2.16$，静压 p 为 1 atm 的超声速流。

对于情况(1)，静止气体速度为零，因此，$p_0 = p = 10$ atm。现在，想象用气体驱动活塞汽缸中的活塞，其有用功是通过活塞移动的距离来体现。空气由一大的进气管引入到汽缸里，就像汽车中的往复式内燃发动机那样。对于情况(1)，压力罐就可直接作为进气管；因此活塞上的压力为 10 atm，对应一定量的功 W_1。然而，在情况(2)中，超声速气流必须降低速度之后，才能将其输入到进气管用以驱动活塞。如果减速过程是在没有总压损失的情况下实现的，那么对于这种情况在进气管内的压力也是 10 atm(假设速度减低为 $V \approx 0$，由总压定义可得 $p_0 = \left(1 + \frac{\gamma - 1}{2} Ma^2\right)^{\gamma/(\gamma-1)} p \approx 10$ atm)。因此，情况(2)对应同样的有用功 W_1。如果在降低超声速来流速度时有 3 atm 的总压损失，那么在进气管中的压力只有 7 atm，因此，其只能对应有用功 W_2，并且 W_2 一定小于 W_1。通过这个简单的例子，可以看出流动气体的总压确实是气体做有用功能力的度量，总压损失是降低效率的，是做有用功能力的损失。

根据上面的讨论，将扩压器的定义扩展如下：扩压器是这样的一段管道，它的作用是使气流以尽可能小的总压损失通过管道并在其出口降低速度。因此，一个理想的超声速扩压器，应当以等熵压缩过程使速度降低。如图 9.16(a) 所示，超声速气流以马赫数 Ma_1 进入扩压器，通过收缩段等熵地压缩到喉道处($Ma = 1$)，面积为 A^*，然后进一步通过扩张管道在出口处以较低的亚声速马赫数流出。因为流动是等熵的，所以总压通过整个扩压器是不变的。然而，实际经验告诉我们，图 9.16(a) 所示的理想情况在现实中是不可能发生的，超声速气流在减速过程中不产生激波是极其困难的。观察图 9.16(a)，在扩压器的收缩段，超声速气流作压缩性偏转，气流会产生斜激波，因此，通过激波会有熵增产生，等熵条件不再成立。而且，在真实问题中，气体是有黏性的，在扩压器壁面黏性边界层内也会产生熵增。由于这样的原因，理想的等熵扩压器永远不可能建立；就像第二类"永动机"一样，是不可能实现的。

实际的超声速扩压器如图 9.16(b) 所示。这里，来流通过一系列反射斜激波减速，收缩段通常采用收缩直壁，然后再通过一等截面喉道。由于激波与边界层的相互干扰，反射波会逐渐变弱和耗散，有时在等截面喉道端口出现一弱的正激波。最后，等截面喉道下游的亚声速流动通过扩张管道继续减速。很明显，在出口处，$s_2 > s_1$，因此，$p_{0,2} < p_{0,1}$。设计高效率扩压器的关键在于使通过扩压器的气流总压损失尽可能小。即将收缩段、扩张段、等截面喉道设计得使

$p_{0,2}/p_{0,1}$ 越接近 1 越好。

需要注意的是，由于激波、附面层引起的熵增，真正的超声速扩压器的喉道面积大于理想扩压器的喉道面积，即 $A_t > A^*$ 。

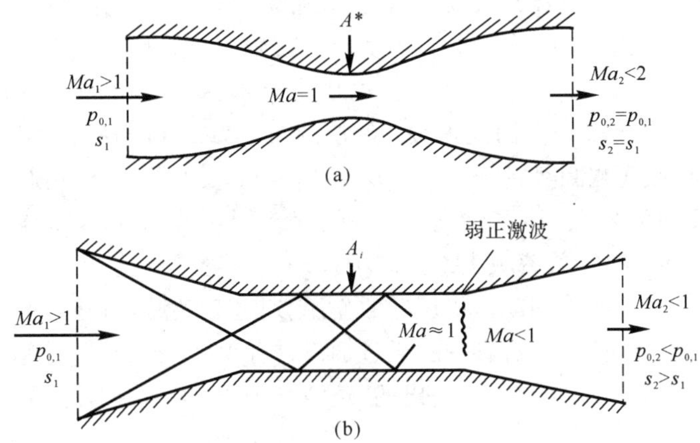

图 9.16　理想(等熵)扩压器和真实扩压器

(a) 理想(等熵)超声速扩压；(b) 真实超声速扩压

9.5　超声速风洞中的流动及边界干扰

回到图 9.3，图中的左、右分支都已经讨论过了。紧接着，在这一节将讨论左、右分支的结合，给出超声速风洞的基本特征。假想希望在实验室进行一个超声速飞行器的模型实验，如超声速流绕一个圆锥的实验，要求产生一个马赫数为 2.5 的均匀来流。这个目标怎样来实现呢？很明显，需要一个收缩-扩张管道，具有面积比 $A_e/A^* = 2.637$(参见附录 A)。而且，为保证在喷管出口得到马赫数为 2.5 的无激波超声速流动，需要产生一个使通过喷管的压力比达到 $p_0/p_e = 17.09$ 的压力差。最初的想法可能是让喷管出口的气流直接流入外界环境，即实验模型置于喷管出口下游，马赫数为 2.5 的气流作为“自由射流”通过模型，如图 9.17 所示。

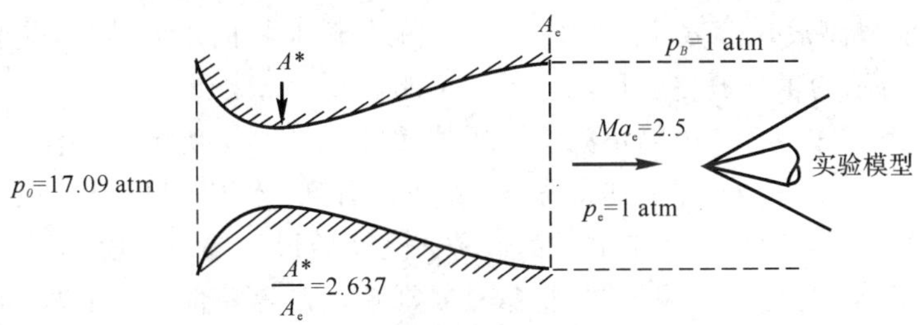

图 9.17　喷管流动直接排入大气

为保证自由射流没有膨胀波和激波，喷管出口压力 p_e 必须等于反压 p_B，如图 9.15(e) 所示。由于反压就是围绕自由射流的环境大气，所以 $p_B = p_e = 1$ atm。由此可见，如果采用这种方法，必须在喷管入口处连接一个压力为 17.09 atm 的高压储气罐。然而通过压缩机和高压气瓶来产生和储存这样的高压气体是极其昂贵的，能否采用更有效的方法来实现我们的目的呢？回答是肯定的。可以不用图 9.17 所示的自由射流。假想在喷管出口处连接一个末端有一道正激波的等截面管道，如图9.18所示。激波下游的压力为 $p_2 = p_B = 1$ atm，$Ma = 2.5$时，通过正激波的压力比为 $p_2/p_e = 7.125$，因此正激波上游的压力为 0.14 atm。因为在等截面段流动是均匀的，因此，其等于喷管出口处的压力，即 $p_e = 0.14$ atm。于是，为得到通过喷管的适当等熵流动，只需要一个压力为 2.4 atm 的储气室($p_0 = 17.09 \times 0.14$ atm ≈ 2.4 atm)。这和图 9.17 所需的总压 17.09 atm 相比，效率大大地提高了。

在图 9.18 中，正激波的作用就是扩压器的作用。通过正激波，马赫数为 2.5 的超声速气流减速为马赫数为 0.513 的亚声速流。因此，通过加入这样一个"扩压器"，可以更有效地产生马赫数为 2.5 的均匀流动。然而，图 9.18 给出的"正激波扩压器"存在以下几个问题：

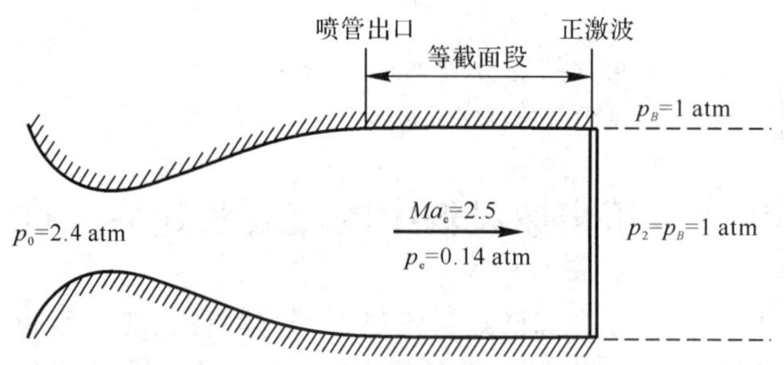

图 9.18　喷管流动流入末端有一正激波的等截面管道

(1) 正激波是最强的激波，因此，其引起的总压损失最大。如果我们将图 9.18 中的正激波用较弱的激波代替，总压损失会更小，因而所需要的储气室压力可以小于 2.4 atm。

(2) 要在管道出口处保持一道稳定的正激波极其困难，流动的非定常性和不稳定性将使激波移到其他位置或在该位置处往复运动。因此，我们不能保证等截面管道内的流动质量。

(3) 一旦实验模型放入等截面段，由模型产生的斜激波将向下游传播，使流动变为二维或三维的，图 9.18 所示的正激波在这种流动中不可能存在。

鉴于以上原因，将图 9.18 中的正激波扩压器用图 9.16(b) 所示的斜激波扩压器来代替。这样的管道将如图 9.19 所示。仔细观察图 9.19，可以看到，收缩-扩张喷管在喷管扩张段产生超声速流动，其流入与喷管出口连接的是我们称之为实验段的等截面段，然后流入与实验段相连的扩压器使超声速来流减速。像这样，收缩-扩张的喷管、等截面的实验段和收缩-扩张的扩压器就构成了超声速风洞的基本布局。实验模型，例如图 9.19 中的圆锥，被置于实验段，我们在实验段可对模型进行升力、阻力、压力分布等气动特性测量。模型产生的激波传播至下游，与

扩压器内多反射波相互作用。运行这样的超声速风洞所需要的压力比是 p_0/p_B。我们可以通过在喷管入口连接高压气罐使 p_0 增大(见图 9.2(b)),或在扩压器出口连接真空室使 p_B 减小(见图 9.2(a))来获得有效压力比 p_0/p_B,也可以通过两者结合来获得。

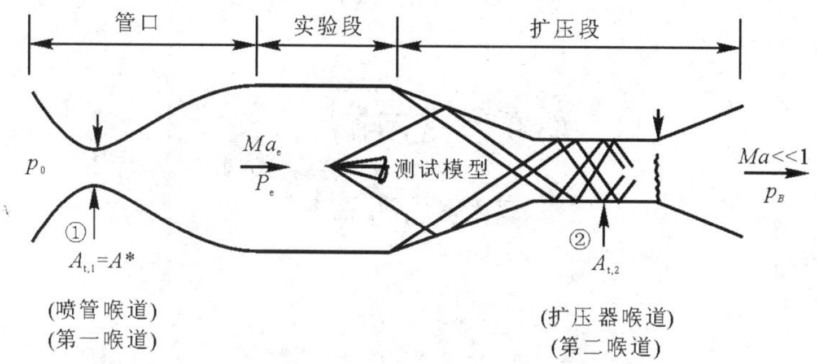

图 9.19　超声速风洞示意图

在超声速风洞中,总压损失的主要来源是扩压器,即风洞的扩压段。扩压段的总压损失越小,运行风洞所需要的压力比 p_0/p_B 越小,因此,设计高效的扩压段十分重要。在通常情况下,通过一系列斜激波逐渐降低超声速气流速度,然后再通过一道较弱的正激波使气流减速到亚声速,其总压损失比直接以一个高马赫数通过一道正激波使气流减速所引起的总压损失小。因此,图 9.16(b) 和图 9.19 所示的斜激波扩压器比图 9.18 所示的单独正激波扩压器效率更高。

图 9.19 中的超声速风洞有两个喉道,喷管喉道 $A_{t,1}$ 被称为第一喉道,扩压器喉道 $A_{t,2}$ 被称为第二喉道。通过喷管的质量流量可用 $\dot{m}=\rho uA$ 在第一喉道处求得。这一站位在图 9.19 中用 ① 表示,因此通过喷管的质量流量可表示为 $\dot{m}=\rho_1 u_1 A_{t,1}=\rho_1^* a_1^* A_{t,1}$。这一质量流量还可用 $\dot{m}=\rho uA$ 在第二喉道处求得。这一站位在图 9.19 中用 ② 表示,因此通过扩压器的质量流量可表示为 $\dot{m}_2=\rho_2 u_2 A_{t,2}$。对于通过风洞的定常流动,$\dot{m}_1=\dot{m}_2$,因此

$$\rho_1^* a_1^* A_{t,1}=\rho_2 u_2 A_{t,2} \tag{9.33}$$

由于气流通过由模型和扩压器产生的激波后气体的热状态参数发生了不可逆的变化,ρ_2,u_2 分别与 ρ_1^*,a_1^* 不同,因此由式(9.33)可知,第二喉道必须与第一喉道不同,即 $A_{t,1}\neq A_{t,2}$。

下面来讨论一下如何估计 $A_{t,2}$ 的大小。假设声速流动发生在站位 ① 和 ②,因此式(9.33)可以被写为

$$\frac{A_{t,2}}{A_{t,1}}=\frac{\rho_1^* a_1^*}{\rho_2^* a_2^*} \tag{9.34}$$

因为 a^* 对于绝热流动是常数,而通过激波的流动是绝热的(但不等熵),因此通过图 9.19 所示的风洞的流动是绝热的,所以 $a_1^*=a_2^*$。因此,式(9.34)变为

$$\frac{A_{t,2}}{A_{t,1}}=\frac{\rho_1^*}{\rho_2^*} \tag{9.35}$$

根据状态方程，$\rho^* = p^*/RT^*$，并且知道 T^* 对于绝热流动也是常数，因此，有 $T_1^* = T_2^*$，式(9.35) 可以写为

$$\frac{A_{t,2}}{A_{t,1}} = \frac{\rho_1^*}{\rho_2^*} = \frac{p_1^*/RT_1^*}{p_2^*/RT_2^*} = \frac{p_1^*}{p_2^*} \tag{9.36}$$

由式(7.24)，有

$$p_1^* = p_{0,1}\left(\frac{2}{\gamma+1}\right)^{\gamma/(\gamma-1)}$$

$$p_2^* = p_{0,2}\left(\frac{2}{\gamma+1}\right)^{\gamma/(\gamma-1)}$$

代入式(9.36)，可得

$$\frac{A_{t,2}}{A_{t,1}} = \frac{p_{0,1}}{p_{0,2}} \tag{9.37}$$

总压通过激波总是在下降，因此 $p_{0,2} < p_{0,1}$。所以，由式(9.37) 可以看出，$A_{t,2} > A_{t,1}$。因此，第二喉道总是比第一喉道大。只有在理想扩压器中(见图 9.16(a))，总压不损失，才有 $A_{t,2} = A_{t,1}$，我们已经讨论了这样的理想扩压器是不可能存在的。

如果我们知道了通过风洞的出流与入流的总压比，式(9.37) 可作为联系第一喉道和第二喉道非常有用的关系式。如果不知道出流与入流总压比，可用气流以实验段马赫数通过正激波的波后波前总压比，来初步设计超声速风洞。

对于一个给定的风洞，如果 $A_{t,2}$ 小于式(9.37) 所确定的值，在风洞的扩压段会发生"壅塞"的现象，即由喷管流出的等熵超声速流动不能通过扩压段。这要从风洞的启动过程来分析。随着入口总压的提高，风洞启动过程中激波首先出现在喷管的扩张段(第一喉道下游)，如果 $A_{t,2}$ 足够大，激波会随着上游入流总压的升高迅速向后移，激波一旦到达了实验段入口，便会一下子扫过实验段和扩压器的收缩段，出现在第二喉道的下游。我们称激波被第二喉道"吞咽"了，这时实验段的气流就是我们需要的等熵超声速流动。相反，如果不够大，没有达到式(9.37) 所要求的值，正激波会由于第二喉道的壅塞停留在喷管扩张段，这样通过实验段和扩压器的流动为亚声速的。出现这种情况，我们就称超声速风洞没有启动。改变这种情况的唯一办法是调节 $A_{t,2}$，使$\dfrac{A_{t,2}}{A_{t,1}}$ 足够大。

例 9.4　初步设计实验马赫数为 2 的超声速风洞，计算扩压器喉道面积与喷管喉道面积的比。

解　为启动风洞，我们采用最严重的情况来估算通过风洞的总压损失，即正激波出现在扩压器的入口处的情况。由附录 B，对于波前马赫数为 2.0 的流动，正激波后波前总压比 $p_{0,2}/p_{0,1} = 0.720\,9$，所以由式(9.37)，可得

$$\frac{A_{t,2}}{A_{t,1}} = \frac{p_{0,1}}{p_{0,2}} = \frac{1}{0.720\,9} = 1.387$$

在本节的最后，我们讨论一下超声速风洞中的边界干扰问题。在风洞实验中，我们的目的是利用风洞实验段中均匀气流流过实验模型来模拟飞行器在真实大气中的飞行。因此，洞壁干扰的影响必须加以考虑。可以利用第 8 章中讨论过的波反射现象，尽量减小风洞洞壁的干扰。

在超声速风洞中，要在一定区域得到均匀的超声速流动，意味着这一区域的流动不能存在膨胀波和激波。可以知道，无论是膨胀波还是激波，都会使气流改变速度大小或方向，破坏流动的均匀性。利用前面讲过的波反射现象，用下面两个方法来取得均匀气流。

(1) 以二维喷管设计为例，我们可以按图 9.20 所示设计喷管，以保证在喷管出口的气流是均匀的。流动在喉道处达到声速，然后喷管按一定的面积比扩张得到实验段所需的马赫数 Ma_e。在图 9.20 中的点 A，流动沿壁面向外偏转一个角度 $+\delta\theta$，因此在点 A 产生了膨胀波，膨胀波与上壁面的点 B 相交，如果点 B 处的流动沿壁面向内偏转一个角度 $-\delta\theta$，那么我们说膨胀波被**吸收**了。如果上、下壁面如此设计，使上、下壁面产生的所有波都相互吸收，那么我们就得到了无波的均匀超声速流。我们可以采用特征线方法来设计这样的喷管。

(2) 第二个可利用的波反射现象来自于实验模型产生的波。如图 9.21 所示，只要模型产生的激波在上、下壁面的反射波不与模型相交，则图中所示的“菱形实验区”的流动就是均匀的。这时的模型实验不受洞壁的影响。

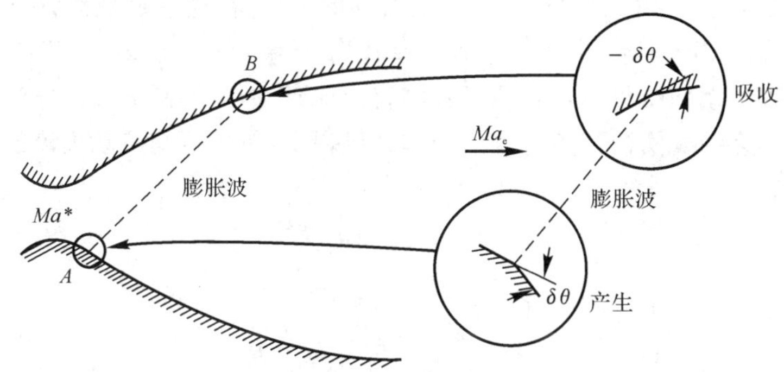

图 9.20　超声速喷管中膨胀波的产生与吸收

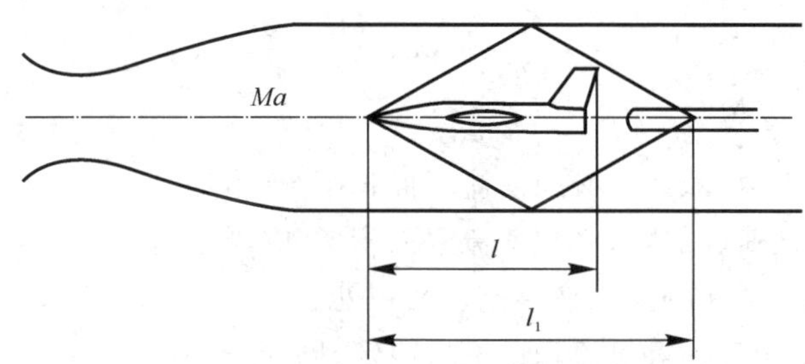

图 9.21　由激波围成的超声速菱形实验区中模型

当马赫数接近 1 时(如跨声速风洞中),模型产生的激波较弱,激波角接近 90°,菱形实验区变得很短,不能再采用上述的方法消除洞壁干扰。如图 9.22 所示的开槽壁或开孔壁,可以用来吸收模型产生的波。

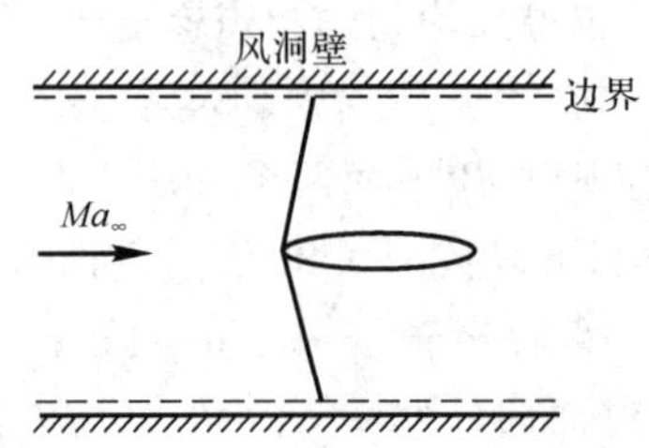

图 9.22　通过开槽壁消除洞壁干扰

9.6　小　结

本章主要内容归纳如下:

(1) 准一维流动是变截面管道内三维真实流动的近似;在这一近似假设下,尽管面积分布 $A = A(x)$ 是变化的,但流动参数只是 x 的函数,即 $p = p(x)$,$u = u(x)$,$T = T(x)$ 等。因此,我们可以将准一维流动的结果看做是三维真实管内流动在给定站位截面的平均值。准一维流动的假设给出了许多与真实内流相符合的合理结果,是分析可压缩流动内流的重要手段。准一维流动的控制方程为

连续方程:
$$\rho_1 u_1 A_1 = \rho_2 u_2 A_2$$

动量方程:
$$p_1 A_1 + \rho_1 u_1^2 A_1 + \int_{A_1}^{A_2} p \mathrm{d}A = p_2 A_2 + \rho_2 u_2^2 A_2$$

能量方程:
$$h_1 + \frac{u_1^2}{2} = h_2 + \frac{u_2^2}{2}$$

(2) 面积-速度关系式为

$$\frac{\mathrm{d}A}{A} = (Ma^2 - 1)\frac{\mathrm{d}u}{u}$$

此关系式说明:

1) 要使亚声速流加速(减速),必须使流管面积减小(增加)。

2) 要使超声速流加速(减速),必须使流管面积增加(减小)。

3) 声速流动只能出现在喉道或最小流管面积处。

(3) 通过管道的完全气体等熵流动由下式决定,即

$$\left(\frac{A}{A^*}\right)^2 = \frac{1}{Ma^2}\left[\left(\frac{2}{\gamma+1}\right)\left(1+\frac{\gamma-1}{2}Ma^2\right)\right]^{(\gamma+1)/(\gamma-1)}$$

这一关系式告诉我们：管道内流动的马赫数是由当地面积与声速喉道面积的比值决定；而且，对于给定的面积比，存在两个满足式(9.32)的值：一个亚声速值，一个超声速值。

(4) 对于给定的收缩-扩张管道，只存在一种可能的等熵超声速流动；相反，存在无数多种亚声速等熵解，每一种解对应不同的入口出口压力比，$p_0/p_e = p_0/p_B$。

(5) 在超声速风洞中，第二喉道与第一喉道的比可由下式近似：

$$\frac{A_{t,2}}{A_{t,1}} = \frac{p_{0,1}}{p_{0,2}}$$

如果 $A_{t,2}$ 低于此值，扩压段将发生壅塞，风洞不能启动。

习　题

9.1　收缩-扩张喷管的滞止压力和滞止温度分别为 5 atm 和 288 K，气流在喷管内等熵膨胀并在出口处达到超声速。如果出口面积与喉道处面积之比为 2.193，计算在出口处的气体性质：Ma_e，p_e，T_e，ρ_e，u_e，$p_{0,e}$，$T_{0,e}$。

9.2　一气流在收缩-扩张喷管中等熵膨胀到超声速。滞止压力和出口压力分别为 1 atm 和 0.314 3 atm。求 A_e/A^* 的值。

9.3　放置在超声速喷管出口处的皮托管的压力读数为 8.92×10^4 Pa，如果喷管内流动的滞止压力为 2.02×10^5 Pa，计算流管面积比 A_e/A^*。

9.4　对于如题 9.1 的喷管流动，喉道面积为 0.371 6 m²，计算流过喷管的质量流量。

9.5　证明：流过喷管的壅塞流动的质量流量 q_m 表达式为

$$q_m = \frac{\rho_0 A^*}{\sqrt{T_0}}\sqrt{\frac{\gamma}{R}\left(\frac{2}{\gamma+1}\right)^{(\gamma+1)/(\gamma-1)}}$$

9.6　利用题 9.5 推导的公式重新计算题 9.4，并与 9.4 题的结果作比较。

9.7 收缩-扩张喷管的出口面积与喉道处面积之比为 1.616，其出口压力和滞止压力分别为 0.947 atm 和 1.0 atm。假设流动是等熵的，计算喉道处的马赫数和压力。

9.8　对于题 9.7 中的流动，计算通过喷管的质量流量，假设储室温度为 288 K，喉道面积为 0.3 m²。

9.9　考虑一个收缩-扩张管道，其出口面积与喉道面积比为 1.53。储气室压力为 1 atm。除允许喷管内存在一个正激波外，管内其余流动都是等熵的。计算出口压力 p_e 分别为如下值时的出口马赫数。

(1) 0.94 atm；

(2) 0.886 atm；

(3) 0.75 atm；

(4) 0.154 atm

9.10　一半顶角为 20° 的楔以 0° 迎角放置在超声速风洞的实验段。当风洞运行时，测得楔

前缘激波角为 41.8°。计算风洞喷管出口面积与喉道面积之比。

9.11　超声速风洞喷管的出口面积与喉道面积比之为 6.79。当风洞运行时，放置在实验段处的皮托管压力读数为 1.448 atm。求风洞的储室压力。

9.12　设计一超声速风洞，要求实验段在标准海平面状态下的马赫数为 2.8，并且空气质量流量等于 14.59 kg/s。计算所需储室压力和储室温度，风洞喷管出口面积和喉道面积，以及扩张段喉道面积。

9.13　考虑一以氢和氧为燃料的火箭发动机。进入燃烧室的推进剂和氧化剂总的质量流量为 287.2 kg/s。燃烧室温度为 3 600 K。假设燃烧室是火箭发动机的低速储室。如果火箭喷管喉道面积为 0.2 m^2，计算燃烧室(储气室) 压力。假设流过火箭发动机的气体比热比为 1.2，折合相对分子质量为 16。(本题气体常数 $R=\frac{\mathscr{R}}{16}=\frac{8\,314}{16}=519.6\ \mathrm{J/(kg\cdot K)}$，$\mathscr{R}$ 为通用气体常数)。

9.14　超声速与高超声速风洞的扩压器效率 η_D，可以定义为扩压器出口的总压与喷管驻室总压比除以以实验段马赫数通过正激波的总压比。这是一个以正激波压力恢复为参照的度量扩压器效率的参数。假设一个超声速风洞的实验段马赫数为 3 的气流直接排出到大气中。扩压器效率为 1.2，计算启动这个风洞所需要的最小储室压力。

参考文献

[1] Anderson John D, Jr. Fundamentals of Aerodynamics[M]. New York: McGraw-Hill Book Company, 1991.

[2] Arnold M Kuethe. Chuen Yen Chow: Foundations of Aerodynamics[M]. New York: John Wiley & Sons, Inc,1986.

[3] 陈再新，刘福长，鲍国华. 空气动力学[M]. 北京：航空工业出版社，1993.

[4] 张兆顺，崔桂香. 流体力学[M]. 北京：清华大学出版社，1999.

[5] 王铁城，等. 空气动力学实验技术[M]. 北京：国防工业出版社，1986.

第 10 章　绕翼型的可压缩流动

10.1　引　言

本章将首先介绍速度势方程，接着引入线化速度势理论，并在此基础上进行普朗特-格劳尔特(Prandtl-Glauert)压缩性修正。根据线化速度势理论的假设前提，这些线化速度势理论是不能够用于分析跨声速流动的。这主要是因为跨声速流动具有很强的非线性特征。在本章的最后，将对跨声速流动的一些问题进行定性分析，对跨声速流动中出现的临界马赫数、阻力发散马赫数及音障等进行相关讨论，并介绍超临界翼型及绕翼型的超声速流动。

本章讲述的内容简介如图 10.1 所示。

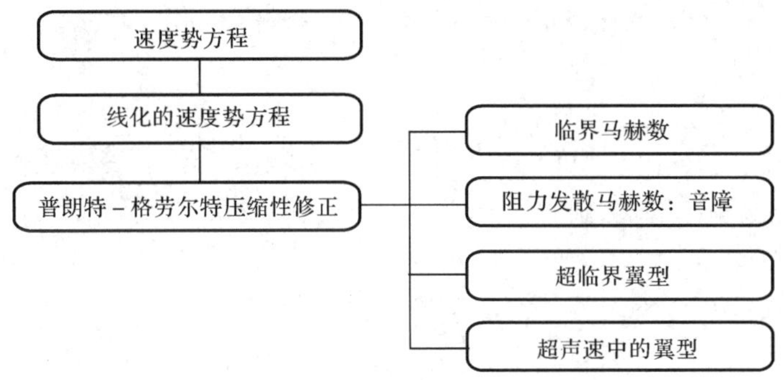

图 10.1　第 10 章的内容简介

10.2　速度势方程

对于不可压缩无旋流动，速度满足拉普拉斯方程。求解一个具体的无旋流动问题，在数学上可归结为在满足给定边界条件下求解拉普拉斯方程。对无黏、定常和等熵可压缩流动，我们也可以定义一个速度势度 ϕ，其所满足的方程就不再是拉普拉斯方程了，而是一个复杂得多的方程，原因是连续方程中的密度不再是常数，不能消去。

二维定常流动的连续方程可写为

$$\frac{\partial(\rho u)}{\partial x}+\frac{\partial(\rho v)}{\partial y}=0$$

或

$$\rho\frac{\partial u}{\partial x}+u\frac{\partial\rho}{\partial x}+v\frac{\partial\rho}{\partial y}+\rho\frac{\partial v}{\partial y}=0 \tag{10.1}$$

与不可压流动类似，速度势与速度分量之间存在如下关系：

$$u=\frac{\partial\phi}{\partial x},\quad v=\frac{\partial\phi}{\partial y} \tag{10.2}$$

将式(10.2)代入式(10.1)，有

$$\rho\frac{\partial^2\phi}{\partial x^2}+\frac{\partial\phi}{\partial x}\frac{\partial\rho}{\partial x}+\frac{\partial\phi}{\partial y}\frac{\partial\rho}{\partial y}+\rho\frac{\partial^2\phi}{\partial y^2}=0$$

或

$$\rho\left(\frac{\partial^2\phi}{\partial x^2}+\frac{\partial^2\phi}{\partial y^2}\right)+\frac{\partial\phi}{\partial x}\frac{\partial\rho}{\partial x}+\frac{\partial\phi}{\partial y}\frac{\partial\rho}{\partial y}=0 \tag{10.3}$$

对于无黏、定常、可压缩流动，有如下形式的欧拉方程：

$$\mathrm{d}p=-\rho V\mathrm{d}V \tag{10.4}$$

下面利用式(10.4)消去式(10.3)中的 ρ。利用式(10.2)有

$$\mathrm{d}p=-\rho V\mathrm{d}V=-\frac{\rho}{2}\mathrm{d}(V^2)=-\frac{\rho}{2}\mathrm{d}(u^2+v^2)$$

或

$$\mathrm{d}p=-\frac{\rho}{2}\mathrm{d}\left[\left(\frac{\partial\phi}{\partial x}\right)^2+\left(\frac{\partial\phi}{\partial y}\right)^2\right] \tag{10.5}$$

如果假设流动为绝热等熵，则有

$$\mathrm{d}p=a^2\mathrm{d}\rho \tag{10.6}$$

将式(10.6)代入式(10.5)的左端，则有

$$\mathrm{d}\rho=-\frac{\rho}{2a^2}\mathrm{d}\left[\left(\frac{\partial\phi}{\partial x}\right)^2+\left(\frac{\partial\phi}{\partial y}\right)^2\right] \tag{10.7}$$

考虑密度沿 x 方向的变化，由式(10.7)，可得

$$\frac{\partial\rho}{\partial x}=-\frac{\rho}{2a^2}\frac{\partial}{\partial x}\left[\left(\frac{\partial\phi}{\partial x}\right)^2+\left(\frac{\partial\phi}{\partial y}\right)^2\right]$$

或

$$\frac{\partial\rho}{\partial x}=-\frac{\rho}{a^2}\left(\frac{\partial\phi}{\partial x}\frac{\partial^2\phi}{\partial x^2}+\frac{\partial\phi}{\partial y}\frac{\partial^2\phi}{\partial x\partial y}\right) \tag{10.8}$$

同样，可得

$$\frac{\partial\rho}{\partial y}=-\frac{\rho}{a^2}\left(\frac{\partial\phi}{\partial x}\frac{\partial^2\phi}{\partial x\partial y}+\frac{\partial\phi}{\partial y}\frac{\partial^2\phi}{\partial y^2}\right) \tag{10.9}$$

将式(10.8)、式(10.9)代入式(10.3)，可整理出如下形式的方程：

$$\left[1-\frac{1}{a^2}\left(\frac{\partial\phi}{\partial x}\right)^2\right]\frac{\partial^2\phi}{\partial x^2}+\left[1-\frac{1}{a^2}\left(\frac{\partial\phi}{\partial y}\right)^2\right]\frac{\partial^2\phi}{\partial y^2}-\frac{2}{a^2}\left(\frac{\partial\phi}{\partial x}\right)\left(\frac{\partial\phi}{\partial y}\right)\frac{\partial^2\phi}{\partial x\partial y}=0 \tag{10.10}$$

式(10.10)为无黏、定常、等熵可压流动的速度势方程。

10.3　线化的速度势方程

飞行器或其部件的空气动力学问题大都是直匀来流受到物体的扰动问题。如果物体很薄，迎角不大，在这种情况下，物体对来流场的扰动，除个别小的区域之外，总的来说是不大的。

如果使坐标系的 x 轴与来流方向一致。这样来流只在 x 方向有一个分量 V_∞，而在 y 方向没有分量。物体的存在，使流场上每一点的流速都有了扰动速度 $\hat{u}$，$\hat{v}$，这时流场上的每一点的速度分量是 V_∞，$\hat{u}$，$\hat{v}$。所谓小扰动，是指这些扰动和来流的 V_∞ 相比，十分微小。

$$\frac{\hat{u}}{V_\infty} \ll 1, \quad \frac{\hat{v}}{V_\infty} \ll 1$$

在这个前提假设下，速度势方程可以大大地简化。

一、运动方程的线化

引入扰动速度势的概念，定义扰动速度势 $\hat{\phi}$ 为

$$\frac{\partial \hat{\phi}}{\partial x} = \hat{u}, \quad \frac{\partial \hat{\phi}}{\partial y} = \hat{v}$$

则有

$$\phi = V_\infty x + \hat{\phi}$$

所以

$$\frac{\partial \phi}{\partial x} = V_\infty + \frac{\partial \hat{\phi}}{\partial x}, \quad \frac{\partial \phi}{\partial y} = \frac{\partial \hat{\phi}}{\partial y}$$

$$\frac{\partial^2 \phi}{\partial x^2} = \frac{\partial^2 \hat{\phi}}{\partial x^2}, \quad \frac{\partial^2 \phi}{\partial y^2} = \frac{\partial^2 \hat{\phi}}{\partial y^2}, \quad \frac{\partial^2 \phi}{\partial x \partial y} = \frac{\partial^2 \hat{\phi}}{\partial x \partial y}$$

将以上关系式导入速度势方程，并且给等式两边同乘以 a^2，可得

$$\left[a^2 - \left(V_\infty + \frac{\partial \hat{\phi}}{\partial x}\right)^2\right]\frac{\partial^2 \hat{\phi}}{\partial x^2} + \left[a^2 - \left(\frac{\partial \hat{\phi}}{\partial y}\right)^2\right]\frac{\partial^2 \hat{\phi}}{\partial y^2} - 2\left(V_\infty + \frac{\partial \hat{\phi}}{\partial x}\right)\left(\frac{\partial \hat{\phi}}{\partial y}\right)\frac{\partial^2 \hat{\phi}}{\partial x \partial y} = 0 \tag{10.11}$$

式(10.11)为扰动速度势方程。

另外，式(10.11)也可以写成扰动速度的形式，即

$$\left[a^2 - (V_\infty + \hat{u})\frac{\partial \hat{u}}{\partial x}\right] + (a^2 - \hat{v}^2)\frac{\partial \hat{v}}{\partial y} - 2(V_\infty + \hat{u})\hat{v}\frac{\partial \hat{u}}{\partial y} = 0 \tag{10.12}$$

根据能量方程，我们可以建立扰动速度与声速的关系，即

$$\frac{a_\infty^2}{\gamma - 1} + \frac{V_\infty^2}{2} = \frac{a^2}{\gamma - 1} + \frac{(V_\infty + \hat{u})^2 + \hat{v}^2}{2} \tag{10.13}$$

将式(10.13) 代入式(10.12),经过整理,可得

$$(1-Ma_{\infty}^{2})\frac{\partial\hat{u}}{\partial x}+\frac{\partial\hat{v}}{\partial y}=Ma_{\infty}^{2}\left[(\gamma+1)\frac{\hat{u}}{V_{\infty}}+\frac{\gamma+1}{2}\frac{\hat{u}^{2}}{V_{\infty}^{2}}+\frac{\gamma-1}{2}\frac{\hat{v}^{2}}{V_{\infty}^{2}}\right]\frac{\partial\hat{u}}{\partial x}+$$

$$Ma_{\infty}^{2}\left[(\gamma-1)\frac{\hat{u}}{V_{\infty}}+\frac{\gamma+1}{2}\frac{v^{2}}{V_{\infty}^{2}}+\frac{\gamma-1}{2}\frac{\hat{u}^{2}}{V_{\infty}^{2}}\right]\frac{\partial\hat{v}}{\partial y}+$$

$$Ma_{\infty}^{2}\left[\frac{\hat{v}}{V_{\infty}}\left(1+\frac{\hat{u}}{V_{\infty}}\right)\left(\frac{\partial\hat{u}}{\partial y}+\frac{\partial\hat{v}}{\partial x}\right)\right] \tag{10.14}$$

式(10.14) 是用扰动速度,即来流速度表示的完全方程。这样的写法使左侧成为线性的式子,但右侧不是线性的。因为右侧的每一项都包括扰动速度及其导数的乘积。

如果进一步假设 Ma_{∞} 不太接近于1,即流动不是跨声速流动;同时假设 Ma_{∞} 不是很大,即流动不是高超声速流动,

另外,根据小扰动的假设前提,进一步假设扰动的导数也是些小量。这样式(10.14) 右侧各项和左侧各项相比较都是高阶小量,都可以略去,可得

$$(1-Ma_{\infty}^{2})\frac{\partial\hat{u}}{\partial x}+\frac{\partial\hat{v}}{\partial y}=0 \tag{10.15}$$

将式(10.15) 写成扰动速度势的形式,即

$$(1-Ma_{\infty}^{2})\frac{\partial^{2}\hat{\phi}}{\partial x^{2}}+\frac{\partial^{2}\hat{\phi}}{\partial y^{2}}=0 \tag{10.16}$$

二、压力系数的线化

压力系数的定义为

$$C_{p}=\frac{p-p_{\infty}}{\frac{1}{2}\rho_{\infty}V_{\infty}^{2}}=\frac{2}{\gamma Ma_{\infty}^{2}}\frac{p-p_{\infty}}{p_{\infty}} \tag{10.17}$$

可将当地压力 p 和当地速度 V 联系起来,则有

$$\frac{1}{2}V_{\infty}^{2}+\frac{\gamma}{\gamma-1}\frac{p_{\infty}}{\rho_{\infty}}=\frac{1}{2}V^{2}+\frac{\gamma}{\gamma-1}\frac{p}{\rho} \tag{10.18}$$

利用 $a_{\infty}^{2}=\dfrac{\gamma p_{\infty}}{\rho_{\infty}}$,即等熵关系式$\dfrac{p}{\rho^{\gamma}}=\dfrac{p_{\infty}}{\rho_{\infty}^{\gamma}}$ 可将式(10.18) 改写为

$$\frac{p}{p_{\infty}}=\left[1+\frac{\gamma-1}{2}Ma_{\infty}^{2}\left(1-\frac{V^{2}}{V_{\infty}^{2}}\right)\right]^{\frac{\gamma}{\gamma-1}} \tag{10.19}$$

由于 $V^{2}=(V_{\infty}+\hat{u})^{2}+\hat{v}^{2}$,所以有

$$\frac{p}{p_{\infty}}\left[1-\frac{\gamma-1}{2}Ma_{\infty}^{2}\left(\frac{2\hat{u}}{V_{\infty}}+\frac{\hat{u}^{2}+\hat{v}^{2}}{V_{\infty}^{2}}\right)\right]^{\frac{\gamma}{\gamma-1}} \tag{10.20}$$

将式(10.20) 代入式(10.17),可得

$$C_p = \frac{2}{\gamma Ma_\infty^2}\left\{\left[1-\frac{\gamma-1}{2}Ma_\infty^2\left(\frac{2\hat{u}}{V_\infty^2}+\frac{\hat{u}^2+\hat{v}^2}{V_\infty^2}\right)\right]^{\frac{\gamma}{\gamma-1}}-1\right\} \tag{10.21}$$

利用二项式把括号内的式子展开，并略去三次以上的高阶项，有

$$C_p = -\frac{2\hat{u}}{V_\infty}+\frac{\hat{u}^2+\hat{v}^2}{V_\infty^2} \tag{10.22}$$

根据小扰动假设，可得

$$C_p = -\frac{2\hat{u}}{V_\infty}$$

三、边界条件的近似

对于某个特定问题，式(10.16)的求解应在特定的边界条件下进行。通常边界条件包括物面和远场两个方面。在物面上，无黏流的边界条件是，流动应与物面相切；在远场处，扰动为零。

令 θ 为自由来流与物面切线方向的夹角，则物面边界条件可表述为

$$\tan\theta = \frac{\hat{v}}{V_\infty+\hat{u}}$$

根据小扰动线化理论，$\hat{u} \ll V_\infty$ 上式可写为

$$\hat{v} = V_\infty \tan\theta$$

所以，若以扰动速度势表示，边界条件可归纳为

(1) 物面边界条件为　$\dfrac{\partial\hat{\phi}}{\partial y} = V_\infty \tan\theta$

(2) 远场边界条件为　$\hat{\phi} = \text{const}$

10.4　普朗特-格劳尔特压缩性修正

对于亚声速流动，线化的速度势方程属于椭圆型。从数学性质上看，该方程和不可压缩流动的拉普拉斯方程相一致。只是第一项系数不是1，而是一个小于1的数$(1-Ma_\infty^2)$。那么我们自然会问，这两种流动之间是否存在某种相似性。答案是肯定的。如果我们已经有了某个不可压缩流动的解，那就用不着再做亚声速流动的解，只要对不可压缩的解做些修正就行了。之所以能做修正，根据在于方程和边界条件都可以找到某种变换关系，从而对应的压力系数也可以找到一定的修正规律。这就是所谓的压缩性修正。

考虑某翼型的无黏、亚声速绕流问题。假设翼型的表面形状由方程 $y=f(x)$ 描述。在小迎角、薄翼的情况下，绕流的控制方程为小扰动速度势方程，即

$$\beta^2\frac{\partial^2\hat{\phi}}{\partial x^2}+\frac{\partial^2\hat{\phi}}{\partial y^2} = 0 \tag{10.23}$$

式中，$\beta^2 = 1 - Ma_\infty^2$。

进行如下的坐标变换，令

$$\xi = x \tag{10.24a}$$

$$\eta = \beta y \tag{10.24b}$$

在这样一种变换关系下，我们考虑一个新的速度势 $\bar{\phi}$，即

$$\bar{\phi}(\xi,\eta) = \beta\hat{\phi}(x,y) \tag{10.24c}$$

由数学知识，有

$$\frac{\partial\hat{\phi}}{\partial x} = \frac{\partial\hat{\phi}}{\partial\xi}\frac{\partial\xi}{\partial x} + \frac{\partial\hat{\phi}}{\partial\eta}\frac{\partial\eta}{\partial x} \tag{10.25}$$

$$\frac{\partial\hat{\phi}}{\partial y} = \frac{\partial\hat{\phi}}{\partial\xi}\frac{\partial\xi}{\partial y} + \frac{\partial\hat{\phi}}{\partial\eta}\frac{\partial\eta}{\partial y} \tag{10.26}$$

从式(10.24a)、式(10.24b)，可得

$$\frac{\partial\xi}{\partial x} = 1, \quad \frac{\partial\xi}{\partial y} = 0, \quad \frac{\partial\eta}{\partial x} = 0, \quad \frac{\partial\eta}{\partial y} = \beta$$

因此，式(10.25)、式(10.26)两式变为

$$\frac{\partial\hat{\phi}}{\partial x} = \frac{\partial\hat{\phi}}{\partial\xi} \tag{10.27}$$

$$\frac{\partial\hat{\phi}}{\partial y} = \beta\frac{\partial\hat{\phi}}{\partial\eta} \tag{10.28}$$

由式(10.24c)，式(10.27)、式(10.28)变为

$$\frac{\partial\hat{\phi}}{\partial x} = \frac{1}{\beta}\frac{\partial\bar{\phi}}{\partial\xi} \tag{10.29}$$

$$\frac{\partial\hat{\phi}}{\partial y} = \frac{\partial\bar{\phi}}{\partial\eta} \tag{10.30}$$

式(10.29)对 x 微分，则有

$$\frac{\partial^2\hat{\phi}}{\partial x^2} = \frac{1}{\beta}\frac{\partial^2\bar{\phi}}{\partial\xi^2} \tag{10.31}$$

式(10.30)对 y 微分，则有

$$\frac{\partial^2\hat{\phi}}{\partial y^2} = \beta\frac{\partial^2\bar{\phi}}{\partial\eta^2} \tag{10.32}$$

将式(10.31)、式(10.32)代入速度势式(10.23)，则有

$$\beta^2\frac{1}{\beta}\frac{\partial^2\bar{\phi}}{\partial\xi^2} + \beta\frac{\partial^2\bar{\phi}}{\partial\eta^2} = 0 \tag{10.33}$$

很显然，我们通过变换得到了关于新速度势 $\bar{\phi}$ 的拉普拉斯方程：

$$\frac{\partial^2 \bar{\phi}}{\partial \xi^2} + \frac{\partial^2 \bar{\phi}}{\partial \eta^2} = 0$$

下面在变换关系条件下，对边界条件进行分析，假设翼型外形在变换空间(ξ, η)上可表示为 $\eta = f_1(\xi)$。根据流动与物面相切的条件，在物理空间(x, y)上，有

$$V_\infty \tan\theta = V_\infty \frac{\mathrm{d}f}{\mathrm{d}x} = \frac{\partial \hat{\phi}}{\partial y} = \frac{1}{\beta} \frac{\partial \bar{\phi}}{\partial y} = \frac{\partial \bar{\phi}}{\partial \eta} \tag{10.34}$$

同样，变换空间应用在物面边界条件时，有

$$V_\infty \frac{\mathrm{d}f_1}{\mathrm{d}\xi} = \frac{\partial \hat{\phi}}{\partial \eta}$$

比较上两式，我们可以发现：

$$\frac{\mathrm{d}f}{\mathrm{d}x} = \frac{\mathrm{d}q}{\mathrm{d}\xi}$$

上式说明，变换空间的翼型外形，与物理空间的翼型外形状完全相同，由此我们可以得出结论，在对流动进行压缩性修正的时候，在两种流动问题中，翼型外形必须相同。

下面分析压力系数之间的关系，即

$$C_p = -\frac{2\hat{u}}{V_\infty} = -\frac{2}{V_\infty}\frac{2\hat{\phi}}{\partial x} = -\frac{2}{V_\infty}\frac{1}{\beta}\frac{\partial \bar{\phi}}{\partial x} = -\frac{2}{V_\infty}\frac{1}{\beta}\frac{\partial \bar{\phi}}{\partial \xi} \tag{10.35}$$

可以将 $\bar{\phi}$ 理解为变换空间上不可压缩流动的扰动速度势。同样，若引入不可压缩流动的扰动速度 $\bar{u}$，则有

$$\frac{\partial \bar{\phi}}{\partial \xi} = \bar{u}$$

因此，式(10.35)可写为

$$C_p = \frac{1}{\beta}\left(-\frac{2\bar{u}}{V_\infty}\right)$$

对于不可压缩流动，线化后的压力系数表达式为

$$C_{p,0} = -\frac{2\bar{u}}{V_\infty}$$

所以有

$$C_p = \frac{C_{p,0}}{\beta} = \frac{C_{p,0}}{\sqrt{1 - Ma_\infty^2}} \tag{10.36}$$

式(10.36)为普朗特-格劳尔特法则。该法则说明，如果我们知道某翼型不可压缩绕流的压力系数分布，那么在相同的迎角下，绕相同翼型的可压缩流动的压力系数可由式(10.36)得到。利用该法则，我们可对大量的不可压缩流动的数据进行压缩性修正。

同样,升力系数和力矩系数也存在如下的类似关系：

$$C_l = \frac{C_{l,0}}{\sqrt{1 - Ma_\infty^2}} \tag{10.37}$$

$$C_m = \frac{C_{m,0}}{\sqrt{1 - Ma_\infty^2}} \tag{10.38}$$

10.5　临界马赫数

到目前为止,已进行了速度势方程的线化以及压缩性修正的一些相关问题的讨论。根据线化理论的假设前提,这些线化理论是不能够用于分析跨声速流动的。这主要是因为跨声速流动具有很强的非线性特征。本章的其余章节,我们将对跨声速流动的一些问题进行定性分析。

如图 10.2 所示,当亚声速流动流过翼型时,翼型表面上各点的速度是不同的。其中有些点的速度大于来流速度。随着来流马赫数的增大,翼型表面各点的流速也将增大,当来流马赫数增大到某一值时,翼型表面某一点的速度恰好达到当地声速,定义此时的来流马赫数为临界马赫数,以 Ma_{cr} 表示。对应于翼型表面的当地声速点的压力,称为临界压力。如果来流马赫数继续增大,翼型表面将产生局部超声速区。并且该超声速区的范围将随来流马赫数的增大而继续扩大。这时,翼型上的流动,一部分是亚声速的,一部分是超声速的。并且超声速区通过激波过渡到亚声速流动。这种带有激波的亚声速和超声速混合的流动,属于跨声速流动范围。

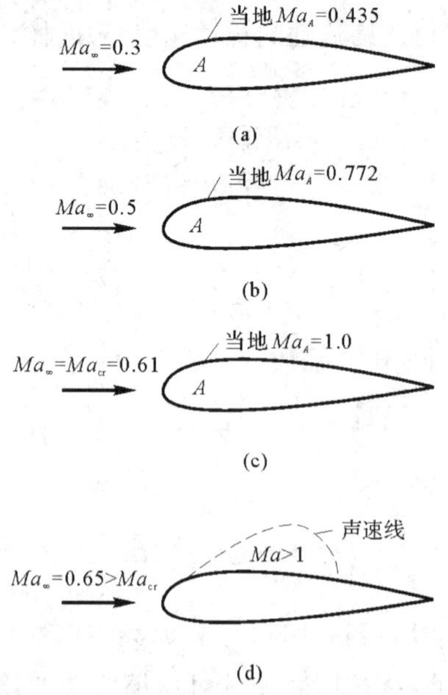

图 10.2　临界马赫数的定义,A 为上表面压力最小点

在跨声速流动范围内，翼型的气动特性将发生剧烈的变化。很显然，这种变化将从来流马赫数达到临界马赫数开始，因此，确定 Ma_{cr}，就显得很重要。

对于等熵流动，翼型表面某点处马赫数 Ma，压力 p 与来流条件的 Ma_∞，p_∞ 之间的关系：

$$\frac{p}{p_\infty}=\left(\frac{1+\frac{\gamma-1}{2}Ma_\infty^2}{1+\frac{\gamma-1}{2}Ma^2}\right)^{\frac{\gamma}{\gamma-1}} \tag{10.39}$$

当 $Ma_\infty = Ma_{cr}$ 时，对于当地声速点 $Ma = 1$，$p = p_{cr}$ 则式(10.39) 变为

$$\frac{p_{cr}}{p_\infty}=\left(\frac{1+\frac{\gamma-1}{2}Ma_{cr}^2}{1+\frac{\gamma-1}{2}}\right)^{\frac{\gamma}{\gamma-1}} \tag{10.40}$$

因此，临界压力系数为

$$C_{p,cr}=\frac{2}{\gamma Ma_{cr}^2}\left(\frac{p_{cr}}{p_\infty}-1\right)=\frac{2}{\gamma Ma_{cr}^2}\left[\left(\frac{1+\frac{\gamma-1}{2}Ma_{cr}^2}{1+\frac{\gamma-1}{2}}\right)^{\frac{\gamma}{\gamma-1}}-1\right] \tag{10.41}$$

10.6　阻力发散马赫数、音障

如图 10.3 所示，考虑风洞中某给定翼型的绕流情况，假设气流迎角为 α，则该翼型的阻力系数可表示为自由来流马赫数 Ma_∞ 的函数。设低亚声速时的翼型阻力系数为 $c_{d,0}$，如果逐渐增大自由来流马赫数 Ma_∞，可以发现在达到临界马赫数 Ma_{cr} 之前，翼型阻力系数 C_d 基本上保持不变，即 $C_d = C_{d,0}$。在图 10.3 中 a，b，c 三点对应的流场分别如图 10.2 中(a)、(b)、(c) 三个图所示。若自由来流马赫数 Ma_∞ 刚好稍大于临界马赫数 Ma_{cr}，如图 10.3 中的 d 点，则翼型绕流在一定范围内将会出现超声速流动区域，如图 10.2(d) 所示，在这个超声速区域内的当地马赫数稍大于 1，其典型的数值范围是 1.02 ～ 1.05。继续增大自由来流马赫数，将会出现阻力突增的现象，如图 10.3 中的点 e 所示，此时的自由来流马赫数称为阻力发散马赫数。自由来流马赫数超过阻力发散马赫数以后，翼型的阻力系数将会变得非常大。这种阻力突增现象与翼型上、下表面的超声速区域范围扩大有关，如图 10.3 所示。与阻力曲线图中的点 f 对应，图 10.3 中的插图表示自由来流马赫数接近 1 时的流动情况，可以发现翼型上、下表面都出现了超声速区域，并且都是以激波结束的。假设有一个应用于低速流动的适当厚度的翼型，在自由来流马赫数大于阻力发散马赫数后，翼型表面上的当地马赫数将会达到 1.2 或更高，所以翼型表面上的激波会变得很强，由于激波和附面层的干扰，流动将会产生较大的分离，从而导致翼型阻力剧增。

根据普朗特-格劳尔特定律，压力系数表达式可写为

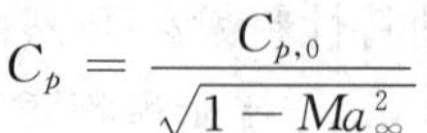

$$C_p = \frac{C_{p,0}}{\sqrt{1 - Ma_\infty^2}}$$

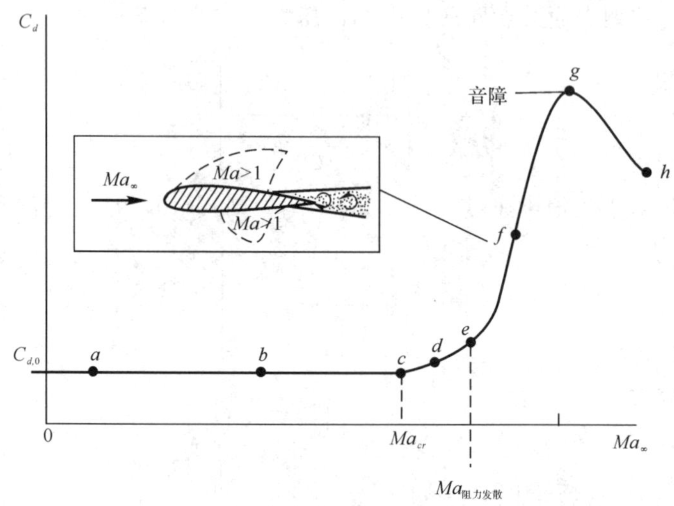

图 10.3　阻力系数随着来流 Ma 的变化图

由上式可以看出，当 $Ma_\infty \to 1$ 时，C_p 的绝对值将趋于无穷，这与实际情况不相符。一些高亚声速风洞实验得到的阻力曲线结果也与图 10.3 中的点 a 到点 f 相类似。那么 $Ma_\infty \to 1$ 时的翼型阻力到底能达到多少？会不会趋于无穷？早在 1936 年人们刚遇到这个问题时，曾经以为声速是无法逾越的，也就是说飞行器的飞行速度不可能比声速更快。这就是所谓的“音障”问题。

空气动力学发展到现代，“音障”早已不再是困扰人们的问题。实际上当来流的马赫数接近于1时，不能使用普朗特-格劳尔特压缩性修正定律来计算压力系数 C_p 等。20 世纪 40 年代后期，跨声速风洞的实验结果显示，在马赫数等于 1 或者接近于 1 时，翼型阻力系数 C_d 出现了峰值，进入超声速区域后，翼型阻力又逐渐降低，如图 10.3 中的点 g，h 所示。所以，只要有足够的发动机推力来克服马赫数接近于 1 时的阻力剧增，“音障”是完全可以跨越的。今天的超声速飞行早已成为现实，飞行马赫数甚至可以超过 7。

既然实现高速飞行需要足够的推力来克服剧增的阻力，那么有没有办法来降低或抑制跨声速飞行时的阻力剧增呢？这是我们下面将要讨论的问题。

10.7　超临界翼型

从图 10.3 得到的一个启示：如果所设计翼型的临界马赫数 Ma_{cr} 能够提高，那么紧跟其后的阻力发散马赫数 $Ma_{阻力发散}$ 也会提高。而这对提高高亚声速飞机的飞行马赫数是有利的。这也构成了从 1945 年到 1965 年期间常用的一种设计理念。例如，NACA—64 系列翼型最初是为

层流而设计的，但与别的 NACA 系列翼型比较后发现，这种翼型具有较高的临界马赫数，因此，这种 NACA—64 系列翼型后来被广泛的应用于高速飞机。同时，相对厚度较薄的翼型具有较高的临界马赫数，所以飞机设计者经常在高速飞机上使用相对厚度较薄的翼型。

实际的翼型厚度不能取得太小，因为翼型要具有适当的厚度以保持足够的结构强度，同时要有足够的空间，以携带足够的燃油及放置其他设备。所以，对于给定厚度的翼型，可通过采用所谓超临界技术来减小较高马赫数下的翼型阻力。

提高翼型的临界马赫数是一种方法，另外一种设计思路是增大临界马赫数 Ma_{cr} 与阻力发散马赫数 $Ma_{阻力发散}$ 之间的差值。如图 10.3 所示，也就是增大点 c 和点 e 之间的距离。这种设计方法自 1965 年以后逐渐发展起来，并形成一种新的翼型设计思想，这就是超临界翼型设计思想。

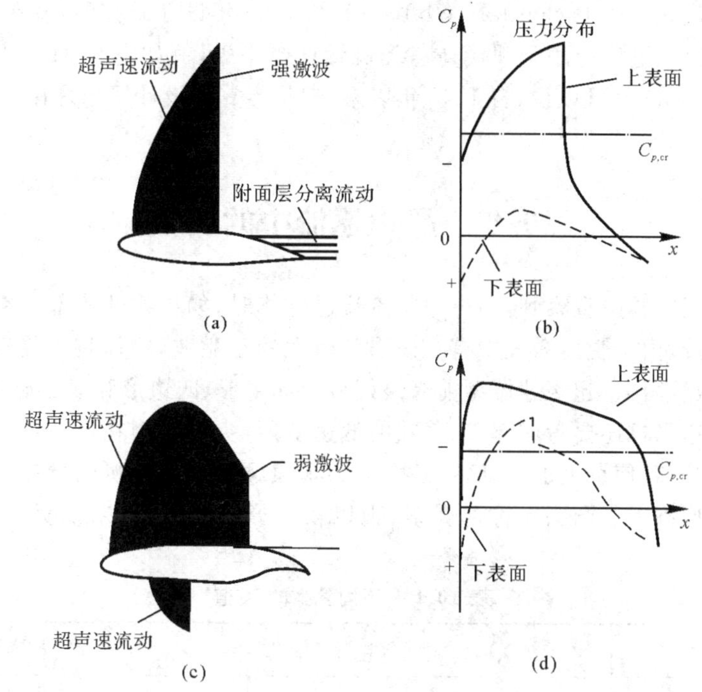

图 10.4　普通翼型与超临界翼型的比较

(a) 普通翼型；(b) NACA－64_2－A215 翼型 $Ma_\infty = 0.69$；(c) 超临界翼型；(d) 超临界翼型，$Ma_\infty = 0.79$

超临界翼型的设计目的是增大翼型的阻力发散马赫数 $Ma_{阻力发散}$，而临界马赫数 Ma_{cr} 的变化可能很小。图 10.4 对超临界翼型和 NACA－64 系列翼型进行了比较。其中图 10.3(a) 表示的是 NACA64_2－A215 翼型，图 10.4(c) 表示的是相对厚度为 0.13 的超临界翼型。由于超临界翼型的上表面相对平缓，因而其当地超声速区内的流动马赫数要比 NACA－64 系列翼型的当地流动马赫数小，所以其结束激波的强度也相对较弱，因而减小了翼型阻力。同样可以对两种翼型的压力系数曲线进行对比，也可以得到相同的结论，如图 10.4(b) 和图 10.4(d) 所示。其中，图 10.4(a) 和图 10.4(b) 对应的自由来流马赫数为 $Ma_{\infty}=0.69$，图 10.4(c) 和图 10.4(d) 对应的自由来流马赫数为 $Ma_{\infty}=0.79$。从图中可以看出，NACA－64 系列翼型的超声速区域的范围距离翼型表面很远，翼型上的当地马赫数较大，其结束激波很强；超临界翼型的超声速区域的范围距离翼型表面较近，翼型上的当地马赫数相对较小，其结束激波的强度相对较弱。所以，超临界翼型的阻力发散马赫数 $Ma_{阻力发散}$ 的值也相对较大。在上面的比较中，超临界翼型的阻力发散马赫数 $Ma_{阻力发散}$ 为 0.79，NACA－64 系列翼型的阻力发散马赫数 $Ma_{阻力发散}$ 为 0.67。

由于超临界翼型的上表面相对平缓，整个翼型大约 60% 为负的弯度，这必然引起升力的损失。为了补偿这种升力损失，在翼型的后缘大约 30% 处，采用了正弯度翼型，这就是为什么超临界翼型下表面的后缘比较尖的原因。

超临界翼型最先是由 Richard T. Whitcomb 在 1965 年设计研究的，现在这种翼型设计思想已经被许多飞机制造厂应用于现代高速飞机设计当中去，例如空客 310，320，330 系列及波音 757 和波音 767，等等。可以说，自 1945 年以来，超临界翼型设计思想是在飞机跨声速空气动力学方面的一大突破。

10.8　超声速流中的翼型

在超声速风洞实验中观察到，超声速气流流过物体时，如果物体头部钝粗，在物体前面将产生一道脱体激波。由于脱体激波中有一段强度较大的正激波，物体将承受较大的激波阻力。因此，为了减小激波阻力，超声速翼型前缘最好做成如菱形、四边形和双弧形等尖前缘(参见表 10.1)。但是超声速飞机还要考虑起飞、着陆的低速阶段，尖头翼型在低速绕流较大迎角时，有可能在头部产生分离，使翼型的气动特性变坏。为了兼顾超声速飞机的低速气动特性，目前低超声速飞机的翼型都为小圆头对称薄翼型。现以双弧形翼型为例，来说明翼型超声速绕流的特点。

表 10.1　不同翼型的 K 值

翼　型	简　图	K
四边形	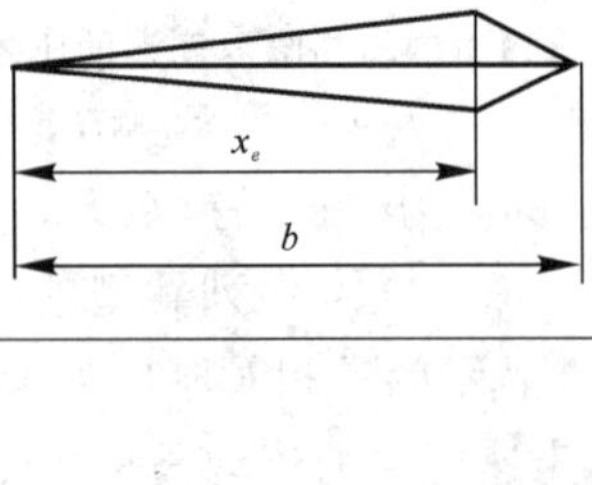 （图：x_c，b）	$\dfrac{1}{4\bar{x}_c(1-\bar{x}_c)}$

续　表

翼　型	简　图	K
六角形	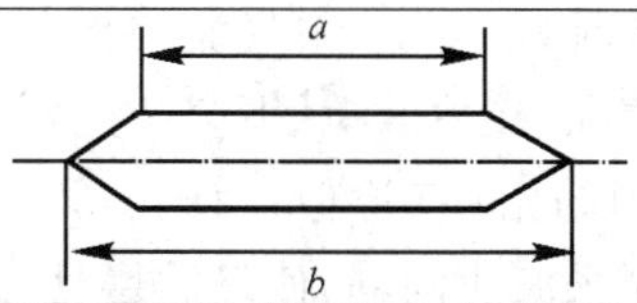	$\dfrac{1}{1-\dfrac{a}{b}}$
菱　形	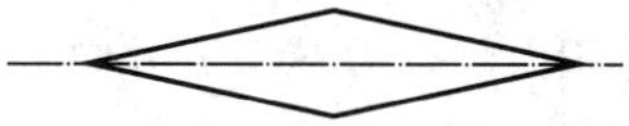	1
双弧形	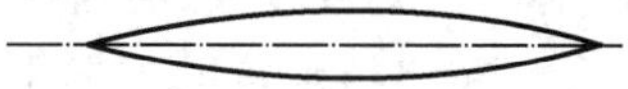	$\dfrac{4}{3}$
亚声速翼型	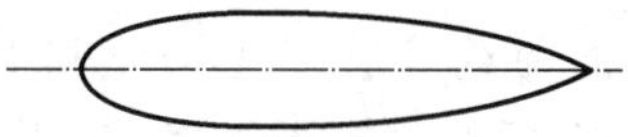	2.5 ～ 4.0

①K 值表示不同形状翼型零升波阻系数与菱形翼型零升波阻系数之比。

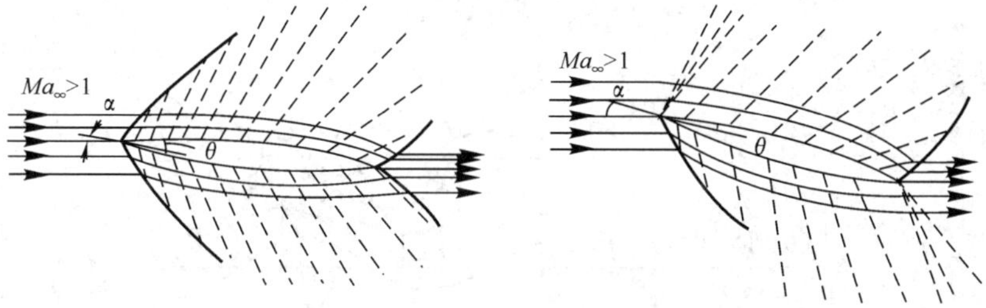

(a)　　　　(b)

图 10.5　超声速气流，以迎角 α 绕双弧形翼型流动示意图

(a) 小迎角 $\alpha<\theta$；(b) 大迎角 $\alpha>\theta$

图 10.5(a) 显示超声速气流以迎角 α 绕双弧形翼型流动的示意图，翼型表面的实线表示激波，虚线表示膨胀波。如果迎角 α 小于翼型前缘半顶角 θ，则气流流过这样的翼型时，在前缘处相当于绕凹角流动，因此在前缘处将产生两道附体的斜激波。由于上、下翼面气流相对于来流的偏转角不同，所以上、下翼面的激波强度和倾角也不相同。

靠近翼面的气流通过斜激波后，将偏转到与前缘处翼型的切线方向一致，随后气流沿翼型

表面的流动相当于绕凸曲面的流动，通过一系列膨胀波而连续膨胀。从翼型前部所发生的膨胀波，将于头部激波相交，并削弱激波，使激波相对于来流倾角逐渐减小，最后退化为马赫波。当上、下翼面的超声速流流到翼型的后缘时，由于上、下气流的指向不一致(两者之差为后缘角)，且压力一般也不相等，根据来流迎角情况，在后缘上、下会产生两道斜激波，或一道激波和一组膨胀波，以使后缘汇合的气流具有相同的指向(近似地认为等于前方来流方向)和相等的压力。后缘激波同样地也要被翼面上的膨胀波所削弱，使最后退化为马赫波。

翼面压力在激波后为最大，以后沿翼面经一系列膨胀波，而顺流逐渐下降，由于翼面前半段压力高于后半段的压力，因而翼面上压力的合力在来流方向将有一分力。因为这种阻力是由于激波出现而形成的，称为波阻。

当翼型处于小的正迎角时，由于上翼面前缘切线相对于来流所组成的凹角，较下翼面为大，故上翼面的激波较下翼面的弱，其波后的马赫数较大，波后压力较下翼面低，所以上翼面的压力将小于下翼面的压力，压力的合力在与来流相垂直的方向上将有一分力，即升力。在平飞时此升力应等于飞机重量，以维持飞机平飞。

如果翼型的迎角大于翼型前缘的半顶角 $\alpha > \theta$，参见图 10.5(b)，则气流绕上翼面的前缘流动就相当于绕一凸角流动，故在上表面前缘处将产生一组膨胀波，下表面仍为激波，如图 10.5(b) 所示。同时在后缘的上表面仍形成斜激波，但下表面处则为一组膨胀波。

超声速流的特点，还可以用二维波纹壁面的流动说得更具体一些。设有超声速气流流过正弦曲线的波纹壁面，其 x，y 坐标如图 10.6 所示。壁面曲线为

$$y_{面} = d\sin\left(\frac{2\pi x}{l}\right) \tag{10.42}$$

式中，l 为波长，d 为波幅，$d/l \ll 1$。

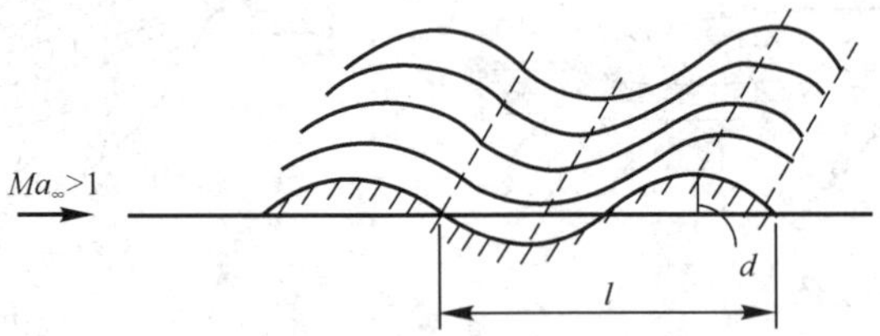

图 10.6　波纹壁面超声速流动的扰动传播和流线

用小扰动线化方程

$$B^2 \frac{\partial^2 \phi}{\partial x^2} - \frac{\partial^2 \phi}{\partial y^2} = 0, \quad B^2 = Ma_\infty^2 - 1 \tag{10.43}$$

来处理这个问题。式(10.43) 的通解是两个函数 $f(\xi)$ 和 $g(\eta)$ 之和，即

$$\phi(x, y) = f(\xi) + g(\eta) \tag{10.44}$$

式中，$\xi = x - By$，$\eta = x + By$。由于假定流动是自左向右，波纹壁本身是扰动源，流场在波纹壁

以上，所以这些扰动的传播只能按图10.6虚线所示的方向进行，换言之，只能有函数 $f(\xi)$，而 $g(\eta)$ 则不存在，下面用边界条件决定 $f(\xi)$ 的具体形式，由式(10.44)，则有

$$v_y = \frac{\partial\phi}{\partial y} = -Bf'(x-By)$$

式中，$f' = \frac{\mathrm{d}f}{\mathrm{d}\xi}$，在壁面 $y = y_{面}$ 上，由边界条件

$$(v_y)_{y=y_{面}} = v_\infty \frac{\mathrm{d}y}{\mathrm{d}x} = v_\infty d \frac{2\pi}{l}\cos\left(\frac{2\pi x}{l}\right)$$

将此式代入前式，并近似的令等式在 $y=0$ 处成立(线化边界条件)，有

$$f'(x) = -\frac{v_\infty}{B}2\pi\left(\frac{d}{l}\right)\cos\left(\frac{2\pi x}{l}\right)$$

积分，得

$$f(x) = -\frac{v_\infty d}{B}\sin\left(\frac{2\pi x}{l}\right)$$

于是，式(10.44)写为

$$\phi(x,y) = f(x-By) = -\frac{v_\infty d}{B}\sin\left[\frac{2\pi}{l}(x-By)\right] \tag{10.45}$$

下面来求流线和压力系数。由式(10.45)，流线上任一点的扰动分速为

$$v_x = -\frac{v_\infty}{B}2\pi\left(\frac{d}{l}\right)\cos\left[\frac{2\pi}{l}(x-By)\right] \tag{10.46}$$

和

$$v_y = 2\pi v_\infty\left(\frac{d}{l}\right)\cos\left[\frac{2\pi}{l}(x-By)\right] \tag{10.46}$$

因此，压力系数为

$$C_p = -2\frac{v_x}{v_\infty} = \frac{4\pi}{B}\left(\frac{d}{l}\right)\cos\left[\frac{2\pi}{l}(x-By)\right] \tag{10.47}$$

沿流线，由条件

$$\frac{\mathrm{d}y}{v_y} = \frac{\mathrm{d}x}{v_\infty + v_x} \approx \frac{\mathrm{d}x}{v_\infty}$$

因此

$$\frac{\mathrm{d}y}{\mathrm{d}x} \approx \frac{v_y}{v_\infty} = 2\pi\frac{d}{l}\cos\left[\frac{2\pi}{l}(x-By)\right]$$

对上式积分有

$$y = \int 2\pi\frac{d}{l}\cos\left[\frac{2\pi}{l}(x-By)\right]\mathrm{d}x$$

对通过点 $x=0, y=h$ 的一条流线，得

$$y = d\sin\left[\frac{2\pi}{l}(x - Bh)\right] \tag{10.48}$$

这和壁面方程(亦即流线方程)性质一样，也是正弦波，波长 l、波幅 d、只是相位移动了一下，壁面上 $x = \frac{l}{4},\frac{5l}{4}\cdots$ 各点是波峰，而在 $y = h$ 处，则要在 $x - Bh = l/4, 5l/4, \cdots$ 各点才是波峰，即相位移为，$x = l/4 + Bh$，$5l/4 + Bh$，$\cdots$ 事实上，沿 $\xi = x - By =$ 常数的斜直线，其扰动速度 v_x，v_y 和扰动位函数 ϕ 都是不变的。由于斜直线 $\frac{\mathrm{d}y}{\mathrm{d}x} = \frac{1}{B} = \tan\mu_\infty$，因此，在小扰动线化理论的超声速流动中，当地的马赫线(即扰动线)应由来流指向和来流马赫数 Ma_∞ 决定，如图 10.6 虚线所示。

图 10.6 画了若干条流线。超声速流的特点是，波幅和扰动速度都不随竖向距离 y 的增大而减小，完全不衰减只是线化理论的结果，然而这个理论在定性上确实表现了超声速流动的特点：扰动都以波的形式存在，竖向的衰减要较亚声速流动为慢。

下面进一步看看超声速流动形成的波阻。由式(10.47)，在壁面上，则有

$$(C_p)_{y=0} = \frac{4\pi}{B}\left(\frac{d}{l}\right)\cos\left(\frac{2\pi x}{l}\right) \tag{10.49}$$

由式(10.49)可见，超声速流 $(C_p)_{y=0}$ 和壁面形状的相位差为 $\pi/2$；而当亚声速流时，$(C_p)_{y=0}$ 和壁面形状的相位差为 π。图 10.7 表示亚、超声速流动的压力分布和壁面本身起伏的对应关系。由图可见，当亚声速流动时，作用在壁面上的力的水平分量正好左右对消了，亦即没有阻力；而当超声速流动时，作用在壁面上的力的水平分量的合力不为零，指向是由左向右，亦即波阻力。

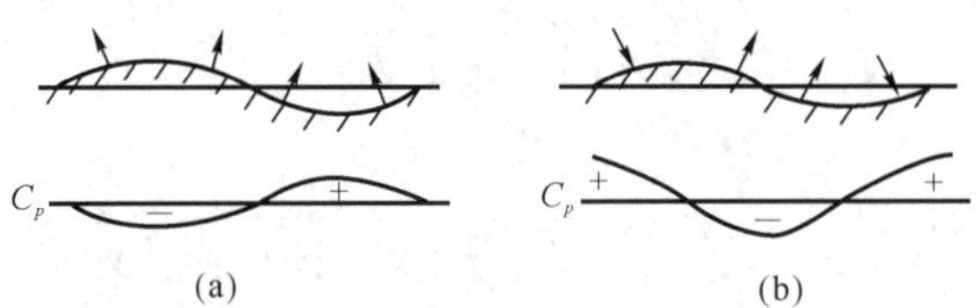

图 10.7　压力分布和壁面起伏的对应关系

(a) 亚声速流动；(b) 超声速流动

10.9　薄翼型超声速气动特性的线化理论

为了减小波阻力，超声速飞机的机翼，其翼型厚度是比较薄的，弯度很小甚至为零，而且飞行迎角也较小，因此机翼产生的激波，其强度较弱。作为一级近似，可将激波近似看成马赫波，同时，膨胀波在一级近似下也可取为马赫波，并近似认为所有马赫波相互平行，且与来流的夹角均为来流马赫角，即

$$\mu_\infty = \arctan \frac{1}{\sqrt{Ma_\infty^2 - 1}}$$

因此，对于超声速气流绕薄翼型的小扰动，根据前面有关高速可压流动的知识，可以得任一点的压力系数为

$$C_p = \pm \frac{2\theta}{\sqrt{Ma_\infty^2 - 1}} \tag{10.50}$$

式中，θ 为翼型上某点的切线与沿 x 轴的来流方向的夹角(取弧度)。

由于翼型比较薄，弯度比较小，除个别点外，翼型表面上各点的 θ 都比较小，可近似用该点翼面的斜率$\frac{\mathrm{d}y}{\mathrm{d}x}$来替代，这里 x 轴沿来流方向，y 轴垂直于 x 轴所组成的风轴坐标系，则式(10.50) 右边"+"号用于翼型的上表面，"−"号用于翼型的下表面，则有

$$\left.\begin{aligned} C_{p,u}(x,+0) &= \frac{2\left(\frac{\mathrm{d}y}{\mathrm{d}x}\right)_u}{\sqrt{Ma_\infty^2 - 1}} \\ C_{p,l}(x,-0) &= \frac{-2\left(\frac{\mathrm{d}y}{\mathrm{d}x}\right)_l}{\sqrt{Ma_\infty^2 - 1}} \end{aligned}\right\} \tag{10.51}$$

式中，下标"u"，"l"分别表示翼型上、下表面，"+0"、"−0"分别表示 $y=0$ 平面的上、下表面。

一、线化理论压力系数的叠加法

式(10.51) 表明，压力系数与翼面斜率成线性关系。因此，在线化理论范围内，翼型表面的压力系数，可认为是由以下三部分绕流所产生的压力系数叠加而成(参见图 10.8)

$$C_p = C_{p,\alpha} + C_{p,f} + C_{p,c} \tag{10.52}$$

式中，下标"α"表示迎角 α 的平板绕流；下标"f"表示迎角为零、中弧线弯度 f 的弯板绕流；下标"c"表示迎角、弯度均为零，厚度 c 的对称翼型绕流。因此，由式(10.51)，翼型上、下翼面的压力系数，在线化理论范围内将分别等于分解的三种翼型(参见图 10.8) 在对应点的压力系数之和，即

$$\left.\begin{aligned} C_{p,u}(x,+0) &= (C_{p_u})_\alpha + (C_{p_u})_f + (C_{p_u})_c \\ C_{p,l}(x,-0) &= (C_{p_l})_\alpha + (C_{p_l})_f + (C_{p_l})_c \end{aligned}\right\} \tag{10.53}$$

式(10.53)，下标的意义参见式(10.51)。

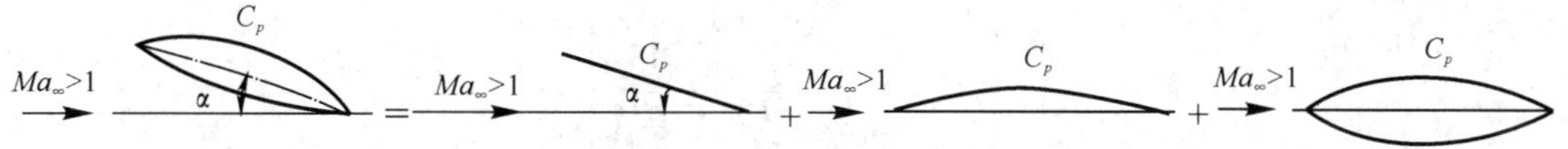

图 10.8　线化理论条件下薄翼型的分解

下面将分别计算式(10.53) 右边对应于作用在平板、弯板和厚度翼型上的载荷系数、气动

力系数以及总的气动力系数。

1．平板部分

由于上、下表面$\left(\dfrac{\mathrm{d}y}{\mathrm{d}x}\right)_\alpha=-\alpha$，代入式(10.51)可知

$$\left.\begin{aligned}(C_{p,u})_\alpha&=\frac{-2\alpha}{\sqrt{Ma_\infty^2-1}}\\(C_{p,l})_\alpha&=\frac{2\alpha}{\sqrt{Ma_\infty^2-1}}\end{aligned}\right\}\tag{10.54}$$

因此，平板上表面为膨胀流动，下表面为压缩流动。载荷系数为

$$\Delta(C_p)_\alpha=(C_{p,l}-C_{p,u})_\alpha=\frac{4\alpha}{\sqrt{Ma_\infty^2-1}}\tag{10.55}$$

2．弯度部分

由于上、下表面弯板斜率$\left(\dfrac{\mathrm{d}y}{\mathrm{d}x}\right)_f$相同。当$\left(\dfrac{\mathrm{d}y}{\mathrm{d}x}\right)_f$为正时，上表面为压缩流动，下表面为膨胀流动；当$\left(\dfrac{\mathrm{d}y}{\mathrm{d}x}\right)_f$为负时，上表面为膨胀流动，下表面为压缩流动。因此，由式(10.51)，可得

$$\left.\begin{aligned}(C_{p,u})_f&=\frac{2\left(\dfrac{\mathrm{d}y}{\mathrm{d}x}\right)_f}{\sqrt{Ma_\infty^2-1}}\\(C_{p,l})_f&=\frac{-2\left(\dfrac{\mathrm{d}y}{\mathrm{d}x}\right)_f}{\sqrt{Ma_\infty^2-1}}\end{aligned}\right\}\tag{10.56}$$

载荷系数为

$$\Delta(C_p)_f=(C_{p,l}-C_{p,u})_f=\frac{-4\left(\dfrac{\mathrm{d}y}{\mathrm{d}x}\right)_f}{\sqrt{Ma_\infty^2-1}}\tag{10.57}$$

3．厚度部分

当上表面斜率$\left(\dfrac{\mathrm{d}y_u}{\mathrm{d}x}\right)_c$为正时为压缩流动；当$\left(\dfrac{\mathrm{d}y_u}{\mathrm{d}x}\right)_c$为负时为膨胀流动。下表面情况恰恰相反，$\left(\dfrac{\mathrm{d}y_l}{\mathrm{d}x}\right)_c$为正时，为膨胀流动；当$\left(\dfrac{\mathrm{d}y_l}{\mathrm{d}x}\right)_c$为负时为压缩流动。因此由式(10.51)，可得

$$\left.\begin{aligned}(C_{p,u})_c&=\frac{2\left(\dfrac{\mathrm{d}y_u}{\mathrm{d}x}\right)_c}{\sqrt{Ma_\infty^2-1}}\\(C_{p,l})_c&=\frac{-2\left(\dfrac{\mathrm{d}y_l}{\mathrm{d}x}\right)_c}{\sqrt{Ma_\infty^2-1}}\end{aligned}\right\}\tag{10.58}$$

由于厚度问题，对称翼型上、下表面对应点的斜率，其大小相等、方向相反，即

$$\left(\frac{\mathrm{d}y_u}{\mathrm{d}x}\right)_c = -\left(\frac{\mathrm{d}y_l}{\mathrm{d}x}\right)_c \tag{10.59}$$

因此，载荷系数为

$$\Delta(C_p)_c = (C_{p,u} - C_{p,l})_c = 0 \tag{10.60}$$

线化理论下薄翼型的升力系数、波阻系数和对前缘的俯仰力矩系数，与压力系数一样，也是由上述三部分贡献的。

二、线化理论薄翼型升力系数 C_L

设翼型弦长为 b，翼型升力系数定义为

$$C_L = \frac{L}{q_\infty S} = \frac{L}{q_\infty bl}$$

这里 L 为单位展长二维机翼翼型的升力，q_∞ 为来流动压力，$q_\infty = \frac{1}{2}\rho_\infty V_\infty^2$。

1. 平板部分

从式(10.54) 可见，压力沿弦向分布是常数。由于上、下表面压力都是垂直于平板的，故垂直于平板的法向力 N_a 为

$$N_a = (C_{p,l} - C_{p,u})_a q_\infty b$$

将式(10.54) 代入上式，则有

$$N_a = \frac{4\alpha}{\sqrt{Ma_\infty^2 - 1}} q_\infty b$$

因此，垂直于来流方向的升力为(参见图 10.9(a))

$$L_a = N_a \cos\alpha \approx N_a = \frac{4\alpha}{\sqrt{Ma_\infty^2 - 1}} q_\infty b$$

升力系数为

$$(C_y)_a = \frac{L_a}{q_\infty b} = \frac{4\alpha}{\sqrt{Ma_\infty^2 - 1}} \tag{10.61}$$

2. 弯度部分

从图 10.9(b) 可见，作用于微元面积 dS 上的升力

$$\mathrm{d}L_f = (C_{p,l} - C_{p,u})_f \mathrm{d}S\cos\theta q_\infty$$

由于

$$\mathrm{d}x = \mathrm{d}S\cos\theta$$

所以

$$\mathrm{d}L_f = (C_{p,l} - C_{p,u})_f q_\infty \mathrm{d}x$$

将式(10.56) 代入上式，积分可得

$$L_f = \int_0^b \frac{4\left(\frac{\mathrm{d}y}{\mathrm{d}x}\right)_f}{\sqrt{Ma_\infty^2 - 1}} q_\infty \mathrm{d}x = 0 \tag{10.62}$$

在线化理论小扰动条件下，式(10.62)表明，翼型的弯度在超声速流动下不产生升力，这与低、亚声速流动的性质是不同的。

3. 厚度部分

由于表面上、下对称，在对应点处，$\mathrm{d}L_u$ 和 $\mathrm{d}L_l$ 是相互抵消的(参见图10.9(c))，所以

$$(C_y)_c = 0$$

由上述分析，根据线化近似理论，薄翼型的弯度部分和厚度部分都不会产生升力，而仅由平板部分的迎角所产生，则有

$$C_L = (C_L)_a = \frac{4\alpha}{\sqrt{Ma_\infty^2 - 1}} \tag{10.63}$$

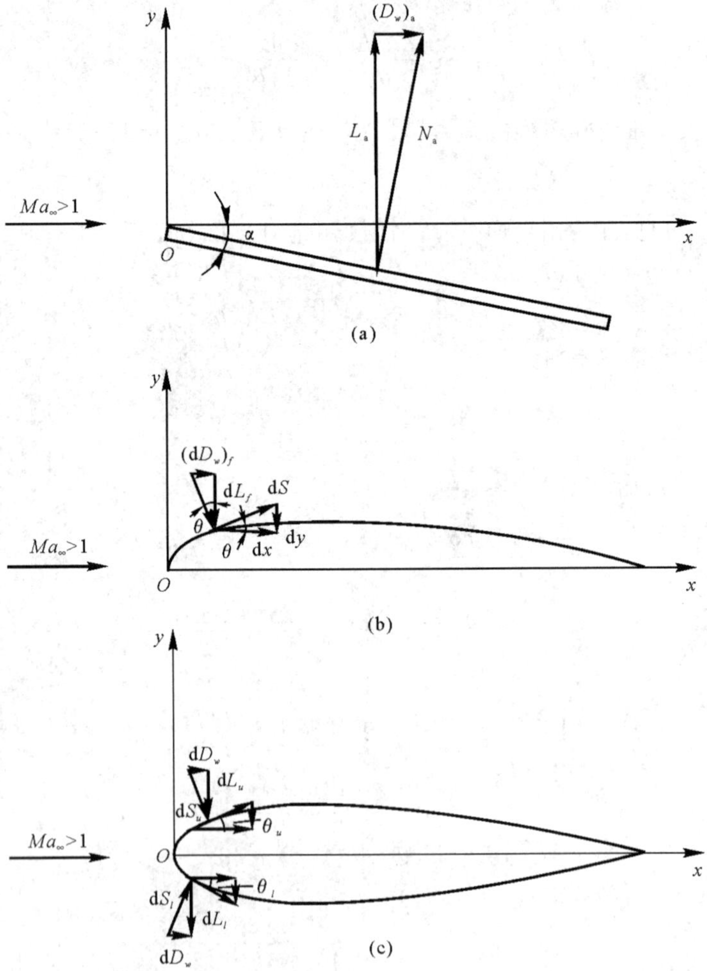

图 10.9 线化理论条件下薄翼型的分解

三、线化理论薄翼型波阻系数 C_{D_w}

波阻系数定义 $C_{D_w}=\dfrac{D_w}{q_\infty b}$,式中 D_w 为作用于翼型上的波阻力。

1. 平板部分

从图 10.9(a) 可知,波阻系数为

$$(C_{D_w})_a=\frac{(D_w)_a}{q_\infty b}\approx\frac{(N_a)\alpha}{q_\infty b}=\frac{4\alpha^2}{\sqrt{Ma_\infty^2-1}}$$

2. 弯度部分

从图 10.9(b) 可见,作用于微元面积 dS 上的力来流方向的分量,即所谓波阻力为

$$(\mathrm{d}D_w)_f=-q_\infty(C_{p,l}-C_{p,u})_f\mathrm{d}S\sin\theta=-q_\infty(C_{p,l}-C_{p,u})_f\tan\theta\cos\theta\mathrm{d}S$$

由于
$$\tan\theta=\left(\frac{\mathrm{d}y}{\mathrm{d}x}\right)_f,\quad \cos\theta\mathrm{d}S=\mathrm{d}x$$

所以
$$(\mathrm{d}D_w)_f=-q_\infty(C_{p,l}-C_{p,u})_f\left(\frac{\mathrm{d}y}{\mathrm{d}x}\right)_f\mathrm{d}x$$

将式(10.56) 代入上式,并对 x 沿弦向积分可得到波阻力,从而波阻系数可写为

$$(C_{D_w})_f=\frac{4}{b\sqrt{Ma_\infty^2-1}}\int_0^b\left(\frac{\mathrm{d}y}{\mathrm{d}x}\right)_f^2\mathrm{d}x \tag{10.64}$$

3. 厚度部分

从图 10.9(c) 可见,上、下表面对波阻力的贡献是相同的,因此上、下翼面对应点处微元面积所产生的波阻力,等于上翼面相应微元面积 $\mathrm{d}S_u$ 所产生波阻力的 2 倍,即

$$(\mathrm{d}D_w)_c=2q_\infty(C_{p,u}\mathrm{d}S_u\sin\theta_u)_c=2q_\infty(C_{p,u}\mathrm{d}S_u\tan\theta_u\cos\theta_u)_c$$

由于
$$\tan\theta_u=\left(\frac{\mathrm{d}y_u}{\mathrm{d}x}\right)_c,\quad \mathrm{d}S_u\cos\theta_u=\mathrm{d}x$$

将式(10.58) 代入,并注意到式(10.59),沿弦向积分得到厚度部分的波阻系数为

$$(C_{D_w})_c=\frac{4}{b\sqrt{Ma_\infty^2-1}}\int_0^b\left(\frac{\mathrm{d}y_u}{\mathrm{d}x}\right)_c^2\mathrm{d}x \tag{10.65}$$

将以上三部分相加,薄翼型波阻系数为

$$C_{D_w}=\frac{4}{b\sqrt{Ma_\infty^2-1}}\left\{\alpha^2+\int_0^b\left[\left(\frac{\mathrm{d}y}{\mathrm{d}x}\right)_f^2+\left(\frac{\mathrm{d}y}{\mathrm{d}x}\right)_c^2\right]\mathrm{d}x\right\} \tag{10.66}$$

由式(10.66) 表明,薄翼型的波阻系数由两部分组成:一部分与升力有关;另一部分仅与薄型的弯度部分和厚度部分有关,称为零升波阻系数。

四、线化理论薄翼型对前缘俯仰力矩系数 m_z

通过翼型前缘的俯仰力矩系数定义为

$$m_z = \frac{Ma_z}{q_\infty b b}$$

对翼型前缘产生的低头力矩规定为负。

1. 平板部分

由于压力分布沿平板方向为常值，故升力作用于平板中点，所以

$$(m_z)_\alpha = -\frac{C_L}{2}$$

2. 弯度部分

从图 10.9(b) 中可见，微元面积 dS 距前缘距离为 x，则对前缘的力矩为

$$(\mathrm{d}m_z)_f = -\mathrm{d}L_f x = \frac{4\left(\frac{\mathrm{d}y}{\mathrm{d}x}\right)_f}{\sqrt{Ma_\infty^2 - 1}} q_\infty x \mathrm{d}x$$

因此，对前缘的俯仰力矩系数为

$$(m_z)_f = \frac{4}{b^2 \sqrt{Ma_\infty^2 - 1}} \int_0^b \left(\frac{\mathrm{d}y}{\mathrm{d}x}\right)_f x \mathrm{d}x$$

用分部积分，由于$[L_f]_0^b = 0$，所以

$$(m_z)_f = -\frac{4}{b^2 \sqrt{Ma_\infty^2 - 1}} \int_0^b L_f \mathrm{d}x$$

3. 厚度部分

从图 10.9(c) 可见，由于对应点处，$\mathrm{d}L_u$ 和 $\mathrm{d}L_l$ 是相互抵消的，因此翼型厚度部分对前缘力矩的贡献为零。

综合上述三部分的分析，薄翼型对前缘的俯仰力矩系数为

$$m_z = -\frac{L_y}{2} - \frac{4}{b^2 \sqrt{Ma_\infty^2 - 1}} \int_0^b L_f \mathrm{d}x \tag{10.67}$$

进一步可知，翼型压力中心的相对位置为

$$\bar{x}_p = \frac{x_p}{b} = -\frac{m_z}{L_y}$$

另外，翼型焦点的相对位置为

$$\bar{x}_F = -\frac{\partial m_z}{\partial L_y} = \frac{1}{2}$$

上式是容易理解的，因为翼型焦点是由迎角所产生的升力增量的作用点，对超声速薄翼型线化近似理论，随迎角的变化，它的升力增量作用点始终在翼弦中点处。众所周知，翼型在低速绕流时，其焦点位于弦长距前缘的 1/4 处。这就是说，从低速到超声速，焦点位置显著后移。这是研究飞机安定性和操纵性问题时，必须注意的问题。

10.10　小　结

本章介绍了速度势及线化速度势理论，并在此基础上引出普朗特-格劳尔特压缩性修正。从中可以看出，根据线化速度势理论的假设，这些线化速度势理论是不能够用于分析跨声速流动的，这主要是因为跨声速流动具有很强的非线性特征。在跨声速及超声速流动中，激波的出现是一个困扰我们的难题，通过对跨声速及超声速流动的研究，我们发现，超临界翼型可以有效地提高其临界马赫数，对于运输类飞机设计具有潜在的巨大经济效益。

本章涉及的主要理论及公式，可概括如下：

(1) 无黏、定常、等熵可压缩流动的速度势方程为

$$\left[1-\frac{1}{a^2}\left(\frac{\partial\phi}{\partial x}\right)^2\right]\frac{\partial^2\phi}{\partial x}+\left[1-\frac{1}{a^2}\left(\frac{\partial\phi}{\partial y}\right)^2\right]\frac{\partial^2\phi}{\partial y^2}-\frac{2}{a^2}\left(\frac{\partial\phi}{\partial x}\right)\left(\frac{\partial\phi}{\partial y}\right)\frac{\partial^2\phi}{\partial x\partial y}=0$$

(2) 扰动速度势方程为

$$\left[a^2-\left(V_\infty+\frac{\partial\hat{\phi}}{\partial x}\right)^2\right]\frac{\partial^2\phi}{\partial x^2}+\left[a^2-\left(\frac{\partial\hat{\phi}}{\partial y}\right)^2\right]\frac{\partial^2\phi}{\partial y^2}-2\left(V_\infty+\frac{\partial\hat{\phi}}{\partial x}\right)\left(\frac{\partial\hat{\phi}}{\partial y}\right)\frac{\partial^2\hat{\phi}}{\partial x\partial y}=0$$

(3) 小扰动线化速度势方程为

$$(1-Ma_\infty^2)\frac{\partial^2\hat{\phi}}{\partial x^2}+\frac{\partial^2\hat{\phi}}{\partial y^2}=0$$

(4) 普朗特-格劳尔特法则：

$$C_p=\frac{C_{p,0}}{\beta}=\frac{C_{p,0}}{\sqrt{1-Ma_\infty^2}}$$

(5) 临界马赫数 Ma_{cr}。

随着来流马赫数的增大，翼型表面各点的流速将增大，当来流马赫数增大到某一值时，翼型表面某一点的速度恰好达到当地声速，此时的来流马赫数定义为临界马赫数。

(6) 线化速度势理论超声速薄翼型升力系数 C_L 为

$$C_L=(C_L)_{\text{a}}=\frac{4\alpha}{\sqrt{Ma_\infty^2-1}}$$

(7) 线化速度势理论超声速薄翼型波阻系数 C_{D_w} 为

$$C_{D_w}=\frac{4}{b\sqrt{Ma_\infty^2-1}}\left\{\alpha^2+\int_0^b\left[\left(\frac{\mathrm{d}y}{\mathrm{d}x}\right)_f^2+\left(\frac{\mathrm{d}y}{\mathrm{d}x}\right)_c^2\right]\mathrm{d}x\right\}$$

(8) 线化速度势理论超声速薄翼型对前缘俯仰力矩系数 m_z 为

$$m_z=-\frac{L_y}{2}-\frac{4}{b^2\sqrt{Ma_\infty^2-1}}\int_0^b L_f\,\mathrm{d}x$$

习　题

10.1　在一直角坐标系中给定一速度势函数为

$$\phi(x,y)=V_\infty x+\frac{70}{\sqrt{1-Ma_\infty^2}}\mathrm{e}^{-2\pi\sqrt{1-Ma_\infty^2}\,y}\sin 2\pi x$$

自由来流参数为$V_\infty=210\ \mathrm{m/s}$，$p_\infty=1\ \mathrm{atm}$和$T_\infty=519°\mathrm{R}$①，计算点$(x,y)=(0.06\ \mathrm{m},0.06\ \mathrm{m})$处的$Ma$，$p$和$T$值。

10.2　在低速不可压缩流动条件下，翼型上某点的压力系数为-0.54，试用普朗特-格劳尔特法则计算来流马赫数为0.58时该点的C_p。

10.3　二维平板在6 km高度，以$Ma_\infty=2$飞行，迎角为10°。试用激波-膨胀波理论计算上、下表面间的压力差。

参考文献

[1]　陈再新，刘福长，鲍国华. 空气动力学[M]. 北京：航空工业出版社，1993.

[2]　Arnold M kuethe，Chuen Yen Chow. Foundations of Aerodynamics[M]. New York：John Wile & Sons，Inc，1986.

[3]　Anderson John D，Jr. Fundamentals of Aerodynamics[M]. New York：McGraw-Hill Book Company，1991.

① °R是兰氏温度T_R的单位。与热力学温度T的换算磁系为$T_\mathrm{R}/°\mathrm{R}=9T/5K$。

第 11 章　可压缩流动中的面积律和相似律

11.1 引　言

前面讲到的翼型的气动特性理论将为进行机翼、翼身组合体和全机的气动设计提供了必要的基础知识，在设计过程中，必须考虑各种因素如压缩性和黏性的影响。

在这一章，将着重介绍压缩性的影响及控制其流动现象的物理机理。在处理阻力问题时，我们把其分成形阻和升致阻力两部分。

本章还要重点介绍亚声速和超声速流中的普朗特-格劳尔特变换，以及在跨声速流中面积律的应用。

本章内容简介如图 11.1 所示。

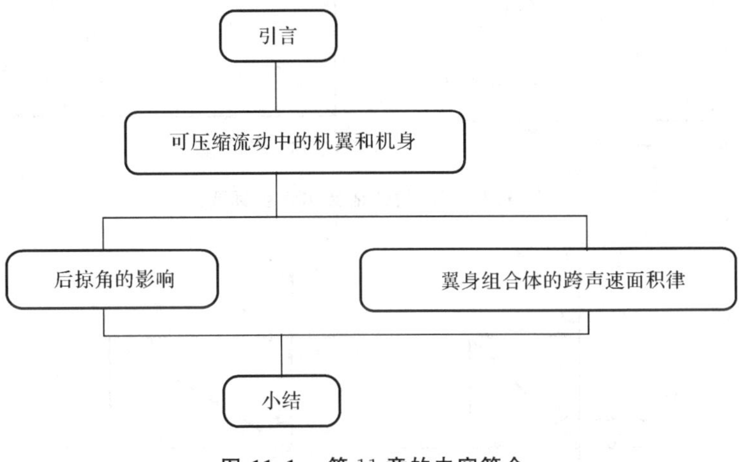

图 11.1　第 11 章的内容简介

11.2 可压缩流动中的机翼和机身

首先，来研究一下机翼的特征。假定流场是无旋、无黏、可压缩和定常的，在小迎角和薄翼理论的假设下，流场的小扰动控制方程可写为

$$\beta^2\phi_{xx}+\phi_{yy}+\phi_{zz}=0 \tag{11.1}$$

式中，$\beta=\sqrt{1-Ma_{\infty}^{2}}$。

物面边界条件为

$$\theta=\frac{(\phi_{z})_{z=0}}{V_{\infty}} \tag{11.2}$$

式中，θ 为物面切线和来流方向的夹角。

下面，采用普朗特-格劳尔特坐标变换的方法把式(11.1)做必要的变换。首先，令

$$x=x_{0}\beta=x_{0}\sqrt{1-Ma_{\infty}^{2}} \tag{11.3}$$

从而有

$$\phi_{x_{0}x_{0}}+\phi_{yy}+\phi_{zz}=0 \tag{11.4}$$

于是，在新的坐标系下，式(11.1)就变成了式(11.4)的关于 x_0，y，z 的拉普拉斯方程。新坐标系下点的坐标做了相应的变化，其中 y，z 不变，而则是旧坐标系中的 x 的 $\frac{1}{\beta}$ 倍，如图 11.2 所示。在新坐标系中，速度势 ϕ 的值和旧坐标中对应点的值相等。

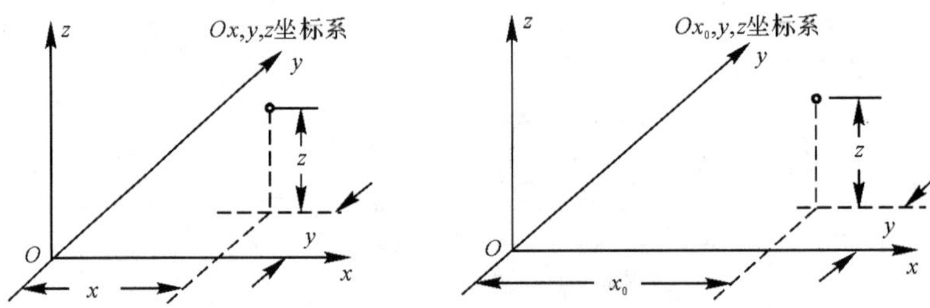

图 11.2　普朗特-格劳尔特坐标变换

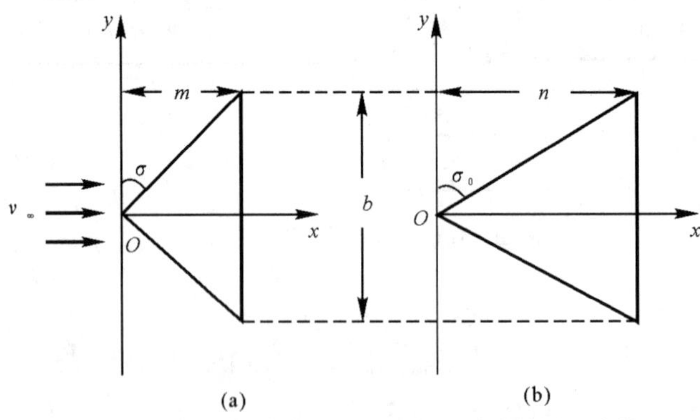

图 11.3　可压缩流动和不可压缩流动中的机翼变换

下面，以一个例子来讲述该变换的具体应用。在亚声速流中，采用三角翼来进行分析，如图 11.3(a)所示，定义为亚声速翼。该翼在新坐标系下的外形如图 11.3(b)所示，定义为不可压缩

流翼。两翼的前缘后掠角的关系如下：

$$\frac{\tan\sigma_0}{\tan\sigma}=\frac{n\Big/\dfrac{1}{2}b}{m\Big/\dfrac{1}{2}b}=\frac{n}{m}=\frac{1}{\beta} \tag{11.5}$$

$$\sigma=\arctan(\beta\tan\sigma_0)$$

两机翼的几何关系如图 11.4 所示，外形的相对变化律为

$$\frac{\psi_0}{\psi}=\frac{b^2/S_0}{b^2/S}=\frac{S}{S_0}=\frac{c}{c_0}=\beta \tag{11.6}$$

$$\psi=\psi_0/\beta \tag{11.7}$$

式中　ψ_0 —— 不可压缩流动中机翼的展弦比；

ψ—— 可压缩流动中机翼的展弦比；

b—— 机翼的展长（可压缩流动和不可压缩流动中的展长相等）；

S_0—— 不可压缩流动中机翼的面积；

S—— 可压缩流动中机翼的面积；

c_0—— 不可压缩流动中机翼的根弦长；

c—— 可压缩流动中机翼的根弦长。

两翼的压力系数分别为

$$C_p=\frac{-2\phi_x}{V_\infty},\quad C_{p,0}=\frac{-2\phi_{x_0}}{V_\infty} \tag{11.8}$$

由坐标变换关系（式（11.3）），得

$$\phi_x=\frac{\phi_{x_0}}{\beta} \tag{11.9}$$

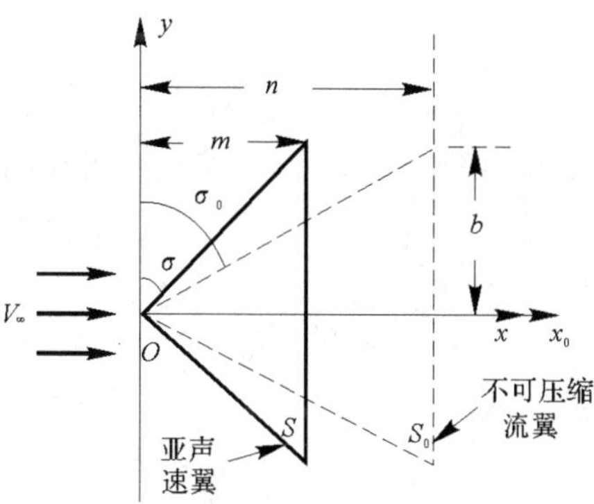

图 11.4　可压缩流动和不可压缩流动中的机翼几何关系

从而，可得到普朗特－格劳尔特法则为

$$C_p = \frac{C_{p,0}}{\beta} \tag{11.10}$$

对于两翼的升力关系，可以从两翼上分别选取对应的翼剖面来进行分析(如图 11.4 所示的零迎角情况下)，其升力关系为

$$L' = \int_{\mathrm{LE}}^{\mathrm{TE}} (C_{p,l} - C_{p,u}) q_\infty \mathrm{d}x = \int_{\mathrm{LE}}^{\mathrm{TE}} \frac{(C_{p,l} - C_{p,u})_0}{\beta} q_\infty \beta \mathrm{d}x_0 = L'_0 \tag{11.11}$$

式(11.11) 就意味着展长相等，弦长满足普朗特-格劳尔特变换的薄机翼，相同迎角下的总升力相同，其升力线斜率的关系为

$$\frac{\mathrm{d}c_l}{\mathrm{d}\alpha} = \frac{1}{\beta}\left(\frac{\mathrm{d}c_l}{\mathrm{d}\alpha}\right)_0 \tag{11.12}$$

下面来讨论关于机身的问题。对于机身，可以将其近似的看成三维细长体。在处理三维细长体时，Goethert 对普朗特-格劳尔特法则进行了进一步的拓展，即假定在可压缩流动中有一长度为 l 的细长体，则其在不可压缩流动中的长度为 $l\beta^{-1}$(其他方向仍保持原样)；设不可压缩流动中的速度势为 ϕ，则在可压缩流场中对应的速度分量分别 $\beta^{-2}\phi_x$，$\beta^{-1}\phi_y$，$\beta^{-1}\phi_z$。该法则既可应用于细长体(三维流动)，亦可应用于翼型(二维流动，详见第 10 章)，因此它可以很方便地处理飞行器的亚声速流动问题。

下面来研究超声速机翼的情况。在超声速的情况下，小扰动速度势方程将改写成以下形式，即

$$\lambda^2 \phi_{xx} - \phi_{yy} - \phi_{zz} = 0 \tag{11.13}$$

式中，$\lambda = \sqrt{Ma_\infty^2 - 1}$。

物面边界条件和式(11.2) 相同，即

$$\theta = \frac{(\phi_z)_{z=0}}{V_\infty}$$

坐标变换公式为

$$x = x_0 \lambda = x\sqrt{Ma_\infty^2 - 1} \tag{11.14}$$

由式(11.13) 可知，即使通过变换，该方程也不能变换成不可压缩流动中的等价的拉普拉斯方程$\nabla^2\phi = 0$。但是，可以把式(11.13) 等价到 $Ma_\infty = \sqrt{2}(\lambda = 1)$ 的超声速流中。

两种坐标系下，机翼后掠角关系为

$$\tan\sigma = \lambda \tan\sigma_{\sqrt{2}} \tag{11.15}$$

对应于式(11.7) 的外形的变化率为

$$\psi = \frac{\psi_{\sqrt{2}}}{\lambda} \tag{11.16}$$

压力系数的变换关系为

$$C_p = \frac{C_{p,\sqrt{2}}}{\lambda} \tag{11.17}$$

对应翼剖面处的升力关系为

$$L' = \int_{\mathrm{LE}}^{\mathrm{TE}} (C_{p,l} - C_{p,u}) q_\infty \mathrm{d}x = \int_{\mathrm{LE}}^{\mathrm{TE}} \left[\frac{(C_{p,l} - C_{p,u})_{\sqrt{2}}}{\lambda} q_\infty \lambda \mathrm{d}x_{\sqrt{2}} = L'_{\sqrt{2}} \right] \tag{11.18}$$

这就意味着在超声速流动中，相同迎角下，机翼的总升力与变换到 $Ma_\infty = \sqrt{2}$ 计算域下的总升力相等，升力线的斜率关系为

$$\frac{\mathrm{d}c_l}{\mathrm{d}\alpha} = \frac{1}{\lambda} \left(\frac{\mathrm{d}c_l}{\mathrm{d}\alpha} \right)_{\sqrt{2}} \tag{11.19}$$

11.3　后掠角的影响

后掠翼在高速飞行器上得到了广泛的应用。因为后掠翼可以通过延迟机翼上阻力的增加和其他可压缩效应来提高飞行的临界马赫数和巡航速度。

后掠效应可以应用矢量分解原理来分析，比如气流中有一个无限长的有一定后掠角的直机翼，则气流就可以分解为沿弦向（和轴线方向相同）的气流和沿展向的气流两部分。

来流马赫数为 Ma_∞（见图 11.5），弦向为 x 方向，展向为 y 方向。既然机翼截面沿展向是均匀的，则在每个截面上的速度和压力分布也是相同的，所以就没有展向压力梯度（即 $\partial p / \partial y = 0$）。所以，该机翼上气流的流动就非常类似于二维翼型。此时，相对于该二维翼型的来流马赫数应为 $Ma_{\infty,n} = Ma_\infty \cos\sigma$，其中 σ 为后掠角。

对于超声速流 Ma_∞，如果在机翼前缘的任意一点 A 出现了许多马赫线（见图 11.5），它提醒我们此时气流的弦向分量将为亚声速，而且只有 Ma_∞ 的弦向分量达到超声速时，才能在机翼前缘有激波出现。

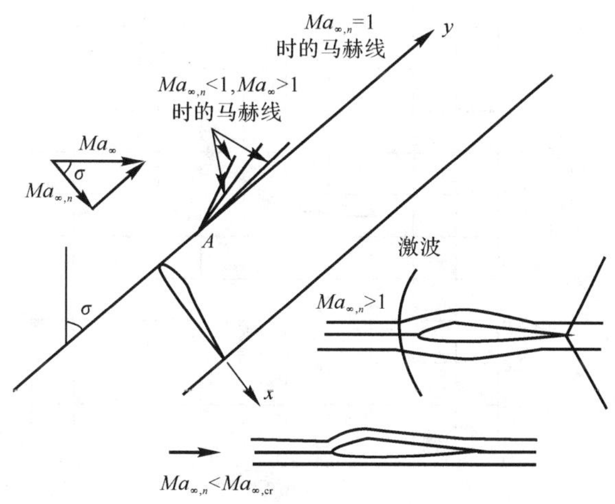

图 11.5　无限长后掠直机翼

基于以上原因，压力系数可表示为

$$C_{p,n}=\frac{p-p_{\infty}}{\frac{1}{2}\rho_{\infty}V_{\infty}^{2}\cos^{2}\alpha}=\frac{(p/p_{\infty})-1}{\frac{1}{2}\gamma Ma_{\infty,n}^{2}} \tag{11.20}$$

可以看出 $C_{p,n}$ 只依赖于 $Ma_{\infty,n}$。具体的实验测量结果如图 11.6 所示。马赫数分别为 0.65，0.69 和 0.85，对应的后掠角分别 0°，20°，40°，即可以理解为 $Ma_{\infty,n}=Ma_{\infty}\cos\sigma=0.65$。

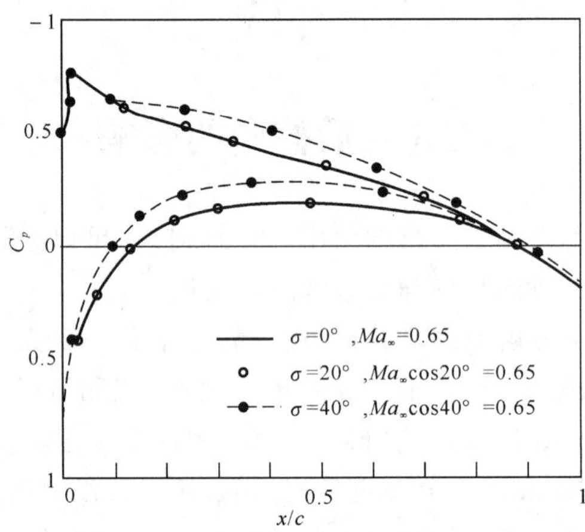

图 11.6　在三种测量状态下，所得压力分布的比较

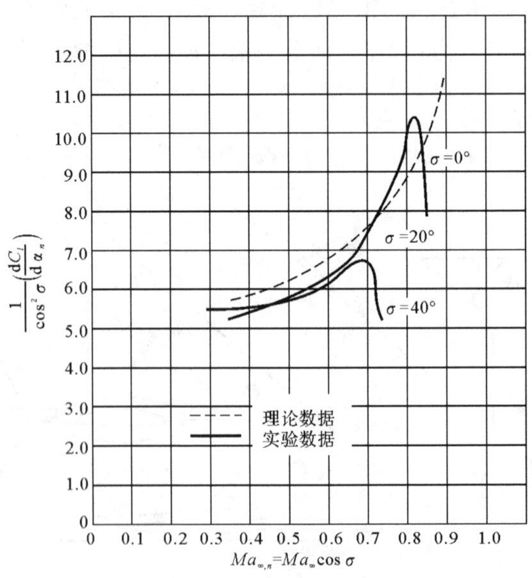

图 11.7　理论值和实验值的对比

另一个对于普朗特-格劳尔特理论的验证是图 11.7 所示，它和图 11.6 用的是同一个测量结果，不同的是它的纵轴是 $dC_l/d\alpha_n$，横轴是 $Ma_{\infty,n}$。不同的曲线的含义在图 11.7 中都已给出。这些曲线都表现出了很好的一致性，甚至，当后掠角达到 40° 时，直到 $Ma_{\infty,n}=0.68$ 之前都非常一致。为什么随着 σ 的 增大，测量值曲线就提前下降了呢，风洞边界的干扰无疑是最主要的原因。

11.4　翼身组合体的跨声速面积律

当机翼、尾翼等附件加到机身上时，可压缩流动所引起的各部件的相互影响就很重要了。其影响在跨声速和超声速时，尤为显著，可以通过以下三个相互关联的基本原理予以解决。

(1) Prandtl - Glauert - Goethert(PGG) 法则；

(2) 面积律(蜂腰型机身) 和通过减少机身与机翼及其他附件的相互干扰的改进方法；

(3) 通过理论和实验对黏性效应的修正。

本节只讨论第二条原理，并只对跨声速特性作简单介绍。在对前面章节的学习后，这节所要讨论的主要内容便可以比较容易地理解。

首先，来看如下小扰动方程，即

$$\left[(Ma_\infty^2-1)+(\gamma+1)Ma_\infty^2\frac{\phi_x}{V_\infty}\right]\phi_{xx}-\phi_{yy}-\phi_{zz}=0$$

由于包含 $\phi_x\phi_{xx}$ 项为非线性。因此，在叠加的方法不可用的情况下，某些特殊的方法，如面积律常被用来解决跨声速流动问题。

在跨声速流动下，面积律可以描述如下：在小扰动理论范围内，给定一跨声速马赫数，则沿纵向具有相同截面积(包括机身、机翼和所有机身上的附属装置) 分布的飞机将具有相同的波阻(零升力情况下)。经过 Hayes 的推导，该准则在超声速下同样适用。该准则应用在接近声速的翼身组合体上，与由小扰动原理所得出的结果相符。

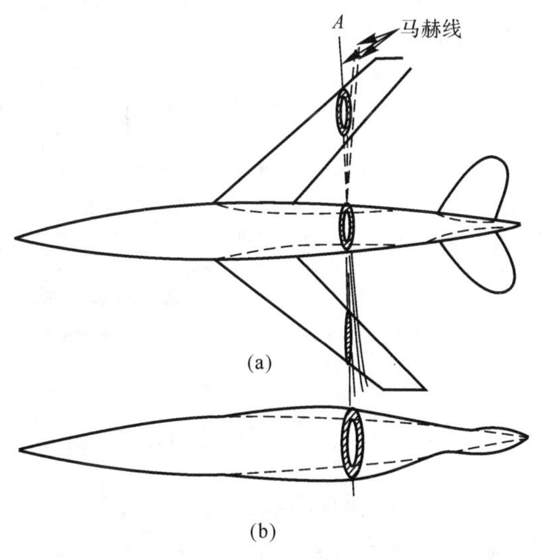

图 11.8　面积律的示意图

图 11.8 给出了面积律的详细图示。垂直于机身纵轴的平面 AB 与机身、机翼形成三个截面，当气流速度接近声速时，三个截面所产生的超声速区中的激波面同样被平面 AB 所切割，而且机翼上的每个截面都会对靠近平面 AB 处的机身附近区域的气流流向产生影响。由这三个截面所引起

的波阻大小也与其在平面 AB 中的相对位置无关。图 11.8(b) 表明，同一纵向站位处的机翼截面积等于此站位处机身周向的环面积。所以图 11.8(b) 所示的机身可以看成是图 11.8(a) 所示的翼身组合体的“等效体”。当然，机翼(或其他附件) 以及“等效体” 应当满足小扰动分析的各种条件。

Hayes 法则在跨声速范围的应用直到 1952 年 Whitcomb 通过实验证实才得到重视。图11.9 就是部分实验的对比数据，建立三个模型：图(a) 是一个旋成体，图(b) 在该体上加上后掠翼，图(c) 机体应用面积律并带后掠翼。该法则就是通过对三个模型的实验数据的比较而得出的结论。

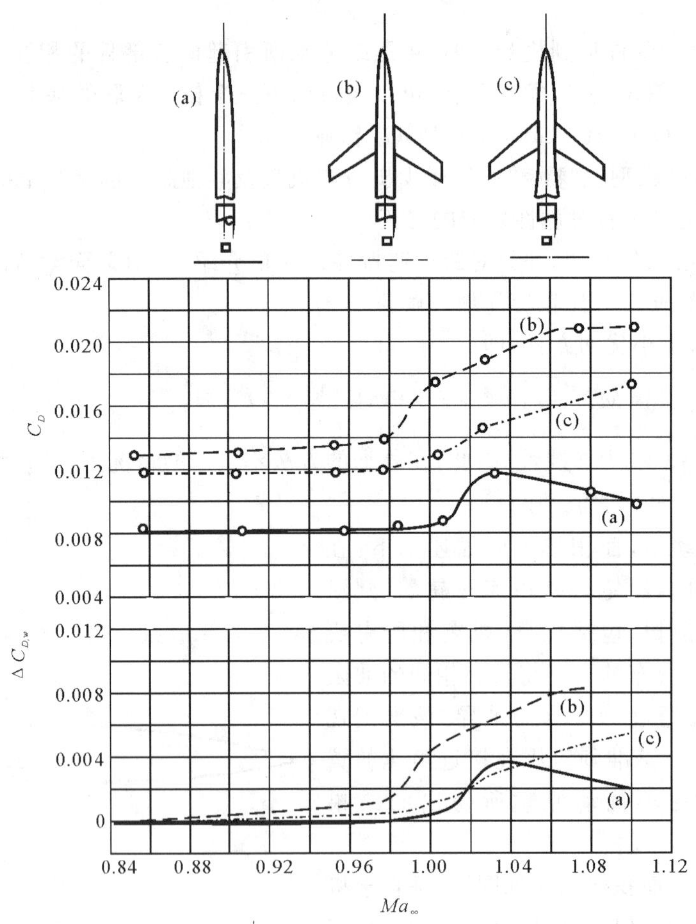

图 11.9　总的阻力 C_D 和波阻 $\Delta C_{D,w}$ 的测量值

三个模型测试参数为，攻角为 0°(零升力)，Ma 从 0.84 到 1.10，图 10.9 下面的图表给出了实验测得的阻力系数 C_D，C_{D_w} 是在计算并扣除摩阻后，从 C_D 中分离出来的，表示波阻，如图 11.9 的曲线所示。可以看到，当机翼仅仅是简单的直接连接到机身上时，当 $Ma = 0.98$ 时，波

阻就出现了激增，但是应用面积律的则在更高的 Ma 下才会出现。例如，在 $Ma=1.02$ 时，蜂腰型机身可以使波阻减半，而其他的由可压缩效应带来的影响也相应地推迟出现。

从前面的关于其物理原理的讨论，可以得出一个重要的结论，就是翼身组合体的“等效体”沿轴向的横截面面积的分布变化太快的话，产生的激波将会很强，从而使波阻剧增。可以通过光顺“等效体”面积分布来有效地降低波阻，在必要的情况下，甚至可以增加横截面面积。最著名的应用就是波音 747 的“驼峰”外形，它就是通过延长驾驶舱后部，以使其“等效体”横截面面积分布光滑。从而有效地提高了其临界马赫数。

11.5 小　结

在这一章，介绍了压缩性影响及控制其流动现象的物理机理，其主要内容包括机翼和机身绕流研究中的压缩性影响、亚声速和超声速流中的普朗特-格劳尔特变换、后掠角对绕流的影响、翼身组合体的跨声速面积律及其应用，在处理阻力问题时，将其分成形阻和升致阻力两部分等。

到此为止，已经向大家介绍了建立在小扰动理论下的高速飞行器设计的一些重要的物理概念。这里有三个方面值得注意：

(1) 因为小扰动理论只考虑一阶影响，所以对于更多依赖于机身的细长比和迎角影响的高阶影响，设计者就要在理论和实验中反复的设计，以求得到合适的气动结构。

(2) 本章的方法都是在设计马赫数下讨论的，因此计算结果不能反映出处于非设计状态下的气动特性。

(3) 这些方法没有考虑黏性的影响，比如说附面层厚度的影响、层流到紊流的转捩、气流分离、尾流和喷射效应等。考虑到这些效应的影响，实验的作用就显得尤为重要了。

习　题

11.1　一个展弦比为 10 的矩形翼，以马赫数为 0.6 的速度飞行，求 $dC_L/d\alpha$ 的近似值。

11.2　一个机翼在一指定高度上的临界马赫数为 0.7，要想在同样的高度上使得临界马赫数提高 到 0.9，请问后掠角应该为多大？

参考文献

[1] Arnold M kuethe, Chuen Yen Chow. Foundations of Aerodynamics[M]. New York: John Wiley & Sons, Inc, 1986.

[2] Anderson John D, Jr. Fundamentals of Aerodynamics[M]. New York: McGraw-Hill Book Company, 1991.

第 12 章　细长旋成体理论

12.1　引　言

在第 10 章和第 11 章中，讨论了绕翼型、机翼、翼身组合体的可压缩流动，在本章中，将对细长旋成体的可压缩流动进行研究，得到细长旋成体的气动特性。细长旋成体是各种飞行器中的主要部件之一，如飞机的机身可以近似为旋成体，火箭、导弹的主体也是细长旋成体。在空气动力学理论中，经常用到等价旋成体的概念，将与一般细长体具有相同横截面积分布的细长旋成体称为它的等价旋成体，更深入的空气动力学理论可以证明一般细长体的波阻特性与其等价旋成体的波阻特性一致。因此，研究细长旋成体的气动特性是十分必要的。本章首先介绍旋成体的几何参数定义及其绕流的定性特征，然后从细长体的小扰动线化速度势方程出发，得到细长旋成体轴对称绕流和小迎角绕流的压力分布，进而得到其气动特性。最后，简要介绍一下大迎角绕流时细长旋成体的横流理论。图 12.1 给出了本章的内容简介。

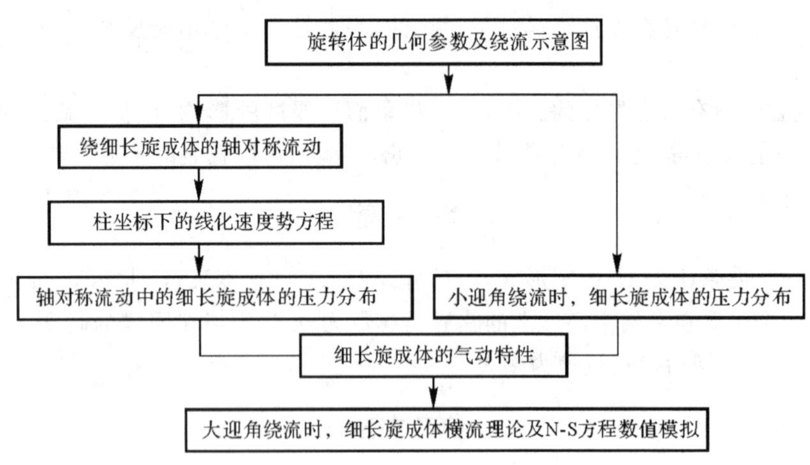

图 12.1　第 12 章的内容简介

12.2　旋成体的几何参数及绕流示意图

旋成体是由一条母线(光滑的曲线或折线)围绕某轴旋转而成的物体,我们称该轴为旋成体的体轴。旋成体垂直于体轴的任一截面均是圆形的。我们称包含体轴的任一平面为旋成体的子午面,很显然,旋成体边界与任一子午面的交线就是旋成体的母线。在任一子午面内,旋成体边界的形状是相同的。

图 12.2 给出了飞行器所采用的典型旋成体形状。对于亚声速流动,旋成体一般选用圆弧形或卵形头部,以使物体接近流线型以减小阻力。对于超声速流动,一般采用尖锥形或具有卵形头部的钝锥形,这样的头部有利于降低超声速时的波阻力。

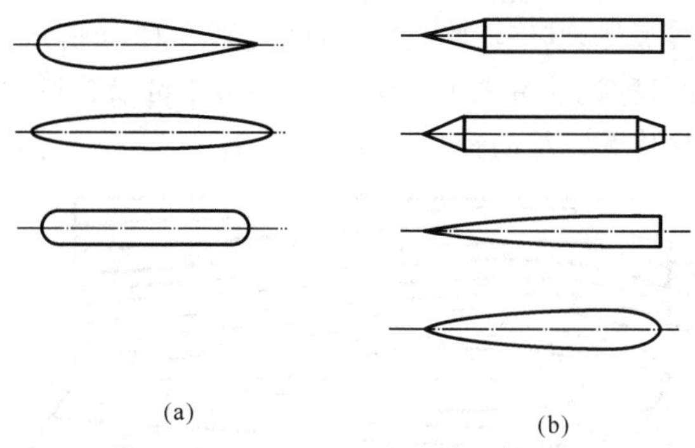

图 12.2　典型的旋成体

一、旋成体的几何参数

旋成体的主要几何参数可对照图 12.3 说明如下:

(1) $R(x)$—— 旋成体母线沿体轴的半径分布;

R_M—— 旋成体的最大半径。

(2) L—— 旋成体的总长度,如果 $R(x)$ 为 x 的分段函数,$L_{头}$,$L_{柱}$,$L_{尾}$ 分别表示旋成体的头部、圆柱段和尾部的长度。

(3) $S(x)$—— 旋成体沿体轴的横截面积分布,$S(x) = \pi[R(x)]^2$;

S_M —— 旋成体的最大横截面积,$S_M = \pi R_M^2$。

(4) $\lambda = \dfrac{L}{2R_M}$—— 定义为旋成体的长细比,细长体定义为长细比较大的旋成体。

(5) $\eta = \dfrac{R_d^2}{R_M^2}$—— 定义为旋成体尾部的收缩比,是旋成体尾部截面积与最大截面积之比。

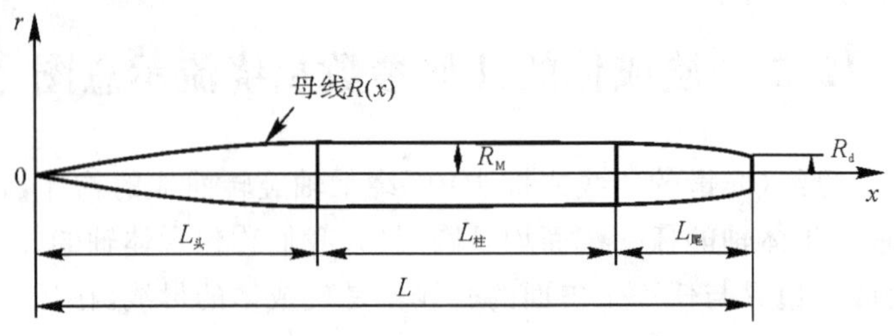

图 12.3　旋成体的主要几何参数

二、旋成体的绕流示意图

首先，观察一下绕旋成体的轴对称流动。定义迎角为来流与旋成体体轴之间的夹角，那么均匀来流以零迎角流过旋成体，其绕流将是轴对称的，如图 12.4 所示，通过任一子午面的流动完全相同。这就给分析轴对称流动带来了方便，在下一节中可以看到，在轴对称流动条件下，三维的流动控制方程可以简化为二维的控制方程。

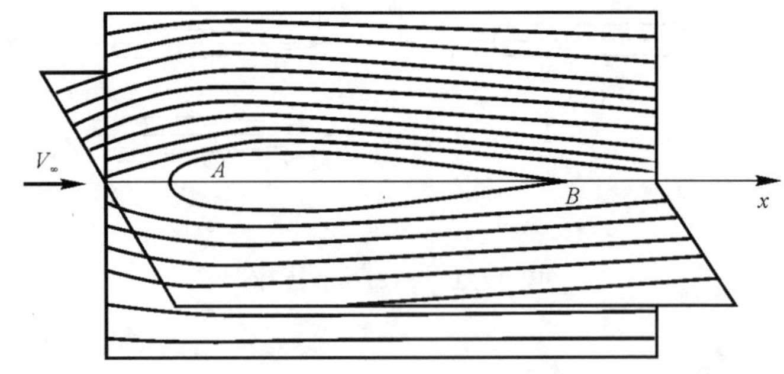

图 12.4　轴对称流动的子午面概念示意图

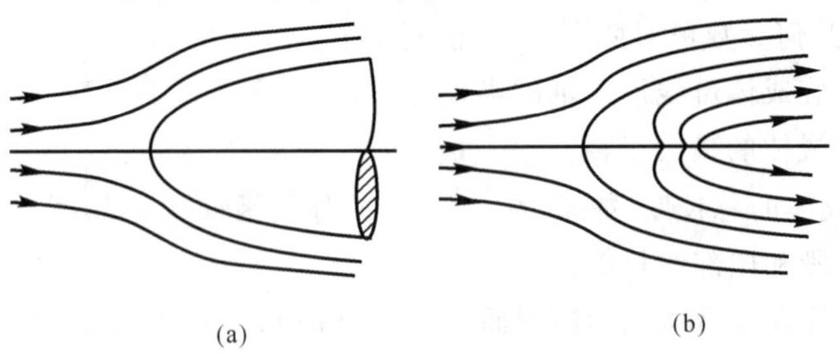

图 12.5　亚声速轴对称流动图

(a) 旋成体撑开流体；(b) 用源代替撑开作用

绕旋成体的低、亚声速轴对称流动，其绕流图画与绕零迎角二维对称翼型的低、亚声速流动相似。与翼型厚度对气流的作用一样，旋成体把迎面来流的流体微团向四周推开(见图12.5(a))，其作用与置放在轴线上的源将迎面来流的流体微团向四周推开一样(见图12.5(b))，因此可以在

旋成体的轴线上分布源、汇，采用源汇法求解绕旋成体的轴对称流动。在 3.11 节已经详细地给出了这种解法。虽然旋成体的轴对称流动定性地与绕对称翼型零迎角流动相似，但由于旋成体绕流的三维效应，即气流多了一个绕过物体的自由度，在相同厚度和来流马赫数的条件下，旋成体对气流所产生的扰动将小于二维对称翼型对气流所产生的扰动。

绕旋成体的超声速轴对称流动，流场中会出现激波和膨胀波，图 12.6 给出了这种绕流的典型流动图画。当头部是圆锥时，如 8.4 节所述，将产生圆锥斜激波，同样由于三维效应，其激波要比同一来流马赫数流过同样顶角的楔形体产生的激波弱。

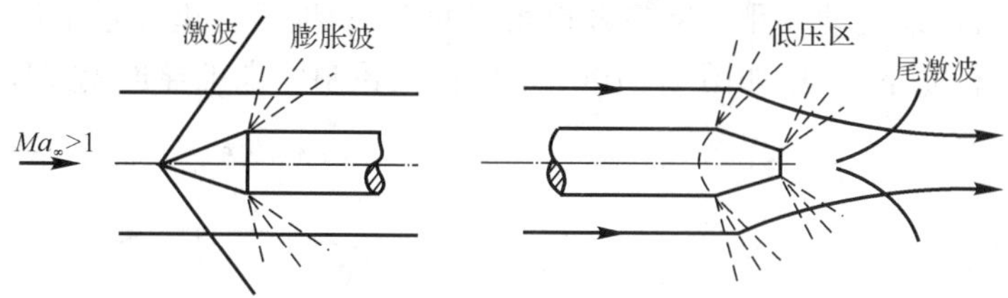

图 12.6　绕旋成体的超声绕流动图

下面，讨论一下绕旋成体的有迎角流动，当迎角不大时，其绕流图仍类似于轴对称流动图，但流动不再是轴对称的了。图 12.7 所示为低、亚声速来流条件下，迎角 α 较小时绕旋成体机身的流动。可以看出，正迎角的作用是使机身产生一个抬头力矩，这一力矩是在飞机设计中配置平尾尺寸时必须要考虑的，尽管无黏绕流理论指出此时没有升力产生，但在实际情况中，流体的黏性使机身在背风面尾部分离，会引起一个小的正升力。由机身升力诱导的阻力与小展弦比机翼诱导的阻力相近。在迎角较大时，和机翼一样，旋成体表面将产生边界层分离，有漩涡产生(见图 12.8)。

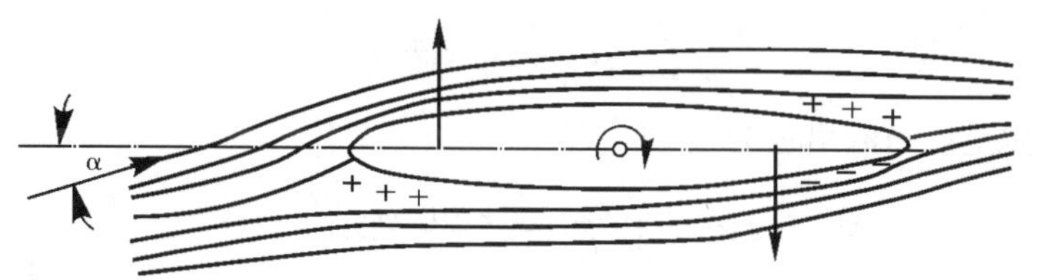

图 12.7　细长旋成体有迎角、无黏绕流的示意图

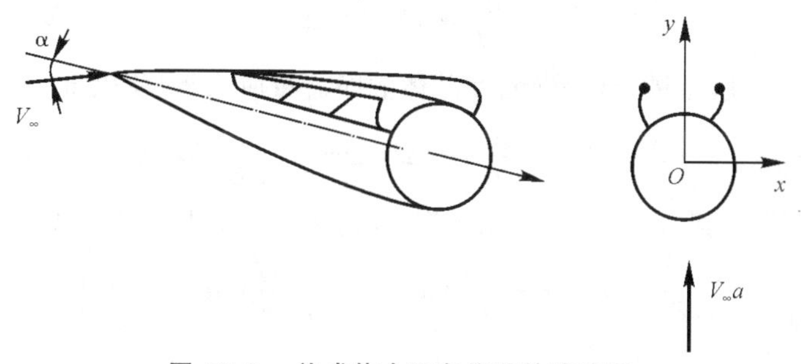

图 12.8　旋成体大迎角绕流的流动图

12.3 柱坐标系下的线化速度势方程

一、线化速度势方程的推导

对于细长旋成体,采用柱坐标系(x,r,θ),并使旋成体体轴与x轴重合最为方便。如图12.9所示,在柱坐标系下,每一个θ对应于固定的子午面平面(xOr)。下面,将采用与10.2节、10.3节中推导绕翼型可压缩流动线化速度势方程相同的方法,推导柱坐标系下绕细长体的线化速度势方程。在柱坐标系下,采用如图12.10所示的微元控制体来推导连续方程。

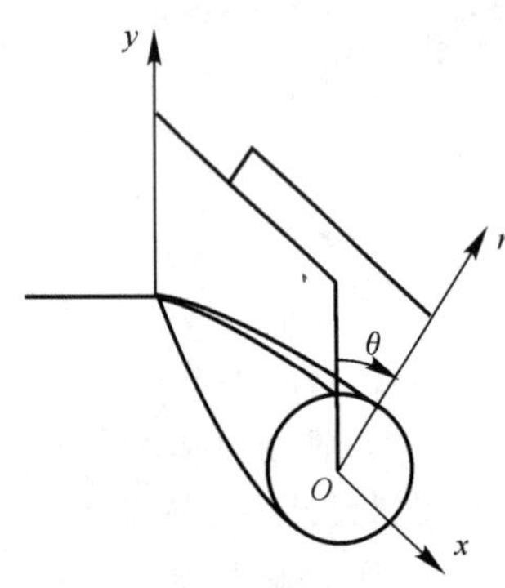

图 12.9 柱坐标系

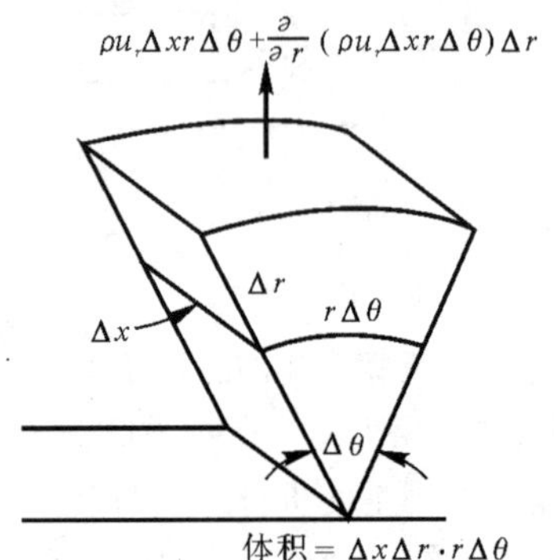

图 12.10 柱坐标系下的微元控制体

设u_x,u_r,u_θ分别为x,r,θ方向的速度分量,则x方向流体质量的净流出量为

$$\frac{\partial}{\partial x}(\rho u_x\Delta r\cdot r\Delta\theta)\Delta x$$

r方向流体质量的净流出量为

$$\frac{\partial}{\partial r}(\rho u_r\Delta xr\Delta\theta)\Delta r$$

θ方向流体质量的净流出量为

$$\frac{\partial}{\partial \theta}(\rho u_\theta\Delta x\Delta r)\Delta\theta$$

根据质量守恒定理,流进、流出微元控制体的净流量应为零,所以有

$$\frac{\partial}{\partial x}(\rho u_x\Delta r\cdot r\Delta\theta)\Delta x+\frac{\partial}{\partial r}(\rho u_r\Delta xr\Delta\theta)\Delta r+\frac{\partial}{\partial \theta}(\rho u_\theta\Delta x\Delta r)\Delta\theta=0 \tag{12.1}$$

将式(12.1)两边同除以微元体积$r\Delta x\Delta\theta\Delta r$,则得到柱坐标系下微分形式的连续方程:

$$\frac{\partial}{\partial x}(\rho u_x)+\frac{1}{r}\frac{\partial}{\partial r}(\rho u_r r)+\frac{1}{r}\frac{\partial}{\partial \theta}(\rho u_\theta)=0 \tag{12.2}$$

将式(12.2)展开,并重新整理,可得

$$\rho\left(\frac{\partial u_x}{\partial x}+\frac{\partial u_r}{\partial r}+\frac{1}{r}\frac{\partial u_\theta}{\partial \theta}+u_r\right)+u_x\frac{\partial \rho}{\partial x}+u_r\frac{\partial \rho}{\partial r}+\frac{u_\theta}{r}\frac{\partial \rho}{\partial \theta}=0 \tag{12.3}$$

在无旋条件下，流动是等熵的，流动存在速度势 Φ，则方程式(12.2) 或式(12.3) 中，$u_x=\frac{\partial \Phi}{\partial x}$，$u_r=\frac{\partial \Phi}{\partial r}$，$u_\theta=\frac{1}{r}\frac{\partial \Phi}{\partial \theta}$，如果想办法将式(12.2) 的密度 ρ 用 Φ 来表示，就可得到柱坐标系下的全速度势方程。

与 10.2 节中的推导方法相同，我们应用微分形式的欧拉方程

$$-\rho V \mathrm{d}V=\mathrm{d}p$$

以及声速的定义

$$\frac{\mathrm{d}p}{\mathrm{d}\rho}=\left(\frac{\partial p}{\partial \rho}\right)_s=a^2$$

有

$$-\rho V \mathrm{d}V=a^2\mathrm{d}\rho \quad 或 \quad \mathrm{d}\rho=-\frac{\rho}{a^2}\mathrm{d}\left(\frac{V^2}{2}\right)$$

即

$$\mathrm{d}\rho=-\frac{\rho}{2a^2}\mathrm{d}(u_x^2+u_r^2+u_\theta^2) \tag{12.4}$$

由式(12.4) 可直接求得$\frac{\partial \rho}{\partial x}$，$\frac{\partial \rho}{\partial r}$，$\frac{\partial \rho}{\partial \theta}$，则有

$$\frac{\partial \rho}{\partial x}=-\frac{\rho}{2a^2}\frac{\partial}{\partial x}(u_x^2+u_r^2+u_\theta^2)=-\frac{\rho}{a^2}\left(u_x\frac{\partial u_x}{\partial x}+u_r\frac{\partial u_r}{\partial x}+u_\theta\frac{\partial u_\theta}{\partial x}\right) \tag{12.5a}$$

$$\frac{\partial \rho}{\partial r}=-\frac{\rho}{2a^2}\frac{\partial}{\partial r}(u_x^2+u_r^2+u_\theta^2)=-\frac{\rho}{a^2}\left(u_x\frac{\partial u_x}{\partial r}+u_r\frac{\partial u_r}{\partial r}+u_\theta\frac{\partial u_\theta}{\partial r}\right) \tag{12.5b}$$

$$\frac{\partial \rho}{\partial \theta}=-\frac{\rho}{2a^2}\frac{\partial}{\partial \theta}(u_x^2+u_r^2+u_\theta^2)=-\frac{\rho}{a^2}\left(u_x\frac{\partial u_x}{\partial \theta}+u_r\frac{\partial u_r}{\partial \theta}+u_\theta\frac{\partial u_\theta}{\partial \theta}\right) \tag{12.5c}$$

将式(12.5a)，式(12.5b)，式(12.5c) 代入式(12.3)，并整理，可得

$$\begin{aligned}&(a^2-u_x^2)\frac{\partial u_x}{\partial x}+(a^2-u_r^2)\frac{\partial u_r}{\partial r}+a^2u_r+\frac{(a^2-u_\theta^2)}{r}\frac{\partial u_\theta}{\partial \theta}=\\&\quad u_xu_r\left(\frac{\partial u_r}{\partial x}+\frac{\partial u_x}{\partial r}\right)+u_xu_\theta\left(\frac{\partial u_\theta}{\partial x}+\frac{1}{r}\frac{\partial u_x}{\partial \theta}\right)+u_ru_\theta\left(\frac{\partial u_\theta}{\partial r}+\frac{1}{r}\frac{\partial u_r}{\partial \theta}\right)\end{aligned} \tag{12.6}$$

将 $u_x=\frac{\partial \Phi}{\partial x}$，$u_r=\frac{\partial \Phi}{\partial r}$，$u_\theta=\frac{1}{r}\frac{\partial \Phi}{\partial \theta}$ 代入式(12.6)，可得到柱坐标系下的速度势方程，即

$$\begin{aligned}&\left[a^2-\left(\frac{\partial \Phi}{\partial x}\right)^2\right]\frac{\partial^2 \Phi}{\partial x^2}+\left[a^2-\left(\frac{\partial \Phi}{\partial r}\right)^2\right]\frac{\partial^2 \Phi}{\partial r^2}+a^2\frac{\partial \Phi}{\partial r}+\frac{\left[a^2-\frac{1}{r^2}\left(\frac{\partial \Phi}{\partial \theta}\right)^2\right]}{r^2}\frac{\partial^2 \Phi}{\partial \theta^2}=\\&\quad 2\frac{\partial \Phi}{\partial x}\frac{\partial \Phi}{\partial r}\frac{\partial^2 \Phi}{\partial x\partial r}+\frac{2}{r^2}\frac{\partial \Phi}{\partial x}\frac{\partial \Phi}{\partial \theta}\frac{\partial^2 \Phi}{\partial x\partial \theta}+\frac{2}{r^2}\frac{\partial \Phi}{\partial r}\frac{\partial \Phi}{\partial \theta}\frac{\partial^2 \Phi}{\partial r\partial \theta}=0\end{aligned} \tag{12.7}$$

式中，a^2 根据能量方程和总参数的定义也可以表示成 Φ 的函数，即

$$a^2 = a_0^2 - \frac{\gamma - 1}{2}(u_x^2 + u_r^2 + u_\theta^2)$$

则有
$$a^2 = a_0^2 - \frac{\gamma - 1}{2}\left(\left(\frac{\partial \Phi}{\partial x}\right)^2 + \left(\frac{\partial \Phi}{\partial r}\right)^2 + \frac{1}{r^2}\left(\frac{\partial \Phi}{\partial \theta}\right)^2\right) \tag{12.8}$$

式中
$$a_0^2 = a_\infty^2 + \frac{\gamma - 1}{2}V_\infty^2$$

可以看到，虽然此时的控制方程只包含一个未知数 Φ，但仍然是一个很复杂的非线性方程。为进行理论分析，针对细长体绕流的特点，采用小扰动假设，使方程式(12.8) 得到简化，设 ϕ 为小扰动速度势，V_∞ 为均匀来流速度，迎角为小量 α，则

$$\Phi = V_\infty x\cos\alpha + V_\infty y\sin\alpha + \phi$$

式中，$y = r\cos\theta$ 。

小扰动速度分别可表示为

$$\hat{u}_x = \frac{\partial \phi}{\partial x},\quad \hat{u}_r = \frac{\partial \phi}{\partial r},\quad \hat{u}_\theta = \frac{1}{r}\frac{\partial \phi}{\partial \theta}$$

根据与第 10 章二维小扰动线化速度势方程推导相同的思路，忽略高阶小量，就得到了柱坐标下的小扰动线化速度势方程，即

$$(1 - Ma_\infty^2)\frac{\partial^2 \phi}{\partial x^2} + \frac{\partial^2 \phi}{\partial r^2} + \frac{1}{r}\frac{\partial \phi}{\partial r} + \frac{1}{r^2}\frac{\partial^2 \phi}{\partial \theta^2} = 0 \tag{12.9}$$

注意：式(12.9) 是一般细长体在小扰动、小迎角下绕流满足的线化速度势方程，对于绕细长旋成体的轴对称流动，即 $\alpha = 0$，每一个子午面内流动相同，即式(12.9) 中，$\frac{\partial^2 \phi}{\partial \theta^2} = 0$，方程式(12.9) 变为

$$(1 - Ma_\infty^2)\frac{\partial^2 \phi}{\partial x^2} + \frac{\partial^2 \phi}{\partial r^2} + \frac{1}{r}\frac{\partial \phi}{\partial r} = 0 \tag{12.10}$$

二、细长旋成体的物面边界条件与压力系数

由于将旋成体的体轴取为 x 轴，因此速度分量 u_θ 是自动与物面相切的，因而只需要考虑在子午面内应用物面边界条件。准确的物面边界条件根据流线与物面相切的条件可由下式给出：

$$\left(\frac{u_r}{u_x}\right)\Bigg|_{r=R(x)} = \frac{\mathrm{d}R}{\mathrm{d}x} \tag{12.11}$$

当来流迎角为小迎角 α 时，沿 y 轴的速度分量为 $V_\infty\sin\alpha \approx V_\infty\alpha$，其沿 r 轴的速度分量为 $V_\infty\alpha\cos\theta$，参见图 12.9，沿 x 轴的速度分量为 $V_\infty\cos\alpha \approx V_\infty$，代入式(12.11) 得到绕旋成体有迎角、无黏流动对应的边界条件为

$$\left[\frac{\dfrac{\partial \phi}{\partial r} + V_\infty\alpha\cos\theta}{V_\infty + \dfrac{\partial \phi}{\partial x}}\right]\Bigg|_{r=R(x)} = \frac{\mathrm{d}R}{\mathrm{d}x} \tag{12.12}$$

以上边界条件是精确的边界条件，可以对其进行简化，得到与线化速度势方程精度一致的近似边界条件，即

$$\left(\frac{\partial\phi}{\partial r}+V_\infty\alpha\cos\theta\right)\bigg|_{r=R(x)}=V_\infty\frac{\mathrm{d}R}{\mathrm{d}x}\tag{12.13}$$

当 $\alpha=0$ 时，为轴对称流动，物面边界条件变为

$$\left(\frac{\partial\phi}{\partial r}\right)_{r=R(x)}=V_\infty\frac{\mathrm{d}R}{\mathrm{d}x}\tag{12.14}$$

由线化速度势方程式(12.9) 和式(12.10)，边界条件式(12.13) 或式(12.14)，就可以求得绕细长旋成体有迎角流动或轴对称流动的小扰动速度势 ϕ。

求得小扰动速度势 ϕ 后，就可求得对应的压力系数，进而得出绕细长旋成体的气动特性。下面给出与线化理论的精度相一致的压力系数的近似表达式。根据压力系数的定义，有

$$C_p=\frac{p-p_\infty}{\frac{1}{2}\rho_\infty V_\infty^2}=\frac{2}{\gamma Ma_\infty^2}\left(\frac{p}{p_\infty}-1\right)$$

根据定常、无黏流动的能量方程，即

$$\frac{\gamma}{\gamma-1}\frac{p_\infty}{\rho_\infty}+\frac{1}{2}V_\infty^2=\frac{\gamma}{\gamma-1}\frac{p}{\rho}+\frac{V^2}{2}$$

利用等熵关系式，即

$$\frac{p}{\rho_\infty}=\left(\frac{\rho}{\rho_\infty}\right)^\gamma$$

可以得

$$\frac{p}{p_\infty}=\left[1+\frac{\gamma-1}{2}Ma_\infty^2\left(1-\frac{V^2}{V_\infty^2}\right)\right]^{\frac{\gamma}{\gamma-1}}$$

代入式(10.17) 可得

$$C_p=\frac{2}{\gamma Ma_\infty^2}\left(\frac{p}{p_\infty}-1\right)=\frac{2}{\gamma Ma_\infty^2}\left(\left[1+\frac{\gamma-1}{2}Ma_\infty^2\left(1-\frac{V^2}{V_\infty^2}\right)\right]^{\frac{\gamma}{\gamma-1}}-1\right)=$$

$$\frac{2}{\gamma Ma_\infty^2}\left(\left[1+\frac{\gamma-1}{2}Ma_\infty^2\left(1-\frac{(V_\infty+\hat{u}_x)^2+\hat{u}_y^2+\hat{u}_z^2}{V_\infty^2}\right)\right]^{\frac{\gamma}{\gamma-1}}-1\right)$$

式中，$\hat{u}_x,\hat{u}_y,\hat{u}_z$ 分别为 x,y,z 方向的扰动速度，将上式方括号内的项按二项式展开并仅保留扰动速度的平方项 $\left(\frac{\hat{u}_x}{V_\infty^2}\right)^2,\left(\frac{\hat{u}_y}{V_\infty^2}\right)^2,\left(\frac{\hat{u}_z}{V_\infty^2}\right)^2$，可得

$$C_p=-\left[\frac{2\hat{u}_x}{V_\infty}+\frac{(1-Ma_\infty^2)\hat{u}_x^2+\hat{u}_y^2+\hat{u}_z^2}{V_\infty^2}\right]\tag{12.15a}$$

上面的压力公式适用于任何三维物体的小扰动绕流情况。

式(12.15a) 用于在柱坐标系下的细长旋成体，注意 $\left(\frac{\hat{u}_x^2}{V_\infty^2}\right)$ 与 $\left(\frac{\hat{u}_r^2}{V_\infty^2}\right)$，$\left(\frac{\hat{u}_\theta^2}{V_\infty^2}\right)$ 相比，量级较

小，压力系数公式可写为

$$C_p = -\left\{\frac{2}{V_\infty}\left(\frac{\partial\phi}{\partial x}\right)+\frac{1}{V_\infty^2}\left[\left(\frac{\partial\phi}{\partial r}\right)^2+\frac{1}{r^2}\left(\frac{\partial\phi}{\partial\theta}\right)^2\right]\right\} \tag{12.15b}$$

当 $\alpha = 0$ 时，流动为轴对称的，压力系数公式为

$$C_p = -\left[\frac{2}{V_\infty}\left(\frac{\partial\phi}{\partial x}\right)+\frac{1}{V_\infty^2}\left(\frac{\partial\phi}{\partial r}\right)^2\right] \tag{12.16}$$

12.4　轴对称流中细长旋成体的压力分布

如上节所述，要求得轴对称流中细长旋成体绕流的压力分布，首先要求出其绕流的小扰动速度势。

对于亚声速情况，我们发现，线化速度势方程式(12.10)有这样一个基本解，即

$$\phi(x,r) = -\frac{Q}{4\pi\sqrt{(x-\xi)^2+(1-Ma_\infty^2)r^2}} \tag{12.17}$$

式(12.17)表示位于细长旋成体纵轴上某点 x，坐标为 ξ，强度为 Q 的三维亚声速点源(汇)，在点 (x,y) 处引起的速度势。将式(12.17)代入方程式(12.10)验算，可证明式(12.17)的确是方程式(12.10)的解。在前面提到过，细长旋成体对流动的扰动，即推开流体微团的作用与旋成体轴线上分布的点源将流体微团推开的作用一样，因此，可以采用在轴线上 $0\leqslant x\leqslant L$ 范围分布强度为 $f(\xi)$ 的点源(汇)，来模拟细长旋成体的存在。x 轴上 $\mathrm{d}\xi$ 微段的源(汇)，对于子午面任一点 $P(x,r)$ 所诱导的扰动速度势为

$$\mathrm{d}\phi(x,r) = -\frac{1}{4\pi}\frac{f(\xi)\mathrm{d}\xi}{\sqrt{(x-\xi)^2+(1-Ma_\infty^2)r^2}}$$

因此，根据线性方程的可叠加性，轴上分布的所有的源(汇)对点 P 的扰动速度势为

$$\phi(x,r) = -\frac{1}{4\pi}\int_0^L\frac{f(\xi)\mathrm{d}\xi}{\sqrt{(x-\xi)^2+(1-Ma_\infty^2)r^2}} \tag{12.18}$$

式中，未知源汇强度 $f(\xi)$ 可由子午面物面的边界条件确定，参见图12.11，微段 $\mathrm{d}\xi$ 的强度 $f(\xi)\mathrm{d}\xi$ 代表该段流出的体积流量，而体积流量由图12.11(b)可看出，又可表示为 $2\pi Ru_r\mathrm{d}\xi$，因此，根据质量守恒，有

$$2\pi Ru_r\mathrm{d}\xi = f(\xi)\mathrm{d}\xi$$

所以

$$u_r = \frac{f(\xi)}{2\pi R} \tag{12.19}$$

即

$$\frac{\partial\phi}{\partial r} = \frac{f(\xi)}{2\pi R} \tag{12.20}$$

对于细长体，$R\ll \mathrm{L}$，可将边界条件如图12.11(c)所示近似到轴线上，物面边界条件在轴线 $r=0$ 上，可以表示为

$$\lim_{r\to 0}\left(2\pi r\frac{\partial\phi}{\partial r}\right)=f(\xi)$$

将边界条件式(12.14)应用于式(12.20)，并注意 $S=\pi R^2$，$\mathrm{d}S=2\pi R\mathrm{d}R$，可得

$$f(\xi)=2\pi R(\xi)V_\infty\frac{\mathrm{d}R}{\mathrm{d}\xi}=V_\infty\frac{\mathrm{d}S}{\mathrm{d}\xi}\tag{12.21}$$

式(12.21)说明，源(汇)的强度分布函数 $f(\xi)$ 只取决于旋成体在当地的横截面积变化率 $S'(\xi)$。

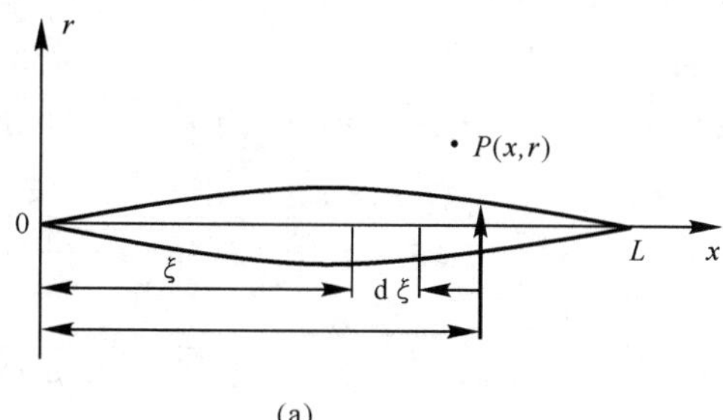

(a)

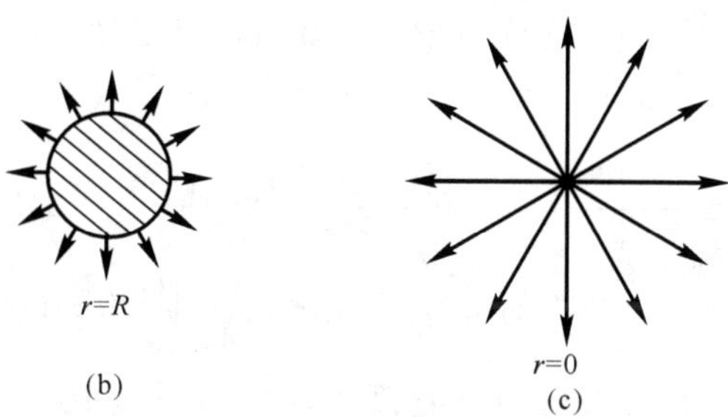

(b)　(c)

图 12.11　源汇强度 $f(\xi)$ 的确定

(a) 二维或轴对称物体的纵向截面；(b) 物面速度；(c) 轴附近速度

将式(12.21)代入式(12.18)，可得亚声速来流下绕细长旋成体轴对称流动的扰动速度势，即

$$\phi(x,r)=-\frac{V_\infty}{4\pi}\int_0^L\frac{S'(\xi)\mathrm{d}\xi}{\sqrt{(x-\xi)^2+\beta^2r^2}}\tag{12.22}$$

式中，$\beta^2=1-Ma_\infty^2$。

因为关心的是细长体物面($r\to 0$)的压力分布，所以可以求式(12.22)在 $r\to 0$ 时的渐近解，对式(12.22)进行分部积分，可得

$$\phi(x,r)=\frac{V_\infty}{4\pi}\left\{S'(\xi)\ln\left[x-\xi+\sqrt{(x-\xi)^2+\beta^2r^2}\right]\right\}\Big|_0^L-\frac{V_\infty}{4\pi}\int_0^L S''(\xi)\ln\left[x-\xi+\sqrt{(x-\xi)^2+\beta^2r^2}\right]\mathrm{d}\xi\tag{12.23}$$

对于具有尖头、尖尾或具有尖头、柱状尾端的细长体，有 $S'(0)=S'(L)=0$，所以，式(12.23)变为

$$\phi(x,r)=-\frac{V_\infty}{4\pi}\int_0^L S''(\xi)\ln\left[x-\xi+\sqrt{(x-\xi)^2+\beta^2r^2}\right]\mathrm{d}\xi \tag{12.24}$$

在物面附近，因为 $r\to 0$，所以

当 $\xi<x$ 时，有

$$x-\xi+\sqrt{(x-\xi)^2+\beta^2r^2}\approx 2(x-\xi)$$

当 $\xi>x$ 时，有

$$x-\xi+\sqrt{(x-\xi)^2+\beta^2r^2}=-(\xi-x)+\sqrt{(x-\xi)^2+\beta^2r^2}=$$

$$\frac{\left[\sqrt{(\xi-x)^2+\beta^2r^2}\right]^2-(\xi-x)^2}{(\xi-x)+\sqrt{(\xi-x)^2+\beta^2r^2}}=$$

$$\frac{\beta^2r^2}{(\xi-x)+\sqrt{(\xi-x)^2+\beta^2r^2}}\approx\frac{\beta^2r^2}{2(\xi-x)}$$

所以，式(12.24)可以简化为

$$\phi(x,r)=-\frac{V_\infty}{4\pi}\left\{\int_0^x S''(\xi)\ln[2(x-\xi)]\mathrm{d}\xi+\int_x^L S''(\xi)\ln\frac{\beta^2r^2}{2(\xi-x)}\mathrm{d}\xi\right\}$$

进一步简化，积分，可得

$$\begin{aligned}\phi(x,r)=&\frac{V_\infty S'(x)}{2\pi}\ln r+\frac{V_\infty S'(x)}{2\pi}\ln\frac{\beta}{2}-\\&\frac{V_\infty}{4\pi}\int_0^x S''(\xi)\ln(x-\xi)\mathrm{d}\xi+\frac{V_\infty}{4\pi}\int_x^L S''(\xi)\ln(\xi-x)\mathrm{d}\xi\end{aligned} \tag{12.25}$$

式(12.25)右端第一项为平面点源(汇)的速度势，第二项为 x 的函数，并通过 $\ln\beta$ 反映来流马赫数的影响，第三、第四项分别为扰动点上游源汇和下游源汇的累积影响。

需要指出的是：式(12.25)是 $r\to 0$ 时的渐近解，所以只适用于细长体物面附近。

将式(12.25)对 x 和 r 分别求导得到 $\dfrac{\partial\phi}{\partial x}$ 和 $\dfrac{\partial\phi}{\partial r}$，代入压力系数计算式(12.16)并取 $r=R$，就可以得到亚声速时轴对称流动中细长旋成体的表面压力分布，即

$$C_p=-\frac{1}{2\pi}\left[S''(x)\ln\frac{\beta^2R^2}{4x(L-x)}-\int_0^L\frac{S''(\xi)-S''(x)}{|x-\xi|}\mathrm{d}\xi\right]-\left(\frac{\mathrm{d}R}{\mathrm{d}x}\right)^2 \tag{12.26}$$

对于超声速流动 $Ma_\infty>1$，令 $B^2=Ma_\infty^2-1$，细长旋成体的轴对称线化速度势方程变为双曲型，式(12.10)可以写为

$$B^2\frac{\partial^2\phi}{\partial x^2}-\frac{\partial^2\phi}{\partial r^2}-\frac{1}{r}\frac{\partial\phi}{\partial r}=0 \tag{12.27}$$

与亚声速情况相类似，式(12.27)对应这样一个基本解，即

$$\phi(x,r)=-\frac{Q}{2\pi\sqrt{(x-\xi)^2-B^2r^2}} \tag{12.28}$$

只要将式(12.28)代入式(12.27)，就不难证明该解满足方程式(12.27)。这一基本解代表 x 轴上位于 ξ 处强度为 Q 的超声速点源在(x,r)处引起的速度势。

与亚声速情况相类似，也可以用旋成体轴线上分布的点源来模拟旋成体产生的扰动。同样，设在体轴 $0\leqslant x\leqslant L$ 上分布单位长度强度为 $f(\xi)$ 的超声速点源(汇)，但是，正如我们在第10章中强调的那样，亚声速流动中扰动是向四面八方传播的，而超声速流动中，扰动只能向扰动源的下游马赫锥内的区域传播，因此，对于子午面上任一点 $P(x,r)$，只有在以该点为顶点的前马赫锥内的扰动源——点源(汇)——才对它有扰动影响，如图12.12所示，点 $P(x,y)$ 只受到分布在 $\xi=0$ 与 $\xi=x-Br$ 之间的源(汇)的影响，因此，点 P 的小扰动速度势为

$$\phi(x,r)=-\frac{1}{2\pi}\int_0^{x-Br}\frac{f(\xi)\mathrm{d}\xi}{\sqrt{(x-\xi)^2-B^2r^2}}\tag{12.29}$$

式中，强度分布函数 $f(\xi)$ 已经在式(12.21)中给出，所以式(12.29)还可以写为

$$\phi(x,r)=-\frac{V_\infty}{2\pi}\int_0^{x-Br}\frac{S'(\xi)\mathrm{d}\xi}{\sqrt{(x-\xi)^2-B^2r^2}}\tag{12.30}$$

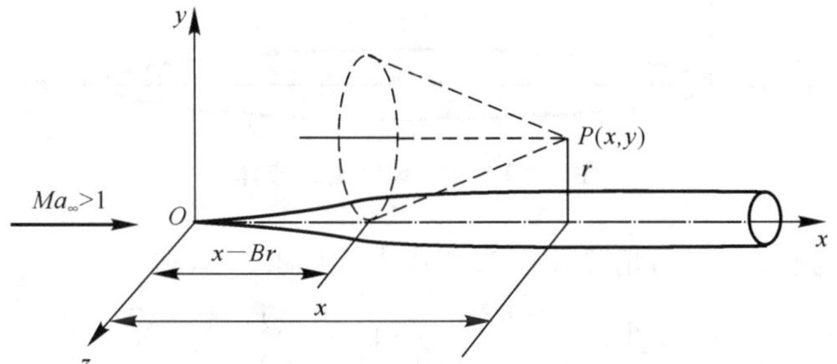

图 12.12　超声速绕流时，点 P 的影响区

经过分部积分(注意$\int\frac{\mathrm{d}\xi}{\sqrt{(x-\xi)^2-B^2r^2}}=\operatorname{arch}\frac{x-\xi}{Br}+C$)，可得

$$\phi(x,r)=\left[\frac{V_\infty}{2\pi}S'(\xi)\operatorname{arch}\frac{x-\xi}{Br}\right]_0^{x-Br}-\frac{V_\infty}{2\pi}\int_0^{x-Br}S''(\xi)\operatorname{arch}\frac{x-\xi}{Br}\mathrm{d}\xi=$$

$$-\frac{V_\infty}{2\pi}S'(0)\operatorname{arch}\frac{x}{Br}-\frac{V_\infty}{2\pi}\int_0^{x-Br}S''(\xi)\operatorname{arch}\frac{x-\xi}{Br}\mathrm{d}\xi\tag{12.31}$$

在物面附近时，即当 r 很小时，反双曲余弦可以展开为级数，即

$$\operatorname{arch}\frac{x-\xi}{Br}=\ln\left[\frac{x-\xi}{Br}+\sqrt{\left(\frac{x-\xi}{Br}\right)^2-1}\right]\approx\ln\frac{2(x-\xi)}{Br}+O(r^2)$$

因此，当 $r\to0$ 时，并假设 $S'(0)=0$，式(12.31)可写为

$$\phi(x,r)=\frac{V_\infty}{2\pi}S'(x)\ln r+\frac{V_\infty}{2\pi}S'(x)\ln\frac{B}{2}-\frac{V_\infty}{2\pi}\int_0^{x}S''(\xi)\ln(x-\xi)\mathrm{d}\xi\tag{12.32}$$

式(12.32)右端第一项与亚声速情形一样，也是二维平面源(汇)的速度势，说明细长体横截面

积的变化率在当地截面的作用等同于二维点源，第二项反映马赫数的变化对流动的影响，第三项反映了上游源(汇)分布对扰动点(x,r)的累积影响。

将式(12.32)对x和r分别求导，得到$\frac{\partial\phi}{\partial x}$和$\frac{\partial\phi}{\partial r}$，代入压力系数式(12.16)，并令$r=R$，就得到了超声速时轴对称流动中细长旋成体的压力分布，即

$$C_p=-\frac{1}{\pi}\left[S''(x)\ln\frac{BR}{2}-\frac{\mathrm{d}}{\mathrm{d}x}\int_0^x S''(\xi)\ln(x-\xi)\mathrm{d}\xi\right]-\left(\frac{\mathrm{d}R}{\mathrm{d}x}\right)^2 \tag{12.33}$$

例 12.1 计算亚声速轴对称流中细长椭圆旋成体的表面压力系数，椭圆旋成体的母线方程(见图 12.13)为

$$R(x)=2R_{\mathrm{M}}\sqrt{\frac{x}{L}\left(1-\frac{x}{L}\right)}$$

式中，R_{M}为旋成体最大横截面积的半径；L为旋成体的长度。

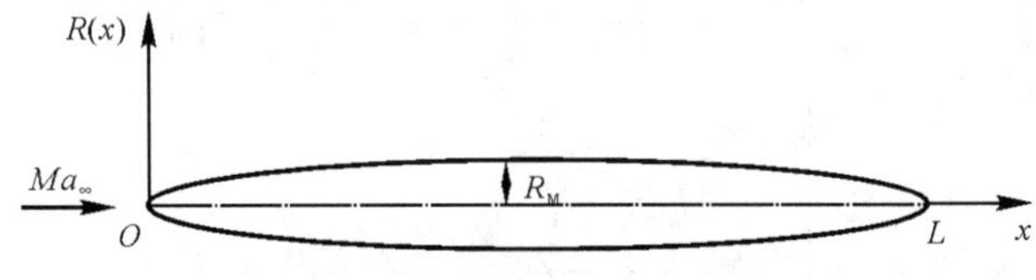

图 12.13 细长椭圆旋成体

解 将细长椭圆旋成体的相关几何参数代入式(12.26)，则有

$$C_p=-\frac{1}{2\pi}\left[S''(x)\ln\frac{\beta^2R^2}{4x(L-x)}-\int_0^L\frac{S''(\xi)-S''(x)}{|x-\xi|}\mathrm{d}\xi\right]-\left(\frac{\mathrm{d}R}{\mathrm{d}x}\right)^2$$

即可求出需要的表面压力，因为

$$S(x)=\pi[R(x)]^2=4\pi R_{\mathrm{M}}^2\left[\frac{x}{L}\left(1-\frac{x}{L}\right)\right]=4\pi R_{\mathrm{M}}^2\left(\frac{x}{L}-\frac{x^2}{L^2}\right)$$

所以

$$S'(x)=4\pi R_{\mathrm{M}}^2\left(\frac{1}{L}-\frac{2x}{L^2}\right),\quad S''(x)=-\frac{8\pi R_{\mathrm{M}}^2}{L^2}=-2\pi\tau^2$$

$$\frac{\mathrm{d}R}{\mathrm{d}x}=2R_{\mathrm{M}}\frac{\dfrac{1}{L}-\dfrac{2x}{L^2}}{\sqrt{\dfrac{x}{L}-\dfrac{x^2}{L^2}}}=\frac{R_{\mathrm{M}}}{L}\frac{L-2x}{\sqrt{Lx-x^2}}=\frac{\tau}{2}\frac{L-2x}{\sqrt{Lx-x^2}}$$

$$\left(\frac{\mathrm{d}R}{\mathrm{d}x}\right)^2=\frac{\tau^2}{4}\frac{(L-2x)^2}{Lx-x^2}$$

上面的公式中
$$\tau=\frac{2R_{\mathrm{M}}}{L}=\frac{1}{\lambda}$$

τ为细长旋成体的细长比，将以上各式代入C_p的计算公式，得

$$C_p = -\frac{1}{2\pi}\left[-2\pi\tau^2\ln\frac{4\beta^2 R_M^2\left(\frac{x}{L}-\frac{x^2}{L^2}\right)}{4x(L-x)}\right] - \frac{\tau^2}{4}\frac{(L-2x)^2}{x(L-x)} =$$

$$\tau^2\ln^2\frac{\beta^2 R_M^2}{L^2} - \frac{\tau^2}{4}\frac{(L-2x)^2}{x(L-x)} = 2\tau^2\ln\frac{\beta\tau}{2} - \frac{\tau^2}{4}\frac{(L-2x)^2}{x(L-x)}$$

即

$$C_p = \tau^2\left(2\ln\frac{\beta\tau}{2} - \frac{(L-2x)^2}{4x(L-x)}\right) \tag{12.34}$$

由此压力系数公式，可以看出，在亚声速轴对称流动中，压力分布是前后对称的(因为函数 $(L-2x)^2/4x(L-x)$ 是关于 $x = L/2$ 对称的)。这说明，在无黏流假设下，在亚声速轴对称流动中，旋成体不仅没有升力，而且也没有轴向力或阻力。

图 12.14 给出了长细比 $\lambda = 6$ 的椭圆旋成体在 $M_{a_\infty} = 0.7$ 和 0.9 时，按式(12.34)算出的压力分布与实验值的比较，证明了理论方法是相当准确的。

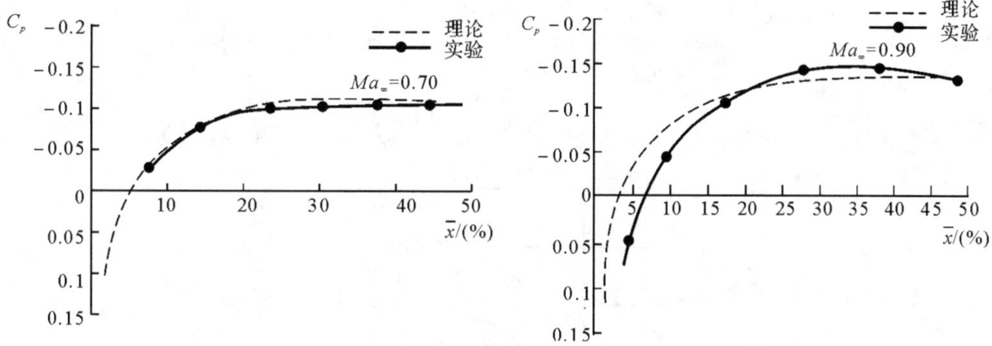

图 12.14　长细比 $\lambda = 6$ 的椭圆旋成体表面压力系数

例 12.2　计算超声速来流 $Ma_\infty = \sqrt{2}$ 时，长细比为 $\lambda = 10$ 的细长抛物旋成体的物面压力系数，对应细长抛物旋成体的母线方程为

$$R(x) = 0.2x(1-x) = \frac{2x(1-x)}{\lambda} = 2\tau x(1-x)$$

解　因为 $S(x) = \pi[R(x)]^2 = 4\pi\tau^2 x^2(1-x)^2 = 4\pi\tau^2(x^2-2x^3+x^4)$

$$S'(x) = 4\pi\tau^2(2x-6x^2+4x^3)$$

$$S''(x) = 4\pi\tau^2(2-12x+12x^2)$$

$$\frac{dR}{dx} = 2\tau(1-2x)$$

$$\left(\frac{dR}{dx}\right)^2 = 4\tau^2(1-4x+4x^2)$$

并注意

$$\int_0^x S''(\xi)\ln(x-\xi)d\xi = 4\pi\tau^2\int_0^x(2-12\xi+12\xi^2)\ln(x-\xi)d\xi =$$

$$4\pi\tau^2\left\{2(x\ln x - x) - 12\left[-\frac{3}{4}x^2 + \frac{x^2}{2}\ln x\right] + 12\left(-\frac{11}{18}x^3 + \frac{x^3}{3}\ln x\right)\right\} =$$

$$4\pi\tau^2\left\{\left(-2x + 9x^2 - \frac{22}{3}x^3\right) + (2x - 6x^2 + 4x^3)\ln x\right\}$$

所以
$$\frac{\mathrm{d}}{\mathrm{d}x}\int_0^x S''(\xi)\ln(x-\xi)\mathrm{d}\xi =$$

$$4\pi\tau^2\{(-2 + 18x - 22x^2) + (2 - 12x + 12x^2)\ln x + (2 - 6x + 4x^2)\} =$$

$$4\pi\tau^2\{12x - 18x^2 + (2 - 12x + 12x^2)\ln x\}$$

将以上各式代入到超声速流下细长旋成体压力系数计算式(12.33),可得

$$C_p = -\frac{1}{\pi}\left[S''(x)\ln\frac{BR}{2} - \frac{\mathrm{d}}{\mathrm{d}x}\int_0^x S''(\xi)\ln(x-\xi)\mathrm{d}\xi\right] - \left(\frac{\mathrm{d}R}{\mathrm{d}x}\right)^2 =$$

$$-\frac{1}{\pi}\left\{[4\pi\tau^2(2 - 12x + 12x^2)\ln[B\tau x(1-x)]] -\right.$$

$$\left.4\pi\tau^2[12x - 18x^2 + (2 - 12x + 12x^2)\ln x]\right\} - 4\tau^2(1 - 4x + 4x^2)$$

整理得

$$C_p = -4\tau^2\{(2 - 12x + 12x^2)\ln[B\tau(1-x)] + (1 - 16x + 22x^2)\} \tag{12.35}$$

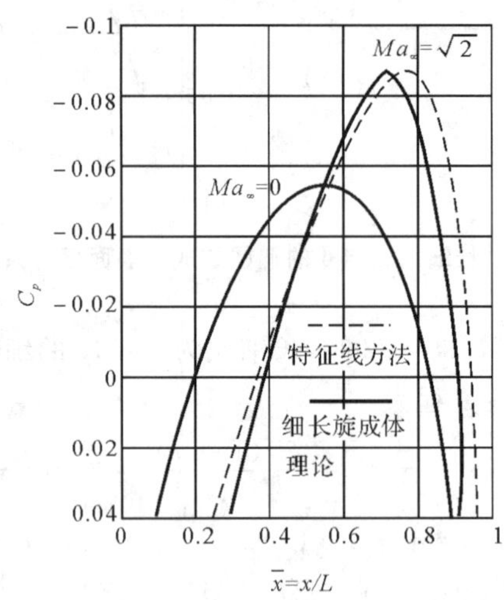

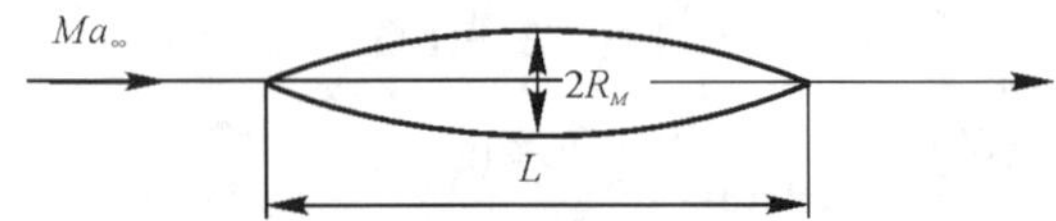

图 12.15 长细比为 10 的旋成势物体及其表面压力分布

这一压力分布如图 12.15 所示,此结果与精确特征线方法的计算结果符合得较好,由图中可

看出，尽管旋成体是前后对称的，但其超声速轴对称绕流引起的压力分布不再前后对称了，最小压力点的位置后移了，位于旋成体最大横截面积之后。因此，绕细长旋成体超声速轴对称流动虽然不产生升力，却产生一个沿来流方向的阻力，称为零升波阻。这是与亚声速流动不同的。

例 12.3　计算如图 12.16 所示的半顶角为 δ(δ 为小量) 的圆锥体，在超声速轴对称流动中的压力分布。

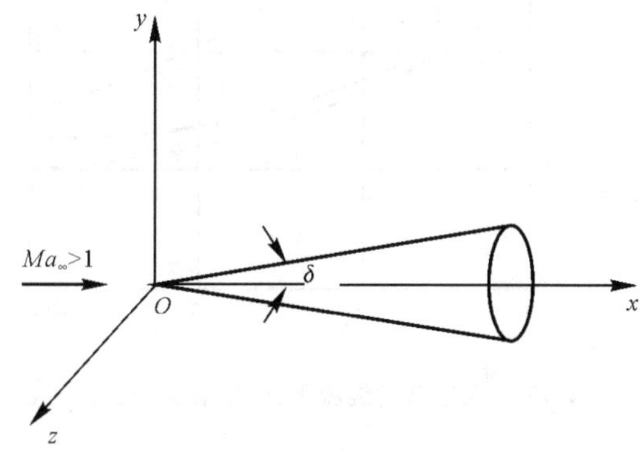

图 12.16　在超声速绕流下，半顶角为 δ 的细长圆锥体

解　因为 δ 为小量，所以

$$R(x) \approx \delta x, \quad S(x) = \pi\delta^2 x^2$$

$$S'(x) = 2\pi\delta^2 x, \quad S''(x) = 2\pi\delta^2$$

$$\frac{\mathrm{d}R}{\mathrm{d}x} = \delta$$

代入压力系数式(12.33) 可得

$$C_p = \delta^2\left[2\ln\frac{2}{B\delta} - 1\right] \tag{12.36}$$

图 12.17 给出了按式(12.36) 计算的结果与理论精确解的比较，可以看到，当 δ 很小时(如 $\delta < 5°$)，并且来流马赫数 Ma_∞ 不很大(如 $Ma_\infty < 5$) 时，细长旋成体理论的计算结果是相当准确的。

将式(12.36) 的压力系数与相同半顶角二维尖楔由线化超声速理论得出的压力系数 $C_p = \dfrac{2\delta}{\sqrt{Ma_\infty^2 - 1}} = \dfrac{2\delta}{B}$ 相比较，一个量级为 $\delta^2 \ln\dfrac{1}{\delta}$，一个为 δ，这就定量地说明了前面得出的定性论述。由于三维效应的作用，绕尖锥流动的表面压力要低于绕相同半顶角尖楔流动的表面压力，即三维尖锥对气流的扰动小于二维尖楔。

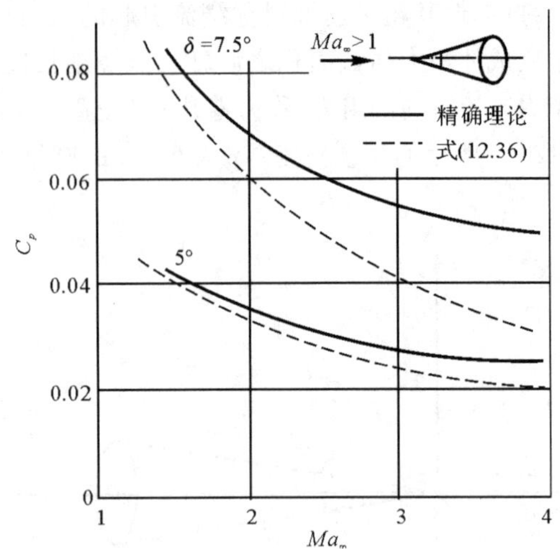

12.17　在超声速绕流下,圆锥表面的压力系数

12.5　小迎角绕流时细长旋成体的压力分布

当来流迎角不为零时,虽然旋成体的几何形状是轴对称的,但绕旋成体的流动不再是轴对称的了。对于小迎角绕旋成体的流动,其扰动速度势 ϕ 仍可用线化小扰动速度势方程式(12.9)求解,在 12.3 节中导出了该方程,即

$$(1-Ma_\infty^2)\frac{\partial^2\phi}{\partial x^2}+\frac{\partial^2\phi}{\partial r^2}+\frac{1}{r}\frac{\partial\phi}{\partial r}+\frac{1}{r^2}\frac{\partial^2\phi}{\partial\theta^2}=0 \tag{12.9}$$

利用线性方程的可叠加原理,可将这个方程的解写成两部分之和,即

$$\phi(x,r,\theta)=\phi_a(x,r)+\phi_c(x,r,\theta) \tag{12.37}$$

式中,ϕ_a 为轴对称流动的扰动速度势,与 θ 无关,对应来流速度为 $V_\infty\cos\alpha\approx V_\infty$,$\phi_c$ 为横向流动的扰动速度势,对应来流速度 $V_\infty\sin\alpha\approx V_\infty\alpha$。图 12.18 给出了绕流分解的示意图。

图 12.18　旋成体有迎角绕流的分解

将 $\phi=\phi_a+\phi_c$ 代入式(12.9),可得到两个方程,即

$$(1-Ma_\infty^2)\frac{\partial^2\phi_a}{\partial x^2}+\frac{\partial^2\phi_a}{\partial r^2}+\frac{1}{r}\frac{\partial\phi_a}{\partial r}=0 \tag{12.38}$$

$$(1-Ma_{\infty}^{2})\frac{\partial^{2}\phi}{\partial x^{2}}+\frac{\partial^{2}\phi_{c}}{\partial r^{2}}+\frac{1}{r}\frac{\partial\phi_{c}}{\partial r}+\frac{1}{r^{2}}\frac{\partial^{2}\phi_{c}}{\partial\theta^{2}}=0 \tag{12.39}$$

可见，式(12.38) 就是绕旋成体轴对称流动的小扰动速度势方程。

如果流动的边界条件也可以进行类似的"分解"，使 ϕ_a 的边界条件与我们前面讲的轴对称流动边界条件式(12.14) 相对应，那么 ϕ_a 的解就和前一节中求出的完全相同。下面来进行边界条件的"分解"，如前所述，小迎角绕旋成体的边界条件式(12.13) 给出，即：

$$\left(\frac{\partial\phi}{\partial r}+V_{\infty}\alpha\cos\theta\right)\bigg|_{r=R(x)}=V_{\infty}\frac{\mathrm{d}R}{\mathrm{d}x} \tag{12.13}$$

将 $\phi=\phi_a+\phi_c$ 代入，可以将式(12.13) 分为两个等式，即

$$\left(\frac{\partial\phi_{a}}{\partial r}\right)\bigg|_{r=R(x)}=V_{\infty}\frac{\mathrm{d}R}{\mathrm{d}x} \tag{12.40}$$

$$\left(\frac{\partial\phi_{c}}{\partial r}\right)\bigg|_{r=R(x)}=-V_{\infty}\alpha\cos\theta \tag{12.41}$$

可见，式(12.40) 恰是绕旋成体轴对称流动的边界条件，因此可以用 12.4 节所述的方法求出 ϕ_a。

下面的问题是如何求解满足方程式(12.39) 及边界条件式(12.41) 的 ϕ_c。ϕ_c 的求解可以通过与 ϕ_a 相比较来得到。将方程式(12.38) 的各项对 r 求导，并乘以 $\cos\theta$，可得到

$$(1-Ma_{\infty}^{2})\frac{\partial^{2}}{\partial x^{2}}\left(\frac{\partial\phi_{a}}{\partial r}\cos\theta\right)+\frac{\partial^{2}}{\partial r^{2}}\left(\frac{\partial\phi_{a}}{\partial r}\cos\theta\right)+\cos\theta\frac{\partial}{\partial r}\left(\frac{1}{r}\frac{\partial\phi_{a}}{\partial r}\right)=0 \tag{12.42}$$

式(12.42) 中的第三项可以写为

$$\cos\theta\frac{\partial}{\partial r}\left(\frac{1}{r}\frac{\partial\phi_{a}}{\partial r}\right)=\cos\theta\frac{1}{r}\frac{\partial}{\partial r}\left(\frac{\partial\phi_{a}}{\partial r}\right)-\frac{1}{r^{2}}\cos\theta\frac{\partial\phi_{a}}{\partial r}=\frac{1}{r}\frac{\partial}{\partial r}\left(\frac{\partial\phi_{a}}{\partial r}\cos\theta\right)+\frac{1}{r^{2}}\frac{\partial^{2}}{\partial\theta^{2}}\left(\frac{\partial\phi_{a}}{\partial r}\cos\theta\right) \tag{12.43}$$

将式(12.43) 代入式(12.42)，可得

$$(1-Ma_{\infty}^{2})\frac{\partial^{2}}{\partial x^{2}}\left(\frac{\partial\phi_{a}}{\partial r}\cos\theta\right)+\frac{\partial^{2}}{\partial r^{2}}\left(\frac{\partial\phi_{a}}{\partial r}\cos\theta\right)+\frac{1}{r}\frac{\partial}{\partial r}\left(\frac{\partial\phi_{a}}{\partial r}\cos\theta\right)+\frac{1}{r^{2}}\frac{\partial^{2}}{\partial\theta^{2}}\left(\frac{\partial\phi_{a}}{\partial r}\cos\theta\right)=0 \tag{12.44}$$

比较式(12.39) 与式(12.44)，如果 $\phi_c=\dfrac{\partial\phi_a}{\partial r}\cos\theta$，则二者完全相同。因此，横流流动的基本解 ϕ_c 可由轴对称流的基本解 ϕ_a 求得。例如，对于超声速流，则有

$$\phi_{a}=-\frac{1}{2\pi}\int_{0}^{x-Br}\frac{f(\xi)\mathrm{d}\xi}{\sqrt{(x-\xi)^{2}-B^{2}r^{2}}}$$

令 $\xi=x-Br\,\mathrm{ch}u$，因此 $\mathrm{d}\xi=-Br\,\mathrm{sh}u\mathrm{d}u=-\sqrt{(x-\xi)^{2}-B^{2}r^{2}}\,\mathrm{d}u$

所以

$$\phi_{a}=-\frac{1}{2\pi}\int_{0}^{\mathrm{arch}\frac{x}{Br}}f(x-Br\,\mathrm{ch}u)\mathrm{d}u \tag{12.45}$$

为求得$\frac{\partial\phi_a}{\partial r}$，将式(12.45)对$r$求偏导，并应用对参变量求导的莱布尼兹公式，并假设旋成体是尖头的，$f(0)=0$，可得

$$\frac{\partial\phi_a}{\partial r}=\frac{1}{2\pi r}\int_0^{x-Br}\frac{f'(\xi)(x-\xi)\mathrm{d}\xi}{\sqrt{(x-\xi)^2-B^2r^2}}$$

所以

$$\phi_c=\frac{\partial\phi_a}{\partial r}\cos\theta=\frac{\cos\theta}{2\pi r}\int_0^{x-Br}\frac{m(\xi)(x-\xi)\mathrm{d}\xi}{\sqrt{(x-\xi)^2-B^2r^2}} \tag{12.46}$$

式中，$m(\xi)=f'(\xi)$为待定的未知函数。应用ϕ_c的物面边界条件式(12.41)就可确定未知函数$m(\xi)$，因而，横流解就得到了。

对于细长旋成体，$\frac{Br}{x}$为小量，式(12.46)可以进一步简化。式(12.46)可以简化为

$$\phi_c=\frac{m(x)}{2\pi r}\cos\theta \tag{12.47}$$

这一解相当于放置于各个截面的偶极轴上y方向的二维偶极子在极坐标(r,θ)处的速度势，如图12.18所示。

式(12.47)中的$m(x)$由边界条件式(12.41)确定，即

$$\left(\frac{\partial\phi_c}{\partial r}\right)\bigg|_{r=R}=-\frac{m(x)}{2\pi R^2}\cos\theta=-V_\infty\alpha\cos\theta$$

所以

$$m(x)=2\pi R^2V_\infty\alpha$$

即

$$\phi_c=V_\infty\alpha\frac{[R(x)]^2}{r}\cos\theta \tag{12.48a}$$

或

$$\phi_c=\frac{V_\infty\alpha S(x)}{\pi r}\cos\theta \tag{12.48b}$$

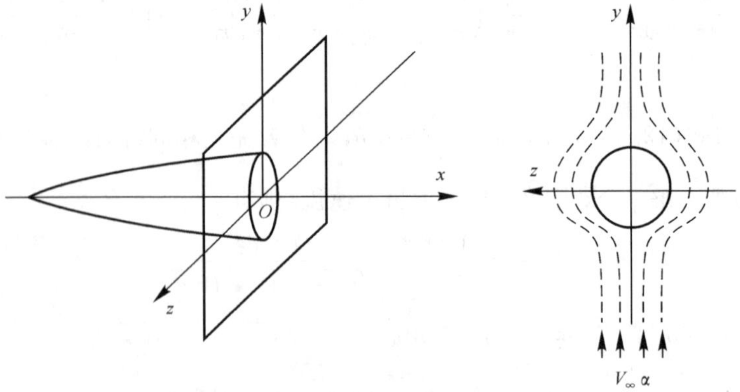

图 12.19 横向绕流图

下面来讨论一下，小迎角绕流时细长体表面的压力分布。已知 $\phi = \phi_a + \phi_c$ 就可以应用式(12.15)求得压力分布。为讨论方便起见，我们将式(12.15)重写如下：

$$C_p = -\frac{2}{V_\infty}\left(\frac{\partial\phi}{\partial x}\right) - \frac{1}{V_\infty^2}\left[\left(\frac{\partial\phi}{\partial r}\right)^2 + \frac{1}{r^2}\left(\frac{\partial\phi}{\partial\theta}\right)^2\right]$$

一般来说，由于公式中有扰动速度的平方项出现，我们不能将轴对称流动对应的压力系数 $C_{p,a}$ 和横向流动时对应的压力系数 $C_{p,c}$ 分别求出后，相加来得到 C_p，只能用式(12.15)来得到 C_p。但是，当旋成体是细长体旋成体时，且我们只希望计算旋成体的物面压力时，则我们可以将压力系数看做轴对称流动压力系数 $C_{p,a}$ 和横流压力系数 $C_{p,c}$ 之和，即 $C_p = C_{p,a} + C_{p,c}$。现证明如下：

根据压力系数的定义，设细长旋成体物面上任一点的速度为 V，则如图 10.20 所示可得

$$V^2 = \left(V_\infty\cos\alpha + \frac{\partial\phi}{\partial x}\right)^2_{\text{物面}} + \left(V_\infty\sin\alpha\cos\theta + \frac{\partial\phi}{\partial r}\right)^2_{\text{物面}} + \left(V_\infty\sin\alpha\sin\theta - \frac{1}{r}\frac{\partial\phi}{\partial\theta}\right)^2_{\text{物面}} = A + B + C \tag{12.49}$$

将式(12.49)第一项展开，即

$$A = \left(V_\infty\cos\alpha + \frac{\partial\phi}{\partial x}\right)^2_{\text{物面}} = V_\infty^2(1-\alpha^2) + 2V_\infty\left(\frac{\partial\phi}{\partial x}\right)_{\text{物面}} + \left(\frac{\partial\phi}{\partial x}\right)^2_{\text{物面}}$$

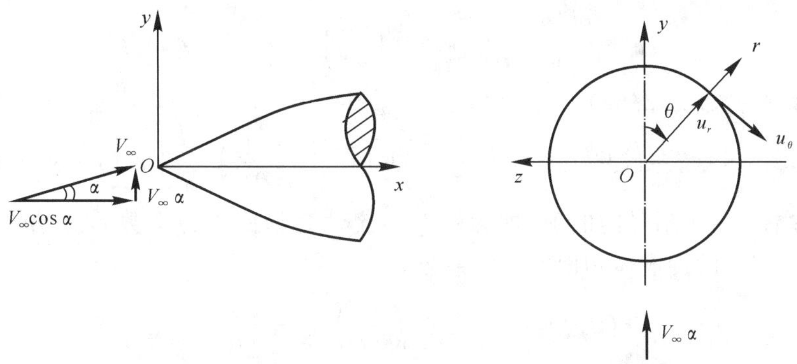

图 12.20　轴对称流动和横向流动坐标位置和速度分量示意图

第二项应用物面边界条件式(12.13)，可以简化为

$$B = \left(V_\infty\sin\alpha\cos\theta + \frac{\partial\phi}{\partial r}\right)^2_{\text{物面}} = \left(V_\infty\frac{\mathrm{d}R}{\mathrm{d}x}\right)^2$$

在第三项中，由于 $\phi = \phi_a + \phi_c$ 而 ϕ_a 为轴对称流动，有 $\frac{\partial\phi_a}{\partial\theta} = 0$，所以

$$C = \left(V_\infty\sin\alpha\sin\theta - \frac{1}{r}\frac{\partial\phi}{\partial\theta}\right)^2_{\text{物面}} = \left(V_\infty\sin\alpha\sin\theta - \frac{1}{r}\frac{\partial\phi_c}{\partial\theta}\right)^2_{\text{物面}}$$

将 $\phi_c = \frac{V_\infty\alpha R^2}{r}\cos\theta$ 对 θ 求导并应用 $r = R$，得 $\left(\frac{1}{r}\frac{\partial\phi_c}{\partial\theta}\right)_{\text{物面}} = -V_\infty\alpha\sin\theta$，则有

$$C=\left(V_{\infty}\sin\alpha\sin\theta-\frac{1}{r}\frac{\partial\phi}{\partial\theta}\right)_{物面}^{2}\approx(2V_{\infty}\alpha\sin\theta)^{2}$$

所以,物面上任一点气流速度的平方可写为

$$V^{2}=V_{\infty}^{2}(1-\alpha^{2})+2V_{\infty}\left(\frac{\partial\phi}{\partial x}\right)_{物面}+\left(\frac{\partial\phi}{\partial x}\right)_{物面}^{2}+\left(V_{\infty}\frac{\mathrm{d}R}{\mathrm{d}x}\right)^{2}+(2V_{\infty}\sin\theta)^{2}\qquad(12.50)$$

由式(12.15a)知

$$C_{p}=-\left[\frac{2\hat{u}_{x}}{V_{\infty}}+\frac{(1-Ma_{\infty}^{2})\hat{u}_{x}^{2}+\hat{u}_{y}^{2}+\hat{u}_{z}^{2}}{V_{\infty}^{2}}\right]$$

因为

$$V^{2}=(V_{\infty}+\hat{u}_{x})^{2}+\hat{u}_{y}^{2}+\hat{u}_{z}^{2}$$

式(12.15a)可以改写为

$$C_{p}=1-\frac{V^{2}}{V_{\infty}^{2}}+Ma_{\infty}^{2}\frac{\hat{u}_{x}^{2}}{V_{\infty}^{2}}$$

将式(12.50)代入上式并忽略高阶小量$\left(\frac{\partial\phi}{\partial x}\right)_{物面}^{2}$,整理后可得

$$C_{p,物面}=-\frac{2}{V_{\infty}}\left(\frac{\partial\phi}{\partial x}\right)_{物面}-\left(\frac{\mathrm{d}R}{\mathrm{d}x}\right)^{2}+\alpha^{2}-4\alpha^{2}\sin^{2}\theta\qquad(12.51)$$

即

$$C_{p,物面}=-\frac{2}{V_{\infty}}\left(\frac{\partial\phi}{\partial x}\right)_{物面}-\left(\frac{\mathrm{d}R}{\mathrm{d}x}\right)^{2}+\alpha^{2}(1-4\sin^{2}\theta)\qquad(12.52)$$

考虑到$\phi=\phi_{a}+\phi_{c}$,式(12.52)可以改写为

$$C_{p,物面}=\left[-\frac{2}{V_{\infty}}\left(\frac{\partial\phi_{a}}{\partial x}\right)_{物面}-\left(\frac{\mathrm{d}R}{\mathrm{d}x}\right)^{2}\right]+\left[-\frac{2}{V_{\infty}}\left(\frac{\partial\phi_{c}}{\partial x}\right)_{物面}+\alpha^{2}(1-4\sin^{2}\theta)\right]\qquad(12.53a)$$

式(12.53),右端第一个括号内的项,即为轴对称流动时物面压力系数$C_{p,a}$;第二个括号内的项,即对应横向流动的旋成体物面的压力系数$C_{p,c}$。

$$(C_{p,a})_{物面}=-\frac{2}{V_{\infty}}\left(\frac{\partial\phi_{c}}{\partial x}\right)_{物面}-\left(\frac{\mathrm{d}R}{\mathrm{d}x}\right)^{2}\qquad(12.53b)$$

$$(C_{p,c})_{物面}=-\frac{2}{V_{\infty}}\left(\frac{\partial\phi_{c}}{\partial x}\right)_{物面}+\alpha^{2}(1-4\sin^{2}\theta)\qquad(12.53c)$$

因此,证明了在细长体假设下,细长体的表面压力系数可以由轴对称流动部分压力系数和横向流动部分压力系数叠加而得。

12.6　细长旋成体的气动特性

前面讨论了如何确定细长旋成体的表面压力分布,一旦得到了细长旋成体的表面压力分布,就可以将压力分布在整个物体表面积分来得到细长旋成体的升力、阻力、力矩等特性。本节的任务就是给出细长旋成体的升力、阻力、力矩等气动特性的计算方法。如图 12.21 所示,来流速度为V_{∞},迎

角为 α 的气流流过细长旋成体，以风轴系为参考坐标系，作用于其上的升力为 L，对应升力系数为 C_L，阻力为 D，对应的阻力系数为 C_D。以细长旋成体体轴为参考坐标系，垂直于体轴方向的法向力用 N 表示，对应的法向力系数为 C_N，平行于体轴的轴向力用 A 表示，对应的轴向力系数为 C_A。

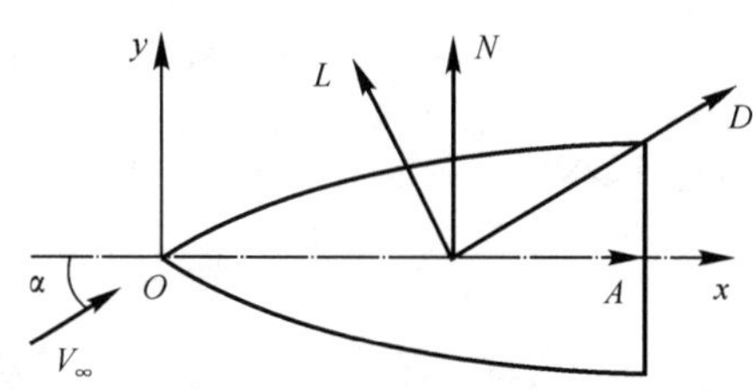

图 12.21　在风轴系和体轴系中，细长旋成体的作用力

由图 12.21，可得

$$L = N\cos\alpha - A\sin\alpha$$

$$D = N\sin\alpha + A\cos\alpha$$

即

$$C_L = C_N\cos\alpha - C_A\sin\alpha \tag{12.54}$$

$$C_D = C_N\sin\alpha + C_A\cos\alpha \tag{12.55}$$

对于旋成体顶点的俯仰力矩 M，由各截面处的法向力 $\mathrm{d}N$ 的贡献之和组成，即

$$M = -\int_0^L x\mathrm{d}N \tag{12.56}$$

式中，x 为 $\mathrm{d}N$ 作用点距顶点的轴向距离（规定抬头力矩为正）。定义俯仰力矩系数为

$$C_M = \frac{M}{\frac{1}{2}\rho V_\infty^2 S_M L}$$

则有

$$C_M = \frac{-\int_0^L x\mathrm{d}N}{\frac{1}{2}\rho V_\infty^2 S_M L} \tag{12.57}$$

式中，S_M 为旋成体的最大横截面积，此处 L 为旋成体的长度。由式(12.54)、式(12.55)、式(12.57)可知，只要求出旋成体的法向力和轴向力，我们所关心的气动特性如 C_L，C_D，C_M 等就得到了。下面分别推导 C_N，C_M，C_A 的计算公式。

一、C_N 的计算

由 12.5 节可知，法向力 N 取决于绕细长旋成体有迎角流动时的横流流动，即与横流扰动速度势 ϕ_c 相联系的压力系数 $C_{p,c}$ 决定了细长旋成体的法向力。如图 12.22 所示，作用在微元面积 $R\mathrm{d}\theta\mathrm{d}x$ 上的压力为

$$\frac{1}{2}\rho_\infty V_\infty^2 C_{p,c} R\,\mathrm{d}\theta\mathrm{d}x$$

因此，垂直于体轴方向的合力，即法向力为

$$N = -\frac{1}{2}\rho_\infty V_\infty^2 \int_0^L\int_0^{2\pi}\left[(C_{p,c})_{r=R} R\,\mathrm{d}\theta\mathrm{d}x\right]\cos\theta \tag{12.58}$$

将 $\phi_c = \dfrac{V_\infty \alpha R^2}{r}\cos\theta$ 代入式(12.53c)得

$$(C_{p,c})_{r=R} = -4\alpha\cos\theta\frac{\mathrm{d}R}{\mathrm{d}x} + \alpha^2(1-4\sin^2\theta)$$

上式代入式(12.58)，可得

$$N = \frac{1}{2}\rho_\infty V_\infty^2\int_0^L 4\alpha R\frac{\mathrm{d}R}{\mathrm{d}x}\left(\int^{2\pi}\cos^2\theta\mathrm{d}\theta\right)\mathrm{d}x = \frac{1}{2}\rho_\infty V_\infty^2\int_0^L 4\pi\alpha R\frac{\mathrm{d}R}{\mathrm{d}x}\mathrm{d}x$$

即

$$N = \frac{1}{2}\rho_\infty V_\infty^2\int_0^L 2\alpha S'(x)\mathrm{d}x \tag{12.59}$$

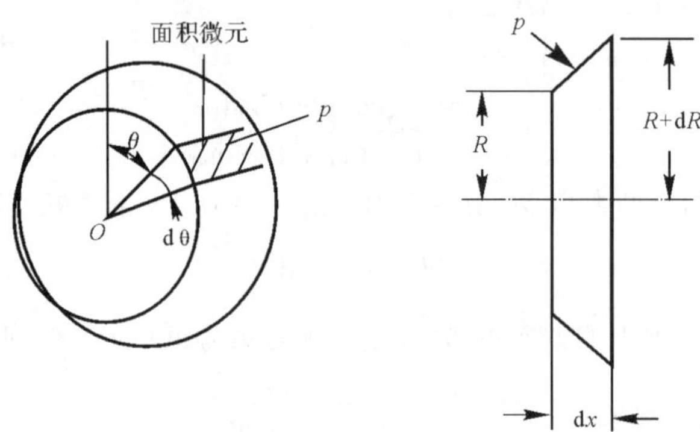

图 12.22　旋成体表面微元面积受力示意图

对于尖头旋成体，$S(0)=0$，则

$$N = \rho_\infty V_\infty^2\alpha S(L) \tag{12.60}$$

式中，$S(L)$ 为旋成体底部横截面积。

所以，以旋成体的最大横截面积 S_M 作为参考面积的法向力系数为

$$C_N = 2\alpha\frac{S(L)}{S_M} \tag{12.61}$$

由式(12.59) 可得

$$\frac{\mathrm{d}N}{\mathrm{d}x} = \rho_\infty V_\infty^2\alpha S'(x) \tag{12.62}$$

由式(12.62) 可以看出，在小扰动线化假设范围内，沿轴向单位长度的法向力与来流迎角及 $S'(x)$ 成正比。对于旋成体头部，$S'(x)>0$，则其提供正的法向力；对于中间圆柱段，$S'(x)=0$，则其法向力为零；对于旋成体尾部，$S'(x)<0$，则其提供负的法向力。由式(12.60) 还可以看出，在小扰动假设下，尖头、尖尾的细长体所受的法向力为零。

由于气流黏性的影响，由无黏、线化小扰动假设得出的上述结果与实际情况稍有差异。对于由头部、圆柱段、尾段组成的旋成体，在超声速绕流中，在紧接着头部后面距离 2～3 倍直径的圆柱段，也要产生法向力；同时，旋成体尾部实际的向下的法向力也比理论值小，而对于尖头、尖尾的细长旋成体，实际情况中，将受到一个小的向上的法向力，这都是由于黏性的影响使旋成体尾部已发生小的分离引起的。

二、C_M 的计算

将式(10.62)代入 M 的计算式(12.56)，有

$$M = -\int_0^L x\rho_\infty V_\infty^2 \alpha S'(x)\mathrm{d}x = -\rho_\infty V_\infty^2 \alpha\left[xS(x)\Big|_0^L - \int_0^L S(x)\mathrm{d}x\right]$$

即

$$M = -\rho_\infty V_\infty^2 \alpha[LS(L) - \tau_W] \tag{12.63}$$

式中，$\tau_W = \int_0^L S(x)\mathrm{d}x$ 为旋成体的体积。所以，由式(12.57)可得

$$C_M = -2\alpha\left[\frac{S(L)}{S_M} - \frac{\tau_W}{S_M L}\right] \tag{12.64}$$

从式(12.64)可以看出，对于尖尾旋成体，$S(L) = 0$，虽然由式(12.61)知，其理论上对应的总法向力 $N = 0$，但有一个抬头力矩作用于旋成体上，与迎角 α 成正比。如图 12.7 所示，它的作用是使旋成体不稳定。

结合式(12.60)与式(12.64)，可以求出旋成体的压力中心位置，即

$$x_P = \left[1 - \frac{\tau_W}{S(L)L}\right]L$$

或

$$\bar{x}_P = 1 - \frac{\tau_W}{S(L)L} \tag{12.65}$$

三、C_A 的计算

C_A 由横向流动的 ϕ_c 引起的轴向力与轴对称流动 ϕ_a 引起的轴向力之和组成，即

$$C_A = (C_A)_c + (C_A)_a \tag{12.66}$$

对于 $(C_A)_c$，不管流动是亚声速的还是超声速的，其算法相同，参见图 12.22，可得

$$\mathrm{d}A_c = \frac{1}{2}\rho_\infty V_\infty^2 (C_{p,c})_{r=R} R\,\mathrm{d}\theta\mathrm{d}x\,\frac{\mathrm{d}R}{\mathrm{d}x}$$

$$A_c = \frac{1}{2}\rho_\infty V_\infty^2 \int_0^{R(L)}\int_0^{2\pi}(C_{p,c})_{r=R} R\,\mathrm{d}\theta\mathrm{d}R =$$

$$\frac{1}{2}\rho_\infty V_\infty^2 \int_0^{R(L)}\int_0^{2\pi}\left[-4\alpha\cos\theta\frac{\mathrm{d}R}{\mathrm{d}x} + \alpha^2(1 - 4\sin^2\theta)\right]R\mathrm{d}\theta\mathrm{d}R$$

$$A_c = \frac{1}{2}\rho_\infty V_\infty^2 \pi[R(L)]^2\alpha^2 = \frac{1}{2}\rho_\infty V_\infty^2 S(L)\alpha^2 \tag{12.67}$$

$$(C_A)_c = \frac{A_c}{\frac{1}{2}\rho_\infty V_\infty^2 S_M} = \alpha^2\frac{S(L)}{S_M} \tag{12.68}$$

对于$(C_A)_a$，当来流为亚声速时，$(C_A)_a=0$；当来流为超声速时，$(C_A)_a=(C_{D,b})_0$，$(C_{D,b})_0$称为细长旋成体的零升波阻，则有

$$(C_{D,b})_0=\frac{1}{S_M}\int_0^L (C_p)_a\frac{dS}{dx}dx \tag{12.69}$$

式中，$(C_p)_a$已在12.4节中由式(12.33)给出。

至此，回到式(12.54)、式(12.55)，可得到当亚声速、小迎角时，绕细长旋成体的升力系数和阻力系数分别为

$$C_L=C_N\cos\alpha-C_A\sin\alpha\approx C_N-C_A\alpha$$

即

$$C_L\approx 2\alpha\frac{S(L)}{S_M} \tag{12.70}$$

$$C_D=C_N\alpha+C_A$$

即

$$C_D=\alpha^2\frac{S(L)}{S_M} \tag{12.71}$$

当超声速、小迎角时，绕细长旋成体的升力系数和阻力系数分别为

$$C_L=2\alpha\frac{S(L)}{S_M} \tag{12.72}$$

$$C_D=\alpha^2\frac{S(L)}{S_M}+(C_{D,b})_0 \tag{12.73}$$

式中，与迎角有关的阻力系数称为诱导阻力系数，用$C_{D,i}$表示，即

$$C_{D,i}=\alpha^2\frac{S(L)}{S_M} \tag{12.74}$$

应当指出的是，在实际流动中，还应计及由黏性引起的摩擦阻力。

12.7 大迎角绕流时，旋成体横流理论及 N－S 方程数值模拟

在此之前讨论的方法，只适用于小扰动、小迎角情况。在这种情况下，轴向流分量占优势，旋成体表面的边界层不发生分离，所以，基于不考虑黏性的小扰动线化理论得出的压力系数、法向力和纵向力矩系数等，与实验结果基本相同。但是，当迎角逐渐增大时，旋成体背风面上的边界层开始发生分离，并在背面卷起一对分离旋涡，如图12.23所示。

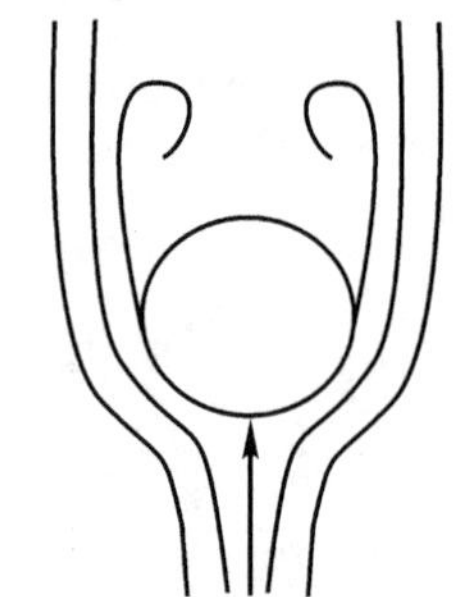

图 12.23 当大迎角时，细长体横向流动绕流示意图

边界层由旋成体两边某点起，沿一条线发生分离，在旋成体的背风面形成二个涡面，并逐渐卷起形成两个旋涡，越向下游，旋涡越强。迎角越大，分离点越前移，后面

的旋涡面也就越大，当迎角增大到一定程度后还可能出现非对称旋涡。因此，线化理论计算的结果，与实验相比，就有很大的差别，必须加以修正。

旋成体背风面上旋涡的产生，对表面压力分布有很大的影响，因而对作用于旋成体上的法向力和纵向力矩都有很大的影响。当迎角为中等大小时（不超过 20°），可用简单的横流理论加以计算；随着计算流体力学的迅速发展，目前还可以采用数值求解 N－S 方程的方法计算。当迎角很大时，没有很好的简化理论，但仍可通过数值求解 N－S 方程得到大迎角下细长体绕流的气动特性。下面分别简要介绍横流理论的基本方法和 N－S 方程的数值模拟方法。

一、横流理论

由式(12.53b) 可见，由于旋成体很细长，表示$\frac{\mathrm{d}R}{\mathrm{d}x} \ll 1$，所以横向绕流的压力系数 $C_{p,c}$ 主要决定于$\alpha^2(1-4\sin^2\theta)$ 项，与第 3 章中的绕二维圆柱流动解比较，它与来流为$V_\infty\sin^2\alpha$绕一个圆柱体流动时圆柱表面的压力系数分布一样。因此，在法向平面上看，这种因分离而产生的法向力，可以近似地认为相当于二维圆柱体的阻力，参见图 12.23。单位长度旋成体上的附加法向力$\frac{\mathrm{d}N_{附}}{\mathrm{d}x}$为

$$\frac{\mathrm{d}N_{附}}{\mathrm{d}x} = (C_D)_{2d}\ \frac{1}{2}\rho_\infty V_\infty^2\alpha^2 \times 2R \tag{12.75}$$

式中，R 为体轴方向 x 处的旋成体半径；$(C_D)_{2d}$ 为相应二维圆柱体的阻力系数，它是横向流动雷诺数$Re_c = \frac{2RV_\infty(\sin\alpha)^2}{\nu}$和横向流动马赫数$Ma_{\infty,c} = \frac{V_\infty(\sin\alpha)^2}{a_\infty}$的函数，$(C_D)_{2d}$ 的值可以从二维圆柱体的阻力实验结果得到。

因此，在 x 处单位长度所受的法向力，可在式(12.62) 的基础上，加上$\frac{\mathrm{d}N}{\mathrm{d}x}$，则有

$$\frac{\mathrm{d}N}{\mathrm{d}x} = 2\alpha\left(\frac{1}{2}\rho_\infty V_\infty^2\right)S'(x) + (C_D)_{2d}\ \frac{1}{2}\rho_\infty V_\infty^2\alpha^2 \times 2R \tag{12.76}$$

沿尖头旋成体轴向积分式(12.76)，即得法向力 N 为

$$N = \int_0^L \frac{\mathrm{d}N}{\mathrm{d}x} = 2\alpha q_\infty S(L) + 2q_\infty\alpha^2\int_0^L (C_D)_{2d}R\,\mathrm{d}x \tag{12.77}$$

式中，$S(L)$ 为旋成体的底部横截面积；$q_\infty = \frac{1}{2}\rho_\infty V_\infty^2$ 为来流动压。所以升力系数 C_L 为

$$C_L = C_N\cos\alpha \approx C_N = 2\alpha\,\frac{S(L)}{S_{\mathrm{M}}} + \frac{2\alpha^2}{S_{\mathrm{M}}}\int_0^L (C_D)_{2d}R\,\mathrm{d}x \tag{12.78}$$

对于旋成体顶点的俯仰力矩系数 C_M，我们用修正后的式(12.76) 代入式(12.57)，可得

$$C_M = -\frac{1}{q_\infty S_{\mathrm{M}}L}\int_0^L x\,\frac{\mathrm{d}N}{\mathrm{d}x}\mathrm{d}x$$

即
$$C_M = \frac{1}{S_M L}\left\{[\tau_W - S(L)L]2\alpha - 2\alpha^2\int_0^L (C_D)_{2d} Rx\,\mathrm{d}x\right\} \tag{12.79}$$

式中，L 为旋成体的长度；τ_W 为旋成体的体积。

应用式(12.78)和式(12.79)，算出压力中心$\frac{x_{cp}}{L}$，即

$$\bar{x}_{cp} = \frac{x_{cp}}{L} = -\frac{M_z}{NL} = \frac{(S(L)L - \tau_W) - \alpha\int_0^L (C_D)_{2d} Rx\,\mathrm{d}x}{L\left[S(L) + \alpha\int_0^L (C_D)_{2d} R\,\mathrm{d}x\right]} \tag{12.80}$$

因为横流理论本身就是一种近似计算方法，在推导中，均认为 $\cos\alpha \approx 1$ 和 $\sin\alpha \approx \alpha$。因此，本节意义上的"大迎角"是指不满足线化理论假设的中等大小的迎角(不超过 20°)。图 12.24 给出了用上述理论的一个弹头圆柱体的计算结果，并同时给出了实验结果和线化理论的计算结果。从图 12.24 可见，背风面的脱体旋涡对升力系数的影响很大，升力系数远比线化速度势流理论大，压力中心也有很大后移。

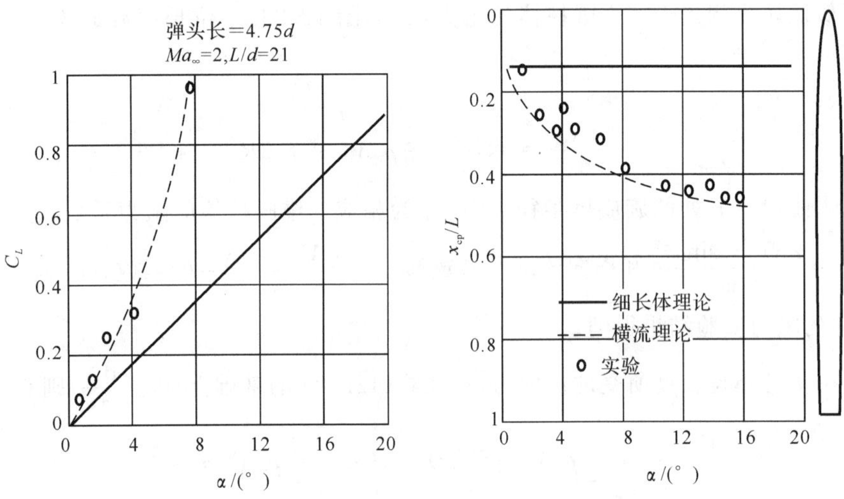

图 12.24 横流理论计算结果

二、N-S 方程的数值模拟

随着计算流体力学和电子计算机技术的迅速发展，数值模拟方法在模拟复杂非线性流体力学问题方面的能力越来越强。大迎角细长体绕流问题可以应用数值求解 N-S 方程的方法进行求解。N-S 方程是考虑流体黏性的精确流动控制方程 —— 连续方程、动量方程和能量方程 —— 的组合，全称为 Navier-Stokes 方程。其具体形式将在本书的第 14 章给出。采用数值方法求解细长体绕流场，首先要将细长体的绕流空间进行适当离散(网格生成)，然后对空间每一

个点(计算流体力学差分方法)或每一个体积单元(计算流体力学积分方法)应用控制方程,并在物面边界和远场边界给定相应的边界条件,应用计算流体力学的数值求解技术就可求得细长体绕流场在离散点的所有流动特性。

图 12.25 是某细长旋成体标准模型的空间离散示意图。

图 12.26 给出了不同截面处细长旋成体背风面分离旋涡的计算结果。

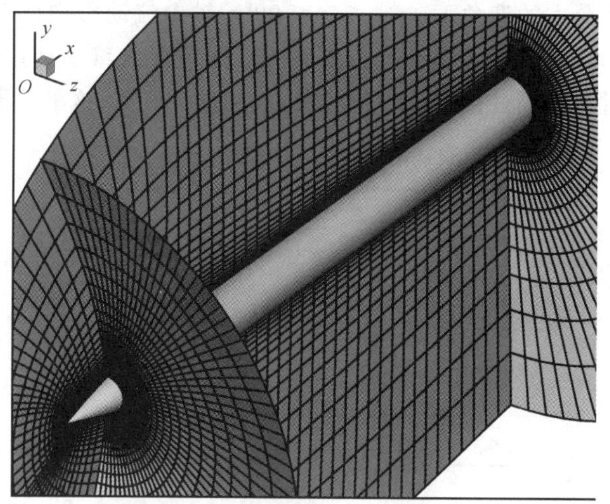

图 12.25　细长旋成体体空间离散局部网格示意图[5]

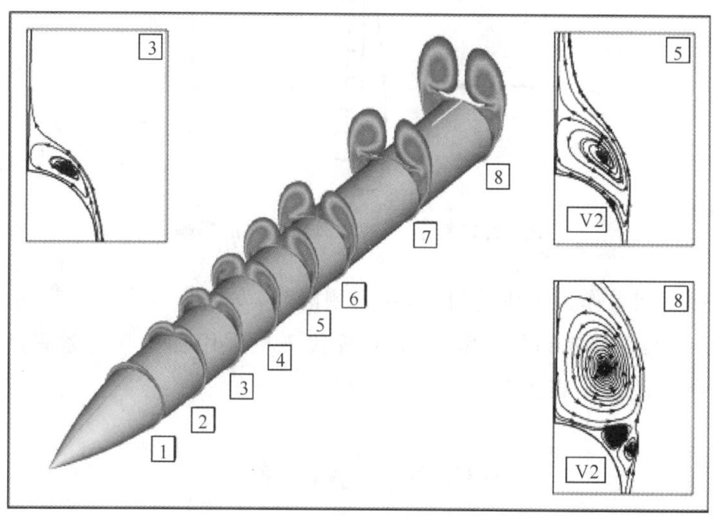

图 12.26　细长旋成体空间旋涡的发展[7]

最后应当指出的是，对于细长旋成体，迎角从 0° 变化到 90° 的过程中，会经受反映轴向流动分量影响由大到小的四种截然不同的流型，如图 12.27 所示。在小迎角下（$0° \leqslant \alpha \leqslant \alpha_{SV}$），虽然横向流效应在背风面产生厚边界层，但轴向流分量占优势，此时是附着流动；在中等迎角下（$\alpha_{SV} \leqslant \alpha \leqslant \alpha_{AV}$），横向流动分离并卷起对称旋涡对；在迎角增大到 $\alpha_{AV} \leqslant \alpha \leqslant \alpha_{UV}$ 时，背风面会产生一对非对称的旋涡，这使流动情况更加复杂，此时轴向流动影响仍然较大，足以产生定常流动分离和旋涡；在十分大的迎角下（$\alpha_{UV} \leqslant \alpha \leqslant 90°$），轴向流动影响越来越小，流动分离和旋涡脱落变成非定常型，此时背风面流动类似于垂直于来流的二维圆柱尾迹。研究细长体分离流动时，常常可以通过与绕圆柱体的流动相比拟，对其进行研究，这里不再赘述，感兴趣的读者可参看参考文献[6]。

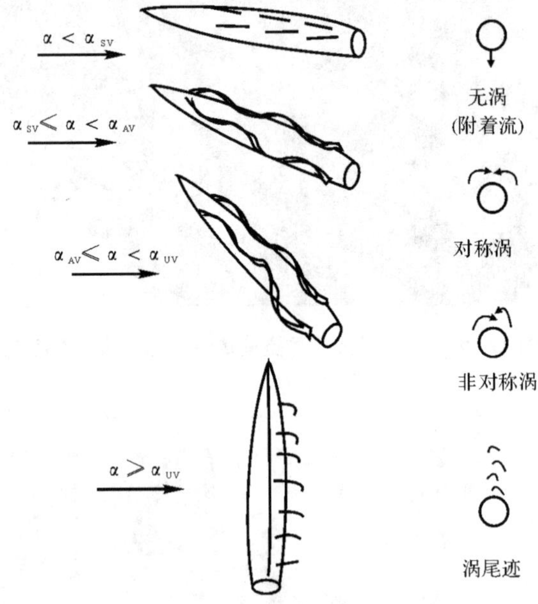

图 12.27　迎角对背风面流场的影响

需要指出的是，如果作为飞机的机身，在无侧滑时，发生非对称分离旋涡会产生侧向力和偏航力矩，对飞机的操纵和控制是非常不利的。现代飞机采用加机身边条来解决这一问题，感兴趣的读者可参看有关现代高机动战斗机的资料。

12.8　小　结

本章的主要内容归纳如下：

(1) 在柱坐标系下，绕细长旋成体的线化小扰动速度势方程可以写为

$$(1-Ma_{\infty}^{2})\frac{\partial^{2}\phi}{\partial x^{2}}+\frac{\partial^{2}\phi}{\partial r^{2}}+\frac{1}{r}\frac{\partial\phi}{\partial r}+\frac{1}{r^{2}}\frac{\partial^{2}\phi}{\partial\theta^{2}}=0$$

其对应边界条件为

$$\left(\frac{\partial\phi}{\partial r}+V_{\infty}\alpha\cos\theta\right)\bigg|_{r=R(x)}=V_{\infty}\frac{\mathrm{d}R}{\mathrm{d}x}$$

压力系数为

$$C_{p}=-\left\{\frac{2}{V_{\infty}}\left(\frac{\partial\phi}{\partial x}\right)+\frac{1}{V_{\infty}^{2}}\left[\left(\frac{\partial\phi}{\partial r}\right)^{2}+\frac{1}{r^{2}}\left(\frac{\partial\phi}{\partial\theta}\right)^{2}\right]\right\}$$

对于轴对称流动，式(12.9)、式(12.13)、式(12.15b)分别为

$$(1-Ma_{\infty}^{2})\frac{\partial^{2}\phi}{\partial x^{2}}+\frac{\partial^{2}\phi}{\partial r^{2}}+\frac{1}{r}\frac{\partial\phi}{\partial r}=0$$

$$\left(\frac{\partial\phi}{\partial r}\right)_{r=R(x)}=V_{\infty}\frac{\mathrm{d}R}{\mathrm{d}x}$$

$$C_{p}=-\left[\frac{2}{V_{\infty}}\left(\frac{\partial\phi}{\partial x}\right)+\frac{1}{V_{\infty}^{2}}\left(\frac{\partial\phi}{\partial r}\right)^{2}\right]$$

(2) 绕细长旋成体的轴对称流动，不管来流是亚声速的还是超声速的，其小扰动速度势都可以采用在轴线上分布相应的源汇来求解，源汇的强度由物面边界条件来确定。由求得的速度势 ϕ，可以得到物面压力系数的计算公式。

对于亚声速流动，则有

$$C_{p}=-\frac{1}{2\pi}\left[S''(x)\ln\frac{\beta^{2}R^{2}}{4x(L-x)}-\int_{0}^{L}\frac{S''(\xi)-S''(x)}{|x-\xi|}\mathrm{d}\xi\right]-\left(\frac{\mathrm{d}R}{\mathrm{d}x}\right)^{2}$$

对于超声速流动，则有

$$C_{p}=-\frac{1}{\pi}\left[S''(x)\ln\frac{BR}{2}-\frac{\mathrm{d}}{\mathrm{d}x}\int_{0}^{x}S''(\xi)\ln(x-\xi)\mathrm{d}\xi\right]-\left(\frac{\mathrm{d}R}{\mathrm{d}x}\right)^{2}$$

在无黏、线化小扰动假设下，亚声速小扰动轴对称流动绕细长旋成体不产生升力，也不产生阻力；在超声速情况下，绕细长旋成体的轴对称流动不产生升力，但会产生波阻力。与同样相对厚度的二维薄翼型绕流相比，细长体引起的扰动要小，这是因为三维效应的影响。

(3) 细长旋成体的小迎角绕流，其小扰动速度势是可以分成轴对称部分 ϕ_a 和横流部分 ϕ_c，相应边界条件也可以分解，即

$$\left(\frac{\partial\phi_{a}}{\partial r}\right)\bigg|_{r=R(x)}=V_{\infty}\frac{\mathrm{d}R}{\mathrm{d}x}$$

$$\left(\frac{\partial\phi_{c}}{\partial r}\right)\bigg|_{r=R(x)}=-V_{\infty}\alpha\cos\theta$$

横流扰动速度势 ϕ_c 可由 ϕ_a 得

$$\phi_c = \frac{\partial \phi_a}{\partial r}\cos\theta$$

物面压力系数也可以做相应的分解，即

$$(C_{p,a})_{物面} = -\frac{2}{V_\infty}\left(\frac{\partial \phi_a}{\partial x}\right)_{物面} - \left(\frac{\mathrm{d}R}{\mathrm{d}x}\right)^2$$

$$(C_{p,c})_{物面} = -\frac{2}{V_\infty}\left(\frac{\partial \phi_c}{\partial x}\right)_{物面} + \alpha^2(1 - 4\sin^2\theta)$$

(4) 细长旋成体的法向力 N 取决于横流扰动的扰动速度势 ϕ_c，其气动特性公式为

$$C_L = 2\alpha \frac{S(L)}{S_{\mathrm{M}}}$$

$$C_D = \alpha^2 \frac{S(L)}{S_{\mathrm{M}}} \qquad (亚声速情况)$$

$$C_D = \alpha^2 \frac{S(L)}{S_{\mathrm{M}}} + (C_{D,b})_0 \qquad (超声速情况)$$

(5) 大迎角时，流动在细长体背风面会出现分离旋涡，小扰动线化理论不再适用，横向流动解可通过与二维绕圆柱真实绕流结果(通常需要通过实验获得)相比拟得到；大迎角绕流问题解还可以通过 N－S 方程数值模拟得到。

习　题

12.1　试推导圆柱坐标下的细长旋成体的线化小扰动速度势方程为

$$(1 - Ma_\infty^2)\frac{\partial^2 \phi}{\partial x^2} + \frac{\partial^2 \phi}{\partial r^2} + \frac{1}{r^2}\frac{\partial^2 \phi}{\partial \theta^2} + \frac{1}{r}\frac{\partial \phi}{\partial r} = 0$$

12.2　对于细长旋成体，直角坐标系下的压力系数为

$$C_p = -\left(\frac{2\hat{u}_x}{V_\infty} + \frac{\hat{u}_y^2 + \hat{u}_z^2}{V_\infty^2}\right)$$

试证明：柱坐标系下的上述压力系数的表达式为

$$C_p = -\left[\frac{2\phi_x}{V_\infty} + \left(\frac{\phi_r}{V_\infty}\right)^2 + \frac{1}{r^2}\left(\frac{\phi_\theta}{V_\infty}\right)^2\right]$$

式中，ϕ_x，ϕ_r，ϕ_θ 分别为扰动速度势 ϕ 对圆柱坐标 x，r，θ 的一阶导数。

12.3　有一半顶角 $\delta = 10°$ 的圆锥体，在 $Ma_\infty = 2$ 和 $\alpha = 0°$ 情况下，试用线化理论计算压力系数 C_p；并与由圆锥激波图查得的压力系数结果进行比较。

12.4　圆锥半顶角 δ 分别为 5° 和 10° 的两个细长圆锥体，试按线化理论计算在 $Ma_\infty =$ 1.5，2 时的轴向流动下物面压力系数 C_p 的值；并根据计算结果说明锥面压力系数 C_p 与 δ，Ma_∞ 的关系。

12.5　令变量置换为 $\xi = x - Br\mathrm{ch}u$，证明，细长旋成体超声速轴向流动的扰动速度势式(12.29)变为

$$\phi(x,r) = -\frac{1}{2\pi}\int_0^{\mathrm{arch}\frac{x}{Br}} f(x - Br\mathrm{ch}u)\mathrm{d}u$$

并由此推导，得径向扰动速度为

$$u_r(x,r) = \frac{\partial\phi}{\partial r} = \frac{1}{2\pi}\left[\int_0^{\mathrm{arch}\frac{x}{Br}} Bf'\mathrm{ch}u\mathrm{d}u + \frac{f(0)x}{r\sqrt{x^2 - B^2r^2}}\right]$$

式中，$B = \sqrt{Ma_\infty^2 - 1}$，$f' = \dfrac{\mathrm{d}f}{\mathrm{d}\xi}$。

12.6　用源汇法解细长旋成体超声速轴向流动时，其轴线上源汇强度分布函数可表示为

$$f(\xi) = a\xi$$

式中，常数 a 可解得为

$$a = \frac{V_\infty \tan\delta}{\sqrt{\cot^2\delta - B^2} + \tan\delta\,\mathrm{arch}\left(\dfrac{\cot\delta}{B}\right)}$$

如圆锥角 2δ 很小，并且 $\cot\delta \gg \sqrt{Ma_\infty^2 - 1}$。试由上面 a 的表达式简化，证明超声速轴向流动下细长圆锥体的压力系数 C_p 可化为

$$C_p = 2\delta^2\ln\left(\frac{2}{B\delta}\right) - \delta^2$$

式中，$B = \sqrt{Ma_\infty^2 - 1}$。

12.7　在轴向超声速流动下，证明：绕过具有母线方程 $R = \varepsilon x^{3/2}$ 的旋成体的物面压力系数分布为

$$\frac{C_p}{\varepsilon^2} = 6x\ln\frac{2}{\varepsilon\sqrt{Ma_\infty^2 - 1}} - 3x\ln x - \frac{33}{4}x$$

12.8　旋成体母线方程为 $R = 0.2(x - x^2)$，试求：迎角为 α 时以最大横截面面积为参考面积的压力系数 $C_{p,c}$ 及升力系数 C_L。

12.9　一细长旋成体头部，其母线方程为

$$R = R_{\max}(2\bar{x} - \bar{x}^2)$$

式中，$R(x)$ 为 x 坐标处的圆截面半径；$R_{\max}$ 为最大圆截面半径；$\bar{x} = \dfrac{x}{L_{头}}$；$L_{头}$ 为旋成体头部的长度；并且 $\lambda = \dfrac{L_{头}}{R_{\max}}$。试用细长体理论证明：

$$(C_{D,b})_0 = \frac{4.67}{\lambda^2}$$

式中，$(C_{D,b})_0$ 为超声速零升波阻系数。

参考文献

[1] Anderson John D, Jr. Fundamentals of Aerodynamics[M]. New York: McGraw-Hill Book Company, 1991.

[2] Arnold M Kuethe, Chuen Yen Chow. Foundations of Aerodynamics[M]. 4th ed. New York: John Wiley & Sons, Inc, 1986.

[3] Liepmann H W, Roshko A. Elements of Gasdynamics[M]. New York: John Wiley & Sons Inc, 1957.

[4] 陈再新，刘福长，鲍国华. 空气动力学[M]. 北京：航空工业出版社，1993.

[5] 肖志祥，李凤蔚，鄂秦. 湍流模型在复杂流场数值模拟中的应用[J]. 计算物理学报，2003(4).

[6] Michael J Hemsch. 战术导弹空气动力学：上[M]. 北京：宇航出版社，1999.

[7] 肖志祥. 复杂流动 Navier-Stokes 方程数值模拟及湍流模型应用研究：博士学位论文[D]. 西安：西北工业大学，2003.

[8] 杨岞生，俞守勤. 飞行器部件空气动力学. 北京：航空工业出版社，1987.

[9] Holt Ashly. Aerodynamics of Wings and Bodies[M]. New York: Addison-Wesley Publishing Company, Inc USA, 1965.

第 13 章　高超声速流动基础

13.1　引　言

人类航空航天的历史一直以“更高、更快”为目标迅猛发展，从莱特兄弟在 20 世纪初实现 56 km/h 的海平面飞行到 20 世纪 60—70 年代实现的载人太空飞行，飞行速度和高度都以指数倍增长。人类已经实现了载人飞船登月航行，1969 年，美国阿波罗登月太空舱，创造了 11km/s(第二宇宙速度)的飞行速度纪录，这一速度超过声速的 36 倍。我国的“神舟五号”飞船和“神舟六号”飞船也先后成功实现了载人飞行，取得了举世瞩目的成就。

尽管航天飞行器大部分时间在太空中飞行，但是，当它们以极高的速度(马赫数可达 30 左右)再入大气层时，会受到周围稠密空气的阻滞而急剧减速，其物面附近空气的压力和温度急剧升高，作用在航天飞行器上的气动力特性特别是气动加热问题和一般超声速流动情况的气动问题明显不同，高超声速空气动力学就是重点研究这类问题的空气动力学分支。

高超声速这一术语是由我国著名空气动力学专家钱学森于 1946 年首先提出的。一般来说，我们把 $Ma_\infty > 5$ 的流动称为高超声速流动。再入飞行器，高超声速洲际导弹，以及一些国家正在研制的高超声速巡航导弹、高超声速运输机是高超声速空气动力学研究的对象。

在本章中，仅限于高超声速流动基础知识的简要介绍。首先介绍高超声速流动的空气动力学特征，然后介绍气动特性的近似计算和高超声速飞行器的气动加热和热防护问题。图 13.1 所示是本章的内容简介。

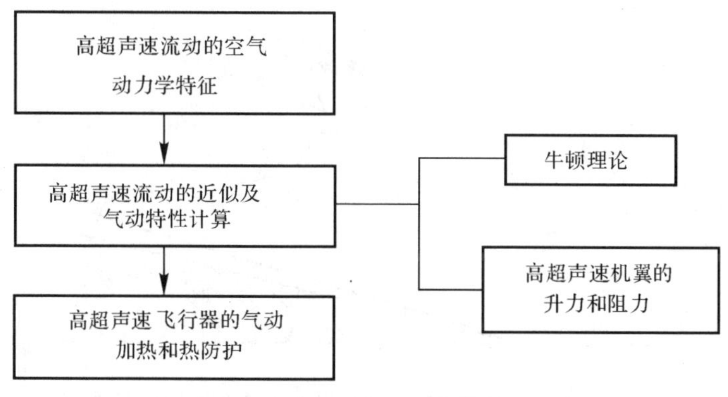

图 13.1　第 13 章的内容简介

13.2 高超声速流动的空气动力学特点

在引言中提到，$Ma_{\infty}>5$ 的流动被称为高超声速流动。然而，不应当把 $Ma_{\infty}=5$ 看成一个严格的界限，认为在 $Ma_{\infty}=5$ 时超声速流动会出现什么本质变化。在后面几节中，可以看到，当飞行马赫数约大于 5 时，流动特性变化明显，如分子的振动自由度激发，比热比 γ 不再等于 1.4 等。J. D. Anderson[1] 把高超声速的空气动力学特性做了归纳，他认为高超声速流动是以下面这些物理现象为特征的。

1. 薄激波层和强黏性干扰

根据斜激波理论，对于一个给定偏转角的流动，来流马赫数越高，斜激波的激波角越小。如图 13.2 所示，$Ma_{\infty}=36$ 的气体流过一个半顶角为 15° 的尖楔，若按比热比 γ 为 1.4 的完全气体考虑，那么，按照我们第 8 章给出的斜激波理论，激波角只有 18°，如若考虑高温和真实气体的化学反应，这个角度还要小。由图 13.2 所示可见，此时激波非常贴近物面，激波与物面之间只是一个夹角为 3° 的细长楔形薄层区，因此把激波与物面之间的区域称为激波层。由图 13.2 给出的例子，看到高超声速时激波层很薄。由于高超声速飞行器通常在高空（空气稀薄）中飞行，空气密度较低，引起雷诺数降低，所以黏性边界层的厚度增大很快，（以层流边界层为例，边界层厚度正比于 $Ma_{\infty}^2/\sqrt{Re_x}$）。所以，很多情况下黏性边界层的厚度与激波层厚度相当，即激波层内几乎完全是黏性流区，激波的形状和物体表面压力分布都要受到很强的黏性影响，图 13.3 给出了高超声速流动流过平板的黏性干扰示例。如果流动是无黏的，平板前缘处是马赫波，气流不会发生偏转，因此压力分布如图 13.3(a) 所示。而实际流动是高黏性的，边界层很厚，如图 13.3(b) 所示。边界层的存在引起流动偏转，在平板前缘产生了一个相当强的弯曲激波，改变了平板的压力分布。这一例子说明：高超声速流动的黏性干扰很强。

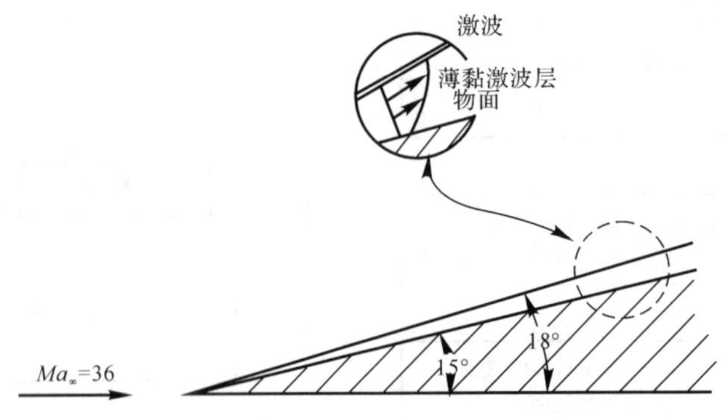

图 13.2 高超声速流动中的薄激波层和强黏性干扰

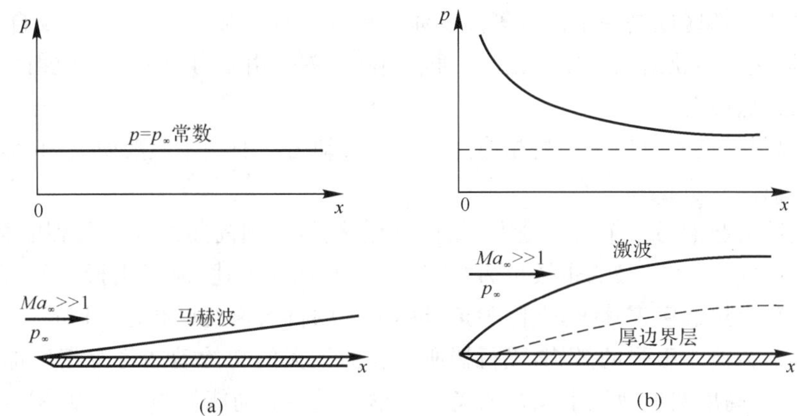

图 13.3　高超声速时平板上的黏性干扰

(a) 无黏性影响；(b) 有黏性影响

2. 高温流动真实气体效应和严重的气动加热

高超声速流动的另一个也是更重要的物理特征是激波层内气体温度很高，空气会发生化学反应，伴随产生对飞行器的巨大气动加热。例如，考虑钝头体以 $Ma_\infty = 36$ 再入大气层，如图 13.4 所示，如果飞行高度为再入大气的标准高度 $h = 59$ km，对应此高度大气环境温度 $T = 258$ K。设头部弓形激波垂直来流部分后的温度为 T_S。按第 7 章的正激波关系式，查附录 B，我们会发现，当 $Ma_\infty = 36$ 时，$\dfrac{T_s}{T_\infty} = 252.9$，即 $T = 65\ 248$ K。这一温度比太阳表面温度的 6 倍还要高！当然，实际的温度并没有这么高，这是因为在高温下，气体开始发生化学反应，比热比不再是附录 B 对应的常数 1.4。考虑到真实气体的化学反应，当 $Ma_\infty = 36$ 时，头部区的气体温度 $T_s = 11\ 000$ K，这仍然是一个非常高的温度！它相当于"阿波罗"号再入情况。

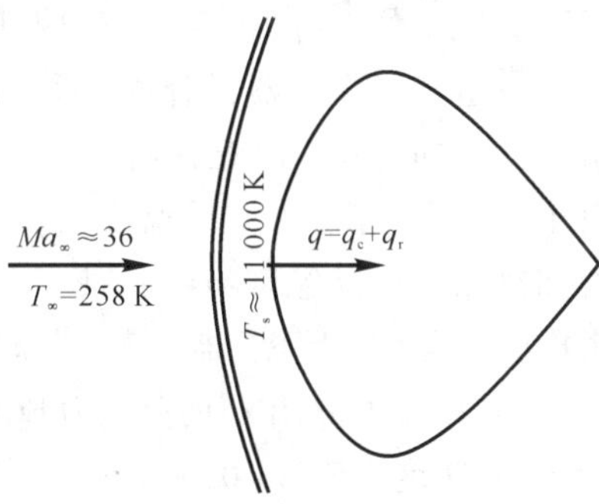

图 13.4　高温激波层

高温会引起空气中的各种成分发生化学反应，同时也会引起分子本身的分解、原子的电离，我们称之为真实气体效应。例如，在海平面大气条件下，空气的组成按体积分数计算，氧气分子 O_2 约占 20%，氮气分子 N_2 占 80%。在这样的常温常压条件下，O_2 和 N_2 不会发生化学反应，气体可以被看成完全气体，即 $p = \rho RT$，$\dfrac{c_p}{c_V} = \gamma = 1.4$。但是，当温度升高时，空气组成成分就会发生改变，当 $2\ 000\text{K} < T < 4\ 000\text{K}$ 时，氧分子会分解：$O_2 \rightarrow 2O$；当 $4\ 000\ \text{K} < T < 9\ 000\ \text{K}$ 时，氮分子会

分解：$N_2 \to 2N$；当 $T > 9\ 000$ K时，原子会发生电离：$O \to O^+ + e^-$，$N \to N^+ + e^-$，。因此，图13.4中激波后的物体头部区域是一个部分等离子体区域，由O，N，阳离子 O^+，N^+ 及自由电子 e^- 组成。再入飞行器在返回轨道某一段会出现"通信中断"，就是由于自由电子吸收射频信号而引起的，我们称之为"黑障"。

因此，高温化学反应流动也是高超声速流动空气动力学的一个主要研究内容，是高超声速的一个主要特征。

高温激波层引起的另一个后果是大量的热量会被传递到高超声速飞行器表面上，这就是所谓的高超声速气动加热问题，也被称为"热障"问题。如前所述，航天飞行器再入大气的速度非常高，约为第一、第二宇宙速度，洲际弹道导弹弹头的再入速度也高达7 km/s左右，因此，飞行器再入时头部会产生很强的激波，飞行器所具有的很大的初始动能将有相当部分转化为热能。例如，300 km高度圆形轨道上飞行的飞行器单位质量的动能约为 3×10^4 kJ/kg，如果其中一小半转化为热能，若采用热沉式防热（利用材料的热容吸收热量），即使吸热性能最好的铍，1 kg也只能吸储 2.34×10^3 kJ的热量，不可能吸收全部热量，可见再入气动加热问题十分严重，因此，严重的气动加热也是高超声速流动的重要特征之一。高超声速气动加热还有如下的特点：其气动加热的形式不仅与常规高速流动有相同的方式——热传导和热对流；还有由于真实气体效应引起的多组分混合气体由于组分浓度不均匀形成的扩散传热；当温度高于8 000 K时，还必须考虑辐射加热。这是因为热辐射的传热量与温度的四次方成正比：$q_r \propto T^4$；而热传导引起的气动加热和温度无关，是与温度梯度成正比的：$q_c \propto \dfrac{\partial T}{\partial n}$。如果 $q = q_c + q_r$，对于"阿波罗"号再入大气，$q_r/q_c \approx 0.3$，因此热辐射的防护是高超声速飞行器设计时必须考虑的重要因素。对于空间探测器"丘比特"再入大气的情形，由于其速度之高、激波层温度之高，热传导引起的加热几乎可以忽略：$q \approx q_r$。图13.5所示的是一个典型的载人航天飞行器再入大气时，q_c 和 q_r 的对比。在图13.5中，q_c 和 q_r 的单位为 $\mathrm{Btu \cdot ft^{-2}}$①。可以看到：在速度大于36 000 ft/s时，热辐射引起的加热迅速增加。

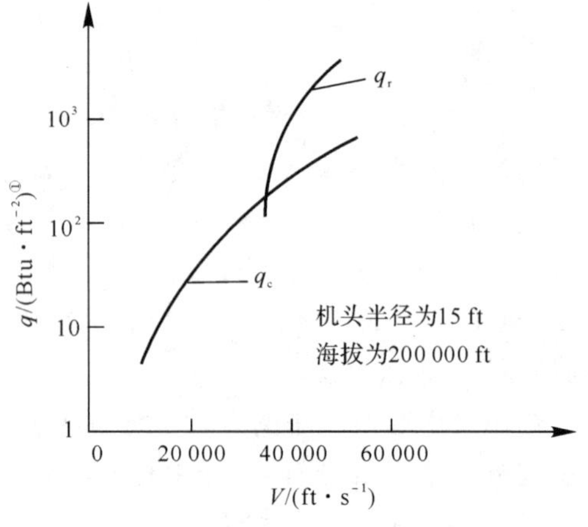

图13.5 钝头再入飞行器的热传导率和热辐射率随速度的变化[8]

综上所述，高超声速流动与超声速流动相比，有如下的特征：激波层薄、黏性干扰大、气流温度高、存在真实气体效应和严重的气动加热问题。

① $\mathrm{Btu \cdot ft^{-2}}$ 中的Btu和ft分别为热量和长度的非法定计量单位，1 Btu $= 1.05 \times 10^3$ J，1 ft $= 0.304\ 8$ m。

13.3　高超声速流动的近似方法及气动特性计算

在这一小节中，首先介绍在工程中常用的高超声速气动特性估算方法 —— 牛顿理论。然后以简单的平板机翼气动特性为例说明气动特性的计算方法。最后，对高超声速下的斜激波关系式进行研究，找出它与牛顿理论的联系。

一、牛顿理论

将图 13.2 画出的流线重新在图 13.6 中给出。由于激波几乎贴近物面，远远看去就好像平行来流直接与物面碰撞后，再沿物面切线方向向下游流走。这说明，在高超声速情况下，流动的模型刚好接近于牛顿在 1687 年提出的估算流体在物体上作用力的理论模型，称之为牛顿理论。

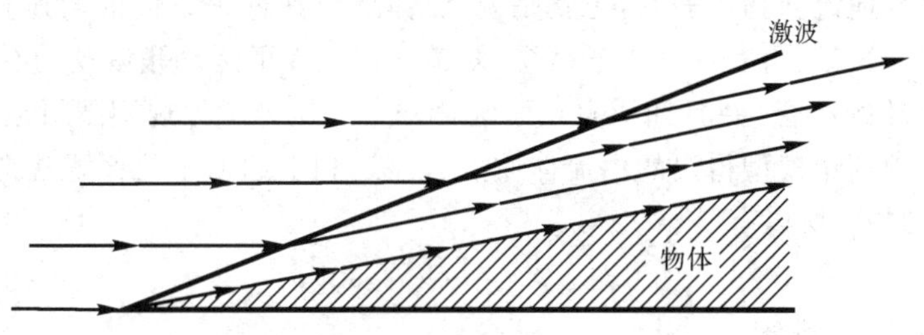

图 13.6　高超声速流动中的流线与牛顿理论近似

牛顿理论的基本假设和理论要点是：

(1) 假设流体是由大量均匀分布的、彼此独立无相互作用的质点组成，它们排列整齐，平行地沿着直线流向物体。

(2) 流体质点与物体碰撞时，将失去与物面垂直的法向动量，而保持原有的切向动量沿物面向下游流去。法向动量的时间变化率等于流体作用在物体上的力。

(3) 流体对物面的压力之作用仅在能与流体质点相碰撞的表面(迎风面)上，而流体质点碰撞不到的表面(背风面)上压力系数为零。

牛顿理论模型如图 13.7 所示，考虑与自由来流夹角为 θ 的一段表面，面积为 A，根据牛顿理论模型，流体质点在与表面碰撞时，法向动量丢失，切向动量保持，由牛顿第二定律可以知道，作用于流体质点碰撞表面的作用力等于法向动量的时间变化率。由图 13.7 可以看出，垂直于物体表面的自由来流速度分量为 $V_\infty \sin\theta$，因此碰撞到面积为 A 的表面上的质量流量为 $\rho_\infty (A\sin\theta) V_\infty$。因此，法向动量的时间变化率为

$$\rho_\infty (A\sin\theta) V_\infty (V_\infty \sin\theta) = \rho_\infty V_\infty^2 A\sin^2\theta$$

因此，由牛顿第二定律，作用于表面的法向力为

$$N = \rho_\infty V_\infty^2 A\sin^2\theta \tag{13.1}$$

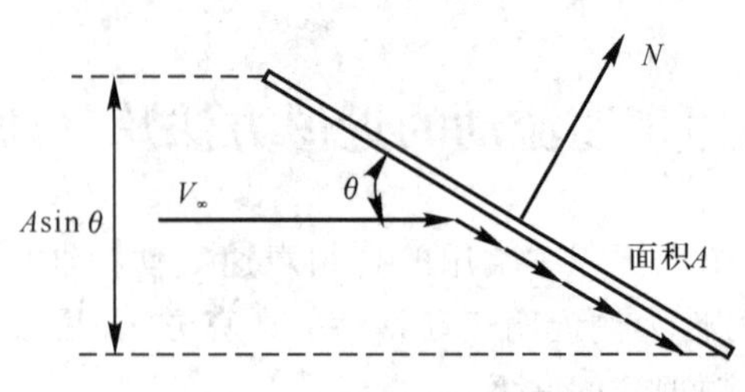

图 13.7　牛顿碰撞理论模型

所以，单位面积表面作用的法向力为

$$\frac{N}{A} = \rho_\infty V_\infty^2 \sin^2\theta \tag{13.2}$$

用现代空气动力学的知识来解释式(13.2)的物理意义。牛顿理论假设所有的流体质点都沿同一个方向平行地流向物体表面，也就是说，流体质点作同一方向的匀速直线运动，就像机枪中射出的子弹一样。而由空气动力学概念，知道气体质点的运动是宏观的有序运动和微观分子无规则随机运动的组合，并且知道自由来流静压 p_∞ 是分子无规则随机运动引起的压力的度量，因此，由牛顿理论模型得出的由流体质点有序运动引起的单位面积法向力 N，应该是表面压力 p 与 p_∞ 的差，所以有

$$p - p_\infty = \rho_\infty V_\infty^2 \sin^2\theta \tag{13.3}$$

写成压力系数的形式，则有

$$C_p = \frac{p - p_\infty}{\frac{1}{2}\rho_\infty V_\infty^2} = 2\sin^2\theta \tag{13.4}$$

即

$$C_p = 2\sin^2\theta \tag{13.5}$$

式(13.5)被称为牛顿公式，也可以称为牛顿正弦平方定律。牛顿公式指出，压力系数正比于自由来流与当地物面切线夹角的正弦值的平方。

在背风面上，则有

$$C_p = 0$$

如图13.8所示，自由来流与物面切线的夹角可用θ表示出来，有时也采用自由来流与物面法线方向的夹角 φ 来表示牛顿公式，这样，式(13.5)就被写为

$$C_p = 2\cos^2\varphi \tag{13.6}$$

考虑图13.8所示的钝头体，很显然，由牛顿公式可看出，最大压力点即最大压力系数点，出现在驻点处。此时$\theta = \frac{\pi}{2}$，$\varphi = 0°$。牛顿公式(13.5)表明在驻点处$(C_p)_0 = 2$。可以从如下角度证明$(C_p)_0 = 2$是$Ma_\infty \to \infty$时的极限情况。考虑一个极高马赫数下通过正激波的流动，如图13.9所示。由式(7.6)得

$$p_\infty + \rho_\infty V_\infty^2 = p_2 + \rho_2 V_2^2 \tag{13.7}$$

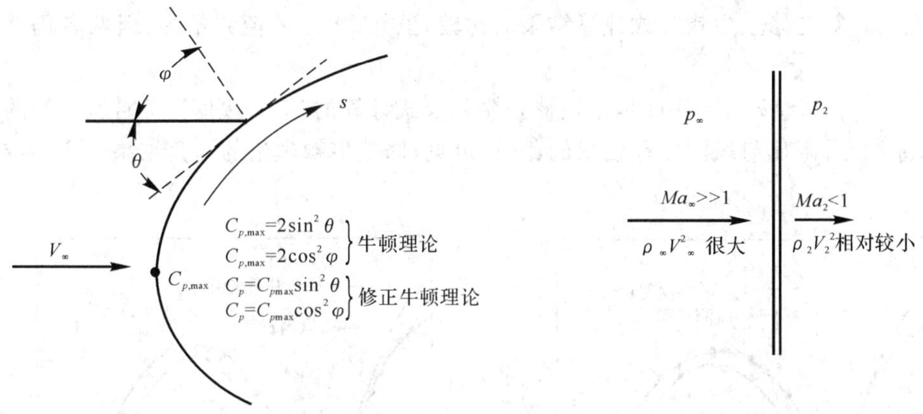

图 13.8　牛顿理论中夹角的定义　　　　**图 13.9　高超声速流动通过正激波**

由第 7 章的知识知道，波前马赫数越大，激波越强，波后速度降低越多。因此，高超声速马赫数下，我们可以认为 $\rho_\infty V_\infty^2 \gg \rho_2 V_2^2$，因此，可近似认为式(13.7) 中的 $\rho_2 V_2^2 \approx 0$，可以忽略。当 $Ma_\infty \to \infty$ 时，式(13.7) 可以写为

$$p_2 - p_\infty = \rho_\infty V_\infty^2$$

即

$$C_p = \frac{p_2 - p_\infty}{\frac{1}{2}\rho_\infty V_\infty^2} = 2$$

由以上讨论，可以得出这样的推断，牛顿公式给出的驻点压力系数 $C_p = 2$ 是 $Ma_\infty \to \infty$ 的极限情况。对于大的有限的马赫数 Ma_∞，真正的驻点压力系数 C_p 应小于2。回到图 13.8所示的钝头体，如果表面压力系数 C_p 是沿着物面切线坐标的函数，则 C_p 的最大值应该在驻点处，如果驻点处的压力系数用 $C_{p,\max}$ 表示，则我们可将牛顿公式(13.5) 修正如下：

$$C_p = C_{p,\max}\sin^2\theta \tag{13.8}$$

式(13.8) 被称为修正的牛顿公式。计算钝头体的表面压力分布，式(13.8) 比式(13.5) 更精确。$C_{p,\max}$ 可用正激波后的 $p_{0,2}$ 算出：$C_{p,\max} = \dfrac{2}{\gamma Ma_\infty^2}\left(\dfrac{p_{0,2}}{p_\infty} - 1\right)$，如果假设 $\gamma = 1.4$，$p_{0,2}$ 就可以由第 7 章的相关知识确定或直接由附录 B 查出。

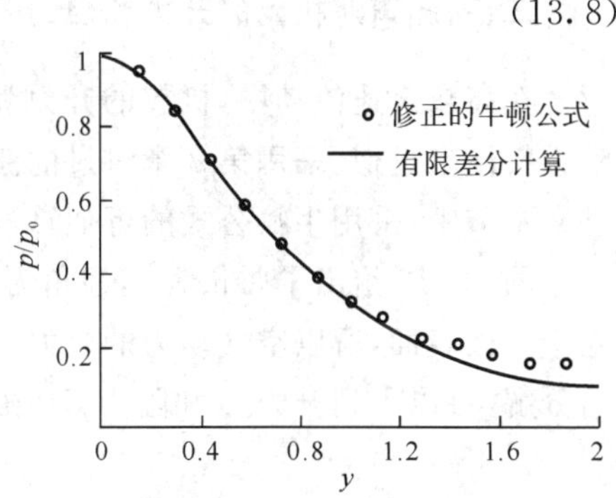

图 13.10　修正牛顿公式与数值解

一般来说，修正的牛顿公式对三维物体的气动力估算相当准确，常用于高超声速飞行器的初步设计中。图 13.10 给出了 $Ma_\infty = 4$ 时轴对称抛物旋成体表面压

力分布的数值计算与修正牛顿公式计算结果的比较，虽然 Ma_∞ 的值并不高，但两者仍然符合得很好。

图 13.11 给出了 $Ma_\infty = 10$ 时，采用修正牛顿公式计算的“双子星座”飞船返回舱的阻力系数、升力系数、升阻比与风洞实验结果的比较。可见，修正牛顿理论的计算结果与实验结果相当符合。

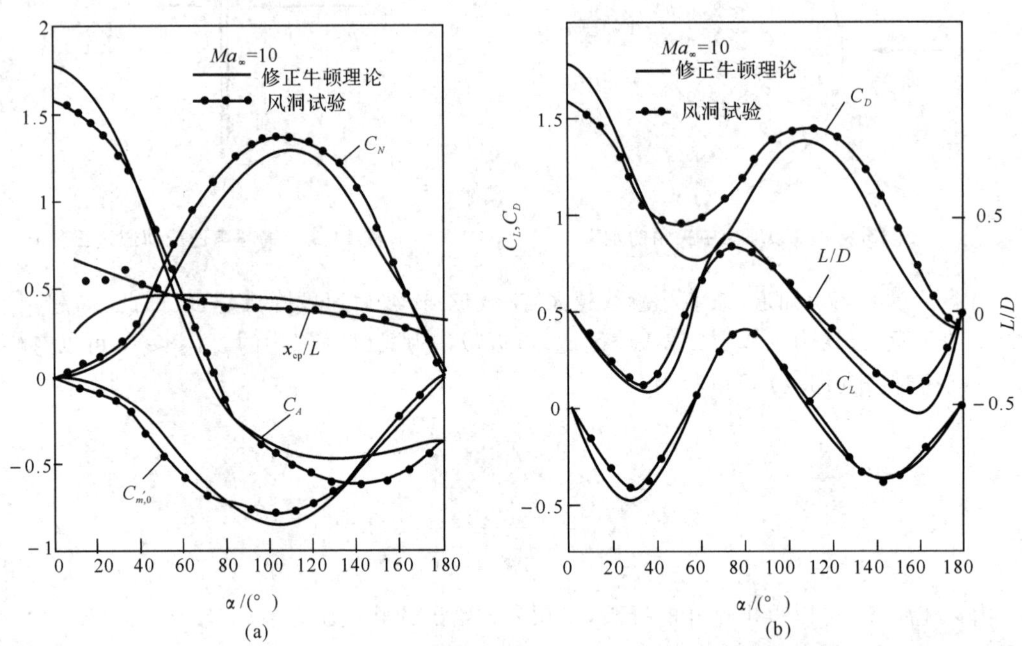

图 13.11 “双子星座”飞船返回舱修正牛顿理论的计算结果与风洞实验的比较

二、高超声速机翼的升力和阻力

在高超声速流动中，机翼的升力和阻力特性可以由图 13.12 所示的有迎角平板的升力和阻力特性来近似。采用第 8 章讲过的激波膨胀波理论可以得出精确的升力系数和波阻系数，但是在本节中，采用牛顿公式的近似算法来研究高超声速下平板机翼的气动特性。

图 13.13 给出了弦长为 c，迎角为 α 的二维平板翼型。由于不考虑摩擦，表面压力又总是垂直于平板表面，所以空气动力的合力 N 的方向垂直于平板。沿垂直于来流和平行于来流的方向分解，可以得到升力 L 和阻力 D。根据牛顿公式，下表面压力系数为

$$C_{p,l} = 2\sin^2\alpha \tag{13.9}$$

上表面为背风面，根据牛顿理论有

$$C_{p,u} = 0 \tag{13.10}$$

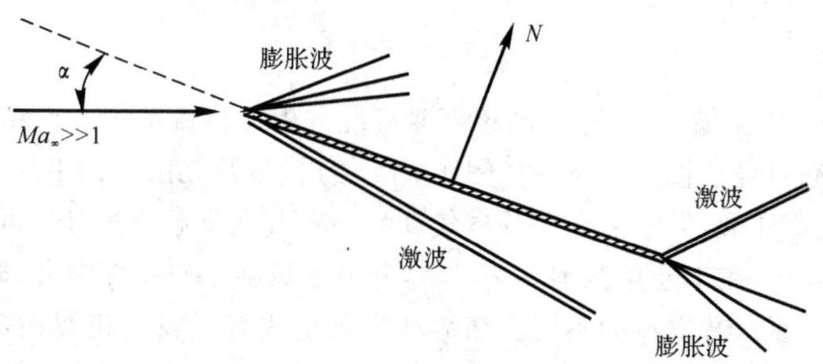

图 13.12　高超声速平板绕流的波系

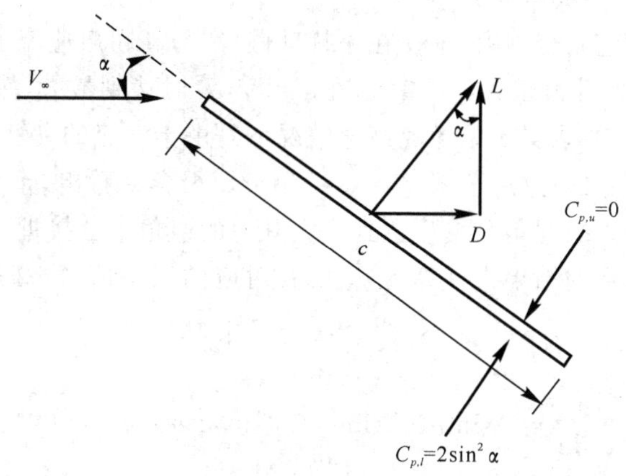

图 13.13　绕有迎角平板高超声速绕流气动力

所以,法向力系数 c_n 为

$$c_n = \frac{1}{c}\int_0^c (C_{p,l} - C_{p,u})\,\mathrm{d}x \tag{13.11}$$

式中,x 是沿弦长距前缘的距离。将式(13.9) 和式(13.10) 式代入式(13.11),可得

$$c_n = 2\sin^2\alpha \tag{13.12}$$

由图 13.13 可得

$$c_l = c_n\cos\alpha \tag{13.13}$$

$$c_d = c_n\sin\alpha \tag{13.14}$$

因此,有

$$c_l = 2\sin^2\alpha\cos\alpha \tag{13.15}$$

$$c_d = 2\sin^3\alpha \tag{13.16}$$

进而,求得升阻比为

$$\frac{L}{D}=\frac{c_l}{c_d}=\cot\alpha \tag{13.17}$$

注意式(13.17)是一个无黏、超声速与高超声速流绕平板翼型流动的一般结果，不局限于牛顿理论。基于牛顿理论的绕平板气动特性如图13.14给出。尽管无限薄的平板本身不是一个适合高超声速流动的气动外形，但它的一些基本气动特性和其他高超声速外形的气动特性相一致。例如，对于升力系数 c_l，在小迎角范围 $0°\sim15°$，升力系数随 α 非线性增大，即升力线斜率不是常数。这和我们在前面章节讲过的不可压缩流动绕翼型或有限翼展机翼在达到失速迎角之前其升力系数与迎角 α 成线性关系完全不一样，也和线化超声速流动解不一样，超声速流绕翼型流动的升力系数为 $c_l=\dfrac{4\alpha}{\sqrt{Ma_\infty^2-1}}$，在小迎角下，$c_l$ 与 α 也是成线性关系的。这说明，与在10.8节中对小扰动理论的讨论完全一致，即使在小扰动假设下，高超声速流也是由非线性方程支配的。在图13.14中可看出，升力系数随 α 增大，在 $\alpha=54.7°$ 时达到最大，然后随迎角下降，当 $\alpha=90°$ 时，$c_l=0$，注意，$c_{l,\max}$ 的取得不是像亚声速情况下是由于气流的黏性引起分离造成的，而是纯粹由物面几何外形决定的。这由公式 $c_l=2\sin^2\alpha\cos\alpha$ 很容易看出。十分有趣的是，大部分高超声速外形达到最大升力的迎角与平板达到最大升力的迎角十分接近，在55°左右。

可以用牛顿理论得到的结果来计算 $c_{l,\max}$ 及其对应的迎角值。由高等数学知识知道，在极值点，一定有 $\dfrac{\mathrm{d}c_l}{\mathrm{d}\alpha}=0$。所以，有

$$\frac{\mathrm{d}c_l}{\mathrm{d}\alpha}=2\sin^2\alpha(-\sin\alpha)+4\sin\alpha\cos\alpha\cos\alpha=0$$

即

$$\sin^2\alpha=2\cos^2\alpha=2(1-\sin^2\alpha)$$

所以

$$\sin^2\alpha=\frac{2}{3},\quad \alpha=54.7°$$

$$c_{l,\max}=2\sin^2(54.7°)\cos(54.7°)=0.77$$

下面，观察一下图13.14中阻力系数的变化，当 $\alpha=0°$ 时，阻力系数为零，随着 α 的增大，阻力系数增大；在 $\alpha=90°$ 时，阻力系数达到最大，$c_{d,\max}=2$。因为流动被假设是无黏的，即没有摩擦阻力，所以牛顿理论估算出的阻力为波阻力。在小迎角范围，阻力系数正比于迎角的三次方，即

$$c_d=2\sin^3\alpha\approx2\alpha^3 \tag{13.18}$$

图13.14还给出了牛顿理论估算出的升阻比变化曲线，实线为用牛顿理论得到的结果，当 $\alpha=0°$ 时，$\dfrac{L}{D}$ 为无限大，随着迎角 α 的增加，$\dfrac{L}{D}$ 单调递减。当 $\alpha=0°$ 时，无限大的升阻比只是假想的，这是由于没有考虑表面摩擦的影响。如果把表面黏性摩擦考虑进去，则 $\dfrac{L}{D}$ 在小迎角范围内为虚线所示的曲线。在图13.14中的某一小迎角，即图上点 B，$\dfrac{L}{D}$ 达到最大。在 $\alpha=0°$ 时，升

阻比$\frac{L}{D}=0$。

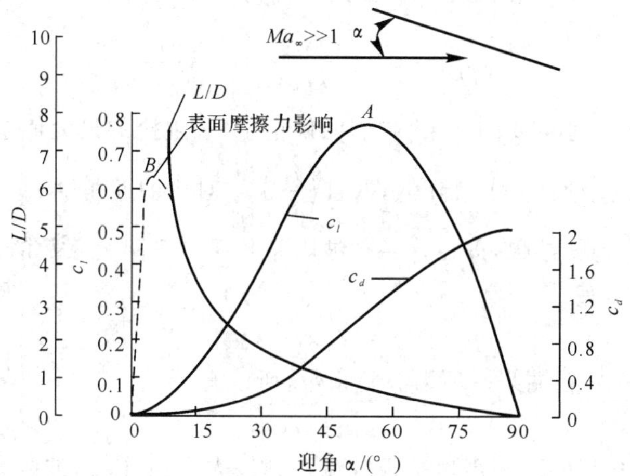

图 13.14　基于牛顿理论的平板气动特性

仔细研究$\left(\frac{L}{D}\right)_{\max}$处的条件。$\left(\frac{L}{D}\right)_{\max}$的大小及$\left(\frac{L}{D}\right)_{\max}$对应的迎角值都是零升阻力系数$c_{d,0}$的函数。零升阻力系数来源于零迎角时平板表面摩擦作用的总和，在小迎角时，表面摩擦阻力可以看做与零升力时相同，因此，可以写出总的阻力系数为

$$c_d=2\sin^3\alpha+c_{d,0} \tag{13.19}$$

对于小迎角，升力系数c_l、阻力系数c_d可以分别写为

$$c_l=2\alpha^2 \tag{13.20}$$

$$c_d=2\alpha^3+c_{d,0} \tag{13.21}$$

因此，可得

$$\frac{c_l}{c_d}=\frac{2\alpha^2}{2\alpha^3+c_{d,0}} \tag{13.22}$$

通过令$\mathrm{d}\left(\frac{c_l}{c_d}\right)\Big/\mathrm{d}\alpha=0$来找$\frac{c_l}{c_d}$的极值点及对应$\alpha$值，即

$$\frac{\mathrm{d}(c_l/c_d)}{\mathrm{d}\alpha}=\frac{(2\alpha^3+c_{d,0})4\alpha-2\alpha^2(6\alpha^2)}{(2\alpha^3+c_{d,0})^2}=0$$

即

$$8\alpha^4+4\alpha c_{d,0}-12\alpha^4=0$$

解得

$$\alpha=(c_{d,0})^{\frac{1}{3}} \tag{13.23}$$

将式(13.23)代入式(13.22)，可得

$$\left(\frac{c_l}{c_d}\right)_{\max} = \frac{2(c_{d,0})^{\frac{2}{3}}}{(2c_{d,0} + c_{d,0})} = \frac{\frac{2}{3}}{(c_{d,0})^{\frac{1}{3}}}$$

即

$$\left(\frac{L}{D}\right)_{\max} = \left(\frac{c_l}{c_d}\right)_{\max} = \frac{0.67}{(c_{d,0})^{\frac{1}{3}}} \tag{13.24}$$

式(13.23) 和式(12.24) 是重要的结果。它们明确指出，升阻比的最大值是 $c_{d,0}$ 的函数。更进一步，可看出，随着 $c_{d,0}$ 的增加 $\left(\frac{c_l}{c_d}\right)_{\max}$ 降低，并且 $\left(\frac{c_l}{c_d}\right)_{\max}$ 对应的迎角随 $c_{d,0}$ 增大而增大。在升阻比最大点，还有一个有趣的结果，即在这一点波阻系数是零升阻力系数的 2 倍，将式(13.23) 代入阻力系数式(12.21)，有

$$c_d = 2c_{d,0} + c_{d,0} \tag{13.25}$$

因为式(13.25) 等号右端第一项为波阻系数，所以有

$$c_{d,w} = 2c_{d,0} \tag{13.26}$$

即用牛顿理论估算出的高超声速平板绕流达到最大升阻比时，波阻系数是摩擦阻力系数的 2 倍。

至此，结束了对用牛顿理论得出的高超声速机翼绕流升、阻特性的讨论。本节得出的定性、定量结果都是与高超声速实际飞行器的气动特性相符的。

三、高超声速激波关系式与高超声速马赫数无关原理

在第 8 章中推导出的基本斜激波关系式是在完全气体假设下的精确激波关系式，适用于所有大于 1 的波前马赫数，即不管流动是超声速的还是高超声速的均适用。当对精确激波关系式求 $Ma_\infty \to \infty$ 的极限时，可以得出一些简化的近似关系式，称这些关系式为高超声速激波关系式。

考虑如图 13.15 中的直斜激波，激波上游和下游的各变量分别用下标 1 和下标 2 表示。在第 8 章中，已经导出了量热完全气体假设下的斜激波关系式。通过斜激波的压力比为

$$\frac{p_2}{p_1} = 1 + \frac{2\gamma}{\gamma+1}(Ma_1^2\sin^2\beta - 1) \tag{13.27}$$

式中，β 为激波角。当 $Ma_1^2 \to \infty$ 时，$Ma_1^2\sin^2\beta \gg 1$，因此在高超声速条件下，式(13.27) 变为

$$\frac{p_2}{p_1} \approx \frac{2\gamma}{\gamma+1}Ma_1^2\sin^2\beta \tag{13.28}$$

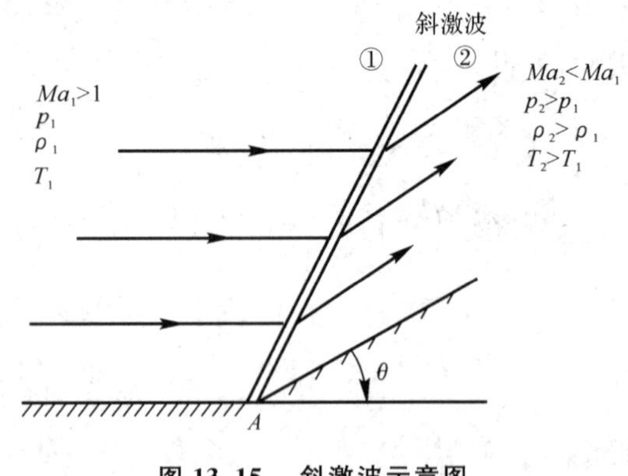

图 13.15 斜激波示意图

同理，密度的精确激波关系式为

$$\frac{\rho_2}{\rho_1}=\frac{(\gamma+1)Ma_1^2\sin^2\beta}{(\gamma-1)Ma_1^2\sin^2\beta+2} \tag{13.29}$$

当 $Ma_1\to\infty$ 时，可写为

$$\frac{\rho_2}{\rho_1}\approx\frac{(\gamma+1)}{(\gamma-1)} \tag{13.30}$$

因为$\dfrac{T_2}{T_1}=\dfrac{p_2/(\rho_2R)}{p_1/(\rho_1R)}=\dfrac{\dfrac{p_2}{p_1}}{\dfrac{\rho_2}{\rho_1}}$，所以由式(13.28) 和式(13.30) 得

当 $Ma_1\to\infty$ 时，则有

$$\frac{T_2}{T_1}\approx\frac{2\gamma(\gamma-1)}{(\gamma+1)^2}Ma_1^2\sin^2\beta \tag{13.31}$$

下面我们研究一下如下的精确 θ-β-Ma 关系式。将式(8.23) 重写为

$$\tan\theta=2\cot\beta\left[\frac{Ma_1^2\sin^2\beta-1}{Ma_1^2(\gamma+\cos2\beta)+2}\right]$$

按照这一关系式，图 8.6 中给出了以波前马赫数为参数，β随θ的变化曲线。当 $Ma_1\to\infty$ 时，上式可简化为

$$\tan\theta=\frac{2\sin\beta\cos\beta}{\gamma+1-2\sin^2\beta} \tag{13.32}$$

回到图 8.6 给出的 θ-β-Ma 关系曲线图，发现当 $Ma_1\to\infty$ 且 θ 较小时，β也很小，因此可以近似地认为

$$\tan\theta\approx\theta,\quad \sin\beta\approx\beta$$

$$\cos\beta\approx1,\quad 2\sin^2\beta\approx0$$

这时，式(13.32) 进一步简化为

当 $Ma_1\to\infty$ 且 θ 为小量时，则有

$$\frac{\beta}{\theta}=\frac{\gamma+1}{2} \tag{13.33}$$

当 $\gamma=1.4$ 时，则有

$$\beta=1.2\theta \tag{13.34}$$

式(13.34) 表示流过细长尖楔的极高超声速流动，激波角只比尖楔角 θ 大 20%，这说明了高超声速流动的主要特征之一 —— 激波层很薄。

下面来推导 $Ma_1\to\infty$ 时常用的压力系数的表达式。在第 10 章已经推导出(见式 10.17)：

$$C_p=\frac{p_2-p_1}{\frac{1}{2}\rho_1V_1^2}=\frac{2}{\gamma Ma_1^2}\left(\frac{p_2}{p_1}-1\right)$$

将精确激波关系式(13.27) 代入上式，得

$$C_p = \frac{4}{\gamma+1}\left(\sin^2\beta - \frac{1}{Ma_1^2}\right) \tag{13.35}$$

当 $Ma_1 \to \infty$ 时，式(13.35)简化为

$$C_p = \left(\frac{4}{\gamma+1}\right)\sin^2\beta \tag{13.36}$$

现在，将前面的结果总结一下。当 $Ma_1 \to \infty$ 时，推导出了高超声速激波关系式(13.28)、式(13.30)和式(13.31)。当 $Ma_1 \to \infty$，θ 为小量时，又推导出了 β 与 θ 的关系式(13.33)。注意：这些关系式都是由与之相对应的精确关系式直接对 Ma_∞ 求极限而得。

在求定量的结果时，即使是高超声速下，一般采用精确的激波关系式。但在对高超声速流进行定性的理论分析时，用推导出的高超声速激波关系式更为方便。

下面，看一下式(13.36)，当考虑真实气体效应，即 $\gamma \to 1.0$ 时的结果。由式(13.36)可知，此时

$$C_p = 2\sin^2\beta \tag{13.37}$$

由式(13.33)可知，当 $\gamma \to 1.0$ 时，则有

$$\beta = \theta \tag{13.38}$$

所以，就由高超声速斜激波关系式推导出下式：

$$C_p = 2\sin^2\theta \tag{13.39}$$

这一结果刚好就是牛顿公式(13.5)。由此可以得出结论，高超声速来流马赫数越趋近于无穷，气体比热比 γ 越趋近于1，牛顿理论越精确。

由式(13.28)，看到当自由来流马赫数趋近于无穷大时，通过激波的压力比也趋于无穷大。但是，激波后的压力系数，当自由来流马赫数趋近于无穷大时，保持为常数，见式(13.36)或式(13.39)。这说明，当马赫数足够高时，高超声速流的某些特性不随马赫数变化。这一特征被称为“高超声速的马赫数无关原理”。由上一节给出的平板机翼气动特性可以看出，在高超声速马赫数下，升力系数和阻力系数也和马赫数无关。需要注意的是，这些理论结论是基于极限形式的高超声速激波关系式。

图13.16给出了当 $\gamma = 1.4$ 时，半顶角为15°尖楔表面和半顶角为15°尖锥表面压力系数随马赫数的变化曲线。图中实线分别表示尖楔和尖锥的精确理论解，虚线为牛顿理论的结果。

由精确解与牛顿公式结果的比较，可以看到：

(1) 牛顿公式所得结果的精度随马赫数的增大而提高。

(2) 牛顿理论应用于三维物体具有更高的精度，图13.16显示绕尖锥高超声速流动的精确理论结果与牛顿理论结果更靠近。

从图13.16还可以看到，无论是尖楔还是尖锥，精确解的压力系数在低超声速时，随着 Ma_∞ 的增大急剧下降，然而，在高超声速时，随着 Ma_∞ 的增大，C_p 下降极其缓慢，几乎是一个平台，这说明：C_p 与 Ma_∞ 无关。这就是所说的马赫数无关原理。这一原理告诉我们，在高超声

速时，物体表面的压力系数、升力系数和阻力系数以及流场结构(激波和马赫波的形式)都与马赫数无关。牛顿理论给出的结果——式(13.5)——也清楚地表明了这一结论。

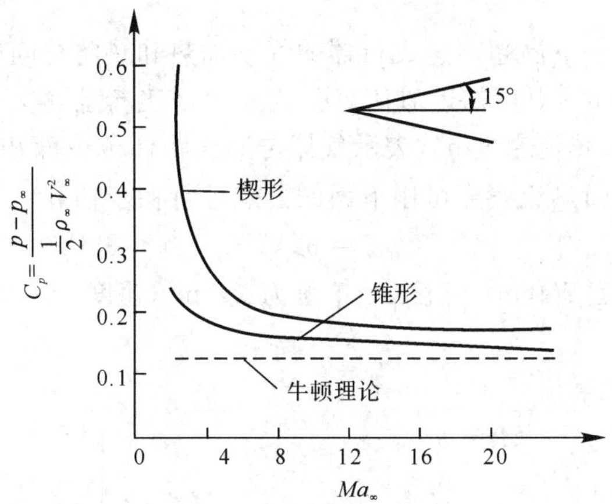

图 13.16　尖楔与尖锥表面压力的牛顿理论与精确解的比较

(马赫数无关性原理的说明)

图 13.17 给出了高超声速马赫数无关性的另一个例子。在图中，给出了一个尖锥圆柱和一个球体从亚声速到超声速、高超声速的阻力系数风洞测量值。可以看出，当马赫数增加到高超声速时，阻力系数 C_D 随马赫数的增加基本不变，球体比尖锥圆柱在更低的来流马赫数下表现出马赫数无关性。

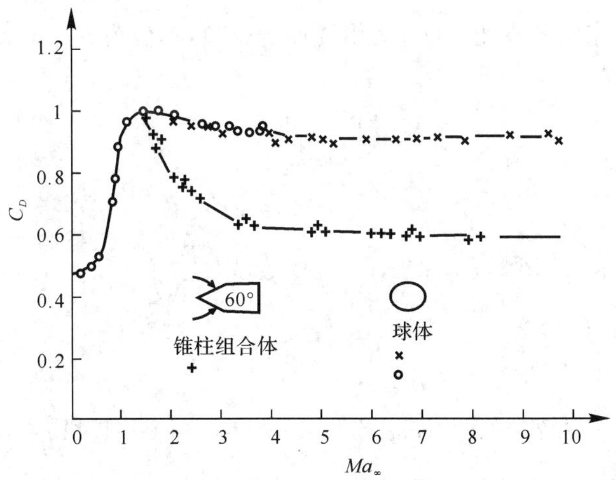

图 13.17　高超声速马赫数无关性的例子

13.4　高超声速飞行器的气动加热和热防护

在本节中，简要介绍一下高超声速飞行器的气动加热和热防护问题。先不考虑气动加热的细节，采用J. D. Anderson[7]引用的近似估算公式来说明飞行器再入时气动加热量的大小和主要决定因素。首先，引入热流密度 q_w，表示气体传递给物体单位面积、单位时间的热量，在高超声速条件下，飞行器表面热流密度可用下面的公式进行初步估算：

$$q_w = \rho_\infty^N V_\infty^M C \tag{13.40}$$

式中，热流密度 q_w 单位为，W/cm²；密度 ρ_∞ 单位为 kg/m³；速度 V_∞ 单位为 m/s，N,M,C 对不同情况取不同数值。

对于驻点，则有

$$\left.\begin{aligned} &M = 3 \\ &N = 0.5 \\ &C = 1.83\times 10^{-8} R^{-\frac{1}{2}}\left(1-\frac{h_w}{h_0}\right) \end{aligned}\right\} \tag{13.41}$$

式中，R 为以 m 为单位表示的飞行器头部半径，h_w，h_0 分别为壁面的焓值和总焓。

对于层流平板，则有

$$\left.\begin{aligned} &M = 3.2 \\ &N = 0.2 \\ &C = 2.53\times 10^{-9}(\cos\varphi)^{\frac{1}{2}}(\sin\varphi)x^{-\frac{1}{2}}\left(1-\frac{h_w}{h_0}\right) \end{aligned}\right\} \tag{13.42}$$

式中，φ 为当地物面与来流的夹角(°)；x 为沿物面的距离，单位为 m。

对于湍流平板则有

$$N = 0.8$$

当 $V_\infty \leqslant 3\ 962$ m/s 时，有

$$\left.\begin{aligned} &M = 3.37 \\ &C = 3.89\times 10^{-8}(\cos\varphi)^{1.78}(\sin\varphi)^{1.6}x_T^{-\frac{1}{5}}\left(\frac{T_w}{556}\right)^{-\frac{1}{4}}\left(1-1.11\frac{h_w}{h_0}\right) \end{aligned}\right\} \tag{13.43}$$

当 $V_\infty > 3\ 962$m/s 时，有

$$\left.\begin{aligned} &M = 3.7 \\ &C = 2.2\times 10^{-9}(\cos\varphi)^{2.08}(\sin\varphi)^{1.6}x_T^{-\frac{1}{5}}\left(1-1.11\frac{h_w}{h_0}\right) \end{aligned}\right\} \tag{13.44}$$

式(13.43)、(13.44) 中，x_T 为湍流边界层中沿物面的距离，m。

由式(13.41) 至式(13.44)，可以得到有关气动加热的定性知识：

(1) 飞行器表面热流密度近似地随飞行速度的 3 次方快速增长，而气动阻力是随飞行速

度的平方增长，可见在高超声速中，气动热的增长速率比阻力增长快得多，因此，在高超声速飞行器设计中，要更加注意气动加热问题。

(2) 热流密度随周围大气密度的增加而增加，正比于密度的 0.5～0.8 次方。这表明，以同样的速度飞行时，飞行高度越低，气动加热越大。

(3) 飞行器的驻点处，热流密度大，它与头部半径的 1/2 次方成反比。头部半径越大，热流密度越小。因此，早期的导弹、航天飞机等都采用较大的头部半径，以减小表面热流密度。

(4) 飞行器再入过程中，表面流态将从层流转变为湍流，湍流在同一位置的表面热流率将大大增加。

接下来，简单地讨论一下高超声速的热防护问题。从高超声速飞行器气动环境来分析，应选择合理的气动外形，减小气动加热量，如前面分析的那样，采用大钝头增大头部半径，可降低驻点的热流密度。另外，对高超声速飞行器的热环境进行分析，还可以采用各种热防护技术。如热沉防护技术、辐射防护技术、烧蚀防护技术等等。

热沉防护技术是在飞行器表面采用耐高温材料吸收一定的热量。

辐射防护技术是利用某些材料在高温下具有高辐射特性，将飞行器表面的热量以辐射形式散发出去。

烧蚀防护技术是航天器中应用最成功、最广泛的，它包括利用防热材料表面层的熔解、气化、热解等消耗热能，损失部分防热材料以保护飞行器内部热环境的要求等。

13.5　小　结

本章简单介绍了高超声速流动的基本知识，其要点如下：

(1) 在高超声速流动条件下，其流动特性有这样一些特点：激波层很薄，黏性干扰强，气流温度很高，伴随产生真实气体效应和严重的气动加热问题。

(2) 航天飞行器表面的气动力特性可采用牛顿理论估算。牛顿公式与修正的牛顿公式分别为

$$C_p = 2\sin^2\theta$$

$$C_p = C_{p,\max}\sin^2\theta$$

(3) 由斜激波关系式出发，在 $Ma_\infty \to \infty, \gamma \to 1$ 的极限情况下，可以推导出牛顿公式，有助于对牛顿理论的理解。在 $Ma_\infty \to \infty, \gamma \to 1$ 时，高超声速激波关系式说明，对高超声速流动存在马赫数无关性。

(4) 在高超声速中，飞行器表面的热流密度正比于飞行速度的三次方，随周围大气密度的增加而增加。

习　题

13.1　考虑一迎角为 α，厚度为无限薄的平板，置于马赫数为 2.6 的自由流中，用(1) 牛顿

理论、(2) 修正的牛顿理论分别计算迎角为5°,15°,30°时的升力系数和波阻系数；并与精确激波-膨胀波理论解相比较。通过比较,能得出关于亚声速马赫数下牛顿理论与修正的牛顿理论计算精度的什么结论?

13.2 考虑一迎角为20°的平板,置于马赫数为20的自由流中。直接用牛顿理论计算升力系数和阻力系数,并与精确激波-膨胀波理论解相比较。

13.3 $Ma_\infty = 10$的高超声速流动绕半顶角为10°的圆锥,试用牛顿公式,求$\alpha = -5° \sim 5°$时的$C_L \sim \alpha$,$C_D \sim \alpha$的表达式。

参考文献

[1] Anderson John D, Jr. Fundamentals of Aerodynamics[M]. New York:McGraw-Hill Book Company, 1991.

[2] Arnold M Kuethe, Chuen Yen Chow. Foundations of Aerodynamics[M]. New York:John Wiley & Sons, Inc,1986.

[3] 赵梦熊. 载人飞船空气动力学[M]. 北京:国防工业出版社,2000.

[4] 陈再新,刘福长,鲍国华. 空气动力学[M]. 北京:航空工业出版社,1993.

[5] 中国人民解放军总装备部军事训练教材编辑工作委员会. 高超声速气动热和热防护[M]. 北京:国防工业出版社,2003.

[6] 瞿章华,刘伟,曾明,等. 高超声速空气动力学[M]. 长沙:国防科技大学出版社,2001.

[7] Anderson John D, Jr. Hypersonic and High Temperature Gas Dynamics[M]. New York:McGraw-Hill Book Company, 1989.

[8] Anderson John D, Jr. An Engineering Survey of Radiating Shock Layers[J]. AIAA Journal, 1969,7(9):1665-1675.

第 14 章　黏性流体力学基础

14.1　引　言

黏性不可忽略的流体称为黏性流体。由于黏性效应，其流动现象远比理想流体（忽略黏性的流体）复杂。在理想流体的流动中，相邻微团之间及流体与固壁之间，只有法向力或压力，而在黏流中，除法向力或压力外，还将出现切向力或剪应力，即黏性力、摩擦力。它们是阻碍流体运动或相对运动的阻力。在流动中，流体必须克服阻力而做功。因而流体的一部分机械能将转化为热能，造成有用机械能量的耗散或损失。此外，在大雷诺数下，黏性效应还将导致流体沿固体边界形成边界层，出现层流、湍流流动，以及从层流到湍流的流动转捩和流动分离等复杂现象。理想流体的运动方程，即欧拉方程，对黏性流已不再适用。必须采用黏性流体的运动方程，即纳维-斯托克斯（Navier－Stokes，简写为 N－S）方程。但由于 N－S 方程是非线性的二阶偏微分方程，一般只能进行数值求解。由于计算机及计算技术的飞速发展，目前通过求解 N－S 方程，对复杂流场进行数值模拟，并应用到飞行器设计等工程实际方面，已取得了显著进展。但由于湍流理论目前发展得还不够完备，以及计算机条件的限制，要完全准确地求解 N－S 方程，还存在许多困难，需要人们持续进行艰苦的努力与工作。

因此，解决工程中复杂流动问题，在很大程度上要依靠实验的方法、迅速发展起来的 CFD 即计算流体力学（Computational fluid dynamics）方法，以及利用经验和半经验的分析方法等。

本章将介绍有关黏性流动的一些基本物理现象和概念，探讨一些定性的流动规律，推导黏性流体动力学基本方程 N－S 方程及能量方程。

本章讲述的内容，概括如图 14.1 所示。

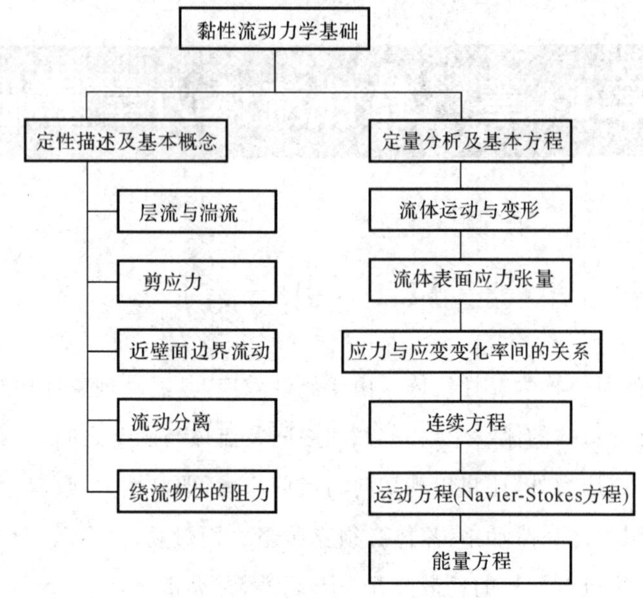

图 14.1　第 14 章的内容简介

14.2　层流与湍流

一、雷诺实验

英国物理学家雷诺于 1883 年通过著名的雷诺管实验发现黏性流体运动存在两种性质不同的流动状态，即层流和湍流。如图 14.2 所示，一根水平放置的圆管中充满流体，在入口的中心线上使流体染色。雷诺发现管中流态与后来称为雷诺数($Re = U\rho d/\mu$) 的无量纲参数有关。其中，U 为管中流体流速；ρ 为流体密度；d 为管的直径；μ 为流体黏度。在 $Re < 2\ 000$ 时，染色的流丝几乎是一条清晰的直流线，这个流态叫层流(见图 14.2(a))。当流动为层流时，每个流体微团都沿一条彼此平行的路线作平滑运动。Re 增加到某一数值后，染色的直线丝在下游某处会出现摆动，接着迅速与周围未染色的流体混合，使整个管内都被染色(见图 14.2(b))，但若用火花闪光摄影，可以看到流丝是许多高频运动着的小旋涡(见图 14.2(c))。这时流动的瞬时速度在时间和空间上都不规则的剧烈脉动着，是高度随机的，这种流动状态叫湍流。流动从层流演变为湍流的现象与过程叫转捩。实验还发现，从层流转变为湍流的 Re 大小同入口处条件有关。但当 $Re < 2\ 000$ 时，不管入口处如何粗糙，湍流也不会发生。如果十分精细的使入口处扰动降到最小程度，可以做到 $Re = 10^5$ 时流动仍保持层流。

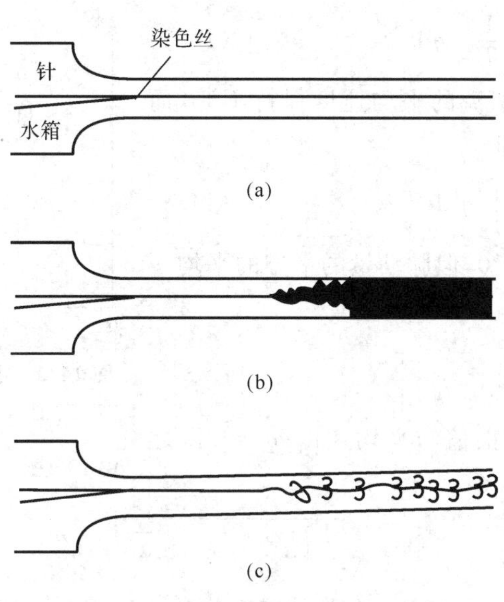

图 14.2 雷诺管流实验

二、层流与湍流的主要特征

当流体为层流流动时，流体微团保持相互平行的层状运动。流体的横向掺混仅由于分子热运动产生。流体的相邻流动层之间的剪应力或摩擦应力满足牛顿黏性定律，即等于黏度 μ 与流动层间速度梯度[①]的乘积，即

$$\tau = \mu \frac{\mathrm{d}U}{\mathrm{d}y} \tag{14.1}$$

对于湍流，流体微团间处于无规则的随机运动之中。类似于分子热运动，但运动的规模不是分子，而是微团。微团运动形态经常表现为不规则的旋涡形式，因此湍流中充满了旋涡团的运动。不同尺寸的旋涡团间相互掺混，引起强烈的能量和热量的交换和传输，并引起机械能量的迅速耗散。在湍流中任一点处的速度、压力等流动参数都是脉动和不规则的。准确地描写湍流流动随时间和空间的变化是不现实的，雷诺首先转而研究流动的平均运动。图 14.3 所示为任一点处的速度测量结果。速度变化具有随机性，但有统计规律。如图 14.3 所示的瞬时速度 q 可分解为平均速度 $\bar{q}$ 和脉动速度 q' 两部分之和，即

$$q = \bar{q} + q' \tag{14.2}$$

平均速度定义为足够长时间 T 内瞬时速度的平均值，即

---

① 有关梯度的定义，见附录 D 中关于"梯度"的描述，第 566 页。

$$\bar{q} = \frac{1}{T}\int_0^T q\mathrm{d}t \tag{14.3}$$

在定常流中，任一点湍流的平均速度保持不变，而脉动速度之平均值为零，即

$$\bar{q}' = \frac{1}{T}\int_0^T q'\mathrm{d}t = 0 \tag{14.4}$$

虽然脉动量的平均值 $\bar{q}' = 0$，但脉动量的平方的平均一般不为零，即

$$q'^2 > 0$$

则

$$\overline{q'^2} > 0$$

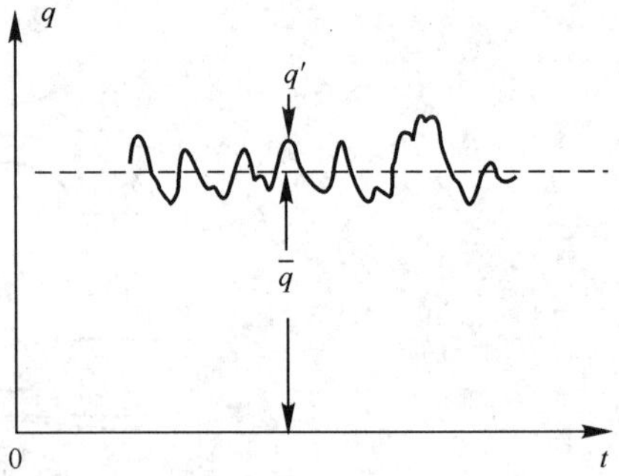

图 14.3　湍流中瞬时速度随时间变化

引入脉动速度的均方根值与平均速度（$\bar{q} = U$）之比，定义为湍流强度，则有

$$\varepsilon_{\mathrm{T}} = \sqrt{\frac{1}{3}(\overline{u'^2} + \overline{v'^2} + \overline{w'^2})}/U \tag{14.5}$$

式中，u'，v'，w' 为 x，y，z 三个方向三个脉动速度分量。

在湍流中，相邻流体微团间的剪应力主要是涡团间动量交换引起的。考虑如图 14.4 所示的二维情况，设湍流相邻两流动层，其平均速度分别为 U 和 $U + \Delta U$。

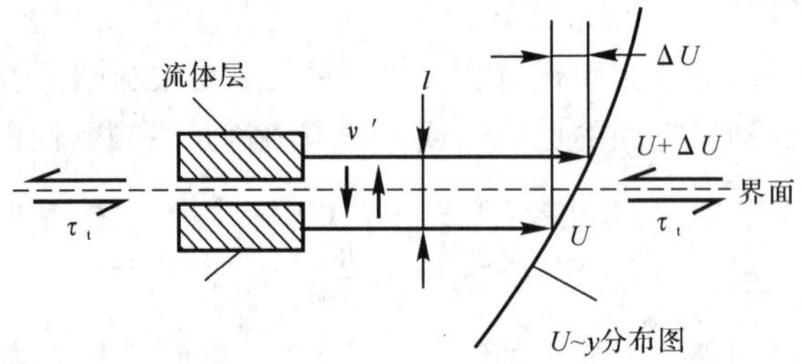

图 14.4　湍流微团动量交换示意图

设上层某微团由于其脉动，穿过界面到下层，此时微团法向脉动速度 $v' < 0$，单位面积的质量流为 $\rho v'$。此时它还保持其在上层的速度，对下层微团来说，它将产生 $u' > 0$ 的脉动速度。如果下层微团到上层，则有 $v' > 0$，而 $u' < 0$。动量传递率的时均值为 $-\rho u'v'$，根据动量定理，界面上的剪应力为

$$\tau_t = -\rho\overline{u'v'} \tag{14.6}$$

也称为雷诺应力。$\overline{u'v'}$ 代表脉动速度 u' 与 v' 的乘积对时间的平均值。从上面分析可知，在如图 14.4 所示的 $U(y)$ 分布下，一般 u' 与 v' 的正负异号，故其乘积为负，即雷诺应力 $-\rho\overline{u'v'}$ 通常为正。雷诺应力与分子黏性应力有本质的区别。黏性应力对应于分子热运动引起界面两侧的动量交换；雷诺应力则对应与流体旋涡微团的湍流脉动引起界面两侧的动量交换。在多数情况

下，雷诺应力比分子黏性应力大得多，即湍流脉动引起的掺混运动就好像是流体黏性增加了100 倍、1 000 倍似的。对于雷诺应力，布辛涅斯克(J. V. Boussinesq) 于 1877 年提出涡黏性假设，即可用类似于层流黏性应力关系表示，即

$$\tau_t = \mu_t \frac{\mathrm{d}U}{\mathrm{d}y} \tag{14.7}$$

此处，μ_t 称为旋涡黏度，与分子运动的黏度 μ 有相同单位。但它与 μ 不同，不仅与流体物理性质有关，而且主要与湍流结构的特性有关。在流场各点处，μ_t 是变化的，它反映的主要不是流体的物理属性，而是流动的特性。湍流中总的剪应力，即湍流剪应力是雷诺应力与黏性应力之和，即

$$\tau = (\mu + \mu_t) \frac{\mathrm{d}U}{\mathrm{d}y} \tag{14.8}$$

上面提到雷诺应力是由于不同速度层之间的旋涡团脉动引起的，那么雷诺应力不仅与平均速度梯度大小有关，而且还与旋涡团在丧失掉自己某些特性之前所能通过的平均横向距离有关。普朗特于1925 年最早提出这一假设。并把此平均距离称为“混合长度”l，即微团沿 y 向跳动时，在距离 l 内，基本不丧失原有速度。

假设 $u' = u - U \approx \Delta U$，则脉动速度 u' 不仅取决于当地的平均速度梯度 $\partial U/\partial y$，还与微团沿 y 向跳动的平均距离 l 有关，即

$$u' \approx l \frac{\partial U}{\partial y} \tag{14.9}$$

实测表明，u' 和 v' 的大小有相同量级，即

$$u' \approx v'$$

则

$$v' \approx l \frac{\partial U}{\partial y} \tag{14.10}$$

前面已经说明，当 $\frac{\partial U}{\partial y} > 0$ 时，$\overline{u'v'} < 0$，反之亦然。故

$$-\rho \overline{u'}\,\overline{v'} = \rho l^2 \left|\frac{\partial U}{\partial y}\right| \frac{\partial U}{\partial y} \tag{14.11}$$

此为按混合长度理论计算平行剪切流的雷诺应力的公式。由此，可推出旋涡黏度为

$$\mu_t = \rho l^2 \left|\frac{\partial U}{\partial y}\right| \tag{14.12}$$

混合长度理论本身没有给出如何确定 l，冯・卡门从湍流脉动的相似性假设出发，提出了混合长度的表达式，即

$$l = k \left|\frac{\partial U}{\partial y} \Big/ \frac{\partial^2 U}{\partial y^2}\right| \tag{14.13}$$

式中，k 称为卡门常数或湍流常数。实测表明，在湍流边界层距壁面的一定范围内，速度与 y 之间有对数关系，即 $U \sim \ln y$，则由式(14.13)，可得

$$l = ky \tag{14.14}$$

代入式(14.11),可得

$$-\rho\overline{u'v'}=\tau_t=\rho k^2y^2\left|\frac{\partial U}{\partial y}\right|\frac{\partial U}{\partial y} \tag{14.15}$$

式(14.14)表明,随离壁面距离的增加,旋涡的典型尺寸也将增加,即 l 也将增加。但在离壁面很近的区域,流动状态受分子黏性影响很大,冯·卡门的相似理论或式(14.14)不能反映这一情况。对此,范德列斯特(Van Driest)提出如下修正公式,即

$$l=ky[1-\exp(-y/A)] \tag{14.16}$$

式中,A 为衰减长度因子,定义为

$$A=26\nu(\tau_w/\rho)^{-1/2}$$

式中,τ_w 为壁面剪应力;$\nu=\mu/\rho$ 称为运动黏度。将式(14.16)中的指数函数用台劳级数展开后,可看出,当 $y\to 0, l\sim y^2$ 而当 $y\to A$ 时,$l=ky$。所以,式(14.16)综合了 $l\sim y^2$ 与 $l\sim y$ 两个区混合长度的变化,已成为现在许多适用的描述湍流的代数模型的基础。

14.3 黏性绕流的流动现象

一、近壁面边界的流动现象

理想流体与黏性流体绕物体(如飞行器等)的流动,其区别首先表现在固体壁面附近的流动区域。因此,考察与研究靠近固体壁面边界的流动现象是十分重要的。

理想流体紧贴固体壁面的一层仍然保持流动,速度与表面相切。但对黏性流体,紧贴物面的一层流体将完全贴附于物面,其相对于物面的速度为零,称为无滑移条件。即在绕流物面上必须满足速度为零的要求,离开物面向外,流体速度将迅速增加。增加的速率取决于相邻流体层所承受的剪应力的大小和流体的黏度。

实际的物面不可能是完全光滑的,即使对于一般认为的光滑表面,仔细分析,其表面也是高低不平的,它由一个个随机分布的粗糙元构成,粗糙元高度的平均值称为粗糙度,其大小取决于壁面的材料和表面加工的工艺和质量等。实验表明在层流情况下,只需要粗糙度远小于物体的特征尺寸,则粗糙元对流动的扰动将被黏性作用所抑制与阻尼,对流动基本没有影响。速度从边界上的零值开始,向外逐渐增加。流动层之间的剪应力由流体黏性引起,并由式(14.1)确定。

在湍流中,壁面粗糙度将会影响流动特性。在贴近物面的区域中,由于湍流脉动受到物面的抑制,因而湍流微团的掺混现象变弱,混合长度趋于零。因此,贴近物面一定有一很薄的流动层存在,其内部基本保持层流流动,成为黏性底层。而稍离开物面一定距离后,物面对湍流脉动的抑制作用迅速减小,湍流状态逐渐得以完全恢复。在全湍流区和黏性底层之间有一过渡层,在过渡层中湍流运动部分地受到抑制,流动状态介于湍流与层流之间,其厚度也很小。物面粗

糙度对湍流的影响，主要取决于粗糙度与黏性底层厚度 δ_v 的相对大小。若 δ_v 比粗糙度大得多，则粗糙元将完全处于底层的下部，如图 14.5(a) 所示，粗糙元对流动的扰动被黏性效应所抑制，对底层以外的湍流流动没有影响。这样的壁面称为光滑壁面。如果黏性底层厚度与粗糙度为同一量级时，物面粗糙度对湍流流动即会有影响，它将促进湍流的发展，增加流动的阻力。当粗糙度大于黏性底层厚度时，粗糙元将暴露于湍流区中(见图 14.5(b))，每个粗糙元的下游将会出现小的分离旋涡，从而增加了湍流强度。这种壁面称为粗糙壁面。粗糙度将对湍流结构、流动阻力即能量耗散等会产生重要的影响。

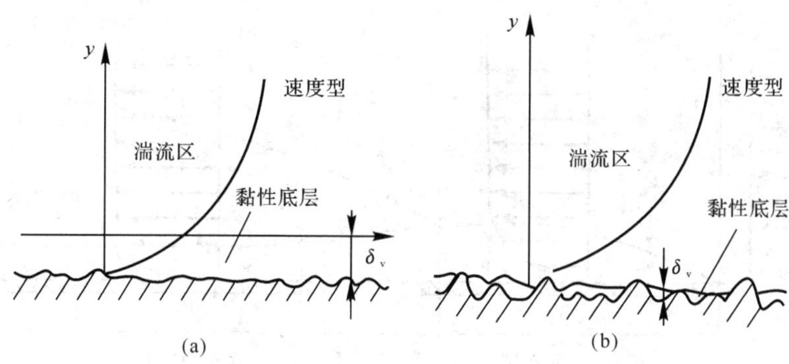

图 14.5　黏性底层

由于湍流中黏性底层的厚度随来流雷诺数变化，对同一物面，当来流速度较低时，即雷诺数较低时，底层较厚，粗糙元可能完全处于黏性底层中，即可认为物面是光滑的；但当来流速度较高时，雷诺数较高，底层变薄，此时粗糙元又可能超过底层的厚度，即物面又变为粗糙的物面了。因此，物面是否光滑或粗糙，即粗糙度的影响，不仅取决于物面本身特性，而且还与流动状态，来流雷诺数有关。

如前所述，黏性流体在物面满足速度为零的无滑移条件，离开物面向外，流动速度迅速增加，其增加速率取决于相邻流体层所承受的剪应力的大小。因为 $\tau_t \gg \tau$，故有

$$\left[\left(\frac{\partial u}{\partial y}\right)_{y=0}\right]_{湍流} > \left[\left(\frac{\partial u}{\partial y}\right)_{y=0}\right]_{层流}$$

因此，在物面附近，层流与湍流速度分布的速度型如图 14.6 所示是有区别的。

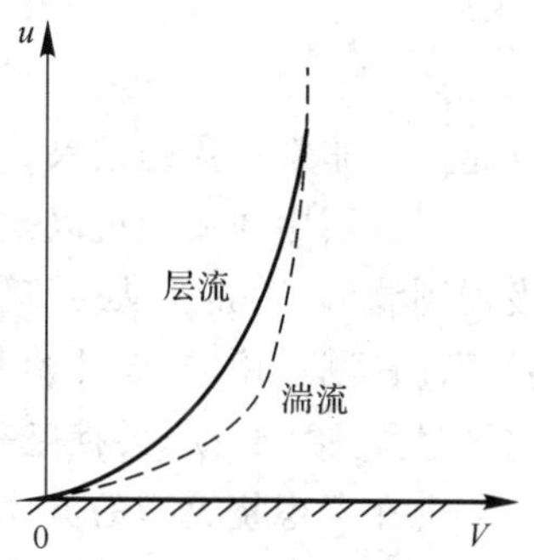

图 14.6　层流与湍流速度型

二、边界层概念与流动分离

对于绕光滑表面的物体的大雷诺数流动，理想流体与黏性

流体绕流的区别主要表现在固壁边界附近的一个薄的流动层中。只有在这一薄层中，由于速度迅速增大而形成很大的速度梯度，流动层之间的剪应力不能忽略。而在这一薄层之外，速度梯度很小，黏性流动与理想流体流动没有多大差别，流体的黏性可以忽略，从而可以把流体当做理想流体处理。普朗特首先于 1904 年提出这一概念，并把贴近物面的这一薄层流动区域称为边界层，或附面层。

图 14.7 表示了直线均匀来流沿光滑平板流动时的边界层生成与发展情况。边界层从物体前缘开始，由于流体黏性滞止作用迅速向外、向后扩展，边界层厚度沿流动方向逐渐增大。

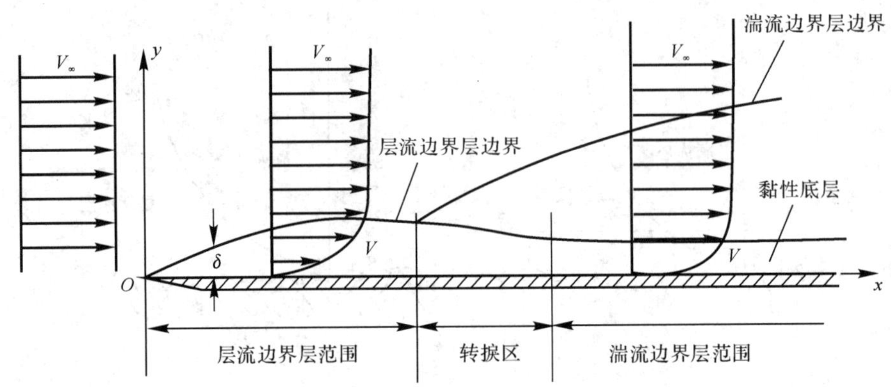

图 14.7　边界层生成与发展

在边界层内，流体速度从物面上的零值，迅速增加到边界层外边界上接近理想流体绕流的速度值。一般把当地速度达到相应理想流体绕流速度的 99% 的点处，定义为边界层的外边界点，在物面外法向方向，由物面至边界层外边界点之间的距离，称为该点处的边界层厚度。实验和理论都发现，在同一法线上，附面层内各点压力相同，即

$$\frac{\partial p}{\partial n}=0 \tag{14.17}$$

这是一个非常重要的结果。

边界层中的流动可以是层流，也可以是湍流，也可以同时存在两种流态。一般总是从层流发展到湍流。边界层从绕流物体前缘（或驻点）开始，在接近前缘的部位，边界层很薄，因受到壁面的抑制作用，一般开始时为层流。沿流动方向边界层厚度逐渐增加，层流可能转变为湍流，这个过程称为转捩。转捩是一个复杂而短暂的现象，将在第 17 章中进行讨论。

现在考虑绕翼型的流动（见图 14.8），与绕迎角为零的平板流动不同，其沿物体表面压力是变化的。在前缘驻点处，压力最大，沿上表面流动速度将增加，压力减小并减小到最小压力点处，从最小压力点到后缘点，压力又逐渐增大。因此，在最小压力点之前，沿流向是有顺压梯度，

$\frac{\partial p}{\partial s} < 0$，在顺压梯度作用下推动边界层内的流体向前流动。在最小压力点后，边界层内流体受逆压梯度$\frac{\partial p}{\partial s} > 0$及黏性的双重影响，速度将迅速减小，并使边界层厚度迅速增加。上、下表面的边界层将在后缘汇合形成尾迹流动。由于边界层中流体受到黏性作用而耗散了机械能，故尾迹区中流体速度将明显低于外流速度，而压力也低于来流的压力。

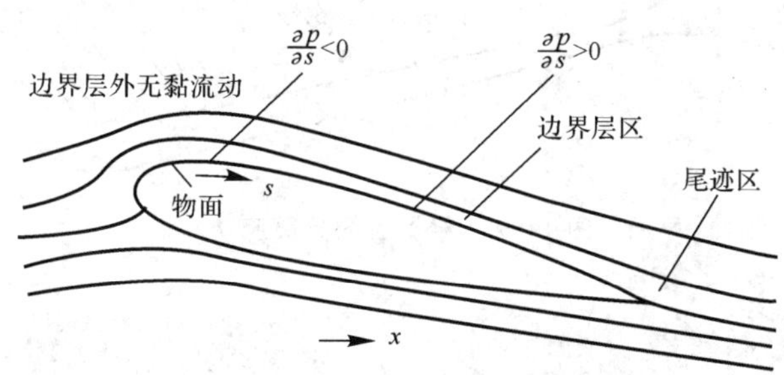

图 14.8　小迎角下绕翼型的流动

随着迎角的增加，上述逆压梯度越来越大。上表面在最小压力点以前及以后不远，其边界层内速度分布如图 14.9(a) 所示，$\left.\frac{\partial V}{\partial n}\right|_{n=0} > 0$。在最小压力点后，在逆压梯度$\frac{\partial p}{\partial s} > 0$作用下，促使边界层厚度迅速增加，逆压梯度越大，厚度增加现象越严重，逆压阻滞作用使$\left.\frac{\partial V}{\partial n}\right|_{n=0}$也越来越小，并可能在某点处，$\left.\frac{\partial V}{\partial n}\right|_{n=0} = 0$，见图 14.9(b)。在其后，不仅物面上 $V = 0$，而且贴近壁面的部分区域内的$\left.\frac{\partial V}{\partial n}\right|_{n=0}$由正号变为负号，即出现倒流现象，见图 14.9(c)。这时，附面层受到阻滞的流体便要排挤外部流动，并将其从物面挤开，这种现象称为附面层分离。把首先出现$\left.\frac{\partial V}{\partial n}\right|_{n=0} = 0$的点，定义为分离点(见图 14.9(b))。

从分离点开始，分离区(旋涡区)一直向后延伸，形成很宽的尾流区。尾流区内的速度和压力都将明显小于外流速度和来流压力。图 14.10(a)、(b) 分别为烟风洞中翼型附体绕流与分离流动时的照片。

综上所述，流动发生分离是黏性和逆压梯度共同作用的结果。在加速流动过程中，一般不会发生分离，而在减速流动过程中，则可能导致流动分离。产生分离时，对应的逆压梯度的大小与绕流物体的形状、迎角及来流速度大小等因素有关。

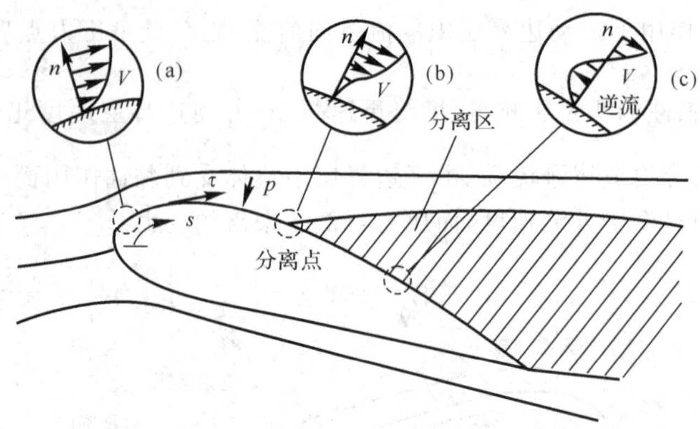

图 14.9　绕翼型的分离流动

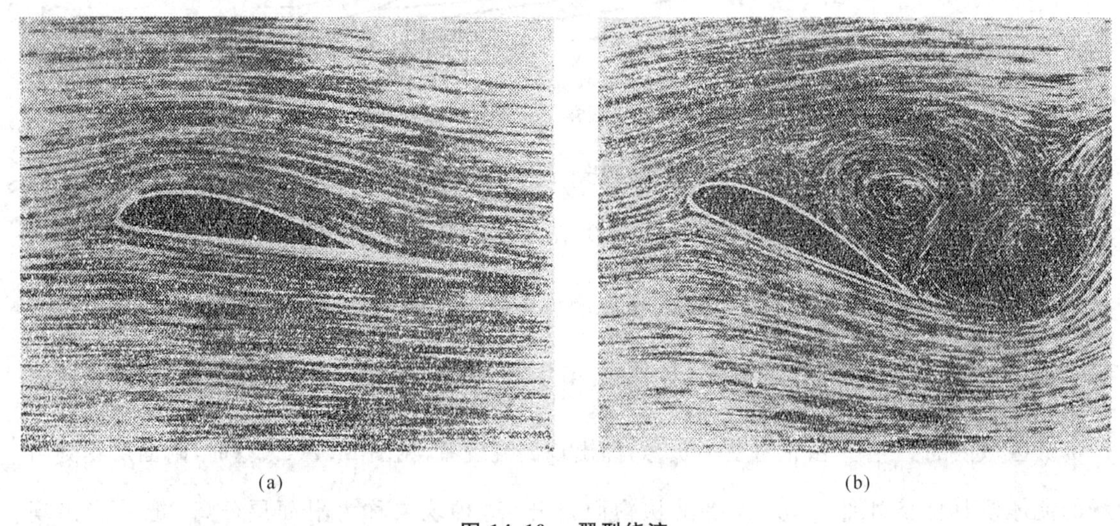

图 14.10　翼型绕流

(a) 翼面无分离；(b) 翼面分离

14.4　绕流物体的阻力

当任一物体在静止流体中作匀速直线运动时，根据势流理论其在运动方向所受合力为零，即阻力为零，即第 3 章所提到的达兰贝疑题。这与经验与实验结果不符，事实上运动物体总会受到阻力作用。为说明这一问题，我们看一下如图 14.11 所示绕球的压力分布。图中理论曲线表示根据无黏流速度势理论所得结果，从压力分布的对称性可以看出，流动方向的力(阻力)为零。图中其他两条曲线分别为雷诺数 $Re_1 = 4.4\times10^5$ 与 $Re_2 = 1.6\times10^5$ 时实验测得的压力

分布。在球体前部压力分布的实验结果与速度势理论计算结果还比较符合，但在背风面相差很大。这种差别反映了流体黏性及附面层分离的影响，同时也表明当考虑流体黏性时，球体运动存在阻力，且阻力随雷诺数不同是变化的。图 14.12(a)、(b) 分别为理想流体与真实流体绕球的流动示意图。

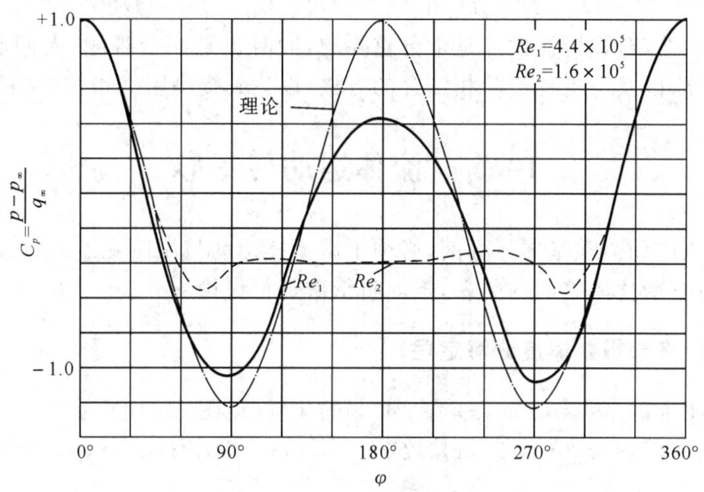

图 14.11　理想与真实流体绕球流动的压力分布的比较

绕流物体的阻力，不仅由如上所述的压力差(法向应力) 产生，而且还由流体黏性引起的壁面剪应力(切向应力) 产生。通过对表面压力及剪应力的积分(见图 14.9 及图 1.12)，可得对应的压差阻力 D_p 和摩擦阻力 D_f。

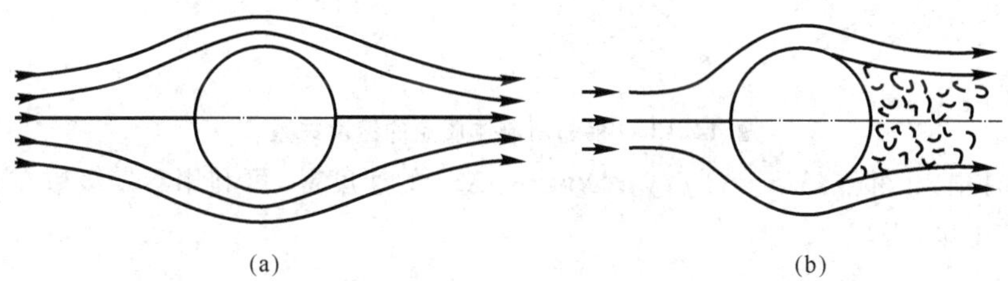

图 14.12　绕球流动示意图

(a) 理想流体；(b) 真实流体

$$D_p = \oint p\cos\varphi \mathrm{d}s \tag{14.18}$$

$$D_f = \oint \tau\sin\varphi \mathrm{d}s \tag{14.19}$$

式中，ds 为物体的表面微元；φ 为物面法向与来流方向间夹角。积分区为整个物体表面。

由于流体黏性引起的总阻力为

$$D_v = D_p + D_f \tag{14.20}$$

对于飞行器,除上述黏性阻力外,还有诱导阻力 D_i(见第 5 章)和波阻力 D_w(见第 10 章)。其总阻力 D 为

$$D = D_i + D_w + D_v = D_i + D_w + D_p + D_f \tag{14.21}$$

阻力的准确预估,对飞行器设计是十分重要的,同时也是一个难题。人们通过不断完善风洞实验和数值计算,以及与工程经验相结合的方法,以达到提高阻力预估的精度的目的。

14.5 流体运动与变形

在推导黏性流体动力学基本方程前,必须了解流体运动与流体变形关系、流体表面应力张量、流体应力与应变变化率之间的关系,下面将依次进行讨论。

一、速度分解(亥姆霍兹速度分解定理)

考虑流体微团上的某点 $o(x,y,z)$ 在 t 时刻的速度(见图 14.13)为

$$\boldsymbol{V}_o(x,y,z,t) = u_o(x,y,z,t)\boldsymbol{i} + v_o(x,y,z,t)\boldsymbol{j} + w_o(x,y,z,t)\boldsymbol{k}$$

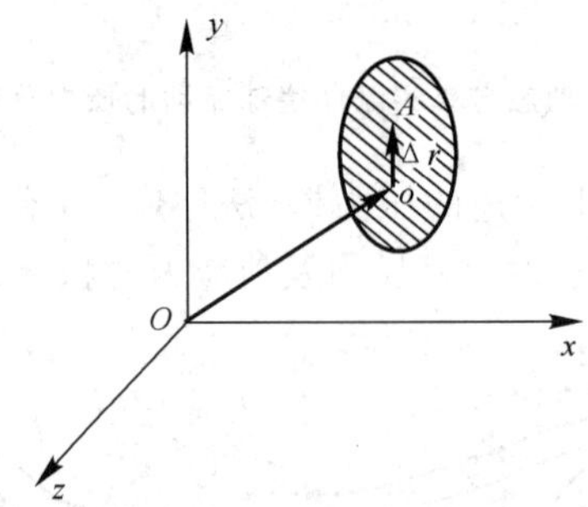

图 14.13 相邻两流体质点的速度关系

在同一时刻,相邻点 $A(x+\Delta x, y+\Delta y, z+\Delta z)$ 的速度 $\boldsymbol{V}_A$ 可利用泰勒级数在点 o 的展开式,略去高阶小量,得

$$\begin{aligned}\boldsymbol{V}_A(x+\Delta x, y+\Delta y, z+\Delta z, t) = {} & \boldsymbol{V}_o(x,y,z,t) + \left(\frac{\partial \boldsymbol{V}}{\partial x}\right)_o \Delta x + \left(\frac{\partial \boldsymbol{V}}{\partial y}\right)_o \Delta y + \left(\frac{\partial \boldsymbol{V}}{\partial z}\right)_o \Delta z = \\ & \left[u_o + \left(\frac{\partial u}{\partial x}\right)_o \Delta x + \left(\frac{\partial u}{\partial y}\right)_o \Delta y + \left(\frac{\partial u}{\partial z}\right)_o \Delta z\right]\boldsymbol{i} + \\ & \left[v_o + \left(\frac{\partial v}{\partial x}\right)_o \Delta x + \left(\frac{\partial v}{\partial y}\right)_o \Delta y + \left(\frac{\partial v}{\partial z}\right)_o \Delta z\right]\boldsymbol{j} + \\ & \left[w_o + \left(\frac{\partial w}{\partial x}\right)_o \Delta x + \left(\frac{\partial w}{\partial y}\right)_o \Delta y + \left(\frac{\partial w}{\partial z}\right)_o \Delta z\right]\boldsymbol{k}\end{aligned} \tag{14.22}$$

因此，点 A 的速度可用点 o 的速度及速度分量的九个偏导数来表示。这九个量组成一个二阶张量，称为速度导数张量，用 $\boldsymbol{D}$ 表示。

$$\boldsymbol{D}=\begin{bmatrix}\dfrac{\partial u}{\partial x} & \dfrac{\partial u}{\partial y} & \dfrac{\partial u}{\partial z}\\ \dfrac{\partial v}{\partial x} & \dfrac{\partial v}{\partial y} & \dfrac{\partial v}{\partial z}\\ \dfrac{\partial w}{\partial x} & \dfrac{\partial w}{\partial y} & \dfrac{\partial w}{\partial z}\end{bmatrix} \tag{14.23}$$

如果把这三个速度分量记为 u_1,u_2,u_3，对应坐标轴记为 x_1,x_2,x_3，则用张量表示法，式(14.23) 可写为

$$d_{ij}=\frac{\partial u_i}{\partial x_j},\quad i,j=1,2,3 \tag{14.24}$$

根据张量分解定理(见附录 E 中的式(E.5))，可将上述张量分解为一对称张量 $\boldsymbol{S}$ 与一反对称张量 $\boldsymbol{A}$ 之和，即

$$d_{ij}=s_{ij}+a_{ij} \tag{14.25}$$

式中，对称张量为

$$s_{ij}=\frac{1}{2}\left(\frac{\partial u_i}{\partial x_j}+\frac{\partial u_j}{\partial x_i}\right) \tag{14.26a}$$

称为应变变化率张量，其物理意义将在下面讨论。将其全部写出，即

$$\boldsymbol{S}_{ij}=\begin{bmatrix}\dfrac{\partial u}{\partial x} & \dfrac{1}{2}\left(\dfrac{\partial u}{\partial y}+\dfrac{\partial v}{\partial x}\right) & \dfrac{1}{2}\left(\dfrac{\partial u}{\partial z}+\dfrac{\partial w}{\partial x}\right)\\ \dfrac{1}{2}\left(\dfrac{\partial u}{\partial y}+\dfrac{\partial v}{\partial x}\right) & \dfrac{\partial v}{\partial y} & \dfrac{1}{2}\left(\dfrac{\partial v}{\partial z}+\dfrac{\partial w}{\partial y}\right)\\ \dfrac{1}{2}\left(\dfrac{\partial u}{\partial z}+\dfrac{\partial w}{\partial x}\right) & \dfrac{1}{2}\left(\dfrac{\partial v}{\partial z}+\dfrac{\partial w}{\partial y}\right) & \dfrac{\partial w}{\partial z}\end{bmatrix} \tag{14.26b}$$

反对称张量为

$$a_{ij}=\frac{1}{2}\left(\frac{\partial u_i}{\partial x_j}-\frac{\partial u_j}{\partial x_i}\right) \tag{14.27a}$$

将其全部写出，即

$$\boldsymbol{A}_{ij}=\begin{bmatrix}0 & \dfrac{1}{2}\left(\dfrac{\partial u}{\partial y}-\dfrac{\partial v}{\partial x}\right) & \dfrac{1}{2}\left(\dfrac{\partial u}{\partial z}-\dfrac{\partial w}{\partial x}\right)\\ -\dfrac{1}{2}\left(\dfrac{\partial u}{\partial y}-\dfrac{\partial v}{\partial x}\right) & 0 & \dfrac{1}{2}\left(\dfrac{\partial v}{\partial z}-\dfrac{\partial w}{\partial y}\right)\\ -\dfrac{1}{2}\left(\dfrac{\partial u}{\partial z}-\dfrac{\partial w}{\partial x}\right) & -\dfrac{1}{2}\left(\dfrac{\partial v}{\partial z}-\dfrac{\partial w}{\partial y}\right) & 0\end{bmatrix} \tag{14.27b}$$

可看出，反对称张量只有三个不同的分量，即对应于一个矢量 $\boldsymbol{\zeta}$：

$$\zeta_1 = \frac{1}{2}\left(\frac{\partial w}{\partial y} - \frac{\partial v}{\partial z}\right), \quad \zeta_2 = \frac{1}{2}\left(\frac{\partial u}{\partial z} - \frac{\partial w}{\partial x}\right), \quad \zeta_3 = \frac{1}{2}\left(\frac{\partial v}{\partial x} - \frac{\partial u}{\partial y}\right) \tag{14.28a}$$

这个矢量对应于速度 $\boldsymbol{V}$ 的旋度的$\frac{1}{2}$(见附录 D 中的式(D.18)),即

$$\boldsymbol{\zeta} = \frac{1}{2}\mathbf{rot}\boldsymbol{V} \tag{14.28b}$$

下面讨论 $\boldsymbol{S}$ 和 $\boldsymbol{A}$ 这两个张量的物理意义。

二、应变变化率张量 $\boldsymbol{S}$

首先,假设流场中,除$\frac{\partial u_1}{\partial x_1}$外,其余速度偏导数均为零的情况(见图 14.14)。取一矩形流体微团 $ABCD$,如果微团都以点 A 的速度 $\boldsymbol{V}_A$ 运动,则经 $\mathrm{d}t$ 时间后,它平移到 $A'B''C''D'$ 位置。由于存在$\frac{\partial u_1}{\partial x_1}$,故 BC 端的速度比 AD 端大 $\mathrm{d}u_1 = \frac{\partial u_1}{\partial x_1}\mathrm{d}x_1$。故经 $\mathrm{d}t$ 时间后,BC 端多走了 $B'B'' = C'C'' = \mathrm{d}u_1\mathrm{d}t = \frac{\partial u_1}{\partial x_1}\mathrm{d}x_1\mathrm{d}t$ 的距离,这就是微团沿 x_1 方向的拉伸量。若将单位长度上的变形量称为线应变,则单位时间的线应变称为线应变速率,或称线应变变化率,以 ε 表示,由此可得

$$\varepsilon_1 = \frac{B'B''}{\mathrm{d}x_1\mathrm{d}t} = \frac{\partial u_1}{\partial x_1} = s_{11} \tag{14.29a}$$

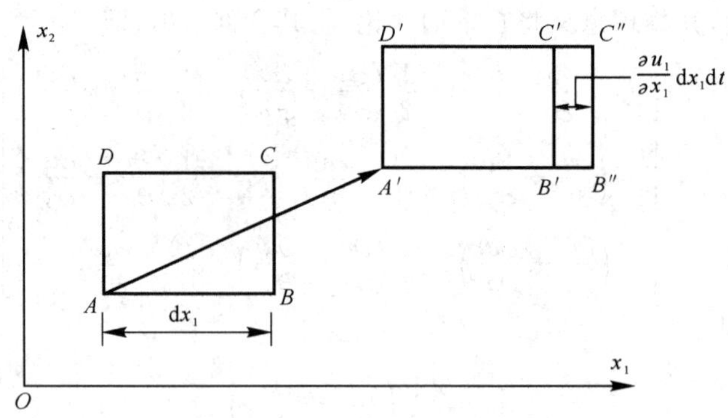

图 14.14　流体微团拉伸变形图

同理,可得

$$\varepsilon_2 = \frac{\partial u_2}{\partial x_2} = s_{22}, \quad \varepsilon_3 = \frac{\partial u_3}{\partial x_3} = s_{33} \tag{14.29b}$$

可见,张量 $\boldsymbol{S}$ 主对角线上的三个分量分别表示在三个坐标轴方向上的单位时间、单位长度上的线变形量,即线应变变化率。

现在,再来看张量 $\boldsymbol{S}$ 中主对角线上三个分量为零,而其他偏导数不为零的情况(见图

14.15)。如果流场中各点速度都一样，则流体微团 $ABCD$ 经 $\mathrm{d}t$ 后平移到 $A'B''C''D''$。

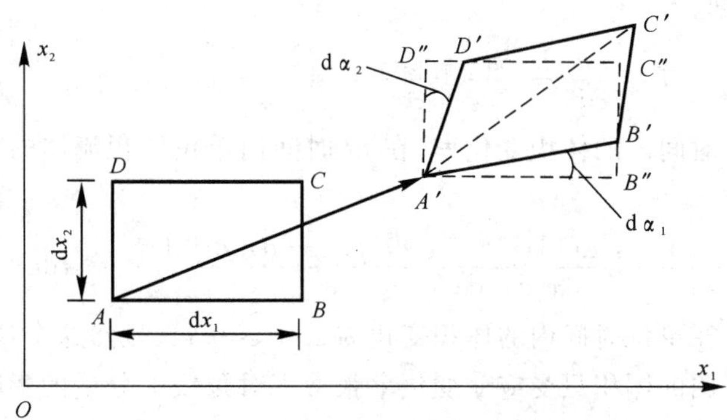

图 14.15　流体微团剪切变形图

因为$\dfrac{\partial u_2}{\partial x_1} \neq 0$，故点 B 的速度分量 u_2 不等于点 A 的对应速度分量，经 $\mathrm{d}t$ 时间后点 B 移动到点 B'，$B''B' = \dfrac{\partial u_2}{\partial x_1}\mathrm{d}x_1\mathrm{d}t$，即经过 $\mathrm{d}t$ 时间后 AB 转 $\mathrm{d}\alpha_1$ 了角度，即

$$\mathrm{d}\alpha_1 = \frac{B''B'}{\mathrm{d}x_1} = \frac{\partial u_2}{\partial x_1}\mathrm{d}t$$

同理，AD 转了 $\mathrm{d}\alpha_2$ 角度，即

$$\mathrm{d}\alpha_2 = \frac{\partial u_1}{\partial x_2}\mathrm{d}t$$

因此，在 $\mathrm{d}t$ 时间内，流体微团 $ABCD$ 的 AB 和 AD 边的夹角减少了，其减小量为

$$\mathrm{d}\alpha = \mathrm{d}\alpha_1 + \mathrm{d}\alpha_2 = \left(\frac{\partial u_2}{\partial x_1} + \frac{\partial u_1}{\partial x_2}\right)\mathrm{d}t$$

即在单位时间内原为正交的两条直线的夹角的变化率为

$$\frac{\partial u_2}{\partial x_1} + \frac{\partial u_1}{\partial x_2}$$

由式(14.26b) 可知这一角变化率为非主对角线上的对应分量的 2 倍。

$$l_{21} = l_{12} = \frac{1}{2}\left(\frac{\partial u_2}{\partial x_1} + \frac{\partial u_1}{\partial x_2}\right) = s_{21} = s_{12} \tag{14.30}$$

其余两组分量 l_{13} 和 l_{23} 也有同样的性质。即 l_{ij} 的 2 倍等于流体在 i,j 平面内直角的变形率，故称 l_{ij} 为角变形率。

由上述讨论可知，张量 $\boldsymbol{S}$ 由性质不同的两组分量组成，主对角线上的分量描写线应变变化率，其余分量描写角变形率，故称 $\boldsymbol{S}$ 为应变变化率张量。线应变反映流体微团的拉伸或压缩变形，而角应变则反映流体微团的剪切变形。

下面，讨论张量 $\boldsymbol{S}$ 的另一个性质。由张量理论(见附录 E) 可知，张量 $\boldsymbol{S}$ 主对角线上三个分量之和为一不变量，即

$$I=\frac{\partial u_1}{\partial x_1}+\frac{\partial u_2}{\partial x_2}+\frac{\partial u_3}{\partial x_3}=\mathrm{div}\boldsymbol{V}=\varepsilon_1+\varepsilon_2+\varepsilon_3$$

此为单位体积在单位时间内的体积变化率。在 $\mathrm{d}t$ 时间内单位体积流体的体积变化(略去高阶项) 为

$$\frac{(1+\varepsilon_1\mathrm{d}t)\mathrm{d}x_1(1+\varepsilon_2\mathrm{d}t)\mathrm{d}x_2(1+\varepsilon_3\mathrm{d}t)\mathrm{d}x_3-\mathrm{d}x_1\mathrm{d}x_2\mathrm{d}x_3}{\mathrm{d}x_1\mathrm{d}x_2\mathrm{d}x_3}=\varepsilon_1\mathrm{d}t+\varepsilon_2\mathrm{d}t+\varepsilon_3\mathrm{d}t$$

故单位体积流体在单位时间内的体积变化为 $\varepsilon_1+\varepsilon_2+\varepsilon_3$。显然这个量是与坐标选择无关的。综上所述，流体微团的体积只受应变变化率张量主对角线上分量的影响。而非主对角线的分量，即角变形率不影响体积，只引起剪切或角变形。

三、反对称张量 A 及涡量

下面，讨论反对称张量 $\boldsymbol{A}$ 的物理意义。如前所述，反对称张量 $\boldsymbol{A}$ 只有三个不同的分量，对应一个矢量 $\boldsymbol{\zeta}$，且

$$\boldsymbol{\zeta}=\frac{1}{2}\mathbf{rot}\boldsymbol{V} \tag{14.28b}$$

在 xOy 平面的二维流动，如果满足$\frac{\partial u}{\partial y}=-\frac{\partial v}{\partial x}$(见图 14.16)，则此时 $l_{xy}=0$，即在 xOy 平面内无角变形，流体微团可看做像刚体一样绕坐标原点旋转，其瞬时转动角速度为

$$\frac{(\partial v/\partial x)\mathrm{d}x\mathrm{d}t}{\mathrm{d}x\mathrm{d}t}=\frac{\partial v}{\partial x}=-\frac{\partial u}{\partial y}=\frac{1}{2}\left(\frac{\partial v}{\partial x}-\frac{\partial u}{\partial y}\right)$$

即由式(14.27a) 可见，反对称张量所对应的矢量 $\boldsymbol{\zeta}$ 等于流体微团瞬时旋转的角速度。

上述结论是在无角变形情况下得出的，对于有角变形的情况，此结论仍然成立。由于速度的旋度与微团瞬时角速度之间的关系，它可作为流体涡旋运动强度的度量，称之为涡量或旋涡强度 $\boldsymbol{\omega}$

$$\boldsymbol{\omega}=\mathbf{rot}\boldsymbol{V}=2\boldsymbol{\zeta} \tag{14.31}$$

即流体涡量等于流体微团瞬时角速度的 2 倍。

现回到本节开始讨论的问题，即知道流体微团中某点 $o(x,y,z)$ 在 t 时刻的速度 $\boldsymbol{V}_o$ 求其任意与之相邻点 A 的速度 $\boldsymbol{V}_A$。将式(14.25)、式(14.26)、式(14.27) 代入式(14.22)，则可得

$$\boldsymbol{V}_A=\boldsymbol{V}_o+\frac{1}{2}(\mathbf{rot}\boldsymbol{V}_o)\times\Delta\boldsymbol{r}+\boldsymbol{S}_o\cdot\Delta\boldsymbol{r} \tag{14.32}$$

式中，$\boldsymbol{S}_o\cdot\Delta\boldsymbol{r}$ 为在点 o 处的应变变化率张量 $\boldsymbol{S}_o$ 与 $\Delta\boldsymbol{r}$ 的内积。其运算法则见附录 E。式(14.32) 右端第二项和第三项分别代表流体微团绕点 o 转动所对应的速度和微团在点 o 邻域的变形所对应的速度。

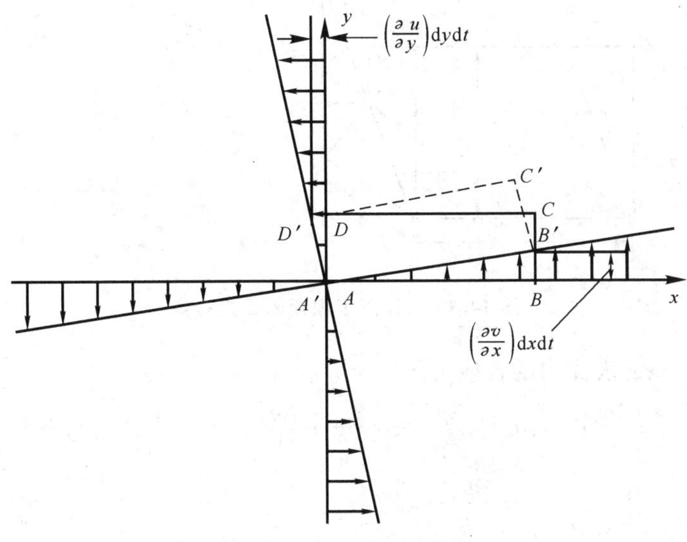

图 14.16　流体微团瞬时作刚体式旋转

由此可看出，流体运动可分解为三部分，即平移、转动和变形。其中变形包括拉伸形、压缩变形和剪切变形。此即亥姆霍尔兹速度分解定理。

因此，可看出流体运动与刚度运动的重要区别在于：刚体运动是由平移运动与旋转运动组成的，而流体运动除这两者外，还有变形运动。

14.6　流体表面应力张量

在建立流体动力学基本方程之前，首先需要分析流体微团所受的作用力。其受到两种不同性质的力作用：一为彻体力，它是作用于微团内所有质量上的力，如重力、惯性力、电磁力等；另一类为表面力，它是作用在微团界面上的力，如压力、摩擦力等。本节只研究表面力，并用 $\boldsymbol{P}$ 表示作用于单位容积的表面力。

从流体中取出一正六面微元体(见图 14.17)。在垂直于 x 轴的两个外表面上，分别作用有合应力，即

$$\boldsymbol{p}_x \quad 和 \quad \boldsymbol{p}_x + \frac{\partial \boldsymbol{p}_x}{\partial x}\mathrm{d}x$$

此处下标 x 表示应力矢量作用在与外法向沿 x 轴方向垂直的表面上。因此，作用在垂直 x 轴的微元面上的表面力的合力为$\frac{\partial \boldsymbol{p}_x}{\partial x}\mathrm{d}x\mathrm{d}y\mathrm{d}z$；同理，可得作用在垂直 y 轴和 z 轴的微元面上表面力的合力分别为$\frac{\partial \boldsymbol{p}_y}{\partial y}\mathrm{d}x\mathrm{d}y\mathrm{d}z$ 和$\frac{\partial \boldsymbol{p}_z}{\partial z}\mathrm{d}x\mathrm{d}y\mathrm{d}z$。

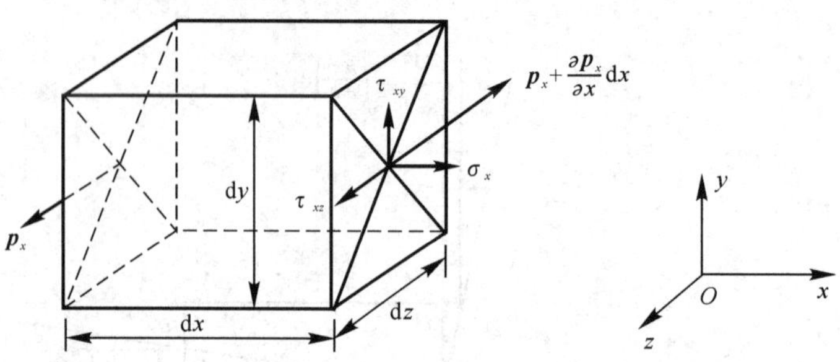

图 14.17　作用于微团的应力张量

作用于单位容积的表面力的合应力为

$$\boldsymbol{p}=\left(\frac{\partial \boldsymbol{p}_x}{\partial x}\mathrm{d}x\mathrm{d}y\mathrm{d}z+\frac{\partial \boldsymbol{p}_y}{\partial y}\mathrm{d}x\mathrm{d}y\mathrm{d}z+\frac{\partial \boldsymbol{p}_z}{\partial z}\mathrm{d}x\mathrm{d}y\mathrm{d}z\right)\Big/(\mathrm{d}x\mathrm{d}y\mathrm{d}z)=$$

$$\frac{\partial \boldsymbol{p}_x}{\partial x}+\frac{\partial \boldsymbol{p}_y}{\partial y}+\frac{\partial \boldsymbol{p}_z}{\partial z}\tag{14.33}$$

还可将式中 $\boldsymbol{p}_x,\boldsymbol{p}_y,\boldsymbol{p}_z$ 沿三个坐标方向分解，即分解为正应力 σ 和平行于各微元面的切应力 τ。作用在与 x 轴垂直的微元面上的应力 $\boldsymbol{p}_x$ 可分解为

$$\boldsymbol{p}_x=\sigma_x\boldsymbol{i}+\tau_{xy}\boldsymbol{j}+\tau_{xz}\boldsymbol{k}\tag{14.34a}$$

同理

$$\boldsymbol{p}_y=\tau_{yx}\boldsymbol{i}+\sigma_y\boldsymbol{j}+\tau_{yz}\boldsymbol{k}\tag{14.34b}$$

$$\boldsymbol{p}_z=\tau_{zx}\boldsymbol{i}+\tau_{zy}\boldsymbol{j}+\sigma_z\boldsymbol{k}\tag{14.34c}$$

式中，下标规定为：正应力 σ 的下标代表应力方向；切应力 τ 的第一个下标代表切应力所在平面的外法线方向，第二个下标代表切应力的方向。如 τ_{xy} 表示作用在外法向沿 x 轴方向的平面上沿 y 向的切应力。由式(14.34)可见，作用于微元体上的应力，共有九个分量。这九个分量就组成了应力张量，写为

$$\boldsymbol{\Pi}=\begin{bmatrix}\sigma_x & \tau_{xy} & \tau_{xz}\\ \tau_{yx} & \sigma_y & \tau_{yz}\\ \tau_{zx} & \tau_{zy} & \sigma_z\end{bmatrix}\tag{14.35}$$

可以证明，该应力张量是二阶对称张量。此处取沿作用面外法线方向的 σ 为正。对于切应力 τ，当作用面的外法线为坐标轴的正方向时，取沿坐标轴正方向的 τ 为正；当作用面的外法线沿坐标轴的负方向时，取沿坐标轴负方向的 τ 为正。

由式(14.33)、式(14.34)、式(14.35)还可将单位体积的表面力公式写为

$$\boldsymbol{p}=\left(\frac{\partial\sigma_x}{\partial x}+\frac{\partial\tau_{yx}}{\partial y}+\frac{\partial\tau_{zx}}{\partial z}\right)\boldsymbol{i}+\left(\frac{\partial\tau_{xy}}{\partial x}+\frac{\partial\sigma_y}{\partial y}+\frac{\partial\tau_{zy}}{\partial z}\right)\boldsymbol{j}+\left(\frac{\partial\tau_{xz}}{\partial x}+\frac{\partial\tau_{yz}}{\partial y}+\frac{\partial\sigma_z}{\partial z}\right)\boldsymbol{k}\tag{14.36}$$

14.7　牛顿流体的应力与应变变化率之间的关系

在固体弹性力学中，这种关系由胡克定律来体现，即弹性固体中应力与应变成正比。对于流体，由于流体有各种不同的类型，这种关系也各不相同。但对大多数流体，如空气、水等，应力与应变变化率成正比。满足这种关系的流体，如绪论中所述，称为牛顿流体。

牛顿最早提出了两流体层间切应力假设，认为切应力与流体层间速度梯度成正比，(见式(14.1) 及绪论中式(1.7)、图 1.3) 此处可写为

$$\tau_{yx} = \mu \frac{\mathrm{d}u}{\mathrm{d}y} \tag{14.37}$$

在这种情况下，$\frac{\partial v}{\partial x} = 0$。式(14.37) 右端为应变变化率张量分量 s_{yx} 的 2 倍(见式(14.26b))，所以上式还可写为

$$\tau_{yx} = 2\mu s_{yx} \tag{14.38}$$

式(14.37)、式(14.38) 常被称为牛顿黏性应力公式。

斯托克斯将牛顿黏性力公式推广到黏性流体任意流动的情况中去，并假设：

(1) 流体是连续的，其应力张量是应变变化率的张量的线性函数。

(2) 流体是各向同性的，即其性质与方向无关。因此，其应力与应变变化率之间的关系与坐标选择无关。

(3) 所建立的关系不仅适合流体运动的情况，也适合静止的情况。因为静止，只是运动的一个特例。

在静止状态时，黏性切应力 τ_{ij} 应等于零。由流体静力学可知，这时流体内任意点所受压力与方向无关，设此压力为 p_0，则由式(14.35) 表示的应力张量可写为

$$\pi_{ij} = - p_0 \delta_{ij}, \quad \delta_{ij} = \begin{cases} 1, & i = j \\ 0, & i \neq j \end{cases} \tag{14.39a}$$

或

$$\boldsymbol{\Pi} = - p_0 \boldsymbol{E} \tag{14.39b}$$

式中，$\boldsymbol{E}$ 为单位张量，即

$$\boldsymbol{E} = \begin{bmatrix} 1 & 0 & 0 \\ 0 & 1 & 0 \\ 0 & 0 & 1 \end{bmatrix}$$

式(14.39) 中的负号表示压力方向与流体微团外法线方向相反。

按上述第一条假设，并参考式(14.38)，假设有如下应力与应变的关系，即

$$\pi_{ij} = 2\mu s_{ij}$$

对于切应力它符合牛顿黏性应力公式，但不满足第三条假设。因为当流体静止时，主对角

线上的三个应变变化率分量 $\varepsilon_x, \varepsilon_y, \varepsilon_z$ 均为零，如采用上式，三个方向的正应力 $\sigma_x, \sigma_y, \sigma_z$ 也均为零，这与式(14.39)矛盾。故应在上式中再加一个主对角线上的元素项，设

$$\pi_{ij} = 2\mu s_{ij} + b\delta_{ij} \tag{14.40}$$

式中，b 为待定标量。

按上述第二条假设，所寻找的应力、应变变化率之间的关系应与坐标选择无关，由张量定理可知(见附录E)，二阶张量的主对角线上三个分量之和是不变量，即不随坐标而变化，故可设

$$b = b_1(\sigma_x + \sigma_y + \sigma_z) + b_2(\varepsilon_x + \varepsilon_y + \varepsilon_z) + b_3 \tag{14.41}$$

式中，b_1, b_2, b_3 为待定标量。将式(14.41)代入式(14.40)，并取等式两边主对角线上三个分量之和，整理后，可得

$$(1 - 3b_1)(\sigma_x + \sigma_y + \sigma_z) = (2\mu + 3b_2)(\varepsilon_x + \varepsilon_y + \varepsilon_z) + 3b_3 \tag{14.42}$$

在静止状态下，则有

$$\sigma_x = \sigma_y = \sigma_z = -p_0$$
$$\varepsilon_x = \varepsilon_y = \varepsilon_z = 0$$

代入式(14.42)，可得

$$-(1 - 3b_1)p_0 = b_3 \tag{14.43}$$

为满足式(14.43)，b_1, b_3 可有两种选择：

(1)

$$b_1 = 0, \quad b_3 = -p_0 \tag{14.44}$$

(2)

$$b_1 = \frac{1}{3}, \quad b_3 = 0 \tag{14.45}$$

选择第一方案，后面将看到，它适用于更广泛的情况，在进一步假设条件下，也可得出第二种方案的结果。

如果用

$$\bar{p} = -(\sigma_x + \sigma_y + \sigma_z)/3 \tag{14.46}$$

表示运动状态下某点的平均压力，将式(14.44)式代入式(14.42)，并用 λ 代替 b_2，可得

$$\bar{p} = p_0 - (\lambda + \frac{2}{3}\mu)\mathrm{div}\boldsymbol{V} \tag{14.47}$$

如果将 p_0 看做是热力学参数的压力，则由此式看出，一般情况下，运动时平均压力 $\bar{p}$ 并不等于热力学压力 p_0。

系数 λ 与 μ 有相同量纲，且 $(\bar{p} - p_0)$ 的大小与体积膨胀率 $\mathrm{div}\boldsymbol{V}$ 成正比，比例常数为 $(\lambda + \frac{2}{3}\mu)$，故称 $\eta = \lambda + \frac{2}{3}\mu$ 为体积黏度或第二黏度。

斯托克斯假设

$$\lambda = -\frac{2}{3}\mu \tag{14.48}$$

则

$$\bar{p} = p_0$$

可以看出如将式(14.45)代入式(14.42)，可直接得到上述结果。在研究激波结构时人们发现，氦气基本能够满足式(14.48)，而空气则不满足(其 $\lambda \approx 0$)。实验表明，对大多数流体，$(\lambda + \frac{2}{3}\mu)$ 为正值。但在一般情况下，$\mathrm{div}\boldsymbol{V}$ 不是很大(对不可压缩流体，$\mathrm{div}\boldsymbol{V} = 0$，$\lambda$ 值没有影响)，因而 λ 的值不会带来很大影响。本书今后讨论中，仍采用式(14.48)。

将式(14.41)、式(14.44)代入式(14.40)，并设 $p_0 = p$，可得

$$\pi_{ij} = 2\mu s_{ij} + \lambda \mathrm{div}\boldsymbol{V}\delta_{ij} - p\delta_{ij} \tag{14.49a}$$

将式(14.48)代入上式，则得

$$\pi_{ij} = 2\mu s_{ij} - \frac{2}{3}\mu \mathrm{div}\boldsymbol{V}\delta_{ij} - p\delta_{ij} \tag{14.49b}$$

式(14.49)称为广义牛顿黏性应力公式。此式的适用范围很广，即使在高超声速情况下，只要不涉及激波内部速度急剧变化的问题，它都适用。

可将式(14.49b)更具体写为

$$\pi_{ij} = \begin{cases} \mu\left(\dfrac{\partial u_i}{\partial x_j} + \dfrac{\partial u_j}{\partial x_i}\right), & i \neq j \\ 2\mu \dfrac{\partial u_i}{\partial x_j} - \dfrac{2}{3}\mu \mathrm{div}\boldsymbol{V} - p, & i = j \end{cases} \tag{14.50}$$

对于不可压缩流体，$\mathrm{div}\boldsymbol{V} = 0$，则式(14.49)与式(14.50)变为

$$\pi_{ij} = 2\mu s_{ij} - p\delta_{ij} \tag{14.51}$$

和

$$\pi_{ij} = \begin{cases} \mu\left(\dfrac{\partial u_i}{\partial x_j} + \dfrac{\partial u_j}{\partial x_i}\right), & i \neq j \\ 2\mu \dfrac{\partial u_i}{\partial x_j} - p, & i = j \end{cases} \tag{14.52}$$

为了研究黏性的作用，将与黏性有关的项单独列出，并定义黏性应力张量 m_{ij}，即

$$m_{ij} = 2\mu s_{ij} - \frac{2}{3}\mu \mathrm{div}\boldsymbol{V}\delta_{ij} \tag{14.53}$$

对不可压缩流体，式(14.53)变为

$$m_{ij} = 2\mu s_{ij} \tag{14.54}$$

将 m_{ij} 代入式(14.49)或式(14.50)，可得

$$\pi_{ij} = m_{ij} - p\delta_{ij} \tag{14.55}$$

将式(14.35)与式(14.50)相比较，可写出各应力分量的公式，即

$$
\left.\begin{aligned}
\sigma_x &= \sigma_{xx} - p \\
\sigma_y &= \sigma_{yy} - p \\
\sigma_z &= \sigma_{zz} - p \\
\tau_{xy} &= \tau_{yx} = \mu\left(\frac{\partial u}{\partial y} + \frac{\partial v}{\partial x}\right) \\
\tau_{xz} &= \tau_{zx} = \mu\left(\frac{\partial u}{\partial z} + \frac{\partial w}{\partial x}\right) \\
\tau_{yz} &= \tau_{zy} = \mu\left(\frac{\partial v}{\partial z} + \frac{\partial w}{\partial y}\right)
\end{aligned}\right\} \tag{14.56}
$$

式中

$$
\left.\begin{aligned}
\sigma_{xx} &= 2\mu\frac{\partial u}{\partial x} - \frac{2}{3}\mu\mathrm{div}\mathbf{V} \\
\sigma_{yy} &= 2\mu\frac{\partial v}{\partial y} - \frac{2}{3}\mu\mathrm{div}\mathbf{V} \\
\sigma_{zz} &= 2\mu\frac{\partial w}{\partial z} - \frac{2}{3}\mu\mathrm{div}\mathbf{V}
\end{aligned}\right\} \tag{14.57}
$$

凡应力张量与应变变化率张量满足式(14.49)的流体称之为牛顿流体，否则称之为非牛顿流体。

非牛顿流体通常可分为三大类：

(1) 纯黏性非牛顿流体。此类流体静止时是各项同性状态，当受剪切时，应力只与应变变化率张量有关(但不是线性关系)，而与作用时间无关。油漆、泥浆、颜料和熔化的沥青等都属此类流体。

(2) 时间相关的流体。此类流体在等温条件下，保持固定的应变变化率，但随时间推移，应力逐渐增大或减小。油墨即属于此类流体。

(3) 黏弹性流体。此为一种既有弹性又有黏性的流体。某些高分子溶液即属此类流体。

非牛顿流体力学在许多领域都有重要的应用，可参看有关“非牛顿流体力学”“黏弹性流体力学”和“流变学”等书籍。本书将只涉及牛顿流体力学。

14.8 黏性流体动力学基本方程

黏性流体运动遵循物理学三大守恒定律，即质量守恒定律、动量守恒定律和能量守恒定律。这三大守恒定律应用于黏性流体运动，并以准确的数学公式进行表述，就构成黏性流体动力学基本方程。

一、连续方程 —— 质量守恒定律

连续方程是质量守恒定律对运动流体的数学描述。由于不涉及力的作用问题，因此黏性流体与无黏流体的连续方程完全相同。过去对无黏即理想流体关于连续方程的推导，在这里也全部有效。

考虑流体通过某一微元体界面所引起的微元体内质量的变化。由散度的定义(见附录 D)，矢量 $\rho\boldsymbol{V}$ 的散度 $\mathrm{div}(\rho\boldsymbol{V})$ 等于单位体积上通过微元体界面流出的质量流量。根据质量守恒定律，它等于微元体内单位时间、单位体积所减少的质量 $-\dfrac{\partial\rho}{\partial t}$，故有

$$\mathrm{div}(\rho\boldsymbol{V}) = -\frac{\partial\rho}{\partial t}$$

或

$$\frac{\partial\rho}{\partial t} + \mathrm{div}(\rho\boldsymbol{V}) = 0 \tag{14.58a}$$

式中，ρ 和 $\boldsymbol{V}$ 分别为流体的密度和速度矢量。式(14.58a) 也可用算子∇表示，即

$$\frac{\partial\rho}{\partial t} + \nabla\cdot(\rho\boldsymbol{V}) = 0 \tag{14.58b}$$

展开，可得

$$\frac{\partial\rho}{\partial t} + \frac{\partial(\rho u)}{\partial x} + \frac{\partial(\rho v)}{\partial y} + \frac{\partial(\rho w)}{\partial z} = 0 \tag{14.58c}$$

按取和约定，式(14.58c) 还可写为

$$\frac{\partial\rho}{\partial t} + \frac{\partial(\rho u_i)}{\partial x_i} = 0 \tag{14.58d}$$

对于定常流，式(14.58d) 变为

$$\frac{\partial(\rho u_i)}{\partial x_i} = 0 \tag{14.59a}$$

或

$$\mathrm{div}(\rho\boldsymbol{V}) = 0 \tag{14.59b}$$

此式表示流出与流入微元体的质量流相等，故微元体内的密度不随时间变化。

对于不可压缩流动，式(14.58d) 变为

$$\frac{\partial u_i}{\partial x_i} = 0 \tag{14.60}$$

由 14.5 节可知，$\dfrac{\partial u_i}{\partial x_i}$ 是应变变化率张量主对角线上三个分量之和，为一不变量，表示微元体体积的变化率。此变化率为零，表示微元体体积不变，这正是不可压缩流体的特征。

二、黏性流体的运动方程 —— 动量守恒定律

黏性流体的运动方程是动量守恒定律在黏性流体运动中的数学描述，它可由牛顿第二定

律推出。将牛顿第二定律应用于流体微元体，可表述为：在惯性系中，流体微元体的质量与加速度的乘积等于该微元体所受外力的合力。对于流体运动所受外力有两类：一为彻体力，它是作用在微元体内所有质量上的力，如重力等；另一类为表面力，它是作用在微元体界面上的力，如压力，摩擦力等。若 $\boldsymbol{F}$ 表示作用在单位质量上的彻体力，$\boldsymbol{P}$ 表示作用于单位体积上的表面力，则流体运动方程可写为

$$\rho\frac{\mathrm{D}\boldsymbol{V}}{\mathrm{D}t}=\rho\boldsymbol{F}+\boldsymbol{P} \tag{14.61}$$

式中，全微分符号为

$$\frac{\mathrm{D}}{\mathrm{D}t}=\frac{\partial}{\partial t}+u_i\frac{\partial}{\partial x_i}=\frac{\partial}{\partial t}+(\boldsymbol{\nabla}\cdot\boldsymbol{V}) \tag{14.62}$$

表示流体微元的某个物理量对时间的变化率。式(14.61) 中 $\frac{\mathrm{D}\boldsymbol{V}}{\mathrm{D}t}$ 是流体微元体的加速度，即

$$\frac{\mathrm{D}\boldsymbol{V}}{\mathrm{D}t}=\frac{\partial\boldsymbol{V}}{\partial t}+(\boldsymbol{\nabla}\cdot\boldsymbol{V})\boldsymbol{V} \tag{14.63}$$

式中，等号右端第一项由流动的非定常性引起，称为当地加速度；第二项由流场中的速度分布不均引起，表示单位时间内由于微元体空间位置的变化而引起速度的变化，称为迁移加速度或对流加速度。

式(14.61) 中的彻体力可用三个分量表示为

$$\boldsymbol{F}=F_x\boldsymbol{i}+F_y\boldsymbol{j}+F_z\boldsymbol{k}$$

将上式和表面力 $\boldsymbol{P}$ 的式(14.36) 代入式(14.61)，则得

$$\left.\begin{aligned}\rho\frac{\mathrm{D}u}{\mathrm{D}t}&=\rho F_x+\frac{\partial\sigma_x}{\partial x}+\frac{\partial\tau_{yx}}{\partial y}+\frac{\partial\tau_{zx}}{\partial z}\\\rho\frac{\mathrm{D}v}{\mathrm{D}t}&=\rho F_y+\frac{\partial\tau_{xy}}{\partial x}+\frac{\partial\sigma_y}{\partial y}+\frac{\partial\tau_{zy}}{\partial z}\\\rho\frac{\mathrm{D}w}{\mathrm{D}t}&=\rho F_z+\frac{\partial\tau_{xz}}{\partial x}+\frac{\partial\tau_{yz}}{\partial y}+\frac{\partial\sigma_z}{\partial z}\end{aligned}\right\} \tag{14.64}$$

式(14.64) 是牛顿第二定律的严格表述，未引入任何假设。将广义牛顿黏性力学式(14.49a) 代入式(14.64)，并考虑到表面应力张量式(14.35) 和应变变化率式(14.26)，则可得

$$\rho\frac{\partial u_i}{\partial t}+\rho u_j\frac{\partial u_i}{\partial x_j}=\rho F_i-\frac{\partial p}{\partial x_i}+\frac{\partial}{\partial x_j}\left[\mu\left(\frac{\partial u_i}{\partial x_j}+\frac{\partial u_j}{\partial x_i}\right)\right]+\frac{\partial}{\partial x_i}\left(\lambda\frac{\partial u_j}{\partial x_j}\right) \tag{14.65a}$$

考虑到式(14.48)，则式(14.65a) 变为

$$\rho\frac{\partial u_i}{\partial t}+\rho u_j\frac{\partial u_i}{\partial x_j}=\rho F_i-\frac{\partial p}{\partial x_i}+\frac{\partial}{\partial x_j}\left[\mu\left(\frac{\partial u_i}{\partial x_j}+\frac{\partial u_j}{\partial x_i}\right)\right]-\frac{2}{3}\frac{\partial}{\partial x_i}\left(\mu\frac{\partial u_j}{\partial x_j}\right) \tag{14.65b}$$

将上式展开，则得

$$
\left.\begin{aligned}
\rho\frac{\mathrm{D}u}{\mathrm{D}t}&=\rho F_x-\frac{\partial p}{\partial x}+2\frac{\partial}{\partial x}\left(\mu\frac{\partial u}{\partial x}\right)+\frac{\partial}{\partial y}\left[\mu\left(\frac{\partial u}{\partial y}+\frac{\partial v}{\partial x}\right)\right]+\frac{\partial}{\partial z}\left[\mu\left(\frac{\partial u}{\partial z}+\frac{\partial w}{\partial x}\right)\right]-\frac{2}{3}\frac{\partial}{\partial x}(\mu\mathrm{div}\boldsymbol{V})\\
\rho\frac{\mathrm{D}v}{\mathrm{D}t}&=\rho F_y-\frac{\partial p}{\partial y}+\frac{\partial}{\partial x}\left(\mu\frac{\partial u}{\partial y}+\frac{\partial v}{\partial x}\right)+2\frac{\partial}{\partial y}\left(\mu\frac{\partial v}{\partial y}\right)+\frac{\partial}{\partial z}\left[\mu\left(\frac{\partial v}{\partial z}+\frac{\partial w}{\partial y}\right)\right]-\frac{2}{3}\frac{\partial}{\partial y}(\mu\mathrm{div}\boldsymbol{V})\\
\rho\frac{\mathrm{D}w}{\mathrm{D}t}&=\rho F_z-\frac{\partial p}{\partial z}+\frac{\partial}{\partial x}\left[\mu\left(\frac{\partial u}{\partial z}+\frac{\partial w}{\partial x}\right)\right]+\frac{\partial}{\partial y}\left[\mu\left(\frac{\partial v}{\partial z}+\frac{\partial w}{\partial y}\right)\right]+2\frac{\partial}{\partial z}\left(\mu\frac{\partial w}{\partial z}\right)-\frac{2}{3}\frac{\partial}{\partial z}(\mu\mathrm{div}\boldsymbol{V})
\end{aligned}\right\}
\tag{14.65c}
$$

这就是黏性流体的运动方程，即纳维-斯托克斯方程。一般情况下，由于 μ 是温度的函数，故方程很复杂。对于通常情况，μ 可作为常量。这样上述方程可进一步简化，如对方程的第一个式子，即对应 x 方向的运动方程可写为

$$
\begin{aligned}
\rho\frac{\mathrm{D}u}{\mathrm{D}t}&=\rho F_x-\frac{\partial p}{\partial x}+\mu\left(\frac{\partial^2 u}{\partial x^2}+\frac{\partial^2 u}{\partial y^2}+\frac{\partial^2 u}{\partial z^2}\right)+\frac{\mu}{3}\left(\frac{\partial^2 u}{\partial x^2}+\frac{\partial^2 v}{\partial x\partial y}+\frac{\partial^2 w}{\partial x\partial z}\right)=\\
&\rho F_x-\frac{\partial p}{\partial x}+\mu\boldsymbol{\nabla}^2 u+\frac{\mu}{3}\frac{\partial}{\partial x}(\mathrm{div}\boldsymbol{V})
\end{aligned}
$$

式中，$\boldsymbol{\nabla}^2$ 为拉普拉斯算子。引入取和约定，并用 x_1,x_2,x_3 及 u_1,u_2,u_3 分别代表 x,y,z 及 u,v,w，则式(14.65c) 可写为

$$
\rho\frac{\partial u_i}{\partial t}+\rho u_j\frac{\partial u_i}{\partial x_j}=\rho F_i-\frac{\partial p}{\partial x_i}+\mu\boldsymbol{\nabla}^2 u_i+\frac{\mu}{3}\frac{\partial^2 u_j}{\partial x_i\partial x_j},\quad i,j=1,2,3 \tag{14.66a}
$$

或

$$
\rho\frac{\partial\boldsymbol{V}}{\partial t}+\rho(\boldsymbol{\nabla}\cdot\boldsymbol{V})\boldsymbol{V}=\rho\boldsymbol{F}-\boldsymbol{\nabla}p+\mu\boldsymbol{\nabla}^2\boldsymbol{V}+\frac{\mu}{3}\boldsymbol{\nabla}(\boldsymbol{\nabla}\cdot\boldsymbol{V}) \tag{14.66b}
$$

引用式(14.49)，可将式(14.66a) 写为

$$
\rho\frac{\partial u_i}{\partial t}+\rho u_j\frac{\partial u_i}{\partial x_j}=\rho F_i+\frac{\partial\pi_{ij}}{\partial x_i} \tag{14.66c}
$$

对不可压缩流体，利用不可压缩流连续式(14.60)，则运动方程可变为

$$
\frac{\partial u_i}{\partial t}+u_j\frac{\partial u_i}{\partial x_j}=F_i-\frac{1}{\rho}\frac{\partial p}{\partial x_i}+\nu\boldsymbol{\nabla}^2 u_i \tag{14.67a}
$$

或

$$
\frac{\partial\boldsymbol{V}}{\partial t}+(\boldsymbol{\nabla}\cdot\boldsymbol{V})\boldsymbol{V}=\boldsymbol{F}-\frac{1}{\rho}\boldsymbol{\nabla}p+\nu\boldsymbol{\nabla}^2\boldsymbol{V} \tag{14.67b}
$$

式中，ν 为运动黏度。

不可压缩流动运动方程可写为式(14.66c) 的形式，但此时 π_{ij} 要应用相应不可压缩流动关系式(14.51)。将矢量公式

$$
\boldsymbol{\nabla}\left(\frac{u_i u_i}{2}\right)=(\boldsymbol{\nabla}\cdot\boldsymbol{V})\boldsymbol{V}+\boldsymbol{V}\times(\boldsymbol{\nabla}\times\boldsymbol{V})
$$

分别代入式(14.66b) 和式(14.67b) 则可得

$$
\frac{\partial\boldsymbol{V}}{\partial t}+\boldsymbol{\nabla}\left(\frac{u_i u_i}{2}\right)-\boldsymbol{V}\times\boldsymbol{\omega}=\boldsymbol{F}-\frac{1}{\rho}\boldsymbol{\nabla}p+\nu\boldsymbol{\nabla}^2\boldsymbol{V}+\frac{\nu}{3}\boldsymbol{\nabla}(\boldsymbol{\nabla}\cdot\boldsymbol{V}) \tag{14.66d}
$$

和

$$\frac{\partial \boldsymbol{V}}{\partial t}+\boldsymbol{\nabla}\left(\frac{u_i u_i}{2}\right)-\boldsymbol{V}\times\boldsymbol{\omega}=\boldsymbol{F}-\frac{1}{\rho}\boldsymbol{\nabla} p+\nu\boldsymbol{\nabla}^2\boldsymbol{V} \tag{14.67c}$$

式中，$\boldsymbol{\omega}$ 为涡量，见式(14.31)。上述方程通常被称为葛罗米可-兰姆型运动方程。

由式(14.65)或式(14.67)可知，与理想流体运动相比，黏性流体运动方程增加了黏性应力项。图14.18显示以不同流速运动的两个流体微团，对于理想流体，通过界面 S，微团 A 对微团 B 仅作用有压力 p；而对于黏性流体，除正应力 σ_y，微团 A 还对微团 B 作用有黏性应力 τ_{yx}，而且正应力 σ_y 的大小也不等于压力 p，由式(14.50)可知

$$\sigma_y=2\mu\frac{\partial v}{\partial y}-\frac{2}{3}\mu\mathrm{div}\boldsymbol{V}-p$$

这些都是因为黏性引起的差别。

虽然，黏性流体中几乎处处都存在黏性应力，但其大小与速度梯度成正比。由式(14.65)或式(14.67)可知，只有在速度梯度变化剧烈的地方黏性应力才显得重要。这一点十分重要，这也是建立边界层理论的基础，对此还将在以后有关章节中进一步讨论。

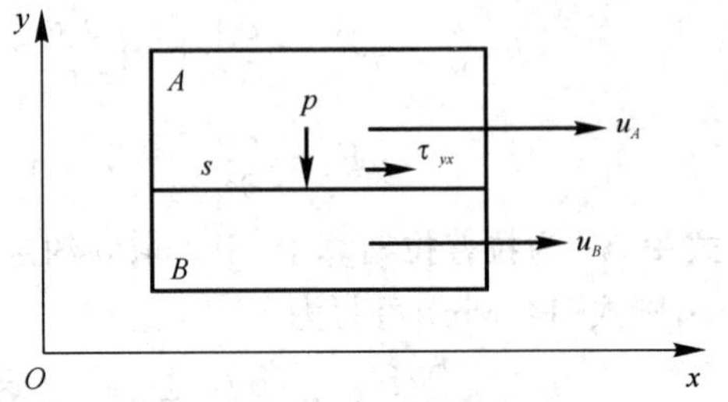

图 14.18 两流体微团间的作用力

三、黏性流体的能量方程

本节主要讨论黏性流体中能量的转换和输运过程，特别是黏性应力在这一过程中的作用。

1. 动能方程

首先，分析动能变化的关系，将式(14.64)的三个分量分别乘以对应的分速度后相加，则得

$$\frac{\mathrm{D}}{\mathrm{D}t}\left(\frac{u^2+v^2+w^2}{2}\right)=uF_x+vF_y+wF_z+\frac{1}{\rho}\left[u\left(\frac{\partial\sigma_x}{\partial x}+\frac{\partial\tau_{xy}}{\partial y}+\frac{\partial\tau_{xy}}{\partial z}\right)+\right.$$
$$\left.v\left(\frac{\partial\tau_{yx}}{\partial x}+\frac{\partial\sigma_y}{\partial y}+\frac{\partial\tau_{yz}}{\partial z}\right)+w\left(\frac{\partial\tau_{zx}}{\partial x}+\frac{\partial\tau_{zy}}{\partial y}+\frac{\partial\sigma_z}{\partial z}\right)\right]$$

采用取和约定，上式可写为

$$\frac{\mathrm{D}}{\mathrm{D}t}\left(\frac{1}{2}u_iu_i\right)=u_iF_{x_i}+\frac{1}{\rho}u_i\frac{\partial\pi_{ij}}{\partial x_j}=u_iF_{x_i}+\frac{1}{\rho}u_i\frac{\partial\pi_{ji}}{\partial x_j}$$

按微分法则，有

$$u_i=\frac{\partial\pi_{ji}}{\partial x_j}=\frac{\partial(\pi_{ji}u_i)}{\partial x_j}-\pi_{ji}\frac{\partial u_i}{\partial x_j}$$

并利用式(14.55)，则上式可进一步写为

$$\frac{\mathrm{D}}{\mathrm{D}t}\left(\frac{1}{2}u_iu_i\right)=u_iF_{x_i}+\frac{1}{\rho}\frac{\partial(m_{ji}u_i)}{\partial x_j}-\frac{1}{\rho}\frac{\partial(pu_i)}{\partial x_j}\delta_{ij}+\frac{p}{\rho}\frac{\partial u_i}{\partial x_j}\delta_{ij}-\frac{m_{ji}}{\rho}\frac{\partial u_i}{\partial x_j}=$$

$$u_i F_{x_i} + \frac{1}{\rho}\frac{\partial(m_{ji}u_i)}{\partial x_j} - \frac{1}{\rho}\frac{\partial(pu_i)}{\partial x_i} + \frac{p}{\rho}\frac{\partial u_i}{\partial x_i} - \frac{m_{ji}}{\rho}\frac{\partial u_i}{\partial x_j} \tag{14.68}$$

式(14.68)，等号左端表示流体微团单位质量的动能随时间的变化率；右端第一项为单位时间内彻体力对单位质量所做的功；右端第二项为单位时间内黏性力对运动单位质量的流体微团所输运的机械能。由图 14.19 可见，上一层流体通过黏性剪应力对微元体所做的功为

$$\left(\tau_{yx} + \frac{\partial \tau_{yx}}{\partial y}\mathrm{d}y\right)\mathrm{d}x\mathrm{d}z\left(u + \frac{\partial u}{\partial y}\mathrm{d}y\right)$$

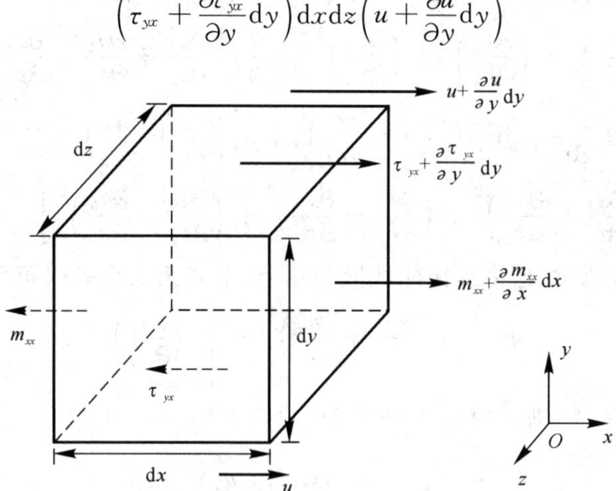

图 14.19　黏性力对机械能的输运

微元体对下一层流体所做的功为　　　　$(\tau_{yx}\mathrm{d}x\mathrm{d}z)u$

故微元体所得能量(略去高阶小量)为

$$\left(\tau_{yx} + \frac{\partial \tau_{yx}}{\partial y}\mathrm{d}y\right)\mathrm{d}x\mathrm{d}z\left(u + \frac{\partial u}{\partial y}\mathrm{d}y\right) - (\tau_{yx}\mathrm{d}x\mathrm{d}z)u =$$

$$\left(\frac{\partial \tau_{yx}}{\partial y}u + \tau_{yx}\frac{\partial u}{\partial y}\right)\mathrm{d}x\mathrm{d}y\mathrm{d}z = \frac{\partial(\tau_{yx}u)}{\partial y}\mathrm{d}x\mathrm{d}y\mathrm{d}z$$

则单位体积和单位质量在单位时间内得到的能量分别为$\frac{\partial(\tau_{yx}u)}{\partial y}$和$\frac{1}{\rho}\frac{\partial(\tau_{yx}u)}{\partial y}$。因此，黏性剪应力在此起了输运能量的作用。它把上一层流体的部分能量依次输运给下一层。而这种输运能量的方式在理想流体中是不存在的。对黏性正应力也可以做类似的推导，不过它不是不同流层间的能量输运，而是前后微团对微元体的做功之差。

式(14.68)右端第三项是单位时间内压力对单位质量流体所做的功，称为流动功。右端第四项中的$\frac{\partial u_i}{\partial x_i}$是体积膨胀率(见 14.5 节)，它与压力 p 的乘积表示单位时间的膨胀功。右端第五项表示单位时间内黏性应力所做的变形功。它与第二项的性质是不同的。第二项是通过黏性应力所进行的能量输运，它把机械能从一部分流体输运到另一部分流体，而能量的形式并未发生

变化。而第五项则不同，它是流体对抵抗变形的黏性力所做的功，它把流体运动的机械能不可逆地转换为热能而消耗，故又称为耗散项。将式(14.53)代入此项，得到耗散率 Φ，即

$$\begin{aligned}\Phi = m_{ij}\frac{\partial u_i}{\partial x_j} = \\ &\mu\left(\frac{\partial u_2}{\partial x_1}+\frac{\partial u_1}{\partial x_2}\right)^2+\mu\left(\frac{\partial u_3}{\partial x_1}+\frac{\partial u_1}{\partial x_3}\right)^2+\mu\left(\frac{\partial u_2}{\partial x_3}+\frac{\partial u_3}{\partial x_2}\right)^2+ \\ &2\mu\left[\left(\frac{\partial u_1}{\partial x_1}\right)^2+\left(\frac{\partial u_2}{\partial x_2}\right)^2+\left(\frac{\partial u_3}{\partial x_3}\right)^2\right]-\frac{2}{3}\mu\left(\frac{\partial u_1}{\partial x_1}+\frac{\partial u_2}{\partial x_2}+\frac{\partial u_3}{\partial x_3}\right)^2 = \\ &\mu\left(\frac{\partial u_2}{\partial x_1}+\frac{\partial u_1}{\partial x_2}\right)^2+\mu\left(\frac{\partial u_3}{\partial x_1}+\frac{\partial u_1}{\partial x_3}\right)^2+\mu\left(\frac{\partial u_2}{\partial x_3}+\frac{\partial u_3}{\partial x_2}\right)^2+ \\ &\frac{2}{3}\mu\left[\left(\frac{\partial u_1}{\partial x_1}-\frac{\partial u_2}{\partial x_2}\right)^2+\left(\frac{\partial u_1}{\partial x_1}-\frac{\partial u_3}{\partial x_3}\right)^2+\left(\frac{\partial u_2}{\partial x_2}-\frac{\partial u_3}{\partial x_3}\right)^2\right]\end{aligned} \tag{14.69}$$

因此，耗散项总是正的，它总是将机械能耗散为热能。上式第二个等式可用张量形式表示为

$$\Phi = \frac{\mu}{2}\left(\frac{\partial u_i}{\partial x_j}+\frac{\partial u_j}{\partial x_i}\right)^2-\frac{2}{3}\mu\left(\frac{\partial u_i}{\partial x_i}\right)^2 \tag{14.70a}$$

对不可压缩流体，$\dfrac{\partial u_i}{\partial x_i}=0$，则式(14.70a)变为

$$\Phi = \frac{\mu}{2}\left(\frac{\partial u_i}{\partial x_j}+\frac{\partial u_j}{\partial x_i}\right)^2 \tag{14.70b}$$

式中，Φ 表示单位体积的耗散率。单位质量的耗散率 ε 可写为

$$\varepsilon = \frac{\Phi}{\rho} = \frac{\nu}{2}\left(\frac{\partial u_i}{\partial x_j}+\frac{\partial u_j}{\partial x_i}\right)^2-\frac{2}{3}\nu\left(\frac{\partial u_i}{\partial x_i}\right)^2 \tag{14.71a}$$

对不可压缩流体，则有

$$\varepsilon = \frac{\nu}{2}\left(\frac{\partial u_i}{\partial x_j}+\frac{\partial u_j}{\partial x_i}\right)^2 \tag{14.71b}$$

由以上公式可知，耗散率与应变率的平方成正比。对于层流流动，是在边界层内靠近壁面处有大的速度梯度，因而产生强的耗散，而在其他区域，耗散则很弱。对于湍流运动，不仅在边界层内紧靠壁面处，而且在两个很靠近的旋涡之间都可能有很大的应变变化率，因而产生强的耗散。

对动能式(14.68)，按以上分析，可表述为：流体微团动能的变化率等于单位时间内彻体力所做的功、通过黏性力和压力与相邻微团的机械能交换、膨胀功及黏性力对机械能的耗散等上述各项之和。

对不可压缩流体，膨胀功为零，且黏性应力张量 m_{ij} 表示为式(14.54)，因此，动能式(14.68)变为

$$\frac{\mathrm{D}}{\mathrm{D}t}\left(\frac{1}{2}u_iu_i\right) = u_iF_{x_i}+2\nu\frac{\partial(s_{ij}u_i)}{\partial x_j}-\frac{1}{\rho}\frac{\partial(pu_i)}{\partial x_i}-2\nu s_{ij}s_{ij} \tag{14.72}$$

2. 内能方程

若以 e 表示单位质量流体的内能(此处及下一节均假设热力学关系也适用于运动的流体),则单位时间、单位体积中微团内能的增量为 $\rho\dfrac{De}{Dt}$。

此能量增量来自三个方面:

第一来自吸收热辐射、化学反应及燃烧等产生的外部加热。记单位时间内加给单位质量流体的热能为 Q。

第二来自热传导。设单位时间内从微元体左侧的单位面积流入的热量为 q_x,则通过与 x 轴垂直的两个微元面流出、流入的热量之差(见图 14.20) 为

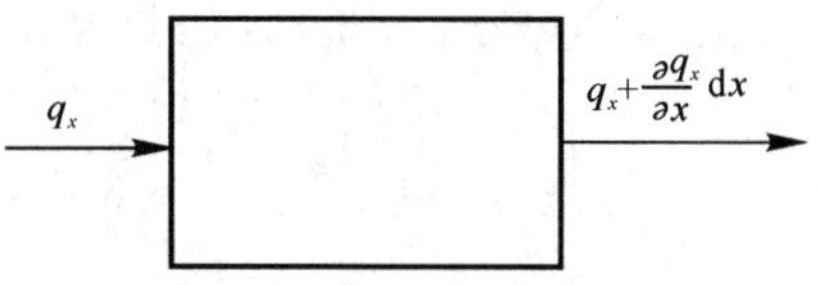

图 14.20　微元体热传导的热量

$$\left(q_x+\frac{\partial q_x}{\partial x}\mathrm{d}x\right)\mathrm{d}y\mathrm{d}z-q_x\mathrm{d}y\mathrm{d}z=\frac{\partial q_x}{\partial x}\mathrm{d}x\mathrm{d}y\mathrm{d}z$$

单位时间、单位体积内减少的热量为

$$\frac{\partial q_x}{\partial x}+\frac{\partial q_y}{\partial y}+\frac{\partial q_z}{\partial z}=\frac{\partial q_i}{\partial x_i}$$

而热量的减少,总是使微元体的内能减少。

第三来自黏性应力张量所做的变形功,即

$$\pi_{ij}\frac{\partial u_i}{\partial x_j}=m_{ij}\frac{\partial u_i}{\partial x_j}-p\frac{\partial u_i}{\partial x_i}=\Phi-p\frac{\partial u_i}{\partial x_i}$$

由此,单位时间、单位质量微元体内能的变化为

$$\frac{De}{Dt}=Q-\frac{1}{\rho}\frac{\partial q_i}{\partial x_i}+\frac{\Phi}{\rho}-\frac{p}{\rho}\frac{\partial u_i}{\partial x_i}\tag{14.73}$$

耗散项将机械能耗散为热能,使内能增加,而膨胀做功,使内能减少。

由于耗散率 Φ 表示将有用的机械能不可逆的耗散为热能,因此它应与熵增联系起来。对于完全气体,熵增 Ds 与内能变化满足下列关系式,即

$$T\frac{Ds}{Dt}=\frac{De}{Dt}+p\frac{D}{Dt}\left(\frac{1}{\rho}\right)\tag{14.74}$$

由连续式(14.58d),可得

$$\frac{\partial u_i}{\partial x_i}=\frac{1}{\rho}\left[\frac{\partial(\rho u_i)}{\partial x_i}-u_i\frac{\partial\rho}{\partial x_i}\right]=-\frac{1}{\rho}\frac{D\rho}{Dt}=\rho\frac{D}{Dt}\left(\frac{1}{\rho}\right)\tag{14.75}$$

将式(14.73) 和式(14.75) 代入式(14.74),可得

$$T\frac{Ds}{Dt}=Q-\frac{1}{\rho}\frac{\partial q_i}{\partial x_i}+\frac{\Phi}{\rho}\tag{14.76}$$

因此,耗散的作用总是使熵增加。

焓 h 和内能 e 有如下关系:

$$h = e + \frac{p}{\rho} \tag{14.77}$$

将式(14.75) 代入式(14.73),则由式(4.77),可得

$$\frac{\mathrm{D}h}{\mathrm{D}t} = Q - \frac{1}{\rho}\frac{\partial q_i}{\partial x_i} + \frac{\Phi}{\rho} + \frac{1}{\rho}\frac{\mathrm{D}p}{\mathrm{D}t} \tag{14.78}$$

考虑比定容热容 c_V 和比定压热容 c_p,有

$$e = c_V T, \quad h = c_p T$$

则

$$\mathrm{D}e = c_V \mathrm{D}T \tag{14.79a}$$

$$\mathrm{D}h = c_p \mathrm{D}T \tag{14.79b}$$

应用热传导式(1.11),则式(14.73) 及式(14.78) 可分别写为

$$c_V \frac{\mathrm{D}T}{\mathrm{D}t} = Q + \frac{1}{\rho}\nabla\cdot(k\nabla T) + \frac{\Phi}{\rho} - \frac{p}{\rho}\nabla\cdot\boldsymbol{V} \tag{14.80a}$$

和

$$c_p \frac{\mathrm{D}T}{\mathrm{D}t} = Q + \frac{1}{\rho}\nabla\cdot(k\nabla T) + \frac{\Phi}{\rho} + \frac{1}{\rho}\frac{\mathrm{D}p}{\mathrm{D}t} \tag{14.80b}$$

当温度变化不大时,热传导系数可近似看成常数,上两式则可分别写为

$$c_V \frac{\mathrm{D}T}{\mathrm{D}t} = Q + \frac{k}{\rho}\left(\frac{\partial^2 T}{\partial x^2} + \frac{\partial^2 T}{\partial y^2} + \frac{\partial^2 T}{\partial z^2}\right) + \frac{\Phi}{\rho} - \frac{p}{\rho}\nabla\cdot\boldsymbol{V} \tag{14.81}$$

和

$$c_p \frac{\mathrm{D}T}{\mathrm{D}t} = Q + \frac{k}{\rho}\left(\frac{\partial^2 T}{\partial x^2} + \frac{\partial^2 T}{\partial y^2} + \frac{\partial^2 T}{\partial z^2}\right) + \frac{\Phi}{\rho} + \frac{1}{\rho}\frac{\mathrm{D}p}{\mathrm{D}t} \tag{14.82}$$

对于液体,由于其不可压缩,$\nabla\cdot\boldsymbol{V} = 0$ 且 $c_V \approx c_p$,故式(14.81) 可写为

$$c_p \frac{\mathrm{D}T}{\mathrm{D}t} = Q + \frac{k}{\rho}\left(\frac{\partial^2 T}{\partial x^2} + \frac{\partial^2 T}{\partial y^2} + \frac{\partial^2 T}{\partial z^2}\right) + \frac{\Phi}{\rho} \tag{14.83}$$

3. 总能量方程

动能方程和内能方程分别从机械能和热能的角度研究了黏性流体运动过程中能量的传输和转换的问题。下面讨论总的能量平衡关系。将式(14.68) 和式(14.73) 相加,则得

$$\frac{\mathrm{D}}{\mathrm{D}t}\left(e + \frac{1}{2}u_i u_i\right) = Q + u_i F_{x_i} - \frac{1}{\rho}\frac{\partial q_i}{\partial x_i} + \frac{1}{\rho}\frac{\partial(m_{ji}u_i)}{\partial x_j} - \frac{1}{\rho}\frac{\partial(pu_i)}{\partial x_i} \tag{14.84}$$

注意等号右边最后一项可写为

$$\frac{1}{\rho}\frac{\partial(pu_i)}{\partial x_i} = \frac{\mathrm{D}}{\mathrm{D}t}\left(\frac{p}{\rho}\right) - \frac{1}{\rho}\frac{\partial p}{\partial t}$$

并利用式(14.77),则可得

$$\frac{\mathrm{D}}{\mathrm{D}t}\left(h + \frac{1}{2}u_i u_i\right) = Q + u_i F_{x_i} - \frac{1}{\rho}\frac{\partial q_i}{\partial x_i} + \frac{1}{\rho}\frac{\partial(m_{ji}u_i)}{\partial x_j} + \frac{1}{\rho}\frac{\partial p}{\partial t} \tag{14.85}$$

此式即是黏性流体的总能量方程,其左端为总焓的变化率,与理想流体相比,方程右端多了一项 $\frac{1}{\rho}\frac{\partial(m_{ij}u_i)}{\partial x_j}$。这说明,对于黏性流体,即使没有外部加热、热传导、彻体力作用及压力随时间

的变化，黏性流体微团的总焓沿迹线也是变化的，这是因为黏性应力能够在相邻迹线之间输运能量。

14.9　小　结

本章阐述黏性流动的基本概念与基本特征，推导了黏性流体动力学基本方程。

(1) 黏性流动中两种基本流态：层流及湍流。层流中流层间剪应力满足牛顿黏性定律，即 $\tau=\mu\dfrac{\mathrm{d}U}{\mathrm{d}y}$。湍流中相邻微团间剪应力主要由涡团动量交换引起的。其剪应力可写为 $\tau_t=-\rho\overline{u'v'}$，也称为雷诺应力。$\overline{u'v'}$ 代表两个方向脉动速度乘积对时间的平均值。根据雷诺应力涡黏性假设，τ_t 可用类似于层流中黏性应力关系表示为 $\tau_t=\mu_t\dfrac{\mathrm{d}U}{\mathrm{d}y}$。此处 μ_t 与 μ 不同，它不仅与流体物理特性有关，而且主要与湍流结构特性有关。为了确定 μ_t，人们在大量实验的基础上，加上理论分析与经验判断，构造了各种各样的湍流模型。但到目前，还没有一种湍流模型被认为是完善的，这方面工作有待于继续努力。湍流中总的剪应力为 $\tau=(\mu+\mu_t)\dfrac{\mathrm{d}U}{\mathrm{d}y}$。

(2) 剪应力与流动分离是黏性流体流动两个主要特征。剪应力引起在流体中运动物体的摩擦阻力 D_f，而流动分离则造成了运动物体的压差阻力 D_p(有时又称为型阻)。一般情况下，当流动从层流转变为湍流时，D_f 将会增加，而 D_p 将会减少。

(3) 流体运动与变形：

速度导数张量为

$$d_{ij}=\frac{\partial u_i}{\partial x_j},\quad i,j=1,2,3$$

$$d_{ij}=s_{ij}+a_{ij}$$

式中，s_{ij} 为对称张量，即

$$s_{ij}=\frac{1}{2}\left(\frac{\partial u_i}{\partial x_j}+\frac{\partial u_j}{\partial x_i}\right)$$

称为应变变化率张量，全部写出为

$$\boldsymbol{S}=\begin{bmatrix}\dfrac{\partial u}{\partial x} & \dfrac{1}{2}\left(\dfrac{\partial u}{\partial y}+\dfrac{\partial v}{\partial x}\right) & \dfrac{1}{2}\left(\dfrac{\partial u}{\partial z}+\dfrac{\partial w}{\partial x}\right)\\ \dfrac{1}{2}\left(\dfrac{\partial u}{\partial y}+\dfrac{\partial v}{\partial x}\right) & \dfrac{\partial v}{\partial y} & \dfrac{1}{2}\left(\dfrac{\partial v}{\partial z}+\dfrac{\partial w}{\partial y}\right)\\ \dfrac{1}{2}\left(\dfrac{\partial u}{\partial z}+\dfrac{\partial w}{\partial x}\right) & \dfrac{1}{2}\left(\dfrac{\partial v}{\partial z}+\dfrac{\partial w}{\partial y}\right) & \dfrac{\partial w}{\partial z}\end{bmatrix}$$

其非主对角线上的分量，对应流体微团的角变形即剪切变形，不影响流体微团体积变化。而流体微团的体积只受应变变化率张量主对角线上分量的影响。

反对称张量为

$$a_{ij}=\frac{1}{2}\left(\frac{\partial u_i}{\partial x_j}-\frac{\partial u_j}{\partial x_i}\right)$$

将其全部写出为

$$\boldsymbol{A}=\begin{bmatrix}0 & \frac{1}{2}\left(\frac{\partial u}{\partial y}-\frac{\partial v}{\partial x}\right) & \frac{1}{2}\left(\frac{\partial u}{\partial z}-\frac{\partial w}{\partial x}\right)\\ -\frac{1}{2}\left(\frac{\partial u}{\partial y}-\frac{\partial v}{\partial x}\right) & 0 & \frac{1}{2}\left(\frac{\partial v}{\partial z}-\frac{\partial w}{\partial y}\right)\\ -\frac{1}{2}\left(\frac{\partial u}{\partial z}-\frac{\partial w}{\partial x}\right) & -\frac{1}{2}\left(\frac{\partial v}{\partial z}-\frac{\partial w}{\partial y}\right) & 0\end{bmatrix}$$

反对称张量,对应于一个矢量 $\boldsymbol{\zeta}$:

$$\zeta_1=\frac{1}{2}\left(\frac{\partial w}{\partial y}-\frac{\partial v}{\partial z}\right),\quad \zeta_2=\frac{1}{2}\left(\frac{\partial u}{\partial z}-\frac{\partial w}{\partial x}\right),\quad \zeta_3=\frac{1}{2}\left(\frac{\partial v}{\partial x}-\frac{\partial u}{\partial y}\right)$$

$\boldsymbol{\zeta}$ 对应于速度 $\mathbf{V}$ 的旋度的$\frac{1}{2}$,即

$$\boldsymbol{\zeta}=\frac{1}{2}\mathbf{rotV}$$

$$2\boldsymbol{\zeta}=\boldsymbol{\omega}=\mathbf{rotV}$$

式中,$\boldsymbol{\omega}$ 称为涡量或旋涡强度。

(4) 流体表面应力张量及牛顿流体应力与应变变化率之间关系。

表面应力张量 $\boldsymbol{\Pi}$ 为

$$\boldsymbol{\Pi}=\begin{bmatrix}\sigma_x & \tau_{xy} & \tau_{xz}\\ \tau_{yx} & \sigma_y & \tau_{yz}\\ \tau_{zx} & \tau_{zy} & \sigma_z\end{bmatrix}$$

按牛顿剪应力假设,则有

$$\tau_{yx}=\mu\frac{\mathrm{d}u}{\mathrm{d}y}$$

即

$$\tau_{yx}=2\mu s_{yx}$$

斯托克斯将上述牛顿黏性应力公式推广到黏性流体任意流动的情况,有

$$\pi_{ij}=2\mu s_{ij}+\lambda\mathrm{div}\mathbf{V}\delta_{ij}-p\delta_{ij}$$

式中 λ 为第二黏度与体积膨胀率 div$\mathbf{V}$ 有关,斯托克斯假设为

$$\lambda=-\frac{2}{3}\mu$$

$$\pi_{ij}=2\mu s_{ij}-\frac{2}{3}\mu\mathrm{div}\mathbf{V}\delta_{ij}-p\delta_{ij}$$

进一步还可将上式写为

$$\pi_{ij} = \begin{cases} \mu\left(\dfrac{\partial u_i}{\partial x_j} + \dfrac{\partial u_j}{\partial x_i}\right), & i \neq j \\ 2\mu\dfrac{\partial u_i}{\partial x_j} - \dfrac{2}{3}\mu \text{div}\mathbf{V} - p, & i = j \end{cases}$$

把与黏性应力有关项单独列出,定义黏性应力张量 m_{ij},则

$$m_{ij} = 2\mu s_{ij} - \frac{2}{3}\mu \text{div}\mathbf{V}\delta_{ij}$$

式(14.49) 或式(14.50) 即可写为

$$\pi_{ij} = m_{ij} - p\delta_{ij}$$

将式(14.35) 与式(14.50) 比较,可写出各应力分量为

$$\left.\begin{aligned} \sigma_x &= \sigma_{xx} - p \\ \sigma_y &= \sigma_{yy} - p \\ \sigma_z &= \sigma_{zz} - p \\ \tau_{xy} &= \tau_{yx} = \mu\left(\frac{\partial u}{\partial y} + \frac{\partial v}{\partial x}\right) \\ \tau_{xz} &= \tau_{zx} = \mu\left(\frac{\partial u}{\partial z} + \frac{\partial w}{\partial x}\right) \\ \tau_{yz} &= \tau_{zy} = \mu\left(\frac{\partial v}{\partial z} + \frac{\partial w}{\partial y}\right) \end{aligned}\right\}$$

式中

$$\left.\begin{aligned} \sigma_{xx} &= 2\mu\frac{\partial u}{\partial x} - \frac{2}{3}\mu \text{div}\mathbf{V} \\ \sigma_{yy} &= 2\mu\frac{\partial v}{\partial y} - \frac{2}{3}\mu \text{div}\mathbf{V} \\ \sigma_{zz} &= 2\mu\frac{\partial w}{\partial z} - \frac{2}{3}\mu \text{div}\mathbf{V} \end{aligned}\right\}$$

(5) 黏性流体动力学基本方程。

连续方程为

$$\frac{\partial \rho}{\partial t} + \frac{\partial(\rho u)}{\partial x} + \frac{\partial(\rho v)}{\partial y} + \frac{\partial(\rho w)}{\partial z} = 0$$

运动方程为

$$\left.\begin{aligned} \rho\frac{\mathrm{D}u}{\mathrm{D}t} &= \rho F_x + \frac{\partial \sigma_x}{\partial x} + \frac{\partial \tau_{yx}}{\partial y} + \frac{\partial \tau_{zx}}{\partial z} \\ \rho\frac{\mathrm{D}v}{\mathrm{D}t} &= \rho F_y + \frac{\partial \tau_{xy}}{\partial x} + \frac{\partial \sigma_y}{\partial y} + \frac{\partial \tau_{zy}}{\partial z} \\ \rho\frac{\mathrm{D}w}{\mathrm{D}t} &= \rho F_z + \frac{\partial \tau_{xz}}{\partial x} + \frac{\partial \tau_{yz}}{\partial y} + \frac{\partial \sigma_z}{\partial z} \end{aligned}\right\}$$

或 $$\rho\frac{\partial u_i}{\partial t}+\rho u_j\frac{\partial u_i}{\partial x_j}=\rho F_i-\frac{\partial p}{\partial x_i}+\mu\boldsymbol{\nabla}^2u_i+\frac{\mu}{3}\frac{\partial^2u_j}{\partial x_i\partial x_j},\quad i,j=1,2,3$$

或 $$\rho\frac{\partial\mathbf{V}}{\partial t}+\rho(\boldsymbol{\nabla}\cdot\mathbf{V})\mathbf{V}=\rho\mathbf{F}-\boldsymbol{\nabla}p+\mu\boldsymbol{\nabla}^2\mathbf{V}+\frac{\mu}{3}\boldsymbol{\nabla}(\boldsymbol{\nabla}\cdot\mathbf{V})$$

或 $$\rho\frac{\partial u_i}{\partial t}+\rho u_j\frac{\partial u_i}{\partial x_j}=\rho F_i+\frac{\partial\pi_{ij}}{\partial x_i}$$

能量方程为

1）动能方程为

$$\frac{\mathrm{D}}{\mathrm{D}t}\left(\frac{1}{2}u_iu_i\right)=u_iF_{x_i}+\frac{1}{\rho}\frac{\partial(m_{ji}u_i)}{\partial x_j}-\frac{1}{\rho}\frac{\partial(pu_i)}{\partial x_i}+\frac{p}{\rho}\frac{\partial u_i}{\partial x_i}-\frac{m_{ji}}{\rho}\frac{\partial u_i}{\partial x_j}$$

2）内能方程为

$$\frac{\mathrm{D}e}{\mathrm{D}t}=Q-\frac{1}{\rho}\frac{\partial q_i}{\partial x_i}+\frac{\Phi}{\rho}-\frac{p}{\rho}\frac{\partial u_i}{\partial x_i}$$

式中，$\Phi=m_{ij}\dfrac{\partial u_i}{\partial x_j}$ 为单位体积的耗散率。

还可写为 $$T\frac{\mathrm{D}s}{\mathrm{D}t}=Q-\frac{1}{\rho}\frac{\partial q_i}{\partial x_i}+\frac{\Phi}{\rho}$$

或 $$\frac{\mathrm{D}h}{\mathrm{D}t}=Q-\frac{1}{\rho}\frac{\partial q_i}{\partial x_i}+\frac{\Phi}{\rho}+\frac{1}{\rho}\frac{\mathrm{D}p}{\mathrm{D}t}$$

或 $$c_V\frac{\mathrm{D}T}{\mathrm{D}t}=Q+\frac{k}{\rho}\left(\frac{\partial^2T}{\partial x^2}+\frac{\partial^2T}{\partial y^2}+\frac{\partial^2T}{\partial z^2}\right)+\frac{\Phi}{\rho}-\frac{p}{\rho}\boldsymbol{\nabla}\cdot\mathbf{V}$$

及 $$c_p\frac{\mathrm{D}T}{\mathrm{D}t}=Q+\frac{k}{\rho}\left(\frac{\partial^2T}{\partial x^2}+\frac{\partial^2T}{\partial y^2}+\frac{\partial^2T}{\partial z^2}\right)+\frac{\Phi}{\rho}+\frac{1}{\rho}\frac{\mathrm{D}p}{\mathrm{D}t}$$

3）总能量方程为

$$\frac{\mathrm{D}}{\mathrm{D}t}\left(e+\frac{1}{2}u_iu_i\right)=Q+u_iF_{x_i}-\frac{1}{\rho}\frac{\partial q_i}{\partial x_i}+\frac{1}{\rho}\frac{\partial(m_{ji}u_i)}{\partial x_j}-\frac{1}{\rho}\frac{\partial(pu_i)}{\partial x_i}$$

或 $$\frac{\mathrm{D}}{\mathrm{D}t}\left(h+\frac{1}{2}u_iu_i\right)=Q+u_iF_{x_i}-\frac{1}{\rho}\frac{\partial q_i}{\partial x_i}+\frac{1}{\rho}\frac{\partial(m_{ji}u_i)}{\partial x_j}+\frac{1}{\rho}\frac{\partial p}{\partial t}$$

习　题

14.1　直径 $d=10$ cm的球放在速度为20 m/s，温度为0℃，一个大气压的自由流体中。设流体是(1) 空气；(2) 水；(3) 氢气，计算以球的直径为参考长度的雷诺数。

14.2　一个重400N的物体具有0.186 m^{2}的接触平面，它沿与水平面成30°的斜面滑动。若该斜面上有黏度为0.1 Pa・s的润滑剂，物体下滑速度为0.914 m/s，求润滑膜的厚度。

14.3　一个固定相距0.5 mm的平行平板，需对其作用切向力才能维持0.25 m/s的速度，此切向力对应的切应力为2 Pa，求出这两平板之间流体的黏度(动力黏度)μ。

14.4　给定流体流动的速度场为

$$\boldsymbol{V} = (t^2 + 5t)\boldsymbol{i} + (y^2 - z^2 - i)\boldsymbol{j} - (y^2 + 2yz)\boldsymbol{k}$$

计算点(3,2,4)上,$t = 2$ 时如下各值的:(1) 流体加速度;(2) 流体膨胀率;(3) 涡量。

14.5　对习题 14.4 确定:(1) 流动总是无旋的曲面;(2) 流体膨胀率总是零的曲面。

14.6　说明如下的流动一般总是有旋的,即

$$u = u(x,y), \quad v = 0$$

在怎样的特殊情况下此流动无旋?

14.7　一作用在 xOy 平面上 $2 \times 2\ \text{cm}^2$ 的正方形上的力 $\boldsymbol{F} = 4\boldsymbol{i} + 3\boldsymbol{j} + 9\boldsymbol{k}$,单位为 kN。将它分解为法向力和切向力,求正应力和切应力。对于 $\boldsymbol{F} = -4\boldsymbol{i} + 3\boldsymbol{j} - 9\boldsymbol{k}$,重复上述计算。

14.8　液体沿倾角为 α 的斜板流下。若液层的厚度为 h,证明单位宽度的斜板上,液体的质量流量为 $q_m = \dfrac{\rho g h^3 \sin\alpha}{3\nu}$。

14.9　有两平行平板,下板固定,上板以速度 U_e 移动(见图 14.21),沿流向无压差,流体完全由上板因黏性而拖动,设为定常不可压缩层流流动,忽略彻体力,其速度场可表示为

$$u = \frac{U_e}{2}\left(\frac{y}{h} + 1\right), \quad v = 0$$

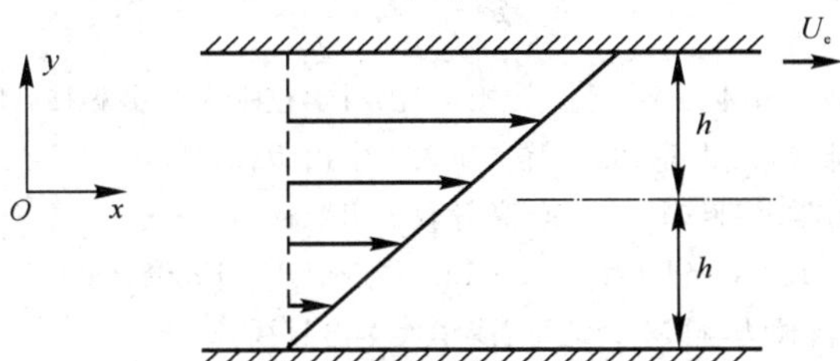

图 14.21　习题 14.9 的图

(1) 求黏性应力分布;

(2) 求单位容积的流体所受的表面力在 x 方向的分量;

(3) 检验 x 方向动量方程,是否得到满足;

(4) 求压力沿 y 向的分布。

14.10　内、外圆筒的直径分别为 $D = 1\,000$ mm 和 $D_1 = 1\,002$ mm,轴向长度 $b = 1$ m,内、外筒同心,在其间隙里充满 60℃ 的润滑油。使圆筒旋转,由于与间隙宽度相比,筒的半径相当大,故可设速度分布为线性关系,设油的有关物理参数为:密度 $\rho = 842\ \text{kg/m}^3$,黏度 $\mu = 4.17 \times 10^{-3}\ \text{Pa}\cdot\text{s}$,比热容 $c = 2.02 \times 10^3\ \text{J/(kg}\cdot\text{K)}$。

(1) 让内筒匀速旋转,且使筒壁线速度为 1 m/s,求所需的转矩 M,轴功率 L,1 s 内产生的热量及油温上升 1℃ 所需时间 t。设内、外筒壁绝热;

(2) 当内筒壁线速度为 8 m/s 时,又将怎样?

14.11　对习题 14.9 的速度场，已知温度场为

$$\frac{T-T_w}{T_e-T_w}=\frac{1}{2}(1+\frac{y}{h})+\frac{prE_c}{8}[1-(\frac{y}{h})^2]$$

式中，pr 为普朗特常数($pr=\frac{\mu c_p}{k}$，k 为热传导系数)；

$$E_c=\frac{U_e^2}{c_p(T_e-T_w)}$$

式中 T_e，T_w 分别为上板和下板的壁温。

(1) 求出动能式(14.72) 等号右端各项，从而求出 $\mathrm{D}(\frac{1}{2}u_iu_i)/\mathrm{D}t$；

(2) 求出熵式(14.76) 等号右端各项，从而求出 $\mathrm{D}s/\mathrm{D}t$。讨论在黏性流动中熵沿流线不变的原因；

(3) 求出热焓式(14.82) 等号右端各项，从而求出 $\mathrm{D}T/\mathrm{D}t$；

(4) 求出总焓式(14.85) 等号右端各项，从而求出 $\mathrm{D}(\frac{1}{2}u_iu_i+h)/\mathrm{D}t$。

参考文献

[1] 庄礼贤，尹协远，马晖扬. 流体力学[M]. 合肥：中国科学技术大学出版社，1991.

[2] 朱一锟. 流体力学基础[M]. 北京：北京航空航天大学出版社，1990.

[3] 陈懋章. 粘性流体动力学基础[M]. 北京：高等教育出版社，1993.

[4] Bertin John J，Smith M L. Aerodynamics for Engineers[M]. Englewood Cliffs：Prentice-Hall，Inc，1979.

[5] 章梓雄，董曾南. 粘性流体力学[M]. 北京：清华大学出版社，2004.

[6] 张仲寅，乔志德. 粘性流体力学[M]. 北京：国防工业出版社，1982.

[7] 是勋刚. 湍流[M]. 天津：天津大学出版社，1994.

[8] Cebec T，Smith A M O. Analysis of Turbulent Borudary Layers[M]. New York：Academic Press，Inc，1994.

[9] 怀特 F M. 粘性流体动力学[M]. 北京：机械工业出版社，1982.

[10] 张耀良，朱卫兵. 张量分析及其在连续介质力学中的应用[M]. 哈尔滨：哈尔滨工业大学出版社，2005.

[11] 陈再新，刘福长，龚定一，等. 飞行器空气动力学[M]. 北京：航空专业教材编审组，1985.

[12] Anderson John D，Jr. Fundamentals of Aerodynamics[M]. New York：McGraw-Hill Book Company，1991.

第 15 章　不可压缩流动中的管道层流与层流边界层

15.1　引　言

在 14 章中，讨论了黏性流动的基本特征，推导了黏性流动的控制方程。在本章中，首先讨论无量纲化后的控制方程，得出定常、不可压缩黏性流动的相似参数——雷诺数。然后，将求解管道内远离入口的定常、不可压缩黏性流动，得出管内层流的解；接下来，将推导高雷诺数下 N－S 方程的近似方程——边界层方程；并详细讨论沿平板不可压缩层流边界层问题的精确解和二维曲面层流边界层问题的求解；我们还将讨论边界层方程的近似解法——动量积分关系式方法。我们将看到，这些问题的解在无量纲形式下都是雷诺数的函数，这充分说明了雷诺数在黏性流动中的重要性。最后给出本章的小结。本章涉及的主要内容如图 15.1 所示。

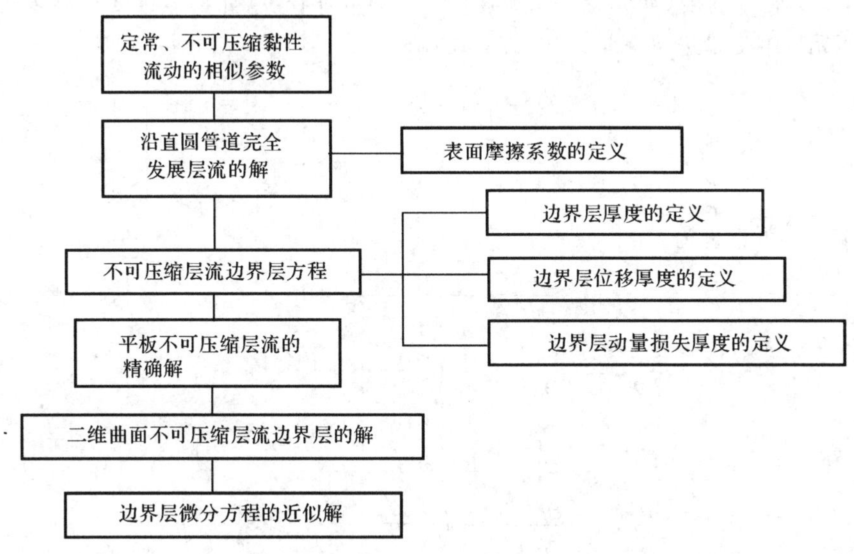

图 15.1　第 15 章的内容简介

15.2 定常、不可压缩黏性流动的相似参数——雷诺数

在研究无黏性流动时，知道无黏、不可压缩流动是与尺度无关的，即把物体的几何形状按比例放大或缩小时，其对应点的流动特性，如压力、密度、速度等在无量纲形式下保持不变。因此，在研究无黏性流动时，经常将机翼的弦长、物体的长度等取为无量纲单位，长度为 1，这样做并不影响问题的求解。然而，对于定常、不可压缩黏性流动，要保证两个几何相似的物体的流场绕流特性相对应，还必须要保持雷诺数相等。这就是所说的定常、黏性不可压缩流动的相似参数。下面，从不可压缩黏性流动的控制方程——N－S 方程——出发来证明这一点。在 14.8 节中，当不考虑彻体力时，可给出三维不可压缩黏性流动的 N－S 方程，即

$$\frac{\partial u}{\partial x}+\frac{\partial v}{\partial y}+\frac{\partial w}{\partial z}=0 \tag{15.1a}$$

$$\rho\frac{\mathrm{D}u}{\mathrm{D}t}=-\frac{\partial p}{\partial x}+\mu\left(\frac{\partial^2 u}{\partial^2 x}+\frac{\partial^2 u}{\partial y^2}+\frac{\partial^2 u}{\partial z^2}\right) \tag{15.1b}$$

$$\rho\frac{\mathrm{D}v}{\mathrm{D}t}=-\frac{\partial p}{\partial y}+\mu\left(\frac{\partial^2 v}{\partial x^2}+\frac{\partial^2 v}{\partial y^2}+\frac{\partial^2 v}{\partial z^2}\right) \tag{15.1c}$$

$$\rho\frac{\mathrm{D}w}{\mathrm{D}t}=-\frac{\partial p}{\partial z}+\mu\left(\frac{\partial^2 w}{\partial x^2}+\frac{\partial^2 w}{\partial y^2}+\frac{\partial^2 w}{\partial z^2}\right) \tag{15.1d}$$

假设 V_∞ 为特征速度（如无穷远来流速度）；L 为特征长度（如物体长度），那么式(15.1) 可以通过如下无量纲变量进行无量纲化，即

$$\left.\begin{aligned} x'=\frac{x}{L},\quad y'=\frac{y}{L},\quad z'=\frac{z}{L},\quad t'=\frac{V_\infty t}{L}\\ u'=\frac{u}{V_\infty},\quad v'=\frac{v}{V_\infty},\quad w'=\frac{w}{V_\infty},\quad p'=\frac{p}{\rho V_\infty^2}\end{aligned}\right\} \tag{15.2}$$

这时，式(15.1) 可整理为

$$\frac{\partial u'}{\partial x'}+\frac{\partial v'}{\partial y'}+\frac{\partial w'}{\partial z'}=0 \tag{15.3a}$$

$$\frac{\mathrm{D}u'}{\mathrm{D}t'}=-\frac{\partial p'}{\partial x'}+\frac{1}{Re}\left(\frac{\partial^2 u'}{\partial^2 x'}+\frac{\partial^2 u'}{\partial y'^2}+\frac{\partial^2 u'}{\partial z'^2}\right) \tag{15.3b}$$

$$\frac{\mathrm{D}v'}{\mathrm{D}t'}=-\frac{\partial p'}{\partial y'}+\frac{1}{Re}\left(\frac{\partial^2 v'}{\partial x'^2}+\frac{\partial^2 v'}{\partial y'^2}+\frac{\partial^2 v'}{\partial z'^2}\right) \tag{15.3c}$$

$$\frac{\mathrm{D}w'}{\mathrm{D}t'}=-\frac{\partial p'}{\partial z'}+\frac{1}{Re}\left(\frac{\partial^2 w'}{\partial x'^2}+\frac{\partial^2 w'}{\partial y'^3}+\frac{\partial^2 w'}{\partial z'^2}\right) \tag{15.3d}$$

式中，$Re=\dfrac{\rho V_\infty L}{\mu}$ 为流动的雷诺数，从式(15.3) 可以看出，对于两个几何相似的物体（包括物体表面粗糙度相同），只要雷诺数相等，式(15.3) 对应的流动的解完全相同，同时，两流动对应

的边界条件也相同。因此，我们得出这样的结论：在相同雷诺数下，流过两个几何相似物体的不可压缩黏性流动是相似的；即两不同流动对应的 u'，v'，w' 和 p' 是 x'，y'，z' 和 t' 的相同函数。

以上结论具有十分重要的意义。例如：对于一些复杂的黏性流动绕流问题，从理论上不能解析求解，必须进行实验研究。在实验研究时，首先必须弄清楚在什么条件下绕实验模型的流动能模拟绕真实物体的流动，通过以上的相似分析知道，对于定常、不可压缩黏性流动，只要模型与实物几何相似，对应雷诺数相等，其对应点的无量纲流动参数就是相同的。这样，就可以由实验测得的数据预计绕实物流动的流动参数值。

需要指出的是，对于可压缩黏性流动，还需要引入其他的相似参数，如马赫数、普朗特数等，我们将在第 16 章中讨论；对于非定常流动，还要引入斯托哈尔数——$\dfrac{U_\infty T}{L}$，此时 T 为反映特定非定常流动的一个时间尺度，如周期性非定常流动的周期。感兴趣的读者可自行推导。

下面，讨论一下雷诺数的物理意义，通过量纲分析可以说明雷诺数是作用于给定控制体的惯性力与黏性力之比。例如，对于定常、不可压缩黏性流动，式(15.1b)，(15.1c)，(15.1d) 中动量方程的左端项为惯性力项，如 $\rho\dfrac{\mathrm{D}u}{\mathrm{D}t}$ 展开后其中的一项 $\rho u\dfrac{\partial u}{\partial x}$，具有如下的量纲形式与数量级，即

$$\frac{\rho V_\infty^2}{L}$$

而黏性应力项是动量式(15.1b)，(15.1c)，(15.1d) 中的右端第二项，如 $\mu\dfrac{\partial^2 u}{\partial x^2}$，具有下面的量纲形式与数量级，即

$$\mu\frac{V_\infty}{L^2}$$

因此，惯性应力与黏性应力之比为

$$Re_L=\frac{\dfrac{\rho V_\infty^2}{L}}{\mu\dfrac{V_\infty}{L^2}}=\frac{\rho V_\infty L}{\mu}=\frac{V_\infty L}{\nu}\tag{15.4}$$

式中，$\nu=\dfrac{\rho}{\mu}$，称为运动黏度。

通过以上分析，可以看到：雷诺数越大，则表示惯性力与黏性力相比的影响越大；相反，雷诺数越小，则表示黏性力的影响相对惯性力越大。一般来说，对于大型的飞机，雷诺数在千万以上，因此，对于没有分离的流动，黏性的影响只限于物面附近很薄的区域内，即边界层内，边界层外的流动可以看做是无黏的。由式(15.3) 可以看出，当雷诺数趋于无穷大时，控制方程退化为无黏理想流体的控制方程——欧拉(Euler)方程；而对于诸如雾滴运动、小昆虫的飞行，其对应流

动为低雷诺数的，流体具有高黏性，惯性应力项与黏性应力相比往往是可以忽略的。

15.3　管道中的层流

考虑如图 15.2 所示的管道，为简单起见，研究半径为 a 的圆截面管道。当流体进入管道入口后，边界层厚度由零随离开入口的距离增加，流动沿长度方向逐渐变化，经过一定长度后，流动不再改变，所有截面处的速度分布相同，称之为完全发展的流动，也称为泊肃叶流动(Poiseuille Flow)。

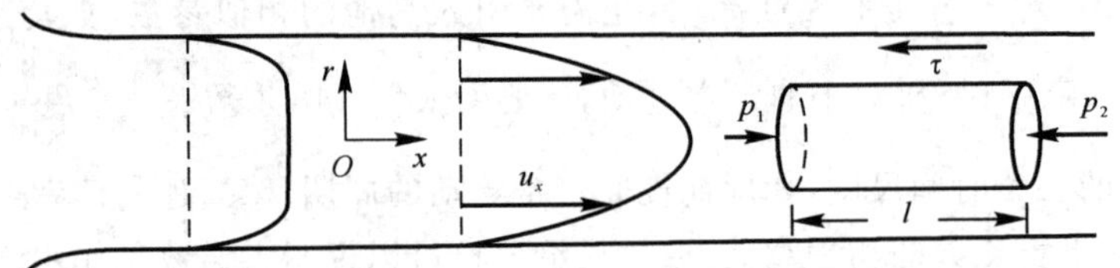

图 15.2　管内完全发展的流动

下面，来讨论完全发展的管内层流的流动解。因为流动只有 x 方向的速度 u，且沿 x 方向保持不变，此时，控制式(15.1) 简化为如下方程。

x 方向动量方程为

$$0=-\frac{\partial p}{\partial x}+\mu\left(\frac{\partial^2 u}{\partial y^2}+\frac{\partial^2 u}{\partial z^2}\right) \tag{15.5a}$$

y 方向动量方程为

$$0=-\frac{\partial p}{\partial y} \tag{15.5b}$$

z 方向动量方程为

$$0=-\frac{\partial p}{\partial z} \tag{15.5c}$$

式(15.5b)、式(15.5c) 说明 p 只是 x 的函数，即 $p=p(x)$，所以式(15.5) 可写为

$$\mu\left(\frac{\partial^2 u}{\partial y^2}+\frac{\partial^2 u}{\partial z^2}\right)=\frac{\mathrm{d}p}{\mathrm{d}x} \tag{15.6}$$

因为沿圆截面管道内完全发展的流动是轴对称的，所以可以采用较方便的柱坐标系，在柱坐标系下，$u_r=0$，$u_\theta=0$，$u_x=u(r)$，式(15.6) 变为

$$\mu\left(\frac{\mathrm{d}^2 u}{\mathrm{d}r^2}+\frac{1}{r}\frac{\mathrm{d}u}{\mathrm{d}r}\right)=\frac{\mathrm{d}p}{\mathrm{d}x} \tag{15.7}$$

式(15.7) 左端只是 r 的函数，所以右端应满足 $\frac{\mathrm{d}p}{\mathrm{d}x}=f(r)$，而已知 $p=p(x)$，因此，要使

$\frac{\mathrm{d}p}{\mathrm{d}x}=f(r)$ 与 $p=p(x)$ 同时满足，$\frac{\mathrm{d}p}{\mathrm{d}x}$ 只能是一个常数 C。

令 $\frac{\mathrm{d}p}{\mathrm{d}x}=C$，式(15.7) 变为

$$\mu\left(\frac{\mathrm{d}^2u}{\mathrm{d}r^2}+\frac{1}{r}\frac{\mathrm{d}u}{\mathrm{d}r}\right)=C \tag{15.8}$$

将式(15.8) 两边同乘以 r，并整理得

$$\frac{\mathrm{d}}{\mathrm{d}r}\left(r\frac{\mathrm{d}u}{\mathrm{d}r}\right)=\frac{C\,r}{\mu} \tag{15.9}$$

即

$$r\frac{\mathrm{d}u}{\mathrm{d}r}=\frac{C\,r^2}{2\mu}+C_1 \tag{15.10}$$

因为当 $r\to 0$ 时，$\frac{\mathrm{d}u}{\mathrm{d}r}$ 为有限值，即 $\frac{\mathrm{d}u}{\mathrm{d}r}\neq 0$，所以，当 $r=0$ 时，$r\frac{\mathrm{d}u}{\mathrm{d}r}=0$，即式(15.10) 中，$C_1=0$。再对式(15.10) 进行积分得

$$u=\frac{C\,r^2}{4\mu}+C_2 \tag{15.11}$$

在管壁 $r=a$ 处，黏性流动满足无滑移条件 $u=0$，因此可确定式中(15.11) 的常数 C_2，即

$$C_2=-\frac{C\,a^2}{4\mu}$$

将 $C_2=-\frac{Ca^2}{4\mu}$，$C=\frac{\mathrm{d}p}{\mathrm{d}x}$ 代入式(15.11)，可得

$$u=-\frac{1}{4\mu}\frac{\mathrm{d}p}{\mathrm{d}x}(a^2-r^2) \tag{15.12}$$

由此可见，管内速度型是抛物线的，在管道中心，$r=0$，速度达到最大，即

$$u_{\max}=-\frac{1}{4\mu}\frac{\mathrm{d}p}{\mathrm{d}x}a^2 \tag{15.13}$$

沿圆管截面积分式(15.12)，可得质量流量 q_m：

$$q_m=\int_0^{2\pi}\int_0^a ur\mathrm{d}r\mathrm{d}\theta=-\frac{1}{4\mu}\frac{\mathrm{d}p}{\mathrm{d}x}\int_0^{2\pi}\int_0^a(a^2r-r^3)\mathrm{d}r\mathrm{d}\theta=-\frac{1}{4\mu}\frac{\mathrm{d}p}{\mathrm{d}x}\int_0^{2\pi}\left(\frac{a^2r^2}{2}-\frac{r^4}{4}\right)\Big|_0^a\mathrm{d}\theta=$$
$$-\frac{1}{4\mu}\frac{\mathrm{d}p}{\mathrm{d}x}\times 2\pi\frac{a^4}{4}=-\frac{\pi a^4}{8\mu}\frac{\mathrm{d}p}{\mathrm{d}x}$$

即

$$q_m=-\frac{\pi a^4}{8\mu}\frac{\mathrm{d}p}{\mathrm{d}x} \tag{15.14}$$

假设流管截面的平均流速为 u_{m}，则由

$$q_m=\pi a^2u_{\mathrm{m}}$$

可得

$$u_m = -\frac{a^2}{8\mu}\frac{dp}{dx} \tag{15.15}$$

这就是圆截面直管道内不可压缩完全发展流动的N-S方程的精确解，但它只是当圆管内流动为层流时，即 $Re = \frac{\rho u_m \times 2a}{\mu} < 2\,300$ 时成立。当 $Re > 2\,300$ 时，流动可能变为湍流，这时流动情况与层流完全不同。

比较式(15.13)与式(15.15)，发现

$$u_{max} = 2u_m$$

管壁的黏性摩擦应力引起压力降低，可用下面的式子表示压降系数 γ：

$$\gamma = \frac{\tau_w}{\frac{1}{2}\rho u_m^2} = \frac{-\mu\left(\frac{du}{dr}\right)_{r=a}}{\frac{1}{2}\rho u_m^2} = \frac{-\frac{1}{2}a\left(\frac{dp}{dx}\right)}{\frac{1}{2}\rho u_m^2} \tag{15.16}$$

将式(15.15)代入式(15.16)，有

$$\gamma = \frac{-\frac{1}{2}a\left(\frac{dp}{dx}\right)}{\frac{1}{2}\rho\left(-\frac{a^2}{8\mu}\frac{dp}{dx}\right)u_m} = \frac{8\mu}{\rho u_m a} = 16\frac{1}{\left(\frac{\rho u_m \times 2a}{\mu}\right)}$$

即

$$\gamma = \frac{16}{Re} \tag{15.17a}$$

由上式可见，压降系数随着雷诺数的增大而减小。

在水力学的管道计算中，还常常用到阻力系数的概念。阻力系数 λ 为

$$\frac{\lambda}{2a} \times \frac{1}{2}\rho u_m^2 = -\frac{dp}{dx}$$

所以有

$$\lambda = \frac{64}{Re} \tag{15.17b}$$

式(15.17b)为管内为层流时的阻力计算公式。管内为湍流时的阻力计算公式将在第18章讨论。

15.4　不可压缩层流边界层方程

在14.3节中提到，大雷诺数下流体黏性影响显著的区域限于贴近物体壁面的很薄的一层内，在这一薄层内，流体速度从壁面处的零速度(无滑移条件)沿壁面法向迅速增大，在薄层外缘处达到接近理想流体绕流的速度值。这一现象是德国空气动力学教授普朗特在1904年以铝粉为示踪剂进行大雷诺数绕流的流动显示研究时发现的。普朗特根据这一发现，提出了边界层

的概念，把靠近壁面黏性影响显著的很薄的这一层称为边界层。边界层外的流动可近似为无黏的理想流动。一般定义边界层的厚度为沿壁面法向从壁面到速度达到相应理想流体速度 99% 的点的距离。普朗特进一步对无量纲化的 N-S 方程进行量阶分析，导出了边界层方程。通过边界层内考虑黏性应力的边界层方程与边界层外无黏流动的控制方程组合求解，就可以得到大雷诺数下的黏性流动绕流解。这就是普朗特边界层理论的基本思想。

在本节中，将推导二维、定常、不可压缩黏性流动的边界层方程，并给出边界层理论中的重要参数 —— 边界层位移厚度、边界层动量损失厚度 —— 的定义及其物理意义。

对照本章 15.2 节，无量纲的二维、定常、不可压缩流 N-S 方程为

连续方程为

$$\frac{\partial u'}{\partial x'}+\frac{\partial v'}{\partial y'}=0 \tag{15.18a}$$

x 方向动量方程为

$$u'\frac{\partial u'}{\partial x'}+v'\frac{\partial u'}{\partial y'}=-\frac{\partial p'}{\partial x'}+\frac{1}{Re}\left(\frac{\partial^2 u'}{\partial x'^2}+\frac{\partial^2 u'}{\partial y'^2}\right) \tag{15.18b}$$

y 方向动量方程为

$$u'\frac{\partial v'}{\partial x'}+v'\frac{\partial v'}{\partial y'}=-\frac{\partial p'}{\partial y'}+\frac{1}{Re}\left(\frac{\partial^2 v'}{\partial x'^2}+\frac{\partial^2 v'}{\partial y'^2}\right) \tag{15.18c}$$

式中，无量纲参数定义如下：

$$x'=\frac{x}{L},\quad y'=\frac{y}{L},\quad u'=\frac{u}{V_\infty},\quad v'=\frac{v}{V_\infty},\quad p'=\frac{p}{\rho V_\infty^2}$$

边界层理论的最基本假设是边界层厚度非常薄，即边界层厚度 δ 与物体的特征长度 L 相比是小量，即

$$\delta \ll L \tag{15.19}$$

现在对连续式(15.18a) 进行量阶分析，u' 由壁面的 $u'=0$ 变化到边界层外缘的 $u'=1$，称 u' 具有 1 的量阶，用 $O(1)$ 表示。同理，由于 x 从 0 变化到 L，所以 x' 也是 1 的量阶，即 $x'=O(1)$。然而，由于 y 是从 0 变化到 δ 的，且 $\delta \ll L$，所以 y' 具有一个较小的量阶，可以表示为 $y'=O(\delta/L)$。不失一般性，我们可以设 $L=1$。这样有 $y'=O(\delta)$。把分析得到的各物理量的量阶代入连续式(15.18a)，则得

$$\frac{[O(1)]}{O(1)}+\frac{[v']}{[O(\delta)]}=0 \tag{15.20}$$

由式(15.20) 可以明显看出，v' 的量阶必须是 δ，所以 $v'=O(\delta)$。

将连续方程写成有量纲形式为

$$\frac{\partial u}{\partial x}+\frac{\partial v}{\partial y}=0 \tag{15.21}$$

下面分析 x 方向动量式(15.18b) 各项的量阶，有

$$u'\frac{\partial u'}{\partial x'}=O(1),\quad v'\frac{\partial u'}{\partial y'}=O(1),\quad \frac{\partial p'}{\partial x'}=O(1)$$

$$\frac{\partial^2 u'}{\partial x'^2}=O(1),\quad \frac{\partial^2 u'}{\partial y'^2}=O\left(\frac{1}{\delta^2}\right)$$

因此，x 方向动量式(15.18b) 的量阶方程可表示为

$$O(1)+O(1)=O(1)+\frac{1}{Re}\left[O(1)+O\left(\frac{1}{\delta^2}\right)\right] \tag{15.22}$$

下面，引入边界层理论的另一个重要假设，即雷诺数为一个大量，由式(15.22) 可以看出，当雷诺数满足

$$\frac{1}{Re}=O(\delta^2) \tag{15.23}$$

式(15.22) 变为

$$O(1)+O(1)=O(1)+O(\delta^2)\left[O(1)+O\left(\frac{1}{\delta^2}\right)\right] \tag{15.24}$$

式(15.24) 等号右端的中括号中，第一项的量阶远小于其他项，即 $O(\delta^2)[O(1)]=O(\delta^2)$。因此这一项与其他项相比可以忽略。所以 x 方向动量式(15.18b) 可以简化为

$$u'\frac{\partial u'}{\partial x'}+v'\frac{\partial u'}{\partial y'}=-\frac{\partial p'}{\partial x'}+\frac{1}{Re}\left(\frac{\partial^2 u'}{\partial y'^2}\right) \tag{15.25}$$

写成有量纲形式为

$$u\frac{\partial u}{\partial x}+v\frac{\partial u}{\partial y}=-\frac{1}{\rho}\frac{\partial p}{\partial x}+\nu\left(\frac{\partial^2 u}{\partial y^2}\right) \tag{15.26}$$

式中，$\nu=\dfrac{\mu}{\rho}$ 为运动黏度。注意：式(15.26) 是大雷诺数下薄边界层内的 x 方向的近似动量方程。

现在继续分析 y 方向的动量式(15.18c) 各项的量阶，有

$$u'\frac{\partial v'}{\partial x'}=O(\delta),\quad v'\frac{\partial v'}{\partial y'}=O(\delta),\quad \frac{\partial p'}{\partial y'}=O\left(\frac{1}{\delta}\right)$$

$$\frac{1}{Re}\left(\frac{\partial^2 v'}{\partial x'^2}+\frac{\partial^2 v'}{\partial y'^2}\right)=O(\delta^2)\left[O(\delta)+O\left(\frac{1}{\delta}\right)\right]$$

则 y 方向动量方程的量阶方程可以写为

$$O(\delta)+O(\delta)=O\left(\frac{1}{\delta}\right)+O(\delta^2)\left[O(\delta)+O\left(\frac{1}{\delta}\right)\right] \tag{15.27}$$

显然，式(15.18c) 中 $\dfrac{\partial p'}{\partial y'}$ 项对应的量阶比其他项均大两个量阶或以上，是式(15.18c) 右端的首项。因此其他项可以忽略。因此，y 方向的动量式(15.18c) 可化简为

$$\frac{\partial p'}{\partial y'}=0 \tag{15.28}$$

即

$$\frac{\partial p}{\partial y} = 0 \tag{15.29}$$

式(15.29)非常重要，它表明边界层理论的一个重要结论：在给定的任意 x 站位，边界层内沿壁面的法向压力不变。

式(15.29)说明，边界层内的压力只是 x 的函数，即 $p = p(x)$。如果边界层外缘的压力用 $p_e = p_e(x)$ 表示，则边界层内任意一点的压力 p 均为 $p_e(x)$。若边界层外缘的速度 V_e 用无黏流动控制方程求得，则根据定常无黏流欧拉方程可得

$$V_e \frac{dV_e}{dx} = -\frac{1}{\rho}\frac{dp_e}{dx} \tag{15.30}$$

下面，将本节推导的边界层方程归纳如下：

$$\frac{\partial u}{\partial x} + \frac{\partial v}{\partial y} = 0 \tag{15.31a}$$

$$u\frac{\partial u}{\partial x} + v\frac{\partial u}{\partial y} = -\frac{1}{\rho}\frac{\partial p}{\partial x} + \nu\left(\frac{\partial^2 u}{\partial y^2}\right) \tag{15.31b}$$

$$\frac{\partial p}{\partial y} = 0 \tag{15.31c}$$

对应边界条件为

$$\left.\begin{array}{ll} y = 0, & u = v = 0 \\ y \to \infty, & u = V_e \end{array}\right\} \tag{15.32}$$

由以上的分析和推导，可以知道：边界层方程是 N－S 方程在大雷诺数下边界层流动中的近似式。在解边界层方程时，应先得到无黏外部流动解，因而压力 p 就是已知量，未知量只有边界层内的流速 u 和 v。

下面，引入在边界层分析中经常要用到一个很重要的边界层性质 —— 边界层位移厚度 δ^*，其定义如下：

$$\delta^* = \int_0^\infty \left(1 - \frac{u}{V_e}\right) dy \tag{15.33}$$

式中，V_e 代表边界层外的主流速度。

位移厚度 δ^* 有两个物理解释：

(1)δ^* 是一个因边界层存在而引起的、与质量流量损失成正比的量。下面，进行详细的解释。如图 15.3 所示，考虑边界层上一点 $y_1 \to \infty$。通过 $y = 0$ 与 $y = y_1$ 的连线（垂直与物面边界）的实际质量流量为

$$q_{mA} = \int_0^{y_1} \rho u dy$$

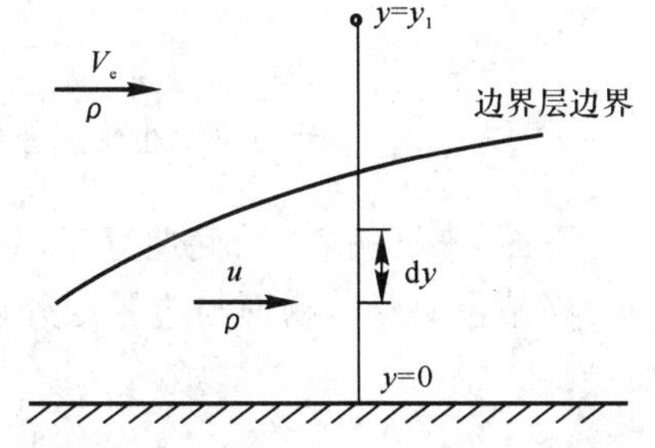

图 15.3　解释位移厚度意义的示意图

假设边界层不存在时,假想质量流量为

$$q_{mB} = \int_0^{y_1} \rho V_e \mathrm{d}y$$

则 $q_{mB} - q_{mA}$ 就代表由于边界层存在而引起的质量流量的损失,即

$$q_{mB} - q_{mA} = \int_0^{y_1} (\rho V_e - \rho u) \mathrm{d}y \tag{15.34}$$

将损失的质量流量用 ρV_e 与一个高度量 δ^* 的乘积来表示,即

$$q_{mB} - q_{mA} = \rho V_e \delta^* \tag{15.35}$$

则由式(15.34) 与式 (15.35) 式相等,有

$$\rho V_e \delta^* = \int_0^{y_1} (\rho V_e - \rho u) \mathrm{d}y$$

即

$$\delta^* = \int_0^{\infty} \left(1 - \frac{u}{V_e}\right) \mathrm{d}y \tag{15.36}$$

式(15.36) 与式(15.33) 相同,因此 δ^* 是一个正比于质量流量损失的高度值。

(2)δ^* 的第二种物理解释比上面讨论得更实用。考虑如图 15.4 所示的流过平板的流动。图(a) 是假想的无黏流(理想流体) 流过平板的流动示意图,通过点 y_1 的流线是直的且平行于平板表面。图(b) 是实际情况中的流过平板的黏性流动示意图,这里,边界层内被减速的气流对自由来流形成了阻碍作用。因此,边界层外通过点 y_1 的流线就向上偏转了 δ^* 的距离。

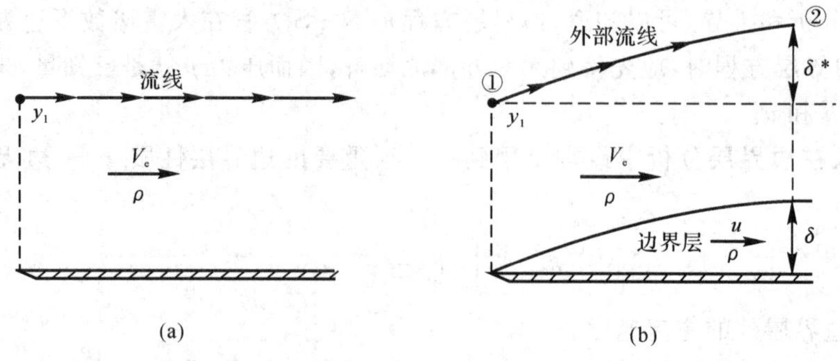

图 15.4 位移厚度是由于边界层存在而引起外流流线偏移的距离

下面,来证明 δ^* 精确地等于式(15.36) 所表示的位移厚度。

在站位 ① 处,物面与边界层外通过点 y_1 的流线之间的质量流量为

$$q_{m①} = \int_0^{y_1} \rho V_e \mathrm{d}y \tag{15.37}$$

在站位 ②,相同流线与物面之间的质量流量为

$$q_{m②} = \int_0^{y_1} \rho u \mathrm{d}y + \rho V_e \delta^* \tag{18.38}$$

因为通过站位 ①、② 的质量流量应该相等，所以有

$$\int_0^{y_1} \rho V_e \mathrm{d}y = \int_0^{y_1} \rho u \mathrm{d}y + \rho V_e \delta^* \tag{15.39}$$

即

$$\delta^* = \int_0^{\infty} \left(1 - \frac{u}{V_e}\right) \mathrm{d}y$$

位移厚度的第二种解释引出了等效物体的概念。考虑如图 15.5 所示的气动外形。实际物体的外形由曲线 ab 描述，然而由于边界层的位移效应，自由来流好像流过一个由曲线 ac 描述的等效物体而不是由 ab 描述的物体，因此我们定义由物体表面叠加当地位移厚度后的形状为该物体的等效物体。

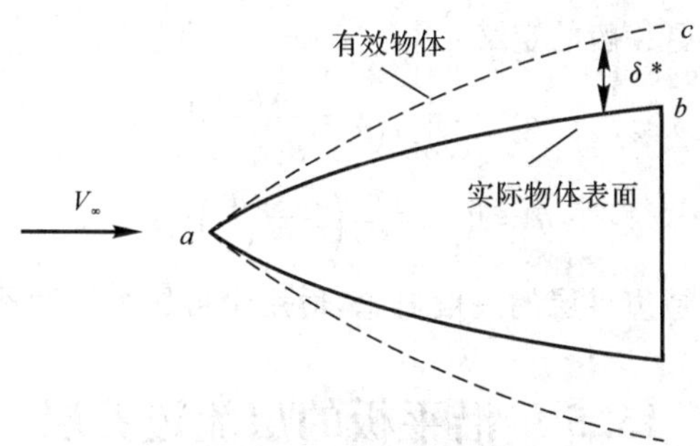

图 15.5　等效物体等于实际物体形状叠加位移厚度分布

下面，讨论在边界层分析中经常要用到的另一个很重要的边界层性质：边界层的动量损失厚度 θ，其定义如下：

$$\theta = \int_0^{\infty} \frac{u}{V_e}\left(1 - \frac{u}{V_e}\right) \mathrm{d}y \tag{15.40}$$

为理解动量损失厚度的物理意义，我们回到图 15.3。通过微段 $\mathrm{d}y$ 的质量流量为

$$\mathrm{d}q_m = \rho u \mathrm{d}y$$

那么，流过 $\mathrm{d}y$ 的动量流量 p_A 为

$$p_A = \mathrm{d}q_m u = \rho u^2 \mathrm{d}y$$

如果同样的质量流量 $\mathrm{d}q_m = \rho u \mathrm{d}y$ 以边界层外的主流速度 U_e 通过微段 $\mathrm{d}y$，则流过 $\mathrm{d}y$ 的动量流量 p_B 为

$$p_B = \mathrm{d}q_m V_e = (\rho u \mathrm{d}y) V_e$$

因此，由于边界层的存在，通过微段 $\mathrm{d}y$ 损失的动量为

$$p_B - p_A = \rho u (V_e - u) \mathrm{d}y \tag{15.41}$$

通过以上分析可知，由于边界层存在而引起的总的动量损失 p_C 为

$$p_C = \int_0^\infty \rho u(V_e - u)\mathrm{d}y \tag{15.42}$$

假设总的损失动量由 ρV_e^2 与 θ 的乘积来表示，即

$$D = \rho V_e^2 \theta \tag{15.43}$$

则令式(15.42) 与式(15.43) 相等，即得

$$\rho V_e^2 \theta = \int_0^\infty \rho u(V_e - u)\mathrm{d}y$$

即

$$\theta = \int_0^\infty \frac{u}{V_e}\left(1 - \frac{u}{V_e}\right)\mathrm{d}y \tag{15.40}$$

由以上分析可知，动量损失厚度是一个正比于因边界层的存在而引起的动量损失的量。

如果去除流动的不可压缩假设，用 ρ_e 表示附面层外流的密度，可以对边界层的位移厚度和动量损失厚度给出如下更一般的定义：

$$\delta^* = \int_0^\infty \left(1 - \frac{\rho u}{\rho_e V_e}\right)\mathrm{d}y$$

$$\theta = \int_0^\infty \frac{\rho u}{\rho_e V_e}\left(1 - \frac{u}{V_e}\right)\mathrm{d}y$$

以上定义的边界层性质均是边界层的一般概念，适用于可压缩流和不可压缩流，层流和湍流。

15.5 沿平板的层流边界层

本节，给出求解沿平板的层流边界层方程的数值方法，并得出平板边界层厚度、壁面摩擦系数的表达式，以及平板边界层的速度型。

设沿 x 轴方向放置一半无限长二维平板，其前缘位于坐标原点；远前方气流流速为 V_∞，其方向为 x 轴正向(见图 15.6)。由于边界层外缘处流速均匀，$V_e = V_\infty$，所以，沿 x 轴方向在边界层外缘的压力梯度等于零，即边界层式(15.31b) 中，$\dfrac{\partial p}{\partial x} = 0$。

因此，对于绕平板的不可压缩黏性流动，边界层式(15.31) 可写为

$$\frac{\partial u}{\partial x} + \frac{\partial v}{\partial y} = 0 \tag{15.44a}$$

$$u\frac{\partial u}{\partial x} + v\frac{\partial u}{\partial y} = \nu\frac{\partial^2 u}{\partial y^2} \tag{15.44b}$$

$$\frac{\partial p}{\partial y} = 0 \tag{15.44c}$$

式中，$\nu = \dfrac{\mu}{\rho}$ 为运动黏度。

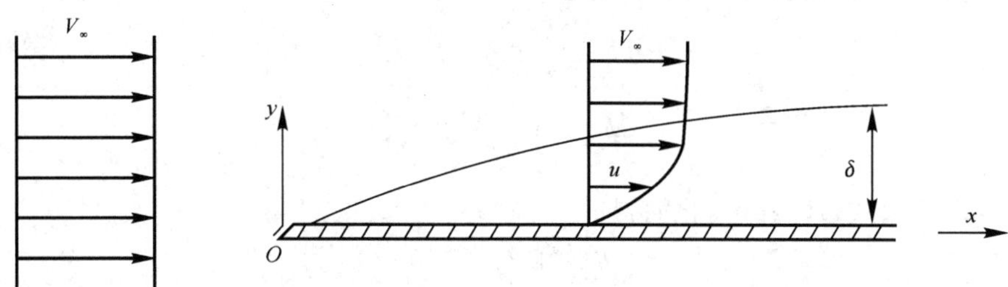

图 15.6　平板边界层

边界条件为

$$\left.\begin{aligned} &当\ y=0\ 时, && u=v=0 \\ &当\ y\to\infty\ 时, && u=V_\infty \end{aligned}\right\} \tag{15.45}$$

假设在距平板前缘不同位置处，边界层内速度分布是“相似”的。所谓速度分布“相似”，指的是如果对 u 和 y 选用适当的比例尺无量纲化，就可以使不同 x 位置处的速度分布函数 $u=u(x,y)$ 改写成同一形式

$$\frac{u}{V}=\phi\left(\frac{y}{L}\right) \tag{15.46}$$

式中，V 为速度比例尺；L 为长度比例尺。这种情况，称为边界层具有“相似解”。对平板层流边界层的研究表明，平板层流边界层厚度与离前缘距离的平方根成正比，因此，对于这一问题，可以选用 V_∞ 和 $\sqrt{\dfrac{x\nu}{V_\infty}}$ 分别作为速度比例尺和长度比例尺。这样，速度分布函数可改写成

$$\frac{u}{V_\infty}=\phi(\eta) \tag{15.47}$$

式中，η 为无量纲参数，其值为

$$\eta=\frac{y}{\sqrt{\dfrac{x\nu}{V_\infty}}} \tag{15.48}$$

这就是说，在离平板前缘不同距离处，边界层内的速度分布 $\dfrac{u}{V_\infty}$ 随无量纲参数 η 的变化规律是相同的。

由式(15.44a)中的连续方程，引入流函数 ψ，根据流函数定义，可得

$$\psi=\int u\mathrm{d}y=\sqrt{x\nu V_\infty}\int\phi(\eta)\mathrm{d}\eta$$

即

$$\psi\equiv\sqrt{x\nu V_\infty}\,f(\eta) \tag{15.49}$$

式中，$f(\eta)$ 为无量纲函数。由此可得

$$u = \frac{\partial\psi}{\partial y} = V_\infty f'(\eta) \tag{15.50a}$$

$$v = -\frac{\partial\psi}{\partial x} = \frac{1}{2}\sqrt{\frac{V_\infty \nu}{x}}(\eta f' - f) \tag{15.50b}$$

把式(15.50b) 代入式(15.44b)，化简得

$$ff'' + 2f''' = 0 \tag{15.51}$$

边界条件为

$$\left.\begin{aligned} &当\ \eta = 0\ 时， && f = f' = 0 \\ &当\ \eta \to \infty\ 时， && f' = 1 \end{aligned}\right\} \tag{15.52}$$

在式(15.51) 和式(15.52) 中，上标符号撇号表示 f 对 η 的导数，即 $f' = \dfrac{\mathrm{d}f}{\mathrm{d}\eta}$，$f' = \dfrac{\mathrm{d}^2 f}{\mathrm{d}\eta^2}$，$f''' = \dfrac{\mathrm{d}^3 f}{\mathrm{d}\eta^3}$。式(15.51) 是以 η 为自变量的无量纲流函数 f 的常微分方程，在 η 的两个端点处给定了边界条件 —— 式(15.52)。

由上面的推导可见，当边界层具有相似解时，采用适当的变量变换，可以把偏微分边界层方程化成常微分方程求解。所以，问题得到很大的简化。

布拉修斯(Blasius) 首先应用幂级数展开法找到了该问题的解，因此，定常、不可压缩平板层流边界层问题的解又被称为布拉修斯解。

采用数值积分方法也可得到该问题的解。式(15.51) 是一个三阶的非线性常微分方程，通常可采用常规的数值积分法求解，如龙格-库塔法。积分从壁面开始，沿 η 增长方向以小的增量 $\Delta\eta$ 进行。然而，由于式(15.51) 是一个三阶微分方程，必须在壁面给定三个边界条件：即给定 $f(0)$，$f'(0)$，$f''(0)$ 的值，而由边界条件式(15.52) 可看出，并不知道壁面处 $f''(0)$ 的值，只知道壁面处 $f(0)$，$f'(0)$ 的值和 $\eta \to \infty$ 时的 $f'(\infty)$ 的值。一种被称为“打靶法”的方法可以很成功地解决这一问题。现在将此方法简单介绍如下：

假设一个 $f''(0)$ 的值，对式(15.51) 由壁面沿 η 增长方向积分到一个大的 η 值，以 $f'(\eta)$ 值基本不变作为积分终止的条件。现在判断 $f'(\eta)$ 是否等于 1，即是否满足 $\eta \to \infty$ 时，$f' = 1$ 的边界条件，如果不满足，重新假设新的 $f''(0)$ 值，重复进行上述积分，直到在边界层的外边界即大的 η 值处，$f' = 1$ 的条件得到满足。采用“打靶法”可以很快地得出所需要的数值解。计算结果见表 15.1。感兴趣的读者可自行编写计算程序求解这一问题。图 15.7 给出了速度分布的理论值和实验值的比较，可见理论解与实验值符合得非常好。

由表 15.1 可以得到壁面摩擦应力 τ_w，即

$$\tau_\mathrm{w} = \mu\left(\frac{\partial u}{\partial y}\right)_{y=0} = \mu f''(0) U_\infty \sqrt{\frac{U_\infty}{\nu x}} = 0.332\rho V_\infty^2 / \sqrt{Re_x} \tag{15.53}$$

表 15.1　定常不可压缩平板层流边界层解

$\eta=y\sqrt{\dfrac{V_\infty}{\nu x}}$	f	$f'=\dfrac{u}{V_\infty}$	f''
0.0	0.000 00	0.000 00	0.332 06
0.2	0.006 64	0.066 41	0.331 99
0.4	0.026 56	0.132 77	0.331 47
0.6	0.059 74	0.198 94	0.330 08
0.8	0.106 11	0.264 71	0.327 39
1.0	0.165 57	0.329 79	0.323 01
1.4	0.322 98	0.456 27	0.307 87
1.8	0.529 52	0.574 77	0.282 93
2.2	0.781 20	0.681 32	0.248 35
2.6	1.072 52	0.772 46	0.206 46
3.0	1.396 82	0.846 05	0.161 36
4.0	2.305 76	0.955 52	0.064 24
5.0	3.283 29	0.991 55	0.015 91
6.0	4.279 64	0.998 98	0.002 40
7.0	5.279 26	0.999 92	0.000 22
8.0	6.279 23	1.000 00	0.000 01
8.2	6.479 23	1.000 00	0.000 01
8.4	6.679 23	1.000 00	0.000 00

进而可得壁面处的当地摩擦系数为

$$C_f=\frac{\tau_w}{\dfrac{1}{2}\rho V_\infty^2}=\frac{2\times 0.332}{\sqrt{\dfrac{V_\infty x}{\nu}}}=\frac{0.664}{\sqrt{Re_x}} \tag{15.54}$$

式中，$Re_x=\rho V_\infty x/\mu=V_\infty x/\nu$。

由表 15.1 可见，当 $\eta=y\sqrt{\dfrac{V_\infty}{\nu x}}=5.0$ 时，$f'=\dfrac{u}{V_\infty}=0.991\,55$，即 u 已达到外流速度 V_∞ 的 99.2% 左右，所以，可以认为边界层厚度为

$$\delta=5.0\sqrt{\frac{\nu x}{V_\infty}}\quad 或\quad \delta=\frac{5.0x}{\sqrt{Re_x}} \tag{15.55}$$

这个计算结果与实验结果相当符合。

对于平板边界层，$V_e=V_\infty$，对应布拉修斯解的位移厚度为

$$\delta^*=\int_0^\infty\left(1-\frac{u}{V_\infty}\right)\mathrm{d}y=\frac{1.72x}{\sqrt{Re_x}} \tag{15.56}$$

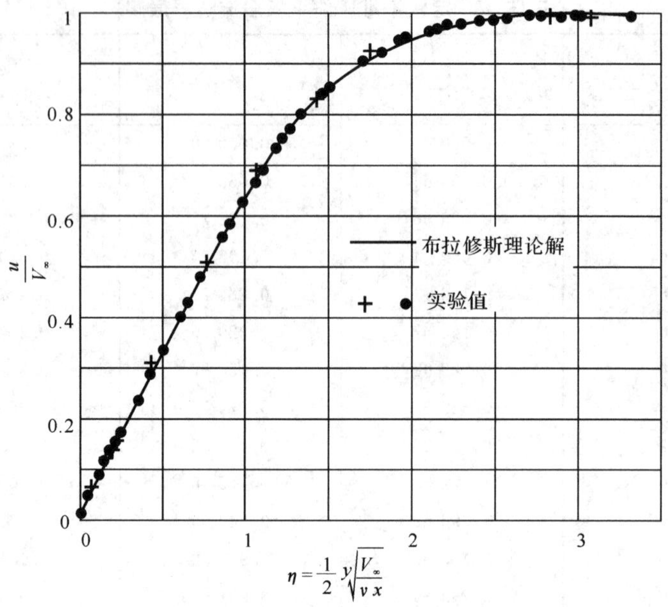

图 15.7　层流平板边界层内的速度分布及实验值的比较

（实验雷诺数为 $1.08\times10^5\sim7.28\times10^5$）

积分求得平板边界层的动量损失厚度 θ 为

$$\theta=\int_0^\infty\frac{u}{V_e}\left(1-\frac{u}{V_e}\right)\mathrm{d}y=\sqrt{\frac{\nu x}{V_e}}\int_0^\infty f'(1-f')\mathrm{d}y=0.664\sqrt{\frac{\nu x}{V_e}}$$

即

$$\theta=\frac{0.664x}{\sqrt{Re_x}} \tag{15.57}$$

由以上结果可见，平板边界层的厚度 δ、位移厚度 δ^*、动量损失厚度 θ 均与雷诺数的平方根成反比。对于一个长度为 c 的平板，$x=c$ 处的动量损失厚度为

$$\theta=\frac{0.664c}{\sqrt{Re_c}} \tag{15.58}$$

长度为 c 的平板表面摩擦系数为

$$C_f=\frac{1}{c}\int_0^c\frac{0.664}{\sqrt{Re_x}}\mathrm{d}x=\frac{1.328}{\sqrt{Re_c}} \tag{15.59}$$

比较以上两式，知道动量损失厚度 $\theta(c)\propto C_f$，因此，动量损失厚度概念在估计阻力系数时是非常有用的。

15.6　沿二维曲面的层流边界层

对于曲面边界层问题，其解要比平板边界层问题复杂得多。以二维曲面定常问题为例，只要曲面的曲率半径 $R(x)$ 足够大，即 $\delta \ll R, \mathrm{d}R/\mathrm{d}x \approx 1$，就可以建立一个 x 平行于当地壁面切线方向，y 与当地壁面垂直的曲线坐标系(x, y)，当略去彻体力时，可以得到绕二维曲面黏性流动的边界层方程为

$$\frac{\partial u}{\partial x} + \frac{\partial v}{\partial y} = 0 \tag{15.60a}$$

$$u\frac{\partial u}{\partial x} + v\frac{\partial v}{\partial y} = -\frac{1}{\rho}\frac{\partial p}{\partial x} + \nu\frac{\partial^2 u}{\partial y^2} \tag{15.60b}$$

$$\frac{\partial p}{\partial y} = 0 \tag{15.60c}$$

由于边界层外缘处的 y 方向速度和黏性的影响可略去不计，故由 x 方向动量式(15.60b)和 y 方向动量式(15.60c)(即边界层内沿物面法向压力不变）相结合，可得

$$V_{\mathrm{e}}\frac{\mathrm{d}V_{\mathrm{e}}}{\mathrm{d}x} = -\frac{1}{\rho}\frac{\mathrm{d}p}{\mathrm{d}x} \tag{15.60d}$$

式中，V_{e} 为边界层外缘处的主流速度。因为沿边界层法向压力不变，因此式(15.60d)是反映边界层内压力与边界层外缘主流流动速度和密度关系的重要关系式。

下面，分两种情况讨论层流边界层方程的求解：

(1) 具有相似解的曲面边界层偏微分方程的数值求解方法；

(2) 任意问题的边界层微分方程数值求解方法。

一、具有相似解的曲面边界层偏微分方程数值解法

对于曲面边界层，由于主流速度和压力有变化，所以边界层式(15.60b)中，$\frac{\partial p}{\partial x} \neq 0$，使曲面边界层问题的求解比平板边界层的求解复杂，根据式(15.60d)，x 方向动量方程可写为

$$u\frac{\partial u}{\partial x} + v\frac{\partial v}{\partial y} = V_{\mathrm{e}}\frac{\mathrm{d}V_{\mathrm{e}}}{\mathrm{d}x} + \nu\frac{\partial^2 u}{\partial y^2} \tag{15.61}$$

式中，V_{e} 为边界层外边界处主流的速度。与平板边界层动量方程相比，式(15.61)中多了 $V_{\mathrm{e}}\frac{\mathrm{d}V_{\mathrm{e}}}{\mathrm{d}x}$ 一项，因此不一定存在相似解。可以证明，当主流速度 $V_{\mathrm{e}}(x)$ 满足一定的变化规律时，边界层才能有相似解。

当主流速度可以表示为 x 的幂函数时，即

$$V_{\mathrm{e}}(x) = V_0 x^m \tag{15.62}$$

时，边界层具有相似解。式(15.62)中，V_0 为常数，假设

$$\left.\begin{aligned}\eta &= y\sqrt{\frac{m+1}{2}\frac{V_0}{\nu}}x^{\frac{m-1}{2}}\\ \psi &= \sqrt{\frac{2}{m+1}\nu V_0}x^{\frac{m+1}{2}}f(\eta)\end{aligned}\right\}\tag{15.63}$$

动量式(15.61)可变换为

$$f''' + f'' + \beta(1-f'^2) = 0 \tag{15.64}$$

式中,β为与m有关的系数,其值为

$$\beta = \frac{2m}{m+1} \tag{15.65}$$

边界条件为

$$\left.\begin{aligned}&\text{当}\ \eta = 0\ \text{时}, && f = f' = 0\\ &\text{当}\ \eta \to \infty\ \text{时}, && f' = 1\end{aligned}\right\}\tag{15.66}$$

式(15.64)被称为费克纳-斯肯(Falkner-Skan)方程。当$m=0$时,对应前面讨论的平板情况。对于式(15.64)仍可用“打靶法”进行数值积分法求解,即将两点边值问题变换为初值问题。即给定一个假设初值$f''(0)$,对式(15.64)进行数值积分,验证其结果是否在$\eta\to\infty$处满足$f'(\infty)=1$,若不满足,则修正初值$f''(0)$,重复此步骤直至$f'(\infty)=1$得到满足。这种解法也称为“试凑法”。计算所得的$f'(\eta)$的结果见表15.2,如图15.8所示。

表15.2　速度分布函数 $f'(\eta)$ 的值

η \ β	−0.1988	−0.10	0	0.1	0.5	1.0	2.0
0.0	0	0	0	0	0	0	0
0.5	0.024 8	0.171 8	0.234 2	0.280 3	0.401 5	0.494 6	0.609 6
1.0	0.099 1	0.362 8	0.460 6	0.527 4	0.681 1	0.777 8	0.871 7
2.0	0.380 2	0.731 4	0.816 7	0.863 7	0.942 1	0.973 2	0.991 4
3.0	0.727 8	0.941 3	0.969 1	0.980 8	0.995 2	0.998 5	0.999 7
4.0	0.939 9	0.994 4	0.997 8	0.998 8	0.999 9		
5.0	0.994 5	0.999 8	0.999 9				
6.0	0.999 8						

由表15.2可以看到,随着系数β的增大(加速流),边界层相对厚度$\eta_{f'=0.99}$减小。边界层位移厚度δ^*为

$$\delta^* = \int_0^\infty\left(1-\frac{u}{V_e}\right)dy = A(\beta)\sqrt{\frac{2\nu}{(m+1)V_0}}x^{\frac{1-m}{2}} \tag{15.67}$$

式中,$A(\beta)=\int_0^\infty(1-f')d\eta$,其值见表15.3。

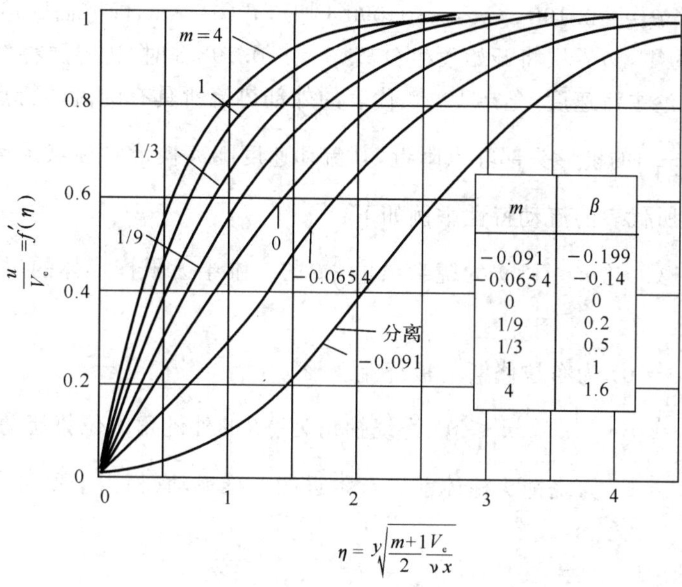

图 15.8　速度分布曲线

表 15.3　$A(\beta)$ 和 $f''(0)$ 的值

β	$A(\beta)$	$f''(0)$
−0.198 8	2.359	0.000 0
−0.10	1.444	0.319 1
0.00	1.217	0.469 6
0.10	1.080	0.587 0
0.50	0.804	0.927 7
1.00	0.648	1.232 6
1.20	0.607	1.336 0
1.60	0.544	1.521 0
2.00	0.498	1.687 0

从式(15.67)可见，当 $m<1$ 时，边界层位移厚度沿 x 方向增大；在 $m<0$ 的减速流动中，边界层位移厚度增长得更快；只有当 $m>1$ 时(在显著的加速流动中)，边界层位移厚度才是沿流动方向减小的。

壁面摩擦应力为

$$\tau_w=\mu\left(\frac{\partial v_x}{\partial y}\right)_{y=0}=\mu\left(\frac{\partial(V_e f')}{\partial\eta}\right)_{\eta=0}\sqrt{\frac{m+1}{2}\frac{V_0}{\nu}}x^{\frac{m-1}{2}}=\left(\frac{\mu\rho(m+1)}{2}\right)^{\frac{1}{2}}V_0^{3/2}x^{\frac{3m-1}{2}}f''(0) \tag{15.68}$$

从表 15.3 可见，当 $\beta=-0.1988(m=-0.0904)$ 时，$f''(0)=0$，即壁面摩擦应力为零，壁面处边界层速度梯度为零，边界层将开始发生分离。$\beta<-0.1988$ 时，边界层将发生逆向流动。

下面，简略讨论主流速度 $V_e=V_0x^m$ 代表的外部势流所具有的流动特点。可证明，在半顶角为 $\frac{\pi}{2}\beta\left(\beta=\frac{2m}{m+1}\right)$ 的楔形头部驻点附近，其流动速度随离楔形物顶点距离的变化符合幂次规律。不同的 β 值所代表的流动特性举例如下：

(1) $0\leqslant\beta\leqslant 2(0\leqslant m\leqslant\infty)$ 为绕半顶角 $\frac{\pi}{2}\beta$ 的二维半无限楔形体的对称位势流动，见图 15.9(a)。

(2) $\beta=0\ (m=0)$ 为布拉修斯平板绕流。

(3) $-2\leqslant\beta\leqslant 0(-\frac{1}{2}\leqslant m\leqslant 0)$ 为绕拐角为 $\frac{\pi}{2}\beta$ 的外钝角的位势流动，见图 15.9(b)。

(4) $\beta=1\ (m=1)$ 为绕钝头柱体前驻点附近的二维流动(相当于顶角为 180° 的楔形体绕流)。

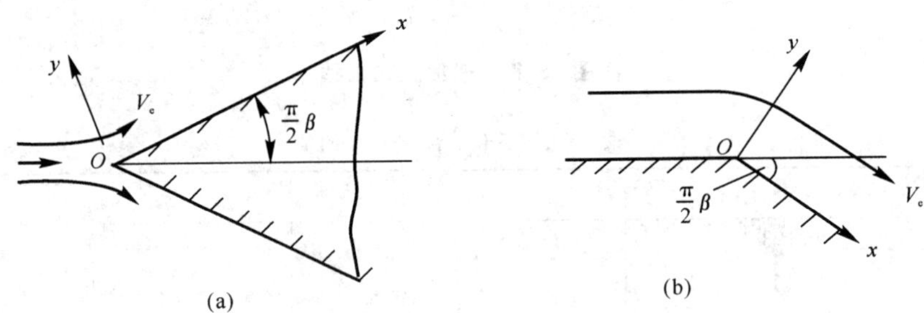

图 15.9　绕楔形物头部的流动

在绕翼型的流动中，沿翼型表面有流动的加速区和减速区。在近似计算翼型表面边界层特性时，可以根据翼型表面各点所处的位置，选定相适应的 m 值，从而可以计算出翼型表面各点的摩擦应力和边界层厚度，得出翼型气动特性计算所需要的边界层特性数据。

二、边界层微分方程的数值解

可以看到，只有特殊的很少一类问题才存在边界层的相似解，所以，人们希望能直接求解边界层微分方程。随着电子计算机的发展，用数值方法求解边界层微分方程已成为现实。目前，边界层数值解的方法很多，其基本思想就是将边界层微分方程对时间和空间坐标离散，化成相应的差分方程，再采用相应的数值计算方法求解所得差分方程。这种方法的优点是适用性强，不受外部流动条件的限制，对于层流边界层和湍流边界层都能用，但由于涉及到数值计算稳定性分析、差分格式的选用等计算流体力学问题，在这不能详细介绍。这里只对边界层方程的差分解法进行简要的说明，以帮助理解有限差分法这一计算流体力学的基本工具的应用。

引进变量 η 和流函数 ψ

$$\left.\begin{aligned}\eta &= y\sqrt{\frac{V_e}{\nu x}}\\ \psi(x,y) &= f(x,\eta)\sqrt{V_e x\nu}\end{aligned}\right\} \tag{15.69}$$

式中，V_e 为边界层外边界处主流的速度。这时，连续方程自动得到满足，动量方程可变成 f 的偏微分方程，即

$$f''' + \frac{1+m}{2}ff'' + m(1-f'^2) = x\left(f'\frac{\partial f'}{\partial x} - f''\frac{\partial f}{\partial x}\right) \tag{15.70}$$

式中，f 右上角的撇“$'$”表示对 η 求偏导数，几撇表示求几阶偏导数；m 为

$$m(x) = \frac{x}{V_e}\frac{dV_e}{dx} \tag{15.71}$$

边界条件为

$$\left.\begin{aligned}f(x,0) = f'(x,0) = 0\\ f'(x,\infty) = 1\end{aligned}\right\} \tag{15.72}$$

可以看出，当 m 为常数时，外流速度按幂次规律变化，这时流动存在相似解，式(15.70) 等号右边的项等于零，左边的项与式(15.64) 相类似，只是系数略有不同。

对式(15.70) 积分时，起始剖面取在 $x=0$ 处，这时式(15.70) 等号右边的项等于零，所以起始剖面相当于 $m(0)$ 时的相似解。式(15.70) 等号右边的项中对 x 的导数用三点向后差分来表示，例如

$$\left.\frac{\partial f}{\partial x}\right|_n \approx \left(\frac{1}{x_n - x_{n-1}} + \frac{1}{x_n - x_{n-2}}\right)f_n - \frac{x_n - x_{n-2}}{(x_n - x_{n-1})(x_{n-1} - x_{n-2})}f_{n-1} + \\ \frac{x_n - x_{n-1}}{(x_n - x_{n-2})(x_{n-1} - x_{n-2})}f_{n-2} \tag{15.73}$$

对于$\left.\dfrac{\partial f'}{\partial x}\right|_n$ 有类似的表达式。如果沿 x 方向取等步长，则

$$\left.\frac{\partial f}{\partial x}\right|_n \approx \frac{1}{2\Delta x}(3f_n - 4f_{n-1} + f_{n-2}) \tag{15.74}$$

式(15.74) 误差为$(\Delta x)^2$ 的量阶。因为认为上游的 f_{n-1}，f_{n-2} 为已知，它们是 η 的函数，故把式(15.74) 等代入后，式(15.70) 等号右边变为

$$x\left(f'\frac{\partial f'}{\partial x} - f''\frac{\partial f}{\partial x}\right) = \frac{x}{\Delta x}K(\eta, f_n, f'_n, f''_n)$$

式中，K 的表达式是已知的。于是式(15.70) 在 x_n 处可以看做自变量 η 的常微分方程，可用一般的常微分方程求解。由于从边界条件式(15.72) 看来，这是两点边值问题，所以求解时并不那么直接，原则上与求解式(15.64) 的办法一样。

在计算 $f(x,\eta)$ 后，可按下列公式计算各有关的量，即

$$\left.\begin{aligned} C_f(x) &= 2f''(x,0)\sqrt{\frac{\nu}{V_e x}} \\ \frac{\delta^*}{x}\sqrt{\frac{V_e x}{\nu}} &= \int_0^\infty (1-f')\mathrm{d}\eta \\ \frac{\delta^{**}}{x}\sqrt{\frac{V_e x}{\nu}} &= \int_0^\infty f'(1-f')\mathrm{d}\eta \end{aligned}\right\} \tag{15.75}$$

15.7 边界层微分方程的近似解法 —— 动量积分关系式方法

前面介绍了求解边界层微分方程组的数值方法，可以看出，即使是对一些典型的特定流动，数值求解仍然是相当复杂的；对于绕任意形状物体的实际流动问题，其求解会更为困难。为此在工程计算上，人们往往寻求可以近似求解边界层微分方程的方法，以期得到具有工程可接受精度的近似计算结果。本节主要讨论卡门首先提出的边界层微分方程的近似解法 —— 动量积分关系式方法。具体说来，这种方法的特点是并不要求边界层内每一流体微元的运动完全满足边界层微分方程，而是除必须满足壁面边界条件和边界层外边缘的边界条件外，在边界层内部，只要求流体微元满足在整个边界层厚度上对边界层微分方程积分所得的动量方程。具体说来，就是可以假定一个在壁面和边界层外边缘满足边界条件的速度分布，将其代入积分形式的动量方程，从而得到边界层厚度和壁面摩擦阻力等所关心的物理量。将会看到，动量积分关系式是一个常微分式，因而求解起来相对容易。

尽管由于计算机的飞速发展，动量积分关系式方法的重要性已逐渐降低，但目前还是一种工程中常采用的实用方法。

一、动量积分关系式的推导

考虑气流流过如图 15.10 所示的二维曲面。取 x 轴沿物面，y 轴与物面垂直。在边界层中取 $\mathrm{d}x$ 的微段控制体 $ABCD$（垂直纸面的宽度为无量纲单位 1），V_e 表示边界层外边缘处的 x 方向速度。将在 2.15 节中讨论的动量定理用于这个控制体，即控制体内流体在某个方向的单位时间内动量的增加等于作用于控制体上的合力在该方向的分量。

首先，来确定控制体内 x 方向动量的增加率。对于定常问题，控制体内的流体的动量增加率等于单位时间内流出控制体的动量减去流入控制体的动量。由图 15.10 可知，单位时间内由控制体左面 AB 流入的质量为$\int_0^\delta \rho u\,\mathrm{d}y$，从控制体右面 CD 流出的质量为

$$\int_0^\delta \rho u\,\mathrm{d}y + \frac{\mathrm{d}}{\mathrm{d}x}\left(\int_0^\delta \rho u\,\mathrm{d}y\right)\mathrm{d}x$$

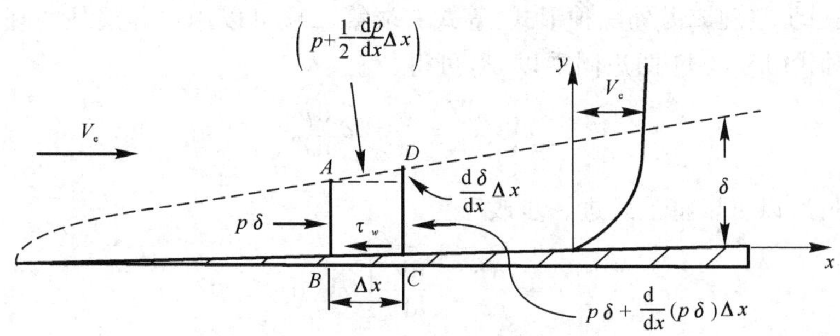

图 15.10　边界层内微段控制体的受力分析

根据质量守恒定理，二者之差等于从控制体斜面 AD 流入的质量，即

$$\frac{d}{dx}(\int_0^\delta \rho u\,dy)dx$$

于是，单位时间流入 x 方向的动量为

$$\int_0^\delta \rho u^2 dy + V_e \frac{d}{dx}(\int_0^\delta \rho u\,dy)dx$$

单位时间流出 x 方向的动量为

$$\int_0^\delta \rho u^2 dy + \frac{d}{dx}(\int_0^\delta \rho u^2 dy)dx$$

因此单位时间内 x 方向的动量的增加量为

$$\left[\frac{d}{dx}\int_0^\delta \rho u^2 dy - V_e \frac{d}{dx}(\int_0^\delta \rho u\,dy)\right]dx \tag{15.76}$$

下面，再看作用在控制体上 x 方向的作用力。壁面上的作用力为 $-\tau_w dx$。AB 面上的作用力为 $p\delta$，CD 面上的作用力为

$$-[p\delta + \frac{d}{dx}(p\delta)dx]$$

即

$$-[p\delta + p\frac{d\delta}{dx}dx + \delta\frac{dp}{dx}dx]$$

斜面 AD 上的压力取平均值 $(p+\frac{1}{2}\frac{dp}{dx}\Delta x)$，其在 x 方向的作用力为 $(p+\frac{1}{2}\frac{dp}{dx}\Delta x)\frac{d\delta}{dx}\Delta x$，将这三个力合并，并略去高阶小量 $(dx)^2$ 项，得到 x 方向的合作用力为

$$(-\tau_w - \delta\frac{dp}{dx})dx \tag{15.77}$$

于是，根据动量定理，式(15.76)应与式(15.77)相等，可得

$$\frac{d}{dx}\int_0^\delta \rho u^2 dy - V_e \frac{d}{dx}(\int_0^\delta \rho u\,dy) = -\tau_w - \delta\frac{dp}{dx} \tag{15.78}$$

将上式可以进一步整理成另外一种形式。等式右端第二项可以用边界层外的理想流体运动方程改写一下，对式(15.60d) 两边同乘以 $\rho\delta$，可得

$$\rho V_e \frac{dV_e}{dx}\delta = -\delta \frac{dp}{dx} \tag{15.79}$$

因为 $\delta = \int_0^\delta dy$，所以可以将上式进一步改写为

$$-\delta \frac{dp}{dx} = \frac{dV_e}{dx}\int_0^\delta \rho V_e dy \tag{15.80}$$

而式(15.78) 左端第二项可以改写为

$$V_e \frac{d}{dx}\left(\int_0^\delta \rho u dy\right) = \frac{d}{dx}\left(V_e\int_0^\delta \rho u dy\right) - \frac{dV_e}{dx}\int_0^\delta \rho u dy \tag{15.81}$$

将式(15.80) 与式(15.81) 代入式(15.78)，整理可得

$$\tau_w = \frac{d}{dx}\int_0^\delta (\rho u V_e - \rho u^2) dy + \frac{dV_e}{dx}\int_0^\delta (\rho V_e - \rho u) dy \tag{15.82}$$

即

$$\frac{\tau_w}{\rho} = \frac{d}{dx}(V_e^2\theta) + V_e \frac{dV_e}{dx}\delta^* \tag{15.83}$$

式(15.83) 就是推导出的定常、不可压缩流动的动量积分关系式，是由卡门在 1921 年首先推导出来的，所以又称之为卡门动量积分关系式。需要指出的是，这个关系式对层流和后面要讨论的湍流都适用。

注意 $C_f = \dfrac{\tau_w}{\frac{1}{2}\rho V_e^2}$，并令 $H = \dfrac{\delta^*}{\theta}$，式(15.83) 还可以写为

$$\frac{C_f}{2} = \frac{d\theta}{dx} + \frac{\theta}{U_e}(2 + H)\frac{dV_e}{dx}$$

即

$$\frac{\tau_w}{\rho V_e^2} = \frac{d\theta}{dx} + \frac{\theta}{V_e}(2 + H)\frac{dV_e}{dx} \tag{15.84}$$

式中，H 称为边界层的的形状因子，它总是大于 1，其变化范围大约为 $H = 2.0 \sim 3.5$。

二、动量积分关系式的应用

在动量积分关系式中含有三个未知量：δ^*，θ 和 τ_w(或者 θ，H 和 τ_w)，因此必须寻找两个补充关系式，才能求得问题的解。利用动量积分关系式方法求解边界层流动的基本思想就是：根据边界层流动特性和在壁面与边界层外缘的边界条件，近似地给出一个只依赖于 x 的单参数(称为型参数) 的速度型族来代替边界层内真实的速度分布，这样就可以通过动量积分关系式将上述三个未知量归结为一个未知量 —— 确定速度分布规律的型参数，进而可以确定边界层中其他流动参数。

显而易见，动量积分关系式解法的精确程度，取决于预先选定的速度分布的合理程度，如果边界层的速度分布选择得比较合理，那么，此解法可以得到令人满意的结果。下面，首先将动量积分关系式应用于平板边界层流动，对动量积分关系式解法的精度以及其受边界层速度分布的影响有定量的了解；然后介绍采用动量积分关系式求解有压力梯度二维定常边界层流动的卡门-波尔豪森(Karman-Pohlhausen) 法。

1. 动量积分关系式解法在顺流放置平板边界层流动中的应用

对于顺流放置的平板，有$\frac{\mathrm{d}p}{\mathrm{d}x}=0$，$\frac{\mathrm{d}V_e}{\mathrm{d}x}=0$。此时，动量积分关系式(15.84) 变为

$$\frac{\mathrm{d}\theta}{\mathrm{d}x}=\frac{\tau_w}{\rho V_e^2} \tag{15.85}$$

如果把式(15.85) 写为

$$\tau_w\mathrm{d}x=\mathrm{d}(\rho V_e^2\theta)$$

则可明显地看出动量积分关系式的物理意义，$\mathrm{d}x$ 段的壁面阻力等于这一段平板边界层中动量损失的增量。求解边界层的近似方法是首先假设一个适当的边界层内部的速度分布表达式 $u(y)$，这个速度分布必须满足边界层的边界条件，即 $y=0,u=0;y=\delta,u=V_e$，但并不要求在边界层内每一点的流速与实际流速完全符合。利用式(15.85) 可以确定边界层速度分布中的一个自由参数 —— 边界层的厚度 δ。

例 15.1　假设平板边界层内速度分布为

$$\frac{u}{V_e}=a+b\left(\frac{y}{\delta}\right)+c\left(\frac{y}{\delta}\right)^2+d\left(\frac{y}{\delta}\right)^3 \tag{15.86}$$

求平板边界层的解。

解　速度分布式(15.86) 中，a,b,c,d 为常数，可由边界条件确定：

当 $y=0$ 时，$u=0,\frac{\partial^2u}{\partial y^2}=0$，所以有 $a=0,c=0$。

当 $y=\delta$ 时，$u=V_e,\frac{\partial u}{\partial y}=0$，所以有 $b=\frac{3}{2},d=-\frac{1}{2}$

于是速度分布公式可以写为

$$\frac{u}{V_e}=\frac{3}{2}\left(\frac{y}{\delta}\right)-\frac{1}{2}\left(\frac{y}{\delta}\right)^3$$

或写为

$$\frac{u}{V_e}=f(\eta)=\frac{3}{2}\eta-\frac{1}{2}\eta^3$$

式中，$\eta=\frac{y}{\delta}$，所以有

$$\theta=\int_0^\delta\frac{u}{V_e}(1-\frac{u}{V_e})\mathrm{d}y=\delta\int_0^1f(1-f)\mathrm{d}\eta=\delta\int_0^1(f-f^2)\mathrm{d}\eta=\frac{39}{280}\delta$$

$$\tau_w = \mu\left(\frac{du}{dy}\right)_{y=0} = \frac{3\mu V_e}{2\delta}$$

将以上两式代入式(15.85)，有

$$\frac{39}{280}\frac{d\delta}{dx} = \frac{3\mu}{2\rho V_e \delta}$$

即

$$\delta \frac{d\delta}{dx} = \frac{140}{13}\frac{\mu}{\rho V_e}$$

将上式自 $x = 0$ 积分，得

$$\delta = \sqrt{\frac{280}{13}}\frac{x}{\sqrt{\rho V_e x/\mu}} = \frac{4.64x}{\sqrt{Re_x}} \tag{15.87}$$

求得 δ 后，即可求得所关心的边界层性质，如位移厚度、动量损失厚度、壁面摩擦应力等，即

$$\delta^* = \delta\int_0^1 (1-f)d\eta = \frac{3}{8}\delta = \frac{1.74x}{\sqrt{Re_x}} \tag{15.88}$$

$$\theta = \frac{39}{280}\delta = \frac{0.646x}{\sqrt{Re_x}} \tag{15.89}$$

$$\tau_w = \frac{3\mu U_e}{2\delta} = 0.646\frac{1}{\sqrt{Re_x}}\frac{\rho V_e^2}{2} \tag{15.90}$$

以上结果与平板边界层层流流动精确解相比，相当符合，而解法简单得多。

表 15.4 将平板边界层内几种不同假设的流速度分布公式所得结果与精确解进行了比较，可以看出，对于平板边界层流动而言，动量积分关系式解法可以得到相当满意的结果。

表 15.4　假设平板边界层内不同速度分布下的近以解与精确解的比较

速度分布 $\frac{u}{V_e} = f(\eta)$		$\frac{\delta^*}{x}\sqrt{Re_x}$	$\frac{\theta}{x}\sqrt{Re_x}$	$\frac{\tau_w}{\rho V_e^2}\sqrt{Re_x}$	$H = \frac{\delta^*}{\theta}$
近似解	$f(\eta) = \eta$	1.732	0.578	0.289	3.00
	$f(\eta) = \frac{3\eta}{2} - \frac{1}{2}\eta^2$	1.740	0.646	0.323	2.68
	$f(\eta) = 2\eta - 2\eta^3 + \eta^4$	1.752	0.686	0.343	2.55
	$f(\eta) = \sin(\frac{\pi}{2}\eta)$	1.741	0.654	0.327	2.66
精确解		1.721	0.664	0.332	2.59

2. 卡门-波尔豪森近似解法

下面介绍一下波尔豪森(Pohlhausen) 利用动量积分关系式求解有压力梯度二维定常边界层流动的方法。波尔豪森采用四次多项式来表示边界层内的速度分布，即

$$\frac{u}{V_e}=a_0+a\eta+b\eta^2+c\eta^3+d\eta^4 \tag{15.91}$$

式中，$\eta=\dfrac{y}{\delta(x)}$ 为无量纲坐标，取值范围为 $0\leqslant\eta\leqslant 1$；$a_0,a,b,c,d$ 为与 x 有关的数。速度分布函数必须满足下面边界条件：

(1) 固壁边界条件：当 $\eta=0$ 时，$u=0$；壁面阻力 $\tau_w=\mu\dfrac{\partial u}{\partial y}$；另外，在壁面处应用边界层微分方程，有

$$\nu\frac{\partial^2 u}{\partial y^2}=\frac{1}{\rho}\frac{\mathrm{d}p}{\mathrm{d}x}=-V_e\frac{\mathrm{d}V_e}{\mathrm{d}x}$$

(2) 边界层外边缘处与外流无黏流场的衔接条件：当 $\eta=1$ 时，$u=V_e$，$\dfrac{\partial u}{\partial y}=0$，$\dfrac{\partial^2 u}{\partial y^2}=0$。

波尔豪森选用下列五个边界条件来确定式(15.91) 中的五个系数，即

$$\left.\begin{array}{ll}\text{当 }\eta=0,\quad u=0, & \dfrac{\partial^2 u}{\partial y^2}=-\dfrac{V_e}{\nu}\dfrac{\mathrm{d}U_e}{\mathrm{d}x}\\ \text{当 }\eta=1,\quad u=V_e, & \dfrac{\partial u}{\partial y}=0,\dfrac{\partial^2 u}{\partial y^2}=0\end{array}\right\} \tag{15.92}$$

根据式(15.92) 可以确定式(15.91) 中的系数值：

$$a_0=0,\quad a_1=2+\frac{\lambda}{6},\quad b=-\frac{\lambda}{2},\quad c=-2+\frac{\lambda}{2},\quad d=1-\frac{\lambda}{6} \tag{15.93}$$

式中，λ 为速度分布曲线的一个形状参数，其值为

$$\lambda=\frac{\delta^2}{\nu}\frac{\mathrm{d}V_e}{\mathrm{d}x}$$

因为 δ 与 $\dfrac{\mathrm{d}V_e}{\mathrm{d}x}$ 均由绕流物体的形状决定，所以 λ 也取决于绕流物体的形状，因而被称为形状参数或形状因子(shape factor)。也可以这样理解：因为 $\lambda(x)=\dfrac{\delta^2}{\nu}\dfrac{\mathrm{d}V_e}{\mathrm{d}x}=\dfrac{-\dfrac{\mathrm{d}p}{\mathrm{d}x}\delta}{\mu V_e/\delta}$，所以其物理含义为压力与黏性力之比，它代表压力梯度(或物体形状) 的影响。将式(15.93) 代入式(15.91)，可得

$$\frac{u}{V_e}=(2\eta-2\eta^3+\eta^4)+\frac{\lambda}{6}(\eta-3\eta^2+3\eta^3-\eta^4)=$$

$$F(\eta)+\lambda G(\eta)=F(\eta,\lambda) \tag{15.94}$$

式中

$$
\left.\begin{aligned}
F(\eta) &= 2\eta - 2\eta^3 + \eta^4 \\
G(\eta) &= \frac{1}{6}(\eta - 3\eta^2 + 3\eta^3 - \eta^4) = \frac{\eta}{6}(1-\eta)^3
\end{aligned}\right\} \tag{15.95}
$$

λ 值不同，则速度分布不同。图 15.11 给出了不同 λ 值对应的速度分布。当 $\lambda = -12$ 时，$(\partial u/\partial y)_{y=0} = 0$，代表此时表面摩擦力为零，这时流动发生了分离。当 $\lambda > 12$ 时，边界层内将出现 $u/V_e > 1$ 的情况，这是不符合实际的。所以，λ 的取值范围应在 $-12 \sim 12$ 之间。

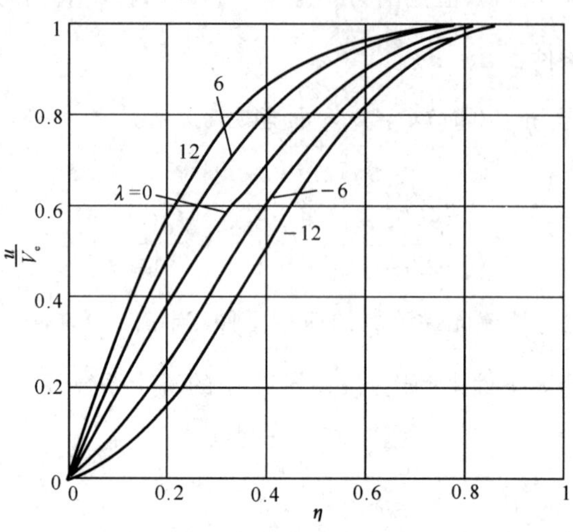

图 15.11　不同 λ 值对应的边界层内速度分布

将速度分布式(15.94) 代入位移厚度的计算公式(15.33)，可得位移厚度为

$$
\delta^* = \int_0^\delta \left(1 - \frac{u}{V_e}\right) dy = \delta \int_0^1 (1 - f) d\eta
$$

即

$$
\delta^* = \delta\left(\frac{3}{10} - \frac{\lambda}{120}\right) \tag{15.96}
$$

再将速度分布式(15.94) 代入动量损失厚度的计算公式(15.40)，可得动量损失厚度为

$$
\theta = \int_0^\delta \frac{u}{V_e}\left(1 - \frac{u}{V_e}\right) dy = \delta \int_0^1 f(1 - f) d\eta
$$

即

$$
\theta = \frac{\delta}{63}\left(\frac{37}{5} - \frac{\lambda}{15} - \frac{\lambda^2}{144}\right) \tag{15.97}
$$

壁面摩擦应力为

$$
\tau_w = \mu\left(\frac{\partial u}{\partial y}\right)_{y=0} = \mu \frac{V_e}{\delta}\left(2 + \frac{\lambda}{6}\right) \tag{15.98}
$$

由式(15.96)、式(15.97) 和式(15.98) 可知为了求得边界层的位移厚度δ^*、动量损失厚度θ以及壁面摩擦应力τ_w，必须首先求出边界层厚度δ，而δ也由速度分布的形状因子λ决定。下面，应用动量积分关系式(15.84)，将式(15.84) 中各项同乘以$\frac{V_e\theta}{\nu}$，可得

$$\frac{V_e\theta}{\nu}\frac{\mathrm{d}\theta}{\mathrm{d}x}+(2+H)\frac{\theta^2}{\nu}\frac{\mathrm{d}V_e}{\mathrm{d}x}=\frac{\tau_w\theta}{\mu V_e} \tag{15.99}$$

定义一个新的形状因子(我们称之为第二形状因子)K，即

$$K=\frac{\theta^2}{\nu}\frac{\mathrm{d}V_e}{\mathrm{d}x} \tag{15.100}$$

并定义

$$Z=\frac{\theta^2}{\nu} \tag{15.101}$$

于是有

$$K=Z\frac{\mathrm{d}V_e}{\mathrm{d}x} \tag{15.102}$$

综合K,λ以及δ^*,θ,τ_w的公式可得出以下对于任一x断面都适用的一些关系式：

$$\frac{K}{\lambda}=\left(\frac{\theta}{\delta}\right)^2=\left[\frac{1}{63}\left(\frac{37}{5}-\frac{\lambda}{15}-\frac{\lambda^2}{144}\right)\right]^2=\left(\frac{37}{315}-\frac{\lambda}{945}-\frac{\lambda^2}{9\,027}\right)^2 \tag{15.103}$$

所以

$$K=\left(\frac{37}{315}-\frac{\lambda}{945}-\frac{\lambda}{9\,027}\right)^2\lambda \tag{15.104}$$

式(15.104) 说明K与λ的对应关系，即能用λ的唯一函数表示的量也都是K的唯一函数。因此边界层形状参数H是K的唯一函数，即

$$H=\frac{\delta^*}{\theta}=\frac{\frac{3}{10}-\frac{\lambda}{120}}{\frac{37}{315}-\frac{\lambda}{945}-\frac{\lambda^2}{9\,027}}=f_1(K) \tag{15.105}$$

式(15.99) 中，有关壁面摩擦应力的项$\frac{\tau_w\theta}{\mu V_e}$也是$K$的唯一函数，即

$$\frac{\tau_w\theta}{\mu V_e}=\frac{\tau_w\delta}{\mu V_e}\left(\frac{\theta}{\delta}\right)=\left(2+\frac{\lambda}{6}\right)\left(\frac{37}{315}-\frac{\lambda}{945}-\frac{\lambda^2}{9\,027}\right)=f_2(K) \tag{15.106}$$

将式(15.101) 微分，可得

$$\frac{\mathrm{d}Z}{\mathrm{d}x}=\frac{2\theta\frac{\mathrm{d}\theta}{\mathrm{d}x}}{\nu}$$

即

$$\frac{\theta\frac{\mathrm{d}\theta}{\mathrm{d}x}}{\nu}=\frac{1}{2}\frac{\mathrm{d}Z}{\mathrm{d}x} \tag{15.107}$$

将式(15.100)、式(15.105)、式(15.106)和式(15.107)代入动量关系式(15.99),则得

$$\frac{V_e}{2}\frac{\mathrm{d}Z}{\mathrm{d}x}+[2+f_1(K)]K=f_2(K) \tag{15.108}$$

即动量关系可以写为

$$\frac{\mathrm{d}Z}{\mathrm{d}x}=\frac{F(K)}{V_e} \tag{15.109}$$

式中,$F(K)$ 为 λ 的代数关系式,即

$$F(K)=2f_2(K)-4K-2f_1(K)K=$$

$$2\left(\frac{37}{315}-\frac{\lambda}{945}-\frac{\lambda^2}{9\ 027}\right)\left[2-\frac{116}{315}\lambda+\left(\frac{2}{945}+\frac{1}{120}\right)\lambda^2+\frac{2}{9\ 027}\lambda^2\right] \tag{15.110}$$

速度形状参数 $\lambda=\lambda(x)$ 是 x 的函数,对于每一固定的 x 断面,λ 是一个无量纲的确定量。可利用表 15.5(引自参考文献[6])求解式(15.109)。

表 15.5　二维不可压缩流动边界层计算表

λ	K	$F(K)$	$f_1(K)=\frac{\delta^*}{\theta}=H$	$\frac{\tau_w\theta}{\mu V_e}$
15	0.088 4	−0.065 8	2.279	0.346
14	0.092 8	−0.088 5	2.262	0.351
13	0.094 1	−0.091 4	2.253	0.354
12	0.094 8	−0.094 8	2.250	0.356
11	0.094 1	−0.091 2	2.253	0.355
10	0.091 9	−0.080 0	2.260	0.351
9	0.088 2	−0.060 8	2.273	0.347
8	0.083 1	−0.033 5	2.289	0.340
7.8	0.081 9	−0.027 1	2.293	0.338
7.6	0.080 7	−0.020 3	2.297	0.337
7.4	0.079 4	−0.013 2	2.301	0.335
7.2	0.078 1	−0.005 1	2.305	0.333
7.052	0.077 0	0	2.308	0.332
7	0.076 7	0.002 1	2.309	0.331
6.8	0.075 2	0.010 2	2.314	0.330
6.6	0.073 7	0.018 6	2.318	0.328
6.4	0.072 1	0.027 4	2.323	0.326
6.2	0.070 6	0.036 3	2.328	0.324

续表

λ	K	$F(K)$	$f_1(K)=\frac{\delta^*}{\theta}=H$	$\frac{\tau_w\theta}{\mu V_e}$
6	0.068 9	0.045 9	2.333	0.321
5	0.059 9	0.097 9	2.361	0.310
4	0.049 7	0.157 9	2.392	0.297
3	0.038 5	0.225 5	2.427	0.283
2	0.026 4	0.300 4	2.466	0.268
1	0.013 5	0.382 0	2.508	0.252
0	0	0.469 8	2.554	0.235
−1	−0.014 0	0.563 3	2.604	0.217
−2	−0.028 4	0.660 9	2.647	0.199
−3	−0.042 9	0.764 0	2.716	0.179
−4	−0.057 5	0.869 8	2.779	0.160
−5	−0.072 0	0.978 0	2.847	0.140
−6	−0.086 2	1.087 7	2.921	0.120
−7	−0.099 9	1.981 0	2.999	0.100
−8	−0.113 0	1.308 0	3.085	0.079
−9	−0.125 4	1.416 7	3.176	0.059
−10	−0.136 9	1.522 9	3.276	0.039
−11	−0.147 4	1.625 7	3.383	0.019
−12	−0.156 7	1.724 1	3.500	0
−13	−0.164 8	1.816 9	3.627	−0.019
−14	−0.171 5	1.903 3	3.765	−0.037
−15	−0.176 7	1.982 0	3.916	−0.054

下面，来说明式(15.109)的求解。以如图 15.12 所示的二维翼型绕流问题为例，自前驻点 x_0 断面开始依次取间隔为 Δx 的断面 $x_1, x_2, x_3, \cdots$ 如果已知 x_0 断面处的 $Z_0, \left(\frac{\mathrm{d}Z}{\mathrm{d}x}\right)_0$，则在 x_1 断面处，有

$$Z_1 = Z_0 + \left(\frac{\mathrm{d}Z}{\mathrm{d}x}\right)_0 \Delta x$$

$$K_1 = Z_1\left(\frac{\mathrm{d}V_e}{\mathrm{d}x}\right)_1$$

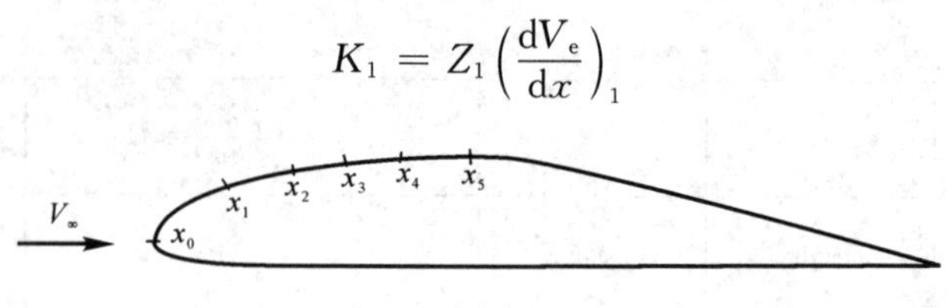

图 15.12　二维绕流翼型

在 x_2 断面处，则有

$$Z_2 = Z_1 + \left(\frac{\mathrm{d}Z}{\mathrm{d}x}\right)_1 \Delta x$$

式中

$$\left(\frac{\mathrm{d}Z}{\mathrm{d}x}\right)_1 = \frac{F(K_1)}{(V_e)_1}$$

$$K_2 = Z_2\left(\frac{\mathrm{d}V_e}{\mathrm{d}x}\right)_2$$

$$\cdots$$

在 x_n 断面处，则有

$$Z_n = Z_{n-1} + \left(\frac{\mathrm{d}Z}{\mathrm{d}x}\right)_{n-1} \Delta x$$

式中

$$\left(\frac{\mathrm{d}Z}{\mathrm{d}x}\right)_{n-1} = \frac{F(K_{n-1})}{(V_e)_{n-1}}$$

$$K_n = Z_n\left(\frac{\mathrm{d}V_e}{\mathrm{d}x}\right)_n$$

只要算出每一断面的 K 值，则该断面的 λ，$F(K)$，$f_1(K)$，$f_2(K)$ 均可由表 15.5 查得，从而得出该断面的边界层厚度、位移厚度、动量损失厚度以及壁面摩擦应力。

下面，讨论一下积分起始条件的确定，即当 $x = x_0$ 时的 Z_0 和 $\left(\frac{\mathrm{d}Z}{\mathrm{d}x}\right)$。对于二维任意形状绕流物体，$x = x_0$ 为前驻点，$(V_e)_0 = 0$，$\frac{\mathrm{d}V_e}{\mathrm{d}x}$ 一般不为零，可以由基于无黏性假设的势流解求得。

因为

$$\left(\frac{\mathrm{d}Z}{\mathrm{d}x}\right)_0 = \frac{F(K_0)}{(V_e)_0} = \frac{F(K_0)}{0} \tag{15.111}$$

所以，只有 $F(K_0) = 0$ 才可使 $\left(\frac{\mathrm{d}Z}{\mathrm{d}x}\right)_0$ 为有限值。由表 15.5 知，当 $F(K_0) = 0$ 时，$K_0 = 0.077\ 0$，$\lambda_0 = 7.052$。因此 $\lambda = 7.052$ 为驻点处边界层速度分布的形状因子。所以，可得

$$Z_0 = \frac{K_0}{\left(\frac{\mathrm{d}V_e}{\mathrm{d}x}\right)_0} \tag{15.112}$$

$\left(\dfrac{\mathrm{d}Z}{\mathrm{d}x}\right)_0$ 的确定要略为复杂：

因为 $$\left(\frac{\mathrm{d}Z}{\mathrm{d}x}\right)_0=\frac{F(K_0)}{(V_e)_0}=\frac{0}{0}$$

所以应用高等数学中求极限知识，有

$$\left(\frac{\mathrm{d}Z}{\mathrm{d}x}\right)_0=\frac{\left(\dfrac{\mathrm{d}F}{\mathrm{d}x}\right)_0}{\left(\dfrac{\mathrm{d}V_e}{\mathrm{d}x}\right)} \tag{15.113}$$

还可进一步变形为

$$\left(\frac{\mathrm{d}Z}{\mathrm{d}x}\right)_0=\frac{\left(\dfrac{\mathrm{d}F}{\mathrm{d}x}\right)_0}{\left(\dfrac{\mathrm{d}V_e}{\mathrm{d}x}\right)_0}=\frac{\left(\dfrac{\mathrm{d}F}{\mathrm{d}\lambda}\right)_0\left(\dfrac{\mathrm{d}\lambda}{\mathrm{d}K}\right)_0\left(\dfrac{\mathrm{d}K}{\mathrm{d}x}\right)_0}{\left(\dfrac{\mathrm{d}V_e}{\mathrm{d}x}\right)_0}=\frac{\left(\dfrac{\mathrm{d}F}{\mathrm{d}\lambda}\right)_0\left(\dfrac{\mathrm{d}K}{\mathrm{d}x}\right)_0}{\left(\dfrac{\mathrm{d}K}{\mathrm{d}\lambda}\right)_0\left(\dfrac{\mathrm{d}V_e}{\mathrm{d}x}\right)_0} \tag{15.114}$$

对式(15.102)$\left(K=Z\dfrac{\mathrm{d}V_e}{\mathrm{d}x}\right)$进行微分，可得

$$\frac{\mathrm{d}K}{\mathrm{d}x}=Z\frac{\mathrm{d}^2V_e}{\mathrm{d}x^2}+\frac{\mathrm{d}Z}{\mathrm{d}x}\frac{\mathrm{d}V_e}{\mathrm{d}x}$$

将上式代入式(15.114)，可得

$$\left(\frac{\mathrm{d}Z}{\mathrm{d}x}\right)_0=\frac{\left(\dfrac{\mathrm{d}F}{\mathrm{d}\lambda}\right)_0}{\left(\dfrac{\mathrm{d}K}{\mathrm{d}\lambda}\right)_0\left(\dfrac{\mathrm{d}V_e}{\mathrm{d}x}\right)_0}\left[Z_0\left(\frac{\mathrm{d}^2V_e}{\mathrm{d}x^2}\right)_0+\left(\frac{\mathrm{d}Z}{\mathrm{d}x}\right)_0\left(\frac{\mathrm{d}V_e}{\mathrm{d}x}\right)_0\right] \tag{15.115}$$

由式(15.115) 可得

$$\left(\frac{\mathrm{d}Z}{\mathrm{d}x}\right)_0=\left\{\frac{\left(\dfrac{\mathrm{d}F}{\mathrm{d}\lambda}\right)_0}{\left(\dfrac{\mathrm{d}K}{\mathrm{d}\lambda}\right)_0}\Bigg/\left[1-\frac{\left(\dfrac{\mathrm{d}F}{\mathrm{d}\lambda}\right)_0}{\left(\dfrac{\mathrm{d}K}{\mathrm{d}\lambda}\right)_0}\right]\right\}\cdot Z_0\frac{\left(\dfrac{\mathrm{d}^2V_e}{\mathrm{d}x^2}\right)_0}{\left(\dfrac{\mathrm{d}V_e}{\mathrm{d}x}\right)_0} \tag{15.116}$$

式中

$$\frac{\mathrm{d}F}{\mathrm{d}\lambda}=\frac{\mathrm{d}}{\mathrm{d}\lambda}\left\{2\left(\frac{37}{315}-\frac{\lambda}{945}-\frac{\lambda^2}{9\ 072}\right)\left[2-\frac{116\lambda}{315}+\left(\frac{2}{945}+\frac{1}{120}\right)\lambda^2+\frac{2}{9\ 072}\lambda^2\right]\right\}$$

$$\frac{\mathrm{d}K}{\mathrm{d}\lambda}=\frac{\mathrm{d}}{\mathrm{d}\lambda}\left[\left(\frac{37}{315}-\frac{\lambda}{945}-\frac{\lambda^2}{9\ 072}\right)^2\lambda\right]$$

将 $x=x_0$ 处，$\lambda_0=7.052$ 代入上式，即可求得$\left(\dfrac{\mathrm{d}F}{\mathrm{d}\lambda}\right)_0$ 和$\left(\dfrac{\mathrm{d}K}{\mathrm{d}\lambda}\right)_0$ 的值，于是有

$$\left(\frac{\mathrm{d}Z}{\mathrm{d}x}\right)_0=-0.065\ 2\frac{\mathrm{d}^2V_e}{\mathrm{d}x^2}\Bigg/\left(\frac{\mathrm{d}V_e}{\mathrm{d}x}\right)^2 \tag{15.117}$$

这样，确定了起始条件之后，就可以从前驻点 $\lambda_0=7.052$ 断面算起，持续积分计算到分离点断

面 $\lambda_0=-12$ 为止，得到各断面的 K,λ 值，从而得到边界层性质 δ,δ^*,θ 及 τ_w 的数值。

在电子计算机得到广泛应用之前，求解附面层微分方程的有限差分解法不可能实现，波尔豪森法是最常用的方法。实际计算结果表明，波尔豪森解对顺压梯度的流动可以得到令人满意的结果，但对有逆压梯度的流动误差较大。工程上常用的基于动量积分关系式的近似解法求解层流边界层还有思韦茨(Thwaites)方法，求解湍流边界层较常用的有 Head 方法，具体方法可参见参考文献[3]。

15.8 小　结

本章主要内容归纳如下：

(1) 定常、不可压缩黏性流动的相似参数是雷诺数 Re，其表达式为

$$Re=\frac{\rho VL}{\mu}$$

其表示作用于给定控制体的惯性力与黏性力之比。在相同雷诺数下，流过两个几何相似物体的不可压缩黏性流动是相似的。

(2) 半径为 a 的圆截面直管道内不可压缩完全发展流动的 N-S 方程精确解为

$$u=-\frac{1}{4\mu}\frac{\mathrm{d}p}{\mathrm{d}x}(a^2-r^2)$$

管道截面平均速度为

$$u_m=-\frac{a^2}{8\mu}\frac{\mathrm{d}p}{\mathrm{d}x}$$

沿管壁压降系数为

$$\gamma=\frac{16}{Re}$$

(3) 定常二维层流边界层方程为

连续方程：

$$\frac{\partial u}{\partial x}+\frac{\partial v}{\partial y}=0$$

x 方向动量方程：

$$u\frac{\partial u}{\partial x}+v\frac{\partial u}{\partial y}=-\frac{\mathrm{d}p}{\mathrm{d}x}+\nu\frac{\partial^2 u}{\partial y^2}$$

y 方向动量方程：

$$\frac{\partial p}{\partial y}=0$$

方程的边界条件为

壁面边界条件：　　$y=0,\quad u=v=0$

边界层外缘条件：　　　　　　$y \to \infty,\quad u = V_e$

(4) 不可压缩流动边界层理论主要研究的基本物理量为边界层内的速度分布、边界层的厚度、壁面的剪切应力 τ_w。另外，还有定义的附加厚度。

位移厚度：

$$\delta^* = \int_0^\infty \left(1 - \frac{u}{V_e}\right) \mathrm{d}y$$

动量损失厚度：

$$\theta = \int_0^\infty \frac{u}{V_e}\left(1 - \frac{u}{V_e}\right) \mathrm{d}y$$

位移厚度 δ^* 正比于由于边界层的存在而引起的流动质量的减少；动量损失厚度正比于由于边界层存在而引起的流动的动量损失。位移厚度还可以看做是由于边界层的存在无黏性外流离开物面的距离，因此，在计算边界层的影响时，可以在原有物体形状上叠加一个位移厚度得到一个有效物体，求解无黏流绕有效物体的流动。

(5) 对于绕平板的不可压缩流动，边界层方程可以化简为存在相似解的布拉修斯方程，即

$$ff'' + 2f''' = 0$$

式中，$f' = \dfrac{u}{V_\infty}$，$f' = f'(\eta)$ 与 x 站位无关，采用"打靶法"可以数值求解式(15.51)，得到平板层流边界层流动的精确解。

当地表面摩擦系数为

$$c_f = \frac{\tau_w}{\frac{1}{2}\rho V_\infty^2} = \frac{0.664}{\sqrt{Re_x}}$$

边界层厚度为

$$\delta = \frac{5.0x}{\sqrt{Re_x}}$$

边界层位移厚度为

$$\delta^* = \frac{1.72x}{\sqrt{Re_x}}$$

边界层动量损失厚度为

$$\theta = \frac{0.664x}{\sqrt{Re_x}}$$

长度为 c 的平板表面摩擦系数为

$$C_f = \frac{1}{c}\int_0^c \frac{0.664}{\sqrt{Re_x}} \mathrm{d}x = \frac{1.328}{\sqrt{Re_c}}$$

(6) 对于具有相似解的曲面边界层偏微分方程，可以采用与平板解相类似的求解方法求

解费克纳-斯肯(Falkntr - skan)方程：

$$f''' + ff'' + \beta(1 - f'^2) = 0$$

对于任意问题的边界层微分方程，可以采用有限差分法数值求解。

(7) 将边界层动量方程沿壁面法向积分可得到边界层的动量积分关系式，即

$$\frac{\tau_w}{\rho} = \frac{d}{dx}(V_e^2\theta) + V_e \frac{dV_e}{dx}\delta^*$$

根据边界层流动特性和在壁面与边界层外缘的边界条件，近似地给出一个只依赖于 x 的单参数(称为型参数) 的速度型族来代替边界层内真实的速度分布，并将假设的速度分布代入式(15.83)，就可以近似地得到边界层流动的解。

动量积分关系式解法的精确程度，取决于预先选定的速度分布的合理程度，如果边界层的速度分布选择得比较合理，那么，此解法可以得到令人满意的结果。

习　题

15.1　考虑在相距为 h 的两平行无限长板间的不可压缩、黏性气流。下面的平板静止不动，上面的平板以一个恒定速度 V_e 沿平板方向运动。假设在流动方向上没有压力梯度产生。

(1) 求两平板间速度变化的表达式；

(2) 如果 $T =$ 常数 $= 320$ K，$V_e = 30$ m/s，$h = 0.01$ m，计算上、下平板的切向力。

15.2　假设在题 15.1 中两平行板都是静止不动的，但是沿平板方向有一定常压力梯度产生，$dp/dx =$ 常数。

(1) 求两平板间速度变化的表达式；

(2) 求含 dp/dx 项的平板上的切向力表达式。

15.3　光滑平板长为 0.6 m，宽 2 m，气流速度为 30 m/s，求标准海平面大气条件下平板所受的摩擦阻力(设流动保持为层流)。

15.4　若速度变化为 $V_e = V_0 x^m$，V_e 为边界层外流速度，V_0 为常数。证明：

$$\frac{\partial p}{\partial x} = -m\rho V_0^2 x^{2m-1}$$

因此，$m > 0$ 代表顺压梯度；$m < 0$ 代表逆压梯度。

15.5　对于二维不可压缩流动中顺流放置的平板，试用动量积分关系式方法求壁面摩擦应力和一侧平板的摩擦阻力(平板宽 b，长 L)，假设边界层内速度分布为 $0° \sim 90°$ 的正弦分布。请将结果与布拉修斯解相比较。

15.6　弦长 l 为 3.5 m 的平板，$Re = 10^6$。假设流动全部为层流，采用布拉修斯解估计平板后缘处的边界层厚度。

参考文献

[1]　Anderson John D, Jr. Fundamentals of Aerodynamics[M]. New York: McGraw-Hill Book Company,

1991.

[2] Kuethe Arnold M，Chuen Yen Chow. Foundations of Aerodynamics[M]. New York：John Wiley & Sons，Inc，1986.

[3] Cebeci Tuncer，Bradshaw Peter. Momentum Transfer in Boundary Layers[M]. New York：McGraw-Hill Book Company，1977.

[4] 张仲寅，乔志德. 粘性流体力学[M]. 北京：国防工业出版社，1989.

[5] 陈再新，刘福长，鲍国华. 空气动力学[M]. 北京：航空工业出版社，1993.

[6] 章梓雄，董曾南. 粘性流体力学[M]. 北京：清华大学出版社，1998.

[7] 赵学端，廖其奠. 粘性流体力学[M]. 北京：机械工业出版社，1983.

[8] Schlichting H. Boundary Layer Theory[M]. New York：McGraw-Hill Book Company，1979.

第 16 章　可压缩流动中的层流边界层

16.1　引　言

本章主要讨论边界层中压缩性影响。密度和温度这些常量现在成了变量，因此，除了动量方程和连续方程，还需要另外两个关系式去解决边界层问题。其中一个关系式是状态式(1.4)或式(6.1)，$p = \rho RT$；另一个则是能量守恒关系式(6.54)。后一个方程是在绝热条件下得到的，即 $c_p T + 1/2V^2 = c_p T_0$。当分析边界层中的流动时，虽然有绝热条件，即在壁面没有热传导时，是一个很好的近似，但还是需要更一般形式的能量方程。

通过高速边界层的流体温度变化，不但会引起密度的变化，而且黏度和热传导系数也会随之变化。流体的热传导率和黏度在理论上有如下关系：$k \sim c_p\mu$ 和 $\mu \sim \sqrt{T}$。第一个关系式与实际基本符合，而第二个关系式中黏度事实上是随温度的 0.76 次方而变化的。

这里，要介绍一个重要参数普朗特数 Pr，$Pr = c_p\mu/k$ 。事实上它也存在很小的变化，在后面将会说明，普朗特数是度量边界层中绝热条件满足的程度，因而也是表征边界层内驻点温度变化的限度。

在实际应用中，由于密度变化产生的浮力通常被忽略，这样的简化是合理的，因为在高速流动中，由浮力产生的对流总是比和沿表面的压力梯度产生的对流要小。

本章将描述边界层内的温度型和速度型，给出表面磨擦系数和热传导系数之间的关系，雷诺数和马赫数的共同影响也会加以说明。

在超声速流动中，由于激波的存在，流动分离是复杂的。只要激波入射到物面上，就会出现流动分离的趋势，因为激波下游的压力总大于激波上游的压力(即存在逆压梯度)。

本章的主要内容如图 16.1 所示。

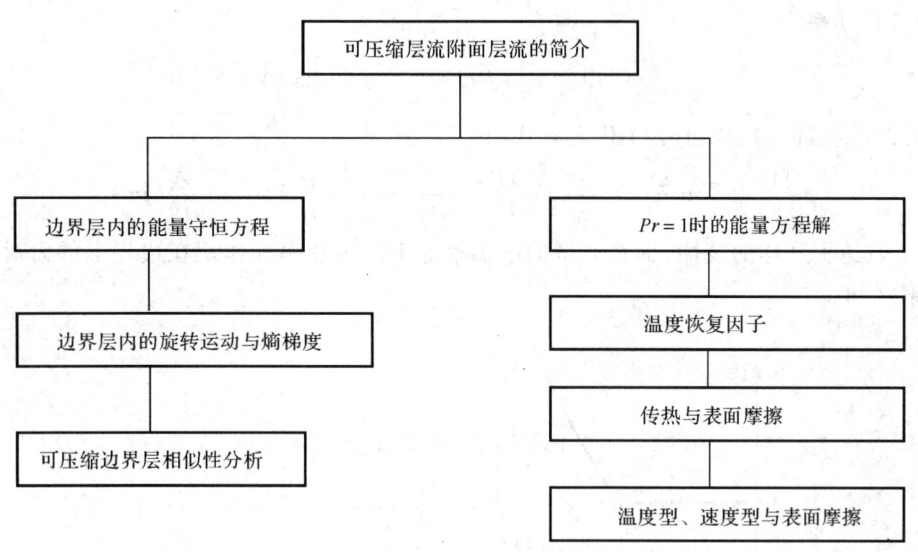

图 16.1　第 16 章的内容简介

16.2　边界层中的能量守恒

将能量守恒原理应用于二维流体微团 $\rho\Delta x\Delta y$，如图 16.2 所示。于是有

$$\rho\Delta x\Delta y\,\frac{\mathrm{D}E}{\mathrm{D}t}=\frac{\delta}{\delta t}\iint_{\hat{S}_1}\rho(q-w)\,\mathrm{d}\hat{S}_1 \tag{16.1}$$

式中，q 和 w 代表通过面 $\hat{S}_1$ 热量和功的转移；E 代表平均速度为 u 的微元 $\rho\Delta x\Delta y$ 的总能量平均值。于是有

$$E=c_V T+\frac{1}{2}u^2+\text{const} \tag{16.2}$$

在图 16.2 中，假定 $\partial T/\partial y\gg\partial T/\partial x$，因此，和通过微元上、下表面的热传导相比，忽略通过微元左、右端的热传导。此外，采用边界层近似，$\partial p/\partial y=0$ 和 $\partial u/\partial y\gg\partial u/\partial x$。

单位时间通过下表面的热量为 $-k(\partial T/\partial y)\Delta x$，而单位时间通过上表面的热量为

$$\left[-k\frac{\partial T}{\partial y}+\frac{\partial}{\partial y}\left(-k\frac{\partial T}{\partial y}\right)\Delta y\right]\Delta x$$

于是单位时间传入流体微元的热量为

$$\frac{\partial}{\partial y}\left(k\frac{\partial T}{\partial y}\right)\Delta x\Delta y \tag{16.3}$$

压力 p 和剪应力 τ 做的功通过流体微团的水平面和垂直面转移到流体微团内，如图 16.2

所示。净转移功率为

$$\left[\frac{\partial}{\partial y}(\tau u)-\frac{\partial}{\partial x}(pu)-\frac{\partial}{\partial y}(pv)\right]\Delta x\Delta y \tag{16.4}$$

将式(16.2)、式(16.3)、式(16.4)代入到式(16.1)中，得

$$\rho\frac{\mathrm{D}}{\mathrm{D}t}\left(c_V T+\frac{u^2}{2}\right)=\frac{\partial}{\partial y}\left(k\frac{\partial T}{\partial y}\right)+\frac{\partial}{\partial y}(\tau u)-\frac{\partial}{\partial x}(pu)-\frac{\partial}{\partial y}(pv) \tag{16.5}$$

式(16.5)表达了这样的规律，即总能量的增加率等于净传热率和作用在边界上的力对微元做功的功率之和。

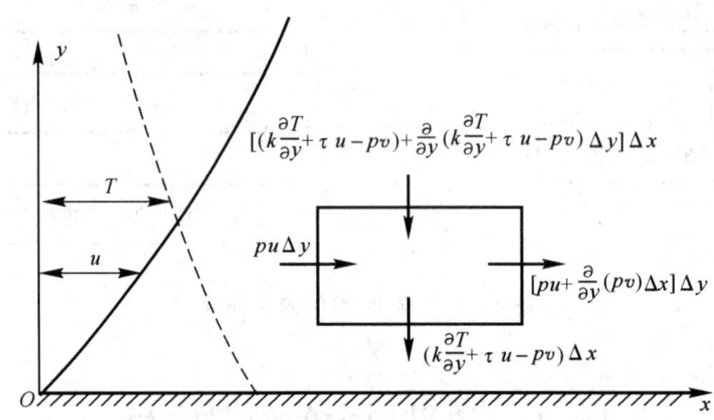

图 16.2　边界层中的能量守衡

用焓$(c_pT+u^2/2)$作为状态参数，表达式(16.5)中左边的项更为方便，则有

$$\rho\frac{\mathrm{D}}{\mathrm{D}t}\left(c_V T+\frac{u^2}{2}\right)=\rho\frac{\mathrm{D}}{\mathrm{D}t}\left(c_p T-\frac{p}{\rho}+\frac{u^2}{2}\right)=\rho\frac{\mathrm{D}}{\mathrm{D}t}\left(c_p T+\frac{u^2}{2}\right)-\frac{\mathrm{D}p}{\mathrm{D}t}+\frac{p}{\rho}\frac{\mathrm{D}\rho}{\mathrm{D}t} \tag{16.6}$$

将连续方程 $\rho\mathrm{div}\boldsymbol{V}=-\mathrm{D}\rho/\mathrm{D}t$ 代入式(16.6)中的最后一项，再将最后两项展开，得

$$\rho\frac{\mathrm{D}}{\mathrm{D}t}\left(c_V T+\frac{u^2}{2}\right)=\rho\frac{\mathrm{D}}{\mathrm{D}t}\left(c_p T+\frac{u^2}{2}\right)-\frac{\partial}{\partial x}(pu)-\frac{\partial}{\partial y}(pv)$$

将上式代入式(16.5)，考虑到 $\tau=\mu\partial u/\partial y$，于是式(16.5)可写为

$$\rho\frac{\mathrm{D}}{\mathrm{D}t}\left(c_p T+\frac{u^2}{2}\right)=\frac{\partial}{\partial y}\left(k\frac{\partial T}{\partial y}\right)+u\frac{\partial}{\partial y}\left(\mu\frac{\partial u}{\partial y}\right)+\mu\left(\frac{\partial u}{\partial y}\right)^2 \tag{16.7}$$

用 u 乘定常流动的边界层动量方程，即在式(14.65a)中的黏性应力项仅考虑牛顿黏性应力式(14.37)，再从式(16.7)中减去式(14.37)，在 c_p 为常数时，可以进一步简化式(16.7)为

$$\rho c_p\frac{\mathrm{D}T}{\mathrm{D}t}=u\frac{\partial p}{\partial x}+\frac{\partial}{\partial y}\left(k\frac{\partial T}{\partial y}\right)+\mu\left(\frac{\partial u}{\partial y}\right)^2 \tag{16.8}$$

式(16.7)就是经常被使用到的边界层能量方程。

式(16.8)中，左边的项表示微元流动时单位体积内的焓增加率；右边三项分别表示压力对功率的贡献，通过微元面的传热率，以及黏性应力将有序运动能量转成热的耗散率。

描述定常、可压缩的层流边界层的方程为式(16.8)，以及动量方程、连续方程。动量方程和连续方程为

$$\rho\left(u\frac{\partial u}{\partial x}+v\frac{\partial u}{\partial y}\right)=-\frac{\partial p}{\partial x}+\frac{\partial}{\partial y}\left(\mu\frac{\partial u}{\partial y}\right) \tag{16.9}$$

$$\frac{\partial}{\partial x}(\rho u)+\frac{\partial}{\partial y}(\rho v)=0 \tag{16.10}$$

边界条件为

$$\left.\begin{array}{ll}\text{当 } y=0 \text{ 时，} & u=v=0,\quad T=T_{\mathrm{w}}(x)\\ \text{当 } y=\infty \text{ 时，} & u=u_{\mathrm{e}}(x),\quad T=T_{\mathrm{e}}(x)\end{array}\right\} \tag{16.11}$$

另外，p,ρ,T 这三个量是与状态方程 $p=\rho RT$ 相关联的。

在随后的章节中，将采用不同方法对这些方程进行近似简化，以得到具有实际应用价值的结果。

16.3　边界层中的旋度和熵梯度

在本节将说明，边界层中的旋度与沿流线法向的熵梯度是相关的。由式(6.13)和式(6.23)可知，熵的微分形式为

$$\mathrm{d}S=\frac{\delta q}{T}=\mathrm{d}(\ln T^{c_p}-\ln\rho^{R})$$

引入状态方程 $p=\rho RT$，可得

$$\frac{\partial S}{\partial y}=\frac{c_p}{T}\frac{\partial T}{\partial y}-\frac{R}{p}\frac{\partial p}{\partial y}$$

在边界层中，设 $\partial p/\partial y=0$，$\partial T/\partial y$，从公式 $c_pT=c_pT_0-\frac{u^2}{2}$ 求得，于是

$$\frac{\partial S}{\partial y}=-\frac{u}{T}\frac{\partial u}{\partial y}+\frac{c_p}{T}\frac{\partial T_0}{\partial y}$$

在边界层中，$\partial v/\partial x=0$，则 $\partial u/\partial y=-(\mathbf{rot}\boldsymbol{V})_z$。后面可以知道，对于绝热壁，边界层内的 $\partial T_0/\partial y$ 是很小的。于是，边界层中熵梯度与旋度 $(\mathbf{rot}\boldsymbol{V})_z$ 之间近似关系式为

$$\frac{\partial S}{\partial y}=\frac{u}{T}(\mathbf{rot}\boldsymbol{V})_z$$

若将 y 作为垂直于流线的坐标，这个关系式在自由流中也是近似满足的。这个公式被称为克洛克(Crocco)关系式，它说明在边界层中，由激波引起的熵梯度和激波下游的旋度是相关的。

16.4　可压缩边界层的相似性

在 15.2 节中，提到绕相似几何物体的不可压缩流动的相似条件就是要保证相同的雷诺

数。这里要介绍可压缩流动还需要哪些相似参数，采用与15.2节中的同样的方法，引入L(长度)，U(速度)，ρ_1(密度)，μ_1(黏度)，T_1(温度)作为参考量，并设

$$\left.\begin{aligned}&u'=\frac{u}{U},\quad v'=\frac{v}{U},\quad x'=\frac{x}{L},\quad y'=\frac{y}{L},\quad t'=\frac{tU}{L},\quad \mu'=\frac{\mu}{\mu_1}\\&\rho'=\frac{\rho}{\rho_1},\quad T'=\frac{T}{T_1},\quad p'=\frac{p}{\rho_1 U^2},\quad Re=\frac{\rho_1 UL}{\mu_1}\end{aligned}\right\}\tag{16.12}$$

如果通过边界层的温度变化不是很大，在相似分析中，可设μ和k为常数。于是动量方程就可以简化到15.2节给出的针对不可压缩流动的形式。为了找到额外的由压缩性产生的相似参数，使用式(16.12)对能量式(16.8)进行无量纲化，并得

$$\frac{\rho_1 UT_1 c_p}{L}\rho'\frac{\mathrm{d}T'}{\mathrm{d}t'}=\frac{\rho_1 U^3}{L}u'\frac{\partial p'}{\partial x'}+\frac{kT_1}{L^2}\frac{\partial^2 T'}{\partial y'^2}+\frac{\mu U^2}{L^2}\left(\frac{\partial u'}{\partial y'}\right)^2$$

采用无量纲参数，上式变为

$$\rho'\frac{\mathrm{d}T'}{\mathrm{d}t'}=(\gamma-1)Ma^2u'\frac{\partial p'}{\partial x'}+\frac{1}{PrRe}\frac{\partial^2 T'}{\partial y'^2}+\frac{(\gamma-1)Ma^2}{Re}\left(\frac{\partial u'}{\partial y'}\right)^2\tag{16.13}$$

式中，$Pr=c_p\mu/k$，被定义为普朗特数。

从式(16.13)中，可以看出，定常、可压缩流边界层流动的相似需要相同的$(\gamma-1)Ma^2$，Pr，Re值。通过边界条件，由边界条件引出的另一个需要考虑的相似参数是努塞尔(Nusselt)数，即

$$Nu=\frac{hL}{k}$$

式中，h表示通过单位面积，在单位温度差下的热传导率；L是特征长度。

针对可压缩边界层流动问题的解可以表达为

$$f(C_f,Re,Nu,Pr,Ma,\gamma)=0\tag{16.14}$$

式中，C_f是表面摩擦系数$\tau_w\Big/\frac{1}{2}\rho_1 U^2$，幸运的是，$\gamma$和$Pr$随温度的变化不大，它们可以在很大范围内被当做常数。因此，对很多实际边界层流动问题，式(16.13)可以简化成如下函数关系式：

$$f(C_f,Ma,Nu,Re)=0\tag{16.15}$$

接下来讨论的解都是以式(16.15)的形式给出的。

16.5 普朗特数为1时的能量方程解

如果$Pr=\frac{c_p\mu}{k}$为单位值，对可压缩流体边界层理论的应用具有很好的工程近似。在本节中将会证明，可压缩边界层问题可以以此大为简化。此外，还要说明简化结果的物理原因是，普

朗特数为 1 有效地隐含着边界层内的流动为绝热流动的条件。

从物理上，对普朗特数的理解有助于理解普朗特数在边界层理论中的重要作用。μ 代表了每单位面积、单位速度梯度的动量交换率，k/c_p 代表了每单位面积、单位焓梯度的热传导率。因而，普朗特数描绘了这两种迁移率之间的比率。

通过式(16.7)，也可以获得另一个物理解释：

$$\rho \frac{\mathrm{d}}{\mathrm{d}t}\left(c_p T + \frac{u^2}{2}\right) = \frac{\partial}{\partial y}\left(k \frac{\partial T}{\partial y}\right) + u \frac{\partial}{\partial y}\left(\mu \frac{\partial u}{\partial y}\right) + \mu \left(\frac{\partial u}{\partial y}\right)^2 \tag{16.7}$$

式(16.7) 中，右边的第一项表示通过传导迁移到流体微团内的热量，第二项和第三项对应通过微元边界上的剪切产生的能量和流体微团内部的黏性耗散。如果从微元转移出的热量等于黏性作用产生的热，则式(16.7) 右边等于零。在做了这个假设之后，沿一条流线对式(16.7) 积分，可以写为

$$c_p T + \frac{u^2}{2} = \text{const} = c_p T_0 \tag{16.16}$$

式(16.16) 指出 $c_p T + \frac{1}{2}u^2$ 沿流线是常数。通常对于均匀来流，在每条流线上驻点温度都是相同值，从而得出 $c_p T + \frac{1}{2}u^2$ 在整个边界层内都是常数。

根据单位普朗特数得出结论的意义在于，假定边界层中的温度梯度足够小，进而 μ 和 k 可以当做常数，式(16.7) 便可以写为

$$\frac{\mathrm{d}}{\mathrm{d}t}\left(c_p T + \frac{u^2}{2}\right) = \frac{k}{\rho c_p} \frac{\partial^2}{\partial y^2}\left(c_p T + \frac{u^2}{2} Pr\right) \tag{16.17}$$

不管速度分布如何，只要普朗特数等于 1，式(16.16) 就是式(16.17) 的解。因此，在 μ 和 k 为常数的条件下，上面的分析说明，普朗特数为单位 1 隐含着等效绝热条件。在某种意义上来说，也就是流体微团中黏性力做功产生的热量通过热传导被传递到流体微团之外。

式(16.16) 只是在单位普朗特数下式(16.17) 的一个解，为了定义这个解的特性，对式(16.16) 进行微分，可得

$$c_p \frac{\partial T}{\partial y} = -u \frac{\partial u}{\partial y} \tag{16.18}$$

从这个方程可以看出，当 $u = 0(y = 0)$ 和 $\partial u/\partial y = 0(y = \delta)$ 时，$\partial T/\partial y = 0$。

因此，可以得出这样的结论，单位普朗特数隐含着流体流过绝热壁面，定义为$(\partial T/\partial y)_w = 0$，能量方程可以简化成式(16.16)，速度边界层和温度边界层具有相同的厚度。注意：这个结论没有在流动方向上限制压力梯度。

将会发现在壁面上速度和温度与热迁移之间的对应关系。这里可以做一个近似，$\partial p/\partial x = 0$，于是，在普朗特数等于 1 时，式(16.8) 变为

$$\rho\left(u \frac{\partial T}{\partial x} + v \frac{\partial T}{\partial y}\right) = \frac{\partial}{\partial y}\left(\mu \frac{\partial T}{\partial y}\right) + \frac{\mu}{c_p}\left(\frac{\partial u}{\partial y}\right)^2 \tag{16.19}$$

现在假定：

$$T = A + Bu + Cu^2 \tag{16.20}$$

将式(16.20)替换式(16.19)中的 T,常数 A,B,C 可以通过边界条件求解,则有

$$\left.\begin{array}{lll} \text{当 } y = 0 \text{ 时,则有} & u = 0, & T = T_w \\ \text{当 } y = \infty \text{ 时,则有} & u = u_e, & T = T_e \end{array}\right\} \tag{16.21}$$

将式(16.20)中的 T 代入式(16.19)后,则有

$$\rho B\left(u\frac{\partial u}{\partial x} + v\frac{\partial u}{\partial y}\right) + 2\rho Cu\left(u\frac{\partial u}{\partial x} + v\frac{\partial u}{\partial y}\right) = \frac{\partial}{\partial y}\left[\mu\left(B\frac{\partial u}{\partial y} + 2Cu\frac{\partial u}{\partial y}\right)\right] + \frac{\mu}{c_p}\left(\frac{\partial u}{\partial y}\right)^2 \tag{16.22}$$

当 $\partial p/\partial x = 0$ 时,动量式(16.9)为

$$\rho\left(u\frac{\partial u}{\partial x} + v\frac{\partial u}{\partial y}\right) = \frac{\partial}{\partial y}\left(\mu\frac{\partial u}{\partial y}\right) \tag{16.23}$$

用 B 去乘式(16.23),在从式(16.22)中减去它。展开 $\partial[2Cu(\partial u/\partial y)]/\partial y$ 后,式(16.22)变为

$$2C\rho u\left(u\frac{\partial u}{\partial x} + v\frac{\partial u}{\partial y}\right) = 2Cu\frac{\partial}{\partial y}\left(\mu\frac{\partial u}{\partial y}\right) + 2C\mu\left(\frac{\partial u}{\partial y}\right)^2 + \frac{\mu}{c_p}\left(\frac{\partial u}{\partial y}\right)^2 \tag{16.24}$$

现在,如果用 $2Cu$ 去乘式(16.23),再从式(16.24)中减去它,可得

$$C = -\frac{1}{2c_p} \tag{16.25}$$

于是,在使用式(16.21)中的第一个边界条件得到 $A = T_w$ 后,把式(16.25)代入式(16.20),可得

$$T = T_w + Bu - \frac{u^2}{2c_p}$$

通过式(16.21)中的第二个边界条件求得 B,从而有

$$T = T_w + \left(\frac{T_e - T_w}{u_e} + \frac{u_e}{2c_p}\right)u - \frac{u^2}{2c_p} \tag{16.26}$$

或

$$\frac{T}{T_e} = \frac{T_w}{T_e} + \left(1 - \frac{T_w}{T_e}\right)\frac{u}{u_e} + \frac{u}{u_e}\left(1 - \frac{u}{u_e}\right)\frac{u_e^2}{2c_pT_e}$$

但是

$$2c_pT_e = \frac{2\gamma RT_e}{\gamma - 1_e} = \frac{2a_e^2}{\gamma - 1}$$

式中,a_e 表示边界层外的声速。于是,由 $Ma_e = u_e/a_e$,式(16.26)最终变为

$$\frac{T}{T_e} = \frac{T_w}{T_e} + \left(1 - \frac{T_w}{T_e}\right)\frac{u}{u_e} + \frac{\gamma - 1}{2}Ma_e^2\left(1 - \frac{u}{u_e}\right)\frac{u}{u_e} \tag{16.27}$$

通常这个方程被当做能量方程的克洛克形式,它有严格应用条件,即 $\partial p/\partial x = 0$,$Pr = 1$,但是 k 和 μ 不需要是常数。

如果对式(16.27)进行微分,就会得到温度和速度之间的关系式,即

$$\frac{\partial T}{\partial y}=\left[\left(1-\frac{T_{\mathrm{w}}}{T_{\mathrm{e}}}\right)+\frac{\gamma-1}{2}Ma_{\mathrm{e}}^{2}\left(1-2\,\frac{u}{u_{\mathrm{e}}}\right)\right]\frac{T_{\mathrm{e}}}{u_{\mathrm{e}}}\left(\frac{\partial u}{\partial y}\right) \tag{16.28}$$

在 $y=0(u=0)$，$c_p\mu=k$ 时，壁面上热传导和表面摩擦关系式为

$$k\left(\frac{\partial T}{\partial y}\right)_{\mathrm{w}}=\left[\left(1-\frac{T_{\mathrm{w}}}{T_{\mathrm{e}}}\right)+\frac{\gamma-1}{2}Ma_{\mathrm{e}}^{2}\right]\frac{T_{\mathrm{e}}c_p}{u_{\mathrm{e}}}\mu\left(\frac{\partial u}{\partial y}\right)_{\mathrm{w}} \tag{16.29}$$

从式(16.16)，得到这样的一个结论，普朗特数为 1 的绝热板上温度边界层和速度边界层的厚度相等。式(16.28) 允许将结论放宽到对壁面上零压力梯度的任意传热问题中。

因为空气中的普朗特数接近 1，那么上面能量方程的解(式 (16.16) 或式(16.27)) 对许多空气动力学领域内的边界层问题能给出满意的结果。然而，在使用这个解之前，有必要通过求解动量方程找到速度分布。

16.6　温度恢复因子

用 T_{ad} 定义的绝热、恢复或平衡温度，是指在流场中壁面不存在传热的壁面温度。$(\partial T/\partial y)_{\mathrm{w}}=0$ 在数学上可看做是 $T_{\mathrm{w}}=T_{\mathrm{ad}}$。从前一节的式(16.16) 可以看出，当普朗特数等于 1 时，$T_{\mathrm{ad}}=T_0$，T_0 为流体外边界的驻点温度。由于普朗特数偏离 1，而对这个结果的修正将在本节中进行分析。

波尔豪森提出在流体的马赫数足够低，使得 ρ，μ 和 k 可以视为常数的条件下，去解决平板平衡温度问题。控制方程是式(16.8)，式(16.9)，式(16.10)，式(16.11)。当 $\partial p/\partial x=0$ 时，有

$$\left.\begin{aligned}&u\frac{\partial u}{\partial x}+v\frac{\partial u}{\partial y}=\nu\frac{\partial^2 u}{\partial y^2}\\&\frac{\partial u}{\partial x}+\frac{\partial v}{\partial y}=0\\&\rho c_p\left(u\frac{\partial T}{\partial x}+v\frac{\partial T}{\partial y}\right)=k\frac{\partial^2 T}{\partial y^2}+\mu\left(\frac{\partial u}{\partial y}\right)^2\end{aligned}\right\} \tag{16.30}$$

边界条件为

$$\left.\begin{aligned}&\text{当 } y=0 \text{ 时，则有}\quad u=v=0,\quad \frac{\partial T}{\partial y}=0\\&\text{当 } y=\infty \text{ 时，则有}\quad u=u_{\mathrm{e}},\quad T=T_{\mathrm{e}}\end{aligned}\right\} \tag{16.31}$$

其中，基本独立的变量有

$$\eta=\frac{1}{2}\sqrt{\frac{u_{\mathrm{e}}}{\nu x}}y$$

和

$$u=\frac{u_{\mathrm{e}}}{2}f'(\eta),\quad v=\frac{1}{2}\sqrt{\frac{u_{\mathrm{e}}\nu}{x}}[\eta f'(\eta)-f(\eta)] \tag{16.32}$$

使用 u 和 v 的表达式，试着把式(16.30) 中第三式子表达成一个常微分方程。这里引入一个无

量纲量 θ，则有

$$T = T_{\mathrm{e}} + \frac{u_{\mathrm{e}}^2}{2c_p}\theta(\eta) \tag{16.33}$$

式(16.31) 中，温度的边界条件变为

$$\theta'(0) = 0, \quad \theta(\infty) = 0 \tag{16.34}$$

那么绝热壁面温度或平衡温度可以写为

$$T_{\mathrm{r}} = T_{\mathrm{ad,w}} = T_{\mathrm{e}} + \frac{u_{\mathrm{e}}^2}{2c_p}\theta(0)$$

当把式(16.32) 和式(16.33) 中 u,v 的表达式代入到式(16.30) 中的第三个式子，可得

$$\theta'' + Prf\theta' + 0.5Prf''^2 = 0 \tag{16.35}$$

用图 16.3 所示给出的 f 和 f'' 的值之后(参见 15.4 节)，波尔豪森发现了式(16.35) 的近似解。被定义为恢复因子 r 的值为

$$r = \theta(0) = \frac{T_{\mathrm{r}} - T_{\mathrm{e}}}{u_{\mathrm{e}}^2/2c_p} = \sqrt{Pr} = 0.845 \quad (\text{对于空气}) \tag{16.36}$$

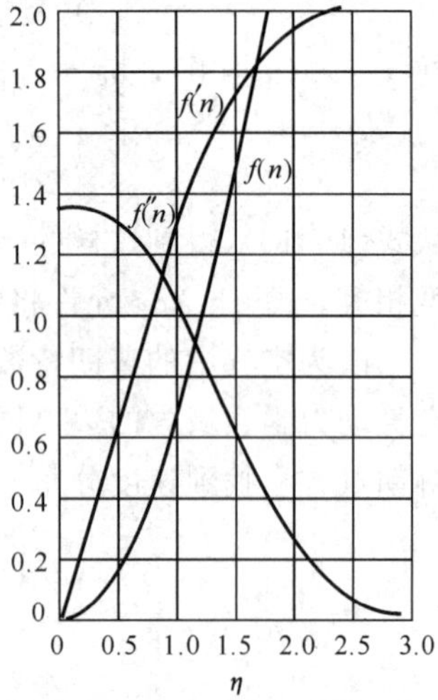

图 16.3　波尔豪森函数 $f(\eta)$，$f'(\eta)$，$f''(\eta)$

图 16.4 所示是在边界层内 $\theta(\eta)$ 函数的分布。

式(16.36) 表明，壁面附近空气的总焓会降低。既然处理的是绝热过程，为了满足能量守恒的要求，气流在边界层内总焓必然会增加。在图 16.5 中的曲线(Van Driest 1952 年) 清楚地显示了总焓的增加。

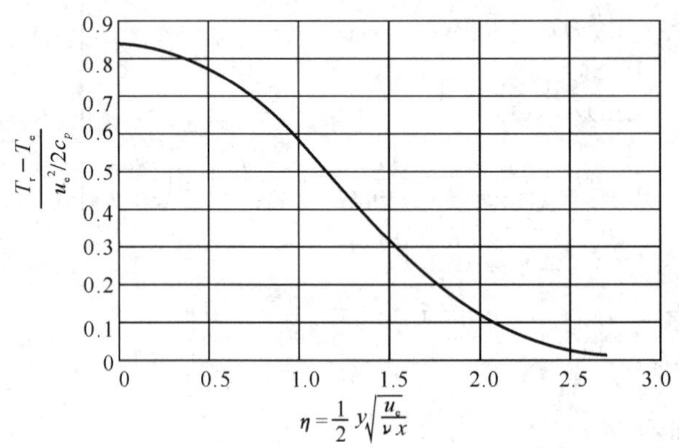

图 16.4　边界层中温度分布的波尔豪森解

Van Driest 的精确计算说明，至少直到马赫数等于 8，层流恢复因子偏离 $\sqrt{Pr}$ 的值仅仅只是很小的量。

一些关于在各种马赫数下圆锥实验结果在图 16.6 中给出。低雷诺数边界层是层流；马赫数在 1.79 ～ 4.5 范围内，温度恢复因子在 0.84 ～ 0.855 之间。式(16.36) 给出的理论结果和实验结果的一致性非常好。马赫数在 1.2 ～ 1.6 范围内，由实验室给出的层流恢复因子值在 0.850 01。

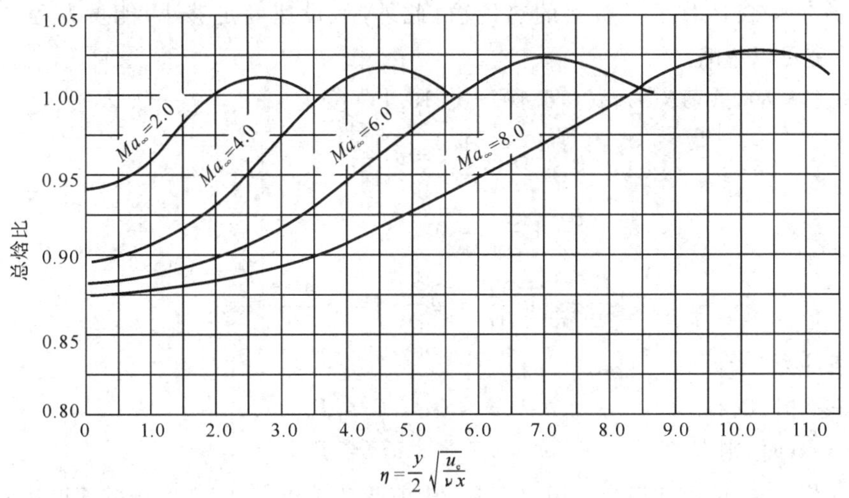

图 16.5　绝热平板上边界层中驻点焓分布

(Van Driest 1952, NACA, coutesy)

在达到出现边界层发生转捩时的雷诺数后，图 16.6 中的温度恢复因子曲线开始急剧的上升。这部分问题将在后面的章节进行讨论。

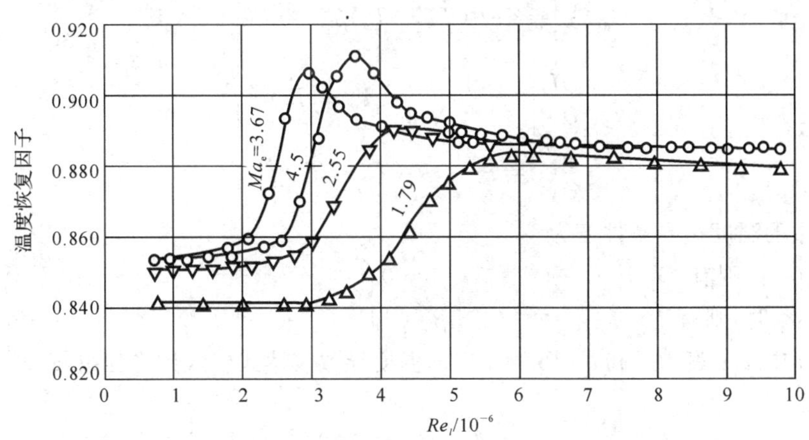

图 16.6　温度恢复因子 $\theta(0)$ (5° 的圆锥角) 的测量结果

(Mack 1954, NASA, courtesy)

16.7 由热传输引起的表面摩擦

在恒定温度 T_w 和使用在16.6节中计算恢复因子的同样的条件($\partial p/\partial x = 0$,$\rho$,$u$,$k$ 和 μ 是常数)下,波尔豪森计算了平板上的热传输。此外,假设速度足够小,能量方程中的耗散项 $\mu(\partial u/\partial y)^2$ 就可以忽略。

控制式(16.8),式(16.9),式(16.10),式(16.11)变为

$$\left.\begin{aligned} & u\frac{\partial u}{\partial x}+v\frac{\partial u}{\partial y}=\nu\frac{\partial^2 u}{\partial y^2} \\ & \frac{\partial u}{\partial x}+\frac{\partial v}{\partial y}=0 \\ & \rho c_p\left(u\frac{\partial T}{\partial x}+v\frac{\partial T}{\partial y}\right)=k\frac{\partial^2 T}{\partial y^2} \end{aligned}\right\} \tag{16.37}$$

边界条件为

$$\left.\begin{aligned} &\text{当 } y=0 \text{ 时,则有} \quad u=v=0, \quad T=T_w \\ &\text{当 } y=\infty \text{ 时,则有} \quad u=u_e, \quad T=T_e \end{aligned}\right\} \tag{16.38}$$

同前一节一样,可以知道方程组(16.37)中前两个式和式(16.38)中的速度边界条件构成15.4节中求解的布拉修斯问题。结合式(16.32)中给出 u,ν,η 以及另一个新的变量,即

$$\beta(\eta)=\frac{T_w-T}{T_w-T_e} \tag{16.39}$$

现在可以尝试从方程组(16.37)中最后一个方程获得常微分方程。该方程出现的导数分别为

$$\left.\begin{aligned} & \frac{\partial T}{\partial x}=\frac{\eta}{2x}(T_w-T_e)\beta' \\ & \frac{\partial T}{\partial y}=-\frac{1}{2}\sqrt{\frac{u_e}{vx}}(T_w-T_e)\beta' \\ & \frac{\partial^2 T}{\partial y^2}=-\frac{1}{4}\frac{u_e}{vx}(T_w-T_e)\beta'' \end{aligned}\right\} \tag{16.40}$$

式(16.38)中的温度边界条件变为

$$\left.\begin{aligned} &\text{当 } \eta=0 \text{ 时,则有} \quad \beta=0 \\ &\text{当 } \eta\to\infty \text{ 时,则有} \quad \beta=1 \end{aligned}\right\} \tag{16.41}$$

把式(16.32)中 u,v 表达式和式(16.40)中的温度导数表达式代入到方程组(16.37)最后一个方程中,可得

$$\beta''+Prf\beta'=0 \tag{16.42}$$

式中,Pr 为普朗特数 $c_p\mu/k$,f 是前一节中的布拉修斯函数。当 pr 为常数时,式(16.42)是关于的线性常微分方程,解的形式为

$$\beta' = \alpha\exp\left(-Pr\int_0^\eta f\mathrm{d}\eta\right) \tag{16.43}$$

式中，α 是积分常数，在对式(16.43)积分并引用式(16.41)的边界条件(当 $\eta = 0$ 时，$\beta = 0$)之后，可得

$$\beta = \alpha\left[\int_0^\eta \exp\left(-Pr\int_0^\eta f\mathrm{d}\eta\right)\mathrm{d}\eta\right] \tag{16.44}$$

α 的值是通过边界条件当 $\eta = \infty$ 时，$\beta = 1$ 确定的。因此有

$$\alpha = \left[\int_0^\infty \exp\left(-Pr\int_0^\eta f\mathrm{d}\eta\right)\mathrm{d}\eta\right]^{-1} \tag{16.45}$$

波尔豪森用图 16.3 中显示的布拉修斯函数 f，并发现 α 的近似值为

$$\alpha = 0.664Pr^{1/3} \tag{16.46}$$

通过确定 Q 的值来找热传输系数，Q 是在宽为 b，长为 l 的板上的热传导率，即

$$Q = -kb\int_0^l \left(\frac{\partial T}{\partial y}\right)_\mathrm{w}\mathrm{d}x \tag{16.47}$$

代入式(16.40)中的 $\partial T/\partial y$，注意从式(16.44)，当 $y = \eta = 0$ 时，$\beta' = \alpha$，积分得

$$Q = kb\alpha(T_\mathrm{w} - T_\mathrm{e})\sqrt{\frac{u_\mathrm{e}l}{v}} \tag{16.48}$$

在 16.4 节中，作为一个边界层流的相似参数的努塞尔数 Nu，可以写为

$$Nu = \frac{hL}{k} = \frac{L}{k}\frac{Q}{S(T_\mathrm{w} - T_\mathrm{e})} \tag{16.49}$$

式中，L 为特征长度；k 表示单位面积单位温度差的热传输率；S 为平板面积($S = lb$)。如果把板长 l 当成特征长度，Q 用式(16.48)来代替，α 用式(16.46)来代替，可得

$$Nu = 0.664Pr^{1/3}Re^{1/2} \tag{16.50}$$

式中

$$Re = \frac{u_\mathrm{e}l}{v}$$

另一个无量纲量热传输系数，叫做斯坦顿数，简写为 St，定义为

$$St = \frac{h}{\rho c_p u_\mathrm{e}} = \frac{Q}{\rho c_p S u_\mathrm{e}(T_\mathrm{w} - T_\mathrm{e})} \tag{16.51}$$

当处理热传导和表面摩擦之间的关系式，斯坦顿数被证明是一个很方便的相似参数，再代入 Q 和 Nu 后，则有

$$St = \frac{Nu}{Pr\ Re} = \frac{0.664}{Pr^{2/3}\ Re^{1/2}} \tag{16.52}$$

如果平均表面摩擦系数 C_f 的表达式同式(16.51)进行比较。又可以把 St 写为

$$St = Pr^{-2/3}C_f/2 \tag{16.53}$$

如果定义当地斯坦顿数为

$$St = \frac{q}{\rho c_p u_\mathrm{e}(T_\mathrm{w} - T_\mathrm{e})}$$

用类似于推导式(16.52)的分析可以写为

$$St = Pr^{-2/3} C_f / 2 \tag{16.54}$$

既然空气的普朗特数变化不是很大，式(16.53)和式(16.54)非常简单地给出了当地和平均的热传输与平板表面摩擦系数之间的关系。

不管式(16.37)有多大的近似程度，在不是很高的马赫数下，式(16.53)和式(16.54)与实验结果都有很好的一致性。

16.8 速度型、温度型和表面摩擦

在前几节中，所做的近似相当于忽略了压缩性对速度型的影响。虽然这个结果能够应用到一些重要的问题中，但是必须限制在中等的马赫数以下。应用在高马赫数上的解必须考虑速度型的变化，这种变化是由与温度相关的 μ 和 ρ 的变化而产生的。

对于随 x 变化的 T_e, u_e, T_w，不同普朗特数，以及 μ, k, T 之间各种关系，式(16.8)，式(16.9)，式(16.10)，式(16.11)的很多解都已经被求得。与不可压缩流动相比，可压缩流动需要考虑新的变量和方程，使得分析变得复杂。其求解细节已超出本书范围。因此，在这里仅仅说明一些重要的研究结果和描述一些重要的概念。

实际上，所有的分析都假定普朗特数为常数，这样 $k = c_p \mu$，但是随 T 变化的 μ 有不同的表达形式。最精确的关系式是由苏策兰特(Sutherland)方程来表达的，即

$$\frac{\mu}{\mu_l} = \frac{T_l + 120}{T + 120}\left(\frac{T}{T_l}\right)^{3/2} \tag{16.55a}$$

式中，T_l 表示参考温度，解析解的表达式为

$$\frac{\mu}{\mu_l} = C\left(\frac{T}{T_l}\right)^{\omega} \tag{16.55b}$$

在很大温度范围内，上式中的 C 和 ω 接近 1 时，可以给出很好的近似结果。

在可压缩流边界层中的速度型和温度型的一般特性，在图 16.7(a)中被定性的说明。作用在绝热平板上马赫数的效果也在图 16.7(b)中说明，图 16.8 说明了平均表面摩擦系数与马赫数、雷诺数以及温度比的关系。

在波斯曼(Busemann)早期平板工作基础之上，蒂福得(Tifford)指出，如果公式在壁面上，而不是在边界层的边缘上按气体特性给出，则能够得到很好的平板表面摩擦近似结果。对应地，当式(16.55b)中的 C 和 ω 都等于 1，且 $T_l = T_w$ 时，平板表面平均摩擦系数近似为

$$C_{f,w} = \frac{\int_0^l T_w \mathrm{d}x}{q_w l} = \frac{1.328}{\sqrt{Re_w}} \tag{16.56}$$

式中，$q_w = \rho_w u_e^2 / 2$，$Re_w = u_e l / \nu_w$。

对于 $Ma_e \leqslant 50.25$ 且 $0.25 < T_w / T_e < 5$，式(16.56)的结果具有很好的近似程度。

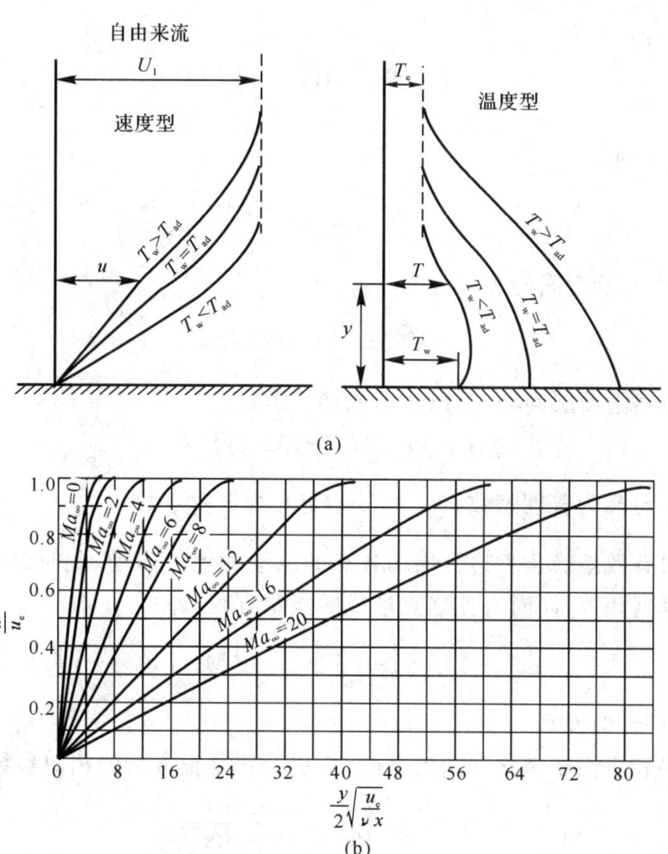

图 16.7　可压缩流边界层中，速度型和温度型的一般特性

(a) 壁面温度对温度型和速度型定性的影响；(b) 各种马赫数下绝热板上的速度分布

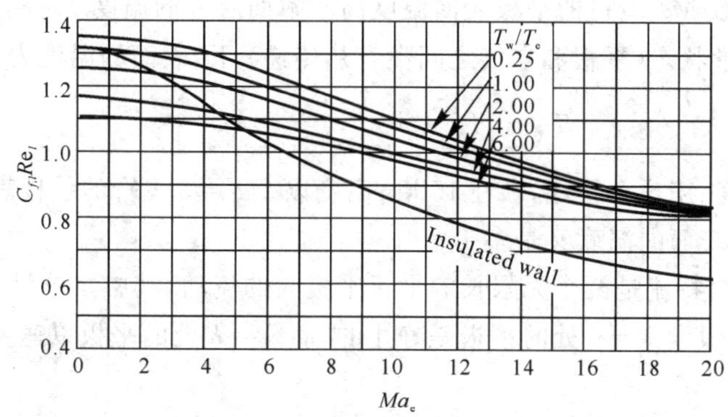

图 16.8　作为雷诺数、马赫数和温度比的函数的平板平均摩擦系数

(Van Driest，NACA，Courtesy1952)

16.9 小　结

附面层能量方程为

$$\rho c_p \frac{\mathrm{d}T}{\mathrm{d}t} = u\frac{\partial p}{\partial x} + \frac{\partial}{\partial y}\left(k\frac{\partial T}{\partial y}\right) + \mu\left(\frac{\partial u}{\partial y}\right)^2$$

在附面层中，熵梯度与旋度间的关系为

$$\frac{\partial S}{\partial y} \approx \frac{u}{T}(\mathbf{rot}\boldsymbol{V})_z$$

对特定的可压缩附面层问题，可以表示成如下形式：

$$f(C_f, Re, Nu, Pr, Ma, \gamma) = 0$$

式中，$Pr = c_p\mu/k$，定义为普朗特数；$Nu = \dfrac{hL}{k}$，定义为努塞尔数。

单位普朗特数有效地隐含着边界层内各点的流动为绝热流动，此时绝热板上温度边界层和速度边界层的厚度相等。同时有克洛克形式的能量方程，即

$$\frac{T}{T_e} = \frac{T_w}{T_e} + \left(1 - \frac{T_w}{T_e}\right)\frac{u}{u_e} + \frac{\gamma-1}{2}Ma_e^2\left(1 - \frac{u}{u_e}\right)\frac{u}{u_e}$$

它严格要求 $\partial p/\partial x = 0$ 和 $Pr = 1$。

在分析热传递和表面摩擦之间的关系时，斯坦顿数是很方便的相似参数，即

$$St = \frac{Nu}{Pr\ Re} = \frac{0.664}{Pr^{2/3}\ Re^{1/2}}$$

习　题

16.1　以马赫数 Ma 飞行的平板表面温度高于附面层外的温度 T_e。利用式(16.28)，假设 $Pr = 1$，证明：在定常状态(平板和空气之间没有热传递) 下，表面的温度为

$$T_w = T_e\left[1 + \frac{1}{2}(\gamma - 1)Ma^2\right]$$

它是自由来流的温度。用这个公式，求在 15 km 高度以 $Ma = 3$ 飞行的平板表面温度。如果在平板之前产生正激波，表面的温度又是多少？

16.2　平面古埃特流是两个无限长的平行平板间的流动，其中之一沿着与自身平行方向相对于另一个滑动。假设 $y = 0$ 处的平板是静止的，而 $y = h$ 处的平板以速度 U_1 运动并保持温度 T_1。

(1) 当平板绝热时，试证：温度分布为

$$T = T_1 + \frac{\mu U_1^2}{2k}\left(1 - \frac{y^2}{h}\right)$$

(2) 如果下平板是不绝热的，但保持温度 T_1，试证：温度分布为

$$T = T_1 + \frac{\mu U_1^2}{2k}\frac{y}{h}\left(1 - \frac{y}{h}\right)$$

(3) 试证：在情况(1) 下，下平板的温度恢复系数等于普朗特数。

16.3　如果两块平板都是绝热的，对于习题16.2的古埃特流，能获得定常温度分布吗？如果不能，试从物理观点解释其原因。在此情况下，支配温度分布的正确微分方程是怎样的？

16.4　一飞机以马赫数为 0.8 在海平面空气中飞行。试证：按波尔豪森的分析，该飞机前面伸出的平板温度计的读数为 46℃。

16.5　管中完全发展的流动已在 16.2 节中确定。试证：相隔距离为的两平板之间的完全发展的不可压缩流动的速度分布为

$$u = u_{\mathrm{m}}\left(1 - \frac{y^2}{h^2}\right)$$

式中，u_{m} 为 $y=0$(管道中心) 处的速度。假设温度差很小，因此不严重违反不可压缩性，热是黏性耗散产生的，试证：中心处的温度 T_{m} 与壁上的温度 T_{w} 之间的关系为

$$T_{\mathrm{m}} = T_{\mathrm{w}} + \mu u_{\mathrm{m}}^2/3k$$

16.5　试证式(16.55)。应用苏策兰特公式，并利用透过附面层时压力不变这一事实，计算以 $T_{\mathrm{w}}/T_{\mathrm{e}}$ 表示的 $C_{f,\mathrm{w}}\sqrt{Re_{\mathrm{w}}}/(C_f\sqrt{R_{\mathrm{e}}})$。在图 16.6 中，当 $Ma_{\mathrm{e}}=5$ 时，由 $T_{\mathrm{w}}/T_{\mathrm{e}}=0.25, 3.0, 5.0$ 得到的纵坐标与这些值相乘，并除以 1.328，由此求出忽略压缩性所引起的误差。

参考文献

[1]　Schlichting, Hermann. Boundary-Layer Theory[M]. New York: McGraw-Hill Book Company, 1979.

[2]　Pai S I. Introduction of the Theory of Compressible Flow[M]. New Jersey: D. Van Nostrand Company, Inc, 1959.

[3]　Kuethe A M, Chow Chuen Yen. Foundations of Aerodynamics: Bases of Aerodynamic Design[M]. New York: John Wiley & Sons, 1979.

第 17 章　流动稳定性和转捩

17.1　引　言

湍流是自然界里最复杂的现象之一。它广泛存在于大气、海洋、河流以及工业的有关流动中。人们很早就从水流中观测到湍流，它是一种不规则的、不断变化的流动现象，但是人们还没有能从科学角度完全认识湍流。如第 14 章中所述，19 世纪，雷诺在圆管流动实验中发现了湍流，并开始了对流动稳定性的研究。

湍流的特性表现在它的流速具有不规则性和不重复性。本章将对于流动的稳定性进行讨论。将比较详细地讨论流动稳定性的线化理论，并对非线性理论做介绍。接着讨论边界层转捩及影响转捩的因素，最后介绍在工程应用上的自然层流及层流控制。

本节内容简介如图 17.1 所示。

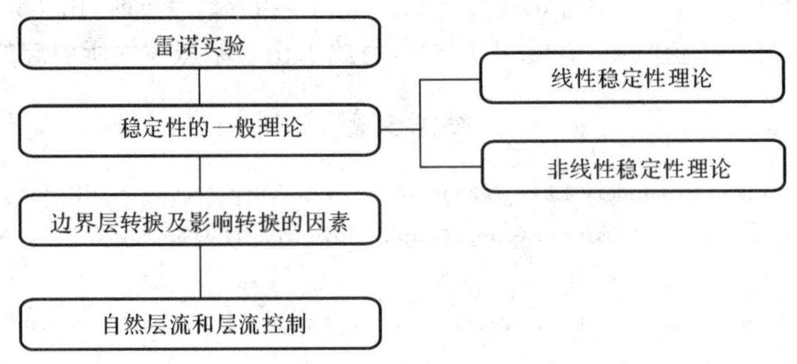

图 17.1　第 17 章的内容简介

17.2　雷诺实验

1883 年，雷诺公布了一个很重要的实验，其装置如图 17.2 所示。先把节门打开，水从管中流出。然后再打开玻璃瓶阀门，带颜色的液体随水流出。当管内流速不大时，管中有色液体规则地沿着管道流动，形成一条清晰可见的稳定色带，如图 17.3(a)所示。这说明流体微团都沿着管轴方向流动，相邻各层之间没有无规则的脉动，而是呈“层状”流动，这种流动状态称为层流状态。如开大节门，流速加大，色带逐渐不稳定，开始上下、左右脉动，流速再加大，有色液

体和水混成一片，不能区分开来，如图 17.3(b)所示。这说明在流速增大到一定程度后，流体微团不再做有规则成层的流动，伴随着主流运动，还存在复杂的、无规则的、随机的非定常运动，这种流动状态称为湍流状态。

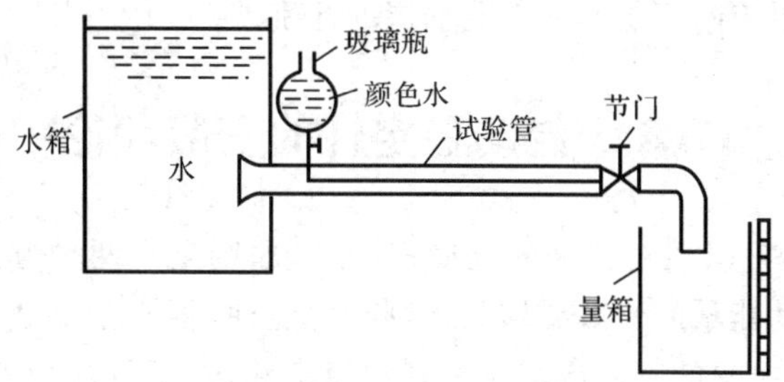

图 17.2　雷诺实验

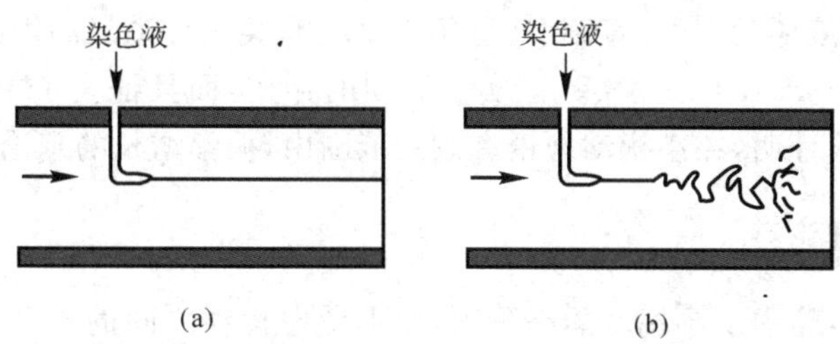

图 17.3　层流与湍流流谱

雷诺采用各种直径的圆管以及黏度不同的各种流体做了一系列实验，发现出现湍流状态的条件取决于组合量 $\rho vD/\mu$，此组合量后来被称为雷诺数，即

$$Re = \frac{\rho vD}{\mu} \tag{17.1}$$

式中，ρ 为流体密度；μ 为流体的黏度；D 为圆管直径；v 为管内平均流速。如引用运动黏度 $\nu = \mu/\rho$，则雷诺数可写为

$$Re = \frac{VD}{\nu} \tag{17.2}$$

Re 是一无量纲数，是用来度量惯性力和黏性力的相互关系的准则数。

由层流状态转变为湍流状态我们称为转捩。对于管内流动，雷诺数在 2 300 左右时，流动一般转变为湍流状态。如果流体进入圆管前比较稳定，管道入口端又比较光滑，转捩雷诺数可以高于 2 300，在实验条件下，甚至可达 40 000 以上。当流动雷诺数较高、流体流动呈湍流状态时，逐渐降低雷诺数，使之降低到 2 000 以下时，流动将恢复为层流。也就是说，在相同条件下，随雷诺数增大时流动由层流变为湍流状态对应的转捩雷诺数，与随雷诺数降低时流动由湍流变为层流状态度对应的雷诺数并不相同。为简化问题起见，在工程计算时，一般把 $Re=2\ 300$ 作为转捩雷诺数，又称为临界雷诺数。

以上介绍了管内流动的两种状态。实际上，黏性流体绕物体的流动也有层流和湍流之分。对于附面层流动，也有层流附面层和湍流附面层的区别。

17.3 流动稳定性的一般理论

流动运动的稳定性可以用对扰动的反应来判断。原则上有两种方法，即能量法和小扰动法。能量法通过分析扰动能量的衰减或增长来判断稳定性，但它未能获得广泛应用。小扰动法是通过分析无限小扰动振幅的衰减或增长来判断稳定性。这是目前最流行的方法。在 20 世纪 20 年代末和 20 世纪 30 年代初，托尔明(W. Tollmien) 和施利希廷(H. Schlichting) 先后根据小扰动理论预示了在转捩过程中首先会有扰动波出现。但当时的实验观察并未发现这种波动，因而人们对他们的理论持怀疑态度。直到 20 世纪 40 年代，美国标准局的舒鲍尔(Schubauer) 和斯克拉姆斯塔德(Skramstad) 采用实验证实了波动的存在，而且证实了中性曲线与理论值符合得很好。后来的实验证明，在小扰动理论有效的范围内，振幅增长的理论计算也与实验吻合。

一、线性稳定性理论

在小扰动理论中，略去了小扰动的高阶项，即不考虑扰动之间的相互作用，从而使方程得到线化。以此线化方程为基础建立的理论称为线性稳定性理论。

应该指出，线性稳定性理论不能描述转捩的全过程，因为它不能用于非线性影响起重要作用的阶段。下面介绍的稳定性理论只是关于微弱简谐扰动的线性放大阶段的理论。它是预报在一定的扰动频率和雷诺数的条件下，微弱的简谐扰动在层流边界层内，是放大还是衰减的理论。它对于进行实验研究转捩的研究者，在设置扰动频率时是有用的。

在稳定性理论的研究中，都认为在层流中有一个微小的扰动，例如对于管道，这个扰动可能是流体进入管道焊缝引起的；对于边界层流动，扰动可能是固体壁面的粗糙度或边界层外部引起的。稳定性理论试图研究这一初始扰动随时间的变化规律。如果这附加于层流的微小扰动随着时间的推移而衰减，那么层流将是稳定的。如果随着时间而增长，那么层流将是不稳定的，也就有可能过渡到湍流状态。于 1895 年，雷诺曾提出了下述假定：层流作为一种可能存在的运动形式，当雷诺数达到其临界值以后将是不稳定的并将转变为湍流。

设直角坐标系的 3 个轴分别为 x,y,z，基本层流流速在各轴上的投影分别为 v_x,v_y,v_z，微小扰动流速在各轴上的投影分别为 v_x',v_y',v_z' 基本层流和扰动流的压力分别为 p 和 p'，而用 V_x,V_y,V_z 和 P 表示扰动层流各相应值，因此有

$$
\left.\begin{aligned}
V_x &= v_x + v_x' \\
V_y &= v_y + v_y' \\
V_z &= v_z + v_z' \\
P &= p + p'
\end{aligned}\right\} \tag{17.3}
$$

稳定性理论是研究在一定的基本层流流场中初始扰动量发展的规律。如果各种初始扰动量都将不断衰减，最终恢复到没有扰动的流场，则流场是稳定的；反之，则是不稳定的。

流动稳定性理论已经经历了约 100 年的发展，提出了许多理论和研究方法，可用于许多自然现象和工程流动现象的解释。下面介绍应用最普遍的平行流稳定性的线性理论。

平行流是指流线都是互相平行的流动，如平面 Poiseuille 流等。平板边界层、射流及自由剪切层等，它们的流线不是严格地互相平行，但在线性理论中，一般近似地作为平行流来处理。

按平行流定义，可设基本层流只在 x 方向上有流速 v_x，且其值仅在 y 轴方向上有变化，即认为 $v_x = v_x(y)$，$v_y = v_z = 0$。边界层中的层流运动也近似于这种简单情况，因为流速沿程（即沿 y 方向）的变化远比沿垂于壁面方向（即沿方向）的变化为缓。基本层流的压力 p 应当认为同时是坐标 x 和 y 的函数。因此，对于基本层流来说，可以写为

$$
\left.\begin{aligned}
v_x &= v_x(y) \\
v_y &= 0 \\
v_z &= 0 \\
p &= p(x,y)
\end{aligned}\right\} \tag{17.4}
$$

附加于基本层流上的二元扰动流的流速和压力，则不仅是坐标 x 和 y 的函数，而且也与时间 t 有关，故

$$
\left.\begin{aligned}
v_x' &= v_x'(x,y,t) \\
v_y' &= v_y'(x,y,t) \\
v_z' &= 0 \\
p' &= p'(x,y,t)
\end{aligned}\right\} \tag{17.5}
$$

因此，式(17.3) 可以改写为

$$
\left.\begin{aligned}
V_x &= v_x + v_x' \\
V_y &= v_y' \\
V_z &= 0 \\
P &= p + p'
\end{aligned}\right\} \tag{17.6}
$$

将式(17.6) 代入 N-S方程和连续方程，并考虑到 v_x' 和 v_y' 和 p' 均为微小值，而忽略其高阶项，略去彻体力，可得

$$\left.\begin{aligned}&\frac{\partial v_x'}{\partial t}+v_x\frac{\partial v_x'}{\partial x}+v_y'\frac{\partial v_x}{\partial y}=-\frac{1}{\rho}\frac{\partial p'}{\partial x}+\nu\left(\frac{\partial^2 v_x'}{\partial x^2}+\frac{\partial^2 v_x'}{\partial y^2}\right)\\&\frac{\partial v_y'}{\partial t}+v_x\frac{\partial v_y'}{\partial x}=-\frac{1}{\rho}\frac{\partial p'}{\partial y}+\nu\left(\frac{\partial^2 v_y'}{\partial x^2}+\frac{\partial^2 v_y'}{\partial y^2}\right)\\&\frac{\partial v_x'}{\partial x}+\frac{\partial v_y'}{\partial y}=0\end{aligned}\right\}\tag{17.7}$$

这样，就有3个式可以用来确定3个扰动值v_x'，v_y'和p'。其边界条件为，在固体壁面上v_x'和v_y'均为0。

如果将式(17.7)的第一式取偏导数$\dfrac{\partial}{\partial y}$，第二式取偏导数$\dfrac{\partial}{\partial x}$，则很容易消去压力$p'$，从而可以由两个式确定两个未知数$v_x'$和$v_y'$，即

$$\left.\begin{aligned}&\frac{\partial^2 v_x'}{\partial y\partial t}-\frac{\partial^2 v_y'}{\partial x\partial t}+\frac{\partial}{\partial y}\left(v_x\frac{\partial v_x'}{\partial x}\right)-\frac{\partial}{\partial x}\left(v_x\frac{\partial v_y'}{\partial x}\right)+\frac{\partial}{\partial y}\left(v_y'\frac{\partial v_x}{\partial y}\right)=\\&\qquad\nu\left(\frac{\partial^3 v_x'}{\partial y\partial x^2}+\frac{\partial^3 v_x'}{\partial y^3}-\frac{\partial^3 v_y'}{\partial x^3}-\frac{\partial^3 v_y'}{\partial x\partial y^2}\right)\\&\frac{\partial v_x'}{\partial x}+\frac{\partial v_y'}{\partial y}=0\end{aligned}\right\}\tag{17.8}$$

现在，就来讨论这个方程组中的扰动流流速v_x'和v_y'。设附加于基本层流的扰动是由一些单独振动组成的，每个振动都是一个沿轴向x传播的波。这个二元扰动流函数用$\psi(x,y,t)$表示为

$$\psi(x,y,t)=\phi(y)\mathrm{e}^{\mathrm{j}(\alpha x-\beta t)}\tag{17.9}$$

式中，ϕ是振幅，由实值部分ϕ_r和虚值部分ϕ_i组成，即$\phi=\phi_r+\mathrm{j}\phi_i$，其中$\mathrm{j}=\sqrt{-1}$；$\alpha$是一实值，即通常所说的波数，与扰动波长$\lambda$之关系为$\lambda=\dfrac{2\pi}{\alpha}$；$\beta$为一复数，即$\beta=\beta_r+\mathrm{j}\beta_i$，其中$\beta_r$为振动频率，$\beta_i$为“发展系数”。当$\beta_i>0$时，振动随时间而增大，即层流不稳定；当$\beta_i<0$时，振动随时间而衰减，即层流是稳定的；当$\beta_i=0$时，属于从稳定到不稳定的“中性状态”。如果用$c$表示$\beta$与$\alpha$之比值，则有

$$c=\frac{\beta}{\alpha}=c_r+\mathrm{j}c_i\tag{17.10}$$

式中，$c_r=\dfrac{\beta_r}{\alpha}$表示波沿$x$方向的传播速度；而$c_i=\dfrac{\beta_i}{\alpha}$仍是一个表示振动发展或衰减的系数，即当$c_i<0$时，振动将逐渐衰减；当$c_i>0$时，振动将增大；当$c_i=0$时，振动将处于不增不减的中性状态。因为基本层流只与y坐标有关，故振幅ϕ也只是y的函数。

利用流函数可以写为

$$\left.\begin{aligned}v_x'&=\frac{\partial\psi}{\partial y}=\phi'\mathrm{e}^{\mathrm{j}(\alpha x-\beta t)}\\v_y'&=-\frac{\partial\psi}{\partial x}=-\mathrm{j}\alpha\phi\,\mathrm{e}^{\mathrm{j}(\alpha x-\beta t)}\end{aligned}\right\}\tag{17.11}$$

将式(17.11)代入式(17.8),并化简,可得

$$(\phi''-\alpha^2\phi)(\phi_x-c)-\phi\frac{\partial^2 v_x}{\partial y^2}=-\frac{\mathrm{j}}{\alpha Re}(\phi''''-2\alpha^2\phi''+\alpha^4\phi) \tag{17.12}$$

此式称为 Orr-Sommerfeld(O-S)式,这是稳定性理论的基础方程。式中,$Re=\frac{VL}{\nu}$。式(17.12)左边各项是从运动式中的惯性项得来的,右边各项则考虑黏滞阻力得来。这个四阶常微分式应当满足 4 个边界条件。例如对于边界层的层流运动来说,在壁面处,切向和法向扰动流速均应为零,即当 $y=0$ 时,$v_x'=0$,$v_y'=0$,也就是

$$\phi'=0,\quad \phi=0$$

在远离壁面处,切向和法向的扰动流速也为零,即认为自由流无扰动。当 $y\to\infty$ 时,$v_x'=0$,$v_y'=0$,亦即

$$\phi'=0,\quad \phi=0$$

雷诺数中的特征长度和特征流速,在边界层流中则代表边界层厚度。在边界层问题中,V 是边界层外自由流速度。

层流稳定性问题的数学分析是非常困难的。为了能够从理论上确定层流失去稳定的雷诺数,许多学者先后经过几十年的探索才使问题得到初步解决。

虽然稳定性的线性理论已经做了重大简化,但求解线性理论的扰动微分式,即 O-S方程,仍然是很复杂的。满足此方程及其边界条件的非零解(即扰动不为零的解)存在的条件,是式中的参数(Re,α,β)必须满足一定的函数关系,称为特征关系,即

$$F(Re,\alpha,\beta)=0$$

当给定α和Re,就可以求得复特征值β,且$\beta=\beta_r+\mathrm{j}\beta_i$。若$\beta_i<0$,则扰动将衰减,层流是稳定的;若$\beta_i>0$,则扰动随时间增长,层流是不稳的;若$\beta_i=0$,扰动幅度将保持不变,称为中性情况。按中性条件求得不同的α和Re的组合,可绘成中性曲线。O-S方程特征值问题的计算,在计算机未出现前遇到了很大的困难。此方程是 1908 年提出的。经过许多科学家的努力,其中有著名科学家 Heisenberg,Tollmien,Schlichting 和林家翘等,到 1945 年才形成了基本上严格的理论,求得了比较简单的平行流层流,如平板层流,边界层的中性曲线,也建立了 T-S 波在平板层流边界层(Blasius 速度型)中发展的理论,并得到了实验证实。当时得到的中性曲线如图 17.4(a)所示。图中δ^*是边界层位移厚度,V是边界层外的自由流流速。图中的曲线是理论计算的中性曲线,黑点是实验点。中性曲线有上、下分支,上、下分支之间是层流边界层不稳定区域。在计算机出现后,将数值计算用于求 O-S 方程的解,得到了更准确的中性曲线,如图 17.4(b)所示。图中纵坐标为

$$F/10^6=2\pi\nu f/V^2$$

式中,ν是流体的运动黏度;f是扰动频率,单位 Hz。横坐标为

$$R=(Vx/\nu)^{0.5}$$

式中，x 是实验点离平板前缘的距离；ν 是流体的运动黏度。

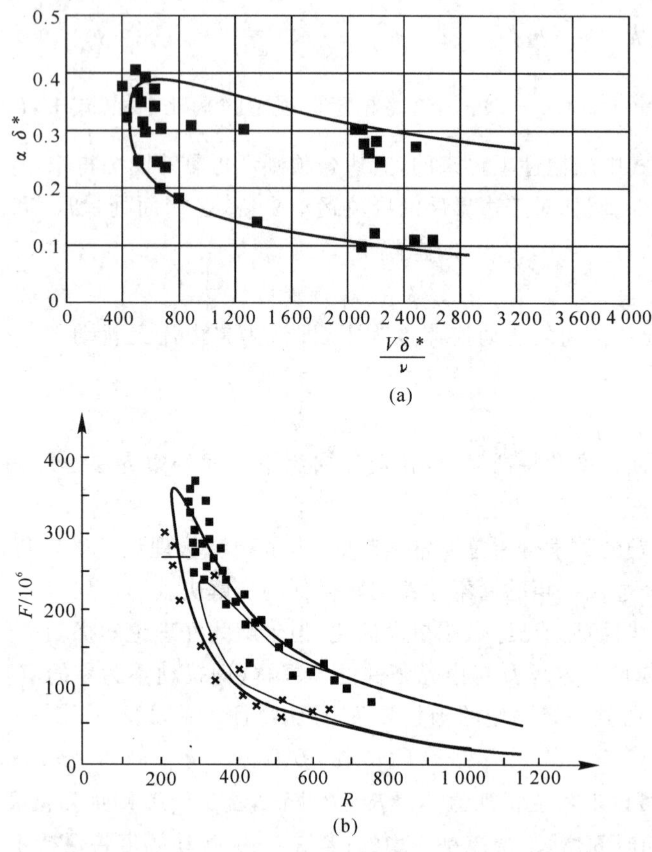

(a)

(b)

图 17.4　平板层流边界层线性稳定性理论的中性曲线

线性稳定性理论得到的中性曲线基本上符合实验结果。

有几点值得注意：现在计算机和计算方法有了很大的发展，在实际问题中，人们已基本上不用他们发展的解析方法。对于边界层问题，平行流是近似的假设，非平行流的稳定性问题也在研究中。边界层转捩，即使是微弱扰动激发的转捩，经过初期的放大后，扰动速度可达到很大。例如 20 世纪 60 年代发现的尖峰脉动(Spike)，其瞬时脉动速度可达自由流流速的 40%。线性理论或弱非线性理论都不能适用于如此大幅度脉动的流场。

稳定性理论所预测的微弱扰动在一定条件下放大，只是从转捩到湍流的第一步，不能完全解释湍流的产生。稳定性理论所分析的微弱扰动是有规律的简谐波振动，放大只是增大其振幅，理论上不改变其简谐波的有规律的性质；而湍流是无规律的。不过稳定性理论是探索湍流产生中的很重要的第一步，它给那些由微弱扰动激发的转捩的研究提供了一个基础。

二、非线性稳定性理论

前面以 O－S 方程为核心，建立了流动的线性稳定性理论。这种理论对于预计无限小扰动情况下流动失稳的条件和确定稳定性的某些参数是有效的。但是，随着扰动波振幅的增长，使得脉动速度与主流平均速度比较起来不再是很小的量(即 $U \gg u'$ 不再成立)，因而在推导小扰动方程中所略去的扰动量的二次项不能忽略，小扰动方程所预计的结果逐渐偏离实际扰动发展过程，非线性影响开始凸现和增长。所以小扰动方程线性理论不能描述扰动增大后的发展过程。由线性稳定性理论，一旦流动失稳后，脉动速度的振幅应按指数关系无限增长，而实际的湍流脉动绝不可能如此。另一个例子是确定临界雷诺数问题。对于平面泊肃叶流动，由线性稳定性理论确定的临界雷诺数是 5 772，而实验表明，当雷诺数为 1 000 ～ 2 500 时，湍流就可能发生。为解决这些问题，应考虑到非线性的影响，但这一问题很复杂，现在还远未解决。

在非线性稳定性理论中，常采用以谐波分析为基础的摄动法。在线性稳定性理论中，由于假设谐波振幅无穷小，因而可只研究该谐波本身的发展而忽略各谐波之间的相互影响。在非线性理论中，谐波振幅不再是无限小量，因而必须考虑它们之间的相互影响。对于更进一步的探讨，在以后的学习中将会遇到。

17.4　边界层转捩及影响转捩的因素

湍流的产生有多种多样的方式。一般把流动从层流到湍流的变化称为转捩。目前受到注意的转捩有三种方式：层流转捩、旁路转捩和人为微弱扰动转捩。自然转捩是很普遍的现象，例如机翼上的边界层，靠近前缘的层流边界层，不用人为的扰动，到下游时转变为湍流边界层。旁路转捩是研究湍流常用的方式。一般是在平板前缘下游的层流边界层内，放置一条展向的、平行于壁面的拌线，只要线径适当，即可在下游产生湍流。旁路转捩的过程很短，不便于研究转捩发展的过程。自然转捩也不便于研究。研究转捩最普遍的方式是人为的微弱扰动转捩。它的发展过程缓慢，便于分析研究。

若直匀自由流流向一块平板，当气流未到达平板前缘时是不受摩擦影响的；而当气流到达了前缘并与平板接触以后，黏性摩擦立刻起作用，紧贴物面的一层气流受到滞止。愈往下游，平板上方受到的滞止气流愈多，所以边界层厚度沿流向逐渐增大。开始时，前缘下游的一段距离内，流动为层流；但经过一定的距离以后，层流变得不稳定，而且迅速得到强化，最终转捩为湍流。从层流到湍流的转捩是在一段距离之内发生的，图 17.5 画出了一个曲面上边界层转捩的示意图。但是，为了便于分析起见，通常用一个点来代表转捩区，称为“转捩点”。该点上游的流动看做层流，该点下游的流动则视为湍流。转捩点到前缘的距离记为 x_{tr} 其大小与如下物理因素有关。

(1) 表面粗糙度；

(2) 自由流的湍流度；

(3) 逆压梯度；

(4) 物面对气流的加热程度。

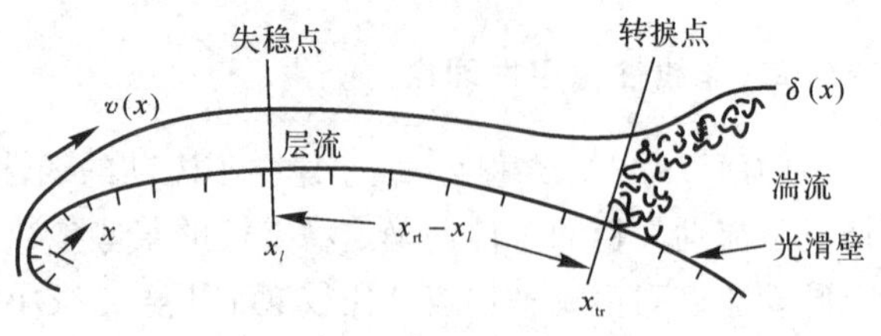

图 17.5　边界层转捩示意图

影响转捩的流动参数主要是雷诺数和马赫数，其中尤其是雷诺数的影响更重要。转捩雷诺数定义为

$$Re_{\mathrm{tr}}=\frac{\rho_{\infty}V_{\infty}x_{\mathrm{tr}}}{\mu_{\infty}}$$

不过对于不同的物形，在不同的流动条件下，很难确定 Re_{tr} 的值，通常按经验取 $Re_{\mathrm{tr}}\approx 5\times 10^5$。

设在风洞中沿流向放置一块平板，在海平面条件下，吹风，$\rho_{\infty}=1.23\ \mathrm{kg/m^3}$，$\mu_{\infty}=1.79\times 10^{-5}\ \mathrm{Pa\cdot s}$，风速 $V_{\infty}=120\ \mathrm{m/s}$，测得 $x_{\mathrm{tr}}=0.05\ \mathrm{m}$。由此求得 $Re_{\mathrm{tr}}\approx 4.12\times 10^5$。若把风速增大为 240 m/s，则在距前缘 0.025 m 处，即可观察到转捩工作。

当然，实际的转捩现象并非如此简单，更不是在一个点（转捩点）处突然转捩为湍流。近期的实验结果参看图 17.6。在此图中，画出了实际的转捩过程：前缘附近是稳定的层流；经过一段距离后，出现了不稳定的二维 Tollmien-Schlichting（T-S）波；随后，T-S 波发展为三维的不稳定波及展向（发卡）涡；再往下游，进入局部高剪切区，出现旋涡破裂；旋涡破裂串联起来形成全三维脉动；在局部出现湍流斑；湍流斑聚合起来形成湍流区。

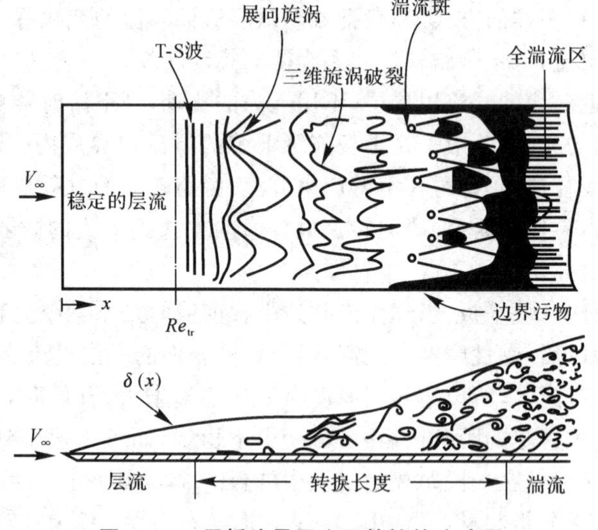

图 17.6　平板边界层实际转捩的流动图

在上述三种转捩中，只有人工微弱扰动激发的转捩的初期是线性稳定性理论所描述的现象。初期微弱扰动的振幅沿流向逐渐放大，产生 T-S 波。T-S 波是层流边界层内的一种二维波

动。放大现象表现在 T－S 波的幅度放大，但是周期不变，并仍然保持其二维特性，如图 17.7(a) 所示，图中氢气泡时间线的疏密变化是 T－S 波造成的。

湍流是三维的流动，在转捩过程中，T－S 波必然要向三维扰动转变。最先出现的是氢气泡时间线的疏密度增加，如图 17.7(a) 的中部；然后氢气泡时间线呈现明显的三维特征，时间线的中部向上游突出，如图 17.7(b) 所示。

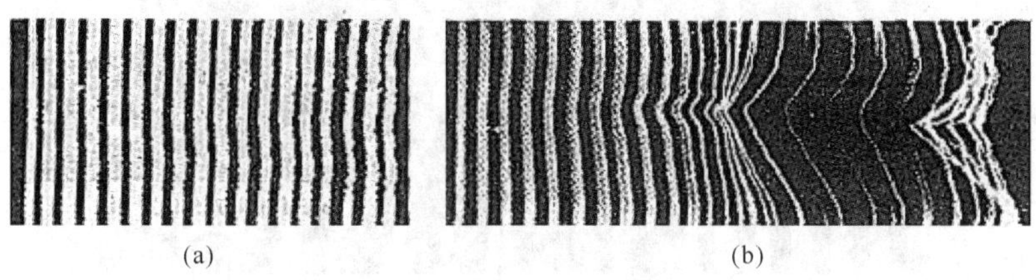

(a)　　(b)

图 17.7　微弱扰动产生的 T－S 波向三维转变的氢气泡时间线图像，流动方向自左向右

(a) 人工微弱扰动产生的 T－S 波；(b) T－S 波向三维转变

平板层流边界层所有的涡量都是展向的，可以设想涡量分布是由若干展向涡线组成的。因此，图 17.7(a) 中的每一条氢气泡时间线都代表若干条涡线。涡线三维变形后，按 Biot-Savart 定律产生的诱导速度，使三维变形继续演变。它先发展成为"Λ"形状的结构，如图 17.8 所示。"Λ"结构的两侧是两条准流向涡。"Λ"结构继续发展，成为发卡涡，如图 17.8 所示。发卡涡是一条集中的旋涡，呈发卡形状，亦称为马蹄涡。图 17.9 为氢气泡法在转捩边界层观测到的发卡涡，流动是从左向右，发卡涡的头部呈"Ω"形状，按 Biot-Savart 定律和旋涡旋转的方向，发卡涡的头部不断地上升，头部上升到边界层外，深入自由流。头部的"Ω"形状部分往往和发卡涡的两腿分离，形成一个涡圈。发卡涡的两腿在涡圈上游合并，形成新的发卡涡。涡圈在它的中间产生强烈的诱导速度，可达到自由流流速的 40%，即 Klebanov 在 1962 年用热线风速计发现的"尖峰结构"。当时，人们对如此大的扰动的来源感到困惑。后来用氢气泡观测到的图像，使人们对尖峰结构的产生和作用得到了满意的解释。

目前，用数值模拟的方法可以算得从涡线的三维变形演变为发卡涡的过程，如图 17.10 所示。

虽然采用热线风速计进行测量，并配合直接数值模拟和流动显示法，对层流边界层在人工微弱扰动激发下的扰动转捩的研究已取得了很多进展，但是仍然有许多重要问题没有解决。湍流是不规则和不重复的。在目前微弱扰动转捩实验的最后阶段，虽然流动周期性有变化，但是一些流动结构仍然有明显的周期性。目前的实验结果中，图像是紊乱的，但是流动结果如何演变的过程和引起紊乱的直接因素还不清楚。况且，目前的研究，主要仅是平板层流边界层的微弱扰动所激发的转捩。而工业流动的转捩问题比平板流动要复杂的多，尚缺少系统的研究。人们研究层流转捩的一个重要目的是控制转捩。如果能抑制转捩，则在航空和汽车等交通运输工业，可能节约大量的能源。如果能增强转捩过程，则可能在化工等需要混合的流动中，产生巨大的效益，目前对转捩的研究离此目标尚有很大的距离。

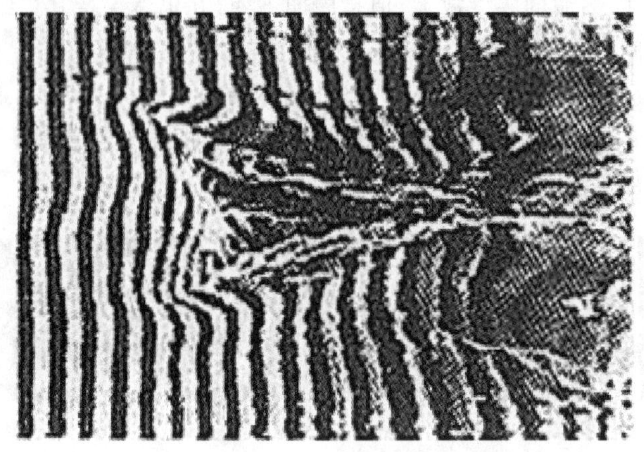

图 17.8 “Λ”结构的氢气泡时间线平面图，流动方向自左向右

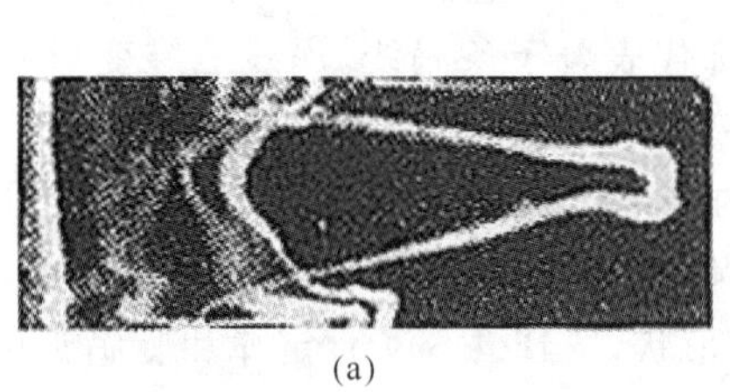

(a)

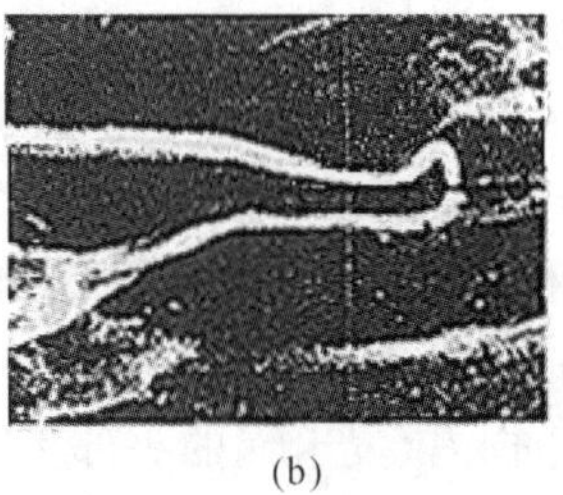

(b)

图 17.9 发卡涡的氢气泡时间线平面图，流动方向自左向右

(a) 二维流动产生的发卡涡；(b) 三维流动产生的发卡涡

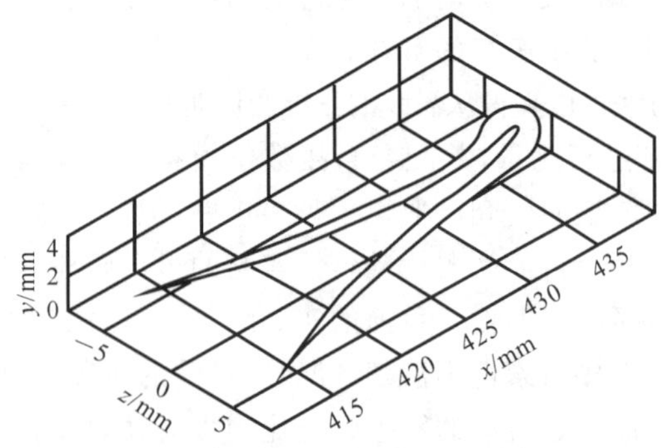

图 17.10 直接数值模拟得到的转捩边界层的发卡涡图

17.5　自然层流和层流控制

通过 50 多年的研究表明，应该让机翼表面的一些重要部分保持层流边界层条件。为此，NASA 在 1976 年制定了一项(高效能翼型)(ACEE)计划；该计划包括层流控制(LFC)技术应用于机翼的临界表面，例如在机翼前缘应用该技术，以使保持有利于压力梯度的自然层流(NFL)容易生成。

据估计，诸如层流控制技术、更先进空气动力学、飞行控制以及复合材料的应用可以减少约 40%的燃油消耗。

Holmes 和 Obara(1984 年)为了增大机翼表面的自然层流曾通过对当代翼型的大量实验，研究出多种层流控制装置，以及增大翼型表面层流面积的技术。其最重要的是要保持机翼上最小压力点处有光滑的表面，以使后面的压力恢复区域的紊流附面层最小，避免流动分离，这样才能达到设计升力系数。对于后掠机翼应用层流控制，则采用在机翼前缘附近上、下表层布置抽吸小孔或细缝，以减少该区域横向流动不稳定的方法，同时，这个装置还可以用来间歇地喷出流体，以清除机翼表面的昆虫残骸。

NACA—6 系列翼型就实现表面大面积的自然层流，其精心的设计和维护可以使层流一直保持到雷诺为 11×10^6 的情形。除了粗糙度、扰动波和逆压梯度对翼型表面自然层流有影响外，飞机螺旋桨所形成的滑流被飞机螺旋桨驱向后方的空气湍流也有较大的影响。然而，由于层流控制的作用，这些湍流在还没到达后缘时，就又恢复到层流了。因此，即使在这种情况下所带来的自然层流增益也是很可观的。

还有，为保持机翼表面极其光滑和干净，必须使用复合材料以及避免在机翼上装置前缘襟翼和发动机等。最后，为了成功地实现机翼上大范围层流，还必须引进变弯技术和激波-附面层控制技术。尽管自然层流机翼表面油流显示表明，理论设计的大范围层流在所实验的飞机上可以达到，但是有一些问题还需要解决。

此外，还可以采用消波方法增加层流附面层的稳定性，消波方法(例如声激励的转捩控制)是一种主动控制方法，其基本思想是探测层流流动中的不稳定波，然后引进一个振幅相等相反的控制扰动，通过波的叠加消除层流中的主要扰动波，防止由于这些扰动增长而引起层流向紊流的转捩，但通常控制扰动的波长大于层流中不稳定波的波长，因此需要一个波长转换过程。目前，通过消波提高转捩雷诺数方法在实验室的低速、低雷诺数条件下已得到证实，但是仍有不少问题需要解决。根据实验报告，对消除二维 T－S 不稳定波有效的消波方法并不一定适用于消除三维扰动波，而三维扰动的增长也会引起转捩。此外，即使对二维流动而言，在实际飞行雷诺数下，在扰动增长率极高的时候，消波方法是否有效，仍然是不清楚的。因此，在这方面，还有许多工作等待人们去做。

17.6 小　结

在雷诺实验中,低雷诺数扰动作用下,仍能保持层流状态表明流动是稳定的。而在足够高的雷诺数时,不可能保持层流状态表明这时的层流状态已是不稳定的了。从数学上看,流体运动的任何一种形态都应是N－S方程在一定初值和边值条件下的解。在高雷诺数下,虽然也照样可得到层流解,但这种解在物理上是不存在的,所以物理上存在的层流解不但应该满足流体动力学方程组,而且还应该满足稳定性条件。

应当指出,流动失稳往往只是转捩过程的开始而不是转捩的全过程。目前的稳定性理论不能描写转捩的全过程。但稳定性理论建立的结果对转捩后的湍流结构分析也是有用的。在工程应用中,自然层流和层流控制就是建立在对流动稳定性认识的基础上,通过增加机翼表面层流流动面积来提高机翼气动特性的技术,有着非常广阔的工程应用前景。

习　题

17.1　试述稳定性理论对湍流产生的研究所起的作用。

17.2　试述稳定性研究所取得的主要成就。

17.3　转捩的研究和稳定性的研究有何关系?

参考文献

[1]　陈懋章. 粘性流体动力学基础[M]. 北京:高等教育出版社,2002.

[2]　阎超,钱翼稷,连祺祥. 粘性流体力学[M]. 北京:北京航空航天大学出版社,2005.

[3]　Anderson John D, Jr. Fundamentals of Aerodynamics[M]. New York:Mc Graw-Hill Book Compan, 1991.

第18章 湍　流

18.1 引　言

湍流又被称为紊流，它是一种紊乱的、很不规则的流动。在第14章、第17章讲过的雷诺实验可以给出湍流的直观描述。图18.1说明了湍流的随机、无序特性。对于已经讨论过的层流流动，可以直接求解 $N-S$ 方程，在前面的章节中，得到了一些典型流动的层流唯一解。而对于极不规则的湍流，流体微团伴随着主流运动，还存在着复杂的、无规则的、随机的非定常运动。因此，在湍流中，各流动物理量在空间固定点是随时间不断变化的，并且以很高的频率作不规则脉动。因此，对于给定的边界条件，如边界层流动的边界条件（当 $y=0$ 时，$u=0$，$v=o$；当 $y\to\infty$ 时，$u\to V_e$），存在着无穷多解。如果在研究湍流时，研究一段时间内流动变量的平均值，则可以得到关于平均流动变量的雷诺平均 $N-S$ 方程。在18.3节中会看到，这时的控制方程引入了新的变量，但并没有新的方程引入。为使控制方程封闭，工程上常用的方法是根据实验和经验引入一定的假设，这就是引入适当的湍流模型假设来求解雷诺平均 $N-S$ 方程的方法，是常用的解决湍流问题的工程方法。

需要指出的是，尽管湍流问题迄今为止尚未完全得到解决，但近代湍流研究已经取得了三个突出进展[5]：

(1) 发现了切变湍流中存在着大尺度拟序结构（也称为相干结构）；

(2) 证明了在确定性非线性微分方程中可以获得渐近的不规则解，即混沌现象；

(3) 随着超级计算机的迅速发展，对低雷诺数的简单湍流已经可以通过进行直接数值模拟（*Direct Numerical Simulation*；简称为 *DNS*）来得到湍流场的全部信息。可以相信，湍流流动问题最终会得到解决。

湍流问题的内容非常多，要深入学习必须参考专门的文献。在本章中，主要讨论湍流的定性特性，了解湍流流动的一些基本特征，并给出一些特定问题的经验计算公式。

图18.2给出了本章讲述的主要内容。

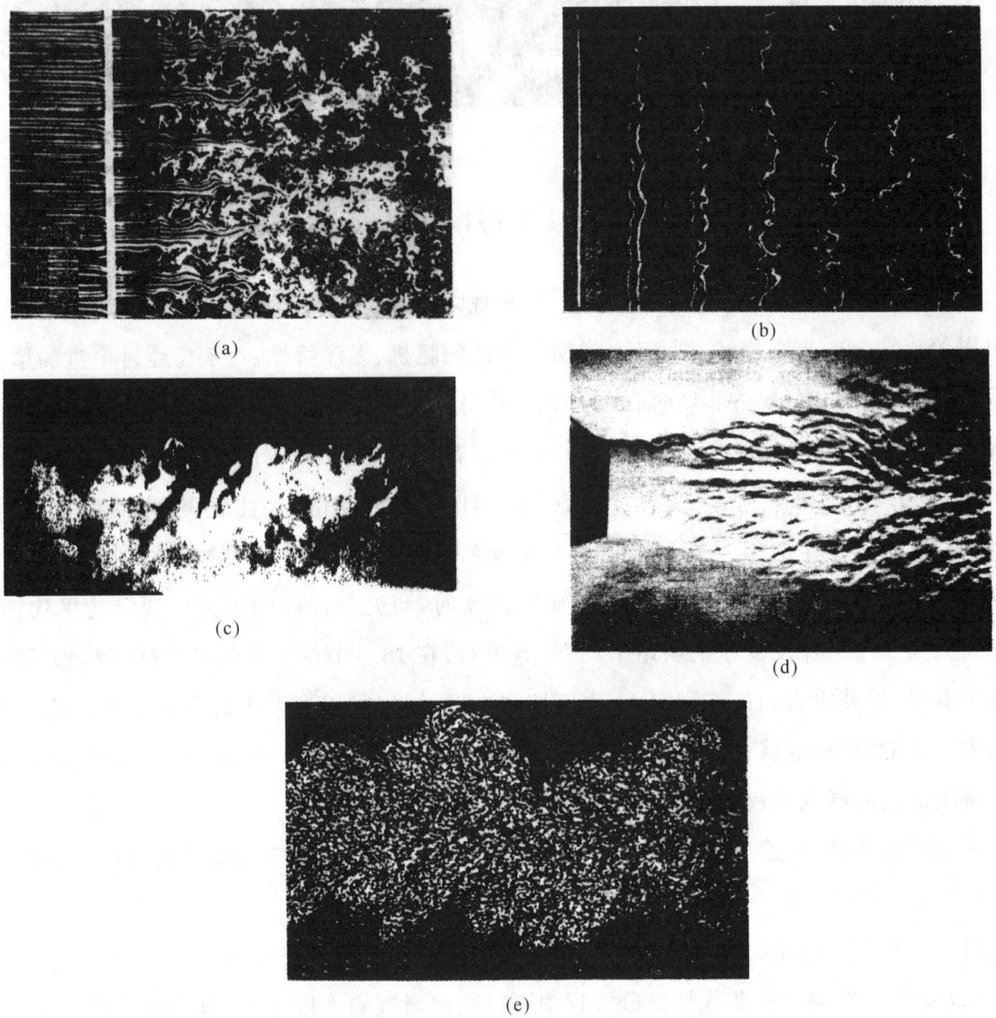

(a)

(b)

(c)

(d)

(e)

图 18.1　湍流流动的照片

(a) 通过带孔平板产生的烟流流动湍流场；

(b) 水中在丝线上施加周期性电脉冲发出氢泡线，由氢泡线的拉伸和扭曲显示的湍流场的特性；

(c) 由被照亮的微小油滴雾气显示的壁面湍流边界层；

(d) 亚声速喷流以 2 m/s 速度喷入静止空气，在交接面周期性不稳定波破裂形成的湍流混合区；

(e) 超声速弹的尾迹瞬时阴影照片

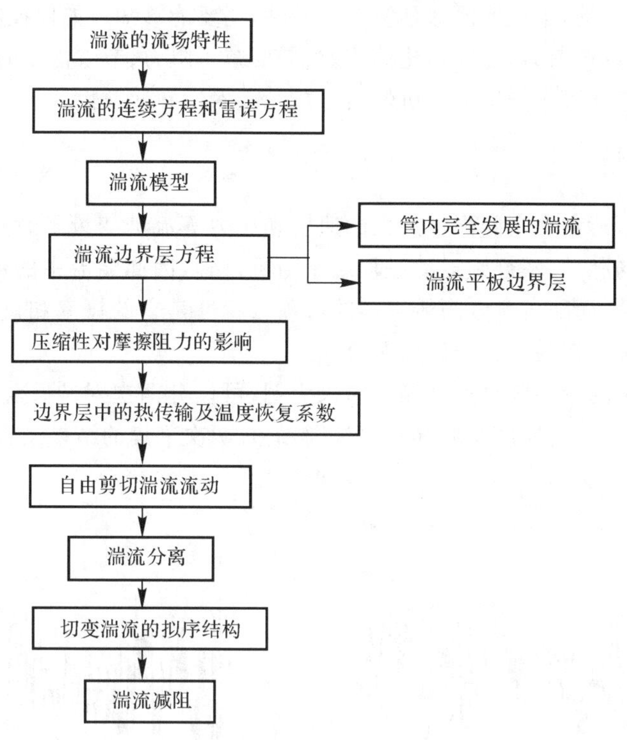

图 18.2　第 18 章的内容简介

18.2　湍流的流场特性

在大雷诺数下，自然界的实际流动大多是湍流流动，即在主流流动上叠加无规则的脉动，形成流动中流体微团的不断掺混或表现为涡流运动。从近代湍流的观念来定义，湍流的不规则运动，与物质分子的不规则热运动是有区别的，湍流是流体微团的不规则运动，湍流脉动的最小时间尺度和最小空间尺度都远远大于分子平均热运动的相应尺度，也就是说湍流是由巨量分子群组成的流体微团的平均不规则运动。由于以上原因，湍流运动产生的质量、动量和能量的输运远远大于分子热运动产生的宏观输运，这就导致湍流流场中质量、动量和能量的平均扩散远远大于层流扩散。在有些情况下，湍流是有利的，例如，在化学反应器中，为了加速化学反应，常常利用搅拌产生湍流以加强流动中反应物的质量扩散；由于湍流的存在，会使流动分离较层流大大推迟，降低由分离引起的压差阻力。在有些情况下，湍流是不利的，湍流脉动会导致附加的动量和能量耗散，因此湍流运动往往导致流动阻力的增加，例如，湍流边界层的壁面摩擦阻力远远大于层流边界层的壁面摩擦阻力。

因此,研究湍流运动,不仅要能够预测它的特性,还要能够知道如何控制它,当需要加强流动的质量、动量和能量扩散时,能够强化湍流;当需要减小阻力、节省能量时,又能够抑制湍流。

湍流的最主要特性可以归结为随机性、扩散性、旋涡性和耗散性。

一、湍流的随机性

湍流流动的显著特点是空间固定点上的速度和压力等流动变量随时间不断改变,而且以很高频率作不规则的脉动,不规则运动过程属于随机过程,因此湍流中的流动变量是随机量,湍流流动具有随机性,而随机变量的最基本的可预测特性是它的概率和概率密度,因此,常常利用概率论和数理统计作为工具来研究湍流。

以圆管湍流流动的中心脉动速度测量结果为例,可以分两次对圆管湍流中心同一点的速度进行测量,则每次采样的速度序列都极不规则,而且两次采集的结果没有重复性。

其结果如图 18.3 所示。

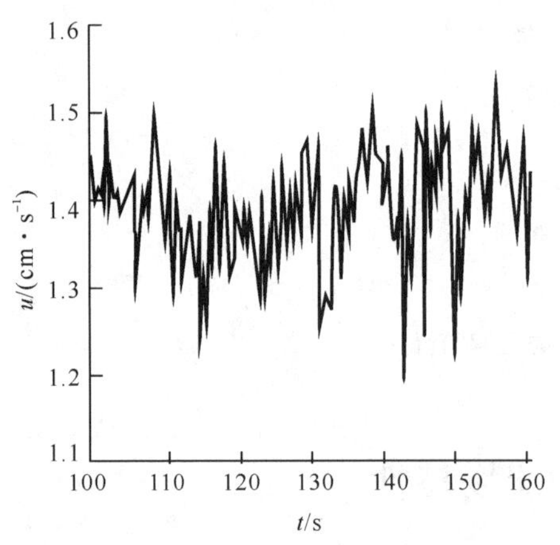

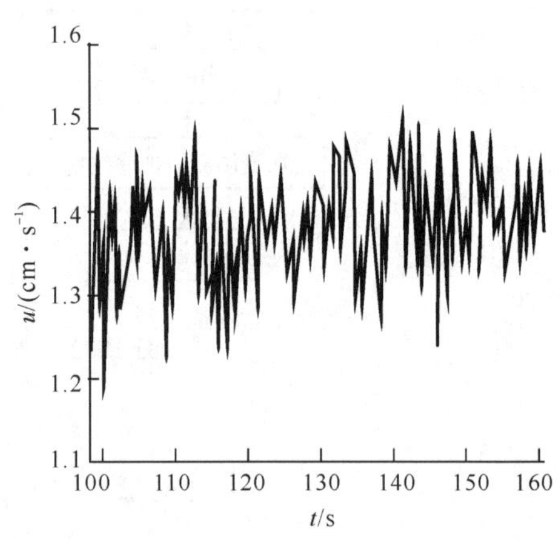

图 18.3 圆管中心流向速度的两次采集

但是,如果把采集的速度值按大小分类,并考虑出现在某速度区间上采集点的分布,那么两次采样结果就有几乎相同的分布规律,而且平均速度完全相同。图 18.3 中 2 次采集的平均速度均为 1.39 *cm/s*。因此,我们可以得出结论,虽然湍流速度场在时间上具有不规则性,但它具有规则性的概率分布和平均特性,可以采用统计平均的办法处理,得到湍流中各流动物理量的统计平均值及其他的统计特性。

如果把速度 u 写成平均速度 $\bar{u}$ 和偏离平均值的脉动速度 u' 之和,即

$$u = \bar{u} + u'$$

则 u' 仍是随机变量,称为涨落,在湍流中称为脉动,其平均值为零,因此湍流脉动速度的大小通常用脉动速度的均方根 $\sqrt{u'^2}$ 表示 。在湍流流动中,速度和压力的平均值比较容易测量,而

脉动速度比较难测量。目前采用精密的热线风速仪、激光测速仪、粒子图像测速法都可以测得脉动速度。

下面，给出描述气流品质的湍流度的概念。在风洞实验中，气流在各个方向的速度脉动大小是风洞测量中很重要的变量，它决定着在何种程度上可以把模型测量结果用于全尺寸实物，以及能否比较、如何比较不同风洞的测量结果。特别是，层流到湍流的转捩在很大程度上取决于脉动速度分量的大小。整个湍流边界层的发展、分离点位置、以及传热率，均取决于自由流中的湍流度。

如果 $\overline{V}$ 为气流的平均速度，u'，v'，w' 分别为空间三个方向的脉动速度，则湍流度的定义如下：

$$\varepsilon = \frac{1}{\overline{V}}\sqrt{\frac{1}{3}(\overline{u'^2}+\overline{v'^2}+\overline{w'^2})}$$

在风洞中，通常认为是各向同性湍流，即

$$\overline{u'^2} \approx \overline{v'^2} \approx \overline{w'^2}$$

所以有

$$\varepsilon = \frac{1}{\overline{V}}\sqrt{\overline{u'^2}}$$

图 18.4 给出了当湍流度极低(0.02%)的流动流过平板时，边界层中的脉动速度测量值。实验雷诺数为 $Re_x = \frac{V_\infty x}{\nu} = 4.2\times10^6$。

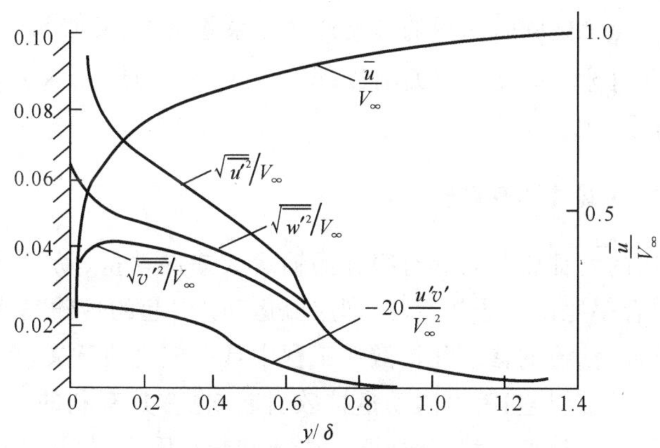

图 18.4　平板边界层脉动速度的测量结果

对湍流边界层脉动流动的测量还发现，边界层外缘的湍流是间歇性的。也就是说，边界层内湍流流动与没有湍流的外流之间的边界是随时间而脉动的。在接近外缘的空间位置上，湍流和层流交替变化着，流动在一段时间是湍流的，在另一段时间是层流的，这种在同一空间位置

上层流和湍流的交替变化称为间歇现象。对空间的固定点而言，流动在该点保持为湍流的时间占整个统计时间的百分比被定义为"间歇因子"，通常用γ表示。如$\gamma=1$表示流动始终为湍流，$\gamma=0$表示流动始终是层流。图18.5给出了通过实验测得的平板湍流边界层内间歇因子γ的分布。可见y/δ在$0.5\sim1.2$之间，湍流是间歇性的。

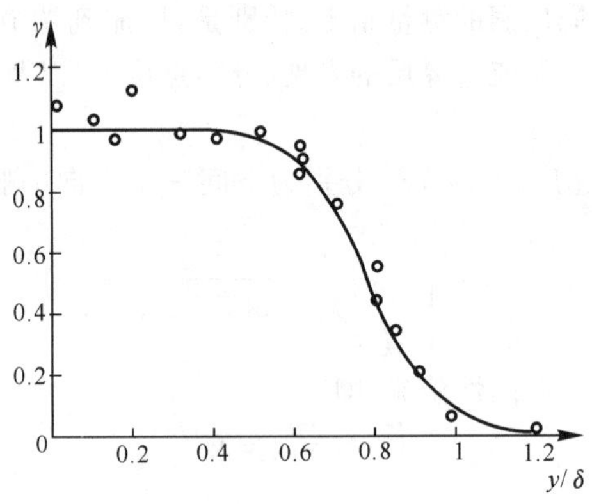

图 18.5　平板边界层的间歇因子的实验曲线

在湍流统计理论中，还有一个最重要的基本概念，就是相关函数R的概念。它是表征湍流脉动量在时间序列上或空间分布上的统计量。例如，x方向脉动速度的空间相关函数为

$$R=\overline{u_1'u_2'}$$

它把不同的点1和点2处同时测得的脉动速度联系起来了。又如$R=\overline{u_1'v_1'}$表示x方向脉动速度与同一点处y方向脉动速度的相关函数；$R=\overline{u_1'v_2'}$表示点1处x方向脉动速度与点2处y方向脉动速度的相关函数。

二、湍流的扩散性、旋涡性和耗散性

湍流运动的最突出的特征就是其具有很强的输运或掺混动量、动能，以及热、粒子和蒸汽的能力，其传输率或混合率比由分子热运动(即层流运动)引起的传输率或混合率高好几个量级。这就是湍流的扩散性。湍流的掺混和扩散在工程中具有重要的意义。有其不利的一面，例如大气污染由有害物质的扩散引起；阻力由动量扩散引起。也有其有利的一面，如动量的掺混可使机翼在大迎角时边界层分离点后移，从而避免失速和减小阻力，热量的传播速度由于湍流扩散而大大提高，等等。

湍流流动还有一个突出特征就是它是充满旋涡的流动。湍流是三维的有旋涡流动，而且伴随着旋涡的强烈脉动。通过三维涡量场旋涡的拉伸和变形形成湍流中各种大小不同的旋涡。主流流动把能量传递给大旋涡，大旋涡又把能量传递给小旋涡，并在小旋涡中通过流体的黏性将能量以热量形式耗散，这就是湍流的耗散性。因此，要维持湍流运动必须要消耗相当的能量。

18.3　湍流的连续方程和雷诺方程

在任一瞬时，湍流流场中各点处的速度也是很不相同的，图 18.6(*a*)(*b*) 分别表示层流和湍流流动的流场中某点处的速度随时间的变化。

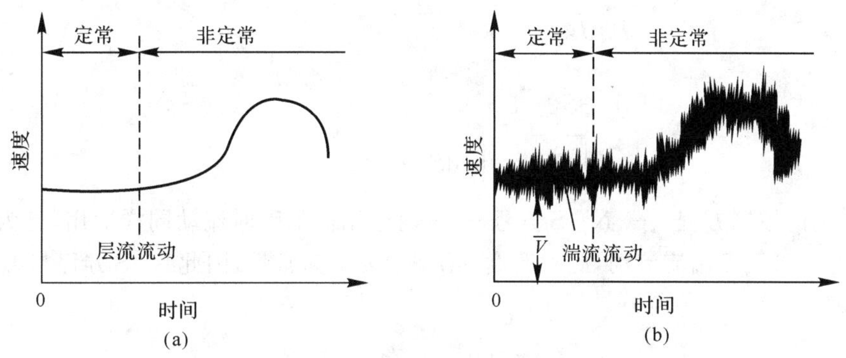

图 18.6　层流和湍流流动中一点速度随时间的变化

当研究湍流时，可以把速度、压力分成平均量和脉动量两部分。即

$$\left.\begin{aligned} u &= \bar{u} + u' \\ v &= \bar{v} + v' \\ w &= \bar{w} + w' \\ p &= \bar{p} + p' \end{aligned}\right\} \tag{18.1a}$$

当流动是可压缩湍流时，还必须计及密度和温度的脉动，则有

$$\left.\begin{aligned} \rho &= \bar{\rho} + \rho' \\ T &= \bar{T} + T' \end{aligned}\right\} \tag{18.1b}$$

在空间固定点上，任意一个流动参量可用 $f(f=\bar{f}+f')$ 表示，其时均值 $\bar{f}$ 由下式定义(注意，用变量上方的符号"—" 表示相应变量的平均值) 为

$$\bar{f}(\boldsymbol{r}_0, t_0) = \frac{1}{t_1}\int_{t_0-\frac{t_1}{2}}^{t_0+\frac{t_1}{2}} f(\boldsymbol{r}_0, t)\mathrm{d}t \tag{18.2}$$

式中，t_1 是一个取平均用的时间间隔，它是一个不随时间变化的固定值，其值比脉动周期大得多，但它又应远小于平均运动的特征时间(例如，平均振动运动的周期或流经物体长度所需的时间)。一般说来，f 取平均后的场函数仍是时间 t_0 和空间坐标 $\boldsymbol{r}_0$ 的函数。根据时均值的定义(见式(18.2))，有下列一些平均值的公式，即

$$\left.\begin{aligned}
&\overline{\overline{f}} = \overline{f} \\
&\overline{f'} = 0 \\
&\overline{f+g} = \overline{f} + \overline{g} \\
&\overline{Cf} = C\overline{f}, \qquad C\text{ 为常数} \\
&\overline{\overline{f}g} = \overline{f}\,\overline{g} \\
&\overline{fg} = \overline{f}\,\overline{g} + \overline{f'g'} \\
&\overline{\frac{\partial f}{\partial S}} = \frac{\partial \overline{f}}{\partial S} \\
&\overline{\int f\mathrm{d}S} = \int \overline{f}\mathrm{d}S
\end{aligned}\right\} \tag{18.3}$$

黏性流动的控制方程——N-S方程——对于湍流的瞬时流动同样适用,已为多年实践所证明。考虑不可压缩湍流流动,此时密度ρ和黏度μ等为常量,因此N-S方程与第15章中给出的相同,即

$$\frac{\partial u}{\partial x} + \frac{\partial v}{\partial y} + \frac{\partial w}{\partial z} = 0 \tag{18.4a}$$

$$\rho\left(\frac{\partial u}{\partial t} + u\frac{\partial u}{\partial x} + v\frac{\partial u}{\partial y} + w\frac{\partial u}{\partial z}\right) = -\frac{\partial p}{\partial x} + \mu\left(\frac{\partial^2 u}{\partial x^2} + \frac{\partial^2 u}{\partial y^2} + \frac{\partial^2 u}{\partial z^2}\right) \tag{18.4b}$$

$$\rho\left(\frac{\partial v}{\partial t} + u\frac{\partial v}{\partial x} + v\frac{\partial v}{\partial y} + w\frac{\partial v}{\partial z}\right) = -\frac{\partial p}{\partial y} + \mu\left(\frac{\partial^2 v}{\partial x^2} + \frac{\partial^2 v}{\partial y^2} + \frac{\partial^2 v}{\partial z^2}\right) \tag{18.4c}$$

$$\rho\left(\frac{\partial w}{\partial t} + u\frac{\partial w}{\partial x} + v\frac{\partial w}{\partial y} + w\frac{\partial w}{\partial z}\right) = -\frac{\partial p}{\partial z} + \mu\left(\frac{\partial^2 w}{\partial x^2} + \frac{\partial^2 w}{\partial y^2} + \frac{\partial^2 w}{\partial z^2}\right) \tag{18.4d}$$

但是,由于湍流中各点处物理量的随机特性,其初始条件很难给定,且对湍流运动的结果进行详细描述也是十分困难的事(目前,只能对雷诺数不大于5 000的简单流动进行直接的数值模拟,即DNS,参见参考文献[6])。在大部分工程研究中,主要关心的是各流动参数的平均值。所以,将控制方程(见式(18.4))中的各变量用式(18.1a)表示,并应用式(18.2)对控制方程各项进行时间平均,参照式(18.3),可得

$$\frac{\partial \overline{u}}{\partial x} + \frac{\partial \overline{v}}{\partial y} + \frac{\partial \overline{w}}{\partial z} = 0 \tag{18.5a1}$$

用式(18.4a)减去式(18.5a1),可得

$$\frac{\partial u'}{\partial x} + \frac{\partial v'}{\partial y} + \frac{\partial w'}{\partial z} = 0 \tag{18.5a2}$$

式(18.5a1)被称为湍流时平均流动的连续方程,式(18.5a2)被称为脉动流速的连续方程;动量方程通过适当推导和整理(在推导中,注意应用脉动流速的连续方程),可得

$$\rho\left[\frac{\partial \overline{u}}{\partial t} + \overline{u}\frac{\partial \overline{u}}{\partial x} + \overline{v}\frac{\partial \overline{u}}{\partial y} + \overline{w}\frac{\partial \overline{u}}{\partial z}\right] = -\frac{\partial \overline{p}}{\partial x} + \mu\left(\frac{\partial^2 \overline{u}}{\partial x^2} + \frac{\partial^2 \overline{u}}{\partial y^2} + \frac{\partial^2 \overline{u}}{\partial z^2}\right) +$$

$$\frac{\partial(-\rho\overline{u'^2})}{\partial x}+\frac{\partial(-\rho\overline{u'v'})}{\partial y}+\frac{\partial(-\rho\overline{u'w'})}{\partial z} \tag{18.5b}$$

$$\rho\left[\frac{\partial\bar{v}}{\partial t}+\bar{u}\frac{\partial\bar{v}}{\partial x}+\bar{v}\frac{\partial\bar{v}}{\partial y}+\bar{w}\frac{\partial\bar{v}}{\partial z}\right]=-\frac{\partial\bar{p}}{\partial y}+\mu\left(\frac{\partial^2\bar{v}}{\partial x^2}+\frac{\partial^2\bar{v}}{\partial y^2}+\frac{\partial^2\bar{v}}{\partial z^2}\right)+$$
$$\frac{\partial(-\rho\overline{u'v'})}{\partial x}+\frac{\partial(-\rho\overline{v'^2})}{\partial y}+\frac{\partial(-\rho\overline{v'w'})}{\partial z} \tag{18.5c}$$

$$\rho\left[\frac{\partial\bar{w}}{\partial t}+\bar{u}\frac{\partial\bar{w}}{\partial x}+\bar{v}\frac{\partial\bar{w}}{\partial y}+\bar{w}\frac{\partial\bar{w}}{\partial z}\right]=-\frac{\partial\bar{p}}{\partial z}+\mu\left(\frac{\partial^2\bar{w}}{\partial x^2}+\frac{\partial^2\bar{w}}{\partial y^2}+\frac{\partial^2\bar{w}}{\partial z^2}\right)+$$
$$\frac{\partial(-\rho\overline{u'w'})}{\partial x}+\frac{\partial(-\rho\overline{v'w'})}{\partial y}+\frac{\partial(-\rho\overline{w'^2})}{\partial z} \tag{18.5d}$$

式(18.5a1)、式(18.5b)、式(18.5c) 和式(18.5d) 被称为雷诺方程。基于平均运动变量的不可压缩湍流动量方程与不可压缩层流的动量方程不同之处，在于方程的右端多了九项与脉动量有关的项。这些脉动量乘积的平均值与密度的乘积是湍流流动中的一种应力，称为湍流应力或雷诺应力。

下面根据动量定理，对湍流应力的形成做出物理解释。考虑在湍流流动中一个微元面 dA，其法线方向与 x 轴平行，即 y 轴和 z 轴在 dA 平面内。在 dt 时间内流过面积 dA 的流体质量为 $dA\rho u\,dt$，故沿 x 方向流过的动量为 $dJ_x = dA\rho u^2 dt$，沿 y 和 z 方向的动量分别为 $dJ_y = dA\rho uv\,dt$ 和 $dJ_z = dA\rho uw\,dt$。对于不可压缩流动，$\rho =$ 常数，单位时间内的动量通量时间平均值为

$$\left.\begin{aligned}\overline{dJ_x} &= dA\rho\,\overline{u^2}\\ \overline{dJ_y} &= dA\rho\,\overline{uv}\\ \overline{dJ_z} &= dA\rho\,\overline{uw}\end{aligned}\right\} \tag{18.6}$$

根据式(18.1)，则有

$$u^2 = (\bar{u}+u')^2 = \bar{u}^2 + 2\bar{u}u' + u'^2 \tag{18.7}$$

再按式(18.2) 对式(18.7) 取时间平均值，则有

$$\overline{u^2} = \bar{u}^2 + \overline{u'^2} \tag{18.8a}$$

类似地，有

$$\overline{uv} = \overline{uv} + \overline{u'v'} \tag{18.8b}$$

$$\overline{uw} = \overline{uw} + \overline{u'w'} \tag{18.8c}$$

将式(18.8) 代入式(18.6)，则得

$$\left.\begin{aligned}d\,\overline{J_x} &= dA\rho(\bar{u}^2 + \overline{u'^2})\\ d\,\overline{J_y} &= dA\rho(\overline{uv} + \overline{u'v'})\\ d\,\overline{J_z} &= dA\rho(\overline{uw} + \overline{u'w'})\end{aligned}\right\} \tag{18.9}$$

以上各量表示三个坐标方向的动量传输率，具有力的量纲，将以上量除以面积 dA 后，就具有单位面积上的力 —— 应力 —— 的量纲。由分子运动论知道，单位时间内由分子热运动引起的通过单位面积的宏观动量通量等于该面积周围的流体作用于该面积的应力矢量(两者大

小相等，方向相反），由此类推，可见，当考虑到湍流脉动引起的动量输运特性时，在垂直于 x 方向就产生了三个附加应力，即

$$\left.\begin{aligned} p'_{xx} &= -\rho\overline{u'^2} \\ p'_{xy} &= -\rho\overline{u'v'} \\ p'_{xz} &= -\rho\overline{u'w'} \end{aligned}\right\} \tag{18.10}$$

这些附加应力被称为湍流流动的"表观应力"、"湍流应力"或"雷诺应力"。必须加到平均流动引起的黏性应力（层流黏性应力）上去，组成湍流的总应力。

对于垂直于 y 轴和 z 轴的微元面，有类似的表达式。它们与式(18.10)一起，构成完整的湍流流动的雷诺应力张量，即

$$\begin{bmatrix} p'_{xx} & p'_{xy} & p'_{xz} \\ p'_{yx} & p'_{yy} & p'_{yz} \\ p'_{zx} & p'_{zy} & p'_{zz} \end{bmatrix} = \begin{bmatrix} -\rho\overline{u'^2} & -\rho\overline{u'v'} & -\rho\overline{u'w'} \\ -\rho\overline{u'v'} & -\rho\overline{v'^2} & -\rho\overline{v'w'} \\ -\rho\overline{u'w'} & -\rho\overline{v'w'} & -\rho\overline{w'^2} \end{bmatrix} \tag{18.11}$$

应力分量 $p'_{xy} = p'_{yx} = -\rho\overline{u'v'}$ 还可以解释为通过平面垂直于 y 轴的 x 方向动量的输运。例如，图 18.7 表示平均流动为 $\bar{u} = \bar{u}(y)$，$\bar{v} = \bar{w} = 0$，$\mathrm{d}\bar{u}/\mathrm{d}y > 0$ 的情况。若流体微团由于湍流脉动（$v' > 0$）而从平均速度 $\bar{u}$ 较小的区域进入 $\bar{u}$ 较大的 y 坐标处时，由于流体微团一般仍保持着原有速度，所以在 y 坐标处将引起一个负的 u'。相反，若流体微团由于湍流脉动（$v' < 0$）而从平均速度 $\bar{u}$ 较大 y 坐标上方区域进入 $\bar{u}$ 较小的 y 坐标处时，将引起一个正的 u'。所以，按时间平均起来，$\overline{u'v'}$ 不仅不等于零，而且还是一个负值（对应于本例 $\mathrm{d}\bar{u}/\mathrm{d}y > 0$ 的情况）。所以剪切应力 $p'_{xy} = -\rho\overline{u'v'}$，这时是正的，而且与层流剪切应力 $\mu(\mathrm{d}\bar{u}/\mathrm{d}y)$ 的符号相同。根据这一事实，还可以说，空间固定点上的纵向和横向脉动速度之间存在着"关联"。

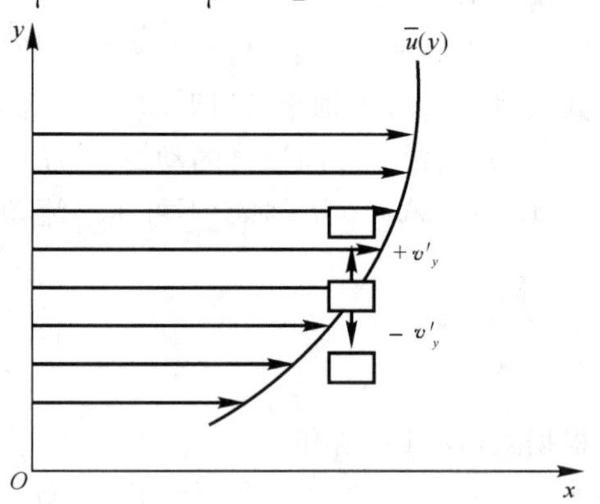

图 18.7　湍流应力形成的示意图

由以上分析，可以看出，湍流应力的物理成因是在平均速度不同的两层流体之间由于湍流速度脉动而引起的动量交换。它们与黏性应力之和是湍流流动的总应力。不可压缩湍流流动的雷诺平均 N－S 方程还可以写为

$$\frac{\partial\bar{u}}{\partial x} + \frac{\partial\bar{v}}{\partial y} + \frac{\partial\bar{w}}{\partial z} = 0 \tag{18.12a}$$

$$\rho\left[\frac{\partial\bar{u}}{\partial t} + \bar{u}\frac{\partial\bar{u}}{\partial x} + \bar{v}\frac{\partial\bar{u}}{\partial y} + \bar{w}\frac{\partial\bar{u}}{\partial z}\right] = \frac{\partial p_{xx}}{\partial x} + \frac{\partial p_{yx}}{\partial y} + \frac{\partial p_{zx}}{\partial z} \tag{18.12b}$$

$$\rho\left[\frac{\partial\bar{v}}{\partial t} + \bar{u}\frac{\partial\bar{v}}{\partial x} + \bar{v}\frac{\partial\bar{v}}{\partial y} + \bar{w}\frac{\partial\bar{v}}{\partial z}\right] = \frac{\partial p_{xy}}{\partial x} + \frac{\partial p_{yy}}{\partial y} + \frac{\partial p_{zy}}{\partial z} \tag{18.12c}$$

$$\rho\left[\frac{\partial \overline{w}}{\partial t}+\overline{u}\frac{\partial \overline{w}}{\partial x}+\overline{v}\frac{\partial \overline{w}}{\partial y}+\overline{w}\frac{\partial \overline{w}}{\partial z}\right]=\frac{\partial p_{xz}}{\partial x}+\frac{\partial p_{yz}}{\partial y}+\frac{\partial p_{zz}}{\partial z} \tag{18.12d}$$

式中

$$\left.\begin{aligned}
p_{xx} &= -\overline{p}+2\mu\frac{\partial \overline{u}}{\partial x}-\rho\overline{u'^2}\\
p_{yy} &= -\overline{p}+2\mu\frac{\partial \overline{v}}{\partial y}-\rho\overline{v'^2}\\
p_{zz} &= -\overline{p}+2\mu\frac{\partial \overline{w}}{\partial z}-\rho\overline{w'^2}\\
p_{xy} &= p_{yx}=\mu\left(\frac{\partial \overline{u}}{\partial y}+\frac{\partial \overline{v}}{\partial x}\right)-\rho\overline{u'v'}\\
p_{yz} &= p_{zy}=\mu\left(\frac{\partial \overline{v}}{\partial z}+\frac{\partial \overline{w}}{\partial y}\right)-\rho\overline{v'w'}\\
p_{zx} &= p_{xz}=\mu\left(\frac{\partial \overline{w}}{\partial x}+\frac{\partial \overline{u}}{\partial x}\right)-\rho\overline{u'w'}
\end{aligned}\right\} \tag{18.13}$$

由式(18.13)可以看出，湍流应力包含 6 个未知量，再加上三个平均速度分量和一个平均压力，一共有 10 个未知量，而式(18.12)只有四个方程，因此方程不封闭。由此可见，对 N-S 方程进行时均化后，原来的封闭方程变成不封闭的了，这就出现了“封闭化”问题。人们根据实验和经验，对湍流应力做出一些可信的假设，给出一些补充关系式或方程，即引入湍流模型，使原方程组得到封闭。

18.4　湍流模型

在上一节讲到，应用连续方程和雷诺方程解决湍流问题时，雷诺方程中多出了六个未知的雷诺应力项而形成湍流控制方程的不封闭问题，因此要应用这些方程必须首先解决封闭性问题。根据湍流的运动规律和一些实验结果来寻求附加的条件和关系式，即建立湍流模型以使时均化的湍流控制方程得到封闭是目前解决工程实际问题的主要方法。随着计算机的迅速发展，湍流模型的研究已成为近年来湍流研究中发展最快的一个分支，在这一节中只简单介绍一些经典的湍流模型，至于引入湍流脉动动能方程的一方程模型、引入湍流脉动动能方程和湍流能量耗散率方程的两方程模型、大旋涡模拟模型等，由于本教材篇幅所限不在这里给出，需要了解和应用这方面知识的读者，可参阅参考文献[5]，[9]，[10]。

最初的湍流模型理论是基于布辛涅斯克(J. V. Boussinesq)1872 年提出的用旋涡黏度将雷诺应力与湍流平均速度梯度联系起来的设想，在此基础上，后来又发展了一系列以普朗特混合长度理论为代表的半经验理论，并得到了广泛的应用。这些湍流模型都是只用到了湍流的时均方程，并未引入任何有关脉动量的微分方程，因而被称为零方程模型。

布辛涅斯克是历史上第一个提出应用半经验理论解决湍流问题的学者。层流中切应力与

流动速度梯度关系的公式为

$$\tau_l = \mu \frac{\mathrm{d}u}{\mathrm{d}y}$$

布辛涅斯克引用一个旋涡黏度 μ_t，使湍流的雷诺应力与流场中平均速度梯度建立类似关系，即

$$\tau_t = -\rho\overline{u'v'} = \mu_t \frac{\mathrm{d}\bar{u}}{\mathrm{d}y}$$

上两式中的下标 l 表示层流，下标 t 表示湍流。注意黏度 μ 是流体本身的一种物理特性，与流动的情况无关。而旋涡黏度 μ_t 并不是流体本身的一种物理特性，而是湍流的一种流动特性，是由湍流的时均速度场和具体湍流流动的几何边界条件决定的。

下面，给出两种比较经典的半经验理论 —— 普朗特的混合长度理论和卡门的相似性假设，说明旋涡黏度 μ_t 是如何确定的。然后介绍一下目前工程上广泛应用的一种代数涡黏模型 ——Baldwin-Lomax 湍流模型。

一、普朗特的混合长度理论[12]

可以知道，雷诺方程比 N－S 方程多了一些湍流应力项。普朗特认为它们的成因与黏性应力的成因有相似之处。黏性应力的成因可以看做是分子运动引起的相邻两层流体之间的动量交换；而在湍流流动中，存在大量流体微团的脉动运动，由于这种流体微团的脉动引起了相邻两层流体之间的动量交换，这就是湍流应力的成因。普朗特的混合长度理论认为，脉动运动过程中，流体微团在向某一方向移动的距离不超过某一个长度 l 之前，它还能继续保持原有的一切流动特性(例如，平均速度值等)，而在超过长度 l 之后，它便与其他流体微团混合而改变了原有的流动特性。这一移动距离称为“混合长度”。

以不可压缩流动中平均速度是定常二维直线运动的流动为例($\bar{u} = \bar{u}(y)$，$\bar{v} = \bar{w} = 0$)，并认为脉动速度场也是二维的。这时，有湍流剪应力 $p'_{xy} = \tau_t = -\rho\overline{u'v'}$。设坐标为 y 处的平均速度为 $\bar{u}(y)$ 的流体微团，由于横向脉动速度 v' 而沿 y 方向移动了距离 l，则可以认为 $y+l$ 处的平均速度 $\bar{u}(y+l)$ 与流体微团所保持的 y 处的平均速度 $\bar{u}(y)$ 之差 $l\frac{\mathrm{d}\bar{u}}{\mathrm{d}y}$ 反映了流体微团的 x 方向脉动速度 u' 的大小，即

$$u' \propto l\frac{\mathrm{d}\bar{u}}{\mathrm{d}y} \tag{18.14}$$

这一 u' 也就体现了由流体微团带来的相邻两层流体间的动量交换。通过这两层流体间的、在单位时间内流过单位面积的流体质量正比于 $\rho v'$，所以湍流应力 τ_t 正比于 $\rho v' l\frac{\mathrm{d}\bar{u}}{\mathrm{d}y}$，即

$$\tau_t \propto \rho v' l\frac{\mathrm{d}\bar{u}}{\mathrm{d}y} \tag{18.15}$$

另一方面，普朗特又设想，如果从 $y+l$ 和 $y-l$ 处来的两团流体在 y 处相遇时，沿 x 方向看

处于相碰撞状态，则将引起流体自 y 层向外的 v'；如果这两团流体在 y 处相遇时，沿 x 方向看处于相分离状态，则将引起指向 y 层的 v'。所以，普朗特认为 $v' \propto u'$。再根据式(18.14)，代入式(18.15)，可得

$$\tau_t \propto \rho l^2 \left(\frac{d\bar{u}}{dy}\right)^2 \tag{18.16}$$

若把比例系数包含在 l 之内，并且考虑到 τ_t 与 $\frac{d\bar{u}}{dy}$ 的正负号关系，可以写为

$$\tau_t = -\rho\overline{u'v'} = \rho l^2 \left|\frac{d\bar{u}}{dy}\right| \frac{d\bar{u}}{dy} \tag{18.17}$$

式(18.17) 就是普朗特的混合长度理论公式。该式表示，当 $\frac{d\bar{u}}{dy}$ 为正时，τ_t 为正；当 $\frac{d\bar{u}}{dy}$ 为负时，τ_t 为负。但是，混合长度 l 还是一个未知数，在不同流动情况中，它有不同的值。对于某一类问题，可以作某种假设，然后由具体的实验加以验证，并确定该假设中待定的常数。所以，这种理论称为半经验理论。确定了混合长度 l，也就知道了 $\mu_t = \rho l^2 \left|\frac{d\bar{u}}{dy}\right|$。

例如，对于二维平板间的不可压缩湍流，假设

$$l = Ky \tag{18.18}$$

式中，y 为离壁面距离，K 为待实验确定的常数。这一假设符合壁面处湍流应力应该等于零这一事实。再假设 τ_t 为常数，等于壁面应力 τ_{bm}，则由式(18.17) 积分得

$$\bar{u} = \frac{v^*}{K}\ln y + C \tag{18.19}$$

式中，$v^* = \sqrt{\tau_{bm}/\rho}$ 称为“剪应力速度”或“壁面摩擦速度”，C 为积分常数。就像在下一节将要分析到的那样，式(18.19) 在紧靠壁面处是不适用的，因为那里分子黏性应力($\mu \frac{d\bar{u}}{dy}$) 起主要作用。积分常数 C 可用二平板间的中心线处的流动条件求得(设平板间距离为 $2h$，当 $y = h$ 时，$\bar{u} = \bar{u}_{max}$)，即

$$C = \bar{u}_{max} - \frac{v^*}{K}\ln h$$

所以，可得

$$\frac{\bar{u}_{max} - \bar{u}}{v^*} = -\frac{1}{K}\ln\frac{y}{h} \tag{18.20}$$

与实验结果比较，确定 K 应取为 0.4。式(18.20) 还能适用于圆管中的流动，这时 h 应改为圆管半径 R。

归纳起来，普朗特混合长度理论的内容是，该理论设想了湍流应力的形成过程，提出了“混合长度”l 的概念，在假设 $v' \propto u'$，$\tau_t = \tau_{bm}$ 和 $l = Ky$ 后，根据实验确定出 K 值(对于二维平板与圆管中的流动，$K = 0.4$)。

二、卡门的相似性假设[6]

从上一小节可以看出，普朗特的混合长度理论的关键在于如何确定混合长度。卡门的相似性假设企图从脉动流场的结构来解决这个问题。卡门假设：

(1) 脉动流场的结构与流场尺度和黏性无关；

(2) 脉动流场各点之间是彼此相似的，只是因特征时间和特征长度的比例尺度而不同。

为简单起见，仍然以不可压缩流动中平均速度是定常二维直线运动情况为例加以分析，即对 $\bar{u}=\bar{u}(y)$，$\bar{v}=\bar{w}=0$ 的情况进行分析。同时，假设脉动流场中的特征时间和特征长度只与平均流速对 y 的一阶导数 $\frac{d\bar{u}}{dy}$ 和二阶导数 $\frac{d^2\bar{u}}{dy^2}$ 有关。所以，特征时间 T 就可以选用 $1\Big/\frac{d\bar{u}}{dy}$，而特征长度 L 就可选用 $\frac{d\bar{u}}{dy}\Big/\frac{d^2\bar{u}}{dy^2}$。根据脉动速度的量纲及脉动流场的相似性假设，可以令

$$u' \propto \frac{L}{T} \propto \left(\frac{d\bar{u}}{dy}\right)^2 \Big/ \frac{d^2\bar{u}}{dy^2}$$

$$v' \propto \frac{L}{T} \propto \left(\frac{d\bar{v}}{dy}\right)^2 \Big/ \frac{d^2\bar{u}}{dy^2}$$

所以，注意假设：$v' \propto u'$，湍流应力 τ_t 可写为

$$\tau_t = -\rho\overline{u'v'} = \rho K^2 \frac{\left|\frac{d\bar{u}}{dy}\right|^3 \frac{d\bar{u}}{dy}}{\left(\frac{d^2\bar{u}}{dy^2}\right)^2} \tag{18.21}$$

根据式(18.17) 和式(18.21) 可得

$$l = K\frac{\frac{d\bar{u}}{dy}}{\left(\frac{d^2\bar{u}}{dy^2}\right)}$$

由上式可见，混合长度 l 与平均速度的大小无关，只与速度分布的函数变化规律有关，与脉动速度场的特征长度 L 成比例。

对于二维平板间的管道流动(见图 18.8)，若两平板间距离为 $2h$，取管道中心线为 x 轴，则考虑在 $\pm y$ 间的流体的力平衡时，有

$$2\tau l = -\frac{dp}{dx} l \times 2y$$

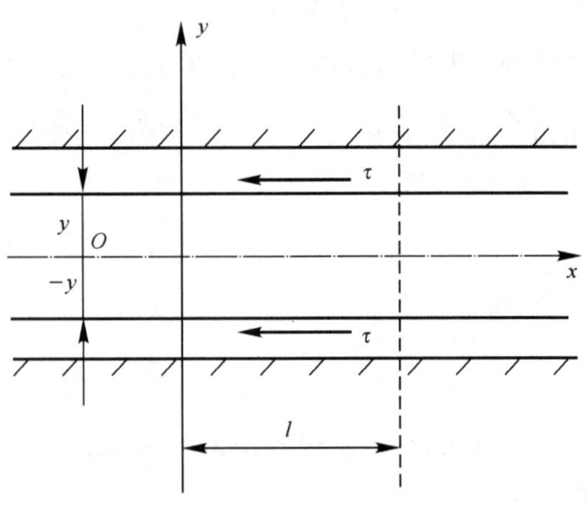

图 18.8　二维平板间的管道流动

或

$$\tau = -\frac{\mathrm{d}p}{\mathrm{d}x}y$$

若$\frac{\mathrm{d}p}{\mathrm{d}x} = C$(常数),利用 $y = h$ 时 $\tau = \tau_{\mathrm{bm}}$ 的条件,可得

$$\tau = \tau_{\mathrm{bm}}\frac{y}{h}$$

如果把上式的 τ 代替式(18.21) 中的湍流应力 τ_{t},可写为

$$\frac{\frac{\mathrm{d}^2\bar{u}}{\mathrm{d}y^2}}{\left(\frac{\mathrm{d}\bar{u}}{\mathrm{d}y}\right)^2} = -\frac{K}{\sqrt{\frac{\tau_{\mathrm{bm}}}{\rho}}\sqrt{\frac{y}{h}}}$$

因为$\frac{\mathrm{d}^2\bar{u}}{\mathrm{d}y^2} < 0$,故上式中等号右边取负号。上式积分两次,并利用当 $y = h$ 时,$\frac{\mathrm{d}\bar{u}}{\mathrm{d}y} \to -\infty$ 时,当 $y = 0$ 时,$\bar{u} = \bar{u}_{\max}$ 的条件,可得

$$\bar{u} = \bar{u}_{\max} + \frac{1}{K}\sqrt{\frac{\tau_{\mathrm{bm}}}{\rho}}\left[\ln\left(1 - \sqrt{\frac{y}{h}}\right) + \sqrt{\frac{y}{h}}\right]$$

引用 $v^* = \sqrt{\frac{\tau_{\mathrm{bm}}}{\rho}}$,可将上式改写为

$$\frac{\bar{u}_{\max} - \bar{u}}{v^*} = -\frac{1}{K}\left[\ln\left(1 - \sqrt{\frac{y}{h}}\right) + \sqrt{\frac{y}{h}}\right] \tag{18.22}$$

可将式(18.22) 与式(18.20) 相比较。式(18.22) 对圆管内流动也能适用。在很接近壁面处,边界层已由湍流核心过渡到线性底层,上述假设和结论不再有效。湍流边界层的线性底层概念将在下一节给出。

三、B-L 湍流模型[13]

B-L(Baldwin-Lomax) 模型适用于只有小分离的湍流流动。它主要有以下改进:

(1) 采用了分区的涡黏公式;

(2) 用涡量代替变形率;

(3) 对混合长度做了近壁修正。具体公式是将湍流边界层分成了内层和外层,并分别给出涡黏度表达式,即

$$\mu_{\mathrm{t}} = \begin{cases}(\mu_{\mathrm{t}})_{\mathrm{in}}, & y \leqslant y_c \\ (\mu_{\mathrm{t}})_{\mathrm{out}}, & y > y_c\end{cases} \tag{18.23}$$

下标 in 表示内层,下标 out 表示外层。

内层的涡黏公式为

$$(\mu_t)_{in} = \rho l^2 \Omega$$

式中，Ω 为当地平均涡量的绝对值；l 为考虑壁面修正的混合长度，即

$$l = Ky[1 - \exp(-y^+/A^+)]$$

式中，$K = 0.4$，为卡门常数，$A^+ = 26$，$y^+ = v^* y/\nu_w$，ν_w 为壁面处的流体运动黏度。v^* 称为壁面摩擦速度，$v^* = \sqrt{\tau_{bm}/\rho}$。

外层的涡黏公式为

$$(\mu_t)_{out} = \rho C F_{wake} F_{kleb}(y)$$

式中，

$$F_{wake} = \min(y_{max} F_{max}, C_{wk} y_{max} U_{dif}^2 / F_{max})$$

F_{wake} 称为尾流函数；F_{max} 和 y_{max} 分别是函数 $F(y) = y\Omega[1 - \exp(-y^+/A^+)]$ 的最大值和最大值处的坐标；U_{dif} 是平均速度剖面上的最大速度和最小速度之差；$F_{kleb}(y)$ 是边界层外层的间歇性修正，称为 Klebanoff 间歇函数：

$$F_{kleb} = [1 + 5.5(C_{kleb} y/y_{max})^6]^{-1}$$

以上公式中的模式常数取值如下：

$$C = 0.026\,68, \quad C_{kleb} = 0.3, \quad C_{wk} = 1.0$$

这样，就可以计算湍流应力，即

$$p'_{xy} = \mu_t \left(\frac{d\bar{u}}{dy}\right)$$

需要指出的是，虽然代数涡黏模式将湍流应力和时均流速联系起来，使湍流控制方程不封闭的问题得到了解决，但其缺点是没有普遍适用性，其最大缺点是局部性，完全忽略了湍流统计量之间的历史效应；但对于薄层湍流问题，采用代数模式求解的结果是满意的，因此得到了广泛的工程应用。

18.5　湍流边界层方程

可以知道，当流体以高雷诺数绕物体流动时，黏性作用仅限于与物体相邻的薄剪切层，即边界层内。如果将 18.3 节的湍流连续方程和雷诺方程应用于湍流边界层，就得到了湍流边界层方程。可以知道，湍流中存在着各种不同尺度的旋涡且这些旋涡不断地发生伸缩和扭曲，因此湍流一般应是三维的。但为了方便说明湍流边界层方程，可以二维定常、不可压缩湍流为例，其对应的雷诺平均 N－S 方程为

$$\frac{\partial \bar{u}}{\partial x} + \frac{\partial \bar{v}}{\partial y} = 0 \tag{18.24a}$$

$$\bar{u}\frac{\partial \bar{u}}{\partial x} + \bar{v}\frac{\partial \bar{u}}{\partial y} = -\frac{1}{\rho}\frac{\partial \bar{p}}{\partial x} + \frac{\mu}{\rho}\left(\frac{\partial^2 \bar{u}}{\partial x^2} + \frac{\partial^2 \bar{u}}{\partial y^2}\right) + \frac{\partial(-\overline{u'^2})}{\partial x} + \frac{\partial(-\overline{u'v'})}{\partial y)} \tag{18.24b}$$

$$\bar{u}\frac{\partial\bar{v}}{\partial x}+\bar{v}\frac{\partial\bar{v}}{\partial y}=-\frac{1}{\rho}\frac{\partial\bar{p}}{\partial y}+\frac{\mu}{\rho}\left(\frac{\partial^2\bar{v}}{\partial x^2}+\frac{\partial^2\bar{v}}{\partial y^2}\right)+\frac{\partial(-\overline{u'v'})}{\partial x}+\frac{\partial(-\overline{v'^2})}{\partial y} \tag{18.24c}$$

由于湍流脉动速度$\overline{u'^2}$,$\overline{v'^2}$ 基本具有同一量级,因此可以引入一个共同的脉动速度尺度 V'。对于湍流剪切应力 $-\rho\overline{u'v'}$,则需引入相关函数 $R=\frac{\overline{u'v'}}{V'^2}$,则有

$$\overline{u'^2}\sim\overline{v'^2}\sim V'^2$$

$$\overline{u'v'}\sim RV'^2$$

假定 R 大致为 1 的量级。在边界层流动中,顺流方向的尺度 L_1 远远大于垂直方向的尺度 L_2,因此,式(18.24b) 中,$\frac{\partial(-\overline{u'^2})}{\partial x}\sim\frac{V'^2}{L_1}$ 的量级小于$\frac{\partial(-\overline{u'v'})}{\partial y}\sim\frac{V'^2}{L_2}$ 的量级,$\frac{\partial^2\bar{u}}{\partial x^2}$ 的量级远小于$\frac{\partial^2\bar{u}}{\partial y^2}$ 的量级,故式(18.24b) 中,$\frac{\partial(-\overline{u'^2})}{\partial x}$,$\frac{\partial^2\bar{u}}{\partial x^2}$ 可以舍去。在湍流边界层中,分子黏性引起的剪切应力和湍流引起的雷诺剪切应力均应保留,因此式(18.24b) 式可以写为

$$\bar{u}\frac{\partial\bar{u}}{\partial x}+\bar{v}\frac{\partial\bar{u}}{\partial y}=-\frac{1}{\rho}\frac{\partial\bar{p}}{\partial x}+\frac{\mu}{\rho}\frac{\partial^2\bar{u}}{\partial y^2}+\frac{\partial(-\overline{u'v'})}{\partial y}$$

将上式无量纲化,除$\frac{\partial\overline{u'v'}}{\partial y}$ 项之外,其余各项的量级均为 1。因此,要保留湍流引起的雷诺剪切应力项$\frac{\partial\overline{u'v'}}{\partial y}$,就必须有

$$\frac{\partial(\overline{u'v'}/V^2)}{\partial y^*}\sim O(1)$$

所以

$$\frac{\overline{u'v'}}{V^2}\sim O\left(\frac{\delta}{L_1}\right)$$

即无量纲雷诺应力为$\frac{\delta}{L_1}$ 的量级,以上各式中,V 为边界层外的当地外流速度,$y^*=\frac{y}{L_1}$,δ 为湍流边界层的厚度。引入 $\bar{p}^*=\frac{\bar{p}}{\rho V^2}$,$x^*=\frac{x}{L_1}$,对式(18.24c) 进行无量纲化,可知$\frac{\partial\bar{p}^*}{\partial y^*}\sim O\left(\frac{1}{\delta/L_1}\right)$为此式的首项,即最高量级项。其他各项量级如下:

$$\bar{u}\frac{\partial\bar{v}}{\partial x^*}\Big/V^2\sim O\left(\frac{\delta}{L_1}\right)$$

$$\bar{v}\frac{\partial\bar{v}}{\partial x^*}\Big/V^2\sim O\left(\frac{\delta^2}{L_1^2}\right)$$

$$\frac{\partial(\overline{u'v'}/V^2)}{\partial x^*}\sim O\left(\frac{\delta}{L_1}\right)$$

$$\frac{\partial(\overline{u'^2}/V^2)}{\partial y^*}\sim O(1)$$

以上各项与首项相比均为小量，所以可得$\dfrac{\partial \bar{p}}{\partial y}=0$，这一结论与由层流边界层得出的结论相同，即沿边界层法向压力不变。因此就得到了湍流边界层方程，即

$$\frac{\partial \bar{u}}{\partial x}+\frac{\partial \bar{v}}{\partial y}=0 \tag{18.25a}$$

$$\bar{u}\frac{\partial \bar{u}}{\partial x}+\bar{v}\frac{\partial \bar{u}}{\partial y}=-\frac{1}{\rho}\frac{\partial \bar{p}}{\partial x}+\frac{\mu}{\rho}\frac{\partial^2 \bar{u}}{\partial y^2}+\frac{\partial(-\overline{u'v'})}{\partial y} \tag{18.25b}$$

$$\frac{\partial \bar{p}}{\partial y}=0 \tag{18.25c}$$

对应的边界条件如下：

在固壁上，则有 $$\bar{u}=0,\quad \bar{v}=0 \tag{18.26a}$$

在边界层外缘，则有 $$\bar{u}=V(x) \tag{18.26b}$$

在式(18.26b)中，$U(x)$为当地势流流速。采用适当的湍流模型或近似公式来表示边界层方程的雷诺应力项，就可以采用理论分析或数值差分方法求解湍流边界层方程。

下面讨论湍流边界层的分层结构。由固壁边界条件式(18.26a)可以看出，所有脉动速度分量在固体壁面处均应消失。由此可知，固体壁面处所有雷诺应力均为零，只有分子黏性切应力存在，可以推想出，在很靠近壁面处，脉动速度分量的值很小，因此在紧靠壁面处存在一个极其薄的流层。在这层流动中，湍流切应力很微弱，分子黏性切应力大于惯性力，这一流层被称为黏性底层。由于这一层的平均速度分布是线性的，所以又称这一层为线性底层。紧靠线性底层的上部，存在一个过渡区或称为缓冲区。在过渡区中，湍流脉动剧烈，湍流切应力显著增加。在过渡区以外，湍流应力占主导地位，在下一节中将借助于管流流动证明这一区域速度分布具有对数分布特性，因此这一区域被称为对数层。

湍流边界层的速度分布在不同区域中具有不同的规律，图18.9给出了湍流边界层中流速分布分层结构的典型示意图。上面讲到的线性底层、过渡区、对数层都属于湍流边界层的内层，湍流边界层内层以外的湍流区域称为尾流区或外层。如果用$y^+=\dfrac{y}{(\mu/\rho)}\sqrt{\dfrac{\tau_{\mathrm{bm}}}{\rho}}=\dfrac{y}{\nu}v^*$表示离开固壁表面的无量纲距离，则分区范围大致如下：

内层： $\dfrac{y}{\delta}\leqslant 0.2$

(1) 线性底层 $y^+<5$

(2) 过渡区 $5<y^+<30$

(3) 对数层 $y^+\geqslant 30$，$\dfrac{y}{\delta}\leqslant 0.2$，$\delta$为边界层厚度

外层(尾流区)： $0.2\leqslant \dfrac{y}{\delta}\leqslant 1$

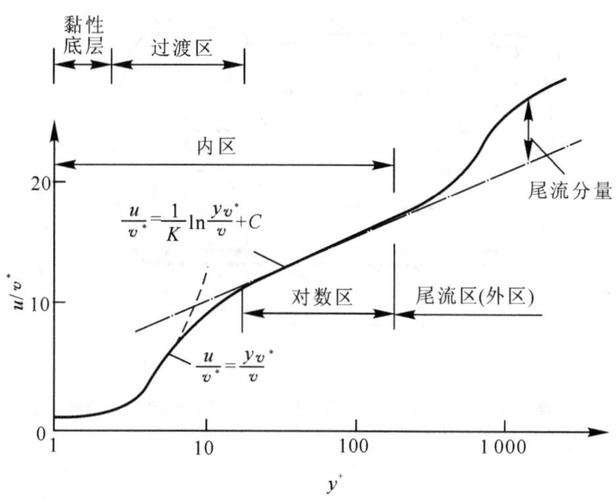

图 18.9　湍流边界层速度分布

18.6　管道中完全发展的湍流流动

一、直圆管内的湍流流动

由于工程实践上的需要，人们早已对管内流动进行了许多研究工作。对直圆管内的不可压缩湍流，已经有不少实验结果。在圆管入口段的各截面上，速度分布是逐渐变化的。在离入口截面大约 50 ～ 100 倍直径之后，速度分布剖面就不再变化，称这时的圆管内流动为“充分发展了的湍流”。圆管中充分发展的湍流具有如下特点：

(1) 时均速度场是定常平行流；

(2) 除压力沿流动方向变化外，一切时均量只和圆管中的径向坐标有关。

因此，对于充分发展了的湍流，可以考虑长度为 L 的如图 18.10 所示圆管内的流体的力平衡，可得

$$\tau_{bm} \times 2\pi RL = (p_1 - p_2)\pi R^2$$

即

$$\tau_{bm} = \frac{p_1 - p_2}{L}\frac{R}{2} \tag{18.27}$$

式中，τ_{bm} 表示圆管壁面上的应力；p_1，p_2 为圆管 L 段的两端截面上的压力；R 为圆管半径。同理，在离圆管中心线 r 处的流体中剪应力 τ 为

$$\tau = \frac{p_1 - p_2}{L}\frac{r}{2} \tag{18.28}$$

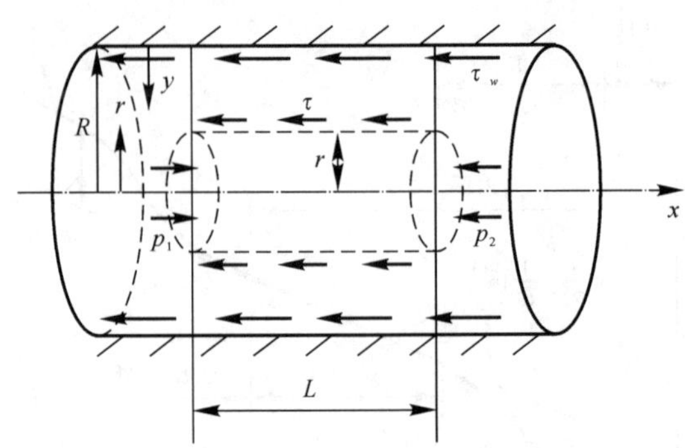

图 18.10　圆管内长度为 L 的控制体受力分析

因此

$$\tau/\tau_{bm} = r/R \tag{18.29}$$

圆管内的质量流量 q_m 可以写为

$$q_m = \pi R^2 V \tag{18.30}$$

式中,V 为圆管截面上的平均速度。

注意,从此以下,对湍流时均值不再在其符号上加横划线标示。

质量流量 q_m 与压力梯度$(p_1 - p_2)/L$ 的关系称为阻力定律或摩擦定律。引入无量纲的阻力系数 λ,定义为

$$\frac{p_1 - p_2}{L} = \frac{\lambda}{d} \times \frac{1}{2}\rho V^2 \tag{18.31}$$

式中,$d = 2R$,表示圆管直径。在湍流情况下,只能通过实验找出阻力系数 λ 的计算公式。在研究了大量实验资料后,布拉修斯得到了光滑圆管阻力系数的经验公式,即

$$\lambda = 0.316\ 4\left(\frac{Vd}{\nu}\right)^{-1/4} \tag{18.32}$$

该式适用于雷诺数 $Re \leqslant Vd/\nu \leqslant 10^5$。

在布拉修斯之后,尼古拉兹(Nikuradse)对于光滑管内的阻力定律与速度分布剖面做了更详尽的实验研究,发现速度分布函数可以用下面的公式表示,即

$$\frac{u}{u_{max}} = \left(\frac{y}{R}\right)^{1/n} \tag{18.33}$$

式中,y 为离开壁面的距离;指数 n 随雷诺数 Re 的变化而变化,从 $Re = 4 \times 10^3$ 时的 $n = 6$ 变到 $Re = 110 \times 10^3$ 时的 $n = 7$,以至到 $Re = 3\ 240 \times 10^3$ 时的 $n = 10$。

当 $n = 7$ 时,$V \approx 0.8u_{max}$。所以,由式(18.27)、式(18.31) 和式(18.32) 可得

$$\frac{\tau_{bm}}{\rho u_{max}^2} = 0.022\ 5\left(\frac{\nu}{u_{max}R}\right)^{1/4} \tag{18.34}$$

二、普遍适用的速度分布公式

根据尼古拉兹的实验结果，还可以确定出普朗特理论中的混合长度 l 与 y 的关系式。y 为距圆管壁面的距离，因此 $r = R - y$，根据式(18.29)，有

$$\tau_t = \tau_{bm}(1 - y/R)$$

根据普朗特假设，即式(18.17)，则有

$$\tau_t = -\rho\overline{u'v'} = \rho l^2\left(\frac{d\bar{u}}{dy}\right)^2$$

利用以上两式相等，再根据实验测得的速度分布 $\bar{u}(y)$，可得出 l 与 y 的经验关系式为

$$\frac{l}{R} = 0.14 - 0.08\left(1 - \frac{y}{R}\right)^2 - 0.06\left(1 - \frac{y}{R}\right)^4 \tag{18.35a}$$

在靠近壁面处，式(18.35) 可以简化为

$$\frac{l}{R} = 0.40\frac{y}{R} - 0.44\left(\frac{y}{R}\right)^2 + \cdots$$

当 $y/R \ll 1$ 时，$l/R \approx 0.4/R$，即 $l \approx Ky$，$K = 0.4$，这正是 18.4 节中采用的普朗特假设。实验证明，式(18.35a) 不仅对光滑管适用，对粗糙管也适用。所以，可以预期，如果采用式(18.35a) 作为混合长度的关系式，则导出的速度分布关系式必将也适用于粗糙管。

把式(18.35a) 写成简单的形式，即

$$l = Kyf\left(\frac{y}{R}\right) \tag{18.35b}$$

当 $y/R \to 0$ 时，函数 $f\left(\frac{y}{R}\right) \to 1$。在式(18.29) 中代入 $r = R - y$，按普朗特理论，用式(18.17)，注意 $\tau_t = \tau_{bm}(1 - y/R)$，可得

$$\frac{du}{dy} = \frac{1}{l}\sqrt{\frac{\tau_{bm}}{\rho}} = \frac{v^*}{K}\frac{\sqrt{1 - \frac{y}{R}}}{yf\left(\frac{y}{R}\right)}$$

式中，$v^* = \sqrt{\tau_{bm}/\rho}$，积分上式，可得

$$u = \frac{v^*}{K}\int_{y_0/R}^{y/R}\frac{\sqrt{1 - \frac{y}{R}}\,d\left(\frac{y}{R}\right)}{\frac{y}{R}f\left(\frac{y}{R}\right)} \tag{18.36}$$

上式积分下限中的 y_0 与线性底层厚度的量级相同，该处速度接近于零。在圆管中心线处，$y = R$，该处速度为 u_{max}，则有

$$u_{max} = \frac{v^*}{K}\int_{y_0/R}^{1}\frac{\sqrt{1 - \frac{y}{R}}\,d\left(\frac{y}{R}\right)}{\frac{y}{R}f\left(\frac{y}{R}\right)} \tag{18.37}$$

式(18.37)与式(18.36)相减,可得

$$u_{\max}-u=v^{*}F\left(\frac{y}{R}\right) \tag{18.38}$$

函数 $F\left(\frac{y}{R}\right)$ 可以利用式(18.35a)积分确定。由于式(18.38)对光滑管和粗糙管都适用,所以可以利用光滑管的实验结果。由式(18.20)可得

$$u_{\max}-u=2.5v^{*}\ln\frac{R}{y}=5.75v^{*}\lg\frac{R}{y} \tag{18.39}$$

式(18.39)是对光滑管和粗糙管都适用的关系式。导出式(18.39)时,假设层流摩擦与湍流摩擦相比可以忽略不计,所以它适用于大雷诺数的情况。式(18.39)比式(18.33)优越之处是适用于所有大雷诺数范围,它不包含随雷诺数变动的指数 n,所以,它是一个通用的速度分布关系式。

三、光滑管的摩擦阻力公式

利用式(18.39),沿圆管截面积分,得出该截面上的平均流速 V 为

$$V=u_{\max}-3.75v^{*} \tag{18.40}$$

现在再来考察式(18.19),即

$$\bar{u}=\frac{v^{*}}{K}\ln y+C \tag{18.19}$$

认为在靠近壁面的 y_0 处,速度 $\bar{u}\approx 0$,可确定积分常数 C,则有

$$\bar{u}=\frac{v^{*}}{K}(\ln y-\ln y_0) \tag{18.41}$$

y_0 应该与线性底层厚度的量阶相同;它与 ν/v^{*} 成正比,则有

$$y_0=\beta\frac{\nu}{v^{*}}$$

式中,β 为无量纲常数。代入式(18.41),可得

$$\frac{\bar{u}}{v^{*}}=\frac{1}{K}\left(\ln\frac{yv^{*}}{\nu}-\ln\beta\right) \tag{18.42}$$

利用尼古拉兹的实验结果,可以确定式(18.42)中的常数 K 和 β,得

$$\frac{\bar{u}}{v^{*}}=2.5\ln\left(\frac{yv^{*}}{\nu}\right)+5.5 \tag{18.43}$$

故当 $y=R$ 时,$\bar{u}=u_{\max}$,从上式可得

$$\frac{u_{\max}}{v^{*}}=2.5\ln\left(\frac{Rv^{*}}{\nu}\right)+5.5 \tag{18.44}$$

把式(18.44)代入式(18.40),可得

$$V=v^{*}\left[2.5\ln\left(\frac{Rv^{*}}{\nu}\right)+1.75\right] \tag{18.45}$$

由式(18.27) 与式(18.31)，注意 $v^* = \sqrt{\dfrac{\tau_{bm}}{\rho}}$ 得

$$\lambda = 8\left(\frac{v^*}{V}\right)^2 \tag{18.46}$$

由式(18.46)，可得 $\dfrac{v^*}{V} = \dfrac{\sqrt{\lambda}}{2\sqrt{2}}$，于是 $\dfrac{Rv^*}{\nu}$ 可改写为

$$\frac{Rv^*}{\nu} = \frac{1}{2}\,\frac{Vd}{\nu}\,\frac{v^*}{V} = \frac{Vd}{\nu}\quad\frac{\sqrt{\lambda}}{4\sqrt{2}} \tag{18.47}$$

式(18.46) 与式(18.45) 联合，利用式(18.47)，可得

$$\lambda = \frac{8}{\left[2.5\ln\left(\dfrac{Vd}{\nu}\sqrt{\lambda}\right) - 2.5\ln(4\sqrt{2}) + 1.75\right]^2} = \frac{1}{\left[2.035\ \lg\left(\dfrac{Vd}{\nu}\sqrt{\lambda}\right) - 0.91\right]^2}$$

或

$$\frac{1}{\sqrt{\lambda}} = 2.035\ \lg\left(\frac{Vd}{\nu}\sqrt{\lambda}\right) - 0.91 \tag{18.48}$$

与光滑管的实验结果相比较，应对式(18.48) 中的两个常数稍作调整，改为

$$\frac{1}{\sqrt{\lambda}} = 2\ \lg\left(\frac{Vd}{\nu}\sqrt{\lambda}\right) - 0.8 \tag{18.49}$$

这就是关于光滑管的普遍通用的摩擦阻力公式，它与尼古拉兹的公式(18.32) 相比，适用于更大的雷诺数范围。与高速流动的实验结果相比，式(18.49) 也基本适用。

四、粗糙度的影响

在工程上，使用的导管不能认为都是光滑的。粗糙管与光滑管相比对管内流动的阻力更大，不能按式(18.49) 等类公式进行计算。对于工程上常用的各种粗糙管，人们进行了许多实验研究，但要将实验数据归纳整理成规律性结果是比较困难的，因为管内的粗糙情况是各式各样的。不仅粗糙突出物的形状和突出物高度对阻力起作用，突出物在管内的分布密度以及分布方式也对阻力起作用。一般情况下，把阻力与粗糙度的关系分成两种典型的情况。一种是阻力与流动速度平方成正比，即阻力系数与雷诺数无关，它相应于具有密集分布的较大粗糙颗粒(称为“完全粗糙管”)。这时，粗糙情况可以用相对粗糙度 k/R 来表示(k 为突出物高度，R 为导管半径)，阻力系数与 k/R 有关。另一种典型情况相应于粗糙颗粒分布较为稀疏或突出较小的情形。这时，阻力系数与相对粗糙度和雷诺数都有关系(称为“过渡区”)。

实际上，如果管内突出物高度 k 较小，它小于流动的线性底层厚度时，则粗糙度对湍流流

动的阻力就不起什么作用，可以认为是“水力光滑”的导管，阻力计算可以应用光滑管的阻力公式。

线性底层的厚度是随雷诺数的变化而变化的。当突出物高度超过线性底层厚度时，突出物的形状阻力引起了附加的流动阻力，所以总的流动阻力就与粗糙度有关。当突出物高度比线性底层高出很多时，突出物的形状阻力起着主要作用，这时，流动阻力就与雷诺数没有关系，仅与相对粗糙度有关。

图 18.11 表示圆管流动的阻力系数实验曲线，尼古拉兹用不同大小的砂粒作成具有各种粗糙度的圆管，粗糙高度用 k 表示。图 18.11 所示称为尼古拉兹图。图中曲线 1 表示层流公式 (15.17b)——$\lambda = \frac{64}{Re}$，曲线 2 和 3 分别表示湍流光滑（水力光滑）的式(18.32) 和式(18.49)。

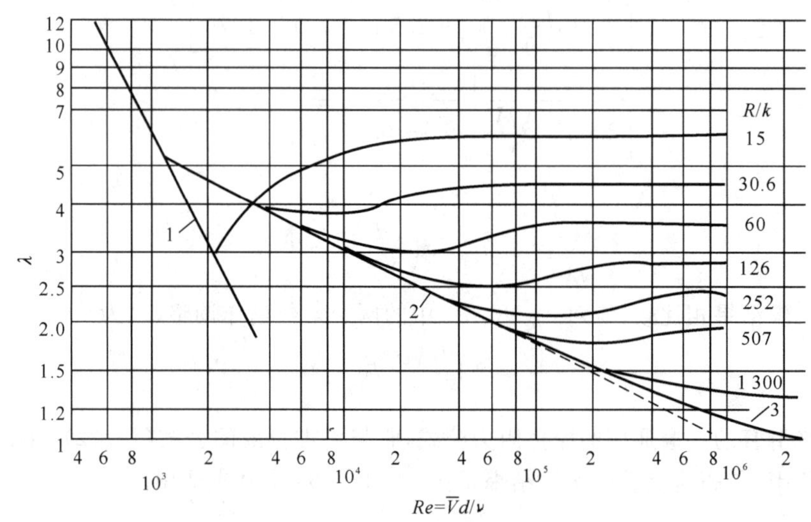

图 18.11 圆管流动的阻力系数实验曲线

尼古拉兹还测量了管内的速度分布，由此确定了普朗特的混合长度式(18.35)，该式对光滑管和粗糙管都适用。因此，可以认为式(18.19) 也适用于粗糙管，只是常数 C 应与光滑管的不同。对于完全粗糙圆管，速度分布公式可以写为

$$\frac{\bar{u}}{v^*} = 2.5 \ln \frac{y}{k} + 8.5 = 5.75 \lg \frac{y}{k} + 8.5 \tag{18.50}$$

式中，k 为尼古拉兹实验中用来表示粗糙度的砂粒高度。式(18.50) 同样可以改写成式(18.39)。所以，用上一小节的方法，可以导出完全粗糙管的阻力系数公式为

$$\lambda = \frac{1}{\left(2 \lg \frac{R}{k} + 1.74\right)^2} \tag{18.51}$$

式(18.51) 中的常数已经根据实验做了小量调整。式(18.51) 也可用于非圆截面的导管，只要把式中的 R 用“水力半径”R_{sh} 来代替，$R_{sh}=2S/C$，式中 S 为管截面积，C 为截面周长(“湿周长度”)。

18.7　湍流平板边界层

在湍流平板边界层中，如采用 Oxy 坐标系，流速为 u,v，则 18.4 节湍流边界层方程中的压力满足 $\frac{\mathrm{d}p}{\mathrm{d}x}=0$，于是有

$$\frac{\partial\bar{u}}{\partial x}+\frac{\partial\bar{v}}{\partial y}=0 \tag{18.52a}$$

$$\bar{u}\frac{\partial\bar{u}}{\partial x}+\bar{v}\frac{\partial^2\bar{u}}{\partial y^2}=\nu\frac{\partial^2\bar{u}}{\partial y^2}-\frac{\partial\overline{u'v'}}{\partial y} \tag{18.52b}$$

但由于方程是非线性的，求精确解仍然十分困难。特别是由于湍流边界层中存在分区结构，因而湍流边界层更难于完全从理论上得到解答，只能采用近似和经验的方法。对式(18.52) 可以采用 18.5 节所述的利用湍流模型来进行微分方程的数值求解，但为便于工程实用，本节主要从第 15 章讨论过的动量积分关系式方法出发，给出湍流平板阻力的一些常用经验公式。湍流平板边界层的计算具有非常重要的实用价值，例如在预计飞行器表面摩擦阻力、流体机械的转轮叶片流场与阻力计算等都以湍流平板边界层的计算为基础。下面讨论光滑平板的湍流边界层的求解。

假定自平板的前缘($x=0$) 开始即为湍流边界层。采用边界层坐标，顺流方向为 x，垂直壁面的法线方向为 y。令 b 为平板宽度。普朗特的一个基本假设是假设平板边界层中的流速分布与圆管内的流速分布相同。这里只要把圆管中心最大流速换成边界层外自由流速 V_∞，圆管半径 R，以边界层厚度 δ 代替即可。当然这样并不是十分准确，因为在平板边界层中存在尾流区，另外圆管湍流中流速分布主要决定于压力梯度，而平板边界层中压力梯度为零。不过流速分布的微小差别对阻力计算的影响不大，这些都已为实验所证实。如果知道了边界层的速度分布，可以采用第 15 章讨论过的动量积分关系式方法求解湍流边界层问题。

湍流平板边界层的动量积分方程为

$$\frac{\mathrm{d}\theta}{\mathrm{d}x}=\frac{\tau_w}{\rho V_\infty^2} \tag{18.53}$$

式中，θ 为边界层的动量损失厚度。将式(18.53) 积分，可得

$$\int\tau_w\mathrm{d}x=\rho V_\infty^2\theta(x) \tag{18.54}$$

所以，平板阻力为

$$D(x)=b\int_0^x\tau_w(x')\mathrm{d}x'=b\rho V_\infty^2\theta(x) \tag{18.55}$$

切应力为
$$\tau_w(x)=\frac{1}{b}\frac{\mathrm{d}D}{\mathrm{d}x}=\rho V_\infty^2\frac{\mathrm{d}\theta}{\mathrm{d}x} \tag{18.56}$$

如果用圆管中流速分布的$\frac{1}{7}$次方、式(18.33)来得到光滑壁面平板边界层内的流速分布，$\frac{\bar{u}}{V_\infty}=\left(\frac{y}{\delta}\right)^{1/7}$，则可求得位移厚度$\delta^*$和动量损失厚度$\theta$为

$$\delta^*=\int_0^\delta\left(1-\frac{\bar{u}}{V_\infty}\right)\mathrm{d}y=\frac{\delta}{8}$$
$$\theta=\int_0^\delta\frac{\bar{u}}{V_\infty}\left(1-\frac{\bar{u}}{V_\infty}\right)\mathrm{d}y=\frac{7}{72}\delta \tag{18.57}$$

平板边界层的壁面切应力τ_w也可从圆管湍流的式(18.34)导出，即
$$\frac{\tau_w}{\rho V_\infty^2}=0.022\,5\left(\frac{\nu}{V_\infty\delta}\right)^{1/4} \tag{18.58}$$

将式(18.55)、式(18.56)代入动量积分式(18.51)，可得
$$\frac{7}{72}\frac{\mathrm{d}\delta}{\mathrm{d}x}=0.022\,5\left(\frac{\nu}{V_\infty\delta}\right)^{1/4} \tag{18.59}$$

式(18.59)为边界层厚度$\delta(x)$的微分式。假定自平板前缘即为湍流边界层，即当$x=0$时，$\delta=0$。积分得
$$\delta(x)=0.37\frac{x}{Re_x^{\frac{1}{5}}} \tag{18.60}$$

式(18.60)为沿x方向的湍流平板边界层厚度计算公式，其中$Re_x=\frac{V_\infty x}{\nu}$。与式(15.28)——$\delta(x)=\frac{5.0x}{\sqrt{Re_x}}$——相比较，可见，在湍流边界层中，边界层厚度与$x$的$\frac{4}{5}$次方成正比，而层流边界层中，$\delta(x)\propto x^{\frac{1}{2}}$。说明湍流边界层中厚度沿流动方向的增长比层流边界层更为迅速。

边界层动量厚度θ的计算公式为
$$\theta=\frac{7}{72}\delta=0.036\frac{x}{Re_x^{\frac{1}{5}}} \tag{18.61}$$

由式(18.55)可知，宽为b，长为l的平板上摩擦阻力为
$$D=0.036\rho V_\infty^2 bl\left(\frac{V_\infty l}{\nu}\right)^{-\frac{1}{5}} \tag{18.62}$$

可见，在湍流中，平板阻力与$V_\infty^{9/5}$成比例，并与$l^{4/5}$成比例。而在层流中平板阻力则与$V_\infty^{3/2}$和$l^{1/2}$成比例。

切应力系数为

$$C_f = \frac{\tau_w}{\frac{1}{2}\rho U_\infty^2} = 2\frac{d\theta}{dx} = 0.0576\left(\frac{V_\infty x}{\nu}\right)^{-1/5} \tag{18.63}$$

阻力系数为

$$C_D = \frac{D}{\frac{1}{2}\rho U_\infty^2 bl} = 0.072\left(\frac{V_\infty l}{\nu}\right)^{-1/5} \tag{18.64}$$

式(18.64)中,系数可根据实验数据稍加修正,可得

$$C_D = 0.074 Re_l^{-1/5} \tag{18.65}$$

式中,$5\times10^5 < Re_l = \frac{V_\infty l}{\nu} < 10^7$。

图 18.12 为光滑平板湍流边界层阻力系数各公式与实测数据的比较。图中曲线 ① 为层流边界层的布拉修斯公式,$C_D = 1.328(Re_l)^{-1/2}$ 参见式(15.59)。曲线 ② 为普朗特湍流边界层公式(18.65)。

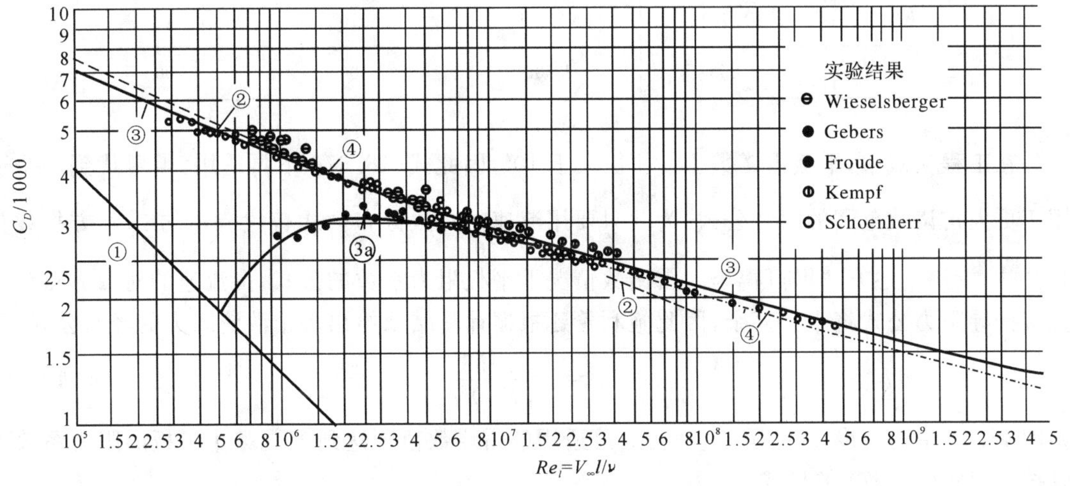

图 18.12　平板阻力系数[7]

本节开始曾假设自平板前缘 $x=0$,即为湍流边界层,但事实上,不管雷诺数多大,平板前部总有一部分为层流边界层。因此对上述阻力计算须做修正。修正的方法是假定流态在某一断面处由层流转变为湍流,从全部的湍流阻力中减去转捩断面以前部分的湍流阻力,而代之以这部分的层流阻力。

转捩断面前,湍流阻力与层流阻力的差值为

$$\Delta D = \frac{\rho}{2}V_\infty^2 bx_t(C_{D,t} - C_{D,l})$$

式中，x_t 为转捩断面的位置，$D_{D,t}$ 为自 $x=0$ 至 $x=x_t$ 这一段平板的湍流阻力系数，$C_{D,l}$ 为这一段平板的层流阻力系数。阻力系数的差值为

$$\Delta C_D=\frac{\Delta D}{\frac{1}{2}\rho V_\infty^2 bl}=\frac{x_t}{l}(C_{D,t}-C_{D,l})=\frac{Re_{x_t}}{Re_l}(C_{D,t}-C_{D,l})=\frac{A}{Re_l}$$

则

$$A=Re_{x_t}(C_{D,t}-C_{D,l}) \tag{18.66}$$

平板的实际的阻力系数为

$$C_D=\frac{0.074}{Re_l^{1/5}}-\frac{A}{Re_l},\quad 5\times10^5<Re_l<10^7 \tag{18.67}$$

表 18.1 中列出了各种不同的 $Re_{x,t}$ 值时相应的 A 值。在计算 A 值时，采用 $C_{D,t}=\frac{0.074}{Re_{x_t}^{1/5}}$，$C_{D,l}=\frac{1.328}{Re_{x_t}^{1/2}}$。

表 18.1　式(18.66) 和式(18.67) 的 A 值

Re_{x_t}	3×10^5	5×10^5	1×10^6	5×10^6
A	1 050	1 700	3 300	8 700

在工程实践中，平板雷诺数 Re_l 往往大于 10^7，因此式(18.67) 不再适用，需要找到一个适用于更大雷诺数范围的阻力公式。为此只要用流速的对数分布公式替代流速的 $\frac{1}{7}$ 次方指数分布公式，沿用前述方法即可得出大雷诺数情况下平板阻力系数的公式。由流速的对数分布公式直接推导阻力公式将十分复杂，因此施利希廷根据计算结果给出一个湍流阻力的经验公式，即

$$C_D=\frac{0.455}{(\lg Re_l)^{2.58}} \tag{18.68}$$

如图 18.12 中的曲线 ③ 所示，这一公式可适用的雷诺数范围达到 10^9。整个平板的阻力系数可以按类似式(18.67) 的形式得

$$C_D=\frac{0.455}{(\lg Re_1)^{2.58}}-\frac{A}{Re_l},\quad Re_l<10^9 \tag{18.69}$$

图 18.12 中的曲线 ③a 还给出了假定 $Re_{x_t}=5\times10^5$ 时流态由层流转变为湍流的情况，此时 $A=1\ 700$。图 18.12 中的曲线 ④ 为由舒尔茨-格鲁诺(F. Schultz-Grunow)[8] 的阻力公式计算的结果，即

$$C_D=0.427(\lg Re_l-0.407)^{-2.64} \tag{18.70}$$

需要指出的是，在工程实践中，常常还需要求解粗糙平板边界层问题。对粗糙的定义仍如圆管湍流中对粗糙的定义，即当粗糙雷诺数 $\frac{k_s v^*}{\nu}<5$ 时，由于粗糙高度 k_s 淹没在线性底层以

内而对湍流流动不产生影响,称这种情况为水力光滑。只有当$\frac{k_s v^*}{\nu}>70$时才能称为水力粗糙。与圆管湍流项类似,在水力光滑与水力粗糙之间存在过渡区,此时阻力系数与雷诺数和粗糙度均有关系。对于水力粗糙的平板,其阻力系数与雷诺数无关,只和粗糙度有关。

但是,粗糙平板的湍流与粗糙圆管湍流有一个重要的区别,就是在圆管中,沿程的相对粗糙度$\frac{k_s}{r_0}$和边界层厚度$\delta=r_0$,保持常数,线性底层的厚度$\delta'\approx 5\frac{\nu}{v^*}$也保持不变;而在湍流粗糙平板边界层中,由于边界层厚度δ沿流程增长,相对粗糙度$\frac{k_s}{\delta}$将沿流程减小。而线性底层厚度δ',由于δ沿流程增长,v^*沿流程减小,故δ'沿流程增长。这样,对于粗糙高度一定的粗糙平板,在平板的前部可能是完全粗糙的情形,随着流程的增加,经历一段过渡段,在距前缘相当距离后,平板可能变为水力光滑的情形。

粗糙平板湍流边界层的速度分布与粗糙圆管中的速度分布一样,与光滑平板湍流边界层速度分布只差一个常数,采用与粗糙圆管湍流相似的分析、实验方法;可以得到粗糙平板湍流边界层的速度分布及平板的当地壁面摩擦系数和阻力系数。需要这方面知识的读者可见参考文献[7]。

例 18.1 某飞机的机翼为弦长 1.6 m,展长为 9.75 m 的矩形机翼,该飞机在海平面以 63 m/s 的速度巡航。假设机翼的表面摩擦阻力可用同样弦长、展长的平板近似,计算机翼表面全部为(1) 层流(与实际情况不符);(2) 湍流(更接近实际情况)时的表面摩擦阻力。

解 以弦长为特征长度对应的雷诺数为

$$Re_c=\frac{\rho V_\infty c}{\mu}=\frac{1.23\times 63\times 1.6}{1.78\times 10^{-5}}=6.965\times 10^6$$

(1) 流动全部为层流时,采用式(15.44) 计算摩摩阻力系数,即

$$C_f=\frac{1.328}{\sqrt{6.965\times 10^6}}=5.032\times 10^{-4}$$

注意:阻力同时作用在机翼的上、下表面,所以总的表面摩擦阻力为

$$D_f=2q_\infty SC_f=2\times\frac{1}{2}\times 1.23\times 63^2\times 9.75\times 1.6\times 5.032\times 10^{-4}=38.3\ \text{N}$$

(2) 流动全部为湍流时,采用式(18.65) 或式(18.68) 计算摩擦阻力系数,即

$$C_f=\frac{0.074}{(6.965\times 10^6)^{\frac{1}{5}}}=3.167\times 10^{-3}$$

$$D_f=2q_\infty SC_f=2\times\frac{1}{2}\times 1.23\times 63^2\times 9.75\times 1.6\times 3.167\times 10^{-3}=241.1\ \text{N}$$

由此例题可以看出,湍流摩擦阻力比层流摩擦阻力要大得多。

18.8 压缩性对摩擦阻力的影响

前面给出的湍流摩擦阻力估算公式都是在不可压缩假设下得出的，第一个估算压缩性对平板湍流摩擦阻力影响的公式是冯·卡门在 1935 年提出的。他假设前面推导的不可压缩平湍流摩擦阻力计算式(18.65)：

$$C_{D,\mathrm{i}} = 0.074Re_l^{-1/5} \tag{18.71}$$

在应用可压缩湍流边界层壁面性质计算雷诺数后，对可压缩湍流边界层也成立，即雷诺数计算中的密度、黏度均用可压缩流壁面的值：$\rho=\rho_{\mathrm{w}}$，$\mu=\mu_{\mathrm{w}}$，因为 μ_{w} 与壁面温度 T_{w} 有关，他进一步假设普朗特数 $\mu c_p/\kappa=1$，计算出了 $C_D/C_{D,\mathrm{i}}$ 随自由来流马赫数的变化值，这里下标 i 代表不可压缩流动。图 18.13 给出了计算结果曲线。

还有许多基于普朗特混合长理论、应用卡门动量积分关系式和湍流边界层能量方程的计算方法，可以用一简化公式代表：

$$C_{\mathrm{D}} = C_{D,\mathrm{i}}F\left(M_\infty, Pr, \frac{T_{\mathrm{w}}}{T_\infty}\right) \tag{18.72}$$

F 的具体表达式这里不一一赘述，需要进一步了解的读者可参看参考文献[2]。图 18.13 同时给出了这些估算方法所得曲线及与实验的比较。

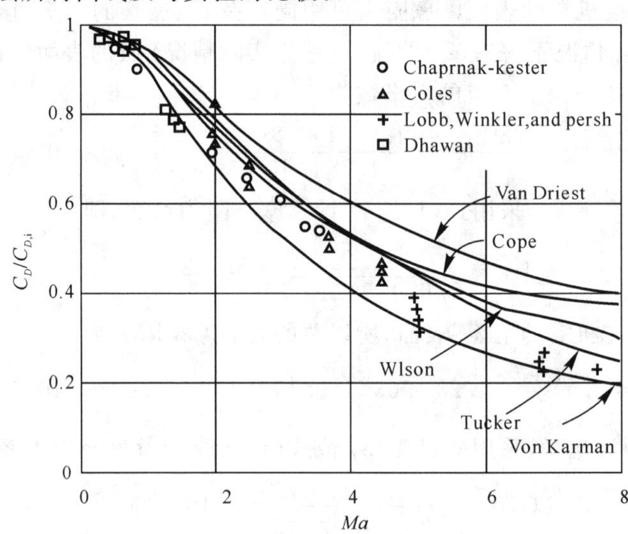

图 18.13 平板湍流边界层可压缩流动摩擦阻力系数与不可压缩流动摩擦阻力系数之比随自由来流马赫数变化的曲线

由图 18.13 可以看出，随着自由来流马赫数的增加，平板湍流摩擦阻力系数是降低的。图 18.14 给出了平板摩擦阻力系数随雷诺数的变化曲线(以自由来流马赫数为参数)。由图 18.14

可以看出，对于同样的雷诺数，湍流摩擦阻力高于层流摩擦阻力，湍流曲线的斜率小于层流曲线的斜率，说明了层流的摩擦阻力系数随 $Re^{-\frac{1}{2}}$ 变化，湍流的摩擦阻力系数随 $Re^{-\frac{1}{5}}$ 变化。注意，对于相同的雷诺数，随着马赫数的增加摩擦阻力系数降低，湍流随马赫数的增加摩擦阻力系数降低的效应更大。

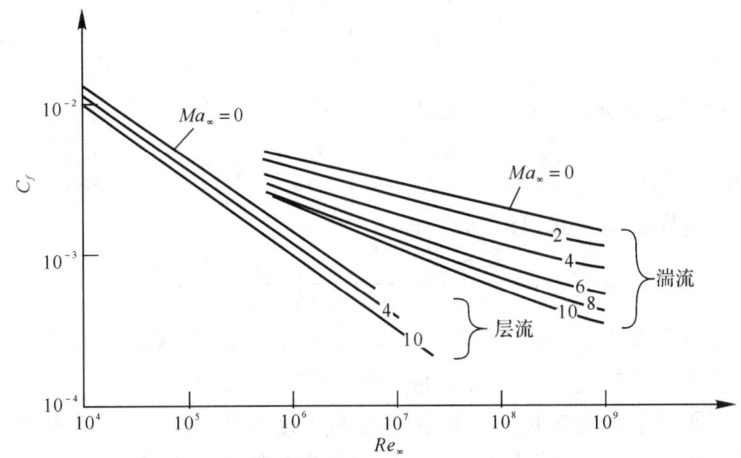

图 18.14　平板摩擦阻力系数随雷诺数、马赫数的变化曲线

（绝热壁，$Pr=0.75$）

18.9　雷诺比拟——边界层中的热传输和温度恢复系数

为讨论湍流边界层的热传输问题，必须引入湍流边界层的能量方程，引入温度的表达式，即

$$T=\overline{T}+T'$$

代入第 16 章已经推导出的可压缩边界层能量式(16.8)：

$$\rho c_p\frac{\mathrm{d}T}{\mathrm{d}t}=u\frac{\partial p}{\partial x}+\frac{\partial}{\partial y}\left(k\frac{\partial T}{\partial y}\right)+\mu\left(\frac{\partial u}{\partial y}\right)^2$$

在定常流假设下，对上面方程取平均，注意应用本章开始介绍的平均公式(18.3)，可得

$$\rho c_p\left[\bar{u}\frac{\partial\overline{T}}{\partial x}+\bar{v}\frac{\partial\overline{T}}{\partial y}+\overline{u'\frac{\partial T'}{\partial x}}+\overline{v'\frac{\partial T'}{\partial y}}\right]=\bar{u}\frac{\partial\bar{p}}{\partial x}+\overline{u'\frac{\partial p'}{\partial x}}+$$
$$\frac{\partial}{\partial y}\left(k\frac{\partial\overline{T}}{\partial y}\right)+\mu\left(\frac{\partial\bar{u}}{\partial y}\right)^2+\overline{\mu\left(\frac{\partial u'}{\partial y}\right)^2}\tag{18.73}$$

将湍流脉动连续方程 $\dfrac{\partial u'}{\partial x}+\dfrac{\partial v'}{\partial y}=0$，两边同乘以 $\rho c_pT'$ 后，可得

$$\rho c_pT'\frac{\partial u'}{\partial x}+\rho c_pT'\frac{\partial v'}{\partial y}=0$$

对上式取平均,再与式(18.73)相加,整理,可得

$$\rho c_p\left[\bar{u}\frac{\partial\bar{T}}{\partial x}+\bar{v}\frac{\partial\bar{T}}{\partial y}\right]=\bar{u}\frac{\partial\bar{p}}{\partial x}+\underset{(a)}{\overline{u'\frac{\partial p'}{\partial x}}}+\frac{\partial}{\partial y}\left(k\frac{\partial\bar{T}}{\partial y}-\rho c_p\overline{v'T'}\right)+$$

$$\mu\left(\frac{\partial\bar{u}}{\partial y}\right)^2+\underset{(b)}{\mu\overline{\left(\frac{\partial u'}{\partial y}\right)^2}}-\underset{(c)}{\rho c_p\frac{\partial\overline{T'u'}}{\partial x}} \tag{18.74}$$

式中,(a)、(b)、(c)项是小量,可以忽略,即得

$$\rho c_p\left[\bar{u}\frac{\partial\bar{T}}{\partial x}+\bar{v}\frac{\partial\bar{T}}{\partial y}\right]=\bar{u}\frac{\partial\bar{p}}{\partial x}+\frac{\partial}{\partial y}\left(k\frac{\partial\bar{T}}{\partial y}-\rho c_p\overline{v'T'}\right)+\mu\left(\frac{\partial\bar{u}}{\partial y}\right)^2 \tag{18.75}$$

与得到的湍流边界层动量式(18.25b),即

$$\rho\left[\bar{u}\frac{\partial\bar{u}}{\partial x}+\bar{v}\frac{\partial\bar{u}}{\partial y}\right]=-\frac{\partial\bar{p}}{\partial x}+\frac{\partial}{\partial y}\left(\mu\frac{\partial\bar{u}}{\partial y}-\rho\overline{u'v'}\right)$$

相比,$-\rho c_p\overline{v'T'}$ 项类似于 $-\rho\overline{u'v'}$ 项,$-\rho\overline{u'v'}$ 表示了湍流脉动引起的动量传输率,而 $-\rho c_p\overline{v'T'}$ 表示了剪切流动湍流脉动引起的热传输率。

在第16章中,通过层流中热传输系数和黏度的成比例性,即 $k\propto c_p\mu$,找到了层流边界层中热传输与摩擦力的关系。对于湍流边界层,通过雷诺比拟(Reynolds Analogy)可以得到类似的关系。

雷诺比拟基于这样的假设:湍流的热传输和动量传输在机理上是类似的,在前面的小节中已经证明了湍流引起的动量变化率为

$$\tau_t=-\rho\overline{u'v'} \tag{18.76}$$

与上式出于同样的原因,$\rho v'$ 是通过与平均温度 $\bar{T}$ 的梯度垂直的 xOz 平面单位面积的质量,质量 $\rho v'$ 的流体会带来平均温度的增加或减小:$\left(\frac{\partial\bar{T}}{\partial y}\right)\mathrm{d}y=T'$。这将引起湍流的热传输率,则有

$$q_t=-\rho c_p\overline{v'T'} \tag{18.77}$$

通过本节开始推导的能量式(18.75)很容易理解以上表达式。如果假设每单位焓梯度的热传输率等于每单位动量梯度的动量传输率,即

$$\frac{-\rho c_p\overline{v'T'}}{c_p\dfrac{\partial\bar{T}}{\partial y}}=\frac{-\rho\overline{u'v'}}{\dfrac{\partial\bar{u}}{\partial y}} \tag{18.78}$$

如果 $q_t=k_t\dfrac{\partial\bar{T}}{\partial y}$,$\tau_t=\mu_t\dfrac{\partial\bar{u}}{\partial y}$,则式(18.78)就变为

$$k_t=c_p\mu_t \tag{18.79}$$

式(18.79)即表示湍流普朗特数 $Pr_t=\dfrac{k_t}{c_p\mu_t}=1$。

在边界层内给定一点,温度梯度$\dfrac{\partial\bar{T}}{\partial y}$将正比于边界层的温差$\overline{T_w}-\overline{T_e}$,$\overline{T_w}$为壁面温度,$\overline{T_e}$为

边界层外缘的温度；假设边界层的速度梯度$\frac{\partial \bar{u}}{\partial y}$以同样比例因子正比于边界层的速度大小的差 V_e，V_e 为边界层外缘的平均速度。这样式(18.78) 就变为

$$\frac{-\rho c_p \overline{v'T'}}{c_p(\overline{T_w}-\overline{T_e})}=\frac{-\rho \overline{u'v'}}{V_e} \tag{18.80}$$

由式(18.78) 和式(18.76)、式(18.77)，可以导出无量纲系数，即

$$\frac{q_t}{\rho c_p V_e(\overline{T_w}-\overline{T_e})}=\frac{\tau_t}{\rho V_e^2} \tag{18.81}$$

式(18.81) 左边为当地斯坦顿数(Stanton number)St，右边为$c_f/2$。因此，雷诺比拟可以表示为

$$St = 0.5C_f \tag{18.82}$$

Rubesin[15] 经过更细致的研究发现下式更为实用，且马赫数适用范围达到马赫数为 5，即

$$St = 0.5Pr^{-\frac{2}{3}}C_f \tag{18.83}$$

通过大量实际测量，人们得到了湍流边界层的温度恢复系数，它可由分子普朗特数决定，即

$$r=\frac{T_w-T_e}{U_e^2/2c_p}=Pr^{1/3}\approx 0.89 \tag{18.84}$$

式(18.84) 适合于较大马赫数范围的空气气流。

由图 18.15 可以看出，对于湍流流动(图 18.15 中高雷诺数部分)，式(18.84) 与实验值符合得很好。

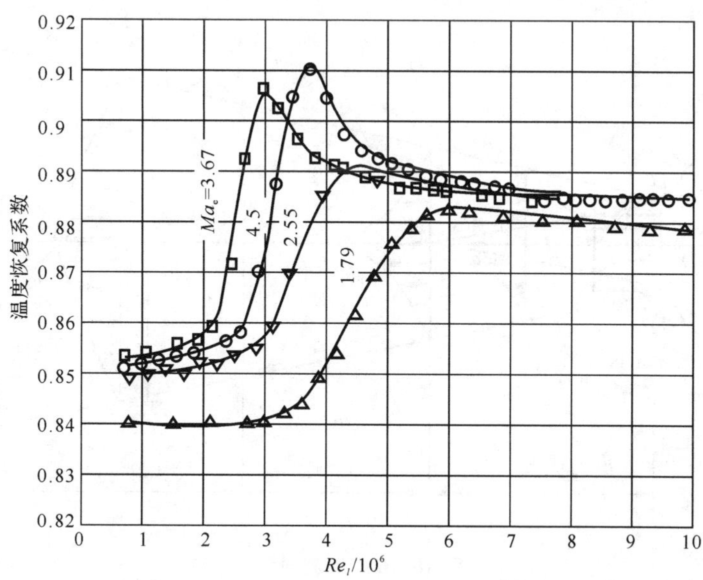

图 18.15　锥角为 5° 的尖锥表面温度恢复系数与实验值的比较

18.10 自由剪切湍流流动

当射流和尾流中的流动均属于湍流型态时，分别称为湍流射流及尾流。湍流射流与尾流的共同特点是在流动中与固体表面不接触、不直接受固体壁面的影响，这样的湍流流动被称为自由剪切湍流。虽然在自由剪切湍流的形成过程中固体边界起着重要的作用，但在下游足够远处固体边界不再对流动有影响。图 18.1 的照片显示尾迹流和射流的湍流场在外边界附近与边界层流动相似，垂直于流动方向的尺度远小于流动方向的尺度，因此边界层方程的应用并不限于接近固壁的区域，还可以应用于湍流射流与尾流。

自由剪切湍流是一种主流方向在流动过程中不断发展和演化的湍流流动。如图 18.16 所示，湍流射流自喷口喷射出来后，根据流动的不同特点可以分为几个区段。由出口开始射流与环境流体接触的边界形成间断面并发展为具有强烈湍动的掺混混合层（图中除由 AC 与 BC 围成的核心区之外的区域）。从出口处到核心区末端的一段称为射流的起始段。射流充分发展以后的部分称为射流的主体段。主体段和起始段之间有一较短的过渡段，在分析中常将这一段忽略。在射流下游足够远的主体段，如果选用适当的无量纲参数，垂直于流动方向 x 的速度分布具有“自相似”性，即

$$\frac{\bar{u}}{V_c} = f\left(\frac{y}{b}\right) \tag{18.85}$$

式中，V_c 是射流中心区域的平均速度；b 是射流的半平均宽度（由中心区到外边界的距离）。

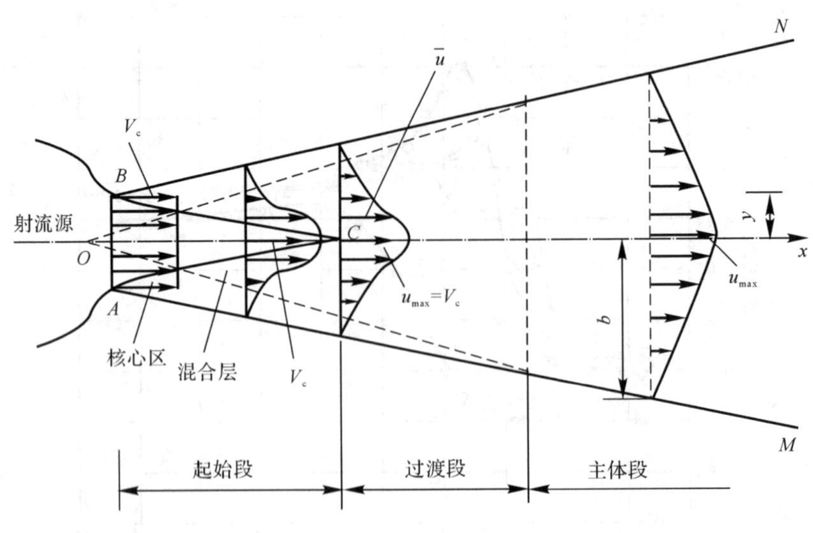

图 18.16 湍流射流

对于圆截面射流，速度剖面自约30倍直径长度的下游开始具有“自相似”性；对于圆球后的尾迹流，速度剖面自约50倍直径长度的下游开始具有“自相似”性；对于一个翼型的尾迹流，速度剖面自约50倍后缘附面层厚度的下游开始具有“自相似”性。

射流和尾迹流理论由基于等压条件下的边界层方程得出。因为在湍流射流和尾流中，分子黏性应力远小于湍流应力，因而对于一个二维自由剪切湍流，边界层方程可表示为

$$\bar{u}\frac{\partial \bar{u}}{\partial x}+\bar{v}\frac{\partial \bar{u}}{\partial y}=\frac{\mu_t}{\rho}\frac{\partial^2 \bar{u}}{\partial y^2} \tag{18.86a}$$

$$\frac{\partial \bar{u}}{\partial x}+\frac{\partial \bar{u}}{\partial y}=0 \tag{18.86b}$$

湍流运动涡黏系数 $\varepsilon_m=\frac{\mu_t}{\rho}$，可假设具有以下形式，即

$$\varepsilon_m=KV'b(x) \tag{18.87}$$

式中，V' 是一特征速度，K 为旋涡黏性参数；$b(x)$ 是混合层的宽度，参考文献[7]推导出了湍流射流混合层的宽度 $b\propto x$，在这里直接应用这一结果。令 $\eta=\frac{y}{b}$，可以针对自相似流动引入流函数，即

$$\psi=xV'f(\eta) \tag{18.88}$$

将式(18.88)代入边界层式(18.86)，就可进行求解。

对于两个速度分别为 V_1 和 V_2 的均匀平面流动的混合层，假设 $b=Cx$，$V'=\frac{V_1+V_2}{2}$，$\varepsilon_m=KCx(V_1-V_2)$，则式(18.86)简化为常微分方程。对于 $V_1=V_\infty$，$V_2=0$，$\eta=\frac{\sigma y}{x}$（这里 σ 是唯一需要由实验确定的参数），可求得速度解为

$$\frac{\bar{u}}{V_\infty}=0.5\left(1+\frac{2}{\sqrt{\pi}}\int_0^\eta e^{-z^2}dz\right) \tag{18.89}$$

图18.17给出了二维湍流喷流混合层的速度分布，此时 $\sigma=13.5$ 为由实验确定的常数。对于本问题射流宽度 $b_{0,1}=0.098x$，$\varepsilon_m=0.014b_{0,1}V_1$。$b_{0,1}$ 是这样定义的：它表示射流速度范围在 $0.1<\left(\frac{\bar{u}}{V_1}\right)^2<0.9$ 的区域宽度。

表18.2给出了不同自由湍流射流宽度随射流方向距离 x 的指数变化规律和中心速度的变化规律。

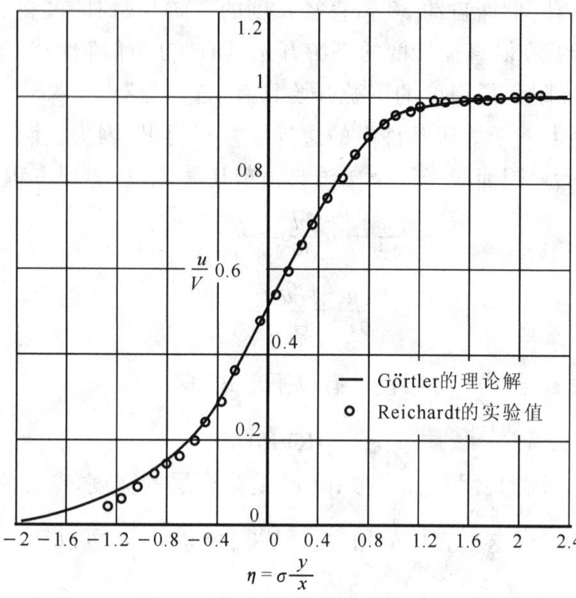

图 18.17　二维湍流射流混合层的速度分布

($\sigma = 13.5$)

表 18.2　自相似自由湍流剪切层的宽度和中心速度沿程变化的指数定律

流　动	示意图	相似因子	
		宽度 b	中心线速度 $V_c(x)$
二维射流		x	$x^{-1/2}$
轴对称射流		x	x^{-1}
二维尾迹		$x^{1/2}$	$x^{-1/2}$

续表

流　动	示意图	相似因子	
		宽度 b	中心线速度 $V_c(x)$
轴对称尾迹		$x^{1/3}$	$x^{-2/3}$
混合自由剪切流		x	x^0

18.11　湍流分离

在第 14 章给出了流动分离的概念，由于湍流的无规则脉动特性，流体微团将高能量带入到靠近壁面处，因此湍流流动在靠近壁面处的平均速度远大于层流流动，即湍流附面层的速度分布比层流附面层的速度分布“饱满”，如图 18.18 所示。由此可知，湍流的摩擦阻力和由此引起的气动热要比层流大得多，但是湍流流动所具有的特点是，由于靠近壁面的流体微团具有高能量使湍流流动与层流相比不容易分离，可使由于分离引起的压差阻力大大降低。湍流流动即使是发生了分离，分离区域也比层流的分离区域小得多。

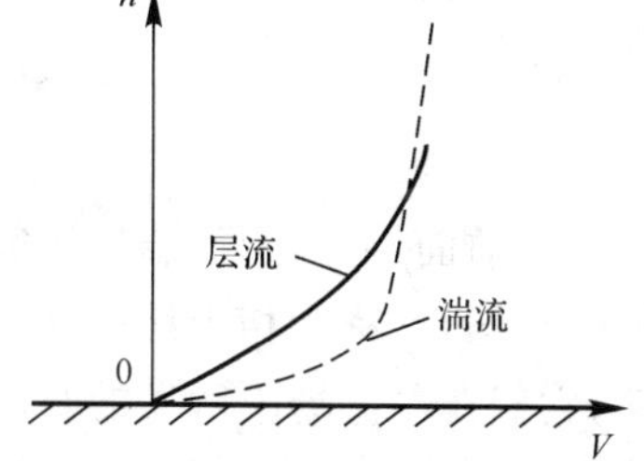

图 18.18　湍流边界层和层流边界层速度分布对比

图 18.19 给出了绕圆柱流动在层流和湍流情况下的分离情况，可以看出，湍流流动的分离点大大推迟了。

对湍流边界层分离的判定及其特性研究，远不如对层流情况那样广泛、细致，这主要是因为目前关于雷诺剪应力项 $-\rho\overline{u'v'}$ 的封闭性假设大多是经验性的，如果采用的是代数涡黏假设，则分离判定及其特性研究的层流边界层方法可以方便地推广到湍流情况。

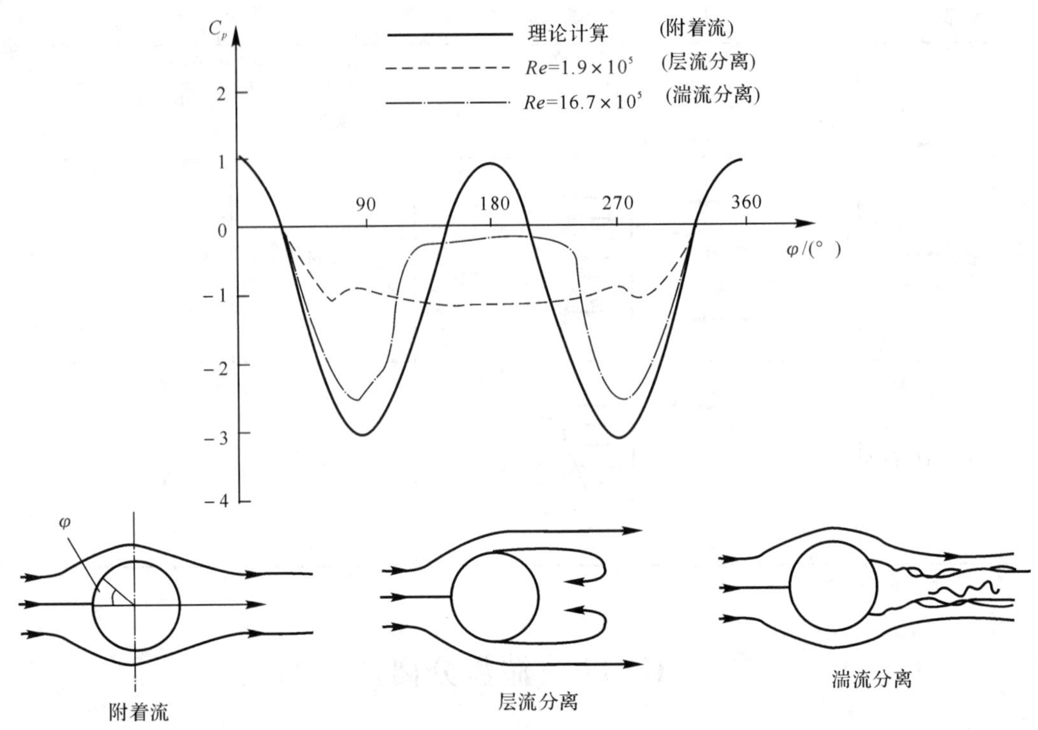

图 18.19 绕圆柱流动的分离情况

18.12 切变湍流的拟序结构

在前面讲过，近代湍流研究的一个重大成果就是发现了切变湍流中存在着拟序结构。所谓拟序结构，又称为相干结构(Coherent Structure)，是指湍流脉动中存在某种有序的大尺度运动，它们在湍流场中触发的时间和地点是不确定的，但一经触发就以某种确定的序列发展。这一发现是湍流研究中的重大突破，因为它表明湍流并不像经典理论想象的那样是完全不规则的，而是在小尺度不规则的背景脉动中存在若干有序的大尺度运动。也就是说，湍流中各种旋涡的尺度有很大的区别，相对小的旋涡结构是复杂、紊乱的随机结构，而相对大的旋涡结构是有一定规律的，因此称这些相对有规律的涡结构为拟序结构或相干结构。

湍流的拟序结构有多种，下面介绍两种典型的拟序结构。

一、近壁湍流的拟序结构

在前面的几节中，得到了湍流壁面附近的湍流边界层内层的平均速度场，平均速度分布由

三个区域组成 —— 线性底层、缓冲层和对数层。自 20 世纪 50 年代以来，湍流研究人员对近壁面湍流脉动进行了深入研究，由于这里的流速较低，可以通过应用各种实验方法来直接观察流动状态。在各种流动显示实验方法中，氢泡线法是比较成功的一种方法。将脉冲电压施加于极细（直径 20 ~ 30 μm）的金属阴极丝上，产生脉冲电解氢气泡，跟踪染色的氢气泡线可以推断出流场的脉动形态和速度的分布。Kline[16] 和他在 Stanford 大学的同事用氢气泡技术发现了湍流边界层内层的拟序结构。在近壁的线性底层和缓冲层中，存在如下的拟序结构。

1. 近壁条带结构

在沿展向平行于壁面并与来流垂直的方向，放置脉冲电极，间歇地发送氢气泡染色线，可以发现在线性底层内，$y^+ \approx 2.7 \sim 5$ 处，氢泡线出现沿展向不规则的脉动，会间歇地出现如图 18.20 所示的条带结构。经研究发现，条带沿展向的平均间距 $\lambda \approx 10\nu/v^*$，条带长短不一，平均长度为 $L \approx 1\,000\nu/v^*$。

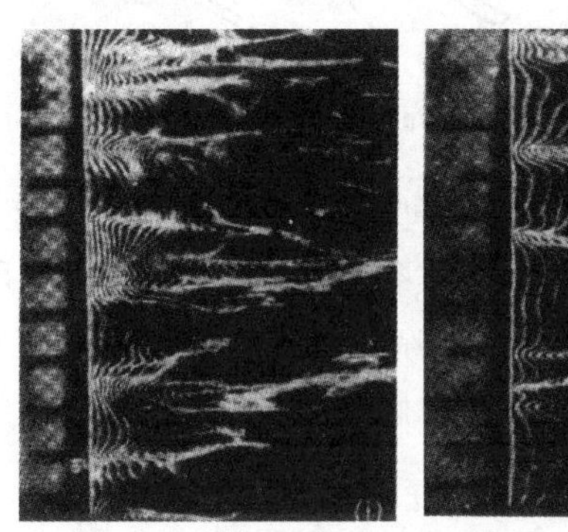

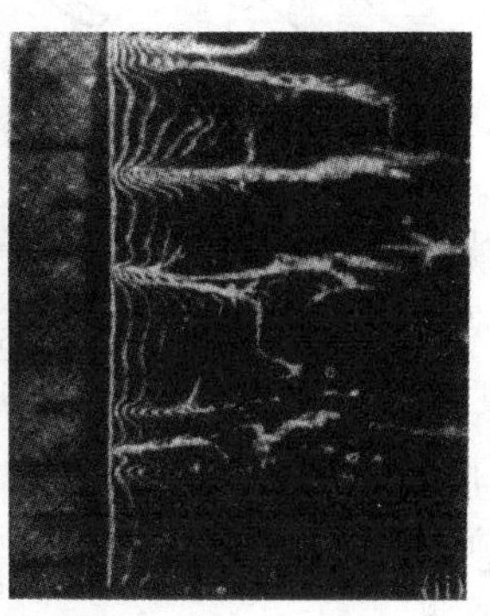

图 18.20　近壁条带结构

（由壁面上方垂直于壁面俯视）

由氢泡线的迹线很容易判断，条带处于低速区（即条带处的速度小于当地的平均速度），因为用相邻两条氢泡线的距离除以脉冲间歇时间，可以估计当地的流向速度，所以氢泡线密集的地区即条带处是低速区。氢泡线间距离变宽的区域，表示当地流向速度大于平均速度，属于高速区。由图 18.21 所示进一步分析，可以断定低速条带是流向旋涡的痕迹。

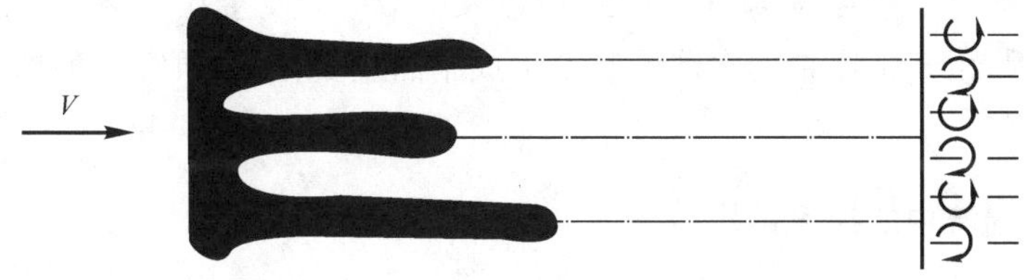

图 18.21　高低速带与底层流向旋涡对

2. 条带的升起、振动和破裂

如果在高速带位置和低速带位置分别作一流向截面，那么这两个截面处的速度剖面会有较大不同，高速带处的边界层速度剖面通常比平均速度剖面“饱满”，低速带的边界层速度剖面会比平均速度剖面“瘦”。随着向下游的发展，低速带处的流向速度剖面将会出现拐点，产生局部不稳定。另外，如果在近壁处沿展向水平截面观察流动的速度分布，由于周期性高、低速条带的存在，沿展向的速度分布也在作周期性变化，因此，在高、低速带之间也会出现不稳定性的扰动增长。由图 18.22 所示可见，受以上两方面因素的影响，在近壁处会产生“骑”在低速条带的马蹄形涡。

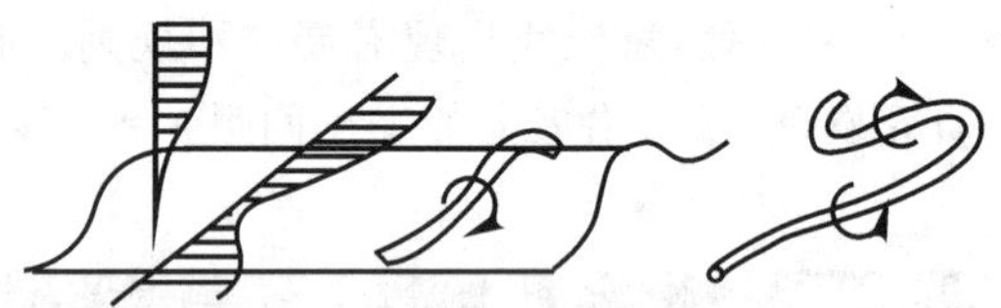

图 18.22　速度分布与马蹄涡(发卡涡)

所产生的马蹄形涡在自诱导的作用下要向上抬起，因此条带一经形成，便在开始缓缓升起，约在 $y^+\approx 15\sim 30$ 处发生振动，而后突然破裂。从旋涡的运动学性质及流动显示图像看，马蹄涡的头部在瞬时速度剖面上形成一个拐点和高剪切层。可以知道，有拐点的速度剖面是极不稳定的，因此，条带结构会发生剧烈震荡和突然破裂。伴随条带突然破裂会产生强烈的湍流脉动，这一过程被称为湍流猝发(burst)。

3. 下扫和条带的再现

当条带破裂时，在湍流边界层内层伴随有一股沿流向强烈加速和指向壁面的流动，称这股流动为“下扫”。在此之后，湍流边界层中或出现一段平静区后又触发新的条带和拟序结构、或在下扫过后立即猝发新的条带和拟序结构。即猝发两次拟序结构的时间间隔不同，大量拟序结构事件的平均时间间隔(通常被称为猝发周期) 约为 $5\delta/V$。

1991 年，Robinson[17] 形象地描绘出了以上猝发过程，如图 18.23 所示。

近壁湍流的拟序结构的重要意义在于它是生成湍流的重要机制。研究表明，在湍流边界层中，最大脉动速度强度发生在 $y^+\approx 15$ 左右，而最大雷诺应力发生在 $y^+\approx 30$。这里恰好是条带振动和破裂的范围。由于拟序结构在湍流脉动生成中的重要作用，研究这种拟序结构有助于进行湍流控制的研究。

二、自由剪切湍流中的拟序结构

不受固壁影响的自由切变层中也存在拟序结构，Brown 和 Roshko(1974 年) 首次得到了混合层中的拟序结构的流动显示图像，如图 18.24 所示。混合层是由两股速度方向相同，大小不等的流动汇合而成，在这种自由剪切湍流中，可以明显观察到一排规则的大尺度展向旋涡，

并有大量小尺度的湍流旋涡夹带在大旋涡上。

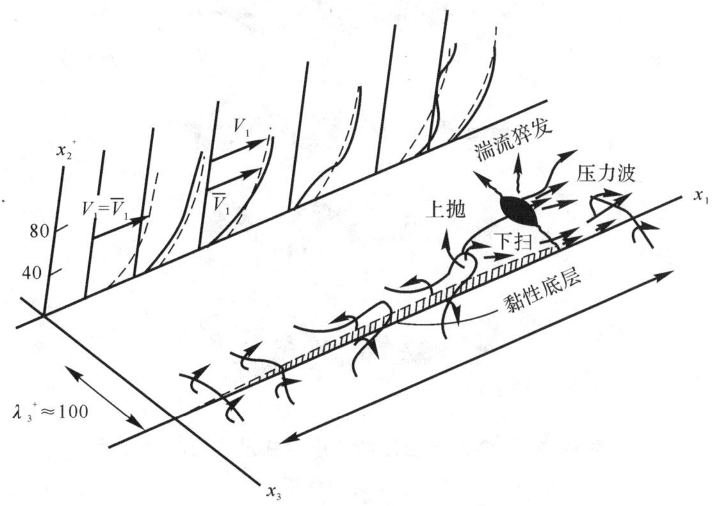

图 18.23　猝发过程的定性描述

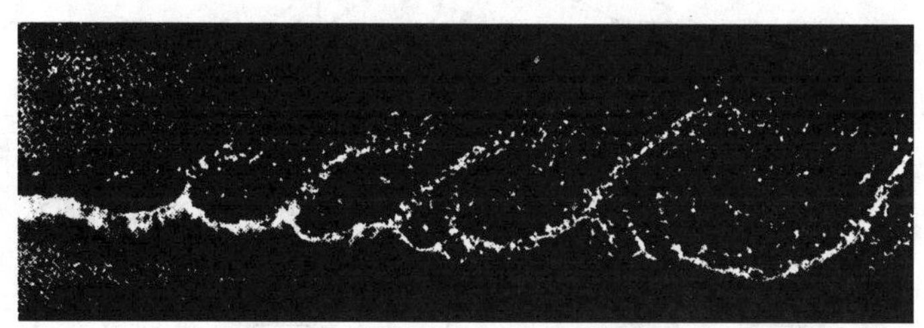

图 18.24　湍流混合层中的旋涡结构

(Brown and Roshko,1974 年)

Roshko 等在 1976 年进一步用阴影法将小旋涡过滤掉,突出显示展向大旋涡,如图 18.25 所示。图中 I,II,III,IV 是 4 个时刻的流动显示图像(图中右端为一探针)。图中 I 的中部有一对旋涡,在图中的 II,III,IV 显示出相对转动,并逐渐合并,如图中的 III,IV 所示。混合层平均厚度的增加主要是旋涡合并的结果,也可以说,大尺度展向旋涡的合并是混合层湍流输运的主要机制。

湍流混合层的主体结构是拟序的展向大旋涡,但也存在流向旋涡,图 18.26 是湍流混合层中三维旋涡结构的示意图,主旋涡是展向大旋涡,流向旋涡附着在主旋涡上。

人们已经在许多不同的切变湍流中发现了不同形态的拟序结构,这对利用和控制湍流有实用意义。例如,近年来,对湍流减阻的研究和湍流降噪的研究很多都是基于对拟序结构的研究。

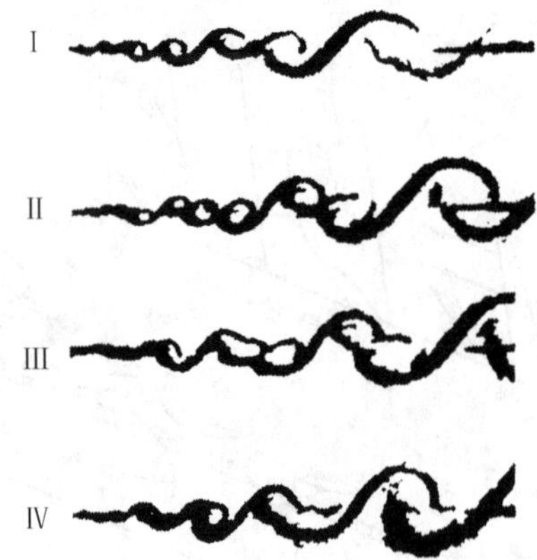

图 18.25　湍流混合层的旋涡合并过程的流动显示

(Roshko,1976 年)

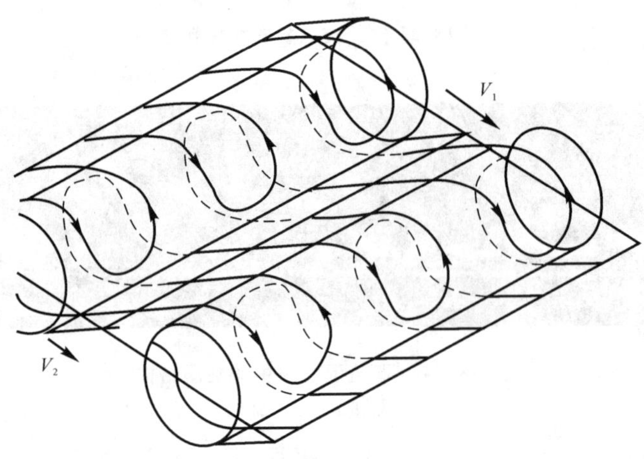

图 18.26　湍流混合层中三维拟序旋涡的示意图

18.13　湍流减阻

在减少黏性阻力方面,人们所做研究的主要出发点是基于两个思路,一是基于层流减阻思想,二是基于湍流减阻思想。层流减阻所采用的措施为:

(1) 在外形设计中,尽可能保持绕物体外形流动为层流;这是因为只要不发生分离,层流引起的黏性摩擦阻力比湍流引起的摩擦阻力要小得多。

(2) 通过层流控制延迟转捩发生,进而增大层流区域。

以亚声速巡航飞机为例，作用在全机上的摩擦力可能占总阻力的一半，因此尽可能使飞机表面上大部分保持层流流态，对于减阻是十分有效的措施。

尽管如此，在高雷诺数流场中，湍流终究是不可避免的，因此湍流减阻的研究也非常重要，一直是湍流研究的热点之一。目前，基于湍流减阻思想开展的研究有很多，所采取的措施有

(1) 提前使转捩发生，使流动变为湍流；

(2) 在湍流中，研究减阻可能性及湍流控制。

采取措施(1) 的原因是虽然层流流动引起的摩擦阻力要比湍流流动小得多，但层流流动比湍流流动更容易分离，会造成很大的压差阻力，因此在湍流不可避免时，使转捩提前发生可以推迟和延缓分离，大大降低压差阻力，因此总阻力可以得到降低。措施(2) 是近年来减阻研究的热点，主要是通过对湍流结构的更深入细致的研究来探索减阻措施。主要的湍流减阻概念有：等离子体减阻；再层流化减阻；通过物面曲率变化减阻；通过施加高分子物质改变湍流结构减阻；通过改变物面边界条件（如多孔表面、质量交换表面以及柔顺波纹表面等）形成被动控制或主动控制减阻；在湍流边界层的外层置放大涡破碎装置以改变湍流结构减阻；通过物面小肋(Riblets) 减阻。以上的大部分减阻研究尚处于机理研究阶段，只有小肋减阻技术比较成熟，是一种比较有前途的减阻方法，已经准备用于型号的研制。

在本节中，只简单介绍小肋减阻的原理和方法。通过对近壁湍流的拟序结构研究，人们发现对某些旋涡结构的强度或位置等参数进行控制，以达到所需目的。小肋就是一种很典型的例子，它是对鲨鱼皮作仿生研究后得到的减阻方法。

小肋是一种流向沟纹表面(Longitudinally Grooved Surface)。目前，研究和使用最多的是如图 18.27 所示的 V 形沟纹小肋。

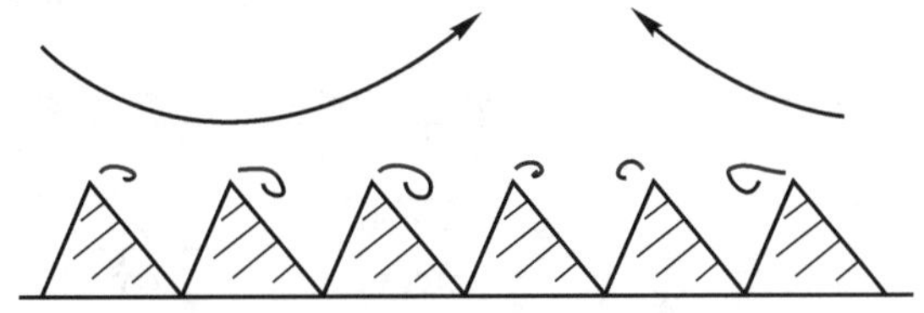

图 18.27　V 形沟纹小肋

（流动方向与纸面垂直）

对于小肋减阻的机理研究发现，小肋减阻的主要机制是展向黏性力的变化导致小肋凹谷区的摩阻的减小。在上一节讲过，近壁处由于存在高、低速条带会形成流向旋涡，流向旋涡的尺度约为 $80 \sim 100\nu/v^*$，实验得出的最佳流向沟纹宽度很细，约为 $10 \sim 15\nu/v^*$，仅仅是流向旋涡尺度的 15%。小肋的存在使原本紧贴壁面黏性底层的流向旋涡与平均底壁位置有了一定的距离。槽底的流体成了润滑剂，也可以认为黏性底层的厚度得到了增加，从而减小了摩擦阻力。另外，由于流向旋涡的诱导作用，在沟纹的顶尖处产生了分离旋涡，其涡量方向与原流向旋涡的

方向相反，因此削弱了流向旋涡，减弱了壁面附近的内、外动量交换，这也使摩擦阻力得到了一定的降低。

需要说明的是，小肋的存在使侵润面积有所增加，又会使阻力增加，但如果其减阻效果超过由于侵润面积增加引起的增阻，总的效果就会使阻力降低。如果侵润面积过大，使增阻的作用超过了减阻的作用，小肋减阻就失败了。因此，必须很小心地选择小肋的高度及其间隔，有研究表明，小肋的尺度必须小于边界层近壁区的低速层高度。

已有的小肋实验证明了小肋减阻的有效性，可以降低摩阻 6% ～ 8%。

18.14 小 结

本章的主要内容归纳如下：

(1) 湍流是巨量分子群组成的流体微团的平均不规则运动。湍流的主要特性可归纳为随机性、扩散性、旋涡性和耗散性。

(2) 通过研究湍流的统计平均特性，引入平均量和瞬时脉动量，可以得到雷诺方程为

$$\rho\left[\frac{\partial\bar{u}}{\partial t}+\bar{u}\frac{\partial\bar{u}}{\partial x}+\bar{v}\frac{\partial\bar{u}}{\partial y}+\bar{w}\frac{\partial\bar{u}}{\partial z}\right]=-\frac{\partial\bar{p}}{\partial x}+\mu\left(\frac{\partial^2\bar{u}}{\partial x^2}+\frac{\partial^2\bar{u}}{\partial y^2}+\frac{\partial^2\bar{u}}{\partial z^2}\right)+$$
$$\frac{\partial(-\rho\overline{u'^2})}{\partial x}+\frac{\partial(-\rho\overline{u'v'})}{\partial y}+\frac{\partial(-\rho\overline{u'w'})}{\partial z}$$

$$\rho\left[\frac{\partial\bar{v}}{\partial t}+\bar{v}\frac{\partial\bar{v}}{\partial x}+\bar{v}\frac{\partial\bar{v}}{\partial y}+\bar{w}\frac{\partial\bar{v}}{\partial z}\right]=-\frac{\partial\bar{p}}{\partial y}+\mu\left(\frac{\partial^2\bar{v}}{\partial x^2}+\frac{\partial^2\bar{v}}{\partial y^2}+\frac{\partial^2\bar{v}}{\partial z^2}\right)+$$
$$\frac{\partial(-\rho\overline{u'v'})}{\partial x}+\frac{\partial(-\rho\overline{v'^2})}{\partial y}+\frac{\partial(-\rho\overline{v'w'})}{\partial z}$$

$$\rho\left[\frac{\partial w}{\partial t}+\bar{u}\frac{\partial\bar{w}}{\partial x}+\bar{v}\frac{\partial\bar{w}}{\partial y}+\bar{w}\frac{\partial\bar{w}}{\partial z}+\right]=-\frac{\partial\bar{p}}{\partial y}+\mu\left(\frac{\partial^2\bar{w}}{\partial x^2}+\frac{\partial^2\bar{w}}{\partial y^2}+\frac{\partial^2\bar{w}}{\partial z^2}\right)+$$
$$\frac{\partial(-\rho\overline{u'w'})}{\partial x}+\frac{\partial(-\rho\overline{v'w'})}{\partial y}+\frac{\partial(-\rho\overline{w'^2})}{\partial z}$$

式中，未知项 $-\rho u'^2$，$-\rho\overline{u'v'}$，$-\rho\overline{v'^2}$，$-\rho\overline{v'w'}$，$-\rho\overline{w'^2}$，$-\rho\overline{u'w'}$ 被称为雷诺应力项；引入适当湍流模型可以使雷诺方程得以封闭。

(3) 二维湍流边界层方程为

$$\frac{\partial\bar{u}}{\partial x}+\frac{\partial\bar{v}}{\partial y}=0$$

$$\bar{u}\frac{\partial\bar{u}}{\partial x}+\bar{v}\frac{\partial\bar{u}}{\partial y}=-\frac{1}{\rho}\frac{\partial\bar{p}}{\partial x}+\frac{\mu}{\rho}\frac{\partial^2\bar{u}}{\partial y^2}+\frac{\partial(-\overline{u'v'})}{\partial y}$$

$$\frac{\partial\bar{p}}{\partial y}=0$$

对应的边界条件如下：

在固壁上，　　$\bar{u} = 0, \quad \bar{v} = 0$

在边界层外缘，　　$\bar{u} = V(x)$

湍流边界层的结构划分：

内层：　　$\dfrac{y}{\delta} \leqslant 0.2$

（ⅰ）线性底层（黏性底层）为　　$y^+ < 5$

（ⅱ）过渡区为　　$5 < y^+ < 30$

（ⅲ）对数层为　　$y^+ \geqslant 30$，　$\dfrac{y}{\delta} \leqslant 0.2$，　δ 为边界层厚度

外层（尾流区）：　　$0.2 \leqslant \dfrac{y}{\delta} \leqslant 1$

(4) 管内湍流流动：

1) 光滑圆管的阻力系数经验公式如下：

（ⅰ）适用于雷诺数 $Re = Vd/\nu \leqslant 10^5$ 的流动的阻力系数公式为

$$\lambda = 0.3164\left(\frac{Vd}{\nu}\right)^{-1/4}$$

（ⅱ）适用于更高雷诺数的阻力系数公式为

$$\frac{1}{\sqrt{\lambda}} = 2\lg\left(\frac{Vd}{\nu}\sqrt{\lambda}\right) - 0.8$$

2) 粗糙管的阻力系数可以查图 18.11 得到。

3) 普遍适用的管内速度分布公式为

$$u_{\max} - u = 2.5v^* \ln\frac{R}{y} = 5.75v^* \lg\frac{R}{y}$$

(5) 湍流平板边界层的特性：

1) 湍流平板边界层厚度估算公式为

$$\delta(x) = 0.37\frac{x}{Re_x^{\frac{1}{5}}}$$

2) 湍流平板阻力系数估算公式为

（ⅰ）　　$C_D = 0.074Re_l^{-1/5}$

适用的雷诺数范围：$5 \times 10^5 < Re_l = \dfrac{V_\infty l}{\nu} < 10^7$。

（ⅱ）　　$C_D = \dfrac{0.455}{(\lg Re_l)^{2.58}}$

适用的雷诺数范围：$Re_l = \dfrac{V_\infty l}{\nu} < 10^9$。

3) 考虑层流到湍流转捩的平板阻力计算公式如下：

（ⅰ） $$C_D = \frac{0.074}{Re_l^{1/5}} - \frac{A}{Re_l}, \quad 5 \times 10^5 < Re_l < 10^7$$

（ⅱ） $$C_D = \frac{0.455}{(\lg Re_l)^{2.58}} - \frac{A}{Re_l}, \quad Re_l < 10^9$$

式(18.67)、式(18.69)中常数 A 由表 18.1 给出。

4）湍流平板边界层的平均速度分布为

$$\frac{\bar{u}}{V_\infty} = \left(\frac{y}{\delta}\right)^{1/7}$$

(6) 压缩性对摩擦阻力的影响，随着自由来流马赫数的增加，平板湍流摩擦阻力是降低的。

(7) 可压缩平板的气动加热可以通过雷诺比拟(Reynolds Analogy) 获得，即

$$St = 0.5 Pr^{-\frac{2}{3}} C_f$$

(8) 当射流和尾流中的流动属于湍流型态时，称为湍流射流及尾流。在射流或尾流下游足够远处，如果选用适当的无量纲参数，垂直于流动方向的速度分布具有“自相似”性，通过理论分析和实验研究相结合的方法，可以确定自由湍流射流或尾流宽度随射流方向距离 x 的指数变化规律和中心速度的变化规律。

(9) 湍流与层流相比可以延缓分离，湍流分离的判定比较复杂，如果采用涡黏模型，可以采用与层流分析相似的判断准则。

(10) 近代湍流研究发现湍流具有拟序结构，通过对拟序结构的研究，可以指导湍流控制的研究，有可能最终揭开湍流之谜。

(11) 小肋减阻方法是已经得到充分实验验证的有效措施，是基于对鲨鱼皮的仿生研究和近壁湍流结构的充分研究得到的一种有效减阻措施。

习　题

18.1　流动问题与本章例 18.1 相同，计算全层流或全湍流时边界层在后缘的厚度。

18.2　流动问题与本章例 18.1 相同，如果考虑转捩情况，转捩雷诺数为 5×10^5，计算机翼表面的摩擦阻力。

18.3　在海平面条件下，马赫数为 4 的流动流过长为 1.524m 的平板。假设流动是全层流时，计算单位展长的表面摩擦阻力。

18.4　流动问题同上题。计算全湍流条件下单位展长的表面摩擦阻力。

参考文献

[1] Anderson John D, Jr. Fundamentals of Aerodynamics[M]. New York: McGraw-Hill Book Company, 1991.

[2] Arnold M Kuethe, Chuen Yen Chow. Foundations of Aerodynamics[M]. New York: John Wiley & Sons, Inc, 1986.

[3] Tuncer Cebeci, Peter Bradshaw. Momentum Transfer in Boundary Layers[M]. New York: McGraw-Hill Book Company, 1977.

[4] 陈再新,刘福长,鲍国华. 空气动力学[M]. 北京:航空工业出版社,1993.

[5] 张兆顺. 湍流[M]. 北京:国防工业出版社,2002.

[6] 张仲寅,乔志德. 粘性流体力学[M]. 北京:国防工业出版社,1989.

[7] 章梓雄,董曾南. 粘性流体力学[M]. 北京:清华大学出版社,1998.

[8] Schultz-Grunow F. Neues Widerstandsgesetz für glatte platen[D]. Luftfahrtforschung, 1940,17:239 also NACA TM 986,1941.

[9] 是勋刚. 湍流[M]. 天津:天津大学出版社,1994.

[10] David C Wilcox. Turbulence Modeling for CFD[M]. California: DCW Industries Inc, 1994.

[11] 张兆顺,崔桂香,许春晓. 湍流理论与模拟[M]. 北京:清华大学出版社,2005.

[12] Schlichting H. Boundary Layer Theory[M]. New York: McGraw-Hill Book Company, 1979.

[13] Baldwin B S, Lomax H. Thin Layer approximate and algebraic model for separated turbulent flows [D]. AIAA Paper,1978:78-0257.

[14] 童秉纲,张炳暄,崔尔杰. 非定常流与涡运动[M]. 北京:国防工业出版社,1993.

[15] Rubesin M W. A Modified Reynolds Analogy[D]. NACA TN 2917,1953.

[16] Kline S J, et al. The structure of turbulent boundary layer[J]. Journal of Fluid Mechanics,1967,30: 741-752.

[17] Robinson S K. Coherent motions in turbulent boundary layer[J]. Annual Review of Fluid Mechanics, 1991(23):601.

[18] 赵学端,廖其奠. 粘性流体力学[M]. 北京:机械工业出版社,1983.

第 19 章　翼型设计、旋涡空气动力学基础及应用、非定常升力

19.1　引　言

机翼是飞机产生升力和阻力的主要部件，而构成机翼剖面的翼型，其空气动力特性对飞机性能有着直接的、重要的影响。翼型影响飞机的巡航、起飞和着陆性能、失速特性、操稳品质和全部飞行阶段的气动效率。

对翼型系统的研究已经经历了两个阶段，第一个阶段从 1912 年英国研究发展 RAF 翼型开始，后来，美国在 20 世纪 20－40 年代研究发展了 NACA 四位数字、五位数字及 6 系列层流翼型等。在这同一时期，苏联研究发展了 ЦАГИ(中央流体动力研究院)系列翼型。这个时期设计翼型方法是半经验的，很大程度上依赖于风洞实验。在经历了 20 世纪 50－60 年代翼型研究进展缓慢的阶段后，翼型研究从 60 年代开始进入了它的第二个发展时期。由于超临界翼型的出现，60 年代后期翼型的研究又重新受到关注与重视，特别是 70 年代以后，由于计算机的迅速发展，用计算流体力学的方法可以比较准确地按指定的目标压力分布设计翼型，还可以按各种优化方法修改设计翼型，使翼型设计提高到一个新的水平。各种新的设计思想和翼型也不断出现，除超临界翼型外，还有先进的高升力翼型、具有更优良性能的自然层流翼型等。从 80 年代后期开始，翼型研究趋向于发展综合性能更为优良的翼型，发展多目标、多约束的翼型优化设计方法，以及翼型、机翼一体化设计方法等。图 19.2 给出了从早期翼型到现代翼型的典型例子。

随着湍流、旋涡运动学与动力学理论研究和应用的进展，人们利用旋涡升力极大地提高了战斗机的性能。而流动控制与非定常空气动力学的研究，也为新型飞行器设计提供了新概念、新思想，展现出美好的应用前景。

本章讲述的内容，概括如图 19.1 所示。

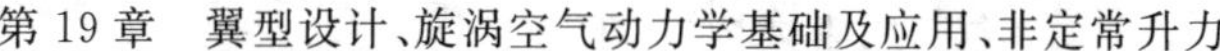

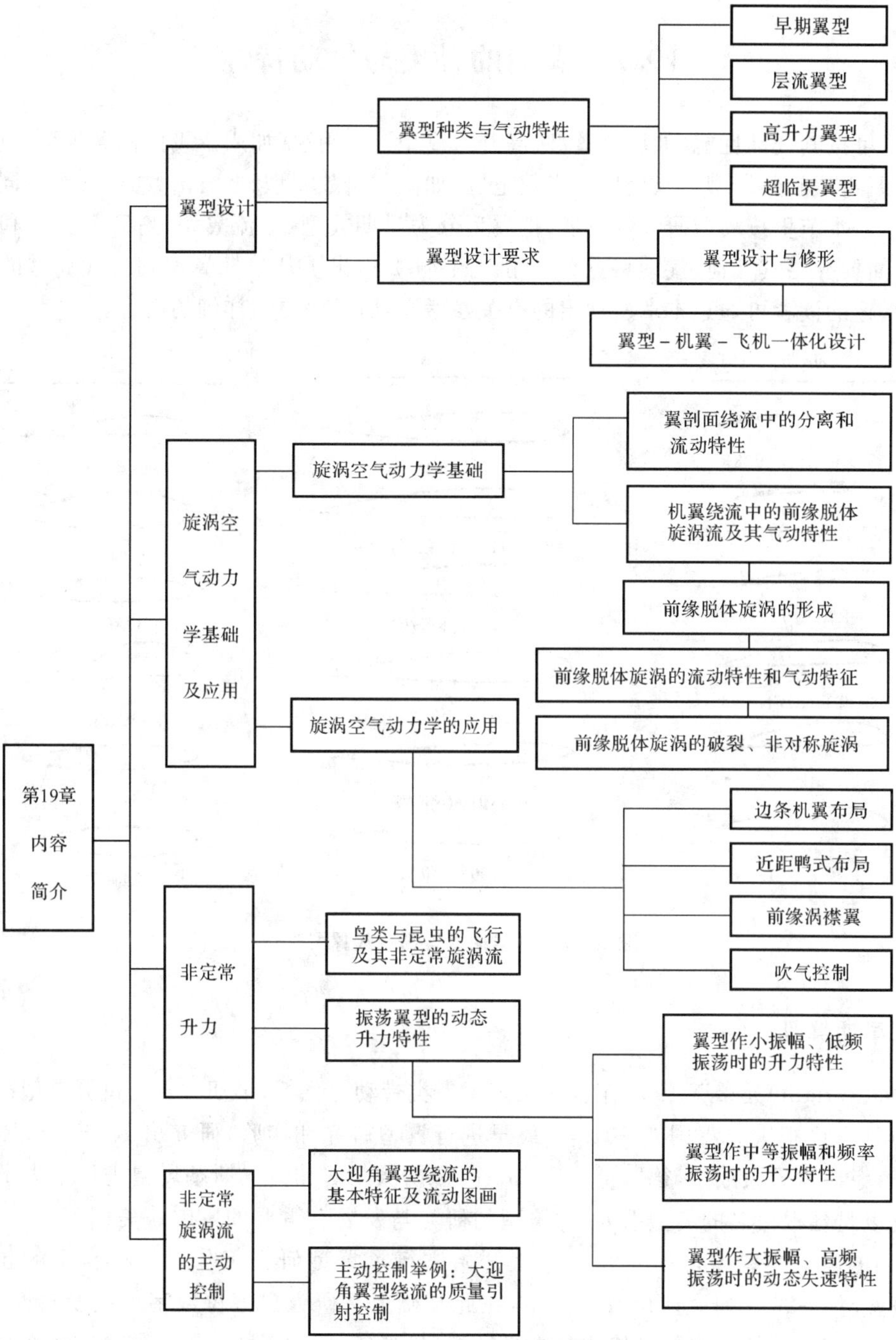

- 第19章内容简介
  - 翼型设计
    - 翼型种类与气动特性
      - 早期翼型
      - 层流翼型
      - 高升力翼型
      - 超临界翼型
    - 翼型设计要求
      - 翼型设计与修形
        - 翼型－机翼－飞机一体化设计
  - 旋涡空气动力学基础及应用
    - 旋涡空气动力学基础
      - 翼剖面绕流中的分离和流动特性
      - 机翼绕流中的前缘脱体旋涡流及其气动特性
        - 前缘脱体旋涡的形成
        - 前缘脱体旋涡的流动特性和气动特征
        - 前缘脱体旋涡的破裂、非对称旋涡
    - 旋涡空气动力学的应用
      - 边条机翼布局
      - 近距鸭式布局
      - 前缘涡襟翼
      - 吹气控制
  - 非定常升力
    - 鸟类与昆虫的飞行及其非定常旋涡流
    - 振荡翼型的动态升力特性
      - 翼型作小振幅、低频振荡时的升力特性
      - 翼型作中等振幅和频率振荡时的升力特性
      - 翼型作大振幅、高频振荡时的动态失速特性
  - 非定常旋涡流的主动控制
    - 大迎角翼型绕流的基本特征及流动图画
    - 主动控制举例：大迎角翼型绕流的质量引射控制

图 19.1　第 19 章的内容简介

19.2 翼型的种类与气动特性

翼型可按其气动性能(如层流翼型、高升力翼型等)、用途(如用于飞机机翼翼型、直升机旋翼翼型、风机螺旋桨翼型等)、使用雷诺数范围(如高雷诺数翼型、低雷诺数翼型)等不同方法进行分类。在本节里按翼型研究的发展,把翼型分为早期翼型、层流翼型、高升力翼型和超临界翼型,并简要介绍其几何、气动特点和应用。图 19.2 给出了从早期翼型到现代翼型的典型例子。有兴趣的读者可通过本章所列出的有关参考文献,了解更为详细的内容。

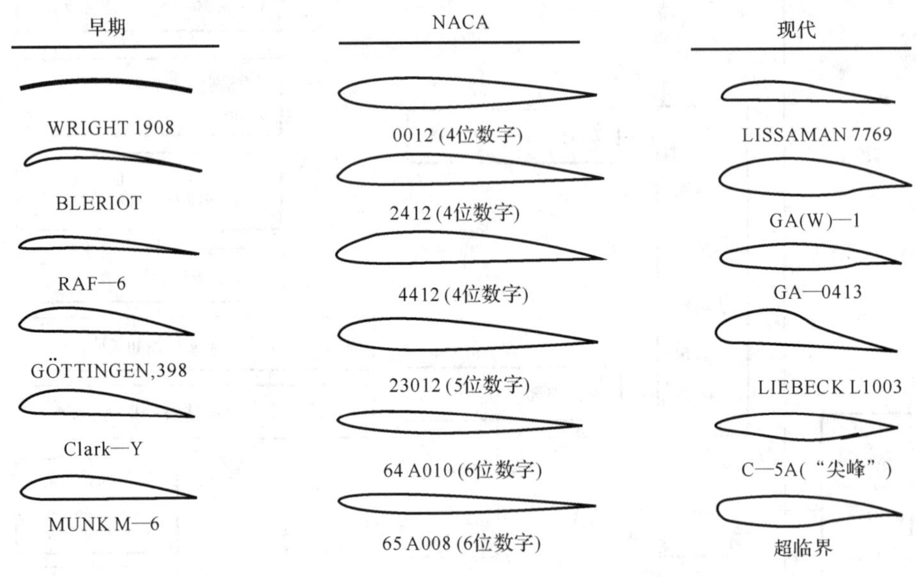

图 19.2 从早期翼型到现代翼型举例

一、早期翼型

莱特(Wright)兄弟于1903 年首次实现了人类带动力飞行,早期的飞机机翼翼型都像鸟翼翼型,薄且弯度很大。英国在 1912 年最早进行翼型研究和实验,研究出 RAF—6,RAF—15 翼型。第一次世界大战中,德国哥廷根(Göttingen)大学对茹科夫斯基翼型进行了大量实验研究,得到以哥廷根命名的翼型系列,对翼型的研究与发展有重要的影响。美国 NACA 在兰利(langley)的航空实验室,从 1920 年起就开始进行了翼型研究工作,1922 年研究出克拉克(Clark)翼型,1929 年研究四位数字翼型,在此基础上又研究出五位数字翼型及对四位、五位数字翼型的修形。修形主要是修改前缘半径和向后移动最大厚度位置。如目前仍在高速飞机上使用的 NACA0012—64 翼型,连字符“—”后的 6 表示前缘半径没有修改,4 表示最大厚度

位置从原来的 30%弦长移到 40%弦长处。德国航空研究院(即 DFVL,为目前德国宇航研究院 DFVLR 的前身)也进行了四位数字、五位数字翼型修形研究,除对前缘半径、最大厚度的修形外,还对后缘角进行修形,得到 DFVL 系列翼型。各国早期翼型几何、气动特性数据可在本章后所列有关参考文献中查到。苏联在 1920—1936 年间也研究出 B,BS,PⅡ,D 等族翼型。安 2 飞机翼型就是 PⅡ族翼型。这些早期翼型,在现在飞机设计中,多数已不再使用了。

二、层流翼型

亚临界、小迎角时,翼型阻力主要是摩阻,研究表明增加表面层流流动范围的翼型,即所谓的层流翼型,其阻力比普通湍流翼型的阻力可以减少 1 倍以上。有统计表明,一架双发民机机翼表面摩阻约占全机总阻力的 20%。因此,层流翼型有重要的使用价值,自 20 世纪 40 年代以来,一直受到关注。

为获得较大的层流范围,设计的翼型最小压力点比较靠后。早期的层流翼型如 NACA 1 系列和 NACA 2—5 系列翼型,风洞和飞行实验指出,在设计升力附近,当表面光滑时,有较大的层流范围和较小的阻力系数,但当表面粗糙和在非设计状态时,阻力急剧增大。此外,其最大升力系数较低。因此,这样的翼型很快就被淘汰了。

NACA 6 系列翼型是用改进的方法设计的层流翼型,他的基本厚度分布按所要求的阻力、临界马赫数和最大升力特性导出,其中弧线按预先指定的载荷分布设计。NACA 6 系列翼型后缘较薄,这增加了结构设计和制造上的困难。为克服这一缺点,对其进行了修形,以保证从 80%弦长处至后缘的上、下表面为直线。修形后的翼型称为 NACA 6A 系列翼型,其气动特性与 NACA 6 系列翼型基本相同。由于其具有低阻、高临界马赫数及非设计条件下较好的气动特性,此类翼型至今仍广泛使用在高速飞机上,如美国 F—16 战斗机采用了 NACA 64A204 翼型作为基本翼型。

图 19.3 给出层流翼型一个例子。它的 C_L^α 比四位数字翼型略大,为 0.106 1/(°)。对标准粗糙度模型,在同一雷诺数时,最大升力系数 $C_{L,\max}$ 略低于四、五位数字翼型。但对光洁模型的零升力阻力系数 $C_{D,0}$ 为 0.004 57,比四、五位数字翼型的 0.006 低了约 24%。

苏联设计的飞机,主要使用以 ЦАГИ 命名的翼型系列。从 20 世纪 30 年代末期开始研究层流翼型,40 年代后期开始用于飞机设计,如 ЦАГИ C—5—18 层流翼型用于安 12、安 24 等飞机上。

层流翼型的低阻源于加长附面层的层流段。如果翼面不够光滑,例如用标准粗糙度,则不能获得加长的层流段。当飞机飞行时,翼面的灰尘等污染和结构振动都会使附面层提前转捩。因此,以往的层流翼型应用并没有像理论上预计的那样获得很大成功。然而,对一些飞机和滑翔机,由于其弦长雷诺数较低(小于 4×10^6)和使用复合材料得到光滑的表面,层流翼型的应用已被飞行实验证明是成功的。因此,层流减阻仍是值得进一步深入研究的课题。

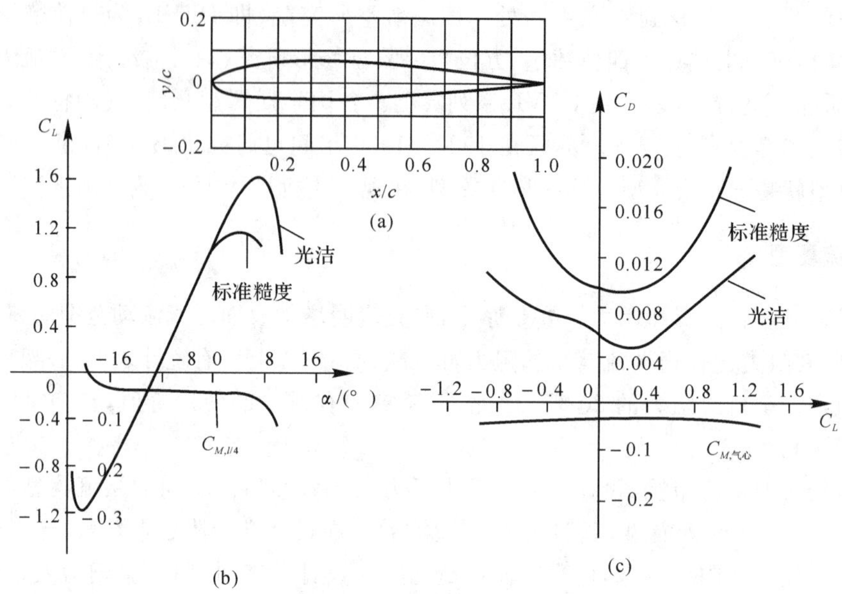

图 19.3　层流翼型 NACA 63_1—212 的气动特性

($Re=6\times10^6$)

三、高升力翼型

早期翼型中的美国 Clark Y,NACA 四位数字和五位数字系列翼型,以及英国的 RAF—6 等翼型,在高升力下阻力较小,且具有较好的高升力特性,在支线机、农业机及其他低速通用飞机上得到广泛应用。20 世纪 60 年代后,由于计算流体力学的迅速发展,为新一代高升力翼型研究提供了良好的条件。美国在 1972 年开始的"先进技术轻型双发"飞机研制计划(ATLIT)中的主要内容之一就是研究厚的先进高升力翼型及其在飞机、螺旋桨上的应用。

GA(W)—1 翼型(其中 GA 是 Generral Aviation 的缩写,W 表示源于翼型专家 Whitcomb) 就是按该计划首次用计算空气动力学方法设计的先进高升力翼型。图 19.4 给出 GA(W)—1 翼型几何外型及升力和力矩系数曲线。对高升力翼型气动性能的要求主要是:

(1) 巡航阻力与相对厚度接近的 NACA 翼型相当。

(2) 爬升升阻比比同类经典翼型有大幅度的提高。

(3) 翼型的最大升力($C_{L,\max}$)比 NACA 翼型有显著的提高。

(4) 失速特性比较缓和。

(5) 零升力力矩的绝对值小于 0.09。

其几何特点是:

(1) 具有大的上表面前缘曲率半径,以减小大迎角下负压峰值,以推迟翼型失速。

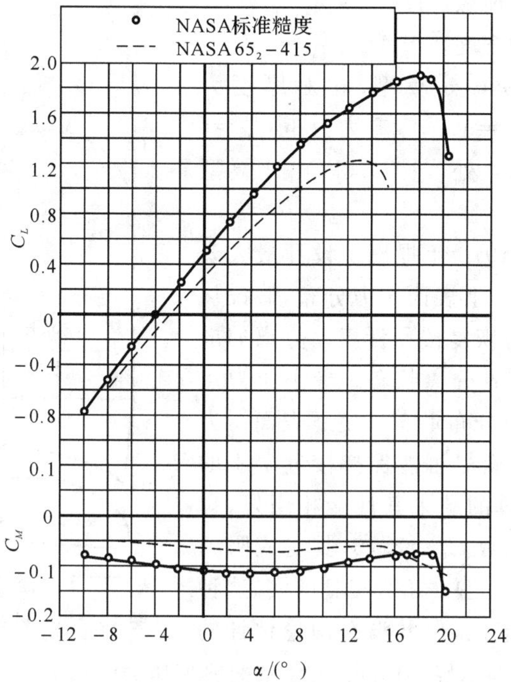

图 19.4　GA(W)—1 **翼型与** NASA 65_2—415 **翼型气动特性对比**

(Ma＝0.2，Re＝6×10^6)

(2) 翼型上表面比较平坦，使其在升力系数为 0.4(对应迎角约为 0°)时上表面有均匀的载荷分布。

(3) 下表面后缘处有较大的弯度(后加载)，并具有上、下表面斜率近似相等的钝后缘。

继 GA(W)—1 翼型之后，NASA 又设计了 GA(W)—2 等翼型，这些翼型在升、阻特性方面基本达到了设计要求，但它们也有不足之处，主要表现在：

(1) 失速特性较差，在失速临界迎角附近，上表面分离区很快大范围扩大，导致升力系数突然大幅度下降，低头力矩迅速增加。

(2) 低头力矩较大，NACA 翼型的零升力力矩不小于－0.09，而 GAW—1，GA(W)—2 翼型低头力矩达到－0.12，会在飞行中为了配平而导致升力损失(平尾需产生负升力，以产生抬头力矩)和增加配平阻力。

为发展通用航空飞机的先进翼型，德国 Dornier 公司于 1975 年开始进行新翼型设计研究。经分析，NACA6 系列翼型为了要保持层流致使前缘半径偏小，NACA 四位、五位数字翼型前缘半径虽大，但前缘弯度较小，故高升力特性不好。考虑制造及实际飞行情况，不把保持层流作为设计条件，主要突出高升力特性。提高最大升力系数和改进升阻比的主要措施是：

(1) 增大前缘半径和前缘弯度；

(2) 增加翼型后部的弯度。

新设计翼型称为 DO—5 翼型，相对厚度为 16%，最大升力系数 $C_{L,\max}=1.6$，零升力力矩 $C_{m,0}=0.07$，最小阻力在 $C_L=0.4$ 处，与 GA(W)—1 翼型相比，低头力矩大为减小。

李贝克(Liebeck)在 1970 年提出了设计最大升力翼型的一种新观点，关于上表面压力分布，假设从最大负压点到后缘的压力恢复按预计流动分离的准则来确定，其表面处于临界分离状态。最小压力点到前缘保持比较平的压力分布形态。使下表面压力系数 $C_p=1$ 时最大，下表面尽可能保持接近于 1 的压力系数。理论设计计算的结果其性能相当好，雷诺数 $\mathrm{Re}=10^7$ 时，升力系数 $C_L=2.76$，其对应阻力系数 $C_D=0.008$，升阻比 $L/D=352$，实验证实，这种翼型确有高升力和低阻范围，但并没有理论预计的那样好，而且失速后的特性不好。Liebeck 翼型的典型压力分布如图 19.5 所示。

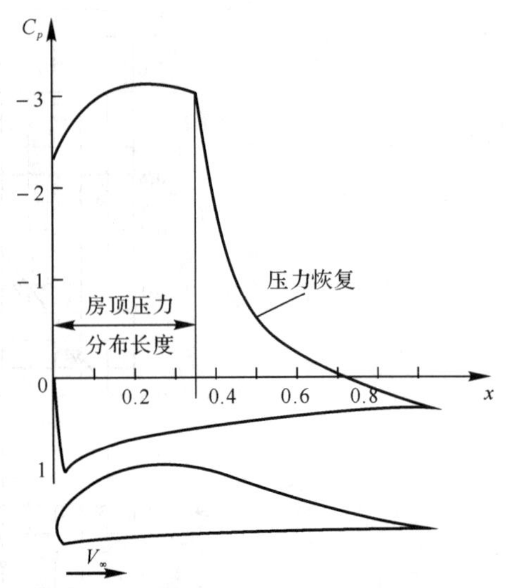

图 19.5 Liebeck 翼型的典型压力分布

四、超临界翼型

当翼型表面最大速度达到声速时，相应的来流马赫数称为临界马赫数。飞行速度超过临界马赫数时，翼型表面即会出现超声速区。对于一般翼型，这个超声速区将以激波的出现而结束。随着来流马赫数进一步提高，翼面上的激波强度增加，导致阻力的迅速增大。一般阻力开始急剧增加时(一般通用的判别准则：当 $\dfrac{\mathrm{d}C_D}{\mathrm{d}Ma_\infty}$ 达到 0.1 时，或者 $\Delta C_D=0.002$ 时)对应的来流马赫数称为阻力发散马赫数。过去，人们普遍认为在超临界情况下激波的出现是不可避免的。因此，在飞机设计中，采用大的后掠机翼和薄的对称翼型以减少波阻和避免激波诱导分离引起的抖振。由此设计出的大后掠角薄机翼，不仅使结构重量增加，而且也给机翼内空间的利用造成困难。20 世纪 60～70 年代，英国和美国科学家 Pearcey 和 Whitcomb 首先提出并在实验中证实了在超临界情况下，无激波或仅具有弱激波的翼型是存在的。他们所发现的这种翼型，当时被分别称为“尖峰”翼型和“超临界翼型”。气流流经这类翼型时，在上表面前缘附近，气流迅速加速形成超声速区，在超声速区内，通常膨胀波被声速线反射形成压缩波，但此类翼型表面外形设

计成使得这些压缩波不聚焦形成激波，气流在超声速区内被等熵压缩或接近于等熵压缩恢复到亚声速区。尖峰翼型和超临界翼型的典型外形及压力分布见图 19.6。

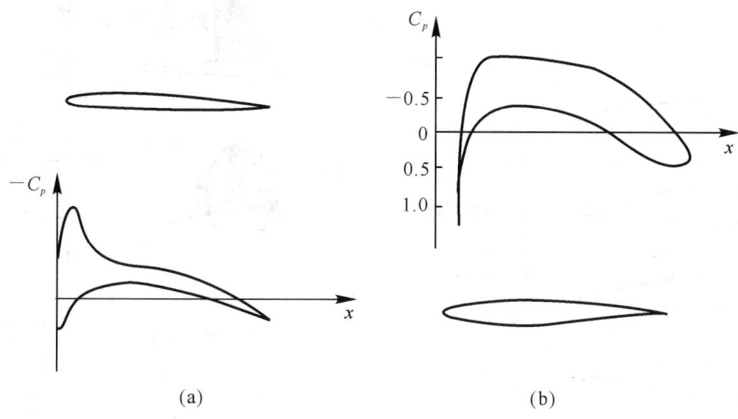

图 19.6　尖峰翼型和超临界翼型的典型压力分布

(a) 尖峰翼型；（b)超临界翼型

由于 Whitcomb 设计的超临界翼型上表面有更大范围的超声速区，可以有更大的升阻比，因而现在尖峰翼型已很少使用。

与普通的 NACA 翼型相比，超临界翼型的前缘半径相当大，上翼面很平缓，而后缘有些下垂，以增加翼型后段的升力，见图 19.7(a)，(b)。在较高马赫数情况下，超临界翼型的上翼面具有平屋顶型压力分布，在超过临界马赫数还没有达到设计巡航马赫数前可以没有激波，达到设计阻力发散马赫数前仅有很弱的激波。而 NACA 翼型在超过临界马赫数后会产生很强的激波，激波后压力迅速提高，在大的逆压梯度作用下会产生严重的附面层分离，从而导致阻力发散、抖振和焦点位置的较大移动。见图 19.7(b)，(c)。

现代先进运输类飞机，应用超临界翼型与机翼设计技术，设计巡航马赫数可达 0.78 甚至更高达 0.80。与常规机翼相比，配置超临界翼型的机翼具有以下优点：

(1) 具有较高的气动效率。超临界机翼的巡航升阻比一般可提高 20%～25%。较高的机翼巡航升阻比，可显著降低飞机的燃油消耗率，降低飞机直接使用成本。

(2) 具有较高的巡航马赫数。与相同厚度的常规机翼相比，超临界机翼的巡航马赫数可增大 0.05～0.12。

(3) 具有较大的翼型相对厚度。同常规机翼相比，在相同的巡航马赫数下，超临界机翼的最大相对厚度可增加 25%～30%。厚度大的机翼可显著减轻结构重量，增大燃油空间，也有利于飞机内各系统的布置。此外，具有较大的翼型相对厚度的超临界机翼，可以在不增加结构重量的前提下，提高机翼的展弦比。目前，与采用常规翼型的机翼相比，超临界机翼其展弦比可增大 2～3。

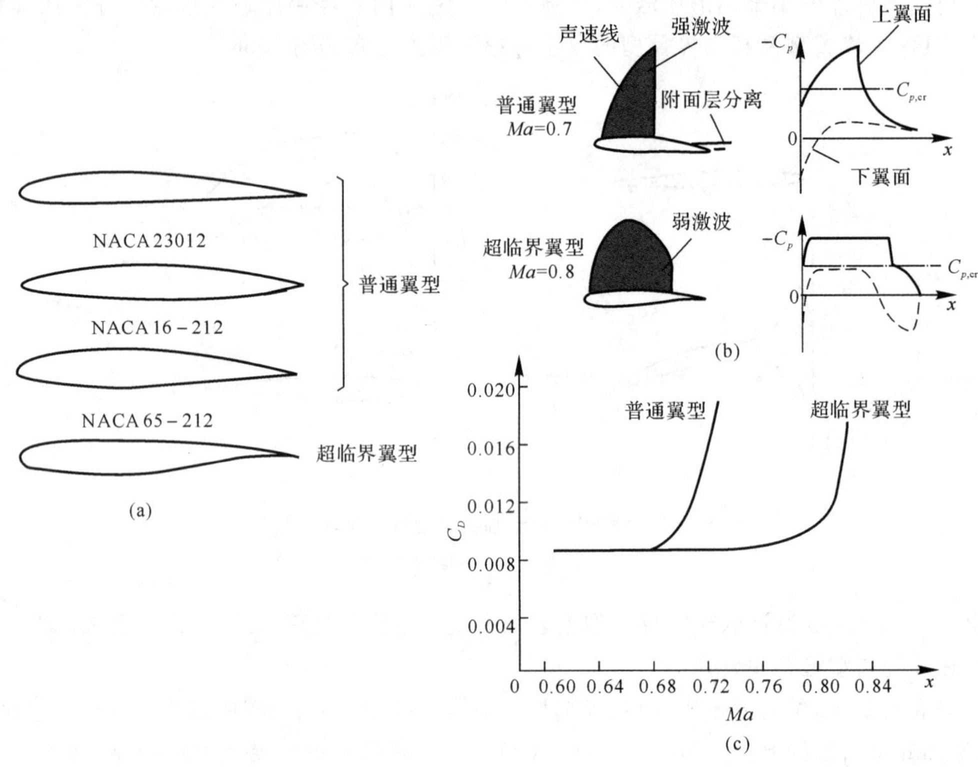

图 19.7 普通翼型与超临界翼型的气动特性比较

进入 20 世纪 80 年代以来，国外先进的民用喷气客机陆续投入运营，如美国波音公司的 B—757/767/777 系列，欧洲空中客车公司的 A—310/320/330/340 系列，俄罗斯的 Tu—204，Tu—334，IL96 等民用客机以及俄罗斯和美国的 An—70，C17 等大型军用运输机。这些飞机全部采用了先进的超临界机翼和跨声速气动力设计技术，飞机飞行性能和经济性有了大幅度的提高。先进的翼型和机翼设计技术已成为现代飞机设计的关键技术之一。

厚的超临界翼型所具有的高的最大升力系数与缓和的失速特性也使其被发展应用于低速通用飞机，GA(W)—1，GA(W)—2 及 NASA LS 族翼型具有低的巡航阻力，高的爬升升阻比、高的最大升力以及可接受的失速特性。20 世纪 70 年代中期以后，NASA 又发展了适用于轻型行政机的若干中速翼型(NASA MS 族翼型)，以填补低速翼型和超临界翼型之间的空白。

19.3 翼型设计

翼型设计就是要通过理论分析与工程设计的方法，找出满足翼型设计要求的翼型几何外

形。当发展一种新的机型时，就会根据其性能要求而提出相应翼型的技术指标。一种方法是总可以找到已有的性能相近的翼型，并在此基础上对原有翼型进行修形设计，使经过修形的翼型满足所提出的新翼型的技术指标，这种方法称为修形设计方法；另一种方法是根据给定的翼型表面压力分布，反求翼型几何外形的反设计方法。在实际工作中，这两种方法有时是同时使用的，以达到相互补充，取长补短，最终设计出合乎要求的翼型的目的。设计出的翼型最后应进行实验验证，以检验设计工作的正确性及所设计的翼型是否已满足设计要求。

一、翼型设计要求

翼型的设计要求是根据对飞机的性能要求来确定的。一般根据飞机的性能要求，提出对机翼的性能要求。而根据机翼的性能要求可确定翼型的设计要求。根据翼型的设计要求，在选用或设计翼型之前，要确定翼型的技术指标。翼型的技术指标，可分为基本设计指标和约束性指标。基本设计指标是由设计状态决定的，即由飞机的基本设计点决定的。约束性指标是指应该满足的一些约束性条件及非设计状态下应该满足的指标，又称为非基本设计指标。首先，翼型按基本设计指标在满足一定的几何约束条件下进行设计，然后按非基本设计指标进行校核，如不满足要求应修改设计或重新设计。一般说来，满足基本设计指标的翼型可通过适当修形达到非基本设计指标，同时又不降低其基本性能。

例如，对某民用客机，根据飞机性能要求，确定的机翼设计状态：$Ma=0.78$，$C_L=0.53$，$Re=2.0\times10^7$。按机翼后掠理论，确定翼型设计点马赫数、升力系数和相对厚度为

$$Ma_{2D}=Ma_{3D}\cos X_{1/4}$$

$$C_{L2D}=(1.1\sim1.2)C_{L3D}/\cos^2 X_{1/4}$$

$$\bar{C}_{2D}=\bar{C}_{3D}/\cos X_{1/4}$$

式中，下标 2D 指翼型；3D 指机翼；$X_{1/4}$ 表示机翼 1/4 弦连线的后掠角；系数(1.1～1.2)是考虑把基准翼型布置到机翼上时，为了保证机翼翼根、翼稍剖面的合理厚度而降低该两区域的剖面升力系数所做的预补偿。

由此确定翼型设计状态为

$$Ma=0.71,\quad C_L=0.70,\quad Re=2.0\times10^7$$

翼型的相对厚度为 $\bar{C}=13.5\%$(此处 $X_{1/4}=25°$)

这样翼型的基本设计指标：

(1) 翼型设计马赫数 $Ma=0.71$；

(2) 翼型设计升力系数 $C_L=0.70$；

(3) 翼型设计雷诺数 $Re=2.0\times10^7$；

(4) 在设计状态下，有良好的低阻特性，以保证机翼的巡航效率指标($C_L/C_D*Ma\geqslant24$)；

(5) 在设计升力系数下，翼型阻力发散马赫数 $Ma_D\geqslant0.75$。

非基本设计指标：

(1) 零升力力矩系数 $C_{M,0,1/4} \geqslant -0.1$

(2) 在 $Ma = 0.71$ 时，抖振发生时的升力系数 $\geqslant 0.92$

(3) 对应起飞着陆状态($Ma = 0.2, Re = 1.0 \times 10^7$)，翼型最大升力系数 $C_{L,\max} \geqslant 1.65$；

(4) 对应飞机起飞爬升状态，在较大升力范围内，所设计的机翼有高的升阻比($Ma = 0.7$，$C_L = 0.32 \sim 0.58$，$C_L/C_D \geqslant 32$)。

未来发展趋势是采用翼型 — 机翼 — 飞机一体化设计方法，但初始翼型一般总是从已有的翼型数据库中选用性能最相近、最适合的翼型。因此，应发展系列化的翼型，这些翼型的设计指标应能适应各种型号的不同需求。

二、翼型的设计与修形

目前，人们普遍采用计算流体力学(CFD，Computational Fluid Mechanics)方法进行翼型的设计或修形，可以按给定的翼型表面压力分布设计出翼型外形，也可以通过优化的方法或人—机对话反复进行翼型表面修形和气动计算，直到设计出符合设计指标的翼型。

给定表面压力分布(又称目标压力分布)设计翼型的方法，又称为反设计或求解“逆问题”方法，多年来已成功应用于亚声速和跨声速翼型设计[11,12,14,15,20]。

反设计方法有许多种，其中“余量修形迭代方法”[12]是一种工程上方便实用的方法。首先，利用分析计算方法(正问题解法)对一个给定的“初始翼型”进行绕流计算，得到翼面压力分布。将此压力分布与“目标压力分布”之差作为“余量”，再利用反设计方法(逆问题方法)，根据余量求出初始翼型外形的修正量，将修正后的翼型外形，再作翼型分析计算，得到修正后的压力分布。再与目标压力相比，算出新的余量。如果余量还不够小，或翼型的气动性能还不够满意，则继续进行第二次修正量计算，如此循环迭代，直到设计结果满意为止。基于余量修正迭代的翼型反设计方法流程如图 19.8 所示。

上述方法的难点，在于如何给定翼型的目标压力分布，因为从理论上至今还难以确定什么样的压力分布才能满足指定的气动特性，因此目标压力分布的给出不仅需要丰富的设计经验，而且往往需要一个反复的过程。首先，根据分析和经验提出最初的目标压力分布，然后设计翼型，并计算该翼型不同状态下的气动特性。如不满足要求，就要修改目标压力后重新设计，如此反复直到满意为止。在给出目标压力分布时，上、下表面的最高负压峰值、最高负压的弦向位置，后缘附近的压力梯度等是最重要的参数。一般说来，上翼面高的负压意味着高的升力、在跨声速情况下高的激波阻力以及高的噪声水平。较靠后的最高负压弦向位置可能导致较靠后的层流附面层转捩位置，意味着更低阻力。但是，太靠后的最高负压弦向位置将在翼型后部形成过高的逆压梯度，引起气流分离。翼型后缘附近的压力梯度与压力分布将影响后缘分离特性和翼型的力矩系数等。

给定翼型外形的优化设计[19]或人—机对话的修形设计方法[23]，需要反复进行翼型的修形和计算修形后翼型的气动特性的工作。在每次修形后将计算的翼型气动特性与翼型设计指标

进行比较，如不满足要求，这样的修形、计算工作就要继续下去，直到满意为止。在优化设计方法中，从理论上说，人们只要给出设计技术指标和初始翼型，上述修形、计算工作就会由计算机自动地进行下去，直至得到满足设计要求的翼型。但对于多设计目标、多约束条件的情形，现有的优化设计方法还不能完全自动进行并满足设计需要，还必须与其他设计方法结合使用。人—机对话的修形设计，可以直接在计算机屏幕上修改翼型和进行修改后翼型的气动特性计算，比较直接与直观，但要求设计者具有深入的专业知识和丰富的设计经验。我们知道，翼型表面不同部位的修形对翼型气动特性的影响是不同的。例如翼型上表面前缘附近的弯度和厚度对最大升力有重要影响；平坦的翼型中部表面可带来高的阻力发散马赫数；增加翼型后缘弯度将增加翼型后部升力，同时也增加了低头力矩；减少翼型下表面前缘附近的曲率与厚度将增加翼型头部的升力，同时会增加抬头力矩；上表面后部的斜率影响附面层分离位置和分离区的大小，从而影响翼型的阻力和失速特性，等等。

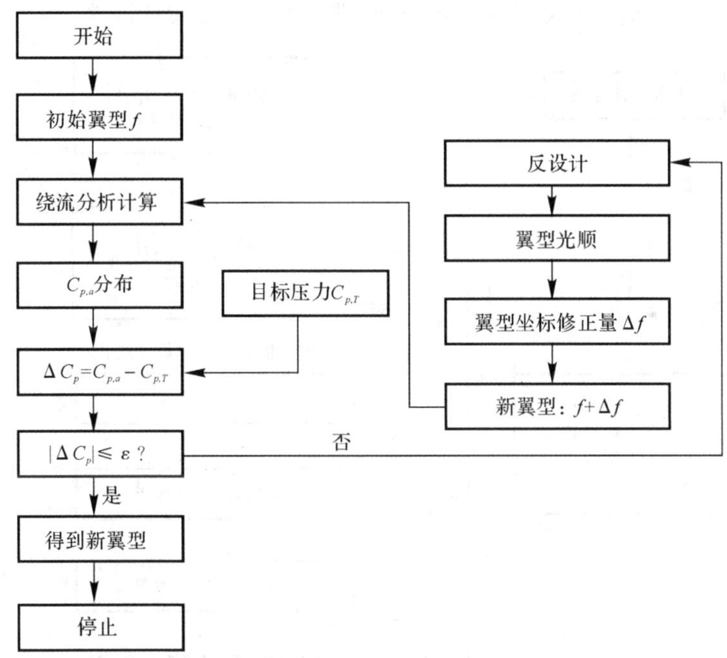

图 19.8　翼型反设计方法流程图

三、翼型—机翼—飞机的一体化设计

随着对飞机综合性能要求的不断提高及设计手段的日趋完善，为使所设计的飞机获得最为理想的高性能，新飞机的设计趋向于采用翼型—机翼—飞机一体化设计的方法。

由于计算机及计算流体力学的飞速发展，在新飞机设计时可以根据其性能要求设计或修改翼型，使得翼型能更好的满足飞机设计的要求。在此过程中，对翼型设计者来说，其工作仍然是在给定的性能要求及各种约束条件下，设计出满足升力、阻力和力矩特性的翼型。但是这并不意味着最佳翼型就是具有最大升阻比或最小阻力的翼型。因为翼型对飞机性能的影响还取决于其他许多方面，如翼型的特性对机翼面积、尾翼面积、飞机重量和操稳性能等有着重要影响，只有通过翼型—机翼—飞机一体化设计，才能充分考虑各方面的因素，不断的综合与平衡，修改设计，从而设计出性能优越的飞机。

图 19.9 表示出翼型—机翼—飞机一体化设计的过程。首先根据飞机设计要求、进行飞机的初步设计，在初步设计阶段，可以选用或经改进设计后，设计者认为与所设计飞机各种性能最为匹配的翼型。然后翼型设计、机翼设计和飞机设计就开始迭代进行，直到获得满意的性能要求，即可得到飞机详细的设计方案，这个方案有时不止是一个。最后还需要进行实验验证，以验证方案的正确性。在有些情况下，经上述反复迭代后发现要达到飞机设计的要求是不可能的，这就要客观、现实地修改原设计要求，重新进行上述迭代设计过程。

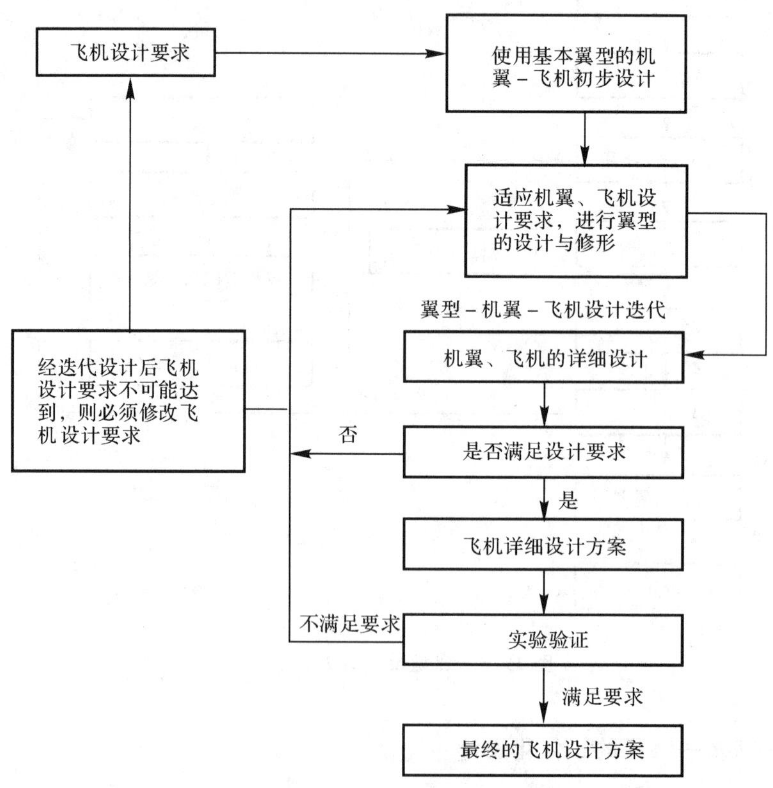

图 19.9　翼型—机翼—飞机一体化设计流程图

19.4　旋涡空气动力学基础

传统飞机的气动设计要求保持附着流型，即飞机在正常飞行范围内不发生气流分离，以获得飞行时的尽可能小的阻力和最大的升阻比。当发生气流分离时，阻力会急剧增加，升阻比会急剧下降。当接近失速迎角时，升力系数达到最大，是飞机使用的极限。气流的分离还可能引起机翼或尾翼的抖振，这也是飞机使用的一种限制。

对于现代战斗机，一般都要求在亚、跨声速有高的机动性及过失速机动能力，同时还要求有良好的超声速性能及超声速巡航能力。为此，现代战斗机一般采用中等到大后掠和相对厚度很小的机翼，这类飞机在不大的迎角时即发生气流分离，其流动发展为脱体旋涡流型。如何利用旋涡空气动力的特点，以提高飞机的飞行性能，成为现代飞机设计的一个重要课题。

下面将介绍这两种不同流型的分离流动。

一、翼剖面绕流中的分离和流动特性

对于二维翼型低速、亚声速绕流流动，前面有关章节已经做了一些介绍，其流动图也是大家所是熟悉的。对于附体流动，当翼型与来流间存在迎角 α 时，其前驻点位于翼型前缘附近的下方，流线在驻点分叉后分别沿翼剖面上、下表面流动，在后缘处汇合形成后驻点，然后继续流向下游。当考虑流体黏性且雷诺数很大时，紧贴翼剖面的上、下表面将形成很薄的边界层。它们在后缘汇合后形成尾迹区。见图 19.10。由于边界层很薄，翼面上的压力分布和理想流体绕流中的压力分布相比，变化不大。

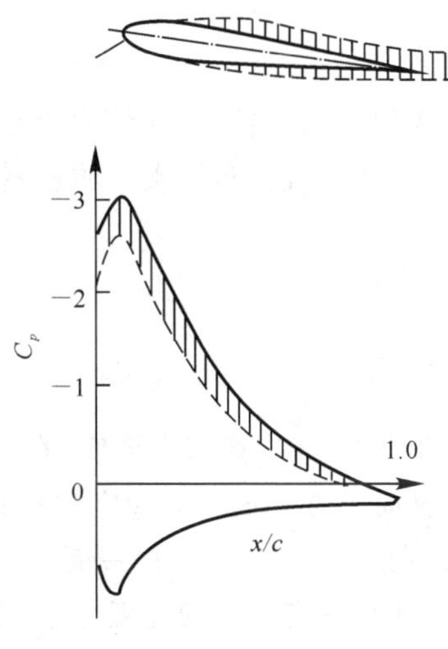

图 19.10　绕翼型的附体流动

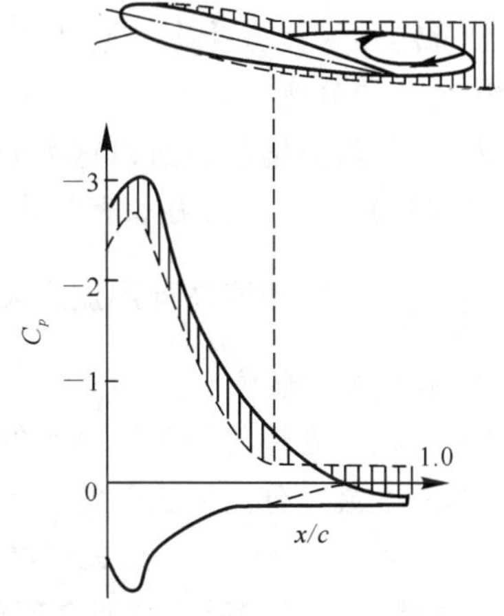

图 19.11　绕翼型的后缘分离流动

随着迎角的增加，后缘附近逆压梯度将增大并在达到某一迎角时，在翼型上表面后缘的上游附近将发生流动分离。随着迎角或翼型相对厚度的增加，分离点将向上游移动，形成较大的后缘分离区(见图 19.11)。在分离区内，基本上是流动的死水区，翼面上的静压几乎保持不变。当迎角继续增大，分离点移到前缘附近时(见图 19.12)，翼面将处于完全失速状态。上述这种分离称为翼型后缘分离。

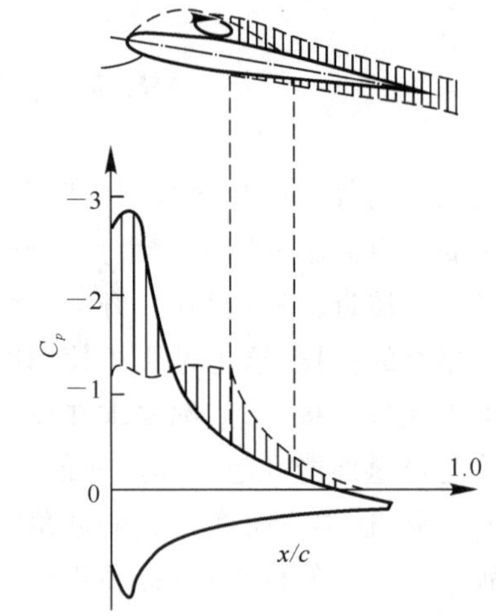

图 19.12 随迎角增大，分离区扩大，分离点移至前缘附近，翼型绕流处于失速状态

当翼型较薄，其前缘半径较小时，流动在上表面前缘附近存在较大的逆压梯度，随迎角增加，逆压梯度增大并使翼型上的层流边界层在前缘附近发生分离。分离后的气流剪切层将在分离点下游的某处转捩为湍流剪切层，从而使分离的自由剪切层有足够的动能再附到翼型表面上，如图 19.13 所示。在分离点 s 和再附点 A 之间形成在翼型上封闭的分离气泡，在气泡内的低能气流将按顺时针方向旋转。对不同的翼型外形及不同的流动条件，气泡分离点与再附点的位置有较大差别，从而使气泡的尺度及对翼型的气动特性的影响也大不相同。这种分离称为翼型前缘气泡型分离。

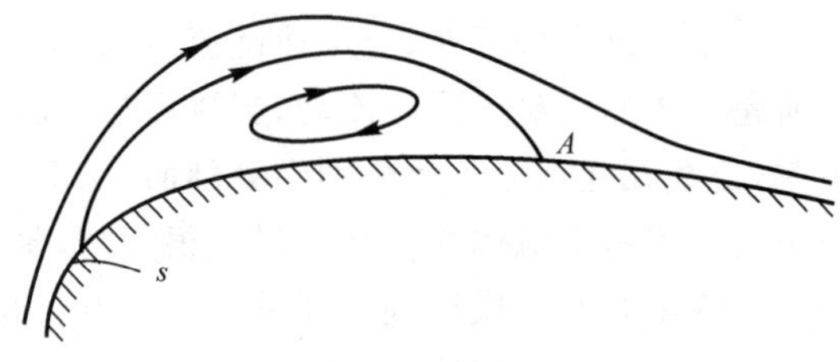

图 19.13 翼型上的分离气泡

传统飞机绕流的分离在某些形态上与上述二维分离相似，分离区往往是低能流动区，它们的出现使升力下降，阻力增加。所以这类分离流动不仅对经典常规布局飞机的机翼，而且对于现代先进飞机的机翼都是应该力求避免的。

二、机翼绕流中的前缘脱体旋涡流及其气动特性

1. 前缘脱体旋涡的形成

对具有尖前缘、大后掠的细长三角翼的绕流，由实验与数值计算都已证实：在不大的迎角下，机翼前缘即发生流动分离并在气流中不断卷起，在翼面上方形成一对稳定的螺旋形集中分离旋涡(见图 19.14)。研究指出，形成前缘集中分离旋涡应具有两个条件，一是气流在前缘能够形成三维分离流，二是气流沿“展向”(旋涡轴方向)应具有一定大小的速度分量，使前缘分离气流能沿展向不断发展、卷起、聚集能量，最后形成集中分离旋涡。因此，机翼前缘应是尖的，以保证在前缘发生分离。同时机翼要有足够大的后掠角，以提供足够大的展向速度分量，使自

由旋涡层能沿展向发展和卷起。

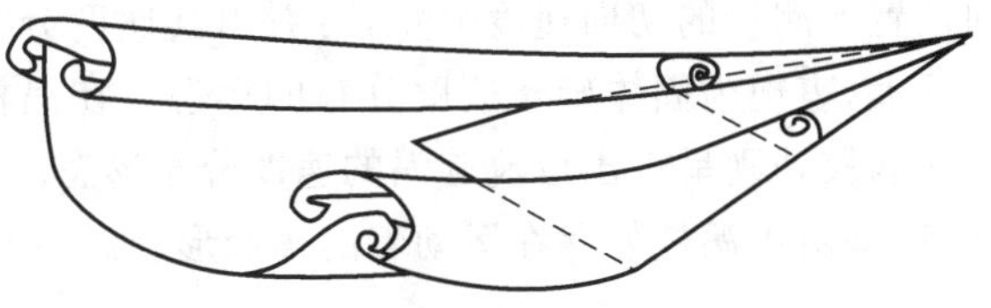

图 19.14　细长三角翼脱体旋涡绕流图

2. 前缘脱体旋涡的流动特性和气动特性

上述由前缘分离的剪切层(或称自由旋涡层)不断卷起,在翼面上方形成的集中分离旋涡,实验表明旋涡核内的轴向速度和切向速度都很高,它们随着旋涡强度的增加而增加,而且两者密切相关。图 19.15 为不同后掠角的三角翼其前缘分离旋涡核的平均轴向速度随迎角的变化曲线,可看出旋涡核处的轴向速度可高达自由流速度的的 3 倍。实验还表明,在旋涡轴上除了邻近机翼顶点和旋涡破裂点(旋涡破裂的概念将在下一节介绍)以外的地方,沿旋涡轴上的轴向速度几乎是不变的。而在机翼顶点和旋涡破裂点附近,沿旋涡轴流动的加速度较大,前者为加速,后者为减速。

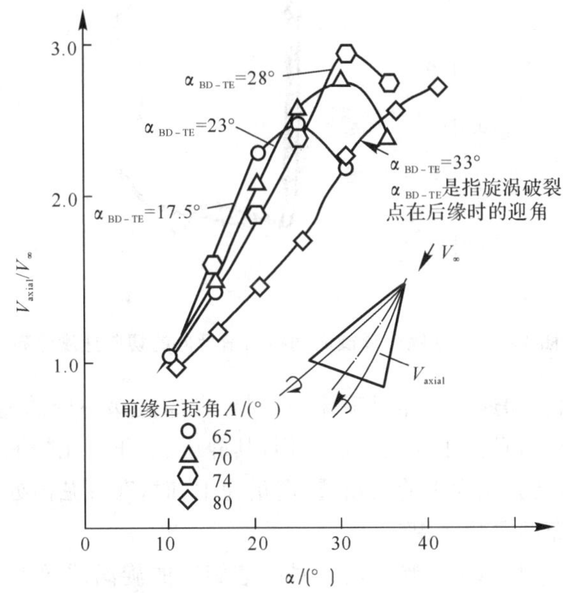

图 19.15　不同后掠角三角翼,旋涡核的平均轴向速度随迎角变化曲线

在前缘分离旋涡内,切向速度和轴向速度沿涡核径向变化也较大,图 19.16、图 19.17 表示展弦比为 1 的三角翼,其迎角为 15°时上述两个速度分量在分离旋涡的涡核内沿径向的分

布。图中 s 是机翼当地弦向位置上的半展长，z 为沿机翼展向坐标，$z=0$ 对应机翼的对称面。图 19.16 是在三个弦向位置上测量的切向速度分量，可看出其速度分布形态基本一致。在靠近涡心处切向速度梯度很大，表现为固体旋转速度分布的形态。在涡核内随着离开涡心的距离，切向速度稍有下降，在涡核处则呈现出位流旋涡的速度分布形态。由图还可看出在涡核外缘处速度分布出现波动，这是由于涡核外存在运动着的螺旋形旋涡层的诱导作用的结果。

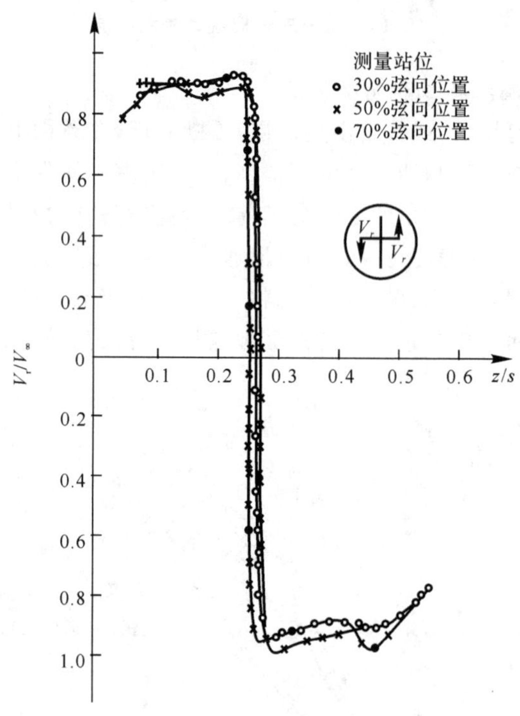

图 19.16　前缘分离旋涡涡核内沿径向的切向速度分布

由图 19.17 可看出轴向速度分布呈喷流型，同样在靠近涡心处的速度梯度较大。由于涡核内涡心附近合速度很大，且由于黏性耗散作用，其静压、总压都比较低，沿径向存在较大的逆压梯度。图 19.18 表示展弦比为 1 的三角翼，迎角为 15°时，70％弦向处前缘旋涡涡核内总压、静压、合速度沿径向分布的测量结果。

在上述大后掠细长三角翼上方形成的一对高速旋转的旋涡诱导下，在翼面上形成吸力峰值，使三角翼的升力特性呈非线性增长，且随着迎角增加，旋涡强度不断增大，产生很大的旋涡升力(见图 19.19)，直至旋涡破裂(见下节)，旋涡诱导作用减弱，升力便会突然下降。如图中所示，在主旋涡吸力峰的外侧与机翼侧缘之间，当迎角增大、逆压梯度足够强时，还会产生二次分离形成二次分离旋涡。先进战斗机的设计正是利用了上述前缘分离旋涡的有利干扰，使飞

机的气动性能有了显著的提高。

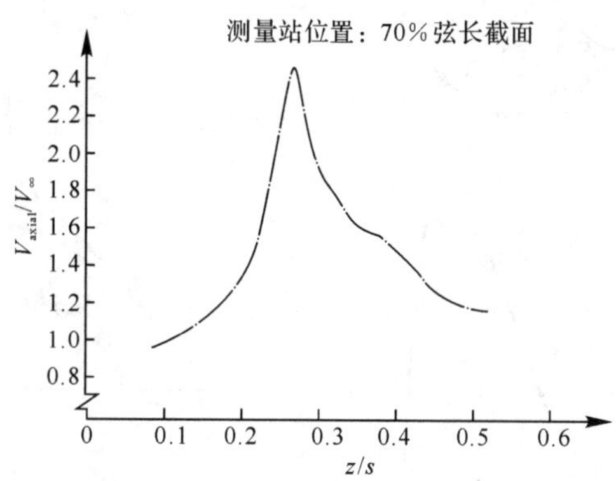

图 19.17 前缘分离旋涡涡核内沿径向的轴向速度分布

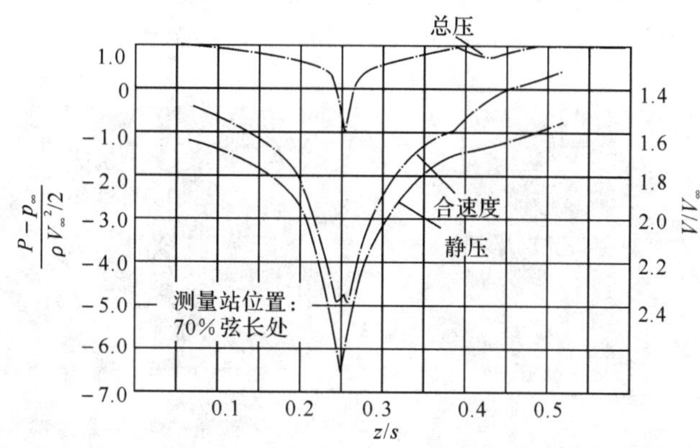

图 19.18 前缘分离旋涡涡核内，总压、静压和合速度分布

3. 前缘脱体旋涡的破裂、非对称旋涡

实验与数值计算均表明，对细长三角翼绕流，当迎角超过某一临界迎角时，翼面上方的前缘分离旋涡涡核内的轴向速度在某一位置上会突然减速，甚至减为零，形成驻点。在其后的一个区域内呈回流状态。驻点后的旋涡核突然膨胀呈气泡状，或呈螺旋形扭曲状(见图 19.20)。其下游流场为脉动很强的湍流区，而原有旋涡诱导能力大大减弱。上述流动现象称为旋涡破裂。在破裂点前的上游旋涡区，旋涡核尚未破裂，因此流动还保持原有旋涡流动的特性。涡核内的轴向速度仍保持为射流速度型的分布，旋涡轴上的速度大大地高于涡核外的速度。

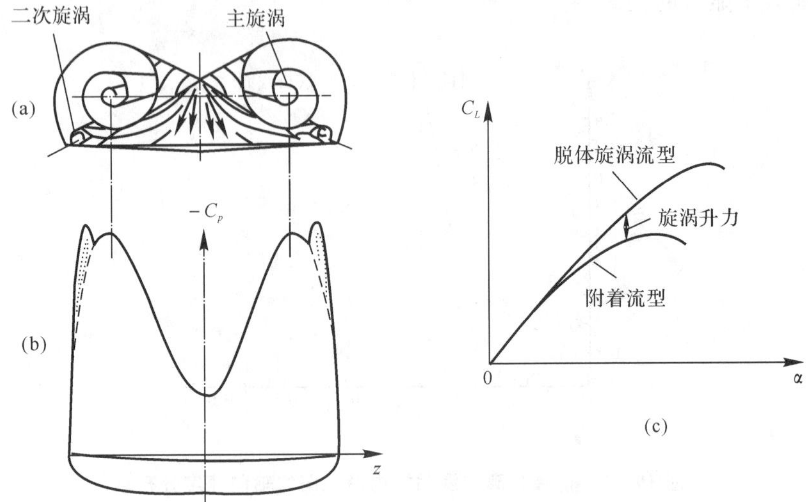

图 19.19　绕尖前缘细长机翼的流动及旋涡升力

(a)旋涡形成；（b)压力分布；（c)升力特性

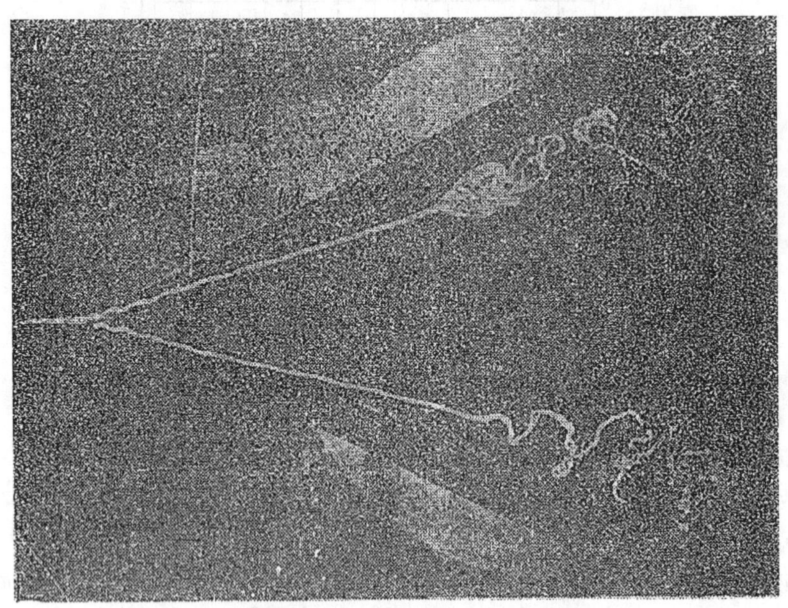

图 19.20　三角翼前缘涡破裂形态

（上方为对称型气泡破裂;下方为非对称螺旋形破裂）

图 19.21 表示后掠角为 65°的三角翼，在迎角为 18°前缘分离旋涡破裂流场中，涡核内轴向

速度分量沿不同轴向位置的分布。图中，$x/c=0.386$（c 为根弦长，x 为弦向坐标）处的分布曲线是旋涡破裂点前的上游旋涡区内的涡核的轴向速度分布。$x/c=1.023$ 处的曲线为旋涡破裂区中的轴向速度的典型分布形态。在旋涡破裂点后的流动为旋涡破裂后的尾迹区，其轴向速度分布呈尾流型，如$x/c=1.336$处的分布，此处的流动为脉动强度很大的湍流流动。

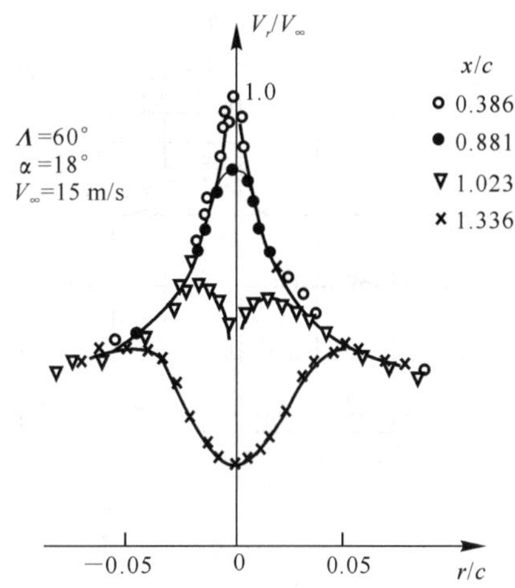

图 19.21　旋涡破裂不同区域中的轴向速度分布

引起前缘分离旋涡破裂的主要因素是沿旋涡轴向的逆压梯度，这与形成一般气流分离的逆压梯度条件非常相似。因此，对于一定后掠角的三角翼其前缘旋涡破裂点的位置将随迎角的增加而前移。一般在靠近机翼后缘的区域内，旋涡破裂点随迎角增加而前移的速度最快，这是因为在那里的逆压梯度也最大。

旋涡破裂的起始迎角（即破裂点到达机翼后缘时的迎角）随机翼的后掠角增加而增加。图 19.22 给出了三角翼前缘旋涡破裂的起始迎角随机翼后掠角 Λ 变化的边界线。从图中可看到，当后掠角 $\Lambda=60°$时，其旋涡破裂起始迎角 α_{BD-TE} 约为 14°，当后掠角增加至 80°时，相应的旋涡破裂起始迎角增加到 36°。

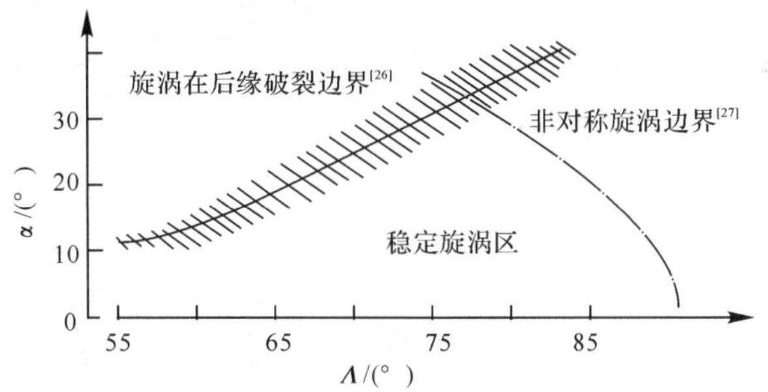

图 19.22　三角翼旋涡流动起始破裂边界和非对称旋涡边界与后掠角 Λ 关系图

采用数值求解 N－S 方程方法，模拟后掠角为 65°三角翼绕流流场。图 19.23 显示 $Ma_\infty=0.85$，$\alpha=20°$，$Re=6\times10^6$，计算所得的翼面压力分布、上表面极限流线、空间截面速度矢量、前缘空间旋涡及总压等值面、总压云图切片表示的空间旋涡。

当三角翼前缘后掠角和迎角均足够大时，由于前缘分离旋涡相距过近且相互干扰，形成前缘分离旋涡的非对称分布，并导致翼面非对称的压力分布，从而产生滚转力矩。大后掠角细长机翼的滚摆现象即绕机翼纵轴滚转摆动的现象就是由此类非对称前缘分离旋涡所致。

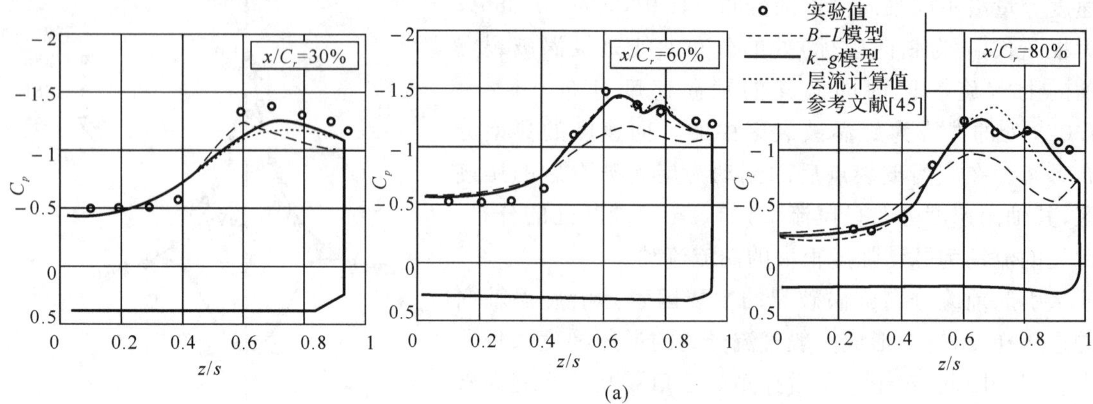

(a)

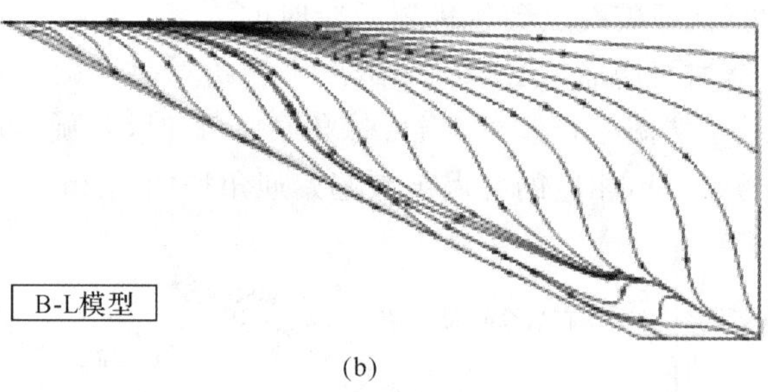

(b)

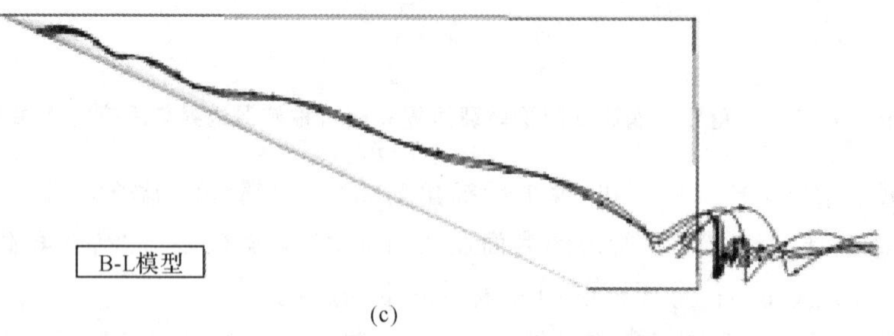

(c)

图 19.23 $Ma_{\infty}=0.85, \alpha=20°, Re=6\times10^{6}$ **绕流计算结果**

(a)机翼表面压力分布对比；(b)上表面极限流线；(c)前缘空间旋涡；

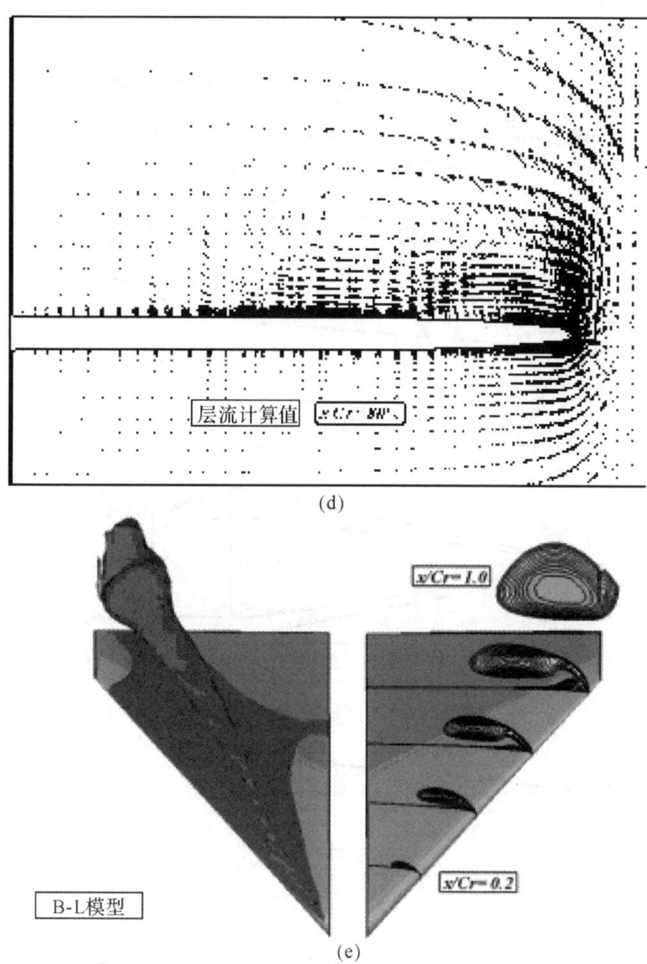

(d)

(e)

图 19.23(续)　$Ma_{\infty}=0.85, \alpha=20°, Re=6\times10^{6}$ **绕流计算结果**

(d)$x/C_r=80\%$截面速度矢量图；　(e)前缘空间旋涡(总压等值面、总压云图切片)

研究具有 80°后掠角的平板三角翼，其厚度为翼根弦长 C_r 的 6‰，前缘为圆型。图 19.22 的右侧曲线为出现非对称旋涡起始迎角与三角翼后掠角 Λ 间的边界线。对于后掠角为 80°的三角翼，出现非对称旋涡的迎角大约为 29°。

采用数值求解 N－S 方程方法，模拟上述三角翼低速大迎角绕流流场。计算表明，当迎角 $\alpha<30°$ 时，流动保持对称性。在 $\alpha\geqslant30°$ 后，左右两分离主旋涡开始变得非对称，随着迎角的增大，其非对称性更趋明显，在 $\alpha=42°$ 时出现了单侧气泡型旋涡破裂。图 19.24 为上述计算所得 $\alpha=27°,38°,42°$ 时旋涡三视图。图 19.25 为 $\alpha=42°$ 时 $x/C_r=0.972\,6$ 处空间截面上的流线图，以总压云图切片表示空间旋涡及上表面极限流线。

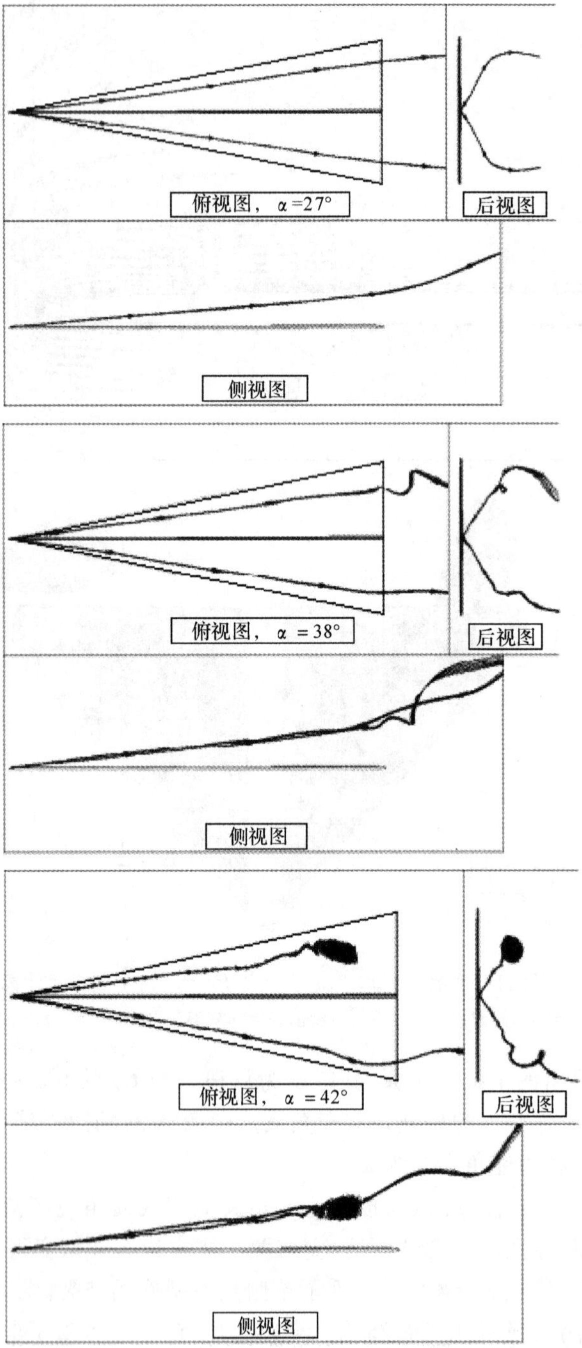

图 19.24　空间旋涡三视图

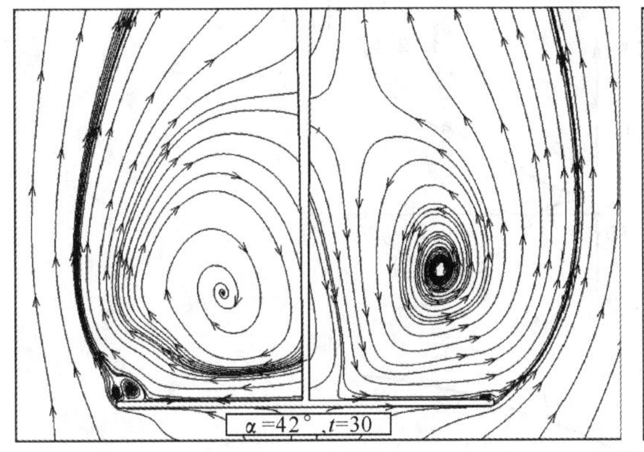

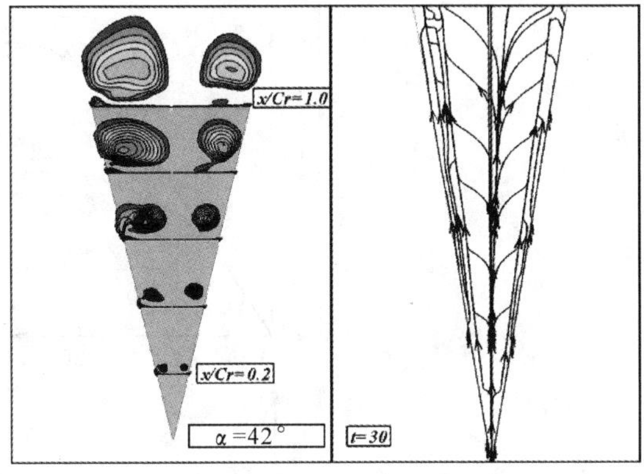

图 19.25　$\alpha = 42°, t = 30$ **时的非对称旋涡流动**

（t 为无量纲时间）

19.5　旋涡空气动力的应用

大后掠小展弦比细长机翼前缘分离旋涡，虽然会造成前缘吸力的损失和诱导阻力的增加，但它在大迎角时诱导产生旋涡升力，从而延缓机翼的失速、提高大迎角升力和最大升力系数 $C_{L,\max}$。这种特性对战斗机非常有用，因为它可以提高飞机大迎角的机动性。因此，利用分离旋涡已是飞机气动布局设计的一项重要课题，并且已得到广泛的应用，取得了很好的效果，例如边条机翼和近距鸭式布局等，以下将做简要的介绍，有兴趣的读者可阅读有关参考文献，了解更为详细的内容。

一、边条机翼布局

由于大后掠细长机翼的低速性能不好，阻力大，起飞着陆性能差（翼展小，限制了襟翼的面积，同时其起飞着陆的升力低），不能直接应用在强调机动性的战斗机上。基于利用细长机翼的旋涡流动，20 世纪 70 年代出现了边条机翼的气动布局。它是在机翼根部前方加一细长的边条，边条在大迎角时大幅度地提高全机的升力并减小阻力，图 19.26 显示了边条对机翼低速纵向气动特性的影响。边条的有利作用，一方面是由于边条前缘旋涡产生的旋涡升力，同时也来自边条旋涡与机翼流动的有利干扰，它对推迟机翼分离的发生和控制分离的发展也起着重要的作用。边条机翼气动布局是旋涡空气动力应用的一个典型例子，取得了很大成功。美国和苏联的空中优势战斗机如 F—16、F—18、米格 29 和苏 27 都采用了边条机翼的布局（见图 19.27）。

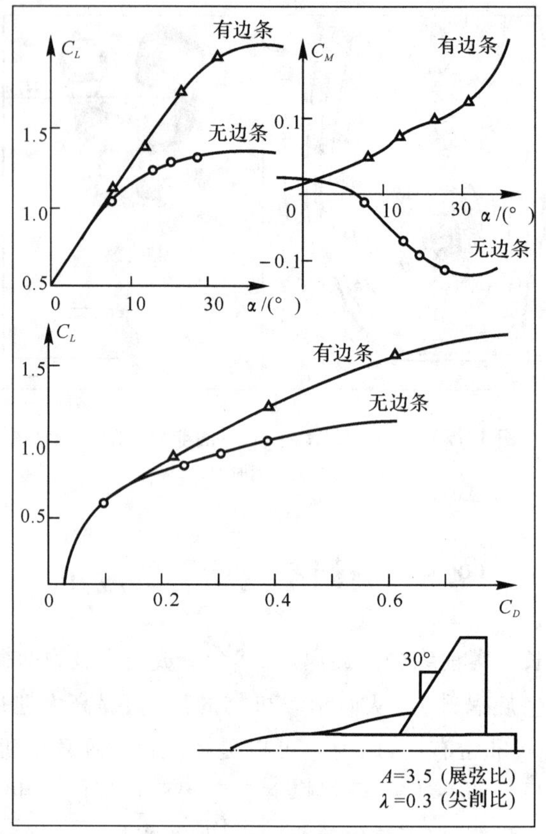

图 19.26　边条对纵向气动特性的影响

二、近距鸭式布局

20 世纪 60 年代初，在研究 SAAB—37 战斗机气动布局的过程中，瑞典首先对近距鸭面（即飞机纵向操纵面置于靠近机翼的前方）进行了研究。当鸭面距机翼较近，并处在一合适的上、下位置时，大迎角绕流中的鸭面和机翼前缘分离旋涡产生有利的相互干扰（见图 19.28）。使旋涡更加稳定，推迟旋涡的破裂，这样就提高了大迎角的升力。为了充分利用旋涡的作用，近距鸭面布局一般采用大后掠小展弦比的鸭面和机翼，因为这种升力面的特点是在较小的迎角时就产生前缘分离旋涡，而且它的旋涡强度大，也比较稳定。

现代先进战机不但强调高机动性，同时还要求良好的超声速性能，甚至要有超声速巡航能力。因此，大后掠小展弦比升力面的近距鸭式布局是现代先进战斗机考虑采用的一种布局形式。如瑞典的 SAAB—37 和 JAS—39，法国阵风（Rafale）、以色列的狮（Lavi）、欧洲战斗机 EFA 和美国的前掠翼实验机 X—29 等（见图 19.29）。

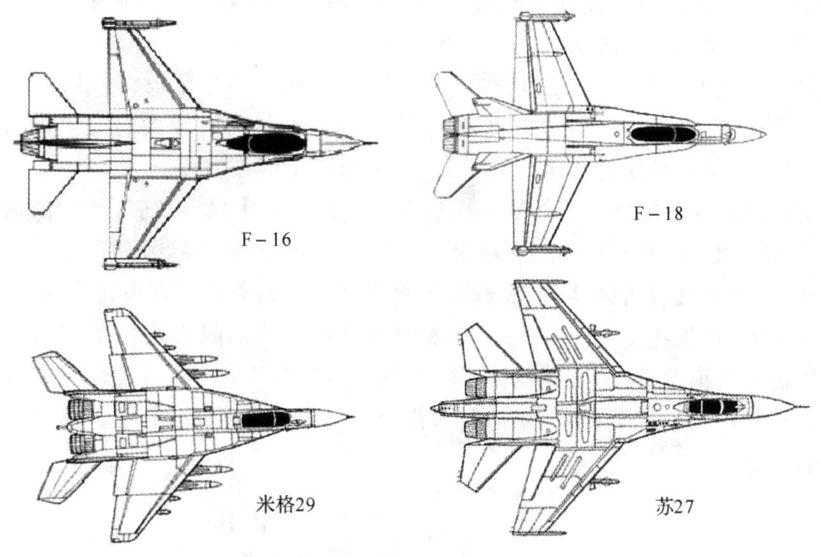

图 19.27　采用边条翼布局的战斗机举例

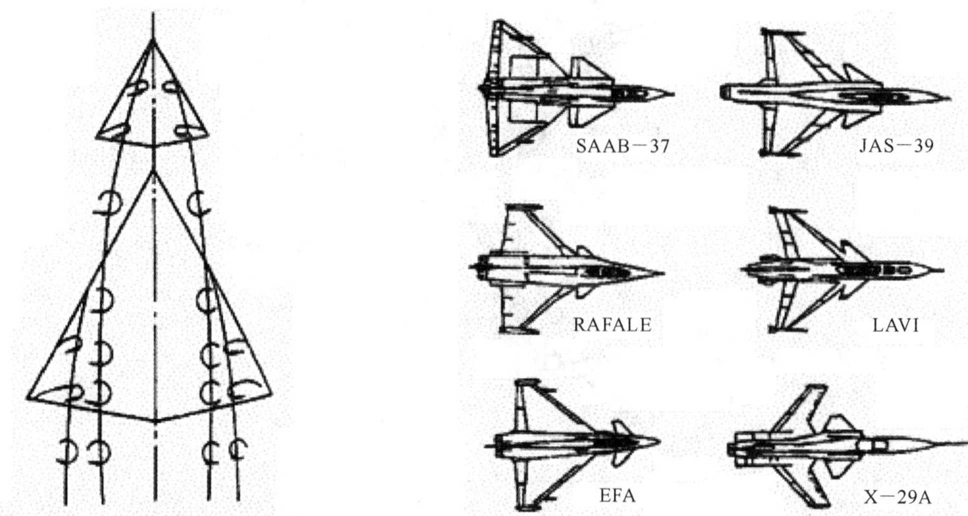

图 19.28　鸭面与机翼前缘的分离旋涡

图 19.29　采用鸭式布局的军用飞机举例图

三、前缘旋涡襟翼

新一代的战斗机要求有超声速巡航能力，如采用大后掠细长机翼，其超声速气动效率最高。但这种机翼的亚声速效率低，影响飞机的亚、跨声速机动性，而且其亚声速巡航和起飞着

陆性能也不好。迎角不大时气流即从机翼的前缘分离形成旋涡，虽然它带来升力的增加，但由于前缘吸力的消失，使阻力随之增大。

为控制后掠机翼前缘分离，过去通常采用前缘下垂和机翼弯扭设计，但在偏离设计状态时，气流仍然分离。而且对于大后掠机翼，由于机翼弯扭沿展向有较大的变化，这就使小迎角时阻力剧增，特别是使超声速巡航阻力增大，使这种方案不能被接受。

1978 年，NASA 在对超声速巡航战斗机概念方案的研究中，做过前缘弯度的研究，前缘弯度的设计点是 $Ma=0.85$ 和 $C_L=0.5$。在设计点附近，气流自尖前缘分离形成旋涡，并在前缘弯度的顶峰处，分离的气流再附体，使大部分机翼表面保持附着流。在设计点前缘下垂可得到 77％的理论前缘吸力(见图 19.30)。由于前缘弯度使小迎角的阻力增加很多，而且在偏离设计状态时气流仍然自前缘分离，因此研究了前缘和后缘襟翼下偏的方案($\delta_{LE}=28°$，$\delta_{TE}=10°$)，它的减阻效果与前缘弯度接近，但在不需要时襟翼可以收起，避免不必要的阻力增加，这就是最初涡襟翼的概念。

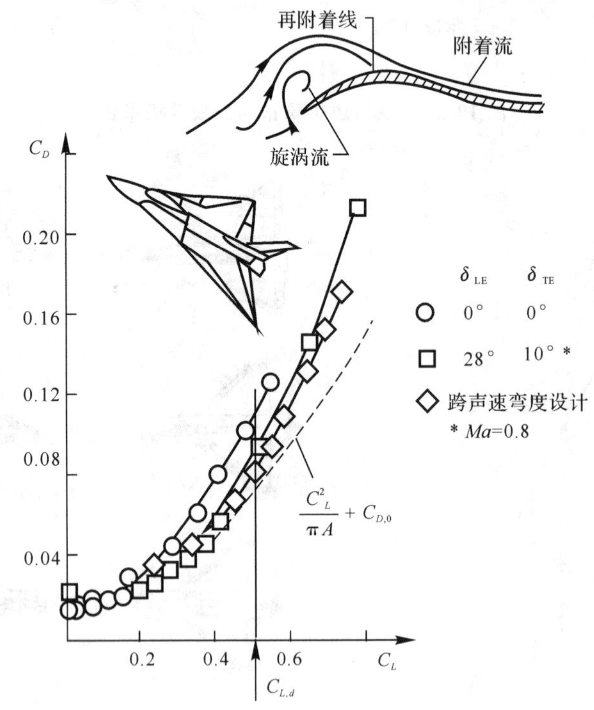

图 19.30 前缘弯度和前缘涡襟翼对极曲线的影响

(超声速巡航战斗机方案 $Ma=0.85$，展弦比 $A=1.383$)

普通前缘襟翼与一些前缘涡襟翼虽然在构造形式上很相近，但他们的作用机理是完全不同的(见图 19.31)。前缘襟翼是利用其下偏避免和抑制气流自前缘分离，而且由于气流从前缘襟翼到基本机翼的和缓过渡，对基本机翼上的分离也有一定的控制作用。因此，前缘襟翼的

前缘一般是圆头的。

涡襟翼完全是另一种概念，它利用尖前缘迫使气流在襟翼前缘分离形成旋涡，并使气流在涡襟翼的铰接线上再附体，控制旋涡局限在襟翼的表面，保持机翼表面气流不分离。旋涡在涡襟翼上表面产生很大吸力，作用在前倾的襟翼表面的这个吸力，会产生向前的推力分量，起减小阻力的作用(见图 19.31)。涡襟翼的偏度要小于前缘的局部上洗角，促使气流在其上表面分离，而普通前缘襟翼的下偏角应基本等于气流的局部迎角，以保持气流不自前缘分离。总之，涡襟翼的作用是促进气流自前缘分离并控制旋涡的位置，而普通前缘襟翼是尽量保持气流附体，两种襟翼的概念是完全不同的。

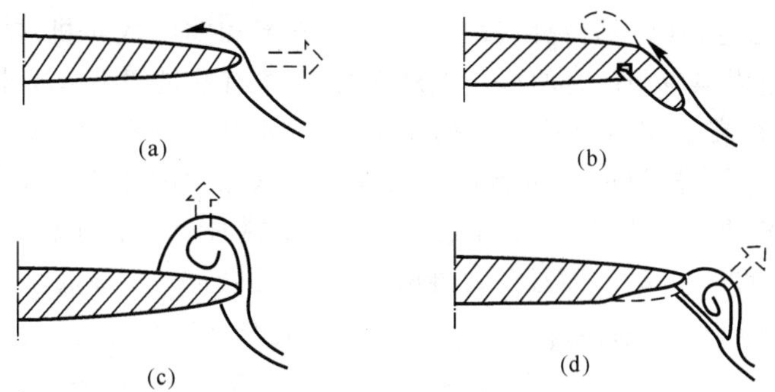

图 19.31　前缘襟翼和前缘涡襟翼的不同概念(图示垂直前缘截面)

(a)附着流(全吸力)；(b)前缘分离旋涡(零吸力)；(c)附着流前缘下垂；(d)涡襟翼

在涡襟翼的方案研究中，出现过许多形式，如图 19.32 所示，有三种类型，一是下表面涡襟翼，二是上表面涡襟翼，三是翼顶涡襟翼。

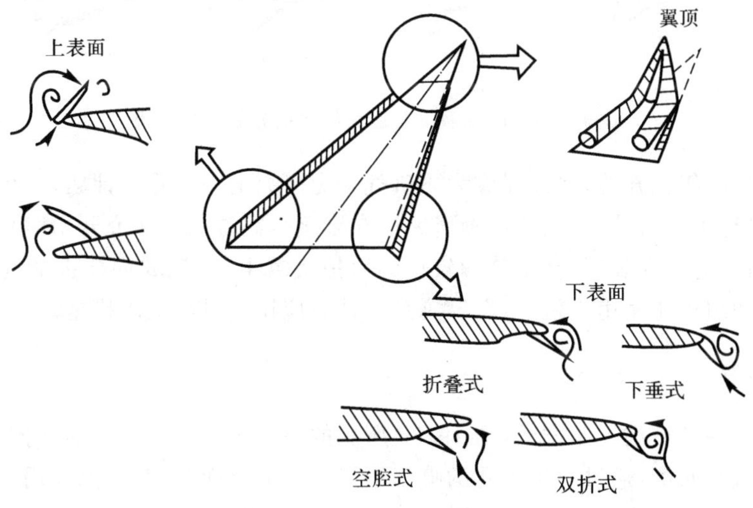

图 19.32　涡襟翼的各种形式

下表面涡襟翼有四种:折叠式、下垂式、双折式和空腔式。研究比较成熟的是折叠式和下垂式,他们在飞机上实现也比较容易。折叠式适用于圆头翼型,襟翼打开后还增大了机翼的面积。下垂式适用于尖前缘翼型,其收放形式与普通前缘襟翼相同。

上表面涡襟翼有两种:一种铰链线在机翼前缘,它适合于圆头翼型;另一种铰链线在机翼前缘之后的上表面,襟翼迎风打开。翼顶襟翼的上偏在小迎角时即产生旋涡并产生旋涡升力,为平衡它的抬头力矩,重心后的操纵面要产生升力来配平,因此增大全机升力。一般说来,下表面涡襟翼在亚、跨声速,迎角 $\alpha>10°\sim15°$时有明显的减阻作用,对改善机动性有好处。而上表面涡襟翼和翼顶襟翼在小迎角时有明显的增升作用。

涡襟翼的研究已达到应用研究阶段,结合飞机方案和实际战斗机进行过不少研究。图 19.33 的左边是做过涡襟应用研究的一些飞机方案,其中有些是超声速战斗机方案。图 19.33 的右边是进行过涡襟翼应用研究的三架战斗机 F—106,F—16XL 和 AFTI/F—111,在 F—106 战斗机上还进行了涡襟翼的试飞验证。涡襟翼对这三架战斗机的亚声速减阻效果见图 19.34,箭头所指是涡襟翼的设计点,ΔC_D 是无和有涡襟翼时全机阻力系数的差值。在设计升力系数下,$\Delta C_D=0.020\sim0.025$,而且升力再增大,阻力还会进一步降低。

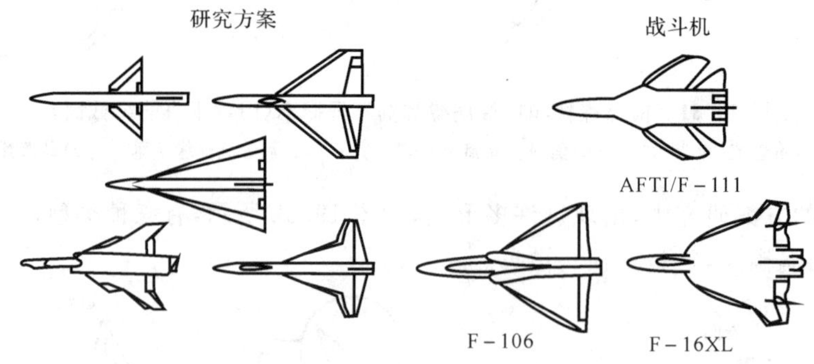

图 19.33　研究涡襟翼应用的飞机方案和战斗机

从 20 世纪 80 年代开始,涡襟翼成为飞机气动力研究的一个重要课题,不但进行了大量的风洞实验,还进行了飞行验证,而且这种研究还在继续。涡襟翼的研究开始时集中在大后掠的细长机翼上,后来的研究表明,在中等和较小的后掠机翼上,涡襟翼同样也能起减阻作用。在未来的战斗机和超声速民用飞机上,涡襟翼是一种有应用前景的减阻措施。

四、吹气控制

吹气控制是一种旋涡控制方法,图 19.35 所示的是两种用吹气来增加和控制旋涡的方式。在机翼上部的机身两侧,通过一排小孔的喷气形成一个喷流面,它与来流作用在机翼上表面形成旋涡,可以起到与机翼边条类似的作用(见图 19.35,左边所示)。

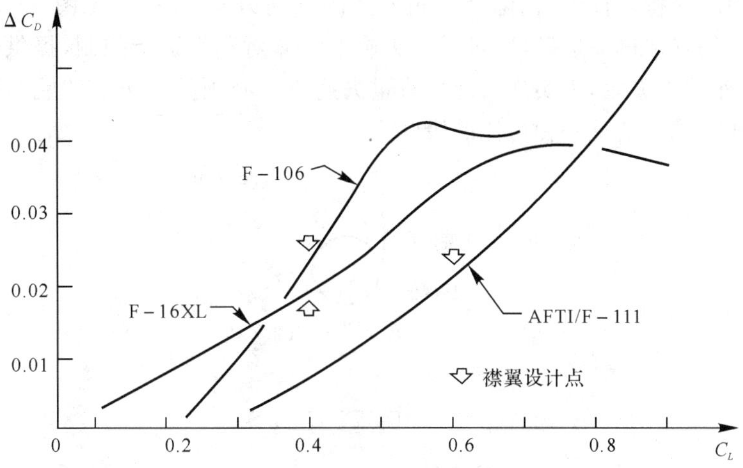

图 19.34 涡襟翼亚声速减阻效果

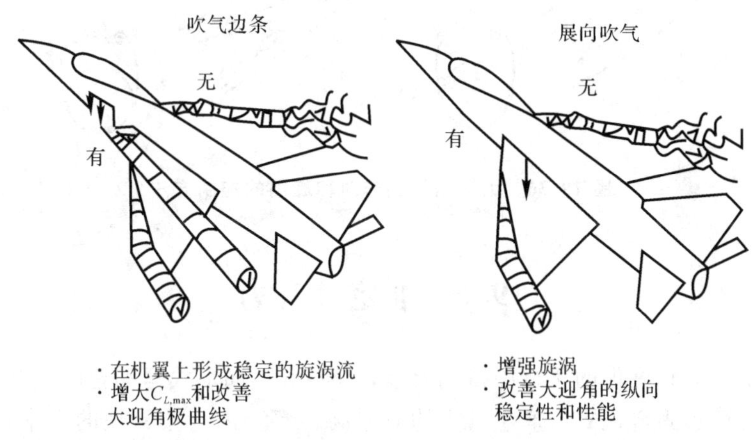

图 19.35 旋涡的吹气控制概念

在中等后掠和中等展弦比的机翼上,气流在不太大的迎角时即从前缘分离,但不能形成稳定的旋涡,即使形成旋涡也会在迎角增大时很容易破裂,这将引起升力降低、阻力增大和横侧稳定性的恶化。在这类飞机上,进行展向吹气可以增大附面层的能量,在机翼上形成一个稳定的旋涡,从而改善大迎角的性能和稳定性,提高飞机的机动性(如图 19.35 右边所示)。如展向吹气移到后缘襟翼的前缘附近,则可以起到一般吹气襟翼的增升作用。

现代战斗机的机头一般都很细长,而细长机头在大迎角时会发生左、右旋涡不对称现象,一侧的旋涡高出另一侧的旋涡(见图 19.36)。不对称旋涡在大迎角导致很大的侧力和偏航力矩,可能引起飞机的方向不稳定性。如在机头两侧对称吹气或安装对称的机头边条,则可使机

头旋涡在大迎角时保持对称性，消除大迎角发生的气动力非对称性(见图 19.36)。如在机头一侧吹气或在一侧安装机头边条，则可对机头旋涡的非对称性进行控制，提供航向操纵力矩。大迎角时，方向舵基本失效，为实现大迎角或过失速机动必须具备可靠的航向操纵能力，机头非对称吹气或非对称边条是一种可能的措施。

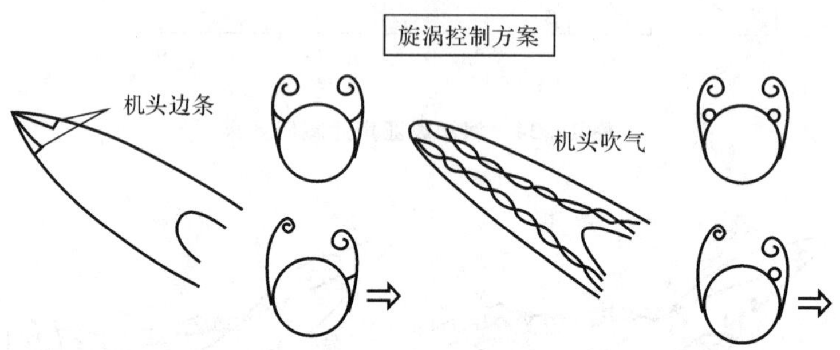

图 19.36　大迎角机头非对称旋涡的控制方法

19.6　非定常升力

人们从观察鸟类和昆虫的飞行中得到启示，以各种不同形式运动着的翅膀所产生升力的效率远比一般飞行器固定机翼所产生升力的效率高得多。因为按常规的定常机翼理论分析，像蜜蜂这样的四个小小的翅膀是不可能支撑它相对庞大的身躯的，而它却能十分自由地飞行。这就预示着：运动着的翅膀引起的非定常旋涡流能够产生高升力。虽然，目前人们对非定常分离流的认识还十分有限，但从近十多年的研究结果看，非定常分离流中存在着很大的潜能，如何有效地利用和控制非定常旋涡流，从而获得高的气动效益是空气动力学发展的一个重要方向。

首先，让我们来观察和分析鸟类与昆虫的飞行。

一、鸟类与昆虫的飞行及其非定常旋涡流

世界上目前最大的两种鸟是游荡信天翁和加利福尼亚秃鹰。它们的重量差不多，但翅膀

结构有较大的差别。见图 19.37。前者是海鸟，主要在海面上滑翔，翅膀展弦比很大。而秃鹰经常在高山峻岭中作剧烈的高升力机动飞行，翅膀展弦比相对较小。当秃鹰在格斗时，可以认为翅膀的升力此时处于可能达到的最大状态。这时翅膀梢部的羽毛一根根张开，同时在翅膀上还可看到许多空隙(见图 19.38)。据初步分析，这很可能是控制非定常旋涡流的一种方式。

	信天翁	秃鹰
展长/m	3.5	3.0
面积/m^2	0.72	1.5
展弦比	17.25	6
重量/kg	9.8	10
翼载/($kg\cdot m^{-2}$)	13.6	6.6

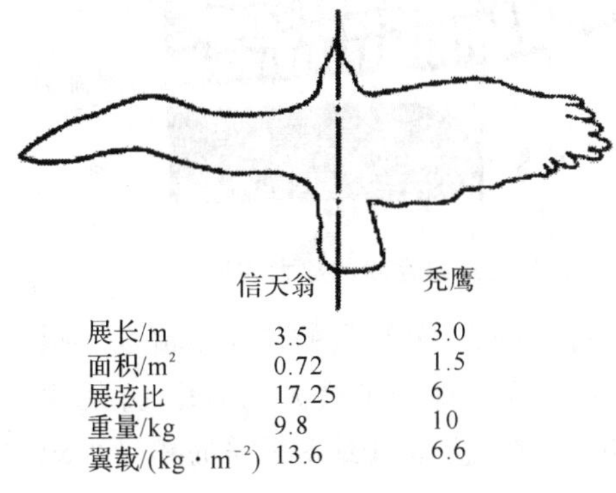

图 19.37　两种鸟的翅膀的比较

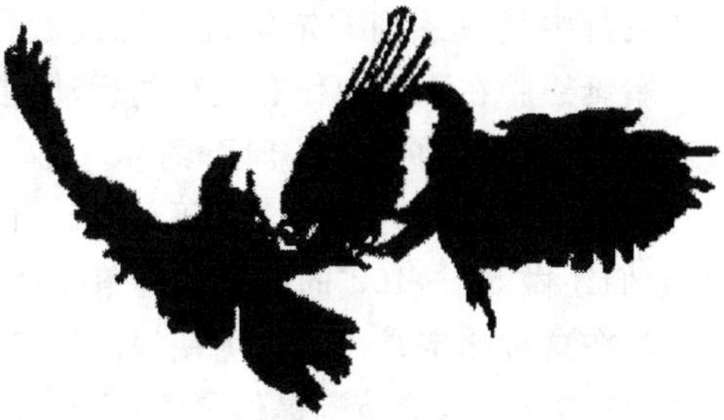

图 19.38　秃鹰空中格斗翅膀张开时的翼稍与间隙

昆虫在飞行时，翅膀都在不停的运动着，包括振动、扑动和摇摆。蜜蜂的四个小翅与它笨拙躯体极不相称(见图 19.39)，它能自由地飞行，其升力显然来自小翅的高频振动与复杂的摇摆和扑动。蜜蜂有一个球形的前体，是小翅的动力源；有一个极细的腰身，最大限度地减小因将热传导到后体而造成的能量损失。通过仔细地观察和初步分析可以认为昆虫翅膀的各种运动都和利用非定常旋涡流有关。当昆虫的一对小翅从闭合状态突然张开时，就会在两个小翅内侧各生成一个旋涡(见图 19.40)。当翅膀向下扑合时，也会生成一对旋涡，这样昆虫在翅膀的一张一闭时充分利用了旋涡升力。

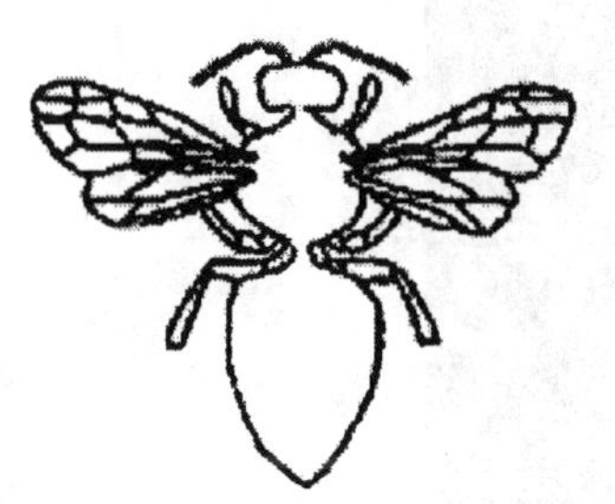

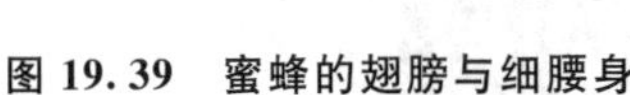

图 19.39　蜜蜂的翅膀与细腰身

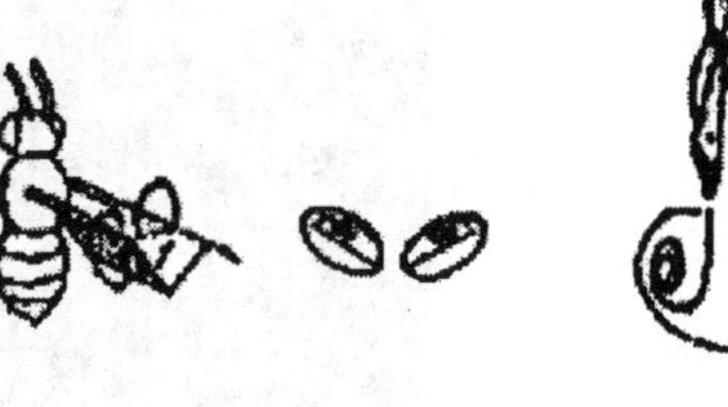

图 19.40　昆虫飞行时的翅膀产生的非定常涡

有些昆虫的翅膀并不作很激烈的扑动或摇摆，蜻蜓就属此种类型。它们产生机动高升力的关键在于翅膀本身的结构。蜻蜓翅膀的结构十分复杂，其特点是表面不像机翼表面呈光滑

的流线形，其剖面为奇特的拐折形（见图19.41）。水洞流场显示发现，这种拐折表面上出现的旋涡流比平板表面上的更为规则且贴近翼面（见图19.42）。用电子显微镜进一步仔细观察，可看到蜻蜓翅膀的前缘有一系列小缺口，后缘有一系列箭形波纹。它们在飞行中是一系列非定常扰动源或激振源。蜻蜓翅膀在飞行中作有规律的运动：前一对翅膀向上扑动约25°，向下约45°；后一对翅膀则向上扑动约30°，向下约25°；同时，它们还做50°～100°的前后相位角摆动，产生一个有规律的、十分强烈的非定常流场。很可能就是在这种非定常流作用下使得由蜻蜓拐折剖面生成的旋涡得到了极大地强化，并能稳定的驻留在翼面上，给蜻蜓提供了急转弯、加减速、急跃升、冲刺、悬停和倒飞所需的相当可观的机动升力。与蜻蜓相比，现代飞机的机动飞行性能还远不如它。

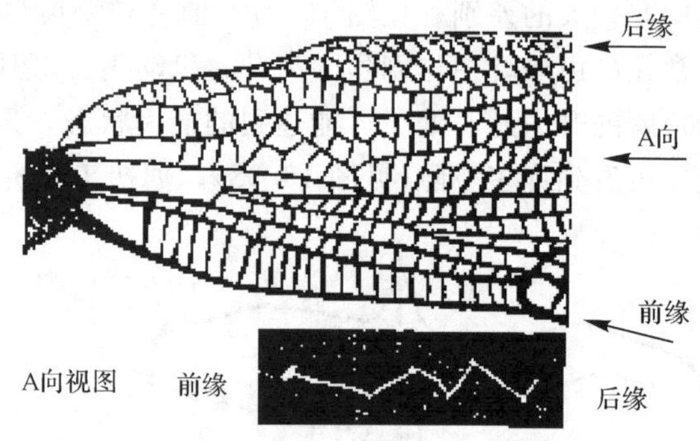

图19.41　蜻蜓翅膀的放大和剖面图

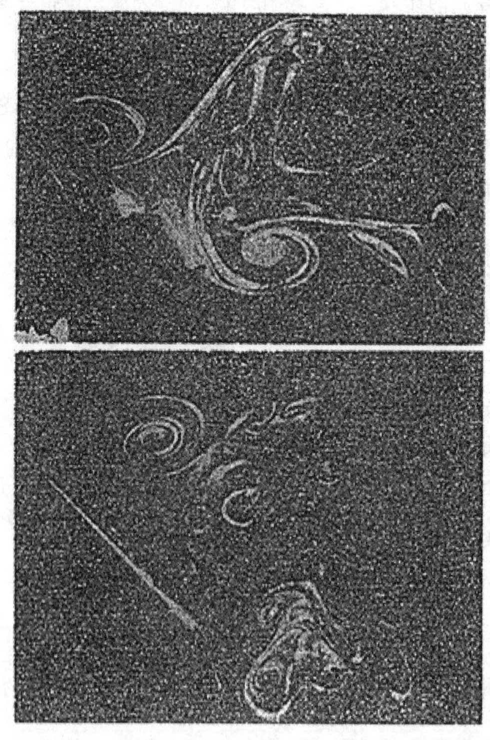

图19.42　蜻蜓拐折翅膀表面(上)和平板(下)的水洞流场显示图的比较

以上三种产生高机动升力的翅膀特点分别是：张开成间隙状的秃鹰翅膀；产生旋涡对的昆虫翅膀；具有拐折剖面的蜻蜓翅膀。对于鸟类和昆虫的翅膀结构和飞行特点的认识和研究无疑将为人们提供启示并有助于为高机动升力机翼的研究奠定理论基础。下面，将研究最为基本的情况，即由翼型的有规律地振荡运动所引起的动态升力特性。

二、振荡翼型的动态升力特性

在 20 世纪 60 年代前后，就有人发现，在同样流场条件下，作振荡运动的翼型比静态翼型能产生高得多的升力，失速迎角也大得多，但这一现象并未受到注意。直到 20 世纪 80 年代，随着人们对非定常空气动力及振荡翼型的动态增升特性的重视，人们开始关注和研究非定常气动力的形成机理和影响因素。虽然至今人们对此问题的认识还十分肤浅，许多现象还不能很好地解释，但非定常气动力及振荡翼型的巨大增升潜力和发展前景已为许多空气动力学家所肯定。

翼型在定常流场中的振荡运动会产生复杂的非定常脱体旋涡、附面层分离的耦合流场，从而改变了原来的静态气动特性，形成独特的动态气动力。下面简要介绍翼型做俯仰、上下平移和前后平移三种典型振荡运动时的动态升力特性。

1. 翼型作小振幅、低频振荡时的升力特性

翼型在不大的起始迎角下做小振幅、低频振荡时，对于上述三种运动形式，流场均保持附着流动，其特性与静态翼型也基本相似。不同的只是动态翼型绕流流场均有时间滞后效应，升力系数滞后于瞬间迎角，即升力随迎角变化曲线相对于静态有一个向右的平移。对于做俯仰振荡运动的翼型，由于沿弦向翼型各点在绕支点转动时，各点产生的附加速度不等，因而还有一种“弯度效应”。其作用是相当于改变了翼型弯度，因而会产生附加的升力增量，从而将减少迎角的滞后量。

2. 翼型以中等振幅和频率振荡时的升力特性

当翼型以中等振幅和中等频率作以上三种形式振动时，其失速迎角和最大升力系数都比静态有明显的增加。图 19.43 显示翼型以不同频率作前后平移振动时的动态升力特性曲线，纵坐标为时间平均升力系数 $\overline{C}_L$。相对于弦长的无量纲振幅 $\Delta x/c$ 为 0.565。当振动无量纲频率（定义为 fc/V_∞，其中 f 为有量纲振动频率（s^{-1}））为 0.234 时，升力特性与静态基本相同。

当翼型以无量纲频率为 0.464 振动时，迎角超过静态失速迎角后，升力系数并没有呈现下降趋势而是几乎保持不变。无量纲振动频率大于 0.656 以后，在大于静态失速迎角后的升力曲线则继续增加。随着振动频率的增大，升力系数显著增加，失速迎角也大大地提高，在图中所给出的迎角范围内已看不出升力曲线下降的趋势。图 19.44 显示迎角为 20°的翼型做前后平移振动时的流谱示意图。图中给出了一个振动周期中几个相位的流态。静态时的流谱表明翼型上表面流动已处于完全分离状态。图中对应的振动相位如下：(a)对应于右边的 1.4π 处，(b)对应于最右端 3π/2 处，然后从右端向前（从右向左）依次到(c)(1.9π)、(d)(0.2π)、

(e)(0.3π)，再从前向后经(f)(0.74π)又回到(a)(1.4π)。流谱表明在从后向前的平移振动过程中分离状态有显著改善，在前缘附近区域内形成稳定的附着流区，该区内获得的高吸力会使整个上翼面的负压值提高，这相当于流速加快而导致升力增加的作用，称为“加速流场”效应。在上、下平移振动时也有这种“加速流场”效应。

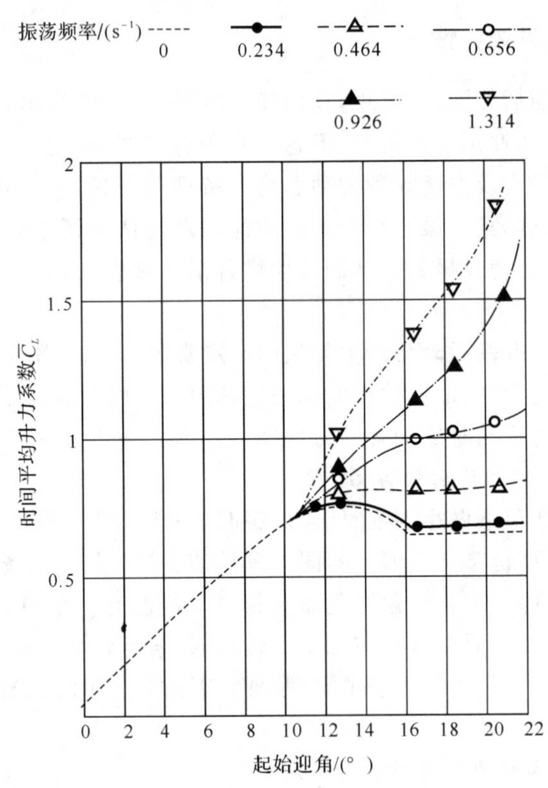

图 19.43　前后平移振动翼型在不同频率下的动态升力特性

当翼型做俯仰振动时，绕支点上仰过程中，上翼面的气流很类似于受到切向吹气的作用，使附面层获得能量，因而不易分离。图 19.45 为翼型做俯仰振动时在上仰期间的升力特性，最大动升力与最大静升力相比提高了 40%以上。但在翼型向下转动过程中，对附面层分离是不利的。

3. 翼型以大振幅和高频率振荡时的动失速特性

翼型以大振幅和高频率作前述三种形式振荡时，有共同的流动特征，即呈现出动失速现象。在此过程中出现升力急剧增加，接着是升力的突然丧失，其中俯仰力矩也发生急剧的变化。图 19.46 给出了动态失速全过程的示意图。

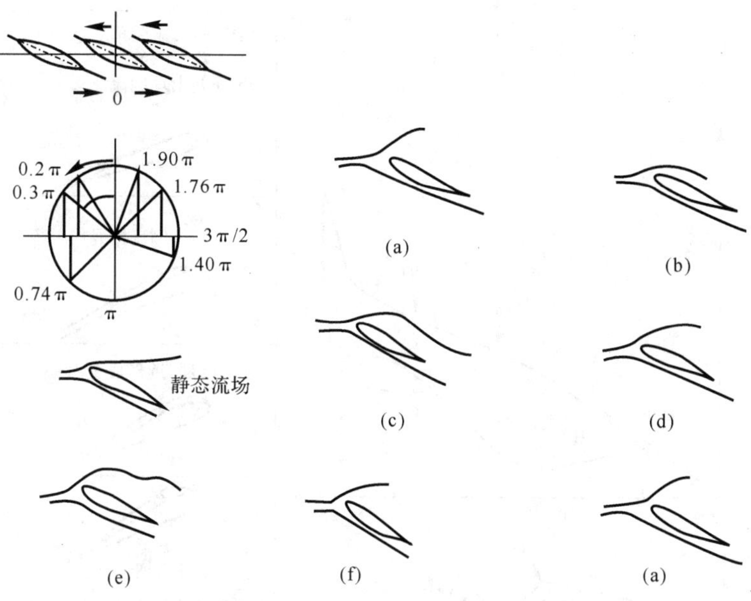

图 19.44　前后平移振动翼型在一个周期中的流谱($\alpha=20°$)

(a)1.4π；　(b)3π/2；　(c)1.9π；　(d)0.2π；　(e)0.3π；　(f)0.74π

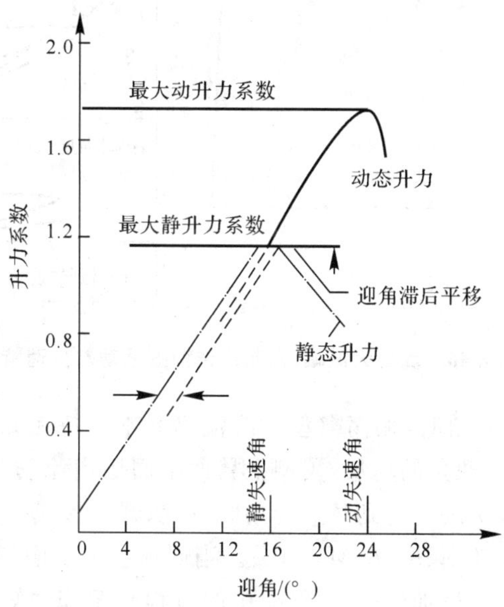

图 19.45　俯仰力矩翼型在向上运动时的动升力特性

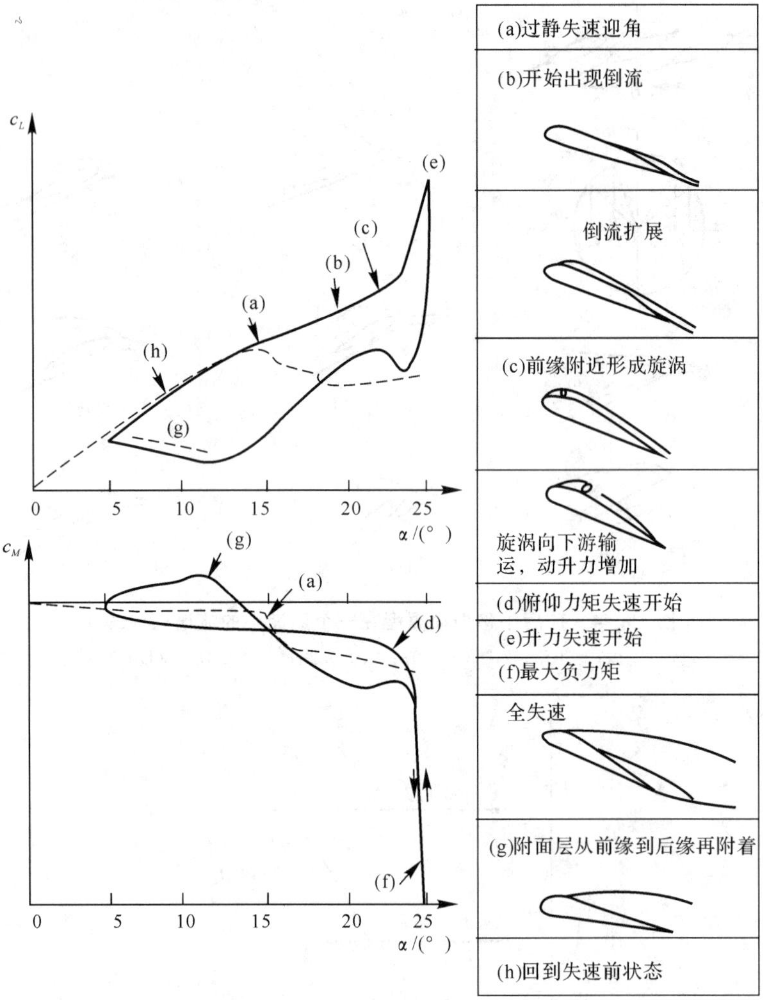
c_L
(e)
(c)
(b)
(a)
(h)
(g)
0
5
10
15
20
25
α/(°)
c_M
(g)
(a)
(d)
(f)
α/(°)
(a)过静失速迎角
(b)开始出现倒流
倒流扩展
(c)前缘附近形成旋涡
旋涡向下游输运，动升力增加
(d)俯仰力矩失速开始
(e)升力失速开始
(f)最大负力矩
全失速
(g)附面层从前缘到后缘再附着
(h)回到失速前状态

图 19.46 翼型大振幅、高频率俯仰振荡动态失速特性

当迎角达到静态失速迎角时，振荡翼型的绕流仍基本保持无黏附着流的特性（附面层很薄，对应曲线上点(a)。随着迎角的增加，翼型上翼面附面层内流动开始出现倒流（见图(b)），迎角继续增加，倒流向前缘扩展。达到某一迎角时，前缘开始形成一集中旋涡（图(c)），此迎角大小与翼型形状、俯仰振荡频率、*Re* 及 *Ma* 有关。当迎角进一步增加时，该旋涡增强并向下游输运。在此过程中，升力急剧增加（图(c)至(e)中的过程），俯仰力矩陡然下降（即俯仰力矩失速）和上升，升力达到最大值并突然下降等气动特性急剧变化的阶段。当迎角在从大迎角减小时，升力和力矩又会出现一个峰值。随着迎角进一步减少，气流开始在前缘附着，并逐渐向后

缘发展，直到完全附着流动(见图 19.46 中(g)的范围)。

对于大振幅、高频率振荡翼型会产生很大的动态高升力的机理，人们至今还没有完全搞清楚。人们目前只能认识到这是由于非定常分离流与旋涡流间的干扰而引起强烈旋涡升力所致。下面介绍的一种解释可供读者参考：

振荡翼型在迎角增长的过程中，在前缘出现一个高吸力区，前缘附近的很强的负压梯度使得下游湍流附面层中的涡量向前缘集中，这就在前缘形成了一个集中旋涡。集中旋涡的强度和尺度随迎角的增加而进一步增大，它又促使进一步吸进下游的涡量，使涡量在前缘区积集。而下翼面的涡量(与上翼面呈反向)不断向尾迹输运，结果是翼面上的净环量增加，当迎角增加到翼面上出现倒流时，由于倒流区中的流动具有高涡量低动量的特点，因此，一方面负压梯度仍然使涡量向前缘集中，另一方面较强的集中旋涡和下游的旋涡流在翼面内的镜像系的诱导作用下，使集中旋涡和旋涡流有向上输运的速度。这两种因素的综合作用下使得很强的集中旋涡在一定的迎角范围内能够抵御外流的作用而滞留在翼型前缘附近，甚至略有前移。随迎角进一步增加，倒流向前缘扩展，此时外流速度也在增长。当集中旋涡向上游移动的趋势抵御不住外流的作用时，集中旋涡和表面涡量开始向下游输运。当很强的集中旋涡通过翼面向下游运动直至脱离翼面的过程中，经历了升力特性急剧增加到最大值又突然下降和相应俯仰力矩的大起大落的整个动失速过程。上述用集中旋涡的形成、发展和运动来分析动失速的机理还有待进一步的论证与完善。

19.7　非定常旋涡流动的主动控制

飞机大迎角气动特性和大雷诺数下机翼边界层的转捩、非定常分离、再附和旋涡脱落等一系列非线性过程密切相关。正是流场的这种非定常演变，决定了机翼的非定常气动力。然而，在给定机翼外形情况下，有什么方法可以改变这一系列的流动的演化过程，从而改变非定常气动力呢？通过研究，人们发现，可以通过各种形式的外部扰动，如声学扰动、热扰动、质量引射、扰流片扰动等，来控制和改变非定常分离流和非定常气动力的演化过程。当选定某种类型的外部扰动后，人们可以在一些理论原则指导下，通过实验(物理或数值模拟的)，对这些外部扰动的某些参数及其组合进行优选，以达到获得最佳效果的目的。这样，就可为非定常分离流进行外部控制提供可行性的理论根据和指导原则。

翼面局部的机械式扰动常被作为非定常分离流动的一种控制手段。如在分离点附近局部地施加翼面的切向扰动速度或扰动切应力，已被证明是一种有效控制措施。在翼型前缘处装上可转动小圆柱(见图 19.47)，可控制翼型前缘分离[34]。当圆柱表面转动速度为来流速度的 4 倍时，失速迎角可增大 2 倍多，最大升力也几乎增大 1 倍。还可用振荡襟翼的手段来控制边界层非定常分离[35]，研究表明，振荡襟翼本身产生的离散旋涡可以与前缘分离旋涡层之间引发共振，从而可以对分离旋涡层进行调控。

声激励作用是空气动力学中的一个热门研究课题。声激励能促使层流边界层提前转捩而延缓边界层的分离；在非定常分离旋涡层的演化中，声激励也可有效地起到调控作用，这就是所谓的“声涡共振”现象[36]。

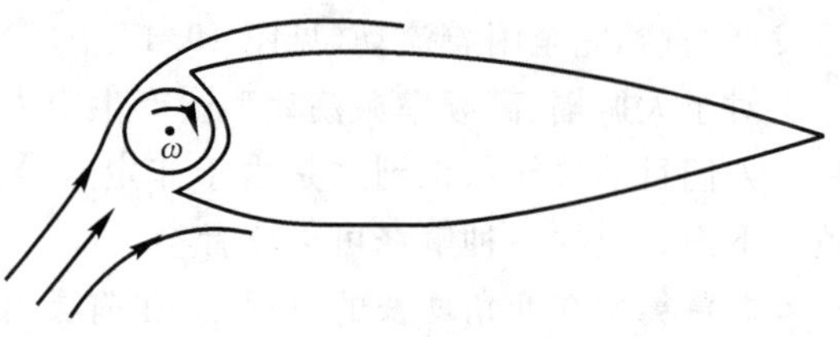

图 19.47 翼型前缘处安装转动的小圆柱可控制气流分离

非定常质量引射对于旋涡流结构也有很好的控制作用。有人曾用非定常脉动引射调控圆柱后的尾迹流[37]。发现当用两倍于 Kármán 旋涡脱落频率的脉动射流进行调控时，可以收到最明显的控制效果。还有人在三角翼前缘开缝[38]，引入周期性吹吸气来影响三角翼前缘分离旋涡，发现当吹气频率为前缘旋涡脱落频率的 1/2 时，卷起的主旋涡明显增大。下面将着重介绍质量引射对二维翼型大迎角绕流主动控制研究的最新进展，使读者对旋涡流主动控制的概念、机理、研究方法等有更进一步的认识。

一、大迎角翼型绕流的基本特性及流动图

选用 NACA0012 翼型，雷诺数 $Re = 5 \times 10^5$，迎角范围 $\alpha = 0° \sim 38°$，马赫数 $Ma_\infty = 0.2$[39]。图 19.48 给出了计算的翼型平均升力随迎角变化曲线及与实验值的对比。

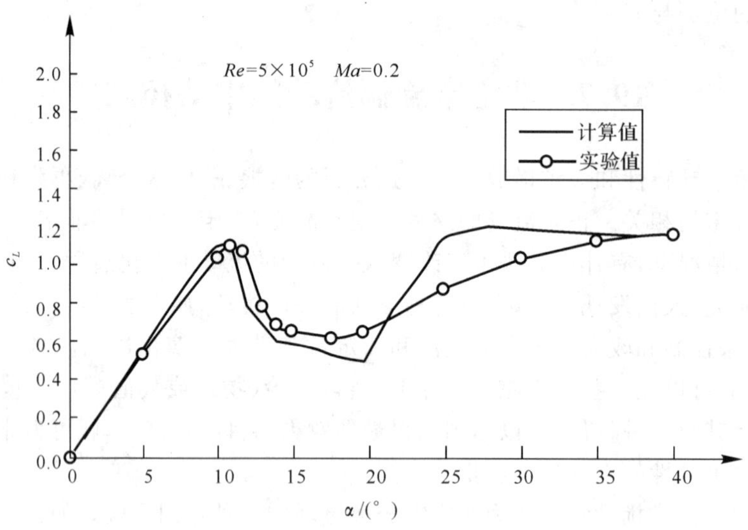

图 19.48 NACA0012 **翼型平均升力随迎角变化曲线**

大迎角翼型定常绕流的一个基本特征是分离旋涡周期性脱落所引起的非定常气动力。图 19.49 给出了 $\alpha = 25°$ 时翼型瞬间升力和阻力随时间变化曲线（图中 t 为无量纲时间）。图 19.50 给出了升力曲线 $c_l(f)$ 的功率谱 $P(f)$ 分布，谱分布表明，除了存在一种与主旋涡脱落相对应

的主频 $f_s = 0.137$ 外，还存在一系列的亚谐频与高次谐频，分别为 $f_s/2, 3f_s/2, 2f_s, f_s/3, f_s/6$ 等，其中以 $f = f_s/2$ 的亚谐频能量最高。

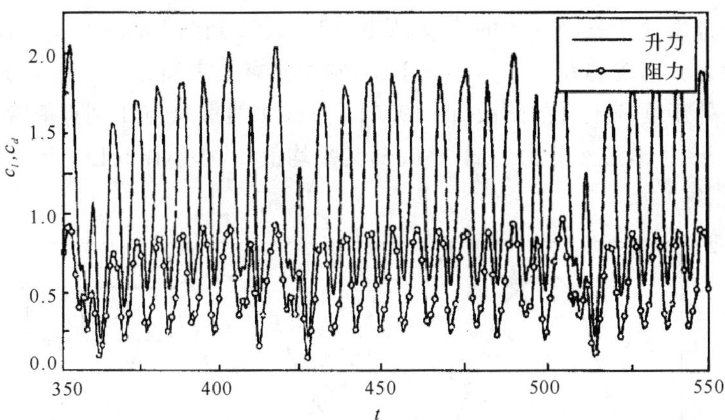

图 19.49　升力、阻力随时间变化曲线

($\alpha = 25°$，平均升力 $\bar{c}_l = 1.16$)

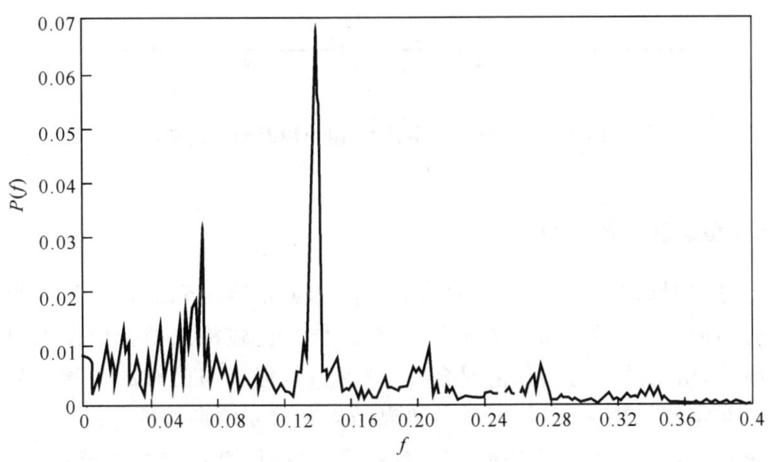

图 19.50　升力曲线的功率谱图

($\alpha = 25°$)

图 19.51、图 19.52 表示了一个脱落旋涡周期中升力与相应流场变化的情形。图 19.52 中的 9 幅图分别对应图 19.51 中 $c_l(t)$ 曲线上的点 1,2,…,9。点 1 与点 9 是两个升力最大值，点 5 是升力最小值。可看出图 19.52(1) 与图 19.52(9) 的翼型上为两个完整的大旋涡所占据。旋涡中心约在翼弦中点上方，表现出很强的旋涡升力。而图 19.52(5) 中翼型上方气流，前半部为新生的前缘分离旋涡（顺时针）所控制，后半部则有一个后缘分离涡（反时针）在发展。翼弦中点

上方恰为这两个旋涡的外围分离剪切层的汇合点。此时，前一个主旋涡已经移向下游并逐渐衰退，新生的前缘分离旋涡又尚未充分发展，因此旋涡升力处于"低潮时期"，对应 $c_l(t)$ 曲线上的最小值。从图 19.52(1) 到图 19.52(5)，是主旋涡后撤、减弱，前缘逐渐酝酿发生新的分离剪切层的过渡期，旋涡升力处于逐渐减弱的阶段。从图 19.52(6) 到图 19.52(9)，是新生的前缘分离旋涡发展壮大，后缘分离旋涡在发展中移向下游，整个机翼上表面让位于新前缘旋涡控制的过渡期，旋涡升力又处于逐渐上升的阶段。图 19.51 的 $c_l(t)$ 曲线从点 1 到点 9 完成一个周期进程，最大升力为 $c_l = 1.8$，最小升力为 $c_l = 0.6$，其平均值 $\bar{c}_l$ 约为 1.2(1.2 上方与下方 $c_l(t)$ 曲线所围面积大致相等)。

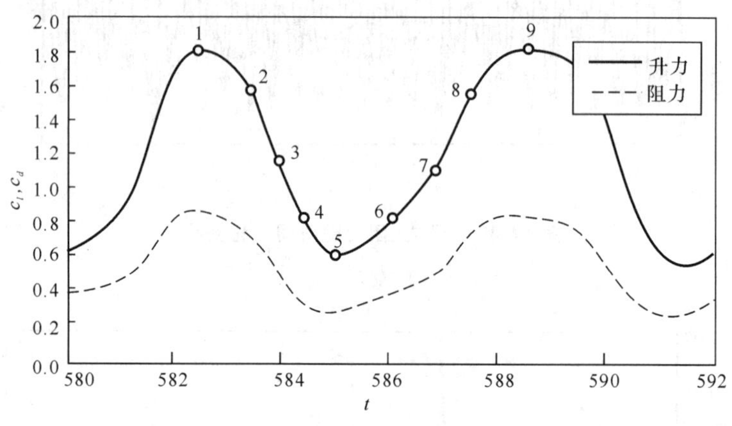

图 19.51　一个周期中升力、阻力随时间变化曲线

$(\alpha = 25°)$

二、大迎角翼型绕流的质量引射控制

通过表面质量引射以改变和控制大迎角翼型的非定常绕流和非定常气动力，从而达到提高翼型大迎角升力或升阻比的目的。文献[39-42] 对此作了比较深入的数值模拟研究，尽管由于湍流模型的局限性，所得结果与实际情况会有一些差别，但从与已有的实验结果对比看，两者定性趋势一致且在定量结果上相近，因此其研究结果有重要的参考价值。

对于大迎角翼型绕流，非定常分离发生在前缘附近，因此控制的敏感区也应当在前缘附近。前面提到，在定常大迎角翼型绕流气动力变化功率谱中，含有一个反映主旋涡脱落周期的主频和若干个亚谐频和倍频谐振分量。利用波 — 涡相干和共振的概念，应当选择与定常流中基频或亚谐频相匹配的外激发频率，以期通过共振达到有利的控制效果。至于何种引射频率将引起有利的共振效应，这只能通过数值实验或物理实验来进行鉴别和选择。

在研究中，将质量引射区放在 NACA0012 翼型上表面离前缘点弦向距离 $0 \leqslant l \leqslant 0.05$ 的区域中，引射实验频率分别选择为 $f_e = f_s, f_s/2, 2f_s, 2f_s/3$。引射强度用流量系数 q 来表示，无量纲流量系数 $q = 0.1$。

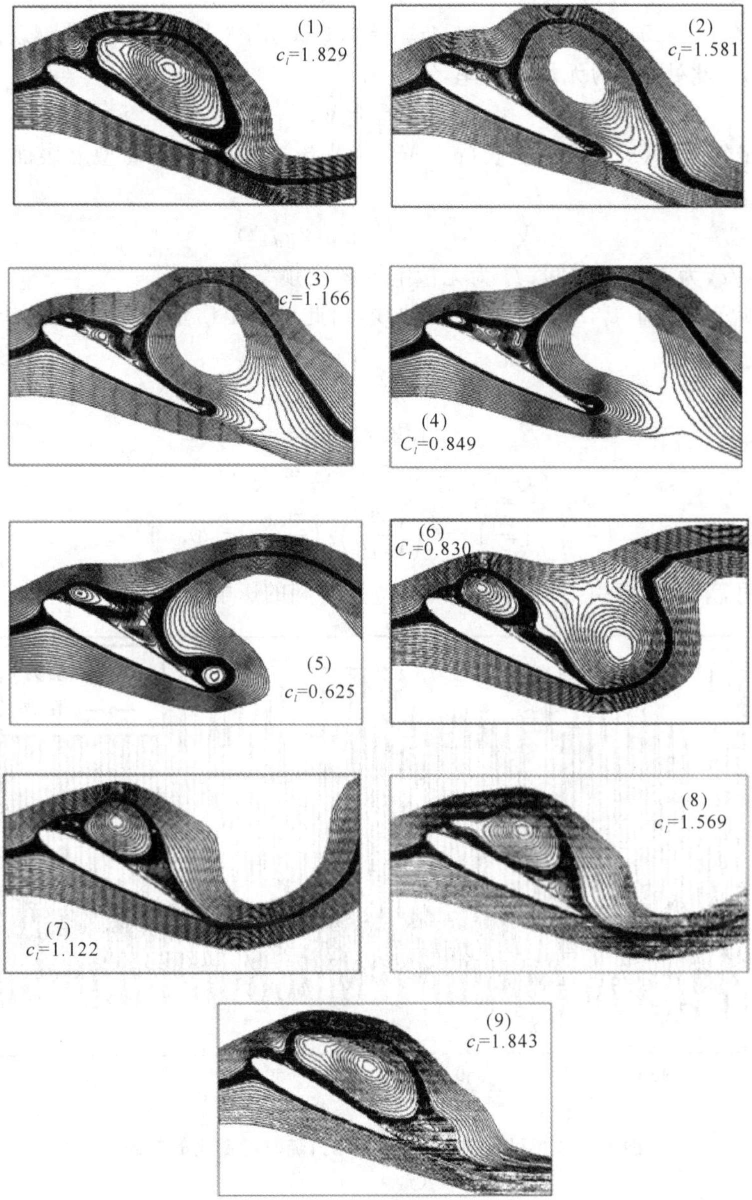

图 19.52　对应图 19.51 一个周期中脱落旋涡的流场图

(NACA0012, $Re = 5 \times 10^5$, $\alpha = 25°$, $Ma = 0.2$)

1. 基频吹吸气控制($f_e = f_s$)

如前所述,在 $\alpha = 25°$,$Re = 5\times10^5$,$Ma_\infty = 0.2$ 状态下(下同),定常翼型绕流脱旋涡的基频为 $f_s = 0.137$。此处,f_s 为无量纲频率,定义为

$$f_s = f_s^* c/V_\infty$$

式中,f_s^* 为有量纲频率(s^{-1});c 为弦长(m);V_∞ 为来流速度(m/s)。翼型上表面引射区域的法向速度条件为

$$V_n(x,t) = V_n^* \sin(2\pi f_e t)$$

式中,$t = t^* V_\infty/c$,为无量纲时间;f_e 为无量纲外激发频率。

图 19.53 所示给出了 c_l,c_d 的时间历程曲线,由此可求出质量引射后的平均升力、阻力为

$$\bar{c}_{l,e} = 1.22,\quad \bar{c}_{d,e} = 0.6$$

可得

$$\bar{c}_{l,e}/\bar{c}_{l,s} = 1.22/1.16 = 1.05$$

$$\bar{c}_{d,e}/\bar{c}_{d,s} = 0.6/0.55 = 1.09$$

$$\left(\frac{\bar{c}_l}{\bar{c}_d}\right)_e \bigg/ \left(\frac{\bar{c}_l}{\bar{c}_d}\right)_s = \left(\frac{1.22}{1.16}\right)\bigg/\left(\frac{0.6}{0.55}\right) = 0.96$$

上面述数据表明,采用基频引射对气动力没有产生有利的影响。

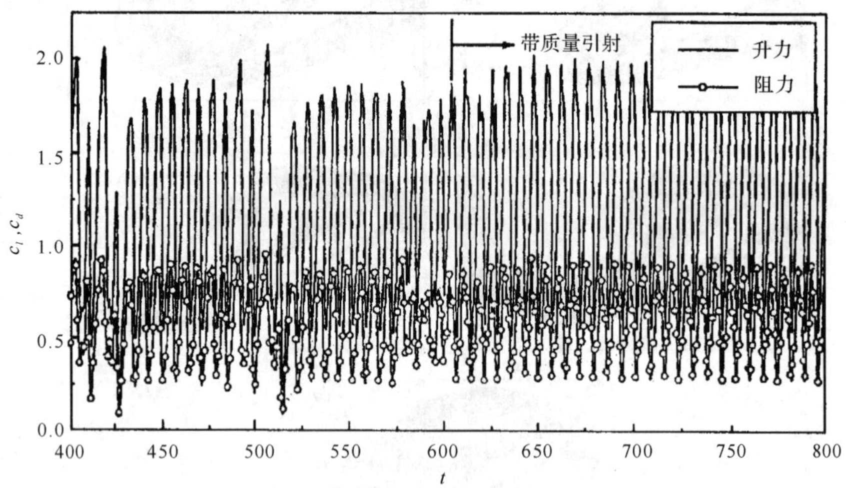

图 19.53　引射前、后升力和阻力随时间变化的曲线

($f_e = f_s$)

2. 倍频吹吸气控制($f_e = 2f_s$)

此时激发频率为 $f_e = 2f_s$。求得倍频引射条件下平均升力、阻力为

$$\bar{c}_{l,e} = 1.56,\quad \bar{c}_{d,e} = 0.75$$

则有:

$$\bar{c}_{l,e}/\bar{c}_{l,s} = 1.56/1.16 = 1.34$$

$$\bar{c}_{d,e}/\bar{c}_{d,s} = 0.75/0.55 = 1.36$$

$$\left(\frac{\bar{c}_l}{\bar{c}_d}\right)_e \bigg/ \left(\frac{\bar{c}_l}{\bar{c}_d}\right)_s = \left(\frac{1.56}{1.16}\right)\bigg/\left(\frac{0.75}{0.55}\right) \approx 1$$

因此，倍频引射虽带来明显的升力增效，但升阻比却几乎不变。

3. 半频吹吸气控制($f_e = f_s/2$)

图 19.54 所示给出了该状态下 c_l，c_d，c_m 的时间历程曲线，求得半频引射状态下的平均升力、阻力和力矩为

$$\bar{c}_{l,e} = 1.96, \quad \bar{c}_{d,e} = 0.89$$

则有

$$\bar{c}_{l,e}/\bar{c}_{l,s} = 1.96/1.16 = 1.69$$

$$\bar{c}_{d,e}/\bar{c}_{d,s} = 0.89/0.55 = 1.62$$

$$\left(\frac{\bar{c}_l}{\bar{c}_d}\right)_e \bigg/ \left(\frac{\bar{c}_l}{\bar{c}_d}\right)_s = \left(\frac{1.96}{1.16}\right)\bigg/\left(\frac{0.89}{0.55}\right) = 1.05$$

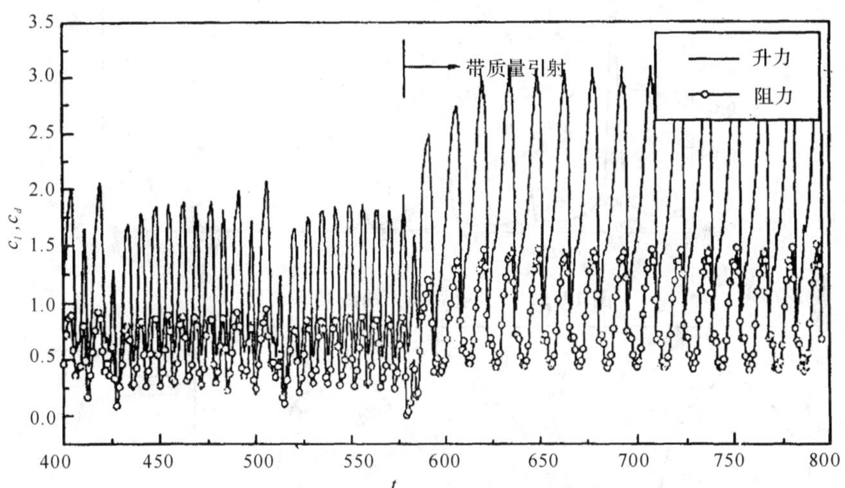

图 19.54　引射前、后升力和阻力随时间变化的曲线

($f_e = 0.5f_s$)

因此，在半频引射控制下，升力增长了 1.69 倍，且升阻比也略有增加，显示出有意义的增益前景。从功率谱图(见图 19.55)可看出，$f = f_s/2$ 时，处于高度被激发状态，而 $f = f_s$ 则受到抑制。其他在 $f = 3f_s/2$，$2f_s$，$f = 5f_s/2$，$f = 3f_s$ 处都有不同程度的较轻微的激发。图 19.56 所示给出一个周期以内 $c_l(t)$，$c_d(t)$ 曲线，其中点 1 与点 9 处为升力最大值，点 5 处为升力最小值。图 19.57 所示给出上述 9 个点的流场结构演化的流线图。与无引射时升力最大值处流场对比有相似之处，都是一个完整的大旋涡控制翼面上方流场，但也有差别，此处的旋涡心位置靠前，包围旋涡区的剪切层很强，表明旋涡的强度更大。此时对应的升力最大值 $c_l = 2.7$ 比无引射对

应的升力值 $c_l = 1.8$ 大得多。而对应升力最小值处的流场，图 19.57(5) 显示翼型上翼面流场中，新生的前缘旋涡还没有发展，后缘旋涡已正在发展，翼型上表面前后缘中间部分近于附着流，说明质量引射明显改变了旋涡结构及其演化进程，使其对应的最小升力值 $c_l = 0.8$，高于无引射的对应值 $c_l = 0.6$。此外，从状态(1) 到状态(5)，翼型上方大旋涡虽也在扩展、减弱，但后移速度却比无引射时慢得多，即在一个周期中翼面上方受大旋涡控制的时间比无引射时长。新生前缘旋涡在此阶段得到扩展，而在状态(5)，流场变化发生一个突然转折，前一阶段的前缘分离剪切层突然很快减弱、消失，后缘逆时针旋涡迅速发展，因而重新加强了前缘旋涡及其剪切层。从图 19.57(6) 到图 19.57(8)，翼型上方气流平直，近于附体流动，升力很快恢复。从图 19.57(8) 到图 19.57(9)，前缘旋涡又一次爆发式的发展，成为占领上翼面流场的大旋涡。可见，在质量引射的控制下，流场结构的演化发生了剧烈的变化。$f_e = f_s/2$ 时的非线性升力增效引人注目。

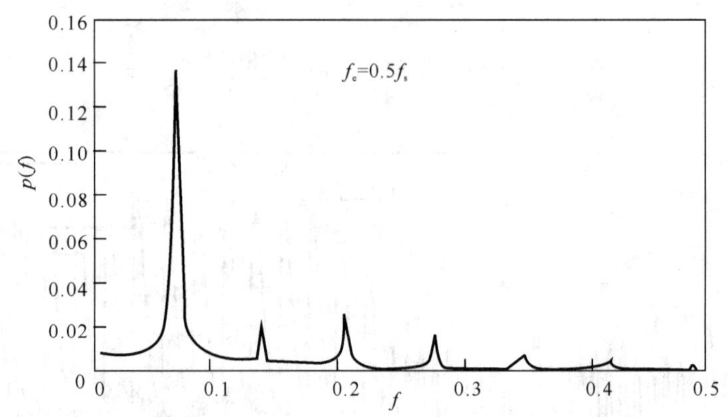

图 19.55　引射后升力曲线功率谱图

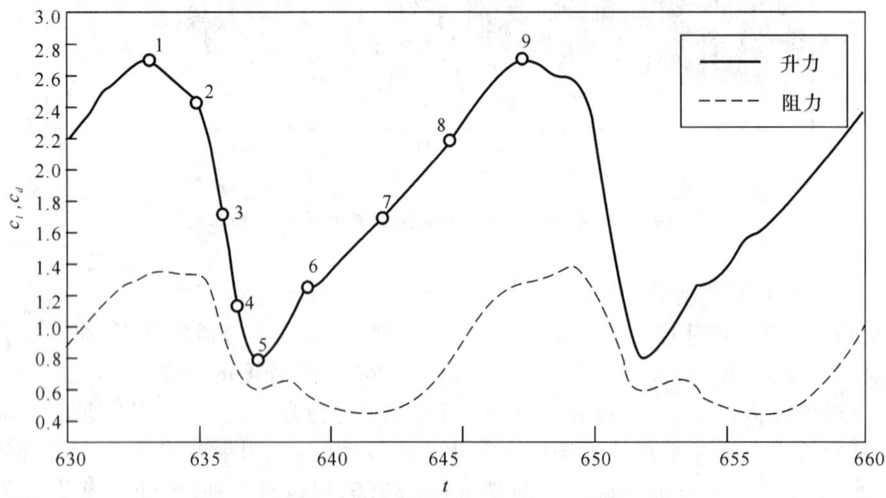

图 19.56　一个周期中升力、阻力变化的曲线

($\alpha = 25°, f_e = 0.5f_s$)

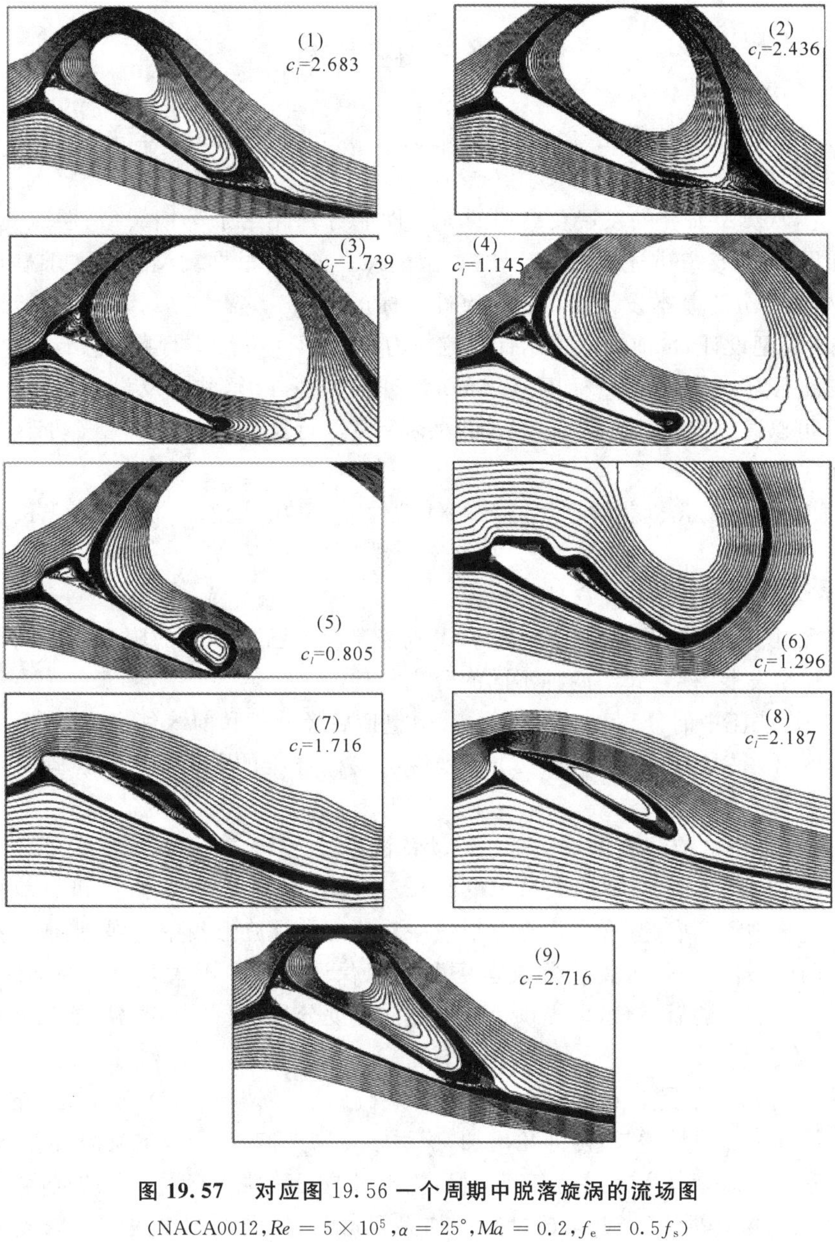

(1) c_l=2.683

(2) c_l=2.436

(3) c_l=1.739

(4) c_l=1.145

(5) c_l=0.805

(6) c_l=1.296

(7) c_l=1.716

(8) c_l=2.187

(9) c_l=2.716

图 19.57　对应图 19.56 **一个周期中脱落旋涡的流场图**

(NACA0012, $Re = 5 \times 10^5$, $\alpha = 25°$, $Ma = 0.2$, $f_e = 0.5 f_s$)

有关质量引射控制的研究已扩展到三维机翼，有兴趣的读者可参考有关文献[40-42]。

19.8 小　结

本章阐述翼型设计、旋涡空气动力学基础及应用和非定常升力等有关方面的内容。

1. 翼型设计

(1) 首先，从翼型研究的发展及翼型的气动性能分别介绍了早期翼型、层流翼型、高升力翼型和超临界翼型。接着讲述翼型设计，在翼型设计之前，要根据翼型设计要求确定翼型技术指标。技术指标可分为基本设计指标和约束性指标。

(2) 关于翼型设计，目前普遍采用计算流体力学(CFD) 方法进行翼型设计或修形。可以按给定翼型表面压力分布(或称目标压力分布) 设计出翼型外形，称为反设计方法或求解“逆问题”方法。也可以通过优化的方法或人 — 机对话反复进行翼型表面修形和气动计算，设计出符合设计指标的翼型。

(3) 为使所设计的飞机获得理想的高的气动性能，采用翼型 — 机翼 — 飞机一体化设计方法。

2. 旋涡空气动力学基础及应用

随着对飞机气动性能的要求不断提高，飞机绕流形态已从传统的附着流型向现代战斗机的脱体旋涡流型发展。接着介绍两种不同的分离流动：

(1) 翼剖面绕流中的分离和流动特性。其中包括后缘分离和前缘气泡型分离，分离区往往是低能流动区，结果是升力下降，阻力增加。传统飞机绕流的分离，形态上基本与二维分离相似。

(2) 机翼绕流中的前缘脱体旋涡流和气动特性。

1) 实验表明，对具有尖前缘、大后掠的细长三角翼，在不大的迎角下，机翼前缘便发生气流分离并在气流中不断卷起，在翼面上方形成一对稳定的螺旋形集中旋涡。形成前缘集中分离旋涡应具备两个条件，一是机翼前缘应是尖锐的，以保证气流在不大迎角下在前缘发生分离；二是机翼要有足够大的后掠角，以提供足够的展向速度分量，使自由旋涡层能延展向发展和卷起，形成集中旋涡。

2) 在大后掠角三角翼上方形成的一对高速旋转的旋涡诱导下，在翼面上形成吸力峰，使三角翼升力特性呈非线性增长。随迎角增加，旋涡强度增大，产生很大的旋涡升力。先进战斗机的设计正是利用了前缘分离旋涡的有利干扰，使飞机的气动性能有了显著的提高。

3) 对细长三角翼绕流，当迎角超过某一临界迎角时，翼面上方的脱体旋涡核内的轴向速度在机翼某一弦向位置会突然减速，甚至减为零，形成驻点。在其后的区域内呈回流状态，驻点后的旋涡核突然膨胀成气泡状或螺旋扭曲状，此种现象称为旋涡破裂。引起旋涡破裂的主要因素是沿旋涡轴向的逆压梯度，这与一般流动分离的逆压梯度条件十分相似。随着迎角的增加，旋涡破裂点的位置将不断前移。旋涡破裂的起始迎角(即破裂点达到机翼后缘附近时的迎角)

随机翼后掠角增加而增加。如当后掠角为 60° 时，旋涡破裂起始迎角约为 14°；当后掠角增至 80° 时，旋涡破裂起始迎角增加到 36°。

当三角翼前缘后掠角和迎角均足够大时，由于前缘一对分离旋涡相距过近而相互干扰，形成前缘分离旋涡的非对称分布。并导致翼面非对称压力分布，产生滚动力矩。现代战斗机的滚摆现象即由非对称前缘旋涡引起。

(3) 旋涡空气动力的应用。大后掠小展弦比细长三角翼前缘分离旋涡在大迎角时诱导产生旋涡升力，从而可延缓机翼失速，提高大迎角的升力和最大升力系数，提高飞机大迎角的机动性。充分利用及控制分离旋涡已是飞机气动布局设计中的一项重要内容，并得到广泛应用：如边条机翼布局、近距鸭式布局、前缘涡襟翼、吹气控制等。

3. 非定常升力

从观察鸟类和昆虫的飞行中得到启示，以各种不同形式运动着的翅膀所引起的非定常旋涡流能够产生高升力。

(1) 鸟类及昆虫的飞行及其非定常旋涡流。张开成间隙状的秃鹰翅膀，可能为秃鹰格斗时控制涡流提供高升力；做各种复杂运动的昆虫翅膀由于其产生的非定常旋涡流而获得高升力；而具有复杂拐折剖面的蜻蜓翅膀加之其有规律的扑动与摇动而产生被强化的旋涡，并使其稳定地驻留在翼面上，从而为蜻蜓提供可观的机动升力。

(2) 振荡翼型的动态升力特性。翼型在非定常流场中的振荡运动产生复杂的非定常脱体旋涡及附面层分离的耦合流场，形成独特的动态气动力。对它的研究有助于对非定常气动力产生机理的认识。以下仅介绍翼型作俯仰、上下平移和前后平移三种振荡运动时的动态气动特性。

1) 翼型作小振幅、低频振荡时的升力特性。翼型在不大的起始迎角，作小振幅低频振荡时，对以上三种运动形式流场均保持附着流，其特征与静态翼型基本上相似，只是动态翼型均有时间滞后效应，升力系数滞后于瞬时迎角。对于作俯仰振荡的翼型，由于“弯度效应”会产生附加的升力增量，而使迎角滞后量减少。

2) 翼型以中等振幅和频率振荡时的升力特性。其失速迎角和最大升力系数都比静态有明显的增加。以前后平移振动为例，当振荡无量纲频率为 0.234 时，升力特性基本上与静态相同。当频率增为 0.464 时，迎角超过静态失速迎角后升力没有下降趋势而是基本保持不变。当频率大于 0.656 以后，升力随频率的增大而显著增加，失速迎角大大提高。从流谱分析可以看到，这是由于“加速流场”效应，改变了流动的分离状态，在前缘附近区域形成稳定的高吸力的附着流区所致。作上下平移振动时也有类似效应。当翼型作俯仰运动时，在上仰过程中，上翼面气流类似于受到切向吹气作用，增加了附面层能量，使其不易分离，导致最大的升力与最大静升力相比可提高 40% 以上。

3) 翼型以大振幅和高频振荡时的动失速特性。作前述三种形式振荡时，有共同的流动特征，呈现出动失速现象。在此过程中出现升力急剧增加，及接着升力的突然消失，其中俯仰力矩也相应发生急剧的变化。至于其产生很大的动态高升力的机理，人们目前认为这是由于非定常分离流与旋涡流间的干扰而引起强烈旋涡升力所致。

4. 非定常旋涡流的主动控制

可以通过各种形式的外部扰动，如声学扰动、热扰动、质量引射、扰流片扰动等，来控制和改变非定常分离流和非定常气动力的演化过程。可以通过理论分析与实验相结合的方法，对选定外部扰动的某些参数及其组合进行优选，以达到获得最佳效果的目的，并为非定常分离流进行外部控制提供可行性的理论根据和指导原则。为进一步了解非定常旋涡流主动控制的机理，以 NACA0012 翼型大迎角绕流特征及其大迎角绕流的质量引射控制为例，进行了描述与分析。

(1) 大迎角翼型绕流的基本特征及流动图。大迎角翼型定常绕流的一个基本特征是分离旋涡周期性脱落所引起的非定常气动力。随着翼型上方旋涡周期性的演化与发展，翼型的气动力，如升力、阻力、力矩也随之发生周期性变化。

(2) 大迎角翼型绕流的质量引射控制。通过表面质量引射以改变和控制大迎角翼型的非定常绕流和非定常气动力，从而达到提高翼型大迎角升力或升阻比的目的。对大迎角翼型绕流，非定常分离发生在前缘附近，控制的敏感区也应在前缘附近。此外，其气动力变化功率谱中，含有一个反映主旋涡脱落周期的主频和若干个亚谐频和倍谐频振分量。利用波 — 涡相干和共振的概念，应当选择与定常流中基频或亚谐频相匹配的外激发频率，以期通过共振达到有利控制效果。可通过数值实验或物理实验来进行引射频率的选择。

数值实验表明：在半频吹吸气控制($f_e = f_s/2$) 下，升力增长了 1.69 倍，升阻比也略有增加，显示出有利的效果。

习　题

19.1　叙述层流翼型、高升力翼型、超临界翼型的性能特点及应用。

19.2　试说明翼型设计的重要性，翼型设计的方法及过程。

19.3　试说明前缘脱体旋涡的形成、其流动特性和气动特性。

19.4　何谓“旋涡破裂”?叙述旋涡破裂的原因及流动特点。

19.5　叙述现代战斗机气动布局与传统飞机气动布局的设计思想，并举例说明其应用。

19.6　举例说明非定常升力的概念及产生机理。

19.7　何谓流动主动控制?流动主动控制一般采用的手段和方法及达到的效果如何?举例说明之。

参考文献

[1]　方宝瑞. 飞机气动布局设计[M]. 北京：航空工业出版社，1997.

[2]　Abbott I H, von Doenhoff A E. Theory of Wing Sections[M]. New York: Dover Publications, Inc, 1959

[3] Řiegles F W. Aerofoil Sections[M]. London:Butterworths, 1961.

[4] 秦丕钊,杨其德,等. 航空气动手册:第 2 册[M]. 北京:国防工业出版社,1983.

[5] Rice M S. Handbook of airfoil Sections for light aircraft[M]. M. lwaukee:Aviation publications,1971.

[6] Abbott I H, von Doenhoff A E,et al. Summary of airfoil data[D]. NACA Rept, 1945:824.

[7] Libeck R H, Drmsbee A I. Optimization of airfoil for maximan lift[J]. Journal of Aircraft,1970,7(5).

[8] Carlson L A. Transonic Airfoil Dsign Using Cartesian Coordinates[D]. NASA CR,1976:2578.

[9] Whitcomb R T. Review of NASA Supercritical airfoil[D]. ICAS,1974.

[10] McGhee R J,Beasley W D. Low speed aerodynamic characteristics of a 17-percent-thick airfoil section designed for general aviation applications[D]. NASA TND,1973:7428.

[11] Eppler R,Somers D M. A computer program for the design and analysis of low-speed airfoils[D]. NASA TM 80210,1980.

[12] Takanashi S. An iterative procedure for three-dimensional transonic wing design by the integral eguation mehod[D]. AIAA,1984:84 - 2155.

[13] 朱自强. 无激波机翼设计方法[J]. 航空学报,1988,9(11).

[14] Zhang Z Y,Yang X T, Laschka B. Design of a Supercritical airfoil[J]. J. of Aircraft,1988,25(6).

[15] 华俊,张仲寅,Redeker G,等. NPU 翼型的气动力分析和改进设计[J]. 航空学报,1989,10(4).

[16] Qiao Z D. Subsonic airfoil design with mixed boundary conditions numerical and applied mathematics [J]. Scientific Publishing Co,1989.

[17] Hua J,Zhang Z Y. Transocic wing design for transport Aircraft[D]. ICAS - 90 - 3.7.4,1990

[18] Hua J,Yang Q Z,Zhang Z Y,et al. Design and experimental investigation of transonic natural laminar flow wings[D],ICAS - 94 - 4.7.3,1994.

[19] Zhong B W, Qiao Z D. Multi-objective optimization design of transonic airfoils[D]. ICAS - 94 - 2.1.1, 1994.

[20] 华俊,张仲寅,付大卫,等. 一种跨音速翼型和机翼设计方法新进展[J]. 航空学报,1997,18(5).

[21] 张仲寅,华俊,詹浩,等. 长航时飞机用的 NPU - ASN - 1 翼型:增刊[J]. 西北工业大学学报,1999(1):17.

[22] Li J,Li F W,Q E. Numerical simulation of transonic flow over wing-mounted twin-engine transport aircraft[J]. J. of Aircraft,2000,1,37(3).

[23] Li J,Li F W, Q E. Fra-field drag-prediction technique applied to wing design for civil aircraft[J]. J. of Aircraft,2003,1,40(3).

[24] 童秉纲,尹协远,朱克勤. 涡运动理论[M]. 合肥:中国科学技术大学出版社,1994.

[25] 夏雪湔,邓学蓥. 工程分离流动力学[M]. 北京:北京航空航天大学出版社,1991.

[26] Skow A M,Erickson G E. Moden Fighter Aircraft Design for High Angle-of-Attack Maneuvering[D]. AGARD LS - 121,1982.

[27] Polhamus E C. Prediction of Vortex-Lift Characteristics by a Leading-edge Suction Analogy[J]. Journal of Aircraft,1971,1,8(4):193 - 198.

[28] 刘谋佶,吕志咏,等. 边条翼及旋涡分离流[M]. 北京:北京航空学院出版社,1988.

[29] 肖志祥. 复杂流动 Navier-Stokes 方程数值模拟及湍流模型应用研究:博士学位论文[D]. 西安:西北工业大学,2003.

[30] McCrosky W J,et al. Dynamic Stall Experiments on Oscillating Airfoils[J]. AIAA J,1976,1,14(1).

[31] Carr L W. Progress in Analysis and Prediction of Dynamic stall[J]. J. Aircraft,1988,1. 25(1).

[32] Wn J Z,Lu X Y,Denny A G,et al. Post-stall Flow control on an Airfoil by Local Unsteady Forcing[J]. J. Fluid Mech,1998,371:21 - 58.

[33] 钱炜祺,付松,蔡金狮. 翼型动态失速的数值研究[J]. 空气动力学报,2001,19(4).

[34] Moai V J,et al. Effect of Moving Surfaces on the Airfoil Boundary-Layer Control[J]. J. Aircraft,1990,1,27(1).

[35] Nagib H M,et al. On the Dynamic Scaling of Forced Unsteady Seperated Flows[D]. AIAA paper,1985:85 - 0553.

[36] Goldstein M E,et al. Boundary-Layer Receptivity to Long-wave Free-Stream disturbances,Ani[J]. Rev. Fluid Mech,1989,21:137—166.

[37] Williams P R,et al. Unsteady Pulsing of Cylinder Wakes[D]. AIAA paper,1988:88-3532.

[38] Gad-el-Hak M,et al. Contral of the Discrete Vortices from a Delta Wing[D]. AIAA paper,1986:86-1915.

[39] Yang G W,et al. Contral of Unsteady Vortical Lift on an Airfoil by Leading-edge Blowing-Suction[J]. ACTA Mechanica Sinica(English Series),1997,13(4).

[40] Yang G W,et al. Vortex Control by the Spanwise Suction flow on the upper Surface of Delta Wing[J]. Acta Mechanica Sinica,1999,15:116 - 125.

[41] 舒挑,等. 无限翼展后掠翼大迎角绕流和涡控制数值模拟[J]. 空气动力学学报,2000,1. 8(3).

[42] 舒挑,等. 三维机翼大迎角低速绕流及其涡控制数值模拟[J]. 空气动力学学报,2002,20(1).

[43] 吴建民,徐德康. 空气动力学的新曙光[J]. 国际航空,1985(8).

[44] 康德,振荡翼型动态升力机理初探[J]. 国际航空,1986(2).

[45] Georg Drougge, The International Vortex Flow Experiment for Computer Code Validation[D]. ICAS - 88 - 0. 5,1988.

第 20 章　量纲分析、相似理论与空气动力实验

20.1　引　言

在空气与气体动力学中，广泛用到的各种无量纲参数，如雷诺数 Re、马赫数 Ma 等都是以量纲分析为基础得到的。空气动力实验是空气动力学的重要组成部分，是以相似理论为基础的。量纲分析、相似理论与空气动力实验三者之间，有着密切的关系。本章将对上述三个方面及其相互关系进行讨论。

20.2　量纲分析

一、有量纲量与无量纲量

在空气与气体动力学中出现的各种物理量，如长度、时间、质量、力、速度、压力、温度、黏性应力、黏度等，都要有一定的度量单位来衡量它们的大小。这些度量单位中有一些是独立的（即其他度量单位都可从它们导出），即构成了所谓的基本单位制。国家法定计量单位制中规定：在力学上，其三个独立的度量单位为米・千克・秒（m. kg. s），属 L. M. T（长度 — 质量 — 时间）族。当涉及到有关传热问题时，还要增加热力学温度Θ 作为第四个基本量。

对于给定的一族基本单位制，有的物理量只是一个不取决于度量单位的纯粹数字，如雷诺数、马赫数、弧度、面积比等，称为无量纲量。反之，如速度、压力、长度、升力、重量等物理量的数值都是与度量单位有关，不能只用一个纯粹的数字表示，称为有量纲量。显然，任何一个方程的各项的量纲必须相同。两个量纲相同的物理量之比所构成的新的量必然是无量纲的。无量纲的倒数或任何幂次，自然也是无量纲的。无量纲量之所以重要，恰恰在于它只是一个纯粹的数字。对于同族的任何基本单位制，在给定情况下，任一无量纲物理量的数值总是相同的。例如，某架飞机以一定速度在某一高度飞行时，不论所用的度量单位是公制或英制，求得的升力系数、阻力系数、压力系数（同一部位处）、雷诺数等无量纲量的数值都是相同的。这也使得不同国家科学研究的成果，无需任何换算，便可直接比较、应用。因此，无量纲量的概念与应用对于空气与气体动力学的研究与发展有着极为重要的意义。

二、量纲公式

任何物理量的度量单位都可用基本单位导出，得到所谓的量纲公式。力 F 的量纲为

$$\dim F = \frac{\mathrm{ML}}{\mathrm{T}^2}$$

式中，$\dim F$ 表示力 F 的量纲；M，L，T 分别代表质量、长度、时间基本度量单位的量纲。对于不同族的度量单位制，同一物理量的量纲公式显然是不相同的。所以，只有在同一度量单位制之下进行量纲分析与讨论，才是有意义的。

任何物理量的量纲公式，都应当是一个含有基本度量单位幂次的独项式。例如，在国家法定计量单位制下，所有的物理量的量纲公式都可写成 $\mathrm{L}^l\mathrm{M}^m\mathrm{T}^n\Theta^s$ 的形式。表 20.1 给出流体力学中常用的一些物理量的单位和量纲。

表 20.1　流体力学中常用的物理量和量纲

物理量	法定计量单位名称	量　纲
长度	米	L
时间	秒	T
质量	千克(公斤)	M
速度	米 / 秒	LT^{-1}
角速度	1/ 秒	T^{-1}
加速度	米 / 秒^2	LT^{-2}
力	牛	MLT^{-2}
面积	米^2	L^2
体积	米^3	L^3
密度	千克 / 米^3	ML^{-3}
重度	牛 / 米^3	$\mathrm{ML}^{-2}\mathrm{T}^{-2}$
功	焦	$\mathrm{ML}^2\mathrm{T}^{-2}$
功率	瓦	$\mathrm{ML}^2\mathrm{T}^{-3}$
压力(应力)	帕(或牛 / 米^2)	$\mathrm{ML}^{-1}\mathrm{T}^{-2}$
黏度	帕・秒	$\mathrm{ML}^{-1}\mathrm{T}^{-1}$
运动黏度	米^2/ 秒	$\mathrm{L}^2\mathrm{T}^{-1}$
绝对温度	开	Θ
焓	焦 / 千克	$\mathrm{L}^2\mathrm{T}^{-2}$
熵	焦 /(千克・开)	$\mathrm{L}^2\mathrm{T}^{-2}\Theta^{-1}$
内能	焦 /(千克)	$\mathrm{L}^2\mathrm{T}^{-2}$
定压比 热容	焦 /(千克・开)	$\mathrm{L}^2\mathrm{T}^{-2}\Theta^{-1}$
热传导系数	瓦 /(米・开)	$\mathrm{MLT}^{-3}\Theta^{-1}$
气体常数	焦 /(千克・开)	$\mathrm{L}^2\mathrm{T}^{-2}\Theta^{-1}$

三、物理量之间的函数关系，Π 定理

任何物理现象的规律，都可用某一些物理量之间的函数关系来描述。这些有量纲的物理量的数值，与分析选用的度量单位制有关，但度量单位制的选取不应影响该物理现象的本质。因此，此种函数关系应具有一定的结构形式，而与度量单位制的选取无关。

设某一有量纲量 a 为若干有量纲量 $a_1, a_2, \cdots, a_n$ 的函数，即

$$a = f(a_1, a_2, \cdots, a_k, a_{k+1}, \cdots, a_n) \tag{20.1}$$

而在 $a_1, a_2, \cdots, a_n$ 有量纲量之中，前 k 个是量纲独立的（$k \leqslant n$）。基本度量单位的数目应大于或等于 k。所谓量纲独立的 k 个量，是指这几个量中的任何一个的量纲公式，都不能用其余各量的量纲公式表示为一个幂次独项式。例如，长度、速度、和力的量纲为 L，L/T 和 ML/T^2，他们是相互独立的；而长度、速度、和加速度的量纲为 L，L/T 和 L/T^2，则是相关的。在前一组物理量中，每一个物理量都含有一个新的基本量；而在后一组中却不是这样。

设 k 为量纲独立物理量的数目（在力学问题中，若不涉及传热，k 一般不大于 3），则 a，$a_{k+1}, \cdots, a_n$ 等量的量纲都可用 $a_1, a_2, \cdots, a_k$ 等的量纲表示。取 $a_1, a_2, \cdots, a_k$ 作为基本量，并以下列符号表示其量纲，即

$$\dim a_1 = A_1, \dim a_2 = A_2, \cdots, \dim a_k = A_k$$

则其余各量的量纲可写为

$$\dim a = A_1^{m_1} A_2^{m_2} \cdots A_k^{m_k}$$
$$\dim a_{k+1} = A_1^{p_1} A_2^{p_2} \cdots A_k^{p_k}$$
$$\cdots\cdots$$
$$\dim a_n = A_1^{q_1} A_2^{q_2} \cdots A_k^{q_k}$$

式中，$m_1, m_2, \cdots, m_k$；$p_1, p_2, \cdots, p_k$ 及 $q_1, q_2, \cdots, q_k$ 为实数。

现在，如果将 $a_1, a_2, \cdots, a_k$ 量的度量单位，分别改变 $\alpha_1, \alpha_2, \cdots, \alpha_k$ 倍，则用新的单位制表示时，上述各量的数值为

$$a_1' = \alpha_1 a_1,\ a_2' = \alpha_2 a_2, \cdots,\ a_k' = \alpha_k a_k$$
$$a' = \alpha_1^{m_1} \alpha_2^{m_2} \cdots \alpha_k^{m_k} a$$
$$a_{k+1}' = \alpha_1^{p_1} \alpha_2^{p_2} \cdots \alpha_k^{p_k} a_{k+1}$$
$$\cdots\cdots$$
$$a_n' = \alpha_1^{q_1} \alpha_2^{q_2} \cdots \alpha_k^{q_k} a_n$$

当用新的度量单位表示时，式(20.1) 可写为

$$a' = \alpha_1^{m_1} \alpha_2^{m_2} \cdots \alpha_k^{m_k} a = \alpha_1^{m_1} \alpha_2^{m_2} \cdots \alpha_k^{m_k} f(a_1, a_2, \cdots, a_n) =$$
$$f(\alpha_1 a_1, \alpha_2 a_2, \cdots, \alpha_k a_k, \alpha_1^{p_1} \alpha_2^{p_2} \cdots, \alpha_k^{p_k} a_{k+1}, \cdots, \alpha_1^{q_1} \alpha_2^{q_2}, \cdots, \alpha_k^{q_k} a_n) \tag{20.2}$$

比例尺 $\alpha_1, \alpha_2, \cdots, \alpha_k$ 可任意选定，如令

$$\alpha_1 = \frac{1}{a_1}, \alpha_2 = \frac{1}{a_2}, \cdots, \alpha_k = \frac{1}{a_k} \tag{20.3}$$

则式(20.2)中函数 f 的前 k 个变量的值都变为1。相对于此度量单位制，$a, a_{k+1}, \cdots, a_n$ 量的数值，可有下列各式给出，即

$$\left.\begin{aligned} \Pi &= \frac{a}{a_1^{m_1} a_2^{m_2} \cdots a_k^{m_k}} \\ \Pi_1 &= \frac{a_{k+1}}{a_1^{p_1} a_2^{p_2} \cdots a_k^{p_k}} \\ &\cdots\cdots \\ \Pi_{n-k} &= \frac{a_n}{a_1^{q_1} a_2^{q_2} \cdots a_k^{q_k}} \end{aligned}\right\} \tag{20.4}$$

式中，$a, a_1, a_2, \cdots, a_n$ 为各量用原有单位制表示时的数值。由于 $\Pi, \Pi_1, \cdots, \Pi_{n-k}$ 量相对于度量单位 $a, a_1, a_2, \cdots, a_n$ 的量纲为零，即为无量纲量。其数值便与原有的度量单位制，以及度量单位本身的选择无关。将式(20.3)代入式(20.2)，由式(20.4)，式(20.1)可写为

$$\Pi = f(1, 1, \cdots, 1, \Pi_1, \Pi_2, \cdots, \Pi_{n-k}) \tag{20.5}$$

$$\Pi = \Phi(\Pi_1, \Pi_2, \cdots, \Pi_{n-k}) \tag{20.6}$$

式中，Φ 为另一函数。

因此，$a, a_1, a_2, \cdots, a_n$ 等 $n+1$ 个有量纲量之间的，不取决于度量单位制选择的函数关系，可表示为这 $n+1$ 个有量纲量的所构成的 $n-k+1$ 个无量纲量 $\Pi, \Pi_1, \cdots, \Pi_{n-k}$ 之间的关系。这个结论就称之为 Π 定理。

由此可见，有量纲量之间的一切物理关系，都可用无量纲量之间的关系表示。这也正是量纲理论对研究物理问题的重要作用。因为它能使某一问题中有关变量的数目减少，从而简化了理论和实验研究工作。

四、无量纲系数，量纲分析

首先，以光滑圆管中的不可压缩黏性流动为例。设管中压力落差为 Δp，管长为 l，其直径为 d，流体的密度为 ρ，其黏度为 μ，单位时间内通过管子的体积流量为 q_V。

试图用最简单的形式表示出这些物理量之间的关系，如

$$\Delta p = f(l, d, q_V, \rho, \mu) \tag{20.7}$$

要求求出式(20.7)中函数 f 的形式。如采用L. M. T族的单位制，上述的物理量的量纲为

$$\dim l = d = \mathrm{L}, \quad \dim q_V = \mathrm{L^3T^{-1}}, \quad \dim\rho = \mathrm{ML^{-3}},$$

$$\dim\mu = \mathrm{ML^{-1}T^{-1}}, \quad \dim\Delta p = \mathrm{ML^{-1}T^{-2}}$$

由于量纲独立的变量的数目为3，可选其为 d, q_V 及 ρ。则无量纲量可写为

$$\Pi = \frac{\Delta p}{\rho {q_V}^2 d^{-4}}, \quad \Pi_1 = \frac{l}{d}, \quad \Pi_2 = \frac{\mu}{\rho q_V d^{-1}}$$

根据 Π 定理，则有

$$\Pi = \Phi(\Pi_1, \Pi_2)$$

即

$$\Delta p = \rho q_V{}^2 d^{-4} \Phi\left(\frac{l}{d}, \frac{\mu}{\rho q_V d^{-1}}\right) \tag{20.8}$$

当管道足够长（如 $\frac{l}{d} > 100$）时，Δp 应与 l 成正比，此时函数 Φ 可写为

$$\Phi(\Pi_1, \Pi_2) = \Pi_1 \Psi\left(\frac{\mu}{\rho q_V d^{-1}}\right)$$

式(20.8) 化为

$$\frac{\Delta p}{l} = \rho q_V{}^2 d^{-5} \Psi\left(\frac{\mu}{\rho q_V d^{-1}}\right) \tag{20.9}$$

设平均流速 $u = \frac{4q_V}{\pi d^2}$，阻力系数 $c_d = \dfrac{\Delta p}{\frac{1}{2}\rho u^2 \frac{l}{d}}$，代入式(20.9)，可得

$$c_d = \frac{\pi^2}{8} \Psi\left(\frac{4}{\pi Re}\right) \tag{20.10}$$

式中，$Re = \frac{\rho u d}{\mu} = \frac{ud}{\nu}$ 为管流雷诺数，则有

$$\Pi_2 = \frac{4}{\pi Re}$$

这样，在研究管流阻力时，我们只需要考虑雷诺数，而不必过多考虑管子的粗细、流体的性质等具体细节。这对理论分析和实验研究都是非常重要的。c_d 是一个无量纲系数，而无量纲系数的应用是极为广泛的。

第二个例子，考虑不可压缩流体在平板上的层流流动。此问题中的物理量为

$a_1 = l$—— 板的长度；

$a_2 = V_\infty$—— 无穷远处的流速；

$a_3 = \rho$—— 流体的密度；

$a_4 = F$—— 板上的摩擦力；

$a_5 = \mu$—— 流体的黏度。

选 a_1, a_2, a_3 作为基本量，则 a_4, a_5 都可用这三个基本量表示。令

$$a_4 = c_1 a_1^{m_1} a_2^{m_2} a_3^{m_3} \tag{20.11}$$

式中，c_1 为常数。

写出这些物理量的量纲公式及各基本度量单位的指数如下：

	L	T	M
L	1	0	0
V_∞	1	-1	0
ρ	-3	0	1
F	1	-2	1
μ	-1	-1	1

式(20.11) 两侧的量纲必须相同，故 m_1, m_2, m_3 满足下列方程，即

$$1 = m_1 + m_2 - 3m_3$$

$$-2 = -m_2$$

$$1 = m_3$$

故 $m_1 = 2, m_2 = 2, m_3 = 1$。令 $\dfrac{F}{\rho V_\infty^2 l^2} = \Pi$，$\Pi$ 即为 F 的无量纲系数。以上确定 m_1, m_2, m_3 的方法称为量纲分析法。

在流体力学中，习惯以流体的动压，$\frac{1}{2}\rho V_\infty^2$ 代替 ρV_∞^2，以板的表面积 S 代替 l^2，因此得到 F 的无量纲系数为

$$c_F = F/\frac{1}{2}\rho V_\infty^2 S$$

$a_5 = \mu$ 的量纲公式为 M/LT。

令
$$a_5 = c_2 a_1^{n_1} a_2^{n_2} a_3^{n_3}$$

按上述方法，则可得 $\quad -1 = n_1 + n_2 - 3n_3, \quad -1 = -n_2, \quad 1 = n_3$

即
$$n_1 = n_2 = n_3 = 1$$

令
$$\frac{\mu}{\rho V_\infty l} = \frac{1}{Re} = \Pi_1$$

于是由式(20.6) 可得

$$c_F = f(Re)$$

这是我们所熟悉的结果。

20.3 相似理论

一、相似与模拟

在现代科学技术中，许多问题的解决都需要进行大量的实验和计算。由于经济和技术条件的限制，对实物进行实验往往存在着不可克服的困难。因此许多实验是用模型在实验室中进行的。在计算方面，由于大型电子计算机及计算技术的飞速进步，在流体力学中已发展出一个新

兴学科 —— 计算流体力学。它在航空、航天、航海、气象、石油、化工等一切与流体力学相关的领域发挥着越来越重要的作用。

模拟实验可分为数值模拟和物理模拟两类。对于物理模拟，模型和实物大小可以不同，但其物理过程本质应是完全一样的。对于数值模拟，其模拟的物理过程取决于所采用的流体力学控制方程(如有限基本解、速度势方程、欧拉方程、N－S 方程等)、计算方法(空间离散、网格生成、计算格式、边界条件处理等)及计算模型假设(如无黏流或黏性流模型及湍流模型的选取等)。

对于物理模拟，首先要解决模型尺寸的选择，以及实验条件的确定等问题，然后要能够将模型实验的结果，换算到实物及真实情况上去。这些都需要根据相似理论来解决。对于数值模拟也存在类似的问题。因此相似理论是物理模拟和数值模拟的基础，是组织实验、建立计算数学模型、整理实验和计算结果，并加以推广应用的科学依据。

二、相似现象和相似定理

在对应的时刻，两个现象的对应的变量之比，如果保持为一常数，这两个现象便称为相似的。这些常数称为相似系数。对于物理或数值模拟，它们是无量纲的常数。

在空气动力现象的物理和数值模拟中，可以有三种不同的相似性：几何相似、运动相似和动力相似。两个物体几何相似是指两个物体上各对应部分的夹角相等，长短尺寸成比例。运动相似要求两个物体的绕流流场，在对应瞬时、在各对应点处的速度方向一致、速度大小之比都相等。动力相似则要求在两个物体上的对应点处的对应微元面积上，以及物体周围的对应点处的对应微元体积上的表面力和体积力成比例。几何相似和运动相似显然是动力相似的先决条件。

如果两个现象中，所有的变量之比都分别为常数，这两个现象便称为完全相似，否则称为部分相似。事实上，对物理模拟或数值模拟，有实际意义的还是部分相似。进行模拟时，各相似系数之间要保持一定的关系，这是从相似准则导出的。相似准则也就是现象的各变量所组成的无量纲量。Π 定理中的 $\Pi,\Pi_1,\cdots,\Pi_{n-k}$ 等无量纲量组合一般都是相似准则。

相似理论有三个基本定理：

(1) 相似系统的相似准则，应当相同。因为一种现象的各变量之间存在着一定函数关系，如对于管内流动，式(20.5)所表示的函数 f 便是唯一确定的。所以两个现象相似时，由这函数关系得出的相似准则 $\Pi,\Pi_1,\cdots$ 也应相同。

(2) 一种现象的各变量之间的关系，可以化为各相似准则之间的关系，这即是 Π 定理。

(3) 如果两个现象的单值性条件相似，并且从这些条件得出的相似准则也相同时，这两个现象便是相似的。所谓单值性条件包括系统的几何性质、时间过程、系统中的介质和物体的某些重要参数、初始条件和边界条件等。

以上三个定理便是相似理论的基础。

三、利用 Π 定理和量纲分析求相似准则

对于实物，设有关系式，即

$$a = f(a_1, a_2, \cdots, a_n)$$

对于模型，设对应的关系式为

$$a' = f(a_1', a_2', \cdots, a_n')$$

利用 Π 定理，上二式可写为

$$\Pi = \Phi(\Pi_1, \Pi_2, \cdots, \Pi_{n-k})$$

$$\Pi' = \Phi(\Pi_1', \Pi_2', \cdots, \Pi_{n-k}')$$

对于给定的实物，$a_1, a_2, \cdots, a_n$ 变量均为已知，因而 $\Pi_1, \Pi_2, \cdots, \Pi_{n-k}$ 亦为已知。

对于模型，如选取变量 $a_1', a_2', \cdots, a_n'$，使

$$\Pi_1' = \Pi_1, \quad \Pi_2' = \Pi_2, \quad \cdots, \quad \Pi_{n-k}' = \Pi_{n-k} \tag{20.12}$$

则 $\Pi' = \Pi$。故由式(20.4)得

$$a = a'\left(\frac{a_1}{a_1'}\right)^{m_1}\left(\frac{a^2}{a_2'}\right)^{m_2}\cdots\left(\frac{a_k}{a_k'}\right)^{m_k}$$

上式中 a_i 与 a_i' 为已知，故由模型实验求得 a'，即可算出实物上的变量 a。

式(20.12) 给出了现象相似的条件，可写为

$$\frac{a_{k+1}}{a_1^{p_1} a_2^{p_2} \cdots a_k^{p_k}} = \frac{a_{k+1}'}{(a_1')^{p_1} (a_2')^{p_2} \cdots (a_k')^{p_k}}$$

$$\cdots\cdots$$

$$\frac{a_n}{a_1^{q_1} a_2^{q_2} \cdots a_k^{q_k}} = \frac{a_n'}{(a_1')^{q_1} (a_2')^{q_2} \cdots (a_k')^{q_k}}$$

如以 k_i 表示相似系数，即令

$$\frac{a_1}{a_1'} = k_1, \quad \frac{a_2}{a_2'} = k_2, \quad \cdots, \quad \frac{a_k}{a_k'} = k_k$$

则上述各式还可写为

$$k_{k+1} = k_1^{p_1} k_2^{p_2} \cdots k_k^{p_k}$$

$$\cdots\cdots$$

$$k_n = k_1^{q_1} k_2^{q_2} \cdots k_k^{q_k}$$

作为例子，考虑在风洞中模拟空气动力现象的问题。模拟的目的，在于通过与实物保持几何相似的模型实验求出飞行器上的空气动力特性。与空气动力 F 有关的变量为空气密度 ρ_∞，黏度 μ_∞，压力 p_∞，绝热指数(比热比)γ，飞行器速度 u_∞，飞行器特征长度 l，迎角 α 和侧滑角 β。故有

$$F = f(p_\infty, \rho_\infty, \gamma, \mu_\infty, u_\infty, l, \alpha, \beta)$$

取 l, u_∞, ρ_∞ 作为量纲独立的变量，可给出有关无量纲量，即

$$\Pi = \frac{F}{\frac{1}{2}\rho_\infty u_\infty^2 l^2} = C_F, \quad \Pi_1 = \frac{\rho_\infty u_\infty l}{\mu_\infty} = Re$$

$$\Pi_2 = \frac{u_\infty}{a_\infty} = \frac{u_\infty}{(\gamma p_\infty/\rho_\infty)^{1/2}} = Ma_\infty, \quad \Pi_3 = \gamma$$

$$\Pi_4 = \alpha, \quad \Pi_5 = \beta$$

根据 Π 定理，有

$$C_F = \Phi(Re, Ma_\infty, \gamma, \alpha, \beta)$$

若真实飞行器的 $Re, Ma_\infty, \gamma, \alpha, \beta$ 均为已知，则当用同一气体（$\gamma' = \gamma$）进行模型实验时，只需令 $\alpha' = \alpha, \beta' = \beta, Re' = Re, Ma_\infty' = Ma_\infty$，即可求出飞行器上的空气动力系数 C_F。上述最后两个条件给出：

$$\frac{\rho_\infty' u_\infty' l'}{\mu_\infty'} = \frac{\rho_\infty u_\infty l}{\mu}, \quad \frac{u_\infty'}{a_\infty'} = \frac{u_\infty}{a_\infty}$$

可见在实验条件下，同时满足这些相似准则往往是有困难的。

四、由基本方程，求相似准则

变换各变量的度量单位，可使实物和模型上描述物理现象的基本方程全等，单值性条件相同便是两个现象相似的充要条件。而在这些变换过程中，同时也求出了相似准则。

考虑可压缩黏性流动，对于实物，其流动基本方程组为

$$\frac{\partial \rho}{\partial t} + \frac{\partial(\rho u)}{\partial x} + \frac{\partial(\rho v)}{\partial y} + \frac{\partial(\rho w)}{\partial z} = 0$$

$$\frac{\partial u}{\partial t} + u\frac{\partial u}{\partial x} + v\frac{\partial u}{\partial y} + w\frac{\partial u}{\partial z} = X - \frac{1}{\rho}\frac{\partial p}{\partial x} + \nu\left(\frac{\partial^2 u}{\partial x^2} + \frac{\partial^2 u}{\partial y^2} + \frac{\partial^2 u}{\partial z^2}\right) + \frac{\nu}{3}\frac{\partial}{\partial x}(\mathrm{div}\mathbf{V})$$

$$\frac{\partial v}{\partial t} + u\frac{\partial v}{\partial x} + v\frac{\partial v}{\partial y} + w\frac{\partial v}{\partial z} = Y - \frac{1}{\rho}\frac{\partial p}{\partial y} + \nu\left(\frac{\partial^2 v}{\partial x^2} + \frac{\partial^2 v}{\partial y^2} + \frac{\partial^2 v}{\partial z^2}\right) + \frac{\nu}{3}\frac{\partial}{\partial y}(\mathrm{div}\mathbf{V})$$

$$\frac{\partial w}{\partial t} + u\frac{\partial w}{\partial x} + v\frac{\partial w}{\partial y} + w\frac{\partial w}{\partial z} = Z - \frac{1}{\rho}\frac{\partial p}{\partial z} + \nu\left(\frac{\partial^2 w}{\partial x^2} + \frac{\partial^2 w}{\partial y^2} + \frac{\partial^2 w}{\partial z^2}\right) + \frac{\nu}{3}\frac{\partial}{\partial z}(\mathrm{div}\mathbf{V})$$

(20.13)

对于模型，则有

$$\frac{\partial \rho'}{\partial t'} + \frac{\partial(\rho' u')}{\partial x'} + \frac{\partial(\rho' v')}{\partial y'} + \frac{\partial(\rho' w')}{\partial z'} = 0$$

$$\frac{\partial u'}{\partial t'} + u'\frac{\partial u'}{\partial x'} + v'\frac{\partial u'}{\partial y'} + w'\frac{\partial u'}{\partial z'} = X' - \frac{1}{\rho'}\frac{\partial p'}{\partial x'} + \nu'\left(\frac{\partial^2 u'}{\partial x'^2} + \frac{\partial^2 u'}{\partial y'^2} + \frac{\partial^2 u'}{\partial z'^2}\right) + \frac{\nu'}{3}\frac{\partial}{\partial x'}(\mathrm{div}\mathbf{V}')$$

$$\frac{\partial v'}{\partial t'} + u'\frac{\partial v'}{\partial x'} + v'\frac{\partial v'}{\partial y'} + w'\frac{\partial v'}{\partial z'} = Y' - \frac{1}{\rho'}\frac{\partial p'}{\partial y'} + \nu'\left(\frac{\partial^2 v'}{\partial x'^2} + \frac{\partial^2 v'}{\partial y'^2} + \frac{\partial^2 v'}{\partial z'^2}\right) + \frac{\nu'}{3}\frac{\partial}{\partial y'}(\mathrm{div}\mathbf{V}')$$

$$\frac{\partial w'}{\partial t'}+u'\frac{\partial w'}{\partial x'}+v'\frac{\partial w'}{\partial y'}+w'\frac{\partial w'}{\partial z'}=Z'-\frac{1}{\rho'}\frac{\partial p'}{\partial z'}+\nu'\left(\frac{\partial^2 w'}{\partial x'^2}+\frac{\partial^2 w'}{\partial y'^2}+\frac{\partial^2 w'}{\partial z'^2}\right)+\frac{\nu'}{3}\frac{\partial}{\partial z'}(\mathrm{div}\mathbf{V}') \tag{20.14}$$

上述两个现象相似，则有

$$\begin{aligned} &x'=Lx, \quad y'=Ly, \quad z'=Lz, \quad t'=Tt \\ &u'=Vu, \quad v'=Vv, \quad w'=Vw \\ &X'=GX, \quad Y'=GY, \quad Z'=GZ \\ &p'=Pp, \quad \nu'=N\nu, \quad \rho'=R\rho \end{aligned} \tag{20.15}$$

将式(20.15) 代入式(20.14) 可得

$$\frac{R}{T}\frac{\partial\rho}{\partial t}+\frac{RV}{L}\left[\frac{\partial(\rho u)}{\partial x}+\frac{\partial(\rho v)}{\partial y}+\frac{\partial(\rho w)}{\partial z}\right]=0$$

$$\frac{V}{T}\frac{\partial u}{\partial t}+\frac{V^2}{L}\left[u\frac{\partial u}{\partial x}+v\frac{\partial u}{\partial y}+w\frac{\partial u}{\partial z}\right]=GX-\frac{P}{RL}\frac{1}{\rho}\frac{\partial p}{\partial x}+\frac{NV}{L^2}\left[\nu\left(\frac{\partial^2 u}{\partial x^2}+\frac{\partial^2 u}{\partial y^2}+\frac{\partial^2 u}{\partial z^2}\right)+\frac{\nu}{3}\frac{\partial}{\partial x}(\mathrm{div}\mathbf{V})\right]$$

$$\frac{V}{T}\frac{\partial v}{\partial t}+\frac{V^2}{L}\left[u\frac{\partial v}{\partial x}+v\frac{\partial v}{\partial y}+w\frac{\partial v}{\partial z}\right]=GY-\frac{P}{RL}\frac{1}{\rho}\frac{\partial p}{\partial y}+\frac{NV}{L^2}\left[\nu\left(\frac{\partial^2 v}{\partial x^2}+\frac{\partial^2 v}{\partial y^2}+\frac{\partial^2 v}{\partial z^2}\right)+\frac{\nu}{3}\frac{\partial}{\partial y}(\mathrm{div}\mathbf{V})\right]$$

$$\frac{V}{T}\frac{\partial w}{\partial t}+\frac{V^2}{L}\left[u\frac{\partial w}{\partial x}+v\frac{\partial w}{\partial y}+w\frac{\partial w}{\partial z}\right]=GZ-\frac{P}{RL}\frac{1}{\rho}\frac{\partial p}{\partial z}+\frac{NV}{L^2}\left[\nu\left(\frac{\partial^2 w}{\partial x^2}+\frac{\partial^2 w}{\partial y^2}+\frac{\partial^2 w}{\partial z^2}\right)+\frac{\nu}{3}\frac{\partial}{\partial z}(\mathrm{div}\mathbf{V})\right] \tag{20.16}$$

式(20.13) 应与式(20.16) 全等，故有

$$\frac{V}{T}=\frac{V^2}{L}=G=\frac{P}{RL}=\frac{NV}{L^2} \tag{20.17}$$

式(20.17) 即为利用相似系数 L,T,V,P,N,R 表示的相似条件。这些相似系数可用实物和模型上的某些变量表示，即

$$L=\frac{l'}{l}, \quad T=\frac{t'}{t}, \quad V=\frac{V_\infty'}{V_\infty}, \quad P=\frac{p_\infty'}{p_\infty}$$

$$R=\frac{\rho_\infty'}{\rho_\infty}, \quad N=\frac{\nu_\infty'}{\nu_\infty}, \quad G=1$$

实物与模型都处于重力场中，重力加速度相等，$g'=g$。代入式(20.17)，可得

$$\frac{V_\infty'/t'}{V_\infty/t}=\frac{V'^2_\infty/l'}{V^2_\infty/l'}=1=\frac{p_\infty'/\rho_\infty'l'}{p_\infty/\rho_\infty l}=\frac{\nu_\infty'V_\infty'/l'^2}{\nu_\infty V_\infty/l^2}$$

由此可得

$$\frac{p_\infty'}{\rho_\infty' V_\infty'^2} = \frac{p_\infty}{\rho_\infty V_\infty^2}$$

即
$$Eu' = Eu \quad \text{(欧拉(Euler)数)}$$

或
$$Ma_\infty' = Ma_\infty \quad \text{(马赫(Mach)数)}$$

$$\frac{V_\infty'^2}{gl'} = \frac{V_\infty^2}{gl}$$

即
$$Fr' = Fr \quad \text{(弗劳德(Froude)数)}$$

$$\frac{l'}{t' V_\infty'} = \frac{l}{t V_\infty}$$

即
$$Sr' = Sr \quad \text{(斯特劳哈尔(Strouhal)数)}$$

$$\frac{\rho_\infty' V_\infty' l'}{\mu_\infty'} = \frac{\rho_\infty V_\infty l}{\mu_\infty}$$

即
$$Re' = Re \quad \text{(雷诺(Reynolds)数)}$$

根据能量方程还可导出其他相似准则，如普朗特数 $Pr = \frac{\mu' c_p}{k'} = \frac{\mu c_p}{k}$（此处 k 为热传导系数）等。

在空气动力实验中，要保证满足全部相似准则是困难的，一般也无法做到。实际上，可根据具体情况，满足必要的相似准则，以实现对实际飞行的模拟。

对于数值模拟来说，虽然形式上可以满足全部相似准则，但要准确求解黏性流动的纳维-斯托克斯方程组却是困难的。虽然学者们经过100多年的研究，但目前对复杂的黏性流动——湍流——的认识还是很不够的。由于N-S方程的高度非线性性质，导致方程的不封闭。为了使方程封闭，人们发展了各种湍流模式理论，即湍流模型。但目前还没有一种湍流模型能够适合各种复杂情况下的湍流流动。其次由于目前计算机条件的限制，我们还不能在空间所有方向上都考虑流动的真实黏性效应。目前流行的是仅考虑紧贴物面薄层内的黏性效应，即物体法向的剪切流动，也就是数值求解所谓雷诺平均、薄层N-S方程。由于计算机及计算技术的飞速发展，在这方面的工作已取得了相当可观的进展，人们应用CFD技术已能比较准确地求解绕真实飞行器附着流及不太严重的分离流动，获得与实验及飞行比较一致的气动数据，在飞行器设计中发挥着重要作用。随着湍流理论、计算机、计算技术的发展，这方面的工作还将不断地向前推进。

五、空气与气体动力学中的动力相似准则

应用上述相似理论可推得空气与气体动力学中的动力相似准则。

(1) 无黏不可压缩流动。只需满足几何相似的流场条件，即绕流物体的几何相似，迎角、侧滑角相等。

(2) 不可压缩黏流动。除满足上述条件外，雷诺数 Re 相等。

(3) 无黏可压缩流动。除满足几何相似，迎角、侧滑角相等条件外，马赫数 Ma_∞ 及绝热指数(又称比热比)γ 相等。

(4) 可压缩黏流动。除满足(1) 中条件外，马赫数 Ma_∞、绝热指数 γ 及雷诺数 Re 相等。

(5) 当考虑运动是周期性(如螺旋桨) 或非定常时，斯特劳哈尔数 Sr 应相等；当考虑热传导时，普朗特数 Pr 应相等；当重力起重要作用时，如水面波，弗劳德数 Fr 应相等。

20.4　空气动力实验

空气动力实验的主要设备是风洞。除了各种在空中飞行的飞行器外，在水下运动的物体如潜艇、鱼雷等，也可在风洞中进行实验。风洞实验通常是测量均匀气流中的静止模型上所受的力和力矩及给定部位的压力。这些力、力矩和压力应与模型在静止空气中，以等于上述气流速度作等速直线运动时，所受到的力、力矩及压力相同。这称为运动的相对性原理。

风洞的出现只有100年的历史，1905年儒科夫斯基在莫斯科建造了第一个风洞，实验段直径1.2 m。1907年普朗特在德国哥廷根建造了直径1 m的风洞。到了1931年，在美国便有了实验段尺寸为9 m×18 m椭圆截面的全尺寸风洞(动力为6 600 kW，风速为50 m/s)。1936年在哥廷根建成的3 m×5 m的风洞，动力为1 800 kW，风洞内的空气密度可在一定的范围内改变。密度减小时的最大风速为104 m/s，增压后雷诺数可达 6×10^6。1930年后，高速风洞逐渐发展。1934年在瑞士苏黎世建成实验段为40 cm×40 cm的超声速风洞，马赫数达到2。此后几十年间，风洞规模发展更大，风速更高。由于宇航技术发展的推动，高超声速风洞也得到了很大发展。

风洞的基本形式可分为开路式和回路式两种。分别指气流在风洞中只通过一次或不断循环而言。这两种风洞的实验段都可以是封闭的或敞开的(对高速风洞，实验段均是封闭的)，称为闭口式和开口式。图20.1给出开路式和回路式低速风洞原理图，图20.2给出连续式超声速风洞原理图，图20.3给出一个大型亚声速风洞(美国马里兰州大学) 实验段照片。在动力装置方面，分为风扇(或压缩机)、喷气发动机，蓄能器(高压气瓶或真空箱) 等类型。风洞的工作介质最常用的是空气，但也有人考虑用氦气和氟利昂(CCl_2F)。氦的液化点极低，所以无须加热，便可获得 $Ma=20$ 的气流。氟利昂的声速仅为空气的38.2%，密度约为空气的4倍，因此从理论上分析，对于给定的动力，可以使 Ma 提高2.5倍，雷诺数提高3.6倍。当然考虑到环境保护，对氟利昂的使用应取慎重的态度。

近代大型风洞所需的动力是很惊人的，下面给出几个典型例子：(1) 跨声速 $Ma=0.7\sim1.5$，实验段尺寸为3.35 m×3.35 m；或超声速 $Ma=1.4\sim2.6$，2.75 m×2.75 m；或超声速 $Ma=2.4\sim3.6$，2.43 m×2.13 m，其所需动力约为150 000 kW。(2)$Ma=3.5$，3 m×3 m的风洞，其动力为187 000 kW。(3)$Ma=10$，1 m×1 m的风洞，动力为75 000 kW。(4) 实验段风速为110 m/s，12 m×24 m的风洞，动力为27 000 kW。

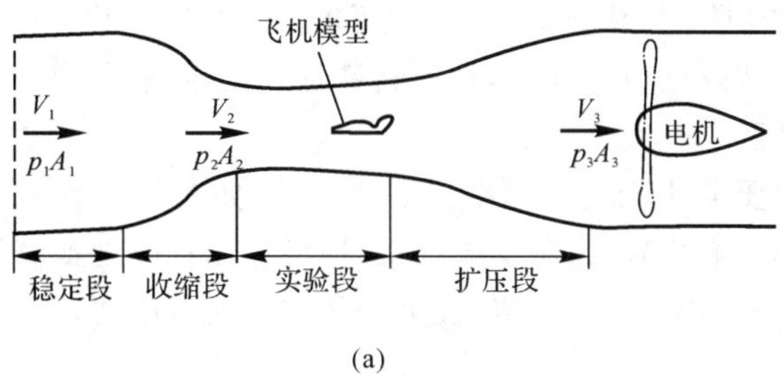

(a)

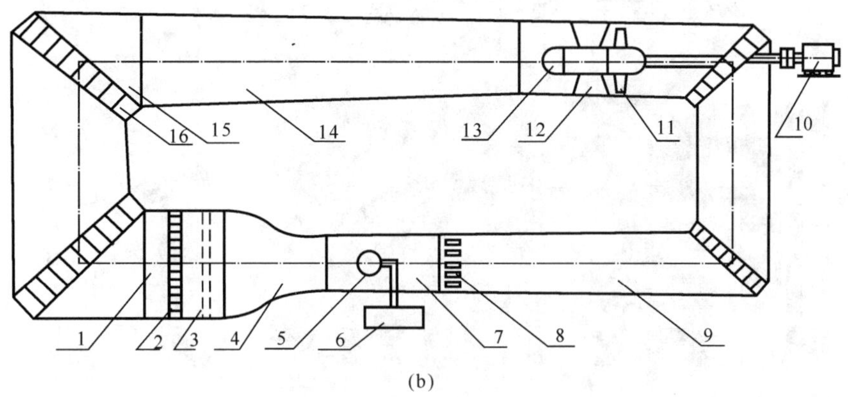

(b)

图 20.1　开路式和回路式低速风洞原理图

(a) 开路式低速风洞；(b) 回路式低速风洞

1— 稳定段；2— 蜂窝器；3— 整流网；4— 收缩段；5— 模型；6— 天平测量系统；7— 实验段；8— 压力平衡孔；9— 扩压段；10— 电动机；11— 风扇；12— 反扭导流片；13— 整流体；14— 回流段；15— 拐角；16— 导流片

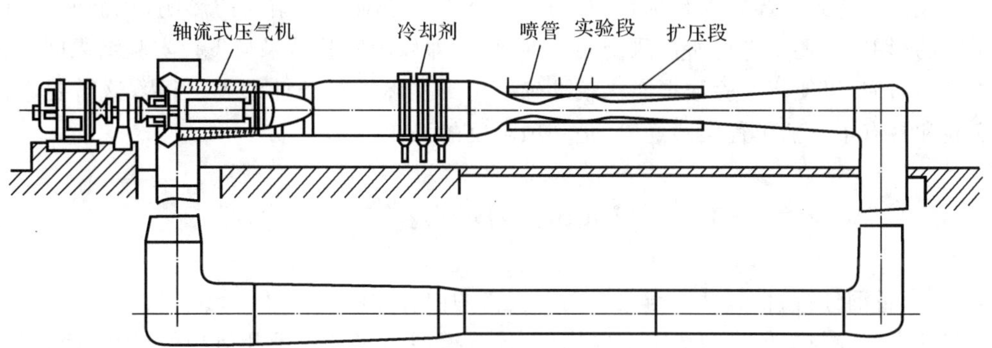

图 20.2　连续式超声速风洞原理图

风洞实验的主要内容是:作用于模型上的力和力矩的测量、模型表面压力分布侧量以及气流流态的观察等。对于特殊的研究任务,还有特殊形式的风洞,如自由飞行风洞、低湍流度风洞、结冰风洞、环境风洞等。

风洞的尺寸大小,主要取决于实验对雷诺数的要求。如在跨声速($0.7 \leqslant Ma \leqslant 1.3$)范围内,当实验雷诺数达到 10^7 量级时,风洞实验结果,便可相当准确地换算到飞行情况上去,因为一般飞机的飞行雷诺数均在 10^7 量级或以上。大型风洞之所以必要,其理由亦即在于此。

图 20.3　一个大型亚声速风洞实验段照片

一般风洞要达到上述要求是困难的,为了研究雷诺数对实验结果的影响,风洞洞壁、模型支架干扰的影响等,还要进行所谓风洞相关性研究,即风洞实验结果与飞行实验结果间的相互关系规律的研究,以便将实验数据能比较准确应用到实际飞行条件中去。当然,这需要进行大量的实验和具有丰富的工程实践经验,是一项艰巨的工作。

20.5　小　结

第 20 章量纲分析、相似理论与空气动力实验的内容如图 20.4 所示。

空气动力实验与数值模拟要求实验模型、计算模型与实物满足几何相似、运动相似、动力相似的条件。

(1) 对无黏不可压缩流动。满足几何相似,迎角、侧滑角相等。

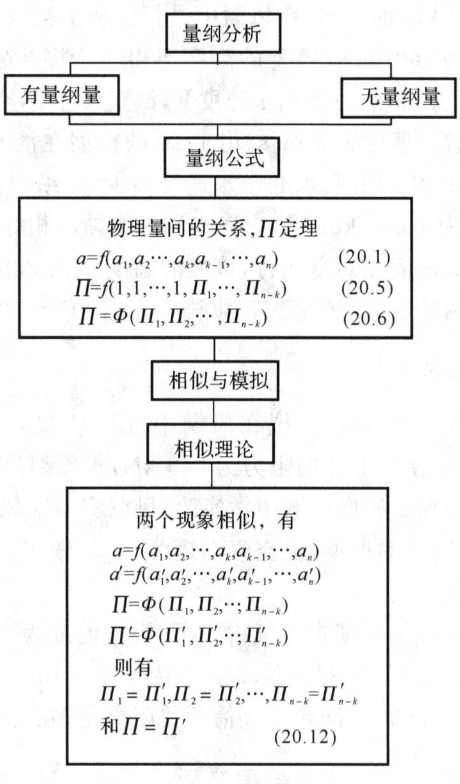

图 20.4　第 20 章的主要内容

(2) 对不可压缩黏流动。满足几何相似，雷诺数 Re、迎角、侧滑角相等。

(3) 对无黏可压缩流动。满足几何相似、马赫数 Ma_∞、绝热指数 γ、迎角、侧滑角相等。

(4) 对可压缩黏流动。满足几何相似、马赫数 Ma_∞、雷诺数 Re、绝热指数 γ、迎角、侧滑角相等。

(5) 当运动是周期性或非定常时，还要求斯特劳哈尔数 Sr 应相等；当考虑热传导时，普朗特数 Pr 应相等；当重力起重要作用时，弗劳德数 Fr 应相等。

习　题

20.1　以质量的量纲 M，长度的量纲 L，时间的量纲 T 为基本量纲，写出下列各量的量纲公式。

(1) 力；(2) 力矩；(3) 压力；(4) 密度；(5) 功；(6) 功率；(7) 速度；(8) 加速度；(9) 弧度；(10) 角速度；(11) 体积流量；(12) 质量流量；(13) 动量；(14) 动量矩；(15) 黏度；(16) 运动黏度；(17) 熵；(18) 比定压热容；(19) 比定容热容。

20.2　设计时速为 160 km 的汽车，在风洞中进行模型实验以预测空气阻力。已知汽车车高为 1.5 m，风洞最大风速为 60 m/s，模型的高度不得小于多少？若测量的摩擦阻力为 1.5 kN，则汽车的阻力将是多少？已知阻力是汽车速度V，汽车尺寸L，空气密度ρ及黏度μ的函数。

20.3　潜艇在深海中航行速度为 3 m/s。用 1/20 的模型在淡水水洞中作实验。测得的操纵模型舵所需的力矩为 8.29 N·m，问水洞中水速是多少？操纵原型舵所需力矩是多少？海水密度为 1 025 km/m³，淡水为 1 000 kg/m³，设海水和淡水黏度相等。

20.4　飞机以 400 m/s 速度在高空飞行，该处的温度T为 228 K，压力p为 30.2 kPa。现用缩小 20 倍的模型在风洞中做实验。已知风洞中温度$T=288$ K，黏度$\mu=\mu(T)=\dfrac{T^{1.5}}{T+110.4}$，求风洞中的风速及压力。

20.5　汽车行驶速度为 108 km/h，拟在风洞中进行模型实验。风洞实验段风速为 45 m/s，求原型与模型尺寸比。如模型上测的阻力为 1.5 kN，求原型汽车所受阻力。

20.6　跨声速飞机模型在变密度风洞中做实验。风洞实验段风速为 360 m/s，空气温度为 40℃，压力为 125 kPa。现用同样的模型，但空气温度为 60℃ 做实验，要求流动相似，问实验风速及空气压力应为多少？

20.7　弹道火箭以 450 m/s 速度在大气中飞行，大气温度为 15℃，压力为 101.3 kPa。现拟用 1∶8 的模型在风洞中做实验。风洞实验段空气温度为 −10℃。试确定实验段风速及空气压力。又如模型上测的阻力为 360 N，问弹道火箭所受阻力是多少？

参考文献

[1]　恽起麟. 风洞实验：近代空气动力学丛书[M]. 北京：国防工业出版社，2000.

[2]　岳劼毅. 空气动力学基础[M]. 哈尔滨：军事工程学院，1965.

[3]　列茨尼科夫 A E. 相似方法[M]. 王承斌，译. 北京：科学出版社，1984.

[4]　陈懋章. 粘性流体动力学基础[M]. 北京：高等教育出版社，1993.

[5]　朱一锟. 流体力学基础[M]. 北京：北京航空航天大学出版社，1990.

[6]　范洁川，樊玉辰，姚民斐，等. 世界风洞[M]. 北京：航空工业出版社，1992.

[7]　陈廷楠，王平军，等. 应用流体力学[M]. 北京：航空工业出版社，2000.

附　录

附录 A　等熵流特性

Ma	$\frac{p_0}{p}$	$\frac{\rho_0}{\rho}$	$\frac{T_0}{T}$	$\frac{A}{A^*}$
0.2000E−01①	0.1000E+01	0.1000E+01	0.1000E+01	0.2894E+02
0.4000E−01	0.1001E+01	0.1001E+01	0.1000E+01	0.1448E+02
0.6000E−01	0.1003E+01	0.1002E+01	0.1001E+01	0.9666E+01
0.8000E−01	0.1004E+01	0.1003E+01	0.1001E+01	0.7262E+01
0.1000E+00	0.1007E+01	0.1005E+01	0.1002E+01	0.5822E+01
0.1200E+00	0.1010E+01	0.1007E+01	0.1003E+01	0.4864E+01
0.1400E+00	0.1014E+01	0.1010E+01	0.1004E+01	0.4182E+01
0.1600E+00	0.1018E+01	0.1013E+01	0.1005E+01	0.3673E+01
0.1800E+00	0.1023E+01	0.1016E+01	0.1006E+01	0.3278E+01
0.2000E+00	0.1028E+01	0.1020E+01	0.1008E+01	0.2964E+01
0.2200E+00	0.1034E+01	0.1024E+01	0.1010E+01	0.2708E+01
0.2400E+00	0.1041E+01	0.1029E+01	0.1012E+01	0.2496E+01
0.2600E+00	0.1048E+01	0.1034E+01	0.1014E+01	0.2317E+01
0.2800E+00	0.1056E+01	0.1040E+01	0.1016E+01	0.2166E+01
0.3000E+00	0.1064E+01	0.1046E+01	0.1018E+01	0.2035E+01
0.3200E+00	0.1074E+01	0.1052E+01	0.1020E+01	0.1922E+01
0.3400E+00	0.1083E+01	0.1059E+01	0.1023E+01	0.1823E+01
0.3600E+00	0.1094E+01	0.1066E+01	0.1026E+01	0.1736E+01
0.3800E+00	0.1105E+01	0.1074E+01	0.1029E+01	0.1659E+01
0.4000E+00	0.1117E+01	0.1082E+01	0.1032E+01	0.1590E+01
0.4200E+00	0.1129E+01	0.1091E+01	0.1035E+01	0.1529E+01
0.4400E+00	0.1142E+01	0.1100E+01	0.1039E+01	0.1474E+01

① 表中数字后的 E−01 表示 $\times10^{-1}$，E+01 表示 $\times10^{1}$，余类推。

续表

Ma	$\frac{p_0}{p}$	$\frac{\rho_0}{\rho}$	$\frac{T_0}{T}$	$\frac{A}{A^*}$
0.4600E+00	0.1156E+01	0.1109E+01	0.1042E+01	0.1425E+01
0.4800E+00	0.1171E+01	0.1119E+01	0.1046E+01	0.1380E+01
0.5000E+00	0.1186E+01	0.1130E+01	0.1050E+01	0.1340E+01
0.5200E+00	0.1202E+01	0.1141E+01	0.1054E+01	0.1303E+01
0.5400E+00	0.1219E+01	0.1152E+01	0.1058E+01	0.1270E+01
0.5600E+00	0.1237E+01	0.1164E+01	0.1063E+01	0.1240E+01
0.5800E+00	0.1256E+01	0.1177E+01	0.1067E+01	0.1213E+01
0.6000E+00	0.1276E+01	0.1190E+01	0.1072E+01	0.1188E+01
0.6200E+00	0.1296E+01	0.1203E+01	0.1077E+01	0.1166E+01
0.6400E+00	0.1317E+01	0.1218E+01	0.1082E+01	0.1145E+01
0.6600E+00	0.1340E+01	0.1232E+01	0.1087E+01	0.1127E+01
0.6800E+00	0.1363E+01	0.1247E+01	0.1092E+01	0.1110E+01
0.7000E+00	0.1387E+01	0.1263E+01	0.1098E+01	0.1094E+01
0.7200E+00	0.1412E+01	0.1280E+01	0.1104E+01	0.1081E+01
0.7400E+00	0.1439E+01	0.1297E+01	0.1110E+01	0.1068E+01
0.7600E+00	0.1466E+01	0.1314E+01	0.1116E+01	0.1057E+01
0.7800E+00	0.1495E+01	0.1333E+01	0.1122E+01	0.1047E+01
0.8000E+00	0.1524E+01	0.1351E+01	0.1128E+01	0.1038E+01
0.8200E+00	0.1555E+01	0.1371E+01	0.1134E+01	0.1030E+01
0.8400E+00	0.1587E+01	0.1391E+01	0.1141E+01	0.1024E+01
0.8600E+00	0.1621E+01	0.1412E+01	0.1148E+01	0.1018E+01
0.8800E+00	0.1655E+01	0.1433E+01	0.1155E+01	0.1013E+01
0.9000E+00	0.1691E+01	0.1456E+01	0.1162E+01	0.1009E+01
0.9200E+00	0.1729E+01	0.1478E+01	0.1169E+01	0.1006E+01
0.9400E+00	0.1767E+01	0.1502E+01	0.1177E+01	0.1003E+01
0.9600E+00	0.1808E+01	0.1526E+01	0.1184E+01	0.1001E+01
0.9800E+00	0.1850E+01	0.1552E+01	0.1192E+01	0.1000E+01
0.1000E+01	0.1893E+01	0.1577E+01	0.1200E+01	0.1000E+01
0.1020E+01	0.1938E+01	0.1604E+01	0.1208E+01	0.1000E+01
0.1040E+01	0.1985E+01	0.1632E+01	0.1216E+01	0.1001E+01
0.1060E+01	0.2033E+01	0.1660E+01	0.1225E+01	0.1003E+01

续表

Ma	$\frac{p_0}{p}$	$\frac{\rho_0}{\rho}$	$\frac{T_0}{T}$	$\frac{A}{A^*}$
0.1080E+01	0.2083E+01	0.1689E+01	0.1233E+01	0.1005E+01
0.1100E+01	0.2135E+01	0.1719E+01	0.1242E+01	0.1008E+01
0.1120E+01	0.2189E+01	0.1750E+01	0.1251E+01	0.1011E+01
0.1140E+01	0.2245E+01	0.1782E+01	0.1260E+01	0.1015E+01
0.1160E+01	0.2303E+01	0.1814E+01	0.1269E+01	0.1020E+01
0.1180E+01	0.2363E+01	0.1848E+01	0.1278E+01	0.1025E+01
0.1200E+01	0.2425E+01	0.1883E+01	0.1288E+01	0.1030E+01
0.1220E+01	0.2489E+01	0.1918E+01	0.1298E+01	0.1037E+01
0.1240E+01	0.2556E+01	0.1955E+01	0.1308E+01	0.1043E+01
0.1260E+01	0.2625E+01	0.1992E+01	0.1318E+01	0.1050E+01
0.1280E+01	0.2697E+01	0.2031E+01	0.1328E+01	0.1058E+01
0.1300E+01	0.2771E+01	0.2071E+01	0.1338E+01	0.1066E+01
0.1320E+01	0.2847E+01	0.2112E+01	0.1348E+01	0.1075E+01
0.1340E+01	0.2927E+01	0.2153E+01	0.1359E+01	0.1084E+01
0.1360E+01	0.3009E+01	0.2197E+01	0.1370E+01	0.1094E+01
0.1380E+01	0.3094E+01	0.2241E+01	0.1381E+01	0.1104E+01
0.1400E+01	0.3182E+01	0.2286E+01	0.1392E+01	0.1115E+01
0.1420E+01	0.3273E+01	0.2333E+01	0.1403E+01	0.1126E+01
0.1440E+01	0.3368E+01	0.2381E+01	0.1415E+01	0.1138E+01
0.1460E+01	0.3465E+01	0.2430E+01	0.1426E+01	0.1150E+01
0.1480E+01	0.3566E+01	0.2480E+01	0.1438E+01	0.1163E+01
0.1500E+01	0.3671E+01	0.2532E+01	0.1450E+01	0.1176E+01
0.1520E+01	0.3779E+01	0.2585E+01	0.1462E+01	0.1190E+01
0.1540E+01	0.3891E+01	0.2639E+01	0.1474E+01	0.1204E+01
0.1560E+01	0.4007E+01	0.2695E+01	0.1487E+01	0.1219E+01
0.1580E+01	0.4127E+01	0.2752E+01	0.1499E+01	0.1234E+01
0.1600E+01	0.4250E+01	0.2811E+01	0.1512E+01	0.1250E+01
0.1620E+01	0.4378E+01	0.2871E+01	0.1525E+01	0.1267E+01
0.1640E+01	0.4511E+01	0.2933E+01	0.1538E+01	0.1284E+01
0.1660E+01	0.4648E+01	0.2996E+01	0.1551E+01	0.1301E+01
0.1680E+01	0.4790E+01	0.3061E+01	0.1564E+01	0.1319E+01

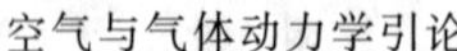

续表

Ma	$\frac{p_0}{p}$	$\frac{\rho_0}{\rho}$	$\frac{T_0}{T}$	$\frac{A}{A^*}$
0.1700E+01	0.4936E+01	0.3128E+01	0.1578E+01	0.1338E+01
0.1720E+01	0.5087E+01	0.3196E+01	0.1592E+01	0.1357E+01
0.1740E+01	0.5244E+01	0.3266E+01	0.1606E+01	0.1376E+01
0.1760E+01	0.5406E+01	0.3338E+01	0.1620E+01	0.1397E+01
0.1780E+01	0.5573E+01	0.3411E+01	0.1634E+01	0.1418E+01
0.1800E+01	0.5746E+01	0.3487E+01	0.1648E+01	0.1439E+01
0.1820E+01	0.5924E+01	0.3564E+01	0.1662E+01	0.1461E+01
0.1840E+01	0.6109E+01	0.3643E+01	0.1677E+01	0.1484E+01
0.1860E+01	0.6300E+01	0.3723E+01	0.1692E+01	0.1507E+01
0.1880E+01	0.6497E+01	0.3806E+01	0.1707E+01	0.1531E+01
0.1900E+01	0.6701E+01	0.3891E+01	0.1722E+01	0.1555E+01
0.1920E+01	0.6911E+01	0.3978E+01	0.1737E+01	0.1580E+01
0.1940E+01	0.7128E+01	0.4067E+01	0.1753E+01	0.1606E+01
0.1960E+01	0.7353E+01	0.4158E+01	0.1768E+01	0.1633E+01
0.1980E+01	0.7585E+01	0.4251E+01	0.1784E+01	0.1660E+01
0.2000E+01	0.7824E+01	0.4347E+01	0.1800E+01	0.1687E+01
0.2050E+01	0.8458E+01	0.4596E+01	0.1840E+01	0.1760E+01
0.2100E+01	0.9145E+01	0.4859E+01	0.1882E+01	0.1837E+01
0.2150E+01	0.9888E+01	0.5138E+01	0.1924E+01	0.1919E+01
0.2200E+01	0.1069E+02	0.5433E+01	0.1968E+01	0.2005E+01
0.2250E+01	0.1156E+02	0.5746E+01	0.2012E+01	0.2096E+01
0.2300E+01	0.1250E+02	0.6076E+01	0.2058E+01	0.2193E+01
0.2350E+01	0.1352E+02	0.6425E+01	0.2104E+01	0.2295E+01
0.2400E+01	0.1462E+02	0.6794E+01	0.2152E+01	0.2403E+01
0.2450E+01	0.1581E+02	0.7183E+01	0.2200E+01	0.2517E+01
0.2500E+01	0.1709E+02	0.7594E+01	0.2250E+01	0.2637E+01
0.2550E+01	0.1847E+02	0.8027E+01	0.2300E+01	0.2763E+01
0.2600E+01	0.1995E+02	0.8484E+01	0.2352E+01	0.2896E+01
0.2650E+01	0.2156E+02	0.8965E+01	0.2404E+01	0.3036E+01
0.2700E+01	0.2328E+02	0.9472E+01	0.2458E+01	0.3183E+01
0.2750E+01	0.2514E+02	0.1001E+02	0.2512E+01	0.3338E+01

续表

Ma	$\frac{p_0}{p}$	$\frac{\rho_0}{\rho}$	$\frac{T_0}{T}$	$\frac{A}{A^*}$
0.2800E+01	0.2714E+02	0.1057E+02	0.2568E+01	0.3500E+01
0.2850E+01	0.2929E+02	0.1116E+02	0.2624E+01	0.3671E+01
0.2900E+01	0.3159E+02	0.1178E+02	0.2682E+01	0.3850E+01
0.2950E+01	0.3407E+02	0.1243E+02	0.2740E+01	0.4038E+01
0.3000E+01	0.3673E+02	0.1312E+02	0.2800E+01	0.4235E+01
0.3050E+01	0.3959E+02	0.1384E+02	0.2860E+01	0.4441E+01
0.3100E+01	0.4265E+02	0.1459E+02	0.2922E+01	0.4657E+01
0.3150E+01	0.4593E+02	0.1539E+02	0.2984E+01	0.4884E+01
0.3200E+01	0.4944E+02	0.1622E+02	0.3048E+01	0.5121E+01
0.3250E+01	0.5320E+02	0.1709E+02	0.3112E+01	0.5369E+01
0.3300E+01	0.5722E+02	0.1800E+02	0.3178E+01	0.5629E+01
0.3350E+01	0.6152E+02	0.1896E+02	0.3244E+01	0.5900E+01
0.3400E+01	0.6612E+02	0.1996E+02	0.3312E+01	0.6184E+01
0.3450E+01	0.7103E+02	0.2101E+02	0.3380E+01	0.6480E+01
0.3500E+01	0.7627E+02	0.2211E+02	0.3450E+01	0.6790E+01
0.3550E+01	0.8187E+02	0.2325E+02	0.3520E+01	0.7113E+01
0.3600E+01	0.8784E+02	0.2445E+02	0.3592E+01	0.7450E+01
0.3650E+01	0.9420E+02	0.2571E+02	0.3664E+01	0.7802E+01
0.3700E+01	0.1010E+03	0.2701E+02	0.3738E+01	0.8169E+01
0.3750E+01	0.1082E+03	0.2838E+02	0.3812E+01	0.8552E+01
0.3800E+01	0.1159E+03	0.2981E+02	0.3888E+01	0.8951E+01
0.3850E+01	0.1241E+03	0.3129E+02	0.3964E+01	0.9366E+01
0.3900E+01	0.1328E+03	0.3285E+02	0.4042E+01	0.9799E+01
0.3950E+01	0.1420E+03	0.3446E+02	0.4120E+01	0.1025E+02
0.4000E+01	0.1518E+03	0.3615E+02	0.4200E+01	0.1072E+02
0.4050E+01	0.1623E+03	0.3791E+02	0.4280E+01	0.1121E+02
0.4100E+01	0.1733E+03	0.3974E+02	0.4362E+01	0.1171E+02
0.4150E+01	0.1851E+03	0.4164E+02	0.4444E+01	0.1224E+02
0.4200E+01	0.1975E+03	0.4363E+02	0.4528E+01	0.1279E+02
0.4250E+01	0.2108E+03	0.4569E+02	0.4612E+01	0.1336E+02
0.4300E+01	0.2247E+03	0.4784E+02	0.4698E+01	0.1395E+02

续表

Ma	$\frac{p_0}{p}$	$\frac{\rho_0}{\rho}$	$\frac{T_0}{T}$	$\frac{A}{A^*}$
0.4350E+01	0.2396E+03	0.5007E+02	0.4784E+01	0.1457E+02
0.4400E+01	0.2553E+03	0.5239E+02	0.4872E+01	0.1521E+02
0.4450E+01	0.2719E+03	0.5480E+02	0.4960E+01	0.1587E+02
0.4500E+01	0.2894E+03	0.5731E+02	0.5050E+01	0.1656E+02
0.4550E+01	0.3080E+03	0.5991E+02	0.5140E+01	0.1728E+02
0.4600E+01	0.3276E+03	0.6261E+02	0.5232E+01	0.1802E+02
0.4650E+01	0.3483E+03	0.6542E+02	0.5324E+01	0.1879E+02
0.4700E+01	0.3702E+03	0.6833E+02	0.5418E+01	0.1958E+02
0.4750E+01	0.3933E+03	0.7135E+02	0.5512E+01	0.2041E+02
0.4800E+01	0.4177E+03	0.7448E+02	0.5608E+01	0.2126E+02
0.4850E+01	0.4434E+03	0.7772E+02	0.5704E+01	0.2215E+02
0.4900E+01	0.4705E+03	0.8109E+02	0.5802E+01	0.2307E+02
0.4950E+01	0.4990E+03	0.8457E+02	0.5900E+01	0.2402E+02
0.5000E+01	0.5291E+03	0.8818E+02	0.6000E+01	0.2500E+02
0.5100E+01	0.5941E+03	0.9579E+02	0.6202E+01	0.2707E+02
0.5200E+01	0.6661E+03	0.1039E+03	0.6408E+01	0.2928E+02
0.5300E+01	0.7457E+03	0.1127E+03	0.6618E+01	0.3165E+02
0.5400E+01	0.8335E+03	0.1220E+03	0.6832E+01	0.3417E+02
0.5500E+01	0.9304E+03	0.1320E+03	0.7050E+01	0.3687E+02
0.5600E+01	0.1037E+04	0.1426E+03	0.7272E+01	0.3974E+02
0.5700E+01	0.1154E+04	0.1539E+03	0.7498E+01	0.4280E+02
0.5800E+01	0.1283E+04	0.1660E+03	0.7728E+01	0.4605E+02
0.5900E+01	0.1424E+04	0.1789E+03	0.7962E+01	0.4951E+02
0.6000E+01	0.1579E+04	0.1925E+03	0.8200E+01	0.5318E+02
0.6100E+01	0.1748E+04	0.2071E+03	0.8442E+01	0.5708E+02
0.6200E+01	0.1933E+04	0.2225E+03	0.8688E+01	0.6121E+02
0.6300E+01	0.2135E+04	0.2388E+03	0.8938E+01	0.6559E+02
0.6400E+01	0.2355E+04	0.2562E+03	0.9192E+01	0.7023E+02
0.6500E+01	0.2594E+04	0.2745E+03	0.9450E+01	0.7513E+02
0.6600E+01	0.2855E+04	0.2939E+03	0.9712E+01	0.8032E+02
0.6700E+01	0.3138E+04	0.3145E+03	0.9978E+01	0.8580E+02

续表

Ma	$\frac{p_0}{p}$	$\frac{\rho_0}{\rho}$	$\frac{T_0}{T}$	$\frac{A}{A^*}$
0.6800E+01	0.3445E+04	0.3362E+03	0.1025E+02	0.9159E+02
0.6900E+01	0.3779E+04	0.3591E+03	0.1052E+02	0.9770E+02
0.7000E+01	0.4140E+04	0.3833E+03	0.1080E+02	0.1041E+03
0.7100E+01	0.4531E+04	0.4088E+03	0.1108E+02	0.1109E+03
0.7200E+01	0.4953E+04	0.4357E+03	0.1137E+02	0.1181E+03
0.7300E+01	0.5410E+04	0.4640E+03	0.1166E+02	0.1256E+03
0.7400E+01	0.5903E+04	0.4939E+03	0.1195E+02	0.1335E+03
0.7500E+01	0.6434E+04	0.5252E+03	0.1225E+02	0.1418E+03
0.7600E+01	0.7006E+04	0.5582E+03	0.1255E+02	0.1506E+03
0.7700E+01	0.7623E+04	0.5928E+03	0.1286E+02	0.1598E+03
0.7800E+01	0.8286E+04	0.6292E+03	0.1317E+02	0.1694E+03
0.7900E+01	0.8998E+04	0.6674E+03	0.1348E+02	0.1795E+03
0.8000E+01	0.9763E+04	0.7075E+03	0.1380E+02	0.1901E+03
0.9000E+01	0.2110E+05	0.1227E+04	0.1720E+02	0.3272E+03
0.1000E+02	0.4244E+05	0.2021E+04	0.2100E+02	0.5359E+03
0.1100E+02	0.8033E+05	0.3188E+04	0.2520E+02	0.8419E+03
0.1200E+02	0.1445E+06	0.4848E+04	0.2980E+02	0.1276E+04
0.1300E+02	0.2486E+06	0.7144E+04	0.3480E+02	0.1876E+04
0.1400E+02	0.4119E+06	0.1025E+05	0.4020E+02	0.2685E+04
0.1500E+02	0.6602E+06	0.1435E+05	0.4600E+02	0.3755E+04
0.1600E+02	0.1028E+07	0.1969E+05	0.5220E+02	0.5145E+04
0.1700E+02	0.1559E+07	0.2651E+05	0.5880E+02	0.6921E+04
0.1800E+02	0.2311E+07	0.3512E+05	0.6580E+02	0.9159E+04
0.1900E+02	0.3356E+07	0.4584E+05	0.7320E+02	0.1195E+05
0.2000E+02	0.4783E+07	0.5905E+05	0.8100E+02	0.1538E+05
0.2200E+02	0.9251E+07	0.9459E+05	0.9780E+02	0.2461E+05
0.2400E+02	0.1691E+08	0.1456E+06	0.1162E+03	0.3783E+05
0.2600E+02	0.2949E+08	0.2165E+06	0.1362E+03	0.5624E+05
0.2800E+02	0.4936E+08	0.3128E+06	0.1578E+03	0.8121E+05
0.3000E+02	0.7978E+08	0.4408E+06	0.1810E+03	0.1144E+06
0.3200E+02	0.1250E+09	0.6076E+06	0.2058E+03	0.1576E+06

续表

Ma	$\frac{p_0}{p}$	$\frac{\rho_0}{\rho}$	$\frac{T_0}{T}$	$\frac{A}{A^*}$
0.3400E+02	0.1908E+09	0.8216E+06	0.2322E+03	0.2131E+06
0.3600E+02	0.2842E+09	0.1092E+07	0.2602E+03	0.2832E+06
0.3800E+02	0.4143E+09	0.1430E+07	0.2898E+03	0.3707E+06
0.4000E+02	0.5926E+09	0.1846E+07	0.3210E+03	0.4785E+06
0.4200E+02	0.8330E+09	0.2354E+07	0.3538E+03	0.6102E+06
0.4400E+02	0.1153E+10	0.2969E+07	0.3882E+03	0.7694E+06
0.4600E+02	0.1572E+10	0.3706E+07	0.4242E+03	0.9603E+06
0.4800E+02	0.2116E+10	0.4583E+07	0.4618E+03	0.1187E+07
0.5000E+02	0.2815E+10	0.5618E+07	0.5010E+03	0.1455E+07

附录 B　正激波特性

Ma	$\frac{p_2}{p_1}$	$\frac{\rho_2}{\rho_1}$	$\frac{T_2}{T_1}$	$\frac{p_{02}}{p_{01}}$	$\frac{p_{02}}{p_1}$	Ma_2
0.1000E+01	0.1000E+01	0.1000E+01	0.1000E+01	0.1000E+01	0.1893E+01	0.1000E+01
0.1020E+01	0.1047E+01	0.1033E+01	0.1013E+01	0.1000E+01	0.1938E+01	0.9805E+00
0.1040E+01	0.1095E+01	0.1067E+01	0.1026E+01	0.9999E+00	0.1984E+01	0.9620E+00
0.1060E+01	0.1144E+01	0.1101E+01	0.1039E+01	0.9998E+00	0.2032E+01	0.9444E+00
0.1080E+01	0.1194E+01	0.1135E+01	0.1052E+01	0.9994E+00	0.2082E+01	0.9277E+00
0.1100E+01	0.1245E+01	0.1169E+01	0.1065E+01	0.9989E+00	0.2133E+01	0.9118E+00
0.1120E+01	0.1297E+01	0.1203E+01	0.1078E+01	0.9982E+00	0.2185E+01	0.8966E+00
0.1140E+01	0.1350E+01	0.1238E+01	0.1090E+01	0.9973E+00	0.2239E+01	0.8820E+00
0.1160E+01	0.1403E+01	0.1272E+01	0.1103E+01	0.9961E+00	0.2294E+01	0.8682E+00
0.1180E+01	0.1458E+01	0.1307E+01	0.1115E+01	0.9946E+00	0.2350E+01	0.8549E+00
0.1200E+01	0.1513E+01	0.1342E+01	0.1128E+01	0.9928E+00	0.2408E+01	0.8422E+00
0.1220E+01	0.1570E+01	0.1376E+01	0.1141E+01	0.9907E+00	0.2466E+01	0.8300E+00
0.1240E+01	0.1627E+01	0.1411E+01	0.1153E+01	0.9884E+00	0.2526E+01	0.8183E+00
0.1260E+01	0.1686E+01	0.1446E+01	0.1166E+01	0.9857E+00	0.2588E+01	0.8071E+00

续表

Ma	$\frac{p_2}{p_1}$	$\frac{\rho_2}{\rho_1}$	$\frac{T_2}{T_1}$	$\frac{p_{02}}{p_{01}}$	$\frac{p_{02}}{p_1}$	Ma_2
0.1280E+01	0.1745E+01	0.1481E+01	0.1178E+01	0.9827E+00	0.2650E+01	0.7963E+00
0.1300E+01	0.1805E+01	0.1516E+01	0.1191E+01	0.9794E+00	0.2714E+01	0.7860E+00
0.1320E+01	0.1866E+01	0.1551E+01	0.1204E+01	0.9758E+00	0.2778E+01	0.7760E+00
0.1340E+01	0.1928E+01	0.1585E+01	0.1216E+01	0.9718E+00	0.2844E+01	0.7664E+00
0.1360E+01	0.1991E+01	0.1620E+01	0.1229E+01	0.9676E+00	0.2912E+01	0.7572E+00
0.1380E+01	0.2055E+01	0.1655E+01	0.1242E+01	0.9630E+00	0.2980E+01	0.7483E+00
0.1400E+01	0.2120E+01	0.1690E+01	0.1255E+01	0.9582E+00	0.3049E+01	0.7397E+00
0.1420E+01	0.2186E+01	0.1724E+01	0.1268E+01	0.9531E+00	0.3120E+01	0.7314E+00
0.1440E+01	0.2253E+01	0.1759E+01	0.1281E+01	0.9476E+00	0.3191E+01	0.7235E+00
0.1460E+01	0.2320E+01	0.1793E+01	0.1294E+01	0.9420E+00	0.3264E+01	0.7157E+00
0.1480E+01	0.2389E+01	0.1828E+01	0.1307E+01	0.9360E+00	0.3338E+01	0.7083E+00
0.1500E+01	0.2458E+01	0.1862E+01	0.1320E+01	0.9298E+00	0.3413E+01	0.7011E+00
0.1520E+01	0.2529E+01	0.1896E+01	0.1334E+01	0.9233E+00	0.3489E+01	0.6941E+00
0.1540E+01	0.2600E+01	0.1930E+01	0.1347E+01	0.9166E+00	0.3567E+01	0.6874E+00
0.1560E+01	0.2673E+01	0.1964E+01	0.1361E+01	0.9097E+00	0.3645E+01	0.6809E+00
0.1580E+01	0.2746E+01	0.1998E+01	0.1374E+01	0.9026E+00	0.3724E+01	0.6746E+00
0.1600E+01	0.2820E+01	0.2032E+01	0.1388E+01	0.8952E+00	0.3805E+01	0.6684E+00
0.1620E+01	0.2895E+01	0.2065E+01	0.1402E+01	0.8877E+00	0.3887E+01	0.6625E+00
0.1640E+01	0.2971E+01	0.2099E+01	0.1416E+01	0.8799E+00	0.3969E+01	0.6568E+00
0.1660E+01	0.3048E+01	0.2132E+01	0.1430E+01	0.8720E+00	0.4053E+01	0.6512E+00
0.1680E+01	0.3126E+01	0.2165E+01	0.1444E+01	0.8639E+00	0.4138E+01	0.6458E+00
0.1700E+01	0.3205E+01	0.2198E+01	0.1458E+01	0.8557E+00	0.4224E+01	0.6405E+00
0.1720E+01	0.3285E+01	0.2230E+01	0.1473E+01	0.8474E+00	0.4311E+01	0.6355E+00
0.1740E+01	0.3366E+01	0.2263E+01	0.1487E+01	0.8389E+00	0.4399E+01	0.6305E+00
0.1760E+01	0.3447E+01	0.2295E+01	0.1502E+01	0.8302E+00	0.4488E+01	0.6257E+00
0.1780E+01	0.3530E+01	0.2327E+01	0.1517E+01	0.8215E+00	0.4578E+01	0.6210E+00
0.1800E+01	0.3613E+01	0.2359E+01	0.1532E+01	0.8127E+00	0.4670E+01	0.6165E+00
0.1820E+01	0.3698E+01	0.2391E+01	0.1547E+01	0.8038E+00	0.4762E+01	0.6121E+00
0.1840E+01	0.3783E+01	0.2422E+01	0.1562E+01	0.7948E+00	0.4855E+01	0.6078E+00
0.1860E+01	0.3870E+01	0.2454E+01	0.1577E+01	0.7857E+00	0.4950E+01	0.6036E+00
0.1880E+01	0.3957E+01	0.2485E+01	0.1592E+01	0.7765E+00	0.5045E+01	0.5996E+00

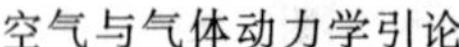

续表

Ma	$\frac{p_2}{p_1}$	$\frac{\rho_2}{\rho_1}$	$\frac{T_2}{T_1}$	$\frac{p_{02}}{p_{01}}$	$\frac{p_{02}}{p_1}$	Ma_2
0.1900E+01	0.4045E+01	0.2516E+01	0.1608E+01	0.7674E+00	0.5142E+01	0.5956E+00
0.1920E+01	0.4134E+01	0.2546E+01	0.1624E+01	0.7581E+00	0.5239E+01	0.5918E+00
0.1940E+01	0.4224E+01	0.2577E+01	0.1639E+01	0.7488E+00	0.5338E+01	0.5880E+00
0.1960E+01	0.4315E+01	0.2607E+01	0.1655E+01	0.7395E+00	0.5438E+01	0.5844E+00
0.1980E+01	0.4407E+01	0.2637E+01	0.1671E+01	0.7302E+00	0.5539E+01	0.5808E+00
0.2000E+01	0.4500E+01	0.2667E+01	0.1687E+01	0.7209E+00	0.5640E+01	0.5774E+00
0.2050E+01	0.4736E+01	0.2740E+01	0.1729E+01	0.6975E+00	0.5900E+01	0.5691E+00
0.2100E+01	0.4978E+01	0.2812E+01	0.1770E+01	0.6742E+00	0.6165E+01	0.5613E+00
0.2150E+01	0.5226E+01	0.2882E+01	0.1813E+01	0.6511E+00	0.6438E+01	0.5540E+00
0.2200E+01	0.5480E+01	0.2951E+01	0.1857E+01	0.6281E+00	0.6716E+01	0.5471E+00
0.2250E+01	0.5740E+01	0.3019E+01	0.1901E+01	0.6055E+00	0.7002E+01	0.5406E+00
0.2300E+01	0.6005E+01	0.3085E+01	0.1947E+01	0.5833E+00	0.7294E+01	0.5344E+00
0.2350E+01	0.6276E+01	0.3149E+01	0.1993E+01	0.5615E+00	0.7592E+01	0.5286E+00
0.2400E+01	0.6553E+01	0.3212E+01	0.2040E+01	0.5401E+00	0.7897E+01	0.5231E+00
0.2450E+01	0.6836E+01	0.3273E+01	0.2088E+01	0.5193E+00	0.8208E+01	0.5179E+00
0.2500E+01	0.7125E+01	0.3333E+01	0.2137E+01	0.4990E+00	0.8526E+01	0.5130E+00
0.2550E+01	0.7420E+01	0.3392E+01	0.2187E+01	0.4793E+00	0.8850E+01	0.5083E+00
0.2600E+01	0.7720E+01	0.3449E+01	0.2238E+01	0.4601E+00	0.9181E+01	0.5039E+00
0.2650E+01	0.8026E+01	0.3505E+01	0.2290E+01	0.4416E+00	0.9519E+01	0.4996E+00
0.2700E+01	0.8338E+01	0.3559E+01	0.2343E+01	0.4236E+00	0.9862E+01	0.4956E+00
0.2750E+01	0.8656E+01	0.3612E+01	0.2397E+01	0.4062E+00	0.1021E+02	0.4918E+00
0.2800E+01	0.8980E+01	0.3664E+01	0.2451E+01	0.3895E+00	0.1057E+02	0.4882E+00
0.2850E+01	0.9310E+01	0.3714E+01	0.2507E+01	0.3733E+00	0.1093E+02	0.4847E+00
0.2900E+01	0.9645E+01	0.3763E+01	0.2563E+01	0.3577E+00	0.1130E+02	0.4814E+00
0.2950E+01	0.9986E+01	0.3811E+01	0.2621E+01	0.3428E+00	0.1168E+02	0.4782E+00
0.3000E+01	0.1033E+02	0.3857E+01	0.2679E+01	0.3283E+00	0.1206E+02	0.4752E+00
0.3050E+01	0.1069E+02	0.3902E+01	0.2738E+01	0.3145E+00	0.1245E+02	0.4723E+00
0.3100E+01	0.1104E+02	0.3947E+01	0.2799E+01	0.3012E+00	0.1285E+02	0.4695E+00
0.3150E+01	0.1141E+02	0.3990E+01	0.2860E+01	0.2885E+00	0.1325E+02	0.4669E+00
0.3200E+01	0.1178E+02	0.4031E+01	0.2922E+01	0.2762E+00	0.1366E+02	0.4643E+00
0.3250E+01	0.1216E+02	0.4072E+01	0.2985E+01	0.2645E+00	0.1407E+02	0.4619E+00

续表

Ma	$\frac{p_2}{p_1}$	$\frac{\rho_2}{\rho_1}$	$\frac{T_2}{T_1}$	$\frac{p_{02}}{p_{01}}$	$\frac{p_{02}}{p_1}$	Ma_2
0.3300E+01	0.1254E+02	0.4112E+01	0.3049E+01	0.2533E+00	0.1449E+02	0.4596E+00
0.3350E+01	0.1293E+02	0.4151E+01	0.3114E+01	0.2425E+00	0.1492E+02	0.4573E+00
0.3400E+01	0.1332E+02	0.4188E+01	0.3180E+01	0.2322E+00	0.1535E+02	0.4552E+00
0.3450E+01	0.1372E+02	0.4225E+01	0.3247E+01	0.2224E+00	0.1579E+02	0.4531E+00
0.3500E+01	0.1412E+02	0.4261E+01	0.3315E+01	0.2129E+00	0.1624E+02	0.4512E+00
0.3550E+01	0.1454E+02	0.4296E+01	0.3384E+01	0.2039E+00	0.1670E+02	0.4492E+00
0.3600E+01	0.1495E+02	0.4330E+01	0.3454E+01	0.1953E+00	0.1716E+02	0.4474E+00
0.3650E+01	0.1538E+02	0.4363E+01	0.3525E+01	0.1871E+00	0.1762E+02	0.4456E+00
0.3700E+01	0.1581E+02	0.4395E+01	0.3596E+01	0.1792E+00	0.1810E+02	0.4439E+00
0.3750E+01	0.1624E+02	0.4426E+01	0.3669E+01	0.1717E+00	0.1857E+02	0.4423E+00
0.3800E+01	0.1668E+02	0.4457E+01	0.3743E+01	0.1645E+00	0.1906E+02	0.4407E+00
0.3850E+01	0.1713E+02	0.4487E+01	0.3817E+01	0.1576E+00	0.1955E+02	0.4392E+00
0.3900E+01	0.1758E+02	0.4516E+01	0.3893E+01	0.1510E+00	0.2005E+02	0.4377E+00
0.3950E+01	0.1804E+02	0.4544E+01	0.3969E+01	0.1448E+00	0.2056E+02	0.4363E+00
0.4000E+01	0.1850E+02	0.4571E+01	0.4047E+01	0.1388E+00	0.2107E+02	0.4350E+00
0.4050E+01	0.1897E+02	0.4598E+01	0.4125E+01	0.1330E+00	0.2159E+02	0.4336E+00
0.4100E+01	0.1945E+02	0.4624E+01	0.4205E+01	0.1276E+00	0.2211E+02	0.4324E+00
0.4150E+01	0.1993E+02	0.4650E+01	0.4285E+01	0.1223E+00	0.2264E+02	0.4311E+00
0.4200E+01	0.2041E+02	0.4675E+01	0.4367E+01	0.1173E+00	0.2318E+02	0.4299E+00
0.4250E+01	0.2091E+02	0.4699E+01	0.4449E+01	0.1126E+00	0.2372E+02	0.4288E+00
0.4300E+01	0.2141E+02	0.4723E+01	0.4532E+01	0.1080E+00	0.2427E+02	0.4277E+00
0.4350E+01	0.2191E+02	0.4746E+01	0.4616E+01	0.1036E+00	0.2483E+02	0.4266E+00
0.4400E+01	0.2242E+02	0.4768E+01	0.4702E+01	0.9948E−01	0.2539E+02	0.4255E+00
0.4450E+01	0.2294E+02	0.4790E+01	0.4788E+01	0.9550E−01	0.2596E+02	0.4245E+00
0.4500E+01	0.2346E+02	0.4812E+01	0.4875E+01	0.9170E−01	0.2654E+02	0.4236E+00
0.4550E+01	0.2399E+02	0.4833E+01	0.4963E+01	0.8806E−01	0.2712E+02	0.4226E+00
0.4600E+01	0.2452E+02	0.4853E+01	0.5052E+01	0.8459E−01	0.2771E+02	0.4217E+00
0.4650E+01	0.2506E+02	0.4873E+01	0.5142E+01	0.8126E−01	0.2831E+02	0.4208E+00
0.4700E+01	0.2561E+02	0.4893E+01	0.5233E+01	0.7809E−01	0.2891E+02	0.4199E+00
0.4750E+01	0.2616E+02	0.4912E+01	0.5325E+01	0.7505E−01	0.2952E+02	0.4191E+00
0.4800E+01	0.2671E+02	0.4930E+01	0.5418E+01	0.7214E−01	0.3013E+02	0.4183E+00

续表

Ma	$\frac{p_2}{p_1}$	$\frac{\rho_2}{\rho_1}$	$\frac{T_2}{T_1}$	$\frac{p_{02}}{p_{01}}$	$\frac{p_{02}}{p_1}$	Ma_2
0.4850E+01	0.2728E+02	0.4948E+01	0.5512E+01	0.6936E−01	0.3075E+02	0.4175E+00
0.4900E+01	0.2785E+02	0.4966E+01	0.5607E+01	0.6670E−01	0.3138E+02	0.4167E+00
0.4950E+01	0.2842E+02	0.4983E+01	0.5703E+01	0.6415E−01	0.3201E+02	0.4160E+00
0.5000E+01	0.2900E+02	0.5000E+01	0.5800E+01	0.6172E−01	0.3265E+02	0.4152E+00
0.5100E+01	0.3018E+02	0.5033E+01	0.5997E+01	0.5715E−01	0.3395E+02	0.4138E+00
0.5200E+01	0.3138E+02	0.5064E+01	0.6197E+01	0.5297E−01	0.3528E+02	0.4125E+00
0.5300E+01	0.3261E+02	0.5093E+01	0.6401E+01	0.4913E−01	0.3663E+02	0.4113E+00
0.5400E+01	0.3385E+02	0.5122E+01	0.6610E+01	0.4560E−01	0.3801E+02	0.4101E+00
0.5500E+01	0.3513E+02	0.5149E+01	0.6822E+01	0.4236E−01	0.3941E+02	0.4090E+00
0.5600E+01	0.3642E+02	0.5175E+01	0.7038E+01	0.3938E−01	0.4084E+02	0.4079E+00
0.5700E+01	0.3774E+02	0.5200E+01	0.7258E+01	0.3664E−01	0.4230E+02	0.4069E+00
0.5800E+01	0.3908E+02	0.5224E+01	0.7481E+01	0.3412E−01	0.4378E+02	0.4059E+00
0.5900E+01	0.4045E+02	0.5246E+01	0.7709E+01	0.3179E−01	0.4528E+02	0.4050E+00
0.6000E+01	0.4183E+02	0.5268E+01	0.7941E+01	0.2965E−01	0.4682E+02	0.4042E+00
0.6100E+01	0.4325E+02	0.5289E+01	0.8176E+01	0.2767E−01	0.4837E+02	0.4033E+00
0.6200E+01	0.4468E+02	0.5309E+01	0.8415E+01	0.2584E−01	0.4996E+02	0.4025E+00
0.6300E+01	0.4614E+02	0.5329E+01	0.8658E+01	0.2416E−01	0.5157E+02	0.4018E+00
0.6400E+01	0.4762E+02	0.5347E+01	0.8905E+01	0.2259E−01	0.5320E+02	0.4011E+00
0.6500E+01	0.4913E+02	0.5365E+01	0.9156E+01	0.2115E−01	0.5486E+02	0.4004E+00
0.6600E+01	0.5065E+02	0.5382E+01	0.9411E+01	0.1981E−01	0.5655E+02	0.3997E+00
0.6700E+01	0.5221E+02	0.5399E+01	0.9670E+01	0.1857E−01	0.5826E+02	0.3991E+00
0.6800E+01	0.5378E+02	0.5415E+01	0.9933E+01	0.1741E−01	0.6000E+02	0.3985E+00
0.6900E+01	0.5538E+02	0.5430E+01	0.1020E+02	0.1634E−01	0.6176E+02	0.3979E+00
0.7000E+01	0.5700E+02	0.5444E+01	0.1047E+02	0.1535E−01	0.6355E+02	0.3974E+00
0.7100E+01	0.5865E+02	0.5459E+01	0.1074E+02	0.1443E−01	0.6537E+02	0.3968E+00
0.7200E+01	0.6031E+02	0.5472E+01	0.1102E+02	0.1357E−01	0.6721E+02	0.3963E+00
0.7300E+01	0.6201E+02	0.5485E+01	0.1130E+02	0.1277E−01	0.6908E+02	0.3958E+00
0.7400E+01	0.6372E+02	0.5498E+01	0.1159E+02	0.1202E−01	0.7097E+02	0.3954E+00
0.7500E+01	0.6546E+02	0.5510E+01	0.1188E+02	0.1133E−01	0.7289E+02	0.3949E+00
0.7600E+01	0.6722E+02	0.5522E+01	0.1217E+02	0.1068E−01	0.7483E+02	0.3945E+00
0.7700E+01	0.6901E+02	0.5533E+01	0.1247E+02	0.1008E−01	0.7680E+02	0.3941E+00
0.7800E+01	0.7081E+02	0.5544E+01	0.1277E+02	0.9510E−02	0.7880E+02	0.3937E+00

续表

Ma	$\frac{p_2}{p_1}$	$\frac{\rho_2}{\rho_1}$	$\frac{T_2}{T_1}$	$\frac{p_{02}}{p_{01}}$	$\frac{p_{02}}{p_1}$	Ma_2
0.7900E+01	0.7265E+02	0.5555E+01	0.1308E+02	0.8982E−02	0.8082E+02	0.3933E+00
0.8000E+01	0.7450E+02	0.5565E+01	0.1339E+02	0.8488E−02	0.8287E+02	0.3929E+00
0.9000E+01	0.9433E+02	0.5651E+01	0.1669E+02	0.4964E−02	0.1048E+03	0.3898E+00
0.1000E+02	0.1165E+03	0.5714E+01	0.2039E+02	0.3045E−02	0.1292E+03	0.3876E+00
0.1100E+02	0.1410E+03	0.5762E+01	0.2447E+02	0.1945E−02	0.1563E+03	0.3859E+00
0.1200E+02	0.1678E+03	0.5799E+01	0.2894E+02	0.1287E−02	0.1859E+03	0.3847E+00
0.1300E+02	0.1970E+03	0.5828E+01	0.3380E+02	0.8771E−03	0.2181E+03	0.3837E+00
0.1400E+02	0.2285E+03	0.5851E+01	0.3905E+02	0.6138E−03	0.2528E+03	0.3829E+00
0.1500E+02	0.2623E+03	0.5870E+01	0.4469E+02	0.4395E−03	0.2902E+03	0.3823E+00
0.1600E+02	0.2985E+03	0.5885E+01	0.5072E+02	0.3212E−03	0.3301E+03	0.3817E+00
0.1700E+02	0.3370E+03	0.5898E+01	0.5714E+02	0.2390E−03	0.3726E+03	0.3813E+00
0.1800E+02	0.3778E+03	0.5909E+01	0.6394E+02	0.1807E−03	0.4176E+03	0.3810E+00
0.1900E+02	0.4210E+03	0.5918E+01	0.7114E+02	0.1386E−03	0.4653E+03	0.3806E+00
0.2000E+02	0.4665E+03	0.5926E+01	0.7872E+02	0.1078E−03	0.5155E+03	0.3804E+00
0.2200E+02	0.5645E+03	0.5939E+01	0.9506E+02	0.6741E−04	0.6236E+03	0.3800E+00
0.2400E+02	0.6718E+03	0.5948E+01	0.1129E+03	0.4388E−04	0.7421E+03	0.3796E+00
0.2600E+02	0.7885E+03	0.5956E+01	0.1324E+03	0.2953E−04	0.8709E+03	0.3794E+00
0.2800E+02	0.9145E+03	0.5962E+01	0.1534E+03	0.2046E−04	0.1010E+04	0.3792E+00
0.3000E+02	0.1050E+04	0.5967E+01	0.1759E+03	0.1453E−04	0.1159E+04	0.3790E+00
0.3200E+02	0.1195E+04	0.5971E+01	0.2001E+03	0.1055E−04	0.1319E+04	0.3789E+00
0.3400E+02	0.1349E+04	0.5974E+01	0.2257E+03	0.7804E−05	0.1489E+04	0.3788E+00
0.3600E+02	0.1512E+04	0.5977E+01	0.2529E+03	0.5874E−05	0.1669E+04	0.3787E+00
0.3800E+02	0.1685E+04	0.5979E+01	0.2817E+03	0.4488E−05	0.1860E+04	0.3786E+00
0.4000E+02	0.1867E+04	0.5981E+01	0.3121E+03	0.3477E−05	0.2061E+04	0.3786E+00
0.4200E+02	0.2058E+04	0.5983E+01	0.3439E+03	0.2727E−05	0.2272E+04	0.3785E+00
0.4400E+02	0.2259E+04	0.5985E+01	0.3774E+03	0.2163E−05	0.2493E+04	0.3785E+00
0.4600E+02	0.2469E+04	0.5986E+01	0.4124E+03	0.1733E−05	0.2725E+04	0.3784E+00
0.4800E+02	0.2688E+04	0.5987E+01	0.4489E+03	0.1402E−05	0.2967E+04	0.3784E+00
0.5000E+02	0.2917E+04	0.5988E+01	0.4871E+03	0.1144E−05	0.3219E+04	0.3784E+00

附录 C　普朗特-迈耶函数和马赫角

Ma	ν	μ
0.1000E+01	0.0000E+00	0.9000E+02
0.1020E+01	0.1257E+00	0.7864E+02
0.1040E+01	0.3510E+00	0.7406E+02
0.1060E+01	0.6367E+00	0.7063E+02
0.1080E+01	0.9680E+00	0.6781E+02
0.1100E+01	0.1336E+01	0.6538E+02
0.1120E+01	0.1735E+01	0.6323E+02
0.1140E+01	0.2160E+01	0.6131E+02
0.1160E+01	0.2607E+01	0.5955E+02
0.1180E+01	0.3074E+01	0.5794E+02
0.1200E+01	0.3558E+01	0.5644E+02
0.1220E+01	0.4057E+01	0.5505E+02
0.1240E+01	0.4569E+01	0.5375E+02
0.1260E+01	0.5093E+01	0.5253E+02
0.1280E+01	0.5627E+01	0.5138E+02
0.1300E+01	0.6170E+01	0.5028E+02
0.1320E+01	0.6721E+01	0.4925E+02
0.1340E+01	0.7279E+01	0.4827E+02
0.1360E+01	0.7844E+01	0.4733E+02
0.1380E+01	0.8413E+01	0.4644E+02
0.1400E+01	0.8987E+01	0.4558E+02
0.1420E+01	0.9565E+01	0.4477E+02
0.1440E+01	0.1015E+02	0.4398E+02
0.1460E+01	0.1073E+02	0.4323E+02
0.1480E+01	0.1132E+02	0.4251E+02
0.1500E+01	0.1191E+02	0.4181E+02
0.1520E+01	0.1249E+02	0.4114E+02
0.1540E+01	0.1309E+02	0.4049E+02
0.1560E+01	0.1368E+02	0.3987E+02
0.1580E+01	0.1427E+02	0.3927E+02
0.1600E+01	0.1486E+02	0.3868E+02
0.1620E+01	0.1545E+02	0.3812E+02
0.1640E+01	0.1604E+02	0.3757E+02
0.1660E+01	0.1663E+02	0.3704E+02
0.1680E+01	0.1722E+02	0.3653E+02
0.1700E+01	0.1781E+02	0.3603E+02
0.1720E+01	0.1840E+02	0.3555E+02
0.1740E+01	0.1898E+02	0.3508E+02
0.1760E+01	0.1956E+02	0.3462E+02
0.1780E+01	0.2015E+02	0.3418E+02
0.1800E+01	0.2073E+02	0.3375E+02
0.1820E+01	0.2130E+02	0.3333E+02
0.1840E+01	0.2188E+02	0.3292E+02
0.1860E+01	0.2245E+02	0.3252E+02
0.1880E+01	0.2302E+02	0.3213E+02
0.1900E+01	0.2359E+02	0.3176E+02
0.1920E+01	0.2415E+02	0.3139E+02
0.1940E+01	0.2471E+02	0.3103E+02
0.1960E+01	0.2527E+02	0.3068E+02
0.1980E+01	0.2583E+02	0.3033E+02
0.2000E+01	0.2638E+02	0.3000E+02
0.2050E+01	0.2775E+02	0.2920E+02
0.2100E+01	0.2910E+02	0.2844E+02
0.2150E+01	0.3043E+02	0.2772E+02
0.2200E+01	0.3173E+02	0.2704E+02

续表

Ma	ν	μ	Ma	ν	μ
0.2250E+01	0.3302E+02	0.2639E+02	0.3800E+01	0.6304E+02	0.1526E+02
0.2300E+01	0.3428E+02	0.2577E+02	0.3850E+01	0.6375E+02	0.1505E+02
0.2350E+01	0.3553E+02	0.2518E+02	0.3900E+01	0.6444E+02	0.1486E+02
0.2400E+01	0.3675E+02	0.2462E+02	0.3950E+01	0.6512E+02	0.1466E+02
0.2450E+01	0.3795E+02	0.2409E+02			
			0.4000E+01	0.6578E+02	0.1448E+02
0.2500E+01	0.3912E+02	0.2358E+02	0.4050E+01	0.6644E+02	0.1429E+02
0.2550E+01	0.4028E+02	0.2309E+02	0.4100E+01	0.6708E+02	0.1412E+02
0.2600E+01	0.4141E+02	0.2262E+02	0.4150E+01	0.6771E+02	0.1394E+02
0.2650E+01	0.4253E+02	0.2217E+02	0.4200E+01	0.6833E+02	0.1377E+02
0.2700E+01	0.4362E+02	0.2174E+02	0.4250E+01	0.6894E+02	0.1361E+02
0.2750E+01	0.4469E+02	0.2132E+02	0.4300E+01	0.6954E+02	0.1345E+02
0.2800E+01	0.4575E+02	0.2092E+02	0.4350E+01	0.7013E+02	0.1329E+02
0.2850E+01	0.4678E+02	0.2054E+02	0.4400E+01	0.7071E+02	0.1314E+02
0.2900E+01	0.4779E+02	0.2017E+02	0.4450E+01	0.7127E+02	0.1299E+02
0.2950E+01	0.4878E+02	0.1981E+02			
			0.4500E+01	0.7183E+02	0.1284E+02
0.3000E+01	0.4976E+02	0.1947E+02	0.4550E+01	0.7238E+02	0.1270E+02
0.3050E+01	0.5071E+02	0.1914E+02	0.4600E+01	0.7292E+02	0.1256E+02
0.3100E+01	0.5165E+02	0.1882E+02	0.4650E+01	0.7345E+02	0.1242E+02
0.3150E+01	0.5257E+02	0.1851E+02	0.4700E+01	0.7397E+02	0.1228E+02
0.3200E+01	0.5347E+02	0.1821E+02	0.4750E+01	0.7448E+02	0.1215E+02
0.3250E+01	0.5435E+02	0.1792E+02	0.4800E+01	0.7499E+02	0.1202E+02
0.3300E+01	0.5522E+02	0.1764E+02	0.4850E+01	0.7548E+02	0.1190E+02
0.3350E+01	0.5607E+02	0.1737E+02	0.4900E+01	0.7597E+02	0.1178E+02
0.3400E+01	0.5691E+02	0.1710E+02	0.4950E+01	0.7645E+02	0.1166E+02
0.3450E+01	0.5773E+02	0.1685E+02			
			0.5000E+01	0.7692E+02	0.1154E+02
0.3500E+01	0.5853E+02	0.1660E+02	0.5100E+01	0.7784E+02	0.1131E+02
0.3550E+01	0.5932E+02	0.1636E+02	0.5200E+01	0.7873E+02	0.1109E+02
			0.5300E+01	0.7960E+02	0.1088E+02
0.3600E+01	0.6009E+02	0.1613E+02	0.5400E+01	0.8043E+02	0.1067E+02
0.3650E+01	0.6085E+02	0.1590E+02	0.5500E+01	0.8124E+02	0.1048E+02
0.3700E+01	0.6160E+02	0.1568E+02	0.5600E+01	0.8203E+02	0.1029E+02
0.3750E+01	0.6233E+02	0.1547E+02	0.5700E+01	0.8280E+02	0.1010E+02

续表

Ma	ν	μ	Ma	ν	μ
0.5800E+01	0.8354E+02	0.9928E+01	0.1800E+02	0.1146E+03	0.3185E+01
0.5900E+01	0.8426E+02	0.9758E+01	0.1900E+02	0.1155E+03	0.3017E+01
			0.2000E+02	0.1162E+03	0.2866E+01
0.6000E+01	0.8496E+02	0.9594E+01	0.2200E+02	0.1175E+03	0.2605E+01
0.6100E+01	0.8563E+02	0.9435E+01	0.2400E+02	0.1186E+03	0.2388E+01
0.6200E+01	0.8629E+02	0.9282E+01	0.2600E+02	0.1195E+03	0.2204E+01
0.6300E+01	0.8694E+02	0.9133E+01	0.2800E+02	0.1202E+03	0.2047E+01
0.6400E+01	0.8756E+02	0.8989E+01	0.3000E+02	0.1209E+03	0.1910E+01
0.6500E+01	0.8817E+02	0.8850E+01	0.3200E+02	0.1215E+03	0.1791E+01
0.6600E+01	0.8876E+02	0.8715E+01	0.3400E+02	0.1220E+03	0.1685E+01
0.6700E+01	0.8933E+02	0.8584E+01			
0.6800E+01	0.8989E+02	0.8457E+01	0.3600E+02	0.1225E+03	0.1592E+01
0.6900E+01	0.9044E+02	0.8333E+01	0.3800E+02	0.1229E+03	0.1508E+01
			0.4000E+02	0.1233E+03	0.1433E+01
0.7000E+01	0.9097E+02	0.8213E+01	0.4200E+02	0.1236E+03	0.1364E+01
0.7100E+01	0.9149E+02	0.8097E+01	0.4400E+02	0.1239E+03	0.1302E+01
0.7200E+01	0.9200E+02	0.7984E+01	0.4600E+02	0.1242E+03	0.1246E+01
0.7300E+01	0.9249E+02	0.7873E+01	0.4800E+02	0.1245E+03	0.1194E+01
0.7400E+01	0.9297E+02	0.7766E+01	0.5000E+02	0.1247E+03	0.1146E+01
0.7500E+01	0.9344E+02	0.7662E+01			
0.7600E+01	0.9390E+02	0.7561E+01			
0.7700E+01	0.9434E+02	0.7462E+01			
0.7800E+01	0.9478E+02	0.7366E+01			
0.7900E+01	0.9521E+02	0.7272E+01			
0.8000E+01	0.9562E+02	0.7181E+01			
0.9000E+01	0.9932E+02	0.6379E+01			
0.1000E+02	0.1023E+03	0.5739E+01			
0.1100E+02	0.1048E+03	0.5216E+01			
0.1200E+02	0.1069E+03	0.4780E+01			
0.1300E+02	0.1087E+03	0.4412E+01			
0.1400E+02	0.1102E+03	0.4096E+01			
0.1500E+02	0.1115E+03	0.3823E+01			
0.1600E+02	0.1127E+03	0.3583E+01			
0.1700E+02	0.1137E+03	0.3372E+01			

附录D　场论初步

1. 标量场

空间区域D的每点$M(x,y,z)$都对应一个数量值$\varphi(x,y,z)$，就称它们在此空间区域D上构成一个标量场，用点$M(x,y,z)$的标量函数$\varphi(x,y,z)$表示。

温度场$T(x,y,z)$，压力场$p(x,y,z)$，密度场$\rho(x,y,z)$等都是标量场。

2. 矢量场

空间区域D的每点$M(x,y,z)$都对应一个矢量值$\boldsymbol{a}(x,y,z)$，就称它们在此空间域D上构成一个矢量场，用点$M(x,y,z)$的矢量函数$\boldsymbol{a}(x,y,z)$表示。其分量的关系为

$$\boldsymbol{a}(x,y,z)=a_x(x,y,z)\boldsymbol{i}+a_y(x,y,z)\boldsymbol{j}+a_z(x,y,z)\boldsymbol{k} \tag{D.1}$$

速度场$\boldsymbol{V}(x,y,z)$、涡量场$\boldsymbol{\omega}(x,y,z)$等都是矢量场。

3. 方向导数

设有一标量场$\varphi(x,y,z)$，它在空间曲线s上相邻两点M和M_1处的值为$\varphi(M)$和$\varphi(M_1)$。若在点M处曲线s的切线方向为l，则此值

$$\frac{\varphi(M_1)-\varphi(M)}{MM_1}$$

的极限叫作标量函数$\varphi(M)$沿方向$\boldsymbol{l}$的导数，并记为

$$\frac{\partial\varphi(M)}{\partial l}=\lim_{M_1\to M}\frac{\varphi(M_1)-\varphi(M)}{MM_1} \tag{D.2}$$

式中，MM_1表示曲线s上点M与点M_1之间的弧长Δs。

利用复合函数微元法则，有

$$\lim_{M_1\to M}\frac{\varphi(M_1)-\varphi(M)}{MM_1}=\frac{\partial\varphi(M)}{\partial x}\frac{\mathrm{d}x}{\mathrm{d}s}+\frac{\partial\varphi(M)}{\partial y}\frac{\mathrm{d}y}{\mathrm{d}s}+\frac{\partial\varphi(M)}{\partial z}\frac{\mathrm{d}z}{\mathrm{d}s}$$

式中，$\frac{\mathrm{d}x}{\mathrm{d}s}$，$\frac{\mathrm{d}y}{\mathrm{d}s}$，$\frac{\mathrm{d}z}{\mathrm{d}s}$是曲线$s$在点$M$处切线的方向余弦，分别为$\cos(l,x)$，$\cos(l,y)$，$\cos(l,z)$，则上式可写为

$$\frac{\partial\varphi(M)}{\partial l}=\frac{\partial\varphi(M)}{\partial x}\cos(l,x)+\frac{\partial\varphi(M)}{\partial y}\cos(l,y)+\frac{\partial\varphi(M)}{\partial z}\cos(l,z) \tag{D.3}$$

方向导数代表标量函数φ沿方向$\boldsymbol{l}$的变化率。可通过上式由沿三个互相垂直的坐标轴方向的导数来计算。

4. 梯度

要找过点M的某个方向，沿该方向的方向导数值最大。考虑标量场的等位面，即在该曲面上所有点处的标量函数$\varphi(M)$都保持同一个常数值C。给不同的C值即可得到不同的等位面，但过空间某一个点将给出一个确定的等位面。

定义一个坐标系，它的一个方向是等位面的法线方向 $\boldsymbol{n}$，另外两个方向是与等位面相切的两个相互垂直的方向 t_1 和 t_2，由于沿等位面 $\varphi(M)$ 的值不变，所以沿切线方向 t_1 和 t_2 的方向导数应为零。

$$\frac{\partial\varphi(M)}{\partial t_1}=\frac{\partial\varphi(M)}{\partial t_2}=0$$

于是式(D.3)变为

$$\frac{\partial\varphi(M)}{\partial l}=\frac{\partial\varphi(M)}{\partial n}\cos(l,n) \tag{D.4}$$

由此可知，若在方向 $\boldsymbol{n}$ 作出一个矢量，其代数值为$\frac{\partial\varphi(M)}{\partial n}$，则由式(D.4)，该矢量在任何方向 $\boldsymbol{l}$ 上的投影即为此方向的方向导数 $\partial\varphi(M)/\partial l$。

因此，可定义标量函数 $\varphi(M)$ 的梯度矢量。即在标量场的任一点，过该点的等位面法线方向的方向导数所代表的矢量，定义为标量场的梯度矢量，简称为梯度，由 $\mathbf{grad}\varphi(M)$ 表示，即

$$\mathbf{grad}\varphi(M)=\frac{\partial\varphi(M)}{\partial n}\boldsymbol{n} \tag{D.5}$$

式中，$\boldsymbol{n}$ 为等位面的单位法向矢量。$\mathbf{grad}\varphi(M)$ 矢量总是指向 $\varphi(M)$ 增加的法线方向。$\frac{\partial(M)}{\partial n}$ 习惯上也称为 $\varphi(M)$ 的梯度，是一个标量。

由式(D.5)，式(D.4)可写为

$$\frac{\partial\varphi(M)}{\partial l}=\boldsymbol{l}_0\cdot\mathbf{grad}\varphi(M) \tag{C.6}$$

式中，$\boldsymbol{l}_0$ 是 $\boldsymbol{l}$ 方向的单位矢量，所以，标量 $\varphi(M)$ 沿 $\boldsymbol{l}$ 的方向导数等于梯度在该方向 $\boldsymbol{l}$ 上的投影。

由式(D.6)可看出，梯度 $\mathbf{grad}\varphi(M)$ 在三个坐标轴上的分量分别等于沿该坐标轴的方向导数 $\partial\varphi(M)/\partial x$，$\partial\varphi(M)/\partial y$，$\partial\varphi(M)/\partial z$。因此，标量 $\varphi(M)$ 的梯度矢量在直角坐标系中可表示为

$$\mathbf{grad}\varphi(M)=\frac{\partial\varphi(M)}{\partial x}\boldsymbol{i}+\frac{\partial\varphi(M)}{\partial y}\boldsymbol{j}+\frac{\partial\varphi(M)}{\partial z}\boldsymbol{k} \tag{D.7}$$

由式(D.6)还可看出，只有当方向 $\boldsymbol{l}$ 与梯度方向一致时，方向导数 $\partial\varphi(M)/\partial l$ 才达到最大值，在过点 M 的无穷多方向中，沿梯度方向的导数最大。所以梯度反映了标量场沿空间最大的变化率，它是标量场不均匀性的度量。

5. 散度

当流体运动时，通过任意控制体界面的流体不断地流入和流出，从而引起该控制体内流体质量的变化，现在来研究度量这一过程的数学关系。

考虑一矢量场 $\boldsymbol{a}(M)$，在场内取一曲面 F，在点 M 处其单位法线矢量为 $\boldsymbol{n}$，矢量 $\boldsymbol{a}$ 在法线 $\boldsymbol{n}$ 向的投影为

$$a_n=\boldsymbol{a}\cdot\boldsymbol{n}=a_x\cos(n,x)+a_y\cos(n,y)+a_z\cos(n,z) \tag{D.8}$$

定义 $a_n\mathrm{d}F$ 为矢量 $\boldsymbol{a}$ 通过微元面积 $\mathrm{d}F$ 的通量。沿整个曲面 F 积分则得的矢量 $\boldsymbol{a}$ 通过曲面

F 的通量。此通量可写为

$$\int_F a_n \mathrm{d}F = \int_F [a_x \cos(n,x) + a_y \cos(n,y) + a_z \cos(n,z)] \mathrm{d}F \tag{D.9}$$

在场内任取一点 M,在体积 V 之内,若 V 界面为 F。令体积 V 向点 M 无限收缩,则将比值

$$\frac{\int_F a_n \mathrm{d}F}{V}$$

之极限定义为矢量 $\boldsymbol{a}$ 的散度,并以 $\mathrm{div}\boldsymbol{a}$ 表示,即

$$\mathrm{div}\boldsymbol{a} = \lim_{V \to 0} \frac{\int_F a_n \mathrm{d}F}{V} \tag{D.10}$$

因此,矢量 $\boldsymbol{a}$ 的散度表示矢量 $\boldsymbol{a}$ 通过单位体积微元体 V 界面的通量。

若矢量 $\boldsymbol{a}$ 代表密度与速度的乘积 $\rho\bar{\boldsymbol{u}}$,则通过微元体界面的通量为通过界面的质量流量,即单位时间流出(或流入)界面的质量。因此散度 $\mathrm{div}(\rho\bar{\boldsymbol{u}})$ 表示单位时间单位体积内质量的变化,即单位时间内密度的变化,则有

$$\mathrm{div}(\rho\bar{\boldsymbol{u}}) = -\frac{\partial\rho}{\partial t} \tag{D.11}$$

式中,负号表示质量流出时对应微元体内密度下降。

由散度定义式(D.10)式可见,它是一个与坐标系选择无关的数量,即矢量场的散度是标量。

现推导散度在直角坐标系中的表达式。若矢量 $\boldsymbol{a}$ 的三个分量 a_x, a_y, a_z 的一阶偏导数连续,则由奥斯特罗格拉茨基-高斯公式,可得

$$\int_F a_n \mathrm{d}F = \int_F [a_x \cos(n,x) + a_y \cos(n,y) + a_z \cos(n,z)] \mathrm{d}F = \int_V \left(\frac{\partial a_x}{\partial x} + \frac{\partial a_y}{\partial y} + \frac{\partial a_z}{\partial z}\right) \mathrm{d}V \tag{D.12}$$

由于体积分的被积函数是连续的,则由中值定理可将上式写为

$$\int_F a_n \mathrm{d}F = V\left(\frac{\partial a_x}{\partial x} + \frac{\partial a_y}{\partial y} + \frac{\partial a_z}{\partial z}\right)_Q$$

式中,Q 为体积 V 中某一点,下标 Q 表示函数在该点取值。将此式代入式(D.10),则得

$$\mathrm{div}\boldsymbol{a} = \lim_{V \to 0} \frac{\int_F a_n \mathrm{d}F}{V} = \lim_{V \to 0} \left(\frac{\partial a_x}{\partial x} + \frac{\partial a_y}{\partial y} + \frac{\partial a_z}{\partial z}\right)_Q$$

当体积 V 向点 M 无限收缩时,点 Q 最终将与点 M 重合,得

$$\mathrm{div}\boldsymbol{a} = \frac{\partial a_x}{\partial x} + \frac{\partial a_y}{\partial y} + \frac{\partial a_z}{\partial z} \tag{D.13}$$

这就是散度在直角坐标系中的表达式。

6．环量和旋度

给定一矢量场 $\boldsymbol{a}(M)$，在场内取任一曲线 s，则曲线积分

$$\int_s \boldsymbol{a}(M)\cdot \mathrm{d}\boldsymbol{r} \tag{D.14}$$

称为矢量 $\boldsymbol{a}(M)$ 沿曲线 s 的环量。

设 M 是场内一点，在点 M 附近取无限小封闭曲线 s，取定某一方向为该曲线方向。设张于周线 s 上的曲面为 F，取法线方向为 $\boldsymbol{n}_0$，其正方向与 s 的正方向符合右手坐标系。令封闭曲线 s 和张于其上的曲面 F 都以下述方式向点 M 无限收缩，使曲面面积趋于零，其法线方向 $\boldsymbol{n}_0$ 趋于某个预定的方向 $\boldsymbol{n}$，于是得到下列极限，即

$$\lim_{F\to 0}\frac{\int_s \boldsymbol{a}\cdot \mathrm{d}\boldsymbol{r}}{F}$$

若此极限存在，则将此极限定义为某一矢量 $\boldsymbol{a}$ 的旋度矢量在 $\boldsymbol{n}$ 方向的分量，记为 $(\mathbf{rot}\ \boldsymbol{a})_n$，即

$$(\mathbf{rot}\ \boldsymbol{a})_n=\lim_{F\to 0}\frac{\int_s \boldsymbol{a}\cdot \mathrm{d}\boldsymbol{r}}{F} \tag{D.15}$$

若矢量 $\boldsymbol{a}$ 的三个分量 a_x, a_y, a_z 的一阶偏导数在包含 F 在内的空间域内连续，则由斯托克斯公式，将封闭曲线积分与张于此曲线上的曲面积分联系起来，应用这一公式，可得

$$\oint \boldsymbol{a}\cdot \mathrm{d}\boldsymbol{r}=\oint a_x\mathrm{d}x+a_y\mathrm{d}y+a_z\mathrm{d}z=\iint_F\left(\frac{\partial a_z}{\partial y}-\frac{\partial a_y}{\partial z}\right)\mathrm{d}y\mathrm{d}z+\left(\frac{\partial a_x}{\partial z}-\frac{\partial a_z}{\partial x}\right)\mathrm{d}z\mathrm{d}x+$$
$$\left(\frac{\partial a_y}{\partial x}-\frac{\partial a_x}{\partial y}\right)\mathrm{d}x\mathrm{d}y=\iint_F\left[\left(\frac{\partial a_z}{\partial y}-\frac{\partial a_y}{\partial z}\right)\cos(n,x)+\left(\frac{\partial a_x}{\partial z}-\frac{\partial a_z}{\partial x}\right)\cos(n,y)+\right.$$
$$\left.\left(\frac{\partial a_y}{\partial x}-\frac{\partial a_x}{\partial y}\right)\cos(n,z)\right]\mathrm{d}F$$

式中，$\boldsymbol{n}$ 为 $\mathrm{d}F$ 的单位外法线矢量，与导出的式(D.13)的方法相似，可得出旋度在直角坐标系中的表达式，即

$$\mathbf{rot}\ \boldsymbol{a}=(\mathbf{rot}\ \boldsymbol{a})_x\boldsymbol{i}+(\mathbf{rot}\ \boldsymbol{a})_y\boldsymbol{j}+(\mathbf{rot}\ \boldsymbol{a})_z\boldsymbol{k} \tag{D.16}$$

式中，分量分别为

$$\left.\begin{aligned}(\mathbf{rot}\ \boldsymbol{a})_x&=\frac{\partial a_z}{\partial y}-\frac{\partial a_y}{\partial z}\\(\mathbf{rot}\ \boldsymbol{a})_y&=\frac{\partial a_x}{\partial z}-\frac{\partial a_z}{\partial x}\\(\mathbf{rot}\ \boldsymbol{a})_z&=\frac{\partial a_y}{\partial x}-\frac{\partial a_x}{\partial y}\end{aligned}\right\} \tag{D.17}$$

或写为

$$\textbf{rot}\,\boldsymbol{a}=\begin{vmatrix}\boldsymbol{i} & \boldsymbol{j} & \boldsymbol{k}\\ \dfrac{\partial}{\partial x} & \dfrac{\partial}{\partial y} & \dfrac{\partial}{\partial z}\\ a_x & a_y & a_z\end{vmatrix} \tag{D.18}$$

现研究旋度的物理意义。设半径为 R 的圆盘，以角速度 ω 旋转，若取圆盘的外缘周线为封闭曲线 s，圆盘面积为 F，用 s 上速度矢量 $\boldsymbol{U}$ 代替一般矢量 $\boldsymbol{a}$，则式(D.15)中的分子为

$$\int_s \boldsymbol{U}\cdot \mathrm{d}\boldsymbol{r}=2\pi R^2\omega$$

分母为

$$F=\pi R^2$$

则得

$$(\textbf{rot}\,\boldsymbol{U})_n=2\omega$$

由于圆盘的旋转轴线与圆盘法线方向重合，所以$(\textbf{rot}\,\boldsymbol{U})_n=|(\textbf{rot}\,\boldsymbol{U})_n|$，即

$$\textbf{rot}\,\boldsymbol{U}=2\boldsymbol{\omega} \tag{D.19}$$

由式(D.17)，也可得出这一结果。若旋转轴与主轴重合，则 z 向速度分量 $w=0$，且任何分速沿 z 向偏导数为零，则

$$(\textbf{rot}\,\boldsymbol{U})_z=\frac{\partial v}{\partial x}-\frac{\partial u}{\partial y}=\omega-(-\omega)=2\omega$$

因此，速度矢量 $\boldsymbol{U}$ 的旋度 $\textbf{rot}\,\boldsymbol{U}$ 是物体转动快慢的度量，在数值上等于当地角速度的2倍。以上关系虽是由刚体转动得出的，但它也适用于流体运动，在流体中也可相应定义转动角速度，它等于速度矢量旋度的一半。

7. *那勃勒算子*

矢量分析中那勃勒算子(也称为哈密尔顿算子)是一个很重要的算子，其表达式为

$$\nabla=\boldsymbol{i}\frac{\partial}{\partial x}+\boldsymbol{j}\frac{\partial}{\partial y}+\boldsymbol{k}\frac{\partial}{\partial z} \tag{D.20}$$

这是一个具有矢量和微分双重性质的运算符号。一方面它是一个矢量，已建立的任何矢量运算法则对它都适用；另一方面它又是一个微分算子，可按微分法则进行运算，但它只对位于算子∇右边的量发生微分作用。

根据上述法则，推导那勃勒算子∇与标量和矢量各种运算的作用。

(1) 那勃勒算子与标量的作用为

$$\nabla\varphi=\left(\boldsymbol{i}\frac{\partial}{\partial x}+\boldsymbol{j}\frac{\partial}{\partial y}+\boldsymbol{k}\frac{\partial}{\partial z}\right)\varphi=\boldsymbol{i}\frac{\partial\varphi}{\partial x}+\boldsymbol{j}\frac{\partial\varphi}{\partial y}+\boldsymbol{k}\frac{\partial\varphi}{\partial z}$$

由式(D.7)可见

$$\nabla\varphi=\textbf{grad}\varphi \tag{D.21}$$

即那勃勒算子与标量的作用等于该标量的梯度。

(2) 那勃勒算子与矢量的数量积为

$$\nabla\cdot\boldsymbol{a}=\left(\boldsymbol{i}\frac{\partial}{\partial x}+\boldsymbol{j}\frac{\partial}{\partial y}+\boldsymbol{k}\frac{\partial}{\partial z}\right)\cdot(\boldsymbol{i}a_x+\boldsymbol{j}a_y+\boldsymbol{k}a_z)=\frac{\partial a_x}{\partial x}+\frac{\partial a_y}{\partial y}+\frac{\partial a_z}{\partial z}$$

由式(D.13)可见

$$\nabla \cdot \boldsymbol{a} = \mathrm{div}\boldsymbol{a} \tag{D.22}$$

即那勒勒算子与矢量的数量积等于该矢量的散度。

(3) 那勒勒算子与矢量的矢量积为

$$\nabla \times \boldsymbol{a} = \left(\boldsymbol{i}\frac{\partial}{\partial x} + \boldsymbol{j}\frac{\partial}{\partial y} + \boldsymbol{k}\frac{\partial}{\partial z}\right) \times (\boldsymbol{i}a_x + \boldsymbol{j}a_y + \boldsymbol{k}a_z) = \begin{vmatrix} \boldsymbol{i} & \boldsymbol{j} & \boldsymbol{k} \\ \dfrac{\partial}{\partial x} & \dfrac{\partial}{\partial y} & \dfrac{\partial}{\partial z} \\ a_x & a_y & a_z \end{vmatrix}$$

由式(D.18)可见

$$\nabla \times \boldsymbol{a} = \mathbf{rot}\ \boldsymbol{a} \tag{D.23}$$

即那勒勒算子与矢量的矢量积等于该矢量的旋度。

由上可见，引进那勒勒算子后，表达简洁，运算方便。

8. 梯度、散度和旋度的混合运算

用那勒勒算子后，容易得出下述梯度、散度和旋度混合运算的公式，则有

$$\mathrm{div}(\mathbf{rot}\ \boldsymbol{a}) = \nabla \cdot (\nabla \times \boldsymbol{a}) = 0 \tag{D.24}$$

$$\mathbf{rot}(\mathbf{grad}\varphi) = \nabla \times (\nabla \varphi) = \mathbf{0} \tag{D.25}$$

$$\mathrm{div}(\mathbf{grad}\varphi) = \nabla \cdot (\nabla \varphi) = \frac{\partial^2 \varphi}{\partial x^2} + \frac{\partial^2 \varphi}{\partial y^2} + \frac{\partial^2 \varphi}{\partial z^2} = \Delta\varphi \tag{D.26}$$

式中

$$\Delta = \nabla \cdot \nabla = \frac{\partial^2}{\partial x^2} + \frac{\partial^2}{\partial y^2} + \frac{\partial^2}{\partial z^2} \tag{D.27}$$

称为拉普拉斯算子。

$$\mathbf{grad}(\mathrm{div}\boldsymbol{a}) = \nabla(\nabla \cdot \boldsymbol{a}) \tag{D.28}$$

$$\mathrm{div}\ \mathbf{grad}(\varphi\psi) = \varphi\Delta\psi + \psi\Delta\varphi + 2\nabla\varphi \cdot \nabla\psi \tag{D.29}$$

$$\mathbf{grad}\ \mathrm{div}\boldsymbol{a} - \mathbf{rot}\ \mathbf{rot}\ \boldsymbol{a} = \Delta\boldsymbol{a} \tag{D.30}$$

附录E　笛卡儿张量初步

张量概念的引入是与坐标系无关的，但这里只在笛卡儿坐标系中定义张量，称笛卡儿张量。不涉及在任意曲线坐标系中定义的普遍张量的有关问题。

张量概念是标量和矢量概念的自然推广，是某些物理量所具有的特征在数学形式上的反映。

在三维空间中，标量函数在任一点的函数值只用一个数就能完全描述；矢量函数则需三个

分量。实际上存在这样的物理量，在三维空间中需要多于三个分量才能完全描述它。例如：微元体表面受到的应力要九个分量才能完全描述它。这促使人们将矢量概念推广成能容纳更多分量的张量概念。

根据物理量本身的不同特征可用不同阶的张量去描述它，张量的阶数是由它所应包含的分量数决定的。n 阶张量的分量数为 3^n。所以标量应是零阶张量，矢量是 1 阶张量。用的最多的是二阶张量，它有九个分量。

并不是任何一个由几个分量组成的量都是张量。只有这样的量才是张量：在坐标系旋转时其分量按一定规律变化，因而能维持某些量不变。所以存在不随坐标系旋转而变化的量是张量的特征。例如：标量场的函数值本身和矢量的长度都不随坐标系的旋转而变化。

在引入张量分量在坐标系旋转时所遵守的规律和给出张量严格的定义前，先介绍张量的表示法。

一、张量表示法

由于张量常包含多个分量，在公式中要把所涉及的分量一一写出必然非常繁杂，故规定下述张量表示法：

(1) 将坐标改写为 x_1, x_2, x_3；

(2) a_i 表示一个矢量的分量，i 是自由指标，可取 1,2,3，

例如：$\mathbf{grad}\varphi$ 的张量表示为$\dfrac{\partial\varphi}{\partial x_i}, i = 1,2,3$；

(3) 取和约定。为便于书写，约定在同一项中如有两个自由指标相同时，就表示要对这个指标从 1 到 3 求和，例如：

$$a_i b_i = a_1 b_1 + a_2 b_2 + a_3 b_3$$

$$\frac{\partial a_i}{\partial x_i} = \frac{\partial a_1}{\partial x_1} + \frac{\partial a_2}{\partial x_2} + \frac{\partial a_3}{\partial x_3} = \mathrm{div}\boldsymbol{a}$$

$$\boldsymbol{a} \cdot \nabla \boldsymbol{b} = a_j \frac{\partial b_i}{\partial x_j}$$

$$\Delta \boldsymbol{a} = \nabla^2 \boldsymbol{a} = \frac{\partial}{\partial x_i}\left(\frac{\partial a_j}{\partial x_i}\right) = \frac{\partial^2 a_j}{\partial x_i \partial x_i}$$

(4) 符号 δ_{ij} 定义为

$$\delta_{ij} = \begin{cases} 0, & i \neq j \\ 1, & i = j \end{cases}$$

例如，若 $\boldsymbol{e}_i$ 是正交坐标轴 q_i 的单位矢量，则有

$$\boldsymbol{e}_i \cdot \boldsymbol{e}_j = \delta_{ij}$$

δ_{ij} 常称为克罗内克 δ 符号；

(5) 置换符号 ε_{ijk} 定义为

$$\varepsilon_{ijk}=\begin{cases}0, & i,j,k \text{ 中有两个以上指标相同} \\ 1, & i,j,k \text{ 为偶排列(如 } \varepsilon_{123},\varepsilon_{231},\varepsilon_{312} \text{ 等)} \\ -1, & i,j,k \text{ 为奇排列(如 } \varepsilon_{213},\varepsilon_{321},\varepsilon_{132} \text{ 等)}\end{cases}$$

例如

$$\boldsymbol{a}\times\boldsymbol{b}=\varepsilon_{ijk}a_jb_k$$

$$\textbf{rot}\ \boldsymbol{a}=\varepsilon_{ijk}\frac{\partial a_k}{\partial x_j}$$

又如行列式

$$\det\boldsymbol{A}=\begin{vmatrix}a_{11} & a_{12} & a_{13}\\ a_{21} & a_{22} & a_{23}\\ a_{31} & a_{32} & a_{33}\end{vmatrix}=\varepsilon_{ijk}a_{i1}a_{j2}a_{k3}$$

二、张量的定义

设 $\boldsymbol{e}_1,\boldsymbol{e}_2,\boldsymbol{e}_3$ 和 $\boldsymbol{e}_1',\boldsymbol{e}_2',\boldsymbol{e}_3'$ 分别是旧的和新的直角坐标系中的单位矢量，则新、旧单位矢量之间存在下列关系，即

$$\begin{cases}\boldsymbol{e}_1'=a_{11}\boldsymbol{e}_1+a_{12}\boldsymbol{e}_2+a_{13}\boldsymbol{e}_3\\ \boldsymbol{e}_2'=a_{21}\boldsymbol{e}_1+a_{22}\boldsymbol{e}_2+a_{23}\boldsymbol{e}_3\\ \boldsymbol{e}_3'=a_{31}\boldsymbol{e}_1+a_{32}\boldsymbol{e}_2+a_{33}\boldsymbol{e}_3\end{cases}$$

式中，$a_{ij}=\boldsymbol{e}_i\cdot\boldsymbol{e}_j(i,j=1,2,3)$ 是两坐标系中不同坐标轴夹角的余弦. 采用张量表示法则上式可简写为

$$\boldsymbol{e}_i'=a_{ij}\boldsymbol{e}_j,\quad \boldsymbol{e}_i=a_{ji}\boldsymbol{e}_j'$$

现考虑矢量 $\boldsymbol{A}$。A_1,A_2,A_3 和 A_1',A_2',A_3' 分别是它们在旧坐标轴和新坐标轴上的投影。显然，它们之间有如下关系，即

$$\begin{cases}A_1'=\boldsymbol{A}\cdot\boldsymbol{e}_1'=a_{11}A_1+a_{12}A_2+a_{13}A_3\\ A_2'=\boldsymbol{A}\cdot\boldsymbol{e}_2'=a_{21}A_1+a_{22}A_2+a_{23}A_2\\ A_3'=\boldsymbol{A}\cdot\boldsymbol{e}_3'=a_{31}A_{11}+a_{32}A_2+a_{33}A_2\end{cases}$$

或简写为

$$A_i'=a_{ij}A_j,\quad A_i=a_{ji}A_j'$$

这就是在坐标旋转时矢量的分量所应遵守的规则。

现有另一矢量 $\boldsymbol{B}$，在坐标旋转时其分量也应遵守类似关系，即

$$B_i'=a_{ij}B_j$$

或记为

$$B_j'=a_{jL}B_L,\quad B_j=a_{Lj}B_L'$$

现考虑某一量，其分量等于矢量 $\boldsymbol{A}$ 与 $\boldsymbol{B}$ 的分量分别相乘，共 9 个，即

$$C_{ij} = A_i B_j$$

若在坐标旋转时该量的分量 C_{ij} 的变化满足 A_i 和 B_j 所应遵守的规则，即

$$C_{ij} = A_i B_j = a_{ki} A'_k a_{Lj} B'_L = a_{ki} a_{Lj} C'_{kL}$$

则称该量为二阶张量，并常用其分量的符号 C_{ij} 表示。

因此，可将一般 n 阶张量定义如下：

设在每一个坐标系内给出 3^n 个数 $A_{pqr\cdots st}$，当坐标旋转时这些数按公式

$$A'_{\underbrace{ijk\cdots lm}_{n\text{个指标}}} = a_{pi} a_{qj} a_{rk} \cdots a_{ls} a_{mt} A_{\underbrace{pqr\cdots st}_{n\text{个指标}}}$$

转换，则此 3^n 个数定义一个 n 阶张量。

三、张量的代数运算

张量作为矢量概念的推广，其运算法则也与矢量有类似之处，现只给出结论而不加证明。

1. 张量的加减

两个二阶张量的对应分量相加或相减得到一个新的二阶张量，即

$$C_{ij} = A_{ij} \pm B_{ij}$$

2. 张量的乘积

两张量相乘定义为分量遍乘。m 阶张量与 n 阶张量相乘得到 $(m+n)$ 阶张量。例如矢量与矢量相乘得到二阶张量。矢量与二阶张量相乘得到三阶张量，即

$$T_{ijk} = A_i B_{jk}$$

张量 $\boldsymbol{P}$ 与 $\boldsymbol{Q}$ 的乘积常记为 $\boldsymbol{PQ}$。

3. 张量的收缩

设 n 阶张量的分量中有两个下标相同，根据取和约定，则得具有 $n-2$ 个下标的量，即共 3^{n-2} 个分量，为 $n-2$ 阶张量，称为张量收缩。

例如二阶张量 C_{ij} 收缩后为 $C_{ii} = C_{11} + C_{22} + C_{33}$，即为标量。

4. 张量的内积

张量的内积是矢量内积的推广。张量乘积 $\boldsymbol{PQ}$ 中，m 阶张量 $\boldsymbol{P}$ 和 n 阶张量 $\boldsymbol{Q}$ 中各取出一下标收缩一次后得 $m+n-2$ 阶张量，称为 $\boldsymbol{P}$ 和 $\boldsymbol{Q}$ 的内积，以 $\boldsymbol{P} \cdot \boldsymbol{Q}$ 表示。

例如

$$\boldsymbol{P} \cdot \boldsymbol{A} = p_{ij} A_j = B_i = \boldsymbol{B}$$

即二阶张量和矢量的内积为一矢量。一般来说，则有

$$\boldsymbol{P} \cdot \boldsymbol{A} \neq \boldsymbol{A} \cdot \boldsymbol{P}$$

四、二阶张量

二阶张量用得最多，现研究它的特性。

1. 二阶张量的主值和主轴

设 $\boldsymbol{P}$ 为二阶张量，对任意非零矢量 $\boldsymbol{A}$ 作如下内积，即

$$\boldsymbol{P}\cdot\boldsymbol{A}=\boldsymbol{B}$$

则得空间另一矢量 $\boldsymbol{B}$。若 $\boldsymbol{B}$ 与 $\boldsymbol{A}$ 共线，即

$$\boldsymbol{B}=\lambda\boldsymbol{A}$$

则称矢量 $\boldsymbol{A}$ 的方向为张量 $\boldsymbol{P}$ 的主轴方向，标量 λ 称为张量的主值。

现求张量的主值和主轴方向。由上二式可得

$$\boldsymbol{P}\cdot\boldsymbol{A}=\lambda\boldsymbol{A}$$

展开得

$$\left.\begin{aligned}p_{11}A_1+p_{12}A_2+p_{13}A_3&=\lambda A_1\\p_{21}A_1+p_{22}A_2+p_{23}A_3&=\lambda A_2\\p_{31}A_1+p_{32}A_2+p_{33}A_3&=\lambda A_3\end{aligned}\right\}\tag{E.1}$$

这是确定分量 A_1,A_2,A_3 的线性齐次代数方程组。要使此方程有不全为零的解，必须

$$\begin{vmatrix}p_{11}-\lambda & p_{12} & p_{13}\\p_{21} & p_{22}-\lambda & p_{23}\\p_{31} & p_{32} & p_{33}-\lambda\end{vmatrix}=0$$

由此得到确定 λ 的三次代数方程。它有三个根，可以是三个实根、也可以是一个实根，两个共轭复根。

求出主值 λ 后，代入式(E.1)，即可求出 $A_1:A_2:A_3$，由此得出矢量 $\boldsymbol{A}$ 的方向，即对应于 λ 值的主轴方向。

2. 不变量

前面讲到的标量是不变量，矢量的长度是不变量，二阶张量也有不随坐标旋转而变化的不变量。上述确定 λ 的三次方程中，由根和系数之间的关系，可得

$$I_1=p_{11}+p_{22}+p_{33}=\lambda_1+\lambda_2+\lambda_3\tag{E.2}$$

$$I_2=\begin{vmatrix}p_{22} & p_{32}\\p_{23} & p_{33}\end{vmatrix}+\begin{vmatrix}p_{11} & p_{31}\\p_{13} & p_{33}\end{vmatrix}+\begin{vmatrix}p_{11} & p_{21}\\p_{12} & p_{22}\end{vmatrix}=\lambda_1\lambda_2+\lambda_1\lambda_3+\lambda_2\lambda_3\tag{E.3}$$

$$I_3=\begin{vmatrix}p_{11} & p_{12} & p_{13}\\p_{21} & p_{22} & p_{23}\\p_{31} & p_{32} & p_{33}\end{vmatrix}=\lambda_1\lambda_2\lambda_3\tag{E.4}$$

因 λ 是标量，是不变量。由此推出张量分量 p_{ij} 的组合 I_1,I_2,I_3 亦是不变量，称为二阶张量 $\boldsymbol{P}$ 的第一、第二和第三不变量。

3. 共轭张量、对称张量和反对称张量

(1) 共轭张量。

设 $\boldsymbol{P}=p_{ij}$ 是一个二阶张量，则 $\boldsymbol{P}_c=p_{ji}$ 也是一个二阶张量，称 p_{ji} 为 $\boldsymbol{P}$ 的共轭张量。

(2) 对称张量。

设 p_{ij} 是一个二阶张量，若分量之间满足

$$p_{ij} = p_{ji}$$

的关系，则称此张量为对称张量，以 $\boldsymbol{S}$ 表示，由定义可以看出，对称张量只有六个不同的分量，且

$$\boldsymbol{S} = \boldsymbol{S}_c$$

二阶对称张量具有如下性质：

1) $\boldsymbol{S}$ 的对称性不因坐标旋转而丧失；

2) 二阶对称张量的三个主值都是实数，且一定存在三个互相垂直的主轴；

3) 二阶对称张量在主轴坐标系中具有最简单的标准形式，即

$$\boldsymbol{S} = \begin{bmatrix} \lambda_1 & 0 & 0 \\ 0 & \lambda_2 & 0 \\ 0 & 0 & \lambda_3 \end{bmatrix}$$

(3) 反对称张量。

设 p_{ij} 是一个二阶张量，若分量之间满足

$$p_{ij} = - p_{ji}$$

则称此张量为反对称张量，以 $\boldsymbol{A}$ 表示。由定义可见，反对称张量主对角线上的三个分量 A_{ii} 分别为零。所以，反对称张量只有三个不同分量，且满足

$$\boldsymbol{A} = - \boldsymbol{A}_c$$

反对称张量具有如下性质：

1) $\boldsymbol{A}$ 的反对称性不因坐标旋转而丧失；

2) 若将反对称张量的三个分量分别表示为 $\omega_1 = A_{23}$，$\omega_2 = A_{31}$，$\omega_3 = A_{12}$，则 ω_1，ω_2，ω_3 组成一个矢量，即

$$A_{ij} = \varepsilon_{ijk}\omega_k$$

3) 反对称张量 $\boldsymbol{A}$ 和矢量 $\boldsymbol{B}$ 的内积等于矢量 $\boldsymbol{\omega}$ 和 $\boldsymbol{B}$ 的矢积，即

$$\boldsymbol{A} \cdot \boldsymbol{B} = \boldsymbol{\omega} \times \boldsymbol{B}$$

五、张量分解定理

二阶张量可以唯一的分解为一个对称张量和一个反对称张量之和。即

$$\boldsymbol{P} = \frac{1}{2}(\boldsymbol{P} + \boldsymbol{P}_c) + \frac{1}{2}(\boldsymbol{P} - \boldsymbol{P}_c)$$

显然，右边第一项是对称张量，第二项是反对称张量，即

$$\boldsymbol{P} = \boldsymbol{S} + \boldsymbol{A} \tag{E. 5}$$

式中

$$\boldsymbol{S} = \frac{1}{2}(\boldsymbol{P} + \boldsymbol{P}_c) \tag{E. 6a}$$

$$\boldsymbol{A} = \frac{1}{2}(\boldsymbol{P} - \boldsymbol{P}_c) \tag{E. 6b}$$

或记为

$$S_{ij} = \frac{1}{2}(p_{ij} + p_{ji}) \tag{E. 7a}$$

$$A_{ij} = \frac{1}{2}(p_{ij} - p_{ji}) \tag{E. 7b}$$

容易看出，S_{ij} 是对称的，A_{ij} 是反对称的。